ADINA有限元分析实例教程

盛选禹　编著

重庆大学出版社

内容提要

本书详细介绍了有限元软件 ADINA 的实例。ADNIA 软件能够进行固体、流体、流固耦合的计算分析，是一个功能非常强大的计算工具。对于 ADINA 软件的分析步骤，本书对其所有操作均采用实例的方式进行了讲解和说明，并进行了详细的总结，便于读者参考。

本书深入浅出，每一步骤都做了详细说明，并且有示意图，方便读者阅读。书中所采用的实例也都非常典型，读者按实例进行练习，可以快速掌握 ADINA 的分析功能。

本书可供从事机械设计和力学分析人员做工程分析使用，推荐机械类和力学类专业的高年级本科生使用，尤其适合有一定有限元基础的读者。读者可以根据自己在工作中遇到的有限元分析实际需求，把书中的计算实例组合起来求解。

图书在版编目(CIP)数据

ADINA 有限元分析实例教程 / 盛选禹编著. -- 重庆：重庆大学出版社，2021.12

ISBN 978-7-5689-1821-3

Ⅰ.①A… Ⅱ.①盛… Ⅲ.①有限元分析—应用软件—高等学校—教材 Ⅳ.①O241.82-39

中国版本图书馆 CIP 数据核字(2019)第 210342 号

ADINA 有限元分析实例教程

盛选禹　编　著

策划编辑：鲁　黎

责任编辑：鲁　黎　　版式设计：鲁　黎

责任校对：张红梅　　责任印制：张　策

*

重庆大学出版社出版发行

出版人：饶帮华

社址：重庆市沙坪坝区大学城西路 21 号

邮编：401331

电话：(023) 88617190　88617185(中小学)

传真：(023) 88617186　88617166

网址：http://www.cqup.com.cn

邮箱：fxk@cqup.com.cn (营销中心)

全国新华书店经销

重庆市联谊印务有限公司印刷

*

开本：889mm×1194mm　1/16　印张：38.75　字数：1231 千

2021 年 12 月第 1 版　2021 年 12 月第 1 次印刷

978-7-5689-1821-3　定价：78.00 元

前　言

ADINA 的开发始于 1974 年，由 K.J. Bathe 博士建立。此后不久，1975 年，K.J. Bathe 博士加入了麻省理工学院的机械工程系。1986 年，他创立了 ADINA R&D，Inc.，以促进 ADINA 系统的发展。他在有限元分析领域的颇有建树，撰写过多本专业书，并发表众多期刊论文。

ADINA 的客户群遍布全球，包括航空航天、汽车、生物医学、建筑、国防、成型、高科技、机械、核能和石油天然气行业的大型公司，以及许多大学和研究机构。

ADINA 系统由世界各地的许多组织选择，原因有很多，其优点如下：

• 具有结构，传热，CFD，EM，FSI 和多物理场的统一系统

结构、热力、流体、电磁学、流体—结构相互作用和多物理场分析功能被集成在一个统一的程序系统中，使得建模变得方便和有效。

• CAD 程序和许多第三方预处理器和后处理器的接口

ADINA 使用 Parasolid 内核，Open Cascade 内核和 IGES 接口连接到 I-DEAS NX，Femap，Nastran，EnSight 和许多 CAD 程序。

• 多样化的客户群

广泛的客户群为持续推进计划能力提供了动力，以解决各种工程问题。

• 良好的理论基础

ADINA 基于强大的理论基础。

• 在众多出版物中被广泛引用

许多出版物引用了从 ADINA 中获得的分析结果，促使其在诸多领域的广泛应用。

• 最先进的性能和可靠性

基于具有丰富经验的 ADINA 公司人员全面和密集的测试有助于实现卓越的性能和无与伦比的程序可靠性。

本书是基于 ADINA9 编写而成的。读者在阅读本书，实践操作时，需要反复练习，才能熟练运用本书所讲解的一些功能。可以根据本书的步骤，做一些自己学习和工作中遇到的模型，也可以拿机械设计的标准件来做练习实例。

本书适合做机械设计和力学分析的专业人员和机械、力学相关专业的高年级本科学生使用。本书第 1 章是固体力学分析，包括基本的问题和断裂分析等高级计算；第 2 章是流体力学分析，主要是展示 ADINA 软件进行流体有限元分析的能力；第 3 章是热分析，包括传热和热应力分析；第 4 章是电磁学分析；第 5 章是流固耦合，结合流体和固体的相互作用进行有限元分析；第 6 章是多物理场耦合分析，包括力学、声学、磁场等相互作用的分析；第 7 章是复合材料的有限元分析。

感谢我的家人，他们给了我很大的支持，使我能抽出时间完成此书。感谢我的单位领导对工作的支持，特别是反应堆结构室的领导和各位同仁，他们的鼓励和帮助，使我坚持下来完成此书，并使我受益匪浅。

由于时间比较仓促，知识水平有限等，疏漏之处在所难免，读者在阅读时发现错误，请联系编者，不胜感谢。也希望就 CATIA 软件的问题和广大读者继续探讨。编者联系电子邮件：xuanyu@ tsinghua.edu.cn。

盛选禹

2019 年 5 月于北京

目　录

第1章

固体力学分析

问题1　梁的挠度计算

1.1　由于尖端载荷引起的挠度

问题描述

梁模型的几何尺寸如图1.1.1所示，长度为1 m，截面边长为0.2 m的正方形梁，一端固定，一端承受向下的300 N的集中载荷，弹性模量为$E=2.07\times10^{11}$ N/m^2。

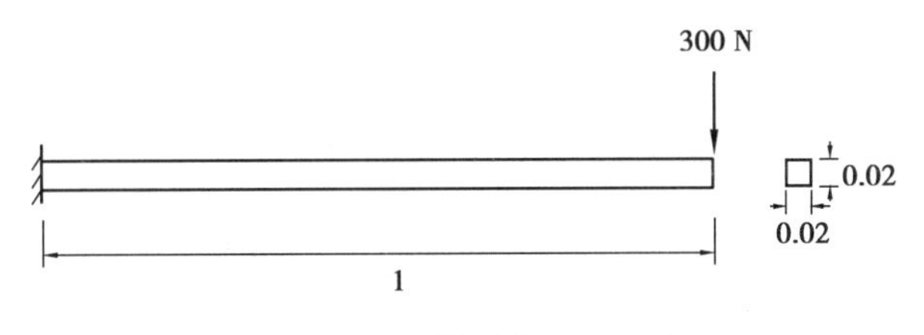

图1.1.1　梁模型的几何尺寸

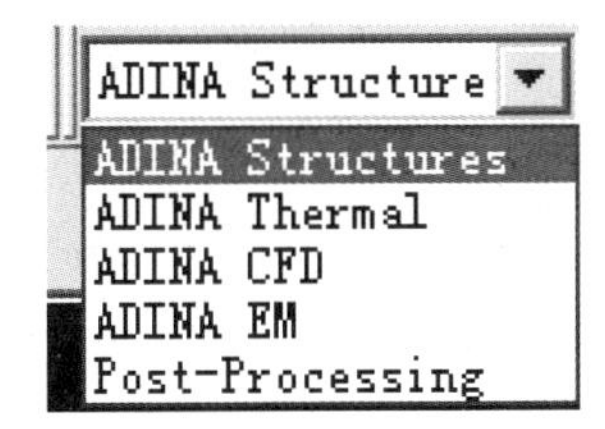

图1.1.2　在下拉菜单中选择【ADINA Structures】

1.1.1　启动AUI，选择有限元程序

启动AUI，设置【Program Module】程序模块中的下拉菜单中选择【ADINA Structures】为ADINA结构，如图1.1.2所示。

1.1.2　定义几何模型

简化的梁模型如图1.1.3所示。

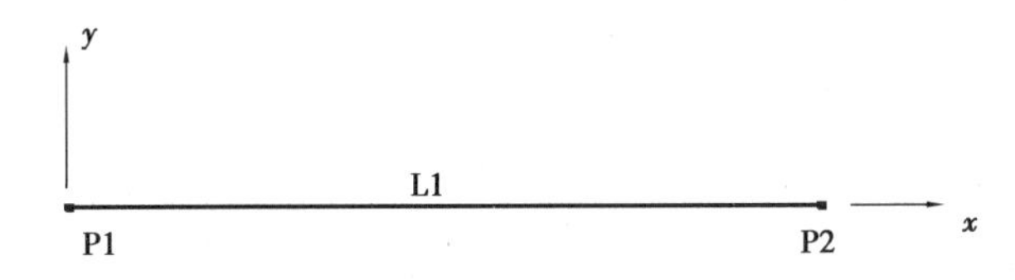

图1.1.3　简化的梁模型

单击【Define Points】定义点图标，定义点1和点2，见表1.1.1和图1.1.4。

表1.1.1　点1和点2的定义

Point#	X1	X2	X3
1			
2	1		

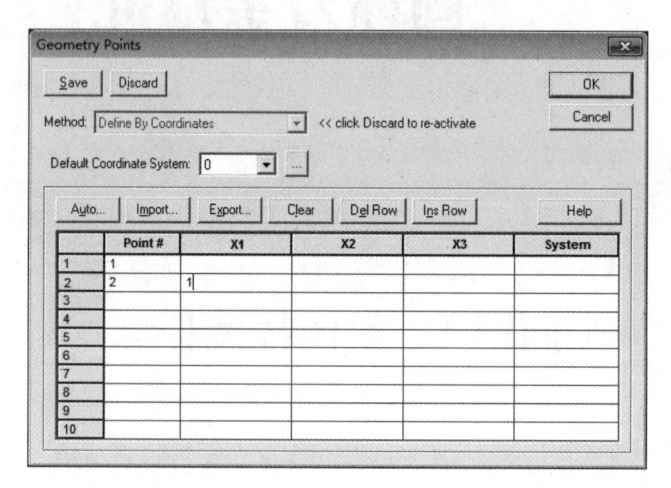

图1.1.4　定义点1和点2的对话框

单击【OK】确定按钮，形成的图像如图1.1.5所示。

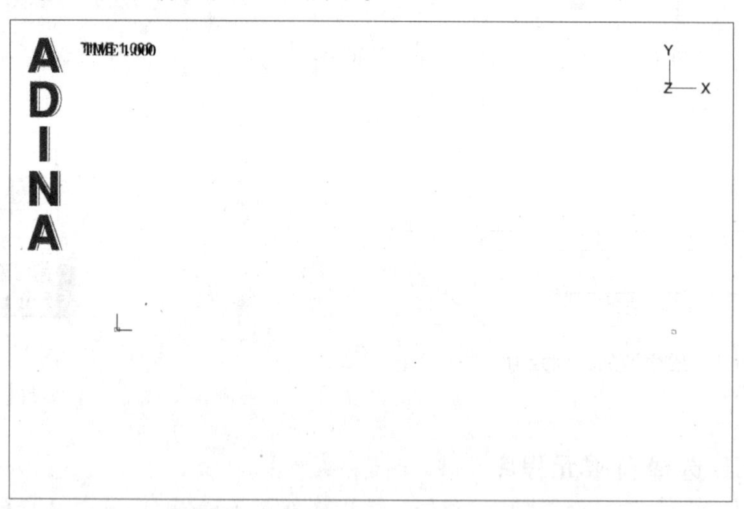

图1.1.5　在图形区生成点1和点2

单击【Define Lines】，定义线图标，弹出【Define Lines】定义线对话框，在该对话框内单击【Add...】，添加【line number 1】线号1。

设置【Point 1】中的点“1”为“1”，设置【Point 2】中的点“2”为“2”，单击【OK】确定按钮。在图形区创建一条线段并显示出来，如图1.1.6所示。

1.1.3　定义边界条件

单击【Apply Fixity】应用固定图标，弹出【Apply Fixity】应用固定对话框，在【Point{}】点列表的第一行输入“1”，单击【OK】确定按钮。

单击【Boundary Plot】边界条件绘图图标，在图形区显示出创建的边界条件，如图1.1.7所示。

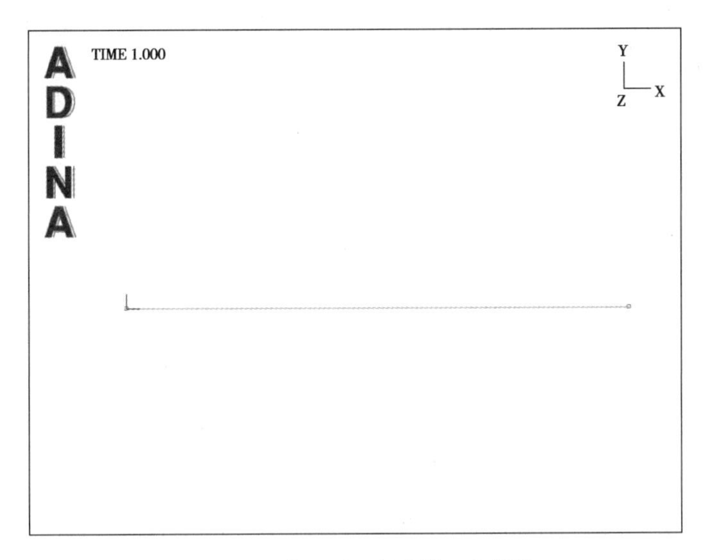

图 1.1.6　在图形区创建的一条线段

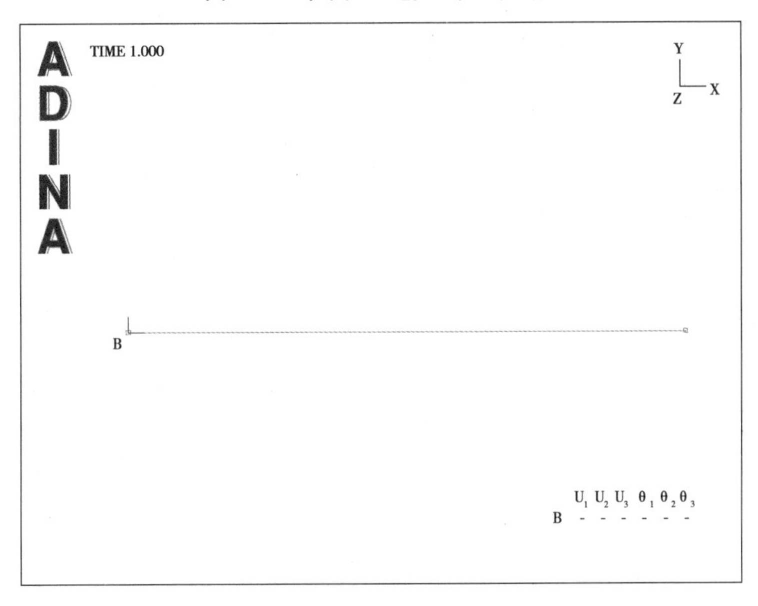

图 1.1.7　在图形区显示出创建的边界条件

1.1.4　定义载荷

单击【Apply Load】应用载荷图标，弹出【Apply Load】应用载荷对话框。确认【Load Type】载荷类型栏的选项是【Force】力，单击对话框内位于【Load Number】载荷编号栏右侧的【Define...】定义按钮，弹出【Define Concentrated Force】定义集中力对话框。单击对话框内【Add】添加按钮，添加【Concentrated Force Number 1】集中力 1，在【Magnitude】幅度栏内输入“300”，在【Force Direction】力方向区域内的【Y】栏内，输入“-1”，单击【OK】确定按钮。返回【Apply Load】应用载荷对话框。

在【Apply Load】应用载荷对话框内，在【Point{}】点表的第 1 行输入“2”，单击【OK】确定按钮，关闭对话框。

单击【Load Plot】载荷绘图图标，在图形区显示出创建的载荷，如图 1.1.8 所示。

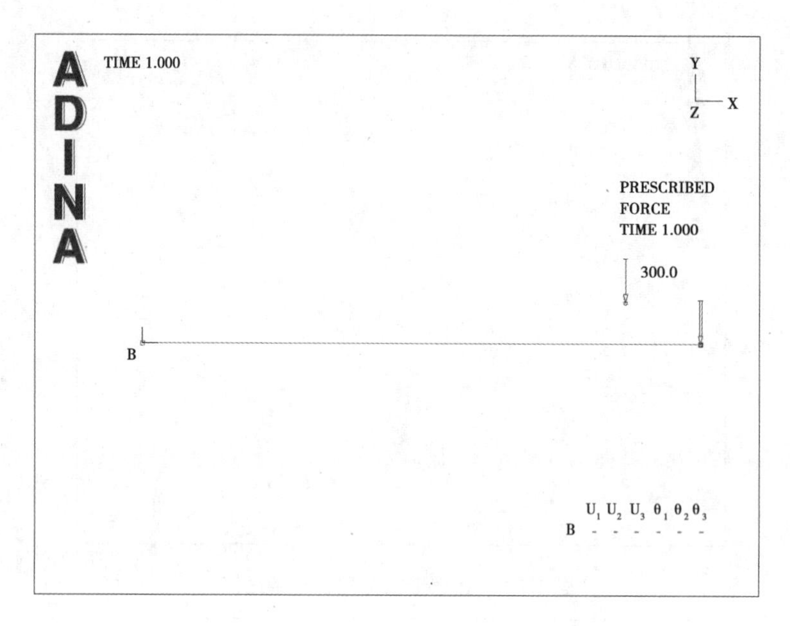

图 1.1.8　在图形区显示出创建的载荷

1.1.5　定义截面形状

单击【Cross Sections】横截面图标，弹出【Define Cross Sections】定义截面对话框。单击对话框内的【Add】添加按钮，添加【section number 1】截面序号 1，设置【Width】宽度栏为“0. 02”，在对话框内勾选【Square Section】正方形截面，定义截面是正方形。单击【OK】确定按钮，关闭对话框。

1.1.6　定义材料

单击【Manage Materials】管理材料图标，弹出【Manage Materials Define】管理材料定义对话框。单击【Elastic】弹性区内的【Isotropic】各项同性按钮，弹出【Define Isotropic Linear Elastic Material】定义各项同性线弹性材料对话框。单击对话框内的【Add】添加按钮，添加【add material 1】添加材料 1，设置【Young's Modulus】杨氏模量为 2.07E11。单击【OK】确定按钮，关闭对话框。

单击【Manage Materials Define】管理材料定义对话框内的【Close】关闭按钮，关闭对话框。

1.1.7　定义有限单元

1）建立单元组

单击【Element Groups】单元组图标，弹出【DefineElement Groups】定义单元组对话框。单击对话框内的【Add】添加按钮，添加【group 1】组 1。单击【Type】类型下拉菜单，选择【Beam】梁单元。单击【OK】确定按钮，关闭对话框。

2）生成单元

单击【Mesh Lines】网格线图标，弹出【Mesh Lines】网格线对话框。在【Orientation（Point overrides Vectors）】方向（点覆盖矢量）区域内，在【Vector】向量栏内的【X】【Y】【Z】分量分别设置为“0，1，0”，设置方向向量为（0，1，0）。在【Point{}】点表的第一行输入“1”，单击【OK】确定按钮，关闭对话框。

在图形区显示出创建的单元网格，如图 1.1.9 所示。

1.1.8　生成 ADINA 结构数据文件、运行 ADINA 结构数据、后处理

单击【Save】保存图标，文件名为“prob01”，【File type】文件类型栏应该是【ADINA-IN Database Files（*.idb）”）】。要生成 ADINA Structures 数据文件，并且运行 ADINA Structures，单击【Data File/Solution】数据文件/求解方案图标，设置文件名为“prob01”，勾选【Run Solution】运行求解方案选项，单击【Save】保存。

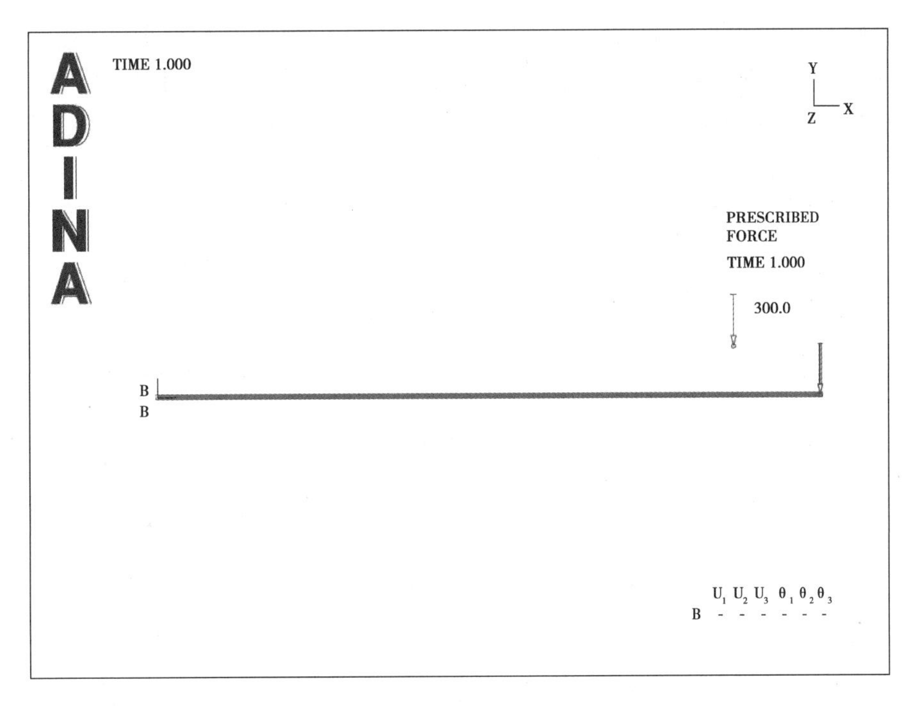

图 1.1.9　在图形区显示出创建的单元网格

当 ADINA Structures 运行完成后，在【ADINA Structures Message】显示如下信息：

"* Solution successful, please check the results * "

关闭所有打开的对话框。

在【Program Module】程序模块下拉菜单内选择【Post-Processing】后处理，单击【Yes】，放弃所有的改变，并继续运行。单击【Open】打开按钮，打开文件"prob01"。

1.1.9　显示变形模型

单击【Boundary Plot】边界绘图图标，显示边界条件。然后单击【Load Plot】载荷绘图图标，显示载荷。在图形区显示变形后的模型，如图 1.10 所示。

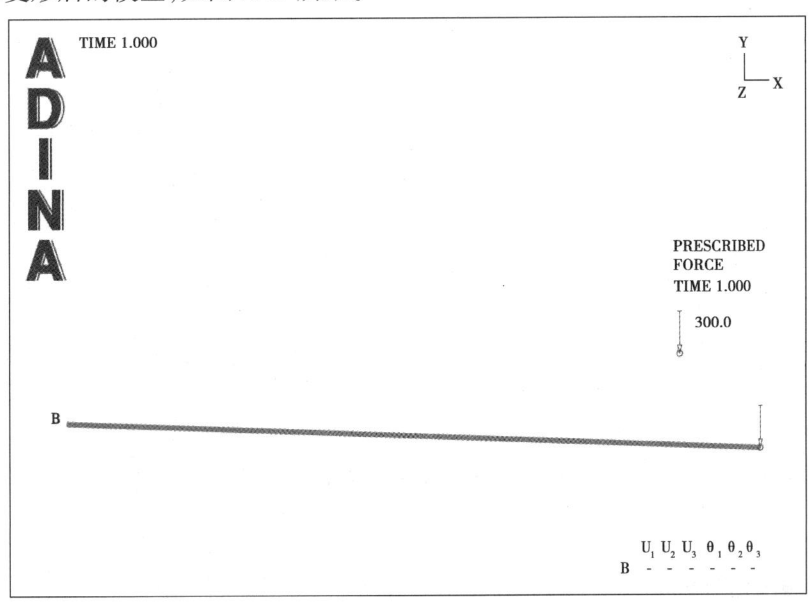

图 1.1.10　在图形区显示变形后的模型

梁单元的截面可以绘制在单元的中心位置上。单击【Modify MeshPlot】修改网格绘图图标，弹出【Modify MeshPlot】修改网格绘图对话框。在对话框内单击【Element Depiction...】单元描述按钮，弹出【Define Element Depiction】定义单元描述对话框。勾选【Display Beam Cross-Section】显示梁截面选项。单击【OK】确定按钮两次，关闭两个对话框。

在图形区显示单元和变形，如图 1.1.11 所示。

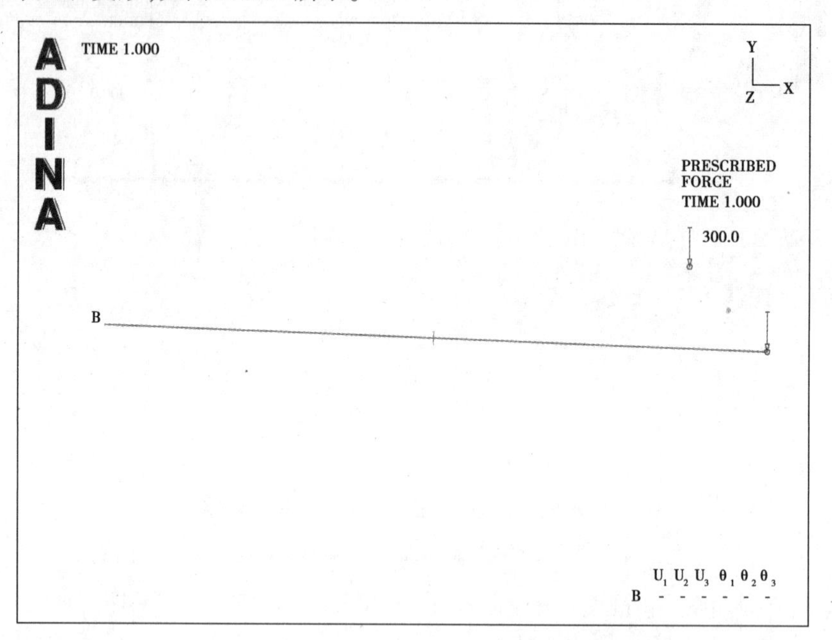

图 1.1.11 在图形区显示单元和变形

单击【Iso View2】ISO 视图 2 图标，（图标位于【YZ View】YZ 视图的右下角下拉箭头后的显示列表中），绘制不同角度的计算模型。单击后显示的图形窗口如图 1.1.12 所示图形。

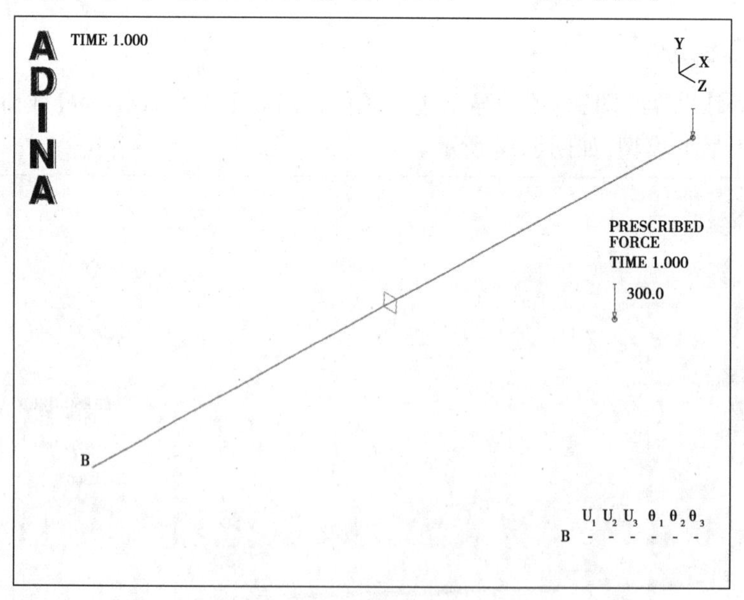

图 1.1.12 绘制不同角度的计算模型

单击【XY View】XY 视图图标，即可返回到原来的界面。

1.1.10 显示端部的变形

在主菜单中选择【List】列表→【Extreme Values】极值→【Zone】区域，弹出【List Zone Extreme Values】列出

区域极值对话框,在【Variables to List】变量列表区,在第一行右侧的下拉菜单中选择【Y-DISPLACEMENT】Y位移,单击【Apply】应用按钮。

在AUI显示节点2的Y位移为-3.62319E-02。(请注意,这是梁理论预测的偏转;在这种情况下,单梁单元是足够的,因为梁单元包含一个立方位移假设和梁理论解需要一个立方位移假设。)单击【Close】关闭对话框。

为了看到中性轴的位移,单击【Modify Mesh Plot】修改网格绘图图标,弹出【Modify Mesh Plot】修改网格绘图对话框。单击对话框内【Mesh Attributes】网格属性区域内的【Element Depiction...】单元描述按钮,弹出【Define Element Depiction】定义单元描述对话框。单击【Advanced】高级选项卡,在【Beam Attributes】梁属性区域内,设置【# Segments forNeutral Axis】中性轴的段为“8”。单击【OK】确定按钮两次,关闭两个对话框。图形窗口如图1.1.13所示。

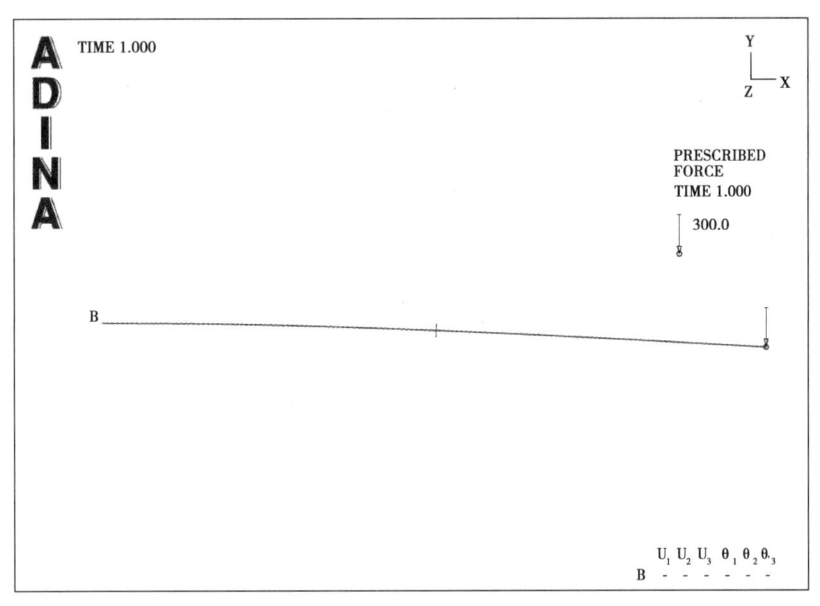

图 1.1.13 中性轴及变形

1.1.11 显示弯曲力矩和剪切力图

1)显示弯曲力矩图

选择主菜单中的【Display】显示→【Element Line Plot】单元线绘图→【Create】创建,弹出【CreateElement Line Plot】创建单元线绘图对话框。设置【Element Line Quantity】单元线数量下拉菜单为【BENDING_MOMENT-T】,单击【OK】确定按钮,关闭对话框。图形窗口显示的弯矩图如图 1.1.14 所示。

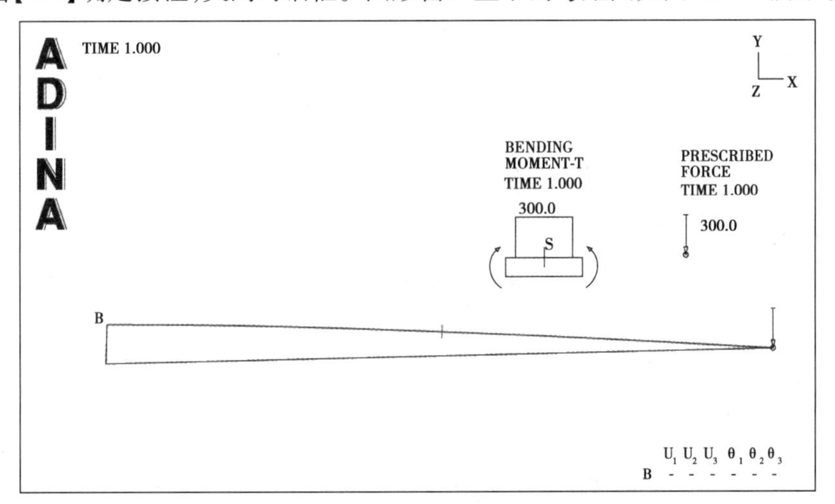

图 1.1.14 显示的弯曲力矩图

2）显示剪切力图

选择主菜单中的【Display】显示→【Element Line Plot】单元线绘图→【Modify】修改，弹出【ModifyElement Line Plot】修改单元线绘图对话框。设置【Element Line Quantity】单元线数量下拉菜单为【SHEAR_FORCE-S】。图形窗口显示的剪切力图如图1.1.15所示。

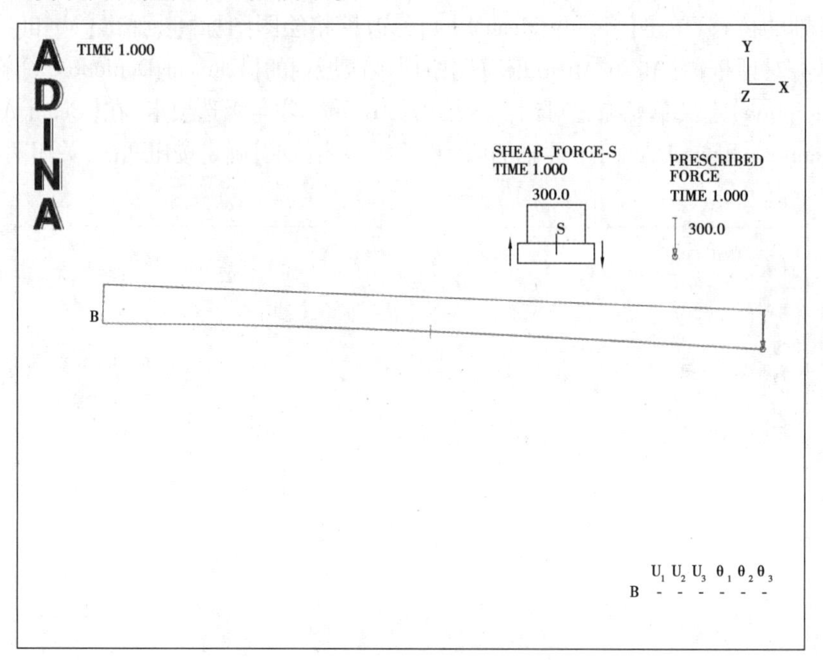

图1.1.15　显示的剪切力图

1.1.12　退出AUI

选择主菜单中的【File】文件→【Exit】退出，弹出【AUI】对话框，单击【Yes】，其余选【默认】，退出ADINA-AUI。

1.2　由于分布载荷引起的挠度

问题描述

分布载荷模型如图1.1.16所示。

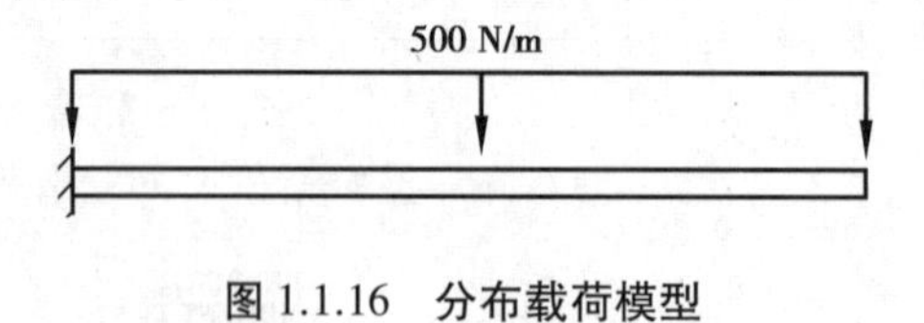

图1.1.16　分布载荷模型

1.2.1　启动AUI，选择有限元程序

启动AUI，设置【Program Module】程序模块下拉菜单选项为【ADINA Structures】ADINA结构。

从主菜单【File】文件下拉菜单中选择"prob01.idb"，并打开该文件。

1.2.2　删除并重新定义载荷

1）删除载荷

在左侧的模型树上，单击【Loading】载荷旁边的"+"号，右键单击【1. Force 1 on Point 2】文本，在弹出的快捷菜单中选择【Delete】删除，再在弹出的对话框内单击【Yes】。

单击【Redraw】重画图标,更新图形区。更新后的图形窗口如图1.1.17所示。

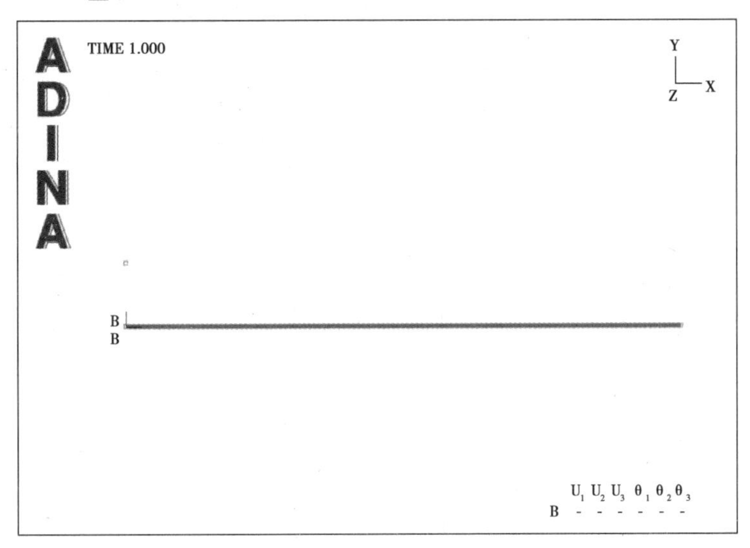

图1.1.17 重新绘制后的几何模型

为了定义分布载荷,需要定义一个辅助点。单击【Define Points】定义点图标,弹出【Geometry Points】几何点对话框。在列表中增加一个点3,点3的坐标见表1.1.2。

表1.1.2 点3的坐标

Point#	X1	X2	X3
3		0.1	

2)重新定义载荷

单击【Apply Load】应用载荷图标,弹出【Apply Load】应用载荷对话框。在【Load Type】载荷类型下拉菜单中选择【DistributedLine Load】分布线载荷,单击【Load Number】载荷号栏右侧的【Define...】定义按钮,弹出【Define Distributed Line Load】定义分布线载荷对话框。单击【Add】添加按钮,增加【line load number 1】线载荷号1。在【Magnitude [Force/Length]】幅度[力/长度]栏内输入"500",单击【OK】确定按钮,关闭对话框。

在【Apply Load】应用载荷对话框内,在表格的第一行,在【Point{}】点表的第一行输入1,设置【Aux. Point】辅助点为3。单击【OK】确定按钮,关闭对话框。

单击【Redraw】重画图标,更新图形区。更新后显示的图形窗口如图1.1.18所示。

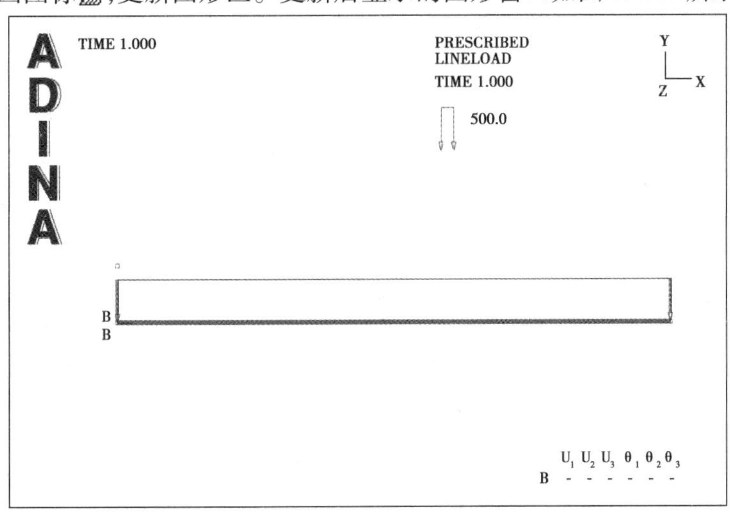

图1.1.18 更新后的几何模型

1.2.3 生成 ADINA 数据文件、运行 ADINA 结构数据、后处理

要把 ADINA-IN 数据库保存为新的文件，选择主菜单中的【File】文件→【Save As】另存为，弹出【Save As】另存为对话框，把文件名称修改为"prob01a"，单击【Save】保存图标，保存文件。

单击【Data File/Solution】数据文件/求解方案图标，设置文件名称为"prob01a"，勾选【Run Solution】运行求解方案选项，单击【Save】保存。

当 ADINA Structures 运行完成后，关闭所有打开的对话框。

使用与 1.1 相同的步骤后处理此模型（此时将加载的文件为"prob01a"）。本次的顶端位移是 -2.26449E-02。同样的，具有相同的顶端位移，是由梁理论预测。具有载荷和边界条件的变形网格应如图 1.1.19 所示。

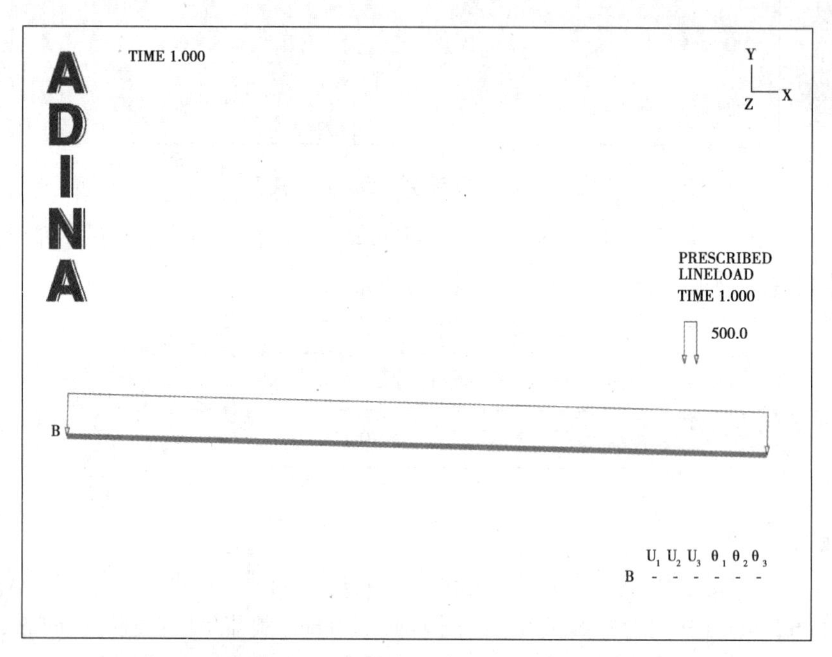

图 1.1.19 具有载荷和边界条件的变形网格

1.2.4 退出 AUI

选择主菜单中的【File】文件→【Exit】退出，弹出【AUI】对话框，然后单击【Yes】，其余选【默认】，退出 ADINA-AUI。

1.3 两端固支梁的挠度

问题描述

两端固定的梁，承受分布载荷，如图 1.1.20 所示。

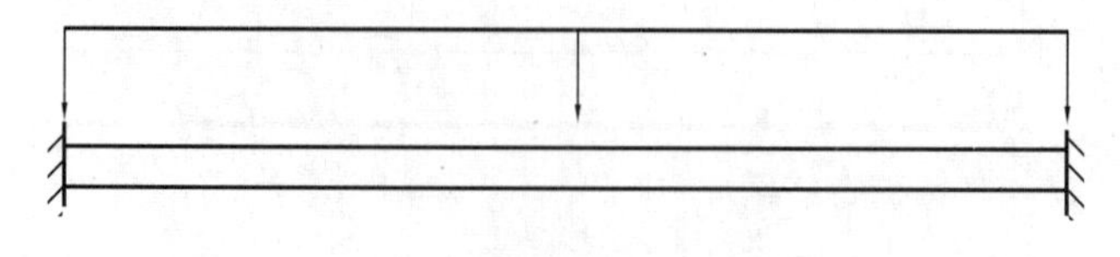

图 1.1.20 两端固支几何模型

1.3.1 启动 AUI,选择有限元程序

启动 AUI,设置【Program Module】程序模块下拉菜单选项为【ADINA Structures】ADINA 结构。

从主菜单【File】文件下拉菜单中选择“prob01.idb”,并打开该文件。单击【Yes】选项,放弃所有更改,在【File】文件主菜单中继续选择“prob01a.idb”。

1.3.2 添加边界条件,细化网格

选择需要对梁的右侧增加一个边界条件。在左侧的模型树中,右键单击【Fixity】固定文字,在弹出的快捷菜单中选择【Apply...】应用。在弹出的【Apply Fixity】应用固定对话框中的【Point{}】点表的第二行输入2,单击【OK】确定按钮,关闭对话框。单击【Redraw】重画图标,更新图形区。

现在需要细化单元,以求解本模型。

1)删除已有单元

单击【Delete Mesh/Elements】删除网格/单元图标,弹出【Delete Mesh/Elements】删除网格/单元对话框。在【Line{}】线表中的第一行输入“1”,单击【OK】确定按钮,关闭对话框。图形区图形窗口删除单元后的几何模型如图 1.1.21 所示。

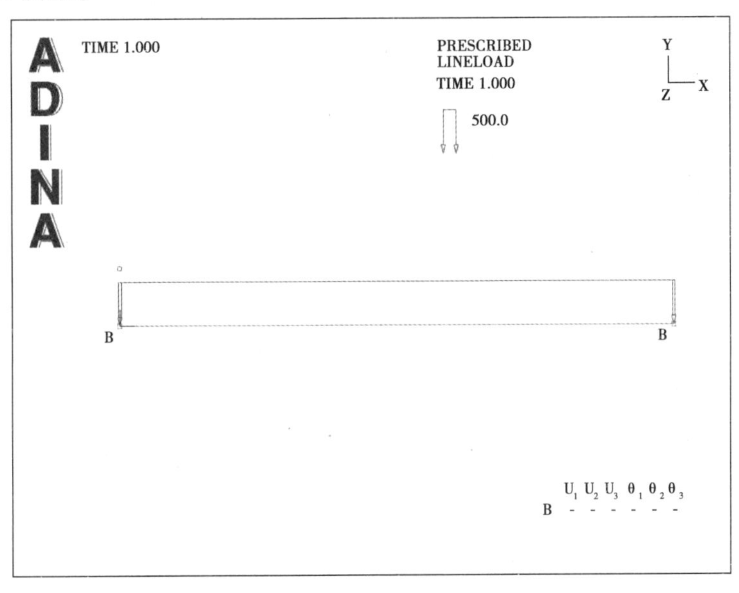

图 1.1.21 删除单元后的几何模型

2)指定网格细化

单击【Subdivide Lines】细分线图标(图标在【Element Group】单元组图标右侧的下拉菜单中),弹出【Define Line Mesh Density】定义线网格密度对话框。确保在对话框内【Mesh Density】网格密度区的【Method】方法下拉菜单选项为【Use Number of Divisions】使用划分数,设置【Number of Subdivisions】细分数选项为 2。单击【OK】确定按钮,关闭对话框。

图形区显示细化后的网格如图 1.1.22 所示。在几何线的中间位置增加一条短竖线,标明线段将如何细化单元。

3)添加单元

单击【MeshLines】划分线网格图标,在对话框内的【Orientation(Point overrides Vector)】方向(点覆盖矢量)区域,设置方向向量为(0,1,0),在对话框内的【Line to be Meshed】要划分网格的线区域内,在【Line{}】线表的第一行输入“1”。单击【OK】确定按钮,关闭对话框。图形区显示添加单元后的网格如图 1.1.23 所示。

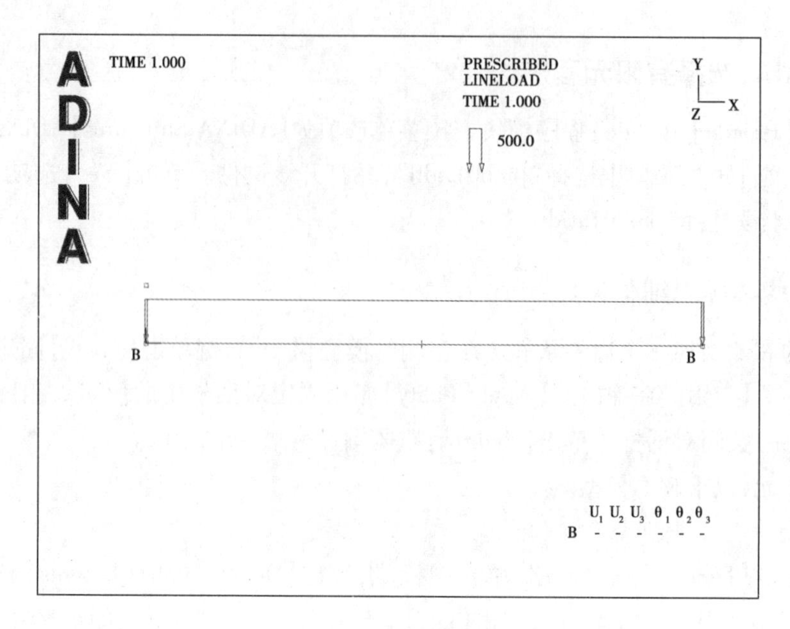

图 1.1.22　细化后的网格

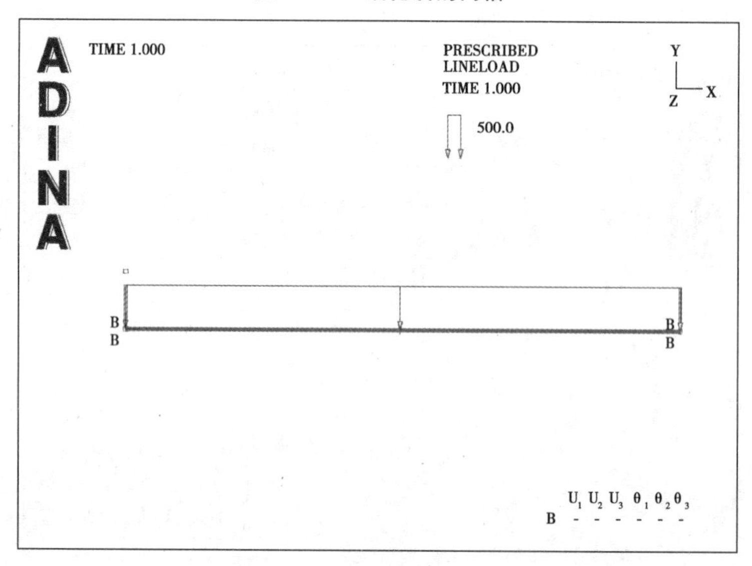

图 1.1.23　添加单元后的网格

1.3.3　生成 ADINA 数据文件、运行 ADINA 结构数据、后处理

把 ADINA-IN 数据库保存为新的文件，选择主菜单中的【File】文件→【Save As】另存为，弹出【Save As】另存为对话框，将名称修改为“prob01b.idb”，单击【Save】保存图标，保存文件。

单击【Data File/Solution】数据文件/求解方案图标，设置文件名称为“prob01b. dat”，勾选【Run Solution】运行求解方案选项，单击【Save】保存。

当 ADINA Structures 运行完成后，关闭所有打开的对话框。

使用与 1.2 相同的步骤后处理此模型（此时将加载的文件为“prob01b”）。这一次绘制变形网格时，将看不到形状变化，因为位移太小了。

因为位移太小，所以需要把位移放大，以便能够方便地显示和观察。单击【ScaleDisplacements】比例位移图标，放大后的效果如图 1.1.24 所示。

当对位移进行列表时，注意到最大位移值是-4.71769E-4（在模型的中间位置）。这和梁理论预测的值是一致的。

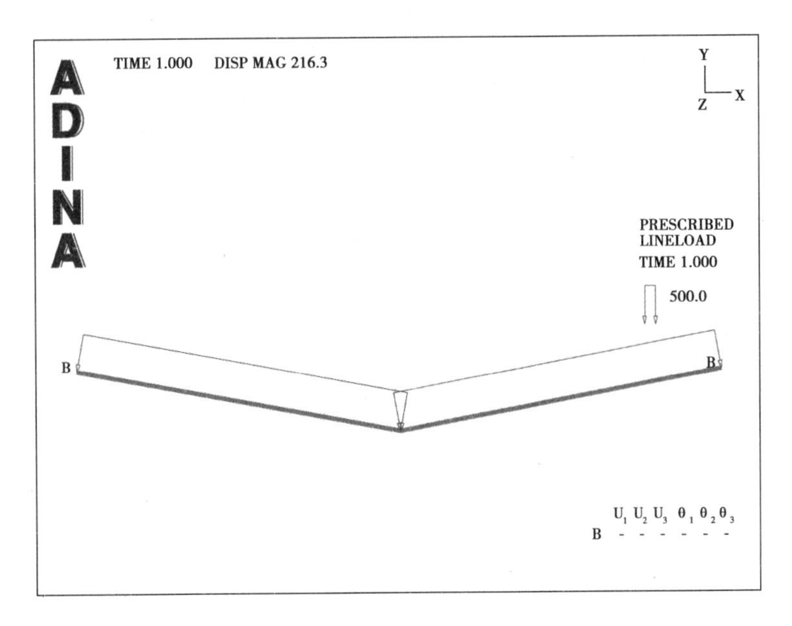

图 1.1.24 放大后的位移显示

1.3.4 显示弯矩和剪切力

1)显示弯矩

单击【Load Plot】载荷绘图图标，移除绘制的载荷。单击【Scale Displacements】比例位移图标，减小位移的放大系数。然后选择主菜单中的【Display】显示→【Element Line Plot】单元线绘图→【Create】创建，弹出【CreateElement Line Plot】创建的线绘图对话框。设置【Element LineQuantity】单元线数量栏下拉菜单为【BENDING_MOMENT-T】。单击【OK】确定按钮，关闭对话框。图形窗口如图 1.1.25 所示。

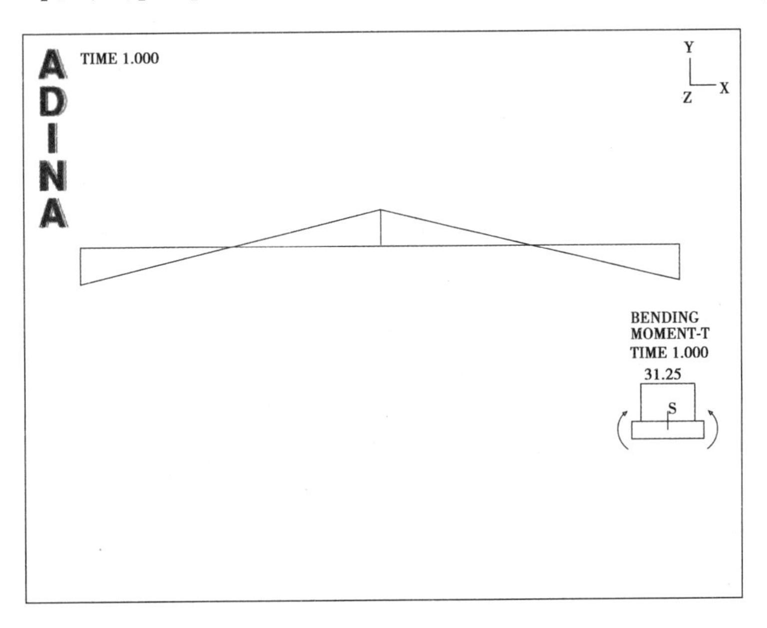

图 1.1.25 显示弯矩

2)显示剪切力

现在主菜单中选择【Display】显示→【Element Line Plot】单元线绘图→【Modify】修改，弹出【ModifyElement Line Plot】修改单元线绘图对话框。设置【Element LineQuantity】单元线数量栏下拉菜单为【SHEAR_FORCE-S】。单击【OK】确定按钮，关闭对话框。图形窗口如图 1.1.26 所示。

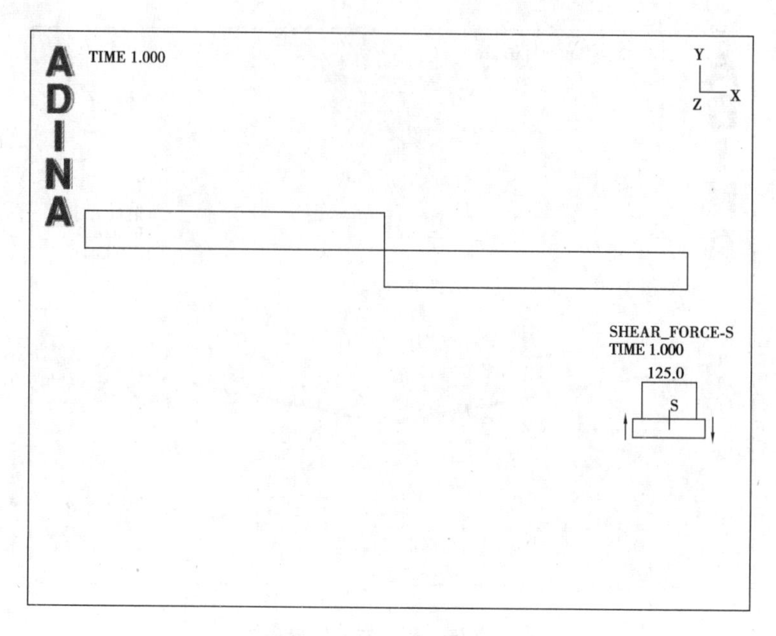

图 1.1.26　显示剪切力

1.3.5　列出弯曲力矩和截面力

选择主菜单中的【List】列表→【Value List】值列表→【Zone】区域，弹出【ListZoneValue】列表区域值对话框。设置【Variable 1】变量 1 为【Force：NODAL_MOMENT-T】(注意：不是 BENDING_MOMENT-T)，设置【Variable 2】变量 2 为【Force：NODAL_FORCE-S】(注意不是 SHEAR_FORCE-S)，单击【Apply】应用。列表显示选择的力如下：

```
                    NODAL_MOMENT-T      NODAL_FORCE-S

Element 1 of element group 1

Local node 1       3.12500E+01       1.25000E+02
Local node 2       3.12500E+01      -1.25000E+02

Element 2 of element group 1

Local node 1      -3.12500E+01      -1.25000E+02
Local node 2      -3.12500E+01       1.25000E+02
```

这些力是单元节点力和力矩，相当于在虚功意义上的内力和力矩。

1.3.6　退出 AUI

选择主菜单中的【File】文件→【Exit】退出，弹出【AUI】对话框，然后单击【Yes】，其余选【默认】，退出 ADINA-AUI。

1.4　计算内力和力矩

1.4.1　启动 AUI

将【Program Module】程序模块下拉列表设置为【ADINA Structures】ADINA 结构，然后单击【Yes】放弃所有更改并继续。从【File】文件菜单底部附近的最近的文件列表中选择【prob01b】。

1.4.2　修改结果输出设置

单击【Element Groups】单元组图标，弹出【Define Element Group】定义单元组对话框。在【Element

Result Output】单元结果输出区域内，设置【Result Type】结果类型下拉菜单的选项为【Section Forces】截面力，设置【Number ofSection Points】截面点数量选项为5。单击【OK】确定按钮，关闭对话框。

1.4.3　生成ADINA数据文件、运行ADINA结构数据、后处理

把ADINA-IN数据库保存为新的文件，选择主菜单中的【File】文件→【Save As】另存为，弹出【Save As】另存为对话框，把名称修改为“prob01c.idb”，单击【Save】保存图标，保存文件。

单击【Data File/Solution】数据文件/求解方案图标，设置文件名称为“prob01c.dat”，勾选【Run Solution】运行求解方案选项，单击【Save】保存。

当ADINA Structures运行完成后，关闭所有打开的对话框。打开文件【prob01c.por】。

为了列出内部弯曲力矩和截面力，选择主菜单中的【List】列表→【Value List】变量列表→【Zone】区域，弹出【ListZoneValue】列表区域值对话框。设置【Variable 1】变量1为【Force：BENDING_MOMENT-T】，设置【Variable 2】变量2为【Force：SHEAR_FORCE-S】，单击【Apply】应用。列表显示选择的力，如下。

```
                BENDING
                    MOMENT-T      SHEAR_FORCE-S
        Element 1 of element group 1
        Sect int pt 1   -3.12500E+01   -1.25000E+02
        Sect int pt 2   -1.56250E+01   -1.25000E+02
        Sect int pt 3    0.00000E+00   -1.25000E+02
        Sect int pt 4    1.56250E+01   -1.25000E+02
        Sect int pt 5    3.12500E+01   -1.25000E+02
        Element 2 of  element group 1
        Sect int pt 1    3.12500E+01    1.25000E+02
        Sect int pt 2    1.56250E+01    1.25000E+02
        Sect int pt 3    0.00000E+00    1.25000E+02
        Sect int pt 4   -1.56250E+01    1.25000E+02
        Sect int pt 5   -3.12500E+01    1.25000E+02
```

这些结果与节点力和力矩一致。但是，这些结果并不正确，需要修正。

1.4.4　使用固定端力修正

将【Program Module】程序模块下拉列表设置为【ADINA Structures】ADINA结构，然后单击【Yes】是放弃所有更改并继续。从【File】文件菜单底部附近的最近的文件列表中选择文件“prob01c.idb”。

我们将使用固定端力修正特性来改善弯矩和剪力。选择主菜单中的【Control】控制→【MiscellaneousOptions】杂项选项，勾选【Perform Fixed-End Force Corrections for Beams】对横梁执行固定端力校正，然后单击【OK】确定按钮，关闭对话框。

1.4.5　修正后，生成ADINA数据文件、运行ADINA结构数据、后处理

把ADINA-IN数据库保存为新的文件，选择主菜单中的【File】文件→【Save As】另存为，弹出【Save As】另存为对话框，将名称修改为“prob01d.idb”，单击【Save】保存图标，保存文件。

单击【Data File/Solution】数据文件/求解方案图标，设置文件名称为“prob01d.dat”，勾选【Run Solution】运行求解方案选项，单击【Save】。

当ADINA Structures运行完成后，关闭所有打开的对话框。打开文件【prob01d.por】。

为了列出内部弯曲力矩和截面力，选择主菜单中的【List】列表→【Value List】值类别→【Zone区域】，弹

出【ListZoneValue】列表区域值对话框。设置【Variable 1】变量 1 为【Force：BENDING _MOMENT-T】，设置【Variable 2】变量 2 为【Force：SHEAR_ FORCE-S】，单击【Apply】应用。列表显示选择的力如下：

```
              BENDING
              MOMENT-T     SHEAR_FORCE-S
Element 1 of element group 1
Sect int pt 1  -4.16667E+01  -2.50000E+02
Sect int pt 2  -1.43229E+01  -1.87500E+02
Sect int pt 3  5.20833E+00  -1.25000E+02
Sect int pt 4  1.69271E+01  -6.25000E+01
Sect int pt 5  2.08333E+01  0.00000E+00
Element 2 of element group 1
Sect int pt 1  2.08333E+01  0.00000E+00
Sect int pt 2  1.69271E+01  6.25000E+01
Sect int pt 3  5.20833E+00  1.25000E+02
Sect int pt 4  -1.43229E+01  1.87500E+02
Sect int pt 5  -4.16667E+01  2.50000E+02
```

这些是梁理论预测的结果。

现在主菜单中选择【Display】显示→【Element Line Plot】单元线绘图→【Create】创建，弹出【CreateElement Line Plot】创建单元线绘图对话框。设置【Element LineQuantity】单元线数量栏下拉菜单为【BENDING_MOMENT-T】。单击【OK】确定按钮，关闭对话框。图形显示弯曲力矩如图 1.1.27 所示。

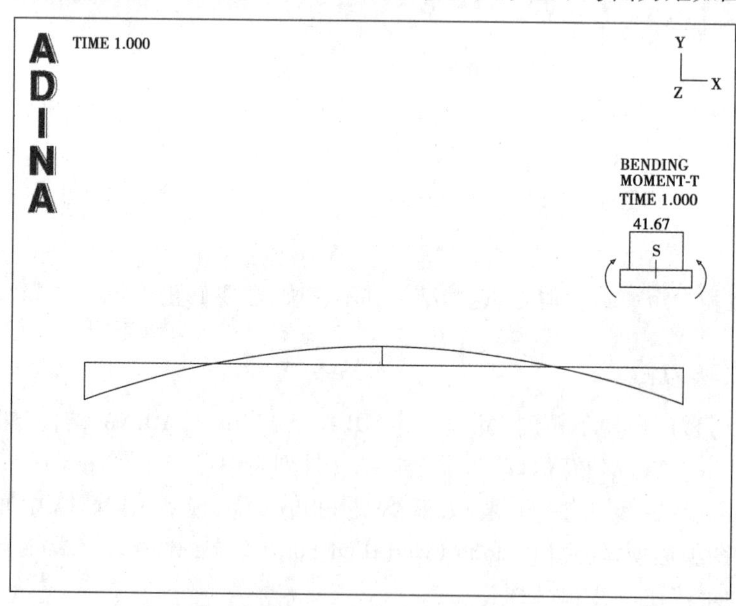

图 1.1.27　显示弯曲力矩

在主菜单中选择【Display】显示→【Element Line Plot】单元线绘图→【Modify】修改，弹出【ModifyElement Line Plot】修改单元线绘图对话框。设置【Element LineQuantity】单元线数量栏下拉菜单为【SHEAR_FORCE-S】。单击【OK】确定按钮，关闭对话框。图形显示剪力如图 1.1.28 所示。

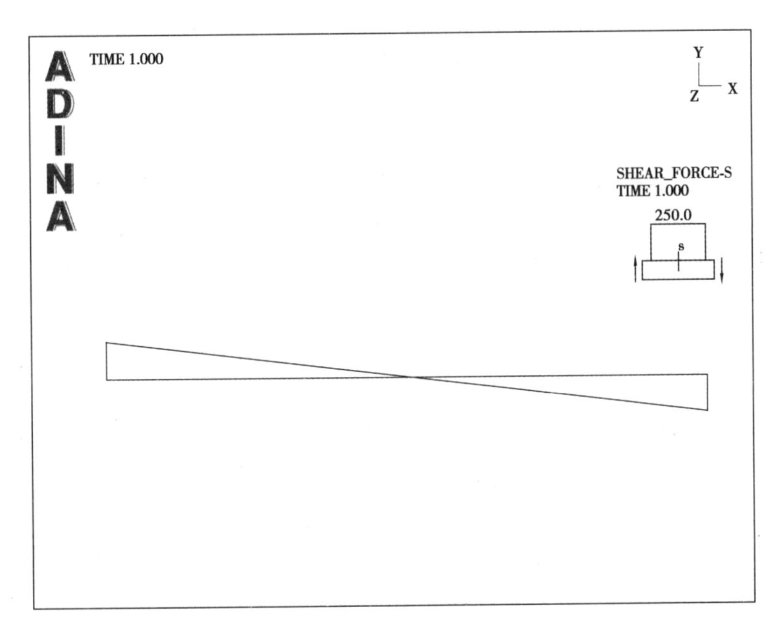

图 1.1.28　显示剪力

这些都是预期的结果。

1.4.6　退出 AUI

选择主菜单中的【File】文件→【Exit】退出，弹出【AUI】对话框，单击【Yes】，其余选【默认】，退出ADINA-AUI。

问题2　对称模型有孔板的拉伸

问题描述

1)问题概况

对称模型有孔板受到张力,如图1.2.1所示。

长度是以mm为单位,厚度为1 mm,弹性模量$E=7.0\times10^4$ N/mm²,泊松比$\nu=0.25$。

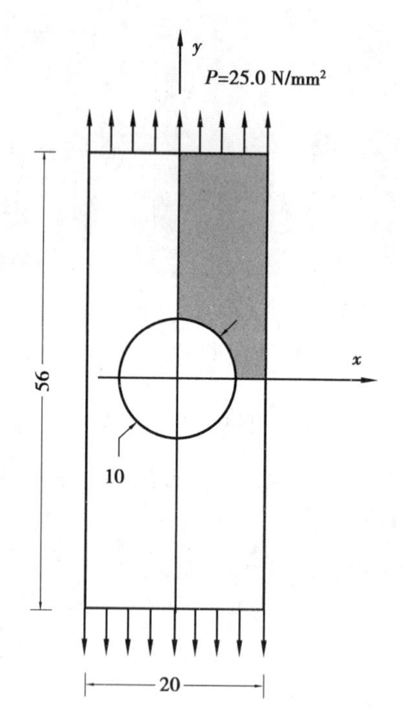

图1.2.1　问题2中的模型

2)演示内容

本例将演示以下内容:

①定义问题标题。

②选择主自由度。

③在圆柱坐标系中输入几何点。

④定义几个几何面。

⑤定义边界条件。

⑥用鼠标查询图形特性。

⑦在几何面上生成单元,确保兼容性。

⑧显示几何点、线和面数量。

⑨缩放到图形窗口。

⑩绘制原始和变形的网格。

⑪使用鼠标移动和缩放网格图。

⑫使用鼠标删除不想要的文本。

⑬使用向量箭头绘制单元。

⑭绘制应力条形图。

⑮沿一条线绘制应力。

⑯修改图形绘制。

2.1　启动AUI,选择有限元程序

启动AUI,并将【Program Module】程序模块下拉列表设置为【ADINA Structures】ADINA结构。

2.2　定义模型控制数据

1)定义问题标题

在主菜单中选择【Control】控制→【Heading】标题,弹出【Heading】标题对话框。在对话框内输入【Problem 2: Plate with a hole in tension】,单击【OK】确定按钮,关闭对话框。

2)定义2D单元

在主菜单中选择【Control】控制→【Miscellaneous Options】其他选项,弹出【Miscellaneous Options】其他选项对话框。在【2D Solid Elements】二维实体单元栏内设置为【XY-Plane,Y-Axisymmetric】*XY*平面,*Y*轴对称。单击【OK】确定按钮,关闭对话框。

3)主自由度

在主菜单中选择【Control】控制→【Degrees of Freedom】自由度,弹出【Degrees of Freedom】自由度对话框。不勾选【Z-Translation】Z-平动、【X-Rotation】X-转动、【Y-Rotation】Y-转动、【Z-Rotation】Z-转动按钮。单击【OK】确定按钮,关闭对话框。

注意:执行这一步,原因是将使用的二维实体元素只为【X-Translation】和【Y-Translation】平移自由度提供了刚度。如果省略此步骤,则在生成 ADINA 结构数据文件时,AUI 将删除所有节点的【Z-translation】Z-平动、【X-rotation】X-转动、【Y-rotation】Y-转动和【Z-rotation】Z-转动。因此,这一步是没有必要的;无论是否执行此步骤,ADINA 结构都将提供相同的解决方案。但是,如果执行此步骤,ADINA 结构的运行效率会更高。

2.3　定义模型的关键几何元素

图 1.2.2 显示了定义此模型所用的关键几何点和线。

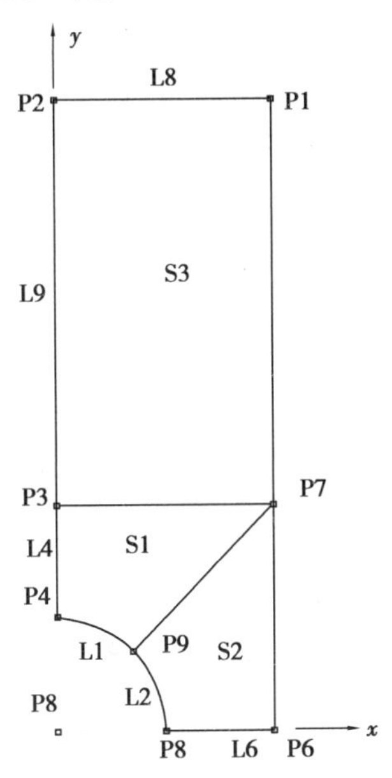

图 1.2.2　模型所用的关键几何点和线

1)点

单击【Define Points】图标,定义下面的点,见表 1.2.1。

表 1.2.1　定义的 8 个点的坐标

Point#	X1	X2
1	10	28
2	0	28
3	0	10
4	0	5
5	5	0
6	10	0
7	10	10
8	0	0

共有 8 个点,X3 可以不输入,保留空白,自动识别为 0。

还需要沿孔中间定义一个点。这一点的坐标是一个圆柱坐标系。单击【Coordinate Systems】坐标系图标,弹出【Define Coordinate System】定义坐标系对话框,单击【Add】添加按钮,添加【coordinate system 1】坐标系 1,在【Type】类型下拉菜单内选择【Cylindrical】柱坐标,将类型设置为圆柱形。将向量 A 的分量设置为 (0、0、1),向量 B 的分量为 (1、0、0)。然后单击【OK】确定按钮,关闭对话框。

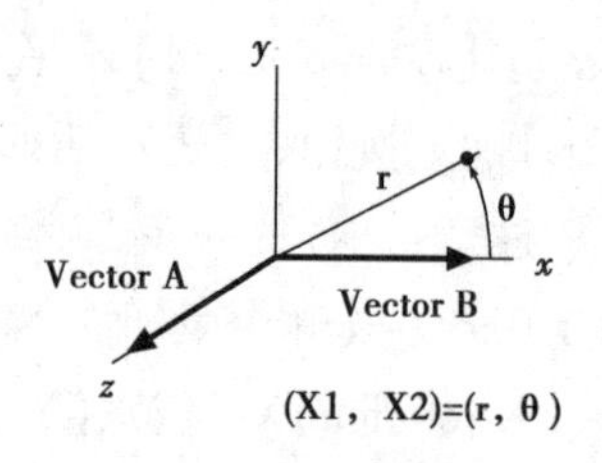

图 1.2.3 向量 A 和向量 B 的定义

向量 A 给出圆柱轴的方向,向量 B 用于确定对应于零角 θ 的直线,如图 1.2.3。

单击【Define Points】定义点图标,添加新的一行,定义一个新的点,即第 9 个点,见表 1.2.2。

表 1.2.2 点 9 的坐标

Point#	X1	X2	X3
9	5	45	0

单击【OK】确定按钮,关闭对话框。

生成的图像如图 1.2.4 所示。

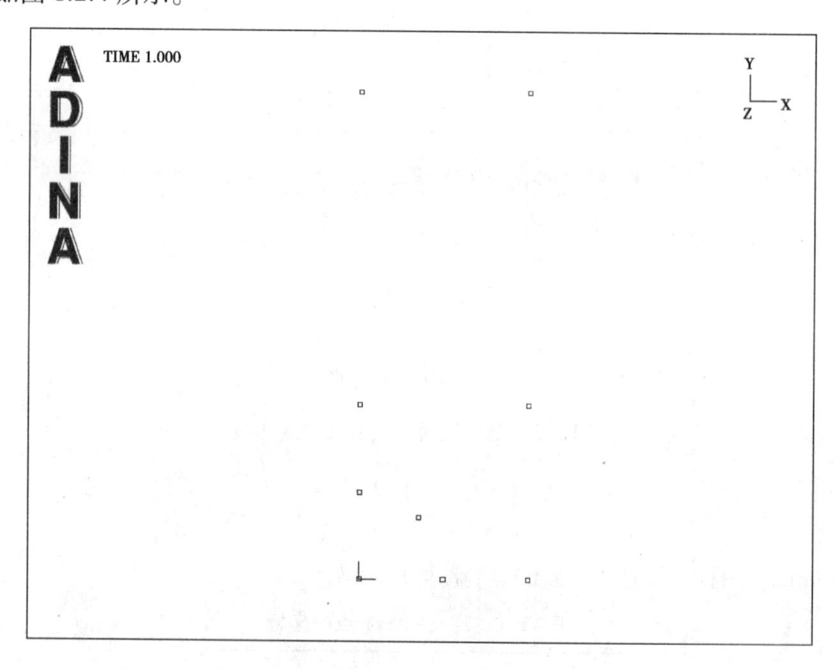

图 1.2.4 定义的 9 个点

2) 弧线

单击【Define Lines】定义线图标,弹出【Define Lines】定义线对话框。单击【Add】添加按钮,添加“line 1”线 1,设置【Type】类型下拉菜单选项为【Arc】弧,设置【Starting Point,P1】起始点,P1 为“4”,【End Point,P2】结束点,P2 为“9”,【Center】圆心为“8”。单击【Save】保存按钮。再次单击【Add】添加按钮,添加“line2”线 2,设置【Starting Point,P1】开始点,P1 为“9”,【End Point,P2】结束点,P2 为“5”,【Center】圆心为“8”。单击【OK】确定按钮,关闭对话框。

生成的图像如图 1.2.5 所示。

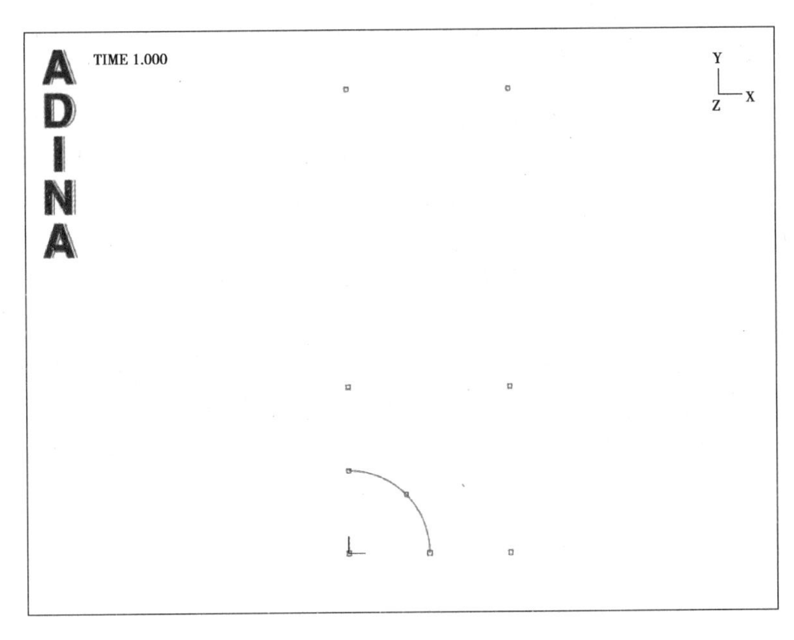

图 1.2.5　绘制的圆弧

3) 曲面

单击【Define Surfaces】定义面图标，弹出【Define Surfaces】定义面对话框。单击【Add】添加按钮，【Type】类型下拉菜单选择为【Vertex】顶点，定义表 1.2.3 所示的面。定义完成后，单击【Ok】确定按钮，关闭对话框。在定义完成表面 1 后，单击【Add】添加按钮，添加新的表面。

表 1.2.3　定义面的点列表

Surface Number	Point 1	Point 2	Point 3	Point 4
1	7	3	4	9
2	7	9	5	6
3	1	2	3	7

要显示几何点、线、面的号，分别单击【Point Labels】点标签图标、【Line/Edge Labels】线/棱边标签图标、【Surface/Face Labels】曲面/面标签图标。生成的图像如图 1.2.6 所示。

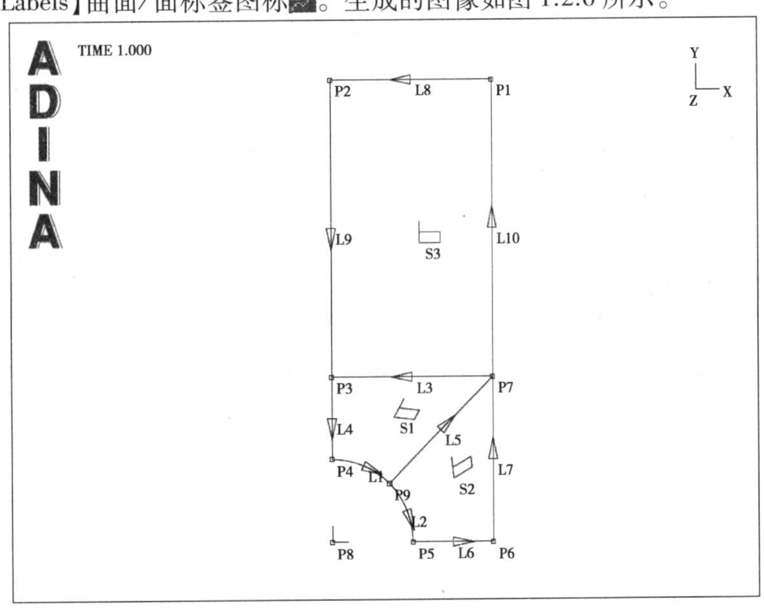

图 1.2.6　点、线和面的标签

2.4 定义和应用边界条件

需要两个边界条件来建立模型的对称性。单击【Apply Fixity】应用固定图标，弹出【Apply Fixity】应用固定对话框。然后单击【Define...】定义...按钮，弹出【Define Fixity】定义固定对话框。在【Define Fixity】定义固定对话框中，单击【Add】添加按钮，弹出【Add】添加对话框，在对话框内添加【New Name】新名字为【YT】，单击【OK】确定按钮，关闭【Add】添加对话框。在【Define Fixity】定义固定对话框内勾选【Y-Translation】*Y* 平动按钮，然后单击【Save】保存按钮。然后用同样的方法添加固定名为【XT】，勾选【X-Translation】*X* 平动按钮，然后单击【OK】按钮，关闭对话框。

在【Apply Fixity】应用固定对话框内，设置【Apply to】应用到栏的下拉菜单为【Edge/Line】棱边/线，【Fixity】固定栏内设置为【XT】，在【Edge/Line {p}】棱边/线，添加“line4”和“line9”，(注意在【Body #】体栏内输入体的编号 0)。用同样的方法定义 line 6 赋予边界条件 YT。单击【OK】确定按钮，关闭对话框。

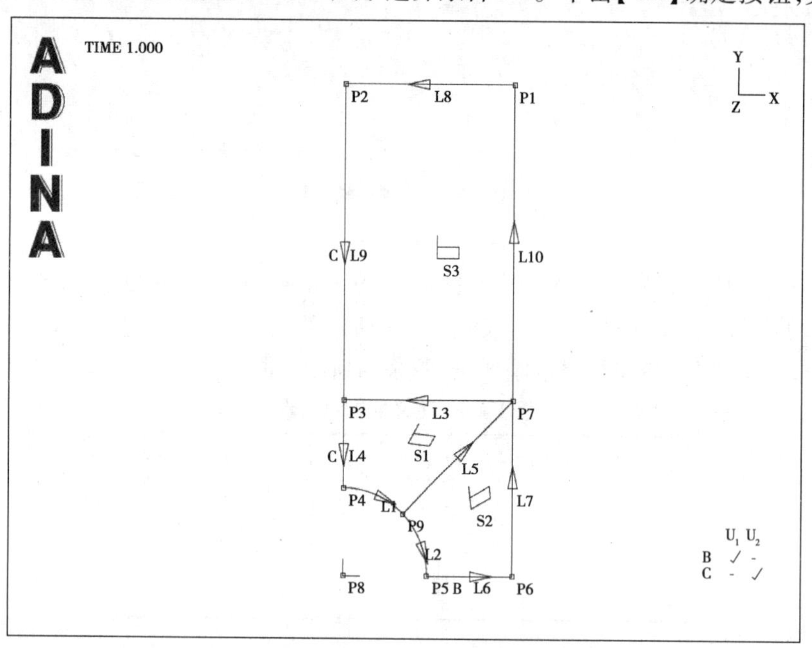

图 1.2.7 显示边界条件

单击【Boundary Plot】边界绘制图标，显示定义的边界条件，如图 1.2.7 所示。

请注意，line 6 标有 B。图形窗口右下方的表说明 U1 (x) 自由度是自由的，并且 U2 (y) 自由度是固定的。同样，line 4 和 line 9 用 C 标记，表明 U1 (x) 自由度是固定的，U2 (y) 的自由度是自由的。

2.5 定义和应用载荷

单击【Apply Load】应用载荷图标，弹出【Apply Load】应用载荷对话框。在【Load Type】载荷类型下拉框内选择【Pressure】压强。单击【Load Number】载荷号右侧的【Define...】定义按钮，弹出【Define Pressure】定义压强对话框。单击【Add】添加按钮，添加“pressure 1”，设置【Magnitude】幅度栏为“-25”。单击【OK】确定按钮，关闭对话框。

在【Apply Load】应用载荷对话框内，确保【Apply to】应用到栏内选择的是【Line】线，在【Point{p}】点的第一行，设置为“8”，即【line 8】线 8。单击【OK】确定按钮，关闭对话框。

单击【Load Plot】载荷绘图图标，把定义的载荷在图形区显示出来，如图 1.2.8 所示。

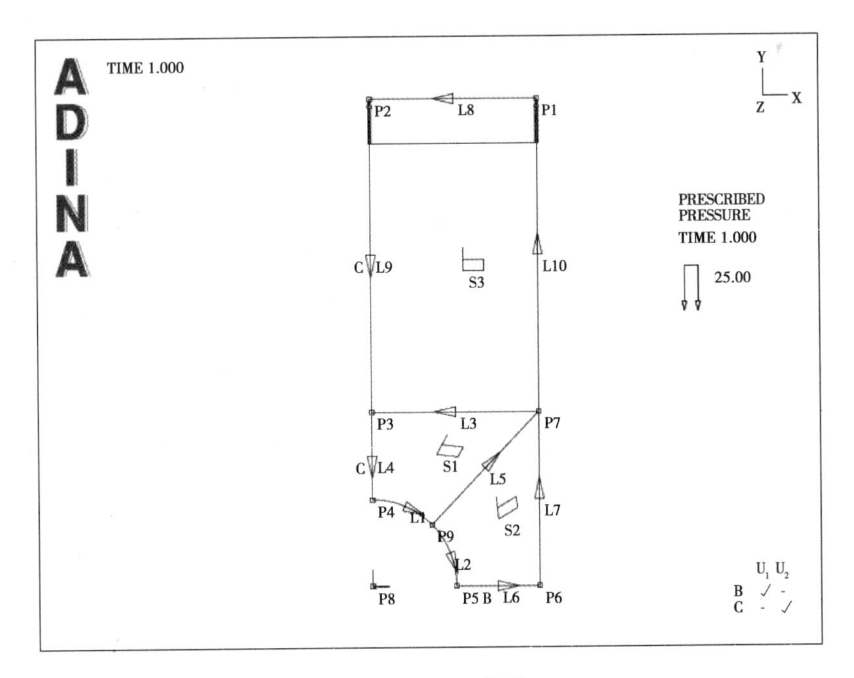

图 1.2.8 显示载荷

2.6 定义材料

单击【Manage Materials】管理材料图标M,弹出【Manage Materials Define 】管理材料定义对话框。在对话框的【Elastic】弹性区内,单击【Isotropic】各向同性按钮,弹出【Define Isotropic Linear Elastic Material】定义各向同性线弹性材料对话框。在对话框内单击【Add】添加按钮,添加"material 1",设置【Young's Modulus】杨氏模量为"7E4",设置【Poisson's ratio】泊松比为0.25。单击【OK】确定按钮,关闭对话框。

单击【Close】关闭按钮,关闭【Manage Materials Define】管理材料定义对话框。

2.7 定义单元

1)单元组

单击【Element Groups】单元组图标,弹出【Define Element Group】定义单元组对话框。在对话框内单击【Add】添加按钮,连接【Group Number】组序号栏为1,设置【Type】类型栏为【2-D Solid】二维实体,在【Basic】基础选项区内,【Element Sub-Type】单元子类型选择为【Plane Stress】平面应力。单击【OK】确定按钮,关闭对话框。

2)划分网格的数据

在这个网格中,将为所有点分配一个统一的点大小,并让AUI自动计算细分。在主菜单中选择【Meshing】划分网格→【Mesh Density】网格密度→【Complete Model】完整模型,弹出【Define Model Mesh Size】定义模型网格尺寸对话框。确保【Subdivision Mode】细分模型下拉菜单选项设置为【Use End-Point Sizes】使用末端点尺寸。单击【OK】确定按钮,关闭对话框。

在主菜单中选择【Meshing】划分网格→【Mesh Density】网格密度→【Point Size】点尺寸,弹出【Define Point Size】定义点尺寸对话框。设置【Points Defined from】点定义自为【All Geometry Points】所有几何点,在【Mesh Size】网格尺寸区设置【Maximum】最大为"2"。单击【OK】确定按钮,关闭对话框。

在图形区生成的网格模型如图1.2.9所示。

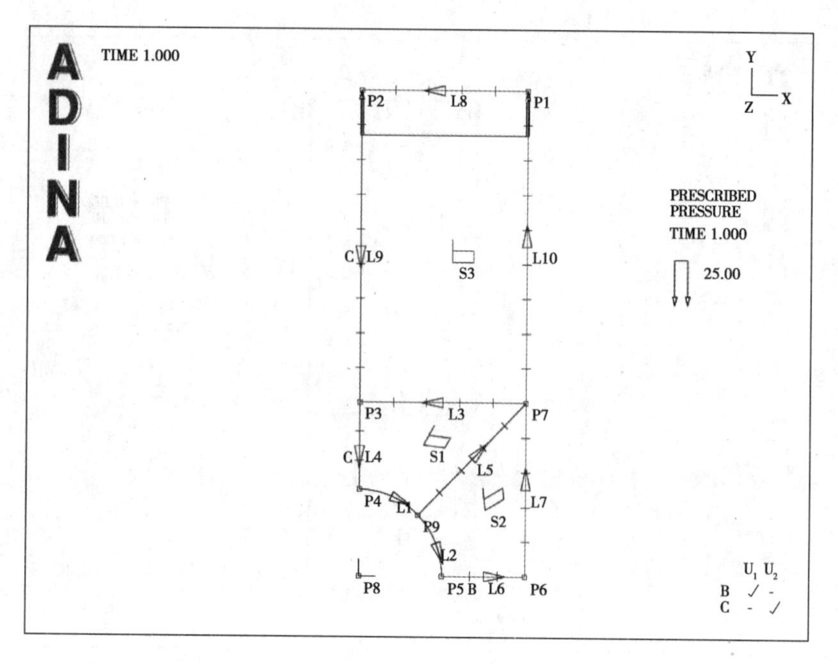

图 1.2.9　生成的模型

3）网格生成

单击【Mesh Surfaces】划分面网格图标,弹出【Mesh Surface】对话框。在【Surface to be Meshed】区内,在【Surface {p}】的前三行输入“1,2,3”。单击【OK】按钮,关闭对话框。

在图形区生成的网格模型如图 1.2.10 所示。

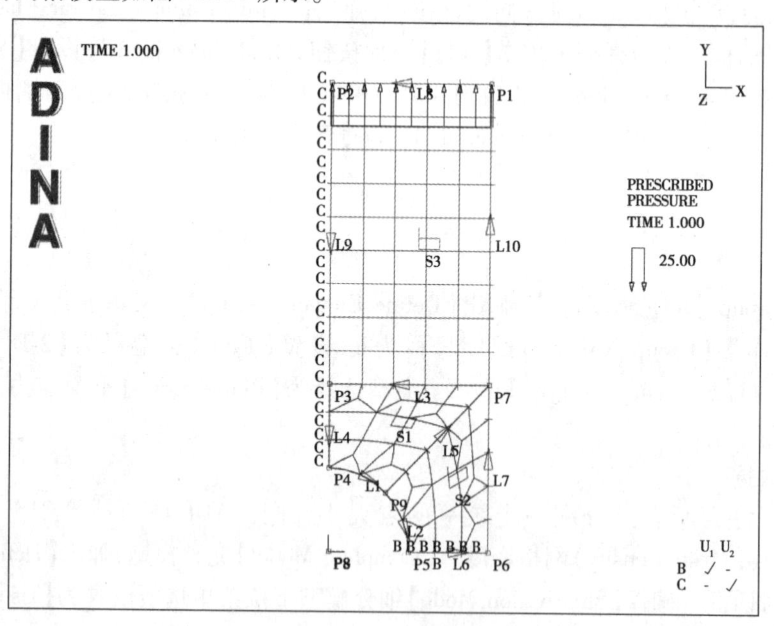

图 1.2.10　生成的网格模型

注意:如果压强的大小为 0,重新单击主菜单中的【Control】控制→【Miscellaneous Options】其他选项在弹出的对话框中,确保在【2D Solid Elements in】二维实体单元栏选择的是【XY-Plane, Y-Axisymmetric】*XY*-平面,*Y*-轴对称。

4）删除网格

如果在开孔附近网格划分不满意,我们将重新划分靠近网口位置的网格,添加新的单元。单击【Delete Mesh/Elements】删除网格/单元图标,弹出【Delete Mesh/Elements】删除网格/单元对话框,设置【Delete Mesh】删除网格栏为【On Surfaces】在曲面上,在【Surface {p}】曲面栏前两行输入“1,2”。单击【OK】确定按钮,关闭对话框。

在图形区生成的图像如图 1.2.11 所示。

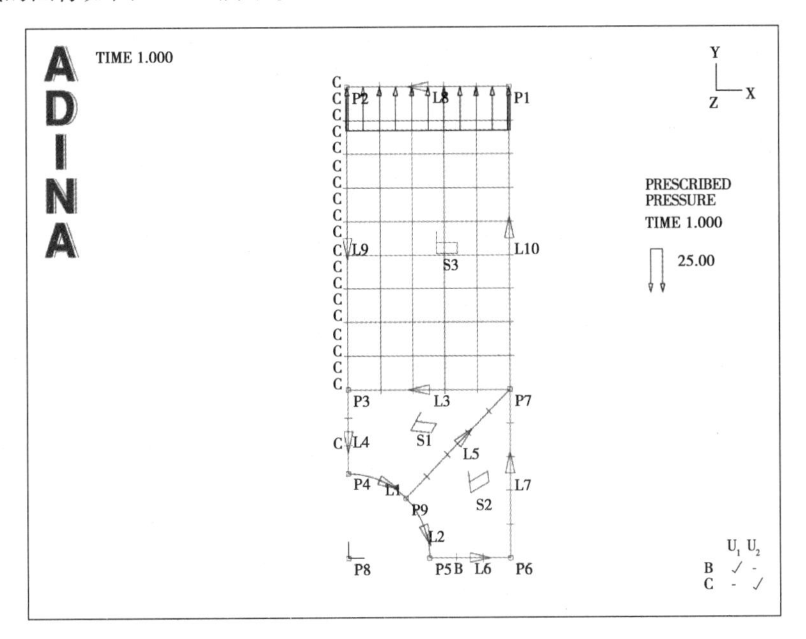

图 1.2.11　删除开孔附近的网格

5）降低孔上点的尺寸

在主菜单中选择【Meshing】划分网格→【Mesh Density】网格密度→【Point Size】点尺寸，对于点 4，5，9，设置【Mesh Size】为“1”。单击【OK】按钮，关闭对话框。

在图形区生成的图像如图 1.2.12 所示。

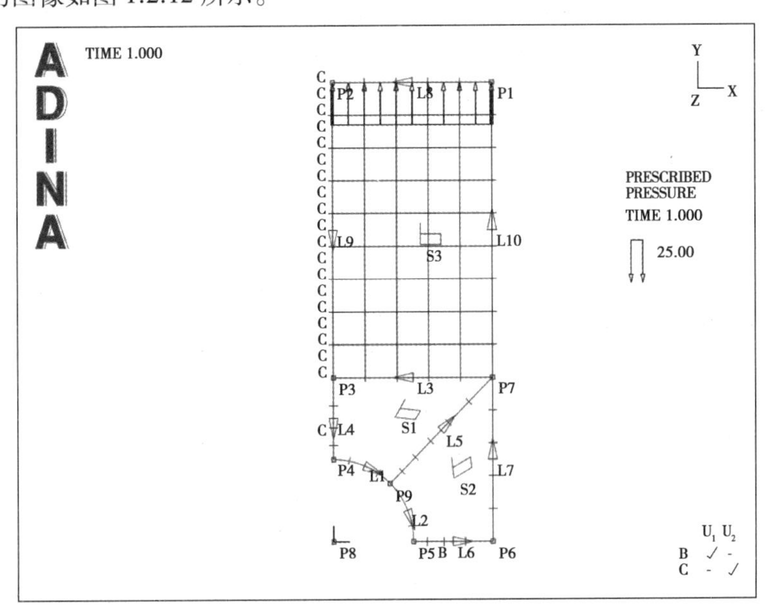

图 1.2.12　孔位置的节点

6）划分曲面网格

现在对 surfaces 1 和 2 生成网格，单击【Mesh Surfaces】划分曲面网格图标，弹出【Mesh Surface】对划分曲面网格对话框。在【Surface to be Meshed】要划分网格的曲面区域，在【Surface｛p｝】曲面的前两行分别输入“1，2”。单击【OK】确定按钮，关闭对话框。

在图形区生成的图像如图 1.2.13 所示。

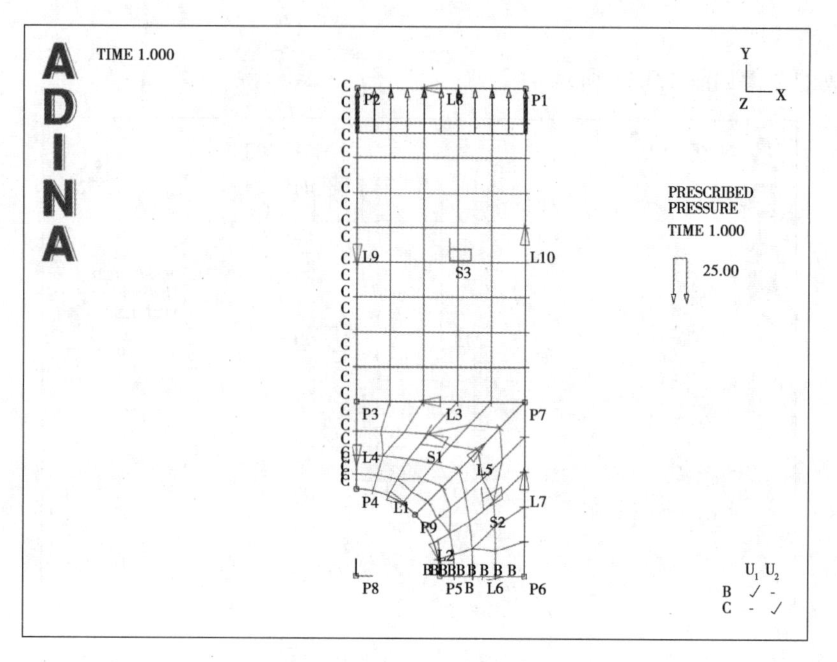

图 1.2.13　圆弧细分网格后的模型

2.8　生成 ADINA 数据文件,运行 ADINA 结构数据,后处理

单击【Save】保存图标,文件名为 prob02。要生成 ADINA Structures 数据文件,并运行 ADINA Structures,单击【Data File/Solution】数据文件/求解图标,把名字设置为“prob02”,勾选【Run Solution】运行求解按钮,单击【Save】保存按钮。

当 ADINA Structures 完成求解后,关闭所有打开的对话框。将【Program Module】程序模块下拉菜单设置为【Post-Processing】后处理,放弃所有修改。单击【Open】打开图标,设置【File type】文件类型为【ADINA-IN Database Files (＊.idb)】ADINA-IN 数据库文件(＊.idb),选择打开“prob02”,单击【Open】。

再次单击【Open】打开图标,打开 porthole 文件“prob02”。

显示几何和变形网格都如图 1.2.14 所示。

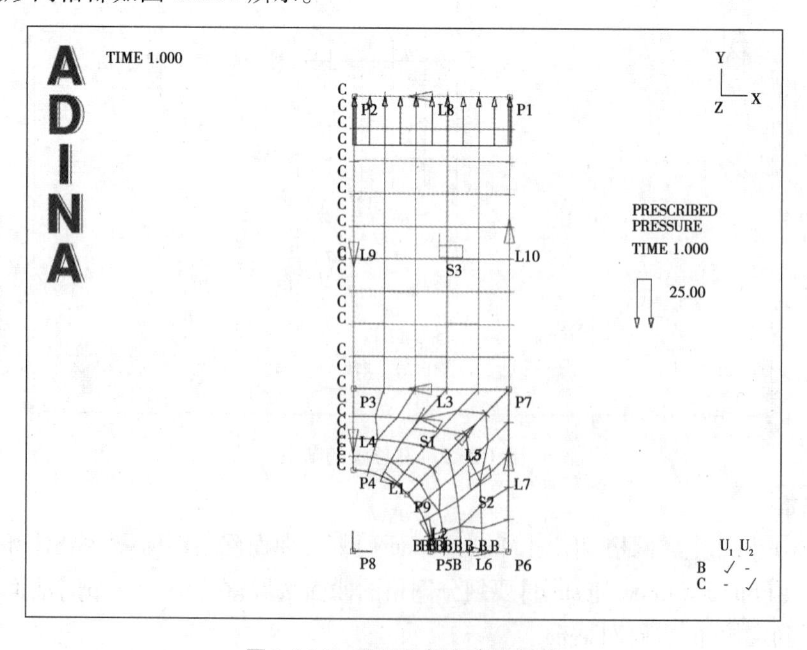

图 1.2.14　显示几何和变形网格

注意，首先打开 ADINA-IN 的数据库，然后加载 porthole 文件。这样可以创建一个沿几何线的应力图形。

2.9　查看求解结果

1)原始和变形后的网格

单击【Show Original Mesh】显示原始网格图标和【Scale Displacements】缩比位移图标。

与其他网格图一起绘制这个网格，显示求解结果。如要为其他网格图腾出空间，需要用鼠标将这个网格缩小，然后向左移动，获得如图 1.2.15 所示的图形。

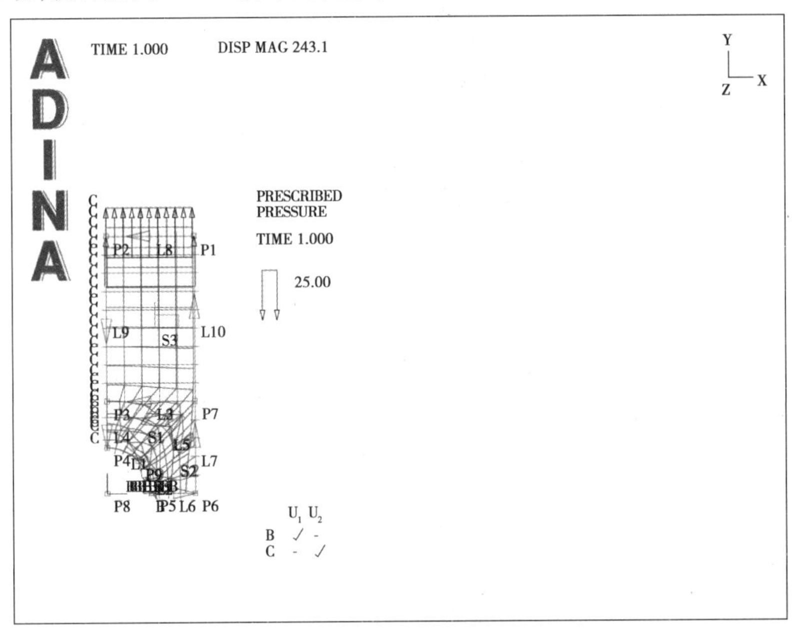

图 1.2.15　图形移动到左侧

2)调整和移动网格图

要移动网格图，请单击【Pick】选取图标和【Dynamic Pan】动态平移图标，然后单击网格图中的其中一行。在网格图周围出现一个边界框；此边界框表示网格图突出显示。按住鼠标左键并移动光标。网格图与鼠标光标一起移动。当网格图处于适当位置时，松开鼠标左键。要调整网格图的大小，请单击【Dynamic Resize】动态调整大小图标，按住鼠标左键，然后向右移动鼠标，将网格的图块放大，然后沿对角线向下和向左移动鼠标以缩小网格图。移动鼠标时，网格绘图将动态调整大小。当网格图的大小合适时，松开鼠标左键。如不想网格图亮显，请将光标移到图形窗口中的空白位置，然后单击鼠标左键。

以相同的方式移动和调整边界条件表和载荷图例的大小。

3)应力带图

要显示另一个网格图，请单击【Mesh Plot】网格图图标。使用鼠标移动和调整新的网格图的右边的第一个网格图。这一次，要调整网格的大小，确保按下【Dynamic Pan】动态平移图标，选取网格图，然后按住"Ctrl"键拖动鼠标。

此时，有两组坐标轴和两组"TIME 1.000"文本显示。要删除不需要的文本，请确保按下了【Pick】选取图标，然后将光标移到文本上，然后单击鼠标左键。文本将突出显示。然后按键盘上的"Del"或删除按钮来擦除文本。以同样的方式删除两组轴，两组"TIME 1.000"文本和"DISP MAG"文字。

现单击【Create Band Plot】创建条带区绘图图标，将【Band Plot Variable】条带区变量设置为【Stress：STRESS-YY】，然后单击【OK】确定按钮。移动带区图例，直到图形如图 1.2.16 所示。

4)应力向量图

要显示另一个网格图，单击【Mesh Plot】网格绘图图标。使用鼠标调整大小，将新的网格图移到上一个网格图的右侧。删除新坐标轴和新的 TIME 1.000。

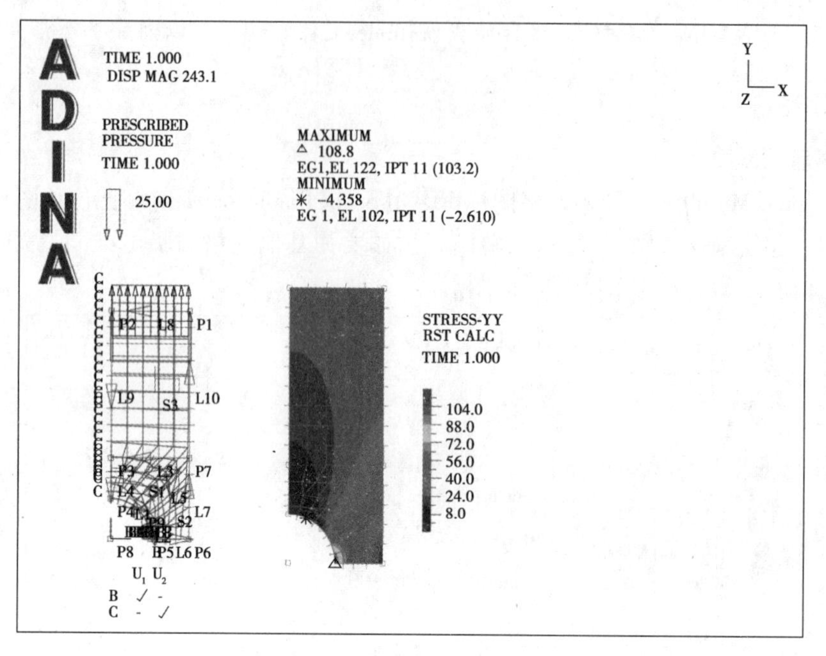

图 1.2.16 添加应力条带图

现单击【Quick Vector Plot】快速矢量绘图图标。移动矢量绘图图例,直到图形如图 1.2.17 所示。

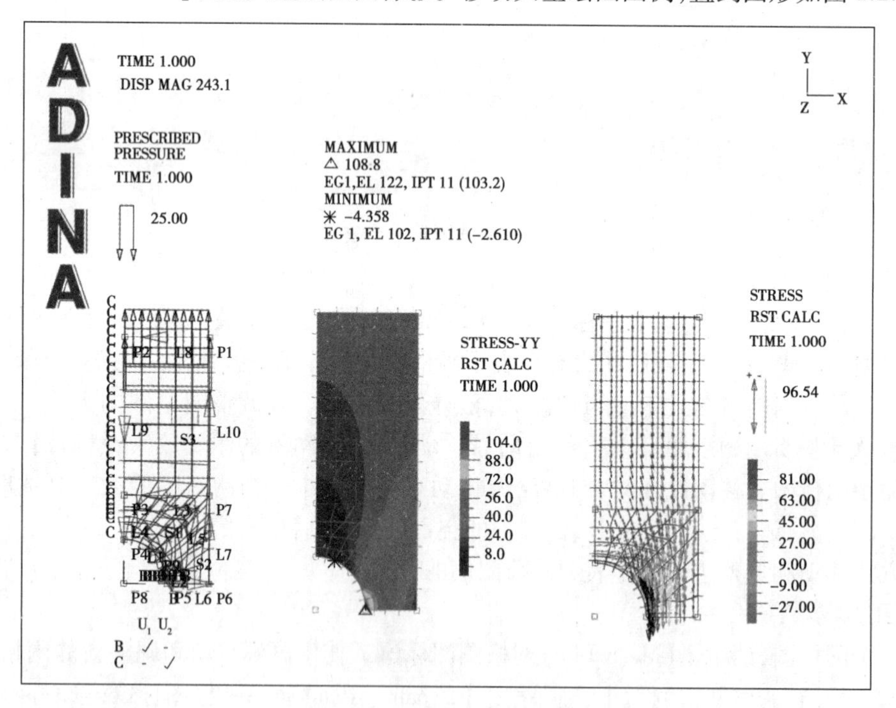

图 1.2.17 并排显示 3 个结果图

5)孔附近的节点和元素

查看孔附近的网格中的节点数。单击【Clear】清除图标,然后单击【Node Labels】节点标签图标。

因为节点较密,所以必须放大,才能看到它们。单击【Zoom】缩放图标,将光标移动到靠近孔顶部的点,按住鼠标左键,将光标向下和向右拖动,以使橡皮带盒包围孔附近的网格区域并松开鼠标左键。图形窗口如图 1.2.18 所示。

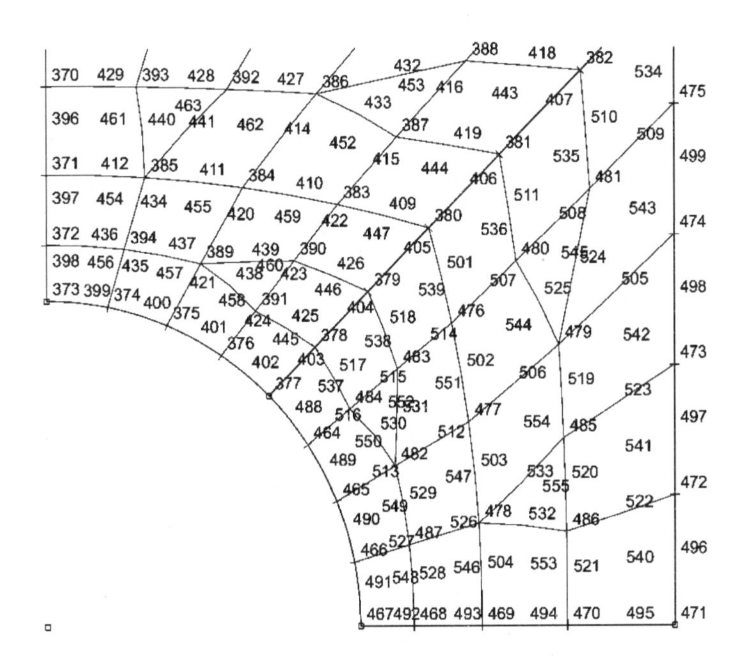

图 1.2.18　放大后的节点标签

要了解当前节点 467 的坐标，单击【Query】查询图标?，将鼠标移动到节点 467 的标号上，单击鼠标左键。在信息窗口和控制窗口最下端的状态栏 AUI 输出一个信息：“Node 467，curr =（ 4.99614E+00，0.00000E+00，0.00000E+00）”。要查询节点 467 更多的信息，单击鼠标右键，选择【More】更多选项。AUI 在信息窗口显示更多的信息，包括与节点 467 相连的所有单元的信息。（要显示信息窗口，需要在主菜单中选择【View】视图→【Message Window】消息窗口。）

要了解孔附近的单元数量，将光标移到其中一个单元上，然后单击鼠标左键。AUI 将诸如【Element group 1，element 122，side-1】单元组 1、单元 122、边-1 这样的消息写入消息窗口，并将其放入控件窗口底部的状态栏中。反复单击鼠标左键循环遍历所有图形对象，询问所有鼠标单击位置的信息。有关图形对象的详细信息，请右键单击并选择【More】更多。

现在使用字幕框包围一些图形。AUI 会突出显示所选图形并为每个图形对象写入消息（有可能需要在消息窗口中显示消息窗口并使用垂直滚动条来查看所有消息）。

6）水平对称线上的应力图

在水平对称线上绘制应力图。为此需创建了一个“节点线”，它列出了水平对称线上的节点。

选择【Definitions】定义→【Model Line】模型线→【General】通用，添加线【SYMMETRY】对称，输入文本【LINE 6】线 6（不需要输入引号）到表的第一行和列，然后单击【OK】确定。AUI 将消息【9 nodes in gnline】写入消息窗口和 AUI 控制窗口的底部。

注意：只有在加载 ADINA porthole 文件之前打开 ADINA-IN 数据库时，上述步骤才可能发生。这是因为几何信息来自 ADINA-IN 的数据库。

现在单击【Clear】清除图标，然后选择【Graph】图形→【Response（Model Line）】响应曲线（模型线）。验证【Model Line Name】模型线名称是否是【SYMMETRY】对称，请确保【X Variable】*X* 变量设置为【Coordinate：DISTANCE】（坐标：距离），将【Y Variable】*Y* 变量设置为【Stress：STRESS-*YY*】（应力：应力-*YY*），将【Y Smoothing Technique】*Y* 平滑技术设置为【AVERAGED】平均值，然后单击【Apply】应用。图形窗口如图 1.2.19 所示。

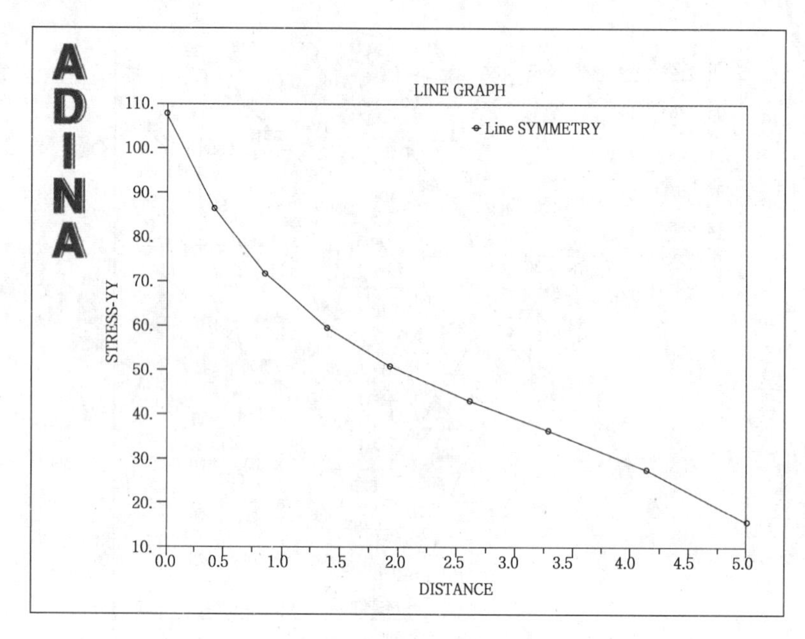

图 1.2.19 在对称轴上的应力 YY 分量

现在同一个图中添加另一个应力分量。在【Display Response Curve】显示响应曲线（模型行）对话框中，验证【Line Name】线名是否是【SYMMETRY】对称，确保【X Variable】*X* 变量设置为【Coordinate：DISTANCE】（坐标：距离），将【Y Variable】*Y* 变量设置为（【Stress：STRESS-XX】应力：应力-*XX*），并确保将【Y Smoothing Technique】*Y* 平滑技术设置为【AVERAGED】平均值。还要确保【Graph Attributes】图表属性框中的【Plot Name】绘图名称设置为【PREVIOUS】上一个。然后单击【OK】确定。图形窗口如图 1.2.20 所示。

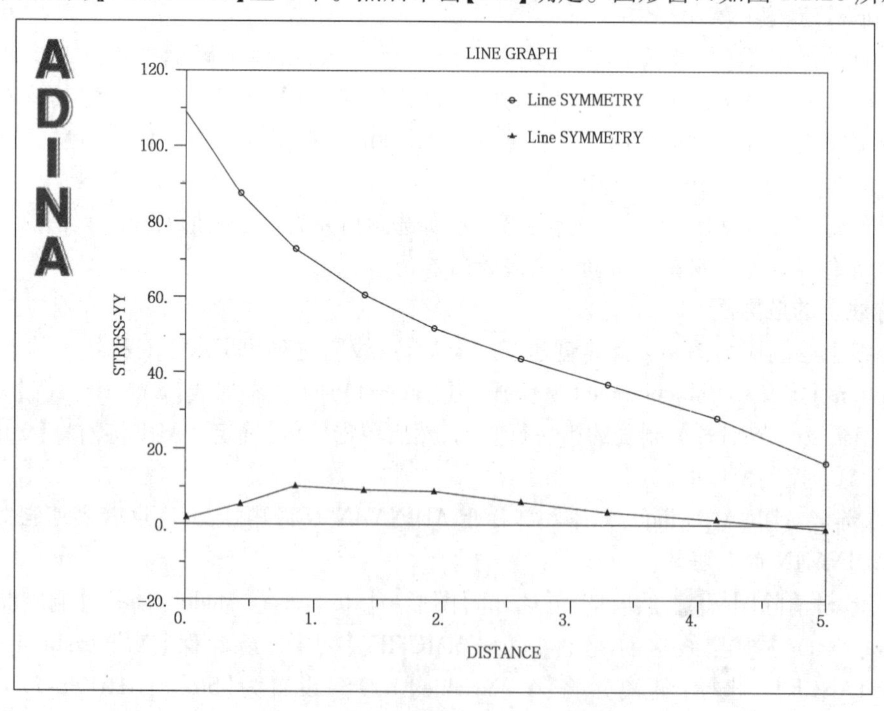

图 1.2.20 在对称轴上的应力 XX 分量

2.10 自定义图形标题，轴和曲线

选择主菜单中的【Graph】图形→【Modify】修改。

1）标题

单击【P】按钮，将光标移到图形框中，然后单击以突出显示。然后单击【Graph Depiction】图形描述字段右侧的【…】按钮。在【Title Attributes】标题属性框中，将【Type】类型设置为【Custom】自定义，在【Graph Title】图表标题表中输入【Stresses on horizontal symmetry line】在水平对称线上强调（不需要输入引号），然后单击【OK】确定。单击【Apply】应用以查看更新的标题。

使用【Pick】选取图标和鼠标来居中标题。

2）轴

将【Action】动作设置为【Modify the Axis Depiction】修改坐标轴描述。单击【P】按钮，将光标移动到 *Y* 轴上的一个数字上，然后单击以突出显示 *Y* 轴。然后单击【Axis Depiction】坐标轴描述字段右侧的【…】按钮。在【Label Attributes】标签属性框中，将该【Type】类型设置为【Custom】自定义，在【Label】标签表中输入【Stress (N/mm **2)】应力 (N/mm **2)，然后单击【OK】确定。单击【Apply】应用以查看更新的坐标轴。

3）曲线

将【Action】动作设置为【Modify the Curve Depiction】修改曲线描述。单击【P】按钮，将光标移到上一条曲线上，然后单击以突出显示它。然后单击【Curve Depiction】曲线描述字段右侧的【… 】按钮。单击【Legend】图例选项卡，然后在【Legend Attributes】图例属性框中，将该【Type】类型设置为【Custom】自定义，在图例表中输入【Stress-YY】应力 *YY*，然后单击【OK】确定。单击【Apply】应用以查看更新的曲线和图例。

同样地，将下曲线的图例改为【Stress-XX】应力-*XX*。图形窗口应如图 1.2.21 所示。

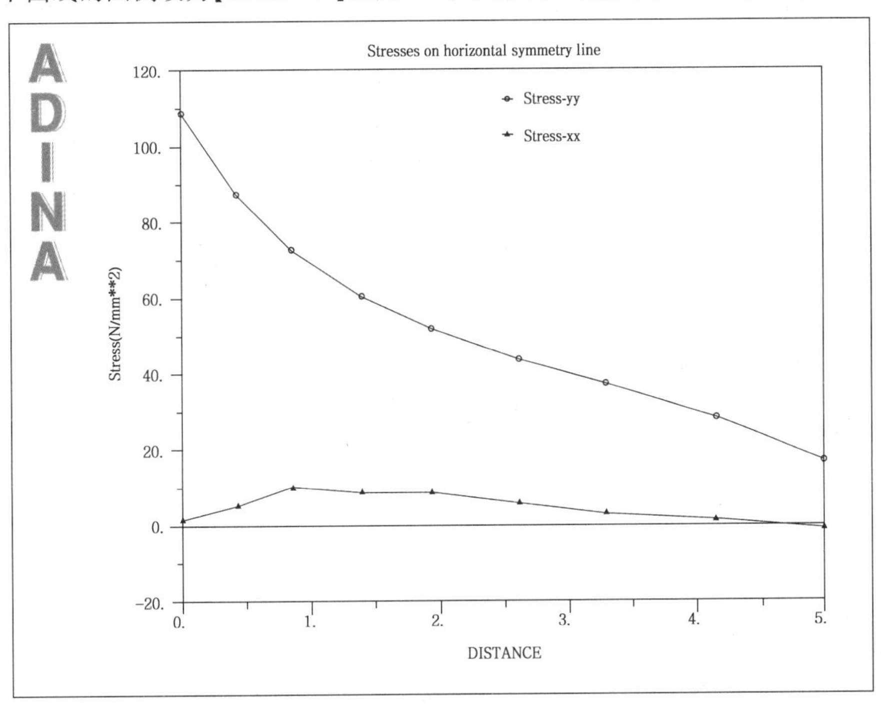

图 1.2.21　添加图例后的应力曲线

4）数值

选择【Graph】→【List】。STRESS-YY 应力-YY 在距离 0.0 的值应为 1.08832E+02 (N/mm2)。单击【Close】关闭对话框。

2.11　退出 AUI

选择主菜单中的【File】文件→【Exit】退出，弹出【AUI】对话框，单击【Yes】，其余选【默认】，退出 ADINA-AUI。

问题3 全模型有孔板的拉伸

问题描述

1)问题概况

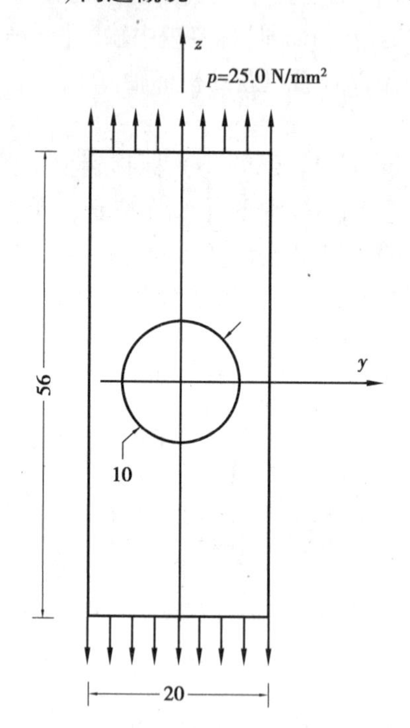

图 1.3.1 问题 3 中的模型

全模型有孔板受到张力,如图 1.3.1 所示。

本问题中的长度单位为 mm,厚度为 1 mm,弹性模量为 $E=7.0\times10^4$ N/mm^2,泊松比为 $\nu=0.25$。

问题 3 与问题 2 相似。在问题 3 中,将展示 ADINA-M/PS 的体板特征(ADINA 建模器,基于 Parasolid 几何内核)。此外,将在 yz 平面求解这个问题。

2)演示内容

本例将演示以下内容:

①定义组合线。

②使用 ADINA/PS 定义体类型的表。

③将型板的体划分网格。

④在柱坐标系中的绘制应力。

3.1 启动 AUI,选择有限元程序

启动 AUI,并将【Program Module】程序模块下拉列表设置为【ADINA Structures】ADINA 结构。

3.2 定义模型控制数据

1)定义问题标题

在主菜单中选择【Control】控制→【Heading】标题,弹出【Heading】标题对话框。在话框中输入【Problem 3: Plate with a hole in tension using ADINA-M/PS】,使用 ADINA-M/PS 求解。单击【OK】确定按钮,关闭对话框。

2)定义主自由度

在主菜单中选择【Control】控制→【Degrees of Freedom】自由度,弹出【Degrees of Freedom】自由度对话框。不勾选【X-Translation】X 平动、【X-Rotation】X 转动、【Y-Rotation】Y 转动、【Z-Rotation】Z 转动。单击【OK】确定按钮,关闭对话框。

3.3 定义模型的关键几何元素

1)点

如图 1.3.2 所示,定义此模型时使用的关键几何图形元素。

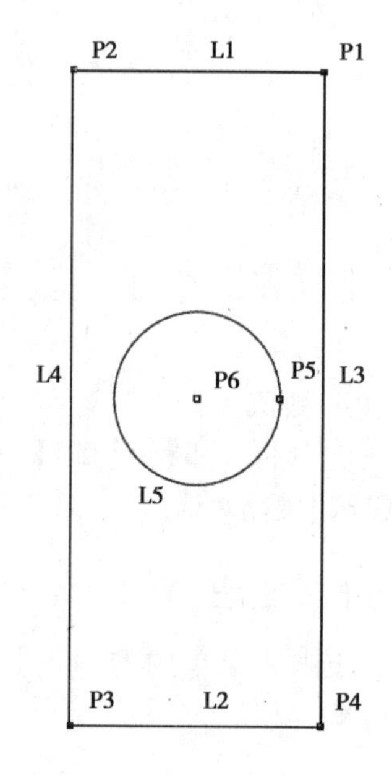

图 1.3.2 定义模型时使用的关键几何图形元素

注意:这些线被组织成环,外部环完全包围了模型,内部环表示模型中的孔。

外部环:L6=L1+L4+L2+L3

内部环：L5

注意：在本节中，选择使用4条单独的线，然后结合它们，以演示组合线的特点。除此之外，也可以通过单线折线（带直线段）定义外部环路。

单击【Define Points】定义点图标，在表的X2、X3列中输入以下信息（可以将X1列留空），然后单击【OK】确定，具体见表1.3.1。

单击【Define Lines】定义线图标，弹出【Define Lines】定义线对话框。添加如图1.3.3所示的线。

线1~线4的定义见表1.3.2。

表1.3.1　点1~点6的定义

Point#	X2	X3
1	10	28
2	-10	28
3	-10	-28
4	10	-28
5	5	0
6	0	0

表1.3.2　线1~线4的定义

Line number	Type	Point 1	Point 2
1	Straight	1	2
2	Straight	3	4
3	Straight	1	4
4	Straight	2	3

现在添加线5，将类型设置为圆形，确认【Defined by】定义的设置为【Center，P1，P3】圆心、P1、P3、将【Center】中心设置为"6"、【P1】设置为"5"、【P3】设置为"2"并单击【OK】确定。

2）**组合线**

如图1.3.2所示，需要定义一个外部环作为一条线。这条线是由1到4的组合线构造的。

单击【Define Lines】定义线图标，弹出【Define Lines】对话框。添加线6，设置【Type】类型设置为【Combined】组合，在表的前四行中输入"1、4、2、3"（线的顺序很重要），然后单击【OK】确定。

单击【Line/Edge Labels】线/棱边标号图标时，图形区显示线标号如图1.3.3所示。

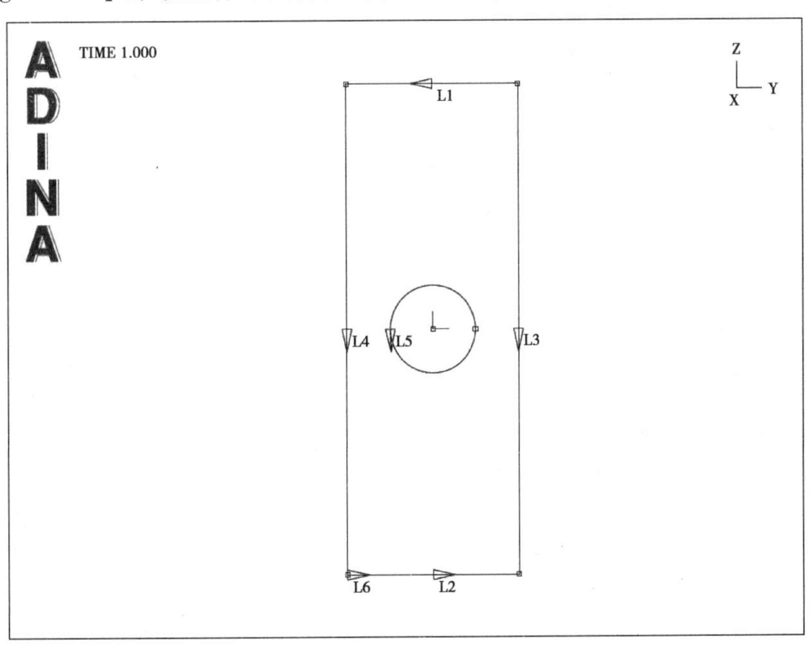

图1.3.3　显示的线标号

3）板型体

现在用线6作为外部环，线5作为内部环来构造一个板型体。单击【Define Bodies】定义体图标，添加"body 1"，将【Type】类型设置为【Sheet】板，将【External Loop Line #】外部环线号设置为"6"，在表的第一行中输入5，然后单击【OK】确定。生成的图像如图1.3.4所示。

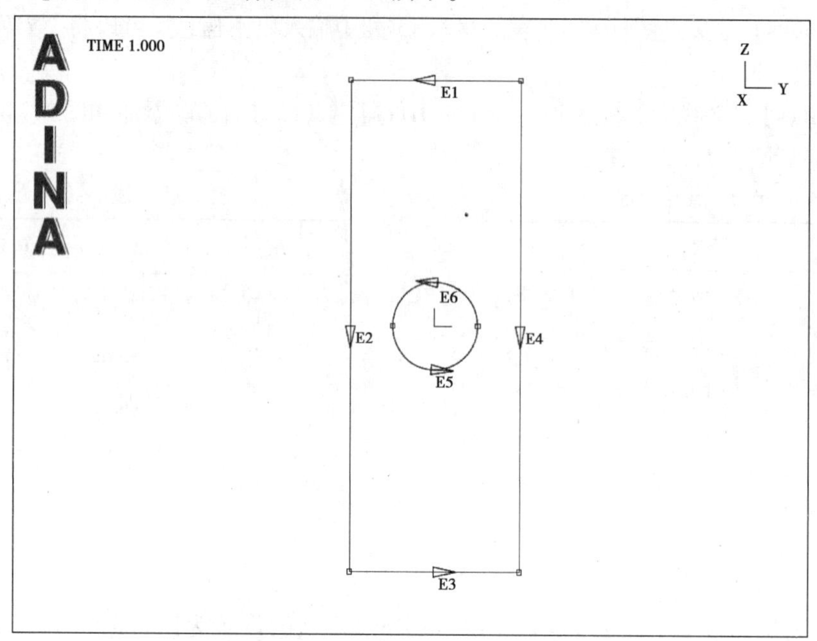

图1.3.4　构造的一个板型体

注意：这些线条已被边缘替换。

3.4　定义和应用边界条件

在模型的底部边缘放置滚轮。单击【Apply Fixity】应用固定图标，然后单击【Define...】定义... 按钮。在【Define Fixity】定义固定对话框中，添加【fixity name】固定名称，勾选【Z-Translation】Z平动按钮，然后单击【OK】确定按钮。在【Apply Fixity】应用定界对话框中，将【Fixity】固定设置为【Apply to】应用到字段到【Edge/Line】边缘/线条。在表格的第一行输入"3，1"，然后单击【Apply】应用。

用户需要在y方向上消除刚体运动，可通过固定点3（也就是左下角点）来完成这项操作。在【Apply Fixity】应用固定对话框中，将【Fixity】固定设置为【ALL】全部，并将【Apply to】应用于字段设为【Point】点，在表的第一行中输入"3"，然后单击【OK】确定按钮。当用户单击【Boundary Plot】边界绘图图标时，图形窗口如图1.3.5所示。

3.5　定义和应用载荷

单击【Apply Load】应用载荷图标，弹出【Apply Load】应用载荷对话框。将【Load Type】载荷类型设置为【Pressure】压力，然后单击【Load Number】载荷编号字段右侧的【Define...】定义... 按钮。在【Define Pressure】定义压力对话框中，添加【pressure 1】压力1，将【Magnitude】大小设置为"-25"，然后单击【OK】确定。在【Apply Load】应用加载对话框中，将【Apply to】应用于段设置为【Edge】边缘，并在表的第一行中将【Edge {p}】边号设为1，将【Body #】体号设置为"1"。单击【OK】确定关闭【Apply Load】应用载荷对话框。

单击【Load Plot】载荷绘图图标，在图形区显示创建的载荷，如图1.3.6所示。

3.6　定义材料

单击【Manage Materials】管理材料图标M，弹出【Manage Materials Define】管理材料定义对话框。单击

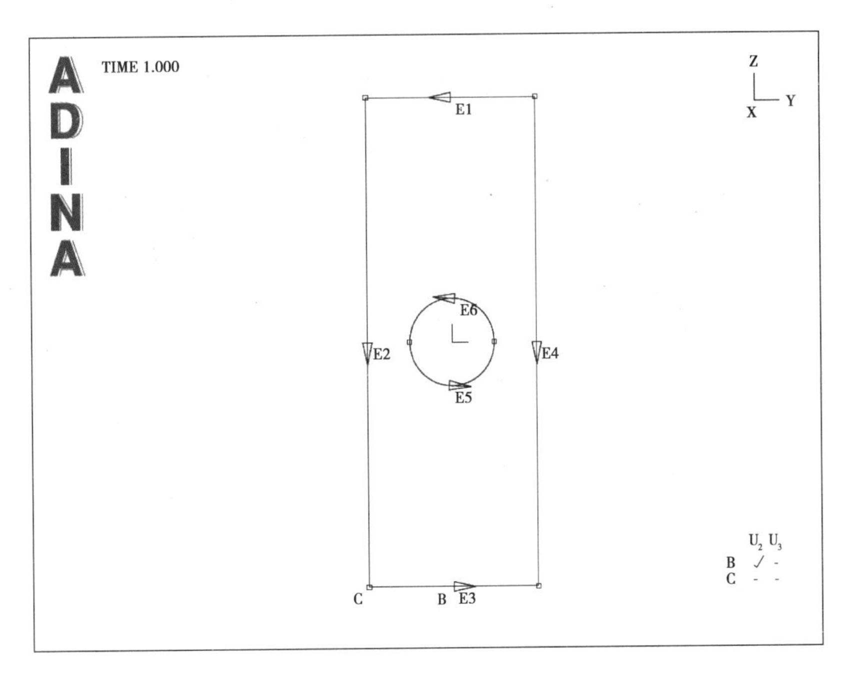

图 1.3.5　绘制的边界条件

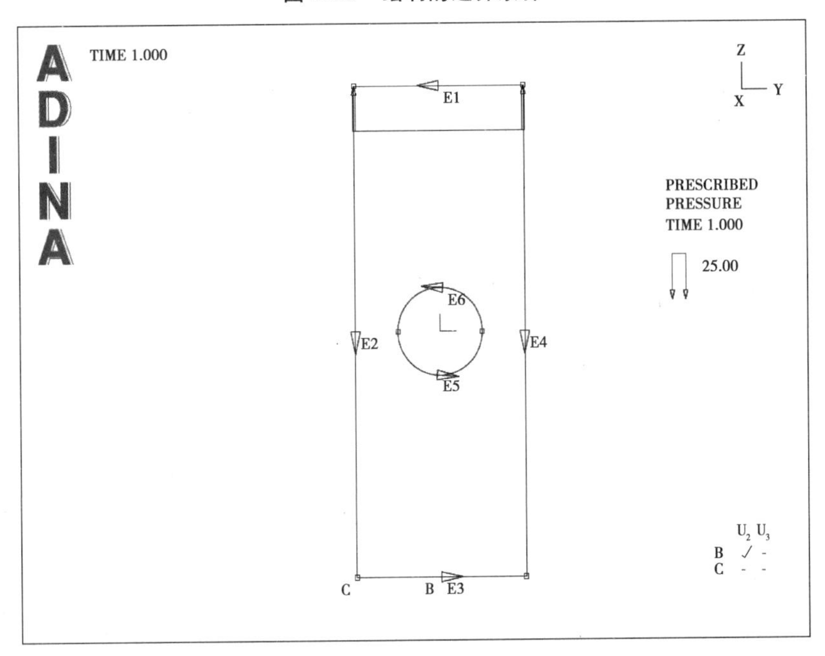

图 1.3.6　创建的载荷

【Elastic】弹性区内的【Isotropic】各项同性按钮，弹出【Define Isotropic Linear Elastic Material】定义各向同性线弹性材料对话框。单击对话框中的【Add】添加按钮，添加【add material 1】材料 1，设置【Young's Modulus】杨氏模量为"7E4"，【Poisson's ratio】泊松比为"0.25"。单击【OK】确定按钮，关闭对话框。

单击【Manage Materials Define】管理材料定义对话框中的【Close】关闭按钮，关闭对话框。

3.7　定义单元

1）单元组

单击【Element Groups】单元组图标，弹出【Define Element Groups】定义单元组对话框。添加组号 1，设置【Type】类型为【2-D Solid】二维实体，设置【Element Sub-Type】单元子类型为【Plane Stress】平面应力。单击【OK】确定按钮，关闭对话框。

2)划分网格

划分网格时,先把所有的单元边赋以相同的长度,然后再把圆孔的单元边(边 5 和 6)的长度设置小一些。选【Meshing】划分网格→【Mesh Density】网格密度→【Complete Model】完整模型,将【Subdivision Mode】细分模式设置为【Use Length】使用长度,将【Element Edge Length】单元棱边长度设置为“2”,单击【OK】确定。再单击【Subdivide Edges】细分棱边图标,选边“5”,将【Element Edge Length】单元棱边长度设置为“1”,在表的第一行输入“6”,单击【OK】确定。图形窗口如图 1.3.7 所示。

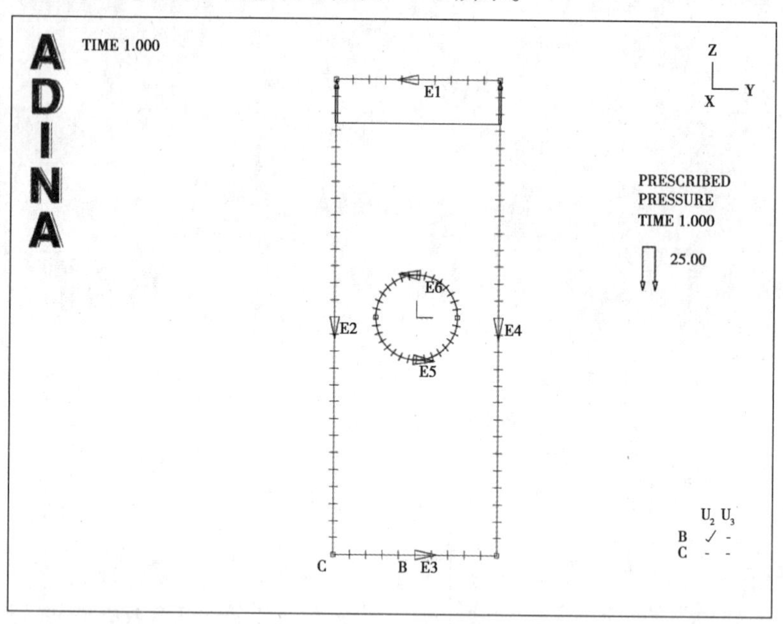

图 1.3.7 细分棱边

3)生成单元

单击【Mesh Faces】网格面图标,将【Element Shape】单元形状设置为【Quadrilateral】四边形,在表的第一行输入“1”,单击【OK】确定,图形窗口如图 1.3.8 所示。

注意:生成的网格可能和图 1.3.8 中所示稍有不同。

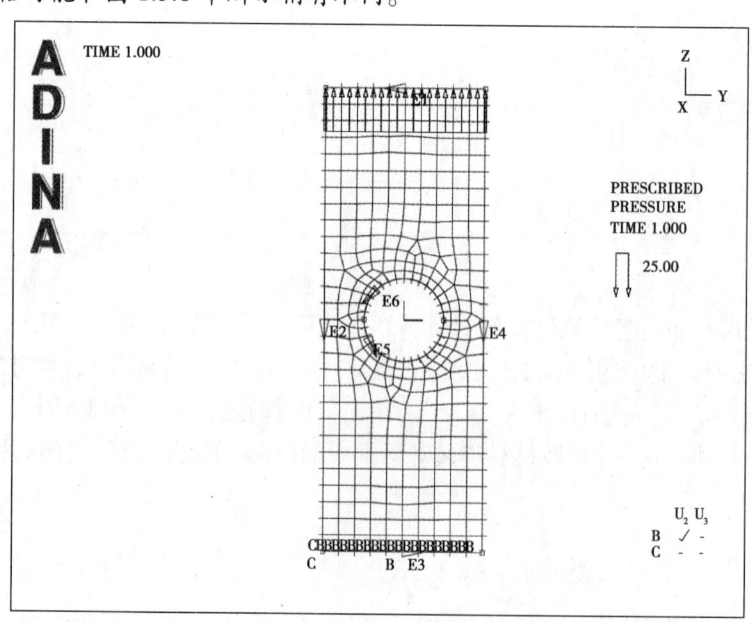

图 1.3.8 模型划分的单元网格

3.8 生成ADINA数据文件，运行ADINA结构数据，后处理

首先单击【Save】保存图标，把数据库保存到文件“prob03”中。要生成ADINA数据文件并运行ADINA，单击【Data File/Solution】数据文件/求解方案图标，把文件名设置成“prob03”，确认选择了【Run Solution】运行求解方案按钮后，单击【Save】保存。ADINA运行完毕后，关闭所有对话框。从【Program Module】程序模块的下拉式列表框中选择【ADINA-PLOT】，其余选默认，单击【Open】打开图标，打开结果文件“prob03”。

3.9 查看求解结果

单击【Scale Displacements】比例位移图标，再单击【Quick Band Plot】快速条带绘图图标，图形窗口如图1.3.9所示。

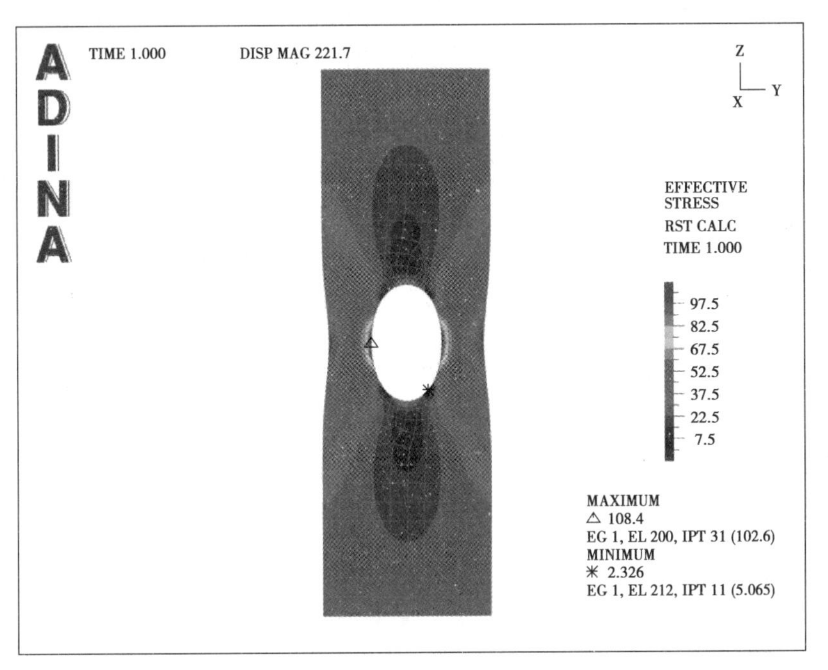

图1.3.9 计算的位移

注意：若上面的网格图稍有不同的话，得出结果也会和图1.3.9所显示的结果稍有不同。

1)**在柱坐标系下画应力图**

在柱坐标系下画切应力分量图。单击【Clear】清除图标清除网格图和云图。选【Definitions】定义→【Result Control】结果控制，确认【Result Control Name】结果控制名称是【DEFAULT】，然后单击【Coordinate System】坐标系区域右侧的【...】按钮。在【Define Coordinate System】定义坐标系对话框中，增加【system 1】坐标系1，将【Type】类型设置为【Cylindrical】柱坐标系，单击【OK】确定。在【Define Result Control Depiction】定义结果控制描述对话框中，将【Coordinate System for Transformed Results】平动结果的坐标系设置成“1”，然后单击【OK】确定。

2)**查看坐标系的方向**

单击【Mesh Plot】网格绘图图标，单击【Modify Mesh Plot】修改网格绘图图标和【Element Depiction...】单元描述按钮。查看【Display Local System Triad】显示局部坐标系三元组按钮，将【Type】类型设置为【Result Transformation System】结果转换系统，单击【OK】确定关闭这两个对话框。图形窗口如图1.3.10所示。

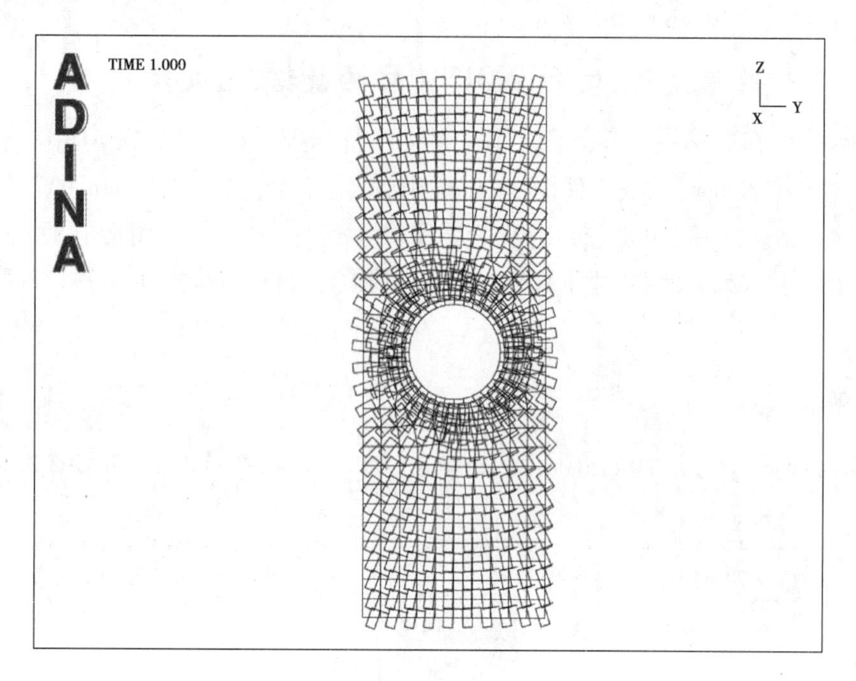

图 1.3.10　柱坐标系

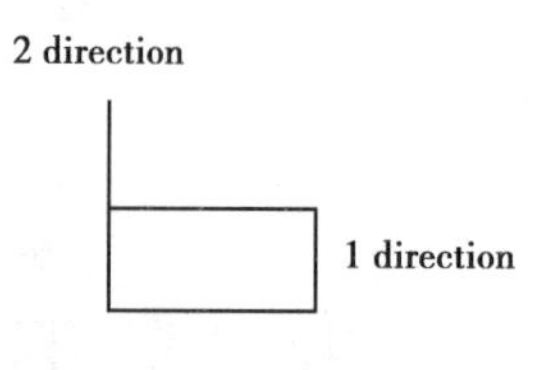

图 1.3.11　坐标系方向

单元上的符号表明了图 1.3.11 所示的坐标系方向。

很明显:1 方向是径向,2 方向是切向,3 方向是轴向。

3)计算应力分布

单击【Clear】清除图标,再单击【Mesh Plot】网格绘图图标,然后再单击【Create Band Plot】创建条带绘图图标,将【Band Plot Variable】条带绘图变量设置为【(Stress:STRESS-22)】,然后单击【OK】确定。图形窗口如图1.3.12所示。

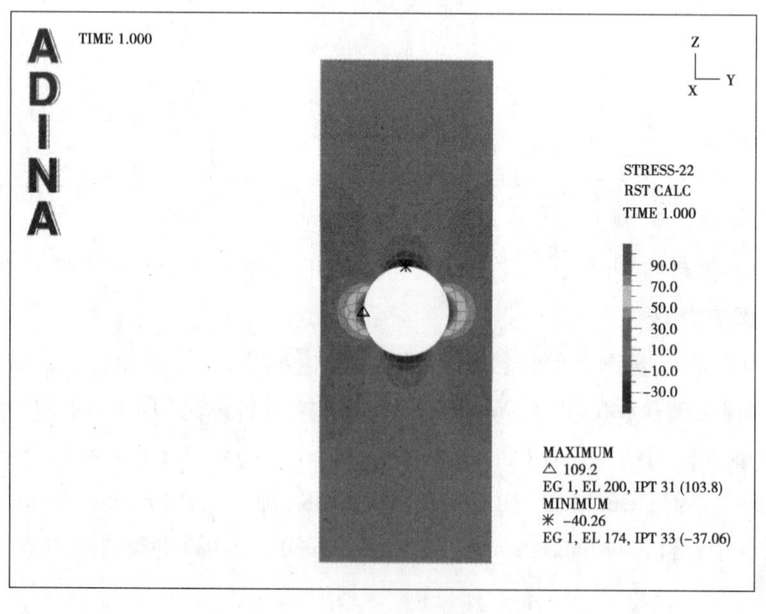

图 1.3.12　计算的应力分布

3.11　退出 AUI

选择主菜单中的【File】文件→【Exit】退出,弹出【AUI】对话框,然后单击【Yes】,其余选【默认】,退出ADINA-AUI。

问题4　受顶部荷载作用的圆柱体

问题描述

1）问题概况

实心圆柱体受集中端载荷的作用，如图1.4.1所示。

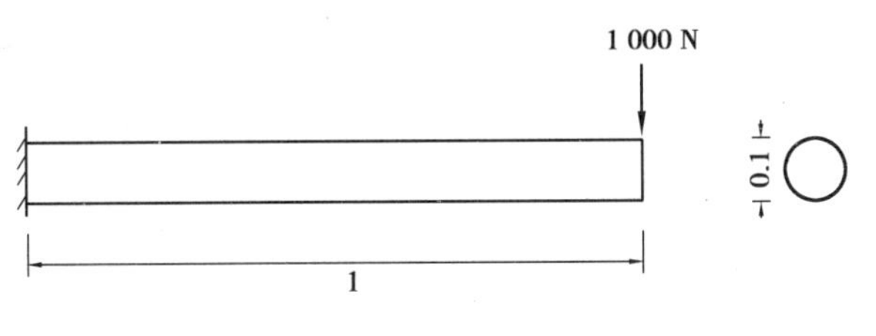

图1.4.1　问题4中的几何模型

所有长度以m为单位。弹性模型 $E=2.07\times10^{11}\ \mathrm{N/m^2}$，泊松比 $\upsilon=0.29$。

2）演示内容

本例将演示以下内容：

①通过挤出一个点来定义几何线。

②通过旋转线定义几何表面。

③通过挤出曲面来定义几何体积。

④生成六面体和棱柱单元。

⑤用鼠标旋转网格图。

⑥平滑压力。

⑦创建一个节点集。

⑧计算截面力和力矩。

⑨使用分区功能。

4.1　启动AUI，选择有限元程序

启动AUI，并将【Program Module】程序模块下拉列表设置为【ADINA Structures】ADINA结构。

4.2　定义模型控制数据

定义问题标题：

在主菜单中选择【Control】控制→【Heading】标题，弹出【Heading】标题对话框。在对话框内输入【Problem 4：Cylinder subjected to tip load】。单击【OK】确定按钮，关闭对话框。

4.3　定义模型的关键几何元素

图1.4.2中显示了定义此模型所用的关键几何元素。

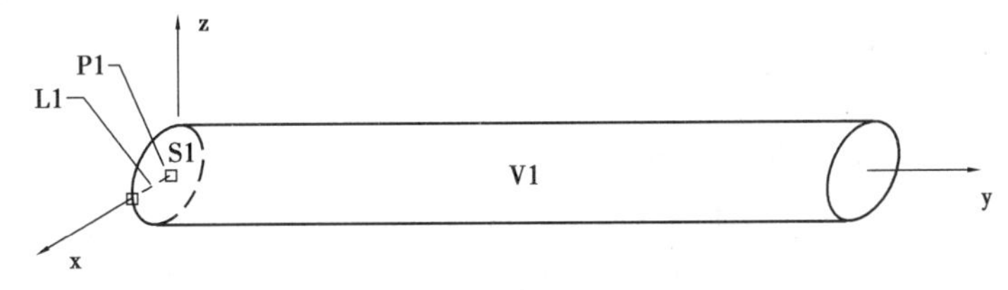

图1.4.2　定义问题4中模型所用的关键几何元素

1）几何点

单击【Define Points】定义点图标，定义表1.4.1中的点。

表1.4.1　点1的坐标

Point#	X1	X2	X3
1	0	0	0

2）几何线

单击【Define Lines】定义线图标，添加【line 1】线1，将【Type】类型设置为【Extruded】拉伸，将【Initial Point】初始点设置为"1"，将【Vector】向量的分量设为"0.05、0.0、0.0"，然后单击【OK】确定。

3）几何曲面

单击【Define Surfaces】定义曲面图标，添加曲面1，将【Type】类型设置为【Revolved】旋转，将【Initial Line】初始线设置为"1"，【Angle of Rotation】旋转角度为360°，【Axis】轴为Y，取消选中【Coincidence】重合按钮，然后单击【OK】确定。

4）几何体积

单击【Define Volumes】定义体积图标，添加【volume 1】体积1，将【Type】类型设置为【Extruded】拉伸，将【Initial Surface】初始曲面设置为"1"，将向量的分量设为"0.0、1.0、0.0"，取消选中【Check Coincidence】检查重合按钮，然后单击【OK】确定。图形窗口如图1.4.3所示。

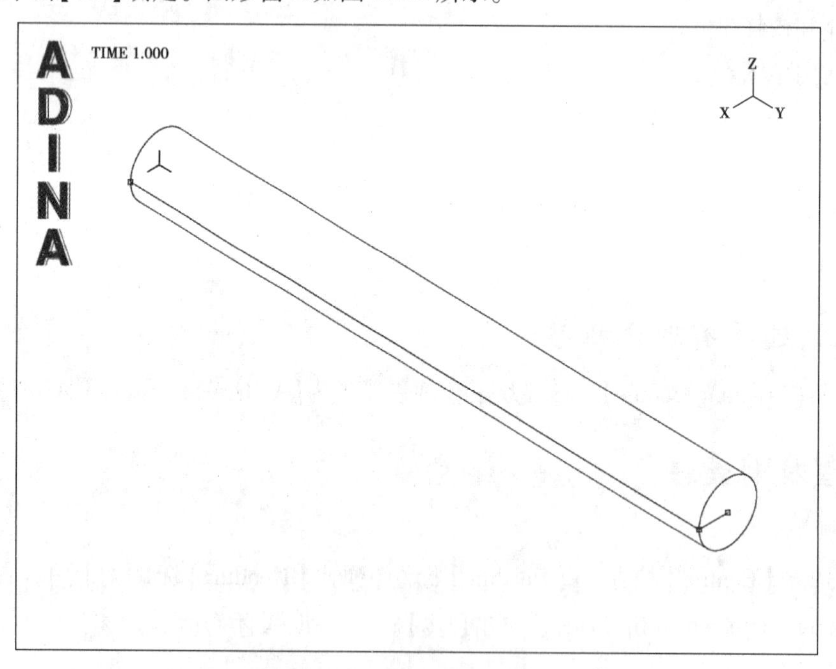

图1.4.3　生成的几何模型

4.4　应用边界条件

1）固定表面1

单击【Apply Fixity】应用固定性图标，将【Apply to】应用于字段设置为【Face/Surface】面/表面，在表格的第一行和第一列中输入"1"，然后单击【OK】确定。单击【Boundary Plot】边界绘图图标可显示边界条件。

由于表面1是隐藏的，无法显示是否应用了边界条件。可用鼠标旋转网格，显示图形窗口如图1.4.4所示。

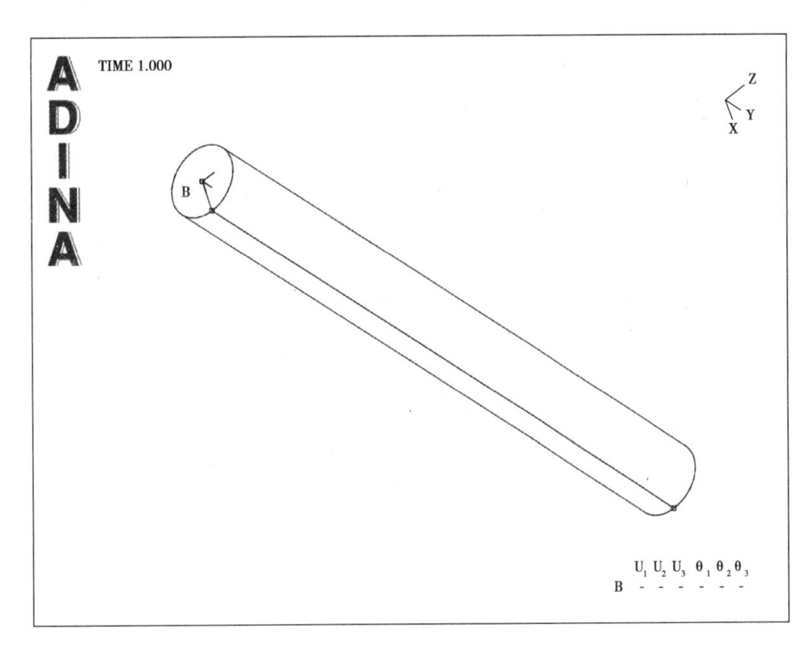

图 1.4.4 显示的边界条件

2)旋转网格平面

单击【Pick】选取图标和【Dynamic Rotate (XY) 】动态旋转(XY) 图标,并突出显示网格图。按住鼠标左键,然后移动鼠标。网格图随鼠标移动一起旋转。当网格图位于正确位置时,松开鼠标左键。用户也可以在拖动鼠标的同时按住“Shift”键,在单击【Dynamic Pan】动态平移图标时,旋转网格。

4.5 定义和应用载荷

单击【Apply Load】应用加载图标,确保【Load Type】负载类型为【Force】,然后单击【Load Number】负载编号字段右侧的【Define...】。在【Define Concentrated Force】定义集中力对话框中,添加【force 1】,将【Magnitude】大小设置为“1000”,【Direction】方向 (-1.0,0.0,0.0),然后单击【OK】确定。在【Apply Load】应用加载对话框中列表的第一行中,将【Point #】点设置为“6”。单击【OK】确定,关闭【Apply Load】应用加载对话框。

单击【Load Plot】载荷绘制图标时,图形窗口应如图 1.4.5 所示。

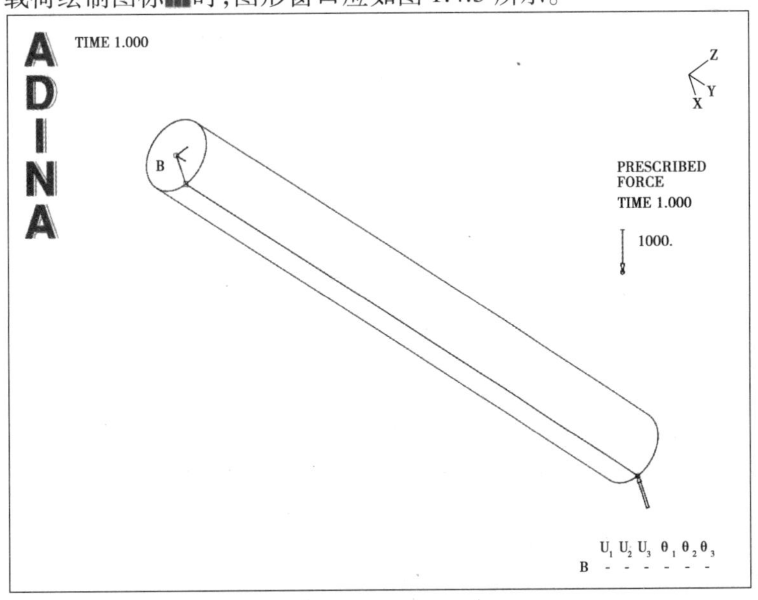

图 1.4.5 绘制的载荷

4.6　定义材料

单击【Manage Materials】管理材料图标M,然后单击【Elastic Isotropic】弹性各向同性按钮。在【Define Isotropic Linear Elastic Material】定义各向同性线性弹性材料对话框中,添加【material 1】材料 1,将【Young's Modulus】杨氏模量设置为“2.07E11”,【Poisson's ratio】泊松比为“0.29”,然后单击【OK】确定。单击【Close】,关闭【Manage Material Definitions】管理材料定义对话框。

4.7　定义单元

1)单元组

单击【Element Groups】单元组图标,添加【group number 1】组编号 1,将【Type】类型设置为【3-D Solid】3 维实体,然后单击【OK】确定。

2)细分数据

在这个网格中,用户将在体积 u,v 和 w 方向进行分配数量的细分。在这种情况下,u 方向是切线方向,v 方向是轴向方向,w 方向是径向方向。

单击【Subdivide Volumes】细分体积图标,并将 u、v 和 w 方向的细分数量分别设置为“8、5”和“2”,然后单击【OK】确定。

3)生成单元

单击【Mesh Volumes】网格体积图标,在表格的第一行输入“1”,然后单击【OK】确定。图形窗口如图 1.4.6 所示。

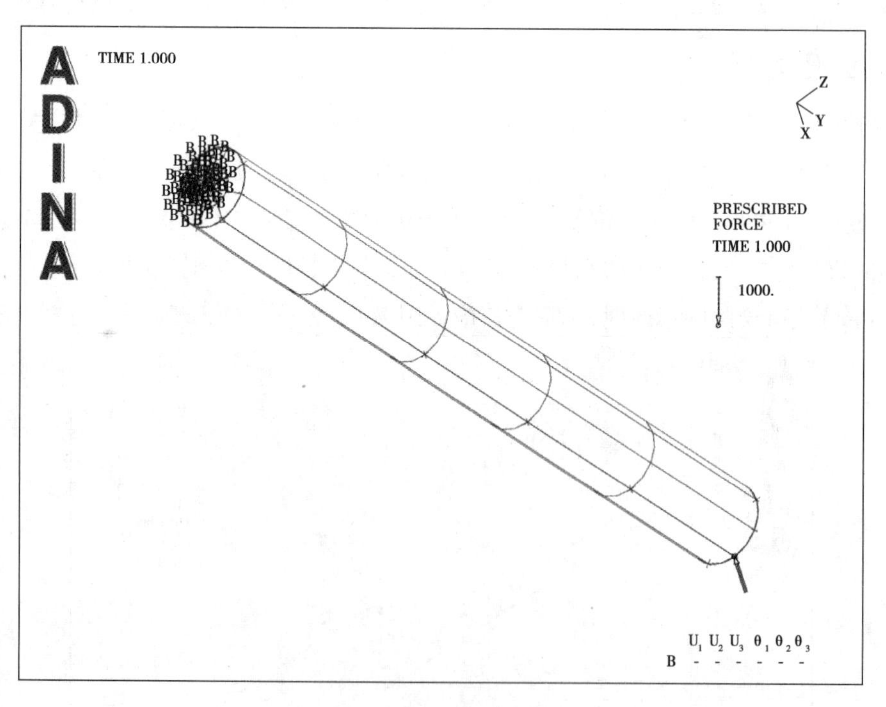

图 1.4.6　划分的网格

4.8　生成 ADINA 数据文件、运行 ADINA 结构数据,后处理

首先,单击【Save】保存图标并将数据库保存到文件“prob04a”。要生成 ADINA 结构数据文件并运行 ADINA 结构,请单击【Data File/Solution】数据文件/解决方案图标,将文件名设置为“prob04a”,选中【Run

Solution】运行解决方案按钮并单击【Save】保存。当 ADINA 结构完成后，关闭所有打开的对话框。将【Program Module】程序模块下拉列表设置为【Post-Processing】后处理（也可以放弃所有更改），单击【Open】打开图标，打开 porthole 文件“prob04a”。

4.8.1 计算截面力和力矩

1）计算单元节点力

为了计算截面力和力矩，有必要先计算单元节点力。

将【Program Module】程序模块设置为【ADINA Structures】（可以放弃所有更改），并从【File】文件菜单底部附近的最近文件列表中选择数据库文件“prob04.idb”。

单击【Element Groups】单元组图标，将【Element Result Output】单元结果输出设置为【Nodal Forces】节点力，然后单击【OK】确定。

2）计算截面力和力矩

单击【Save】保存图标将数据库保存到文件“prob04”。要生成 ADINA Structures 数据文件并运行 ADINA Structures，请单击【Data File/Solution】数据文件/解决方案图标，将文件名设置为“prob04b”，确保【Run Solution】运行解决方案按钮已选中并单击【Save】保存。ADINA 结构完成后，关闭所有打开的对话框。将【Program Module】程序模块下拉列表设置为【Post-Processing】后处理（用户可以放弃所有更改），单击【Open】打开图标并打开舷窗文件“prob04b”。

3）检查全局均衡

检查整个有限元组合内的节点力和力矩之和是否为零。

选择【Definitions】定义→【Model Point（Special）】模型点（特殊）→【Element Force】，添加点名称【WHOLE_MODEL_POINT】，确保【Zone Containing Elements】区域包含单元设置为【WHOLE_MODEL】，并且在【Defined by Nodes In】由节点定义框中，将【Zone】区域设置为【WHOLE_MODEL】。单元强制点包含两个区域中的节点；由于这些区域都是【WHOLE_MODEL】区域，因此单元强制点包含模型中的所有节点。单击【OK】确定，关闭对话框。

现在选择【List】列表→【Value List】值列表→【Model Point】模型点，将【Variable 1】变量 1 设置为【（Force：FORCE_SUM-X）】，【Variable 2】变量 2 设置为【（Force：FORCE_SUM-Y）】，【Variable 3】变量 3 设置为【（Force：FORCE_SUM-Z）】，【Variable 4】变量 4 设置为强制 Force：MOMENT_SUM-X），【Variable 5】变量 5 至【Force：MOMENT_SUM-Y】（强制：MOMENT_SUM-Y），【Variable 6】变量 6 至【Force：MOMENT_SUM-Z】（强制：MOMENT_SUM-Z），然后单击【Apply】应用。这些变量在时间 1 的值都非常小（在用户的计算机上小于 1E-7）。单击【Close】，关闭对话框。

4.8.2 计算内置端的力和力矩

为了计算内置端的力和力矩，用户需要选择内置端的节点。一种方法是用这些节点定义一个节点集。

单击【Node Symbols】节点符号图标，然后使用【Pick】拾取图标和鼠标旋转网格图，直到看到内置结束点。图形窗口如图 1.4.7 所示。

单击【Node Set】节点集图标，添加【Node Set 1】节点集 1 并将方法设置为【Auto-Chain Element Faces】自动链单元面。双击表格的【Face】面列，单击内置结尾的其中一行单元，按“Esc”键，然后单击【Save】保存。应该突出显示内置端上的节点（用户可能需要将对话框从网格图中移开）。单击【OK】确定，关闭对话框。

选择【Definitions】定义→【Model Point（Special）】模型点（特殊）→【Element Force】单元力，添加点名称

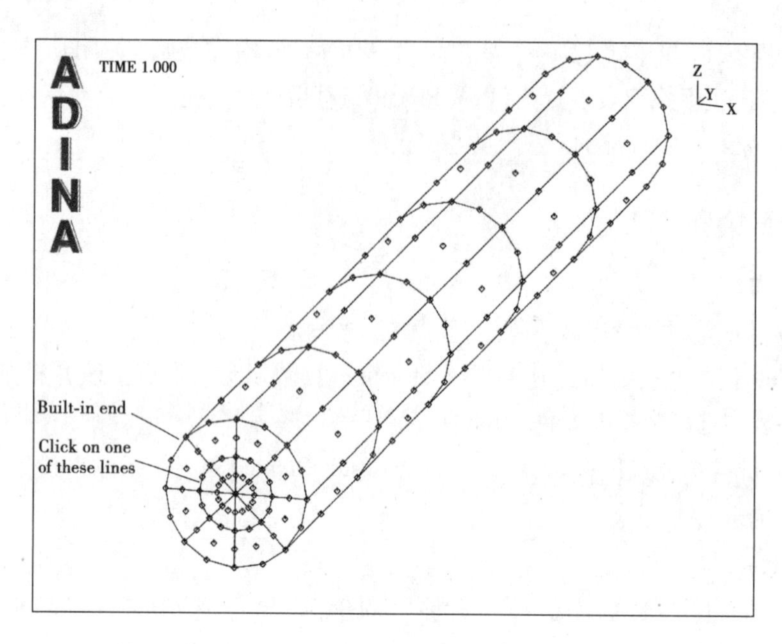

图 1.4.7　突出显示内置端上的节点

【BUILT_IN】,确保【Zone Containing Elements】区域包含单元设置为【WHOLE_MODEL】,并且在【Defined by Nodes In】由节点定义框中,将【Node Set】节点集设置为“1” 单击【OK】确定,关闭对话框。

现在选择【List】列表→【Value List】值列表→【Model Point】模型点,将【Point Name】点名称设置为【BUILT_IN】,将【Variable 1】变量 1 设置为【(Force:FORCE_SUM-X)】,【Variable 2】变量 2 设置为【(Force:FORCE_SUM-Y)】,【Variable 3】变量 3 设置为【(Force:FORCE_SUM-Z)】,【Variable 4】变量 4 设置为【(Force:MOMENT_SUM-X)】,【Variable 5】变量 5 至【(Force:MOMENT_SUM-Y)】,【Variable 6】变量 6 至【(Force:MOMENT_SUM-Z)】并单击【Apply】应用。【FORCE_SUM-X】等于 1.00000E+03(N),【MOMENT_SUM-Z】等于-1.00000E+03(N-m),其他变量非常小。这些总和是预期值。单击【Close】,关闭对话框。

4.8.3　计算汽缸中间部分的力和力矩

为了计算模型中的力和力矩,需要选择正确的单元和节点。可分两步完成:

①将模型分成两个区域。

②选择两个区域相交处的单元和节点。

1)将模型分为两个区域

单击【Split Zone】分割区图标▆,然后单击【With Cutting Plane】字段右侧的【...】按钮。在【Define Cut surface Depiction】定义切割面描述对话框中,将【Defined by】定义设置为【Y-Plane】*Y* 平面,将【Coordinate Value】坐标值设置为“0.5”,然后单击【OK】确定。在【Split Zone】分割区域对话框中,将【Place Elements Above Cutting Plane into Zone】切割平面上的单元放置到区域中设置为【ABOVE】上(在此字段中键入 ABOVE 字样),并将【Place Elements Below Cutting Plane into Zone】放置在切割平面下的单元放入区域设置为【BELOW】下方。单击【OK】确定,关闭对话框。

在模型树中,展开区域条目,然后单击【ABOVE】区域以高亮显示区域,再单击【BELOW】区域以高亮显示 BELOW 区域。用户就能确认这些区域的定义,如图 1.4.8 所示。

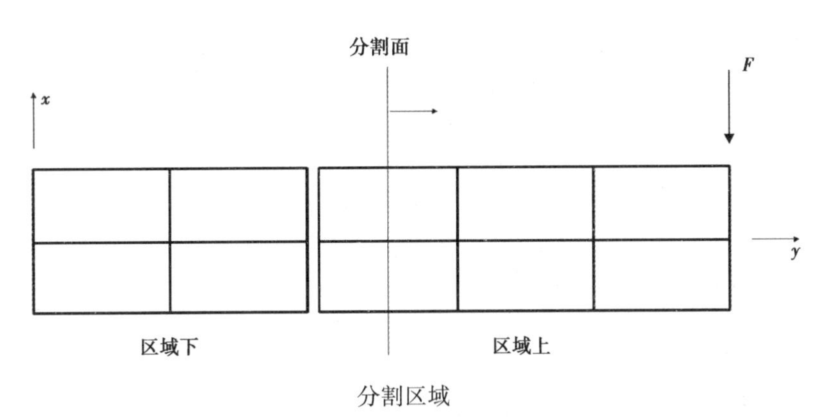

分割区域

图 1.4.8 区域的定义示意图

2）选择两个部分相交处的单元和节点

选择【Definitions】定义→【Model Point（Special）】模型点（特殊）→【Element Force】单元强制，添加点名称【HALFWAY】，将【Zone Containing Elements】区域包含单元设置为【BELOW】，然后在【Defined by Nodes In】由节点定义框中将区域设置为【ABOVE】。同时将【Local Coordinate System Cut Surface】本地坐标系切割曲面设置为【CUTPLANE_SPLITZONE】。单击【OK】确定，关闭对话框。

单元强制点中的单元本地节点被选择为处于【Zone Containing Elements】区域包含单元指定的区域中的单元，如图 1.4.9 所示。

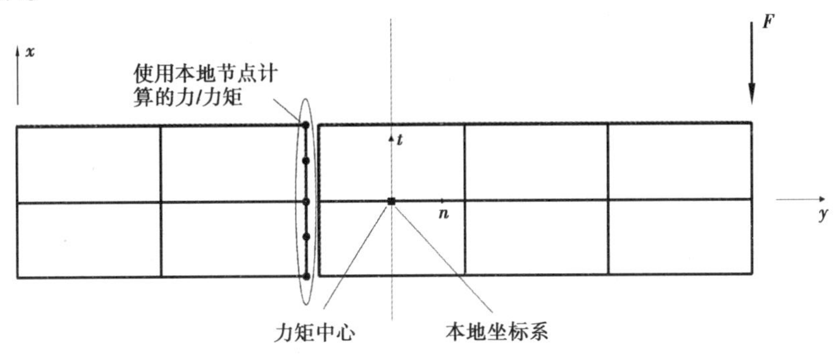

图 1.4.9 定义保护单元的区域

单元本地节点不在切割平面上。

3）计算力和力矩时刻

选择【List】列表→【Value List】值列表→【Model Point】模型点，将【Point Name】点名称设置为【HALFWAY】，将【Variable 1】变量 1 设置为【（Force：FORCE_SUM-X）】，将【Variable 2】变量 2 设置为【（Force：FORCE_SUM-Y）】，将【Variable 3】变量 3 设置为【（Force：FORCE_SUM-Z）】，【Variable 4】变量 4 至【Force：MOMENT_SUM-X】（力：MOMENT_SUM-X），【Variable 5】变量 5 至【Force：MOMENT_SUM-Y】（强制：MOMENT_SUM-Y），【Variable 6】变量 6 至【Force：MOMENT_SUM-Z】（强制：MOMENT_SUM-Z）并单击【Apply】应用。【FORCE_SUM-X】等于-1.00000E+03（N），【MOMENT_SUM-Z】等于 5.00000E+02（N-m），其他变量非常小。这些总和是预期值。（不要关闭对话框。）

在瞬间计算中，瞬间中心的位置非常重要。现在来验证 HALFWAY 点中使用的矩心的位置。将【Variable 1】变量 1 设置为【Coordinate：MOMENT_CENTER-X】（坐标：MOMENT_CENTER-X），将【Variable 2】变量 2 设置为【Coordinate：MOMENT_CENTER-Y】（坐标：MOMENT_CENTER-Y），将【Variable 3】变量 3 设置为【Coordinate：MOMENT_CENTER-Z】（坐标：MOMENT_CENTER-Z）并单击【Apply】应用。可以看到矩中心在坐标（0，0.5，0）处。（这是因为：默认情况下，使用【Local Coordinate System Cut Surface】局部坐标系切割

曲面计算矩心，并且选定单元的投影面朝向该切割面。）

注意：不要关闭对话框。

4）计算局部坐标系中的力和力矩

在该模型中，全局坐标系中的结果在物理意义上是有意义的，但是在更复杂的模型中，需要选择与该部分对齐的局部坐标系以获得有实际意义的结果。

默认情况下，在单元力点中定义一个带有分量 t,b,n 的局部坐标系。

为了确定此坐标系的方向，宜将【Variable 1】变量1设置为【Miscellaneous：LOCAL_T_DIRECTION-X】，将【Variable 2】变量2设置为【Miscellaneous：LOCAL_T_DIRECTION-Y】，将【Variable 3】变量3设置为【Miscellaneous：LOCAL_T_DIRECTION-Z】，将【Variable 4】设置为【LOCAL_N_DIRECTION-X】，【Variable 5】变量5到【Miscellaneous：LOCAL_N_DIRECTION-Y】，【Variable 6】变量6到【Miscellaneous：LOCAL_N_DIRECTION-Z】，然后单击【Apply】应用。t 方向是(1,0,0)，n 方向是(0,1,0)。（b 方向可以类似的方式获得）。

现在将【Variable 1】变量1设置为【Force：FORCE_SUM-T】，【Variable 2】变量2设为【Force：FORCE_SUM-B】，【Variable 3】变量3设为【Force：FORCE_SUM-N】，【Variable 4】变量4设为【Force：MOMENT_SUM-T】，【Variable 5】5设置为【Force：MOMENT_SUM-B】，【Variable 6】变量6到【Force：MOMENT_SUM-N】，然后单击【Apply】应用。【FORCE_SUM-T】等于-1.00000E+03(N)，【MOMENT_SUM-B】等于-5.00000E+02(N-m)，其他变量非常小。这些总和是预期值。单击【OK】确定，关闭对话框。

4.9 检查求解结果

4.9.1 应力带图

单击【Create Band Plot】创建条带图图标，将【Band Plot Variable】带区变量设置为【(Stress：STRESS-YY)】(应力：应力-YY)，然后单击【OK】确定。图形窗口应如图1.4.10所示。

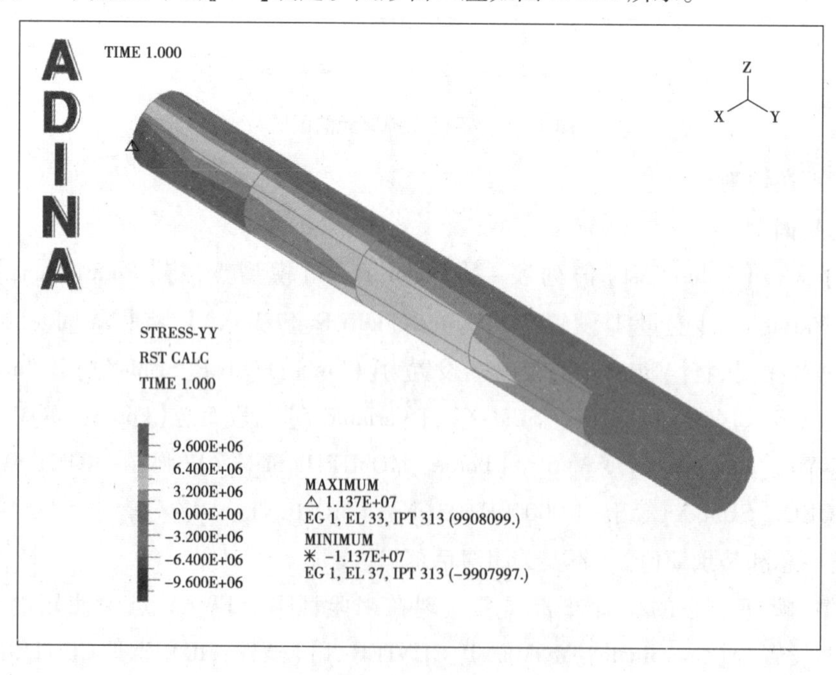

图1.4.10　计算的应力分布

4.9.2　平滑应力带图

用户会发现:在圆柱的内置端附近的条纹或跳跃。要平滑应力带图,可单击【Smooth Plots】平滑绘制图标。图形窗口如图 1.4.11 所示。

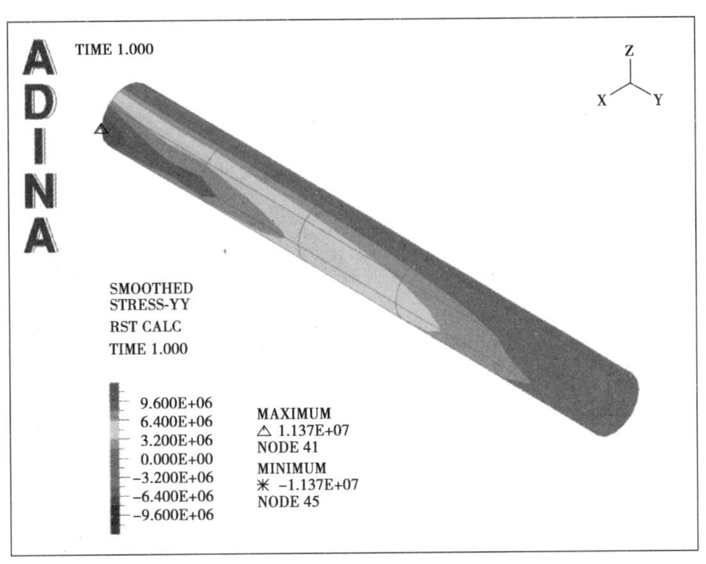

图 1.4.11　平滑后的应力

注意:平滑操作并不能使应力值更精确。

4.10　退出 AVI

选择主菜单中的【File】文件→【Exit】退出,弹出【AUI】对话框,单击【Yes】,其余选【默认】,退出 ADINA-AUI。

问题5　周边开槽受顶部荷载作用的圆棒

问题描述

1)问题概况

图1.5.1所示是周边开槽受顶部荷载作用的圆棒。

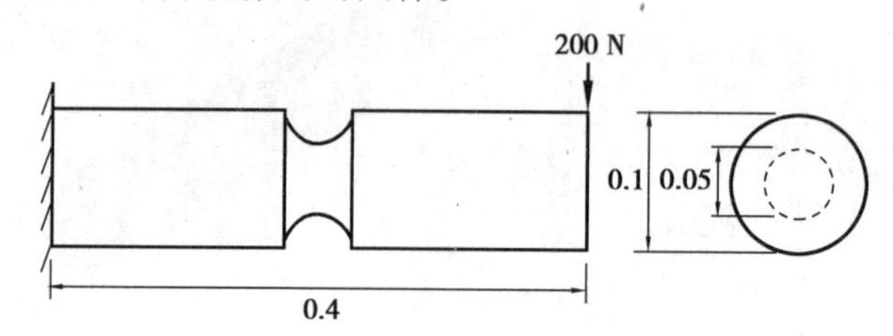

图1.5.1　问题5中的模型

所有长度以m为单位,弹性模量 $E=2.07\times10^{11}$ N/m^2,泊松比 $\nu=0.29$。

2)演示内容

本例将演示以下内容:

①旋转2D单元的网格得到3D单元的网格。

②使用SCL线检查结果。

注意:本例不能用900节点的ADINA System求解,模型中有6 179个节点。

5.1　启动AUI,选择有限元程序

启动AUI,从【ProgramModule】程序模块的下拉式列表框中选【ADINAStructures】ADINA结构。

5.2　定义模型关键数据

定义问题标题

在主菜单中选择【Control】控制→【Heading】标题,弹出【Heading】标题对话框。在对话框中输入标题【Problem 5: Round bar with circumferential groove subjected to tip load】,然后单击【OK】确定。

5.3　定义模型的关键几何元素

图1.5.2是建模型时用到的关键几何元素。

1)几何点

单击【Define Points】定义点图标,并将以下信息输入表的X2,X3列中(X1列为空白),然后单击【OK】确定。

点1~点8的坐标见表1.5.1。

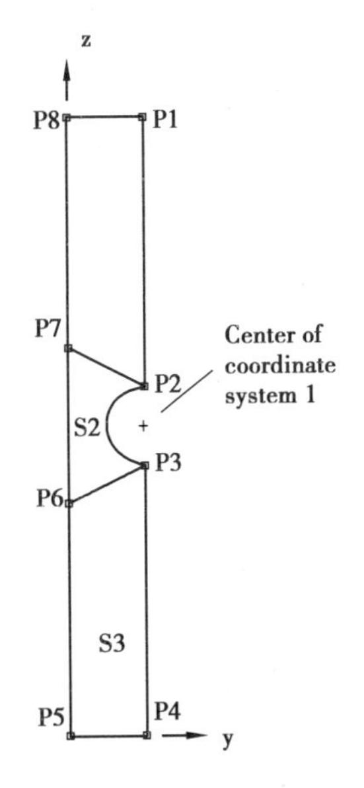

图 1.5.2　建模型时用到的关键几何元素

表 1.5.1　点 1~点 8 的坐标

Point#	X2	X3
1	0.05	0.4
2	0.05	0.225
3	0.05	0.175
4	0.05	0.0
5	0.0	0.0
6	0.0	0.15
7	0.0	0.25
8	0.0	0.4

2）定义线/定义弧线

对本问题来说，把坐标系原点放在圆弧的中点可以很方便地定义弧线。单击【Coordinate Systems】坐标系图标，增加【coordinate system 1】坐标系 1，将【Origin】原点设置成"(0.0,0.05,0.2)"，然后单击【OK】确定。单击【Define Lines】定义图标，增加线 1，将【Type】类型设置为【Revolved】旋转，【Initial Point】初始点设置成"2"，【Angle of Rotation】旋转角度设置成"180°"。确认【Axis】轴是 X 后，单击【OK】确定。图形窗口如图 1.5.3 所示。

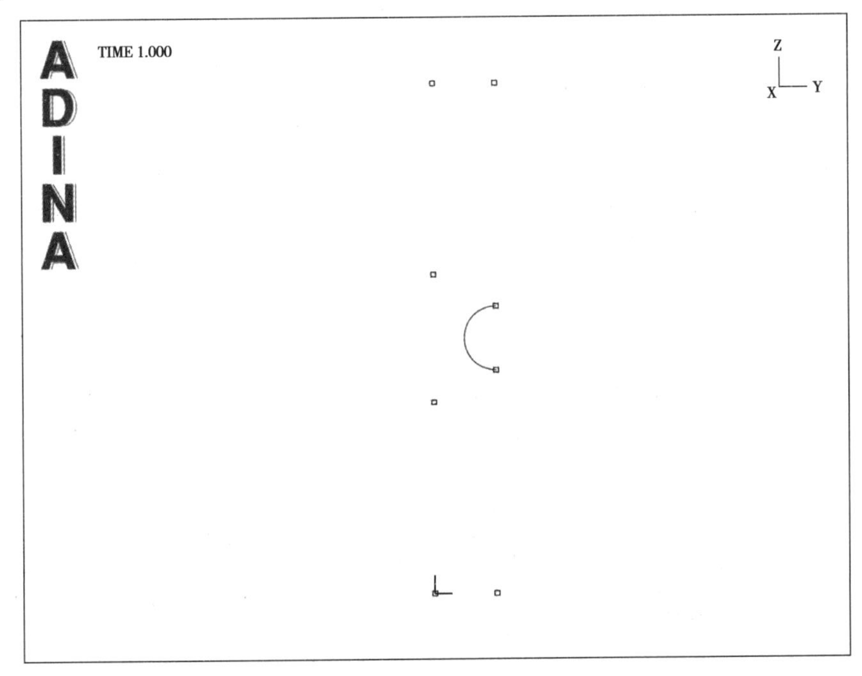

图 1.5.3　定义的点和圆弧

定义完弧线后，将缺省坐标系再设回到初始的坐标系。单击【Coordinate Systems】坐标系图标，单击【Set Global】设置全局按钮，然后单击【OK】确定。

3)定义曲面

单击【Define Surfaces】定义曲面图标,定义表1.5.2所示曲面后,单击【OK】确定。

表1.5.2　定义曲面的参数

Surface Number	Type	Point 1	Point 2	Point 3	Point 4
1	Vertex	1	8	7	2
2	Vertex	2	7	6	3
3	Vertex	3	6	5	4

图形窗口如图1.5.4所示。

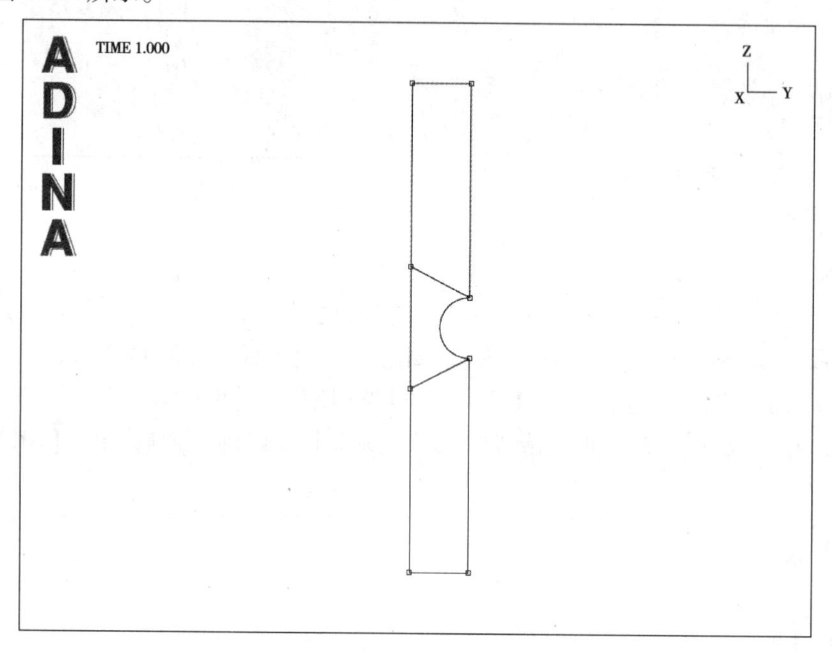

图1.5.4　定义的曲面

5.4　施加边界条件

固定$z=0$的线。

若不想显示线号,可以单击【Query】查询图标?,再单击最下边的水平线,直到信息框中显示线号为止。现在单击【Apply Fixity】应用固定图标,将【Apply to】应用到区域设置为【Edge/Line】棱边/线,在表的第一行第一列输入"9",然后单击【OK】确定。单击【Boundary Plot】边界绘制图标,图形窗口如图1.5.5所示。

5.5　定义和施加荷载

单击【Apply Load】应用图标,将【Load Type】载荷类型设置为【Force】力,单击【Load Number】载荷号区域右侧的【Define...】定义按钮。在【Define Concentrated Force】定义集中力对话框中增加【load 1】载荷1,将【Magnitude】幅度1设置成"200",将【Direction】方向设置成"(0,-1,0)",单击【OK】确定。在【Apply Load】应用载荷对话框中将【Point #】点号设置成"1",然后单击【OK】确定。

单击【Load Plot】载荷绘制图标,图形窗口如图1.5.6所示。

5.6　定义材料

单击【Manage Materials】管理材料图标M,再单击【Elastic Isotropic】弹性各向同性按钮。在【Define

Isotropic Linear Elastic Material】定义各向同性线弹性对话框中，增加【material 1】材料 1，将【Young's Modulus】杨氏模量设置为“2.07E11”，将【Poisson's ratio】泊松比设置为“0.29”，然后单击【OK】确定。单击【Close】关闭按钮，关闭【Manage Material Definitions】管理材料定义对话框。

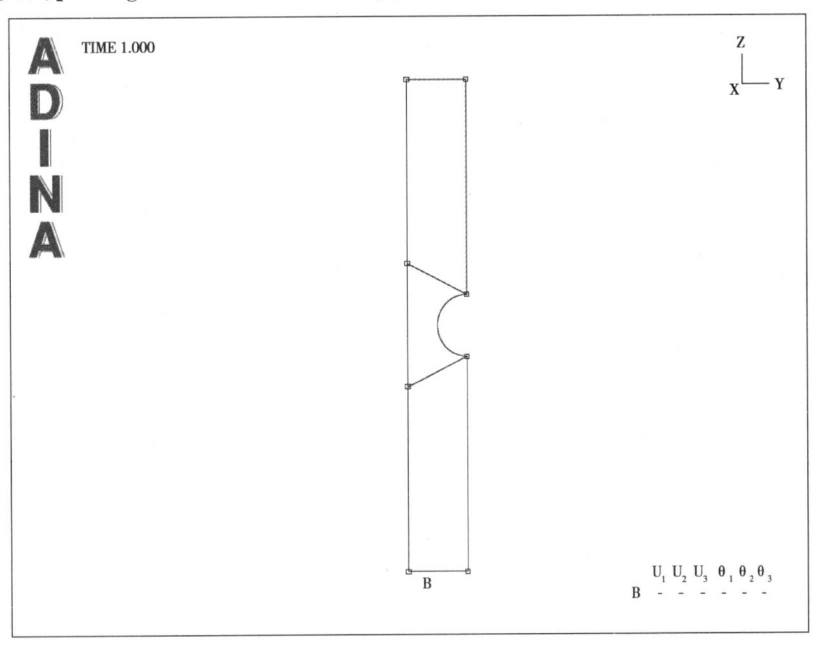

图 1.5.5　定义的边界条件

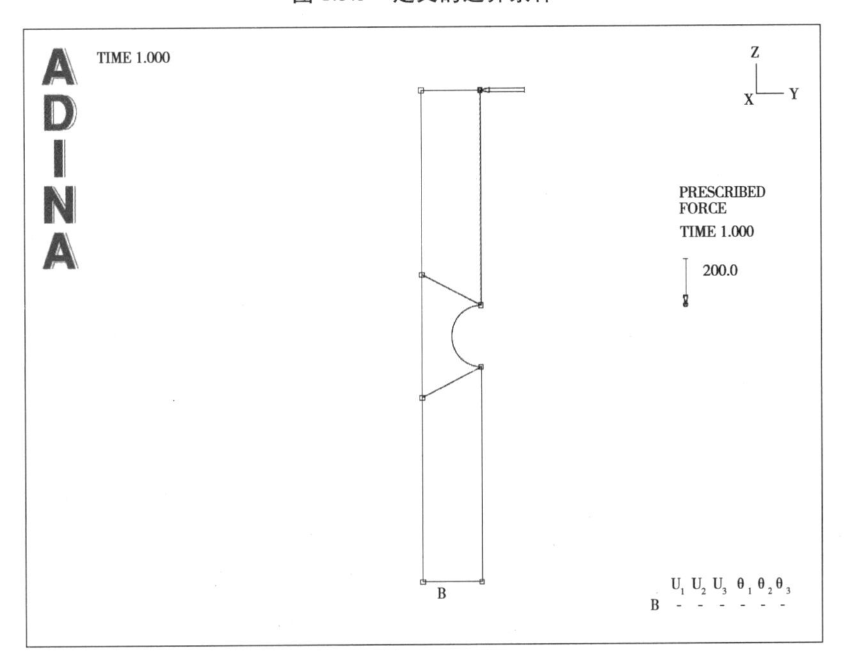

图 1.5.6　模型承受的载荷条件

5.7　定义单元

1）单元组

单击【Element Groups】单元组图标，增加【group number 1】组号 1，将【Type】类型设置为【2-D Solid】二维固体，然后单击【OK】确定。

2）划分网格

划分网格时，先将所有模型上的点赋以相同的点尺寸，然后再将槽周围点的尺寸设置得小一些。选择

【Meshing】划分网格→【Mesh Density】网格密度→【Complete Model】完整模型，将【Subdivision Mode】细分模式设置为【Use End- Point Sizes】使用末端点尺寸，单击【OK】确定。现在再选【Meshing】划分网格→【Mesh Density】网格密度→【Point Size】点尺寸，将【Points Defined from】点定义自设置为【All Geometry Points】所有几何点，将【Maximum】最大设置为“0.03”，单击【Apply】应用。把【Define Point Size】定义点尺寸对话框中表的【Mesh Size for Point Labels 】点标号的网格尺寸 2,3,6,7 设置成“0.02”，单击【OK】确定。

3)生成 2D 单元

单击【Mesh Surfaces】划分曲面网格图标，在表中输入“1,2,3”，单击【OK】确定。图形窗口如图 1.5.7 所示。

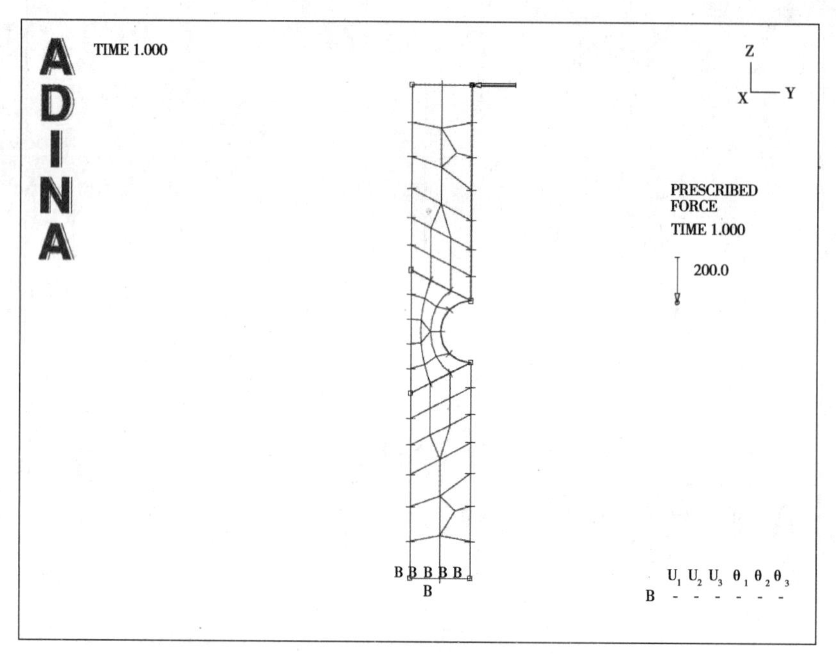

图 1.5.7　2D 网格单元

4)生成 3D 单元

选择【Meshing】划分网格→【Mesh Revolve】网格旋转，将【No. of Elements in Revolve Direction】在旋转方向的单元数设置成“16”，【Angle of Revolution】旋转角度设置为 360°，【Z Direction of Axis】轴的 Z 方向设置成“1.0”，选择【Assign Fixity Conditions on Generated Nodes Corresponding to Original Nodes】在原始节点对应的生成节点上分配固定条件和【Check Coincidence】检查重合按钮，单击【OK】确定。

单击【Iso View 1】Iso 视图 1 图标，图形窗口如图 1.5.8 所示。可以用鼠标旋转图形，查看 $z=0$ 处的节点是否都被固定住了。

5.8　生成 ADINA 数据文件、运行 ADINA 结构数据、后处理

首先，单击【Save】图标，把数据库保存到文件“prob05”中。生成 ADINA 数据文件并运行 ADINA，单击【Data File/Solution】数据文件/求解方案图标，把文件名设置成“prob05”，确认选择了【Run Solution】运行求解方案按钮后，单击【Save】保存。ADINA 运行完毕后，关闭所有对话框。从【ProgramModule】程序模块的下拉式列表框中选择【Post-Processing】后处理，其余选默认，单击【Open】打开图标，打开结果文件“prob05”。

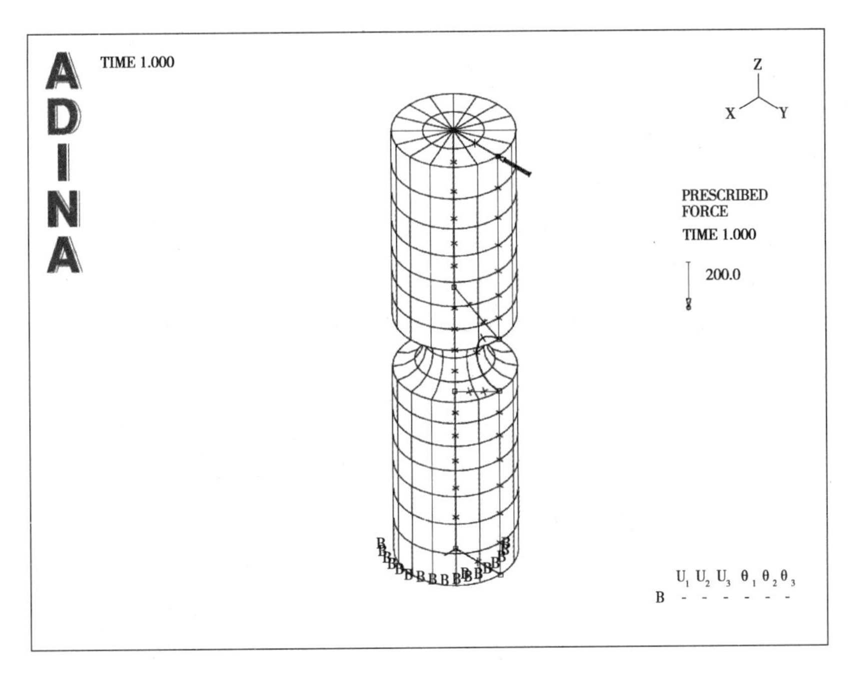

图 1.5.8　3D 网格单元

5.9　检查求解结果

单击【Iso View 2】Iso 视图 2 图标，再单击【Load Plot】载荷绘图图标显示单元和荷载。要放大变形图，可以单击【Scale Displacements】比例位移图标，图形窗口如图 1.5.9 所示。

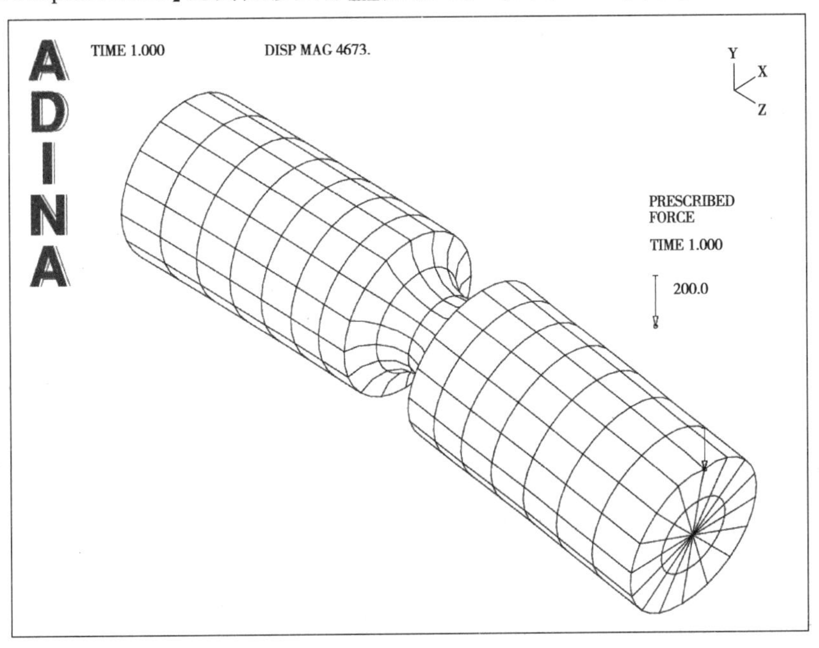

图 1.5.9　计算的位移

1）应力云图

单击【Create Band Plot】创建条带图图标，将【Band Plot Variable】条带绘图变量设置为【Stress：STRESS-ZZ】，然后单击【OK】确定。在图形窗口中移动云图，直到图形窗口如图 1.5.10 所示。

2）沿一条线的结果

用户希望沿着 y 方向通过凹槽沿直线检查结果，可单击【Clear】清除图标和【IsoView2】图标。

选择【Definitions】定义→【ModelLine】模型线→【StressClassificationLine】应力分类线，添加线

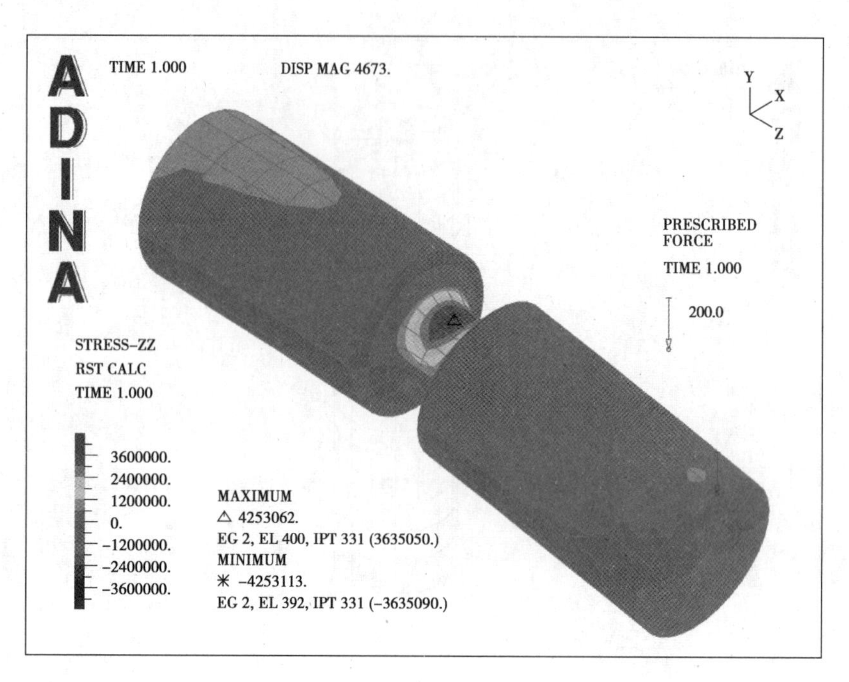

图 1.5.10 应力云图

【TRANSVERSE】,将【(X1,Y1,Z1)】设置为“(0,-0.1,0.201)”,【(X2,Y2,Z2)】设置为“(0,0.1,0.201)”。然后选择【Display】显示→【Result Line Plot】结果线图→【Create】创建并单击确定。图形窗口如图1.5.11所示。

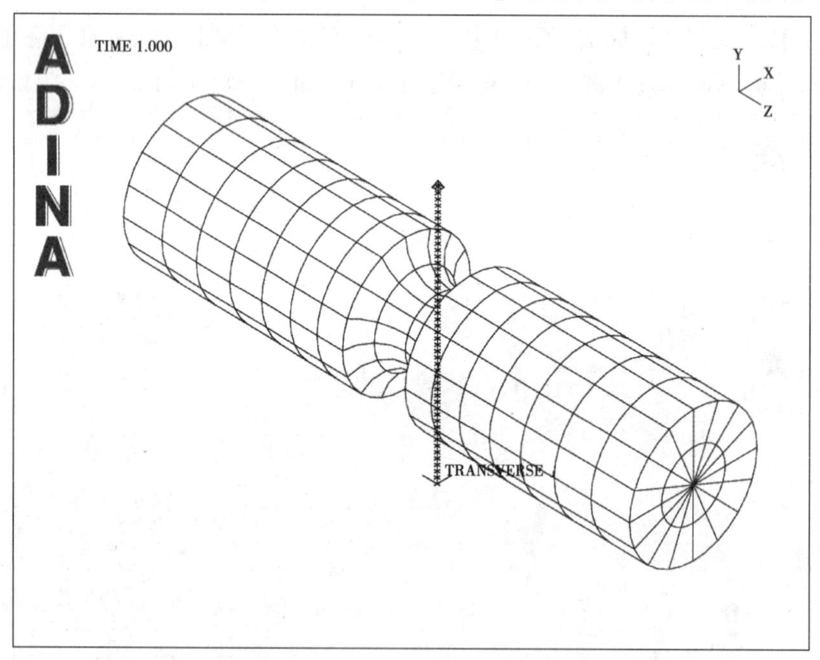

图 1.5.11 创建的结果线

用户希望修剪线条,使其不会延伸到网格外部。选择【Definitions】定义→【Model Line】模型线→【Stress Classification Line】应力分类线,将【Trimming Tolerance】修剪允差设置为“0.001”,然后单击【OK】确定。当单击【Redraw】重画图标时,图形窗口如图 1.5.12 所示。

现在单击【Clear】清除图标,选择【Graph】图形→【Response Curve (Model Line)】反应曲线(模型线),将【XCoordinate Variable】*X* 坐标变量设置为【Coordinate: Y-COORDINATE】(坐标:*Y* 坐标),将【Y Coordinate Variable】*Y* 坐标变量设置为【Stress: STRESS-ZZ】(应力:应力 ZZ),然后单击【OK】确定。图形窗口如图 1.5.13 所示。

选择【Graph】图→【List】列表。坐标-2.50000E-02 处的 STRESS-ZZ 值应为-3.95895E+06(Pa)。单击

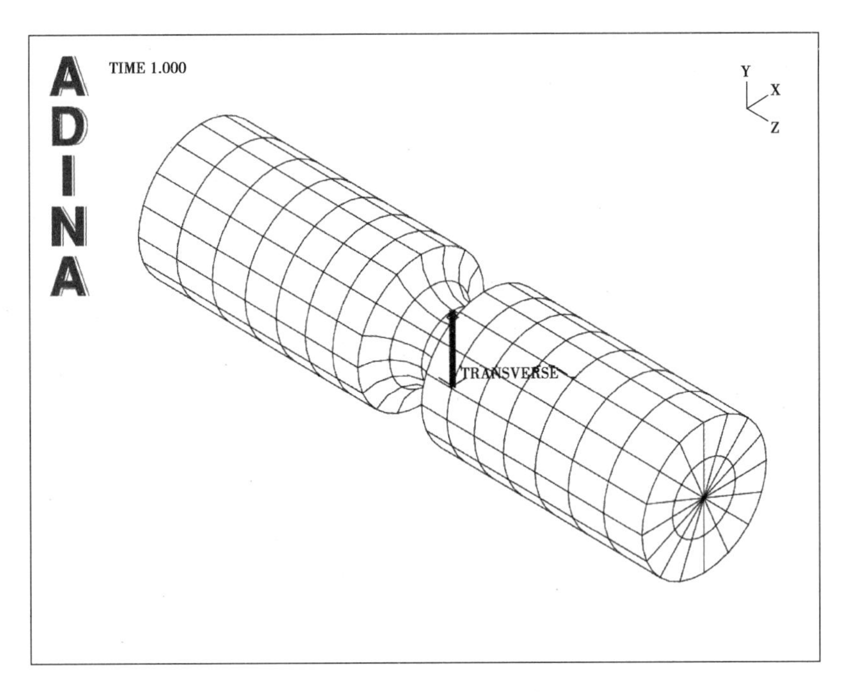

图 1.5.12　修剪后的线条

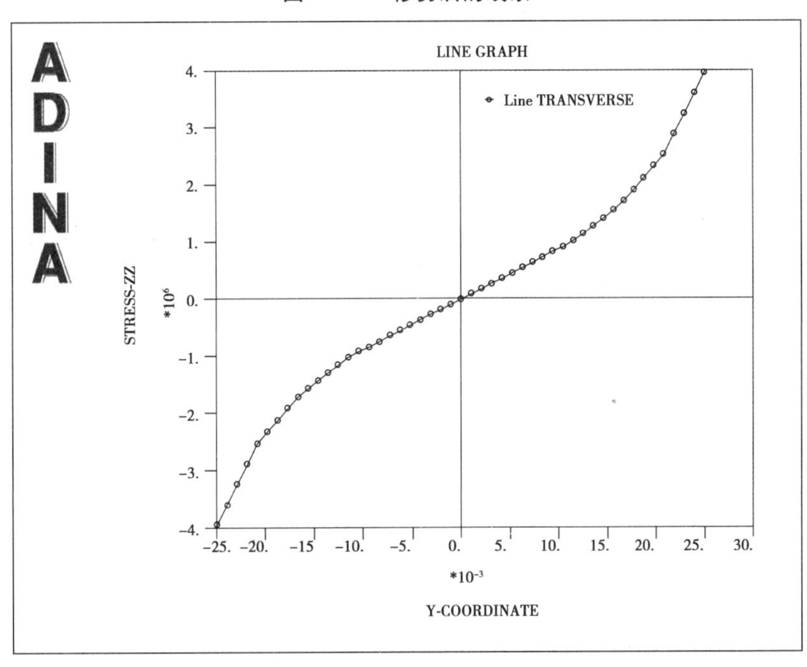

图 1.5.13　沿指定线的应力分布

【Close】,关闭对话框。

为了表明 SCL 线可以用于除应力以外的结果,现在绘制沿着线的位移图。单击【Clear】清除图标CLEAR,选择【Graph】图形→【Response Curve(Model Line)】响应曲线(模型线),将【X Coordinate Variable】*X* 坐标变量设置为【Coordinate: Y-COORDINATE】(坐标:*Y* 坐标),将【YCoordinate Variable】*Y* 坐标变量设置为【Displacement: Z-DISPLACEMENT】(位移:Z-DISPLACEMENT)并单击【OK】确定。图形窗口如图 1.5.14 所示。

当用户选择【Graph】图形→【List】列表时,坐标 -2.50000E-02 处的 Z-DISPLACEMENT 的值应为 -5.97415E-07(m)。单击【Close】,关闭对话框。

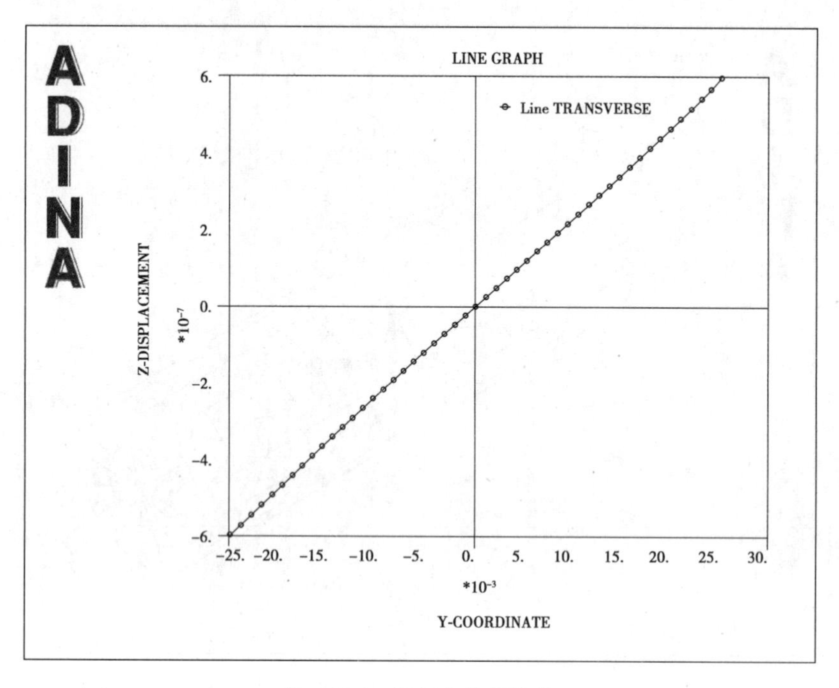

图 1.5.14　沿指定线的位移

3）ASME NB-3200 **应力线性化计算**

根据 ASME NB-3200（用于核电站应力分析），SCL 线的一个重要用途是应力线性化。

单击【Clear】清除图标，在 SCL 线上选择【Graph】图形→【Stress Linearization on SCL Line】在 SCL 线应力线性化，然后单击【OK】确定。图形窗口如图 1.5.15 所示。

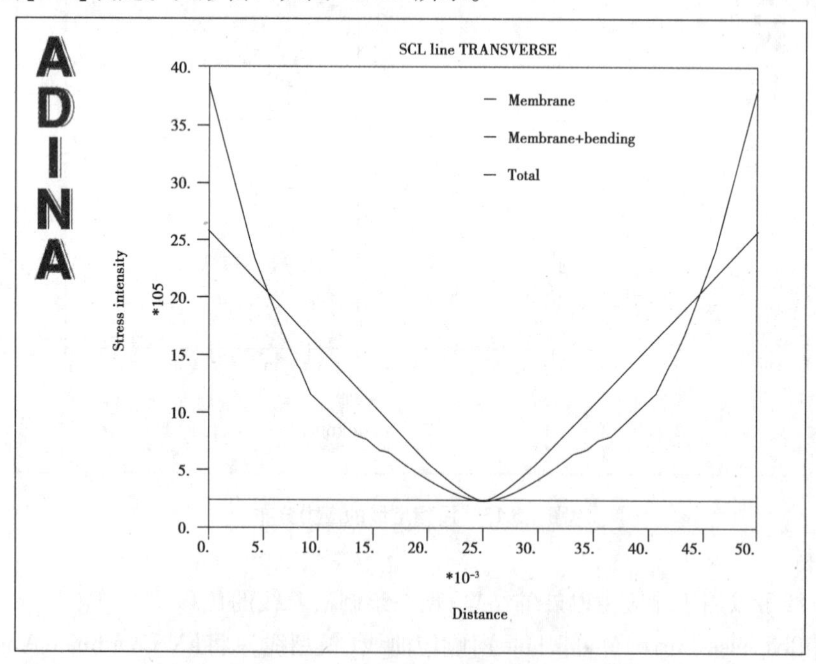

图 1.5.15　在线上的应力线性化结果

注意：应力强度定义为最大和最小主应力之间的差异，应力强度与有效应力不一样。

5.10　退出 AUI

选择主菜单中的【File】文件→【Exit】退出，弹出【AUI】对话框，单击【Yes】，其余选【默认】，退出 ADINA-AUI。

问题6　块体和刚性柱体间的接触问题

问题描述

1)问题概况

块体中插入了一个刚性柱体,如图1.6.1所示。

刚性圆柱无摩擦接触,所有长度以m为单位。

弹性模量:$E=1\times10^6$ N/m^2,泊松比 $\nu=0.3$

用户希望确定块被推下0.02 m时,块内的位移和应力。

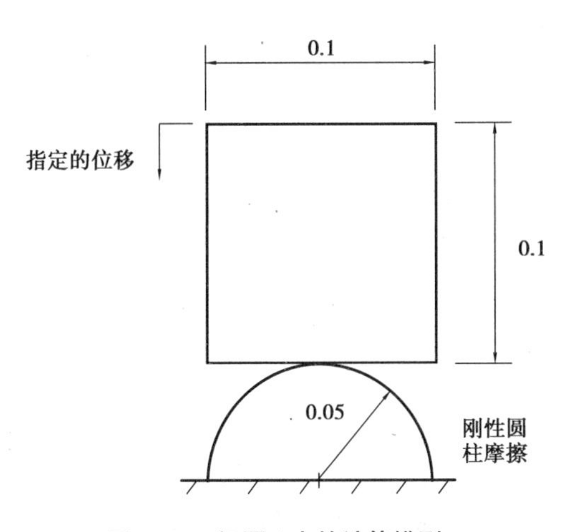

图1.6.1　问题6中的计算模型

2)演示内容

本例主要演示以下内容:

①定义时间函数。

②定义时间步。

③定义接触组。

④定义接触面。

⑤定义接触对。

⑥图标Previous Solution、Next Solution、Last Solution和First Solution的使用。

⑦模态响应的动画显示。

⑧画随时间变化的结果。

⑨使接触段变为高亮度。

⑩画接触牵引contact tractions。

⑪建立动画文件(AVI,GIF和FLC格式)。

6.1　启动AUI,选择有限元程序

启动AUI,在【ProgramModule】程序模块的下拉式列表框中选择【ADINAStructures】ADINA结构。

6.2　定义模型的控制数据

1)定义问题标题

在主菜单中选择【Control】控制→【Heading】标题,在弹出的对话框中输入【Problem 7: Contact between a block and a rigid cylinder】,然后单击【OK】确定。

2)定义2D元素的平面

选择【Control】控制→【MiscellaneousOptions】其他选项,将【2D Solid Elementsin】2D实体元素在字段设置为【XY-Plane, Y-Axisymmetric】*XY*平面,*Y*轴对称并单击【OK】确定。

6.3　定义模型的关键几何关系

图1.6.2为模型的关键几何尺寸。

1)定义几何点

单击【Define Points】定义点图标,并将以下信息输入表1.6.1的X2、X3列中(X3列为空白),然后单击

【OK】确定。

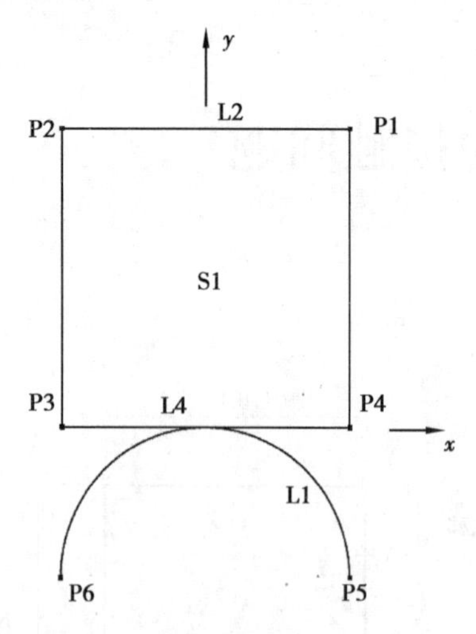

图 1.6.2　模型的关键几何尺寸

表 1.6.1　定义点信息

Point#	X1	X2
1	0.05	0.1
2	−0.05	0.1
3	−0.05	0.0
4	0.05	0.0
5	0.05	−0.05
6	−0.05	−0.05

单击【Point Labels】点标签图标查看点号。

2)定义线

单击【Define Lines】定义线图标,增加【linenumber 1】线号 1,将【Type】类型设置为【Arc】圆弧,【Defined by】由定义设置为【P1,P2,P3,Angle】,【Starting Point,P1】开始点,P1 设置为“5”,【End Point,P2】结束点,P2 设置为“6”,【In-Plane Point,P3】在平面内点,P3 设置为“1”,【Included Angle】包括角度设置为“180°”,然后单击【OK】确定。

单击【Line/Edge Labels】线/棱边号图标查看线号。

3)定义曲面

单击【Define Surfaces】定义曲面图标,增加【surfacenumber 1】曲面号 1,若有必要可将【Type】类型设置为【Vertex】顶点,将【Point 1】点 1 设置为“1”,【Point 2】点 2 设置为“2”,【Point 3】点 3 设置为“3”,【Point 4】点 4 设置为“4”,然后单击【OK】确定。

单击【Surface/Face Labels】曲面/面标号图标查看显示面的标号,图形窗口如图 1.6.3 所示。

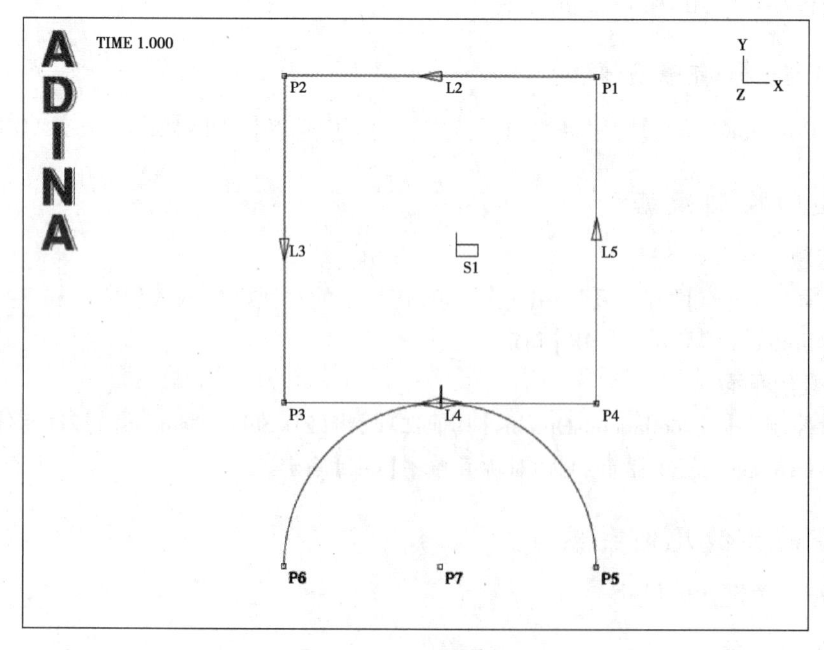

图 1.6.3　显示面的标号

6.4 定义和施加荷载

单击【Apply Load】应用载荷图标，将【Load Type】载荷类型设置为【Displacement】位移，单击【Load Number】载荷号区域右侧的【Define...】定义按钮。在【Displacement】位移对话框中，添加【displacement1】位移1，将【XTranslation】设置为"0"，将【Y Translation】设置为"-1"，然后单击【OK】确定。在【ApplyLoad】应用载荷对话框中，将【Applyto】应用于字段设置为【Line】线，并在表格的第一行中将其设置为"2"。单击【OK】确定，关闭【ApplyLoad】应用载荷对话框。

单击【Load Plot】载荷绘图图标，图形窗口如图1.6.4所示。

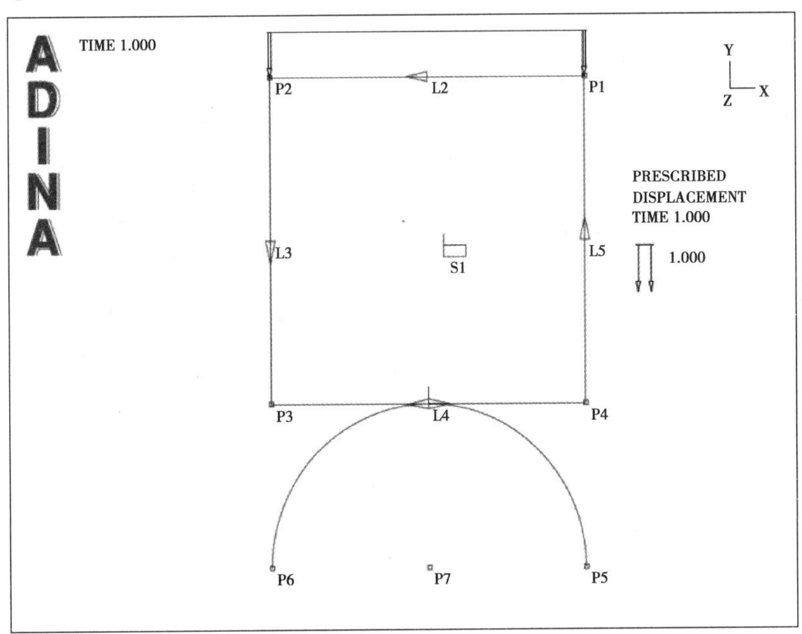

图1.6.4 绘制载荷条件

6.5 定义材料

单击【Manage Materials】管理材料图标，再单击【Elastic Isotropic】弹性各向同性按钮。在【Define Isotropic Linear Elastic Material】定义各向同性线弹性材料对话框中，增加【material 1】材料1，将【Young's Modulus】杨氏模量设置为"1E6"，【Poisson's ratio】泊松比设置为"0.3"，然后单击【OK】确定。单击【Close】关闭按钮，关闭【Manage Material Definitions】管理材料定义对话框。

6.6 定义接触面

1）接触组

选择【Contact Group】接触组图标，增加【contact group 1】接触组1。单击【OK】确定。

2）接触面

选【DefineContact Surfaces】定义接触曲面图标，增加【contact surface number 1】接触面号1，在表的第一行将【Line Number】线号设置为"1"，单击【Save】保存。再增加【contact surface number 2】接触面号，在表的第一行将【Line Number】线号设置为"4"，单击【OK】确定，关闭对话框。

3）接触对

选【DefineContactPairs】定义接触对图标，增加【contact pair number 1】接触对号1，将【Target Surface】目标曲面设置为"1"，【Contactor Surface】接触曲面设置为"2"，单击【OK】确定。

6.7 定义单元

1)单元组

单击【Element Groups】单元组图标,增加【group number 1】组号1,将【Type】类型设置为【2-D Solid】二维实体,将【Element Sub-Type】单元子类型设置为【Plane Strain】平面应力,然后单击【OK】确定。

2)划分网格

用5×5的网格进行求解。单击【Subdivide Surfaces】细分曲面图标,将 u 和 v 的【Number of Subdivisions】细分数都设置为"5",然后单击【OK】确定。

3)生成单元

单击【Mesh Surfaces】图标,在表的第一行输入"1",单击【OK】确定。

单击【ShowSegmentNormals】显示段法线图标时,图形窗口如图1.6.5所示。

注意:广场底部的粗线是正方形的接触表面。附在粗线上的箭头表示接触表面的方向;箭头指向固体。

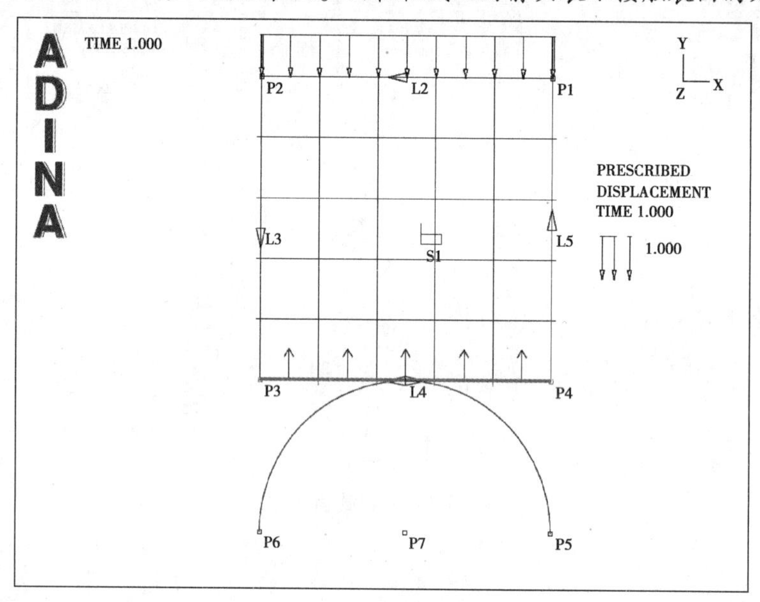

图1.6.5 划分的有限元网格

6.8 定义目标面

首先,指定接触面上的接触节段数目,然后生成接触节段。

1)划分网格

指定接触面上的接触节段数目,划分接触面上的线。单击【Subdivide Lines】细分线图标,选【line 1】线1,将【Number of Subdivisions】细分数设置为"180",单击【OK】确定。

2)生成接触段

选择【Mesh Rigid Contact Surface】网格刚性接触曲面图标,将【Contact Surface】接触曲面设置为"1",单击【OK】确定,图形窗口如图1.6.6所示。

6.9 指定荷载步大小

首次运行时须校验模型,因而,应在第一个时间步内给一个相对较小的位移。给定的位移由时间函数1控制。选择【Control】控制→【Time Function】时间函数,将以下信息输入表1.6.2中。

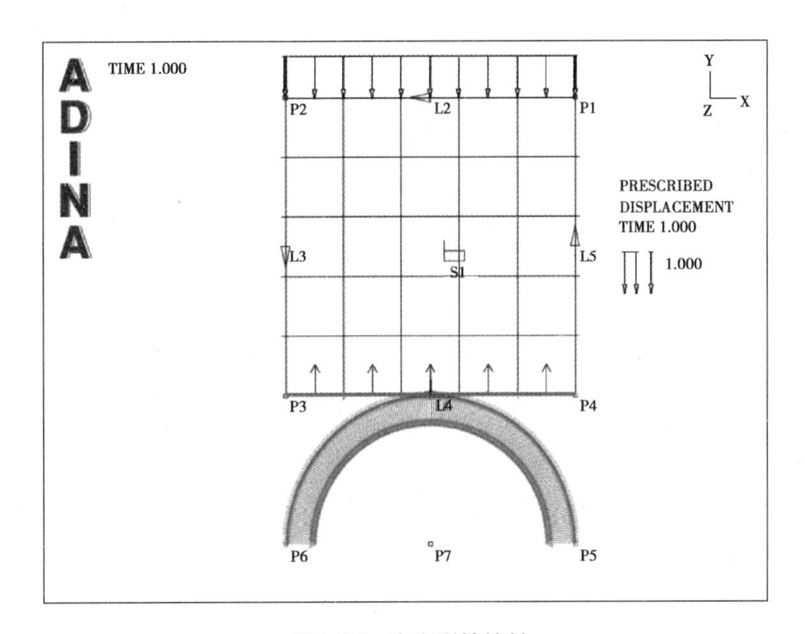

图 1.6.6　定义刚性接触

表 1.6.2　时间函数定义参数

Time	Value
0.0	0.0
1.0	0.001

单击【OK】确定。

单击【Redraw】重新绘图图标，图形窗口如图 1.6.7 所示。

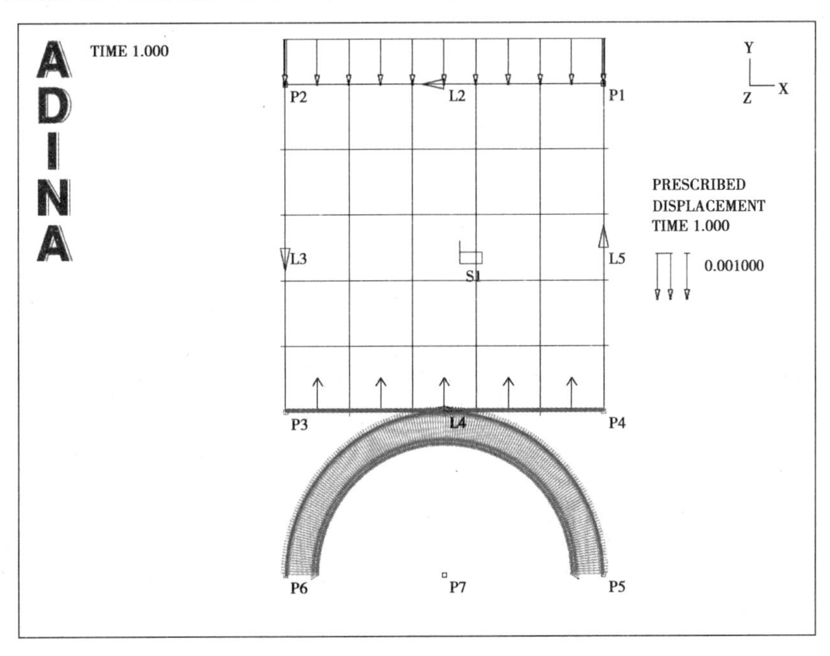

图 1.6.7　显示位移的边界条件

注意：给定的位移值已被更新。

6.10 生成 ADINA 数据文件,运行 ADINA 结构数据、后处理

首先单击【Save】保存图标,将数据库保存到文件“prob06”中。生成 ADINA 数据文件并运行 ADINA,单击【Data File/Solution】数据文件/求解方案图标,将文件名设置为“prob06”,确认选择了【RunSolution】运行求解方案按钮后,单击【Save】保存。日志窗口中反复出现提示信息【No element connection for node...】”,这是因为弧线上的点仅位于接触面上,而与任何单元都不相连。这些节点被自动固定,就像日志窗口底部描述的那样。

ADINA 结构运行完毕后,关闭所有对话框。在【ProgramModule】程序模块的下拉式列表框中选择【Post-Processing】后处理,其余选择默认,单击【Open】打开图标,打开结果文件“prob06”。

6.11 检查求解结果、查询更多的时间步、重新运行

单击【Quick Vector Plot】快速向量绘图图标查看应力矢量。图形窗口如图 1.6.8 所示。

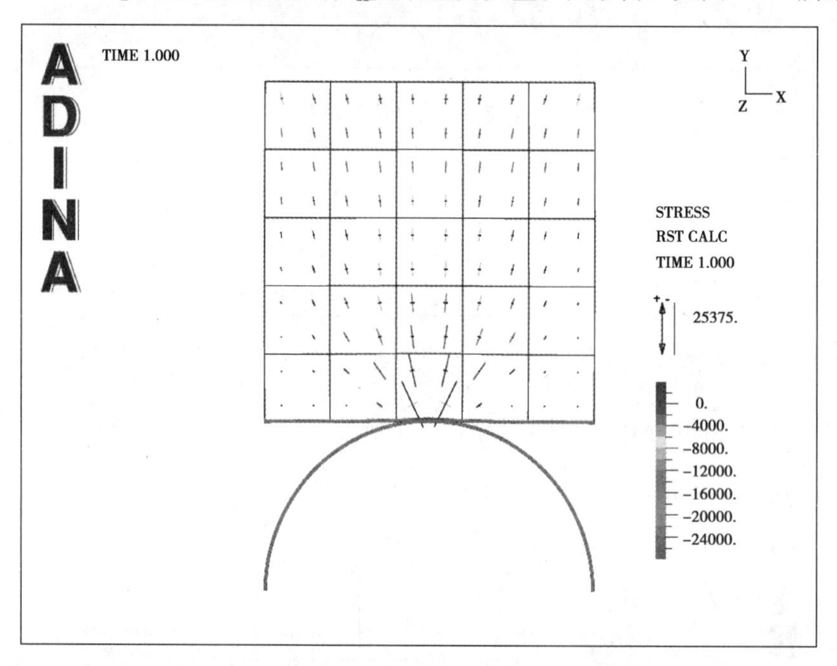

图 1.6.8 应力矢量

从图 1.6.8 中可以看出,似乎有两个物体接触在一起。更新模型,查看更多的求解步。

1)启动前处理

在【ProgramModule】程序模块的下拉式列表框中选择【ADINAStructures】ADINA 结构,单击【Yes】,其余选择默认,从【File】文件菜单下部的最近打开过的文件中选择“prob06.idb”。指定总位移为“0.02 m”,时间步数为“10”。

现在使用 10 个时间步长来应用 0.02 m 的总位移。

2)时间函数

选择【Control】控制→【Time Function】时间函数,编辑表 1.6.3,然后单击【OK】确定。

表 1.6.3 时间函数参数

Time	Value
0.0	0.0
10.0	0.02

3）时间步

选择【Control】控制→【Time Step】时间步，将表第一行的【Number of Steps】步数设置为“10”，然后单击【OK】确定。单击【Redraw】重新绘图图标，图形窗口如图 1.6.9 所示。

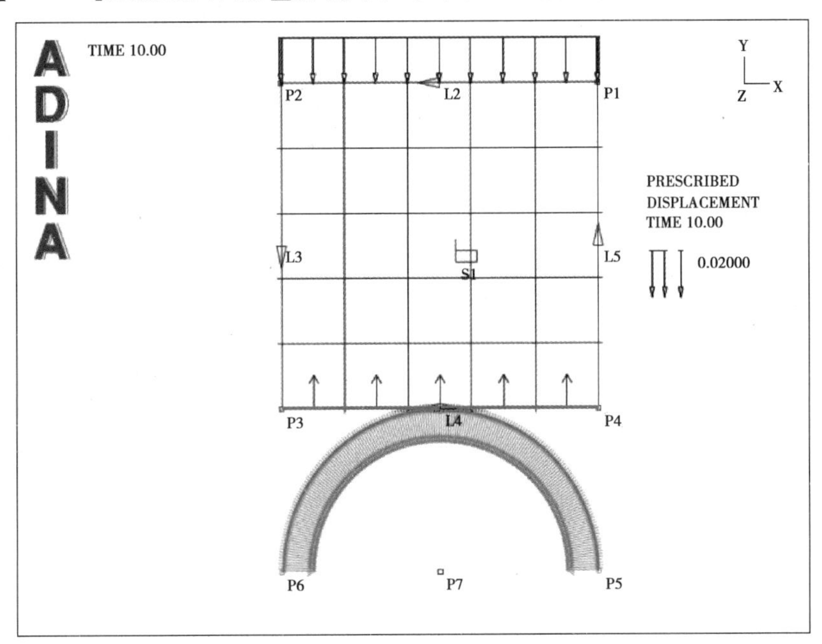

图 1.6.9　时间为 10.0 时的结果

可用【Previous Solution】前一个求解方案图标，【Next Solution】下一个求解方案图标，【First Solution】第一个求解方案图标和【Last Solution】最后一个求解方案图标查看各求解时间步的荷载量级。

4）关闭 ATS 方法

ATS 方法默认为打开，因为如果模型不收敛，ATS 方法会自动缩短时间步长，如果模型快速收敛，ATS 方法会增加时间步长。这些 ATS 功能经常用于实际分析。但是，在这个简单的问题中，用户不需要使用 ATS 方法。单击【AnalysisOptions】分析选项图标。将【Automatic Time Stepping Scheme】自动时间步进方案设置为【None】无，然后单击【OK】确定。

5）运行 ADINA 结构

单击【Save】保存图标当前数据库。单击【Data File/Solution】图标，将文件名设置为“prob06a”，确认选择了【DataFile/Solution】按钮后，单击【Save】。

ADINA 结构运行完毕后，关闭所有对话框。在【Program Module】程序模块的下拉式列表框中选择【Post-Processing】后处理，其余选择默认，单击【Open】打开图标，打开结果文件“prob06a”。

在 ADINAStructures 消息窗口中，用户会看到类似的消息：

```
Small displacement assumption is not valid.
Maximum displacement=......,which is....%  of model size
```

当模型的几何线性和模型移动相对较大的位移时，会发出此警告。在这个初步问题中，可忽略这个警告。但一般来说，当模型经历大的位移时，用户应该使用几何非线性公式（例如大位移公式）。

ADINA 结构完成后，关闭所有打开的对话框。将【ProgramModule】程序模块下拉列表设置为【Post-Processing】后处理（用户可以放弃所有更改），单击【Open】打开图标并打开结果文件“prob06a”。

图形窗口如图 1.6.10 所示。

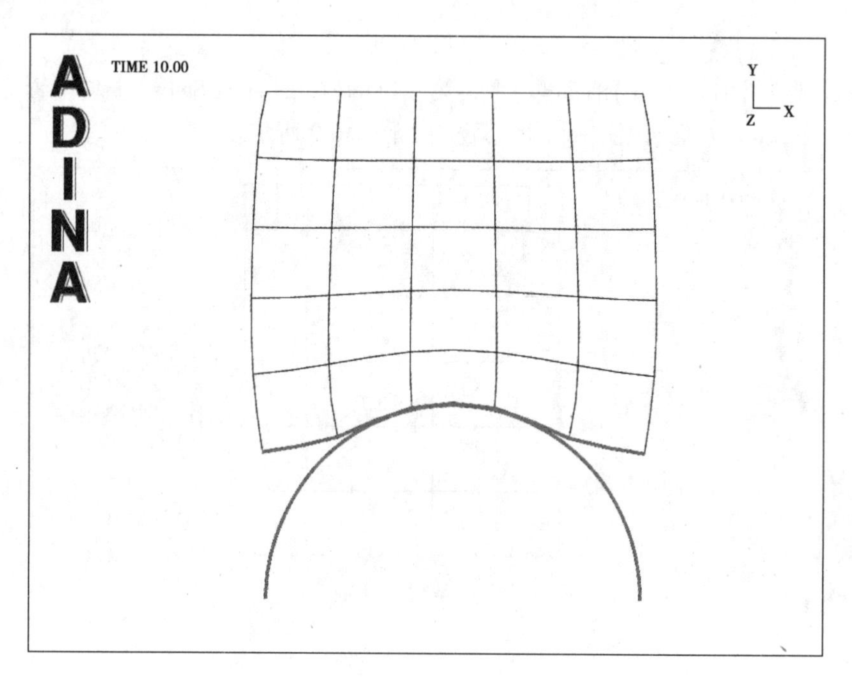

图 1.6.10　接触变形

6.12　动画显示结果

1)制作网格变形图的动画显示

单击【Movie Load Step】电影载入步图标，AUI 更新每个求解步的单元网格图，并将网格图存到动画号为 1 的画面中。观看动画时，可单击【Animate】动画图标，AUI 就会连续进行光滑的动画显示。要放慢动画播放速度，可选择【Display】显示→【Animate】动画，将【Minimum Delay】最小延迟设置为"5"，单击【Apply】应用。【Minimum Delay】最小延迟的值大，则播放速度慢，设置为小，则播放速度快。单击【Cancel】曲线关闭【Animate】动画对话框。

可以看到，方形框的上底边被图形窗口的边界遮挡了一部分。为此，可创建一个小一些的网格图动画。单击【Refresh】刷新图标清除动画，然后用【pick】拾取图标和鼠标调整网格图的大小，图形窗口如图 1.6.11 所示。

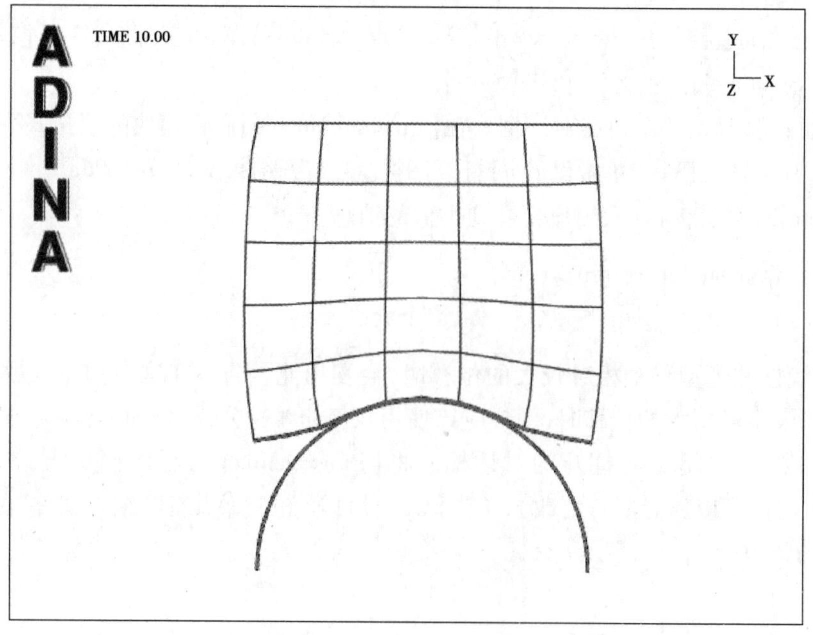

图 1.6.11　调整网格图大小

单击【Movie Load Step】电影载入步图标，AUI 创建调整后的网格图的动画，即动画 2。要观看动画，可单击【Animate】动画图标。

（1）创建 PostScript 文件

Linux：现在创建一个带有电影编号为"2"的帧的 PostScript 文件。将在此问题描述的末尾使用 PostScript 文件创建一个 AVI 文件。选择【File】文件→【Save Movie】保存电影，确保【Movie Number】电影号码设置为"2"，输入文件名称 mov2.ps 并单击【Save】保存。

（2）创建 MPEG 文件

创建一个电影的 MPEG 文件。单击【Save MPE GMovie】保存 MPEG 电影图标。输入文件名称"mov2"，然后单击【Save】保存。

（3）创建 AVI 文件

Windows：现在创建一个电影编号为"2"的 AVI 文件。单击【Save Movie】保存电影图标，输入文件名称"mov2"，选中【Play Movie After Saving】保存后播放电影按钮，然后单击【Save】保存。AUI 在 AUI 完成 AVI 电影后显示【Windows Media Player】Windows 媒体播放器。选择【File】文件→【Exit】退出，以退出【Windows Media Player】媒体播放器。

单击【Refresh】刷新图标，再单击【Load Plot】载荷绘图图标查看荷载，图形窗口如图 1.6.12 所示。

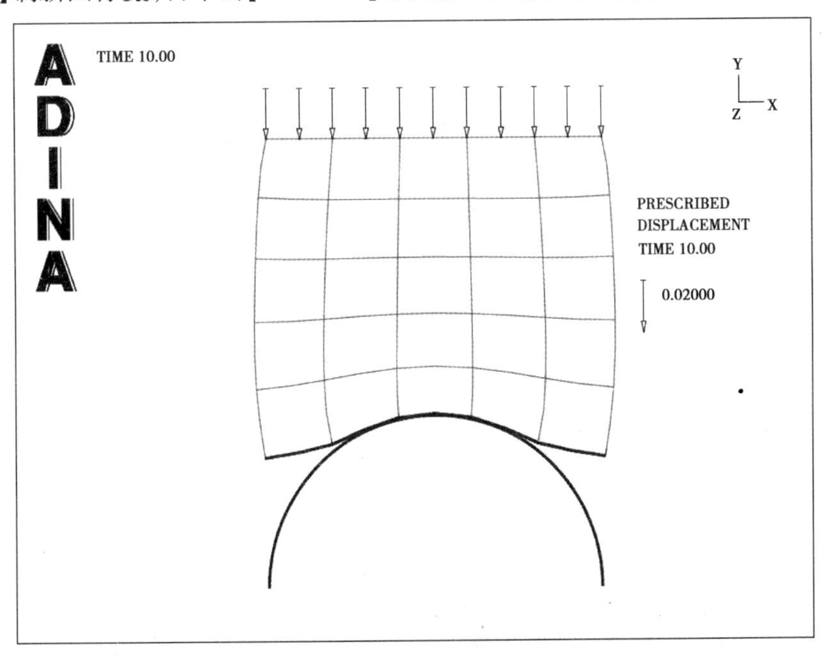

图 1.6.12　变形图

2）演示带荷载的网格图动画

单击【Refresh】刷新图标清除动画，再单击【Quick Band Plot】快速条带绘图图标查看应力，图形窗口如图 1.6.13 所示。

3）演示带荷载和云图的网格图动画

在该过程中用【Refresh】刷新图标清除动画。

可用【Previous Solution】前一个求解方案图标，【Next Solution】下一个求解方案图标，【First Solution】第一个求解方案图标和【Last Solution】最后一个求解方案图标查看各求解时间步的解。

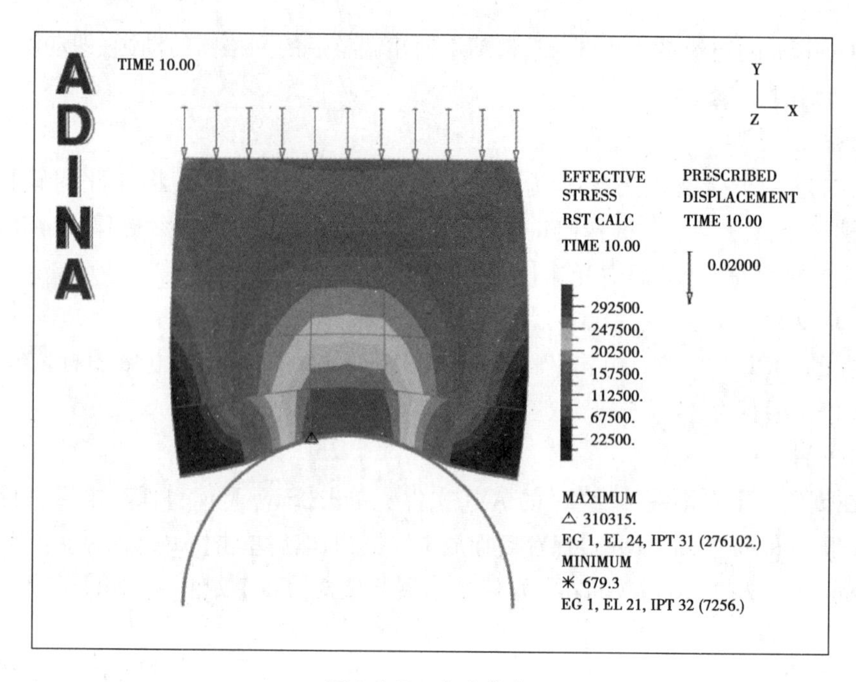

图 1.6.13　应力分布

6.13　绘制接触牵引

选择【CreateReactionPlot】创建反作用力绘图图标，将【Reaction Quantity】反作用力物理量设置为【DISTRIBUTED_CONTACT_FORCE】，单击【OK】确定。用【pick】拾取图标和鼠标调整网格图的大小，得到如图 1.6.14 所示的画面。

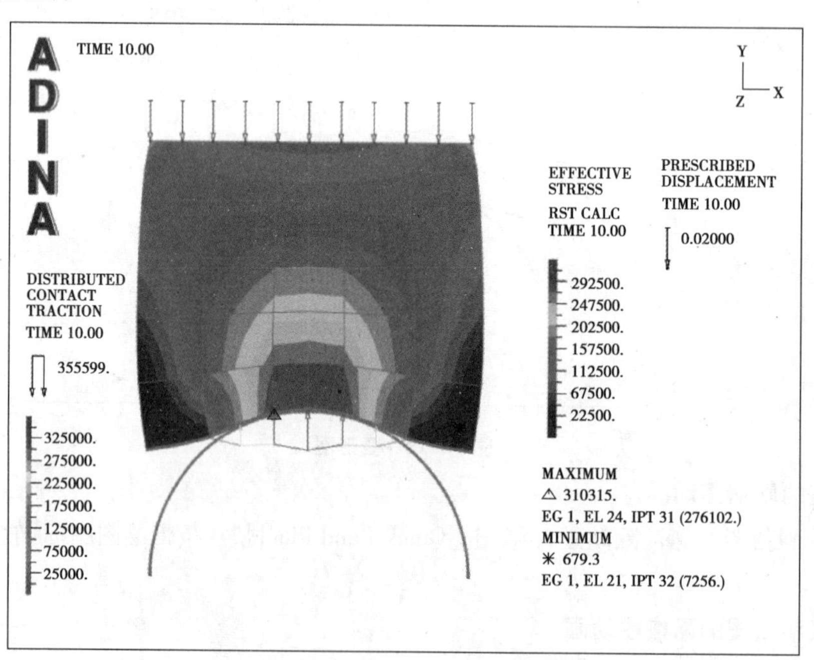

图 1.6.14　结果节点上显示接触牵引力

现在将绘制在正方形中心的接触牵引作为所施加载荷的函数。接触牵引由 ADINA 结构在接触器接触表面的每个节点输出。正方形中心的接触器节点是节点 64。

首先定义一个节点结果点。选择【Definitions】定义→【ModelPoint】模型点→【Node】节点，添加点【CENTER】，将【Node】节点设置为“64”，然后单击【OK】确定。

单击【Clear】清除图标CLEAR,选择【Graph】图形→【Response Curve (Model Point)】反应曲线(模型点)。把【X Variable】X 变量设置为【(Time: TIME_FUNCTION_1)】,将【Y Variable】Y 变量设置为【(Traction: NORMAL_TRACTION】),单击【OK】确定,图形窗口如图 1.6.15 所示。

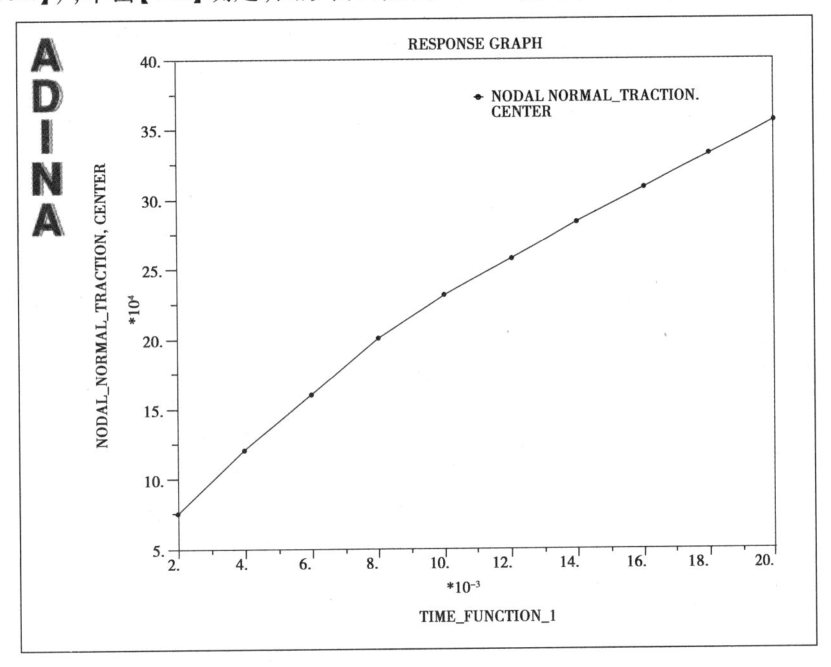

图 1.6.15 牵引力随时间变化曲线

调整指定位移值和时间函数值相等,图中显示的接触牵引是位移的函数。

6.14 退出 AUI

选择主菜单中的【File】文件→【Exit】退出,弹出【AUI】对话框,单击【Yes】,其余选【默认】,退出 ADINA-AUI。

问题7　相交壳的分析

问题描述

1)问题概况

图1.7.1是问题7的几何模型。

本例的分析思路是:

首先分析由于集中负载引起的静态响应,然后针对其固有频率和模式形状的外壳拐角。

其中,在分析相交壳在集中荷载作用下的静力问题,最后分析其自然频率和模态。

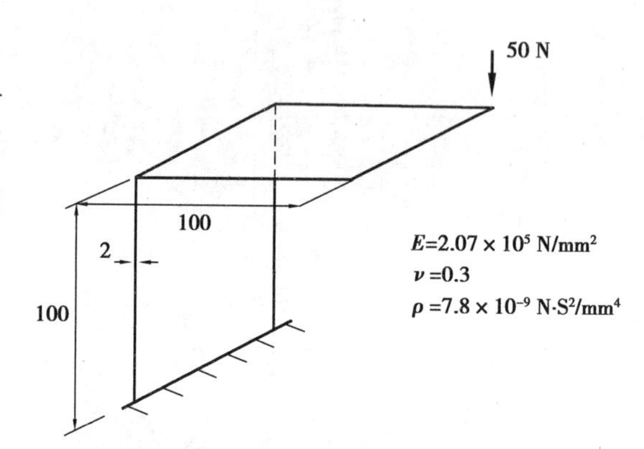

图1.7.1　问题7中的几何模型

2)演示内容

静力分析中主要演示以下内容:

①定义壳的厚度。

②画5和6 DOF节点。

③画壳的厚度。

④画壳的顶面、中面和底面的结果。

在频谱分析中主要演示以下新内容:

①启动频谱分析。

②画模态。

7.1　启动AUI,选择有限元程序

启动AUI,在【ProgramModule】程序模块的下拉式列表框【ADINAStructures】中选ADINA结构。

7.2　静力分析

7.2.1　建立模型的关键数据

选择【Control】控制→【Heading】标题,输入标题【Problem 7: Analysis of a shell corner, static analysis】问题7:分析一个壳的角落,静态分析,单击【OK】确定。

7.2.2　定义的几何关键元素

图1.7.2是创建模型时用到的主要几何元素:

1)几何点

单击【Define Points】定义点图标,并把以下信息输入表1.7.1中,然后单击【OK】确定。

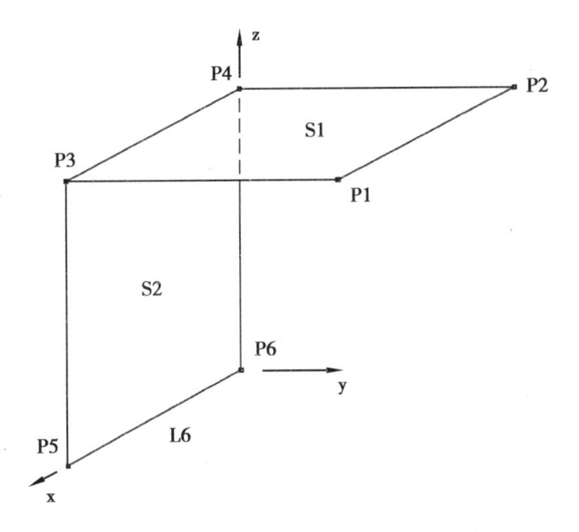

图 1.7.2 创建模型时的主要几何元素

表 1.7.1 点 1~点 6 的定义坐标

Point#	X1	X2	X3
1	100	100	100
2	0	100	100
3	100	0	100
4	0	0	100
5	100	0	0
6	0	0	0

2)定义曲面

单击【Define Surfaces】定义曲面图标,定义表 1.7.2 所示的面后,单击【OK】确定。

表 1.7.2 定义曲面的参数

Surface Number	Type	Point 1	Point 2	Point 3	Point 4
1	Vertex	1	2	4	3
2	Vertex	3	4	6	5

7.2.3 定义和施加荷载

单击【Apply Load】应用载荷图标,将【Load Type】载荷类型设置为【Force】力,单击【Load Number】载荷号区域右侧的【Define...】定义按钮。在【Define Concentrated Force】定义集中力对话框中增加【force 1】力1,将【Magnitude】幅度设置为“50”,【Z direction】*Z* 方向设置为“-1”,单击【OK】确定。将【Apply Load】应用载荷对话框中表的第一行的【Point#】点号设置为“2”,单击【OK】确定。

7.2.4 施加边界条件

固定结构的底边,即模型中的线 6(用【Query】查询图标?和鼠标查证线号)。单击【Apply Fixity】应用固定图标,将【Apply to】应用于区域设置为【Edge/Line】棱边/线,在表的第一行把【Line】线设置为“6”,单击【OK】确定。单击【Boundary Plot】边界绘图图标和【Load Plot】载荷绘图图标,用鼠标旋转网格图,直到得到图 1.7.3 所示的图形。

7.2.5 定义材料

单击【Manage Materials】管理材料图标M,再单击【Elastic Isotropic】弹性各向同性按钮。在【Define Isotropic Linear Elastic Material】定义各向同性线弹性材料对话框中,增加【material 1】材料 1,将【Young's Modulus】杨氏模量设置为“2.07E5”,将【Poisson's ratio】泊松比设置为“0.29”,然后单击【OK】确定。单击【Close】关闭按钮关闭【Manage Material Definitions】管理材料定义对话框。

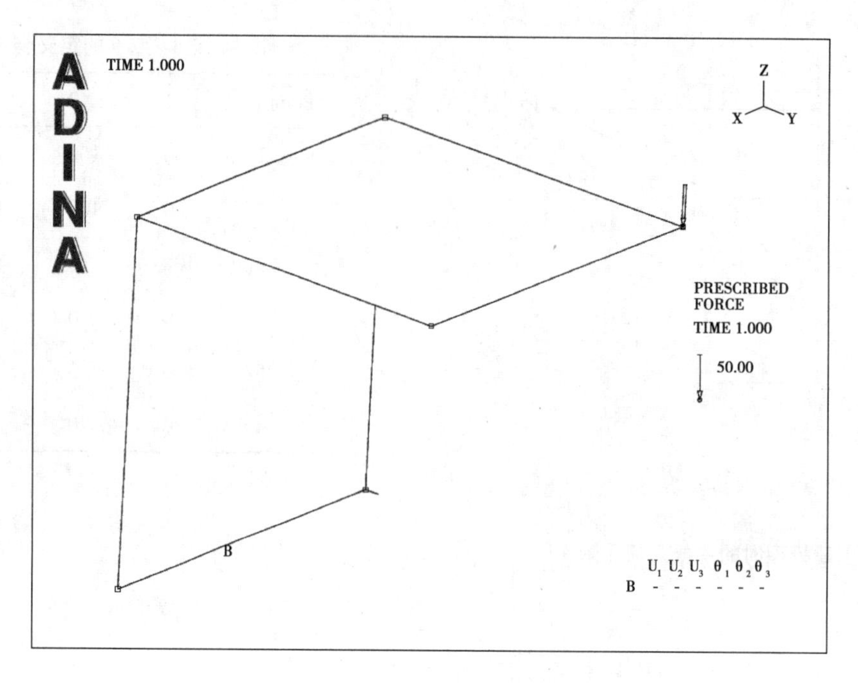

图 1.7.3　显示载荷和边界条件

7.2.6　定义壳的厚度

选【Geometry】几何→【Surfaces】曲面→【Thickness】厚度,在两个面的【Thickness】列中都输入“2.0”,单击【OK】确定。

7.2.7　定义单元

1)单元组

单击【Element Groups】单元组图标,增加【element group number 1】单元组号 1,将【Type】类型设置为【Shell】壳,将【Stress Reference System】应力参考系统设置为【Local】局部,单击【OK】确定。

2)细分网格

指定统一大小的网格。选择【Meshing】网格→【Mesh Density】网格密度→【Complete Model】全部模型,将【Subdivision Mode】细分模式设置为【Use Length】使用长度,将【Element Edge Length】单元棱边长度设置为“25”,单击【OK】确定。

3)生成单元

单击【Mesh Surfaces】网格曲面图标,将【Nodes per Element】每个单元的节点设置为“9”,在表的前两行输入“1”和“2”,单击【OK】确定,如图 1.7.4 所示。

7.2.8　生成 ADINA 数据文件,运行 ADINA 结构数据、后处理

首先单击【Save】保存图标,把数据库保存到文件“prob07”中。生成 ADINA 数据文件并运行 ADINA 结构,单击【Data File/Solution】数据文件/求解方案图标,把文件名设置为“prob07”,确认选择了【RunSolution】运行求解方案按钮后,单击【Save】保存。ADINA 运行完毕后,关闭所有对话框。从【ProgramModule】程序模块的下拉式列表框中选【Post-Processing】后处理,其余选默认,单击【Open】打开图标,打开结果文件“prob07”。

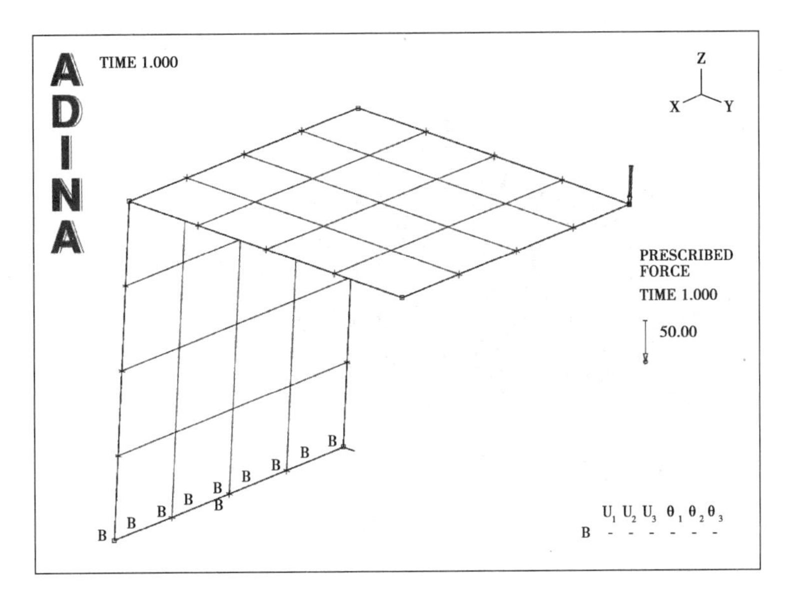

图 1.7.4　单元网格

7.2.9　检查求解结果

1)显示节点的旋转自由度

可以看到哪一个节点的自由度是“5”,哪一个节点的自由度是“6”。选【Display】显示→【Geometry/Mesh Plot】几何/网格绘图→【Define Style】定义样式,用下拉式列表框把【Node Depiction】节点描述区域设置为【ROTATIONAL_DOF】,单击【OK】确定。单击【Clear】清除图标和【Mesh Plot】网格绘图图标,图形窗口如图 1.7.5 所示。

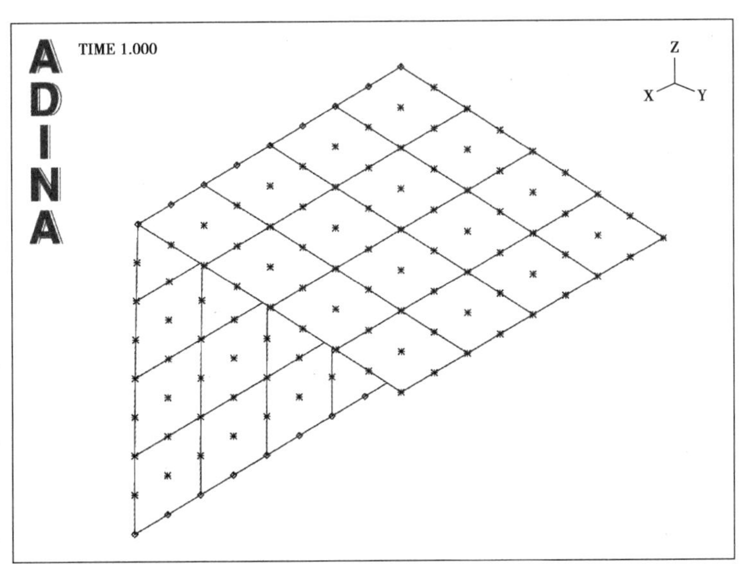

图 1.7.5　显示节点的旋转自由度

图中红色节点有 5 个自由度,绿色节点有 6 个自由度。

注意:6 自由度节点位于两壳相交处和固定边上。

2)显示壳的厚度

单击【Create Band Plot】创建条带绘图图标,将【Band Plot Variable】条带汇报变量设置为【Thickness:THICKNESS】,单击【OK】确定,图形窗口如图 1.7.6 所示。

单击【Clear Band Plot】清除条带绘图图标,删除云图。绘制出的壳单元看起来像是实体单元(也就是

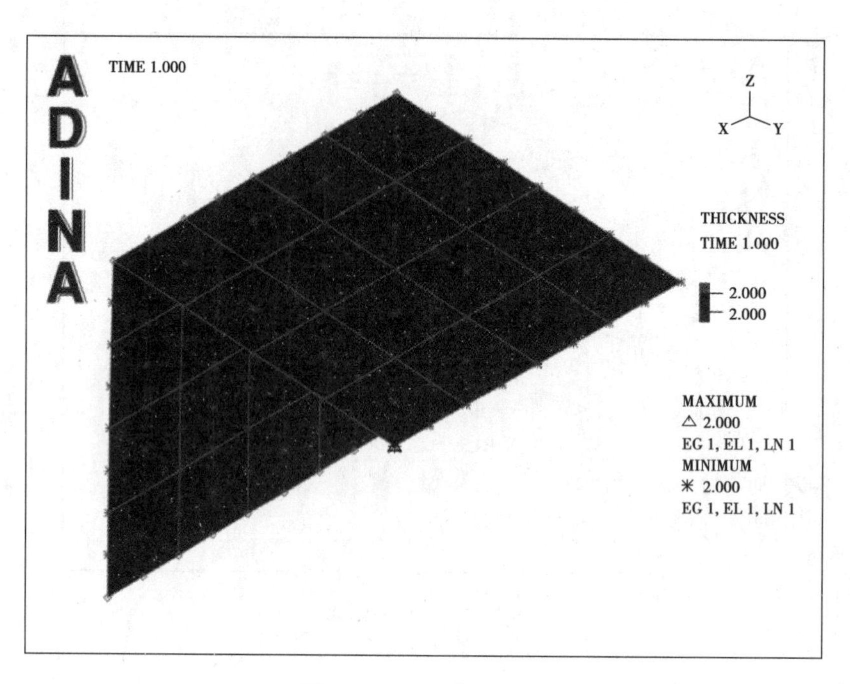

图 1.7.6　显示壳的厚度

说是带实际厚度的壳单元)。单击【Modify Mesh Plot】修改网格绘图图标,单击【Element Depiction...】单元描述按钮,将【Appearance of Shell Element】壳单元外观设置为【Top/Bottom】顶/底部,单击【OK】确定两次关闭这两个对话框,图形窗口如图 1.7.7 所示。

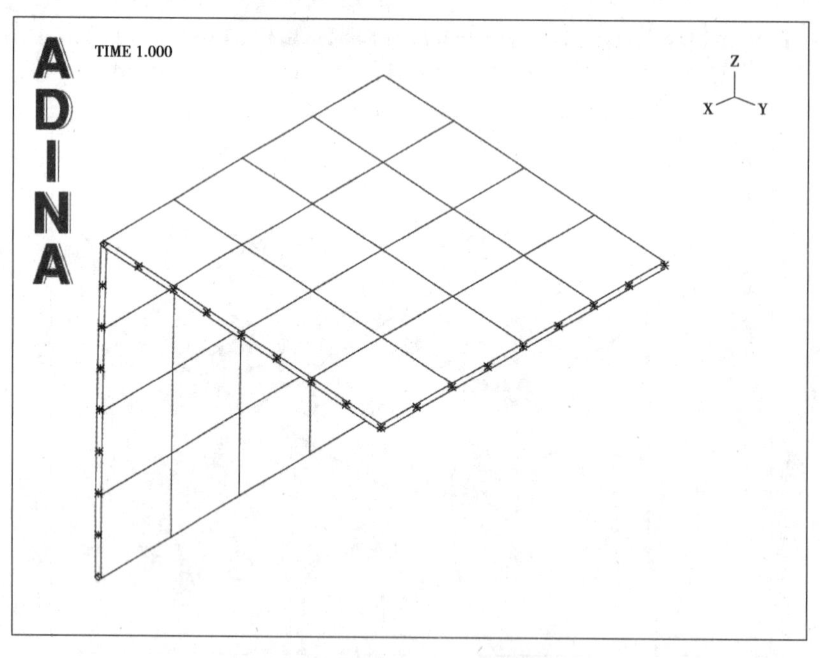

图 1.7.7　显示壳顶部和底部

保留这幅没有画出节点的图形。单击【Reset Mesh Plot Style】重置网格绘图样式图标,再单击【Clear】清除图标和【Mesh Plot】网格绘图图标。

3)**有效应力**

单击【Quick Band Plot】快速条带绘图图标,用【pick】拾取图标和鼠标调整云图,直到得到如图 1.7.8 所示图为止。

从云图中看到单元与单元之间有突变(这表明网格划分得不够细)。对云图进行光滑操作:单击

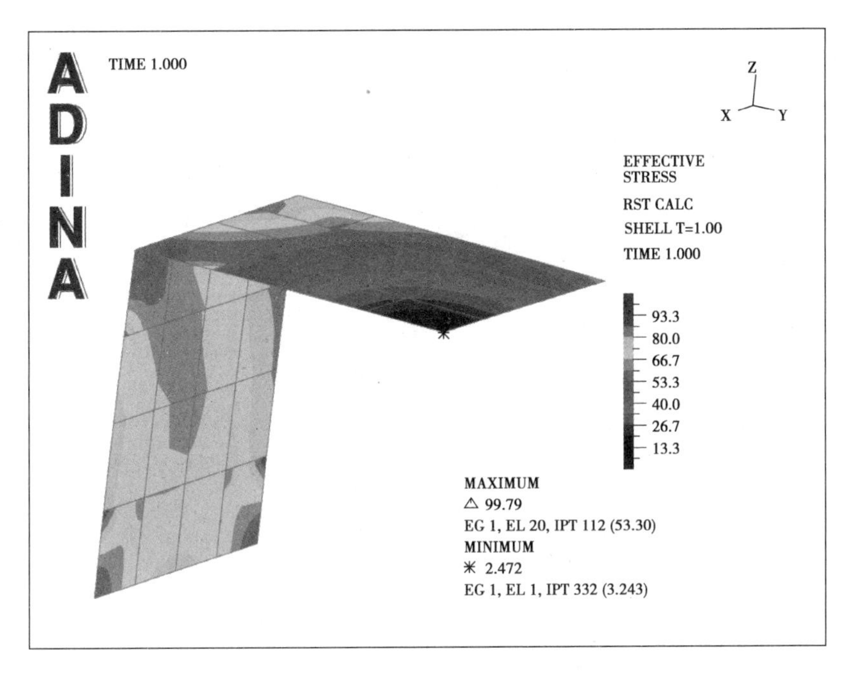

图 1.7.8 壳的有效应力

【Smooth Plots】光滑绘图图标，图形窗口如图 1.7.9 所示。

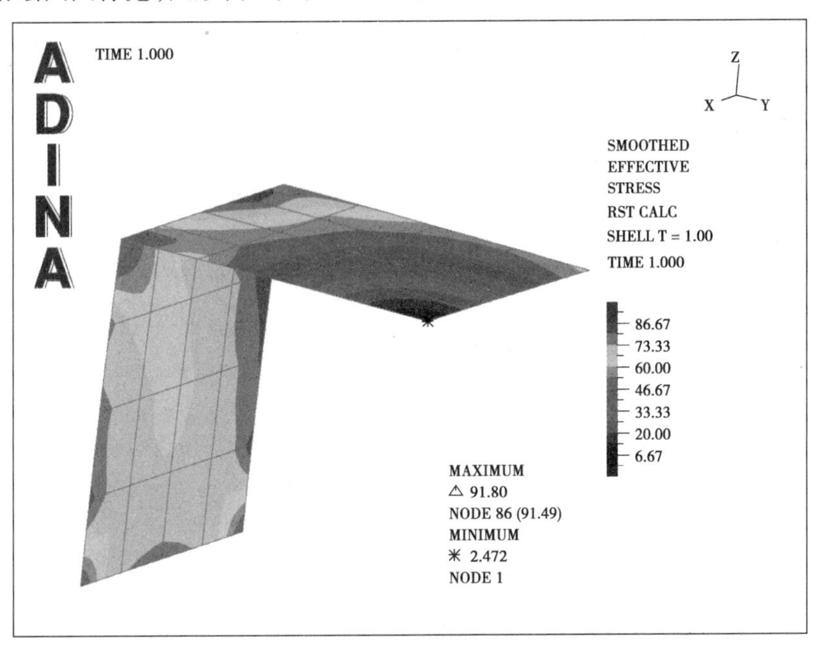

图 1.7.9 光滑处理后的云图

图 1.7.9 中是壳顶面的结果。要找出壳顶的方向，可单击【Modify Mesh Plot】修改网格绘图图标和【Element Depiction...】单元描述按钮。选择【Display Local System Triad】显示局部坐标三元组按钮，单击【OK】确定两次关闭这两个对话框。图形窗口如图 1.7.10 所示。图 1.7.10 中单元的三轴组表明了单元的局部坐标系。

在每个显示元素局部坐标系方向的元素中绘制三元组。三元组，即 t r s

其中，r，s 和 t 是单元的局部坐标。

要查看壳底面的结果，可单击【Modify Band Plot】修改条带绘图图标，单击【Result Control...】结果控制

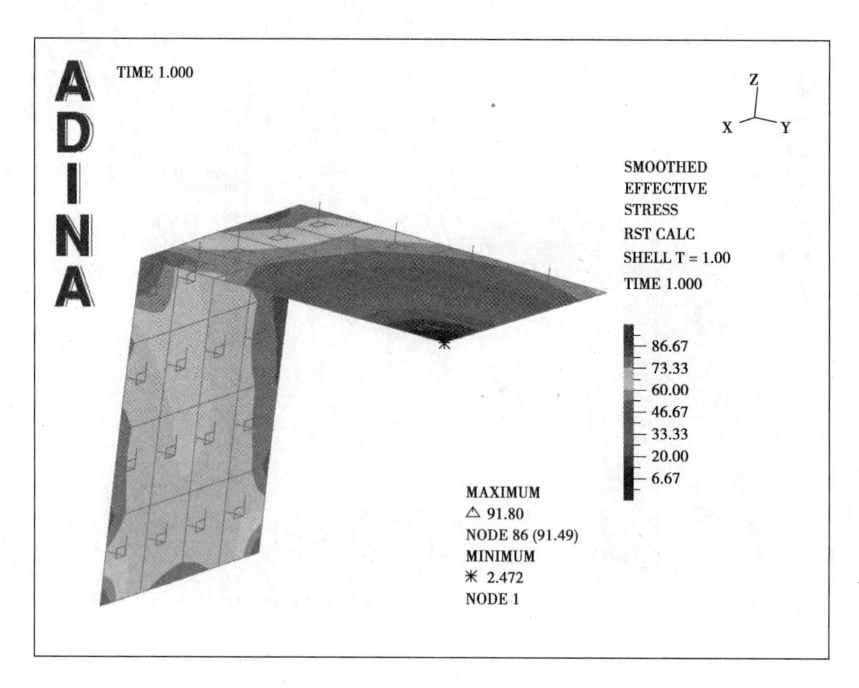

图 1.7.10　显示单元局部坐标系

按钮，将【Calculation of Shell Element Results on Midsurface】在中间曲面计算壳单元结果对话框中的 t 坐标设置为“-1”，单击【OK】确定两次关闭这两个对话框。图形窗口如图 1.7.11 所示。

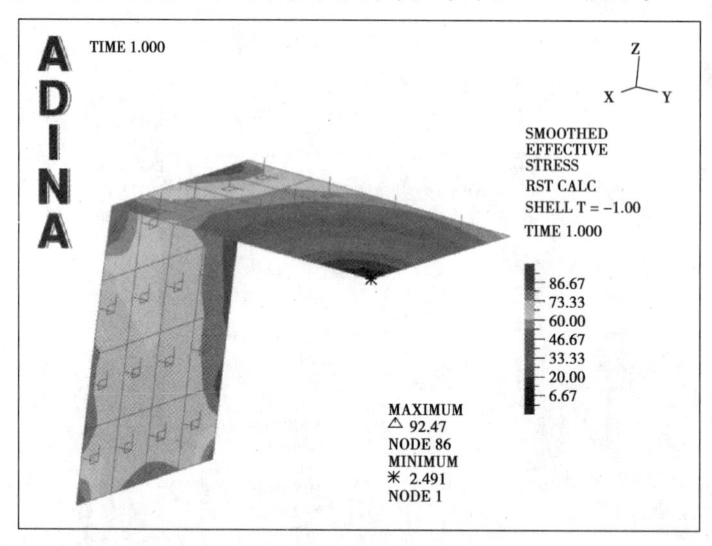

图 1.7.11　显示壳底部的结果

要查看壳中面的结果，可单击【Modify Band Plot】图标，单击【Result Control...】按钮，选【Calculation of Shell Element Results on Midsurface】在中间面计算壳单元结果框中的【From Shell Midsurface】，单击【OK】确定两次关闭这两个对话框。图形窗口如图 1.7.12 所示。

用户还可在前面介绍的壳体元素的顶部图像上绘制应力图。单击【Modify Mesh Plot】修改网格绘图图标，单击【ElementDepiction...】单元描述按钮，将【AppearanceofShellElement】壳单元的外观设置为【Top/Bottom】顶部/底部，然后单击【OK】确定两次以关闭这两个对话框。

AUI 不显示任何内容，因为 AUI 无法在顶部画面上绘制平滑应力。单击【ClearBandPlot】清除条带绘图图标，然后单击【QuickBandPlot】快速条带绘图图标。图形窗口如图 1.7.13 所示。

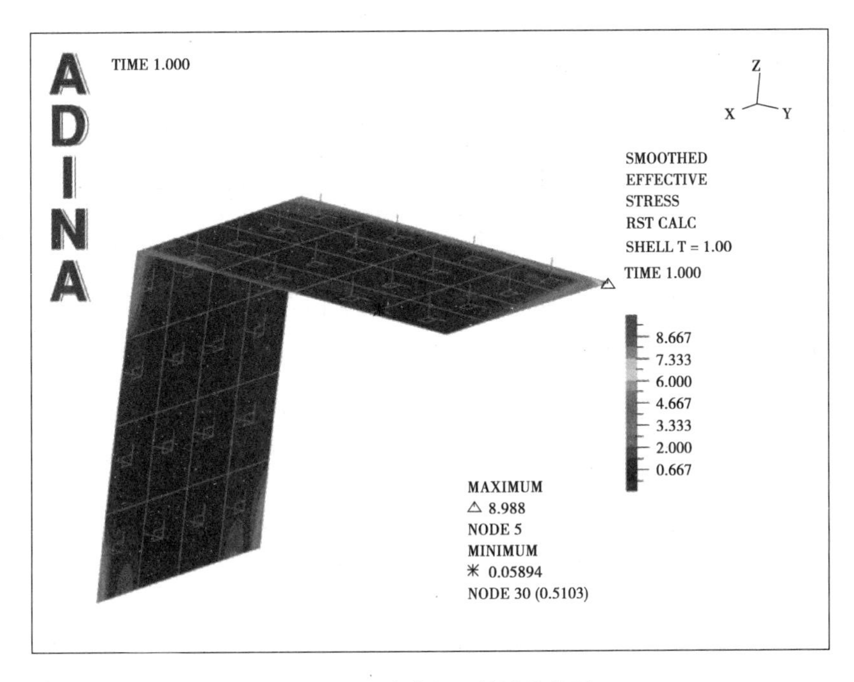

图 1.7.12 壳中间面的计算结果

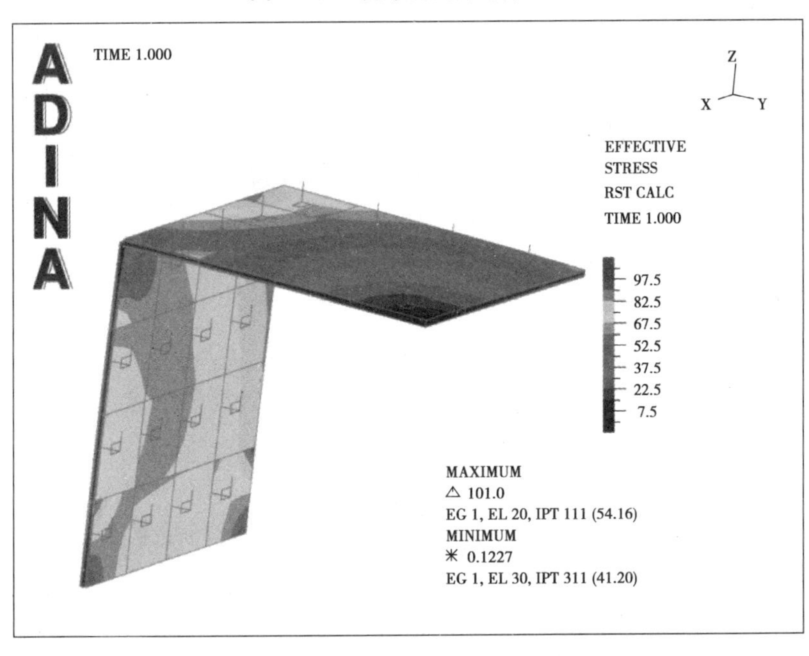

图 1.7.13 应力分布图

7.3 频率分析

现在来查看壳结构的前几阶频率和模态。

7.3.1 进入前处理

在【ProgramModule】程序模块的下拉式列表框中选择【ADINAStructures】,其余选默认,在【File】文件菜单底部列出的最近打开过的文档中选择“prob07.idb”。

把标题改为“Problem 7: Analysis of a shell corner,frequency analysis”。

7.3.2 删除集中力

在模型树中,单击加载文本旁边的"+",然后右键单击【1. Force 1 on Point 2】文本,选择【Delete...】删除...并单击【Yes】回答提示。单击【LoadPlot】载荷绘图图标在没有负载的情况下绘制网格。

7.3.3 定义频谱分析

从【Analysis Type】分析类型的下拉式列表框中选择【Frequencies/Modes】频率/模式,单击【Analysis Options】分析选项图标,将【Number of Frequencies/Mode Shapes】频率数/模式形状设置为"6",单击【OK】确定。

7.3.4 定义材料

在模型树中,单击材料文本旁边的"+",然后右键单击【1.Elastic】文本并选择【Modify...】修改...。在【DefineIsotropicLinearElasticMaterial】定义各向同性线性弹性材料对话框中,将【Density】密度设置为"7.8E-9",然后单击【OK】确定。

7.3.5 生成 ADINA 数据文件\运行 ADINA 数据结构、后处理

选择【File】文件→【Save As】另存为,将数据库保存到文件"prob07a"中。生成 ADINA 数据文件并运行ADINA,单击【Data File/Solution】数据文件/求解方案图标,将文件名设置为"prob07a",确认选择了【RunSolution】运行求解方案按钮后,单击【Save】保存。ADINA 运行完毕后,关闭所有对话框。从【ProgramModule】程序模块的下拉式列表框中选择【Post-Processing】后处理,其余选默认,单击【Open】打开图标,打开结果文件"prob07a"。

7.3.6 查看结果

1)确定哪些解决方案是由 ADINA Structures 计算

选择【List】列表→【Info】信息→【Response】反应。ADINA 结构计算以下参考时间是 1 到 6 的所有节点的模态数据:自然频率、物理误差标准和模态形状。单击【Close】,关闭对话框。

2)列自然频率

选择【List】列表→【Value List】值列表→【Zone】区域,将【Variable 1】变量 1 设置为【(Frequency/Mode:FREQUENCY)】),单击【Apply】应用。频率值是 5.714 34E+01 (Hz)、1.097 13E+02、1.563 64E+02、3.751 21E+02、7.603 00E+02、1.116 36E+03。单击【Close】,关闭对话框。

3)绘制第一阶模态

在 AUI 上画第一阶模态。这里画出的是初始的(变形前的)网格图。单击【Show Original Mesh】显示原始网格图标,图形窗口如图 1.7.14 所示。

要制作第一阶模态的动画,再单击【Movie Mode Shape】电影模式形状图标,播放动画,再单击【Animate】动画图标。要循环播放 10 次,可选择【Display】显示→【Animate】动画,将【Number of Cycles】循环数设置为"10",单击【OK】确定。

单击【Refresh】刷新图标清除动画。现在来演示第二阶模态。单击【Next Solution】下一个求解方案图标▶,图形窗口如图 1.7.15 所示。

用【Previous Solution】图标▶,【Next Solution】图标◀,【First Solution】图标|◀和【Last Solution】图标▶|查看其他模态的情况。

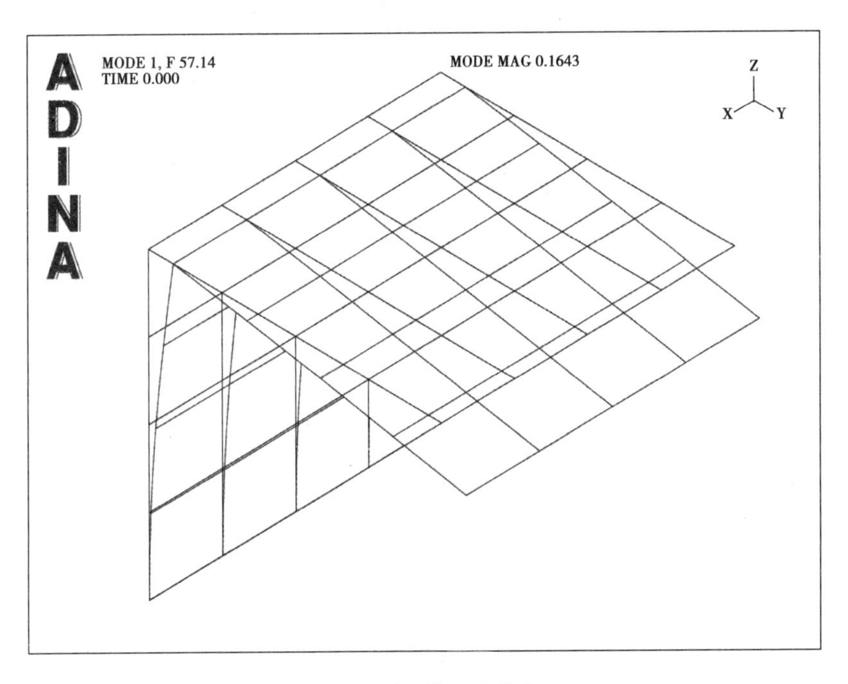

图 1.7.14　第一阶模态

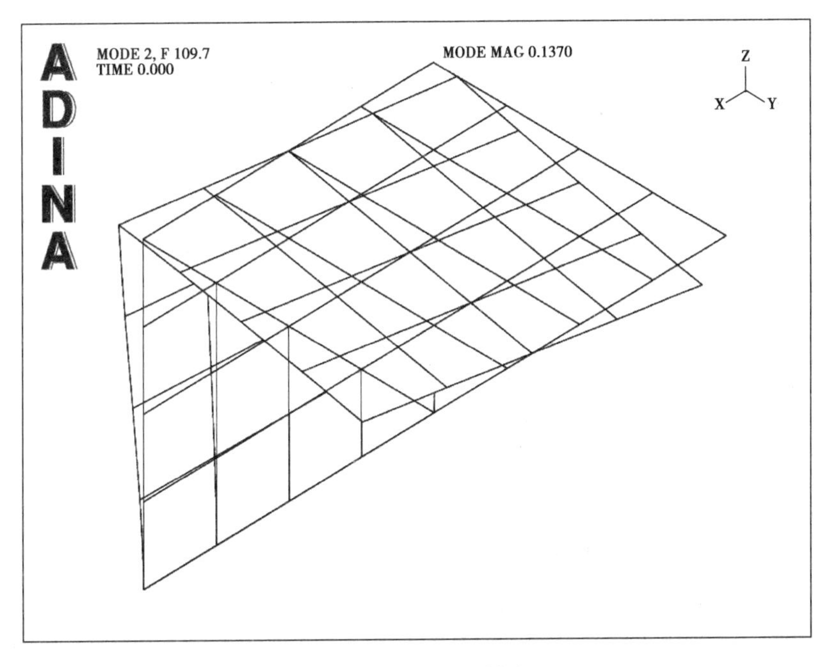

图 1.7.15　第二阶模态

7.4　退出 AUI

选择主菜单中的【File】文件→【Exit】退出，弹出【AUI】对话框，单击【Yes】，其余选【默认】，退出 ADINA-AUI。

说明

初级的问题都是线性问题，自然频率不依赖于荷载（本例是集中荷载）。但如果模型是非线性的，自然频率就会依赖于荷载。要得到荷载作用下的非线性模型的自然频率，首先需要求得相应荷载作用下的静力解，然后将静力解作为初始条件再进行频谱分析，频谱分析时需重启动运行。

问题8 冲击荷载作用的梁(一)

问题描述

1)问题概况

本例将分析问题1中的梁结构,梁受到的是冲击荷载,如图1.8.1所示。

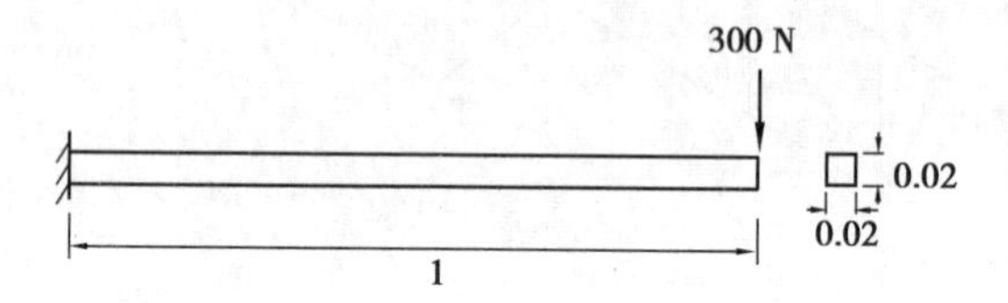

图1.8.1 问题8中的计算模型

载荷步施加在时间0.0。$E=2.07\times10^{11}$ N/m^2,$\rho=7\ 800$ kg/m^3

梁没有初始变形,并处于静止状态。

2)演示内容

本例主要演示以下新内容:

①选择瞬态动力分析选项。

②重启动分析说明。

③使用辅助点来定义光束坐标系。

④删除图中的符号。

8.1 启动AUI,选有限元程序

启动AUI,从【Program Module】程序模块的下拉式列表框中选【ADINA Structures】ADINA结构。

8.2 建立几何模型

本例的几何模型和问题1类似,因此,这里仅给出建模的必须步骤。

1)问题标题

选择【Control】控制→【Heading】标题,输入【Problem 8: Beam subjected to impact load】,单击【OK】确定。

2)几何

单击【Define Points】定义点图标,定义以下点后,单击【OK】确定。

点1~点3的定义参数见表1.8.1。

表1.8.1 点1~点3的定义参数

Point#	X1	X2	X3
1			
2	1		
3		0.1	

单击【Define Lines】图标,增加【line 1】,用点【Point 1】=1和【Point 2】=2定义一条直线,单击【OK】确定。

3)边界条件

单击【Apply Fixity】图标,在【Point】列的第一行输入“1”,单击【OK】确定。

4)荷载

单击【Apply Load】应用载荷图标打开【Apply Load】应用载荷对话框,检查【Load Type】载荷类型是【Force】力后,单击【Load Number】载荷号区域右侧的【Define...】定义按钮。在【Define Concentrated Force】定义集中力对话框中,增加【force 1】力1,将【Magnitude】幅度设置为"300",【Y Direction】Y方向设置为"-1",单击【OK】确定。将【Apply Load】应用载荷对话框中表的第一行的【Point #】点号设置为2,然后单击【OK】确定关闭【Apply Load】应用载荷对话框。

5)截面和材料

单击【Cross Sections】截面图标。增加【cross-section 1】截面1,在【Width】宽度和【Height】高度区域分别输入"0.02",然后单击【OK】确定。单击【Manage Materials】管理材料图标,再单击【Elastic Isotropic】弹性各向同性按钮。在【Define Isotropic Linear Elastic Material】定义各向同性线弹性对话框中,增加【material 1】材料1,将【Young's Modulus】杨氏模量设置为"2.07E11",【Density】密度设置为"7800",然后单击【OK】确定。单击【Close】关闭按钮,关闭【Manage Material Definitions】管理材料定义对话框。

6)定义单元

单击【Element Groups】图标,增加【group 1】,将【Type】设置为【Beam】,然后单击【OK】确定。单击【Subdivide Lines】图标,将【Number of Subdivisions】设置为"2",单击【OK】确定。

单击【Mesh Lines】图标,将【Auxiliary Point】设置为"3",在表中输入"1",然后单击【OK】确定。

单击【Subdivide Lines】细分线图标,将【Number of Subdivisions】细分数设置为"2",然后单击【OK】确定。

8.3 指定分析选项

1)分析类型

从【Analysis Type】分析类型的下拉式列表框中选择【Dynamics-Implicit】动力学隐式。

2)时间步骤

选择【Control】控制→【Time Step】时间步,在表格的第一行中输入20,0.002 5,然后单击【OK】确定。

单击【Boundary Plot】边界绘制图标和【Load Plot】载荷绘制图标,在图形窗口中可看到如图1.8.2所示的信息。

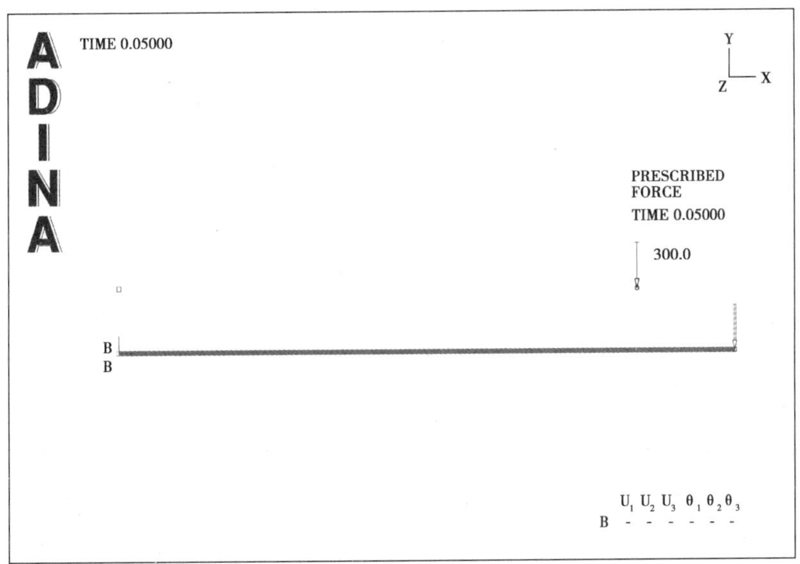

图1.8.2 模型边界条件

8.4 生成ADINA数据文件，运行ADINA结构数据、后处理

先单击【Save】保存图标，把数据库保存到文件“prob8”中。单击【Data File/Solution】数据文件/求解方案图标，把文件名设置为“prob8”，确认选择了【Run Solution】运行求解方案按钮后，单击【Save】保存。ADINA运行完毕后，关闭所有对话框。从【Program Module】程序模块的下拉式列表框中选择【Post-Processing】后处理，其余选默认，单击【Open】打开图标，打开结果文件“prob8”。

1）绘制时间历程曲线

给梁自由端的节点命名。选【Definitions】定义→【Model Point】模型点→【Node】节点，增加名称【TIP】，将【Node Number】节点号设置为“3”，单击【OK】确定。单击【Clear】清除图标，选【Graph】图形→【Response Curve（Model Point）】反应曲线（模型点），将【Y Variable】Y变量设置为【（Displacement：Y-DISPLACEMENT】），单击【OK】确定，图形窗口如图1.8.3所示。

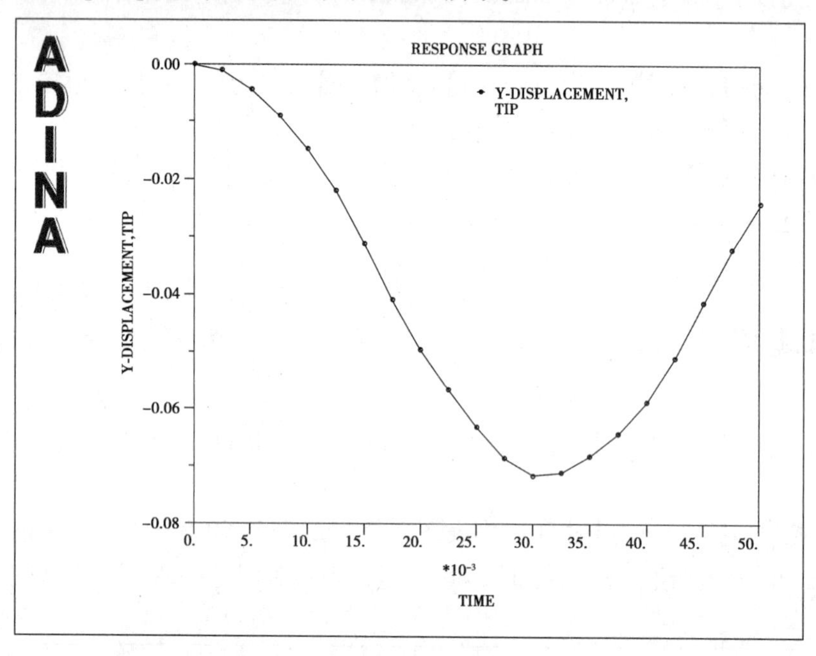

图1.8.3 位移随时间变化曲线

2）重启动分析

在相同的时间步长情况下，用ADINA的重启动功能进行动态分析。从【Program Module】程序模块的下拉式列表框中选择【ADINA Structures】ADINA结构，其余选默认。再从【File】文件菜单下部的最近打开过的文件列表中选择“prob8”。选择【Control】控制→【Solution Process】求解过程，将【Analysis Mode】分析模式设置为【Restart Run】重新开始运行按钮，单击【OK】确定。选择【Control】控制→【Time Step】时间步，把表第1行的【number of steps】步数设置为“180”，单击【OK】确定。

（1）运行ADINA结构

选择【File】文件→【Save As】另存为，输入“prob8b”。单击【Data File/Solution】数据文件/求解图标，输入文件名“prob8b”，确认选择了【Run Solution】运行求解方案按钮后，单击【Save】保存。AUI打开一个窗口，在该窗口中，在分析的第一步指定重启动文件。输入重启动文件prob8a，单击【Copy】复制。

①在同一个ADINA-PLOT数据库中装入了两个porthole文件。关闭所有的打开对话框，从【Program Module】程序模块下拉列表中选择【Post-Processing】后处理，在随后弹出的对话框中选择放弃所有改变，然后

选择【File】文件→【Open Porthole】打开结果文件菜单，选中 prob8b 文件，并在按下<Ctrl>键的同时再选择 prob8 文件。这时，文件名区域应该包含以上两个文件名，而且 prob8 在 prob8b 之前。单击【Open】打开。

选择文件 prob10a，将【Load】载荷设置为【Entire Sequence of Filess tarting with Specified File】以指定文件开始的整个文件序列并单击【Open】打开。两个结果文件都被加载。

按照上面给出的指示绘制时间历程响应。

②删除曲线图中的符号和图例。选择【Graph】图形→【Modify】修改菜单，将【Action】动作设置为【Modify the Curve Depiction】修改曲线描述，单击【P】按钮使曲线变为高亮度。单击【Curve Depiction】区域右侧的【...】按钮，在【Curve Depiction】曲线描述对话框中，【Display Curve Symbol】显示曲线符号按钮为不选，将【Legend Attributes】图例属性对话框中的【Type】类型设置为【No Legend】无图例。单击【OK】确定两次关闭这两个对话框，图形窗口如图 1.8.4 所示。

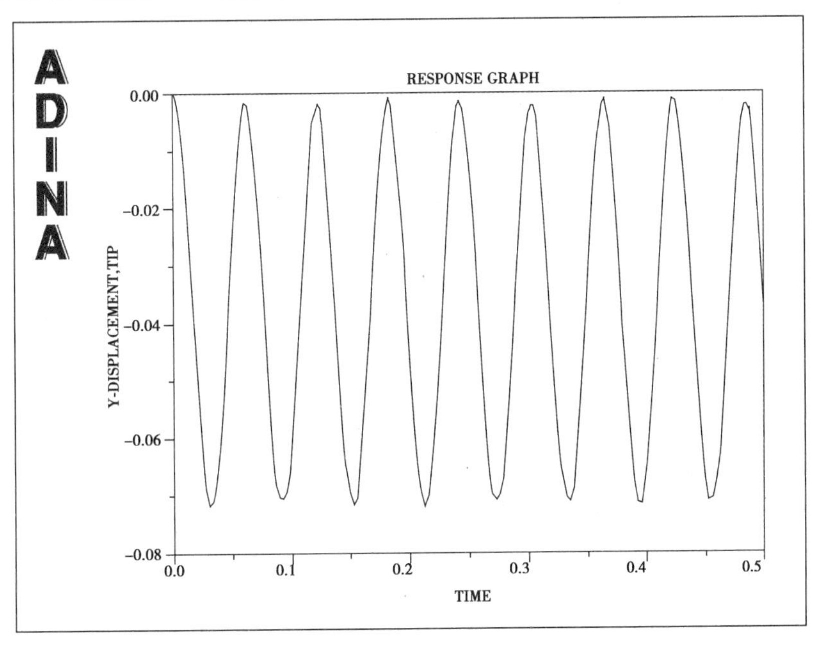

图 1.8.4　时间历程响应曲线

(2)列出曲线图中的点

选择【Graph】图形→【List】列表。最后一个求解步中的 y 向位移应是-3.751 61E-02 (m)。单击【Close】，关闭对话框。

8.5　退出 AUI

选择主菜单中的【File】文件→【Exit】退出，弹出【AUI】对话框，单击【Yes】，其余选【默认】，退出 ADINA-AUI。

问题9　冲击荷载作用的梁(二)

问题描述

1)问题概况

本例分析问题1中的梁结构,梁受的是冲击荷载,如图1.9.1所示。

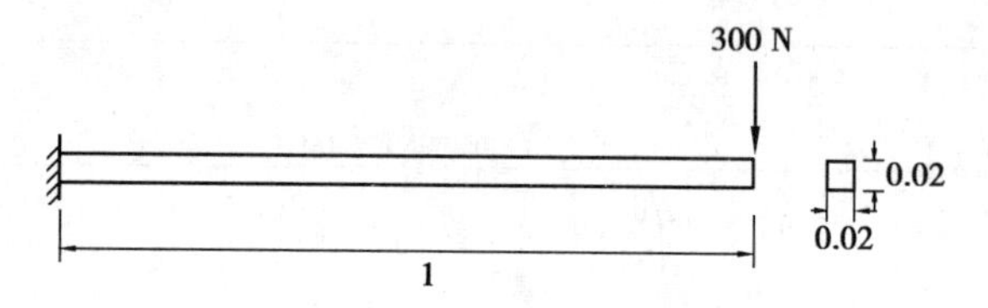

图1.9.1　问题9的计算模型

载荷步在时间0.0开始施加。$E=2.07\times10^{11}\text{N/m}^2$,$\rho=7\ 800\ \text{kg/m}^3$。

本例模型与问题8的模型相同,但在本例中,使用模式叠加来进行时间积分。

2)演示内容

本例主要演示以下内容:

①使用网格对话框中的"+"按钮来定义一个元素组。

②建立模式叠加进行分析。

③通过将响应类型更改为模式形状来绘制模式形状。

9.1　启动AUI,选择有限元程序

启动AUI,从【Program Module】程序模块的下拉式列表框中选择【ADINA Structures】ADINA结构。

9.2　建立几何模型

本例几何模型和问题8相同,因此,这里仅给出建模的必须步骤。

1)问题题目

选择【Control】控制→【Heading】标题,输入【Problem 9: Beam subjected to impact load-mode superposition】,单击【OK】确定。

2)几何点

单击【Define Points】定义点图标,定义表1.9.1中点后,单击【OK】确定。

表1.9.1　点1~点3的定义参数

Point#	X1	X2	X3
1			
2	1		
3		0.1	

单击【Define Lines】定义线图标,增加【line 1】线1,用点【Point 1=1】和【Point 2=2】定义一条直线,单

击【OK】确定。

3)边界条件

单击【Apply Fixity】应用固定图标，在【Point】点列的第一行输入“1”，单击【OK】确定。

4)荷载

单击【Apply Load】应用载荷图标，打开【Apply Load】应用载荷对话框，检查【Load Type】载荷类型是【Force】力后，单击【Load Number】载荷号区域右侧的【Define...】定义按钮。在【Define Concentrated Force】定义集中力对话框中，增加【force 1】力1，将【Magnitude】幅度设置为“300”，【Y Direction】Y方向设置为“-1”，单击【OK】确定。将【Apply Load】应用载荷对话框中表的第一行的【Point #】点号设置为“2”，然后单击【OK】确定关闭【Apply Load】应用载荷对话框。

5)截面和材料

单击【Cross Sections】截面图标。增加【cross-section 1】截面1，在【Width】宽度和【Height】高度区域分别输入“0.02”，然后单击【OK】确定。单击【Manage Materials】管理材料图标，再单击【Elastic Isotropic】弹性各向同性按钮。在【Define Isotropic Linear Elastic Material】定义各向同性线弹性材料对话框中，增加【material 1】材料1，将【Young's Modulus】杨氏模量设置为“2.07E11”，【Density】密度设置为“7800”，然后单击【OK】确定。单击【Close】关闭按钮关闭【Manage Material Definitions】管理材料定义对话框。

6)定义单元

单击【Subdivide Lines】细分线图标，设置【Number of Subdivisions】细分号为“2”，单击【OK】确定。

单击【Mesh Lines】划分线网格图标，将【Type】类型设置为【Beam】梁，单击【Element Group】元素组文本右侧的“+”按钮，将【AuxiliaryPoint】辅助点设置为“3”，在表的第一行中输入“1”并单击【OK】确定。

9.3 指定分析选项

1)分析类型

从【Analysis Type】分析类型的下拉式列表框中选择【Mode Superposition】模式叠加，单击【Analysis Options】分析选项图标，单击【Settings...】设置按钮，将【Number of Frequencies/Mode Shapes】频率号/模态形状设置为“2”，单击【OK】确定，关闭对话框。

2)自由度

这里指定模型在【X-Y plane】X-Y平面内振动。选择【Control】控制→【Degrees of Freedom】自由度，【Z-Translation】Z平动，【X-Rotation】X转动和【Y-Rotation】Y按钮为不选择，单击【OK】确定。

3)时间步

选择【Control】控制→【Time Step】时间步，在表的第一行输入“20，0.0025”，然后单击【OK】确定。

单击【Boundary Plot】边界绘图图标和【Load Plot】载荷绘图图标，在图形窗口中可看到如图1.9.2所示的信息。

9.4 生成ADINA数据文件、运行ADINA结构数据、后处理

先单击【Save】保存图标，把数据库保存到文件prob9中。单击【Data File/Solution】数据文件/求解图标，把文件名设置为“prob9”，确认选择了【RunSolution】运行求解按钮后，单击【Save】保存。ADINA运行完毕后，关闭所有对话框。从【ProgramModule】程序模块的下拉式列表框中选择【Post-Processing】后处理，其余选择默认，单击【Open】打开图标，打开结果文件“prob9”。

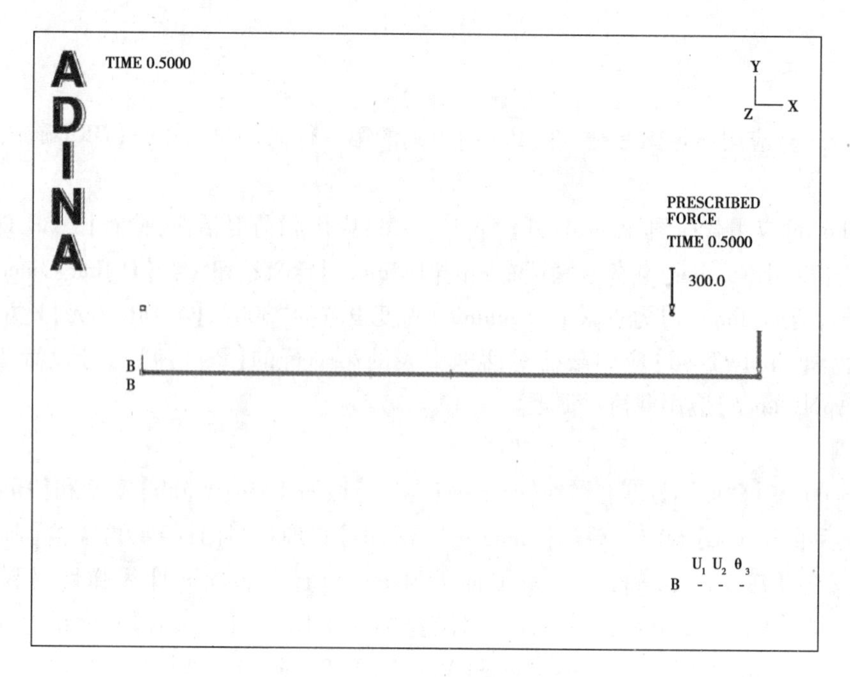

图 1.9.2　显示边界条件和载荷

9.5　列举自然频率

选择【List】列表→【Value List】值列表→【Zone】区域,将【Response Range】反应范围设置为【DEFAULT_MODE-SHAPE】,【Variable 1】变量 1 设置为【(Frequency/Mode:FREQUENCY】),单击【Apply】。频率应为 1.66504E+01 (Hz),1.05131E+02。单击【Close】,关闭对话框。

9.6　绘制模态形状

1)先绘制模态 1

选择【Definitions】定义→【Response】反应,将【Type】类型设置为【Mode Shape】模态形状,单击【OK】确定。

在所有绘图中,用户想用曲线绘制中性轴。选择【Display】显示→【Geometry/MeshPlot】几何/网格图→【DefineStyle】定义样式,单击【ElementDepiction】元素描述字段右侧的【...】按钮,单击【Advanced】高级选项卡,将【# SegmentsforNeutralAxis】#中性轴线段设置为“8”,然后单击【OK】确定两次以关闭对话框。

单击【Clear】清除图标和【Mesh Plot】网格绘图图标,把网格图移到图形窗口的上半部分。

2)绘制模态 2

选择【Definitions】定义→【Response】反应,确认【Response Name】反应名称是【DEFAULT】后,将【Mode Shape Number】模态形状号设置为“2”,单击【OK】确定。单击【Mesh Plot】网格绘图图标,把网格图移到图形窗口的下半部分。调整网格图并删除标注,得到图 1.9.3 所示的图形。

9.7　绘制时间历程曲线

1)给梁自由端的节点命名

选择【Definitions】定义→【Model Point】模型点→【Node】节点,增加名称【TIP】,将【Node Number】节点号设置为“3”,单击【OK】确定。

2)曲线符号

选择【Graph】图形→【Define Style】定义样式并单击【Curve Depiction】曲线描述字段右侧的【... 】按钮。在【Curve Depiction】曲线描述对话框中,取消选中【Display Curve Symbol】显示曲线符号按钮,单击【Legend】

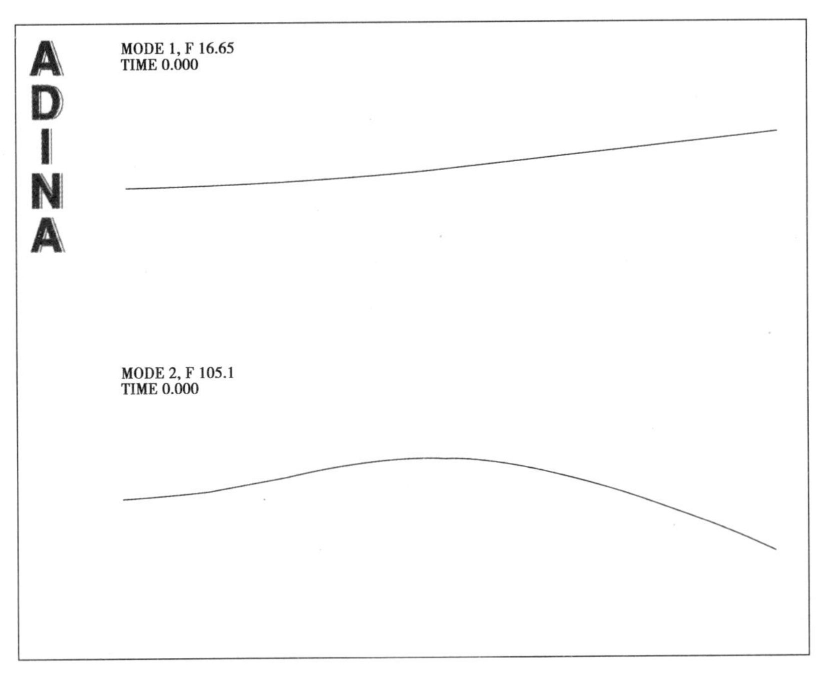

图 1.9.3 模态 1 和模态 2 的形状

图例选项卡，然后在【Legend Attributes】图例属性框中将【Type】类型设置为【NoLegend】无图例。然后单击【OK】确定两次以关闭这两个对话框。

3）清除图标CLEAR

选择【Graph】图形→【Response Curve (Model Point)】响应曲线(模型点)，将【Y Variable】*Y* 变量设置为【Displacement：Y-DISPLACEMENT】(位移：Y-DISPLACEMENT)并单击【OK】确定，图形窗口如图 1.9.4 所示。

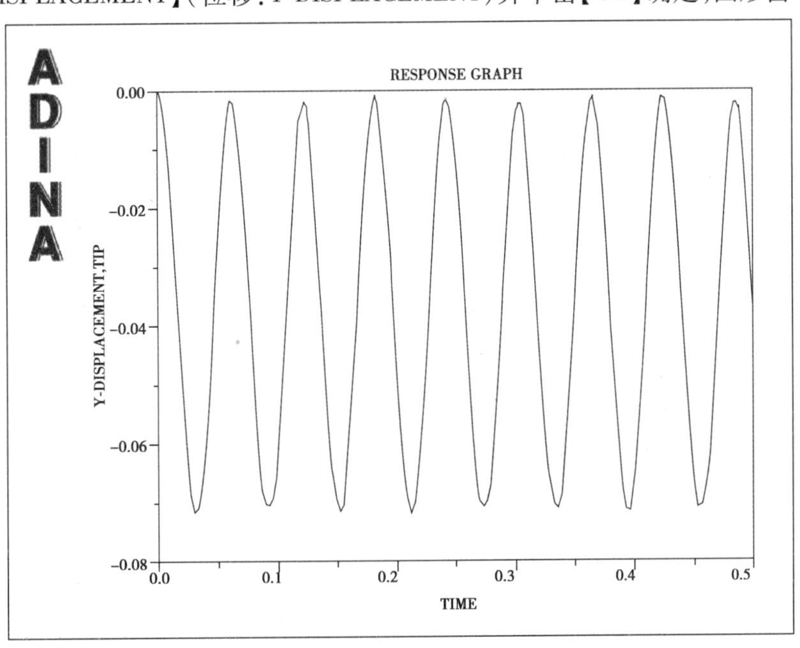

图 1.9.4 *Y* 方向位移响应曲线

图 1.9.4 所示曲线和图 1.8.4 所示曲线看起来非常相似。

9.8 退出 AUI

选择主菜单中的【File】文件→【Exit】退出，弹出【AUI】对话框，单击【Yes】，其余选【默认】，退出 ADINA-AUI。

问题 10　地震荷载作用的梁

问题描述

1)问题概况

本例分析地震荷载作用的梁,如图 1.10.1 所示。

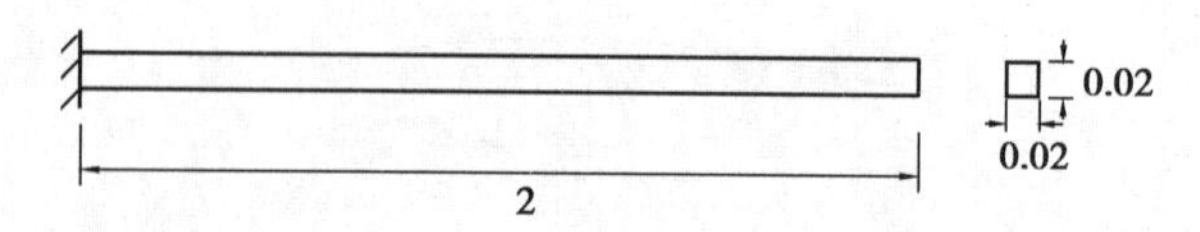

图 1.10.1　问题 10 中的计算模型

模态 1 为 1% 阻尼;模态 2 为 3% 阻尼。

$E=2.07\times10^{11}\ \mathrm{N/m^2}$, $\rho=7.8\times10^3\ \mathrm{kg/m^3}$

荷载的反应谱如图 1.10.2 所示,表示该梁只在竖向受地震荷载作用。

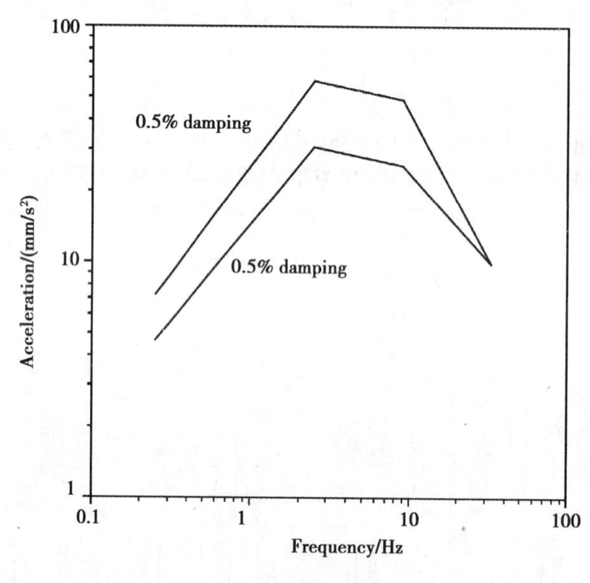

图 1.10.2　荷载的反应谱

指定梁的长度为 2 m,以保证自然频率在由地震作用放大的频率范围内。

2)演示内容

本例主要演示以下内容:

①使用反应谱分析。

②定义点的单元结果。

③列模型的质量。

10.1　启动 AUI,选择有限元程序

启动 AUI,从【ProgramModule】程序模块的下拉式列表框中选择【ADINAStructures】ADINA 结构。

10.2 定义几何模型

1)问题题目

选择【Control】控制→【Heading】标题,输入【Problem 10: Beam subjected to earthquake load】,单击【OK】确定。

2)几何

单击【Define Points】定义点图标,定义表1.10.1中的点后,单击【OK】确定。

表1.10.1 点1~点3的定义参数

Point#	X1	X2	X3
1			
2	2		
3		0.1	

单击【Define Lines】定义线图标,增加【line 1】线1,用点【Point 1=1】和【Point 2=2】定义一条直线,单击【OK】确定。

3)边界条件

单击【Apply Fixity】应用固定图标,在【Point】点列的第一行输入"1",单击【OK】确定。

4)截面和材料

单击【Cross Sections】截面图标。增加【cross-section 1】截面1,在【Width】宽度和【Height】高度区域分别输入"0.02",然后单击【OK】确定。单击【Manage Materials】管理材料图标,再单击【Elastic Isotropic】弹性各向同性按钮。在【Define Isotropic Linear Elastic Material】定义各向同性线弹性材料对话框中,增加【material 1】材料1,将【Young's Modulus】杨氏模量设置为"2.07E11",【Density】密度设置为"7800",然后单击【OK】确定。单击【Close】关闭【Manage Material Definitions】管理材料定义对话框。

5)定义单元

单击【Subdivide Lines】细分线图标,将【NumberofSubdivisions】细分数设置为"2",然后单击【OK】确定。

单击【Mesh Lines】划分线网格图标,将【Auxiliary Point】辅助点设置为"3",在表中输入"1",然后单击【OK】确定。

10.3 指定分析选项

1)分析类型

从【Analysis Type】分析类型的下拉式列表框中选择【Modal Participation Factors】模态参与因素,单击【Analysis Options】分析选项图标,单击【Settings...】设置按钮,将【Number of Frequencies/Mode Shapes】频率号/模态形状设置为"2",单击【OK】确定,关闭对话框。

将【Number of Modes to Use】使用的模态数设置为"2",确认【Type of Excitation Load】激励载荷类型是【Ground Motion】地面运动后,单击【OK】确定,关闭对话框。

2)自由度

这里指定模型在 *X-Y* 平面内振动。选择【Control】控制→【Degrees of Freedom】自由度,【Z-Translation】*Z* 平动,【X-Rotation】*X* 转动和【Y-Rotation】*Y* 转动按钮为不选择,单击【OK】确定。

单击【Boundary Plot】边界绘图图标,图形如图1.10.3所示。

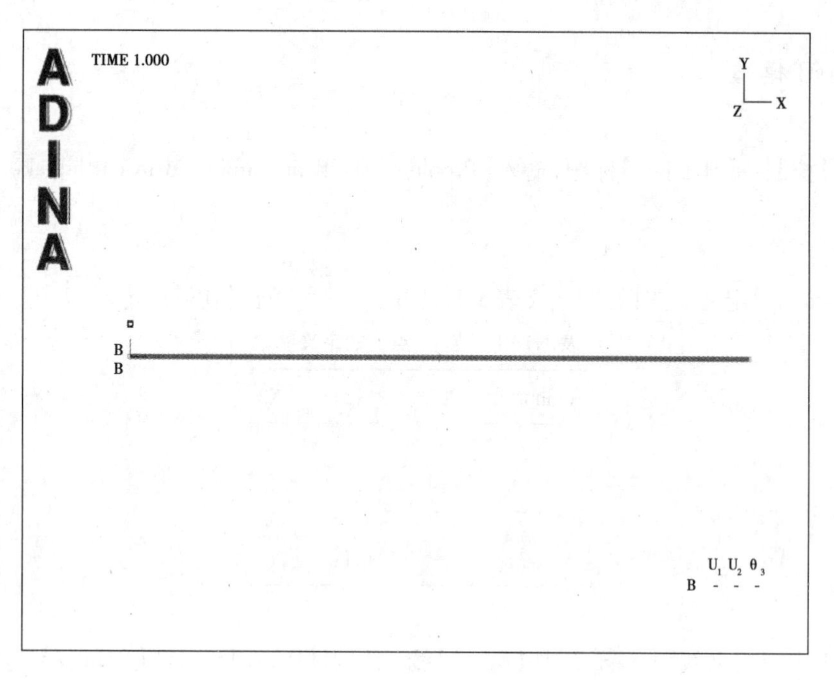

图 1.10.3 显示边界条件

10.4 生成 ADINA 数据文件,运行 ADINA,后处理

先单击【Save】保存图标,将数据库保存到文件 prob10 中。单击【Data File/Solution】数据文件/求解图标,将文件名设置为“prob10”,确认选择了【Run Solution】按钮后运行求解,单击【Save】保存。ADINA 结构运行完毕后,关闭所有对话框。从【Program Module】程序模块的下拉式列表框中选择【Post-Processing】后处理,其余选择默认,单击【Open】打开图标,打开结果文件“prob10”。

10.5 列自然频率、模态的参与系数、模型质量

1)要列模型数据

选择【List】列表→【Info】信息→【MPF】。第一个表中的频率应该是 4.162 84E+00 (Hz),2.629 36E+01,*Y* 方向的参与系数应该是 1.89159E+00 和 8.14598E-01。第二个表中的 *Y* 方向的质量应该是 3.578 11 (kg)和 6.635 70E-01 (kg)。第三个表中的 *Y* 方向的累积质量应该是 3.578 11 和 4.241 68。

注意:只有这两个模态需要拾取总质量(总质量是 6.24 kg)。单击【Close】关闭对话框。

2)定义荷载反应谱

(1)频率曲线

荷载反应谱由两条频率曲线组成,第一条的阻尼是 0.5%,第二条的阻尼是 5.0%。每一条频率曲线都给出了加速度,该加速度是频率的函数。选择【Definitions】定义→【Spectrum Definitions】频谱定义→【FrequencyCurve】频率曲线,增加【frequency curve F05】频率曲线 F05,并定义该频率曲线见表 1.10.2。

表 1.10.2 第一条曲线频率函数定义参数

Frequency	Value
0.25	7.22
2.5	58.37
9.0	48.66
33.0	9.81

然后,再增加频率曲线【F50】,并定义该频率曲线见表 1.10.3。

表 1.10.3 第二条曲线频率函数定义参数

Frequency	Value
0.25	4.63
2.5	30.71
9.0	25.60
33.0	9.81

单击【OK】确定,关闭对话框。

(2)反应谱

选择【Definitions】定义→【Spectrum Definitions】谱定义→【Response Spectrum】反应谱,增加反应谱【RS1】,在表的第一行输入“F05,0.5”,第二行输入“F50,5.0”。单击【Save】保存和【Graph...】图形按钮。在【Display Response Spectrum】显示反应谱对话框中,将【Response Spectrum】反应谱设置为“RS1”,单击【OK】确定。单击【Cancel】取消关闭另一个对话框。

要删除网格图,可单击【Pick】拾取图标,使网格图变为高亮度,单击【Erase】擦除图标(或按下“Delete”键),图形如图 1.10.4 所示。

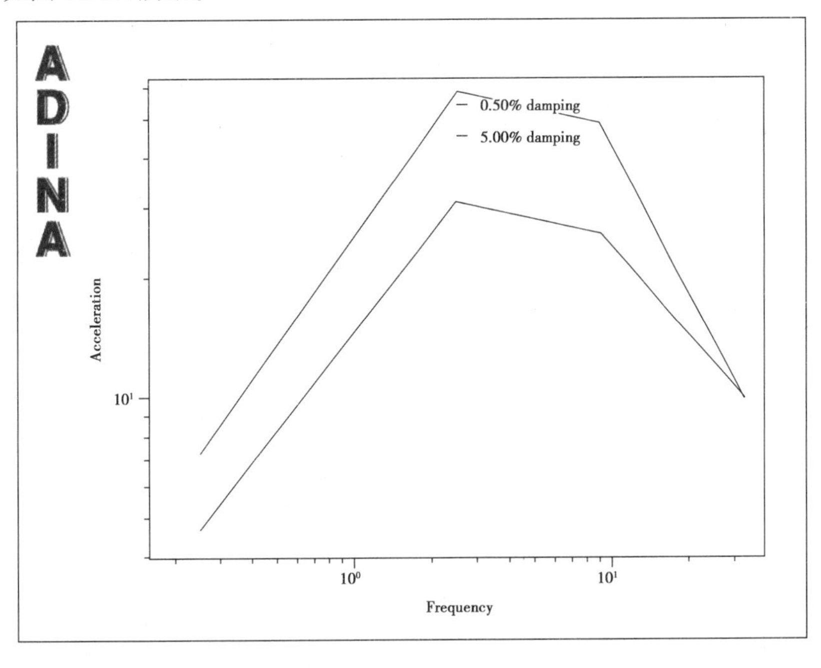

图 1.10.4 两条加速度曲线

10.6 定义模型的阻尼比

选择【Definitions】定义→【Spectrum Definitions】谱定义→【Damping Table】阻尼表,增加阻尼表名称【DAMPING】,将【Defined by】定义由设置为【Tabular Input】表格输入,在表的前两行输入“1 1.0,2 3.0”,单击【OK】确定。

计算由地震荷载引起的响应

(1)响应定义

选择【Definitions】定义→【Response】反应,增加反应【EARTHQUAKE】,将【Type】类型设置为【Response Spectrum】反应谱,将【Spectrum】谱设置为【RS1】,【Damping Table】阻尼表设置为【DAMPING】,【Ground

Motion Direction】地面运动方向设置为【Y】,然后单击【OK】确定。

(2)计算

选择【List】列表→【Value List】值列表→【Zone】区域,将【Response Option】反应选项设置为【Single Response】单个反应,【Response】反应设置为【EARTHQUAKE】。再把【variable 1】变量 1 设置为【(Displacement:Y-DISPLACEMENT】),【variable 2 】变量 2 设置为【(Velocity: Y-VELOCITY)】,【variable 3】变量 3 设置为【(Acceleration: YACCELERATION】),【variable 4】变量 4 设置为【(Reaction:Z-MOMENT_REACTION)】,单击【Apply】应用。

节点 1 的结果应该是反力【reaction = 2.749 63E+02 (N-m)】,节点 3 的结果应是位移【displacement = 1.13969E-01 (m)】,速度【velocity = 2.98134E+00 (m/s)】,加速度【acceleration = 7.83830E+01 (m/s^2)】。单击【Close】关闭对话框。

要计算固定端的弯矩,可以用固定端的点单元结果。固定端的结果由单元 1 在局部节点 1 处的结果计算所得。选择【Definitions】定义→【Model Point】模型点→【Element】单元,增加点【BUILT-IN】,确认【Element Number】单元号是 1 后,将【Defined By】定义由设置为【Label Point】标签点,确认【Label Point】标签点是 1 后,单击【OK】确定。

现在选择【List】列表→【Value List】值列表→【Model Point】模型点,将【Response Option】反应选项设置为【Single Response】单个反应,将【Response】反应设置为【EARTHQUAKE】。再把【variable 1】变量 1 设置为【(Force:NODAL_MOMENT-T】),单击【Apply】应用。结果应该是 2.74963E+02 (N-m)。单击【Close】,关闭对话框。

10.7 退出 AUI

选择主菜单中的【File】文件→【Exit】退出,弹出【AUI】对话框,单击【Yes】,其余选【默认】,退出 ADINA-AUI。

说明

用批处理文件定义反应谱比在对话框中输入反应谱更方便、容易。在问题 26 中将用批处理文件定义反应谱,并将批处理文件读入 AUI。

问题 11 网格质量可视化(以开孔板为例)

问题描述

1)问题概况

受拉开孔板模型如图 1.11.1 所示。

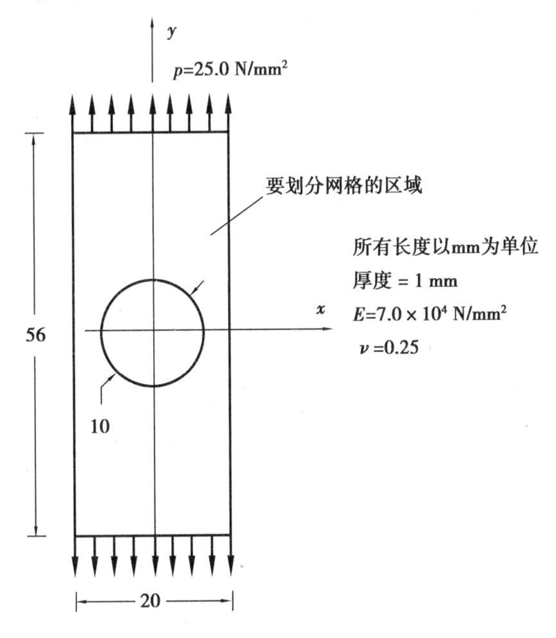

图 1.11.1 问题 11 中的计算模型

本例模型和荷载与问题 2 相同。现准备用效果相对较好的 3 节点和 4 节点单元求解该问题,其目的是和网格较粗的情况进行比较,得出"用较粗网格求解得到的结果不是很精确"的结论。这种方法可以看到 AUI 的网格质量可视化特征。

2)演示内容

本例主要演示以下内容:

①画错误提示图,列错误提示表。

②重画未光滑过的应力云图,查看网格质量。

11.1 启动 AUI,选择有限元程序

启动 AUI,从【Program Module】的下拉式列表框中选择【ADINAStructures】ADINA 结构。

11.2 定义几何模型

本例模型和问题 2 的模型相同,在此仅简要给出建模的必要步骤。

1)问题题目

选择【Control】控制→【Heading】标题,输入标题【"Problem 11: Visualizing the mesh quality】,单击【OK】确定。

2)用于2D元素的平面

选择【Control】控制→【MiscellaneousOptions】其他选项,将【2D Solid Elementsin】2D实体元素在"字段设置为【XY-Plane,Y-Axisymmetric】*XY*平面,*Y*轴对称并单击【OK】确定。

3)几何

单击【Define Points】定义点图标,定义表1.11.1中的点(X3列为空白),然后单击【OK】确定。

表1.11.1 点定义参数

Point#	X1	X2
1	10	28
2	0	28
3	0	10
4	0	5
5	5	0
6	10	0
7	10	10
8	0	0

沿着圆孔定义弧线的中点。该点的坐标可以在柱坐标系下最方便地给出。单击【Coordinate Systems】坐标系图标,增加【coordinate system 1】坐标系1,将【Type】类型设置为【Cylindrical】圆柱,单击【OK】确定。然后再单击【Define Points】定义点图标,把表增加一行,输入表1.11.2中信息后,再单击【OK】确定。

表1.11.2 弧线中点的坐标参数

Point#	X1	X2	X3
9	5	45	0

4)定义弧线

单击【Define Lines】定义线图标,增加【line 1】线1,将【Type】类型设置为【Arc】圆弧,【P1】设置为"4",【P2】设置为"9",【Center】圆心设置为"8",单击【Save】保存。再增加【line2】线2,将【P1】设置为"9",【P2】设置为"5",【Center】圆心设置为"8",然后单击【OK】确定。

5)定义面

单击【Define Surfaces】定义曲面图标,确认已将【Type】类型设置为【Vertex】顶点,定义见表1.11.3的曲面后,单击【OK】确定。

表1.11.3 曲面定义的参数

Surface Number	Point 1	Point 2	Point 3	Point 4
1	7	3	4	9
2	7	9	5	6
3	1	2	3	7

6)边界条件

对称模型需要两个边界条件。单击【Apply Fixity】定义固定图标,再单击【Define...】定义按钮。在

【Define Fixity】定义固定对话框中，增加【fixity name ZT】固定名称 ZT，选择【Z-Translation】*Z* 平动按钮，单击【Save】保存；再增加【fixity name YT】固定名称 YT，选择【Y-Translation】*Y* 平动按钮，然后单击【OK】确定。将【Apply Fixity】应用固定对话框中的【Apply to】应用区域设置为【Lines】线。把 4 号线和 9 号线的约束设置为【YT】，6 号线的约束设置为【ZT】，单击【OK】确定。

7）荷载

单击【Apply Load】应用载荷图标，将【Load Type】载荷类型设置为【Pressure】压强，单击【Load Number】载荷号区域右侧的【Define...】定义按钮。在【Define Pressure】定义压强对话框中增加【pressure 1】压强 1，将【Magnitude】幅度设置为"-25"，单击【OK】确定。在【Apply Load】应用载荷对话框中，确认已把【Apply to】应用于区域设置为【Line】线，并且表的第一行的【Line #】线号已设置为"8"，然后单击【OK】确定关闭【Apply Load】应用载荷对话框。

8）材料

单击【Manage Materials】管理材料图标M，再单击【Elastic Isotropic】弹性各向同性按钮。在【Define Isotropic Linear Elastic Material】定义各向同性线弹性材料对话框中，增加【material 1】材料 1，将【Young's Modulus】杨氏模量设置为"7E4"，【Poisson's ratio】泊松比设置为"0.25"，然后单击【OK】确定。单击【Close】关闭按钮关闭【Manage Material Definitions】管理材料定义对话框。

9）单元组

单击【Element Groups】单元组图标，增加【element group number 1】单元组号 10，设置【Type】类型为【2-D Solid】二维实体，将【Element Sub-Type】单元子类型设置为【Plane Stress】平面应力，然后单击【OK】确定。

10）划分网格

划分网格时，给所有的点赋以统一的网格尺寸，由 AUI 自动计算划分的份数。

选择【Meshing】划分网格→【Mesh Density】网格密度→【Complete Model】完整模型，确认将【Subdivision Mode】细分模式设置为【Use End-Point Sizes】使用端点尺寸，然后单击【OK】确定。现在选择【Meshing】划分网格→【Mesh Density】网格密度→【Point Size】点尺寸，将【Points Defined from】点定义自设置为【All Geometry Points】所有几何点，将【Maximum】最大值设置为"1.0"，然后单击【OK】确定。

11）生成单元

单击【Mesh Surfaces】划分曲面网格图标，将【Nodes per Element】每个单元节点设置为"4"，在表【Surface #】曲面号的前三行分别输入"1，2，3"，单击【OK】确定。单击【Boundary Plot】边界绘图图标和【Load Plot】载荷绘图图标，图形如图 1.11.2 所示。

11.3　生成 ADINA 数据文件，运行 ADINA

单击【Save】保存图标，把数据库保存到文件 prob11 中。单击【Data File/Solution】数据文件/求解图标，把文件名设置为"prob11"，确认选择了【RunSolution】运行求解按钮后，单击【Save】保存。ADINA 运行完毕后，关闭所有对话框。从【Program Module】程序模块的下拉式列表框中选择【Post-Processing】后处理，其余选择默认，单击【Open】打开图标，打开结果文件"prob11"。

1）查看结果

单击【Create Band Plot】创建条带绘图图标，将【Band Plot Variable】条带绘图变量设置为【（Stress：STRESS-yy）】，单击【OK】确定，图形如图 1.11.3 所示。

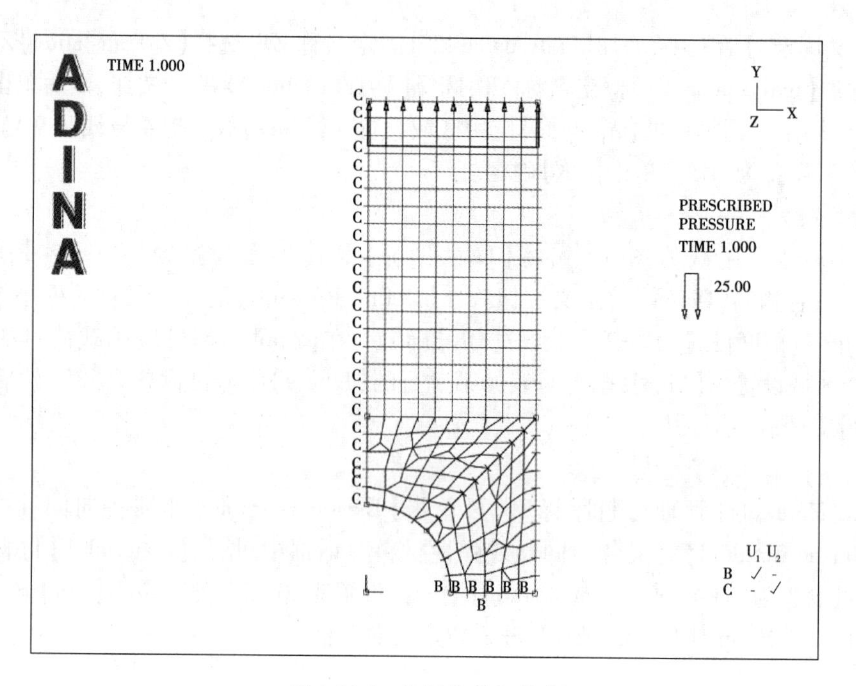

图 1.11.2　边界条件和载荷

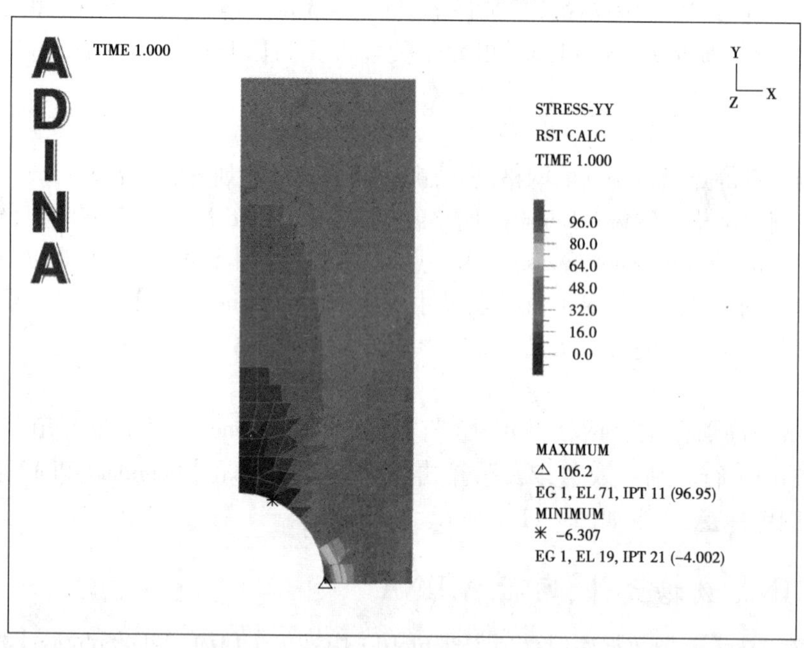

图 1.11.3　应力分布

注意：自然状态的云图并不光滑，要光滑云图，可单击【Smooth Plots】光滑绘图图标，图形窗口如图 1.11.4 所示。

2）绘图网格错误提示

AUI 允许用户画风格时出现错误，并可提示用户哪部分网格需要细化。要使用该提示，可选择【ERRORPlots】误差绘图，图形窗口如图 1.11.5 所示。

该图显示最大应力跃变（在同一节点处评估的应力差异）约为最大应力值的 24%。

也可以使用误差范围提示，提示用户把应力阶跃除一个参考值。单击【Modify Band Plot】修改条带绘图图标，再单击和【Smoothing Technique】平滑技术区域相邻【...】按钮，将【Error Reference Value】错误参考值设置为"106"（估计图 1.11.5 中的最大应力是 106），单击【OK】确定两次关闭这两个对话框，图形如图 1.11.6 所示。

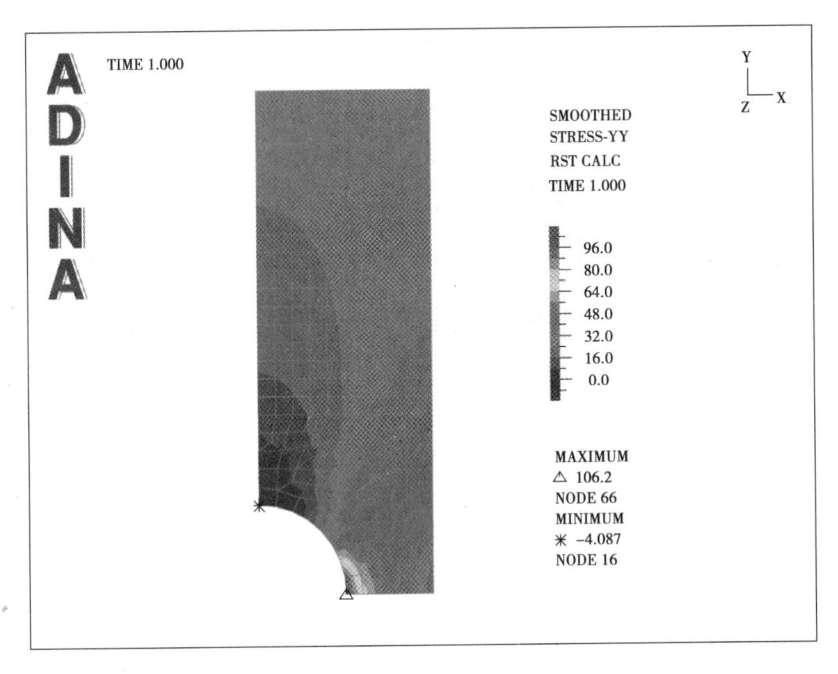

图 1.11.4　平滑后的应力

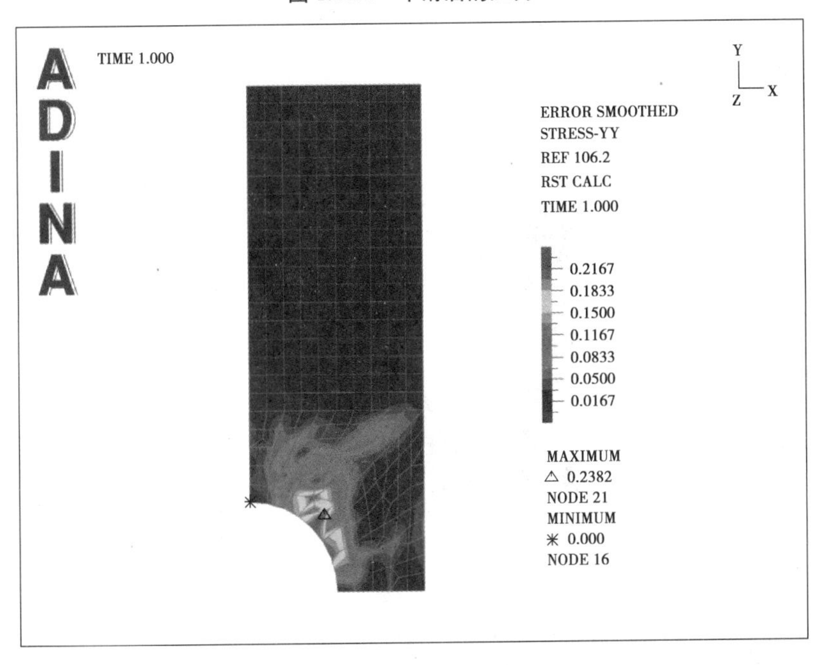

图 1.11.5　平滑误差

也可以列出错误提示最多的节点。选择【List】列表→【Extreme Values】极值→【Zone】区域，将【Smoothing Technique】平滑技术设置为 BANDPLOT00001，【variable 1】变量 1 设置为【(Stress：STRESS-ZZ】)，单击【Apply】应用。AUI 列出的 21 号节点的值是 2.38557E-01。单击【Close】关闭对话框。

3)重画云图查看网格质量

提示误差的另一种方法是重画未光滑过的应力云图。单击【Modify Band Plot】修改条带绘图图标，将【Smoothing Technique】平滑技术设置为【NONE】无，单击【Band Table...】条带表按钮，将【Type】类型设置为【Repeating】重复，单击【OK】确定两次关闭这两个对话框，图形如图 1.11.7 所示。

从图 1.11.7 中可以看出，小孔附近云图的网格混乱，质量不高，表明小孔附近的网格需要细化。

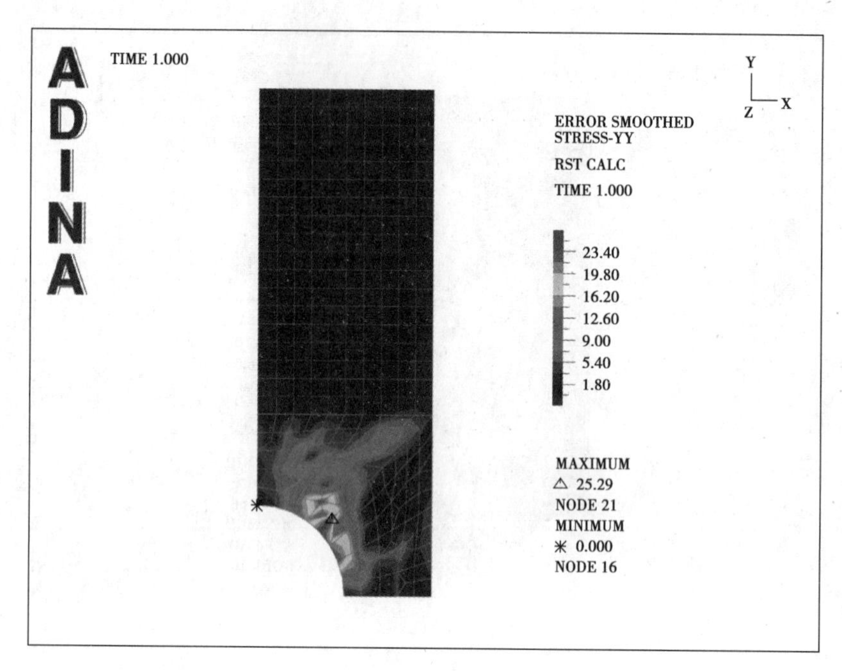

图 1.11.6 修改平滑后的误差

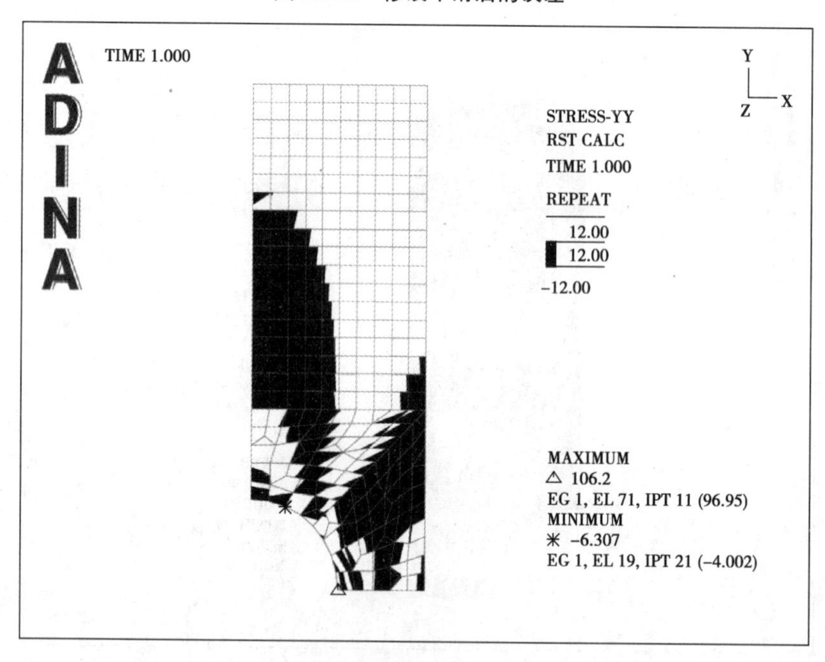

图 1.11.7 重画未光滑处理的云图

4）细化网格

（1）修改模型

从【Program Module】程序模块的下拉式列表框中选择【ADINAStructures】ADINA 结构（其余选择默认）。从【File】文件菜单下部最近打开过的文件中选择数据库文件 prob11。

（2）删除单元

单击【DeleteMesh/Elements】删除网格/单元图标，将【Delete Mesh from】删除网格区域设置为【Surface】面，在表的前三行分别输入“1，2，3”，单击【OK】确定。

（3）生成细化过的网格

在细化网格过程中，离孔较远处用很少的几个单元即可，孔附近需细分，用的单元较多。选择【Meshing】划分网格→【Mesh Density】网格密度→【Point Size】点尺寸，将【Points Defined From】点定义自区域设置为

【Vertices of Specified Surfaces】特殊曲面顶点，在表的前三行分别输入“1,0.5,2,0.5,3,2.0”，然后单击【OK】确定。

现在单击【Mesh Surfaces】划分曲面网格图标，将【Nodes per Element】每个单元节点设置为“4”，在表的前三行分别输入“1,2,3”，单击【OK】确定，如图 1.11.8 所示。

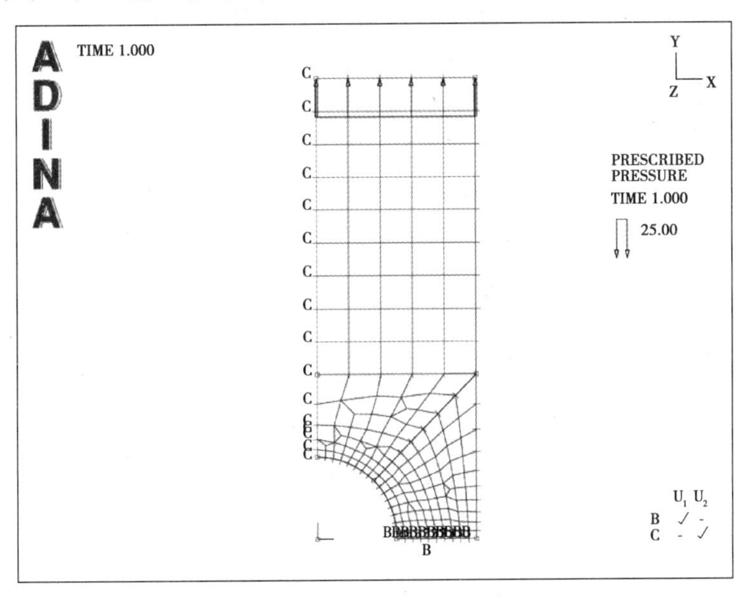

图 1.11.8 细化开孔位置的网格

11.4 再次生成 ADINA 数据文件，运行 ADINA 结构数据，把结果文件载入 ADINA-PLOT

按 11.3 的操作步骤保存数据库，生成 ADINA 数据文件并运行 ADINA，从【Program Module】程序模块的下拉式列表框中选择【Post-Processing】后处理，将结果文件载入 ADINA-PLOT，把本次使用文件命名为“prob11a”。

11.5 检查结果

按照 11.3 的操作步骤求解绘制应力，画应力云图。

可以看到图 1.11.9~图 1.11.12 图中错误提示的数值有所下降，表明求解精度得到提高，重画的未光滑应力云图也显示小孔附近的网格已变得更清晰了。

(1)细分后，没有平滑的应力(图 1.11.9)

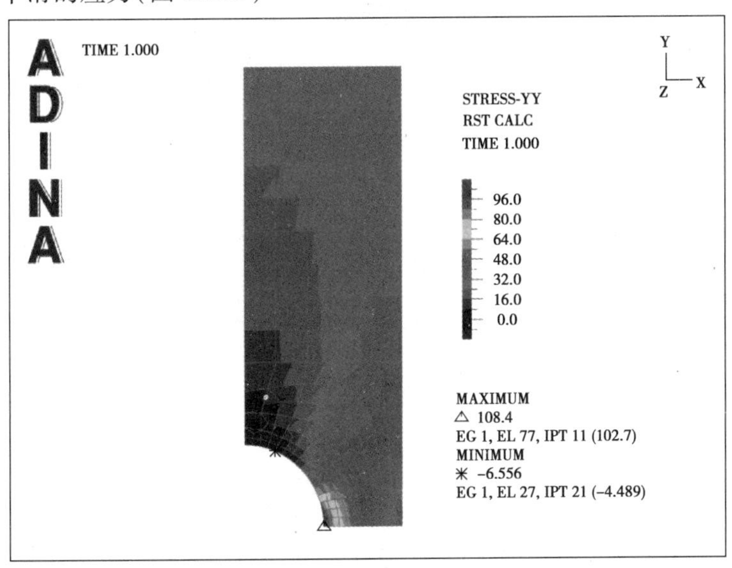

图 1.11.9 细化网格后未平滑的应力分布

(2)细分后,平滑的应力(图 1.11.10)

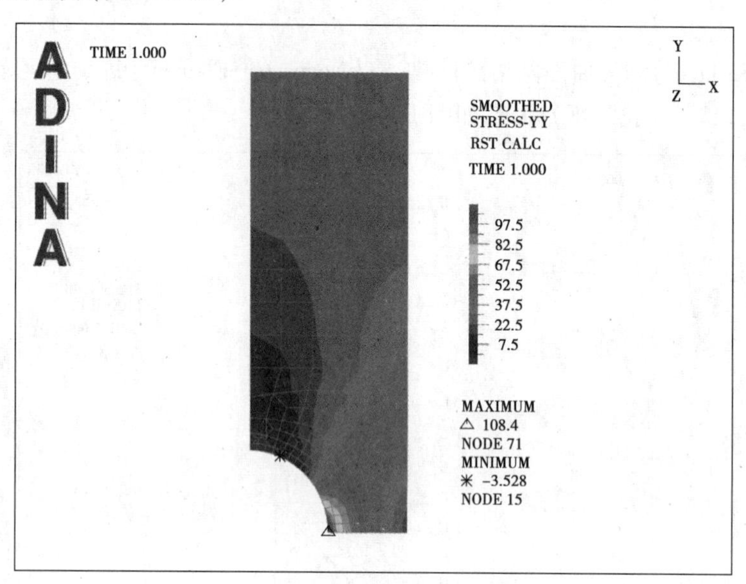

图 1.11.10　细化网格后平滑的应力分布

(3)细分后,勘误差(图 1.11.11)

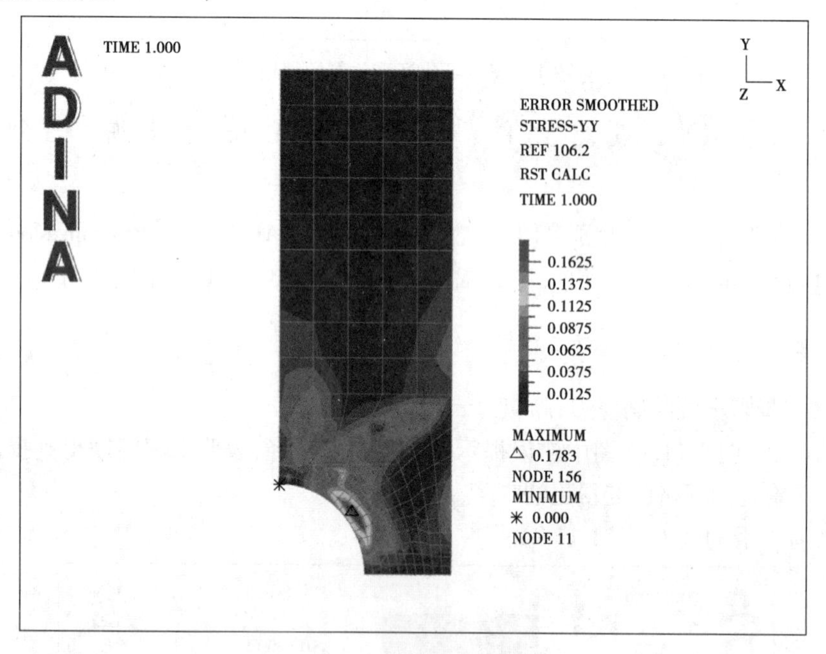

图 1.11.11　细化网格后的应力误差

(4)细化后,重复条带(图 1.11.12)

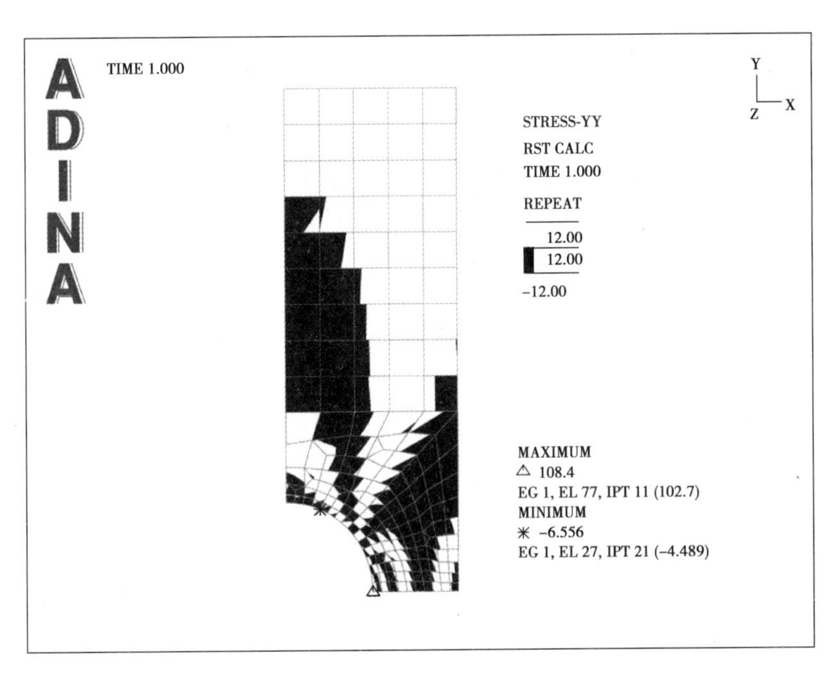

图 1.11.12 细化网格后的重复条带

11.6 退出 AUI

选择主菜单中的【File】文件→【Exit】退出，弹出【AUI】对话框，单击【Yes】，其余选【默认】，退出ADINA-AUI。

问题 12　推力作用的框架

问题描述

1) 问题概况

本例的模型如图 1.12.1 所示。

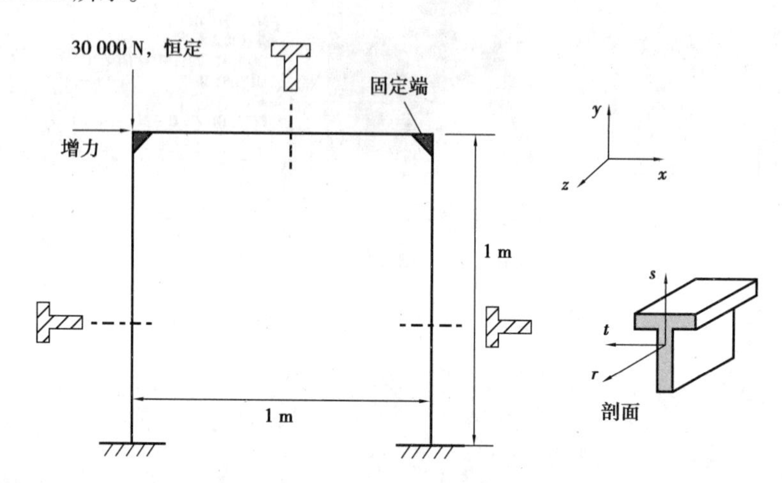

图 1.12.1　问题 12 中的模型

(1) 弯矩曲率材料模型

①梁截面的性质。

梁截面用的是 ADINA 中的弯矩曲率材料模型，该模型描绘的截面性质如下：

a.截面的弯矩曲率数据对轴力的依赖性。

b.弯矩曲率的非对称性(正曲率和负曲率的表现不同)。

c.破坏对轴向荷载的依赖性。

d.屈服行为的多线性特征。

②梁截面和材料的关系。

梁截面和材料的关系曲线如下：

a.材料拉伸性能曲线如图 1.12.2 所示。

注意：ADINA 中的轴力拉为正，压为负。

b.材料扭曲段性能曲线如图 1.12.3 所示。

c.材料 *s* 方向扭转性能曲线如图 1.12.4 所示。

d.材料 *t* 方向扭转性能曲线如图 1.12.5 所示。

模型中所有梁单元的 *t*-方向要和 *z*-的负方向一致，例如 *t*-方向的弯矩曲率可解释为负*z*-向弯矩曲率。

注意：因荷载都作用在平面内，故在 *s*-方向没有扭矩和弯曲，但仍需输入材料的扭转和弯曲。

(2) 刚性域模型

梁单元的刚性域用于柱或压杆的装配，组成框架模型的拐角。

ADINA 结构包括使用大位移运动配方时的 P-Δ 效应。

用运动学的大变形公式时，ADINA 考虑了 P-Δ 效应。

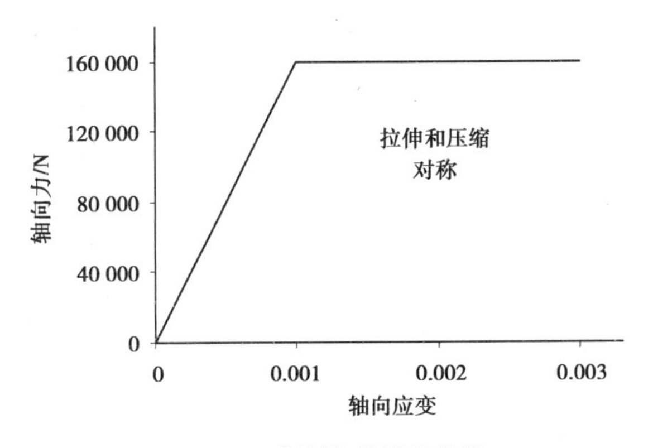

图 1.12.2　材料拉伸性能曲线

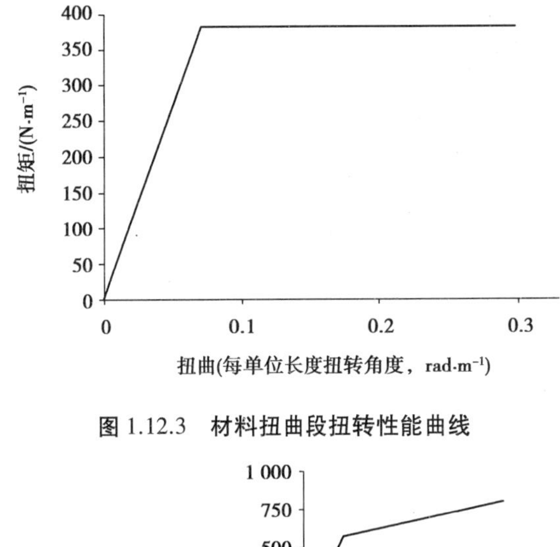

图 1.12.3　材料扭曲段扭转性能曲线

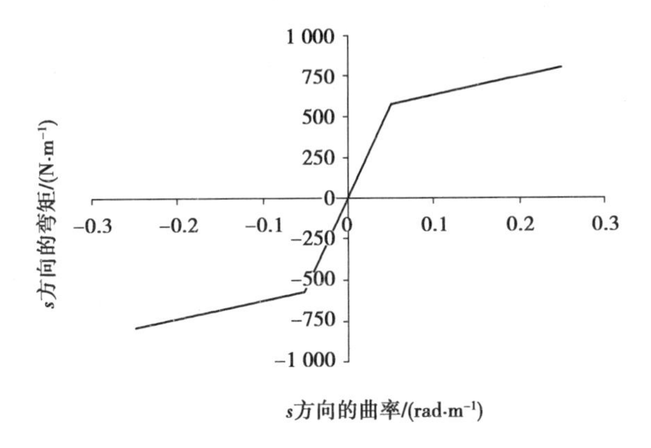

图 1.12.4　材料 *s* 方向扭转性能曲线

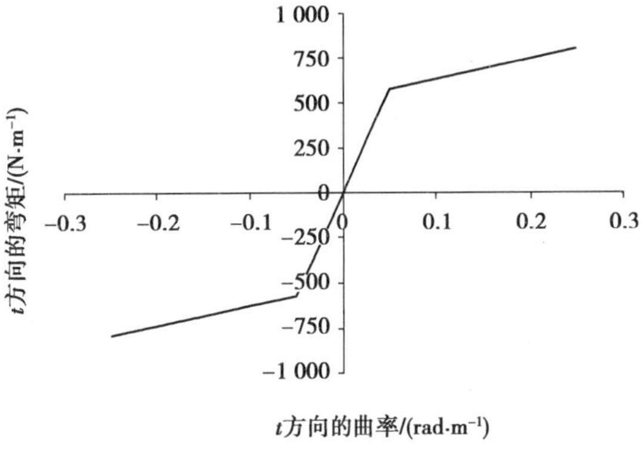

图 1.12.5　材料 *t* 方向扭转性能曲线

2）演示内容

本例将演示以下内容：

①用不同的时间函数定义多个荷载。

②定义弯矩曲率的输入。

③从批处理文件中读命令。

④定义刚性域的数据。

⑤ATS（automatic time-stepping）方法的使用。

⑥定义单元截面点。

⑦定义结果变量。

注意：*t* 方向弯曲行为的数据存储在单独的批处理文件 prob12_1.in 中。在开始此分析之前，用户需要将文件夹 samples\primer 中的文件 prob12_1.in 复制到工作目录或文件夹中。

12.1　启动 AUI，选择有限元程序

启动 AUI，从【Program Module】程序模块的下拉式列表框中选择【ADINA Structures】ADINA 结构。

12.2　建模的关键数据

1）问题标题

选择【Control】控制→【Heading】标题，在对话框中输入标题【Problem 12：Pushover analysis of a frame】，单击【OK】确定。

2）自动时间步

单击【Analysis Options】分析选项图标，单击【Automatic Time-Stepping】自动时间步按钮，再单击该区域右侧的【...】按钮，将【Automatic Time-Stepping】自动时间步对话框中的【Maximum Subdivisions Allowed】最大允

许细分设置为“20”，单击【OK】确定关闭这两个对话框。

3）平衡迭代容差

改变平衡迭代的收敛容差。选择【Control】控制→【Solution Process】求解过程，单击【Iteration Tolerances...】迭代容差按钮，将【Convergence Criteria】收敛标准设置为【Energy and Force】能量和力，【Reference Force】参考力和【Reference Moment】参考力矩设置为“1.0”，单击【OK】确定，关闭这两个对话框。

4）运动学

分析中考虑 P-Δ 效应。选择【Control】控制→【Analysis Assumptions】分析假设→【Kinematics】运动学，将【Displacements/Rotations】位移/旋转设置为【Large】大，单击【OK】确定。

图 1.12.6 所示为建模的关键数据。

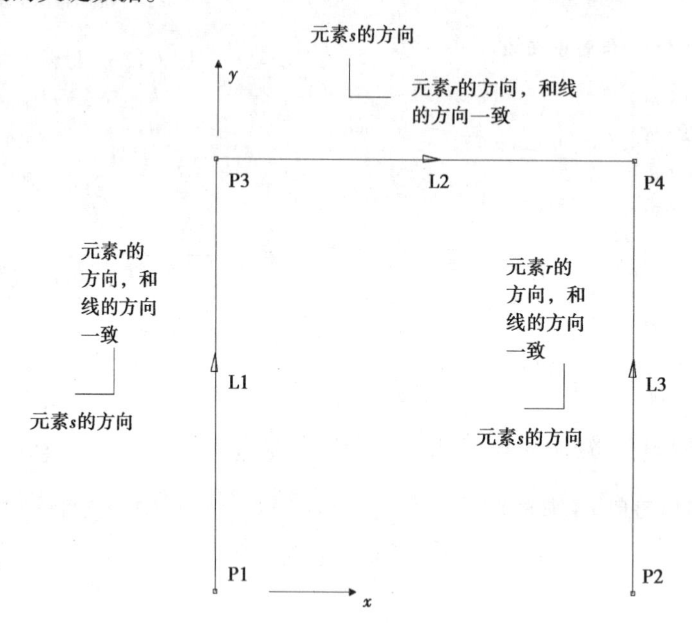

图 1.12.6　建模的关键数据

12.3　定义模型的关键几何关系

1）几何点

单击【Define Points】定义点图标，定义表 1.12.1 中的点后，单击【OK】确定。

表 1.12.1　点定义参数

Point#	X1	X2
1	0.0	0.0
2	1.0	0.0
3	0.0	1.0
4	1.0	1.0

单击【Point Labels】点标号图标查看点号。

2）几何线

单击【Define Lines】定义线图标，增加表 1.12.2 中的线后，单击【OK】确定。

表 1.12.2 线定义参数

Surface Number	Type	Point 1	Point 2
1	Straight	1	3
2	Straight	3	4
3	Straight	2	4

单击【Line/Edge Labels】线/棱边图标，图形窗口如图 1.12.7 所示。

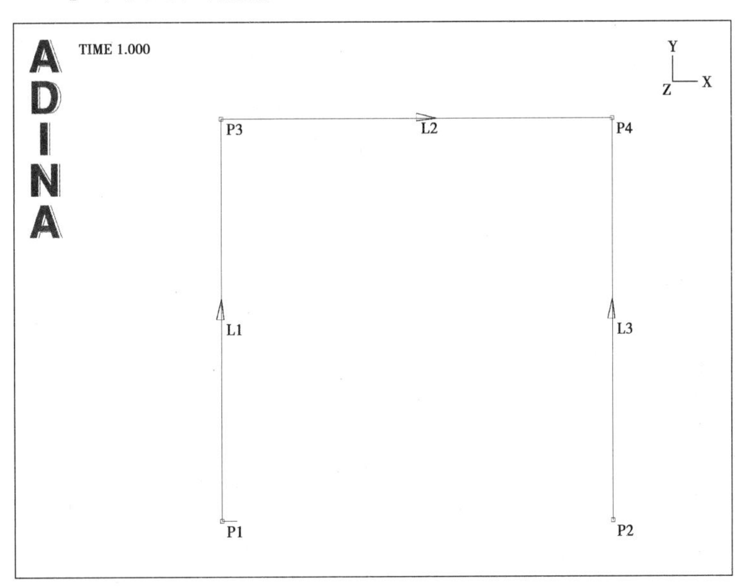

图 1.12.7 绘制 3 条线

12.4 定义细分数据

把框架的每 1 条线都划分 10 个单元。

选择【Meshing】划分网格→【Mesh Density】网格密度→【Complete Model】完整模型，将【Subdivision Mode】细分模式设置为【Use Number of Divisions】使用细分数，将【Number of Subdivisions】细分数设置为“10”，单击【OK】确定。

12.5 定义边界条件和荷载

1）边界条件

固定框架底部。单击【Apply Fixity】定义固定图标，确认【Apply to】应用于区域是【Points】点后，在表的前两行输入“1,2”(Fixity 列为空白)，单击【OK】确定。

2）荷载

用不同的荷载施加方法和时间函数施加两个荷载。竖向荷载用的是常量时间函数【(time function 1)】时间函数 1，水平荷载用的是递增时间函数【(time function 2)】时间函数 2。在 20 个等时间步内施加水平荷载 10 000 N，选择【Control】控制→【Time Step】时间步，在前两行输入“20,500”，单击【OK】确定。

3）时间函数

选择【Control】控制→【Time Function】时间函数，确认【time function 1】时间函数 1 是单位时间常量函数。再增加【time function 2】时间函数 2，在表 1.12.3 中输入以下信息后，单击【OK】确定。

注意：由于定义了时间函数，求解时间代表了水平荷载的量级。

表 1.12.3 定义时间函数参数

Time	Value
0	0
10 000	10 000

4)施加荷载

单击【Apply Load】施加载荷图标，将【Load Type】载荷类型设置为【Force】力，单击【Load Number】载荷数区域右侧的【Define...】定义按钮。在【Define Concentrated Force】定义集中力对话框中，增加【force 1】力1，将【Magnitude】幅度设置为“30000”，【Y Force Direction】Y 力方向设置为“-1.0”，单击【Save】保存。现在增加【force 2】力2，将【Magnitude】幅度设置为“1”，【X Force Direction】X 力方向设置为“1.0”，单击【OK】确定。确认【Apply Load】应用载荷对话框中的【Load Number】载荷号为“1”，【Apply to】应用于是【Point】点后，将表第一行的【Point #】点号设置为“3”，单击【Apply】应用。再将【Load Number】载荷号设置为“2”，确认【Apply to】应用区域是【Point】点后，把表中第一行的【Point#】点号设置为“3”，【Time Function】时间函数设置为“2”，单击【OK】确定。

单击【Boundary Plot】边界条件绘图图标和【Load Plot】载荷绘图图标，图形窗口如图 1.12.8 所示。

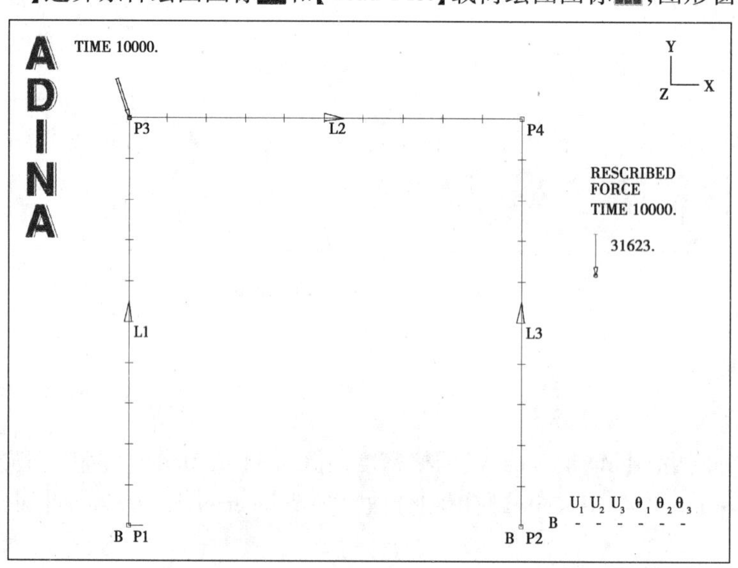

图 1.12.8 边界条件和载荷

12.6 定义材料

选择【Model】模型→【Materials】材料→【Beam Rigidity】梁刚性，增加【rigidity number 1】刚性号 1，将【Type】类型设置为【Multilinear Plastic】多线性塑性。选择【Bending】弯曲区域之间的【Unsymmetric】非对称按钮，单击【Save】保存。

1)轴向应变/轴向力数据

单击【Axial Force vs Strain Curve】轴向力与应变曲线字段右侧的【...】按钮。在【Define Axial Strain-Force Curve】定义轴向应变-力曲线对话框中，添加数字“1”，见表 1.12.4。

表 1.12.4 轴向力与应变参数定义

Axial Strain	Axial Force
0.001	160 000
0.003	16 000

然后单击【OK】确定。在【Define Rigidity】定义刚性对话框中，将【Curve#】曲线号字段设置为“1”并单击【Save】保存。

2）扭转应变/扭矩数据

单击【Torsion（r）】扭矩区域右侧的【…】按钮。在【DefineForcevs Twist-Moment Curve】定义力与转矩曲线对话框中，增加【number 1】号1，在表中输入以下信息（表1.12.5）后，单击【OK】确定。

然后单击【OK】确定关闭【Twist-Moment Curve】扭矩曲线对话框。在【Define Force vs Twist-MomentCurve】定义力与扭矩曲线对话框中，输入以下信息，见表1.12.6。

表1.12.5　定义扭转应变与扭矩参数

Twist Angle per Unit Length	Momet
0.07	380
0.3	380

表1.12.6　定义力与扭矩曲线

Axial Force	Twist-Moment Curve
-1E6	1
1E6	1

在表格中，然后单击【OK】确定关闭【DefineForcevs Twist-Moment Curve】定义力与扭矩曲线对话框。在【Define Rigidity】定义刚度对话框中，将【Torsion（r）】扭矩字段设置为“1”并单击【Save】保存。

在表格中，单击【OK】确定关闭【Define Force vs Curvature-Moment Curve】定义力与曲率矩曲线对话框。在【Define Rigidity】定义刚性对话框中，将【Bending（s）】弯曲字段设置为“1”，然后单击【OK】确定关闭【Define Rigidity】定义刚性对话框。

将【Define Rigidity】定义刚度对话框中的【Bending（s）】弯曲设置为“1”，单击【OK】确定关闭【Rigidity】刚度对话框。

3）*t*-方向的弯矩

使用对话框可方便输入的数据太多，因此用户已将相同的命令放入批处理文件prob12_1.in中。按照以下步骤阅读这些命令：选择【File】文件→【Open Batch】打开批处理，导航到工作目录或文件夹，选择文件“prob112_1.in”并单击【Open】打开。

4）AUI运行批处理文件中的命令

查看输入的数据是否正确。选择【Model】模型→【Materials】材料→【Beam Rigidity】梁刚度，单击【Bending（t）】弯曲区域右侧的【…】按钮。在【Define Force vs Curvature-Moment Curve】定义力-曲率力矩曲线对话框中选择【curve number 2】曲线号2，见表1.12.7。

鼠标右键单击【Curvature-Moment Curve】曲率-力矩曲线列的任意一项，再单击【Define】定义。在【Define Curvature-Moment Curve】定义曲率矩对话框中选择【curve number 2】曲线号2，见表1.12.8。

表1.12.7　定义力-曲率力矩曲线参数

Axial Force	Curvature-Moment Curve
-164 000	3
-64 000	3
0	2
64 000	4
164 000	4

表1.12.8　曲线2的曲率-力矩曲线参数

Curvature	Moment
-0.2	-1 970
-0.1	-1 881
-0.05	-1 556
-0.030 8	-111 8
0	0
0.030 8	111 8
0.05	1 556
0.1	1 881
0.2	1 970

选择 curve number 3，见表 1.12.9。

选择 curve number 4，见表 1.12.10。

表 1.12.9 曲线 3 的曲率-力矩曲线参数

Curvature	Moment
-0.24	-1 975
-0.1	-1 686
-0.05	-1 337
-0.018 5	-671
0	0
0.034 3	1 246
0.05	1 731
0.1	2 189
0.24	2 394

表 1.12.10 曲线 4 的曲率-力矩曲线参数

Curvature	Moment
-0.16	-2 326
-0.1	-2 189
-0.05	-1 731
-0.034 3	-1 246
0	0
0.018 5	671
0.05	1 337
0.1	1 686
0.16	1 866

单击【OK】确定，关闭【Define Curvature-Moment Curve】定义曲率矩曲线和【Define Force vs Curvature-Moment Curve】定义力与曲率矩曲线对话框。将【Define Rigidity】定义刚性对话框中的【Bending (t)】弯曲设置为“2”，单击【OK】确定。

12.7 定义单元

1）单元组

单击【Element Groups】单元组图标，增加【element group number 1】单元组号 1，将【Type】类型设置为【Beam】梁。选择【Stiffness Description】刚性描述对话框中的【Use Rigidity】使用刚性按钮，确认【Rigidity】刚性是“1”后，将【Rigid End-Zones】刚性末端区设置为【Defined by Length with Infinite Stiffness】由带无穷刚度的长度定义，单击【OK】确定。

2）生成单元

单击【Mesh Lines】划分线网格图标，将【Orientation Vector】方向矢量的分量设置为(-1,0,0)，在表格的前两行输入“1,3”，然后单击【Apply】应用。然后将方向矢量的分量设置为(0,1,0)，在表格的第一行中输入“2”并单击【OK】确定。

3）刚性域的数据

选择【Meshing】划分网格→【Elements】单元→【Element Data】单元数据，输入表 1.12.11 中数据，单击【OK】确定。

表 1.12.11 刚性域网格单元的数据

Beam Element	Rigid End-Zone (Length from Start)	Rigid End-Zone (Length from End)
10	0	0.025
20	0	0.025
21	0.025	0
30	0	0.025

单击【Redraw】重画图标，图形窗口如图 1.12.9 所示。

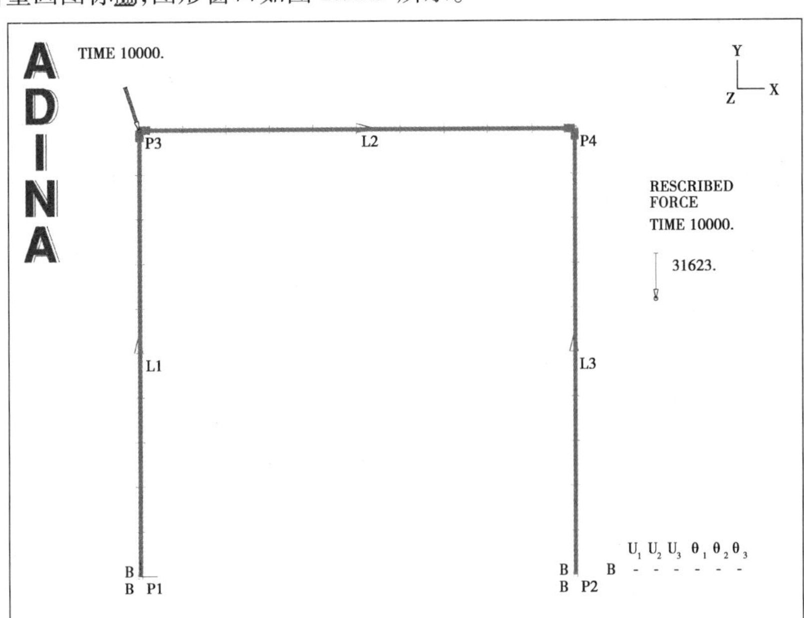

图 1.12.9 边界条件和生成的单元域

4)查看单元的方向

先查看单元局部坐标系的方向。单击【Modify Mesh Plot】修改网格绘图图标，再单击【Element Depiction...】单元描述按钮。在【Element Depiction】单元描述对话框中，选择【Display Local System Triad】显示局部坐标系三元组按钮，确认【Type】类型是【Element Coordinate System】单元坐标系后，单击【OK】确定两次关闭这两个对话框，图形窗口如图 1.12.10 所示。

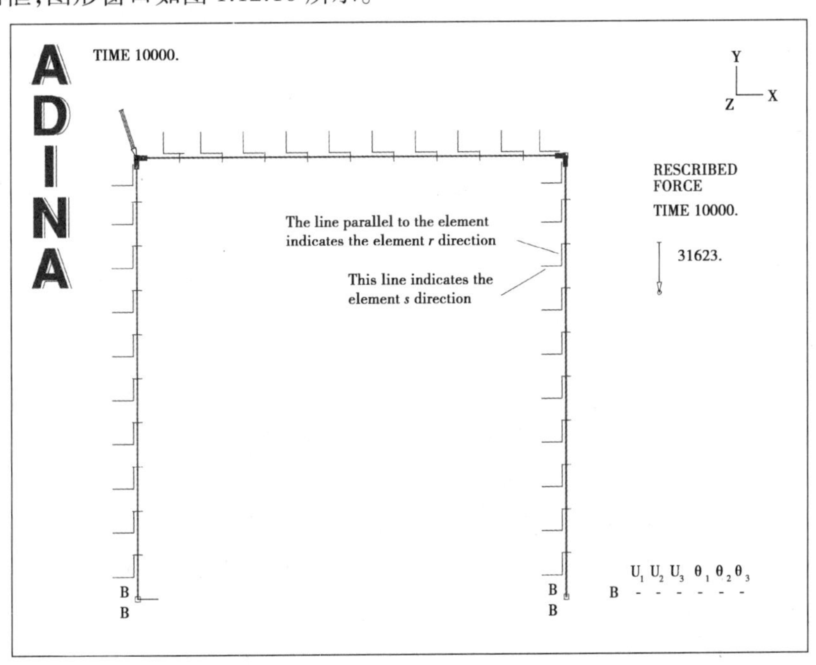

图 1.12.10 显示单元的方向

用鼠标将模型旋转到平面外，得到如图 1.12.11 所示界面。

注意：(r,s,t)是一个右手系统，r 指向光束中性轴。

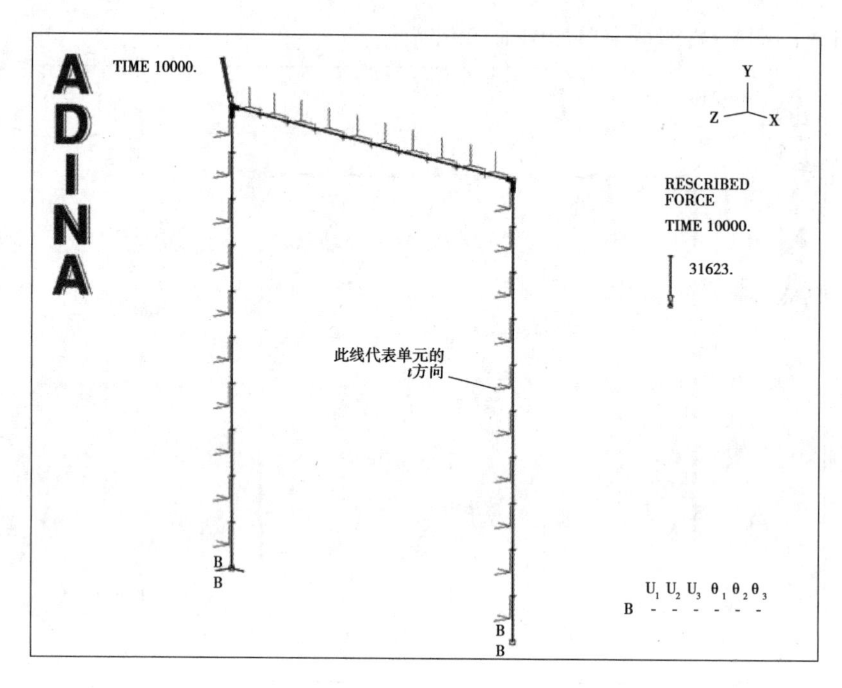

图 1.12.11 单元的 t 方向

12.8 生成 ADINA 数据文件,运行 ADINA 结构数据、后处理

单击【Save】保存图标,将数据库保存到文件 prob12 中。单击【Data File/Solution】数据文件/求解图标,将文件名设置为"prob12",确认选择了【RunSolution】运行求解方案按钮后,单击【Save】保存。ADINA 提示"*** Program stopped abnormally ** *...",这是由于超过了推翻框架的荷载,ADINA 结构在第 15 步不收敛。要获得更多信息,可参看本例的最后部分。关闭所有打开的对话框,从【Program Module 的】程序模块下拉式列表框中选择【Post-Processing】后处理,其余选默认,单击【Open】打开图标,打开结果文件"prob12"。

1)绘制塑性曲率图

选择【Display】显示→【Element Line Plot】单元线绘制→【Create】创建,将【Element Line Quantity】单元线物理量设置为【PLASTIC_CURVATURE-T】,单击【OK】确定,图形窗口如图 1.12.12 所示。

可以看到最大水平荷载已达到了 7 344 (N),基础和拐角处的塑性变形很大。用【Previous Solution】图标◀和【Next Solution】图标▶查看随水平荷载的增大塑性变形是如何发展的。查看完毕后,单击【Last Solution】图标▶|返回到最后一步求解。

2)显示弯矩图

选择【Display】显示→【Element Line Plot】单元线绘制→【Modify】修改,将【Element Line Quantity】单元线物理量设置为【BENDING_MOMENT-T】,再单击【Rendering...】渲染按钮。在【Define Element Line Rendering Depiction】定义单元线渲染描述对话框中,将【Scale Factor】比例因子设置为【Automatic】自动,单击【OK】确定两次关闭这两个对话框。单击【Modify Mesh Plot】修改网格绘图图标,再单击【Element Depiction...】单元描述按钮。在【Element Depiction】单元描述对话框中,选择【Display Local System Triad】显示局部坐标系三元组按钮,确认【Type】类型是【Element Coordinate System】单元坐标系后,单击【OK】确定两次关闭这两个对话框,图形窗口如图 1.12.13 所示。

从图 1.12.13 中可看出,基础处的弯矩为负(弯矩方向和该处单元的 s-方向反向),竖向构件在刚性角点处的弯矩为正(弯矩方向和该处单元的 s-方向相同)。

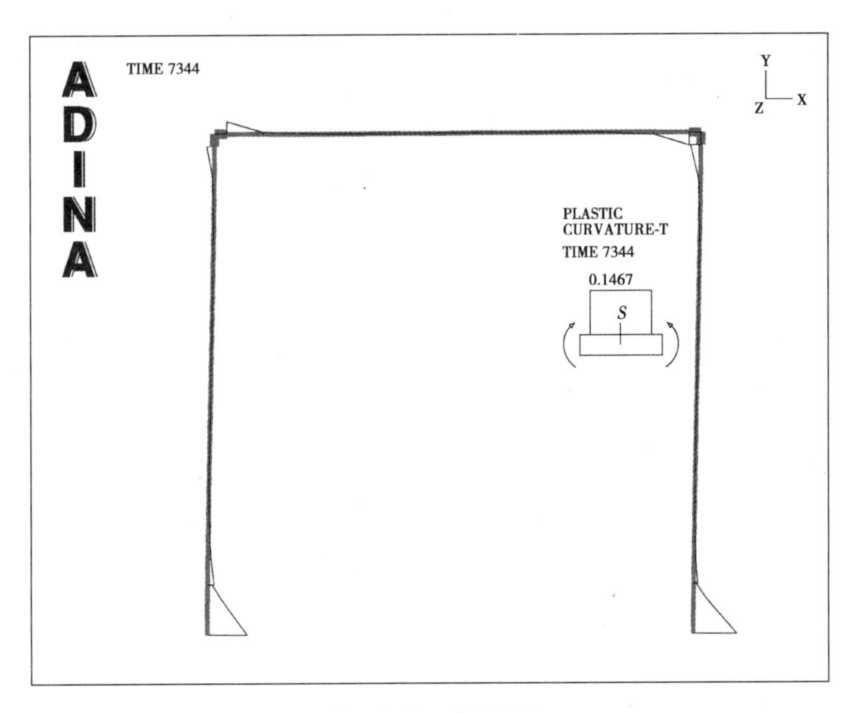

图 1.12.12　塑性变形

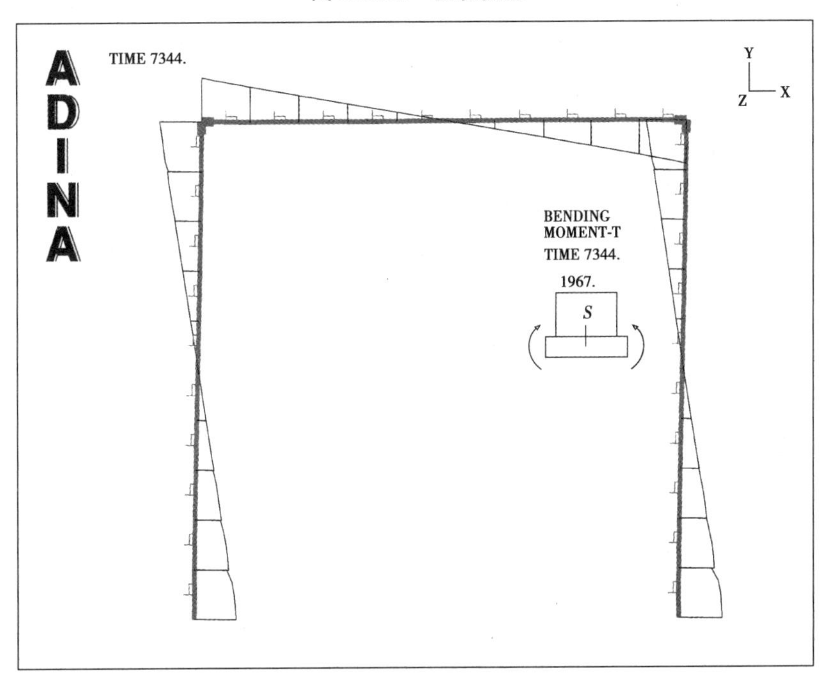

图 1.12.13　显示弯矩图

用下述方法可以改变图 1.12.13 中弯矩的符号约定。选择【Display】显示→【Element Line Plot】单元线绘制→【Modify】修改，单击【Rendering...】渲染按钮，将【Positive Moment Convention】正力矩约定设置为【Clockwise】顺时针，单击【OK】确定两次关闭这两个对话框，图形窗口如图 1.12.14 所示。

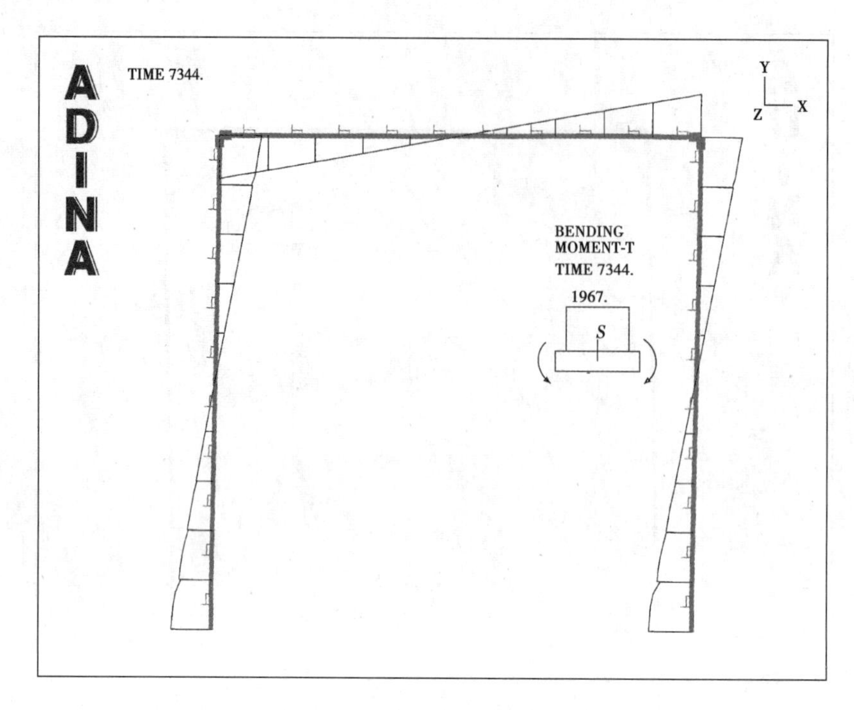

图 1.12.14　改变弯矩的符号约定

3)绘制力-变形曲线

生成力-变形曲线图。单击【Node Labels】节点标号图标，查看荷载施加在哪些节点上。再选择【Definitions】定义→【Model Point】模型点→【Node】节点，将【point LOADED】加载点定义成【node 11】，单击【OK】确定。单击【Clear】清除图标，选择【Graph】图形→【ResponseCurve（ModelPoint）】响应曲线(模型点)，将【X variable】X 变量设置为【(Displacement：X-DISPLACEMENT)】，【Y variable】Y 变量设置为【(PrescribedLoad：X-PRESCRIBED_FORCE)，】，确认【modelpoint】模型点是【LOADED】加载的后，单击【OK】确定，图形窗口如图 1.12.15 所示。

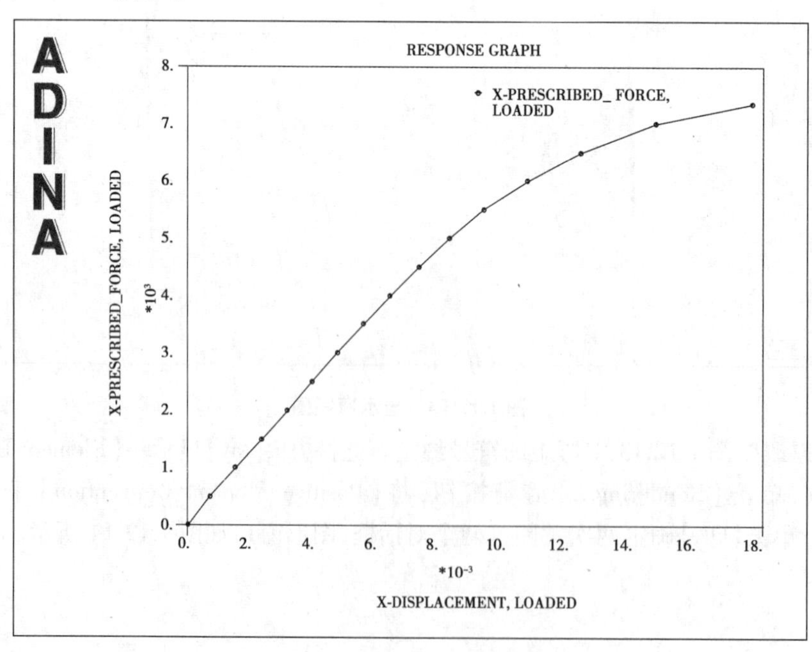

图 1.12.15　位移与作用力关系曲线

4)绘制基础处的弯矩-曲率曲线

绘制基础处的弯矩-曲率曲线。先定义两个与基础处的节点相对应的单元截面点。单击【Clear】清除图标，再单击【Node Labels】节点标号图标和【Element Labels】单元标号图标，查看节点号和单元号。

选择【Definitions】定义→【Model Point】模型点→【Element Section】单元截面，增加【point LEFT_BASE】点 LEFT_BASE，将【Element Number】单元号设置为“1”，【Defined by】由定义设置为【Node】节点，【Node Number】节点号设置为“1”，单击【Save】保存。现在增加【point RIGHT_BASE】点 RIGHT_BASE，将【Element Number】单元号设置为“11”，【Defined by】由定义设置为【Node】节点，【Node Number】节点号设置为“13”，单击【OK】确定。

单击【Clear】清除图标，选择【Graph】图形→【Response Curve (Model Point)】响应曲线（模型点），将【X Variable】*X* 变量设置为【(Strain: CURVATURE-T)】，【Y Variable】*Y* 变量设置为【(Force: BENDING_MOMENT-T)】，确认【model point】模型点是【LEFT_BASE】后，单击【OK】确定。

注意：弯矩和曲率是负的。

要改变弯矩和曲率的符号约定，可选择【Definitions】定义→【Variable】变量→【Resultant】结果，增加【resultant ENDING_MOMENT】结果 ENDING_MOMENT，将它定义为【-<BENDING_MOMENT-T>】，单击【Save】保存。再增加【resultant CURVATURE】，将它定义为【-<CURVATURE-T>】，增加【OK】确定。（提示：键入合力时可以用大写，可以用小写，也可以大、小写混合使用。）

单击【Clear】清除图标，选择【Graph】图形→【Response Curve (Model Point)】响应曲线（模型点），将【X Variable】*X* 变量设置为【(User Defined: CURVATURE)】，将【Y Variable】*Y* 变量设置为【(User Defined: BENDING_MOMENT)】，确认【modelpoint】模型点是【LEFT_BASE】后，单击【OK】确定。

要增画右边基础的曲线，可选择【Graph】图形→【Response Curve (Model Point)】响应曲线（模型点），将【X Variable】设置为【(User Defined: CURVATURE)】，【X Model Point】*X* 变量设置为【RIGHT_BASE】，【Y Variable】*Y* 变量设置为【(User Defined: BENDING_MOMENT)】，【Y Model Point】*Y* 模型点设置为【RIGHT_BASE】，【Plot Name】绘制名称设置为【PREVIOUS】，单击【OK】确定，图形窗口如图 1.12.16 所示。

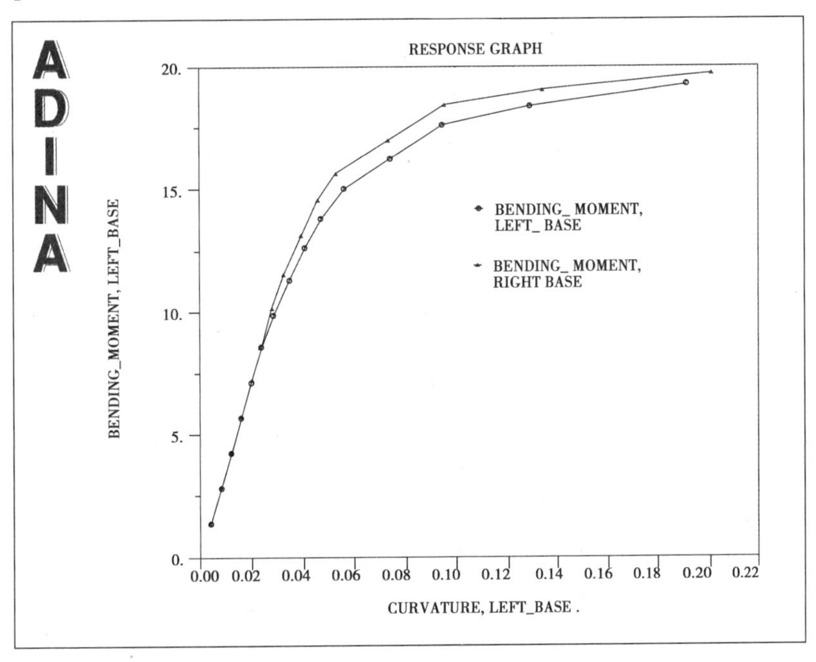

图 1.12.16 基础处的弯矩-曲率曲线

12.9 查看输出文件

查看 ADINA 结构输出文件，了解 ATS 算法如何在推翻荷载附近求解收敛。

单击 ADINA 结构控制窗口内的【ViewOutput】视图输出按钮以查看文件，或使用文本编辑器编辑文件 prob12.out。先找到文件最后，然后再回翻，直到找到以下文本：

```
RESTART DATA IS SAVED FOR STEP 14 AT TIME EQUALS 0.700000000000E+04
```

第14步求的是时间为7 000.0时的解,第15步时,ADINA先试着求时间为7 500.0时的解,进行6次平衡迭代后,提示:

```
** FAILED CONVERGENCE ANALYSIS **
```

然后,ADINA结构试着求时间为7 250时的解,进行4次平衡迭代后,完成求解。

现在,ADINA试着求时间为7 500时的解(从7 250时间开始),提示:

```
** FAILED CONVERGENCE ANALYSIS **
```

用同样的方法,ADINA结构继续缩小求解的时间间隔,并以表1.12.12的形式提示。

表1.12.12

Curuent time	Time step size	Trial solution time	Result
7 000	500	7 500	No Convergence
7 000	250	7 250	Convergenc
7 250	250	7 500	convergence
7 250	125	7 375	convergence
7 250	62.5	7 312.5	No convergence
7 312.5	62.5	7 375	No Convergence
7 312.5	31.25	7 343.75	No convergence
7 343.75	31.25	7 375	Convergence
7 343.75	25	7 368.75	Convergence
7 343.75	156.25	7 500	No convergence

当最后一个时间步步长小于或等于初始时间步长/划分的最大时间步步数(本例的最大时间步步数是20)时,ADINA结构停止运行。

因此,推翻荷载在7 343.75 N和7 368.75 N之间。

12.10 退出AUI

选择主菜单中的【File】文件→【Exit】退出,弹出【AUI】对话框,单击【Yes】,其余选【默认】,退出ADINA-AUI。

问题13　用ADINA-M分析转轴间的交叉部分

问题描述

1)问题概况

用3D有限元网格分析如图1.13.1所示模型的转轴间的交叉部分。

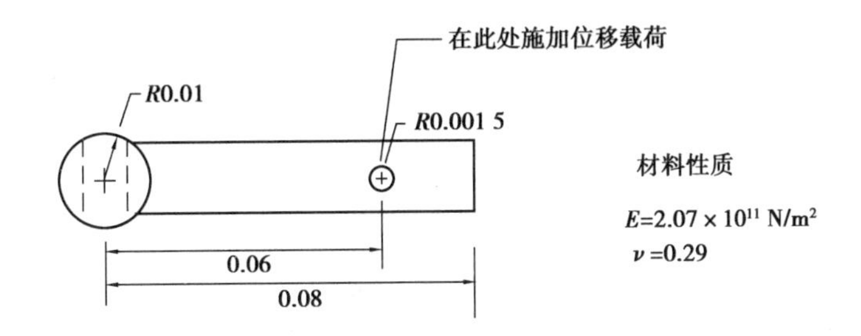

图1.13.1　问题13的几何模型

此分析的目的是演示ADINA-M/PS(基于Parasolid几何内核的ADINAModeler)的用法。

2)演示内容

在本例中,将演示以下内容:

①使用ADINA-M/PS构建立体几何。

②在啮合过程中使用几何离散化控制。

③使用鼠标定义区域。

④绘制彩色阴影图像。

⑤在后期处理过程中定义等值面。

⑥修改频带图的频带表范围。

注意:①本例需要为AUI分配至少40 MB的内存。

②本例不能用900节点的ADINA System求解,该版本中没有ADINA-M。

13.1　启动AUI,选择有限元程序

启动AUI,从【Program Module】的下拉式列表框中选择【ADINAStructures】ADINA结构。

13.2　定义模型控制数据

问题题目

选择【Control】控制→【Heading】标题,在对话框中输入标题【Problem 13: Analysis of a shaft—shaft intersection with ADINA-M】,单击【OK】确定。

13.3　定义几何模型

1)竖向转轴

单击【Define Bodies】定义体图标,增加【body 1】体1,将【Type】类型设置为【Cylinder】圆柱,【Radius】半径设置为“0.01”,【Length】长度设置为“0.08”,【Center Position】中心位置设置为(0.0,0.0,0.04),【Axis】轴设置为“Z”,单击【Save】保存。

2）水平转轴

增加【body 2】体 2，将【Type】类型设置为【Cylinder】圆柱，【Radius】半径设置为“0.007 5”，【Length】长度设置为“0.08”，【Center Position】中心位置设置为(0.0,0.04,0.04)，【Axis】轴设置为“Y”，单击【OK】确定。

单击【Wire Frame】线框图标，图形窗口如图 1.13.2 所示。

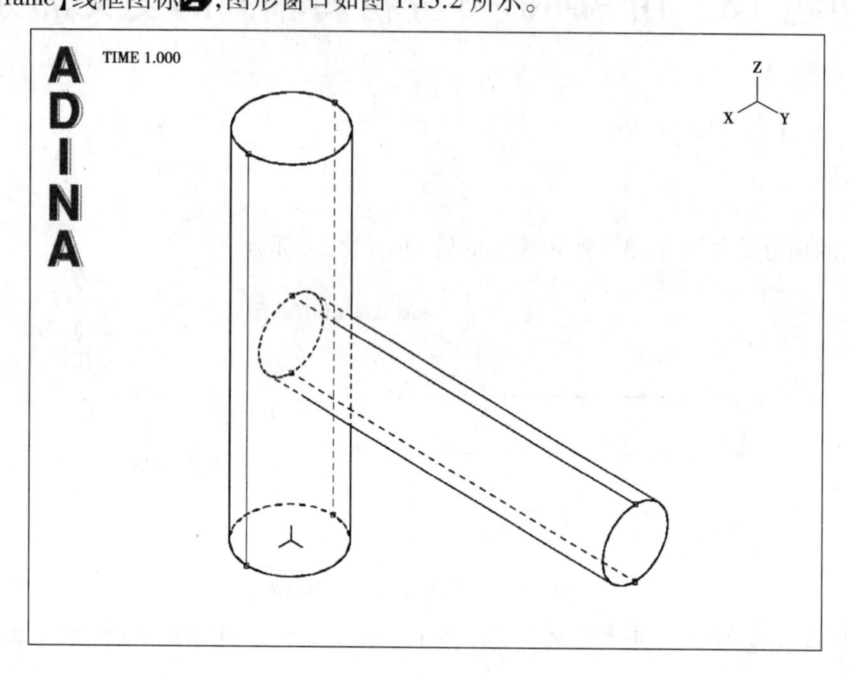

图 1.13.2　线框显示的模型

3）合并转轴

单击【Boolean Operator】布尔操作器图标，确认【Operator Type】操作器类型是【Merge】合并，【Target Body】目标体设置为“1”，在表的第一行输入“2”，单击【OK】确定，图形窗口如图 1.13.3 所示。

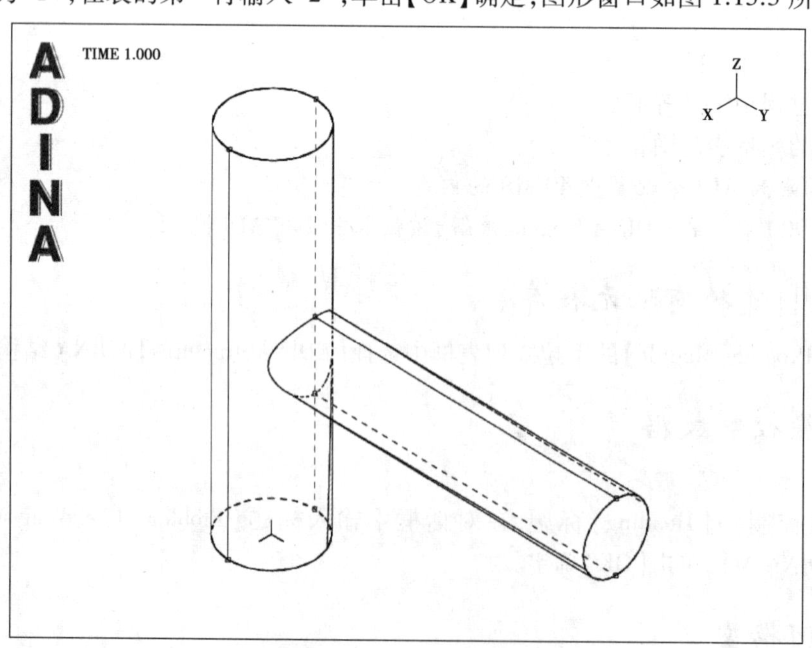

图 1.13.3　布尔操作后的模型

4）做倒角

单击【Body Modifier】体修改器图标，确认【Modifier Type】修改器类型是【Blend】混合，【Target Body】目标体设置为“1”，将【First Radius】第一半径设置为“0.002”。输入棱边“7”和“8”，单击【OK】确定，图形窗口如图 1.13.4 所示。

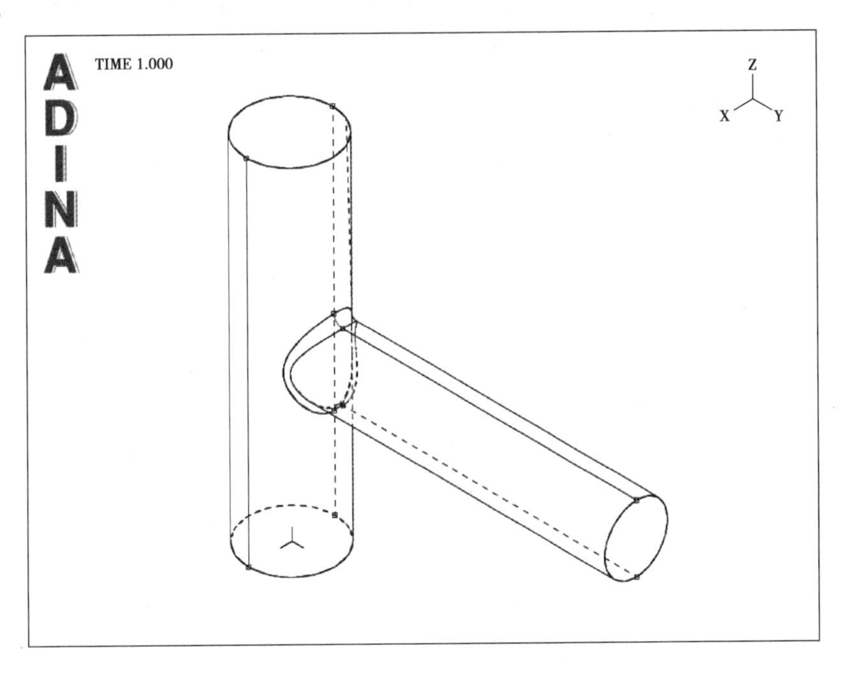

图 1.13.4　添加倒圆角后的模型

5）施加偏移的面

要定义施加位移的面，可以先建一个柱，用这个柱在转轴体上创建一个特征面。单击【Define Bodies】定义体图标，增加【body 2】体 2，将【Type】类型设置为【Cylinder】圆柱，【Radius】半径设置为"0.0015"，【Length】长度设置为"0.01"，【Center Position】圆心位置设置为（0.0，0.06，0.045），【Axis】轴设置为"Z"，单击【OK】轴。现在单击【Boolean Operator】布尔操作器图标，将【Operator Type】操作器类型设置为【Subtract】减去，【Target Body】目标体设置为"2"，选择【Keep the Subtracting Bodies】保留减去体按钮，在表的第一行输入"1"，单击【OK】确定，图形窗口如图 1.13.5 所示。

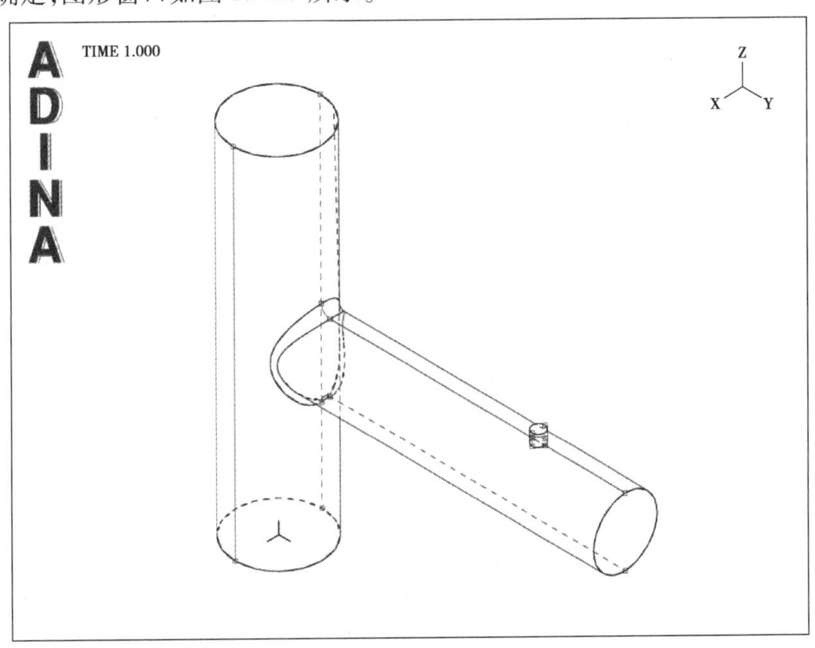

图 1.13.5　生成一个偏移的面

6）做特征面

单击【Boolean Operator】布尔操作器图标，将【Operator Type】操作器类型设置为【Subtract】减去，确认

【Target Body】目标体是“1”,选择【Keep the Imprinted Edges Created by the Subtraction】保留由减法创建的印迹边缘按钮,在表的第一行输入“2”,单击【OK】确定,图形窗口如图 1.13.6 所示。

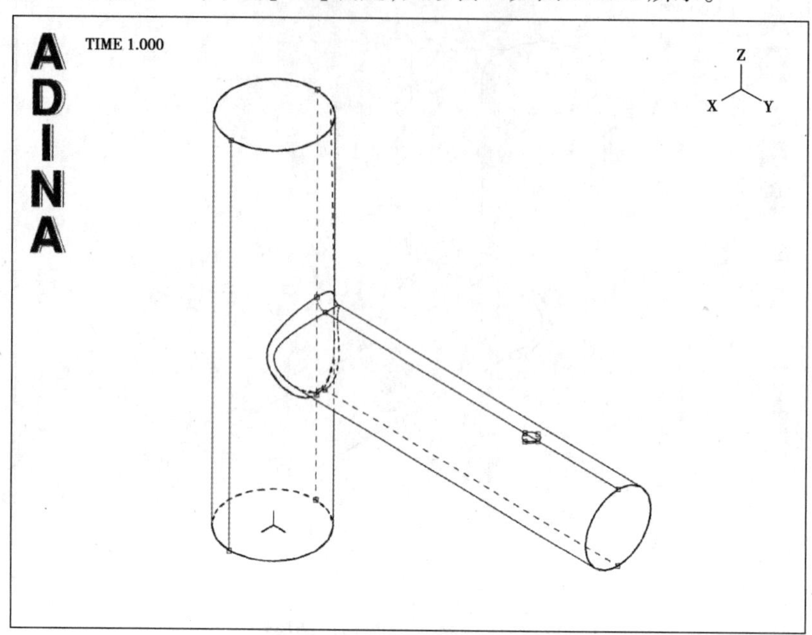

图 1.13.6　布尔操作生成的面

7)孔洞

单击【Define Bodies】定义体图标,增加【body 2】体 2,将【Type】类型设置为【Cylinder】圆柱,【Radius】半径设置为“0.004”,【Length】长度设置为“0.025”,【Center Position】圆心位置设置为“(0.0,0.0,0.02)”,确认【Axis】轴是“X”后,单击【Save】保存。现在增加【body 3】体 3,确认【Type】类型是【Cylinder】圆柱后,将【Radius】半径设置为“0.004”,【Length】长度设置为“0.025”,【Center Position】圆心位置设置为“(0.0,0.0,0.06)”,确认【Axis】轴是“X”后,单击【OK】确定,图形窗口如图 1.13.7 所示。

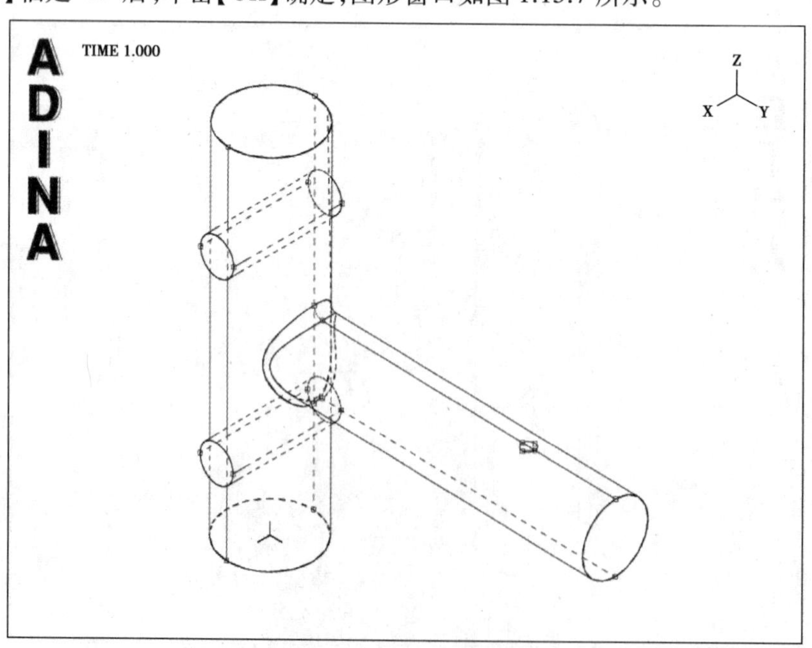

图 1.13.7　添加两个圆柱体

单击【Boolean Operator】布尔操作器图标,将【Operator Type】操作器类型设置为【Subtract】减去,确认【Target Body】目标体是 1 后,在表的前两行输入“2,3”,单击【OK】确定,图形窗口如图 1.13.8 所示。

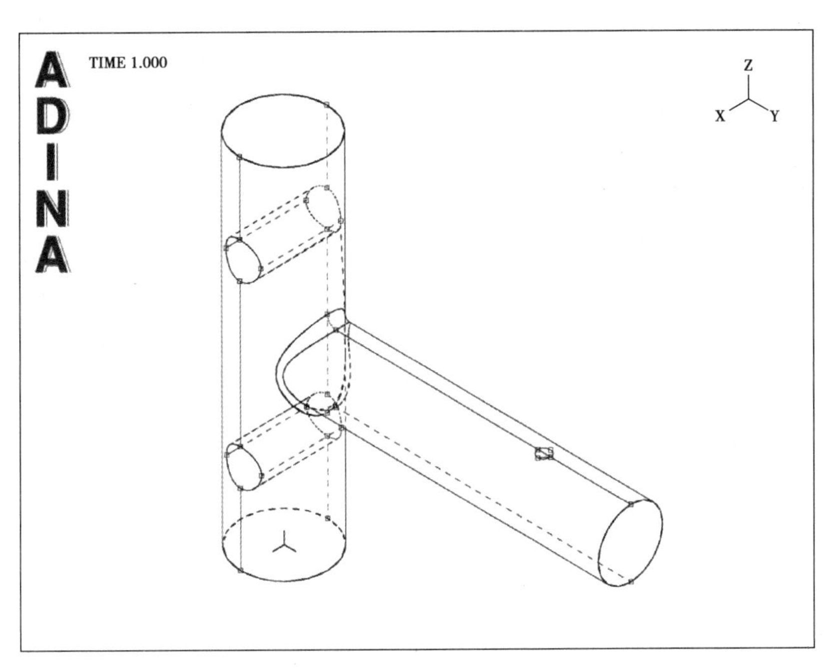

图 1.13.8 布尔操作圆柱体后的模型

几何模型建立完毕。要绘制几何模型的彩色阴影图,可单击【Shading】阴影图标,图形窗口如图1.13.9所示。

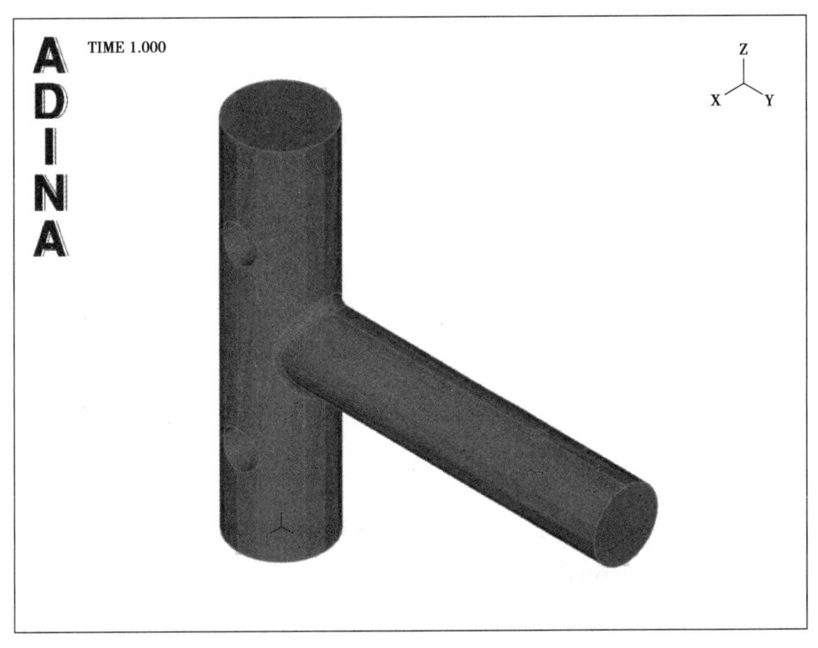

图 1.13.9 几何模型的彩色阴影图

单击【Wire Frame】线框图标,可以画带虚阴影线的几何模型。

13.4 施加边界条件、荷载和材料

1)约束

单击【Apply Fixity】应用固定图标,将【Apply to】应用到区域设置为【Faces】面,在表的第一行输入"face 5",单击【OK】确定。

2)荷载

单击【Apply Load】应用载荷图标,将【Load Type】载荷类型设置为【Displacement】位移,单击【Load

Number】载荷数区域右侧的【Define...】定义按钮。在【Define Displacement】定义位移对话框中增加【displacement 1】位移1,将【Z Translation】Z平动设置为"-0.001",单击【OK】确定。在【Apply Load】应用载荷对话框,将【Apply To】应用到区域设置为【Face】面,并把表的第一行的【Face #】面号设置为"1",【Body #】设置为"1",把表的第二行的【Face #】面号设置为"2",【Body #】体号设置为"1"。单击【OK】确定,关闭【Apply Load】应用载荷对话框。

单击【Boundary Plot】边界条件绘图图标和【Load Plot】载荷绘图图标,图形窗口如图1.13.10所示。

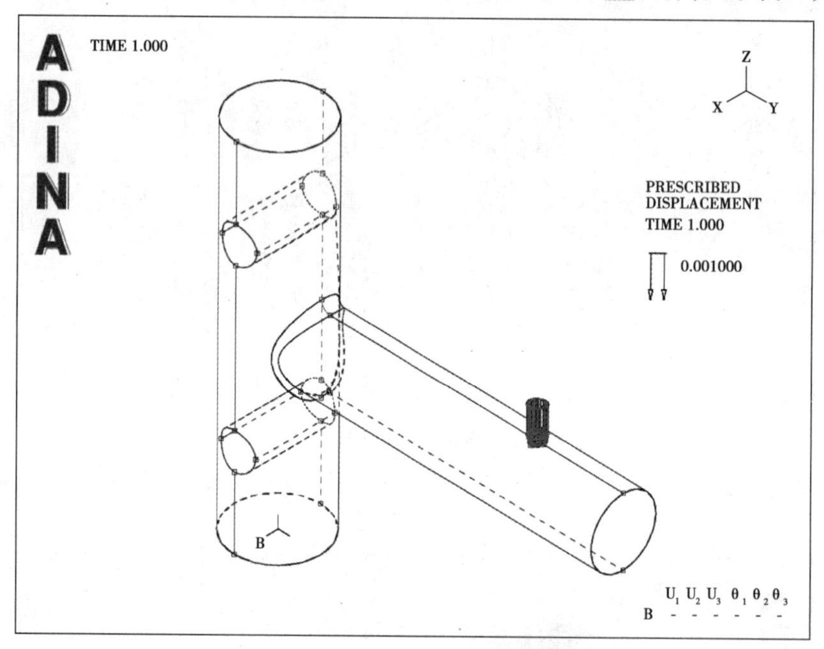

图1.13.10 边界条件和载荷条件

3)材料

单击【Manage Materials】管理材料图标,再单击【Elastic Isotropic】弹性各向同性按钮。在【Define Isotropic Linear Elastic Material】定义各向同性弹性对话框中,增加【material 1】材料1,将【Young's Modulus】杨氏模量设置为"2.07E11",【Poisson's ratio】泊松比设置为"0.29",单击【OK】确定。单击【Close】关闭按钮,关闭【Manage Material Definitions】管理材料定义对话框。

13.5 划分网格

1)单元组

单击【Define Element Groups】定义单元组图标,增加【element group number 1】单元组号,将【Type】类型设置为【3-D Solid】三维实体,单击【OK】确定。

选择【Meshing】网格→【MeshDensity】网格密度→【CompleteModel】完整模型,将【Subdivision Mode】细分模式设置为【Use Length】使用长度,将【Element Edge Length】单元边缘长度设置为"0.006",然后单击【OK】确定。现在单击【SubdivideFaces】细分面图标,选择面10,设置【Element Edge Length】单元边长为"0.001 2",在表的第一行中输入"11",然后单击【OK】确定,图形窗口如图1.13.11所示。

2)划分网格

单击【Hidden Surfaces Removed】隐藏移除的面图标,如不想显示已生成的单元上的虚阴影线的单击【Mesh Bodies】划分体网格图标,把表第一行的【Body #】体号设置为"1",单击【OK】确定,如图1.13.12所示。

3)删除网格再重画

单击【DeleteMesh/Elements】删除网格单元图标,将【DeleteElements】删除单元区域设置为【On Bodies】

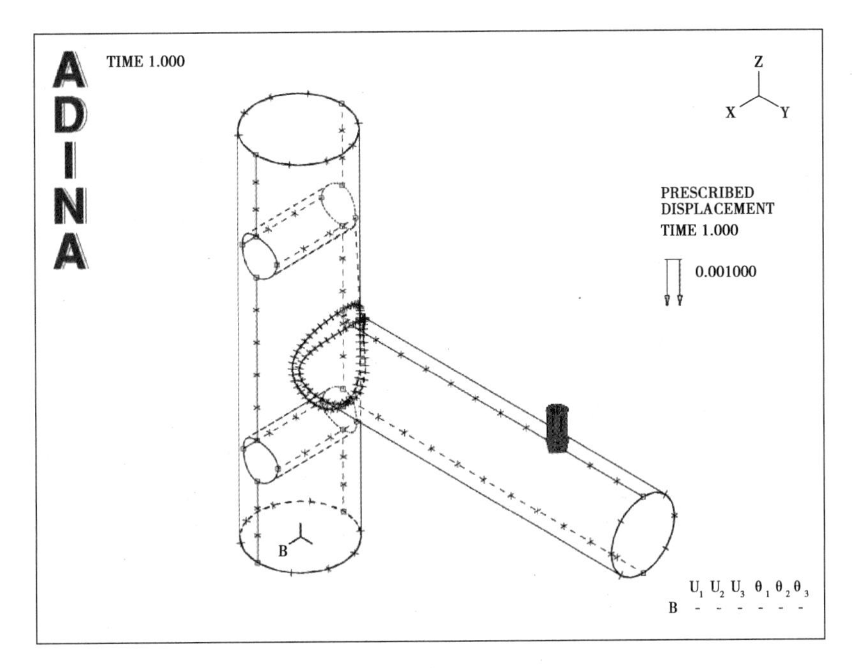

图 1.13.11　网格节点密度

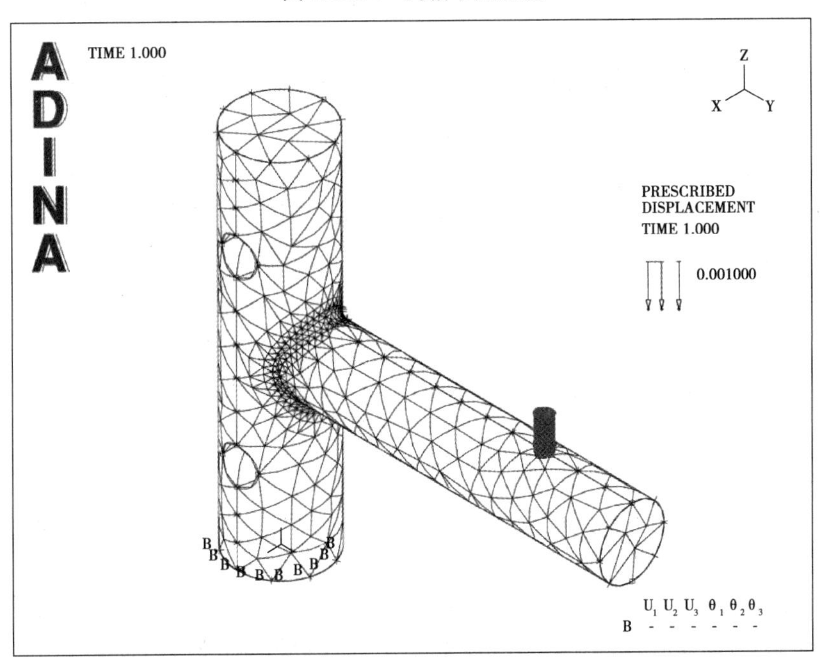

图 1.13.12　初步划分的网格

在体上，在表中输入“1”，单击【OK】确定。现在选择【Meshing】划分网格→【Mesh Density】网格密度→【Complete Model】完整模型，将【Subdivision Mode】细分模型设置为【Use Length】使用长度，【Element Edge Length】单元棱边长度设置为“0.003”，单击【OK】确定。

重画网格时，可使用几何离散控制。单击【Mesh Bodies】划分体网格图标，将【Boundary Meshing】边界网格设置为【Delaunay】，【Geometry Discretization Error】几何离散化误差设置为“0.04”，【Minimum Size of Element Allowed】单元允许最小尺寸设置为“0.0001”，在表的第一行的【Body #】体号设置为“1”，单击【OK】确定。图形窗口如图 1.13.13 所示。

注意：弯曲边界处的网格都进行了局部细化。倒角处的网格较小，是因为该处曲率较大。

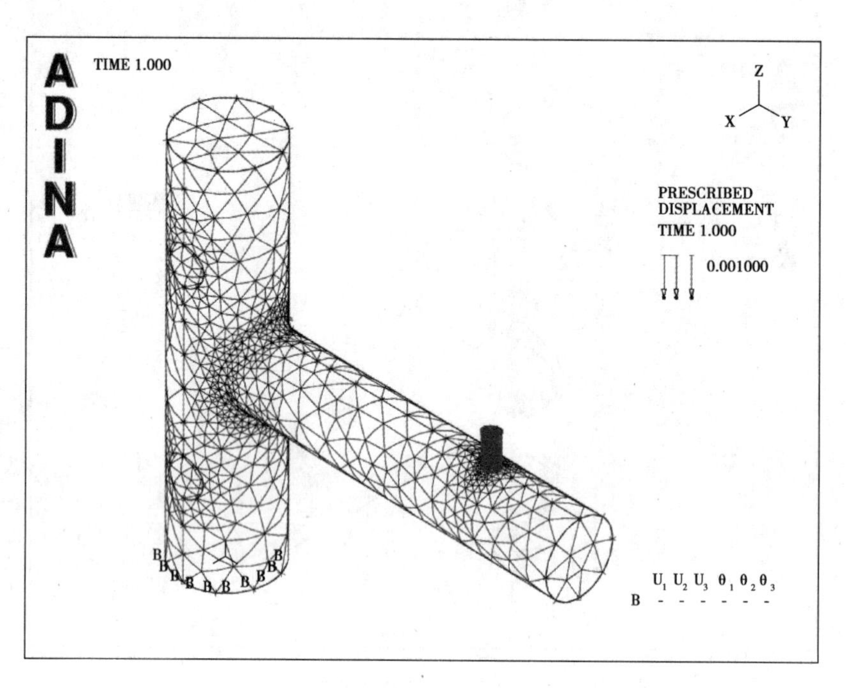

图 1.13.13　在加载位置增加细分的网格

13.6　生成 ADINA 数据文件，运行 ADINA 结构数据，后处理

单击【Save】保存，将数据库保存到文件“prob13”中。单击【Data File/Solution】数据文件框/求解图标，将文件名设置为“prob13”，确认选择了【Run Solution】运行求解方案按钮后，单击【Save】保存。ADINA 结构运行完毕后，关闭已打开的所有对话框。从【Program Module】程序模块的下拉式列表框中选择【Post-Processing】后处理，其余选默认，单击【Open】打开，打开结果文件“prob13”。

绘制有效应力

单击【Quick Band Plot】快速条带绘图图标。（注意：最大有效应力发生在载荷施加点。）由于用户只对圆角附近的应力感兴趣，现在只绘制圆角附近的区域。通过将区域定义为包含圆角的方框中的单元来实现此目的。

单击【Change Zone】更改区域图标，然后单击【Zone Name】区域名称字段右侧的【...】按钮。添加区域【BOX】并双击表格的其中一行。如果【Change Zone of Mesh Plot】更改网格图的区域对话框覆盖了网格图，请将该对话框移开。使用鼠标创建一个包含轴-轴交点的橡皮带盒，如图 1.13.14 所示。

橡筋框内的单元变成了高亮度。按下“Esc”键返回到【Define Zone】定义区域对话框。（注意，表已填过。）单击【OK】确定关闭【Define Zone】定义区域对话框。在【Change Zone】更改区域对话框中，将【Zone Name】区域名称设置为【BOX】，单击【OK】确定按钮。用鼠标旋转网格图，得到如图 1.13.15 所示的图形。

如结果与图示结果略有不同，这是因为自由格式网格会在不同计算机上产生稍微不同的网格。

如果用户对高于某个阈值的有效应力感兴趣，可以用等值面查看这些有效应力。单击【Clear Band Plot】清除条带绘图图标。在模型树中，展开【Zone】区域条目，右键单击【WHOLE_MODEL】并选择【Display】显示。单击【Cut Surface】剖切曲面图标并将【Type】类型设置为【Isosurface】。在【Isosurface Variable】变量字段中，将【Variable】变量设置为【Stress：EFFECTIVE_STRESS】并将【Threshold Value】阈值设置为“5E+08”。在【Mesh Display】网格显示框中，将【Above the Isosurface】超出等值面设置为【Display as Usual】按常规显示。单击【OK】确定退出【Define Cutsur face Depiction】定义剖切面描述对话框。

单击【Model Outline】模型轮廓图标。单击【Modify Mesh Plot】修改网格绘图图标，单击【Rendering...】渲染按钮并将【Element Face Angle】单元面角度设置为“50”。单击【OK】确定两次，关闭这两个对话框。

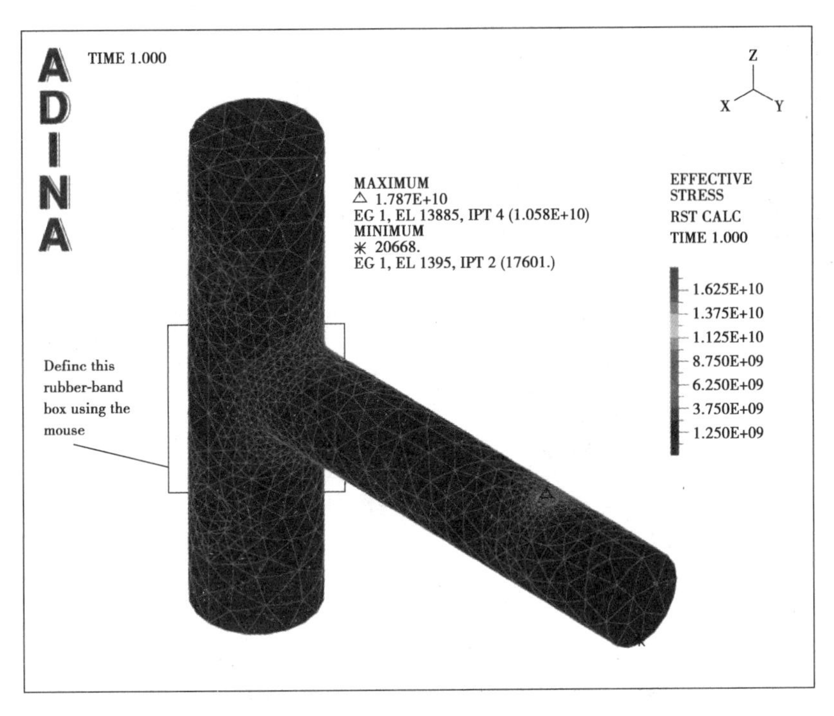

图 1.13.14　有效应力图

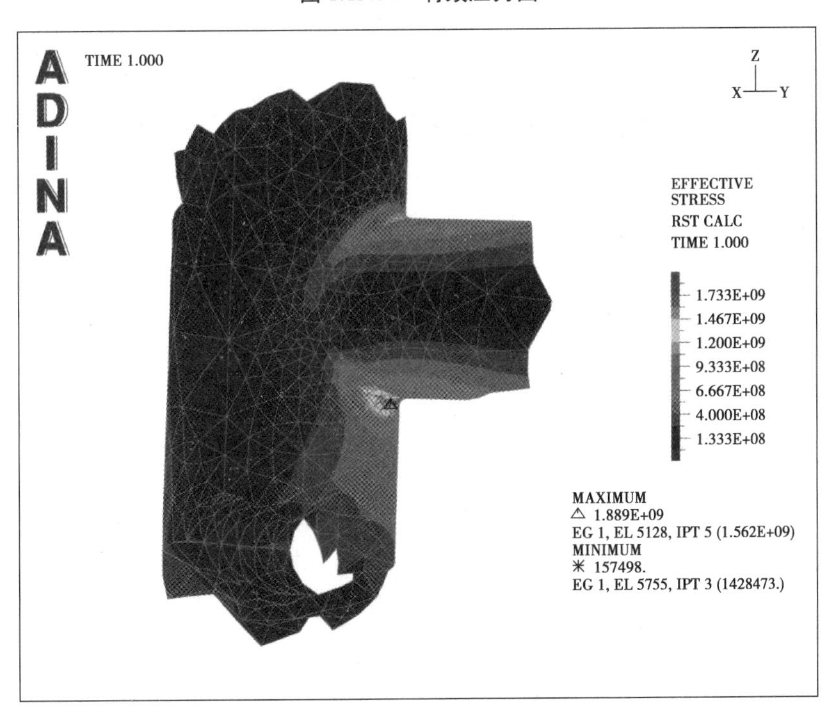

图 1.13.15　选择的单元单独显示应力结果

单击【Quick Band Plot】快速条带绘图图标以绘制有效应力，然后单击【Modify Band Plot】修改条带绘图图标并单击【Band Table...】条带表按钮。在【Value Range】数值范围字段中，将【Maximum】最大值设置为“9E+08”，将【Minimum】最小值设置为“1E+08”。单击【OK】确定两次，关闭这两个对话框，图形窗口如图 1.13.16 所示。

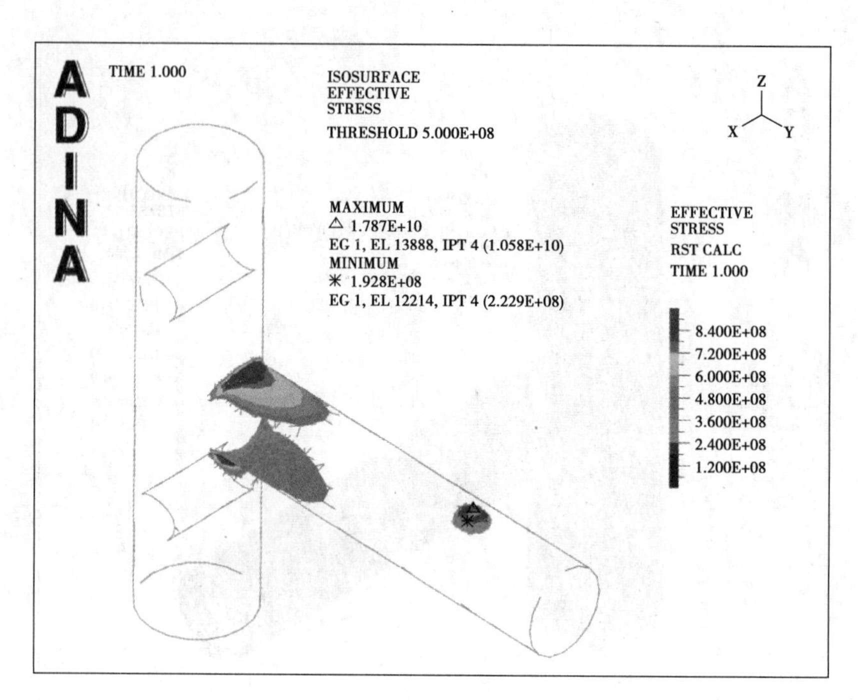

图 1.13.16　设置最大值和最小值后显示的应力

13.7　退出 AUI

选择主菜单中的【File】文件→【Exit】退出，弹出【AUI】对话框，单击【Yes】，其余选【默认】，退出 ADINA-AUI。

问题 14　用 ADINA-M 分析开裂问题

问题描述

1) 问题概况

用 3D 有限元网格分析图 1.14.1、图 1.14.2 所示模型的开裂问题。

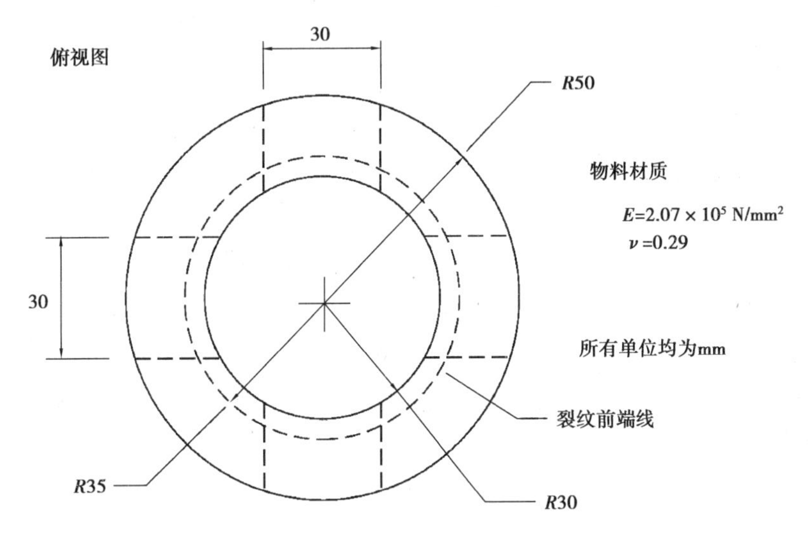

图 1.14.1　问题 14 中的计算模型俯视图

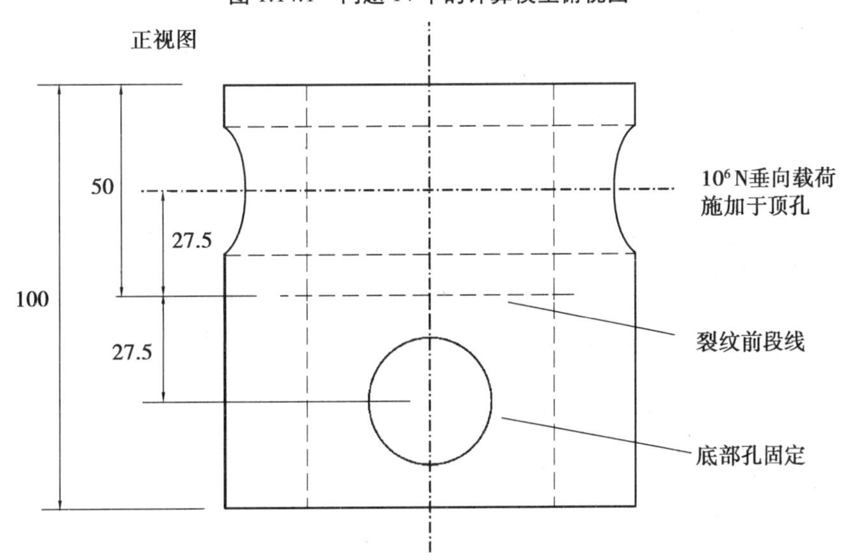

图 1.14.2　问题 14 中的计算模型正视图

本例将使用 ADINA-M 创建适合断裂力学分析的网格。图 1.14.3 显示了该模型中使用的物体排列。该图显示了该模型的一部分。模型中，裂纹区域的表面略微分开，是为了直观地显示裂纹区域。在模型中，裂缝区域的面最初是重合的。

注意：裂纹区域完全被 B2、B3 包围。

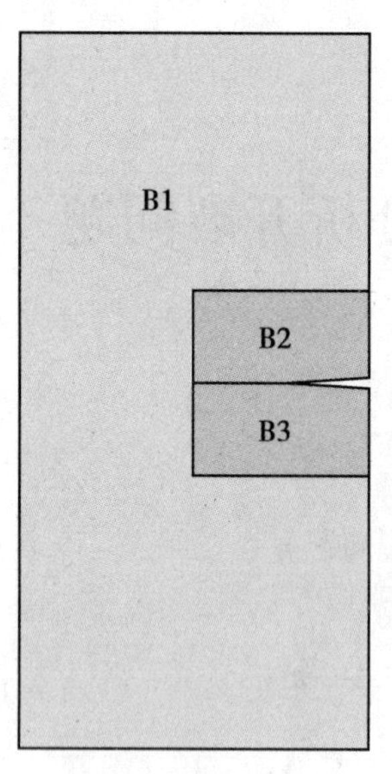

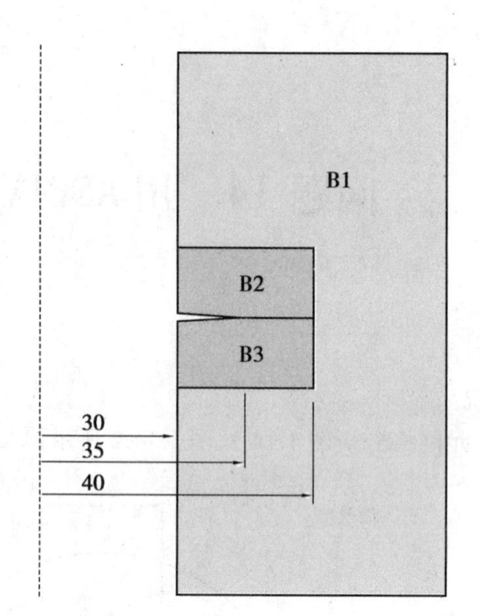

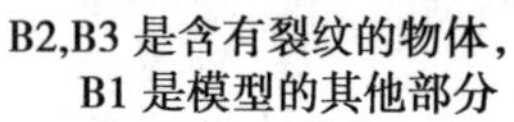

B2,B3 是含有裂纹的物体，
B1 是模型的其他部分

在其他部分上的孔未显示
（非比例图）

图 1.14.3　模型中使用的物体排列

本例分析中使用 ADINA-M/PS(使用 Parasolid 几何内核的 ADINA-M)几何建模器。(在本问题中使用的一些主体操作不能使用 ADINA-M/OC,所以 ADINA-M/OC 几何建模器不能使用。)

在断裂力学分析中,计算了裂纹前沿各站的应力强度因子 K_I,K_{III} I。不考虑实际的裂纹扩展。使用虚拟裂缝扩展的 SVS 方法。

2)演示内容

本例将演示以下内容:

①将一条线投射到体表面。

②连接 ADINA-M/PS 几何体的面。

③定义约束集。

④生成具有 27 节点六面体单元的自由形式网格。

⑤分割网格。

⑥创建 CRACK-SVS 定义。

⑦使用切割平面检查网格和结果。

⑧使用断裂力学分析功能。

14.1　启动 AUI,选择有限元程序

启动 AUI,从【Program Module】程序模块的下拉式列表框中选择【ADINA Structures】ADINA 结构。

14.2　定义模型控制数据

1)问题标题

选择【Control】控制→【Heading】标题,在对话框中输入标题【Problem14: Analysis of a cracked body with ADINA-M/PS】在对话框中,并单击【OK】确定。

2)几何定义概述

虚拟裂纹扩展的 SVS 方法允许网格在裂纹前沿附近是非结构化的(自由形式的),与创建结构化网格所需的步骤数量相比,创建网格的步骤更少。

步骤 1:定义没有裂缝的几何体,如图 1.14.4 所示。

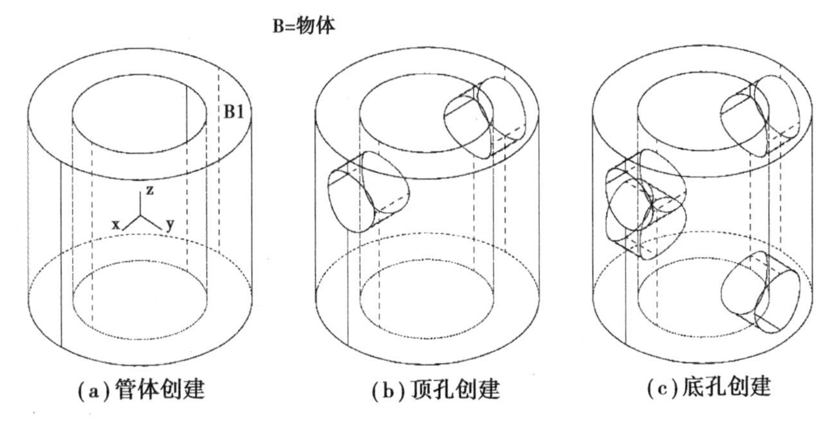

(a)管体创建　(b)顶孔创建　(c)底孔创建

图 1.14.4　定义没有裂缝的几何体

步骤2:创建裂纹体(包含裂缝的体),如图1.14.5所示。

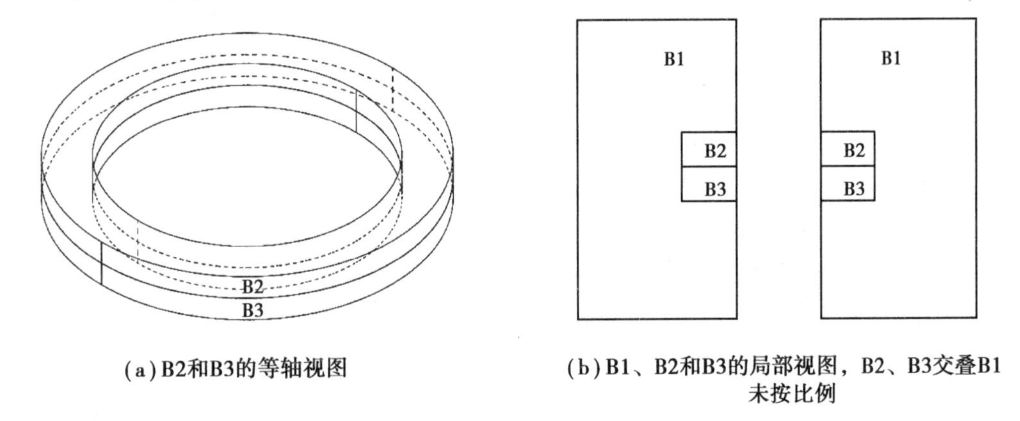

(a)B2和B3的等轴视图　(b)B1、B2和B3的局部视图, B2、B3交叠B1未按比例

图 1.14.5　创建裂缝体

步骤3:从步骤1中创建的几何体中减去裂缝体,如图1.14.6所示。

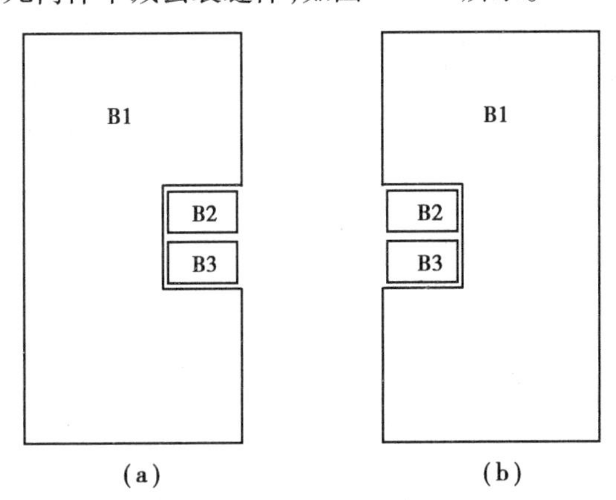

(a)　(b)

图 1.14.6　减去裂缝体

步骤4:通过将线投影到裂缝体中的面上来创建裂缝前线。

投影前,如图1.14.7所示。

投影后,如图1.14.8所示。

步骤5:通过从B1中减去B2,在B1上创建兼容的面,如图1.14.9所示。

在减法之前,请注意B1的F17与B2的F3以及B3的F3不兼容,B1的F19也与B2的F6和B3的F6不兼容。图形窗口如图1.14.9所示。

做减法后,B1的F1与B2的F3兼容,B1的F2与B2的F6兼容等。图形窗口如图1.14.10所示。

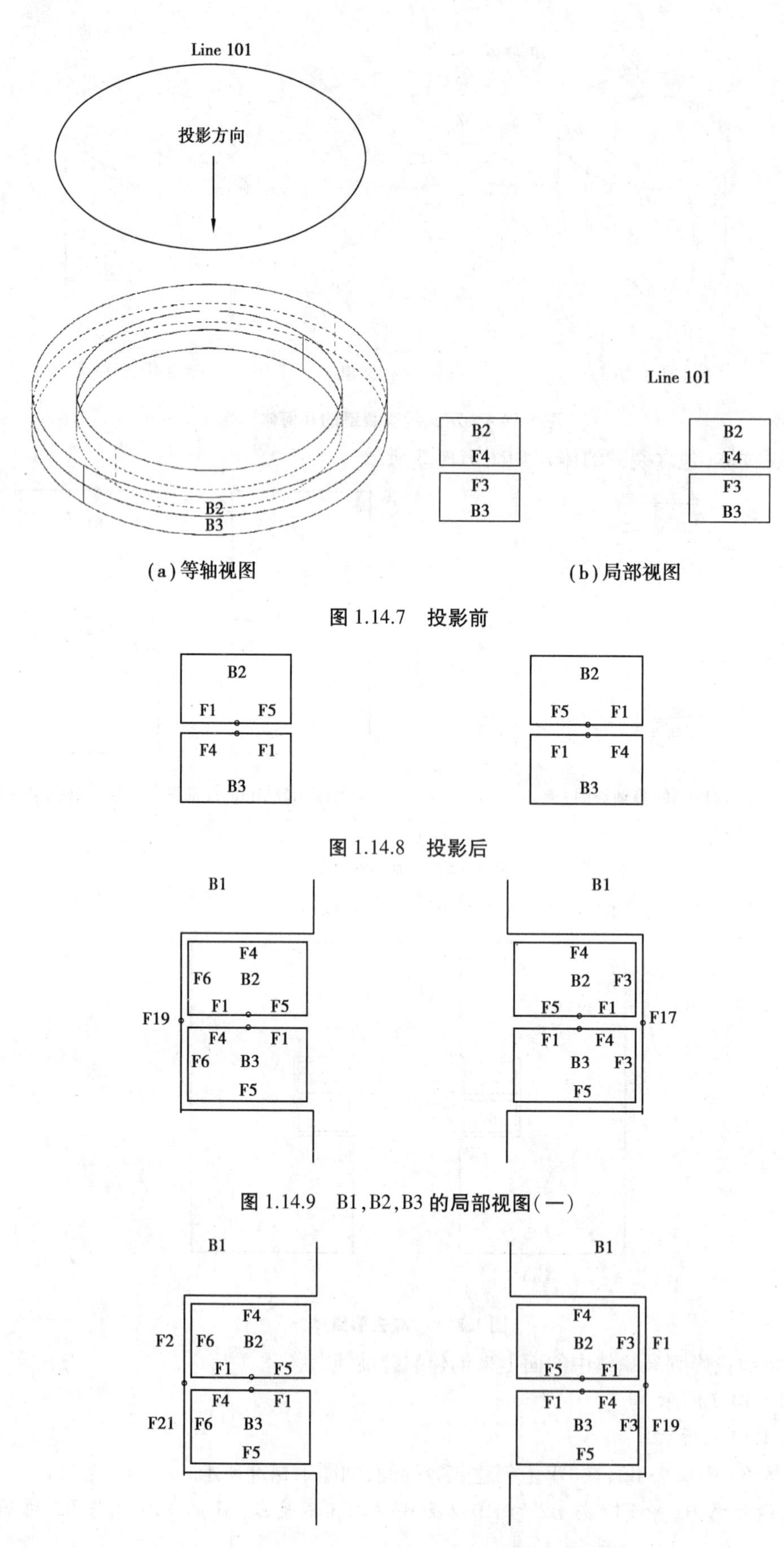

(a)等轴视图

(b)局部视图

图 1.14.7　投影前

图 1.14.8　投影后

图 1.14.9　B1,B2,B3 的局部视图(一)

图 1.14.10　B1、B2、B3 的局部视图(二)

3）裂缝定义概述

在这个模型中，可使用网格拆分功能在裂纹面上创建重复节点，步骤如下：

步骤1：拆分B2和B3上的网格，在B3的F5和B2上创建重复节点。

网格拆分前的示意图，如图1.14.11所示。

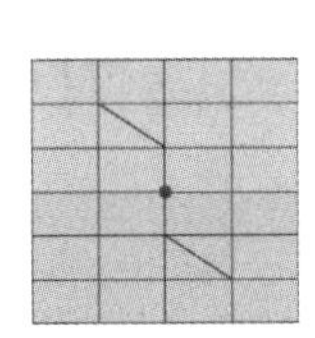

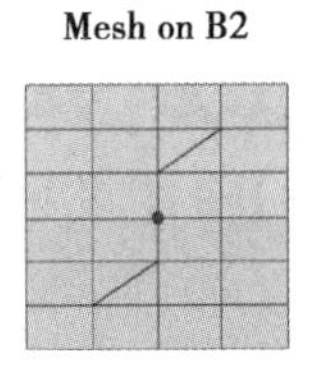

图1.14.11　网格拆分前的示意图

网格分割后的示意图，如图1.14.12所示。

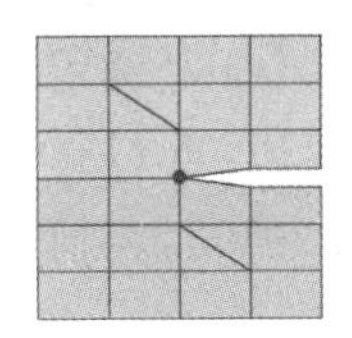

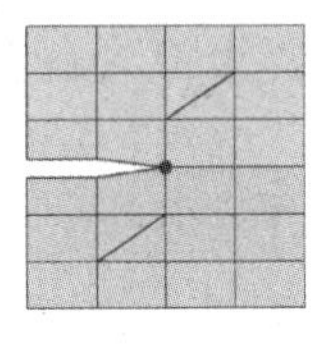

图1.14.12　网格拆分后的示意图

为清楚起见，在此图中分离的重复节点在实际网格中重复节点重叠。

步骤2：创建CRACK-SVS定义。

图1.14.13显示了裂纹前沿线和裂纹扩展位置。

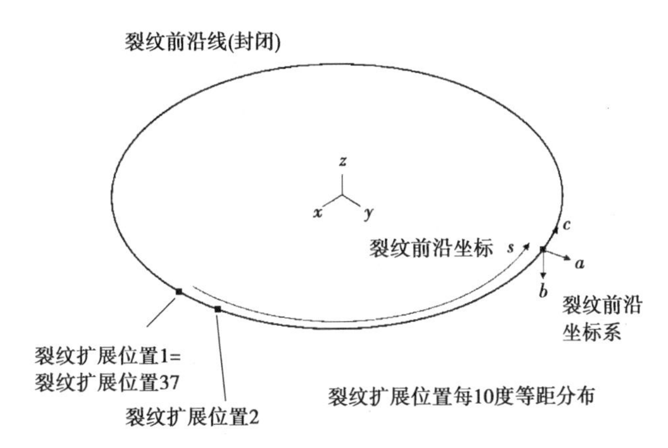

图1.14.13　裂纹前沿线和裂纹扩展位置

在这种情况下，用户希望裂纹前沿坐标方向 c 与切线方向一致，这意味着副法线方向 b 必须指向下方。CRACK-SVS定义中使用的径向域如图1.14.14所示。

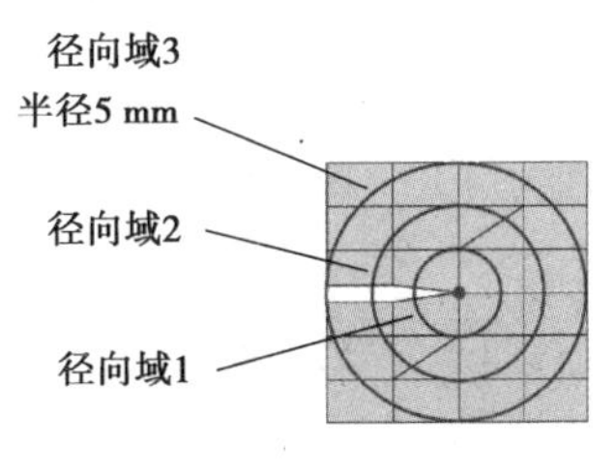

图1.14.14　径向域

14.3 定义几何

1)步骤1:定义没有裂纹的几何

(1)管道

单击【Define Bodies】定义实体图标,添加【body1】体1,将【Type】类型设置为管道【Pipe】,【Outer Radius】外半径为“50”,【Thickness】厚度为“20”,【Length】长度为“100”,确保【Center Position】中心位置为“(0.0,0.0,0.0)”,设置【Axis】轴为“*Z*轴”并单击【Save】保存。

(2)创建孔

要创建第一组孔,用户创建一个圆柱并从管体中减去它。添加【body 2】体2,将【Type】类型设置为【Cylinder】圆柱体,将【Radius】半径设置为“15”,将【Length】长度设置为“150”,将【Center Position】中心位置设置为“(0.0,0.0,27.5)”,确保【Axis】轴为“*X*轴”并单击【OK】确定。

现在单击【Boolean Operator】布尔运算符图标,将【Operator Type】运算符类型设置为【Subtract】减去,将【Target Body】目标体设置为“1”,在表的第一行中输入“2”,然后单击【OK】确定。

同操作制作第二组孔。单击【Define Bodies】定义体图标,添加【body2】体2,将【Type】类型设置为【Cylinder】柱面,将【Radius】半径设置为“15”,将【Length】长度设置为“150”,将【CenterPosition】中心位置设置为“(0.0,0.0,-27.5)”,将【Axis】轴设置为“*Y*轴”并单击【OK】确定。

现在单击【Boolean Operator】布尔运算符图标,将【Operator Type】运算符类型设置为【Subtract】减去,将【Target Body】目标体设置为“1”,在表的第一行中输入“2”,然后单击【OK】确定。单击【Wire Frame】线框图标时,图形窗口如图1.14.15所示。

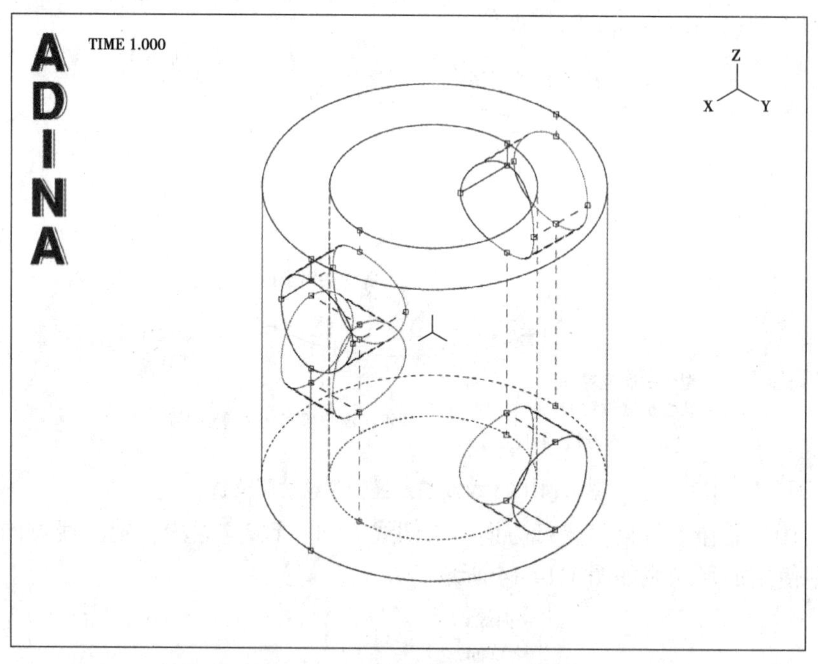

图1.14.15 没有裂缝的几何体

2)步骤2:创建裂纹体(包含裂缝的体)

单击【Define Bodies】定义体图标,添加【body2】主体2,设置【Type】类型为【Pipe】管道,【Outer Radius】外半径为“40”,【Thickness】厚度为“10”,【Length】长度为“5”,设置【enter Position】中心位置为“(0.0,0.0,2.5)”,将【Axis】轴设置为*Z*轴并单击【Save】保存。现在添加【body3】体3,将【Type】类型设置为【Pipe】管道,【Outer Radius】外半径为“40”,【Thickness】厚度为“10”,【Length】长度为“5”,【Center Position】中心位置为(0.0,0.0,-2.5),将【Axis】轴设置为*Z*轴并单击【OK】确定。图形窗口如图1.14.16所示。

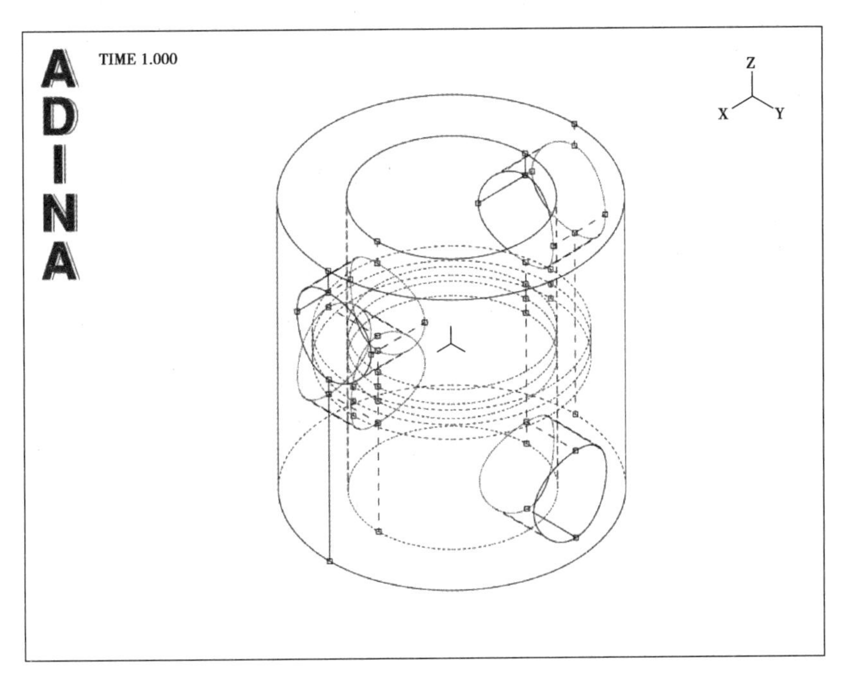

图 1.14.16　裂缝体

所有3个几何体都显示在图形窗口中。在模型树中,展开【Zone】区域条目,突出显示2. GB2和3. GB3,右键单击并选择【Display】显示。图形窗口如图1.14.17所示。

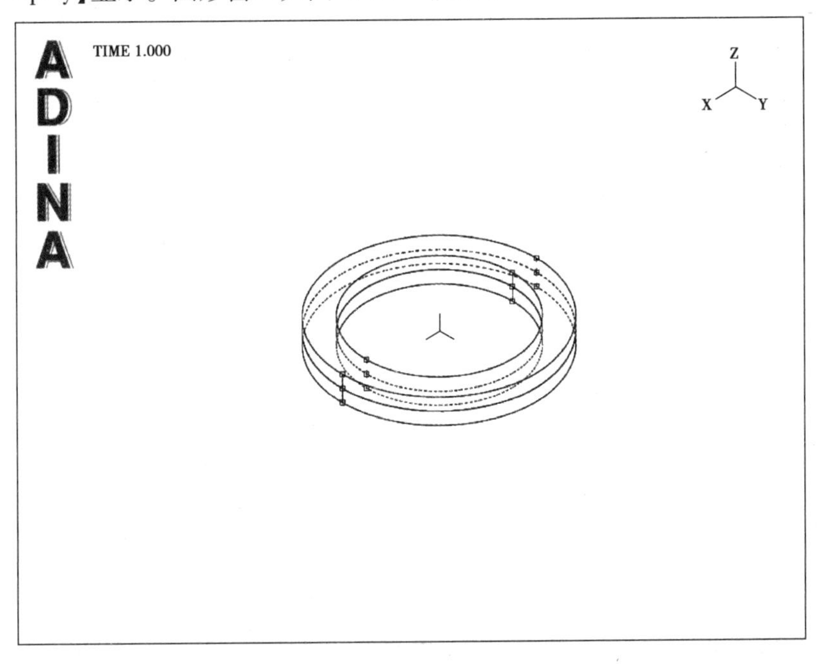

图 1.14.17　显示几何体

要再次显示所有几何体,可在模型树中右键单击【4.WHOLE_MODEL】并选择【Display】显示。

3)**步骤3:从步骤1创建的物体中减去裂缝体**

单击【BooleanOperator】布尔运算符图标,将【Operator Type】运算符类型设置为【Subtract】减去,将【Target Body】目标体设置为"1",选中【Keep the Subtracting Bodies】保留减体实体按钮,在表的前两行输入"2,3"并单击【OK】确定。图形窗口如图1.14.18所示。

在模型树中,展开【Zone】区域条目,右键单击【1.GB1】并选择【Display】显示。图形窗口如图1.14.19所示。

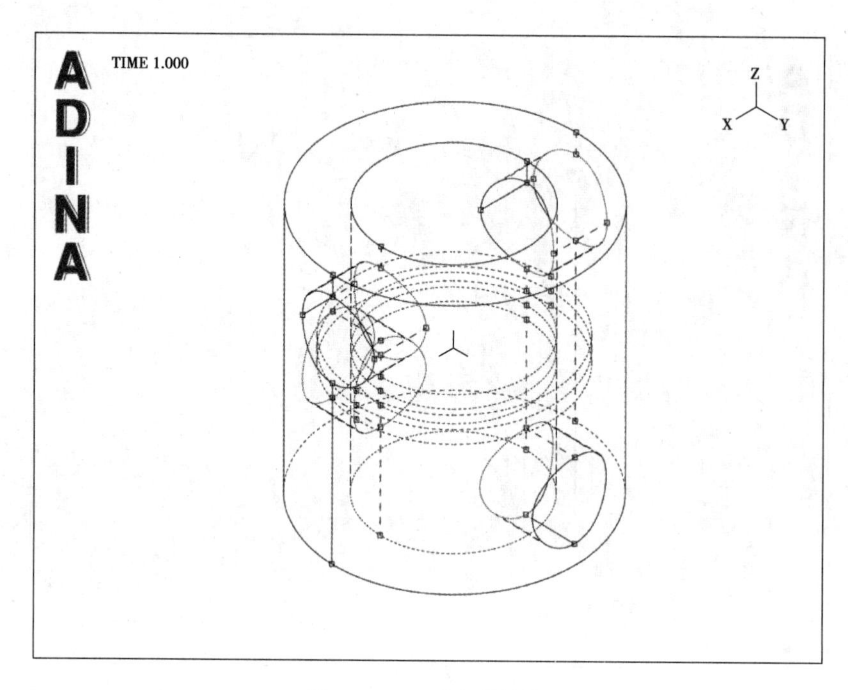

图 1.14.18 减去裂缝体

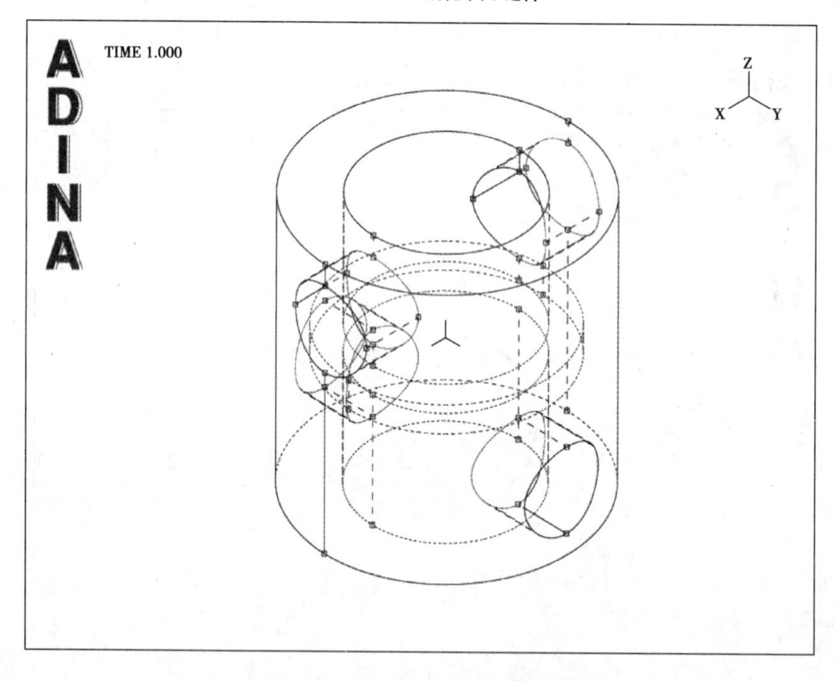

图 1.14.19 显示减去裂缝体的图像

4)步骤 4:通过将线投影到裂缝体中的面上来创建裂缝前线

如需要创建一个几何线,可将其投影到裂缝体上,以创建裂缝前线。单击【Define Points】定义点图标。在表格的第一个空行中,添加坐标为(35,0,60)的点 101 并单击【OK】确定。(此点不显示,只显示几何体 1。)在模型树中,右键单击【4. WHOLE_MODEL】并选择【Display】显示。显示点 101,图形窗口如图 1.14.20所示。

单击【DefineLines】定义线图标,添加【line 1】线 1,将【Type】类型设置为【Revolved】旋转,【Initial Point】初始点设置为"101",【Angleof Rotation】旋转角度设置为"360",将【Axis】轴设置为"Z"轴,然后单击【OK】确定。图形窗口如图 1.14.21 所示。

单击【Body Modifier】体修改器图标,将【Modifier Type】修改器类型设置为【Project】投影,将【Face】面

设置为“4”，将【Body】体设置为“2”，取消选中【Delete Lines after Projection】在投影后删除线条按钮，在表格的第一行中输入“1”并单击【Save】保存。现在确保【Modifier Type】修改器类型设置为【Project】投影，将【Face】面设置为“3”，将【Body】体设置为“3”，选中【Delete Lines after Projection】投影后删除线条按钮，在表格的第一行中输入“1”并单击【OK】确定。

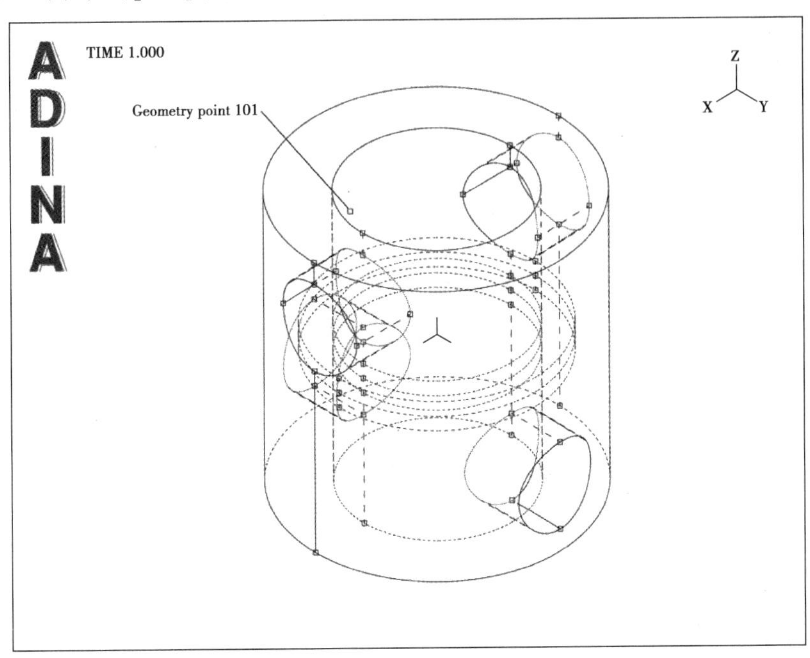

图 1.14.20 创建几何体

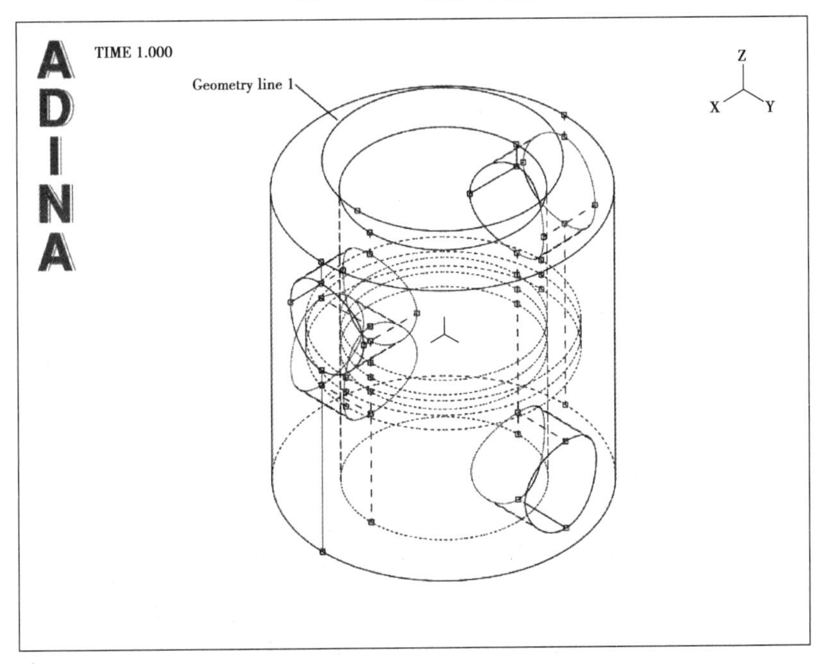

图 1.14.21 创建裂纹前线

要验证是否创建了裂纹前线，请在模型树中右键单击【2. GB2】并选择【Display】显示。图形窗口如图 1.14.22 所示。

在模型树中，右键单击【3. GB3】并选择【Display】显示，图形窗口如图 1.14.23 所示。

为了形成裂纹前线，几何体 2 和 3 的表面被线 1 分开。

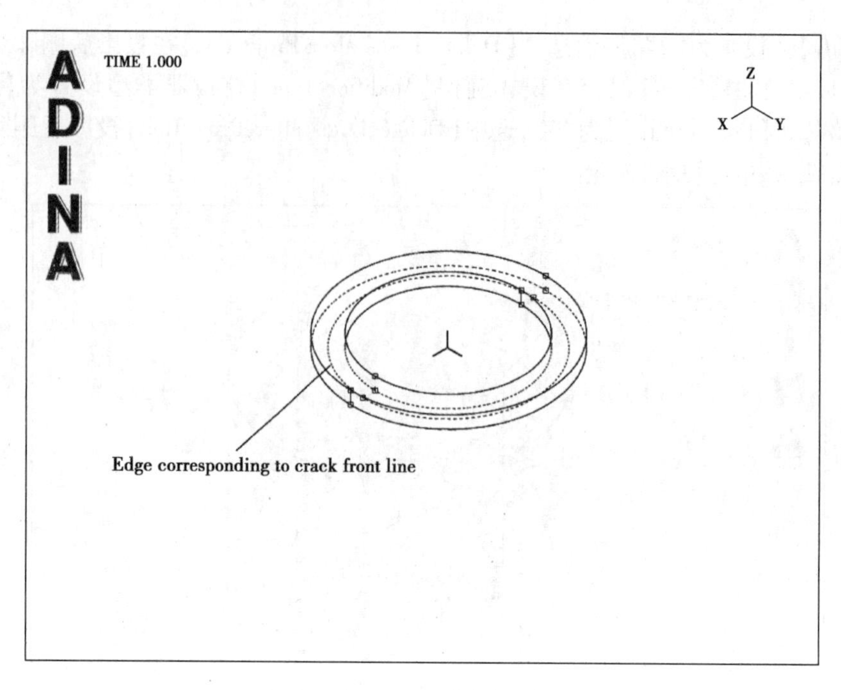

图 1.14.22　显示裂纹前线(一)

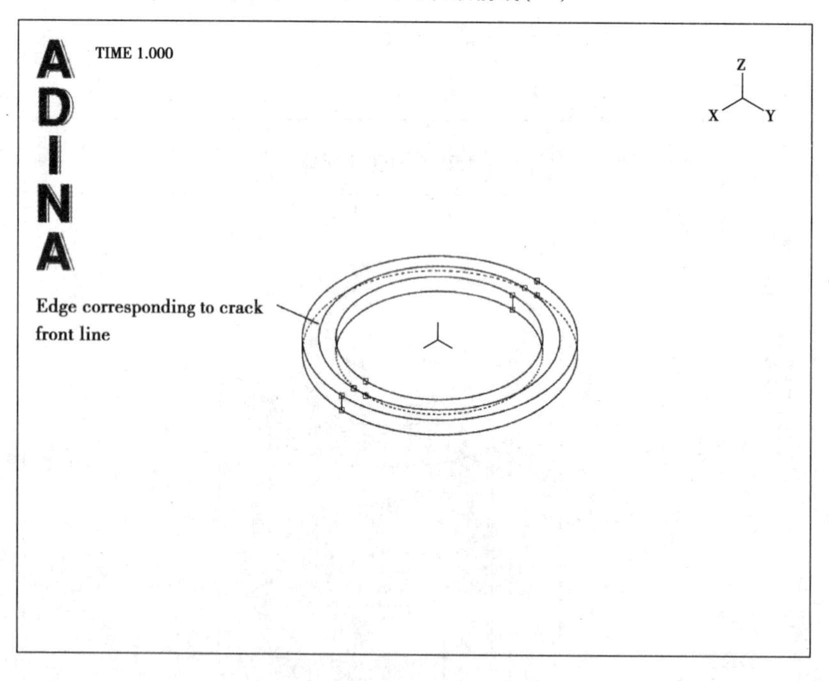

图 1.14.23　显示裂纹前线(二)

5)步骤 5:通过从 B1 中减去 B2 创建 B1 上的兼容面

单击【BooleanOperator】布尔运算符图标，将【Operator Type】运算符类型设置为【Subtract】减去，将【Target Body】目标体设置为"1"，选中【Keep the Subtracting Bodies】保留减去体和【Keep the Imprinted Edges Created by the Subtraction】保留由减法创建的分割边按钮，在第一行中输入表格"2"，然后单击【OK】确定。在模型树中，右键单击【1. GB1】并选择【Display】显示。图形窗口如图 1.14.24 所示。

单击【Surface/Face Labels】表面/面标签图标并使用【Zoom】缩放图标和鼠标放大绘图。图形窗口如图 1.14.25 所示。

用户还可以使用【Query】查询图标?突出显示体 1 上新建立的每个面:面 1,2,19,21。单击【Unzoom All】全部取消缩放图标以返回到上一个视图。

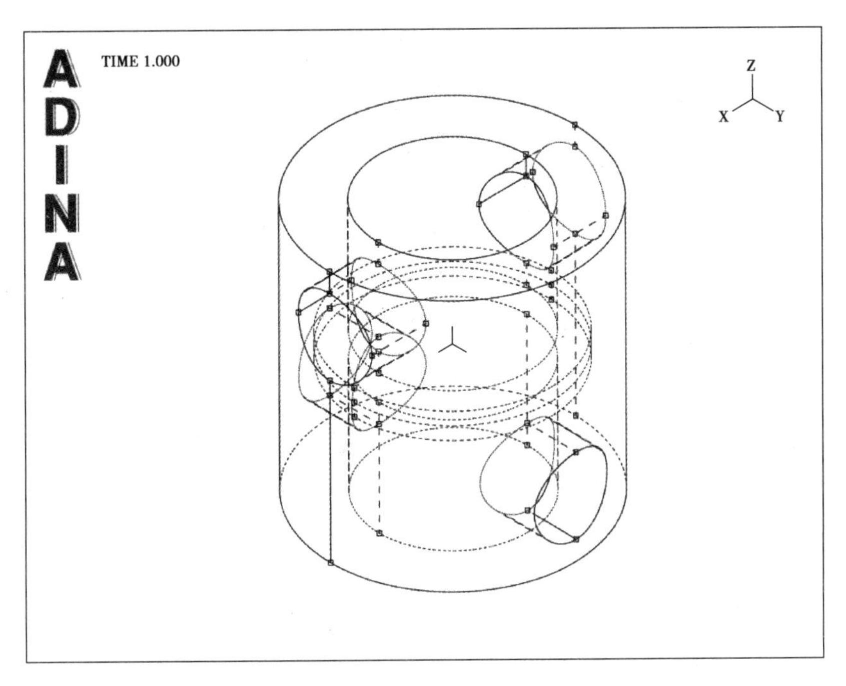

图 1.14.24　创建 B1 上的兼容面(一)

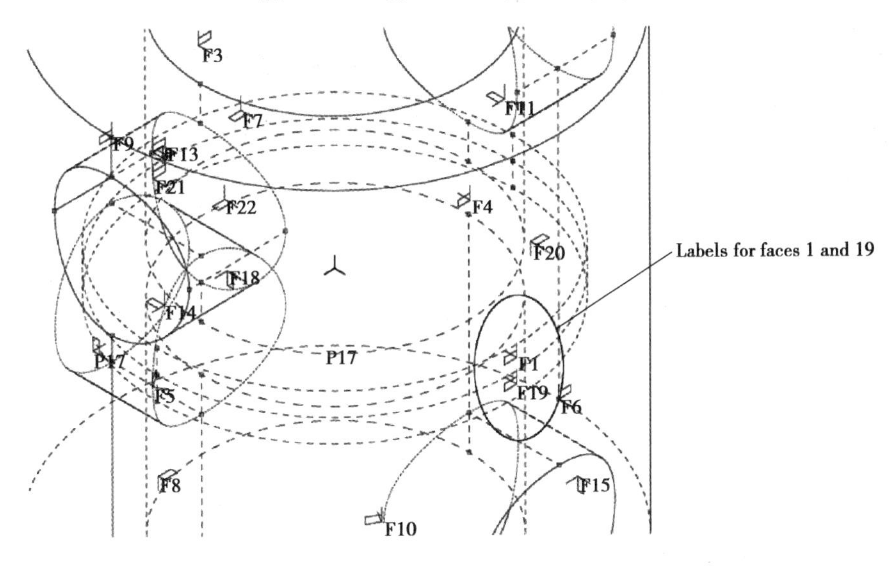

图 1.14.25　创建 B1 上的兼容面(二)

14.4　连接临近的体面

1)面链接

选择【Geometry】几何→【Faces】面→【FaceLink】面链接,添加【facelink 1】面链接 1,将【Type】类型设置为【Links for All Faces/Surfaces】所有面/表面的链接,然后单击【OK】确定。AUI 显示警告信息【Face 1 of body 2 and face 1 of body 3 cannot be linked...】Body 2 和 Body3 的 Face1 无法链接...。(注意:此消息正常,因为列出的面彼此不相邻)。单击【OK】确定,关闭警告消息。

注意:AUI 将消息【8 face-links are created】“8 面链接已创建”写入消息窗口的底部。

2)指定固定边界

为了定义固定边界,需要知道主体 1 上的一些面号。图 1.14.26 显示了需要修复的面。

单击【Apply Fixity】应用固定图标,将【Applyto】应用于字段设置为【Face/Surface】面/表面,输入表 1.14.1 中信息并单击【OK】确定。

表 1.14.1

Face/Surfac	Body#
15	1
16	1
17	1
18	1

3)**指定负载**

限制用户将力施加到点上的面，然后将力施加到点上。图 1.14.27 显示了面和点。

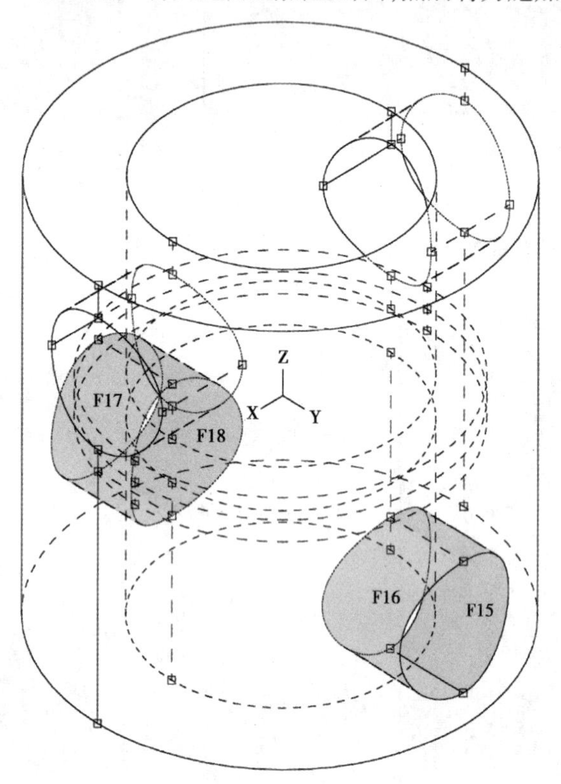

图 1.14.26　需要修复的面

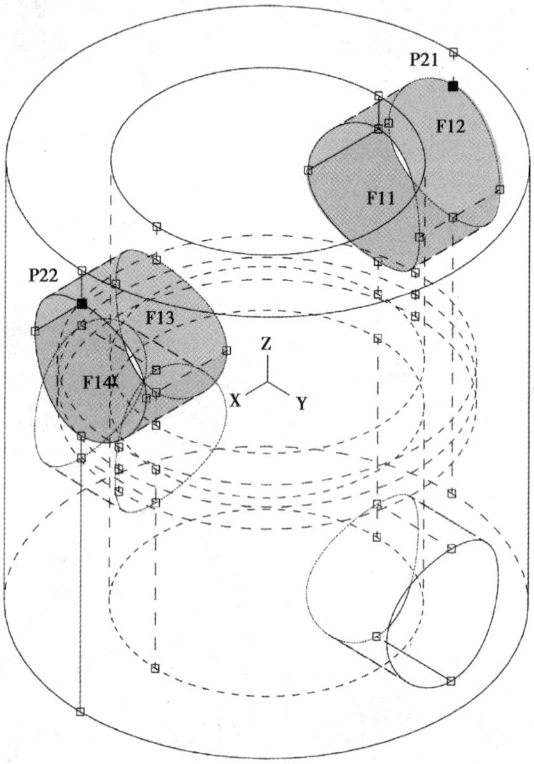

图 1.14.27　显示面和点

面 11 和面 12 被限制在 21 点。

面 13 和 14 被限制在 22 点。

4)**约束方程**

选择【Model】模型→【Constraints】约束→【Constraint Equations】约束公式，定义以下约束集合后，单击【OK】确定，见表 1.14.2。

表 1.14.2

Constraint Set	Entity Type	Entity #	Body #	Slave DOF	Master Entity Type	Point #	Master DOF
1	Face	11	1	Z-Trans	Point	21	Z-Trans
2	Face	12	1	Z-Trans	Point	21	Z-Trans

续表

Constraint Set	Entity Type	Entity #	Body #	Slave DOF	Master Entity Type	Point #	Master DOF
3	Face	13	1	Z-Trans	Point	22	Z-Trans
4	Face	14	1	Z-Trans	Point	22	Z-Trans

（表中 Z-Trans 是 Z-Translation 的缩写）

5）**荷载**

单击【Apply Load】应用载荷图标，确认【Load Type】载荷是【Force】力，单击【Load Number】载荷号区域右侧的【Define...】定义按钮。在【Define Concentrated Force】定义集中载荷对话框中增加【force 1】力 1，将【Magnitude】幅度设置为“5E5”，【Direction】方向设置为(0,0,1)，单击【OK】确定。在【Apply Load】应用对话框中，确认【Apply to】应用于区域是【Point】点。将表的前两行的【Point#】点#分别设置为“21”和“22”，单击【OK】确定，关闭对话框。

单击【Boundary Plot】边界绘图图标和【Load Plot】载荷绘图图标，图形窗口如图 1.14.28 所示。

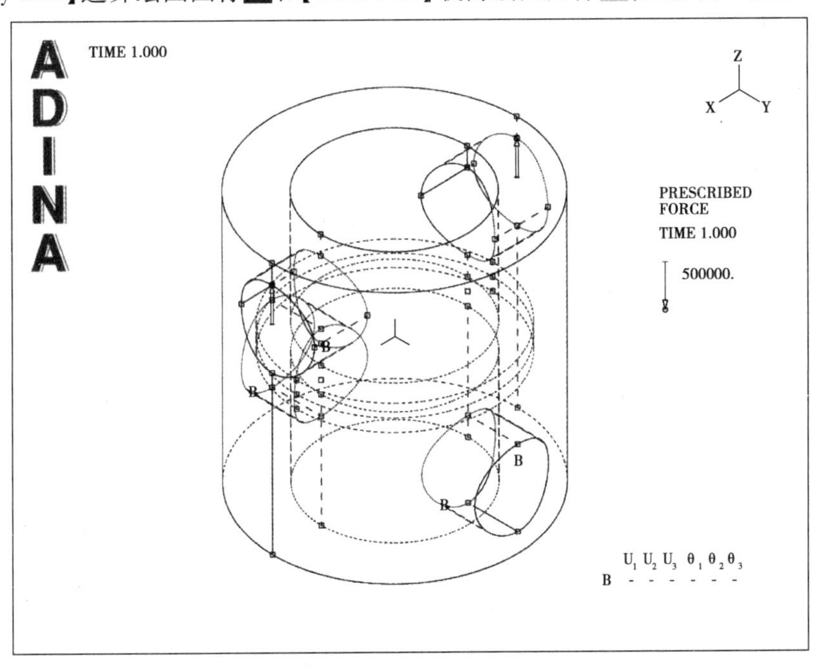

图 1.14.28 荷载

14.5 定义材料

单击【Manage Materials】管理材料图标，然后【Elastic Isotropic】单击弹性各向同性按钮。在【Define Isotropic Linear Elastic Material】定义各向同性线性弹性材料对话框中，添加【material 1】材料 1，将【Young's Modulus】杨氏模量设置为“2.07E5”，将【Poisson' sratio】泊松比设置为“0.29”，然后单击【OK】确定。单击【Close】关闭，关闭【Manage Material Definitions】管理材料定义对话框。

14.6 定义单元组

1）**单元组**

单击【Element Groups】单元组图标，添加【groupnumber 1】组编号 1，将【Type】类型设置为【3-D Solid】3-D

实体,然后单击【Save】保存。然后【groupnumber 2】添加组号 2,确保【Type】类型是【3-D Solid】3-D 实体,然后单击【OK】确定。

2)细分体

在几何体 1 中指定一个统一的单元大小,并在裂缝体(2 和 3)中指定一个较小的统一单元大小。

单击【Subdivide Bodies】细分体图标,确保【Body#】体号设置为"1",将【Element Edge Length】单元边长度设置为"8",然后单击【Save】保存。然后将【Body#】体号设置为"2",将【Element Edge Length】单元边长度设置为"3",在表的第一行中输入"3",然后单击【OK】确定。

3)划分网格

单击【Hidden Surfaces Removed】隐藏表面已移除图标,以使用户看不到网格中的虚线隐藏线。在模型树中,再右键单击【7. WHOLE_MODEL】并选择【Display】显示。

单击【Mesh Bodies】网格体图标,将【Element Group】单元组设置为"1",并将【Nodes per Element】每个单元的节点设置为"27"。现在单击【Advanced】高级选项卡,设置【Int. Angle Deviation】初始角度偏差改为"40",【Even Subdivisionson】平均细分改为【Every Edge on Linked Faces】链接的面上的每个边和【Mid-Face Nodes】中间面节点改为【Mid-pointon Diagonal of Quad Face】四面体对角线上的中点。将表格的前两行设置为"2,3",然后单击【OK】确定。图形窗口如图 1.14.29 所示。

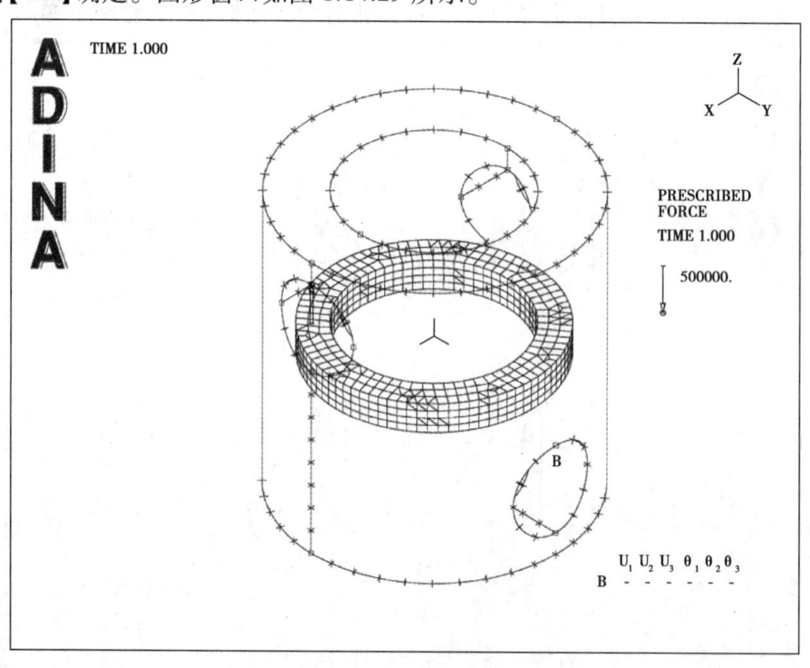

图 1.14.29　细分网格

单击【Mesh Bodies】划分网格体图标,确保【Element Group】单元组设置为"2",并将【Nodes per Element】每个单元的节点设置为"27"。现在单击【Advanced】高级选项卡,设置【Int. Angle Deviation】初始角度偏差改为"40",【Even Subdivisions on】平均细分改为【Every Edgeon Linked Faces】链接的面上的每个边和【Mid-Face Nodes】中间面节点改变为【Midpoint on Diagonal of QuadFace】四面体对角线上的中点。将表的第一行设置为"1",然后单击【OK】确定。图形窗口如图 1.14.30 所示。

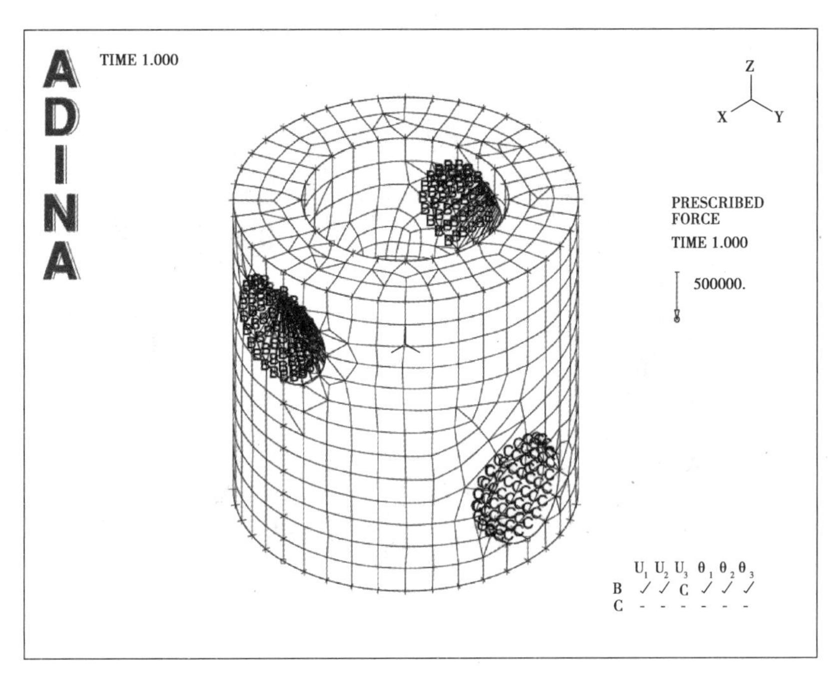

图 1.14.30 划分网格体

14.7 裂纹定义

1)步骤 1:拆分 B2 和 B3 上的网格

在模型树中,右键单击【2.EG1】并选择【Display】显示。单击【Boundary Plot】边界图标来隐藏边界条件。然后使用【Pick】拾取图标和鼠标放大网格。图形窗口如图 1.14.31 所示。

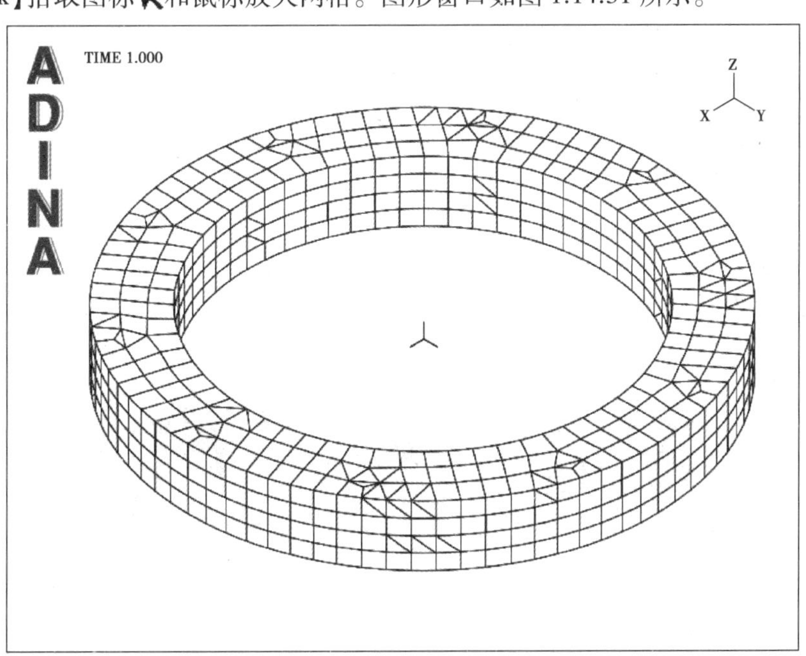

图 1.14.31 隐藏边界条件,放大网格

现在单击【Shading】阴影图标,【Cull Front Faces】撕去前面图标和【No Mesh Lines】无网格线图标。图形窗口如图 1.14.32 所示。

选择【Meshing】划分网格→【Nodes】节点→【SplitMesh】分割网格,将【Split Interface Defined By】由分割界面设置为【Surfaces/Faces】曲面/面,确保【At Boundary of Interface】界面的边界上被设置为【Split Only

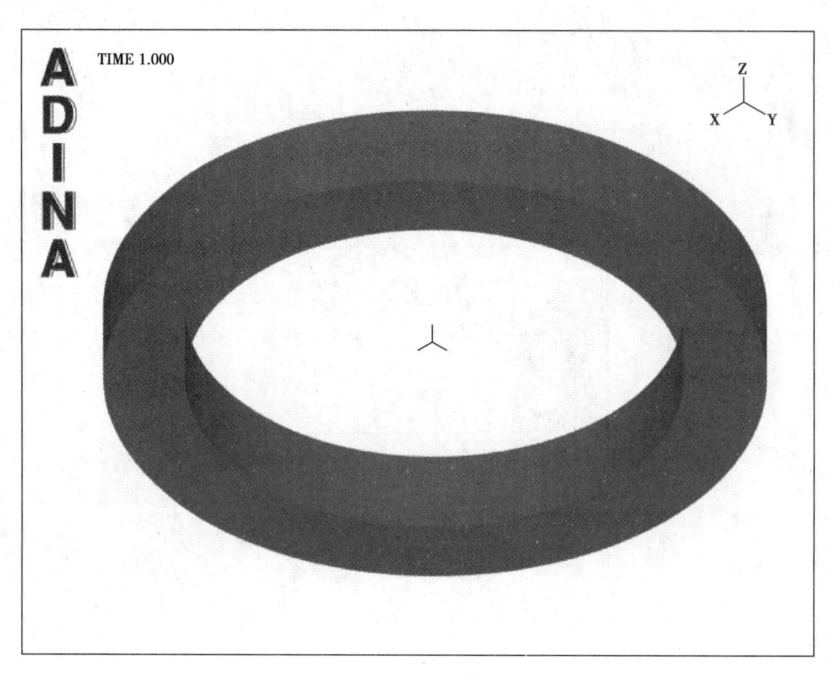

图 1.14.32 隐藏网格

Nodes on External Boundary】仅分割外部边界上的节点，在表格上输入表 1.14.3 的数据，然后单击【OK】确定。

表 1.14.3

Face/Surface	Body #
5	2
1	3

使用【Pick】拾取图标和鼠标来旋转网格图，图形窗口如图 1.14.33 所示。

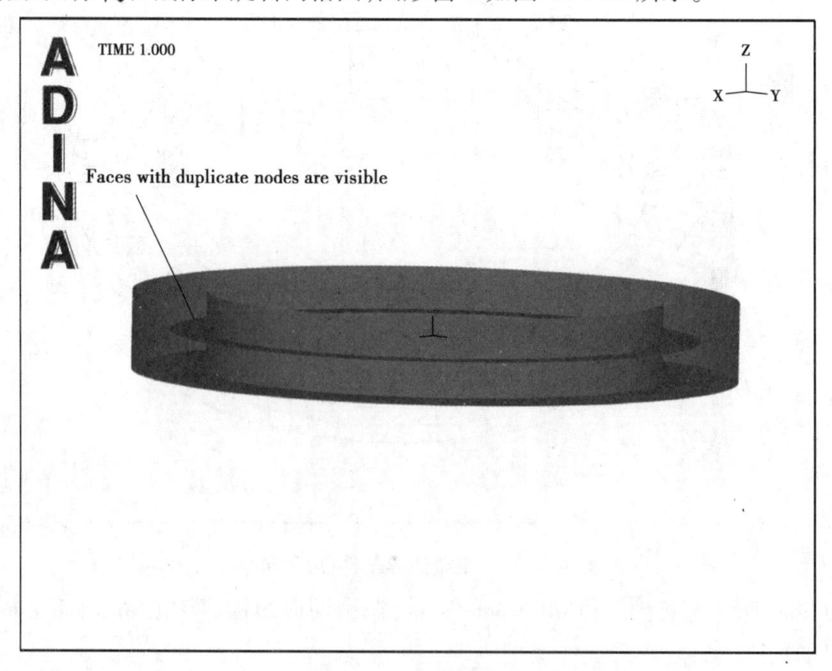

图 1.14.33 旋转网格

2）步骤 2:创建 CRACK-SVS 定义

（1）断裂控制

选择【Model】模型→【Fracture】断裂→【Fracture Control】断裂控制，勾选【Fracture Analysis】断裂分析字段，将【Dimension】维度设置为【3-D Crack】三维裂纹，将【Method】方法设置为【Virtual Crack Extension（SVS）】虚拟裂纹扩展（SVS），然后单击【OK】确定。

（2）创建 CRACK-SVS 定义

选择【Model】模型→【Fracture】断裂→【3-D SVS Crack】3-DSVS 裂纹并添加【Crack Number 1】裂纹编号1。在【Crack Advance Stations】裂纹前进站框中，将【Option】选项设置为【Equally Spaced at Number of Locations】位置数量相等间隔并设置【Number of Crack Advance Stations】裂纹前进数站点设置为“37”。在【Radial Domains】径向域框中，将【Maximum Outer Radius】最大外半径设置为“5”，将【Number of Domains】域数量设置为“3”。将【Binormal Direction of Crack Front】裂缝前端的二次方向设置为【Down】关闭。在【Closed Crack Front】封闭裂缝前框中，将【Starts At】开始位置设置为【Node Closest to Given Coordinate】节点最接近给定坐标，【Coordinate】坐标设置为“（35，0，0）”。然后确保【Side】侧设置为【Top】顶部，在表格的第一行输入“5，2”，将【Side】侧设置为【Bottom】底部，在表格的第一行输入“1，3”，单击【OK】确定。

单击【Redraw】重绘图标时，图形窗口如图 1.14.34 所示。

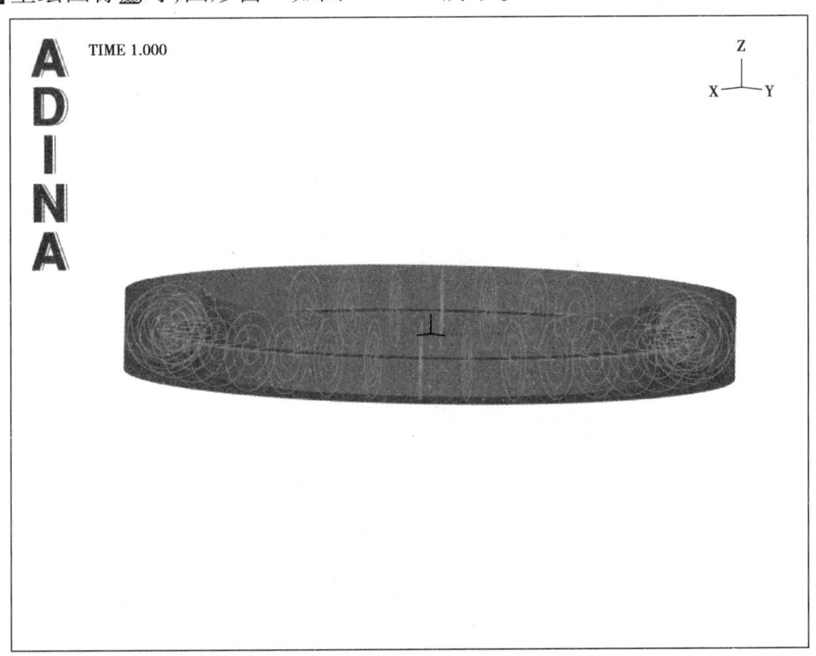

图 1.14.34　创建 CRACK-SVS 定义

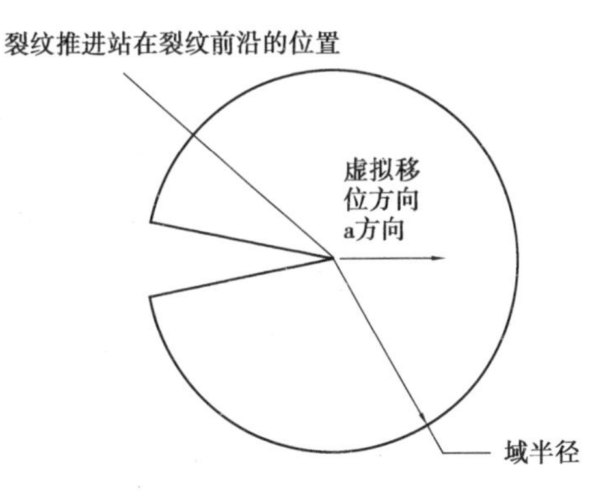

图 1.14.35　虚拟移位符号

本模型有37个裂缝推进站和3个径向域,共111个虚拟切换。用户可以使用【Query】查询图标?单击每个虚拟移位符号,以确定虚拟移位的裂缝前进站号,径向域号和虚拟移位号,图形窗口如图1.14.35所示。

14.8 生成数据文件,运行ADINA结构数据,后处理

单击【Save】保存图标并将数据库保存到文件"prob14",单击【Data File/Solution】数据文件/解决方案图标,将文件名设置为"prob14",确保【Run Solution】运行解决方案按钮已选中,然后单击【Save】保存。ADINA结构完成后,关闭所有打开的对话框,将【Program Module】程序模块下拉列表设置为【Post-Processing】后处理,单击【Open】打开图标并打开舷窗文件"prob14"。

14.9 绘制变形网格

如果需要放大绘制的位移,可单击【Scale Displacements】比例位移图标。

单击【Modify Mesh Plot】修改网格绘图图标,并单击【Model Depiction...】模型描述按钮。将【Magnification Factor】放大系数设置为"40",单击【OK】确定两次以关闭这两个对话框。

单击【Shading】阴影图标,图形窗口如图1.14.36所示。

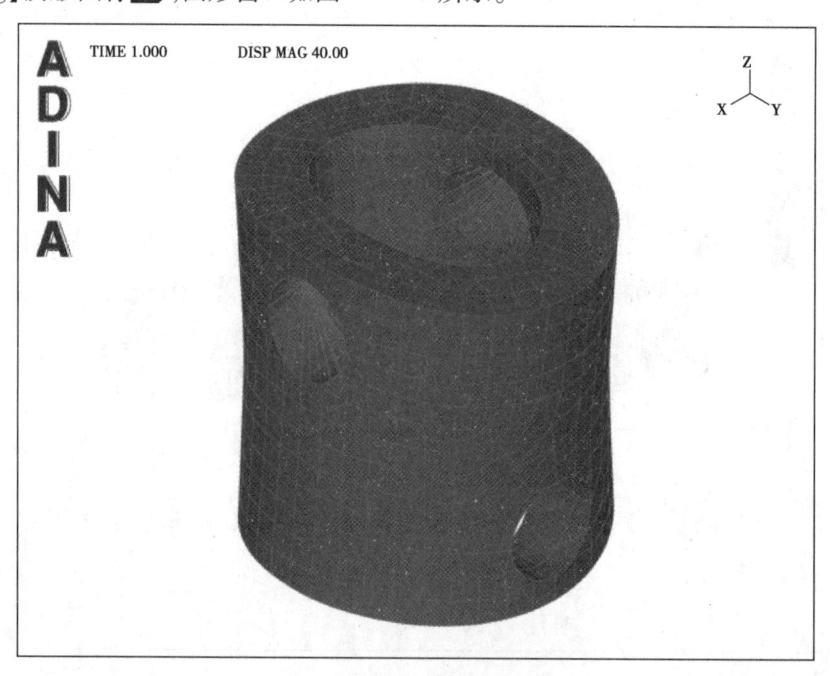

图1.14.36 绘制变形网格

14.10 确定最大位移

选择【List】列表→【Extreme Values】极值→【Zone】区域,将【Variable 1】变量1设置为【Displacement:Z-DISPLACEMENT】(位移:Z-DISPLACEMENT),然后单击【Apply】应用。单击【Close】,关闭对话框。

在其余的网格图中,用户不想查看约束方程。选择【Display】显示→【Geometry/Mesh Plot】几何/网格图→【Define Style】定义样式,将【Constraint Depiction】约束描述设置为【OFF】关,再单击【OK】确定。单击【Clear】清除图标,再单击【Mesh Plot】网格绘图图标。(请注意,约束方程行不显示。)单击【Cut Surface】切割面图标,将【Type】类型设置为【Cutting Plane】切割平面,将【Below the Cutplane】切割面下方字段设置为【Display as Usual】显示为平常,将【Above the Cutplane】切割面上方字段设置为【Do not Display】不显示,单击【OK】确定。

单击【Color Element Groups】涂色单元组图标。图形窗口如图 1.14.37 所示。

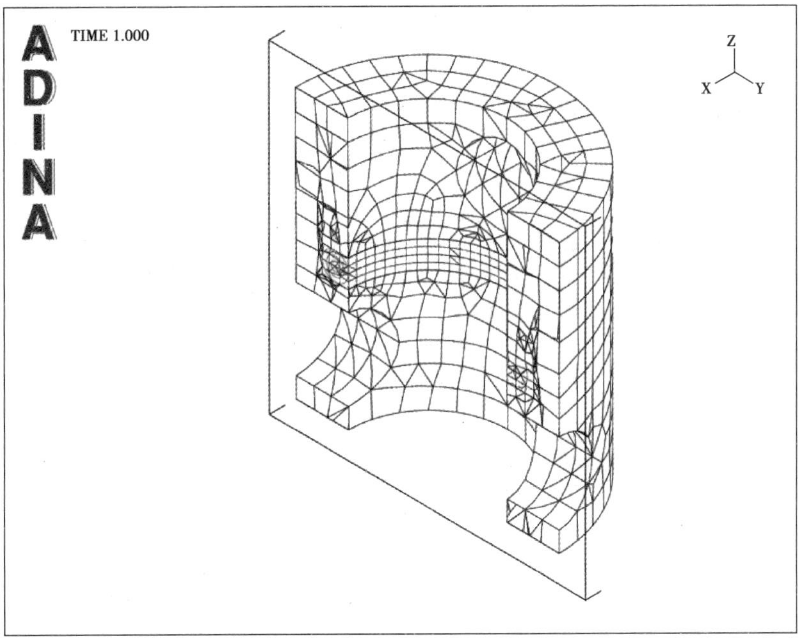

图 1.14.37 确定最大位移

单击【Color Element Groups】涂色单元组图标以关闭单元组颜色对话框。

14.11 检查裂纹前线附近的网格

单击【Clear】清除图标,然后单击【Mesh Plot】网格绘图图标。在模型树中,展开【Zone】区域关键字,右键单击【2. EG1】并选择【Display】显示。

放大位移,以便用户可以看到负载下的裂缝开口。单击【Scale Displacements】比例位移图标。图形窗口如图 1.14.38 所示。

只绘制单元组 1 中低于裂缝的单元。单击【Split Zone】分割区图标。在【Split Zone】分割区域对话框中,单击【With Cutting Plane】使用切割面字段右侧的【...】按钮。在【Define Cutsurface Depiction】定义切割平面描述对话框中,将【Definedby】有定义设置为【Z-Plane】*Z* 平面,将【Coordinate Value】坐标值设置为“0.01”,然后单击【OK】确定。在【Split Zone】分割区域对话框中,将【Consider Only Elementsin Zone】只考虑区域中的单元设置为【EG1】,将字段【Place Elements Below Cutting Plane into Zone】将切割平面下的单元放入区域设置为【BELOW】下面(需要输入该单词,大小写无关紧要),然后单击【OK】确定。

在模型树中,右键单击【2. BELOW】并选择【Display】显示。单击【Node Symbols】节点符号图标和【Scale Displacements】缩放位移图标(以不缩放位移)。图形窗口如图 1.14.39 所示。

使用【Zoom】缩放图标放大图形窗口,图形窗口如图 1.14.40 所示。

观察裂缝前进站与节点不重合。(注意:节点不会移动到靠近裂纹前缘的 1/4 点。)

14.12 绘制应力强度因子

图 1.14.41 显示了从上方看的裂纹前缘、裂缝前进站和裂缝前沿坐标。

请注意:裂缝前进站 1 和 37 处于相同的位置。

$$\theta(\text{in degrees}) = 360\frac{s}{\text{length of crack front line}}$$

可以定义一个结果,给出每个虚拟轮班的角度。选择【Definitions】定义→【Variable】变量→【Resultant】

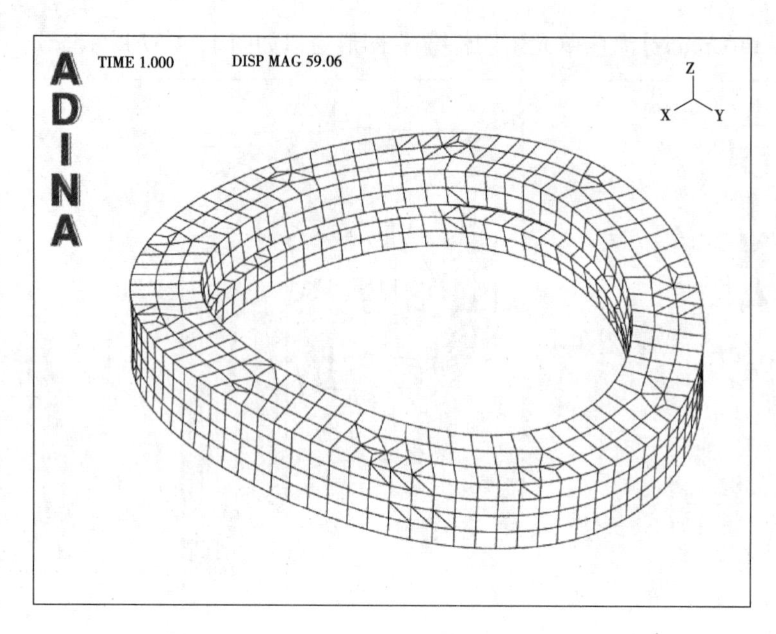

图 1.14.38　裂缝开口

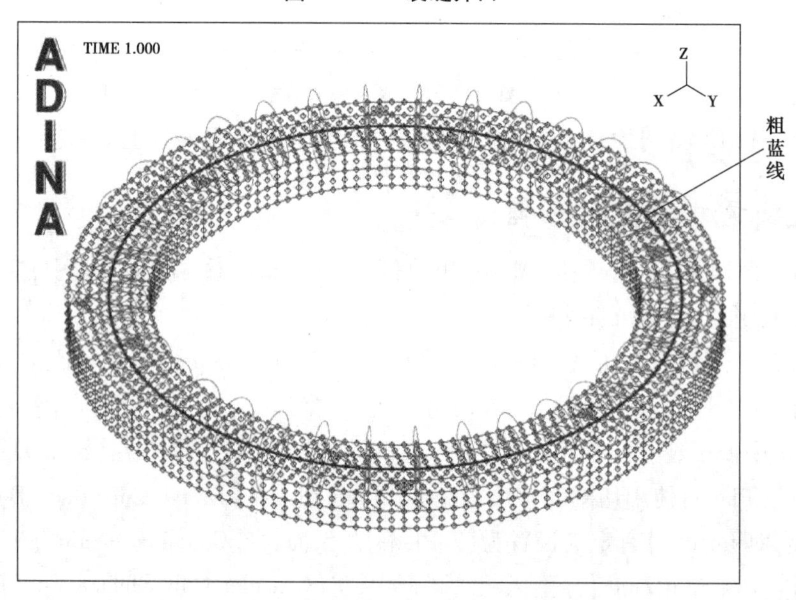

图 1.14.39　绘制低于裂缝的单元

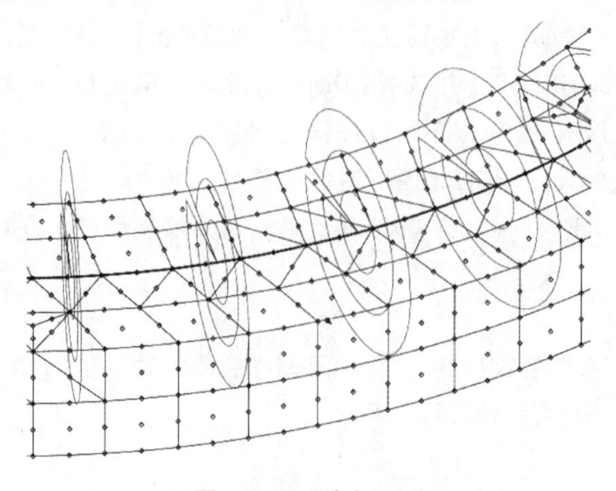

图 1.14.40　放大图形

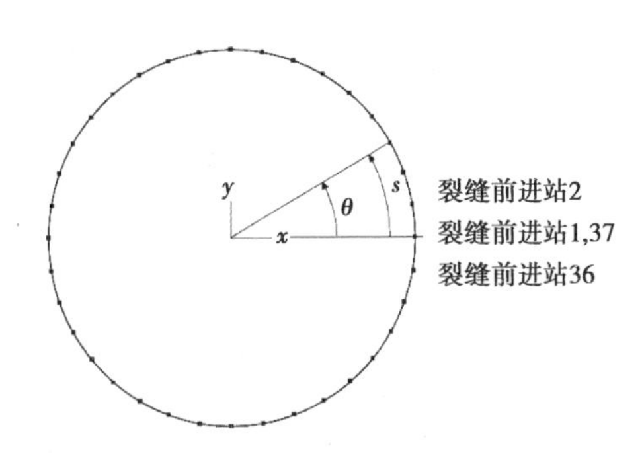

图 1.14.41 裂缝前进站

结果,添加【Resultant Name】结果名称【ANGLE_ON_CRACK_FRONT】,将其定义为

360 * <SVS_CRACK_FRONT_DISTANCE>/<SVS_CRACK_FRONT_LENGTH>

然后单击【OK】确定按钮。

选择【Definitions】定义→【Model Line】模型线→【Virtual Shift】虚拟偏移,然后添加【Model Line】模型线 RADIAL_DOMAIN_1。单击【Auto...】自动...按钮,按表 1.14.4 中方式编辑表格并单击【Save】保存(不要关闭对话框)。

表 1.14.4

	Virtual Shift #	Crack #	Radial Domain #	Advance Station #	Factor
From		1	1	1	
Step					
To		1	1	37	

添加【Model Line】模型线 RADIAL_DOMAIN_2,单击【Auto...】自动...按钮,按表 1.14.5 的方式编辑表格,然后单击【Save】保存(不要关闭对话框)。

表 1.14.5

	Virtual Shift #	Crack #	Radial Domain #	Advance Station #	Factor
From		1	2	1	
Step					
To		1	2	37	

最后添加【Model Line】模型线 RADIAL_DOMAIN_3,单击【Auto...】自动...按钮,按表 1.14.6 所示编辑表格,单击【OK】确定。

表 1.14.6

	Virtual Shift #	Crack #	Radial Domain #	Advance Station #	Factor
From		1	3	1	
Step					
To		1	3	37	

现在沿裂缝前线描绘应力强度因子 K_I。单击【Clear】清除图标,选择【Graph】图形→【Response

Curve】响应曲线→【Model Line】模型线)，确保【Model Line Name】模型线名称设置为【RADIAL_DOMAIN_1】，设置【X Coordinate】*X* 坐标为【RADIAL_DOMAIN_1】用户定义：ANGLE_ON_CRACK_FRONT)，【Y Coordinate】*Y* 坐标为【(Fracture：K-I】(断裂：KI)，单击【Apply】应用。将【Model Line Name】模型线名称设置为【RADIAL_DOMAIN_2】，【X Coordinate】*X* 坐标为【User Defined：ANGLE_ON_CRACK_FRONT】(用户定义：ANGLE_ON_CRACK_FRONT)，【Y Coordinate】*Y* 坐标为【Fracture：K-I】(断裂：K-I)，【Plot Name】绘图名称为【PREVIOUS】并单击【Apply】应用。最后将【Model Line Name】模型线名称设置为【RADIAL_DOMAIN_3】，【X Coordinate】*X* 坐标为【User Defined：ANGLE_ON_CRACK_FRONT】(用户定义：ANGLE_ON_CRACK_FRONT)，【Y Coordinate】*Y* 坐标为【Fracture：K-I】(断裂：K-I)，【Plot Name】绘图名称为【PREVIOUS】并单击【OK】确定。图形窗口如图 1.14.42 所示。

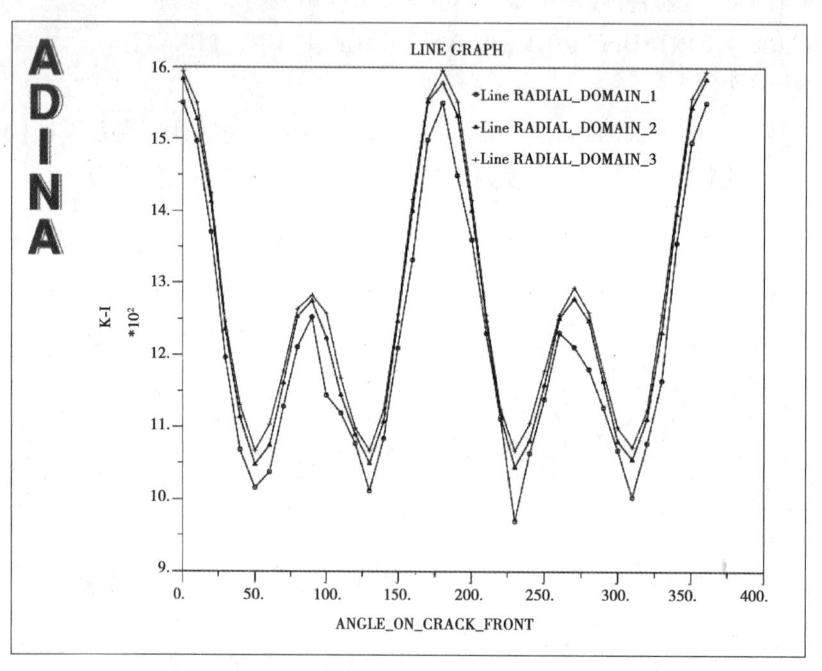

图 1.14.42 绘制应力强度因子 K_I

结果在径向域 2 和 3 之间变化很小。

选择【Graph】图形→【List】列表并滚动到列表的底部。角度 3.60000E+02(度)的 K-I 值应该在 1.59389E+03 MPa-$\sqrt{mm}$左右。由于自由网格划分，结果可能会略有不同。

可以重复这个过程来确定沿裂缝前线的应力强度因子 K_{III}。单击【Clear】清除图标CLEAR，选择【Graph】图形→【Response Curve】响应曲线→【Model Line】模型线，确保【Model Line Name】模型线名称设置为【RADIAL_DOMAIN_1】，设置【X Coordinate】*X* 坐标为【User Defined：ANGLE_ON_CRACK_FRONT】用户定义：ANGLE_ON_CRACK_FRONT，【Y Coordinate】*Y* 坐标为【Fracture：K-III】断裂：K-III 并单击【Apply】应用。将【Model Line Name】模型线名称设置为【RADIAL_DOMAIN_2】，【X Coordinate】*X* 坐标为【User Defined：ANGLE_ON_CRACK_FRONT】(用户定义：ANGLE_ON_CRACK_FRONT，【Y Coordinate】*Y* 坐标为【Fracture：K-III】断裂：K-III，【Plot Name】绘图名称为【PREVIOUS】，然后单击【Apply】应用。最后将【ModelLineName】模型线名称设置为【RADIAL_DOMAIN_3】，将【XCoordinate】*X* 坐标设置为【UserDefined：ANGLE_ON_CRACK_FRONT】用户定义：ANGLE_ON_CRACK_FRONT，将【Y Coordinate】*Y* 坐标设置为【Fracture：K-III】断裂：K-III，将【PlotName】绘图名称设置为【PREVIOUS】，然后单击【OK】确定，图形窗口如图 1.14.43 所示。

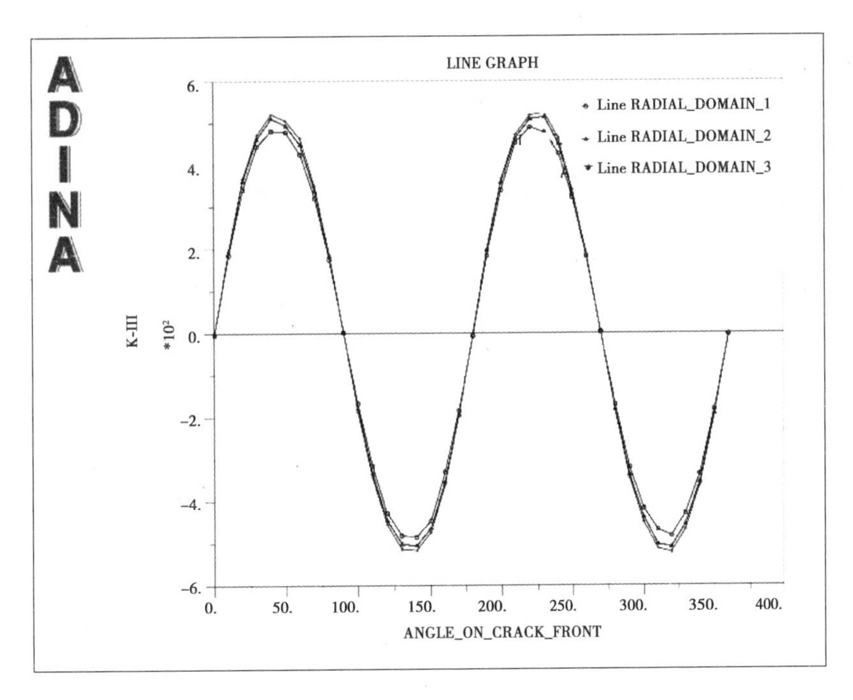

图 1.14.43 绘制应力强度因子 K_{III}

径向域2和3之间的结果变化很小。显然,由于荷载的非轴对称性,裂纹前沿受到一些平面外的剪切。选择【Graph】图形→【List】列表并滚动到列表的底部。

注意:角度3.20000E+02(度)的K-III的值应该在-5. 21441E+02 MPa-$\sqrt{\text{mm}}$左右。

14.13 退出AUI

选择主菜单中的【File】文件→【Exit】退出,弹出【AUI】对话框,单击【Yes】,其余选【默认】,退出ADINA-AUI。

说明

①使用邻近裂纹前缘的结构化(映射)网格可以解决这个问题。ADINA-M的CRACK-M特征可用于创建映射网格。

②使用CRACK-M特征创建的结构化网格的解的准确度可以预期高于解决方案,从此问题中使用的非结构化网格的准确度,考虑其中的网格使用节点和单元的数量。但是,建立结构化网格更加困难,实际上,可以使用批处理文件和命令行输入来设置结构化网格。

③在此问题的网格划分中,虽然在输入中指定了27节点六面体单元,但会生成27节点六面体单元和10节点四面体单元的混合。

④对于非结构化网格,将节点移动到四分之一点会导致单元过度扭曲。因此节点在这个CRACK-SVS定义中不会移动到四分之一点。

⑤也可以绘制应力强度因子 K_{II},但与其他应力强度因子相比,其值可以忽略不计。

问题 15　橡胶 O 形圈压在两块无摩擦的板之间

问题描述

1) 问题概况

如图 1.15.1 所示,模型中的橡胶 O 形圈被压在两块无摩擦的板之间。

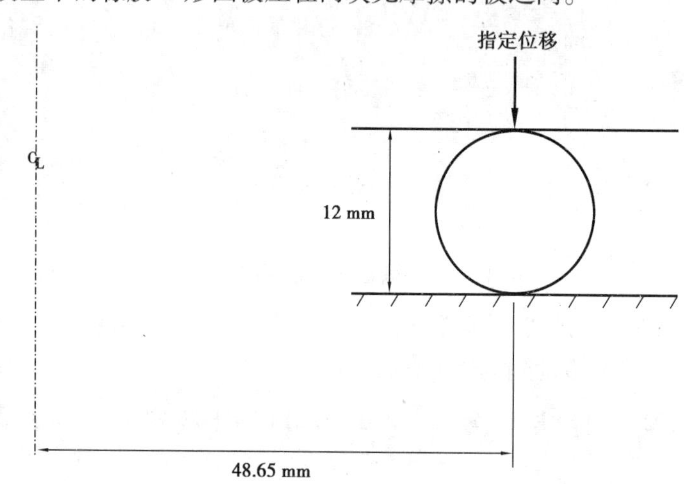

图 1.15.1　问题 15 中的计算模型

此例可适用范围二维轴对称分析在这里是适当的。橡胶的单轴应力-应变曲线上的数据点见表 1.15.1。

表 1.15.1　橡胶的单轴应力-应变曲线上的数据点

Engineering strain (mm/mm)	Engineering stress (N/mm^2)
-0.5	-0.238 3
-0.3	-0.103 5
-0.1	-0.027 5
0.0	0.0
0.1	0.011 1
0.3	0.028 0
0.5	0.040 9
0.7	0.051 6
0.9	0.061 0

在该分析中,得到规定位移 4 mm 的变形,接触力和应力状态。

2) 演示内容

本例将演示以下内容:

①为2D实体单元选择应变保存。

②输入橡胶类材料的应力应变数据。

③使用连接网格功能连接节点。

④绘制并列出菌株。

15.1 启动AUI,选择有限元程序

启动AUI,并将【Program Module】程序模块下拉列表设置为【ADINA Structures】ADINA结构。

15.2 定义模型控制数据

1)问题标题

选择【Control】控制→【Heading】标题,输入标题【Problem15: Rubber O-ring pressed between two frictionless plates】,并单击【OK】确定。

2)用于2D单元的平面

选择【Control】控制→【Miscellaneous Options】其他选项,将【2D Solid Elements in】2D实体单元字段设置为【XY-Plane,Y-Axisymmetric】*XY*平面,*Y*轴对称,然后单击【OK】确定。

3)平衡迭代容差

改变平衡迭代中使用的收敛容差。选择【Control】控制→【Solution Process】求解方案过程,单击【Method...】方法...按钮,将【Maximum Number of Iterations】最大迭代次数设置为"30",然后单击【OK】确定。单击【Tolerances...】容差按钮,将【Convergence Criteria】收敛标准设置为【Energy】能量和【Force】力。将【Contact Force Tolerance】接触力公差设置为【1E-3】,并将【Force Tolerances】力公差框中的【Reference Force】参考力字段设置为"1.0"。单击【OK】确定两次,以关闭这两个对话框。

4)应变计算和节约

将应变计算和保存为有限元解的一部分。选择【Control】控制→【Porthole】舷窗→【Select Element Results】选择单元结果,添加【Result Selection Number 1】结果选择编号"1",将【Strain】应变设置为【All】全部,然后单击【OK】确定。

5)时间函数

如将在一个时间步中应用整个负载,需要一个时间函数来达到1.0时刻的最大规定位移。选择【Control】控制→【Time Function】时间函数,按表1.15.2所示方式编辑表格,然后单击【OK】确定。

表1.15.2 时间函数

Time	Value
0.0	0.0
1.0	4.0

15.3 定义模型几何

图1.15.2显示定义模型时使用的关键几何元素。

1)几何点

单击【Define Points】定义点图标,在表格中输入表1.15.3中信息(记住将X3列留空),然后单击【OK】确定。

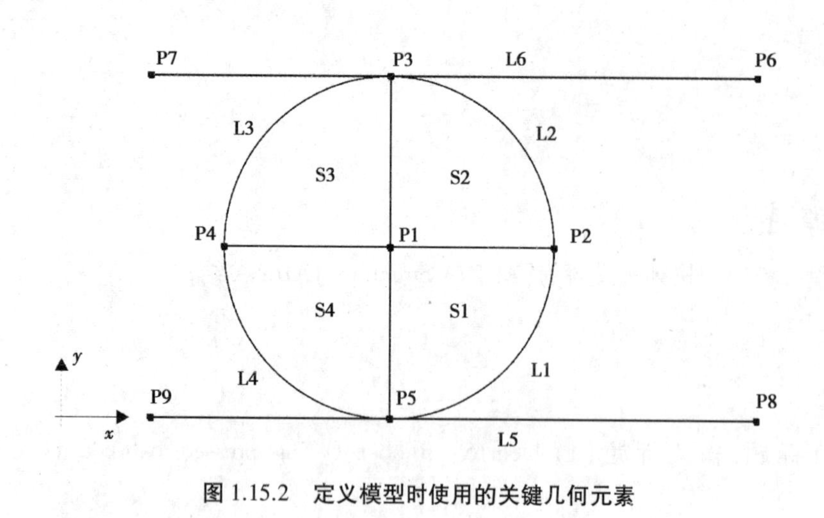

图 1.15.2　定义模型时使用的关键几何元素

表 1.15.3　定义点参数

Point#	X1	X2
1	48.65	6.0
2	54.65	6.0
3	48.65	12.0
4	42.65	6.0
5	48.65	0.0
6	62.0	12.0
7	40.0	12.0
8	62.0	0.0
9	40.0	0.0

单击【Point Labels】点标签图标，显示点编号。

2)几何线

单击【Define Lines】定义线图标，输入表 1.15.4、表 1.15.5 中信息，然后单击【OK】确定。

表 1.15.4　定义线 1~线 4 参数

Line number	Type	Defined by	P1	P2	Center
1	Arc	P1,P2,Center	5	2	1
2	Arc	P1,P2,Center	2	3	1
3	Arc	P1,P2,Center	4	3	1
4	Arc	P1,P2,Center	5	4	1

表 1.15.5　定义线 5~线 6 参数

Line number	Type	Point 1	Point 2
5	Straight	8	9
6	Straight	7	6

当用户单击【Line/Edge Labels】线条/边缘标签图标时，图形窗口应如图 1.15.3 所示。

3)几何曲面

单击【Define Surfaces】定义曲面图标，定义表 1.15.6 中曲面，然后单击【OK】确定。

表 1.15.6　定义曲面的参数

Surface number	Type	Point 1	Point 2	Point 3	Point 4
1	Vertex	1	5	2	1
2	Vertex	1	2	3	1
3	Vertex	1	3	4	1
4	Vertex	1	4	5	1

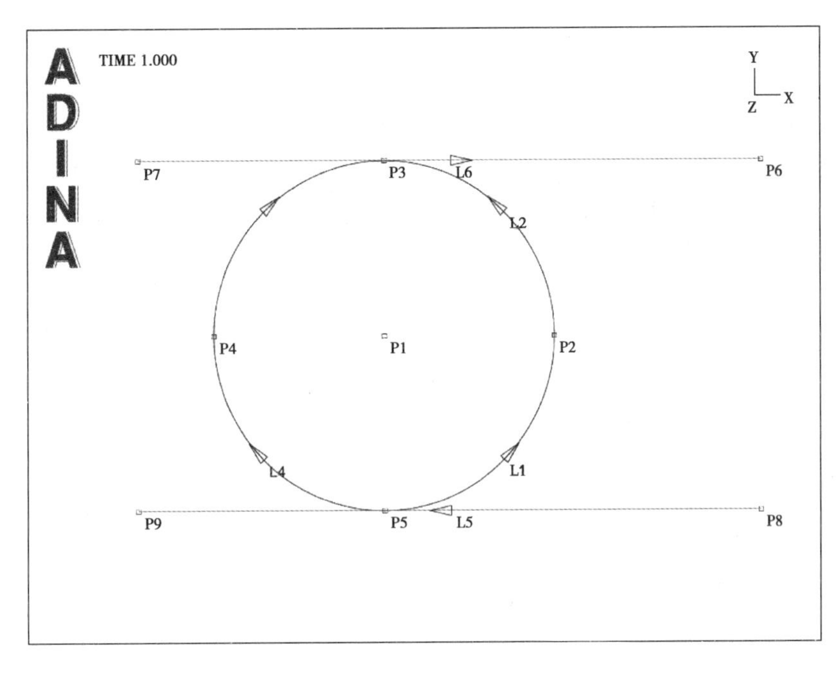

图 1.15.3 线条/边缘标签

15.4 定义边界条件、约束方程式及载荷

1)边界条件

现将修复第5行。单击【Apply Fixity】应用固定图标,将【Applyto】应用于字段更改为【Edge/Line】棱边/直线,在表格的第一行和第一列中输入行号“5”,然后单击【Apply】应用(不要关闭对话框栏)。

将允许第六行仅在 Y 方向移动。用户需要定义一个相应的固定性,然后将其应用到第六行。单击【Define...】定义按钮。在【Define Fixity】定义固定对话框中,添加【fixityname】固定名称 FIXX,选择【X-Translation】X 方向平动按钮,然后单击【OK】确定。在【ApplyFixity】应用固定对话框中,将【Fixity】固定设置为【FIXX】,在表的第一行和第一列中输入第6行,然后单击【OK】确定。

2)约束方程式

将约束第6行到第6点,以便当点6沿 Y 方向移动时,第6行跟随。选择【Model】模型→【Constraints】约束→【Constraint Equations】约束等式并添加约束集1。在从属框中,将【Entity Type】实体类型设置为【Line】直线,将【Entity#】实体#设置为“6”,并将【Slave DOF】从属自由度设置为【Y-Translation】Y-平移。在表格的第一行中,将【Point #】点号设置为“6”,将【Master DOF】主自由度设置为【Y-Translation】Y-平移。然后单击【OK】确定。

3)负载

现将通过将顶部接触面向下移动规定的数量来施加负载。单击【Apply Load】应用载荷图标,将【Load Type】载荷类型设置为【Displacement】位移,然后单击【Load Number】载荷编号字段右侧的【Define...】定义...按钮。在【Define Displacement】定义位移对话框中,添加【displacement 1】位移1,将【Prescribed Valuesof Translation】平移的规定值框中的【Y】字段设置为“-1.0”,然后单击【OK】确定。在【Apply Load】应用载荷对话框中,确保【Applyto】应用于字段设置为【Point】点,然后在表格的第一行将【Point #】点号设置为“6”,然后单击【OK】确定。

注意:也可以将规定的位移直接应用到线上。在这种情况下,不需要约束方程。

单击【Boundary Plot】边界绘图图标,【Load Plot】载荷绘图图标和【Node Labels】节点标号图标时,图形窗口如图1.15.4所示。

注意:节点1已经自动创建在几何点6的位置。

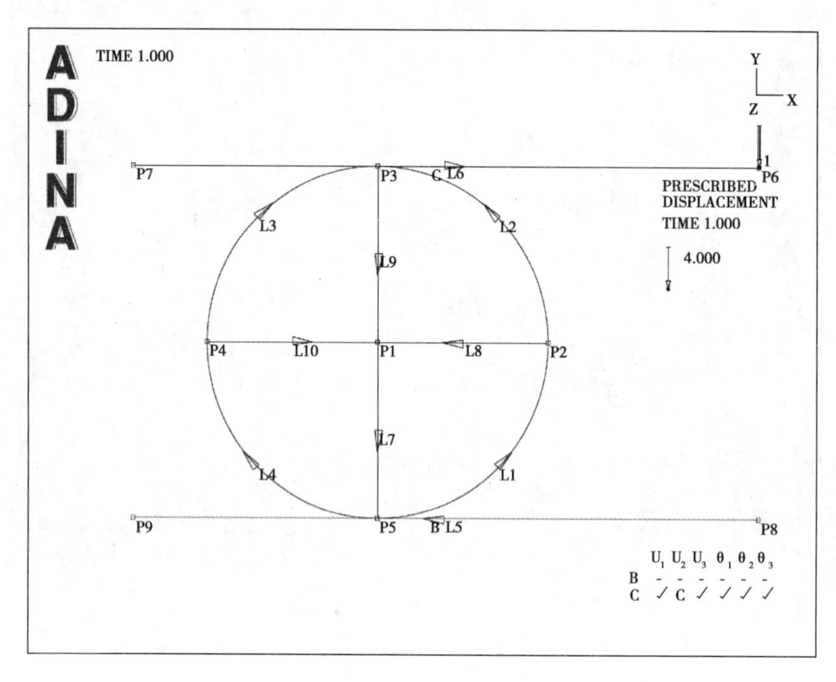

图 1.15.4 边界条件和载荷

15.5 定义材料

O 形圈的材料是橡胶,用户给出了应力-应变曲线上的数据点。因此,使用 AUI 的曲线拟合功能来生成材料常数。

单击【Manage Materials】管理材料图标M,然后单击【Ogden】按钮。添加【material 1】材料 1,然后单击【Fitting Curve】拟合曲线字段右侧的【...】按钮。在【Define Fitting Curve】定义拟合曲线对话框中,添加【Fitting Curve1】拟合曲线 1,然后单击【Simple Tension Curve】简单张力曲线字段右侧的【...】按钮。在【Define Stress-Strain2 Curve】定义应力-应变 2 曲线对话框中,添加【curve 1】曲线 1,输入表 1.15.7 中应力应变数据点(为了方便起见,这些点从问题描述中重复出现),然后单击【OK】确定。(可以忽略 Strain2 列。)

表 1.15.7 应力应变数据点

Strain	Stress
-0.5	-0.238 3
-0.3	-0.103 5
-0.1	-0.027 5
0.0	0.0
0.1	0.011 1
0.3	0.028 0
0.5	0.040 9
0.7	0.051 6
0.9	0.061 0

在【Define Fitting Curve】定义拟合曲线对话框中,将【Simple Tension Curve】简单张力曲线设置为“1”,然后单击【OK】确定。在【Define Ogden Material】定义 Ogden 材质对话框中,将【Fitting Curve】拟合曲线设置为“1”。现在设置 Alpha 1 = 1.3, Alpha 2 = 5.0, Alpha 3 = -2.0,然后单击【Save】保存。

AUI 执行曲线拟合以确定 Ogden 材料模型中的常数,并填充【Define Ogden Material】定义 Ogden 材料对话框的【Bulk Modulus】宏观模量、【Mu1】、【Mu2】和【Mu3】字段。【Bulk Modulus】宏观模量是 20.0911, Mu1 是 0.007 416 97, Mu2 是 0.002 549 53, Mu3 是-0.028 987 5。AUI 也会写一些关于曲线拟合的信息给消息窗口。使用消息窗口的滚动条查看信息(如有必要,选择【View】查看→【Message Window】消息窗口打开消息窗口)。

要显示应力-应变曲线,单击【Define Ogden Material】定义 Ogden 材料对话框中的【Graph】图形按钮。图形窗口如图 1.15.5 所示。

关闭新的图形窗口。单击确定【OK】关闭【Define Ogden Material】定义 Ogden 材料对话框,然后单击【Close】关闭,关闭【Manage Material Definitions】管理材料定义对话框。

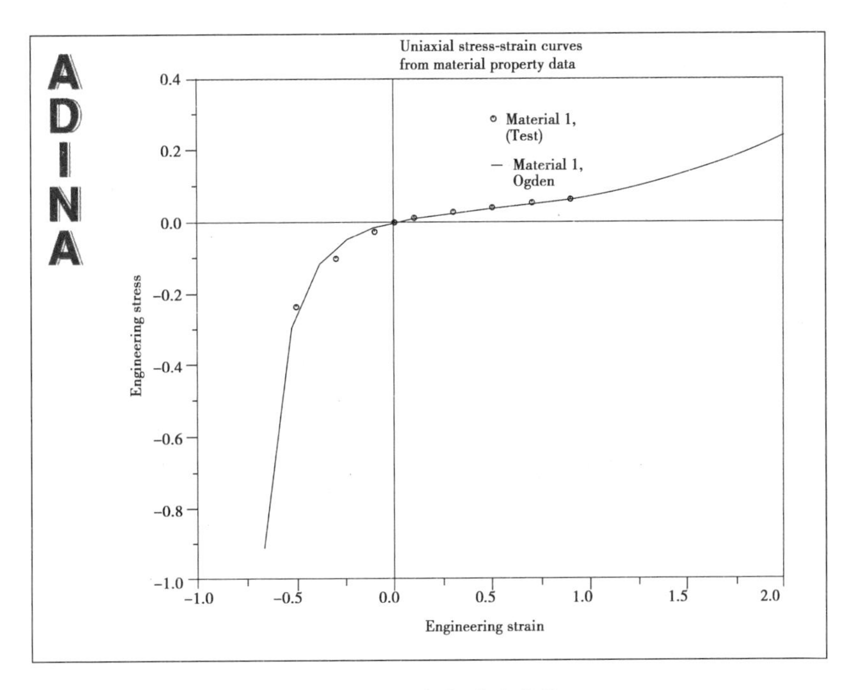

图 1.15.5　应力-应变曲线

15.6　定义细分数据

将使用磅值来定义细分数据。选择【Meshing】网格→【Mesh Density】网格密度→【Complete Model】完整模型，确保【Subdivision Mode】细分模式设置为【Use End-Point Sizes】使用的最终点大小，然后单击【OK】确定。

在 O 形圈的 5 个点输入单元密度。选择【Meshing】网格→【Mesh Density】网格密度→【Point Size】点大小，并参照表 1.15.8，设置点的网目尺寸 1 至 5，然后单击【OK】确定。

表 1.15.8　单元密度

Point#	Mesh Size
1	1.2
2	1.2
3	0.8
4	1.2
5	0.8

图形窗口如图 1.15.6 所示。

注意：这些短的垂直线在点 3 和点 5 附近间隔更近，这是因为点 3 和点 5 的点大小最小并在第一点最大。

15.7　定义 O 形圈的有限元和节点

单击【Mesh Surfaces】划分曲面网格图标。然后单击【Element Group】单元组文本右侧的+按钮，然后单击该字段右侧的【...】按钮。在【Define Element Group】定义单元组对话框中，验证【Element Sub-Type】单元子类型设置为【Axisymmetric】轴对称，然后单击【Cancel】取消。在【Mesh Surfaces】划分曲面网格对话框中，在表的前 4 行中输入“1、2、3、4，”然后单击【OK】确定。单击【Node Labels】节点标签图标隐藏节点编

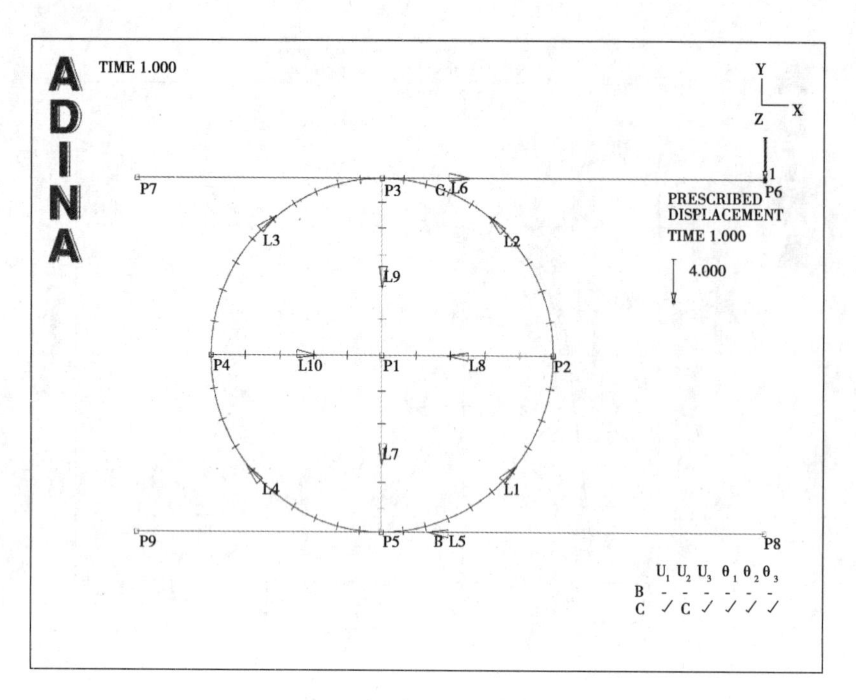

图 1.15.6 细分几何线

号,图形窗口如图 1.15.7 所示。

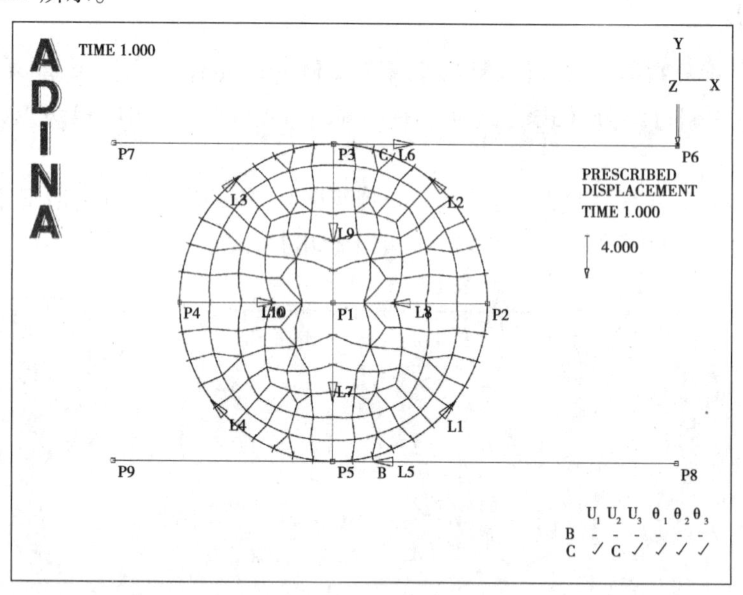

图 1.15.7 曲面网格

15.8 定义接触表面

1)接触组控制数据

单击【Contact Groups】接触组图标,添加【contactgroup 1】接触组 1,验证【contactgrouptype】接触组类型是【2-D Contact】二维接触,然后单击【OK】确定。

2)接触表面

使用 3 个接触表面。接触表面 1 围绕整个 O 形圈,接触表面 2 表示下部板,并且接触表面 3 表示上部板。

单击【Define Contact Surfaces】定义接触面图标,添加【contact surface number1】接触面编号 1,在表的前 4 行输入第一列中的行号 1、2、3、4,然后单击【Save】保存。然后【add contact surface number】添加联系表面编

号2,在表格的第一列和第一行中输入第5行,然后单击【Save】保存。用同样的方法在第6行定义联系表面编号3,然后单击【OK】确定。

用户需要在接触面2和3上有节点。单击【Mesh Rigid Contact Surface】网格刚性接触面图标,将【Contact Surface】接触面字段设置为"2",然后单击【Apply】应用。这将一个接触段和3个节点放置在接触面2上。要将节点和接触段放置到接触面3上,请将【Contact Surface】接触面字段设置为"3",然后单击【OK】确定。当用户单击【Show Segment Normals】显示段法线图标时,图形窗口如图1.15.8所示。

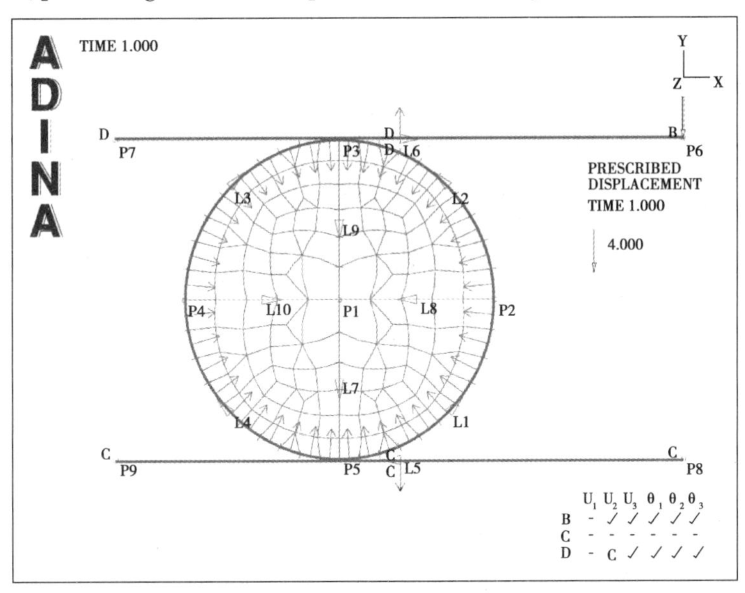

图1.15.8 接触定义

3)**接触对**

为了完成接触建模,用户需要定义哪些表面可以接触以及相关的摩擦系数。接触表面1可以接触表面2和接触表面3,所以有两个接触对。在第一对接触表面1中是接触器,并且接触表面2是目标,并且在第二对接触表面1中是接触器,并且接触表面3是目标。

单击【Define Contact Pairs】定义接触对图标并添加【contact pair 1】接触对1。将【Target Surface】目标曲面置为"2",将【Contactor Surface】接触面设置为"1",确认【Coulomb Friction Coefficient】库仑摩擦系数为"0.0",然后单击【Save】保存。添加【contact pair 2】触点对2,【contact surface 3】触点表面3作为【Contactor Surface】接触表面,【contact point 1】触点1作为触点表面以相同的方式。单击【OK】确定。

15.9 将主约束节点与顶部刚性接触面连接起来

单击【NodeLabels】节点标签图标以绘制节点标签,单击【Query】查询图标并在载荷应用程序点选框选择节点。以下文本显示在消息窗口中:

```
Node 1,orig=...
Node 635,orig=...
Geometry point 6 (...
```

当生成顶部接触表面片段时,生成的节点和已经存在的节点之间不存在重合检查。显然节点1和635需要连接。

选择【Meshing】网格→【Nodes】节点→【Join Mesh】加入网格,设置【Merge Nodes Associated With】合并节相关点,到【List of Nodes】节点列表,在表中双击,在【load application】载荷应用程序的点框选的节点,按Esc键返回对话框。该表应显示前两行中的节点1,635。单击【OK】确定,关闭对话框。

图形窗口如图1.15.9所示。

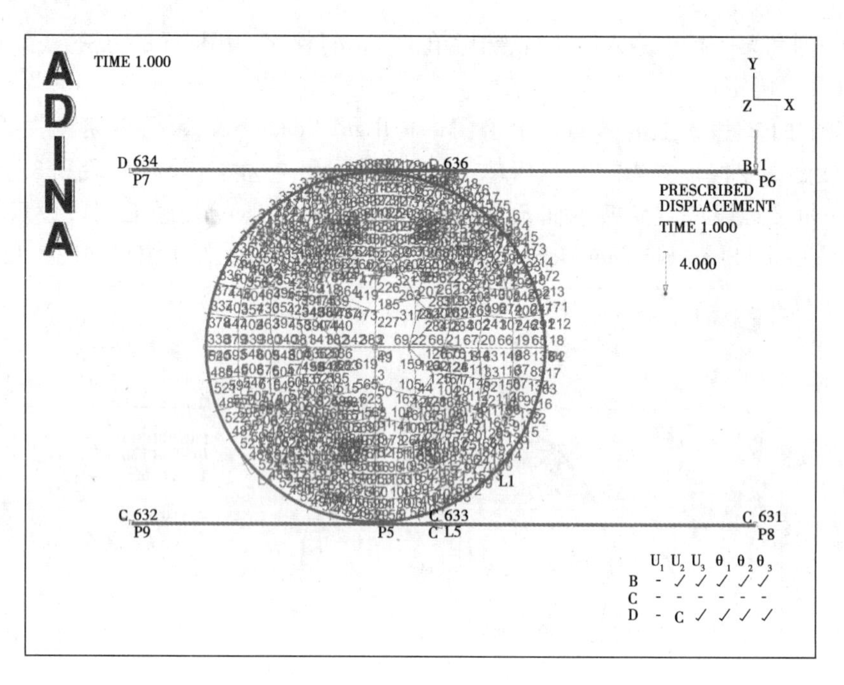

图 1.15.9　节点号

15.10　生成 ADINA 数据文件，运行 ADINA 结构数据，后处理

单击【Save】保存图标并将数据库保存到文件“prob15”。单击【Data File/Solution】数据文件/求解方案图标，将文件名称设置为“prob15”，确保【Run Solution】运行求解方案按钮被选中，然后单击【Save】保存。

ADINA Structures 会使用 ATS 方法来获得求解方案，见表 1.15.9。

表 1.15.9　ATS 方法的求解结果

Current time	Time step size	Trial solution time	Result
0.0	1.0	1.0	No convergence
0.0	0.5	0.5	Covergence
0.5	0.5	1.0	Covergence

【ADINA Structures】ADINA 结构完成后，关闭所有打开的对话框。将【Program Module】程序模块下拉列表设置为【Post-Processing】后处理(用户可以放弃所有更改)，单击【Open】打开图标并打开舷窗文件“prob15”。

15.11　获取模型信息的摘要

查看模型的总结，可选择【List】列表→【Info】信息→【Model】模型和读取。在出现的窗口中的信息，如有必要使用滚动条。

要了解哪些求解方案被载荷，可选择【List】列表→【Info】信息→【Response】响应和读取。在出现的窗口信息中，从时间 0 到 1(第 1 个载荷步骤包含初始条件，第 2 个包含计算的响应)载荷了两个载荷步骤。

要了解这些变量是否可以在后处理中使用，可选择【List】列表→【Info】信息→【Variable and reading】变量和读取，在窗口中显示信息。

15.12　用负载和接触力获得变形的网格图

单击【Show Original Mesh】显示原始网格图标和【Load Plot】载荷图标。

要将分布式接触牵引添加到网格图，请单击【Create Reaction Plot】创建反作用力图图标，将【Reaction

Quantity】反作用力量设置为【DISTRIBUTED_CONTACT_TRACTION】并单击【OK】确定。使用【Pick】图标和鼠标缩小网格图并移动注释,直到图形窗口如图 1.15.10 所示。

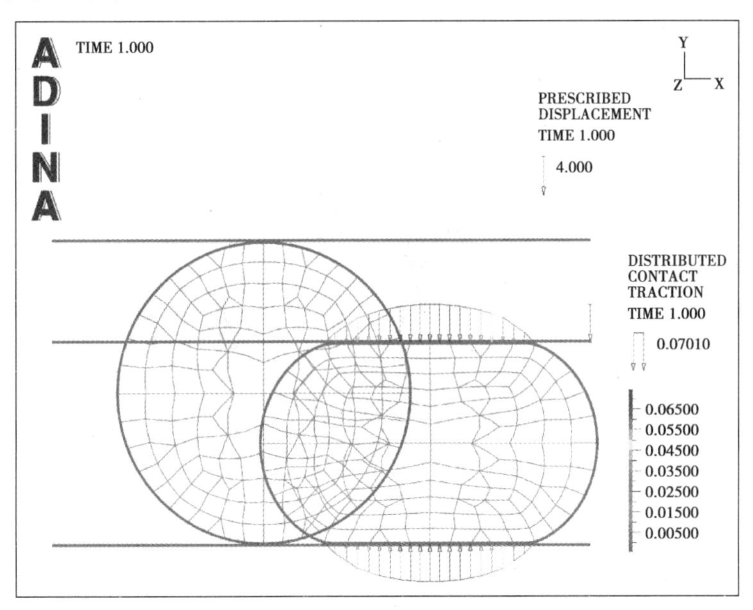

图 1.15.10　变形的网格图

15.13　绘制应变带和载体

绘制最大主应变带。单击【Clear】清除图标和【Mesh Plot】网格绘图图标,然后单击【Create Band Plot】条带绘图图标,选择变量【(Strain:LOGSTRAIN-P1)】并单击【OK】确定。将网格图移到图形窗口的上半部分。

在图形窗口中添加一个应变矢量图。单击【Mesh Plot】网格绘图图标,然后缩小新创建的网格图,使其大小与前一个网格大小相同绘制并将其移动到之前的网格图的正下方。使用【Pick】拾取图标和鼠标删除额外的文字和轴。

单击【Create Vector Plot】创建向量绘图图标,将【Vector Quantity】向量物理量设置为【STRAIN】应变,单击【OK】确定,然后将矢量表移动到网格图的右侧位置。图形窗口如图 1.15.11 所示。

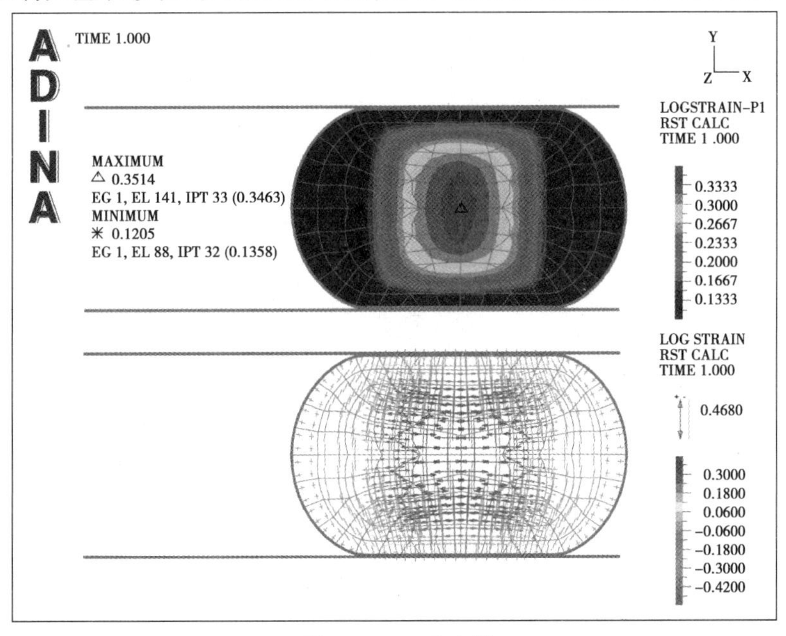

图 1.15.11　应变带

如果想仔细看看 O 形环中心附近的应变矢量,可以单击缩放图标,然后选择一个缩放边界框来包围 O 形环的中心,此时应变矢量表将不可见,并且应变矢量将相应地放大。

因此,请单击【Mesh Zoom】网格缩放图标,然后制作一个刚刚包围的橡皮筋盒子 O 形圈的中心。图形窗口如图 1.15.12 所示。

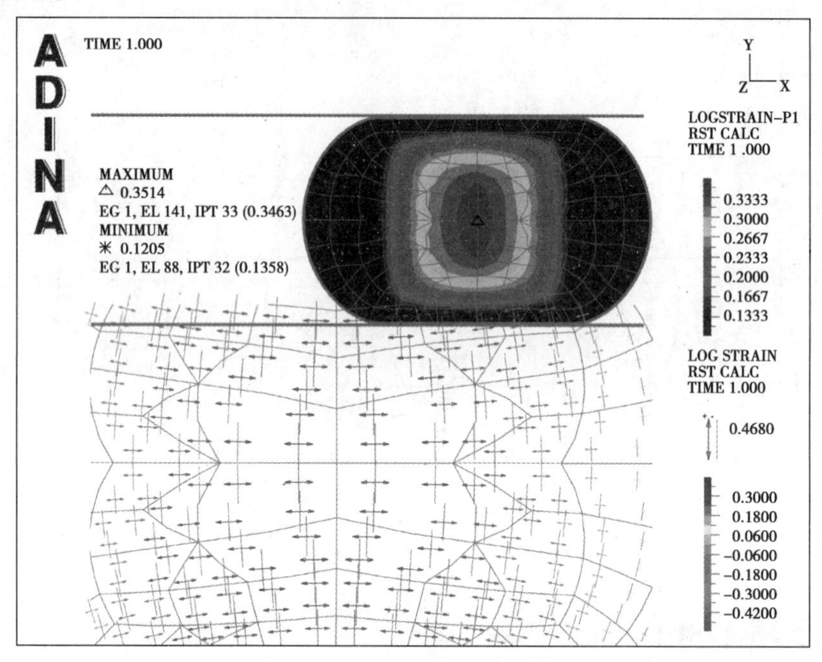

图 1.15.12 O 形环中心附近的应变矢量

AUI 只放大封装在橡皮带盒中的网格图,不放大应变矢量。要恢复原始图片,请单击【Refit】重新整理图标。

15.14 制作列表

将列出模型内的应变。选择【List】清单→【ValueList】值清单→【Zone】区域。将【variable 1】变量 1 设置为【Strain:LOGSTRAIN-P1】应变:LOGSTRAIN-P1,将【variable 2】变量 2 设置为【Strain:LOGSTRAIN-P2】应变:LOGSTRAIN-P2,将【variable3】变量 3 设置为【Strain: LOGSTRAIN-P3】应变:LOGSTRAIN-P3,然后单击【Apply】应用。使用滚动条来检查列表。

注意:应变是在积分点处输出的。要在节点处获得平滑应变列表,请将【Smoothing Technique】平滑技术字段设置为【AVERAGED】平均,然后单击【Apply】应用,该对话框将显示新的列表。

15.15 退出 AUI

选择主菜单中的【File】文件→【Exit】退出,弹出【AUI】对话框,单击【Yes】,其余选【默认】,退出 ADINA-AUI。

问题16　限制弯管的荷载分析

问题描述

1)问题概况

如图1.16.1所示,模型中弯管受到集中力的作用。

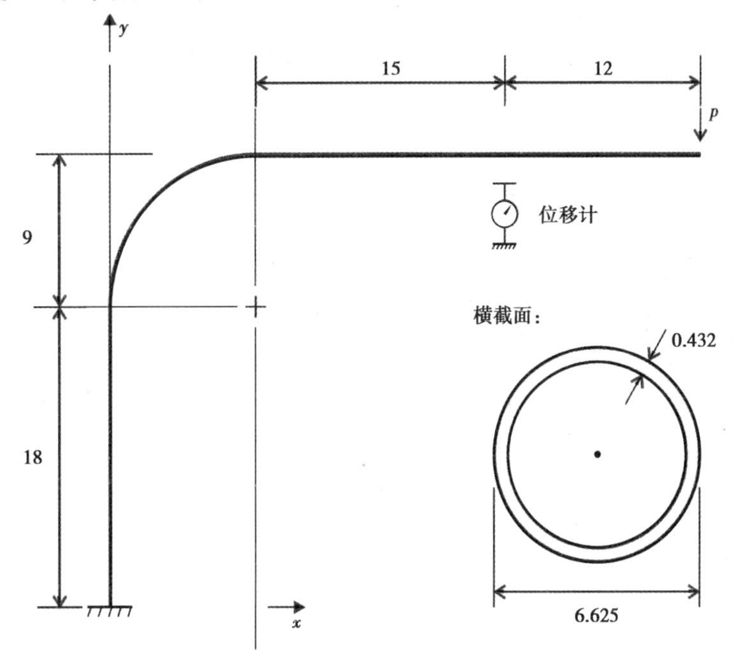

图1.16.1　问题16中的计算模型

所有尺寸以英寸为单位(1 in=25.4 mm),材料是不锈钢。

E=29 700 kpsi(1 Psi=6.89×10^3 Pa),v=0.27

使用vonMises屈服准则和各向同性硬化,管道的材料可以理想化为弹塑性材料,单轴应力-应变曲线见表1.16.1。

表1.16.1　单轴应力-应变曲线参数

Logarithmic strain	True stress(10^3 psi)
6.06×10^{-4}	18.0
0.002	35.4
0.007 7	40.8
0.02	48.9
0.04	56.5
0.1	72.2

此例中可获得管道的力-变形曲线,特别是极限载荷。

2)演示内容

本例将演示以下内容:

①使用壳单元的大位移弹塑性分析。

②指定崩溃分析。

③向图形窗口添加文本。

16.1 启动AUI,选择有限元程序

启动AUI,并将【Program Module】程序模块下拉列表设置为【ADINA Structures】ADINA结构。

16.2 定义模型控制数据

1)问题标题

选择【Control】控制→【Heading】标题,在对话框中输入标题【Problem 16: Limit loadanalysis of a pipebend】然后单击【OK】确定。

2)整体模型控制数据

使用负载位移控制(LDC)算法执行崩溃分析,以自动选择负载步长。将【Analysis Type】分析类型下拉列表设置为【Collapse Analysis】折叠分析。我们将在稍后指定LDC算法所需的其他参数。

3)运动学

预计管道的位移可能很大。因此选择一个大的位移,大应变公式用于分析。选择【Control】控制→【Analysis Assumptions】分析假设→【Kinematics】运动学,将【Displacements/Rotations】位移/旋转字段设置为【Large】大,将【Strains】应变字段设置为【Large】大,然后单击【OK】确定。

16.3 定义模型几何

图1.16.2显示了定义模型时使用的关键几何元素。

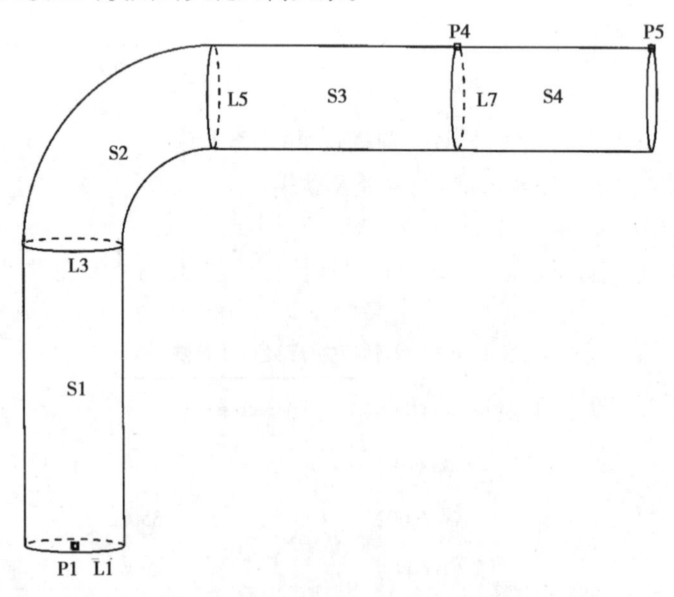

图1.16.2 定义模型时使用的关键几何元素

将通过在管道底部创建一个圆形横截面来定义管道中间表面,然后沿管道轴线挤出横截面。

要创建管道横截面,首先在管道横截面上创建一个点,并围绕管道轴(在管道底部,管道轴与y轴重合)旋转点。单击【Define Points】定义点图标,输入表1.16.2中信息,然后单击【OK】确定。

表 1.16.2 定义点参数

Point#	X1	X2	X3
1	-3.096 5	0	0

现在,要旋转点,单击【Define Lines】定义直线图标,添加【line number1】线号 1 并将【Type】类型设置为【Revolved】旋转。将【Initial Point】初始点设置为“1”,【Angle of Rotation】旋转角度设置为“360°”,将【Axis】轴设置为“Y”,然后单击【OK】确定。图形窗口如图 1.16.3 所示。

现在将沿 Y 轴的方向挤出横截面,为管道的第一条直线段创建表面。单击【Define Surfaces】定义曲面图标,添加【surface number 1】曲面编号 1 并将【Type】类型设置为【Extruded】拉伸。将【Initial Line】初始线设置为“1”,【Vector】矢量的分量设置为“0.0,18.0,0.0”,然后单击【OK】确定。

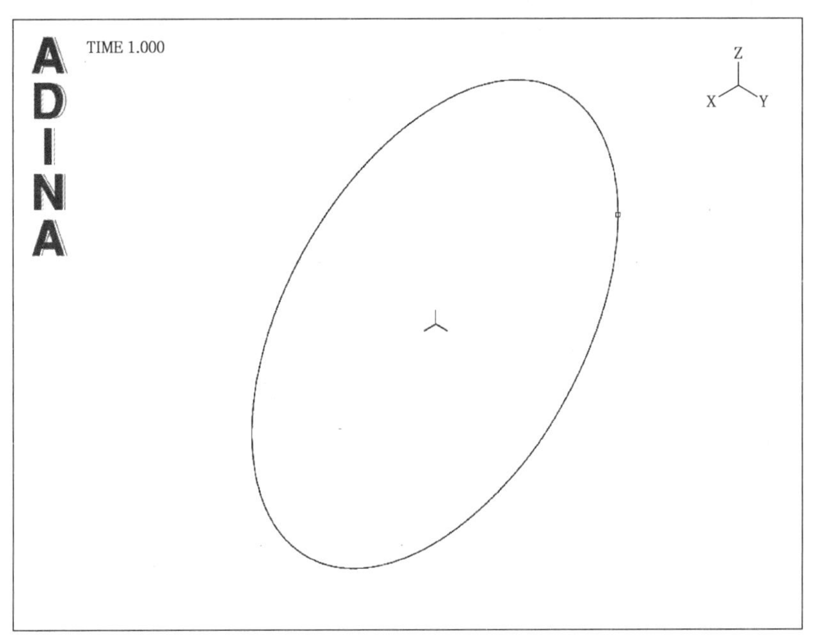

图 1.16.3 旋转生成的圆

为网格图选择更方便的视图。单击【Modify Mesh Plot】修改网格绘图图标,单击【View...】视图...按钮,将【View Direction】视图方向(不是【View Point】视图点)设置为“0.1,0.1,1.0”,将【Angle of Rotation】旋转角度设置为“135°”,然后单击【OK】确定两次以关闭这两个对话框。图形窗口如图 1.16.4 所示。

如使用这个视图显示所有连续的网格物体,需要改变默认的视图。

单击【Save View】保存视图图标。

现在继续管道表面的定义。创建弯管,需要围绕以中心(9.0,18.0,0.0)和分量(0.0,0.0,1.0)为轴的轴旋转新创建的截面线 90°。从网格图中,可以观察到用户需要旋转的那一行是第 3 行(使用【Query】查询图标?和鼠标来确认这一点)。单击【Define Surfaces】定义曲面图标,添加【surface number 2】曲面编号 2 并将【Type】类型设置为【Revolved】旋转。将【Initial Line】初始线设置为“3”,将【Angle of Rotation】旋转角度设置为“-90°”,由【Axis of Revolution Definedby】旋转轴定义到矢量,将【Vector Origin】矢量原点的分量设置为“9,18,0”,并将【Vector Direction】矢量方向的分量设置为“0,0,1”。单击【OK】确定后,图形窗口如图 1.16.5 所示。

为了创建剩余的直管段,将继续挤出管道横截面。第 1 次挤压将产生直管到用户想要测量位移的位置,而第 2 次挤压将产生剩余的管子。

请注意:要拉伸的管道横截面的线是第 5 行。

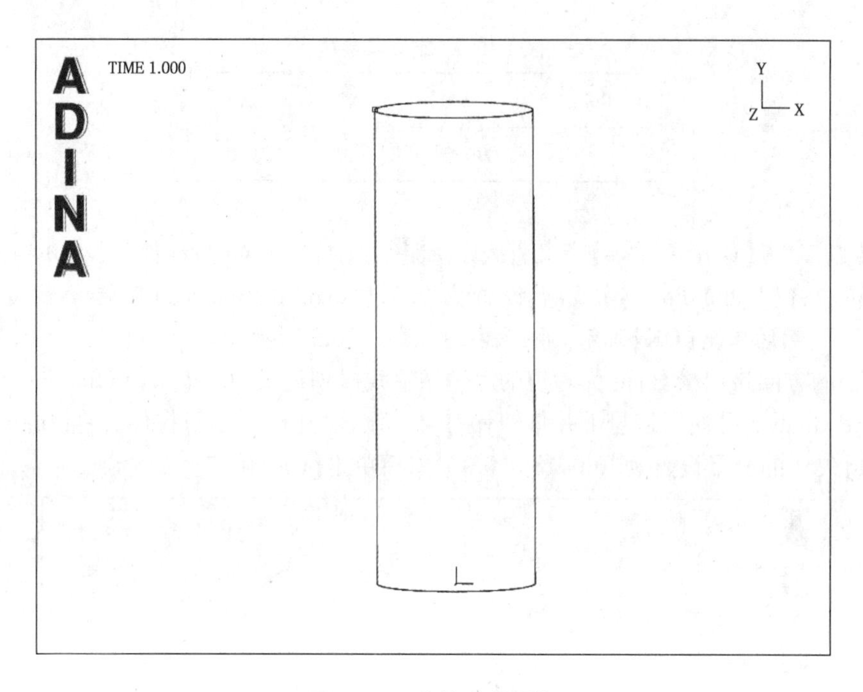

图 1.16.4　旋转生成圆柱

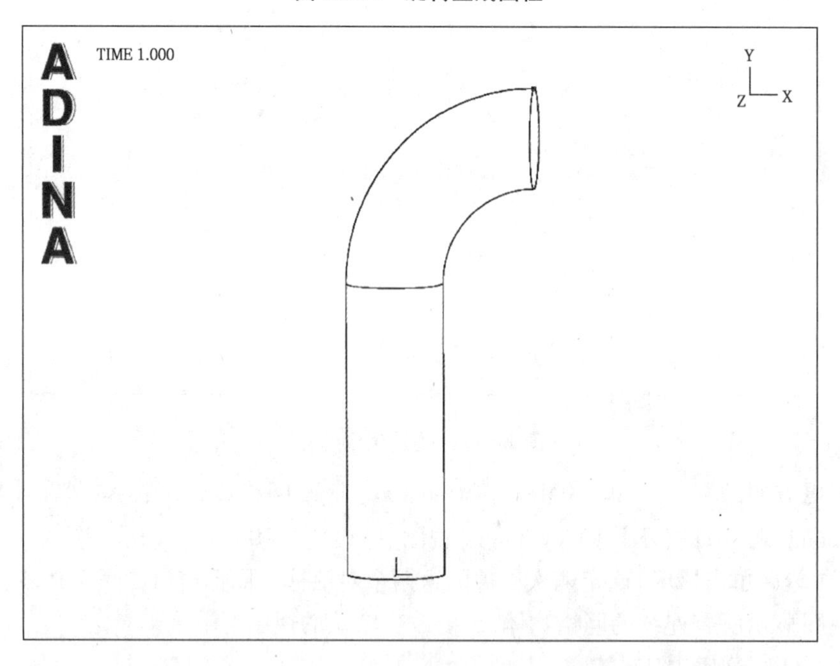

图 1.16.5　创建弯管

要创建第一个拉伸，请单击【Define Surfaces】定义曲面图标，添加【surface number 3】曲面编号“3”并将【Type】类型设置为【Extruded】拉伸。将【Initial Line】初始线设置为“5”，将【Vector】矢量的分量设置为“15,0,0”，然后单击【Save】保存。

注意：新创建的管道横截面的线段为 7 号线。

要创建第二个拉伸，请返回对话框，添加【surface number 4】曲面编号 4，将【Initial Line】初始线设置为“7”，将【Vector】矢量的组件设置为“12,0,0”并单击【OK】确定。

定义表面厚度，可选择【Geometry】几何体→【Surfaces】表面→【Thickness】厚度，为每个表面厚度输入“0.432”，然后单击【OK】确定。

16.4 定义边界条件和负载

1）边界条件

将修复第1行。单击【Apply Fixity】图标，将【Applyto】应用于字段设置为【Edge/Line】棱边/线，在表格的第一行和第一列输入行号“1”，然后单击【OK】确定。

2）荷载

将使用单位集中荷载到点5（管尖）。单击【Apply Load】应用载荷图标，确保【Load Type】载荷类型为【Force】力，然后单击【Load Number】载荷编号字段右侧的定义【...】按钮。在【Define Concentrated Force】定义集中力对话框中，添加【force 1】力1，将【Magnitude】幅度设置为“1.0”，将【Force Direction】力方向设置为“0，-1，0”，然后单击【OK】确定。在【Apply Load】应用载荷对话框中，确保【Apply to】应用于字段设置为【Point】点，并在表的第一行将【Point #】点号设置为“5”。单击【OK】确定关闭【Apply Load】应用载荷对话框。

单击【Boundary Plot】边界图图标和图形窗口的【Load Plot】载荷图图标，图形窗口如图1.16.6所示。

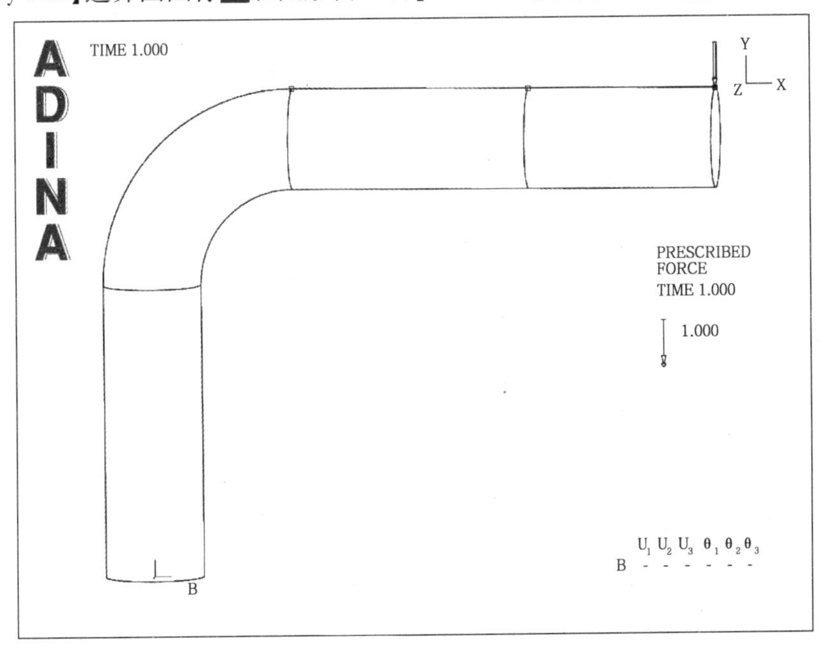

图1.16.6　边界条件和载荷

注意：因为正在执行折叠分析，所以【ADINA Structures】将自动选择载荷步长。由于用户已经定义了这个力，现在可以完成LDC算法的输入。用户将在第1个求解方案步骤中向下施加0.5英寸的位移，并且希望算法在达到4英寸位移后终止。

单击【Analysis Options】分析选项图标，确保【Point/Node#】点/节点号设置为“点”，将【Label#】标签#字段设置为“5”，【Degree of Freedom】自由度设置为【Y-Translation】Y平移，【Displacement】位移字段为“-0.5”，【Maximum Allowed Displacement】最大允许位移为“4”，选择【Continue after the first Critical Point is reached】到达第1个关键点后继续按钮并单击【OK】确定。现在选择【Control】控制→【TimeStep】时间步骤，在步数列中的第1行输入“10”，然后单击【OK】确定。

16.5 定义材料

单击【Manage Materials】管理材料图标M，然后单击【Plastic Multilinear】塑性多线性按钮。在【Define Multilinear Elastic-Plastic Material】定义多线性弹塑性材料对话框中，添加【material 1】材料1，将【Young’s Modulus】杨氏模量设置为“29700”，将【Poisson’s ratio】泊松比设置为“0.27”，并确认【Type of Strain

Hardening】应变硬化类型为【Isotropic】各向同性。然后在【Stress-Strain curve table】应力-应变曲线表中输入表1.16.3中应力-应变数据点(为了方便起见,这些点从问题描述中重复出现)。不要单击【OK】确定。

表1.16.3 应力-应变数据点

Strain	Stress
6.06E-04	18.0
0.002	35.4
0.007 7	40.8
0.02	48.9
0.04	56.5
0.1	72.2

单击【Graph】图形按钮显示应力-应变曲线,图形窗口如图1.16.7所示。

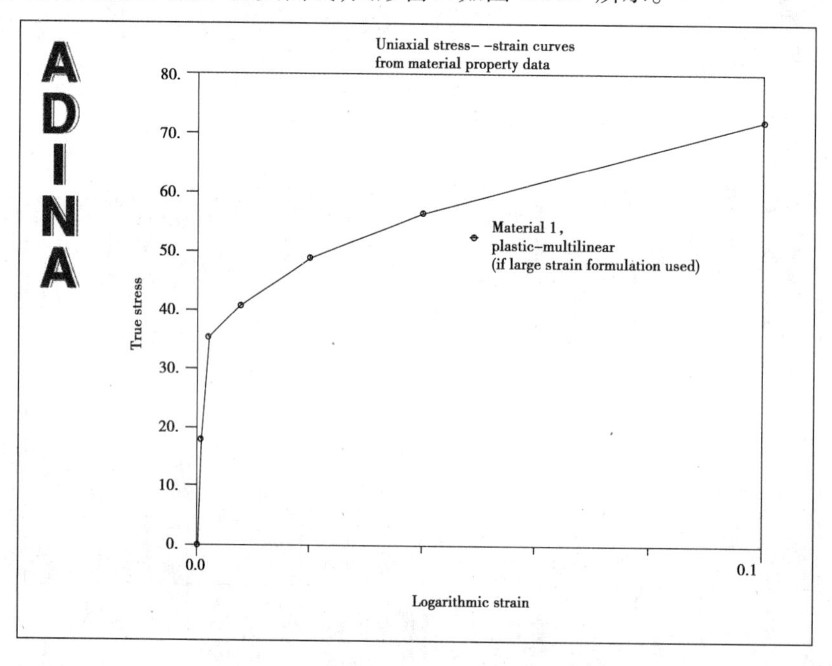

图1.16.7 应力-应变曲线

注意:该图显示了真实应力与对数应变的关系。对于这个问题,应变相对较小的问题,这些数量接近工程量。

关闭新的图形窗口,然后单击【OK】确定关闭【Define Multilinear Elastic-Plastic Material】定义多重线性弹塑性材料对话框,然后单击【close】关闭,关闭【Manage Material Definitions】管理材料定义对话框。

16.6 定义有限元和节点

1)细分数据

在几何点处输入网格尺寸,在管道弯曲处使用较小的网格尺寸。首先选择【Meshing】划分网格→【Mesh Density】网格密度→【Complete Model】完整模型,确保了【Subdivision Mode】分区模式是【Use End-Point Sizes】使用最终点大小,然后单击【OK】确定。现在选择【Meshing】划分网格→【Mesh Density】网格密度→【Point Size】点大小,设置【Points Defined from】点定义自栏【All Geometry Points】所有几何点,设置【Maximum】最大为"4",单击【Apply】应用。将点2和3的【Mesh Size】网格大小更改为"2.0",然后单击【OK】确定。

图形窗口如图 1.16.8 所示。

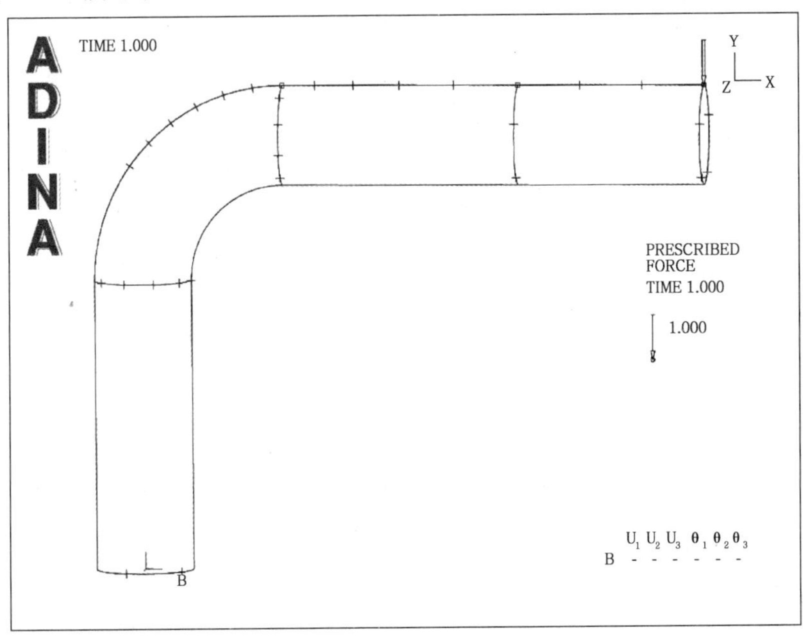

图 1.16.8　细分点

2)有限单元

将在几何曲面上生成 9 节点的壳体有限元。

单击【Mesh Surfaces】划分曲面网格图标,将【Type】类型设置为【Shell】壳,然后单击【Element Group】单元文本右侧的“+”按钮。现在将【Nodes per Element】每个单元的节点设置为“9”,然后单击【Options】选项选项卡。在【Nodal Coincidence Checking】节点重合性检查复选框中,将【Check】检查字段设置为【All Generated Nodes】所有生成的节点。单击【Basic】基本选项卡,在表的前 4 行中输入曲面“1、2、3、4”,然后单击【OK】确定。图形窗口如图 1.16.9 所示。

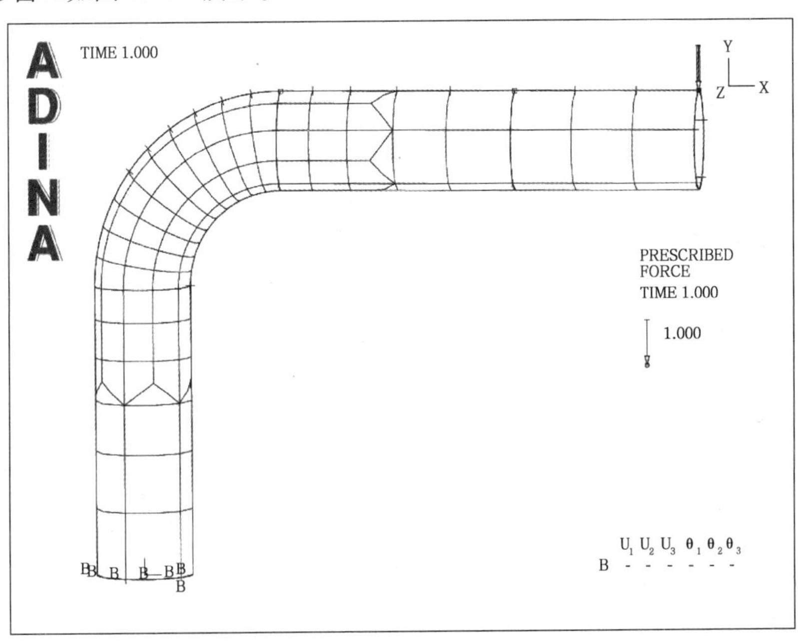

图 1.16.9　划分曲面网格

16.7 生成ADINA数据文件，运行ADINA结构数据，后处理

单击【Save】保存图标并将数据库保存到文件“prob16”。单击【Data File/Solution】数据文件/求解方案图标，将文件名设置为“prob16”，确保【Run Solution】运行求解方案按钮被选中，然后单击【Save】保存。【ADINA Structures】ADINA 结构完成后，关闭所有打开的对话框。将【Program Module】程序模块下拉列表设置为【Post-Processing】后处理并放弃所有更改。然后单击【Open】打开图标，将【Filet ype】文件类型字段设置为【ADINA-IN Database Files（*.idb）】ADINA-IN 数据库文件（* .idb），选择文件“prob16”并单击【Open】打开。然后单击【Open】打开图标并打开舷窗文件“prob16”。

注意：首先打开【ADINA-IN】数据库，然后载荷舷窗文件。这样做的目的是能够使用几何点创建力-变形曲线结果。

16.8 获取变形的网格图

变形的网格图图形窗口如图 1.16.10 所示。

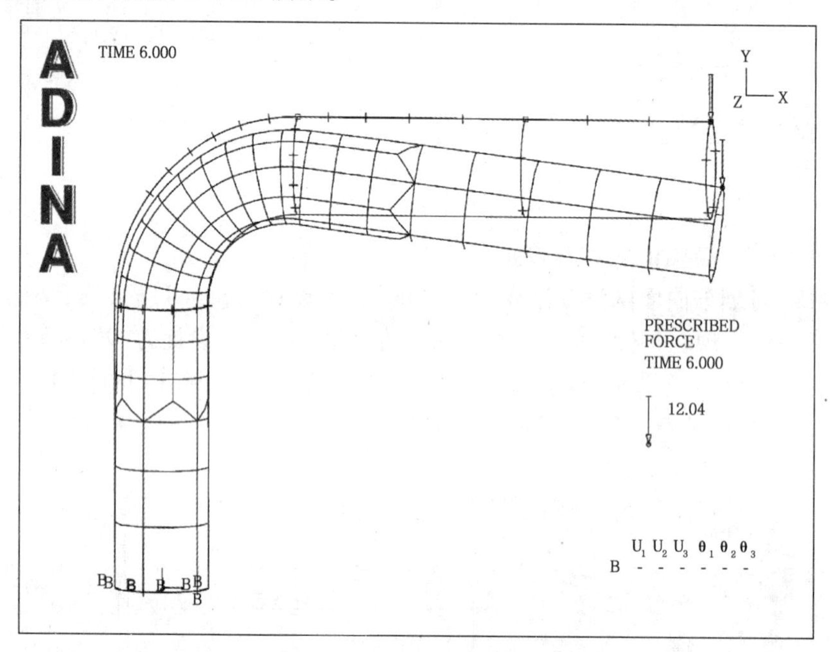

图 1.16.10 变形的网格图

有限元模型中似乎缺少线条，这些缺失的线条位于模型的轮廓（或轮廓）上。要显示这些线，单击【Modify Mesh Plot】修改网格绘图图标并单击【Rendering...】渲染按钮。在【Mesh Rendering Depiction】网格渲染描述对话框中，将【Generate Outline】生成轮廓字段设置为【Geometry and Mesh】几何和网格，然后单击【OK】确定两次以关闭两个对话框。

如果要在此模型中显示轮廓线，请单击【Save Mesh Plot Style】保存网格绘图样式图标。

注意：如果网格比较粗糙并且使用高阶单元，那么轮廓线就很重要，所以默认情况下轮廓线是不会被绘制的。

16.9 获取模型信息的摘要

要查看模型的摘要，请选择【List】列表→【Info】信息→【Model】模型。有 830 个节点和一个包含 210 个外壳单元的单元组。单击【Close】，关闭对话框。

16.10　查看求解方案

可使用【Previous Solution】前一个求解方案图标◀和【Next Solution】下一步的求解方案图标▶来显示其他解。

注意：随着负载的增加，变形会随着用户的预期而增加。完成后，单击【LastSolution】最后求解方案图标▶|。

16.11　绘制力量-偏转曲线图

将绘制所施加的力与偏转仪处的偏转的关系。

1）结果点

在创建图表之前，需要为施载荷的节点和与位移测量仪关联的节点定义结果点。由于在这些节点上有几何点，用户将根据几何点来定义这些结果点。

选择【Definitions】定义→【Model Point（Combination）】模型点（组合）→【General】通用，添加名【TIP】提示，输入【POINT5】点5表格的第一行，然后单击【Save】保存。以相同的方式定义名称【GAUGE】为几何点4。单击确定【OK】关闭对话框。

2）变量

定义与力和位移相对应的变量。选择【Definitions】定义→【Variable】变量→【Resultant】结果，添加结果名称FORCE，输入表达式

－<Y-PRESCRIBED_FORCE>

并单击【Save】保存。将名称【DISP】定义为表达式

－<Y-DISPLACEMENT>

以同样的方式。单击【OK】确定，关闭对话框。

3）图形

单击【Clear】清除图标CLEAR，然后选择【Graph】图形→【Response Curve（Model Point）】响应曲线（模型点）。将【Xvariable】*X* 变量设置为【User Defined：DISP】（用户定义：DISP）并将【X model point】*X* 模型点设置为【GAUGE】。将【Yvariable】*Y* 变量设置为【User Defined：FORCE】并将【Y model point】*Y* 模型点设置为【TIP】。然后单击【OK】确定。图形窗口如图1.16.11所示。

16.12　绘制塑料应变带

画出对应于累积有效塑性应变的带。这种压力会告诉用户管道的哪个区域损坏最严重。

单击【Clear】清除图标CLEAR，然后单击【Mesh Plot】网格绘图图标▦。

如不想在带状图中显示网格几何或边界条件，可单击【Show Geometry】显示几何图标和【Boundary Plot】边界绘制图标，然后单击【Save Mesh Plot Style】保存网格绘图样式图标来更新默认值。

要绘制条带，请单击【Create Band Plot】创建条带绘图图标，将【Band Plot Variable】条带绘图变量设置为【Strain：ACCUM_EFF_PLASTIC_STRAIN】（应变：ACCUM_EFF_PLASTIC_STRAIN）并单击【OK】确定。使用【Pick】拾取图标▶和鼠标调整网格图的大小并重新排列注释，直到图形窗口如图1.16.12所示。

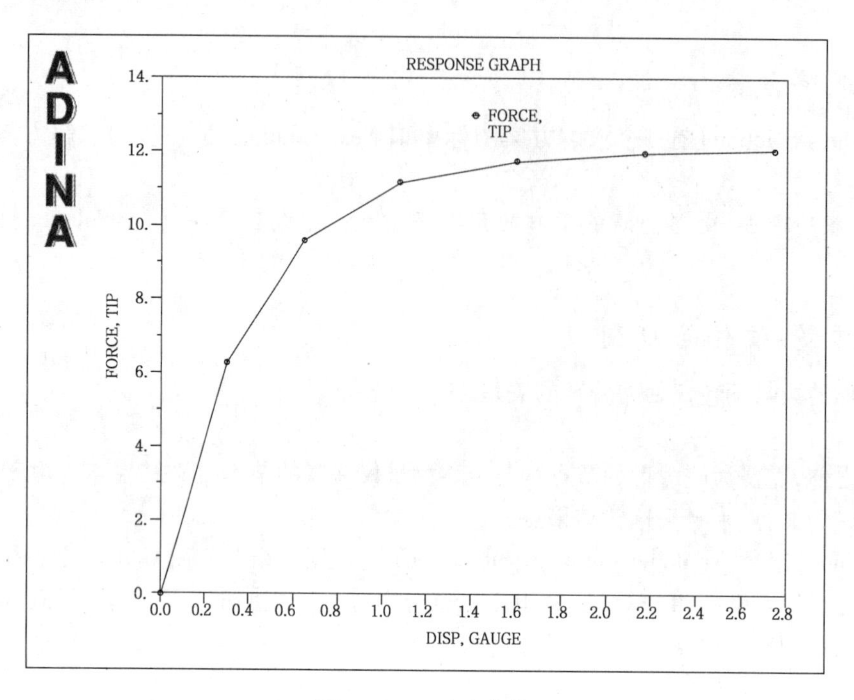

图 1.16.11　响应曲线

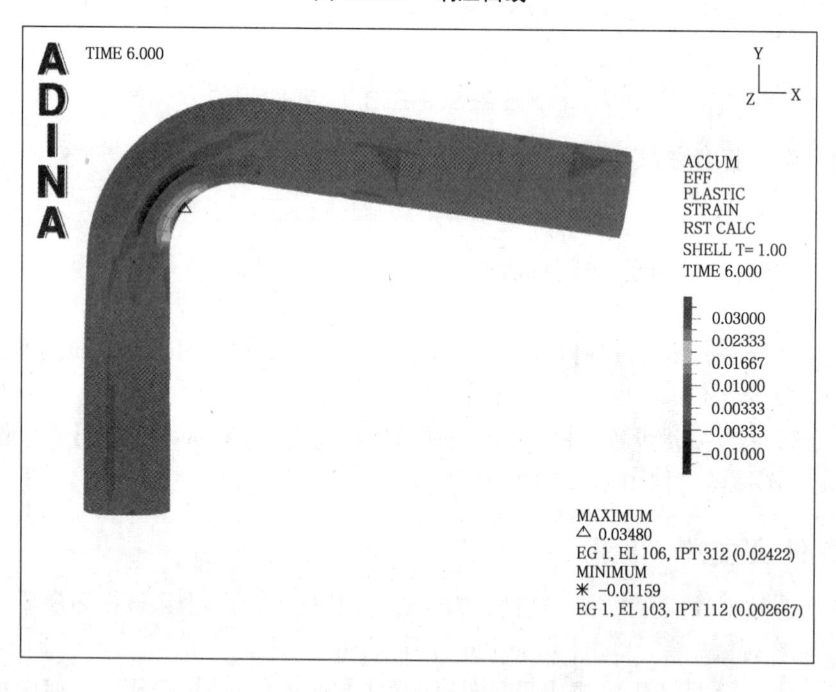

图 1.16.12　弹性应变

现在观察管壳表面上的塑性应变(即该模型的外表面),也可观察管道皮肤底部(内部)表面上的塑性应变。因此,用户将显示另 1 个网格图,然后将内部表面的塑性应变图绘制到此网格图上。

单击【Mesh Plot】网格绘图图标并使用【Pick】拾取图标将网格图移动到第一个网格图右下方的位置。收缩两个网格图,使它们都适合图形窗口。同时删除任何重复的文字和坐标轴。图形窗口如图 1.16.13 所示。

在绘制第 2 个网格图上的带之前,指示 AUI 计算壳单元底面上的塑性应变。选择【Definitions】定义→【Result Control】结果控制,将【Result Control Name】结果控制名称设置为【DEFAULT】,将【t Coordinate】t 坐标字段设置为“-1.0”,然后单击【OK】确定。单击【Create Band Plot】创建条带绘图图标,将【Band Plot Variable】条带绘图变量设置为【Strain:ACCUM_EFF_PLASTIC_STRAIN】并单击【OK】确定。

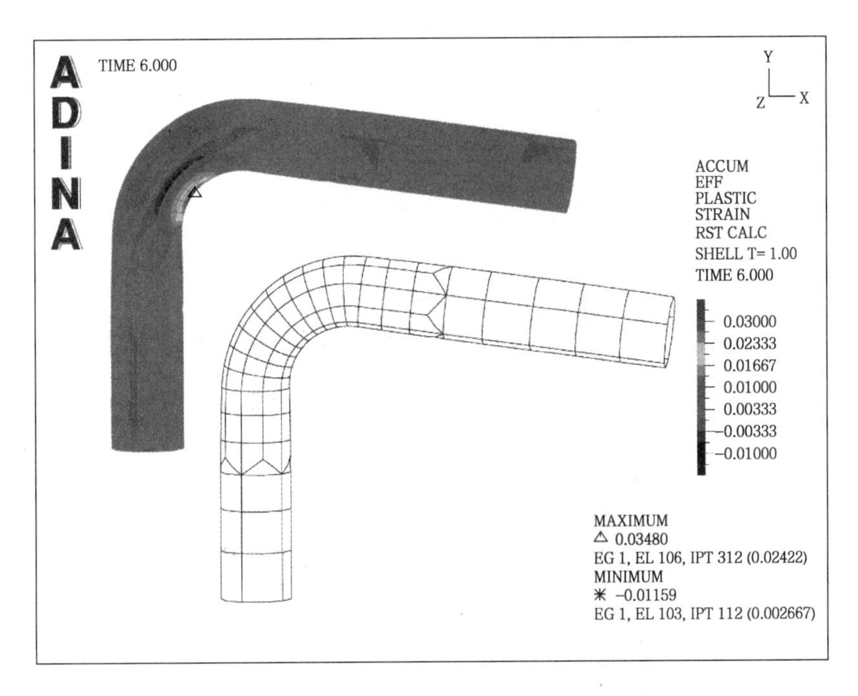

图 1.16.13 有限元网格和塑性变形

由于条带表不同,因此很难比较两张图片。所以用户将使用相同的条带表。单击【Modify Band Plot】修改条带绘图图标,将【Band Plot Name】条带绘图名称设置为【BANDPLOT00001】,单击【Band Table...】条带表按钮,将【Value Range】变量范围设置为【Maximum=0.05】,【Minimum=0.0】,然后单击【OK】确定两次关闭对话框。对【BANDPLOT00002】重复此过程。

用户也可能对塑性应变的最小值不感兴趣。单击【Modify Band Plot】修改条带绘图图标,将【Band Plot Name】条带绘图名称设置为【BANDPLOT00001】,单击【Band Rendering...】条带渲染按钮,将【Extreme Values】极值字段设置为【Plot the Maximum】绘制最大值,然后单击【OK】确定两次关闭两个对话框。

同理,按照相同效果对【BANDPLOT00002】重复此过程。

由于现在有两个带状表,且每个带状表有几乎相同的信息,可使用【Pick】拾取图标和鼠标删除其中的1个。

现添加一些文字来标记这两个地块。选择【Display】显示→【Text】文本→【Draw】绘图,输入文本

```
Outer surface
```

在【Text】文本框中,然后单击【OK】确定。AUI在图形窗口的中心附近绘制文本。使用【Pick】拾取图标移动文本并调整其大小,使其位于上方网格图底部的下方。重复这些步骤,输入文字:

```
Inner surface
```

并将该文本放置在较低网格图的底部之下。

图形窗口如图 1.16.14 所示。

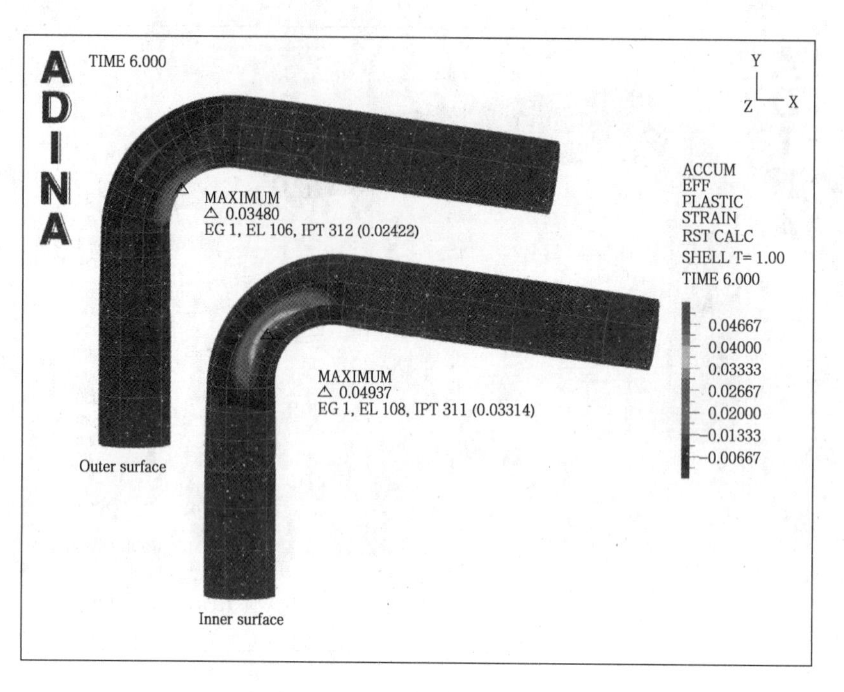

图 1.16.14　添加标注文本

16.13　退出 AUI

选择主菜单中的【File】文件→【Exit】退出，弹出【AUI】对话框，单击【Yes】，其余选【默认】，退出 ADINA-AUI。

说明：

选择大应变公式是因为位移大，材料是弹塑性的。本例分析可能选择了大位移/小应变公式，因为这些应变预计很小。然而，事实证明，即使当应变小时，使用大位移/小应变制剂也不适合于弹性塑料材料。原因如下：

求解的选择影响使用的应力/应变的选择：

小位移/小应变(MNO)：工程应力和小应变。

大的位移/小应变：2 次皮奥拉-基尔霍夫应力和格林-拉格朗日应变。

大位移/大应变：Cauchy 应力和 Hencky 应变。

当应变数值较小时，工程，二次 Piola Kirchhoff 和 Cauchy 应力在数值上相互接近，而小的 Green-Lagrange 和 Hencky 应变在数值上也是相互接近的。因此，特别是当应变数值较小时，可以使用大位移/小应变公式。

然而，如果将单个弹塑性元件放入单轴拉伸并用 3 种配方进行分析，则发现所有 3 种配方的力-弯曲曲线的斜率显著不同，其中大位移/小应变配方给出比其他配方更为严格。

这种现象常常发生在应力-应变曲线的斜率与应力相同的数量级时，尤其是在塑性情况下。

据此，我们建议，即使在应变数值较小的情况下，只要在分析中包含大的位移效应，就可以使用大位移/大应变公式。

问题17　斜拉桥分析

问题描述

1) 问题概况

图 1.17.1 所示的斜拉桥，桥梁在中央桥墩上有一个单一的连续跨度支座，跨度由悬挂在两个塔顶上的电缆悬挂。跨度由两个纵向箱梁、地梁、混凝土桥面和横向箱梁组成。本例应首先分析其静载静力响应，然后分析与地震相对应的两个载荷。

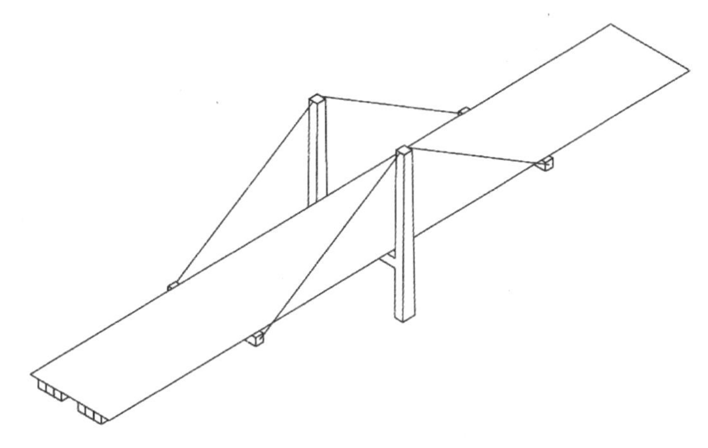

图 1.17.1　问题 17 中的模型

桥板平面图如图 1.17.2 所示。

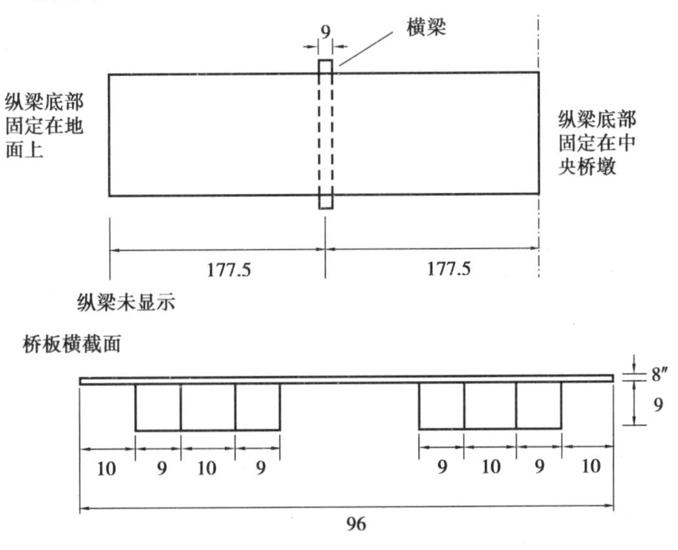

图 1.17.2　桥板平面图

塔尺寸如图 1.17.3 所示。

本例中，塔被认为是刚性的。

地梁是 I 梁，相隔 20 英尺；每根梁都有一个 48×3/8 的腹板和 12×1 的法兰。通过增加甲板在横向上的刚度和增加甲板的密度来包括地板横梁的效果。

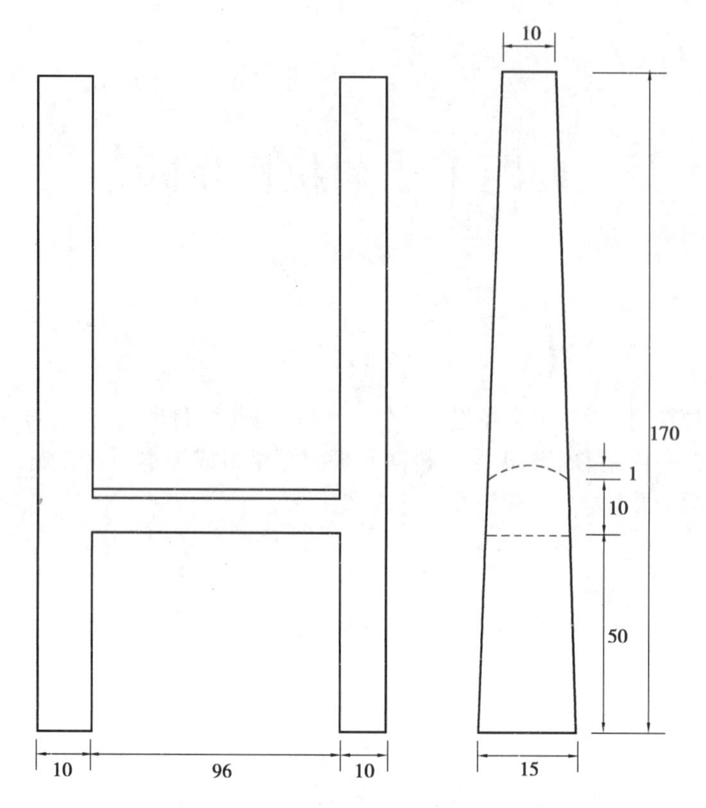

图 1.17.3　塔尺寸

箱梁的法兰厚度为 4 英寸,腹板厚度为 2.5 英寸。所有的箱梁都用 2.5 英寸厚的隔板加盖,隔板也包括在纵梁中部(中央墩)。

电缆被认为没有压缩刚度。对缆索元件施加初始应变以提供必要的预应力,以防止甲板在静载下下垂。

2)实例分析

在第 1 次地震分析中,地震荷载采用响应谱进行建模;而在第 2 次地震分析中,地面位移直接应用于模型。这两个载荷是完全无关的,描述两个独立的地震。

这个实例的重点在于分析类型(静态,反应谱和动态)的规格和结果的表述。因此,在这个分析中,用户已经在一个批处理文件(prob17_1.in)中建立了模型几何和有限元定义。批处理文件的组织:几何点的定义,几何线的定义,几何曲面的定义,几何体的定义,固定的应用,材料特性的说明,有限元的定义。

有限元网格划分为 5 个单元组:

第 1 组:混凝土甲板,使用 8 节点壳单元建模。弹性正交各向异性材料模型用于结合地板梁。

第 2 组:塔和墩,模拟使用 27 节点固体单元。这些单元的杨氏模量是人为设定的,所以塔不参与运动。

第 3 组:纵向箱梁和加劲肋,采用 8 节点壳单元模拟。

第 4 组:横向箱梁,模拟使用 8 节点壳单元。

第 5 组:使用具有特定初始应变的桁架元件和非线性弹性材料模型来模拟电缆。每根电缆都用一个桁架单元建模,以避免响应谱分析中的电缆振动模式。

由于桁架单元,模型是非线性的。

3)演示内容

本例将演示以下内容:

①读取模型定义的批处理文件。

②读取批处理文件以获取后处理定义。

③计算质量属性。

④关闭并保存单元结果。

⑤从静载分析重新启动。

注意:①本例不能用 ADINA 系统的 900 个节点版本来求解,因为这个模型有 1 666 个节点。

②在开始分析之前,用户需要将 samples\primer 文件夹中的文件 prob17_1.in,prob17_2.in,prob17_1.plo,prob17_xtf.txt,prob17_ytf.txt 和 prob17_ztf.txt 复制到工作目录或文件夹中。

17.1　启动 AUI,选择有限元程序

启动 AUI 并将【Program Module】程序模块下拉列表设置为【ADINA Structures】ADINA 结构。

17.2　静载分析

17.2.1　从批处理文件中读取模型几何和有限单元定义

选择【File】文件→【Open Batch】打开批处理,导航到工作目录或文件夹,选择文件"prob17_1.in",然后单击【Open】打开。AUI 处理批处理文件中的命令。当 AUI 处理命令时,用户可以在消息窗口中看到命令中的日志消息。

对于处理速度,没有在批处理文件中包含任何图形命令。

在 AUI 处理完最后一个批处理命令后,单击【Mesh Plot】图标显示几何和网格。图形窗口如图 1.17.4 所示。

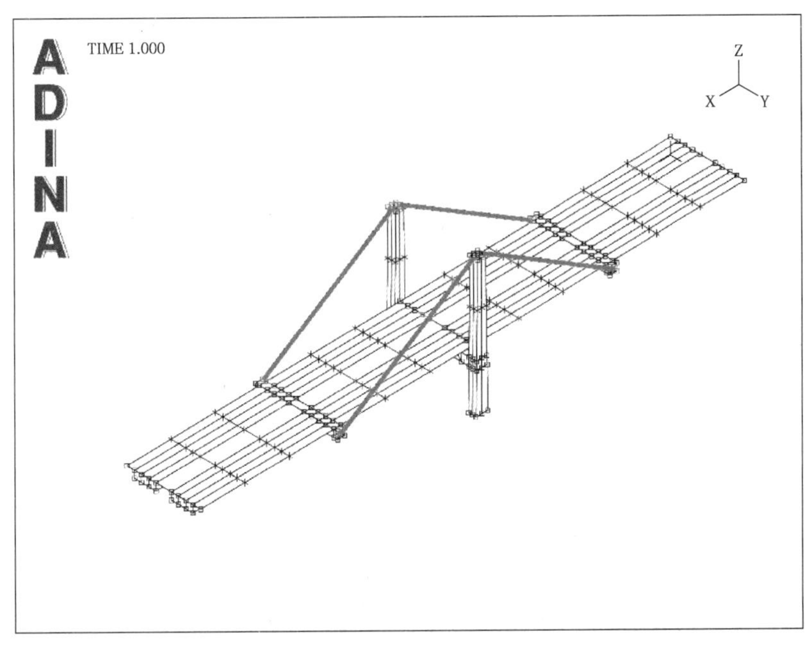

图 1.17.4　显示几何和网格

17.2.2　指定控制参数

现来验证一些控制参数。【Analysis Type】分析类型字段应设置为【Statics】静态。选择【Control】控制→【Heading】标题,确认问题标题为【Problem17: Static analysis of cable-stayedbridge】问题 17:斜拉桥的静态分析,然后单击【Cancel】取消关闭对话框。选择【Control】控制→【Time Function】时间函数,验证时间函数是否与单位值一致,然后单击【Cancel】取消关闭对话框。

现进行激活质量属性的计算。单击【Element Groups】单元组图标,然后对 5 个单元组中的每一个,将【Calculate Mass Properties】计算质量属性字段设置为【Yes】时,然后单击【Save】保存。(单击【Advanced】高级选项卡以查看【Calculate Mass Properties】计算质量属性字段。)单击确定【OK】关闭对话框。

选择迭代容差。选择【Control】控制→【Solution Process】求解方案过程,单击【Tolerances...】容差...按钮,

将【Convergence Criteria】收敛标准设置为【Energy and Force】能量和力，将【Reference Force】参考力设置为“1”，将【Reference Moment】参考力矩设置为“1”，然后单击【OK】确定两次，以关闭两个对话框。

17.2.3 指定负载

载荷是结构的自重。首先需要定义一个质量比例负载，然后需要将它应用到模型中。单击【Apply Load】应用加载图标，将【Load Type】加载类型设置为【Mass Proportional】质量比例，然后单击【Load Number】加载编号字段右侧的【Define...】定义...按钮。在【Define Mass-Proportional Loading】定义质量比例加载对话框中，添加【load number 1】加载编号1，将【Magnitude】幅度设置为“32.2”，然后单击【OK】确定。在【Apply Load】应用加载对话框的表格的第一行中，设置【Time Function】时间函数为1，然后单击【OK】确定。

17.2.4 指定电缆初始应变

用户需要指定电缆元件的初始应变。这种应变预应力索单元，提供一个电缆拉力，以防止甲板下垂。

用户已经确定所需初始应变的大小为“3.52E-3”。选择【Model】模型→【Element Properties】单元属性→【Truss】桁架。在表的前四行中，将【Initial Strain】初始应变设置为“3.52E-3”，然后单击【OK】确定。

17.2.5 生成 ADINA 数据文件，运行 ADINA，加载舷窗文件

单击【Save】保存图标并将数据库保存到文件“prob17”。单击【Data File/ Solution】数据文件/求解方案图标，将文件名称设置为“prob17_1a”，确保【Run Solution】运行求解方案按钮被选中，然后单击【Save】保存。ADINA 结构完成后，关闭所有打开的对话框。将程序【Program Module】模块下拉列表设置为【Post-Processing】后处理（用户可以放弃所有更改），单击【Open】打开图标并打开舷窗文件“prob17_1a”。

17.2.6 显示质量属性

要显示桥梁质量属性，请选择【List】列表→【Info】信息→【Mass】质量，总质量为 1.08932E+03（kip-mass）。因为其单位是质量，用户必须乘以“32.2”来计算质量。单击【Close】，关闭对话框。

注意：质心位于桥的实际中心。

17.2.7 显示变形的网格

将显示原始网格并放大变形。单击【Show Original Mesh】显示原始网格图标和【Scale Displacements】缩放位移图标。图形窗口如图1.17.5所示。

17.2.8 列出电缆应力和最大甲板位移

要列出线缆应力，请选择【List】列表→【Value List】值列表→【Zone】区域，将【Zone Name】区域名称设置为【EG5】，将【Variable 1】变量1设置为【(Stress:STRESS-RR)】（应力:STRESS-RR）并单击【Apply】应用。时间0.0的压力是“1.01376E+04”，时间1.0的压力（这是用户感兴趣的）是“9.75382E+03(kip/ft ** 2)”。单击【Close】，关闭对话框。

要确定最大位移，请选择【List】列表→【Extreme Values】极值→【Zone】区域，将【Variable1】变量1设置为【Displacement:Z-DISPLACEMENT】（位移:Z位移），然后单击【Apply】应用。AUI 显示最大位移=-1.02377E-01（英尺）。单击【Close】，关闭对话框。

17.3 反应谱分析

在反应谱分析中，将对桥梁模型进行响应谱描述的地震荷载。在施加地震载荷之前，桥梁模型通过其质量预加载。

在 ADINA Structures 中，这种类型的分析是使用重新启动功能执行的。首先确定模型的静态变形。这

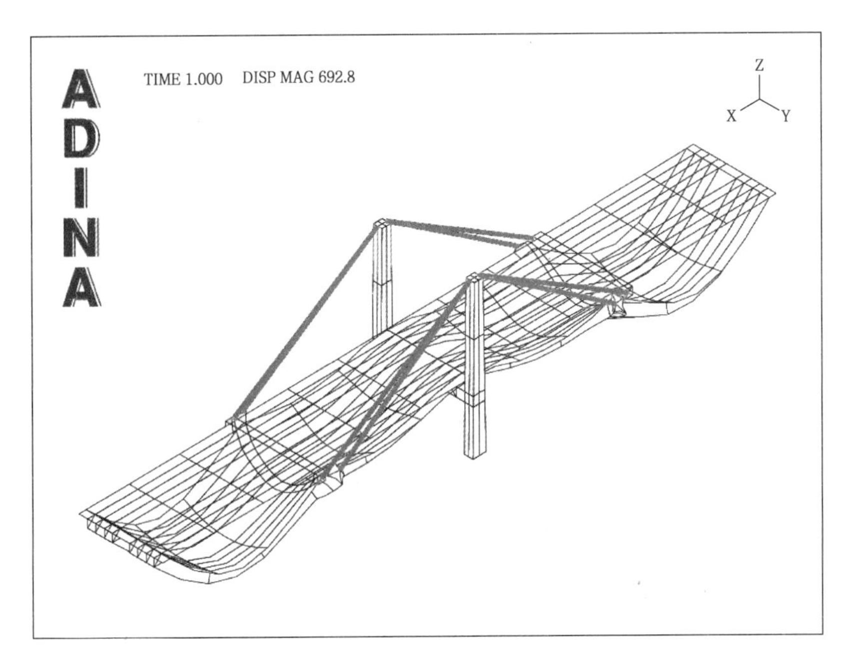

图 1.17.5 显示原始网格和变形网格

些变形被用作重启 ADINA 结构运行的频率和模态参与系数计算的初始条件。

17.3.1 指定控制参数

为了指定重启【ADINA Structures】运行所需的参数,用户需要更新模型。将【Program Module】程序模块下拉列表设置为【ADINA Structures】ADINA 结构。从【Files】菜单底部附近的最近文件列表中选择数据库文件“prob17”。

要更改标题,请选择【Control】控制→【Heading】标题,将问题标题改为【Problem17:Response spectrum analysis of cable-stayed bridge】问题 17:斜拉桥的反应谱分析,然后单击【OK】确定。

要指定重新开始分析,请选择【Control】控制→【Solution Process】求解方案过程,将【Analysis Mode】分析模式设置为【Restart Run】重新启动运行,然后单击【OK】确定。

要请求响应谱分析所需的初始计算,请设置【Analysis Type】分析类型为【Modal Participation Factors】模态参与因子并单击【Analysis Options】分析选项图标。现在输入要计算的模式形状的数量和一些控制频率分析的参数。单击【Settings...】设置按钮,设置【Number of Frequencies/ModeShapes】频率/模态数为“15”,【Max. Number of Iterations per Eigenpair】每 Eigenpair 最大迭代次数为“40”。现在单击【Settings...】设置...按钮,勾选【Perform Sturm Sequence Check】执行斯特姆序列检查按钮,然后单击【OK】确定两次以关闭【Bathe Subspace or Lanczos Iteration Settings】Bathe 子空间或兰克泽斯迭代设置对话框和【Frequencies (Modes)】频率(模式)对话框。在【Modal Participation Factors】模态参与系数对话框中,将【Number of Modes to Use】要使用的模式数设置为“15”,验证【Type of Excitation Load】激励加载类型设置为地面运动,然后单击【OK】确定。

为了减小舷窗文件的大小,将关闭单元应力的保存。

选择【Control】控制→【Porthole】舷窗→【Volume】体积,取消【Individual Element Results】选中个别单元结果按钮,单击【OK】确定。

17.3.2 生成 ADINA 数据文件,运行 ADINA,后处理

单击【Save】保存图标保存数据库文件。单击【Data File/Solution】数据文件/求解方案图标,将文件名称设置为“prob17_1b”,确保【Run Solution】运行求解方案按钮被选中,然后单击【Save】保存。

AUI 打开一个窗口,可以指定第 1 次分析的重新启动文件。输入重新启动文件 prob17_1a 并单击【Copy】复制。

ADINA 结构完成后，关闭所有打开的对话框。将【Program Module】程序模块下拉列表设置为【Post-Processing】后处理（用户可以放弃所有更改），单击【Open】打开图标并打开舷窗文件"prob17_1b"。

图形窗口如图 1.17.6 所示。

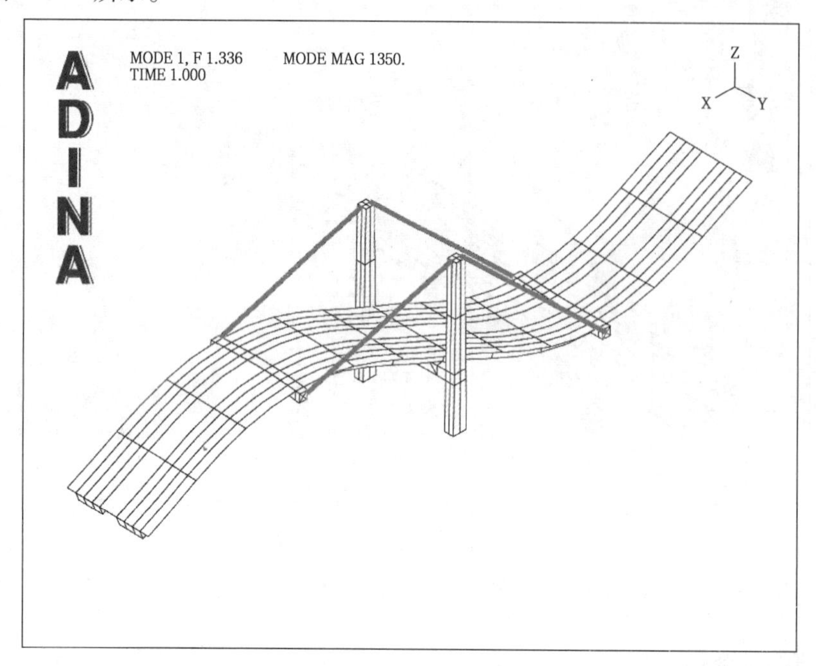

图 1.17.6　结果模型

17.3.3　查看频率求解方案

要获得固有频率，模态参与因子和模态质量的列表。选择【List】清单→【Info】信息→【MPF】和审查的第 1 个表。前几个频率应该是 1.335 68(Hz)，1.496 23，2.996 07。第 2 个表给出了每个频率和方向的模态质量，第 3 个表给出了模态质量百分比，第 4 个表给出了累计模态质量（模态 n 的累积模态质量是模态 1 到 n 的模态质量之和），第 5 张表格给出了累计模态质量百分比。从第 3 张表中可以看出，方向 10 占 y 方向运动总质量的 48.84%。从第 5 张表中可以看出，模型包括 y 方向运动总质量的 58.48%，z 方向运动总质量的 65.07%。单击【Close】，关闭对话框。

绘制动画模式的形状。单击【Movie Mode Shape】电影模式形状图标。AUI 显示模型在模态中移动。AUI 完成后，选择【Display】显示→【Animate】动画，将【Number of Cycles】循环数设置为"5"，然后单击【OK】确定动画。单击【Refresh】刷新图标清除动画。

用户可以使用【Next Solution】一个求解方案图标▶，【Previous Solution】前一个求解方案图标◀，【First Solution】第一个求解方案图标和【Last Solution】最后一个求解方案图标来查看其他模式。

17.3.4　指定响应谱

现在假定地震引起模型 y 方向的地面运动。

描述地震载荷的反应谱如图 1.17.7 所示。

现在需要将响应谱输入 AUI 中。用户已经在批处理文件 prob17_1.plo 中准备了所有必需的命令。（有关使用对话框定义响应谱的示例，请参阅问题 12。）

选择【File】文件→【Open Batch】打开批处理，导航到工作文件夹或目录，选择文件 prob17_1 并单击【Open】打开。

现在绘制响应谱（在批处理文件中用名称 ARS 定义）。

单击【Clear】清除图标。选择【Graph】图表→【Response Spectrum】反应谱，选择【response spectrum

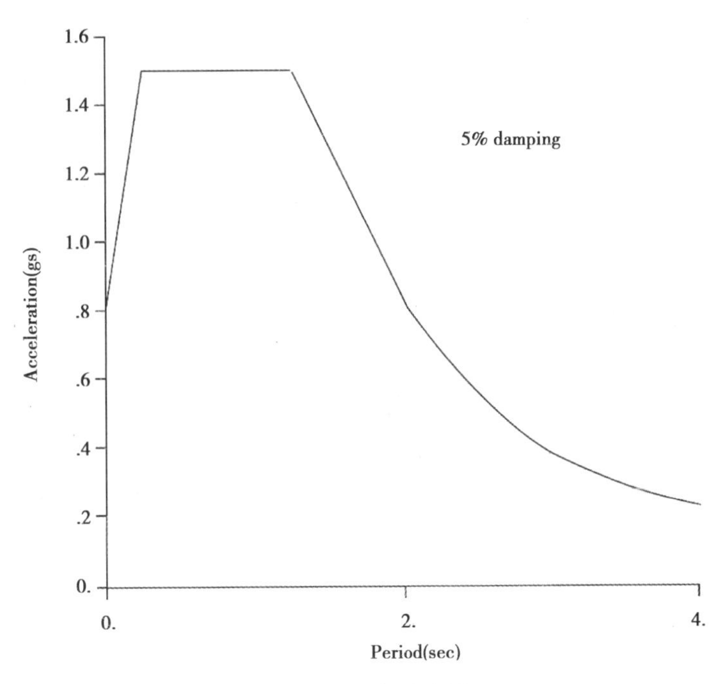

图 1.17.7 加速度谱

ARS】反应谱 ARS,然后单击【OK】确定。

图形窗口如图 1.17.8 所示。

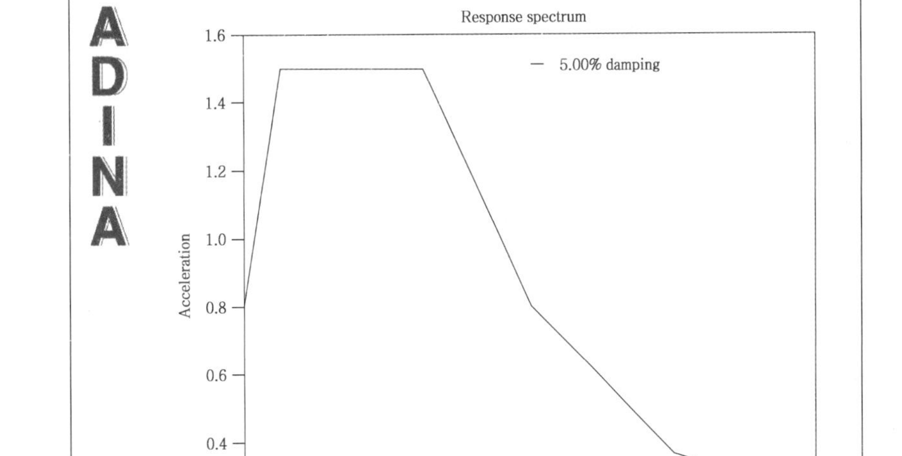

图 1.17.8 反应谱 ARS

17.3.5 确定最大响应

使用响应谱来计算最大响应。选择【List】列表→【Extreme Values】极值→【Zone】区域,然后在【Response Option】响应选项框中单击【Single Response】单个响应按钮。(注意显示【response DEFAULT】响应 DEFAULT。)单击【Response】响应字段右边的【...】按钮查看响应 DEFAULT 的定义。【Response DEFAULT】DEFAULT 响应是响应频谱类型的响应(批处理文件中的命令定义了此响应)。单击【Cancel】,关闭响应对话框。

由于【DEFAUL T response】DEFAULT 响应对应于响应谱分析,所以 AUI 将在评估变量时使用响应谱计算。对于变量，输入【(Displacement：Y-DISPLACEMENT)】(位移：Y-DISPLACEMENT)，【Velocity：Y-VELOCITY】(速度：Y-速度)，【Acceleration：Y-ACCELERATION】(加速度：Y-加速度)。然后单击【Apply】应用。AUI计算最大y位移为4.27844E-02(英尺)，最大y-速度为1.444 63(英尺/秒)，最大加速度为4.919 08E+01(英尺/秒** 2)。单击【Close】，关闭对话框。

17.4 动态分析

第1次使用响应时，有关响应的信息将打印在消息窗口中。要查看此信息，需增加消息窗口的大小，然后使用消息窗口滚动条。AUI打印有关响应的信息，然后打印一个表格，给出模式编号，其周期、阻尼、模态参与因子和频谱值。评估响应谱计算时，用户可能会发现这些信息很有用。

在动态分析中，对桥梁模型进行了规定的位移描述的地震荷载。现假设所有支持的运动都可以用相同的规定位移表示。在施加地震载荷之前，桥梁模型通过其质量预加载。

在ADINA Structures中，这种类型的分析是使用重新启动功能执行的。首先确定模型的静态变形。这些变形被用作动态分析的初始条件，但不能使用以前的分析结果，因为在以前的分析中，固定点被用在码头和地面。用户必须用零规定的位移代替这些固定，并首先重新运行静态分析。

17.4.1 预加载

1)指定控制参数

为了指定静态ADINA Structures运行所需的参数，需要更新ADINA Structures模型。将【Program Module】程序模块下拉列表设置为【ADINA Structures】ADINA结构。从【File】文件菜单底部附近的最近文件列表中选择数据库文件“prob17”。

要更改标题，请选择【Control】控制→【Heading】标题，将问题标题改为【Problem17：Static (preload) analysis of cable-stayed bridge】“问题17：斜拉桥的静态(预加载)分析”，然后单击【OK】确定。

要选择分析类型，请将【Analysis Type】分析类型设置为【Statics】静态。选择【Control】控制→【Time Step】时间步骤，确认输入了时间增量1.0的一个时间步，然后单击【Cancel】取消。

由于这不是重新分析，请选择【Control】控制→【Solution Process】求解方案流程，将【Analysis Mode】分析模式设置为【New Run】新建运行，然后单击【OK】确定。

2)指定地面位移

地面运动由位移的3个组成部分来描述。每个组件由其自己的时间函数描述，X组件的时间函数2，Y组件的时间函数3和Z组件的时间函数4。

直接规定地面位移，必须去掉以前分析中所使用的固定性。在模型树中，单击【Fixity】固定文本旁边的“+”，然后突出显示两个固定行，右键单击并选择【Delete】删除。

现在输入时间函数。对于静态分析，将为每个新的时间函数分配时间函数值“0.0”。选择【Control】控制→【Time Function】时间函数，添加【time function 2】时间函数2，输入“0.0”，(第一行0.0，第二行0.0)，然后单击【Save】保存。将时间函数复制到【time function 3】时间函数3，如下所示：

单击【Copy...】复制...按钮，然后单击【OK】确定。然后以类似的方式复制时间函数3到时间函数4，然后单击【OK】确定，关闭对话框。

现在定义位移载荷。单击【Apply Load】应用载入图标，将【Load Type】载荷类型设置为【Displacement】位移，然后单击【Load Number】载荷编号字段右侧的【Define...】定义...按钮。在【Define Displacement】定义位移对话框中，添加【displacement number 1】位移编号“1”，将【X Prescribed Value of Translation】平动转换的X规定值设置为“1”，然后单击【Save】保存。现在添加【displacement number 2】位移编号“2”，将【Y Prescribed Value of Translation】平动的Y规定值设置为“1”，然后单击【Save】保存。最后添加【displacement number 3】位移编号“3”，将【Z Prescribed Value of Translation】平动的Z规定值设置为“1”，然后单击【OK】确定，关闭对话框。

现在将这些负载应用到模型中。支撑用几何线1至12(用于箱梁与地面的连接)以及几何表面401至404和501至504(用于桥墩)建模。因此,对于模型中的总共61个加载应用程序,用户有20个用于每个加载方向的加载应用程序。因为在使用对话框时,加载的应用程序非常烦琐且容易出错,所以在批处理文件"prob17_2.in"中输入了相同的命令。

选择【File】文件→【Open Batch】打开批处理,导航到工作文件夹或目录,选择文件"prob17_2.in",然后单击【Open】打开。

在AUI处理命令之后,可以使用模型树检查加载应用程序。

3)生成ADINA数据文件,运行ADINA,加载舷窗文件

单击【Save】保存图标并将数据库保存到文件"prob17"。单击【Data File/Solution】数据文件/求解方案图标,将文件名设置为"prob17_2a",确保【Run Solution】运行求解方案按钮被选中,然后单击【Save】保存。ADINA结构完成后,关闭所有打开的对话框。将【Program Module】程序模块下拉列表设置为【Post-Processing】后处理(用户可以放弃所有更改),单击【Open】打开图标并打开舷窗文件"prob17_2a"。

求解方案应与以前的静态分析中计算的完全一样。用户可以按照上面列出的最大甲板位移指示进行验证。

17.4.2　动态分析

1)指定控制参数

为了指定重启ADINA Structures运行所需的参数,需要更新【ADINA Structures】ADINA结构模型。将【Program Module】程序模块下拉列表设置为【ADINA Structures】ADINA结构(用户可以放弃所有更改并继续)。从【File】文件菜单底部附近的最近文件列表中选择数据库文件"prob17"。

要更改标题,请选择【Control】控制→【Heading】标题,将问题更改为【Problem 17: Dynamic analysis of cable-stayed bridge】问题17:斜拉桥的动态分析,然后单击【OK】确定。

要选择分析类型,请将【Analysis Type】分析类型设置为【Dynamics-Implicit】动态隐式。单击【Analysis Options】分析选项图标,确认正在使用【Bathe】方法,然后单击【Close】关闭按钮。

要指定重新启动分析,请选择【Control】控制→【Solution Process】求解方案过程,将【Analysis Mode】分析模式设置为【Restart Run】重新启动运行并单击【OK】确定。

要输入时间步长和步数,请选择【Control】控制→【Time Step】时间步长,将表的第一行设置为"10, 0.01",然后单击【OK】确定。

现利用瑞利与选择给予5%的阻尼模式1常数阻尼和15。选择【Control】控制→【Analysis Assumptions】分析假设→【Rayleigh Damping】瑞利阻尼,设置【Default Alpha】默认阿尔法至0.722 5,【Default Beta】默认贝塔至1.67E-3,然后单击【OK】确定。

2)指定地面位移

在动态分析中,将用于静态分析中的规定位移的时间函数替换为描述基本运动的时间函数。每次函数曲线的点都存储在文件prob17_xtf.txt, prob17_ytf.txt和prob17_ztf.txt中。选择【Control】控制→【Time Function】时间函数,选择【time function 2】时间函数2,单击【Clear】清除按钮,单击【Import...】导入...按钮,输入文件名"prob17_xtf.txt",然后单击【OK】确定。时间函数曲线表显示用户刚加载的时间函数。单击【Save】保存,然后使用文件prob17_ytf.txt和prob17_ztf.txt更改时间函数3和4以同样的方式。单击【OK】确定,关闭对话框。

3)生成ADINA数据文件,运行ADINA,加载舷窗文件

单击【Save】保存图标保存数据库文件。单击【Data File/Solution】数据文件/求解方案图标,将文件名设置为"prob17_2b",确保选中【Run Solution】运行求解方案按钮,然后【Save】单击保存。

AUI打开一个窗口,用户可以在其中指定第一次分析的重新启动文件。输入重新启动文件"prob17_2a"并单击复制。

ADINA 结构完成后，关闭所有打开的对话框。将【Program Module】程序模块下拉列表设置为【Post-Processing】后处理(用户可以放弃所有更改)，单击【Open】打开图标并打开舷窗文件“prob17_2b”。

4)开始后期处理

要查看已经计算了哪些求解方案，请选择【List】清单→【Info】信息→【Response】响应并检查清单。用户应该看到已经加载了 11 组位移，速度和加速度。单击【Close】，关闭对话框。

要检查加载应用程序，请单击【Load Plot】载荷绘图图标。AUI 将指定的位移显示为箭头。使用【Pick】拾取图标和鼠标旋转网格图，以便查看桥的底面。图形窗口如图 1.17.9 所示。

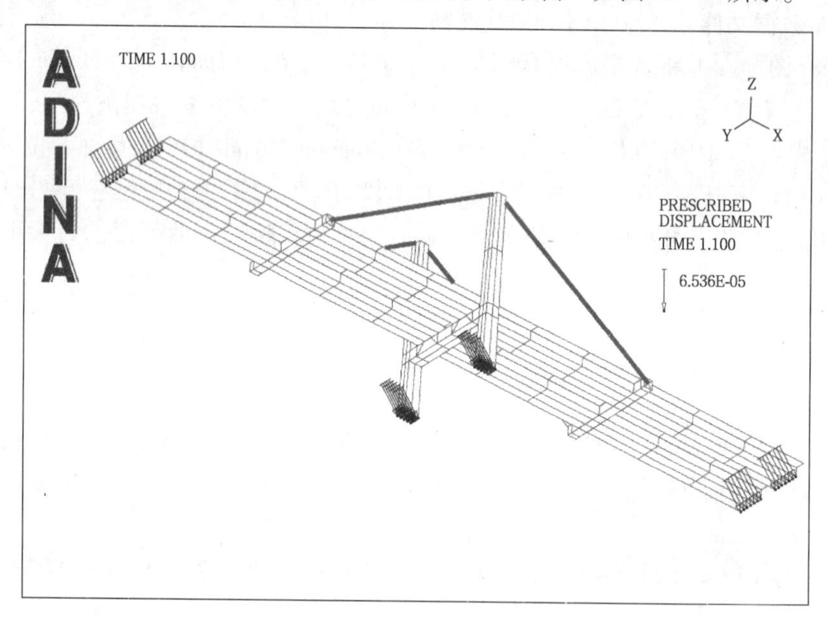

图 1.17.9　载荷条件

5)绘制求解方案的图形

创建一个时间历程图，显示电缆连接到跨度的点之一的位移。这点对应于节点 1662 选择【Definitions】定义→【Model Point】模型点→【 Node】节点，定义点 N1662 为节点 1662，然后单击【OK】确定。然后单击【Clear】清除图标，选择【Graph】图形→【Response Curve】响应曲线(模型点)，将【Y Variable】Y 变量设置为【Displacement：Z-DISPLACEMENT】(位移：Z-DISPLACEMENT)，确认模型点是 N1662，然后单击【OK】确定。

这个位移当然是这个点的绝对位移。为了获得点的相对位移(相对于地面)的图形，用户需要创建一个组合点，其中 AUI 从该点的结果中减去地面的结果。选择【Definitions】定义→【Model Point (Combination)】模型点(组合)→【Node】节点，加点 N1662R，那么，在该表的第一行中，输入 1662 和 1.0 节点数量和质量，并在表的第二行中输入 817 和-节点号和质量为 1.0(节点 826 是地面节点之一。)然后单击【OK】确定。

选择【Graph】图形→【Response Curve (Model Point)】响应曲线(模型点)，将【Y Variable】Y 变量设置为【(Displacement：Z-DISPLACEMENT)】(位移：Z-DISPLACEMENT)，将【Model Point】模型点设置为【N1662R】，将【Plot Name】绘图名称设置为【PREVIOUS】，然后单击【OK】确定。

改变图形曲线的图例。选择【Graph】图表→【Modify】修改，将【Action】操作设置为【Modifythe Curve Depiction】修改曲线描述，单击【P】按钮并突出显示绿色曲线(带圆圈的曲线)，然后单击【Curve Depiction】曲线描述字段右侧的【...】按钮。在【Curve Depiction】曲线描述对话框中，取消选中【Display Curve Symbol】显示曲线符号按钮，然后在【Legend Attributes】图例属性框中将【Type】类型设置为【Custom】自定义，在【Legend】图例表的第一行中输入【Absolute displacement】绝对位移，然后单击【OK】确定。单击【Apply】应用绘制更新的曲线。

以类似的方式，删除曲线符号，并将曲线图例设置为红色曲线(带有三角形的曲线)的“相对于地面的位移”。

图形窗口如图 1.17.10 所示。

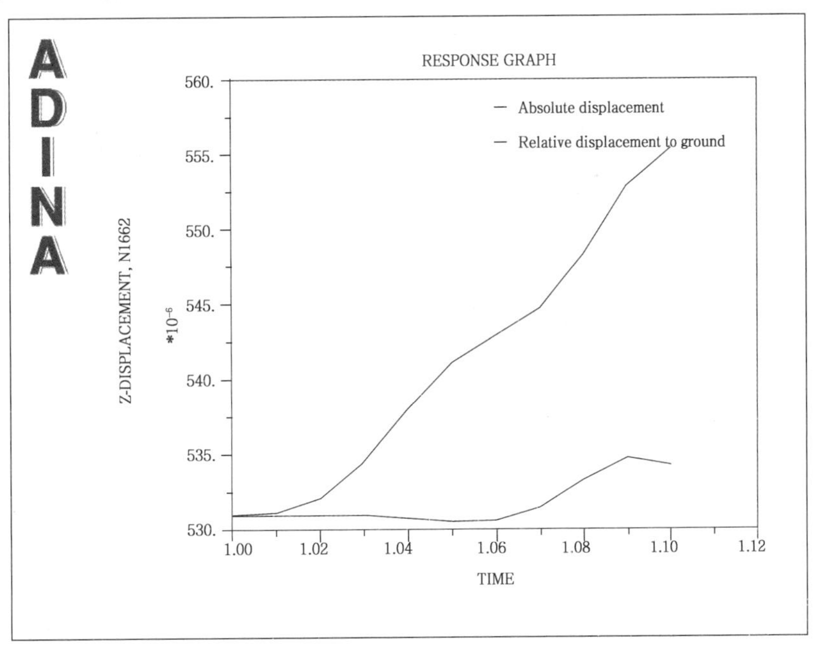

图 1.17.10　相对于地面的位移

6) 绘制由于动态效应引起的变形

要使用放大的位移来绘制网格，而单击【Clear】清除图标，然后单击【Scale Displacements】比例位移图标。

所以绘制网格来放大动态位移。具体来说，将网格图的参考时间设置为“1.0”。单击【Modify Mesh Plot】修改网格绘图图标，然后单击【Model Depiction... 】按钮。在【Model Depiction...】模型描画对话框，设置【Option for Plotting Original Mesh】选项用于绘图原始网格到【Use Configuration at Reference Time】使用配置的参考时间和设置【Reference Time for Original Mesh】参考时间为原始网格为“1.0”。同时将【Definedby】字段设置为【Max.】位移和【Max. Displacement】最大位移为“10”。单击【OK】确定两次，以关闭两个对话框。图形窗口如图 1.17.11 所示。从图 1.17.11 中可以看到，这座桥已经变形，而且其中一个桥梁模式是由动态地面运动触发的。

用户可以使用【Previous Solution】以前的求解方案图标◀和【Next Solution】下一步的求解方案”图标▶来检查其他求解方案时间的解，还可以将求解方案显示为动画。

7) 列出由于动态效应而引起的变形

列出由于地面运动引起的位移，可以通过从总位移中减去静态位移来完成。在 AUI 中，这个任务是通过定义类型响应组合的响应来完成的。

首先，命名与静态变形相关的响应。选择【Definitions】定义→【Response】响应，添加【response STATIC】响应 STATIC，将【Solution Time】求解时间设置为“1.0”，然后单击【Save】保存。接下来需要命名与总变形相关的响应。添加【response TOTAL】回复 TOTAL，将【Solution Time】求解方案时间设置为【Latest】最新，然后单击【Save】保存。

然后定义响应组合。选择【Response Name】响应名称 DEFAULT_RESPONSE-COMBINATION，然后在表格的第一行输入“TOTAL，1.0”，在表格的第二行输入“-1.0”，然后单击【OK】确定。现在，无论何时在另一个对话框中使用此响应，AUI 都将执行响应组合。

例如，为了确定此溶液的最大时间动态位移，选择【List】列表→【Extreme Values】极值→【Zone】区，设置【Response Option】响应选项到【Single Response】单个响应，设定【Response】响应为 DEFAULT_RESPONSE-组合，设定【Variable 1】变量 1 到【Displacement：X-DISPLACEMENT】（排量：X-DISPLACEMENT ），【Variable 2】

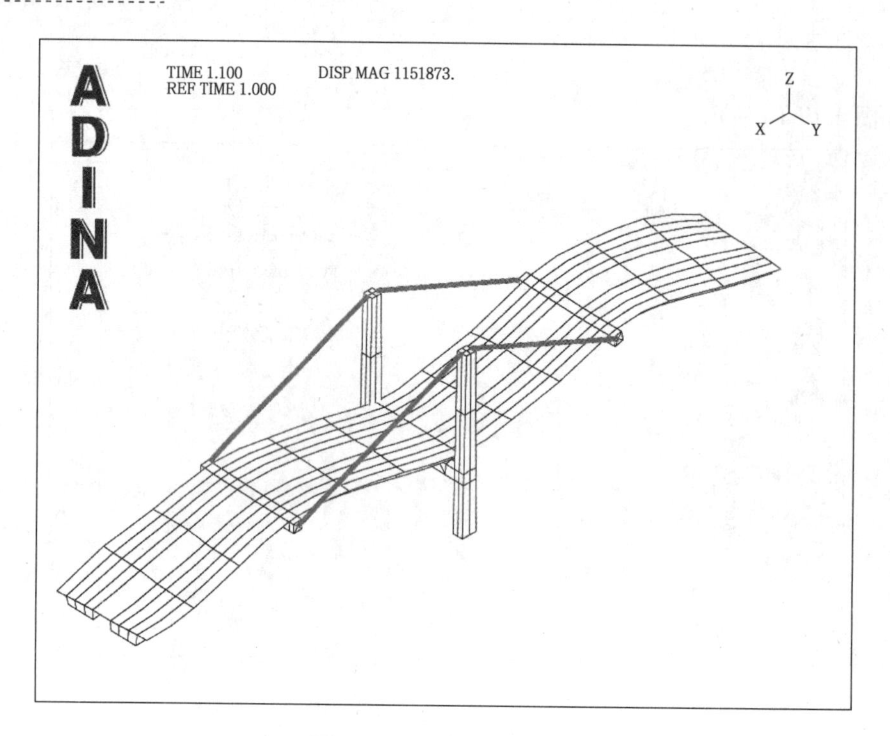

图 1.17.11 放大动态位移

变量 2 到【Displacement：Y-DISPLACEMENT）】（位移：Y-位移），【Variable 3】变量 3 到【Displacement：Z-DISPLACEMENT】（位移:Z-位移），然后单击【Apply】应用。用户可以获得最大 x 位移=5.985 14E-05（英尺），最大 y 位移=2.540 00E-05（英尺），最大 z 位移=-2.436 45E-05（英尺）。

17.5 退出 AUI

选择主菜单中的【File】文件→【Exit】退出，弹出【AUI】对话框，单击【Yes】，其余选【默认】，退出 ADINA-AUI。

问题18 梁受到谐波和随机载荷

问题描述

1)问题概况

本例中以图1.18.1所示的梁结构为谐波和随机载荷。

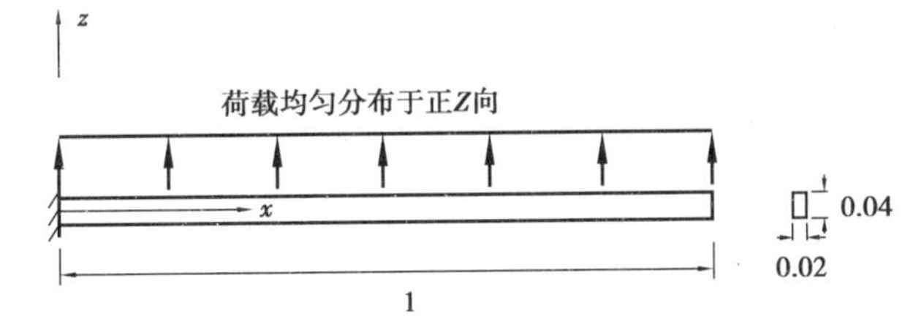

图1.18.1 问题18中的计算模型

$E=2.07\times10^{11}$ N/m^2, $\rho=7\ 800$ kg/m^3,所有模式:5%阻尼;均匀分布的负载在 y 方向上没有显示。

2)演示内容

本例将演示以下内容:

①定义超出平面的线路负载。

②通过施加载荷建立模态参与因子分析。

③定义和使用谐波负载。

④定义和使用随机加载。

18.1 启动AUI,并选择有限元程序

启动AUI,并将【Program Module】程序模块下拉列表设置为【ADINA Structures】ADINA结构。

18.2 定义模型

1)问题标题

选择【Control】控制→【Heading】标题,输入【Problem18: Beam subjected to harmonic and random loads】问题18:梁受到谐波和随机载荷并单击【OK】确定。

2)几何

单击【Define Points】定义点图标,定义表1.18.1中的点并单击【OK】确定。

表1.18.1 定义点的参数

Point#	X1	X2	X3
1			
2	1		
3			0.1

单击【Define Lines】定义线图标,添加【line 1】线1,用Point1=1和Point 2=2定义直线,然后单击【OK】确定。

3)边界条件

单击【Apply Fixity】应用固定图标,在【Point#】表的第一行输入“1”,然后单击【OK】确定。

4)载荷

y 方向和 z 方向的载荷将被视为独立。将有两个负载步骤:在载荷步骤 1 中,y 方向载荷将被激活;在载荷步骤 2 中,z 方向载荷将被激活。时间函数 1 将控制 y 方向负载,时间函数 2 将控制 z 方向负载。

选择【Control】控制→【Time Step】时间步骤,在表格的第一行中将【Number of Steps】步骤数量设置为“2”,然后单击【OK】确定。

选择【Control】控制→【Time Function】时间函数,编辑时间函数 1,见表 1.18.2。

然后,定义时间函数 2,见表 1.18.3。

表 1.18.2　时间函数 1

Time	Value
0	0
1	1
2	0

表 1.18.3　时间函数 2

Time	Value
0	0
1	0
2	1

单击【OK】确定关闭【time function】时间函数对话框。

现在定义加载应用程序。单击【Apply Load】应用加载图标。将【Load Type】载荷类型设置为【Distributed Line Load】分布式线载荷,然后单击【Load Number】载荷编号字段右侧的【Define...】定义...按钮。在【Define Distributed LineLoad】定义分布式线负载对话框中,添加【Line Load 1】线性载荷 1,将【Magnitude [Force/Length]】幅度[强制/长度]设置为“-1”,然后单击【OK】确定。在【Apply Load】应用负载对话框表的第一行中,将【Line#】线#设置为“1”,【Auxiliary Point】辅助点设置为“3”,【Load Plane】负载面设置为【Perpendicular to Plane】垂直于平面和【Time Function】时间函数设置为“1”。在表的第二行中,将【Line #】行号设置为“1”,将【Auxiliary Point】辅助点设置为“3”,将【Load Plane】加载平面设置为【In-Plane】面内,将【Time Function】时间函数设置为“2”,单击【OK】确定关闭【Apply Load】应用加载对话框。

5)横截面和材料

单击【Cross-Sections】横截面图标,添加【Cross-section 1】横截面 1,将【Width】宽度设置为“0.04”,【Height】高度为“0.02”,单击【OK】确定。[注意:单元的 s 方向将位于 xz 平面内,所以【Width】宽度(在 s 方向上)是较大的横截面尺寸。]单击【Manage Materials】管理材料图标并单击【Elastic Isotropic】弹性各向同性按钮。在【Define Isotropic Linear Elastic Material】定义各向同性线性弹性材料对话框中,添加【material 1】材料 1,将【Young's Modulus】杨氏模量设置为“2.07E11”,将【Density】密度设置为“7800”,然后单击【OK】确定。单击【Close】关闭,关闭【Manage Material Definitions】管理材料定义对话框。

6)有限单元

单击【Element Groups】单元组图标,添加【group 1】组 1,将【Type】类型设置为【Beam】梁,然后单击【OK】确定。

单击【Subdivide Lines】细分线图标,将【Number of Subdivisions】细分的数量设置为“10”,然后单击【OK】确定。

单击【Mesh Lines】对线划分网格图标,将【Auxiliary Point】辅助点设置为“3”,在第一行输入 1 表格,然后单击【OK】确定。

单击【Iso View1】轴侧视图 1 图标,【Boundary Plot】边界条件绘图图标和【Load Plot】载荷绘图图标。然后单击【Modify Mesh Plot】修改网格绘图图标,单击【Element Depiction...】单元描述按钮,单击【Display Beam Cross-Section】显示梁截面字段,然后单击【OK】确定两次,以关闭这两个对话框。图形窗口如

图 1.18.2 所示。

注意:使用 Iso View 1 图标,否则网格会绘制在 xz 平面中。

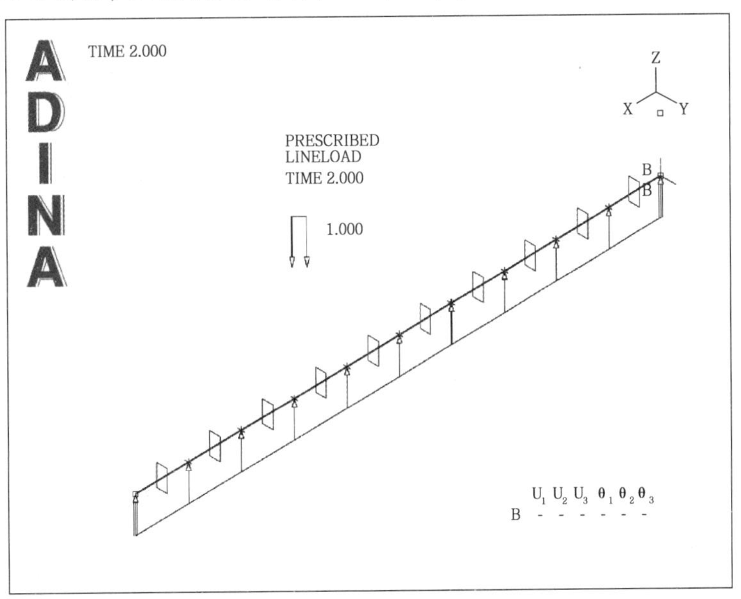

图 1.18.2 显示梁截面

在模型的定义继续之前,先给载荷步 1 绘制载荷。单击【Previous Solution】先前的求解方案图标。图形窗口如图 1.18.3 所示。

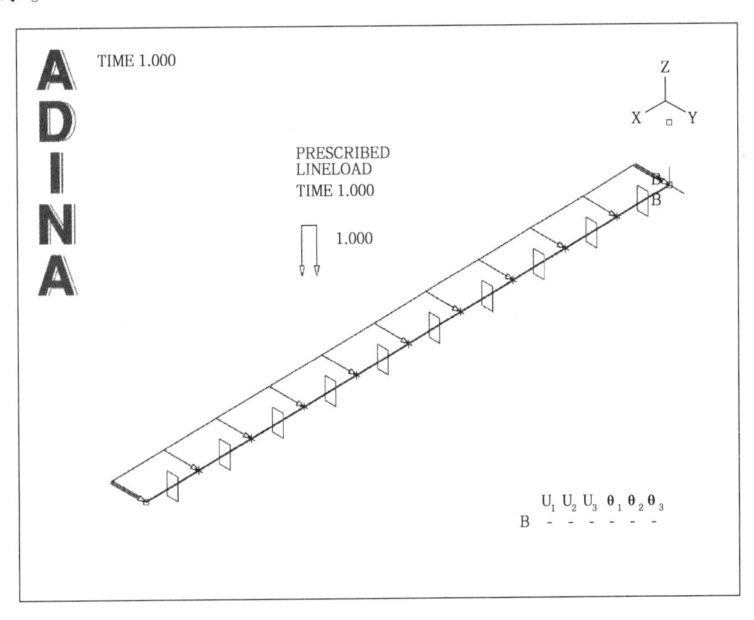

图 1.18.3 载荷

18.3 指定分析选项

1)分析类型

将【Analysis Type】分析类型下拉列表设置为【Modal Participation Factors】模态参与因子,然后单击【Analysis Options】分析选项图标。单击【Settings...】设置... 按钮,将【Number of Frequencies/Mode Shapes】频率/模式形状数量设置为"10",然后单击【OK】确定,关闭对话框。将【Number of Modes to Use】使用的模式数设置为"10",将【Type of Excitation Load】励磁负载类型设置为【Applied Load】应用负载,然后单击【OK】确定,关闭对话框。

18.4 生成ADINA数据文件，运行ADINA，加载舷窗文件

单击【Save】保存图标并将数据库保存到文件"prob18"中。单击【Data File/Solution】数据文件/求解方案图标，将文件名设置为"prob18"，确保【Run Solution】运行求解方案按钮被选中，然后单击【Save】保存。【ADINA Structures】ADINA结构完成后，关闭所有打开的对话框。将【Program Module】程序模块下拉列表设置为【Post-Processing】后处理（用户可以放弃所有更改），单击【Open】打开图标并打开舷窗文件"prob18"。

AUI显示警告消息：

```
Node displacements not found for node 1.
Displacement messages suppressed for 11 nodes.
Plotted displacements set to zero for 12 nodes.
```

出现这些消息是因为在这种类型的分析中，ADINA Structures仅计算求解时间1.0和2.0的模态参与因子。单击确定，关闭警告消息框。

1）列出自然频率和模式参与因素

选择【List】清单→【Info】信息→【Response】响应，并确认2组应用的加载模态参与因子从时间1.0加载到2.0。计算时间1.0（载荷步骤1）的模态参与系数，从时间1.0（这是y载荷）的载荷计算，时间2.0（载荷步骤2）的模态参与系数由时间2.0是z向载荷）。

另需注意：【ADINA Structures】ADINA结构不计算位移或其他解算数据。但【ADINA·Structures】ADINA结构确实计算模态，模态反应和模态应力。单击【Close】，关闭对话框。

要列出模态数据，请选择【List】列表→【ValueList】值列表→【Zone】区域，将【Response Range】响应范围设置为DEFAULT_MODE-SHAPE，将【Variable 1】变量1设置为【Frequency/Mode：FREQUENCY】（频率/模式：频率），然后单击【Apply】应用。前几个频率应为"1.66424E+01（Hz），3.32770E+01"。单击【Close】，关闭对话框。

2）定义模态阻尼比

选择【Definitions】定义→【Spectrum Definitions】频谱定义→【Damping Table】阻尼表并添加阻尼表DT1。现在单击【Curve Name】曲线名称字段右边的...按钮。在【Define Frequency Curve】定义频率曲线对话框中，添加频率曲线DT1，在表格的前两行输入"0,5"和"10000,5"，然后单击【OK】确定。（"5"对应于5%阻尼。）在【Define Damping Table】定义阻尼表对话框中，根据需要将【Curve Name】曲线名称设置为DT1，然后单击【OK】确定，关闭对话框。

18.5 谐波分析

如果用户对谐波分析不感兴趣，可以跳到随机分析部分。

谐波分析按以下步骤进行：

①假设只有y载荷被应用，分析梁。

②假设应用了y和z载荷，分析梁。

假设仅应用y载荷进行分析

负荷大小规格：假设y负荷的时间变化如下：

$w_y=1\ 000\sin(\omega t)$，其中$\omega=2\pi f$，f是负载（单位为Hz）的频率。

注意：幅度因子1 000与加载频率f无关（但总的来说，幅度因子可以是加载频率的函数），假设在$0\leqslant f\leqslant 1\ 000$ Hz范围内，变化是有效的。

要指定此信息，请选择【Definitions】定义→【Spectrum Definitions】频谱定义→【Sweep Spectrum】扫描频谱，添加扫描频谱名称SWEEP_Y，然后单击【Curve Name】曲线名称字段右侧的【...】按钮。在【Define Frequency Curve】定义频率曲线对话框中，添加频率曲线SWEEP_Y，在表格的前两行输入"0,1000和1000,

1000”，然后单击【OK】确定。在【Define Sweep Spectrum】定义扫描频谱对话框中，将【Curve Name】曲线名称设置为 SWEEP_Y，将【Axes Type（Frequency- Value）】轴类型（频率-值）设置为【Linear-Linear】线性-线性，将【Spectrum Title】频谱标题设置为【Sweep spectrum for y loads】扫描频谱，然后单击【Save】保存。

1）绘制扫描光谱图

单击【Clear】清除图标，然后单击【Define Sweep Spectrum】定义扫描光谱对话框中的【Graph...】图形...按钮。在【Display Sweep Spectrum】显示扫描频谱对话框中，确保【Sweep Spectrum】扫描频谱设置为【SWEEP_Y】，然后单击【OK】确定两次，以关闭两个对话框。图形窗口如图 1.18.4 所示。

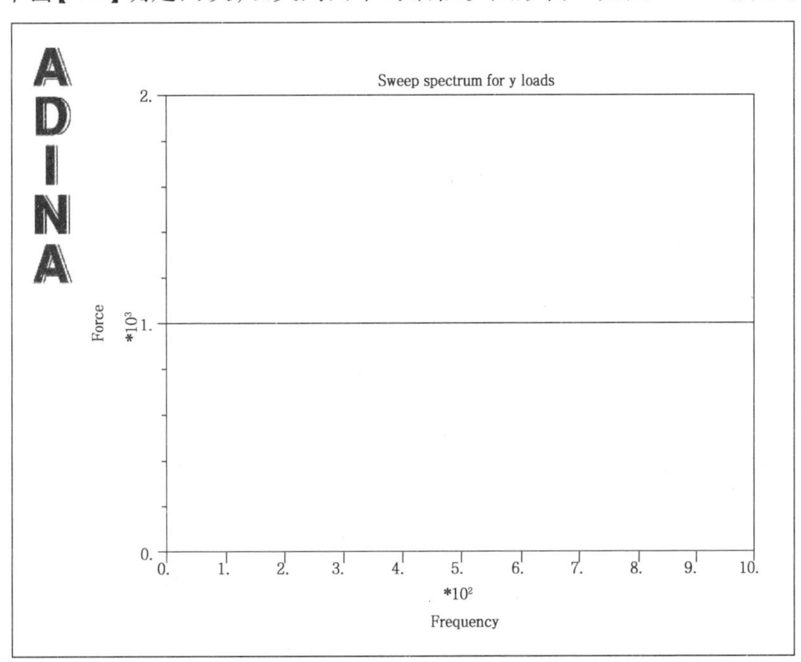

图 1.18.4 扫描光谱图

2）求解 150 Hz 的频率

现在绘制假定加载频率 150 Hz 的变形。选择【Definitions】定义→【Response】响应，确保【Response Name】响应名称是“DEFAULT”，并将【Type】类型设置为【Harmonic】谐波。将【Method】方法设置为【Amplitude at Specified Angle】以指定角度振幅，将【Loading Frequency】加载频率设置为“150”，将【Damping Table】阻尼表设置为“DT1”，并在表中输入“1，SWEEP_Y”。然后单击【OK】确定。

单击【Clear】清除图标和【Iso View 1】轴测视图 1 图标，单击【Show Original Mesh】显示原始网格图标和【Scale Displacements】缩比位移图标时，图形窗口如图 1.18.5 所示。

这个解是上面加载方程中 t 为 0，1/150，2/150 等时的解。也可以通过在谐波响应定义中改变指定的角度来获得其他时间的解。例如，选择【Definitions】定义→【Response】响应，确保【Response Name】响应名称是“DEFAULT”，将【Angle（OMEGAT）】角度（OMEGAT）设置为【90】，然后单击【OK】确定。当用户单击【Clear】清除图标和【Iso View 1】轴测视图 1 图标，然后单击【Show Original Mesh】显示原始网格图标和【Scale Displacements】缩比位移图标时，图形窗口如图 1.18.6 所示。

求解方案 ωt 时加载方程中为 90°，因此，当 t 以上的加载方程为（90/360）×（1/150）= 1.667×10^{3}s。还可尝试以其他角度来查看其他时间的结构响应。

3）绘制弯矩

选择【Display】显示→【Element Line Plot】单元线图→【Create】创建，设置【Element Line Quantity】单元线数量为“BENDING_MOMENT-S”，然后单击【OK】确定。图形窗口如图 1.18.7 所示。

也可以由 AUI 选择 ωt 的每个单元的每个弯曲力矩，使每个单元的弯矩是最大的（当然，那么 ωt 会每个单元不同）。同样，用户可以选择 AUI ωt 在每个节点的每个位移，使位移最大（当然，每个节点上的 ωt 将是

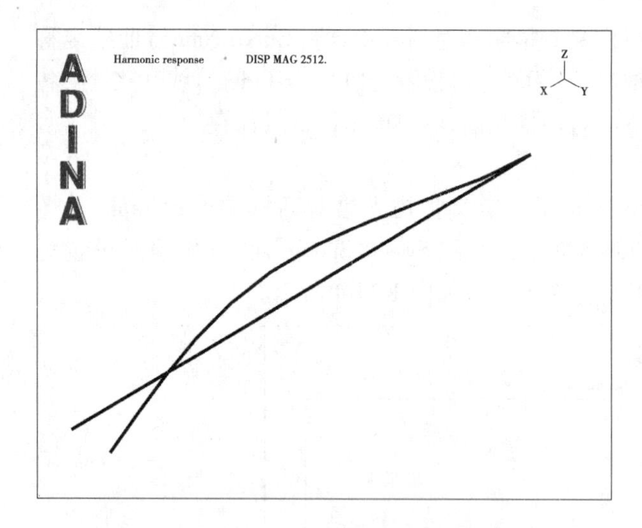

图 1.18.5　原始模型和变形模型

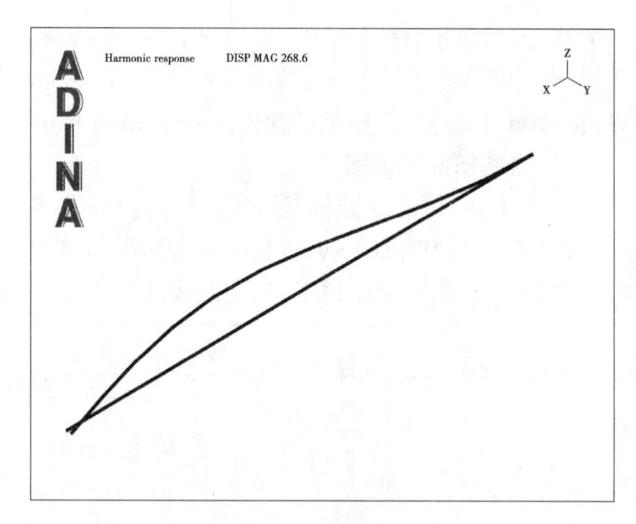

图 1.18.6　其他时间的响应

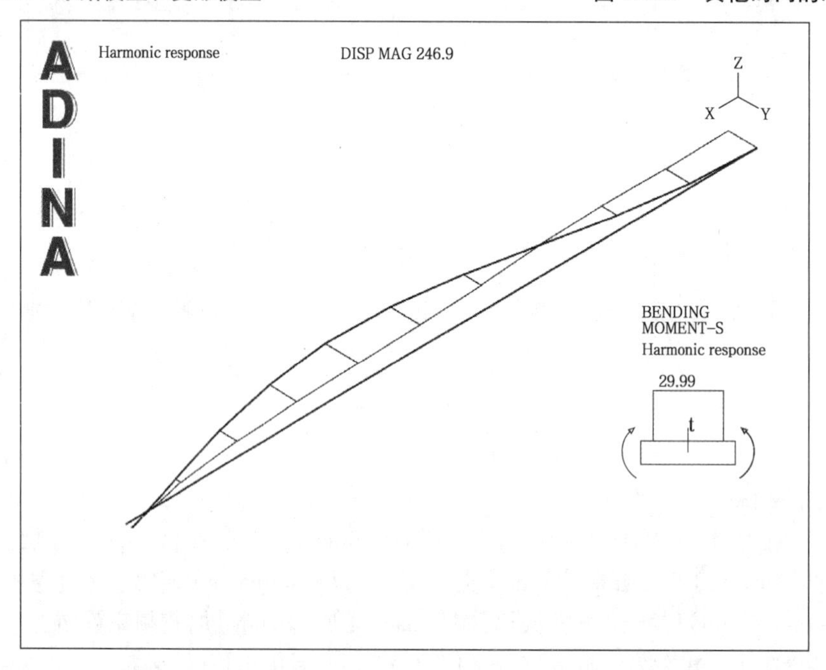

图 1.18.7　弯矩

不同的)。

例如,选择【Definitions】定义→【Response】响应,确保【Response Name】响应名称是“DEFAULT”,将【Method】方法设置为最大振幅,然后单击【OK】确定。现在单击【Clear】清除图标和【Iso View 1】轴测视图1图标,然后单击【Show Original Mesh】显示原始网格图标和【Scale Displacements】缩比位移图标。选择【Display】显示→【Element Line Plot】单元线图→【Create】创建,将【Element Line Quantity】单元线物理量设置为“BENDING_MOMENT-S”,然后单击【OK】确定。(所述 AUI 为每个弯曲力矩中的每个单元都选择了 ωt,从而在每个单元上的弯曲力矩为最大。)

图形窗口如图 1.18.8 所示。

注意:图 1.18.8 与包络图类似,其中包络被包含在所有求解时间中。

提示节点是节点 11。选择【Defintions】定义→【Model Point】模型点→【Node】节点,添加名称【TIP】,定义为节点 11,然后单击【OK】确定。

现在单击【Clear】清除图标并选择【Graph】图表→【Harmonic Analysis】谐波分析。将【Variable】变量设置为【Displacement:Y-DISPLACEMENT】(位移:Y-DISPLACEMENT)并确保【Model Point】模型点是 TIP。

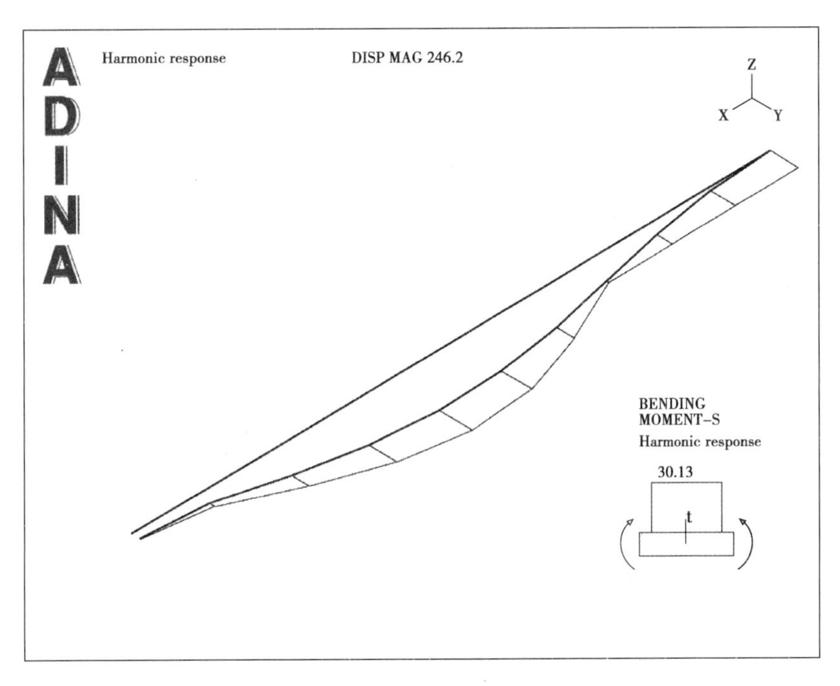

图 1.18.8　最大振幅分析方法的弯矩

将【Frequency Spacing】频率间隔设置为【Linear】线性，将【Number of Frequencies】频率数设置为“126”。在【Harmonic Response】谐波响应框的【Frequency Range】频率范围，【Min. Frequency】最小频率为 0 和【Max. Frequency】最大频率为 250，然后单击【OK】确定，图形窗口如图 1.18.9 所示。

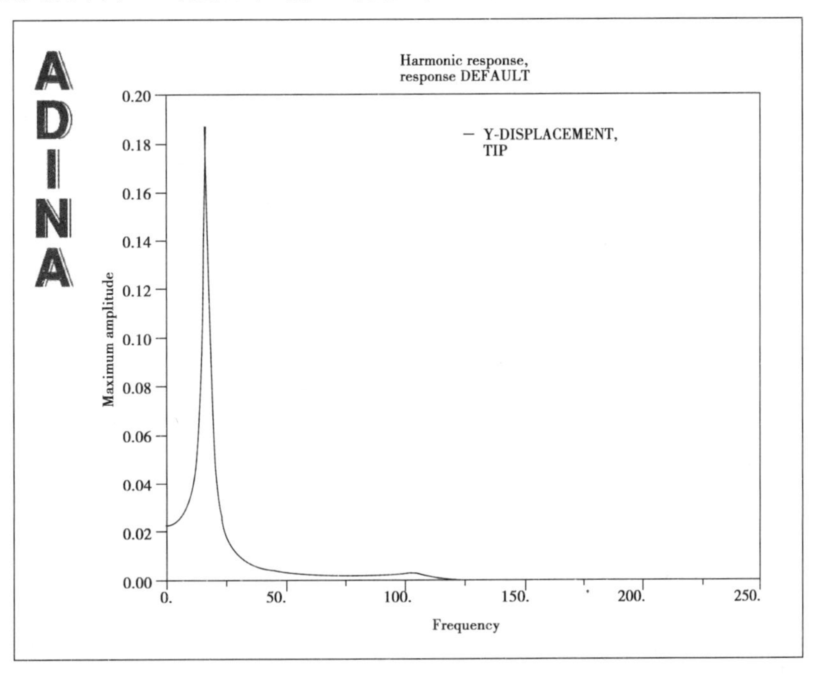

图 1.18.9　谐波响应

图 1.18.9 中曲线显示，对于 16 Hz 的加载频率，尖端位移很大。这是因为波束的第一个固有频率大约是 16 Hz，且振幅的单位是 m。

4）绘制放大到准静态幅度

准静态幅度是非常低的加载频率的幅度。选择【Definitions】定义→【Response】响应，选中【Normalized by Quasi-Static Response】通过准静态响应归一化按钮，然后单击【OK】确定。然后按照图 1.18.9 给出的指示进行操作，图形窗口如图 1.18.10 所示。

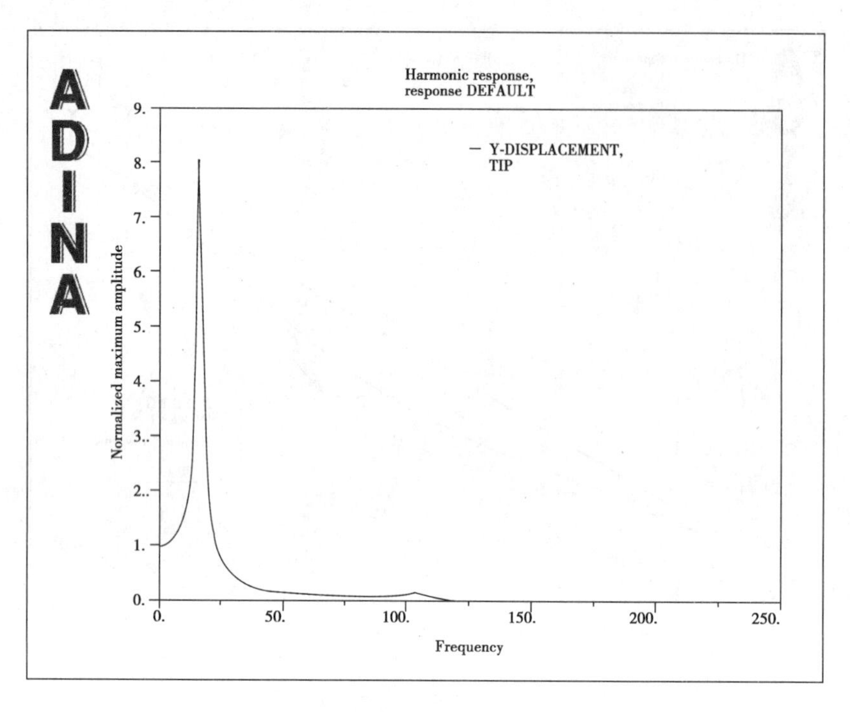

图 1.18.10　准静态响应归一化的响应

图 1.18.10 中看到,最大位移约为静态位移的 8 倍。

5)假设应用 y 和 z 加载分析

(1)负载大小规格

假设在 y 负荷的时间变化是 $w_y=1\ 000\cos(\omega t)$,并且沿 z 负荷的时间变化是 $w_z=2\ 000\sin(\omega t)$。这两个载荷的组合可以解释为跟踪梁周围的椭圆路径的载荷,如图 1.18.11 所示。

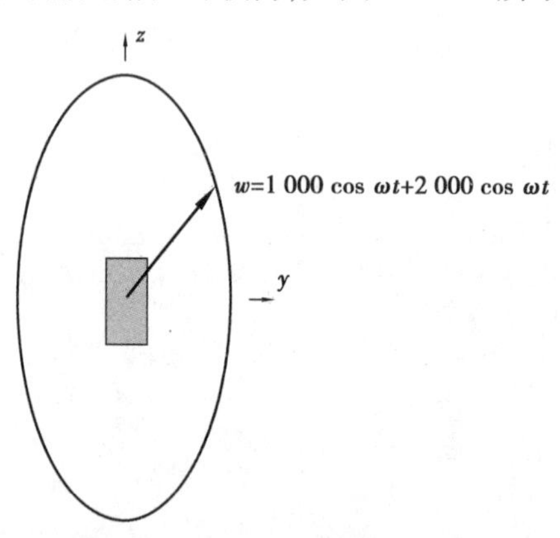

图 1.18.11　两个载荷的组合解释为跟踪梁周围的椭圆路径的载荷

(2)为 z 载荷定义一个扫描频谱

选择【Definitions】定义→【Spectrum Definitions】频谱定义→【Sweep Spectrum】扫频频谱,增加扫谱名"SWEEP_Z",并单击【Curve Name】曲线名称字段的右侧【...】按钮,在【Define Frequency Curve】定义频率曲线对话框中,添加频率曲线"SWEEP_Z",在表格的前两行输入"0,2000"和"1000,2000",然后单击【OK】确定。在【Define Sweep Spectrum】定义扫描频谱对话框中,将【Curve Name】曲线名称设置为"SWEEP_Z",将【Axes Type (Frequency-Value)】轴类型(频率值)设置为【Linear-Linear】线性-线性,将【Spectrum Title】频谱标题设置为【weep spectrum for z loads】扫描频谱 z 加载,然后单击【OK】确定。

(3)求解 150 Hz 的频率

现在绘制 150 Hz 的频率的变形。选择【Definitions】定义→【Response】响应,确保【Response Name】响应名称是"DEFAULT",【Type】类型是【Harmonic】谐波。将【Method】方法设置为【Amplitude at Specified Angle】

以指定角度振幅,将【Angle (OMEGAT)】角度(OMEGAT)设置为"0",将【Loading Frequency】加载频率设置为"150",并取消【Normalized by Quasi- Static Response】通过准静态响应归一化按钮。现在,在表格中,在第一行输入"1,SWEEP_Y,1,-90",在第二行输入"SWEEP_Z,1,0"。单击【OK】确定,关闭对话框。

(对于行1中,使用身份 $COS(\omega t)=SIN(\omega t-(-90))$,以确定【Phase Angle】相位角的值)

现在单击【Clear】清除图标和【Iso View 1】轴测视图1图标。选择【Display】显示→【Element Line Plot】单元线绘图→【Create】创建,设置【Element Line Quantity】单元线物理量为 BENDING_MOMENT-S,单击【Apply】应用,设置【Element Line Quantity】单元线数量为 BENDING_MOMENT-T,然后单击【OK】确定,图形窗口如图1.18.12所示。

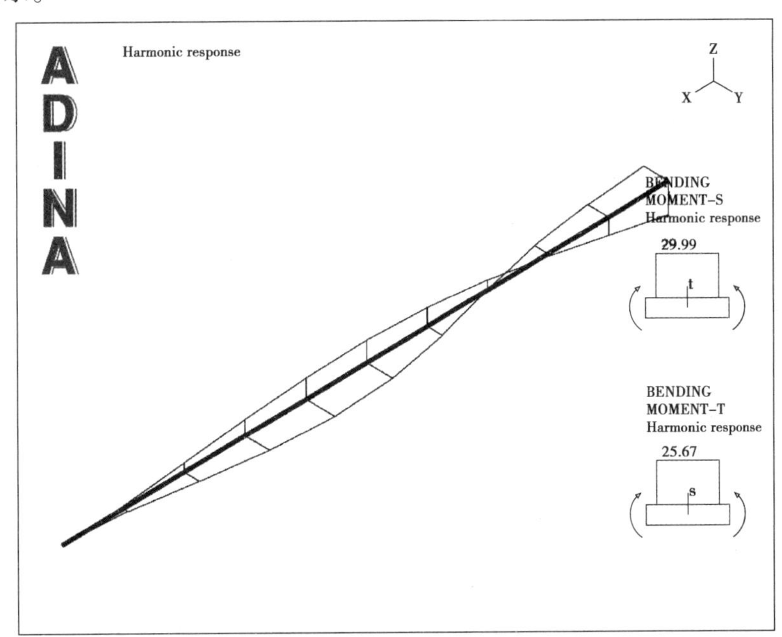

图1.18.12 弯矩

这是求解 ωt 在加载方程=0°。

18.6 随机分析

如果用户对随机分析不感兴趣,可立即退出AUI。

随机分析按以下步骤进行:

①假设只有 y 载荷被应用,分析梁。

②假设应用了 y 和 z 载荷,分析梁。

1)假设仅应用 y 载荷进行分析

(1)负荷大小规格

在随机振动分析中,指定功率谱密度(PSD)的负载。例如,假设 y 负载的PSD见表1.18.4。

表1.18.4 功率谱密度(PSD)的负载

Frequency (Hz)	PSD $(N/m)^2/Hz$
1	9E-10
50	90
90	900
200	900
1 000	90

要指定此信息，选择【Definitions】定义→【Spectrum Definitions】频谱定义→【Random Spectrum】随机频谱，添加随机频谱名称 PSD_Y，然后单击【Curve Name】曲线名称字段右侧的【...】按钮。在【Define Frequency Curve】定义频率曲线对话框中，添加频率曲线 PSD_Y，输入表 1.18.4 并单击【OK】确定。在【Define Random Spectrum】定义随机谱图对话框中，将【Curve Name】曲线名称设置为"PSD_Y，"将【Spectrum Title】谱图标题设置为【PSD for y loads】y 加载的 PSD，然后单击【Save】保存。

(2)绘制随机谱图

单击【Clear】清除图标，然后单击【Define Random Spectrum】定义随机谱图对话框中的【Graph...】图形...按钮。在【Define Random Spectrum】显示随机谱图对话框中，确保【Random Spectrum】随机谱图设置为"PSD_Y"，然后单击【OK】确定两次以关闭两个对话框，图形窗口如图 1.18.13 所示。

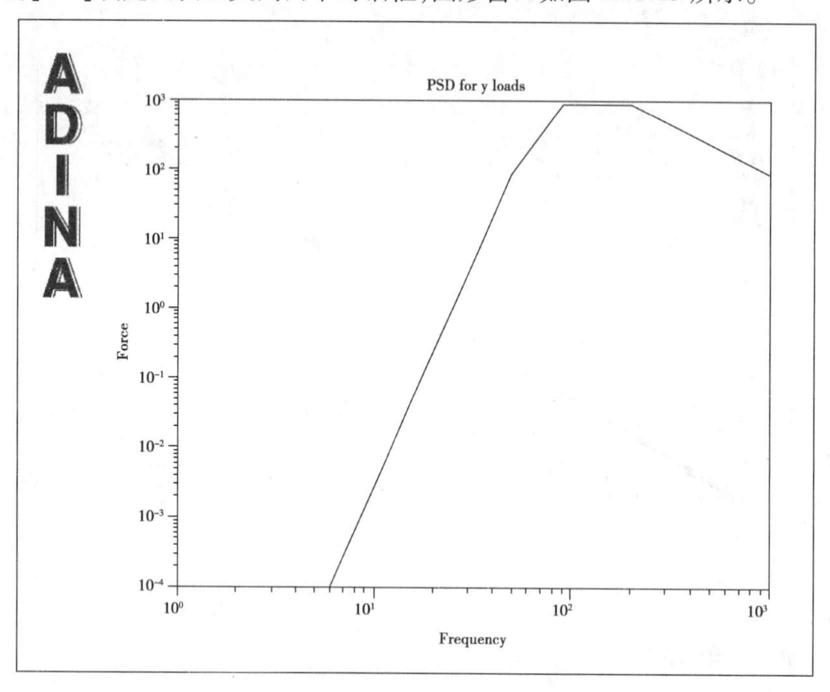

图 1.18.13　随机谱图

(3)RMS 的求解方案

现在列 RMS(均方根方)的位移值。选择【Definitions】定义 →【Response】响应，确保【Response Name】响应名称是"DEFAULT"，并将【Type】类型设置为【Random】随机。然后将【Damping Table】阻尼表设置为"DT1"，并在表中输入"1，PSD_Y"。然后单击【OK】确定，关闭对话框。

选择【List】清单→【ValueList】值列表→【Zone】区域，将【Response Option】响应选项设置为【Single Response】单个响应，将【Variable 1】变量 1 设置为【Displacement：Y-DISPLACEMENT】(位移：y 位移)，然后单击【Apply】应用。列表显示节点 11 处的 y 位移是"4.74897E-04"。实际上，因为这是一个随机振动分析，所以 y 位移被解释为 y 位移的 RMS 值，其被解释为 y 位移的标准偏差(y 位移的平均值为零)。因此 y 位移超过 4.748 97E-04 m 的概率约为 32%。单击【Close】，关闭对话框。

(4)绘制均方根位移和弯矩

单击【Clear】清除图标和【IsoView 1】轴测视图 1 图标，然后单击【Show Original Mesh】显示原始网格图标和【Scale Displacements】缩比位移图标。现在选择【Display】显示→【Element Line Plot】单元线绘图→【Create】创建，将【Element Line Quantity】单元线数量设置为"BENDING_MOMENT-S"，然后单击【OK】确定。图形窗口如图 1.18.14 所示。

所以弯矩超过 46.7(Nm)的概率约为 32%。

(5)求解方案的 PSD

可以绘制尖端位移的 PSD。

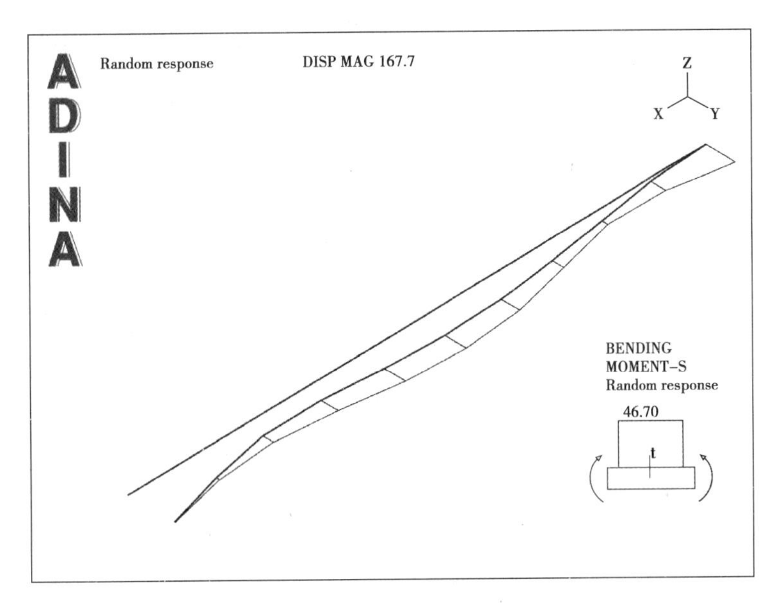

图 1.18.14　均方根位移和弯矩

尖端的节点是节点 11。如果尚未在上面的谐波分析中这样做,请选择【Defintions】定义→【Model Point】模型点→【Node】节点,添加名称【TIP】,将其定义为节点 11,然后单击【OK】确定。

现在单击【Clear】清除图标并选择【Graph】图表→【Random Analysis】随机分析。将【Variable】变量设置为【Displacement:Y-DISPLACEMENT】(位移:Y-DISPLACEMENT)并确保【Model Point】模型点是【TIP】。在【Frequency Spacing】频率间隔框中,将【Number of Frequencies】频率数设置为“100”。在【Random Response】随机响应的【Frequency Range】频率范围框中,【Min. Frequency】最小频率为 1 和【Max.Frequency】最大频率为 250,然后单击【OK】确定。图形窗口如图 1.18.15 所示。

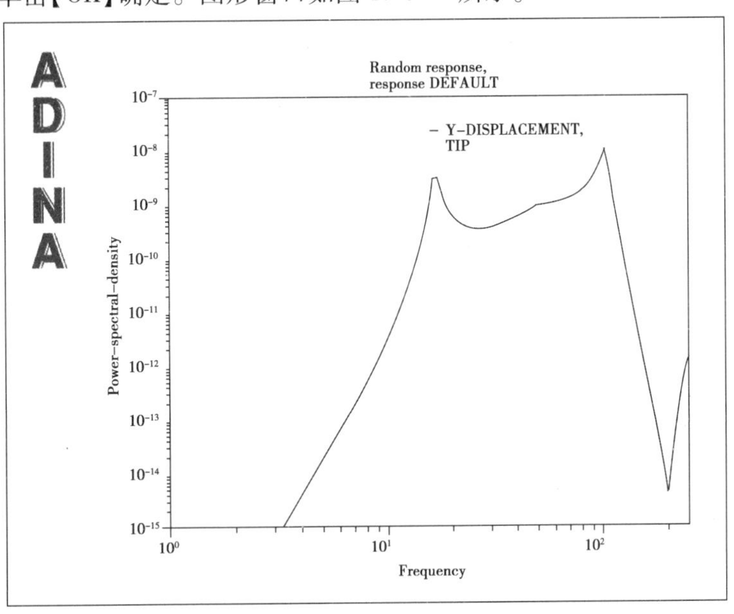

图 1.18.15　尖端位移的 PSD

2)假设应用 *y* 和 *z* 加载分析

(1)载荷大小规格

假设 *y* 负荷的 PSD 与上面使用的相同,并且 *z* 负荷的 PSD 见表 1.18.5。

要指定此信息,请选择【Definitions】定义→【Spectrum Definitions】频谱定义→【Random Spectrum】随机频谱,添加随机频谱名称【PSD_Z】,然后单击【Curve Name】曲线名称字段右侧的【...】按钮。在【Define Random

Spectrum】定义频率曲线对话框中,添加频率曲线 PSD_Z,输入表 1.18.5 并单击【OK】确定。在【Define Frequency Curve】定义随机谱图对话框中,将【Curve Name】曲线名称设置为“PSD_Z”,将【Spectrum Title】谱图标题设置为【PSD for z loads】PSD 加载的 PSD,然后单击【OK】确定。

表 1.18.5　载荷大小规格

Frequency (Hz)	PSD $(N/m)^2/Hz$
1	2E-10
50	100
90	200
200	200
1 000	20

(2)RMS 的求解方案

列表位移的有效值。选择【Definitions】定义→【Response】响应,确保【Response Name】响应名称是【DEFAULT】,并确保【Response Type】响应类型设置为【Random】随机。在表格中,确保第一行是“1,PSD_Y”,并在表格的第二行输入“2,PSD_Z”。然后单击【OK】确定。

选择【List】清单→【ValueList】数值清单→【Zone】区域,将【Response Option】响应选项设置为【Single Response】单个响应,将【Variable 1】变量 1 设置为【Displacement: Y-DISPLACEMENT】(位移:y 位移),【Variable2】变量 2 设置为【Displacement: Z-DISPLACEMENT】(位移:z 位移),然后单击【Apply】应用。列表显示节点 11 的 y 位移的标准偏差为“4.74897E-04 m”,节点 11 的 z 位移的标准偏差为“3.93917E-04 m”。单击【Close】,关闭对话框。

注意:①AUI 假定负载是不相关的(AUI 忽略加载组合的交叉频谱密度)。

②在本例中,y 位移只取决于 y 载荷,而 z 位移只取决于 z 载荷。但是,一般来说,每个计算结果取决于所有施加的载荷。

18.7　退出 AUI

选择主菜单中的【File】文件→【Exit】退出,弹出【AUI】对话框,单击【Yes】,其余选【默认】,退出 ADINA-AUI。

问题19 用ADINA-M/PS和ADINA-M/OC分析一个shell-shell交点

问题描述

1)问题概况

图1.19.1所示为壳层交叉点。

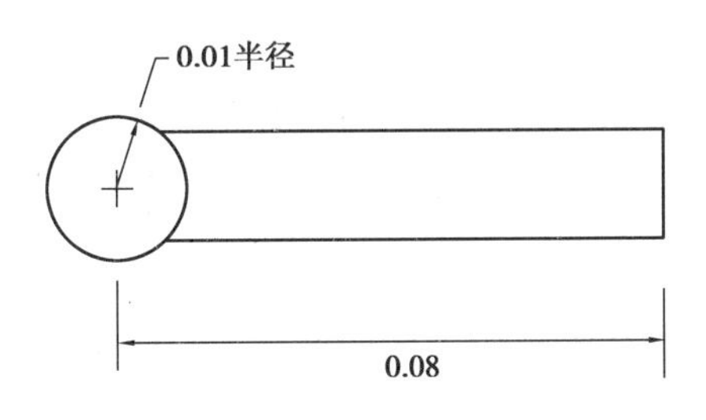

图1.19.1 问题19中计算模型

材料特性:$E=2.07\times10^{11}$ N/m^2;$v=0.29$。

壳-壳相交尺寸和加载,如图1.19.2所示。

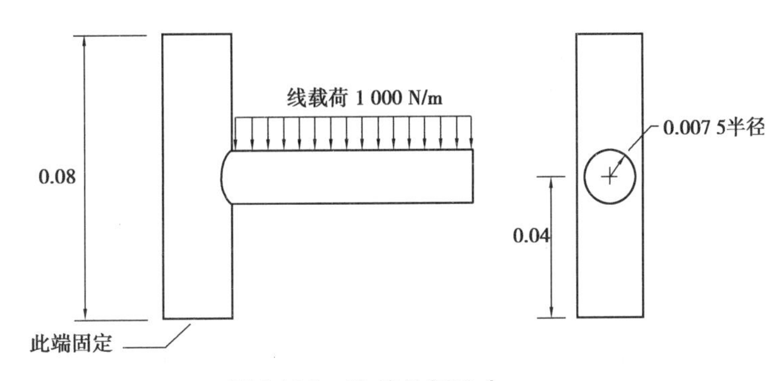

图1.19.2 壳-壳几何尺寸

2)演示内容

本例演示ADINA-M/PS(使用Parasolid几何内核的ADINA Modeler)和ADINA-M/OC(使用Open Cascade几何内核的ADINA Modeler)在分析壳体结构时的用法。

①使用shell单元对ADINA-M进行网格划分。

②绘制贝壳中的弯曲力矩和膜力。

③使用ADINA-M/OC。

ADINA系统的900个节点版本不能解决这个问题,因为ADINA系统的900个节点版本不包括ADINA-M/PS或ADINA-M/OC。

19.1 使用ADINA-M/PS进行分析

19.1.1 启动AUI,选择有限元程序

启动AUI,并将【Program Module】程序模块下拉列表设置为【ADINA Structures】ADINA结构。

19.1.2 定义模型控制数据

问题标题

选择【Control】控制→【Heading】标题，输入标题【Problem19: Analysis of a shell-shell intersection with ADINA-M/PS】问题19:使用ADINA-M/PS分析壳体交点并单击【OK】确定。

19.1.3 定义模型几何

1)垂直管道

单击【Define Bodies】定义实体图标，添加【body 1】主体1，将【Type】类型设置为【Cylinder】圆柱体，【Radius】半径为“0.01”，【Length】长度为“0.08”，【Center Position】中心位置为(0.0,0.0,0.04)，【Axis】轴为Z，然后单击【Save】保存。

2)水平管道

添加【body 2】主体2，设置【Type】类型为【Cylinder】圆柱体，【Radius】半径为“0.007 5”，【Length】长度为“0.08”，【Center Position】中心位置为(0.0,0.04,0.04)，【Axis】轴为Y，然后单击【OK】确定。

3)合并管道

单击【Boolean Operator】布尔运算符图标，确保【Operator Type】运算符类型为【Merge】合并，并且【Target Body】目标体为“1”，在表的第一行中输入“2”，然后单击【OK】确定。

当你单击【Wire Frame】线框图标时，图形窗口如图1.19.3所示。

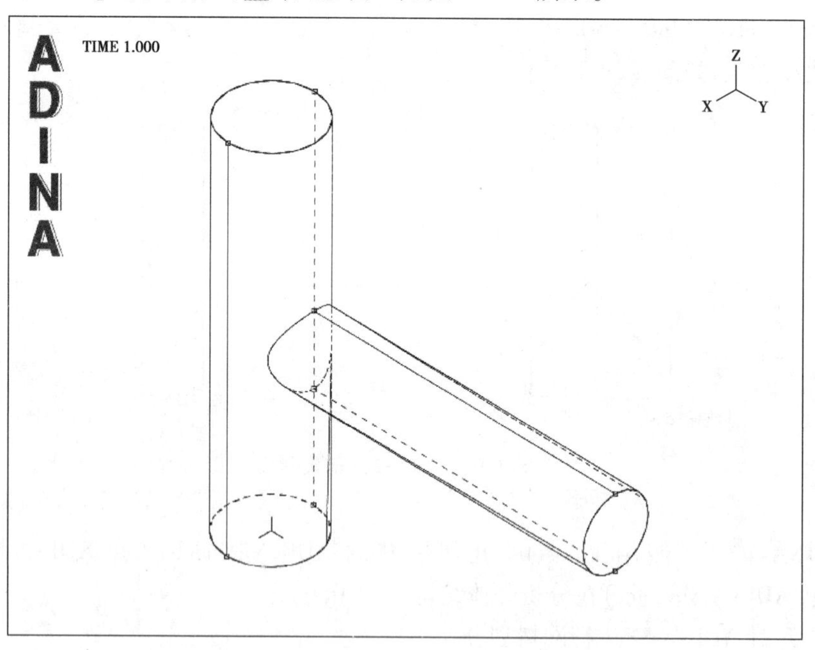

图1.19.3 线框显示的合并壳

19.1.4 指定边界条件、载荷和材料

1)修复

单击【Apply Fixity】应用固定图标，将【Applyto】应用到字段设置为【Edge/Line】边缘/线条，在表格的前两行输入见表1.19.1的信息，然后单击【OK】确定。

表 1.19.1　应用载荷的边

Edge/Line #	Body #
1	1
4	1

2）加载

单击【Apply Load】应用加载图标，将【Load Type】加载类型设置为【Distributed Line Load】分布线加载，然后单击【Load Number】加载编号字段右侧的【Define...】定义...按钮。在【Define Distributed Line Load】定义分布式线路载荷对话框中，添加【line load 1】线载荷 1，将【Magnitude】幅度设置为【-1000】，然后单击【OK】确定。在【Apply Load】应用加载对话框中，将【Apply To】应用于字段设置为【Edge】边，然后在表的第一行中将【Edge #】边#设置为"10"，将【Body#】体#设置为"1"，将【Aux Point】辅助点设置为"8"。单击【OK】确定关闭【Apply Load】应用加载对话框。

当用户单击【Boundary Plot】边界绘图图标和【Load Plot】载荷绘制图标时，图形窗口如图 1.19.4 所示。

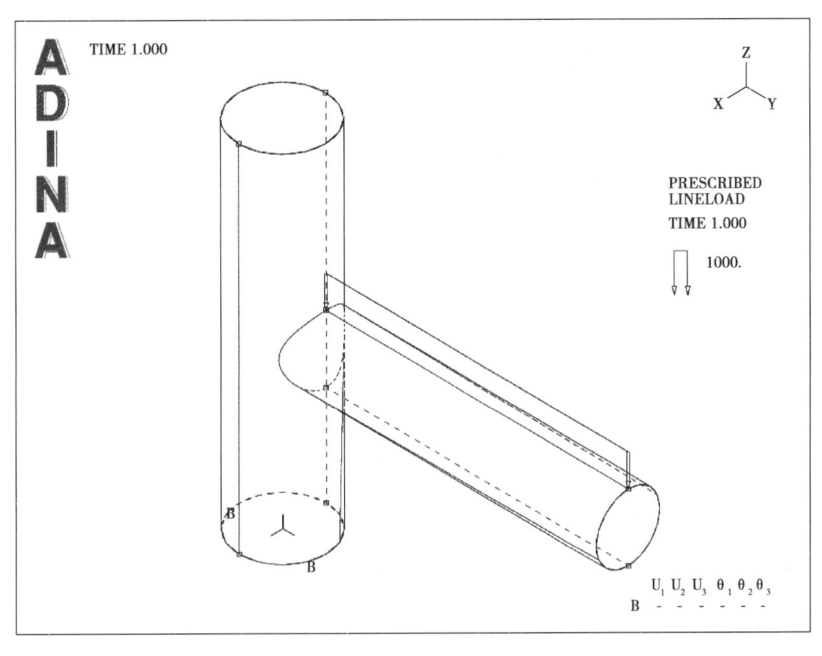

图 1.19.4　边界条件和载荷

3）材料

单击【Manage Materials】管理材料图标M，然后单击【ElasticIsotropic】弹性各向同性按钮。在【DefineIsotropic Linear Elastic Material】定义各向同性线性弹性材料对话框中，添加【material1】材料 1，将【Young's Modulus】杨氏模量设置为"2.07E11"，将【Poisson's ratio】泊松比设置为"0.29"，然后单击【OK】确定。单击【Close】关闭，关闭【Manage Material Definitions】管理材料定义对话框。

4）外壳厚度

选择【Geometry】几何→【Faces】面→【Thickness】厚度，将面 1,4,5,7 的厚度设置为"0.000 5"，然后单击【OK】确定。

19.1.5　网格

1)单元组

单击【Element Groups】单元组图标，添加【element group number 1】单元组编号1，将【Type】类型设置为【Shell】外壳，单击【Advanced】高级选项卡，选中【Calculate Midsur face Forces and Moments】计算中间力和力矩按钮，然后单击【OK】确定。有必要计算中面力和力矩，以便显示弯矩。

2)细分数据

将在整个ADINA-M几何体中指定一个统一的单元尺寸。选择【Meshing】网格→【Mesh Density】网格密度→【Complete Model】完整模型，将【Subdivision Mode】细分模式设置为【Use Length】使用长度，将【Element EdgeLength】单元边缘长度设置为“0.003”，然后单击【OK】确定。

3)网格划分

单击【Hidden Surfaces Removed】隐藏曲面去除图标(用户不希望在生成的单元中看到虚线的隐藏线)，再单击【Mesh Faces】网格面图标，将【Nodesper Element】每个单元的节点数设置为“9”，在表的前四行中输入“1,4,5,7”，然后单击【OK】确定，图形窗口如图1.19.5所示。

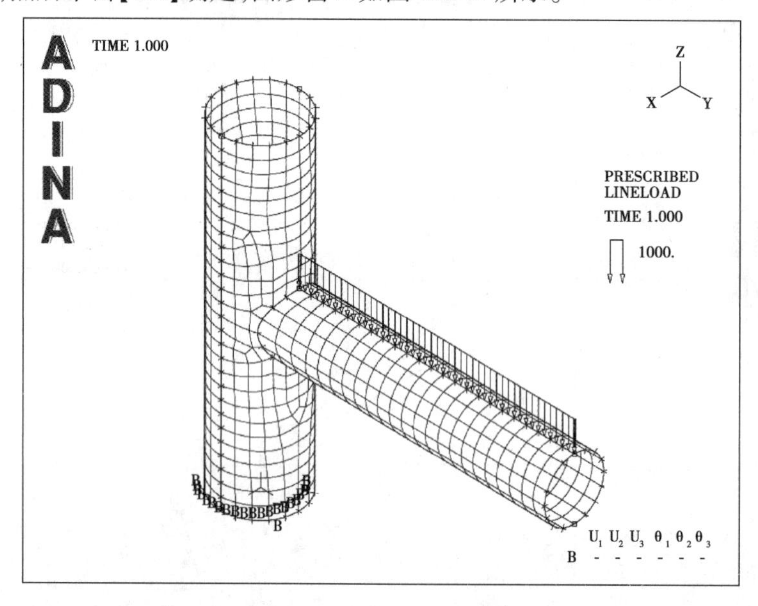

图1.19.5　划分的网格

19.1.6　生成ADINA数据文件，运行ADINA，加载舷窗文件

单击【Save】保存图标并将数据库保存到文件“prob19”。单击【Data File/Solution】数据文件/解决方案图标，将文件名称设置为“prob19”，确保【Run Solution】运行解决方案按钮被选中，然后单击【Save】保存。ADINA结构完成后，关闭所有打开的对话框，将【Program Module】程序模块下拉列表设置为【Post-Processing】后处理(用户可以放弃所有更改)，单击【Open】打开图标并打开舷窗文件“prob19”。

19.1.7　绘制弯矩和膜力

1)弯曲时刻

单击【Create Band Plot】创建条带图图标，将【Band Plot Variable】条带图变量设置为【(强制:MAX_PRINCIPAL_BENDING_MOMENT)】，然后单击【OK】确定。图形窗口如图1.19.6所示。最大主弯矩约为6.392(Nm/m)。(结果可能会有所不同，因为自由网格划分在不同的平台上产生不同的网格。)

现单击【Modify Band Plot】修改条带绘图图标，设置【Band Plot Variable】条带绘图变量为【Force:MIN_

PRINCIPAL_BENDING_MOMENT)】并单击【OK】确定。图形窗口如图 1.19.7 所示。最小主弯曲力矩大约是“-7.100(Nm/m)”。

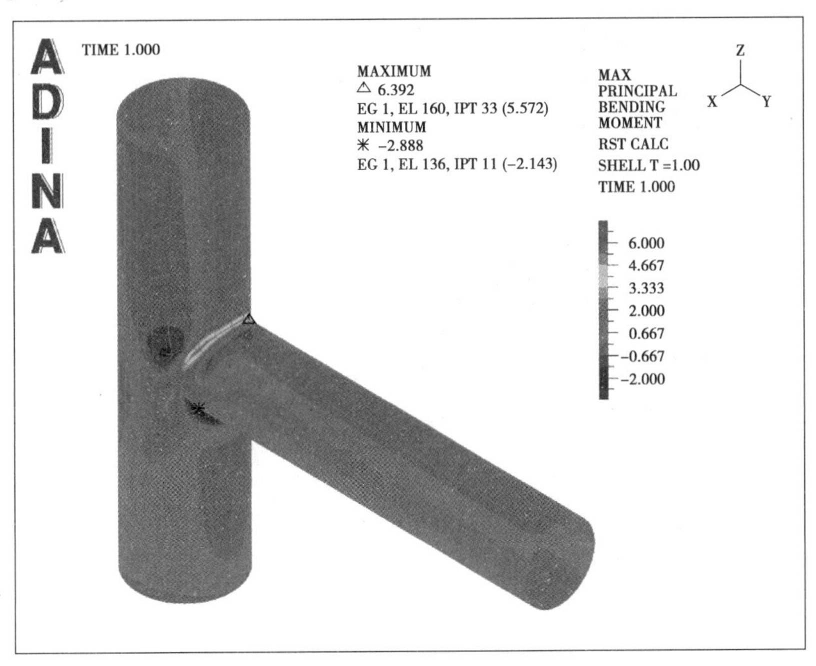

图 1.19.6 最大主弯矩

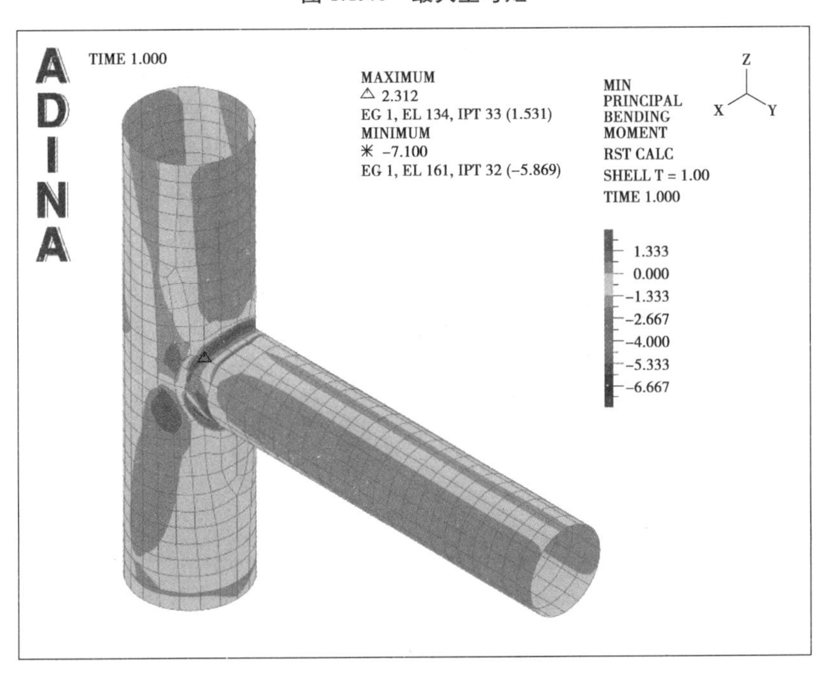

图 1.19.7 最小主弯矩

2)薄膜力

单击【Modify Band Plot】修改条带绘图图标,将【Band Plot Variable】条带绘制变量设置为【(Force:MAX_PRINCIPAL_MEMBRANE_FORCE)】并单击【OK】确定,图形窗口如图 1.19.8 所示。最大主膜应力约为“38 891(N/m)”。

单击【Modify Band Plot】修改条带绘图图标,设置【Band Plot Variable】条带绘图变量设为【(Force:MIN_PRINCIPAL_MEMBRANE_FORCE)】并单击【OK】确定。图形窗口如图 1.19.9 所示,最小主薄膜压力约为“-620 81(N/m)”。

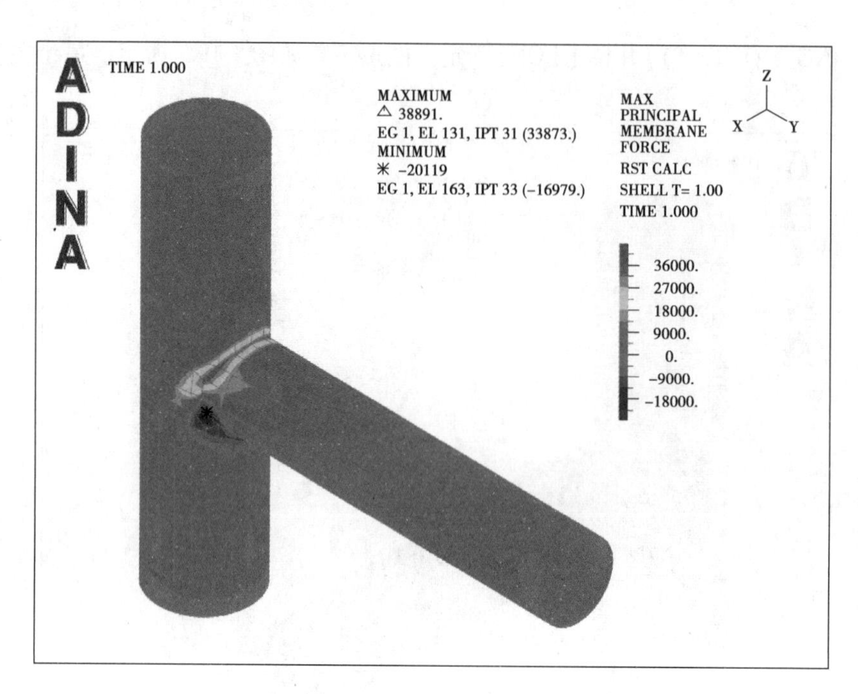

图 1.19.8　最大主膜应力

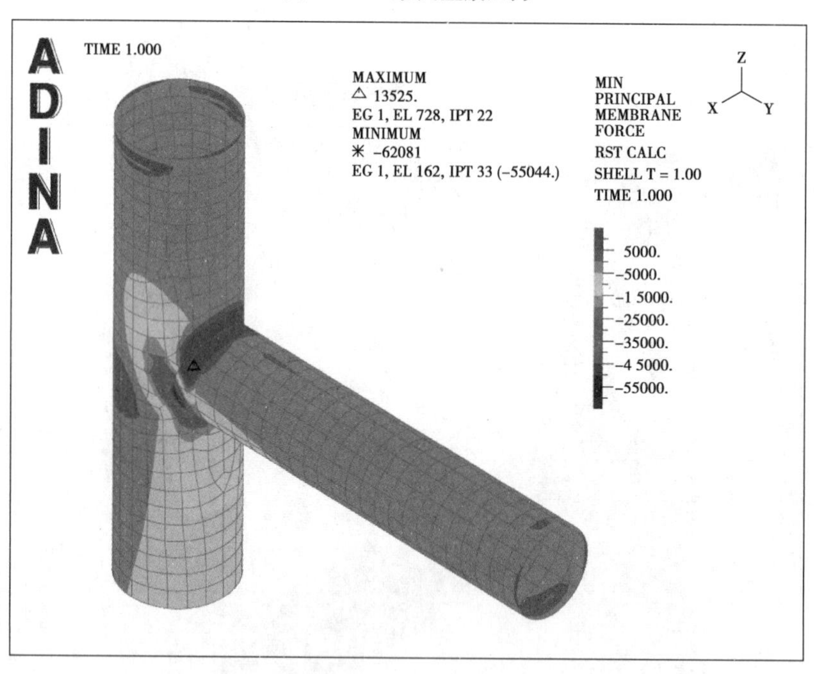

图 1.19.9　最小主膜应力

19.1.8　退出 AUI

选择【File】文件→【Exit】退出(用户可以放弃所有更改)。

19.2　使用 ADINA-M/OC 进行分析

19.2.1　启动 AUI,选择有限元程序

使用 ADINA-M/OC 建模器启动 AUI(例如,使用 Linux 版本的 aui9.3-occ 命令),并将【Program Module】程序模块下拉列表设置为【ADINA Structures】ADINA 结构。

19.2.2 定义模型控制数据

选择【Control】控制→【Heading】标题，输入标题【Problem 19: Analysis of ashell-shell intersection with ADINA-M/OC】问题19:分析与 ADINA-M/OC 的 shell-shell 交线，然后单击【OK】确定。

19.2.3 定义模型几何

1)垂直管道

单击【Define Bodies】定义实体图标，添加【body 1】主体1，将【Type】类型设置为【Cylinder】圆柱体，【Radius】半径为“0.01”，【Length】长度为“0.08”，【Center Position】中心位置为(0.0,0.0,0.04)，轴为 z，然后单击【Save】保存。

2)水平管道

添加【body2】主体2，设置【Type】类型为【Cylinder】圆柱体，【Radius】半径为“0.007 5”，【Length】长度为“0.08”，【Center Position】中心位置为(0.0,0.04,0.04)，【Axis】轴为“y”，然后单击【OK】确定。

3)合并管道

单击【Boolean Operator】布尔运算符图标，确保【Operator Type】运算符类型为【Merge】合并，并且【Target Body】目标体为“1”，在表的第一行中输入“2”，然后单击【OK】确定。

当用户单击【Wire Frame】线框图标时，图形窗口如图1.19.10所示。

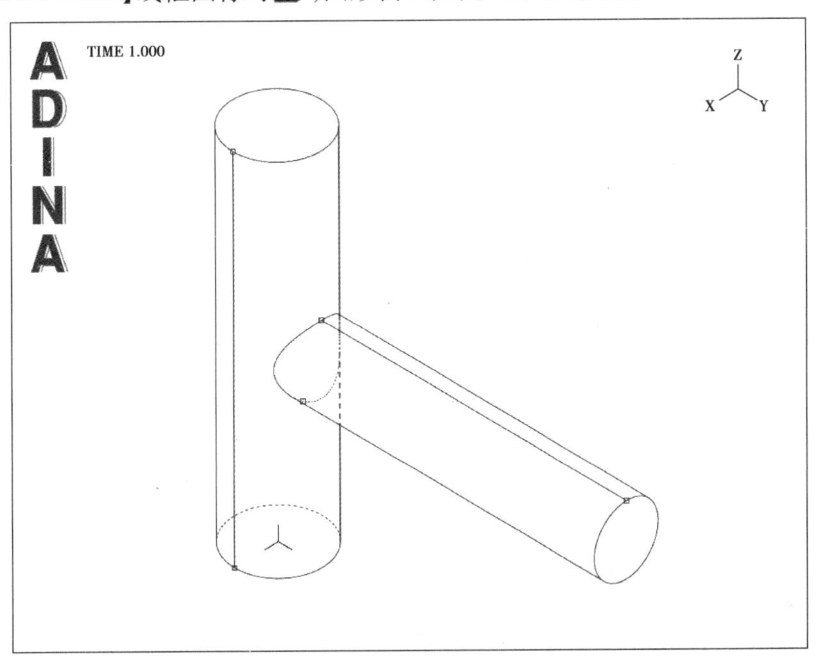

图1.19.10 线框显示壳单元

注意: Parasolid 和 Open Cascade 之间面的边界表示是不同的。此外，Linux 上的 Open Cascade 版本与 Windows 上的 Open Cascade 版本之间的边界表示略有不同。(图1.19.10是使用 Linux 版本获得的。)

Linux:几何点6不在模型的对称线上。

Windows:几何点5不在模型的对称线上。

19.2.4 指定边界条件、载荷和材料

1)修复

单击【Apply Fixity】应用固定图标，将【Applyto】应用于字段设置为【Edge/Line】边缘/线条，在表1.19.2的第1行输入以下信息，然后单击【OK】确定。

表 1.19.2 应用固定条件的边

Edge/Line#	Body#
5	1

2)载荷

在 Parasolid 模型中,用户使用模型的对称面上一个辅助点来定义分布式线路负载。对于 Open Cascade 模型,在模型的对称面上没有适当的点。单击【Define Points】定义点图标,在坐标(0,0.08,0)处添加点 7,然后单击【OK】确定。(要看到这一点,用户可能需要使用【Pick】拾取图标和鼠标稍微收缩网格图。)图形窗口如图 1.19.11 所示。

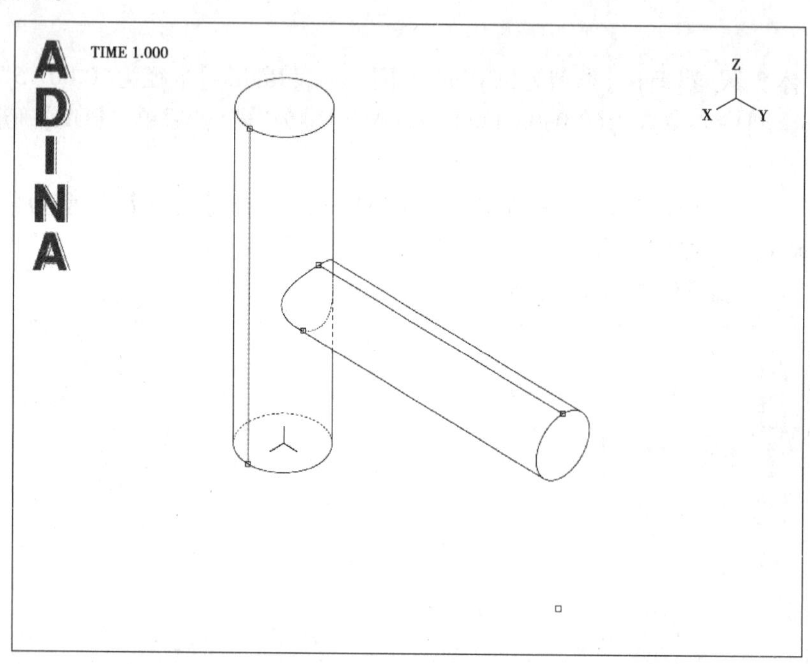

图 1.19.11 添加的点 7

单击【Apply Load】应用载荷图标,将【Load Type】载荷类型设置为【Distributed Line Load】分布线载荷,然后单击【Load Number】载荷编号字段右侧的【Define...】定义按钮。在【Define Distributed Line Load】定义分布式线路载荷对话框中,添加【lineload 1】线载荷 1,将【Magnitude】幅度设置为【-1000】,然后单击【OK】确定。在【Apply Load】应用载荷对话框中,将【Apply To】应用于字段设置为【Edge】边缘,然后在表格的第一行中将【Edge#】边缘#设置为"6",将【Body #】主体#设置为"1",将【Aux Point】辅助点设置为"7"。单击【OK】确定关闭【Apply Load】应用加载对话框。

单击【Boundary Plot】边界绘制图图标和【Load Plot】载荷绘图图标时,图形窗口如图 1. 19.12 所示。

3)材料

单击【Manage Materials】管理材料图标,然后单击【Elastic Isotropic】弹性各向同性按钮。在【Define Isotropic Linear Elastic Material】定义各向同性线性弹性材料对话框中,添加【material 1】材料 1,将【Young's Modulus】杨氏模量设置为"2.07E11",将【Poisson's ratio】泊松比设置为"0.29",然后单击【OK】确定。单击【Close】关闭按钮,关闭【Manage Material Definitions】管理材料定义对话框。

4)外壳厚度

选择【Geometry】几何→【Faces】面→【Thickness】厚度,将面 2 和面 3 的厚度设置为"0.000 5"并单击【OK】确定。

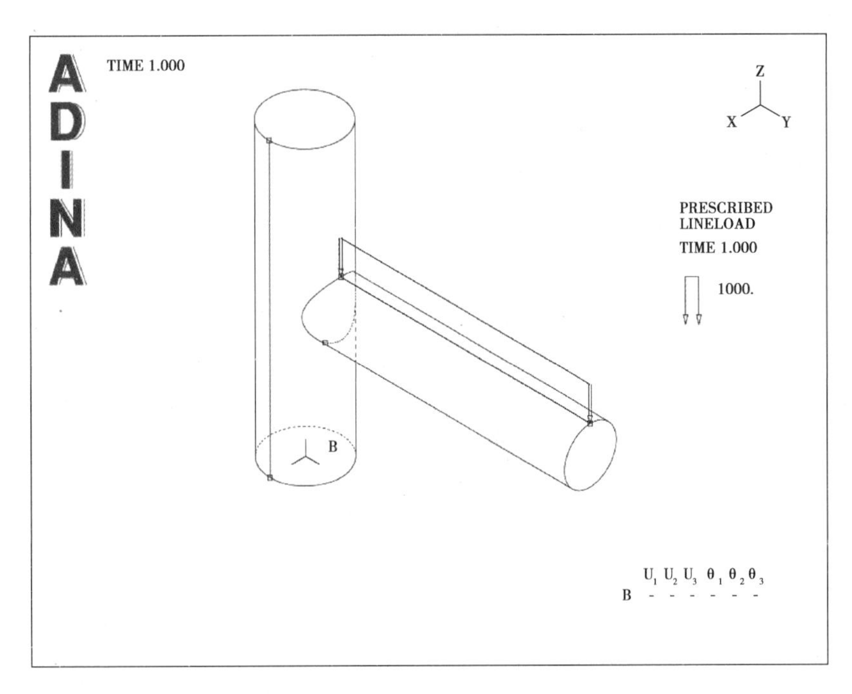

图 1.19.12 边界条件和载荷

19.2.5 划分网格

1)单元组

单击【Element Groups】单元组图标,添加【element group number 1】单元组编号 1,将【Type】类型设置为【Shell】壳,单击【Advanced】高级选项卡,选中【Calculate Midsurface Forces and Moments】计算中间力和力矩按钮,然后单击【OK】确定。

2)细分数据

将在整个 ADINA-M 几何体中指定一个统一的单元尺寸。选择【Meshing】网格划分→【Mesh Density】网格密度→【Complete Model】完整模型,将【Subdivision Mode】细分模式设置为【Use Length】使用长度,将【Element Edge Length】单元边缘长度设置为“0.003”,然后单击【OK】确定。

19.2.6 Linux 版本

网格划分

单击【Hidden Surfaces Removed】隐藏表面已移除图标,然后单击【Mesh Faces】网格面图标,将【Nodes per Element】每个单元的节点设置为“9”,在表格的前两行中输入“2,3”,然后单击【OK】确定。AUI 给出以下警告消息:

```
Odd number of subdivisions for face 2 of body 1.
Program will automatically refine edge 1 of body 1.
Odd number of subdivisions for face 3 of body 1.
Program will automatically refine edge 2 of body 1.
Odd number of subdivisions for face 2 of body 1.
Program will automatically refine edge 5 of body 1.
```

单击【OK】确定关闭警告消息,图形窗口如图 1.19.13 所示。

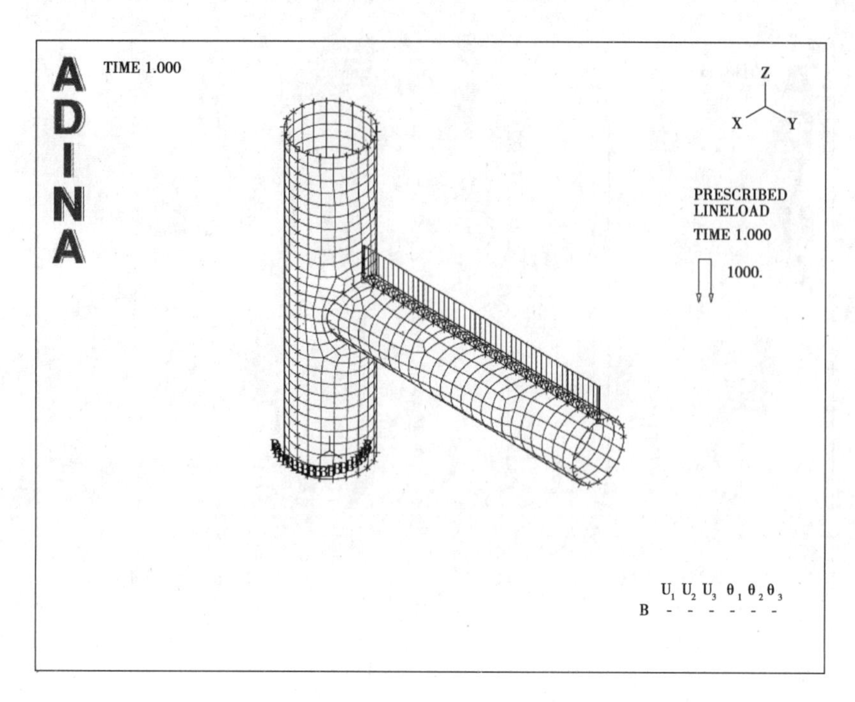

图 1.19.13 网格划分

19.2.7 Windows 版本

划分网格

首先单击【Hidden Surfaces Removed】隐藏表面已移除图标，然后单击【Mesh Faces】网格面图标，将【Nodes per Element】每个单元的节点设置为"9"，在表格的前两行中输入"2,3"，然后单击【OK】确定，图形窗口如图 1.19.14 所示。

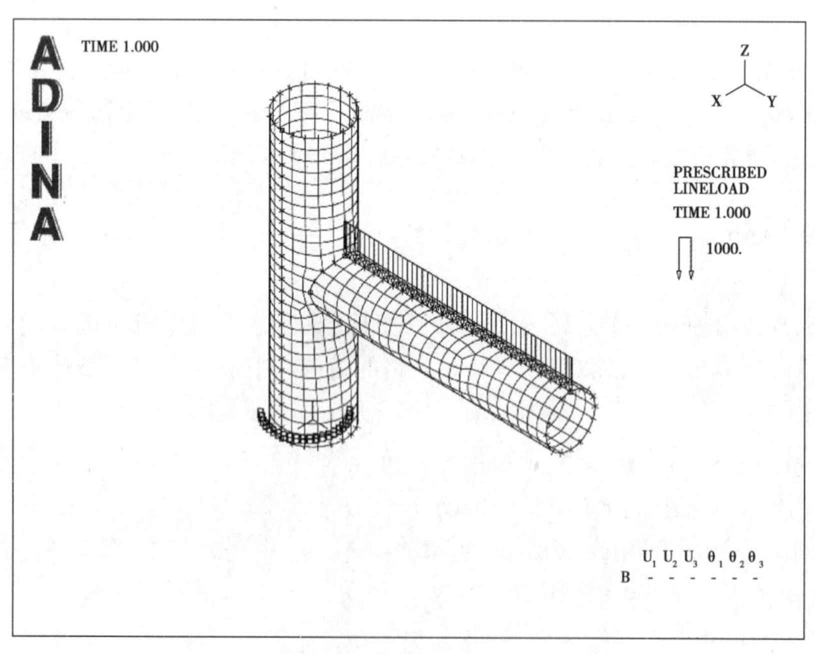

图 1.19.14 导入的"prob19_oc"结果模型

19.2.8 生成 ADINA 数据文件，运行 ADINA，加载舷窗文件

单击【Save】保存图标并将数据库保存到文件"prob19_oc"。单击【Data File/Solution】数据文件/解决

方案图标,将文件名设置为"prob19_oc",确保【Run Solution】运行解决方案按钮被选中,然后单击【Save】保存。当ADINA结构完成分析时,关闭所有打开的对话框,将【Program Module】程序模块下拉列表设置为【Post-Processing】后处理(用户可以放弃所有更改),单击【Open】打开图标并打开舷窗文件"prob19_oc"。

19.2.9 绘制弯矩和膜力

参照19.1.6的步骤绘制主弯曲力矩和膜力,最大主弯矩如图1.19.15所示(这个图是用Linux版本得到的)。

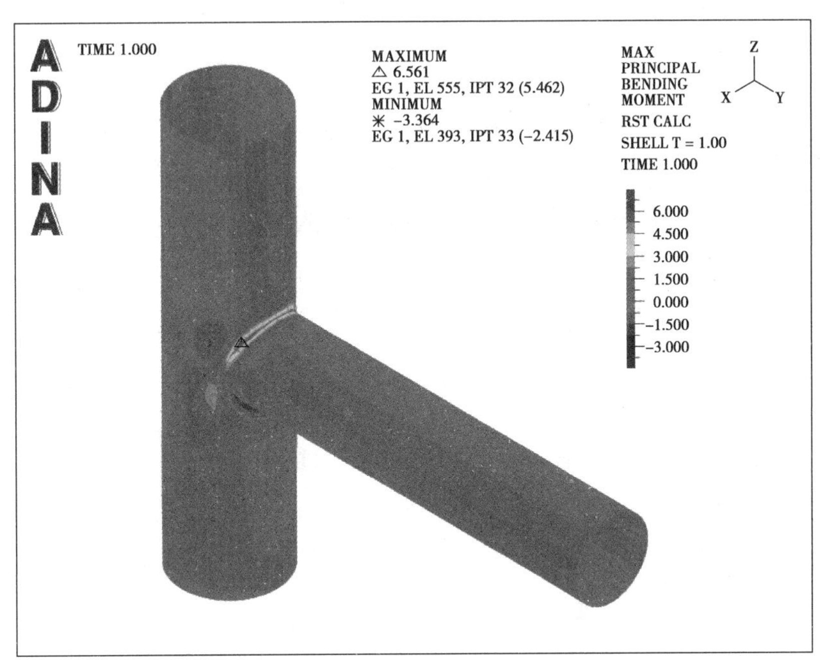

图1.19.15 最大主弯矩

19.2.10 退出AUI

选择主菜单中的【File】文件→【Exit】退出,弹出【AUI】对话框,单击【Yes】,其余选【默认】,退出ADINA-AUI。

问题 20　层流台阶壁面扩散器的分析

问题描述

1)问题概况

本例将使用 4 节点 FCBI 和 FCBI-C 单元来确定阶梯式扩散器中的流体流动,计算模型如图 1.20.1 所示。

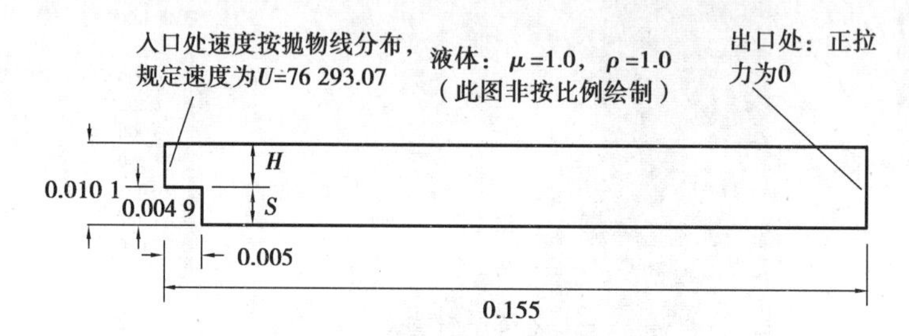

图 1.20.1　问题 20 中的计算模型

本例中使用无滑动壁面来模拟通道,流动是等温的,雷诺数是 800。雷诺数 $Re=U(2H)\rho/\mu$ 是基于上游通道高度 H 的两倍和平均速度 U 而得到的。进口完全发展速度曲线由式(1-1)给出：

$$u(z)=\frac{3}{2}U\left[1-\left(\frac{z}{\frac{H}{2}}\right)\right],\quad -\frac{H}{2}<z<\frac{H}{2} \tag{1-1}$$

2)演示内容

本例将演示以下内容：

①指定二次速度轮廓作为边界条件。

②使用 FCBI-C 单元。

20.1　启动 AUI,并选择有限元程序

启动 AUI,并将【Program Module】程序模块下拉列表设置为【ADINA CFD】。

20.2　定义模型控制数据、模型几何、边界条件、材料属性、单元组定义和细分数据

图 1.20.2 给出了用于定义此几何的关键几何元素：

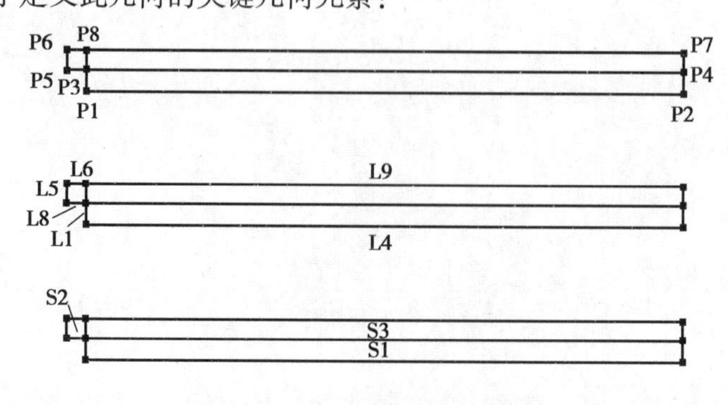

图 1.20.2　几何的关键几何元素

将所有剩余的模型控制数据、时间步定义、几何定义、材料定义、边界条件、单元组定义和细分数据放在批处理文件“prob20_1.in”中。选择【File】文件→【Open Batch】打开批处理，导航到工作目录或文件夹，选择文件“prob20_1.in”，然后单击【Open】打开，AUI 处理批处理文件中的命令。

图形窗口如图 1.20.3 所示。

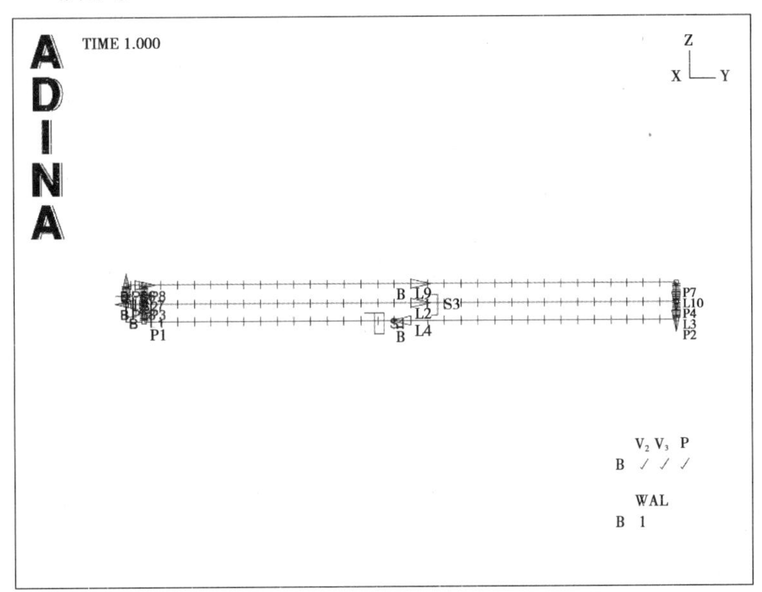

图 1.20.3 导入的“prob20_1.in”模型

20.3 定义和应用二次速度曲线

1）空间函数

用户需要定义一个对应于二次曲线速度的空间函数。选择【Geometry】几何→【Spatial Functions】空间函数→【Line】线，并添加【Function Number 1】函数编号 1.将【Type】类型设置为【Quadratic】二次函数，并将“$u=0$ ”设置为“0.0”，将“$u=0.5$ ”设置为“1.5”，将“$u=1$ ”设置为“0.0”。单击【OK】确定，关闭对话框。

2）速度轮廓

单击【Apply Load】应用载荷图标，确保【Load Typ】载荷类型是【Velocity】速度，然后单击【Load Number】载荷编号字段右侧的【Define...】定义...按钮。在【Define Velocity】定义速度对话框中，添加【velocity 1】速度 1，将【Y velocity】y 速度设置为“76 923.07”，将【Z velocity】z 速度设置为“0.0”，然后单击【OK】确定。在【Apply Usual Boundary Conditions / Loads】对话框中，将【Apply to】字段设置为【Line】线，然后在表格的第一行中将【Line#】设置为“5”，将【Spatial Function】设置为“1”。单击【OK】确定，关闭对话框。

20.4 网　格

单击【Mesh Surfaces】划分面网格图标，在表的前 3 行输入“1，2，3”，然后单击【OK】确定。单击【Load Plot】载荷绘制图标时，图形窗口如图 1.20.4 所示。

20.5 生成 ADINA 数据文件，运行 ADINA CFD，后处理

单击【Save】保存图标并将数据库保存到文件“prob20”。单击【Data File/Solution】数据文件/求解方案图标，将文件名称设置为“prob20”，确保【Run Solution】运行求解方案按钮被选中，然后单击【Save】保存。

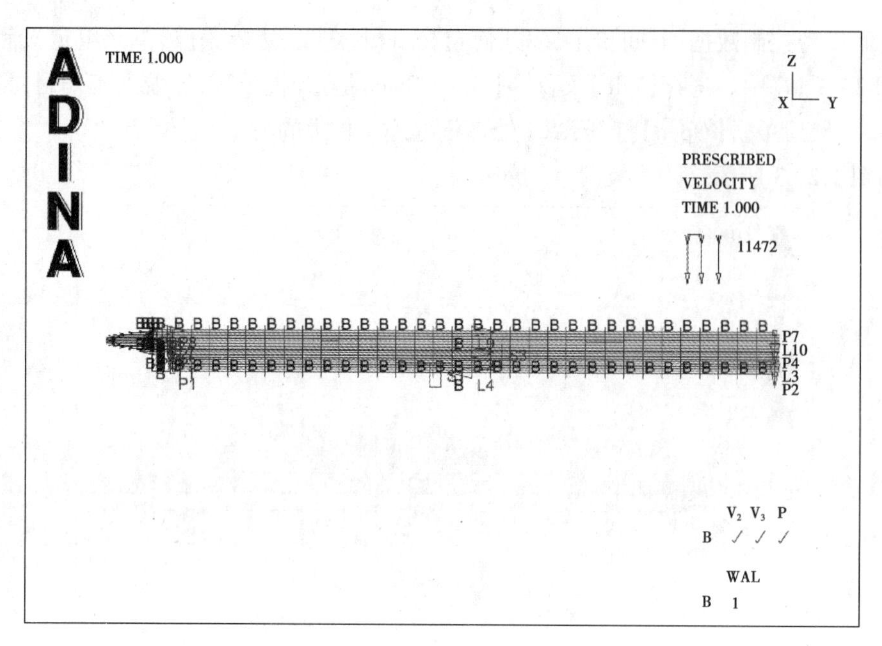

图 1.20.4　载荷条件

当 ADINA CFD 完成计算后，关闭所有打开的对话框，将【Program Module】程序模块下拉列表设置为后处理，单击【Open】打开图标 并打开 porthole 文件“prob20”。

20.6　绘制求解方案

单击【Model Outline】模型轮廓图标 ，然后单击【Quick Vector Plot】快速向量绘制图标 。图形窗口如图 1.20.5 所示。

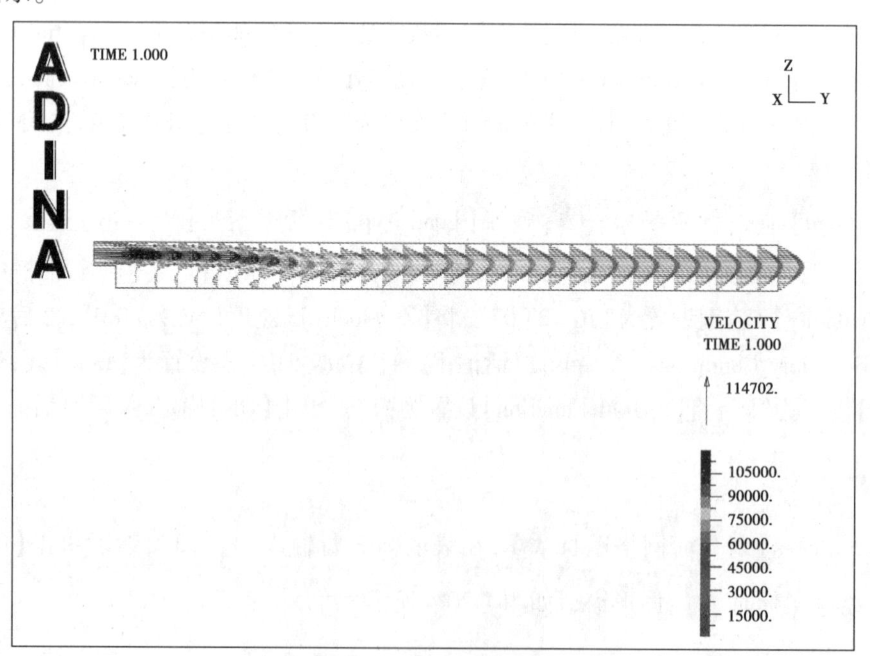

图 1.20.5　速度向量

再循环区域的长度。单击【Node Symbols】节点符号图标 并使用【Zoom】缩放图标 放大再循环区域末端附近的区域，图形窗口如图 1.20.6 所示。

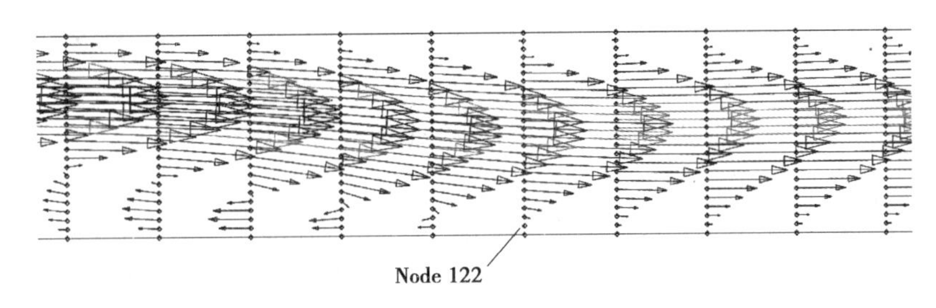

图 1.20.6　节点和速度向量

再循环区域在指示的节点结束。单击【Query】查询图标？,然后单击节点。AUI 将以下消息写入消息窗口:

Node 122, curr=(0.00000E+00, 5.18750E-02, 4.45455E-04)

节点 122,curr =(0.00000E + 00,5.18750E-02,4.445455E-04)

所以再循环区域具有长度(0.0519-0.005)= 0.046 9,这与 14 的实验结果相当的 14S=0.068 6,其中 S 是阶梯高度(见在此问题描述为实验结果的开头给出的参考)。

20.7　FCBI-C 单元

现将演示如何使用 FCBI-C 元件来处理这种层流台阶扩散器问题。

将【Program Module】程序模块下拉列表设置为【ADINA CFD】(用户可以放弃所有更改),从【File】文件菜单底部附近的最近文件列表中选择文件“prob20.idb”。

20.7.1　选择 FCBI-C 单元并设置求解方案过程参数

选择【Control】控制→【Solution Process...】求解方案流程...并将【Flow-Condition-Based-Interpolation-Elements】基于流量条件的插值单元设置为【FCBI-C】。阅读并关闭警告消息。

将更改 FCBI-C 求解方案中使用的剩余容差。在【Solution Process】求解方案进程对话框中,单击【Outer Iteration】外部迭代...按钮,然后在【Outer Iteration Settings】外部迭代设置对话框中单击【Advanced Settings.】高级设置...按钮。在【Equation Residual】方程式残差框中,将【Use】使用设置为【All】全部,并将【associated tolerance】关联公差设置为“1E-5”。在【Variable Residual】变量残差框中,确保【Use】使用设置为【All】全部,并将【associated tolerance】关联公差设置为“1E-10”。然后单击【OK】确定 3 次,关闭所有 3 个对话框。

20.7.2　FCBI-C 单元的注释

①ADINA CFD 中使用的默认单元是 FCBI 单元。在与 FCBI 单元相关的求解过程中,所有方程的所有变量都是同时求解的。因此 FCBI 单元的求解过程需要大量的内存来存储所有的变量。这对于中小型模型来说可能不是问题,但由于内存有限,可能会成为大型模型的问题。

在 ADINA CFD 中有另一种针对大型模型的 FCBI-C 的选择。与 FCBI-C 单元相关的求解过程使用迭代方法求解流体模型,其中流体控制方程以一定顺序依次求解。与 FCBI 单元的求解方案过程相比,与 FCBI-C 单元相关的迭代求解方案过程需要更少的内存。因此 FCBI-C 元件通常推荐用于大流体模型。

②FCBI 单元的默认方程求解器是稀疏求解器,但 FCBI-C 单元的默认求解器是 AMG(类型 1)求解器。AMG(类型 1)求解器一般可用于许多实际应用。

③由于 FCBI-C 单元求解过程的迭代性质,求解每个流体控制方程可能需要不同的剩余容差。这些容差在【Outer Iteration Advanced Settings】外部迭代高级设置对话框中设置。在【Convergence Criteria】收敛标准框中,有两个容差标准:

a.Equation Residual (ER)方程式残差(ER)。

b.Variable Residual (VR)可变残差(VR)。

当满足这两个条件中的一个时,计算停止。默认的 ER 是质量守恒(质量)方程。其默认值是"0.000 1"。默认的 VR 是所有变量(全部),其默认值是"0.001"。这些默认标准对于许多实际应用来说已经足够。但对于不同的问题,它们可能需要改变。例如,如果通过使用 ADINA CFD FCBI-C 单元解决纯热传导问题,则"能量"可能是比"质量"更好的 ER 标准。

④在这个模型中,只有连续性和动量方程被求解,并且可以使用默认的残差设置。但是,通过使用 ER 和 VR 的【All】全部选项来展示剩余容差设置的变化,并且将 ER【All】全部容差收紧至"1.0E-05",并将 VR "全部"容差收紧至"1.0E-10"。VR 公差值远小于 ER 公差值。这将迫使计算继续,直到满足 ER 准则。

20.7.3 再次生成 ADINA 数据文件,运行 ADINA CFD,后处理

选择【File】文件→【Save As】另存为将数据库保存到文件"prob20_c"。单击【Data File/Solution】数据文件/求解方案图标,将文件名称设置为"prob20_c",确保【Run Solution】运行求解方案按钮被选中,然后单击【Save】保存。当 ADINA CFD 完成时,关闭所有打开的对话框,将【Program Module】程序模块下拉列表设置为后处理(用户可以放弃所有更改),单击【Open】打开图标" "并打开舷窗文件"prob20_c"。

20.7.4 再次绘制求解方案

先照 20.5 相同的绘图步骤绘制如图 1.20.7、图 1.20.8 所示的速度曲线。

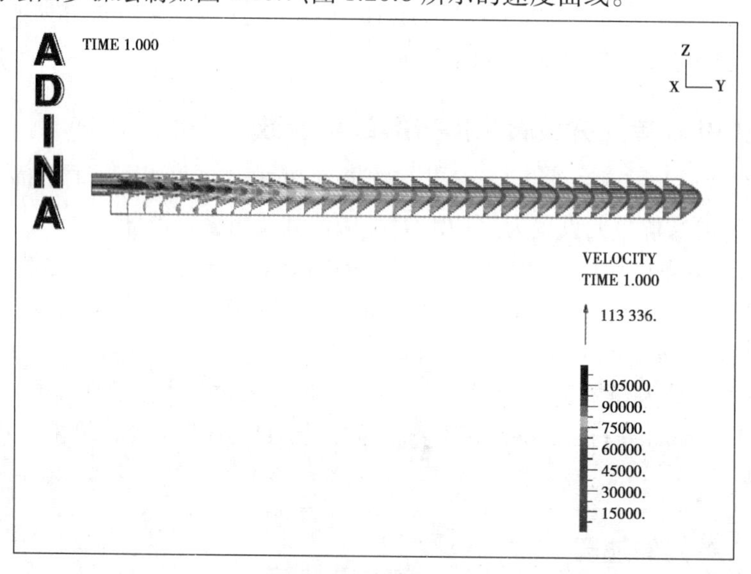

图 1.20.7 速度向量

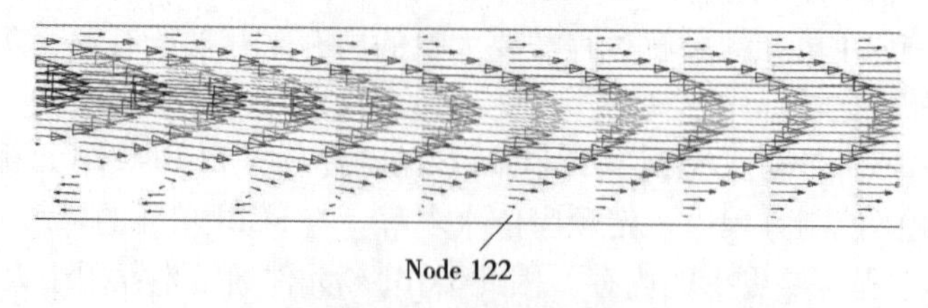

图 1.20.8 节点和速度向量

可以看出,用 FCBI-C 元件计算的再循环区域的速度分布和长度与用 FCBI 元件计算的再循环区域的速度分布和长度非常相似。

20.8 退出 AUI

选择主菜单中的【File】文件→【Exit】退出,弹出【AUI】对话框,然后单击【Yes】,其余选【默认】,退出 ADINA-AUI。

问题 21　金属板的 U 形弯曲-静态隐式和动态显式分析

问题描述

1）问题概况

图 1.21.1 显示了由冲头、压模夹具和模具形成的金属坯件。

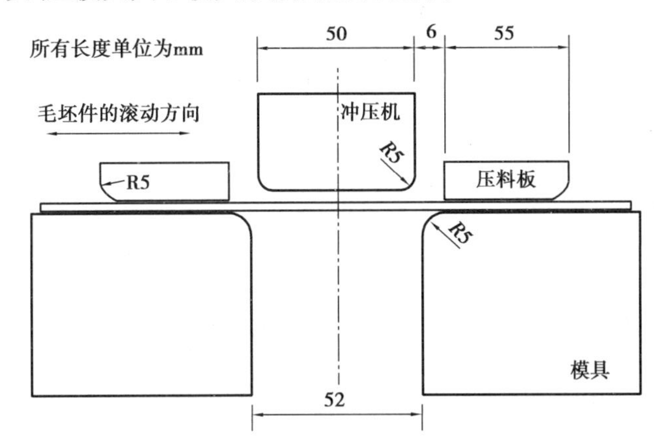

图 1.21.1　问题 21 中的计算模型

本例分析了坯料夹持力为 19.6 kN，坯料为高强度钢（厚度为 0.74 mm）的情况。在成型过程中，以 100 mm/sec 的恒定冲头速度移动冲头，冲压行程是 70 mm，摩擦系数为 0.129。

2）问题分析

本例将使用两个单独的分析来求解问题：静态隐式分析和动态显式分析。

$E_a = E_b = E_c = 2.06 \times 10^5\ \text{N/mm}^2$

$v_{ab} = v_{ac} = v_{bc} = 0.3$

$G_{ab} = G_{ac} = G_{bc} = \dfrac{E_a}{2(1 + v_{ab})} = 7.923 \times 10^4\ \text{N/mm}^2$

$\rho = 7.8 \times 10^{-9}\ \text{N} \cdot \text{s}^2/\text{mm}^4$

$\sigma = 6.7716 \times 10^2(0.011\,29 + \varepsilon_p)^{0.218\,6}\ \text{N/mm}^2$（塑料应力-应变曲线）

$r_0 = 1.73, r_{45} = 1.34\ , r_{90} = 2.24$（兰克福德系数）

毛坯块使用 3D 壳单元进行建模。壳体元件（ULJ 公式）使用大应变/大位移公式。塑性-正交异性材料模型与以下材料属性一起使用：

$E_a = E_b = E_c = 2.06 \times 10^5\ \text{N/mm}^2$

$v_{AB} = v_{AC} = v_{BC} = 0.3$

$G_{ab} = G_{ac} = G_{bc} = \dfrac{E_a}{2(1 + v_{ab})} = 7.923 \times 10^4\ \text{N/mm}^2$

$\rho = 7.8 \times 10^{-9}\ \text{N} \cdot \text{s}^2/\text{mm}^4$

$\sigma = 6.771\,6 \times 10^2(0.011\,29 + \varepsilon_p)^{0.218\,6}\ \text{N/mm}^2$（塑料应力-应变曲线）

$r_0 = 1.73, r_{45} = 1.34, r_{90} = 2.24$（兰克福德系数）

材料的 a 方向是材料的轧制方向。

3)演示内容

本例在求解方案中,将演示以下内容:

①使用3D壳体单元。

②使用刚性目标接触算法。

③强制卸载使用位移载荷。

④使用到达时间的位移载荷。

⑤使用显式时间集成。

注意:本例大部分输入都存储在文件"prob21_1.in"和"prob21_1.plo"中。用户需要复制文件"prob21_1.in"和"prob21_1.plo"从文件夹"samples\primer"到工作目录或文件夹。

21.1 启动AUI,并选择有限元程序

启动AUI并将【Program Module】程序模块下拉列表设置为【ADINA Structures】ADINA结构。

21.2 静态隐式分析

将使用静态隐式分析来求解模型。请注意,【Analysis Type】分析类型设置为【Statics】静态,因此默认情况下分析是静态分析,静态分析总是隐含的。

21.2.1 模型定义概述

图1.21.2显示了定义此模型时使用的关键几何图形。图1.21.2中,用户可从侧面观察模型,以便将曲面视为线。

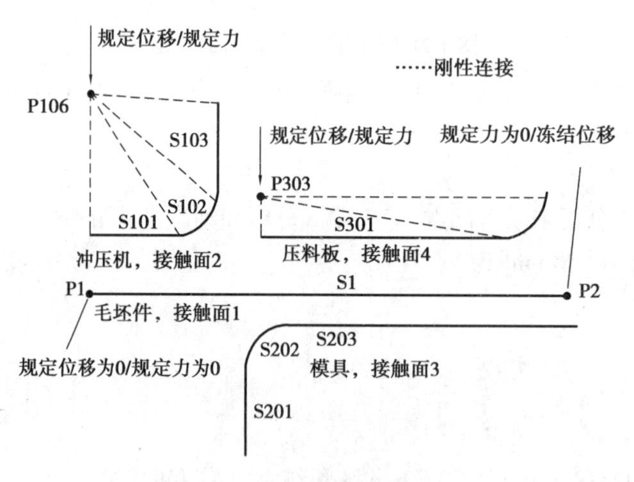

图1.21.2 使用对称性边界条件

使用对称性边界条件,仅对实际问题的1/4进行建模。

该模型在10个操作中求解,每个操作采取一个或多个求解方案步骤:

①如图1.21.3所示,移动毛坯,直到毛坯和毛坯之间建立接触(1个求解步骤,时间为1.0)。

②将毛坯规定的位移量切换到零规定的力(1步求解,到时间2.0),如图1.21.4所示。

③移动毛坯,直到毛坯和模具之间形成接触(1个求解步骤,到时间3.0),如图1.21.5所示。

④如图1.21.6所示,切换到压边板上的规定的力(1个求解步骤,到时间4.0)。

⑤将冲头移到毛坯的水平(1个求解步骤,到时间4.012 6)。在此操作中,冲头速度为100 mm/s,冲头的运动为1.26 mm (向下),所以时间步长为0.012 6 s。在此操作结束时,冲头不会接触到毛坯,如图1.21.7所示。

⑥移动冲头,直到毛坯和冲头之间建立接触(2个求解步骤,到时间4.014 6)。在此操作中,冲头速度为100 mm/s,冲头的运动为0.2 mm,所以时间步长为0.001 s,如图1.21.8所示。

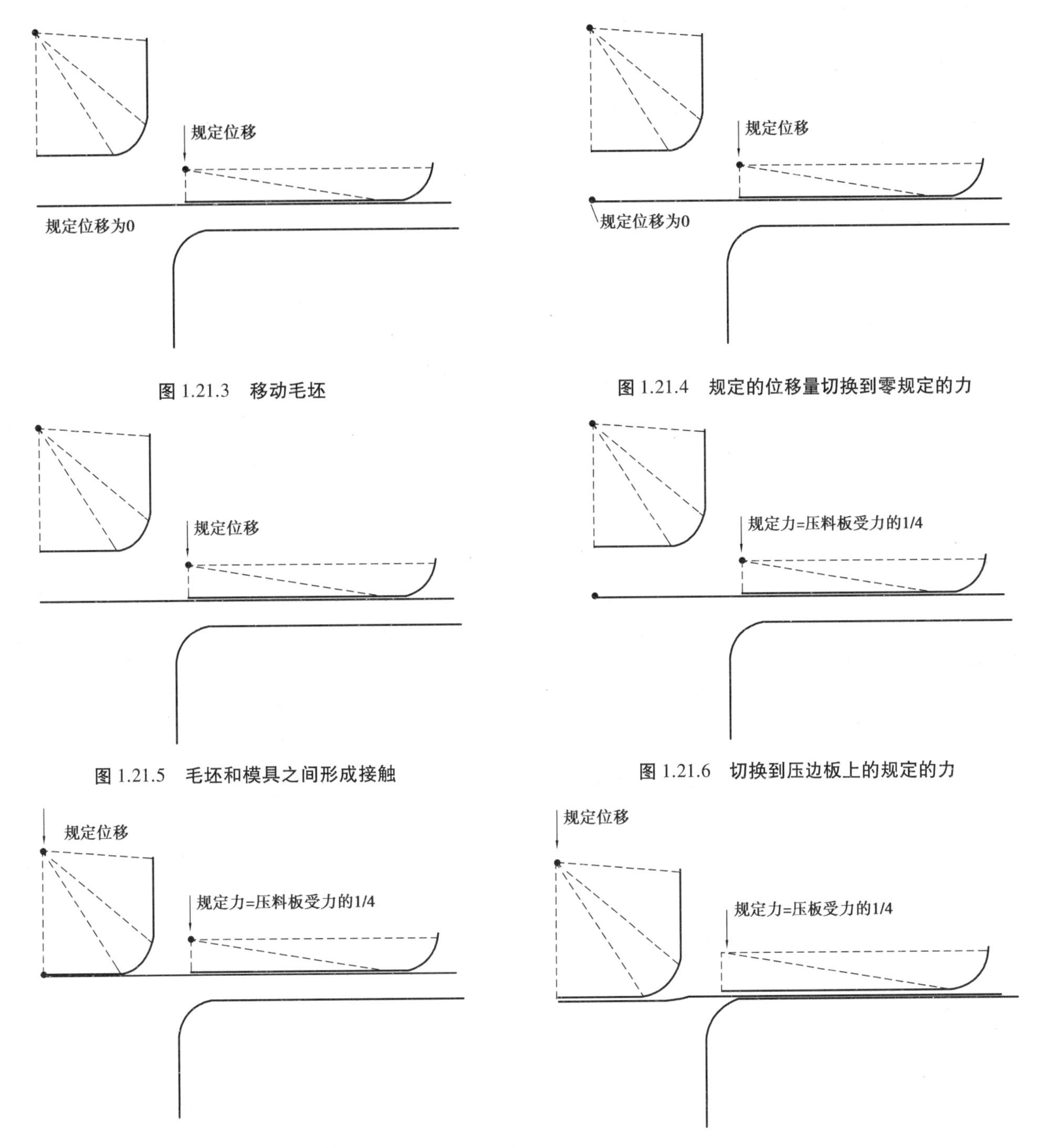

图 1.21.3 移动毛坯

图 1.21.4 规定的位移量切换到零规定的力

图 1.21.5 毛坯和模具之间形成接触

图 1.21.6 切换到压边板上的规定的力

图 1.21.7 冲头移到毛坯的水平

图 1.21.8 毛坯和冲头之间建立接触

⑦将冲头移动到全行程(200 步求解方案,到时间 4.712 6),如图 1.21.9 所示。在这个操作中,冲头速度是 100 mm/s,冲头的运动是 69.8 mm(向下),所以使用 199 步,时间步长为 0.003 5 s,1 步,时间步长为 0.0015 s。操作⑤—⑦中的冲头的总的运动是 71.26 mm。

⑧将冲头从规定的位移开始加载到规定的力(1 个求解步长,步长 0.287 4,到时间 5.0),如图 1.21.10 所示。

⑨逐渐减少冲头指定的力量(10 个求解步骤,时间 15.0),如图 1.21.11 所示。

⑩在毛坯上的点处冻结位移,去除压边板上的规定的力,移去接触组(1 个求解步骤,到时间 16.0),如图 1.21.12 所示。“冻结”位移等于前一个解算时间(时间 15.0)的位移。

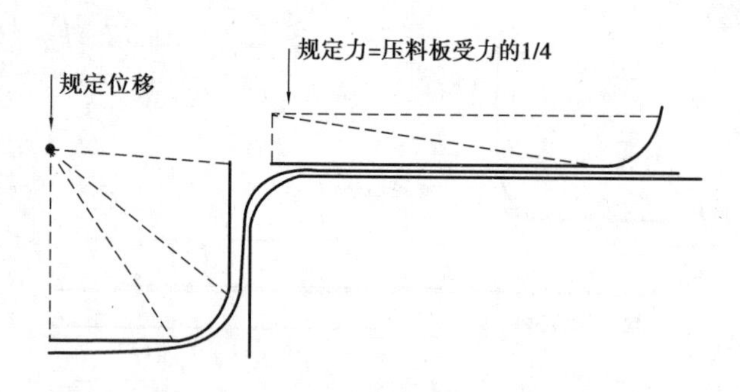

图 1.21.9　冲头移动到全行程

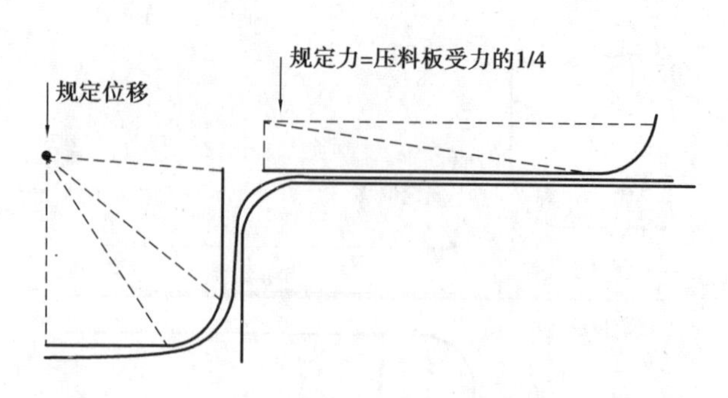

图 1.21.10　冲头从规定的位移开始加载到规定的力

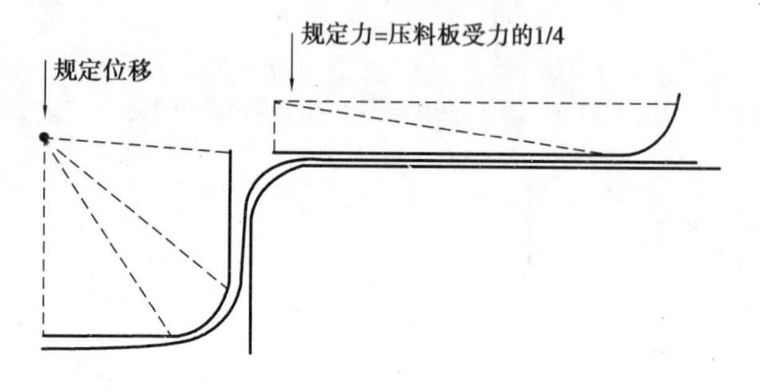

图 1.21.11　减少冲头指定的力量

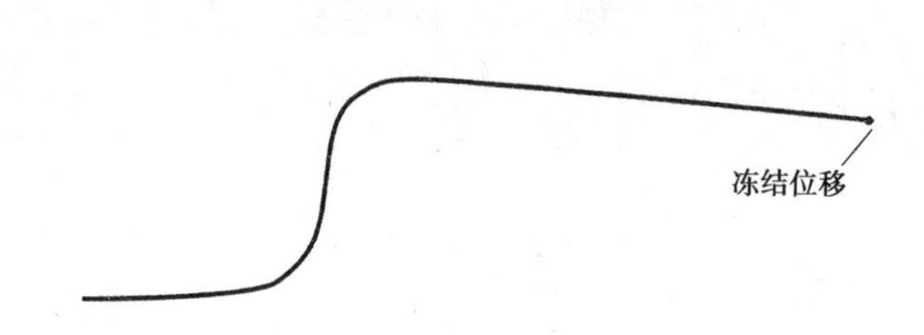

图 1.21.12　在毛坯上的点处冻结位移

最困难的操作是操作①,③和⑥。在每一个操作中,分别在坯料和压模夹具,模具和冲头之间建立接触。这些操作都需要许多均衡迭代,而 ATS 削减并不能帮助获得求解方案。所以最大迭代次数被设置为一个很大的数字。在操作⑥之后,接触完全建立,因此需要较少的平衡迭代,并且 ATS 削减可以帮助获得求解方案。所以使用重启分析来减少操作⑥之后的最大迭代次数。

21.2.2　定义模型控制数据、几何图形、细分数据、边界条件、刚性连接、位移载荷、材料和单元组

现准备了一个批处理文件(prob21_1.in),它执行以下操作:

①设置标题。

②选择自动时间步进方法。

③选择大位移/大应变分析。

④激活行搜索并将最大迭代次数设置为 999。

⑤设置迭代容差。

⑥保存更新的壳单元导向器矢量。

⑦定义固定。

⑧定义毛坯、冲头、模具和压边的点、线、面和刚性连接。

⑨定义边界条件。

⑩细分曲面。

⑪定义材料。

⑫定义一个壳单元组。要求 3D 壳单元,要求壳 t 方向的 3 点梯形法则积分。

⑬定义一个弹簧单元组和两个软弹簧单元。每个弹簧放置在刚性连杆的主节点上,使得 AUI 不会删除刚性连杆的主节点的自由度。

选择【File】文件→【Open Batch】打开批处理,导航到工作目录或文件夹,选择文件“prob21_1.in”并单击【Open】打开。AUI 处理批处理文件中的命令。

图形窗口如图 1.21.13 所示。

将检查材料的 a 方向（滚动方向）。按“F8”键，取消弹出单元组的显示字段，然后单击【OK】确定。现在单击【Show Material Axes】显示材料轴图标 。当用户放大网格图时，图形窗口如图 1.21.14 所示。

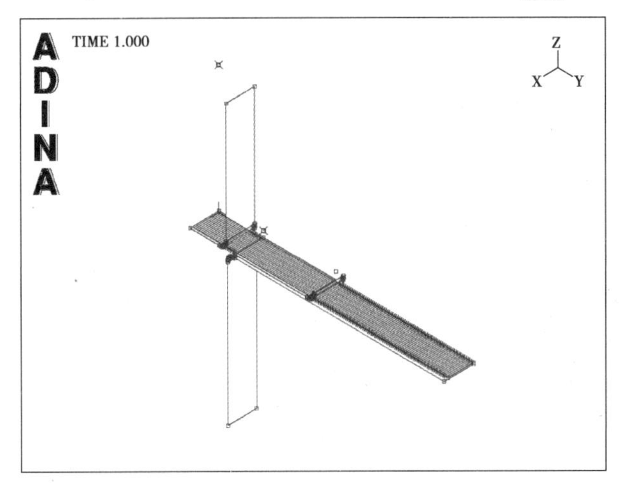

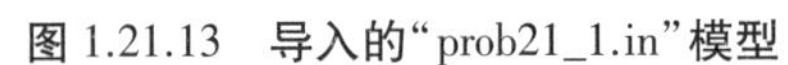

图 1.21.13　导入的“prob21_1.in”模型

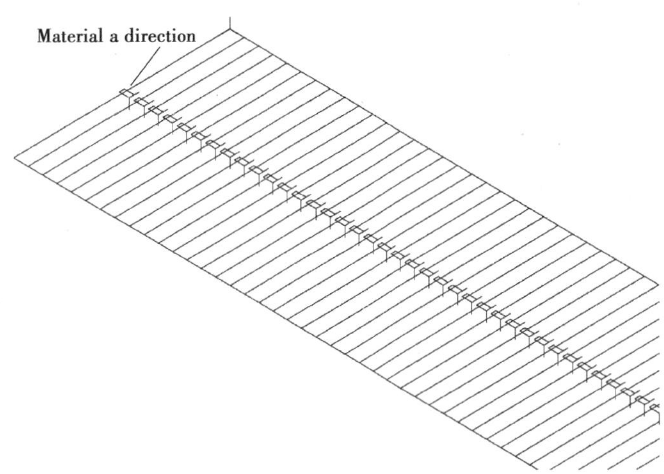

图 1.21.14　显示材料轴

材料轴三元组中的矩形显示材料的 a 方向。

21.2.3　定义接触条件

1）接触组

单击【Contact Groups】接触组图标 ，添加【group 1】组 1，将【Type】类型设置为【3-D Contact】3-D接触并将【Algorithm】算法设置为【Rigid Target】刚性目标。将【Default Coulomb Friction Coefficient】默认库仑摩擦系数设置为【0.129】，将【Contact Surface Offset】接触表面偏移设置为【Shell Thickness】壳体厚度。单击【Advanced】高级选项卡并将【Death Time】死亡时间设置为【15.5】。单击【Rigid Target Algorithm】刚性目标算法选项卡，将【Normal Contact Stiffness】法向接触刚度设置为【1E4】，将【Maximum Sliding Velocity for Sticking Contact】粘贴接触的最大滑动速度设置为【1E-3】。单击【OK】确定关闭对话框。

2）用于毛坯的接触表面

单击【Define Contact Surfaces】定义接触表面图标 并添加【contact surface 1】接触表面 1.在表格的第一行中，将【Surf/Face #】设置为“1”，然后单击【Save】保存（不要关闭【Define Contact Surface】定义接触面对话框）。

3）冲头的接触面

添加【contact surface 2】接触面 2，在表的前三行分别将【Surf/Face #】设置为“101，102，103”，然后单击【Save】保存（不要关闭【DefineContact Surface】定义接触面对话框）。

4）模具的接触表面

添加【contact surface 3】接触表面“3”，然后选中【Specify Orientation】指定方向按钮。在表格的前三行中，将【Surf/Face#】设置为“201，202，203”，并将【Orientation】方向设置为【Opposite to Geometry】几何反向的所有 3 行。单击【Save】保存（不要关闭【Define Contact Surface】定义接触面界面对话框）。

5）用于毛坯支撑压边的接触面

添加【contact surface 4】接触面 4，在表格的前两行将【Surf/Face#】设置为“301，302”，然后单击【OK】确定。

6）对冲头、冲模和压边圈的接触表面进行网格划分

单击【Mesh Rigid Contact Surface】网格刚性接触面图标 ，将【Contact Surface】接触面设置为 2，然后单击【Apply】应用。重复接触表面“3”和“4”，然后单击【OK】确定。

7)定义接触对

单击【Define Contact Pairs】定义接触对图标，然后定义表1.21.1中接触对，单击【OK】确定。

表1.21.1 定义接触对参数

Contact Pair Number	Target Surface	Contactor Surface
1	2	1
2	3	1
3	4	1

单击【Clear】清除图标和【Mesh Plot】网格图图标时，图形窗口如图1.21.15所示。

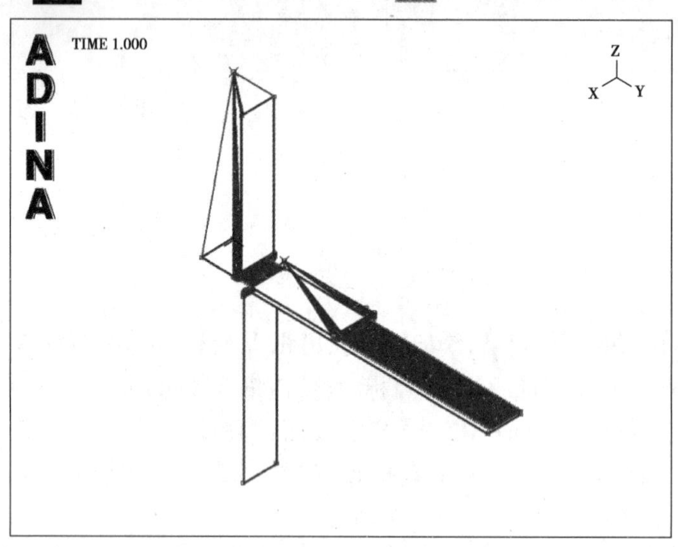

图1.21.15 单元网格

21.2.4 定义载荷

1)毛坯的稳定

空位稳定器位移/力使用两个时间函数

时间函数1控制规定的位移，时间函数2控制规定的力。选择【Control】控制→【Time Function】时间函数，确认时间函数1具有固定的单位值，然后添加【time function 2】时间函数2，按表1.21.2定义时间函数，单击【OK】确定。

表1.21.2 定义时间函数

Time	Value
0	0
16	0

单击【ApplyLoad】应用载荷图标，将【Load Type】载荷类型设置为【Displacement】位移，然后单击【Define...】定义按钮。在【Define Displacement】定义位移对话框中，添加【displacement 1】位移1，将【ZPrescribed Value of Translation】z转换的指定值设置为【0.0】，然后单击【OK】确定。在【Apply Load】应用加载对话框中，输入表1.21.3中信息，然后单击【OK】确定。

表 1.21.3　载荷参数定义

Poin #	Relative To	Time Function	Arrival Time	Unloading Type	Unloading Time	Unloading Force	Unloading Time Function
1	Original (leave blank)	1	0.0 (leave blank)	Time	0.5	0.0	2
2	Deformed	1	15.5	(leave blank)			

点 1 上的负载是在时间 1.0 处的求解方案期间的规定位移。在得到时间点 1.0 的解之后,点 1 上的负载切换到规定的力(因为时间 1.0 比卸载时间 0.5 晚)。规定的力的大小是 0,因为时间函数 2 等于 0。

点 2 上的负载是无效的,直到时间 16.0 的解(因为时间 16.0 是第一个求解时间晚于 15.5 的到达时间)。对于时间 16.0 的解,点 2 上的负载是规定的值为 0 的位移(因为平移的 z 规定值为 0)。规定的位移相对于在 15.0 时的模型的变形来测量。效果是在 16.0 时刻冻结点 2 的运动。

2)毛坯支撑压边力

压边位移/力使用两个时间函数

时间函数 3 控制规定的位移,时间函数 4 控制规定的力。选择【Control】控制→【Time Function】时间函数,添加时间函数 3,将其定义为表 1.21.4,并单击【Save】保存。

然后添加【time function 4】时间函数 4,将其定义为表 1.21.5,并单击【OK】确定。

表 1.21.4　时间函数 3 参数

Time	Value
0	0
1	0.65
2	0.65
3	1.27
16	1.27

表 1.21.5　时间函数 4 参数

Time	Value
0	1.0
15	1.0
16	0.0

单击【Apply Load】应用载荷图标,将【Load Type】载荷类型设置为【Displacement】位移,然后单击【Define …】定义按钮。在【Define Displacement】定义位移对话框中,添加【displacement 2】位移 2,将【ZPrescribed Value of Translation】z 转换的指定值设置为"-1.0",然后单击【OK】确定。在【Apply Load】应用荷载对话框中,将【Load Number】荷载编号设置为"2",参照表 1.21.6 填写表格的第 1 行,单击【OK】确定。

表 1.21.6　载荷历程定义

Poin #	Relative To	Time Function	Arrival Time	Unloading Type	Unloading Time	Unloading Force	Unloading Time Function
303	Original (leave blank)	3	0.0 (leave blank)	Time	2.5	-4 900	4

点 303 上的负载是由时间函数 3 控制的并且包括求解时间 3.0 的规定的位移。在得到时间 3.0 的解之后,点 303 上的负载切换到规定的力(因为时间 3.0 比卸载时间 2.5 晚)。规定的力的大小是 4 900 乘以时间函数 4,所以这个规定的力保持 4 900,直到求解时间 15,然后在求解时间 16 变为零。

3)冲头位移

冲头位移/力使用两个时间函数

时间函数 5 控制规定的位移,时间函数 6 控制规定的力。选择【Control】控制→【Time Function】时间函数,添加【Time Function】时间函数 5,将其定义为表 1.21.7,并单击【Save】保存。

添加【function 6,】时间函数 6,将其定义为表 1.21.8,并单击【OK】确定。

表 1.21.7　时间函数 5 参数

Time	Value
0	0
1	0
4	0
4.712 6	71.26
16	71.26

表 1.21.8　时间函数 6 参数

Time	Value
0	0
4.712 6	0
5	1
15	0.1
16	0

单击【Apply Load】应用载荷图标 ，将【Load Type】载荷类型设置为【Displacement】位移，并将【Load Number】载荷数设置为【2】，按表 1.21.9 中信息定义载荷历程，单击【OK】确定。

表 1.21.9　载荷历程定义

Poin #	Relative To	Time Function	Arrival Time	Unloading Type	Unloading Time	Unloading Force	Unloading Time Function
106	Original (leave blank)	5	0.0 (leave blank)	Time	4.9	0	6

点 106 上的负载是由时间函数 5 控制的并且包括求解时间 5.0 的规定的位移。在获得时间 5.0 的解之后，点 106 上的负载切换到规定的力（因为时间 5.0 晚于卸载时间 4.9）。规定的力的大小等于在求解时间 5.0 的这个点处的反作用力，乘以时间函数 6。

表 1.21.10　定义时间步

Number of steps	Magnitude
4	1
1	0.012 6
2	0.001

21.2.5　定义时间步骤

在这个运行中，将求解操作 1 到 6，直到求解时间 4.014 6。选择【Control】控制→【Time Step】时间步长，按表 1.21.10 定义时间步，然后单击【OK】确定。

21.2.6　生成数据文件，运行 ADINA 结构数据，后处理

单击【Save】保存图标 并将数据库保存到文件“prob21”。单击【Data File/Solution】数据文件/求解方案图标 ，将文件名称设置为“prob21_ima”，确保【Run Solution】运行求解方案按钮被选中，单击【Save】保存。

ADINA 结构运行分 7 步完成。

完成 ADINA 结构后，关闭所有打开的对话框。

21.2.7　重新分析

现将继续使用重新启动功能进行分析。

选择【Control】控制→【Solution Process,】求解方案流程，将【Analysis Mode】分析模式设置为【Restart Run】重新启动运行，然后单击【OK】确定。选择【Control】控制→【Solution Process】求解方案过程，单击【Method】方法按钮，将【Maximum Number of Iterations】最大迭代次数设置为【100】，然后单击【OK】确定两次，以关闭这两个对话框。

选择【Control】控制→【Time Step】时间步长，按表 1.21.11 进行读取，然后单击【OK】确定。

表 1.21.11　定义时间步

Number of steps	Magnitude
199	0.003 5
1	0.001 5
1	0.287 4
10	1
1	1

21.2.8 再次生成 ADINA 数据文件，运行 ADINA 结构数据，后处理

单击【Save】保存图标 保存数据库。单击【Data File/Solution】数据文件/求解方案图标 ，将文件名称设置为"prob21_imb"，确保【Run Solution】运行求解方案按钮被选中，然后单击【Save】保存。AUI 将打开一个窗口，用户可以在其中指定第一次分析中的重新启动文件。输入重新启动文件"prob21_ima"并单击【Copy】复制。

当 ADINA 结构完成后，关闭所有打开的对话框，将【Program Module】程序模块下拉列表设置为【Post-Processing】后处理（用户可以放弃所有更改），单击【Open】打开图标 并打开舷窗文件"prob21_imb"。

图形窗口显示最后一个步骤的求解方案。在此步骤中，压边力将压边框的刚性连杆向下推。单击【Previous Solution】前一次的求解方案图标 ，然后单击【Refit】重新适配图标 ，图形窗口如图 1.21.16 所示。

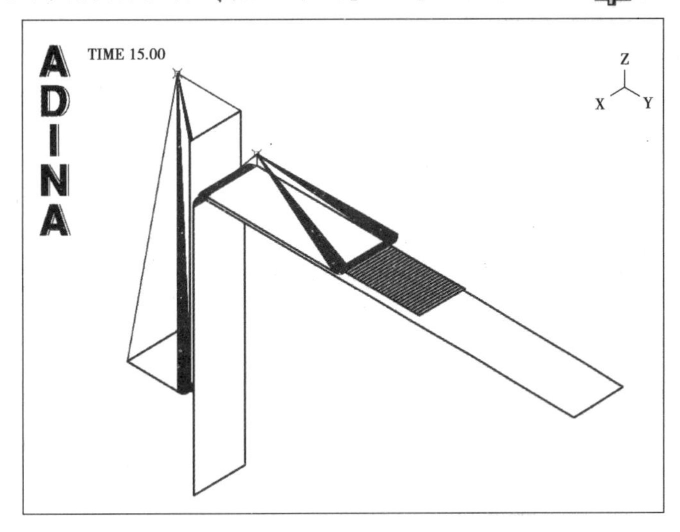

图 1.21.16 倒数第二个时间步的结构

1）力-变形曲线

把所有的后处理指令放到文件"prob21_1.plo"中。选择【File】文件→【Open Batch】打开批处理，导航到工作目录或文件夹，选择文件"prob21_1.plo"并单击【Open】打开。AUI 处理批处理文件中的命令，图形窗口如图 1.21.17 所示。

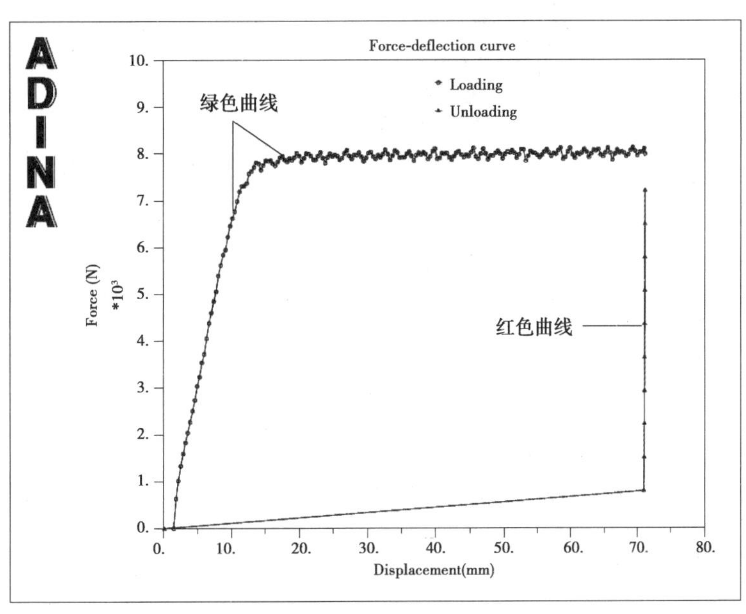

图 1.21.17 力-变形曲线

图形窗口显示力-变形曲线。在图 1.21.17 中，绿色曲线显示负载，负载由冲头位移的反作用力决定；红色曲线显示卸载，卸载由规定的冲压力确定。

2）**最终的毛坯形状**

单击【Batch Continue】批量继续图标 ，图形窗口如图 1.21.18 所示。

回弹后，图形窗口显示毛坯的侧视图。单击【Previous Solution】前一个求解图标 显示回弹之前的毛坯，图形窗口如图 1.21.19 所示。

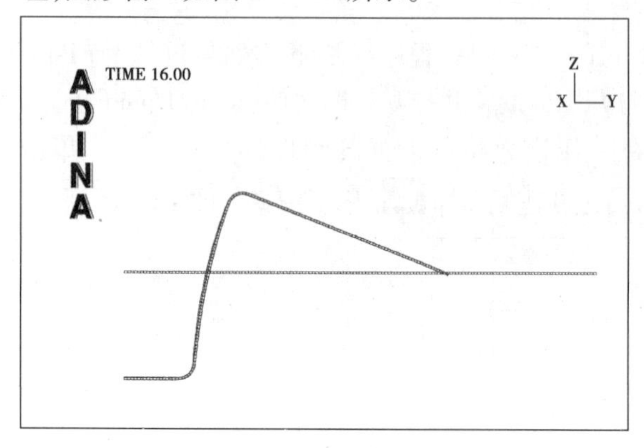

图 1.21.18　最终的毛坯形状

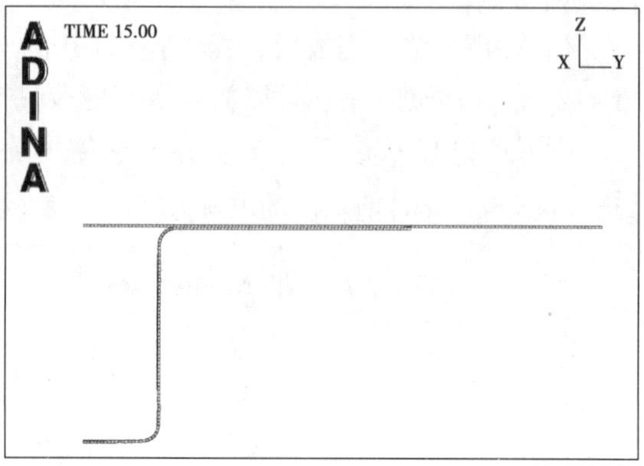

图 1.21.19　毛坯的侧视图

在回弹过程中，毛坯右侧的节点不会垂直移动，这是因为在回弹期间冻结了这个节点的位移。

3）**残余应力**

单击【Batch Continue】批量继续图标 。图形窗口如图 1.21.20 所示。

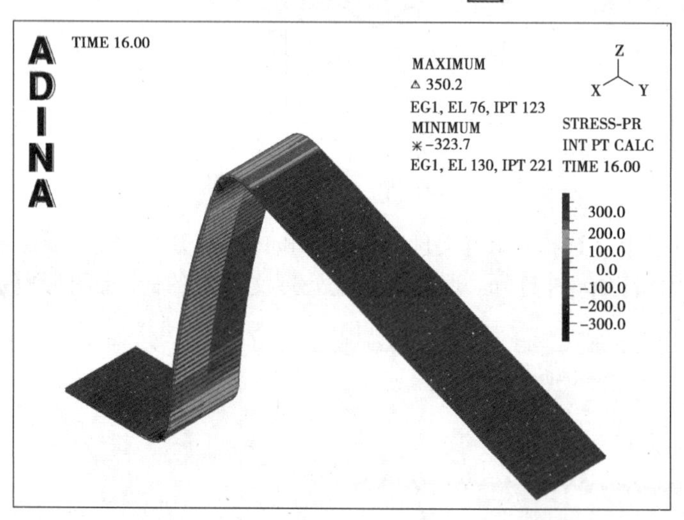

图 1.21.20　残余应力

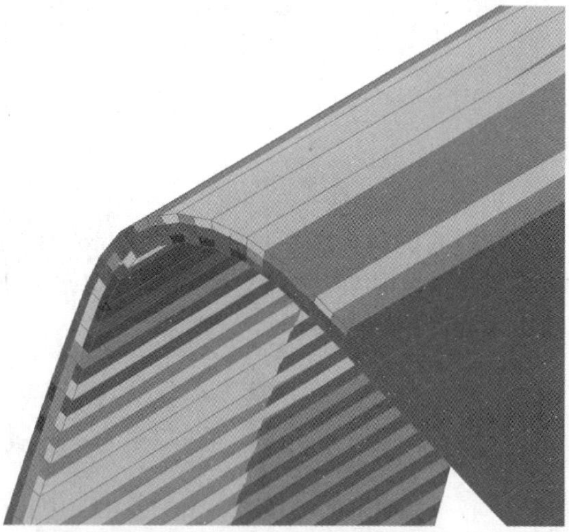

图 1.21.21　绘制真正的壳厚度

图形窗口显示了滚动方向的残余应力。毛坯是绘制真正的壳厚度。绘制的残余应力没有从积分点插值。使用【Zoom】缩放图标 放大顶部弯曲附近的毛坯，图形窗口如图1.21.21 所示。

图 1.21.21 中可以清楚地看到，每个积分点在整个厚度上的残余应力是不同的（使用整个厚度的 3 个积分点）。

4）**减薄**

单击【Batch Continue】批量继续图标 ，图形窗口如图 1.21.22 所示。最大的变薄约为 0.6%。

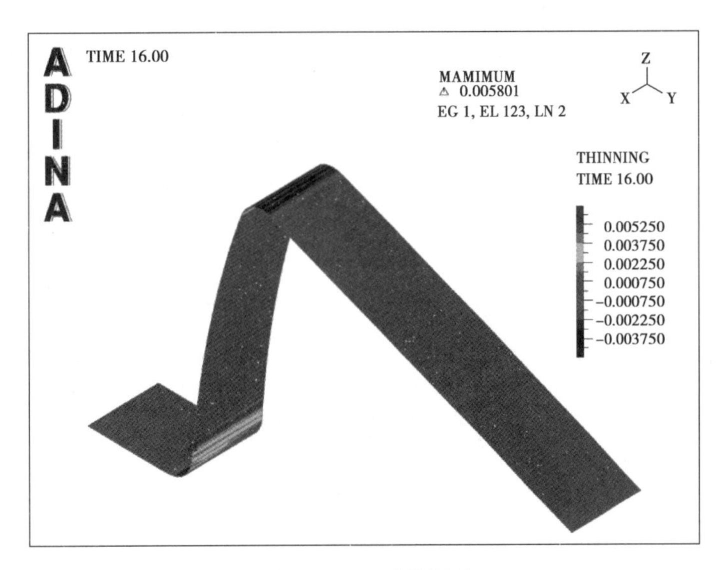

图 1.21.22 减薄效应

21.3 动态显式分析

用动态显示分析来求解模型。为了使明确的时间步数合理,现使用一个非常大的质量因子。与静态求解方案相比,这会导致求解方案不准确。

21.3.1 模型定义概述

该模型在 9 个操作中求解,每个操作采取一个或多个求解方案步骤:

操作①至④是静态分析。与静态隐式分析(求解时间 4.012 6)相同。动态显式分析的初始条件,如图 1.21.23 所示。

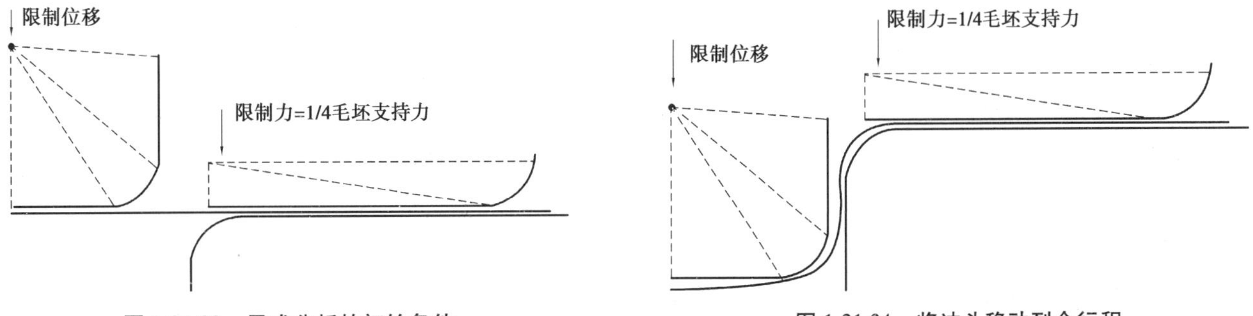

图 1.21.23 显式分析的初始条件　　图 1.21.24 将冲头移动到全行程

⑤开始动态显式分析。将冲头移动到全行程(请求 200 步,请求步长 0.003 5,解答时间 4.712 6),如图 1.21.24 所示。在这个操作中,冲头速度是 100 mm/s。ADINA 结构自动计算实际使用的时间步长。为了增加临界时间步长,并因此减少所需时间步数,使用质量比例因子 10^5。

⑥重新开始动态隐式分析(1 个求解步骤,步长 0.003 5,到时间 4.716 1)。

⑦将冲头从指定的位移开始加载到限制的力(1 个求解步,步长为 0.283 9,到时间为 5.0),如图 1.21.25 所示。

⑧逐渐减少冲头规定的力量(10 个求解步骤,到时间 15.0),如图 1.21.26 所示。

⑨在毛坯上的点处冻结移位,去除毛坯上规定的力,移去接触组(1 个求解步骤,到时间 16.0),如图 1.21.27 所示。“冻结”位移等于前一个解算时间(时间 15.0)的位移。

在操作⑦至⑨中,使用大的动态时间步骤来模拟静态条件。在操作⑨结束时,获得静态回弹形状。

将【Program Module】程序模块下拉列表设置为【ADINA Structures】ADINA 结构(用户可以放弃所有更改),并从【File】文件菜单底部附近的最近文件列表中选择文件“prob21.idb”。

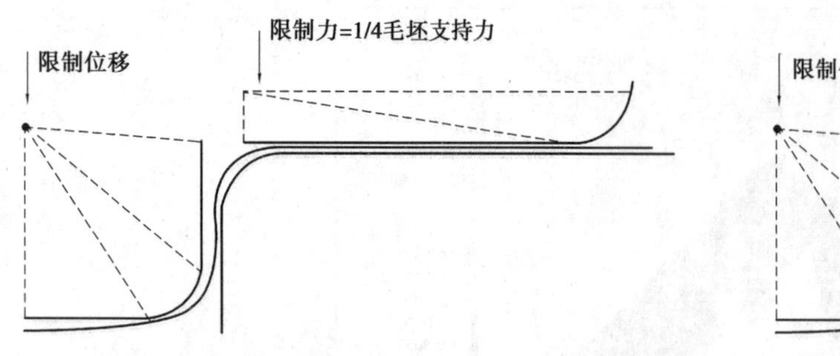

图 1.21.25　冲头从指定的位移开始加载到限制力

图 1.21.26　减少冲头规定的力量

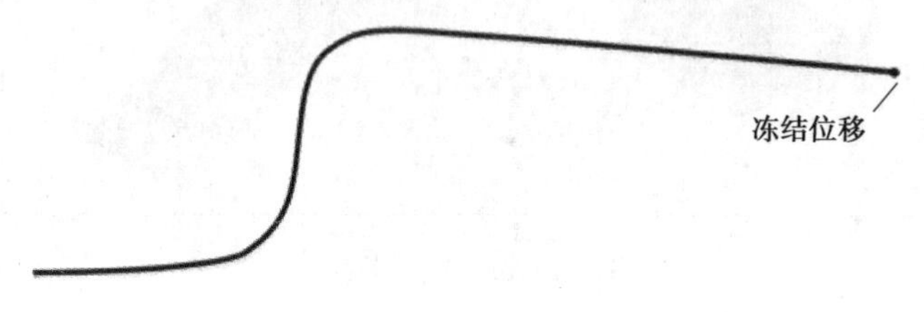

图 1.21.27　冻结位移

21.3.2　由静态隐式分析获得显式分析的初始条件

选择【Control】控制→【Solution Process】求解方案过程，将【Analysis Mode】分析模式设置为【New Run】新建运行，然后单击【OK】确定。选择【Control】控制→【Solution Process】求解方案过程，单击【Method】方法按钮，将【Maximum Number ofIterations】最大迭代次数设置为【999】，然后单击【OK】确定两次以关闭这两个对话框。现在选择【Control】控制→【Time Step】时间步，按表 1.2.12 进行读取，然后单击【OK】确定。

表 1.21.12　时间步参数

Number of steps	Magnitude
4	1
1	0.012 6

21.3.3　生成 ADNIA 数据文件，运行 ADINA 结构数据，后处理

单击【Save】保存图标 保存数据库。单击【Data File/Solution】数据文件/求解方案图标 ，将文件名称设置为“prob21_exa”，确保【Run Solution】运行求解方案按钮被选中，然后单击【Save】保存。

ADINA 结构分五步完成。

完成 ADINA 结构后，关闭所有打开的对话框。

21.3.4　重新动态显式分析

选择【Control】控制→【Solution Process】求解方案流程，将【Analysis Mode】分析模式设置为【Restart Run】重新启动运行，单击【OK】确定。

将【Analysis Type】分析类型设置为【Dynamics-Explicit】动态显式，然后单击【Analysis Options】分析选项图标 。将【Global Mass Scaling Factor】全局质量比例因子设置为“1E5”，然后单击【OK】确定关闭对话框。

现在选择【Control】控制→【Time Step】时间步，按表 1.21.13 进行读取，单击【OK】确定。

表 1.21.13　时间步参数

Number of steps	Magnitude
200	0.003 5

单击【Save】保存图标 并将数据库保存到文件“prob21”。单击【Data File/Solution】数据文件/求解方案图标 ，将文件名设置为“prob21_exb”，确保【Run Solution】运行求解方案按钮被选中，然后单击【Save】保存。AUI 将打开一个窗口，用户可以在其中指定第一次分析中的重新启动文件。输入重新启动文件“prob21_exa”并单击【Copy】复制。

【ADINA Structures】ADINA 结构会自动计算时间步长。需要大约 13 000 个时间步骤来求解这个模型。ADINA 结构完成后,关闭所有打开的对话框。

21.3.5 重新动态隐式分析

将【Analysis Type】分析类型设置为【Dynamics-Implicit】动态隐式。现在选择【Control】控制→【Time Step】时间步骤,按表 1.21.14 进行读取,然后单击【OK】确定。

表 1.21.14 动态隐式时间步

Number of steps	Magnitude
1	0.003 5
1	0.283 9
10	1
1	1

单击【Save】保存图标 保存数据库。单击【Data File/Solution】数据文件/求解方案图标 ,将文件名设置为“prob21_exc”,确保【Run Solution】运行求解方案按钮被选中,然后单击【Save】保存。AUI 打开一个窗口,可在其中指定第二次分析中的重新启动文件。输入重新启动文件“prob21_exb”,然后单击【Copy】复制。

ADINA 结构运行约 13 步完成(求解步骤 13280)。

21.3.6 再次生成 ADINA 数据文件,运行 ADINA 结构数据,后处理

ADINA 结构完成后,关闭所有打开的对话框,从【Program Module】程序模块下拉列表中选择【Post-Processing】后处理(可以放弃所有更改)。现在选择【File】文件→【Open Porthole】打开舷窗,选择文件“prob33_exa.por”,将【Load】加载设置为【Partial Sequence of Files Starting with Specified File】以指定文件开始的文件的部分序列,设置【Number of Files to Load in Sequence】序列加载文件的数量为【3】,然后单击【Open】打开。

现将使用与静态分析相同的文件对这个模型进行后处理。选择【File】文件→【Open Batch】打开批处理,导航到工作目录或文件夹,选择文件“prob21_1.plo”并单击【Open】打开。AUI 处理批处理文件中的命令。单击【Batch Continue】批量继续图标 显示所有图。

1)力-变形曲线(图 1.21.28)

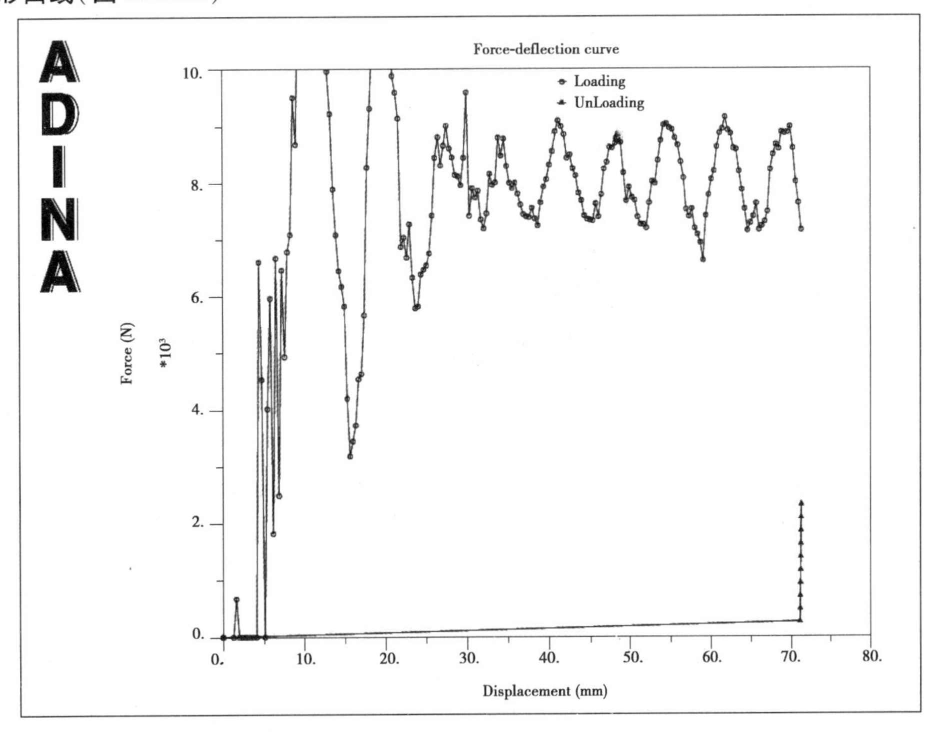

图 1.21.28 力-变形曲线

注意:加载力在静态分析中以相同的稳态值振荡。

2)最终的毛坯形状(图 1.21.29)

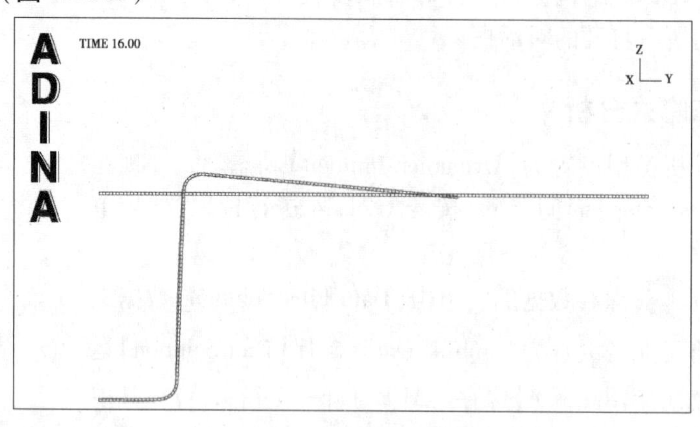

图 1.21.29　最终的毛坯形状

3)残余应力(图 1.21.30)

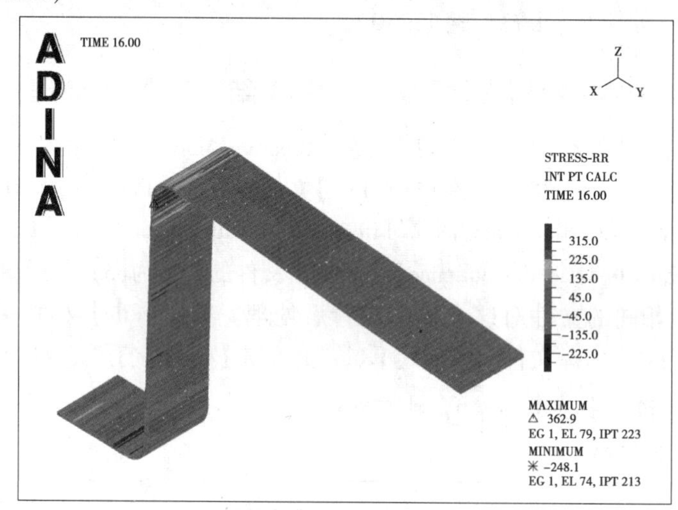

图 1.21.30　残余应力

4)减薄效应(图 1.21.31)

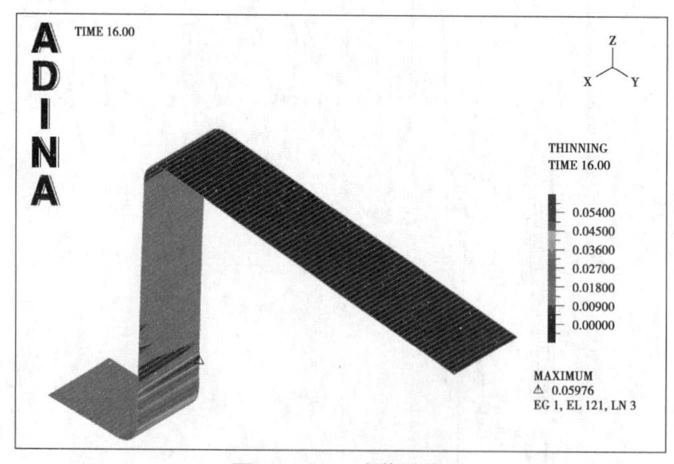

图 1.21.31　减薄效应

减薄效应有相对较薄的细带。这些频带早在明确的分析中形成,可能是因为惯性力量非常大。

21.4　退出 AUI

选择主菜单中的【File】文件→【Exit】退出,弹出【AUI】对话框,然后单击【Yes】,其余选【默认】,退出 ADINA-AUI。

问题22 粘贴在两块无摩擦板之间的粘弹性泡沫O形环

问题描述

1)问题概况

如图1.22.1所示,泡沫O形环被粘贴在两块无摩擦的板之间。

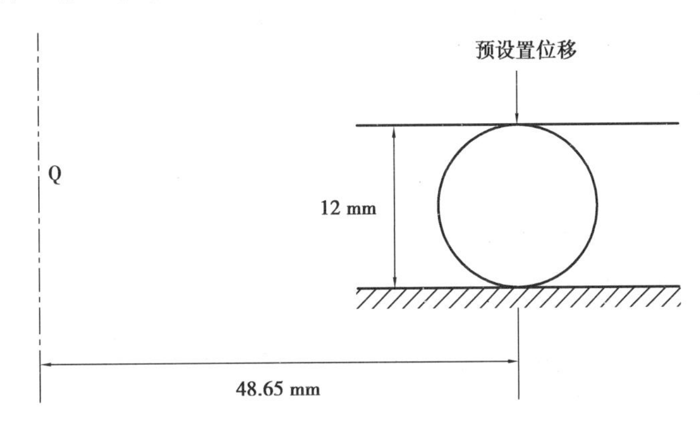

图1.22.1 问题22中的计算模型

当材料受到单轴拉伸/压缩时,材料的应力-应变-横向应变特性见表1.22.1。

表1.22.1 材料的应力-应变-横向应变特性

Engineering strain (mm/mm)	Engineering transverse strain (mm/mm)	Engineering stress (N/mm^2)
-0.5	-0.129 4	-0.15
-0.3	-0.043 6	-0.09
-0.1	-0.020 9	-0.04
0.0	0.0	0.0
0.1	0.019 2	0.03
0.3	0.053 9	0.05
0.5	0.084 5	0.06

注意:横向应变随应变增加而增加,这种材料是“拉胀”的,即具有负的泊松比。

2)问题分析

本例将执行3个分析:

①假设没有粘弹性效应的分析。该材料被模拟为超泡沫材料。

②假设粘弹性效应分析,没有温度效应。Holzapfel有限应变,使用粘弹性模型,具有单个粘弹性链。链的材料常数为$\beta=2.5$、$\tau=0.5$,并且将使用标志设置为【combined】组合(即粘弹性基于总应变能密度)。

③分析假设温度依赖的粘弹性效应。将假定材料的热流变学简单(这种材料被称为TRS材料)。在TRS材料中,所有的材料性质都是温度无关的,但是粘弹性遵循时间-温度叠加原理。移位功能如式22-1:

$$\log_{10}a_T({}^t\theta) = -\frac{C_1({}^t\theta - \theta_{ref})}{C_2 + {}^t\theta - \theta_{ref}} \quad \text{（式 22-1）}$$

其中 $\alpha_T({}^t\theta)\alpha$ 给出的实际时间之间的关系 t 和通过 $d\zeta/dt = 1/\alpha_T({}^t\theta)$ 减少的时间 ζ。将假设 $C_1 = 10.86$，$C_2 = 104.8$，再参考测量 $\theta_{ref} = 25$ ℃。

3）演示内容

本例将使用轴对称分析，演示以下内容：

①定义超泡沫材料。

②控制 ATS 方法。

③将粘弹性效应添加到超泡沫材料中。

④指定超泡沫材料的 TRS 温度依赖性。

注意：①由于 900 节点版本不包含 ADINA-M/PS，因此 900 节点版本的 ADINA 系统无法求解此问题。

②本例大部分输入存储在文件“prob22_1.in”“prob22_2.in”“prob22_1.plo”和“prob22_2.plo”中。在开始分析之前，用户需要将文件夹“samples\primer”中的文件“prob22_1.in”“prob22_2.in”“prob22_1.plo”“prob22_2.plo”复制到工作目录或文件夹中。

22.1 启动 AUI，并选择有限元程序

启动 AUI，并将【Program Module】程序模块下拉列表设置为【ADINA Structures】ADINA 结构。

22.2 不考虑粘弹性影响的分析

22.2.1 定义模型控制数据、几何图形、细分数据、边界条件、约束方程和位移载荷

准备一个批处理文件（prob22_1.in），它执行以下操作：

①将 2D 平面设置为 XY 平面，Y 为轴对称轴。

②指定应使用刚度矩阵稳定。

③定义点、线和曲面。

④细分曲面。

⑤定义边界条件。

⑥定义一个约束方程组。

⑦定义位移载荷并将其应用于模型。

⑧绘制模型。

选择【File】文件→【Open Batch】打开批处理，导航到工作目录或文件夹，选择文件“prob22_1.in”，然后单击打开，图形窗口如图 1.22.2 所示。

22.2.2 定义超泡沫材料

单击【Manage Materials】管理材料图标 **M**，然后单击【Hyper-Foam】超泡沫按钮。添加【material 1】材料 1，然后单击【Fitting Curve】拟合曲线字段右侧的【...】按钮。在【Define Fitting Curve】定义拟合曲线对话框中，添加【fitting curve 1】拟合曲线 1，然后单击【Simple Tension Curve】简单张力曲线字段右侧的【...】按钮。在【Define Stress-Strain2 Curve】定义应力-应变 2 曲线对话框中，添加【curve 1】曲线 1，将其定义为表 1.22.2 并单击【OK】确定。

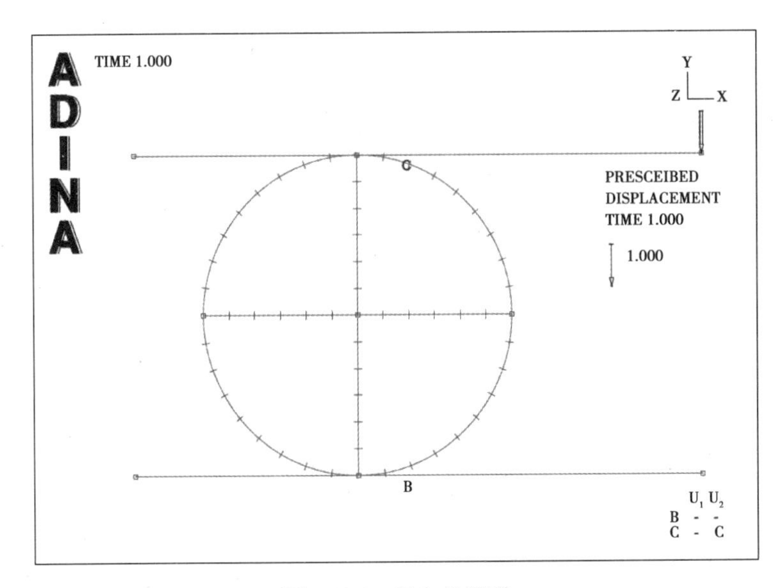

图 1.22.2　导入的模型

表 1.22.2　应力-应变 2 曲线

Strain	Stress	Strain2
−0.5	−0.15	−0.129 4
−0.3	−0.09	−0.043 6
−0.1	−0.04	−0.020 9
0.0	0.0	0.0
0.1	0.03	0.019 2
0.3	0.05	0.053 9
0.5	0.06	0.084 5

注意"Strain2"是横向应变。

在【Define Fitting Curve】定义拟合曲线对话框中，将【Approximation Order】近似阶数设置为"1"，将【Simple Tension Curve】简单张力曲线设置为"1"，然后单击【OK】确定。

在【Define Hyper-Foam Material】定义超级泡沫材质对话框中，将【Fitting Curve】拟合曲线设置为"1"，然后单击【Save】保存。

注意：【MU(1)】的值被设置为"0.179 078 71(N / mm^2)"，【ALPHA(1)】的值被设置为"1.310 459 10"，并且【BETA(1)】的值被设置为−0.137 098 7。有关曲线拟合的更多信息显示在消息窗口中。

单击【Graph】图表按钮显示曲线拟合，图形窗口如图 1.22.3 所示。

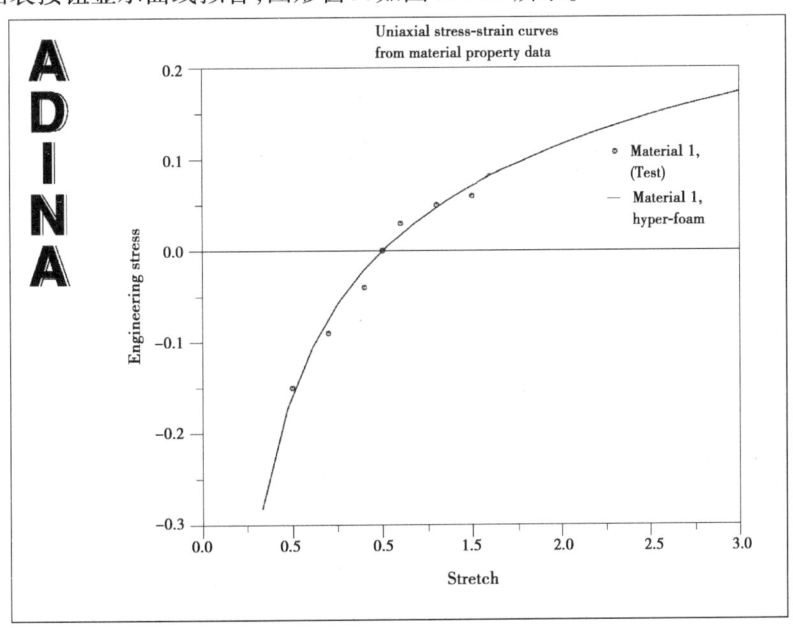

图 1.22.3　材料性能拟合曲线

单击【OK】，关闭【Define Hyper-Foam Material】定义超泡沫材料对话框，然后单击【Close】关闭，关闭【Manage Material Definitions】管理材料定义对话框。

22.2.3 定义单元组、啮合几何图形、定义接触表面

现准备一个批处理文件（“prob22_2.in”），它执行以下操作：

①定义单元组。

②对几何划分网格（使用自由形式网格生成的 9 节点单元）。

③定义接触组。

④定义接触表面。

⑤定义接触对。

⑥重新生成图形。

选择【File】文件→【Open Batch】打开批处理，导航到工作目录或文件夹，选择文件“prob22_2.in”并单击【Open】打开。AUI 处理批处理文件中的命令。

图形窗口如图 1.22.4 所示。

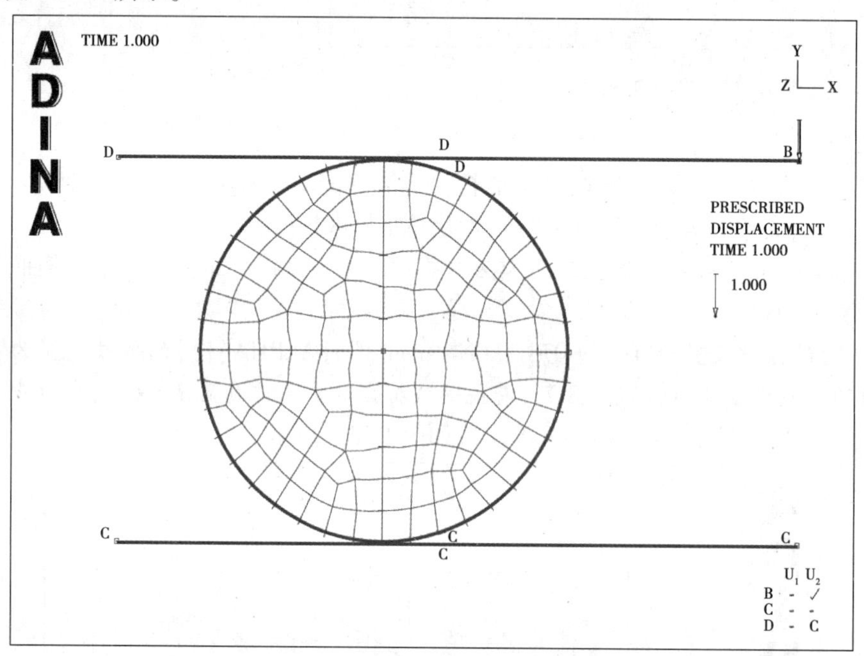

图 1.22.4 导入的 prob35_2.in 模型

22.2.4 定义载荷步骤

在第 1 次运行中，用户要以 10 个相同的步幅向下移动顶板 4 mm。选择【Control】控制→【Time Step】时间步骤，将表中第 1 行的步数设置为“10”，然后单击【OK】确定。选择【Control】控制→【Time Function】时间函数，将【time function 1】时间函数 1 定义为表 1.22.3，并单击【OK】确定。

表 1.22.3 时间函数定义参数

Time	Value
0.0	0.0
10.0	4.0

单击【Redraw】重画图标时，图形窗口如图 1.22.5 所示。

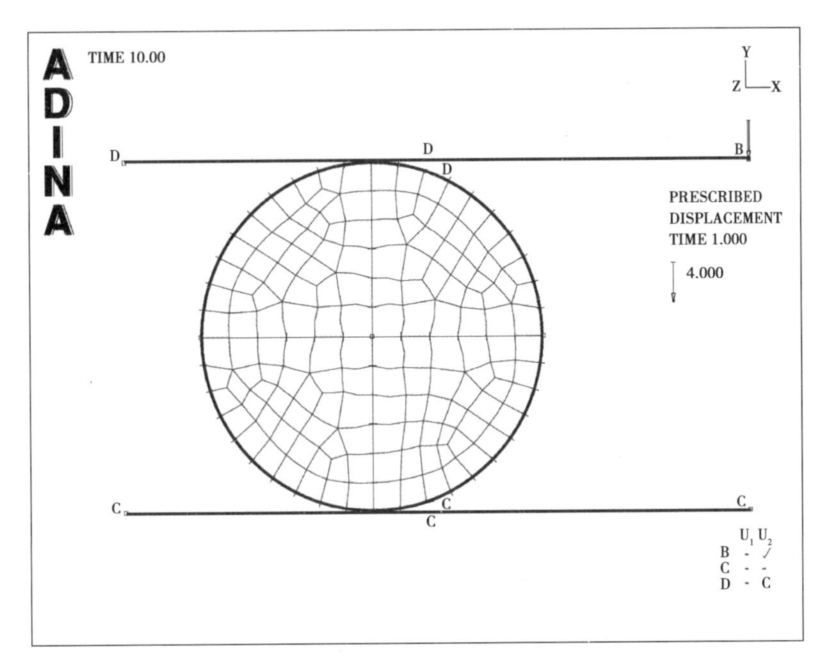

图 1.22.5　位移边界条件

22.2.5　生成 ADINA 数据文件,运行 ADINA 结构数据,后处理

单击【Save】保存图标 并将数据库保存到文件"prob22"。单击【Data File/Solution】数据文件/求解方案图标 ,将文件名设置为"prob22",确保【Run Solution】运行求解方案按钮被选中,单击【Save】保存。

注意:ADINA Structures 获得求解方案的时间以及步长后,如步长与用户要求的步长不同,是因为 ATS 方法正在使用中。

关闭所有打开的对话框。单击【Analysis Options】分析选项图标 ,单击【Use Automatic Time Stepping (ATS)】使用自动时间步进(ATS)字段右侧的【...】按钮,将【For Next Time Step】下一个时间步长字段设置为【Return to Original Time Step Specified】返回到原始时间步长指定,然后单击【OK】确定两次,关闭两个对话框。时间步定义见表 1.22.4。

表 1.22.4　时间步定义

Step number	Step size	time
1	1.0	1.0
2	1.0	2.0
3	1.0	3.0
4	1.5	4.5
5	1.0	5.5
6	1.0	6.5
6	0.5	6.0
6	1.0	7.0
7	1.0	8.0
8	1.0	9.0
9	1.0	10.0
9	0.5	9.5
9	0.5	10.0

单击【Save】保存图标 ,单击【Data File/Solution】数据文件/求解方案图标 ,将文件名称设置为"prob22",确保【Run Solution】运行求解方案按钮被选中,然后单击【Save】保存。

ATS 方法缩短了求解方案步骤 10 的时间步骤,且所有原始时间步骤都获得了求解方案。

【ADINA Structures】ADINA 结构完成后,关闭所有打开的对话框。将【Program Module】程序模块下拉列表设置为【Post-Processing】后处理,单击【Open】打开图标并打开舷窗文件"prob22"。

单击【Show Original Mesh】显示原始网格图标 ,然后使用【Pick】拾取图标 和鼠标调整图形大小。图形窗口如图 1.22.6 所示。

注意:变形网格向左移动(即朝向中心线)。这是因为负泊松比;垂直(y)方向上的压缩导致箍(z)和水平(x)方向上的材料纤维收缩。

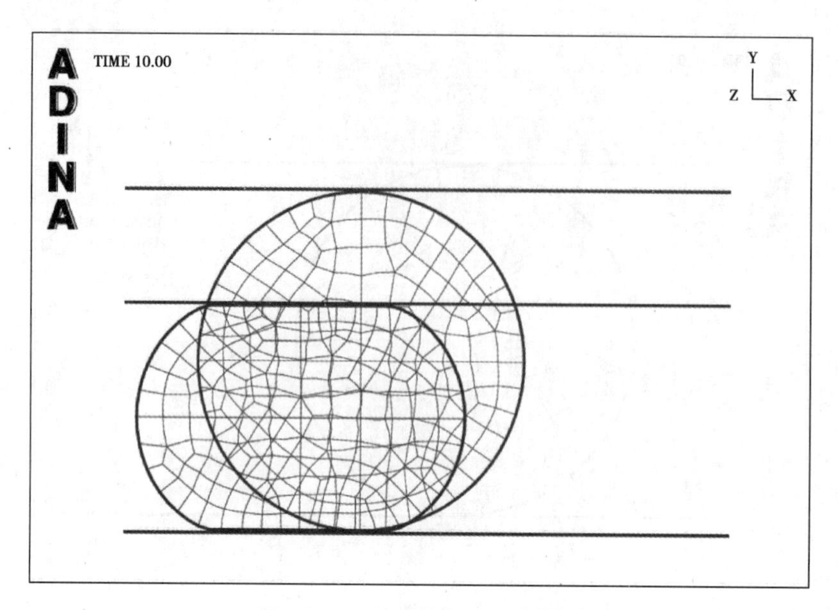

图 1.22.6　原始网格和变形网格

现绘制力-变形曲线。选择【File】文件→【Open Batch】打开批处理，导航到工作目录或文件夹，选择文件“prob22_1.plo”，然后单击【Open】打开。AUI 处理批处理文件中的命令，图形窗口如图 1.22.7 所示。

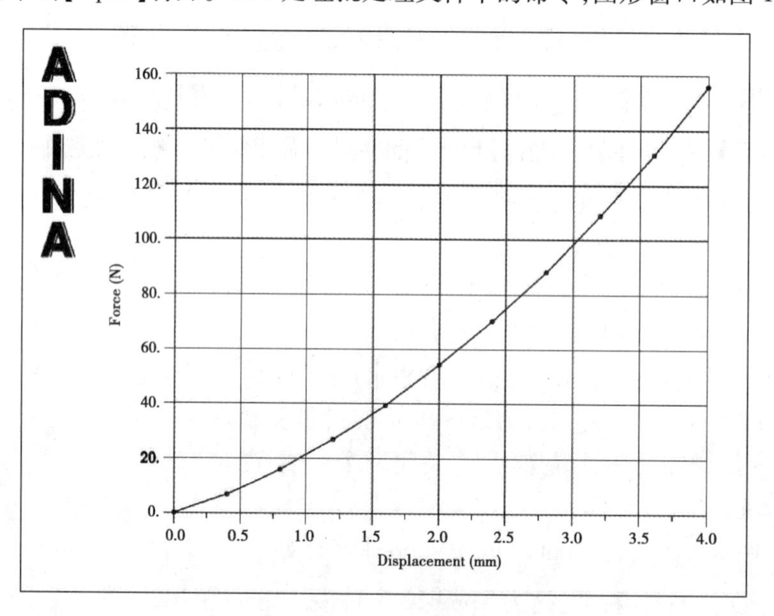

图 1.22.7　力-变形曲线

在图 1.22.7 中，把力乘以 2π，反转力和位移的方向，使得向下的力和位移是正的，在绘图中绘制网格线。

选择【Graph】图表→【List】清单，然后滚动到列表的底部。对于 YD = 4.0000E + 00，YF 的值是 1.55996E + 02(N)（可能需要使用水平滚动条来查看此值）。

22.3　用粘弹性效应分析

现在将重新运行包括粘弹性效应的模型。

将【Program Module】程序模块下拉列表设置为【ADINA Structures】（可以放弃所有更改），并从【File】文件菜单底部附近的最近文件列表中选择数据库文件“prob22.idb”。在模型树中，单击【Material】材料文本旁边的“+”，右键单击【1. Hyper-Foam】并选择【Modify】修改。在【Define Hyper-Foam Material】定义超泡沫材料对话框中，单击【Viscoelastic】粘弹性字段右侧的【...】按钮。在【Define Viscoelastic Effect for Rubber Material】定义橡胶材料的粘弹性效果对话框中，添加【viscoelastic effect 1】粘弹性效果 1，确保【Type】类型是

【Holzapfel】,并在表的第一行中将【Beta】设置为"2.5",将【Tau】设置为"0.5",将【Usage】用法设置为【Combined】组合,然后单击【OK】确定。在【Define Hyper-Foam Material】定义超泡沫材料对话框中,将【Viscoelastic】粘弹性字段设置为"1",然后单击【OK】确定。

22.3.1　定义时间步长

由于模型是粘弹性的,所以解答响应是时间依赖的,我们必须参考材料时间依赖性来选择时间步长。由于材料时间常数为0.5(s),因此,如果在0.1 s内加载到4 mm,在加载过程中材料就没有时间放松。

初始加载后,保持顶板的位移恒定,再部分卸载O形环,如图1.22.8所示。

选择【Control】控制→【Time Function】时间函数,参照表1.22.5,编辑时间函数1即可,并单击【OK】确定。

选择【Control】控制→【Time Step】时间步骤,参照表1.22.6编辑时间步函数,并单击【OK】确定。

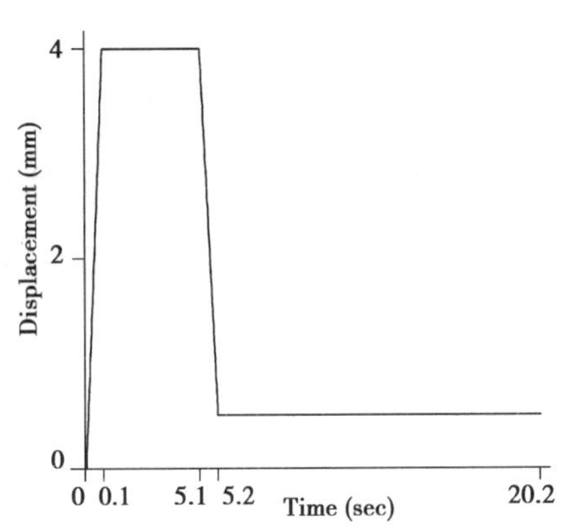

图1.22.8　位移载荷历程

表1.22.5　时间函数的参数

Time	Value
0.0	0.0
0.1	4.0
5.0	4.0
5.2	0.5
20.2	0.5

表1.22.6　时间步的参数

Number of steps	Magnitude
10	0.01
20	0.25
10	0.01
60	0.25

22.3.2　生成ADINA数据文件,运行ADINA结构数据,后处理

单击【Save】保存图标。单击【Data File/Solution】数据文件/求解方案图标,将文件名称设置为"prob22b",确保【Run Solution】运行求解方案按钮被选中,然后单击【Save】保存。ADINA结构完成后,关闭所有打开的对话框。将【Program Module】程序模块下拉列表设置为【Post-Processing】后处理(用户可以放弃所有更改),单击【Open】打开图标并打开舷窗文件"prob22b"。

1)绘制反作用力

单击【Movie Load Step】电影加载步骤图标,然后单击【Animate】动画图标。注意顶板向上移动时,O形环失去与顶板的接触。

单击【Refresh】刷新图标清除动画,然后单击【First Solution】第一个求解方案图标并单击【Next Solution】下一个求解方案图标9次,直到求解方案时间为0.1。现在单击【Model Outline】模型轮廓图标,单击【Quick Band Plot】快速条带绘制图标,单击【Create Reaction Plot】创建反作用力绘图图标,将【Reaction Quantity】反作用力量设置为【DISTRIBUTED_CONTACT_TRACTION】,并单击【OK】。

使用鼠标重新排列图形,直到图形窗口如图1.22.9所示。

现单击【Movie Load Step】电影加载步骤图标,然后单击【Animate】动画图标。随着顶板向下移动,应力和接触力增加。然后,当顶板保持静止时,应力和接触力减小并最终达到松弛状态。当顶板向上移动时,应力和接触力下降到零,当材料松弛并重新接触顶板时,应力和接触力增加。然而,由于求解端部的

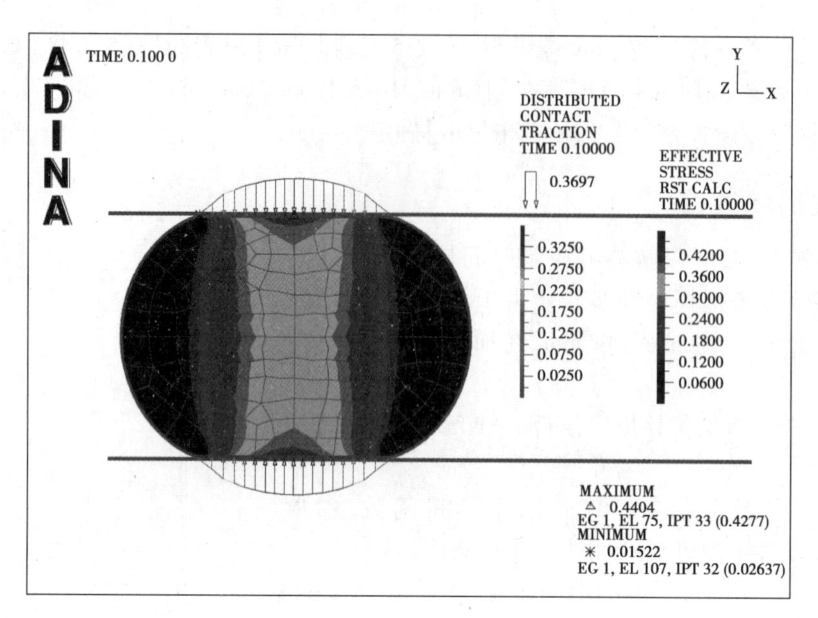

图 1.22.9 反作用力

变形远小于与应力和接触力缩放相对应的变形，因此在求解终点处没有视觉指示应力和接触力。

单击【Refresh】刷新图标 清除动画。

2）绘制力-变形曲线

选择【File】文件→【Open Batch】打开批处理，导航到工作目录或文件夹，选择文件“prob22_1.plo”并单击【Open】打开，图形窗口如图 1.22.10 所示。

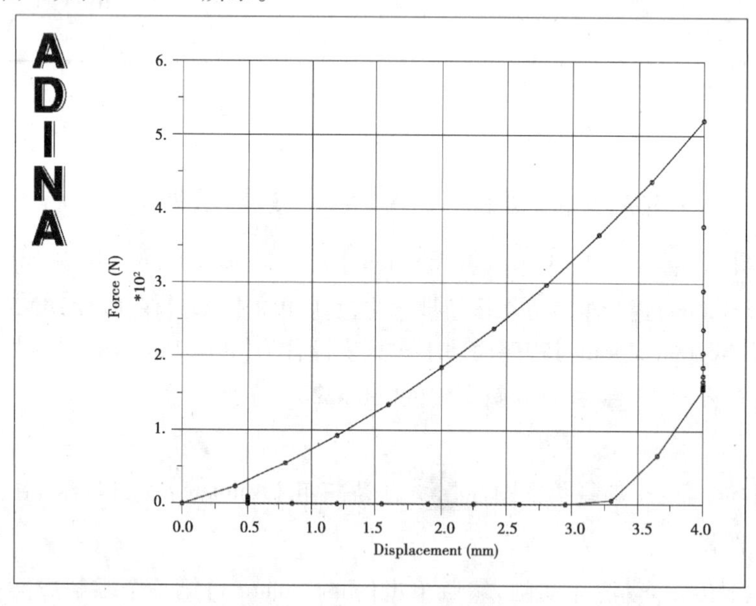

图 1.22.10 力-变形曲线

使用【Graph】图表→【List】列表查看图中的数值。在初始加载期间，力达到 5.20331E+02，然后当顶板保持不变时，力减小到 1.56014E + 02N（与没有粘弹性效应的分析中获得的值几乎相同）。当顶板向上移动时，力下降到零，然后重新接触后，力增加到 8.91276E + 00 N。

3）绘制强制时间的历史

在文件“prob22_2.plo”中设置必要的绘图命令。选择【File】文件→【Open Batch】打开批处理，导航到工作目录或文件夹，选择文件“prob22_2.plo”并单击【Open】打开，图形窗口如图 1.22.11 所示。

在 0.1~5 s 之间，松弛过程清晰可见。

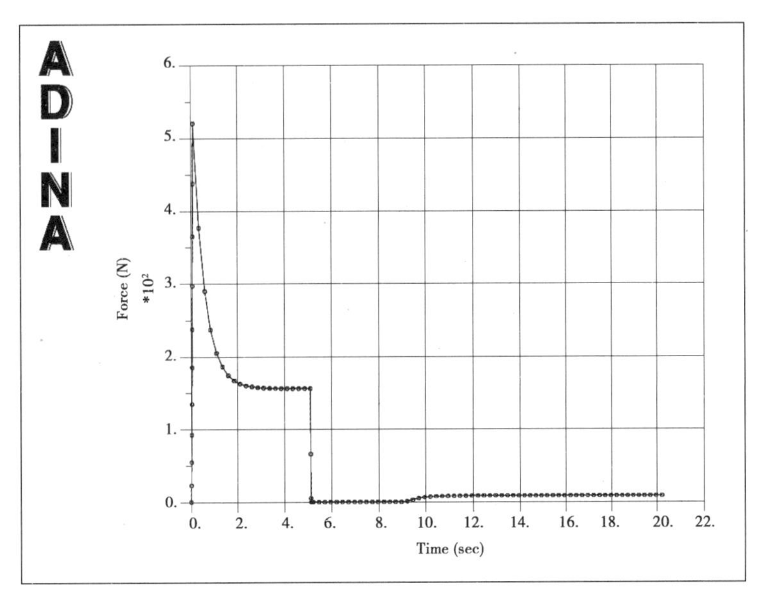

图 1.22.11　松弛过程

22.4　分析与温度相关的粘弹性效应

现在将重新运行包括温度依赖的粘弹性效应的模型。

将【Program Module】程序模块下拉列表设置为【ADINA Structures】ADINA 结构(可以放弃所有更改),并从【File】文件菜单底部附近的最近文件列表中选择数据库文件"prob22.idb"。

在此分析中,将材料的温度设置为 15.0 ℃。选择【Control】控制→【Analysis Assumptions】分析假设→【Default Temperature Settings】默认温度设置,将初始温度设置为"15.0",将规定温度设置为"15.0",然后单击【OK】确定。

在模型树中,单击【Material】材料文本旁边的"+",右键单击【1. Hyper-Foam】并选择【Modify】修改。在【Define Hyper-Foam Material】定义超级泡沫材料对话框中,将【Temperature Dependence】温度相关性设置为【TRS】,将【Reference Temperature】参考温度设置为"25.0",然后单击【Temperature Dependence】温度相关性框中的【...】按钮。在【Define Temperature-Dependent Rubber Material Properties】定义温度相关的橡胶材料属性对话框中,添加【Rubber Table 1】橡胶表 1,将【Type】类型设置为【TRS】,参照表 1.22.7 编辑橡胶材料性能,并单击【OK】确定。

表 1.22.7　橡胶材料性能

Temperature	Thermal Expansion Coef
0.0	0.0
100.0	0.0

在【Define Hyper-Foam Material】定义超级泡沫材质对话框中,将【Table】表格设置为"1",然后单击【Save】保存(用户不想关闭对话框)。现在单击【Viscoelastic】粘弹性字段右边的按钮,将【Use Shift Function】使用 Shift 功能设置为【WLF(Williams-Landel-Ferry)】,将【Constant C1】常量 C1 设置为"10.86",将【Constant C2】常量 C2 设置为"104.8",然后单击【OK】确定,关闭这两个对话框。

22.4.1　生成 ADINA 数据文件,运行 ADINA 结构数据,后处理

单击【Save】保存图标 。单击【Data File/Solution】数据文件/求解方案图标 ,将文件名设置为"prob22c",确保【Run Solution】运行求解方案按钮被选中,然后单击【Save】保存。

【ADINA Structures】ADINA 结构完成后,关闭所有打开的对话框。将【Program Module】程序模块下拉列表设置为【Post-Processing】后处理(用户可以放弃所有更改),单击【Open】打开图标 并打开舷窗文件"prob22c"。

绘制力-挠度曲线和力-时间曲线

单击【Movie Load Step】电影加载步骤图标，然后单击【Animate】动画图标。请注意，与以前的分析相比，材料的放松速度要慢得多。单击【Refresh】刷新图标清除动画。

参照22.2.3绘制力-挠度曲线和力-时间曲线，如图1.22.13所示。

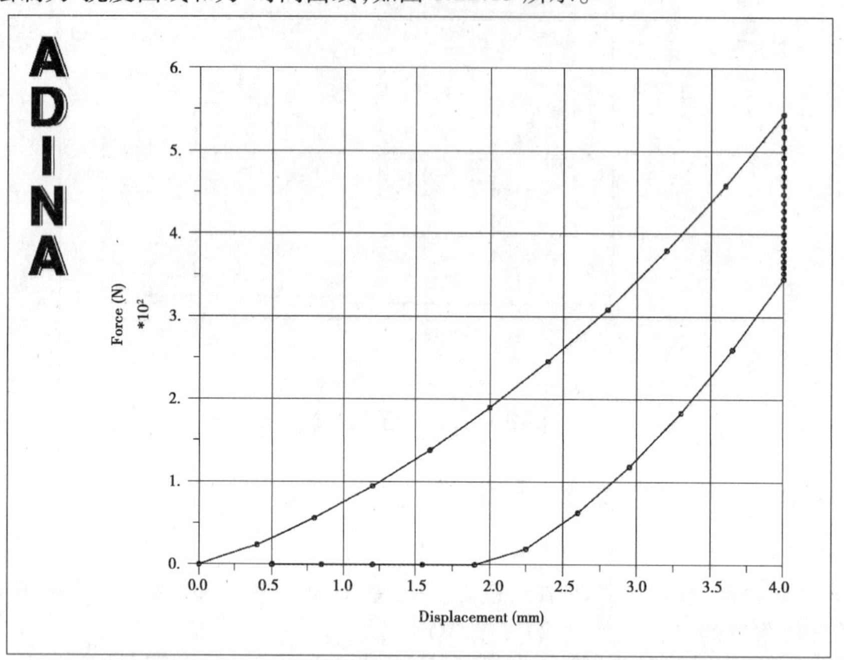

图1.22.12 力-挠度曲线

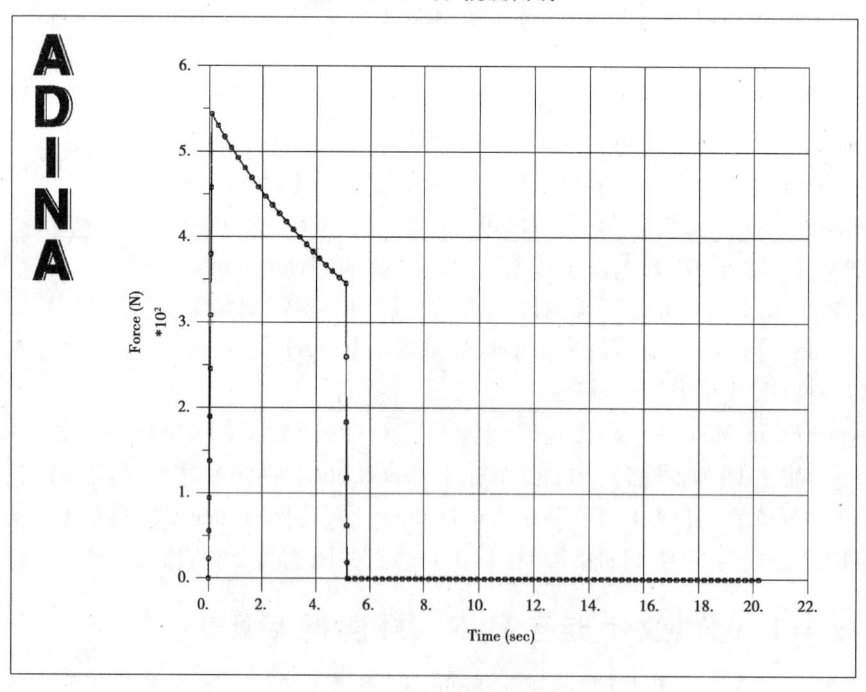

图1.22.13 力-时间曲线

22.5 退出AUI

选择主菜单中的【File】文件→【Exit】退出，弹出【AUI】对话框，然后单击【Yes】，其余选【默认】，退出ADINA-AUI。

问题 23　用 ADINA-M/PS 分析螺丝刀

问题描述

1)问题概况

本例中螺丝刀模型如图 1.23.1 所示。

螺丝刀的几何形状在 Parasolid 文件中给出。

本例分析的目的是展示如何使用离散边界表示特征(离散 BREP 特征)来修改其几何条件。

2)演示内容

本例将演示以下内容:

①导入 Parasolid 几何。

②使用离散边界表示功能。

图 1.23.1　螺丝刀模型

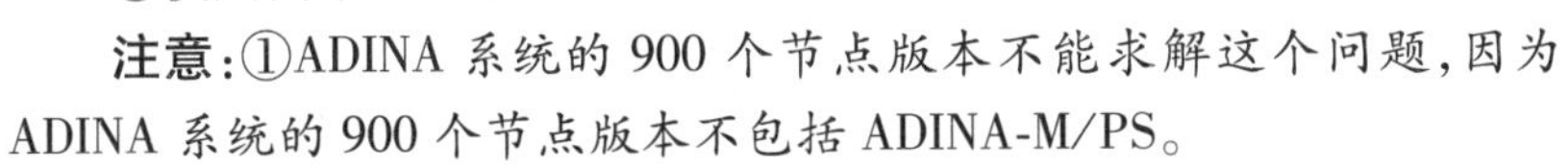

注意:①ADINA 系统的 900 个节点版本不能求解这个问题,因为 ADINA 系统的 900 个节点版本不包括 ADINA-M/PS。

②本例大部分输入存储在文件"prob23.x_t"和"prob23_1.in"中。在开始分析之前,用户需要将文件夹"samples\primer"中的文件"prob23.x_t"和"prob23_1.in"复制到工作目录或文件夹中。

23.1　启动 AUI,并选择有限元程序

启动 AUI,并将【Program Module】程序模块下拉列表设置为 ADINA 结构。

23.2　导入 Parasolid 几何

文件"prob23.x_t"是一个包含几何的 Parasolid 文件。单击【Import Parasolid Model】导入 Parasolid 模型图标,选择文件"prob23.x_t",然后单击【Open】打开,图形窗口如图 1.23.2 所示。

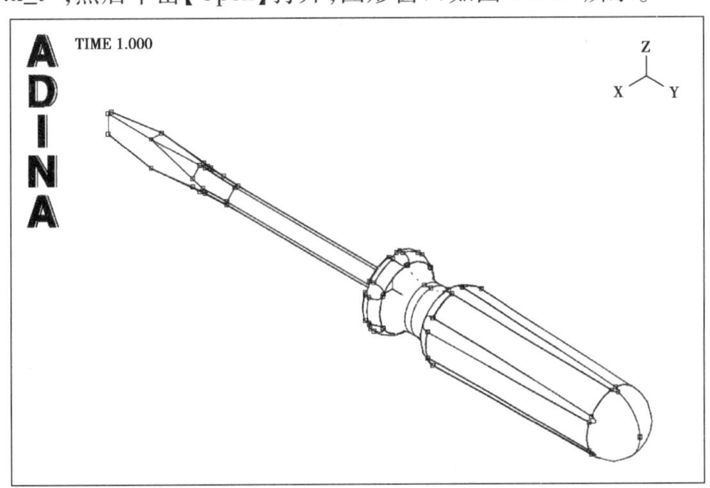

图 1.23.2　prob23.x_t 模型

23.3 定义细分数据,材料,边界条件,加载和单元

准备一个包含模型定义其余部分的批处理文件("prob23_1.in")。

选择【File】文件→【Open Batch】打开批处理,导航到工作目录或文件夹,选择文件"prob23_1.in",并单击【Open】打开,图形窗口如图 1.23.3 所示。

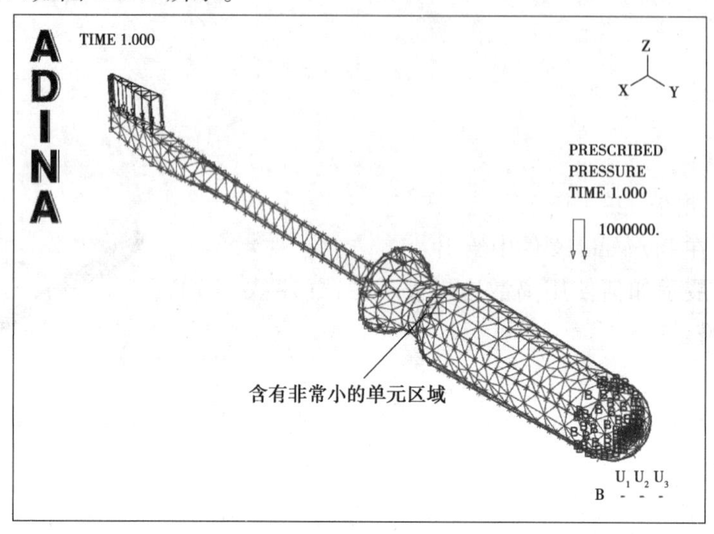

图 1.23.3 prob23_1.in 模型

放大网格的指定区域,会注意到一些非常小的单元。

这些单元是存在的,因为几何在模型的这个区域包含非常窄的面。

如果想重新划分网格,就使用没有窄面的几何。单击【Delete Mesh/Elements】删除网格/单元图标 ,将【Delete Elements】删除单元设置为【On Bodies】,在表格的第一行中输入"1",然后单击【OK】确定。

23.4 创建离散的边界表示

选择【Meshing】网格→【Feature Removal】特征去除→【Discrete BREP】离散 BREP,设置【Body Number】体数量为"1",然后单击【Create】创建。单击【Close】关闭,关闭对话框,图形窗口如图 1.23.4 所示。

橙色线是离散 BREP 三角形的边界。

单击【Show Discrete BREP】显示离散 BREP 图标 以返回到原始几何图形,然后再次单击【Show Discrete BREP】显示离散 BREP 图标 以显示离散 BREP。单击【Shading】阴影图标 ,图形窗口如图 1.23.5所示。

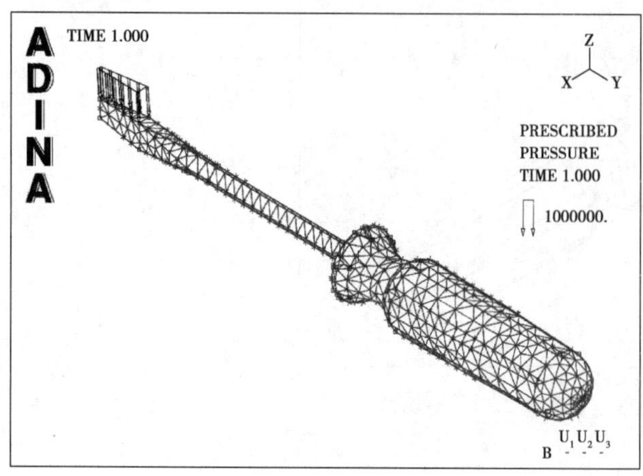

图 1.23.4 离散网格模型

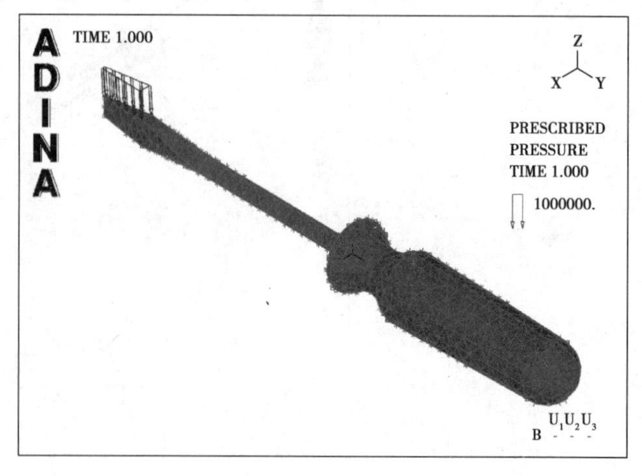

图 1.23.5 有限元网格

23.5　去除体特征

单击【Meshing】网格→【Feature Removal】特征去除→【Body Defeature】去除体特征，设置【Body Number】体数量为“1”，设置【Remove Surface Triangles with Sizebelow】删除小于此尺寸以下的面三角形到【0.001】，设置【Angle (indegrees) used in Coarsening】角度(度)的粗化用到【60】，然后单击【Preview】预览，图形窗口如图 1.23.6 所示，将被删除的面和边以黄色绘制。

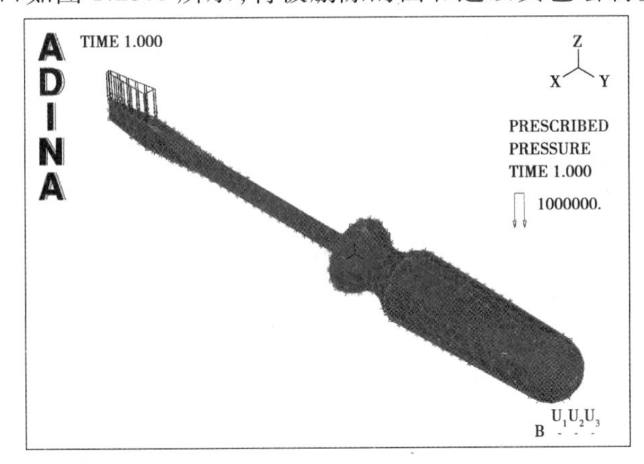

图 1.23.6　要删除的面

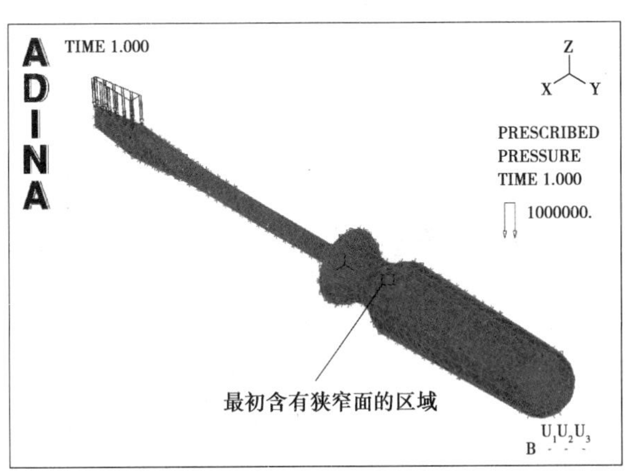

图 1.23.7　删除面之后

要去除体特征，请单击【OK】确定，图形窗口如图 1.23.7 所示。

放大指定区域时，离散 BREP 中不存在窄面。

23.6　重新网格化

单击【Mesh Bodies】网格体图标 ，将【Nodes per Element】每个单元的节点设置为“4”，在表格的第 1 行中输入“1”，然后单击【OK】确定，图形窗口如图 1.23.8 所示。

注意：表面上的单元面与体的离散 BREP 相匹配。

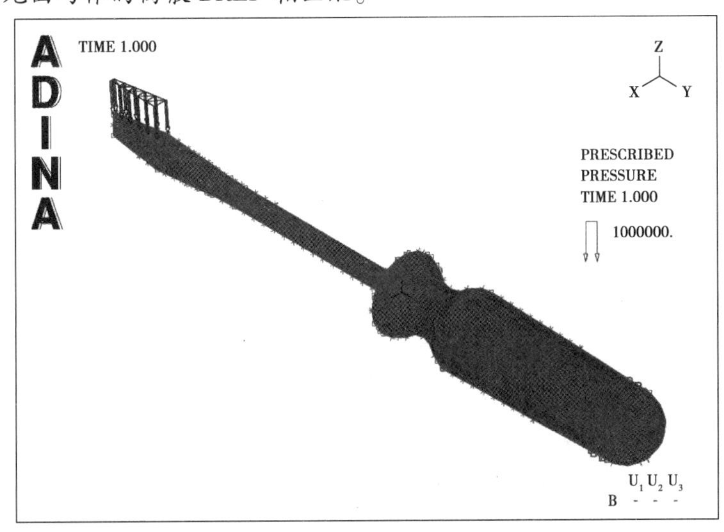

图 1.23.8　重新划分的体网格

23.7　生成 ADINA 数据文件，运行 ADINA 结构数据，后处理

单击【Save】保存图标 并将数据库保存到文件“prob23”。单击【Data File/Solution】数据文件/求解方案图标 ，将文件名设置为“prob23”，确保【Run Solution】运行求解方案按钮被选中，然后单击【Save】保存。当【ADINA Structures】ADINA 结构完成时，关闭所有打开的对话框，将【Program Module】程序模块下拉列表

设置为后处理(用户可以放弃所有更改),单击【Open】打开图标 并打开舷窗文件“prob23”。

绘制有效应力

单击【Quick Band Plot】快速条带绘图图标 ,图形窗口如图 1.23.9 所示。

由于在网格中使用 4 节点 tet 单元,因此在单元内的应力是恒定的。单击【Smooth Plots】图标 。图形窗口如图 1.23.10 所示。

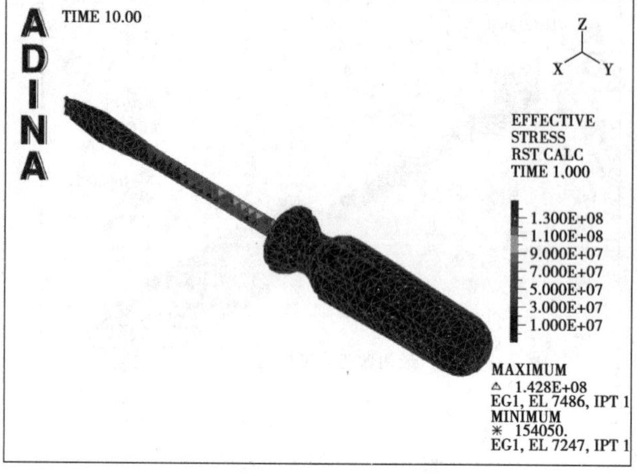

图 1.23.9 有效应力

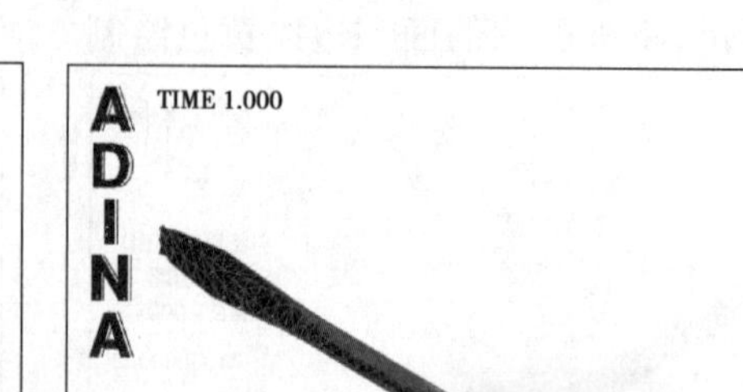

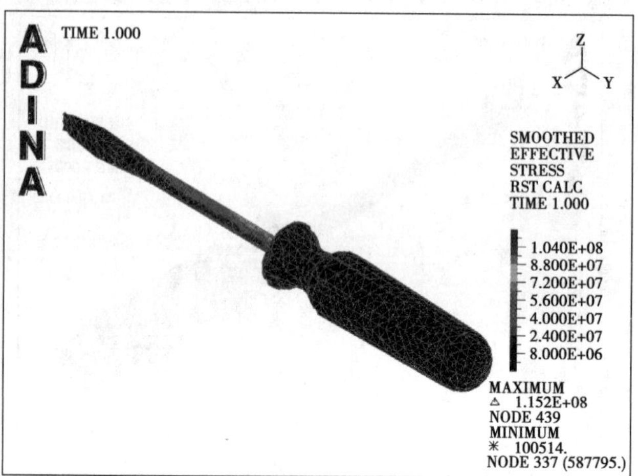

图 1.23.10 平滑效果

虽然结果看起来更好,但它们并不准确,应该使用精细的模型来验证结果。

23.8 退出 AUI

选择主菜单中的【File】文件→【Exit】退出,弹出【AUI】对话框,然后单击【Yes】,其余选【默认】,退出 ADINA-AUI。

问题24 用TLA-S方法分析一个块与一个刚性圆柱体之间的接触

问题描述

1)问题概况

如图1.24.1所示,将一个块推到一个刚性圆柱体上:

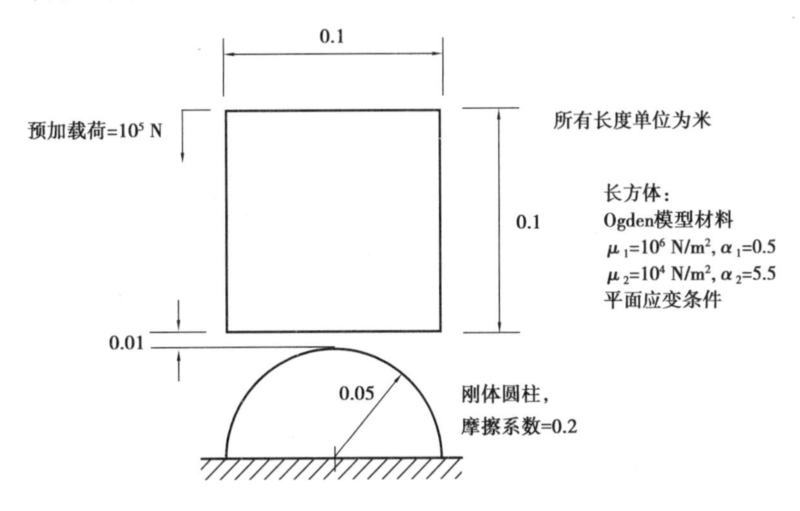

图1.24.1 问题24中的计算模型

本例中,将在指定时间步骤或时间函数的情况下确定给定负载应用的位移和接触牵引力。

2)演示内容

本例将演示以下内容:

①使用TLA和TLA-S方法。

②绘制接触牵引力条带图。

注意:①ADINA系统的900个节点版本无法求解这个问题,因为模型中有1 077个节点。

②本例大部分输入都存储在文件"prob24_1.in"中。在开始分析之前,用户需要将文件夹"samples\primer"中的文件"prob24_1.in"复制到工作目录或文件夹中。

24.1 启动AUI,并选择有限元程序

启动AUI,并将【Program Module】程序模块下拉列表设置为【ADINA Structures】ADINA结构。

24.2 模型定义

首先,准备一个批处理文件(prob24_1.in),其中包含除了TLA方法规范之外的所有模型定义。

再选择【File】文件→【Open Batch】打开批处理,导航到工作目录或文件夹,选择文件"prob24_1.in"并单击【Open】打开,图形窗口如图1.24.2所示。

在查看"prob24_1.in"中的命令时,会发现没有时间函数或时间步数的说明,这是因为所使用的时间函数是默认时间函数,时间步数由TLA方法自动设置。

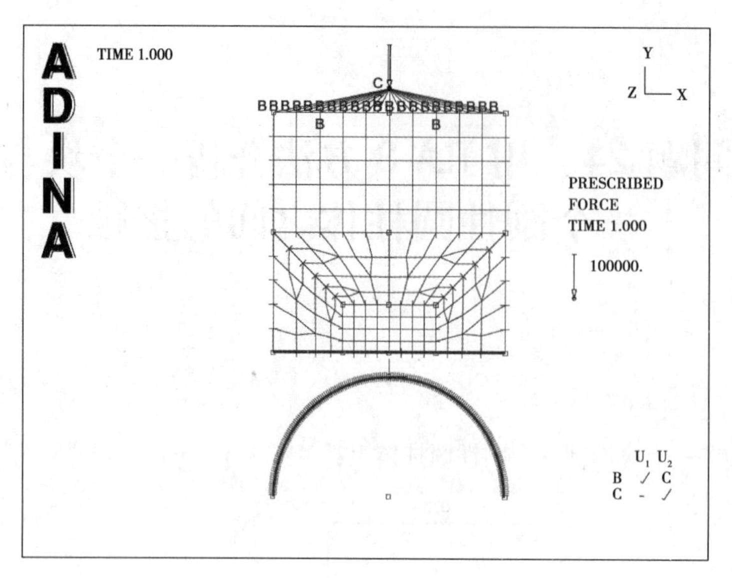

图 1.24.2 prob24_1.in 模型

24.3 选择 TLA 方法

单击【Analysis Type】分析类型下拉列表右边的【Analysis Options】分析选项图标，将【Automatic Time Stepping Scheme】自动时间步长计划设置为【Use Total Load Application(TLA)】使用总载荷应用，单击【OK】确定按钮。

24.4 生成 ADINA 数据文件，运行 ADINA 结构数据，后处理

首先单击【Save】保存图标并将数据库保存到文件“prob24”。单击【Data File/Solution】数据文件/求解方案图标，将文件名设置为“prob24”，确保【Run Solution】运行求解方案按钮被选中，然后单击【Save】保存。

根据四舍五入，ADINA Structures 或者运行，或者停止并给出以下信息：

```
* * *  Program stopped abnormally * * *
STEP NUMBER = 1
```

单击【ADINA Structures】窗口中的【View Output】视图输出按钮，找到文本

```
STEP NUMBER = 1
```

用户会注意到因式分解矩阵的最小绝对值元素非常小。这是因为该模型在 y 平移方向上具有刚体模式。这种刚体模式的存在是因为用户在块上规定了一个规定的力，当块不与圆柱接触时，没有任何限制块的运动。

关闭文本编辑器窗口和 ADINA Structures 窗口以及所有其他窗口。

获得求解方案的一种方法是规定块的位移。要确定获得指定的规定力所需位移的确切数量是困难的，所以，我们使用 TLA-S 方法为模型增加了稳定性。

24.5 选择 TLA-S 方法

单击【Analysis Type】分析类型下拉菜单右侧的【Analysis Options】分析选项图标，将【Automatic Time Stepping Scheme】自动时间步进方案设置为【Use TLA with Stabilization (TLA-S)】使用带有稳定的 TLA (TLA-S)，然后单击【OK】确定。

24.6　再次生成ADINA数据文件,运行ADINA结构数据,后处理

单击【Save】保存图标 保存数据库文件。现在单击【Data File/Solution】数据文件/求解方案图标 ,将文件名设置为“prob24”,确保【Run Solution】运行求解方案按钮被选中,然后单击【Save】保存(可以替换现有的“prob24.dat”文件)。

ADINA Structures 使用7个求解方案步骤来求解模型。

单击【ADINA Structures】窗口中的【View Output】查看输出按钮,滚动到文件末尾,然后向后滚动,直到找到带有如下标题的表

```
SOLUTION ACCURACY INDIC A TORS
```

注意:

```
EXTERNAL FORCES = 1.132E+02
DAMPING FORCES = 2.709E-01
INERTIA FORCES = 0.000E+00
CONTACT DAMP. FORCES = 5.007E-03
STIFFNESS STABIL = 2.276E-05
```

这些数字是力标识符号(不是力),有能量单位(力单位乘以位移单位)。

由于阻尼力指示器,接触阻尼力指示器和刚度稳定指示器比外力指示器小得多,所以,可得出这样的结论:稳定不会显著影响求解。

关闭所有打开的对话框,将【Program Module】程序模块下拉列表设置为【Post-Processing】后处理,单击【Open】打开图标 并打开舷窗文件“prob24”,图形窗口如图1.24.3所示。

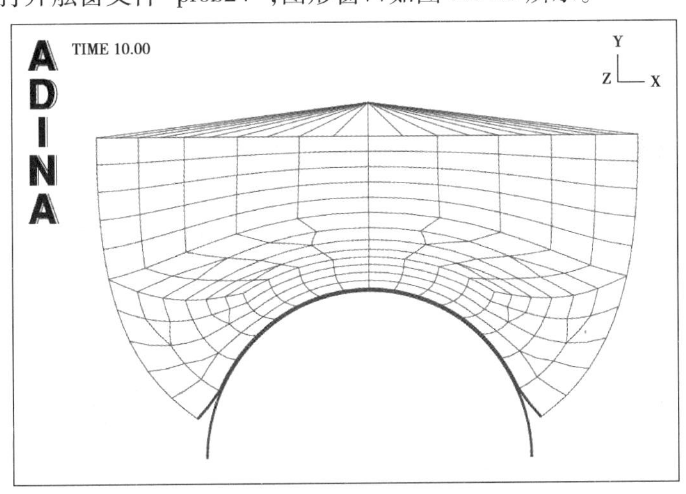

图1.24.3　导入的prob43结果模型

1)接触原引力

虽然【ADINA Structures】在7个求解方案步骤中求解了该模型,但ADINA Structures仅保存最后一个步骤的求解方案。因此,用户无法在不同的负载水平下检查求解方案,创建动画或创建力-变形曲线。

用户可以详细检查给定的规定力的求解方案,在此将演示如何以条带的形式展示接触牵引力。

单击【Create Band Plot】创建条带绘制图标 ,设置【BandPlot】条带绘制变量为(Traction:NODAL_NORMAL_TRACTION)并单击【OK】确定。很难看到牵引力条带,因为粗的接触段线模糊了牵引带。单击【Modify Mesh Plot】修改网格图图标 ,单击【Element Depiction...】元素描述 ... 按钮,单击【Contact, etc】接触等选项卡,将【Contact Surface Line Width】接触表面线宽度设置为“0”,然后单击【OK】确定以关闭这两

个对话框。看到牵引带更容易,但是再增厚一些会更好。单击【Modify Band Plot】修改网格图图标,单击【Band Rendering ...】条带渲染按钮,将【Line Width Value】线宽度值设置为6,然后单击【OK】两次,关闭两个对话框。图形窗口如图1.24.4所示。

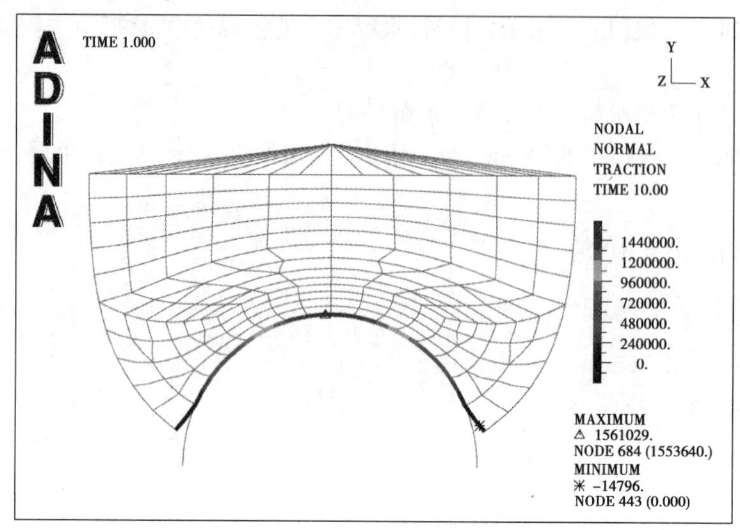

图1.24.4 接触牵引力

2)切向牵引力

由于模型中存在摩擦,也可以绘制切向牵引力。单击【Modify Band Plot】修改条带绘制图标,设置【Band Plot】条带绘制变量为【(Traction:NODAL_TANGENTIAL_TRACTION)】并单击【OK】确定,图形窗口如图1.24.5所示。

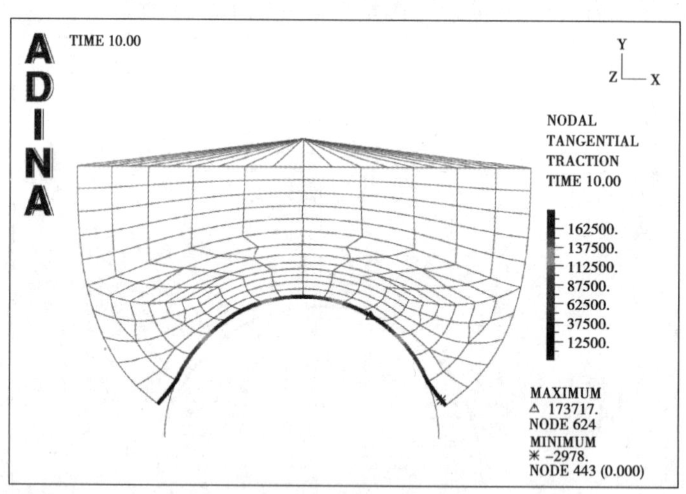

图1.24.5 切向牵引力

24.7 退出AUI

选择主菜单中的【File】文件→【Exit】退出,弹出【AUI】对话框,然后单击【Yes】,其余选【默认】,退出ADINA-AUI。

说明

TLA-S方法使用4个稳定因子:刚度矩阵稳定因子、阻尼因子、惯性因子和接触阻尼因子。由于没有分配给模型的密度,所以模型没有质量,惯性因子没有影响。如果将密度分配给模型,则应关闭刚度矩阵稳定系数。否则在模型不接触的情况下收敛速度会变慢。

问题25　分析带螺栓支架组合

问题描述

1）问题概况

如图1.25.1所示，以分解图形式显示支架组合件。

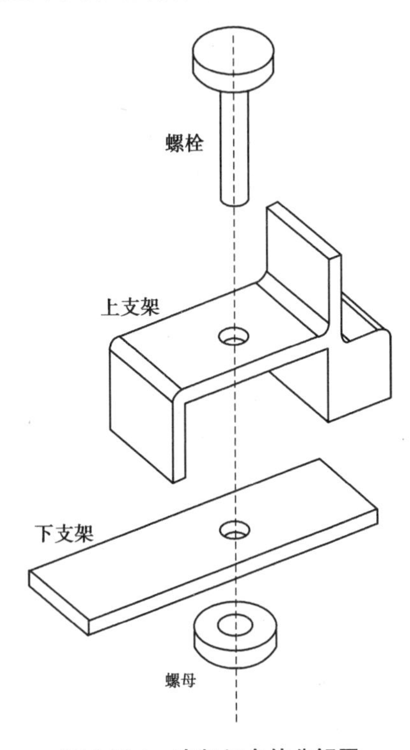

图1.25.1　支架组合件分解图

支架的两部分用螺栓连接在一起。部件用螺栓连接后，螺栓中的张力为2 000 N，其组合件如图1.25.2所示。

如图1.25.3所示，1 MPa的压力负荷施加在上支架顶部。

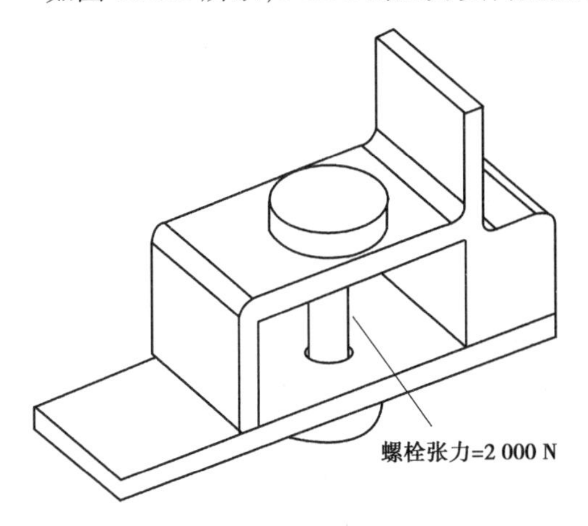

图1.25.2　部件组合件

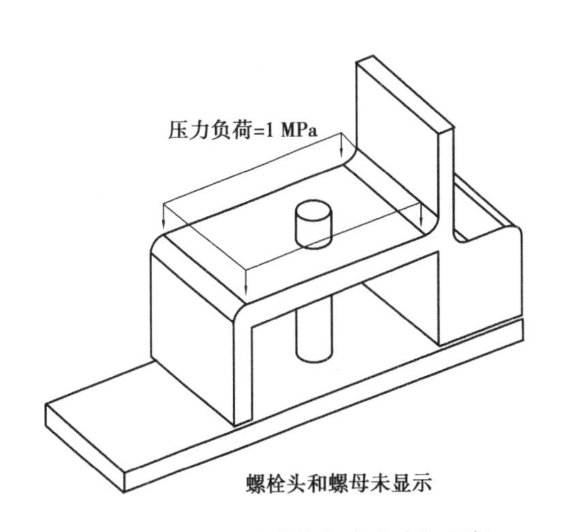

图1.25.3　压力负荷施加在上支架顶部

在本例中,螺栓/螺母组合使用3D螺栓单元组进行建模。允许螺栓单元组和支架单元组接触,并使用接触表面来模拟接触,直接指定螺栓预紧力,并在螺栓加载步骤中应用于模型,如图1.25.4所示。

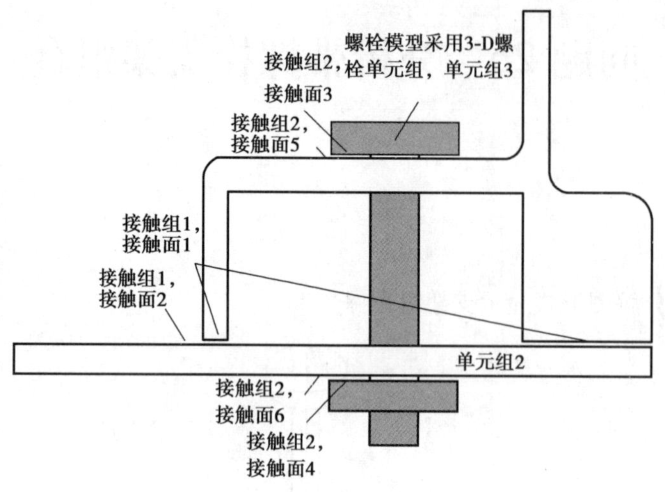

图1.25.4 螺栓/螺母组合建模

2)演示内容

本例将演示以下内容:

①使用3D螺栓单元。

②显示带状图中的接触间隙。

注意:①ADINA系统的900个节点版本不能求解这个问题,因为ADINA系统的900个节点版本不包括ADINA-M/PS。

②本例大部分输入都存储在文件“prob25_1.in”中。在开始分析之前,需要将文件夹“samples\primer”中的文件“prob25_1.in”复制到工作目录或文件夹中。

25.1 启动AUI,并选择有限元程序

启动AUI,并将【Program Module】程序模块下拉列表设置为【ADINA Structures】ADINA结构。

25.2 模型定义

准备一个批处理文件(prob25_1.in),其中包含除螺栓单元定义以外的所有模型定义。

选择【File】文件→【Open Batch】打开批处理,导航到工作目录或文件夹,选择文件“prob25_1.in”,然后单击【Open】打开,图形窗口如图1.25.5所示。

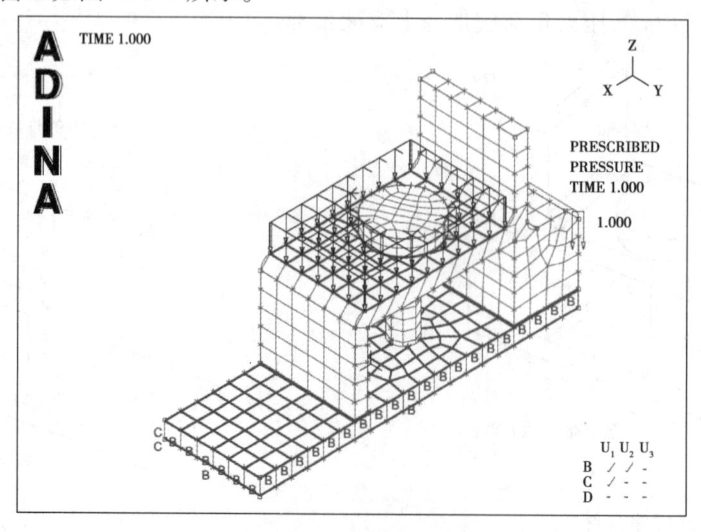

图1.25.5 模型定义

25.3 定义3D螺栓单元组

单元组3是3D螺栓单元组。在模型树中，展开区域条目，右键单击【12.EG3】并选择【Display】显示。图形窗口如图1.25.6所示。

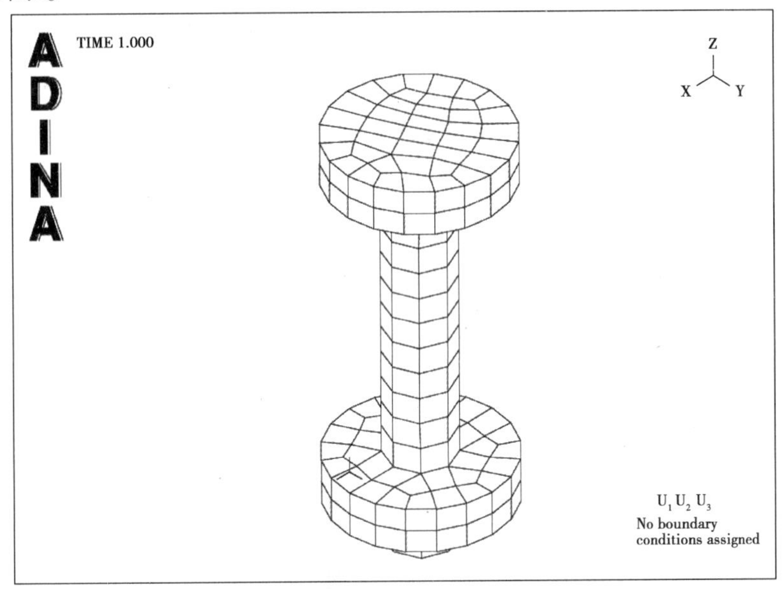

图1.25.6 3D螺栓单元组

从图1.25.6中看出，单元组3包含螺栓和螺母。

1）螺栓单元组

单击【Element Groups】单元组图标，确保【Group Number】组编号为“3”，并将【Element Option】单元选项设置为【Bolt】螺栓。在【Bolt】螺栓框中，将【Bolt#】设置为“1”，将【Load】载荷设置为“1.0”，然后单击【OK】确定。

2）螺栓加载

选择【Model】模型→【Bolt】螺栓→【Bolt Options】螺栓选项，【Bolt Loading Sequence Table】螺栓的加载序列表设置为【Yes】，然后单击【Bolt Table ...】螺栓表...按钮。添加【bolt table 1】螺栓表1，在表的第1行输入（1,1,2000,Yes），然后单击【OK】确定两次，关闭两个对话框。

25.4 生成ADINA数据文件，运行ADINA结构数据，后处理

首先，单击【Save】保存图标并将数据库保存到文件“prob25”。单击【Data File/Solution】数据文件/求解方案图标，将文件名称设置为“prob25”，确保【Run Solution】运行求解方案按钮被选中，然后单击【Save】保存。

在日志窗口中，请注意以下文本：

```
3D bolt group 3, bolt number = 1
Automatic bolt-plane calculation using inertial properties
Volume = 4.70302E+03
Min inertia = 1.63054E+05
Bolt direction = (0.00000E+00, 0.00000E+00, 1.00000E+00)
Bolt plane point = (-1.00000E+01, 1.53553E-15, 1.26637E+01)
Bolt length, cross-sectional area = 4.75000E+01, 4.30037E+01
```

注意：读者的数字可能与这些数字略有不同，因为自由网格划分在不同的平台上产生不同的网格。

这个文本可以用来验证螺栓是否被正确定义。例如，1号螺栓的螺栓方向为(0,0,1)，与螺栓轴线相对应。

关闭所有打开的对话框，将【Program Module】程序模块下拉列表设置为【Post-Processing】后处理(可以放弃所有更改)，单击【Open】打开图标 并打开舷窗文件“prob25”。

1)螺栓预紧

单击【Previous Solution】前一个求解方案图标 以显示螺栓序列步骤的求解方案。由于在此步骤中除了螺栓预紧之外没有负载，所以该求解方案显示螺栓预紧的效果。

单击【Scale Displacements】比例位移图标 并使用鼠标旋转和缩放网格图，直到图形窗口如图1.25.7所示。

螺栓预紧力将支架组合件的两个部分拉到一起，并且支架组合件的两个部分接触。然而，位移被放大，以至于螺栓组中的单元似乎相互移动。单击【Modify Mesh Plot】修改网格图图标 ，单击【Model Depiction】模型描述按钮，将【Magnification Factor】放大系数设置为“50”，然后单击【OK】确定两次以关闭这两个对话框，图形窗口如图1.25.8所示。

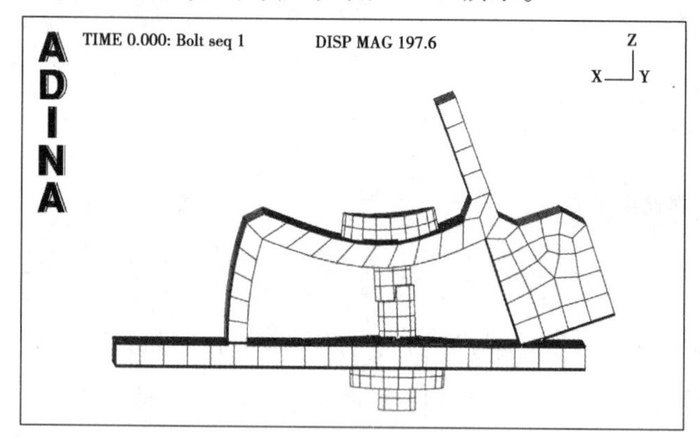

图1.25.7 旋转和缩放网格

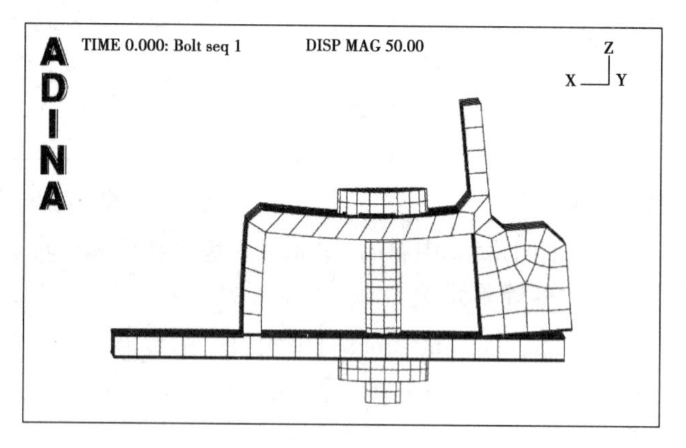

图1.25.8 修改网格

2)施加压力

单击【Next】下一步求解方案图标 和【Load Plot】载荷绘图图标 以显示时间为1.0的求解方案，图形窗口如图1.25.9所示。

由于施加的压力，模型位移增加。

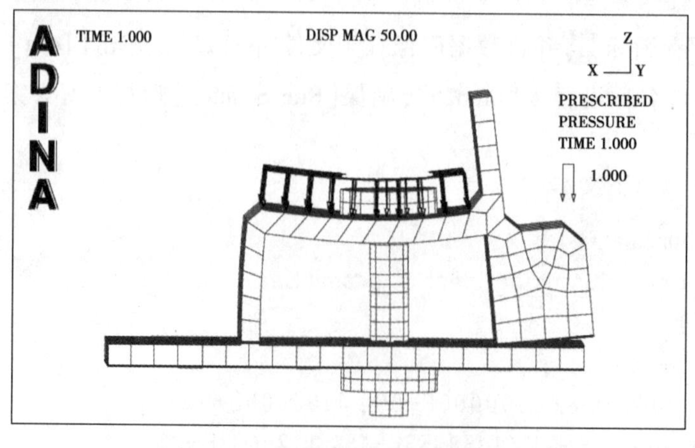

图1.25.9 显示时间为1.0的求解方案

3）螺栓结果

选择【List】列表→【Value List】值列表→【Zone】区域，将【Variable 1】变量1设置为【Force：BOLT-FORCE】（力：BOLT-FORCE），将【Variable 2】变量2设置为【Displacement：BOLT-DISPLACEMENT】（位移：螺栓位移），然后单击【Apply】应用。【Bolt Sequence 1】螺栓序列1的结果是2.00000E+03（N），4.59793E-02（mm），“Time1.00000”的结果是1.35826E+03，4.59793E-02。可以看到指定的预紧力应用于【Bolt Sequence 1】螺栓序列1的螺栓上，螺栓长度缩短了4.59793E-2 mm，以实现螺栓预紧。对于“时间1.00000”，施加的压力载荷减小了螺栓张力，并且螺栓缩短不变。（由于自由网格，用户的结果可能会与显示的结果稍有不同）

4）单元组3中的应力

单击【Clear】清除图标，然后在模型树中展开区域条目，右键单击【13. EG3】并选择【Display】显示。单击【Quick Vector Plot】快速向量图图标时，图形窗口如图1.25.10。

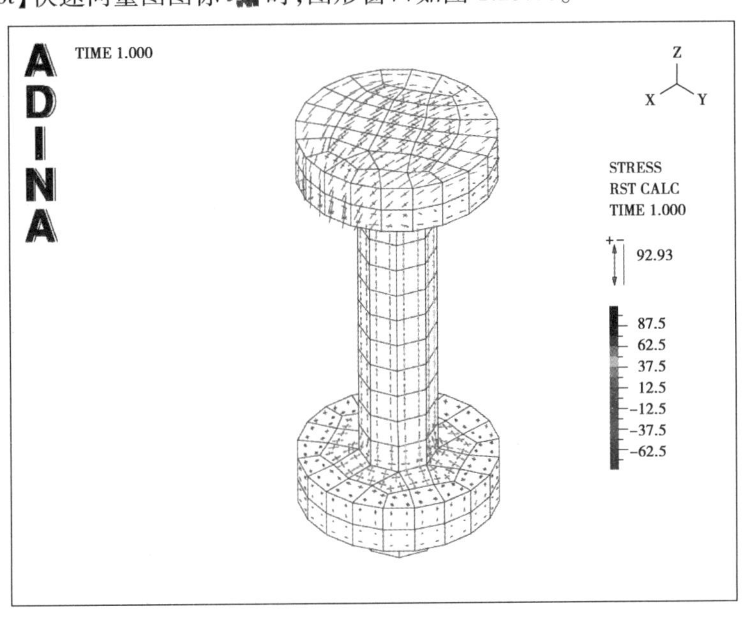

图1.25.10　单元组3中应力

5）从应力计算螺栓中的轴向力

单击【Cut Surface】剖切面图标，将【Type】类型设置为【Cutting Plane】切割平面，将【Defined by】定义方式设置为【Z-Plane】z平面，将【Coordinate Value】坐标值设置为“12”，然后单击【OK】确定。切割表面对应于螺栓横截面。选择【Definitions】定义→【Model Point (Special)】模型点（特殊）→【Mesh Integration】网格积分，添加点【BOLT】，确保【Integration Type】积分类型是【Integral】积分，然后单击【OK】确定。选择【List】列表→【Value List】数值列表→【Model Point】模型点，确保【Model Point Name】模型点名称为【BOLT】，将【Variable 1】变量1设置为【（Stress：STRESS-ZZ）】（应力：STRESS-ZZ），然后单击【Apply】应用。【STRESS-ZZ】的值首先是1.99965E+03（N/mm^2），然后变成“1.35795E+03”。由于模型点【BOLT】代表列出的变量的积分，这些值对应于轴向力，非常接近前面获得的螺栓力。

25.5　显示接触间隙的条带图

现在来看看上下托架之间的接触。单击【Clear】清除图标，然后在模型树中展开区域条目，右键单击【11. EG1】并选择【Display】显示。然后单击【Create Band Plot】创建条带绘图图标，将【Band Plot Variable】条带绘图变量设置为【（Contact：NODAL_CONTACT_GAP）】并单击【OK】确定。使用鼠标旋转网格图，直到图形窗口如图1.25.11所示。

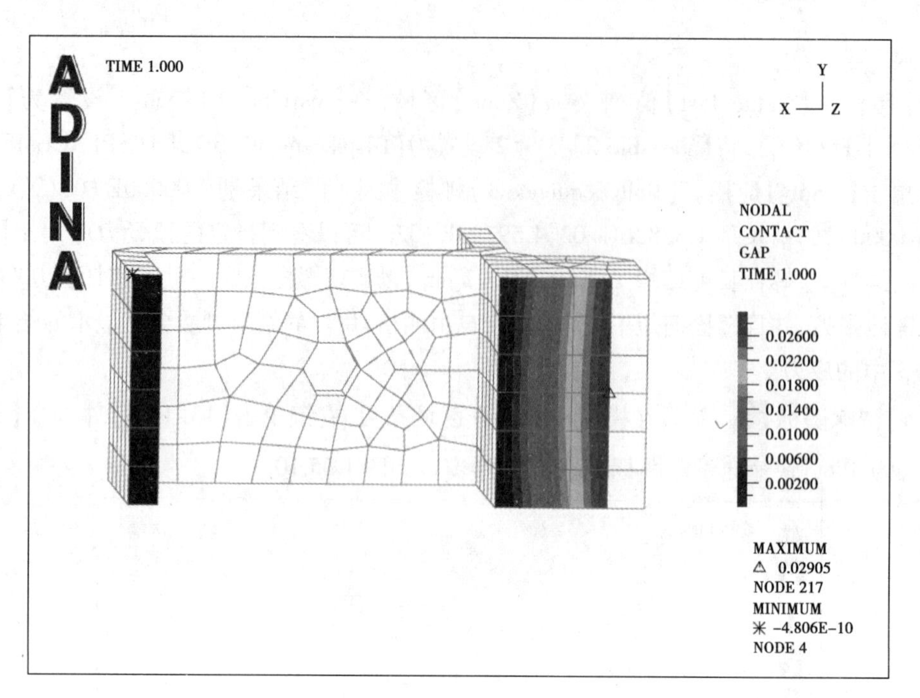

图 1.25.11　显示接触间隙的条带图

25.6　退出 AUI

选择主菜单中的【File】文件→【Exit】退出，弹出【AUI】对话框，然后单击【Yes】，其余选【默认】，退出ADINA-AUI。

问题 26　由施加的力矩引起的板的大位移弯曲

问题描述

1) 问题概况

如图 1.26.1 所示,最初的平板是通过施加力矩弯曲的。

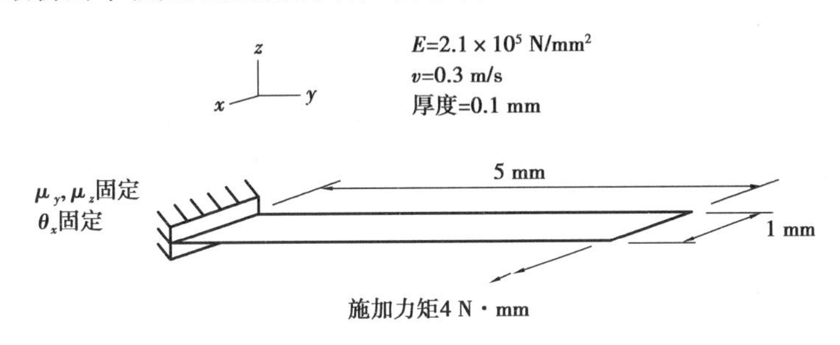

图 1.26.1　问题 26 中的计算模型

本例中的弯矩足够大,需要大的位移分析。

2) 演示内容

本例将演示以下内容:

①指定壳节点的钻孔刚度。

②使用梁单元来控制壳体节点的钻孔刚度。

注意:本例输入大部分存储在文件“prob26_1.in”和“prob26_2.in”中。在开始分析之前,用户需要将文件夹“samples\primer”中的文件“prob26_1.in”和“prob26_2.in”复制到工作目录或文件夹中。

26.1　启动 AUI,并选择有限元程序

启动 AUI,并将程序模块下拉列表设置为 ADINA 结构。

26.2　模型定义

准备一个包含所有模型定义的批处理文件(prob26_1.in)。壳单元被用来模拟板。力矩是在 20 个时间步骤施加。

选择【File】文件→【Open Batch】打开批处理,导航到工作目录或文件夹,选择文件“prob26_1.in”,然后单击【Open】打开,图形窗口如图 1.26.2 所示。

注意:y 位移、z 位移和 x 旋转固定在夹紧的一端。另外,x 位移被固定在夹紧端的一个点上,以去除 x 方向上的刚体平移。

26.3　生成 ADINA 数据文件,运行 ADINA 结构数据,加载舷窗文件

单击【Save】保存图标 并将数据库保存到文件“prob26”。单击【Data File/Solution】数据文件/求解方案图标 ,将文件名设置为“prob26”,确保运行求解方案按钮被选中,然后单击【Save】保存。

该模型在第 7 个时间步骤中不会收敛。

关闭所有打开的对话框,将【Program Module】程序模块下拉列表设置为【Post-Processing】后处理(用户可以放弃所有更改),单击【Open】打开图标 并打开舷窗文件“prob26”,图形窗口如图 1.26.3 所示。

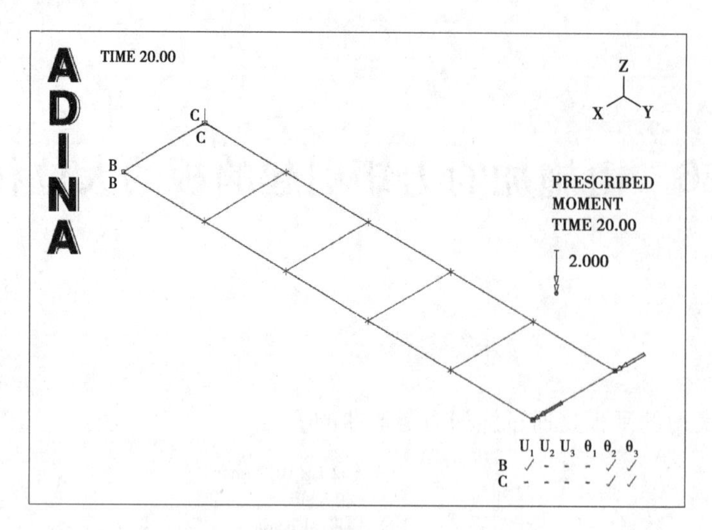

图 1.26.2　导入的 prob26_1.in 模型

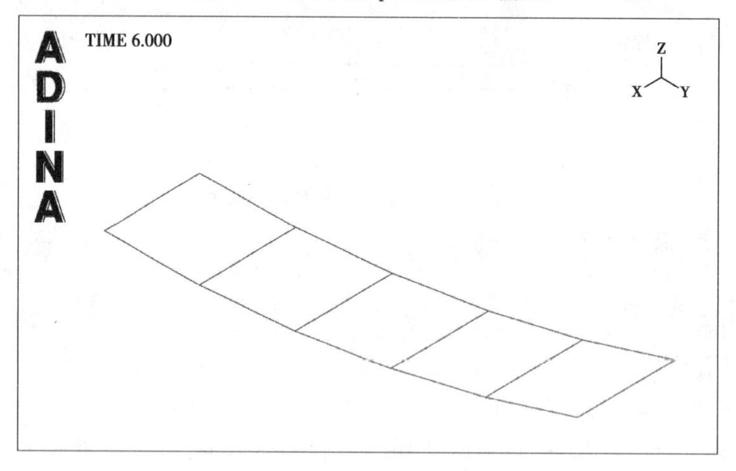

图 1.26.3　导入的 prob26.in 模型

26.4　检查 ADINA 结构输出文件

如果用户没有关闭 ADINA 结构窗口，单击【View Output】查看输出按钮；如果用户已经关闭了 ADINA 结构窗口，那么使用文本编辑器(如 vi 或记事本)来打开文件“prob26.out”。

在输出文件中，查找文本

```
STEP NUMBER = 7
```

审查【NORM OF INCREMENTAL ROTN】增量 ROTN 的范数栏。步骤 7 的均衡迭代列，见表 1.26.1。

表 1.26.1　增量 ROTN 的范数

Iteration	NORM OF INCREMENTAL ROTN	NODE-DOF	MAX VALUE
0	4.26E-01	1-Z	2.03E-01
1	3.01E-01	12-Z	1.83E-01
2	2.99E-01	11-Z	-1.77E-01
3	2.88E-01	11-Z	-1.74E-01

从表 1.26.1 中可以看出，迭代 0 模型中所有增量旋转的范数(平方和的平方根)为“4.26E-01”，迭代 0 中的最大增量旋转为 2.03E-01 节点 1。因为旋转以弧度测量，所以节点 1、11 和 12 处的增量旋转看起来非常大。

显然,夹紧端的节点和施加力矩的节点被赋予6个自由度。在所有具有6个自由度的节点上,模型中没有任何东西可以提供钻孔自由度的刚度(钻孔自由度是壳法线方向上的旋转)。所以需要为这些自由度提供刚度。

在本例模型中,AUI为夹紧端上的节点分配6个自由度,因为在夹紧端上有自由旋转(y和z旋转)和固定旋转(x旋转)。由于施加的时刻,AUI为具有施加时刻的节点赋予6个自由度。

26.5 预处理

26.5.1 夹紧节点

1)启动预处理器

将【Program Module】程序模块下拉列表设置为【ADINA Structures】ADINA结构(用户可以放弃所有更改)。从【File】文件菜单底部附近的最近文件列表中选择"prob26.idb"。

单击【Apply Fixity】应用固定图标,注意固定点P1和P2应用于几何点1和2。单击【Define...】定义...按钮,将【Fixity Name】固定名称设置为【P1】,勾选【Z-Rotation】z-旋转按钮,将【Fixity Name】固定名称设置为【P2】,【Z-Rotation】z-旋转按钮并单击【OK】确定两次以关闭这两个对话框。

单击【Redraw】重绘图标时,图形窗口如图1.26.4所示。

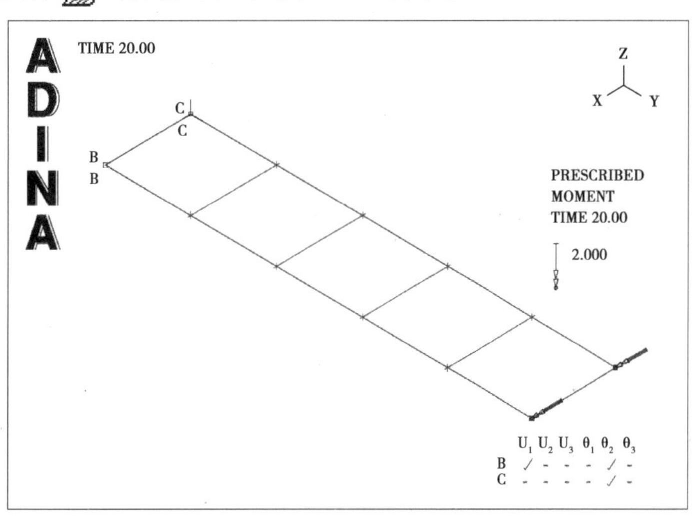

图1.26.4 固定节点

注意:在夹紧端的节点处Z轴旋转固定。

2)生成ADINA数据文件,运行ADINA结构数据,检查输出文件

首先,单击【Save】保存图标。单击【Data File/Solution】数据文件/求解方案图标,将文件名设置为"prob26",确保【Run Solution】运行求解方案按钮被选中,然后单击【Save】保存。可以替换现有的"prob26.dat"文件。

再次,这个模型在第7个时间步骤中不会收敛。再次查看【ADINA Structures】输出文件。

最后,单击【ADINA Structures】窗口中的【View Output】查看输出按钮,查找文本

```
STEP NUMBER = 7
```

并审查【NORM OF INCREMENTAL ROTN】增量ROTN的范数栏,这些值应与表1.26.2中显示的值近似。

表 1.26.2　增量 ROTN 的范数

Iteration	NORM OF INCR EMENTAL ROTN	NODE-DOF	MAX VALUE
0	3.11E-01	11-Z	1.92E-01
1	2.81E-01	11-Z	-1.77E-01
2	3.09E-01	12-Z	2.08E-01
3	6.01E-01	12-Z	-3.85E-01

节点 11 和 12 似乎具有较大的增量旋转。

在节点 11 和 12 处,不能固定 z 旋转,因为随着模型变形,钻孔刚度方向将会改变,钻孔刚度方向将不再与 z 方向重合。

26.5.2　钻孔刚度

1)返回到预处理器

关闭所有打开的窗口和对话框。

默认情况下,ADINA 结构为没有钻孔刚度的节点分配少量钻孔刚度,而增加钻孔刚度的量。然后,选择【Control】控制→【Miscellaneous Options】其他选项,然后在【Shell Options】壳体选项框中将【Stiffness Factor】刚度系数设置为"0.001",最后单击【OK】确定。

2)生成 ADINA 数据文件,运行 ADINA 结构数据,检查输出文件

单击【Save】保存图标 。单击【Data File/Solution】数据文件/求解方案图标 ,将文件名设置为"prob26",确保【Run Solution】运行求解方案按钮被选中,然后单击【Save】保存。可以替换现有的"prob26.dat"文件。

本次【ADINA Structures】运行 20 个步骤。关闭所有打开的对话框,将【Program Module】程序模块下拉列表设置为【Post-Processing】后处理(用户可以放弃所有更改),单击【Open】打开图标 并打开舷窗文件"prob26",图形窗口如图 1.26.5 所示。

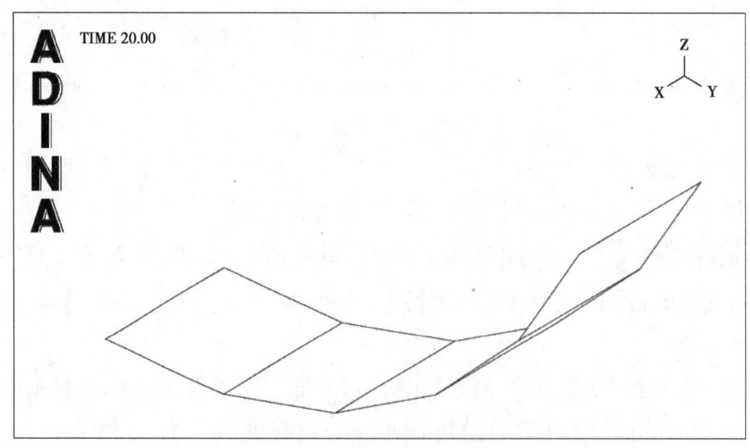

图 1.26.5　后处理文件 prob26

3)后处理

旋转和力矩反作用力

选择【List】列表→【Value List】值列表→【Zone】区域,将【Variable1】变量 1 设置为【Displacement:X-ROTATION】(位移:X-ROTATION),【Variable 2】变量 2 设置为【Reaction:X-MOMENT_REACTION】(反应:X-MOMENT_REACTION),然后单击【Apply】应用。向下滚动在节点 1 以显示在时间 20 的 x 力矩反应的结

果是“-1.997 60”和在节点 2 中的 x 的时刻反应是“-1.997 61”。在节点 11 和 12 的 x 旋转是 1.190 38(弧度)。单击【OK】确定关闭对话框。

反作用力矩反应几乎平衡了 4.0 时刻的施加力矩。比较分析求解方案如下：

$$\theta = \frac{ML}{EI} = 1.14(\text{radians})$$

26.5.3　软梁单元

1)启动预处理器

将【Program Module】程序模块下拉列表设置为【ADINA Structures】ADINA 结构(用户可以放弃所有更改)。从【File】文件菜单底部附近的最近文件列表中选择“prob26.idb”。

准备一个批处理文件(prob26_2.in),其中包含梁单元定义选择【File】文件→【Open Batch】打开批处理,导航到工作目录或文件夹,选择该文件“prob26_2.in”,然后单击【Open】打开。用户看不到梁单元,因为它位于壳单元线之一。单击【No Mesh Lines】无网格线图标 仅显示梁单元。单击【Modify Mesh Plot】修改网格绘图图标 ,单击【Element Depiction ...】单元描述 ... 按钮,单击【Display Local System Triad】显示本地系统三元组按钮并单击【OK】确定两次以关闭这两个对话框,图形窗口如图 1.26.6 所示。

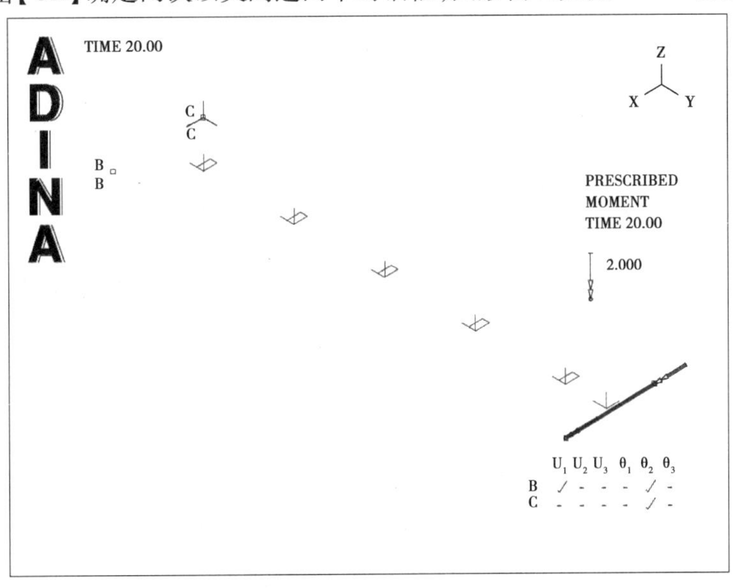

图 1.26.6　显示本地系统三元组

梁单元三元组表明梁单元的方向位于壳体的平面内,而梁单元的 t 方向垂直于壳体的平面。

单击【Cross Sections】横截面图标 。

注意:唯一的非零面积惯性矩是 tt 惯性矩,横截面积非常小。所以梁仅对与壳体平面垂直的旋转方向具有弯曲刚度(换句话说,对于壳体法线方向的旋转),并且梁没有轴向刚度。

因为光束现在在钻孔刚度方向提供刚度,所以,不需要任何壳钻孔刚度。选择【Control】控制 →【Miscellaneous Options】其他选项,取消选中【Assign Stiffness to Nodes with Zero Stiffness】使用零刚度分配节点的刚度按钮,然后单击【OK】确定。

2)生成 ADINA 数据文件,运行 ADINA 结构数据,后处理

单击【Save】保存图标 。单击【Data File/Solution】数据文件/求解方案图标 ,将文件名设置为“prob26”,确保【Run Solution】运行求解方案按钮被选中,然后单击【Save】保存,用户可以替换现有的“prob26.dat”文件。

ADINA Structures 再次运行 20 个步骤。关闭所有打开的对话框,将【Program Module】程序模块下拉列表设置为【Post-Processing】后处理(用户可以放弃所有更改),单击【Open】打开图标 并打开舷窗文件"prob45"。选择【List】列表→【ValueList】数值列表→【Zone】区域,将【Variable1】变量1设置为【Displacement:X-ROTATION】(位移:X-ROTATION),【Variable 2】变量2设置为【Reaction:X-MOMENT_REACTION】(反应:X-MOMENT_REACTION),然后单击【Apply】应用。向下滚动在时间20处的节点1和2所述的X力矩反作用来显示结果是-1.999 99,并且在节点11中的X轴旋转和12是1.165 31(弧度),单击【OK】确定关闭对话框。

26.6 退出AUI

选择主菜单中的【File】文件→【Exit】退出,弹出【AUI】对话框,然后单击【Yes】,其余选【默认】,退出ADINA-AUI。

说明

①如果用户在运行原始模型之前关闭了钻削刚度特征,则求解方案将立即停止,并显示"零点基准"消息。

②由于y的旋转方向位于壳体的平面内,所以可以保持被夹紧的节点的y旋转自由,因此具有刚度。

③在比较分析求解方案中,不使用板常数$D=Et^3/12(1-v^2)$,因为y旋转是自由的,板可以进行抗弯曲。盘子就好比是梁。

④钻孔刚度特征稍微影响解,因为少量施加的力矩作用于钻孔刚度的方向(这是因为反弹性效应弯曲了壳体法向,使得法向在x方向上具有分量)。由于使用接地的旋转弹簧元件来实现钻孔刚度,所以钻孔刚度弹簧采用少量施加的力矩。

另一方面,当使用梁单元时,所有施加的力矩都进入有限元模型,因此被夹紧的节点处的反作用力与施加的力矩平衡。

问题 27　橡胶材料模型的数值实验

问题描述

1) 问题概况

图 1.27.1 是问题 27 中的材料模型，其特征是：①在对应实验的分析中再现实验数据的能力；②材料模型稳定（正增量刚度）。

为了计算方便，选择片材的初始尺寸。通过这种初始尺寸的选择，规定的位移可以被直接解释为规定的工程应变，并且规定的力可以被直接解释为规定的工程应力。

应力-应变曲线如图 1.27.2 所示。

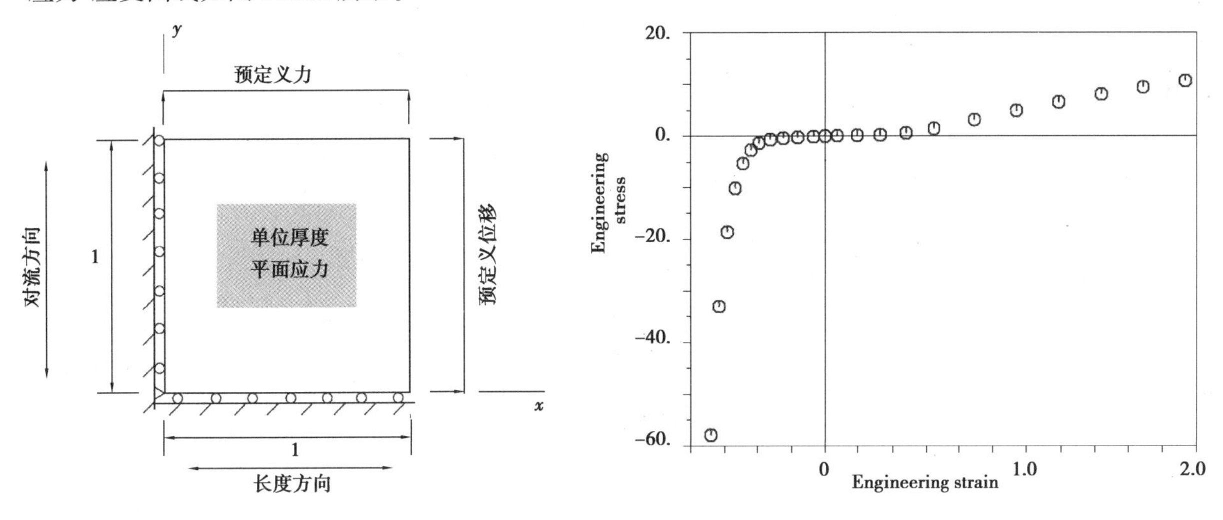

图 1.27.1　问题 27 中的材料模型　　图 1.27.2　应力-应变曲线

文件“prob27_mat.txt”中包含了材料描述的工程应力-工程应变数据点。

现使用 3 种橡胶模型来描述这些材料数据：Mooney-Rivlin，Ogden 和 Sussman-Bathe。

在本数值实验中，将使片材经受单轴压缩和拉伸，首先没有任何横向力，然后是横向力。单轴压缩/拉伸分析将显示数值模型再现实验数据的效果，而横向力分析将证明双轴拉伸数值模型的稳定性。

2) 演示内容

本例将演示以下内容：

①更改曲线拟合参数。

②使用 Sussman-Bathe 材料模型。

注意：本例大部分输入存储在文件“prob27_1.in”“prob27_mat.txt”“prob27_1.plo”“prob27_2.plo”和“prob27_3.plo”中。用户需要将这些文件从“samples\primer”文件夹复制到工作目录或文件夹，然后再开始分析。

27.1　启用 AUI，并选择有限元程序

启用 AUI，并将【Program Module】程序模块下拉列表设置为【ADINA Structures】ADINA 结构。

27.2 模型定义

准备一个批处理文件(prob27_1.in),其中包含除材质定义之外的所有模型定义。

模型的加载如下:

从时间 0 到时间 40,x 位移被规定并且没有 y 规定的力(单轴拉伸/压缩条件)。从时间 0 到时间 7 中,x 位移从 0 升高至-0.7(压缩);从时刻 7 至时刻 14,x 置换是从斜-0.70;从时间 14 到时间 36,x 位移从 0 上升到 2.2;从时间 36 到时间 40,x 位移从 2.2 增加到 1.8。工程应变等于规定的位移。

从时间 40 到 50,x 位移保持恒定在 1.8,y 指定的力从 0 增加到 100。

注意:使用约束方程使得在节点 1 处施加 x 规定的位移,并且在节点 1 处也施加 y 规定的力。

选择【File】文件→【Open Batch】打开批处理,导航到工作目录或文件夹,选择文件"prob27_1.in",然后单击【Open】打开,图形窗口如图 1.27.3 所示。

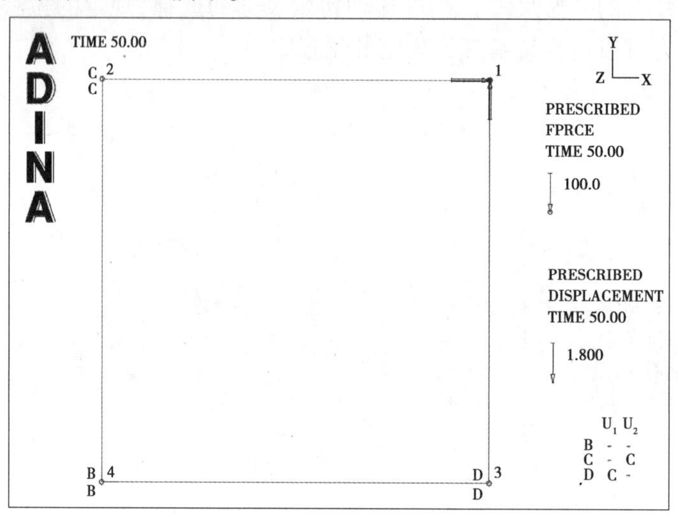

图 1.27.3 导入的 prob27_1.in 模型

27.3 材料定义-Mooney-Rivlin 模型

单击【Manage Materials】管理材料图标 M ,单击【Mooney-Rivlin】按钮并添加【material 1】材料 1。单击【Fitting Curve】拟合曲线字段右侧的【...】按钮,添加拟合曲线 1,然后单击【Simple Tension Curve】简单拉伸曲线字段右侧的【...】按钮,然后单击【Curvenumber 1】添加曲线编号 1。单击导入【...】按钮,选择文件"prob27_mat.txt",然后单击【OK】确定。在【Define Fitting Curve】定义拟合曲线对话框中,将【Simple Tension Curve】简单张力曲线设置为"1",然后单击【OK】确定。在【Define Mooney-Rivlin Material】定义 Mooney-Rivlin 材质对话框中,将【Fitting Curve】拟合曲线设置为"1",然后单击【Save】保存。单击【Graph】图按钮,图形窗口如图 1.27.4 所示。

曲线拟合与数据非常匹配,关闭新的图形窗口。

注意:广义的 Mooney-Rivlin 常数 C1 到 C9 都是正数,也许可以通过改变曲线拟合参数来获得更接近的拟合。

单击【Fitting Curve】拟合曲线字段右侧的【...】按钮,将【Least Squares Solution Method】最小二乘解方法设置为【Gaussian Elimination】高斯消除,然后单击【OK】确定。在【Define Mooney-Rivlin Material】定义 Mooney-Rivlin 材料对话框中,清除【BulkModulus】大块模量字段,然后单击【Save】保存。单击【Graph】图按钮,图形窗口如图 1.27.5 所示。

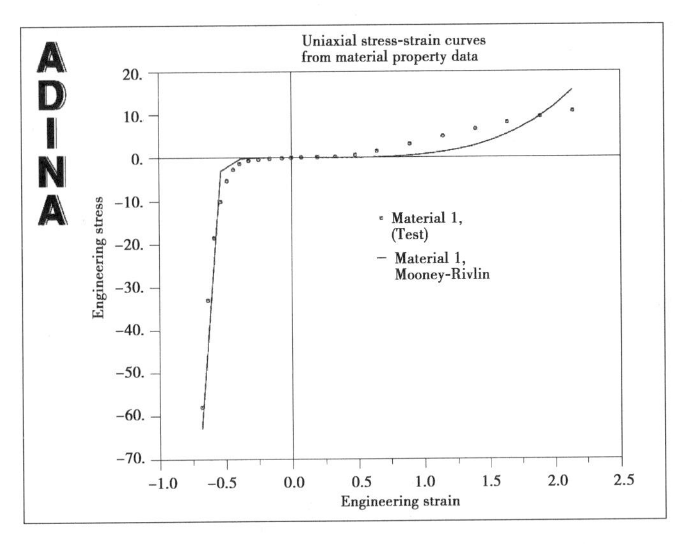

图 1.27.4 材料性能拟合曲线

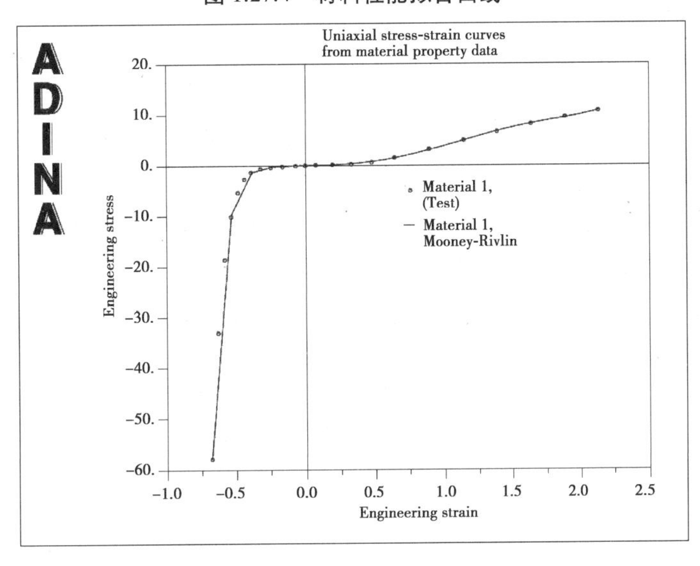

图 1.27.5 Mooney-Rivlin 材料性能曲线

一些广义的 Mooney-Rivlin 常数是负的，但曲线拟合好得多。单击【OK】确定，关闭【Define Mooney-Rivlin Material】定义 Mooney-Rivlin 材质对话框，然后单击【Close】，关闭【Manage Material Descriptions】管理材料描述对话框。

1)**生成 ADINA 数据文件，运行 ADINA 结构数据，加载舷窗文件**

单击【Save】保存图标 并将数据库保存到文件“prob27”。单击【Data File/Solution】数据文件/求解方案图标 ，将文件名设置为“prob27”，确保【Run Solution】运行求解方案按钮被选中，然后单击【Save】保存。ADINA 结构完成后，关闭所有打开的对话框。然后将【Program Module】程序模块下拉列表设置为【Post-Processing】后处理，单击【Open】打开图标 并打开舷窗文件“prob27”。

2)**检查求解方案**

(1)单轴应力-应变曲线

选择【File】文件→【Open Batch】打开批处理，导航到工作目录或文件夹，选择文件“prob27_1.plo”并单击【Open】打开，图形窗口如图 1.27.6 所示。

ADINA Structures 求解方案与实验数据紧密匹配。用户施加横向张力时，绿色垂直线显示求解方案。

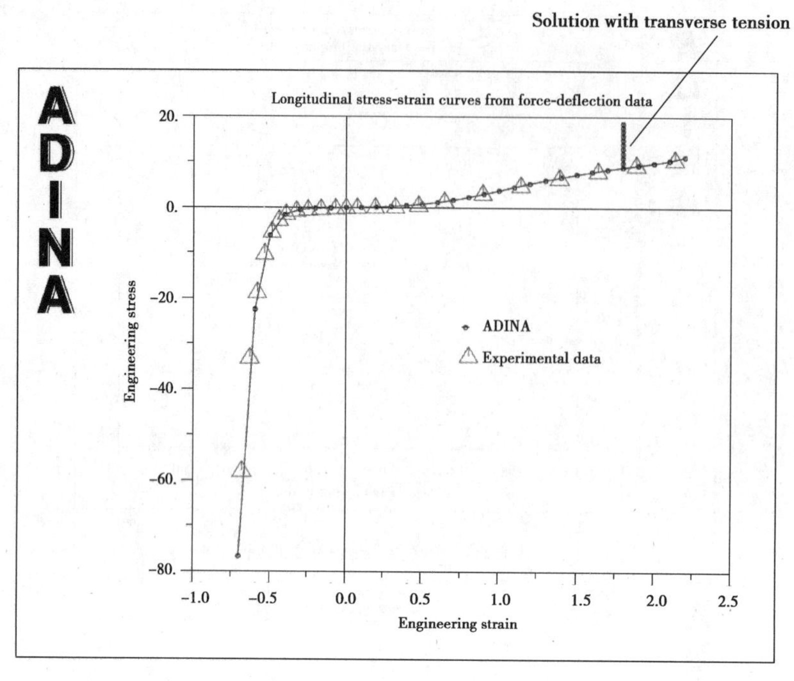

图 1.27.6 单轴应力-应变曲线

(2)横向应力-应变曲线

选择【File】文件→【Open Batch】打开批处理,导航到工作目录或文件夹,选择文件“prob47_2.plo”并单击【Open】打开,图形窗口如图1.27.7 所示。

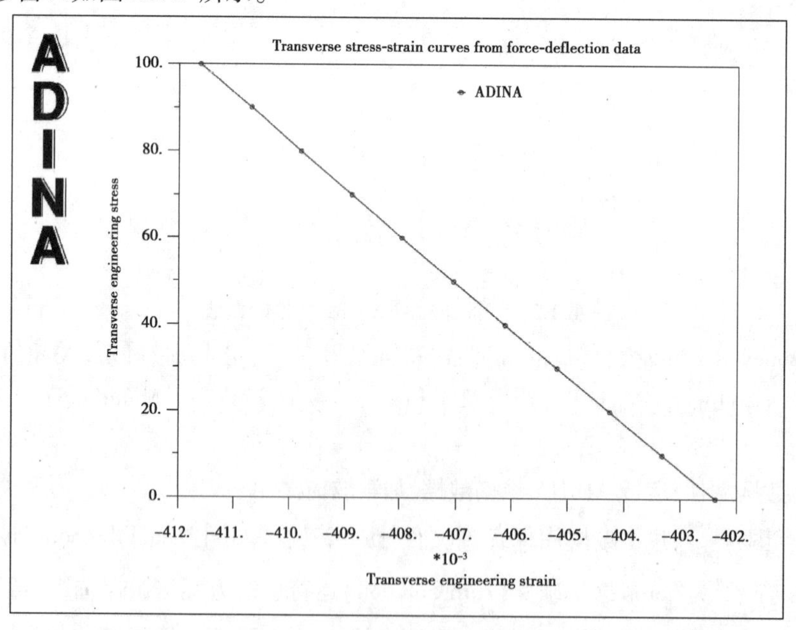

图 1.27.7 横向应力-应变曲线

该曲线表明,当横向应力增加时,横向(y)应变减小,换句话说,横向增量刚度为负。现在看看是否能够显示网格这种效果。单击【Clear】清除图标,单击【Mesh Plot】网格绘图图标,然后单击【Load Plot】载荷绘图图标,图形窗口如图 1.27.8 所示。

此图显示最后一次求解时的网格,当横向应力为“100”。单击【Fast Rewind】快速回访图标,在求解时间为 40 时显示网格,当没有横向应力时,单击【Last Solution】最后求解方案图标以显示网格最后的解决时间。

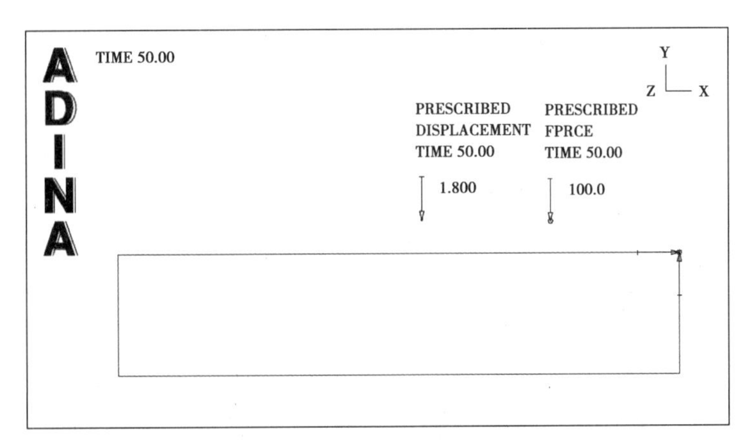

图 1.27.8　载荷

注意：单击【Last Solution】最后求解方案图标▶|时，网格会沿横向（垂直）方向收缩。

27.3.1　更改材料定义-Ogden 模型

1）奥格登材料模型

将【Program Module】程序模块下拉列表设置为【ADINA Structures】ADINA 结构（用户可以放弃所有更改）并打开数据库文件“prob27.idb”。

单击【Manage Materials】管理材料图标 M，在表格中单击第一行，单击【Delete】删除按钮，然后单击【Yes】是删除【material 1】材料 1。现在单击【Ogden】按钮，添加【material 1】材料 1。单击【Fitting Curve】拟合曲线字段右边的【…】按钮，设置【Least Squares Solution Method】最小二乘法求解设置为【Singular Value Decomposition】奇异值分解并单击【OK】确定。在【Define Ogden Material】定义 Ogden 材质对话框中，将【Fitting Curve】拟合曲线设置为“1”，然后单击【Save】保存。单击【Graph】图按钮，图形窗口如图 1.27.9 所示。

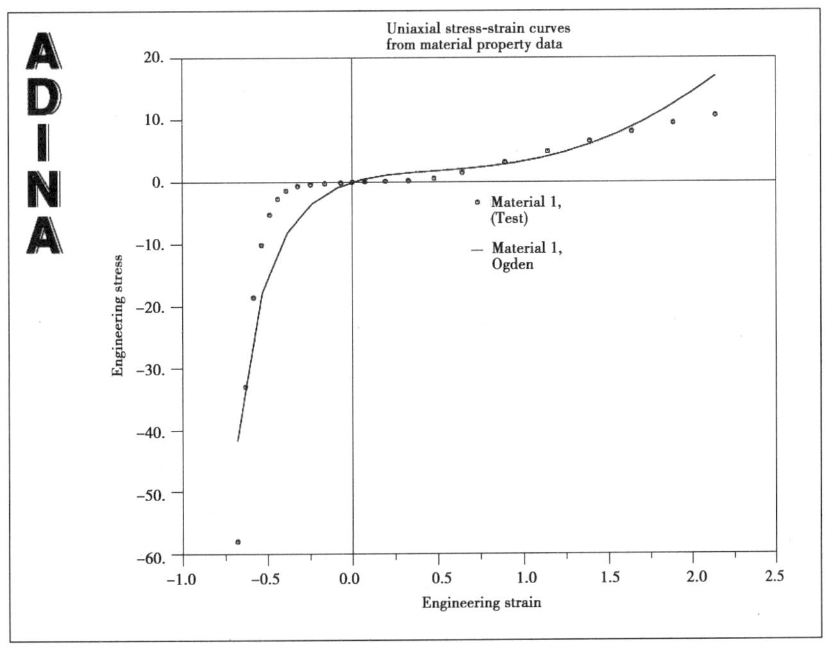

图 1.27.9　拟合的材料性能曲线

2）曲线拟合与数据匹配

单击【Fitting Curve】拟合曲线字段右侧的【…】按钮，将【Approximation Order】近似阶数设置为“9”，然后单击【OK】确定。在【Define Ogden Material】定义奥格登材料对话框中，清除【Bulk Modulus】大块模量字段，然后单击【Save】保存。单击【Graph】图形按钮,图形窗口如图 1.27.10 所示。

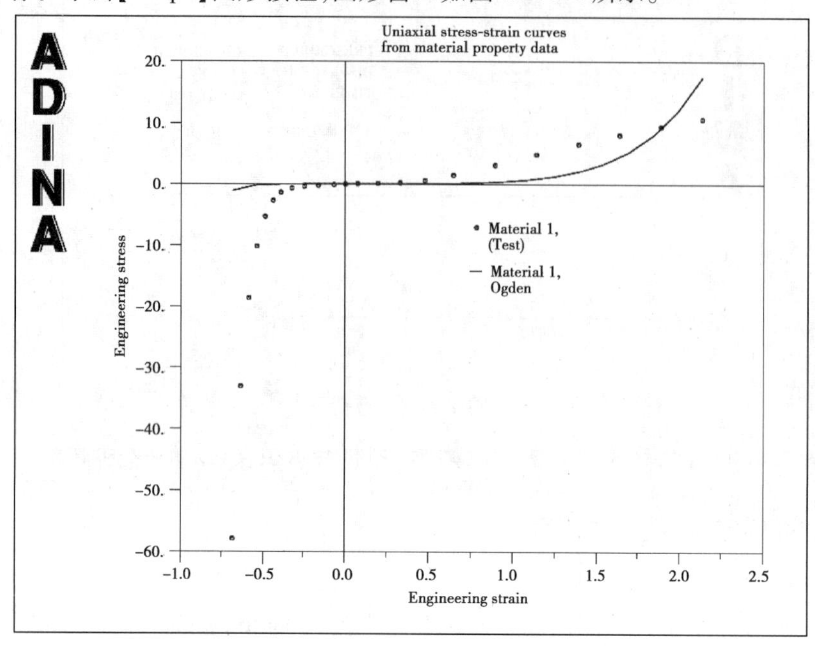

图 1.27.10　阶数设置为 9 拟合的材料性能曲线

这种拟合情况不太好,可以通过使用不同的 Alpha 常量来提高拟合度。按照表 1.27.1 设置【Alpha constants】Alpha 常量,清除【Bulk Modulus】大块模量字段,然后单击【Save】保存。

表 1.27.1　Alpha 常量定义参数

Term	Alpha
1	0.5
2	-1.0
3	1.0
4	-2.0
5	2.0
6	-3.0
7	3.0
8	-4.0
9	4.0

单击【Graph】图形按钮,图形窗口如图 1.27.11。

这个拟合很好。显然,在这种情况下需要一些负的阿尔法(默认阿尔法是 1,2,3,…,9)。

注意:mu i 和 alpha i 的乘积在这个拟合中并不总是正的,例如 mu 2 和 alpha 2 的乘积。当 mu i 和 alpha i 的乘积对于每个项是正的,那么材料是最有可能的稳定的,但这是一个“充分”条件,而不是“必要”条件。对于这个拟合,请注意,mu 8 和 alpha 8 的乘积是正数,而 mu 9 和 alpha 9 的乘积是正数。由于 alpha 8 和 alpha 9 是具有最大绝对值的 α,所以当应变很大时,材料将由这些项支配。

单击【OK】确定,关闭【Define Ogden Material】定义奥格登材料对话框,再单击【Close】,关闭【Manage Material Descriptions】管理材料描述对话框。

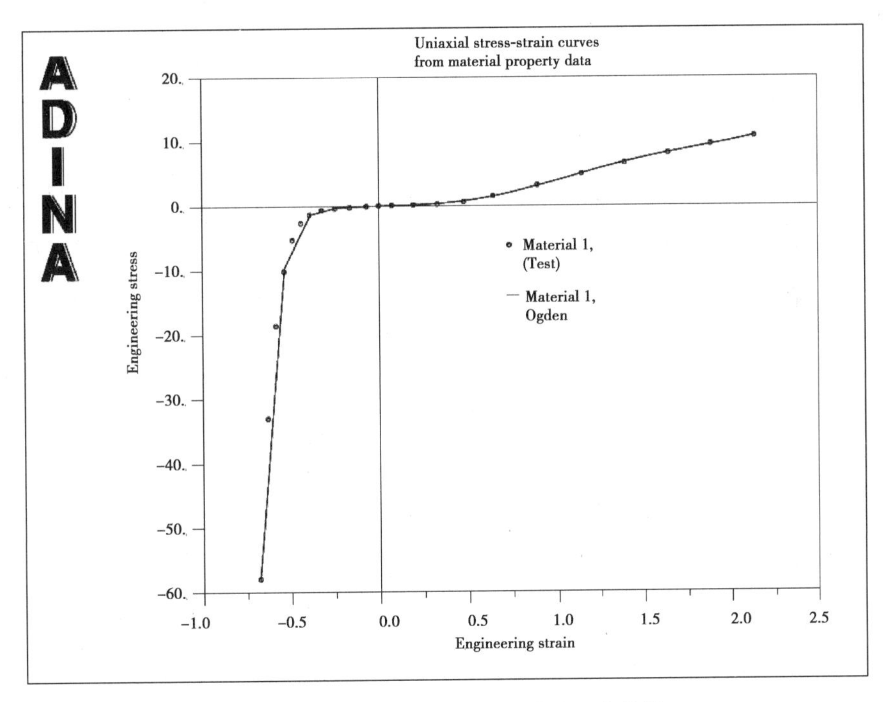

图 1.27.11 定义 α 后的材料性能拟合曲线

3)**检查求解方案**

保存数据库,运行 ADINA 结构数据,并如上所述打开舷窗文件。

(1)单轴应力-应变曲线

选择【File】文件→【Open Batch】打开批处理,导航到工作目录或文件夹,选择文件"prob27_1.plo"并单击【Open】打开,图形窗口如图 1.27.12 所示。

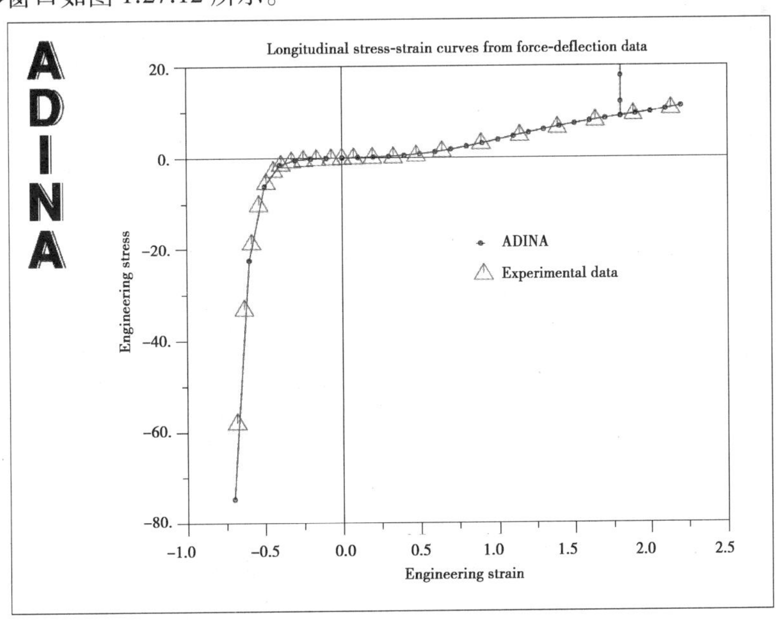

图 1.27.12 导入的 prob27_1.plo

ADINA Structures 求解方案与实验数据紧密匹配。

(2)横向应力-应变曲线

选择【File】文件→【Open Batch】打开批处理,导航到工作目录或文件夹,选择文件"prob27_2.plo"并单击【Open】打开,图形窗口如图 1.27.13 所示。

该曲线表明横向(y)应变在横向应力增加时增加,所以这种材料描述在横向应力方面是稳定的。

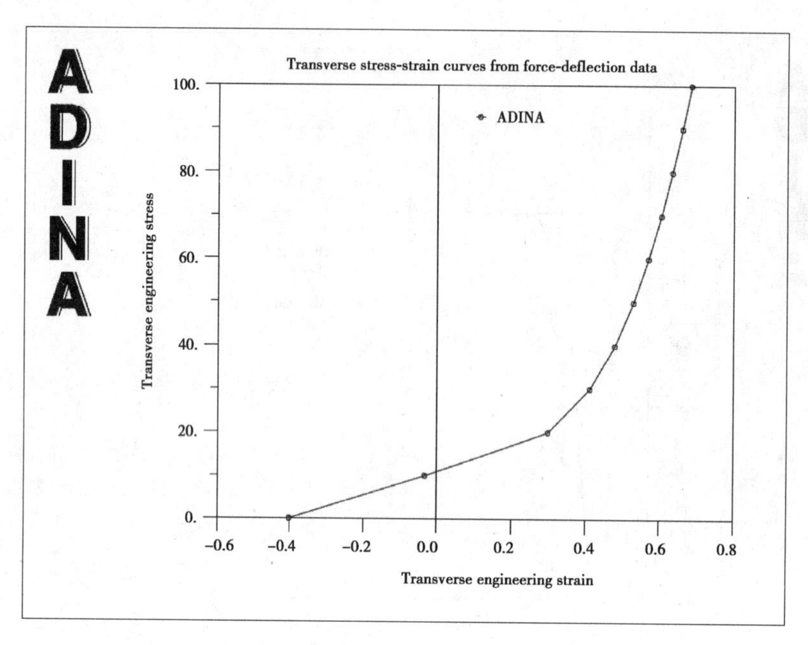

图 1.27.13　导入的 prob27_2.plo

(3)单轴应力-应变曲线的细节

选择【File】文件→【Open Batch】打开批处理,导航到工作目录或文件夹,选择文件"prob27_3.plo"并单击【Open】打开,图形窗口如图 1.27.14 所示。

这个 Ogden 拟合不适合小应变数据。

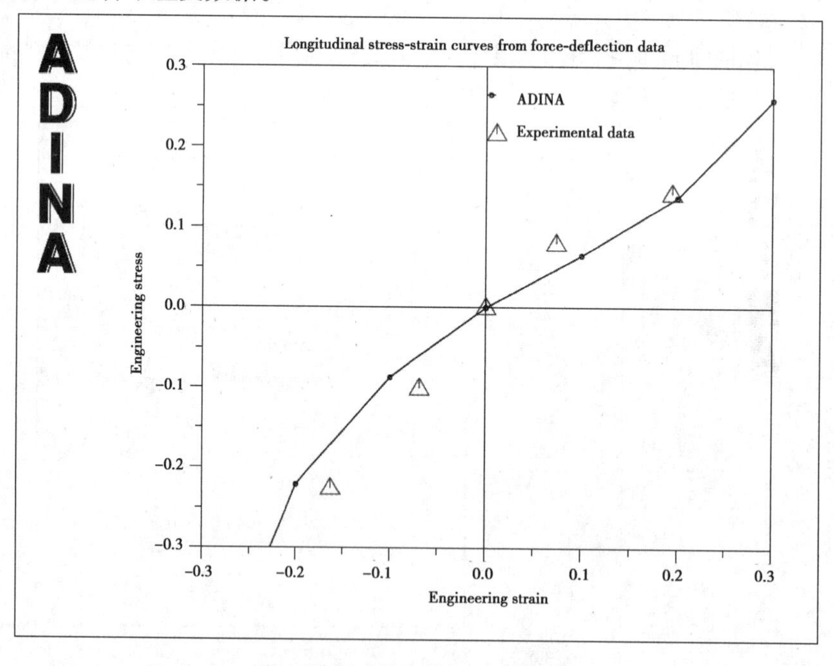

图 1.27.14　导入的 prob27_3.plo

27.3.2　改变材料定义-Sussman-Bathe 模型

1)Sussman-Bathe 材料模型

将【Program Module】程序模块下拉列表设置为【ADINA Structures】ADINA 结构(用户可以放弃所有更改)并打开数据库文件"prob27.idb"。

在模型树中,展开【Material】材料条目,右键单击【1. Ogden】,选择【Delete】删除并单击【Yes】是。现在单击【Manage Materials】管理材料图标 M ,单击【Sussman-Bathe】按钮并添加【material 1】材料 1。在【Stress-

Strain Curve】应力-应变曲线框中,选中【ReferenceID】参考 ID 按钮,并将参考 ID 设置为 1。单击【Graph】图形按钮,图形窗口如图 1.27.15 所示。

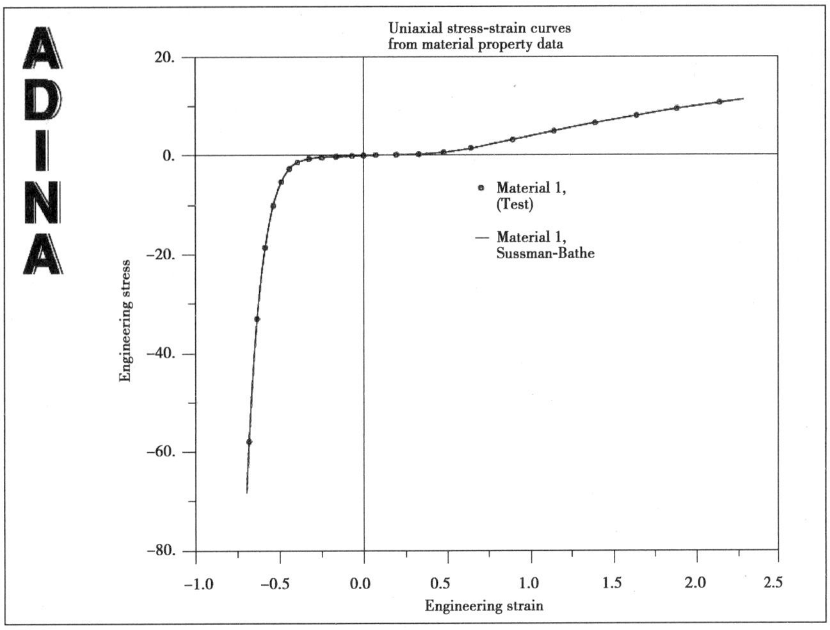

图 1.27.15　Sussman-Bathe **材料性能曲线**

这种拟合是非常好的。单击【OK】确定,关闭【Define Sussman-Bathe Material】定义 Sussman-Bathe 材料对话框,然后单击【Close】,关闭【Manage Material Descriptions】管理材质描述对话框。

2)**检查求解方案**

保存数据库,运行 ADINA 结构数据,并如上所述打开舷窗文件。

(1)单轴应力-应变曲线

选择【File】文件→【Open Batch】打开批处理,导航到工作目录或文件夹,选择文件"prob27_1.plo"并单击【Open】打开,图形窗口如图 1.27.16 所示。

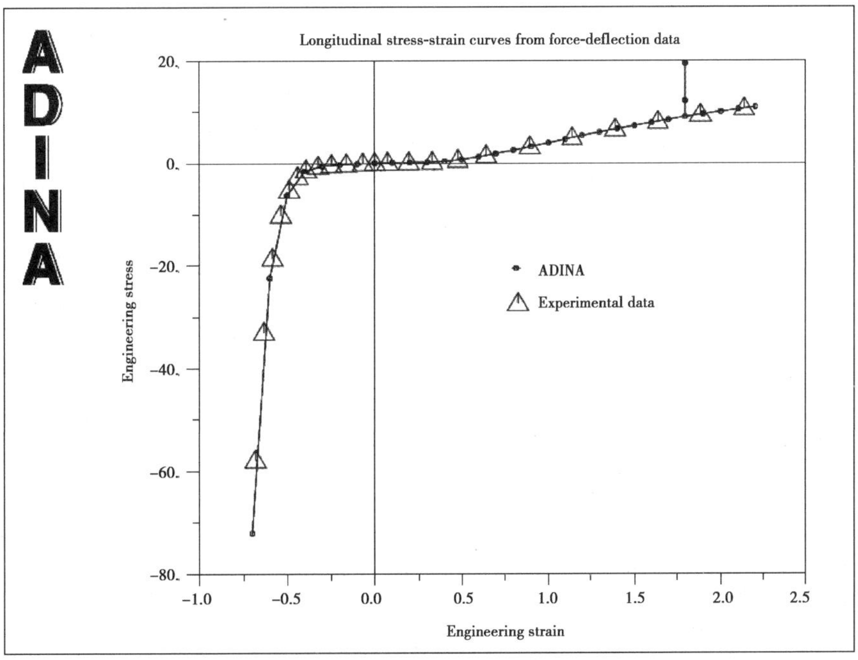

图 1.27.16　**文件** prob27_1.plo **材料性能曲线**

ADINA Structures 求解方案与实验数据紧密匹配。

(2)横向应力-应变曲线

选择【File】文件→【Open Batch】打开批处理,导航到工作目录或文件夹,选择文件"prob27_2.plo"并单击【Open】打开,图形窗口如图 1.27.17 所示。

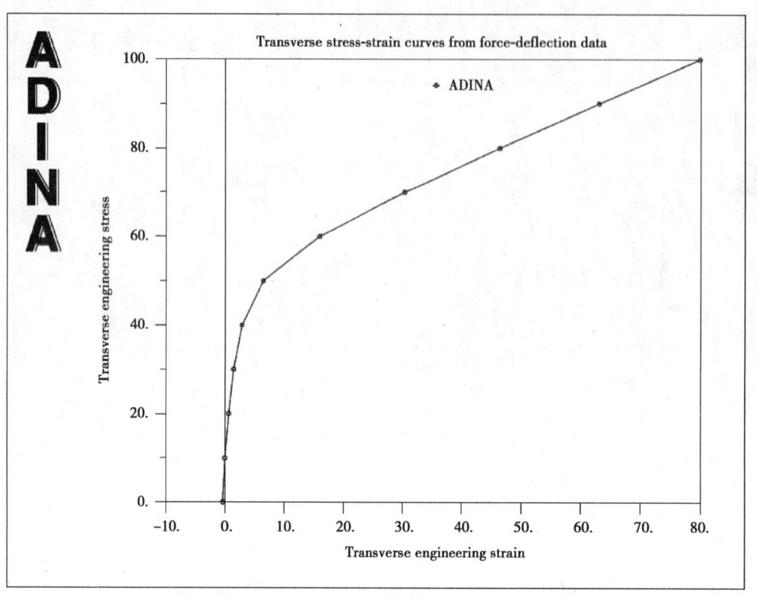

图 1.27.17 文件 prob27_2.plo 材料性能曲线

该曲线表明横向应力增大时,横向应变增大。所以这种材料描述在横向应力方面是稳定的。但横向应力-应变曲线与大横向应力下的 Ogden 拟合曲线完全不同(对于较小的横向应变,Sussman-Bathe 和 Ogden 材料给出了相同的响应预测,但在这里没有证明这一点)。

(3)单轴应力-应变曲线的细节

现在看看 Sussman-Bathe 模型如何适应于小的应变。

选择【File】文件→【Open Batch】打开批处理,导航到工作目录或文件夹,选择文件"prob27_3.plo"并单击【Open】打开,图形窗口如图 1.27.18 所示。

对于小应变和大应变拟合都非常好。

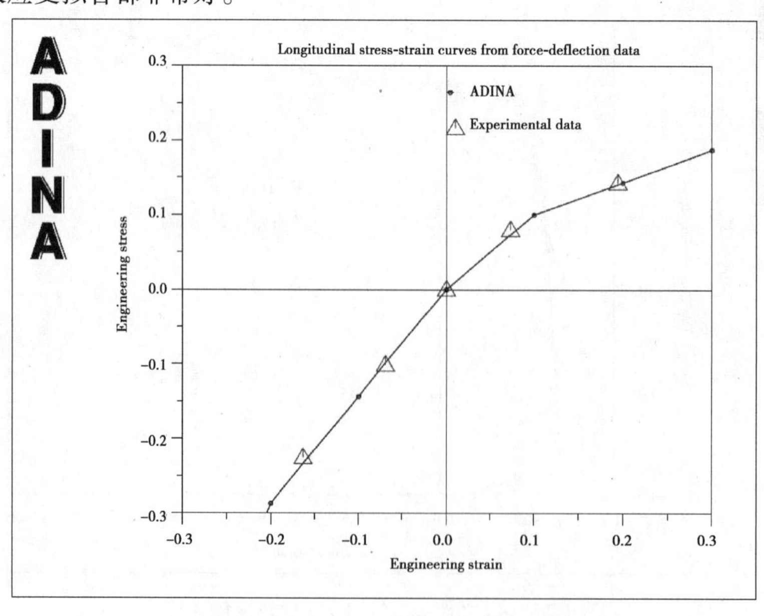

图 1.27.18 文件"prob27_3.plo"材料性能曲线

27.4　退出AUI

选择主菜单中的【File】文件→【Exit】退出，弹出【AUI】对话框，然后单击【Yes】，其余选【默认】，退出ADINA-AUI。

说明

Ogden 和 Sussman-Bathe 模型都基于相同的应变能密度分离的基本假设。

$$W_D = w(e_1) + w(e_2) + w(e_3)$$

Ogden 和 Sussman-Bathe 模型之间的根本区别是怎样的应变能量密度项 $w(e)$ 建模。在 Ogden 模型中，应变能密度项是使用具有全局支持的函数(以非数学语言，每个函数跨越整个应变范围)建模的。在 Sussman-Bathe 模型，应变能量项是使用功能与本地支持(各样条线段仅跨越应变范围的一部分。)的样条线可以调整，以适应底层建模 $w(e)$ 函数(从所获得的单轴应力应变数据)非常好。

在这个问题中，使用真实(对数)应变范围(-1.14 到 1.14)的输入数据。因此输入数据仅在这个应变范围内定义了 $w'(e)$ 函数。图 1.27.19 显示了 Ogden 和 Sussman-Bathe 模型的$w'(e)$函数。

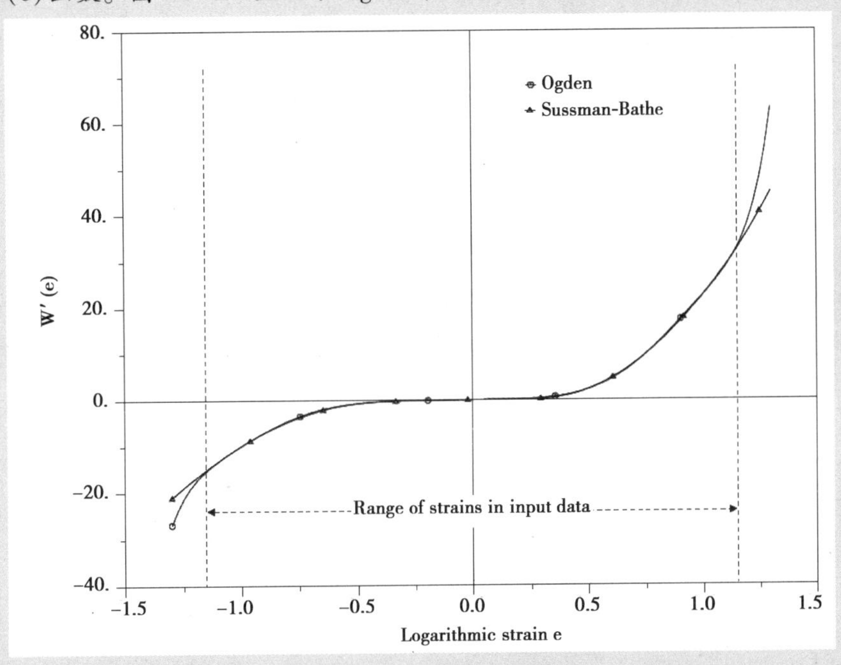

图 1.27.19　Ogden 和 Sussman-Bathe 模型的 $w'(e)$ 函数

在-1.14~1.14 的应变范围，两个模型的 $w'(e)$ 函数是相似的，但是在这个范围之外，$w'(e)$ 函数是不同的。这就解释了为什么两种模型能够再现单轴应力应变数据，以及为什么两种模型的横向应力-应变曲线不同。对于小的横向应变，所有的应变都在应变范围内，所以这两个模型给出了类似的横向应力/应变曲线。但是，对于较大的横向应变，应变小于-1.14，所以这两个模型给出不同的横向应力/应变曲线。

问题28　细长梁的后屈曲响应

问题描述

1)问题概况

图1.28.1是一个在其中心受到集中力作用的细长梁。

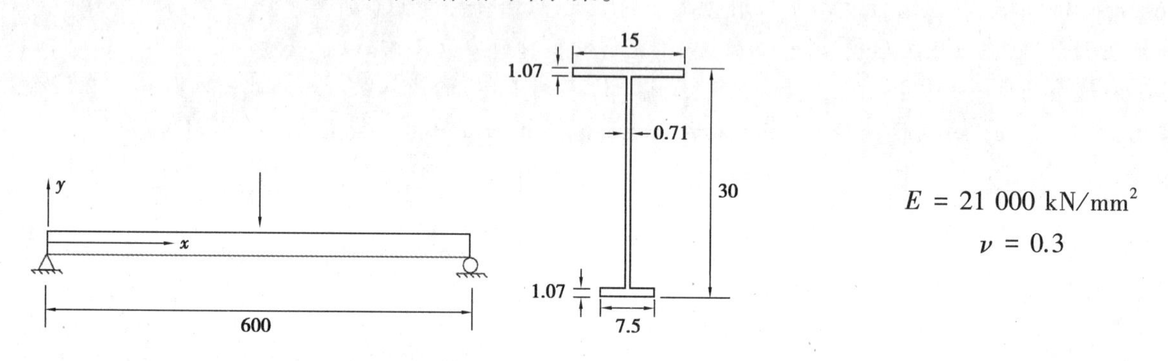

图1.28.1　问题28中的计算模型

想要计算梁的大位移后屈曲响应,可考虑向下作用的力和向上作用的力。

预计后屈曲响应可能具有平面外分量,故允许模型的平面外运动。末端节点的 x 转动自由度是固定的。

由于横截面是薄壁开放部分,因此屈曲效应非常重要。

2)演示内容

本例将演示以下内容:

①使用屈曲梁单元(具有屈曲自由度的梁单元)。

②执行线性屈曲分析。

③使用从线性屈曲分析中获得的初始缺陷。

④使用追加舷窗文件功能合并两次运行的结果。

注意:本例大部分输入存储在以下文件中:"prob28_1.in""prob28_1.plo""prob28_2.plo"。在开始此分析之前,用户需要将这些文件从"samples\primer"中复制到工作目录或文件夹中。

28.1　启动AUI,并选择有限元程序

启动AUI,并将【Program Module】程序模块下拉列表设置为【ADINA Structures】ADINA结构。

28.2　线性化屈曲分析

28.2.1　模型定义

已经准备了一个批处理文件"prob28_1.in",它定义了模型的几何形状,以及边界条件,材料和载荷。用户可以确认向下施加的载荷为20 kN,并且该载荷在一个时间步中施加。

选择【File】文件→【Open Batch】打开批处理,导航到工作目录或文件夹,选择文件"prob28_1.in"并单击【Open】打开,图形窗口如图1.28.2所示。

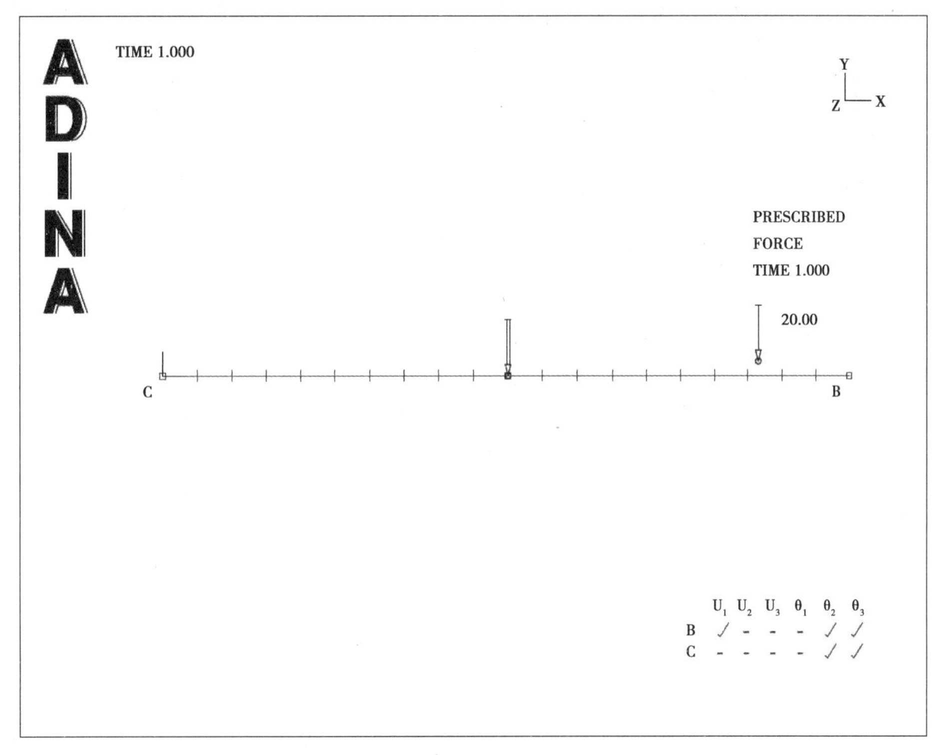

图 1.28.2　导入的“prob28_1.in”模型

1）**横截面**

用户尚未定义横梁的横截面。单击【Cross-Section】横截面图标，添加横截面1，并将【Type】类型设置为【I-Beam】工字梁。将【Width W1】宽度 $W1$ 设置为“7.5”，【Height H】高度 H 设置为“30”，【Width W2】宽度 $W2$ 设置为“15”，【Thickness T1】厚度 $T1$ 为“1.07”，【Thickness T2】厚度 $T2$ 为“0.71”，【Thickness T3】厚度 $T3$ 为“1.07”，然后单击【OK】确定。

2）**单元定义**

单击【Element Groups】单元组图标，添加【group 1】组1，将【Type】类型设置为【Beam】梁，然后单击【OK】确定。

3）**单元**

单击【Mesh Lines】划分网格线图标，将【Auxiliary Point】辅助点设置为4，在表格的前两行输入“1”和“2”，然后单击【OK】确定。

28.2.2　线性屈曲分析

想获得第一个屈曲载荷及其相关屈曲模态形状的估计值。将【Analysis Type】分析类型设置为【Linearized Buckling】线性化屈曲，然后单击【Analysis Options】分析选项图标。将【Number of Buckling Loads/Modes】屈曲荷载/模态数设置为“2”，然后单击【OK】确定。

1）**横断面**

单击【Modify Mesh Plot】修改网格绘图图标，单击【Element Depiction ...】单元描述按钮，单击【Display Beam Cross-Section】显示梁截面字段，然后单击【OK】确定两次，关闭两个对话框，旋转模型直到图形窗口如图 1.28.3 所示。

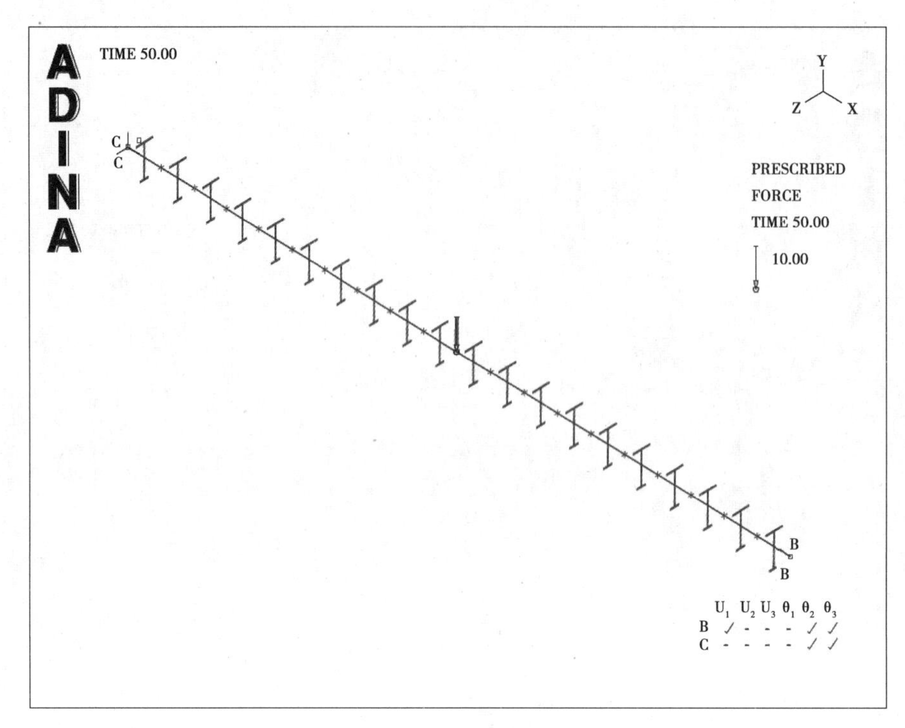

图 1.28.3　显示梁截面

2)指定屈曲度自由度的梁单元

单击【Save】保存图标 并将数据库保存到文件“prob28”。单击【Data File/Solution】数据文件/求解方案图标 ,将文件名设置为“prob28”,确保【Run Solution】运行求解方案按钮已选中,然后单击【Save】保存。

AUI 显示消息 Could not open file … prob50.dat。日志窗口显示消息如下:

* * * ALERT: Element group 1 with standard beam assumptions is used with cross-section 1 of type I
It is recommended to use the warping beam element with this cross-section.
To use the standard beam element with this cross-section,
在 CROSS-SECTION 命令中设置 STANDARD=YES。

显示该信息是因为在一般的加载条件下,梁单元中包含薄壁开放横截面的梁单元会产生错误的结果,除非在梁单元中包含额外的屈曲自由度。

3)使用具有额外屈曲自由度的梁单元

关闭所有打开的对话框,单击【Element Groups】单元组图标 ,选中【Include Warping DOF】包含翘曲变形 DOF 按钮,然后单击【OK】确定。当用户单击【Redraw】重绘图标 时,图形窗口如图 1.28.4 所示。

注意:边界条件代码表中现在有一个 W_b 列。该栏表示存在梁屈曲自由度。所有节点(包括末端节点)的屈曲自由度都是免费的。因此,梁在其长度的任何地方都可以自由变形。

28.2.3　生成 ADINA 数据文件,运行 ADINA 结构数据,加载舷窗文件

单击【Save】保存图标 并将数据库保存到文件“prob28”。单击【Data File/Solution】数据文件/求解方案图标 ,将文件名设置为“prob28”,确保【Run Solution】运行求解方案按钮已选中,然后单击【Save】保存。

ADINA 结构完成后,关闭所有打开的对话框。将【Program Module】程序模块下拉列表设置为【Post-Processing】后处理(用户可以放弃所有更改),单击【Open】打开图标 并打开舷窗文件“prob28”。

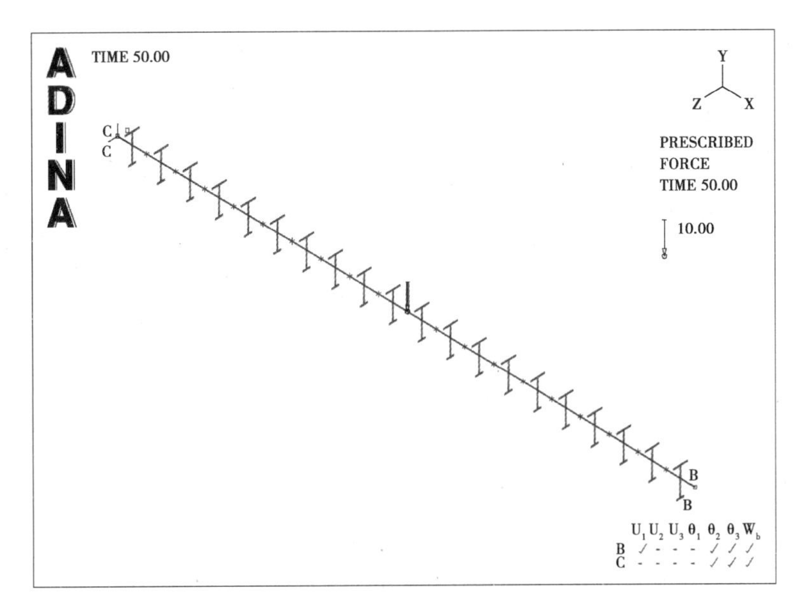

图 1.28.4 显示翘曲变形 DO

28.2.4 后处理

单击【Show Original Mesh】显示原始网格图标，然后单击【Modify Mesh Plot】修改网格绘图图标，单击【Element Depiction ...】单元描述按钮，单击【Display Beam Cross-Section】字段，然后单击【OK】确定两次关闭两个对话框。单击【Load Plot】载荷绘图图标，然后旋转模型，直到图形窗口如图 1.28.5 所示。

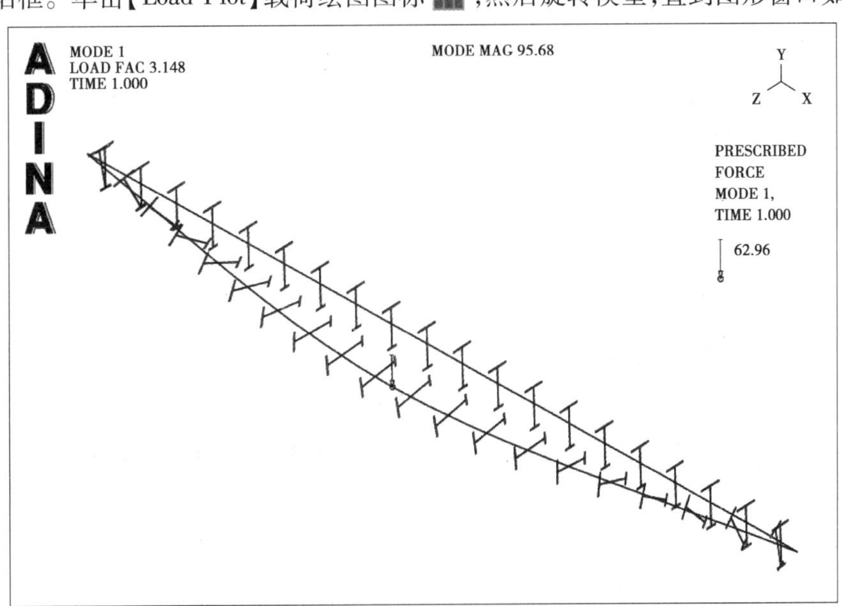

图 1.28.5 载荷和网格

用户希望将这些默认值用于连续的网格图，可单击【Save Mesh Plot Style】保存网格图样式图标和【Save View】保存视图图标。

该图显示了屈曲载荷 1 的估计屈曲载荷和相关模态形状。"LOAD FAC"是由线性屈曲载荷算法计算的屈曲载荷乘数。

注意：估算的 62.96 屈曲载荷等于"LOAD FAC"乘以步骤 1 中施加的载荷。

用户可以使用鼠标确认屈曲模式形状的中性轴位于 *xz* 平面中。

单击【Next solution】下一步求解方案图标▶,第 2 个估算的屈曲载荷和模态形状如图 1.28.6 所示。

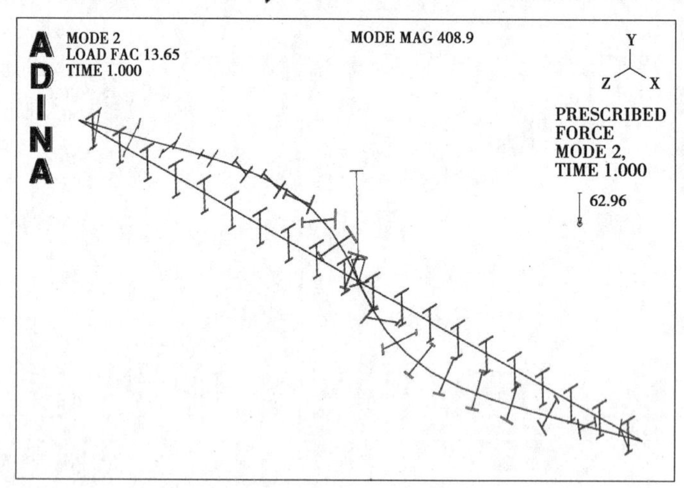

图 1.28.6　第 2 个估算的屈曲载荷和模态形状

同样,屈曲模态的中性轴位于 xz 平面内。

要查看用于线性屈曲分析的变形配置中的模型,请单击【Clear】清除图标 ,选择【Definitions】定义→【Response】响应,确保【Response Name】响应名称为 DEFAULT,将【Type】类型设置为【Load Step】加载步骤并单击【OK】确定。单击【Scale Displacements】缩比位移图标 和【Load Plot】载荷绘图图标 ,图形窗口如图 1.28.7 所示。

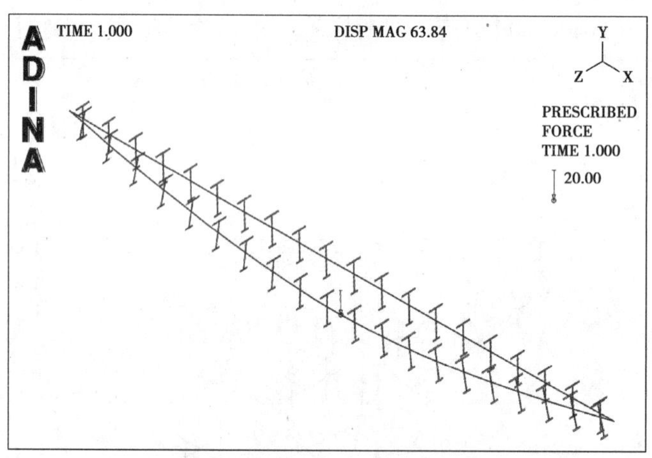

图 1.28.7　查看用于线性屈曲分析的变形配置中模型

28.3　后屈曲响应

28.3.1　负载向下施加

执行崩溃分析,其中模型受到第 1 个屈曲模态形状的干扰。

将【Program Module】程序模块下拉列表设置为【ADINA Structures】(可以放弃所有更改),并从【File】菜单底部附近的最近文件列表中选择数据库文件"prob28.idb"。

1)折叠分析

将使用负载位移控制(LDC)算法执行折叠分析,以自动选择负载步长大小。将【Analysis Type】分析类型设置为【Collapse Analysis】折叠分析。单击【Analysis Options】分析选项图标 ,将【Label #】标签号字段设置为"3",将【Degree of Freedom】自由度设置为【Y-Translation】y 平动,将【Displacement】位移字段设置为"-0.01",将【Maximum Allowed Displacement】最大允许位移设置为"20",选中【Continue after First Critical

Point is Reached】第一关键点达到后继续按钮，单击【OK】确定。

选择【Control】控制→【Time Step】时间步骤，在表格的第一行中将【Number of Steps】步骤数量设置为“50”，然后单击【OK】确定。选择【Control】控制→【Time Function】时间函数，按表 1.28.1 编辑时间函数 1 即可，并单击【OK】确定。

表 1.28.1　时间步骤定义

time	value
0	0
50	10

2) 初始缺陷

选择【Model】模型→【Initial Conditions】初始条件→【Imperfection】缺陷，确保【Initial Condition Type】初始条件类型为【Point】点，并在表的第一行中将【Buckling Mode #】屈曲模式#设置为“1”，将【Point #】点编号设置为“3”，将【Direction to】方向设置为【Z-Translation】z 平动和【Displacement】位移为“0.05”。单击【OK】确定关闭对话框。

3) 成 ADINA 数据文件，运行 ADINA 结构数据，加载舷窗文件

单击【Save】保存图标将数据库保存到文件“prob28”。单击【Data File/Solution】数据文件/求解方案图标，将文件名设置为“prob28_down”，确保【Run Solution】运行求解方案按钮已选中，然后单击【Save】保存。在 AUI 打开一个窗口，用户可以在其中通过线性屈曲分析指定模式形状文件。输入模式形状文件“prob28”，然后单击【Copy】复制。

ADINA 结构完成后，关闭所有打开的对话框。将【Program Modular】程序模块下拉列表设置为【Post-process】后处理(用户可以放弃所有更改)，单击【Open】打开图标并打开舷窗文件“prob28_down”。

4) 后处理

(1) 梁截面

单击【Show Original Mesh】显示原始网格图标，然后单击【Modify Mesh Plot】修改网格绘图图标，单击【Element Depiction ...】单元描述按钮，单击【Display Beam Cross-Section】显示梁截面字段，然后单击【OK】确定两次，关闭两个对话框。单击【Load Plot】载荷绘图图标，旋转模型直到图形窗口如图 1.28.8 所示。

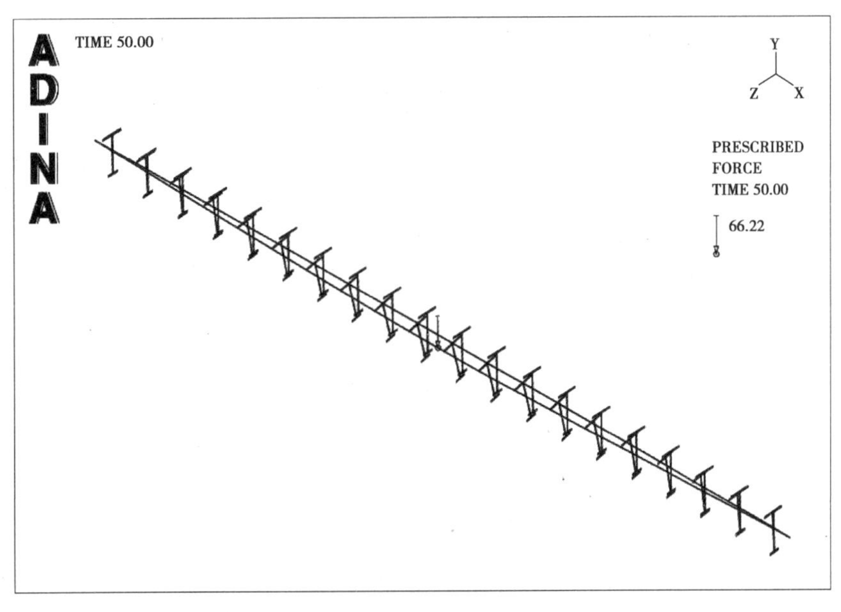

图 1.28.8　显示梁截面

屈曲模式看起来是由负载触发的。

(2) 绘制力-变形挠度曲线

选择【File】文件→【Open Batch】打开批处理，导航到工作目录或文件夹，选择文件“prob28_1.plo”并单

击【Open】打开,图形窗口如图 1.28.9 所示。

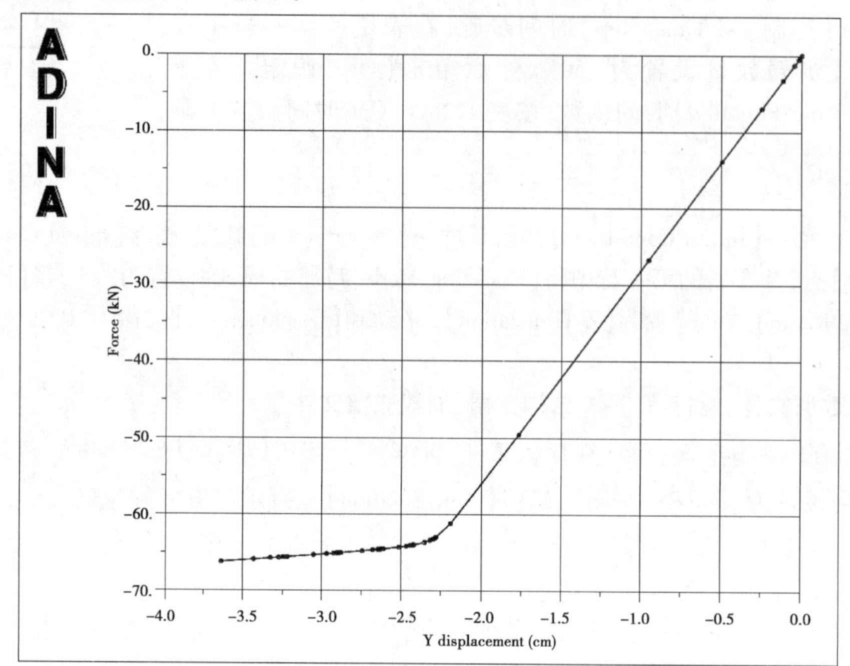

图 1.28.9　力-变形挠度曲线

该模型似乎在-62 kN 附近的负载下屈曲,这与上面获得的线性屈曲载荷估计值非常吻合。

28.3.2　向上施加载荷

1)确定后屈曲响应,向上施加载荷

将【Program Module】程序模块下拉列表设置为【ADINA Structures】(可以放弃所有更改),并从【File】菜单底部附近的最近文件列表中选择数据库文件“prob28.idb”。

单击【Analysis Options】分析选项图标，将【Displacement】位移字段设置为“0.01”,然后单击【OK】确定。

2)生成 ADINA 数据文件,运行 ADINA 结构数据,加载舷窗文件

单击【Save】保存图标将数据库保存到文件“prob28”。单击【Data File/Solution】数据文件/求解方案图标，将文件名设置为“prob28_up”,确保【Run Solution】运行求解方案按钮已选中,然后单击【Save】保存。AUI 打开一个窗口,用户可以在其中通过线性屈曲分析指定模式形状文件。输入模式形状文件“prob28”,然后单击【Copy】复制。

ADINA 结构完成后,关闭所有打开的对话框。将【Program Module】程序模块下拉列表设置为【Post-Processing】后处理(用户可以放弃所有更改),单击【Open】打开图标并打开舷窗文件“prob28_up”。

3)后处理

(1)梁截面

单击【Show Original Mesh】显示原始网格图标，然后单击【Modify Mesh Plot】修改网格绘图图标，单击【Element Depiction ...】单元描述按钮,单击【Display Beam Cross-Section】显示梁截面字段,然后单击【OK】确定两次关闭两个对话框。单击【Load Plot】载荷绘图图标，然后旋转模型,直到图形窗口如图 1.28.10 所示。

屈曲模式似乎又被触发了。

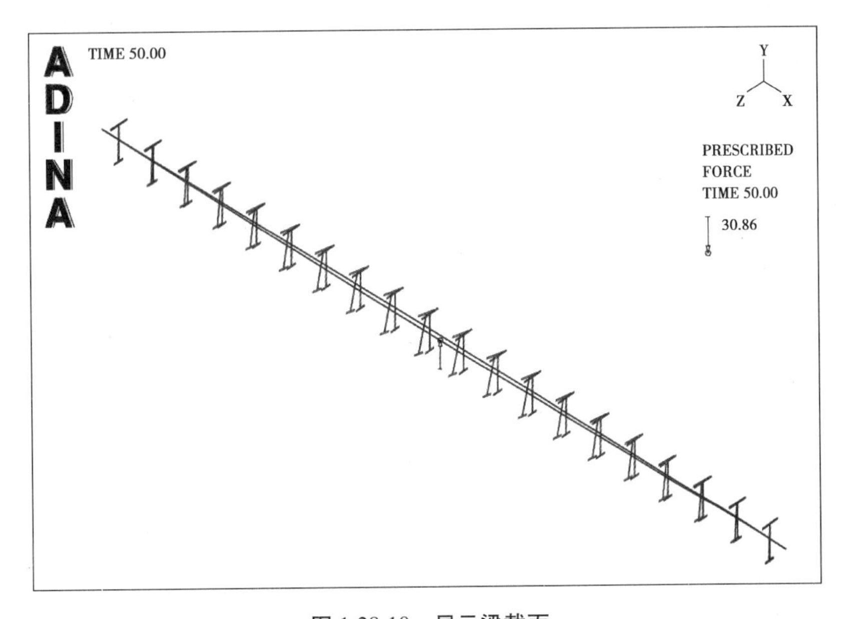

图 1.28.10　显示梁截面

(2)力-变形挠度曲线

使用之前使用的同一个批处理文件。选择【File】文件→【Open Batch】打开批处理,导航到工作目录或文件夹,选择文件"prob28_1.plo"并单击【Open】打开,图形窗口如图 1.28.11 所示。

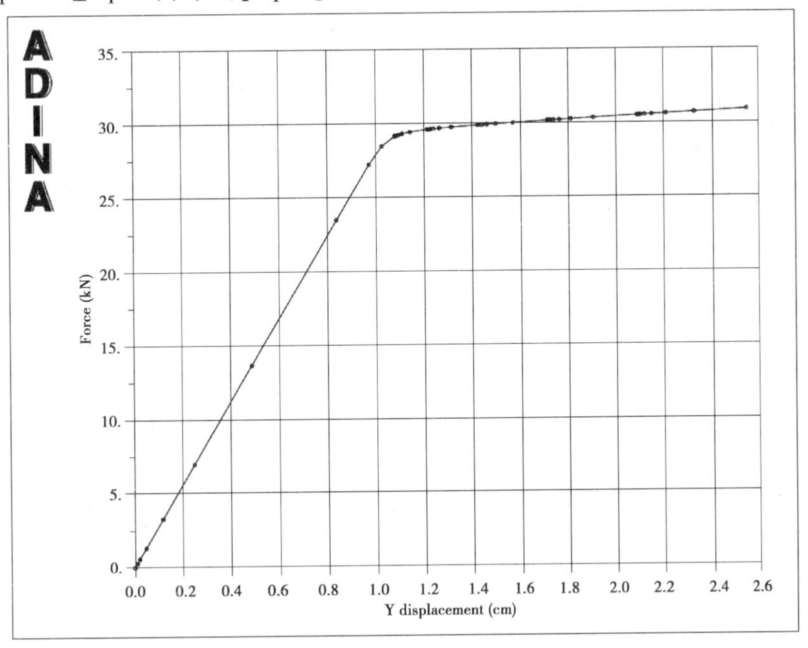

图 1.28.11　力-变形挠度曲线

这次模型似乎在大约 29 kN 的载荷下屈曲,这比上面获得的线性屈曲载荷估计值低得多。

如果想将两个力-变形挠度曲线绘制在一起,可将使用附加功能将两个舷窗文件加载到一起。

单击【New】新图标 (可以放弃所有更改),然后单击【Open】打开图标 并打开舷窗文件"prob50_down"。然后选择【File】文件→【Open Porthole】打开舷窗,选择文件"prob28_up",将【Operation】操作设置为【Load/Merge (append option) into database】加载/合并(附加选项)到数据库,然后单击【Open】打开。

消息窗口显示信息如下:

```
Loaded 50 time step solutions between times 1.00000E+00 and 5.00000E+01...
Porthole file .../prob50_down.por is completely loaded
```

```
...
Append mode: Reading of ADINA porthole file starts
Append mode: largest time in database = 5.00000E+01
largest load step in database = 50
Shift for time = 5.10000E+01
Shift for load step = 51
...
Loaded 50 time step solutions between times 5.20000E+01 and 1.01000E+02...
Porthole file .../prob50_up.por is completely loaded
```

该文本指示时间 0 到 50 与舷窗文件“prob28_down”相关联，并且时间步骤 51 到 101 与舷窗文件“prob28_up”相关联。“prob28_up”的求解方案在时间上移位了 51.0。例如，时间步骤 101 的绘制求解方案实际上是“prob28_up”分析的时间步骤 50。

(3)绘制力-变形曲线

可以使用之前使用的同一个批处理文件。选择【File】文件→【Open Batch】打开批处理，导航到工作目录或文件夹，选择文件“prob28_1.plo”并单击【Open】打开，图形窗口如图 1.28.12 所示。

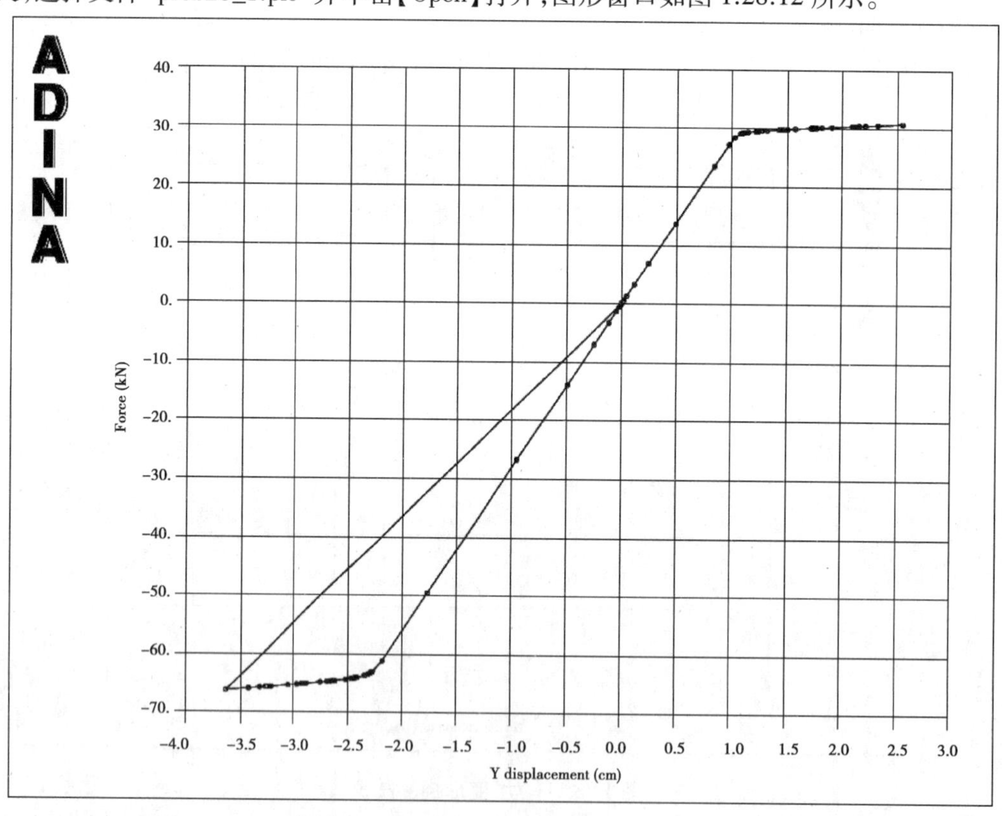

图 1.28.12　力-变形曲线

这里有条线将负值最大的点与原点连接起来。将时间 50(prob28_down 结束)的结果与时间 51(prob28_up 的开始)的结果连接起来时，会出现此行。

(4)在同一个图中制作两条力-挠度曲线

为了线条美观，可在同一个图中制作两条力-挠度曲线。现将这些命令放在文件“prob28_2.plo”中。选择【File】文件→【Open Batch】打开批处理，导航到工作目录或文件夹，选择文件“prob28_2.plo”并单击【Open】打开，图形窗口如图 1.28.13 所示。

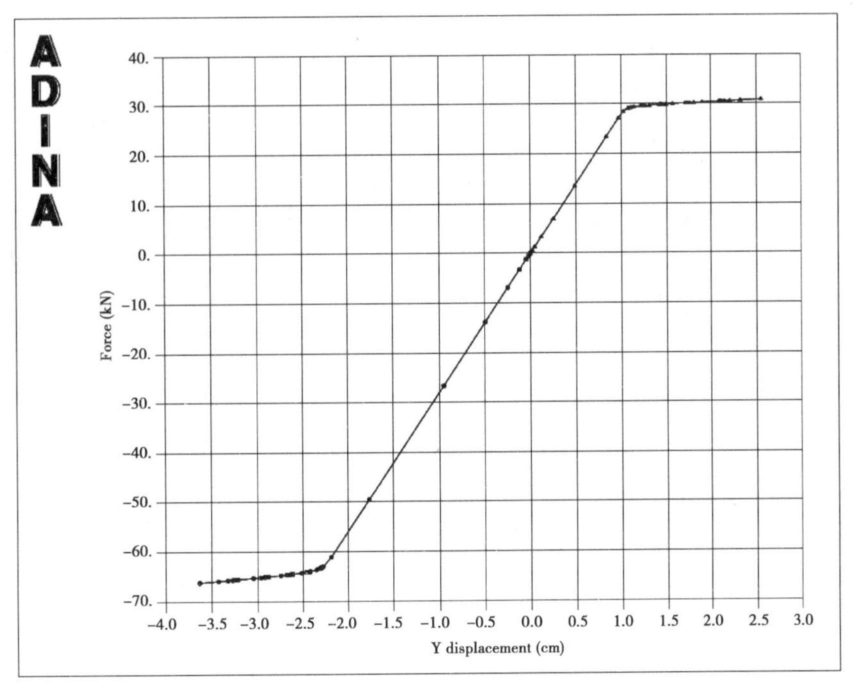

图 1.28.13　同一个图中绘制两条力-挠度曲线

28.4　退出 AUI

选择主菜单中的【File】文件→【Exit】退出，弹出【AUI】对话框，然后单击【Yes】，其余选【默认】，退出ADINA-AUI。

说明

1）瓦格纳效应

由于瓦格纳效应，向上作用的负载的屈曲载荷与向下作用的载荷的屈曲载荷不同。

在瓦格纳效应中，任何横截面扭曲都会导致纵向应力（来自轴向和弯曲载荷）产生与扭曲量成比例的扭矩。拉伸纵向应力对扭矩的贡献是正的，压缩纵向应力对扭矩的贡献是负的。当扭转力矩为正扭转时，屈曲载荷增加，当扭转力矩为负扭转时，屈曲载荷减小。

对于这个问题，横截面在这里重新绘制，以显示中性轴和剪切中心（也称为扭曲中心）的位置。

横截面、中性轴和剪切中心位置如图 1.28.14 所示。

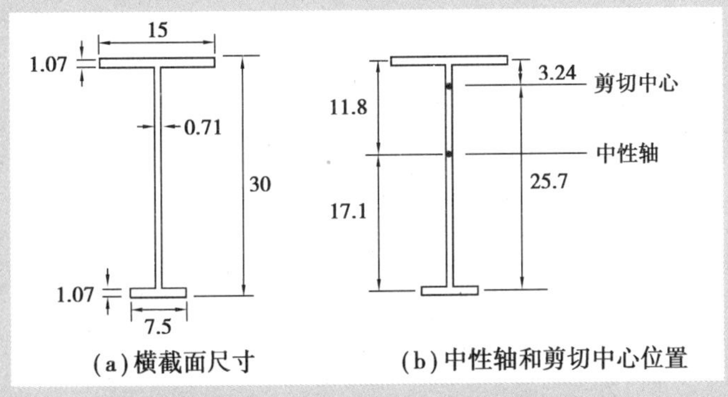

图 1.28.14　横截面、中性轴和剪切中心

由于顶部法兰如此接近剪切中心，顶部法兰的应力对瓦格纳效应扭矩的影响不如底部法兰的应力那样大。

当向上施加载荷时,顶部法兰中的应力是拉伸的并且底部法兰中的应力是压缩的。因此扭转力矩对于正扭曲是负的,并且瓦格纳效应倾向于减小当向上施加载荷时的屈曲载荷。

2)屈曲梁与标准梁

区分屈曲效应(除了圆形横截面梁外,其存在于经历扭曲的所有梁中)和屈曲梁单元是很重要的。标准梁单元包含屈曲效应,屈曲梁单元也如此。标准梁单元和屈曲梁单元之间的区别在于屈曲梁单元包括额外的屈曲自由度。

在标准梁单元中,每单元长度的扭曲在每个单元中被假定为常量,因此每个单元中的屈曲效果也是恒定的。因此,在相邻元件之间,屈曲量一般是不同的,换句话说,相邻元件之间的屈曲位移是不相容的。

在屈曲梁单元中,每个单元长度的扭曲在每个单元中不是恒定的,并且单位长度的扭曲在相邻单元之间是相容的。因此,相邻元件之间的屈曲位移也是相容的。

如果使用标准梁单元来解决这个问题,由于翘曲位移的不兼容性,向上施加的载荷的屈曲载荷会被低估。

问题29　碰撞管的破碎

问题描述

1)问题概况

问题29中的模型是一个刚性重物碰撞管的破碎,如图1.29.1所示。

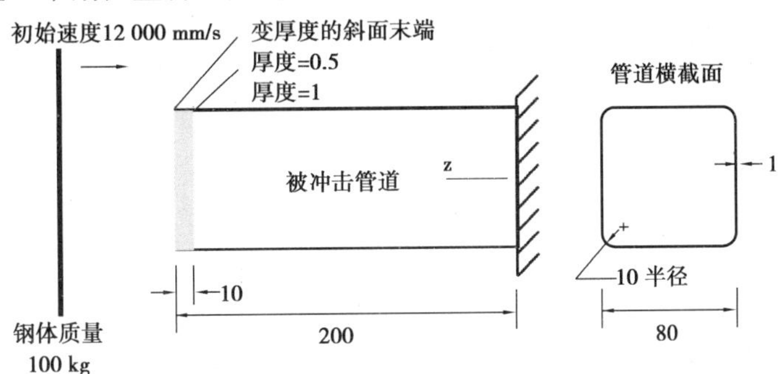

图1.29.1　问题29中的计算模型

其中,刚性重物属性如下:

X, Y, Z 质量 $=0.1\ \mathrm{N\cdot s^2/mm}$

X, Y 惯性矩 $=2\ 296\ \mathrm{N\cdot s^2\cdot mm}$

Z 惯性矩 $=427\ \mathrm{N\cdot s^2\cdot mm}$

材料属性

塑料-循环材料模型如下:

$E = 207\ 000\ \mathrm{MPa}$

$\nu = 0.3$

ρ= 7 850 kg/m = 7.85 10 N · s/m

$\sigma_y = 225\ \mathrm{MPa}$

非线性运动硬化如下:

$h = 280\ 000\ \mathrm{MPa}$

$\zeta = 1\ 300$

接触条件:

质量和碰撞管之间的摩擦系数=0.2,也用于管子自接触。

想要计算碰撞管的力-变形曲线,将使用隐式和显式分析来计算这条曲线。

2)演示内容

本例将演示以下内容:

①定义不同厚度的壳体单元。

②使用塑性循环材料模型。

③使用双面接触。

④使用显式时间积分的Noh-Bathe方法。

⑤使用惩罚接触算法。

注意:①本例可以用ADINA系统的900个节点来解决。

②本例大部分输入存储在以下文件中:“prob29_1.in”,“prob29_1.plo”,“prob29_2.plo”。在开始分析之前,用户需要将文件夹“samples\primer”中的这些文件复制到工作目录或文件夹中。

29.1 启动AUI,选择有限元程序

启动AUI,并将【Program Module】程序模块下拉列表设置为【ADINA Structures】ADINA结构。

29.2 模型定义概述

图1.29.2显示了用于模拟挤压管的几何图形。

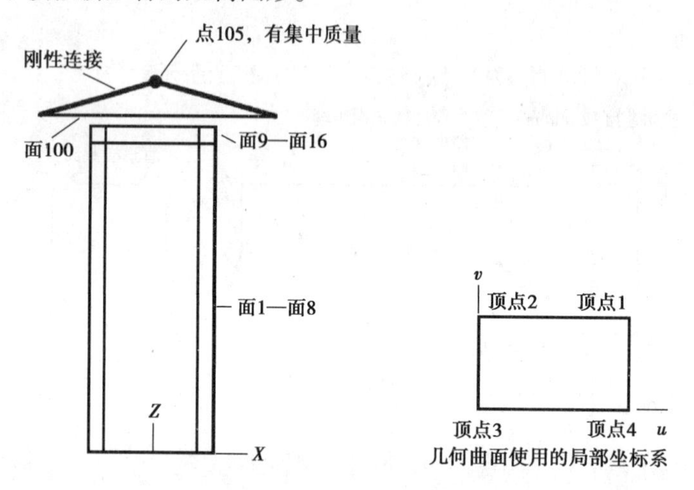

图1.29.2 用于模拟挤压管的几何图形

通过减小管端部处的壳体厚度来近似地模拟管的斜面端部。为了减小壳体厚度,用户有必要了解几何表面坐标系的方向,几何曲面的坐标系如图1.29.2所示。本例使用两个接触组。接触组1模拟刚性表面和管之间的接触,接触组2模拟管的自接触。

29.3 隐式时间积分

29.3.1 模型定义

准备一个批处理文件“prob29_1.in”,定义了以下项目:

①问题标题。

②控制数据,包括求解方案公差。

注意:所有的shell节点都被分配到本地旋转自由度(MASTER... SHELLNDOF = 5)。

③时间步进。使用尺寸为1E-4的200个时间步长。

④几何点、线条、曲面。

⑤几何表面1到16的厚度,除了偏差(参见下文)。

⑥边界条件。

⑦将几何表面101连接到几何点105的刚性连接。

⑧单元组1,包含与几何点5的所有自由度相关的软弹簧。这些弹簧防止数据文件生成时删除单元组5中的自由度。

⑨曲面的细分数据。

选择【File】文件→【Open Batch】打开批处理,导航到工作目录或文件夹,选择文件“prob29_1.in”并单击【Open】打开,图形窗口如图1.29.3所示。

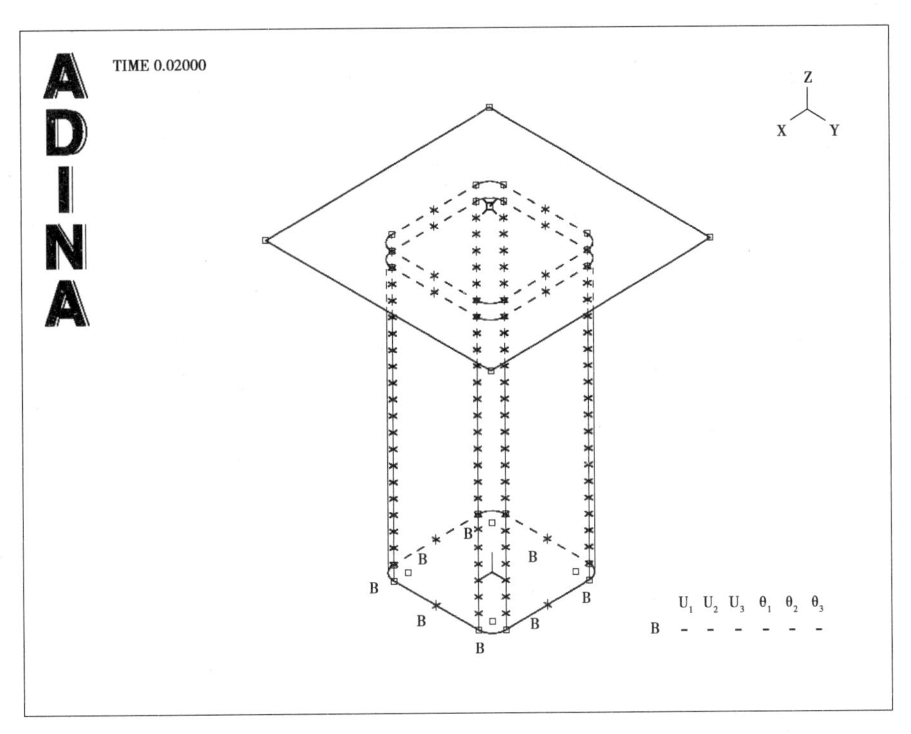

图 1.29.3 导入的 prob29_1.in 模型

29.3.2 表面厚度

接近管顶部的 8 个几何表面具有不同的厚度。选择【Geometry】几何体→【Surfaces】表面→【Thickness】厚度,注意所有 16 个表面的厚度为“1.0”,没有偏差。对于曲面 9 到 16,将【Deviation1】偏差 1 和【Deviation2】偏差 2 都设置为“-0.5”,然后单击【OK】确定。

29.3.3 塑性循环材料模型

单击【Manage Materials】管理材料图标 **M** 并单击【Cyclic】循环按钮。添加【material1】材料 1,然后单击【Isotropic Hardening Rule】各向同性淬火规则字段右侧的【...】按钮。在【Define Isotropic Hardening Rule】定义各项同性硬化规则对话框中,添加【rule 1】规则 1,确保【Type】类型是【Bilinear】双线性,将【Yield Stress】屈服应力设置为“225”,然后单击【OK】确定。在【Define Plastic-Cyclic Material】定义塑性-循环材料对话框中,将【Isotropic Hardening Rule】各向同性硬化规则设置为“1”。

单击【Kinematic Hardening Rule】运动硬化规则字段右侧的【...】按钮。在【Define Kinematic Hardening Rule】定义运动硬化规则”对话框中,添加【rule1】规则 1,然后在表格的第一行将【Linear Constanth】线性常数设置为“280 000”,将【Nonlinear Constantzeta】非线性常数 zeta 设置为“1 300”,单击【OK】确定。在【Define Plastic-Cyclic Material】定义塑性-循环材料对话框中,将【Kinematic Hardening Rule】运动强化规则设置为“1”。将【Young's Modulus】杨氏模量设置为“207 000”,【Poisson's Ratio】泊松比设置为“0.3”,【Density】密度设置为“7.85E-9”,然后单击【OK】确定。单击【Close】,关闭【Manage Material Definitions】管理材料定义对话框。

29.3.4 集中质量

选择【Model】模型→【ConcentratedMasses】集中质量,按表 1.29.1 中信息编辑表格,然后单击【OK】确定。

表 1.29.1　点的平动和转动位移

Point	X-Translation	Y-Translation	Z-Translation	X-Rotation	Y-Rotation	Z-Rotation
105	0.1	0.1	0.1	2 296	2 296	427

29.3.5　初始条件

选择【Model】模型→【Initial Conditions】初始条件→【Define】定义，添加【initial condition V】初始条件 V，并在表的第一行中将【Variable】变量设置为【Z-VELOCITY】Z-速度，将【Value】值设置为“-12 000”，然后单击【Save】保存。现在单击【Apply ...】应用 ...按钮，然后在【Apply Initial Conditions】应用初始条件对话框中，将表第一行中的【Point】点设置为“105”，然后单击【OK】确定两次以关闭这两个对话框。

29.3.6　单元定义

单击【Element Groups】单元组图标，添加【group 2】组 2，将【Type】类型设置为【Shell】壳，将【IntegrationType】积分类型设置为【Trapezoidal】梯形，并将【Integration Order】积分阶次设置为“3”。单击【3D Shell】选项卡，选中【Use 3D-Shell】使用 3D 壳层按钮并单击【OK】确定。单击【Mesh Surfaces】划分曲面网格图标，单击【Auto ...】自动按钮，将【From】自设置为“1”，将【To】到设置为“16”，然后单击【OK】确定。【Surface】表格应填入数字“1 到 16”，单击【OK】确定，关闭【Mesh Surfaces】划分曲面网格对话框。图形窗口如图 1.29.4 所示。

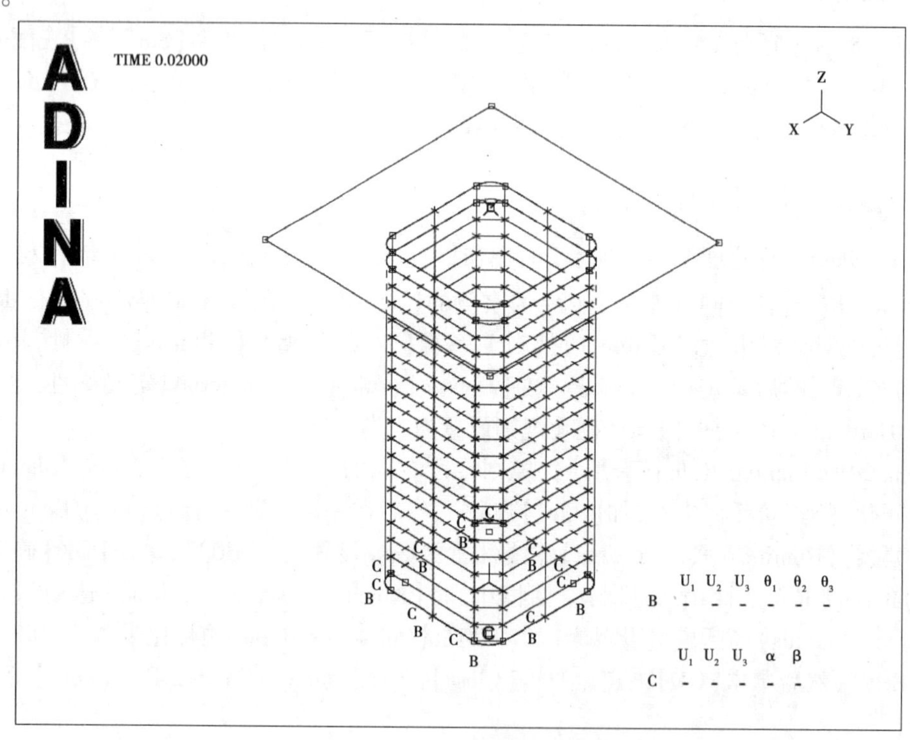

图 1.29.4　划分曲面网格

检查厚度。单击【Create Band Plot】创建条带图图标，将【Variable】变量设置为【Thickness：THICKNESS】，然后单击【OK】确定。图形窗口如图 1.29.5 所示。

单击【Clear Band Plot】清除条带绘图图标去除条带图。

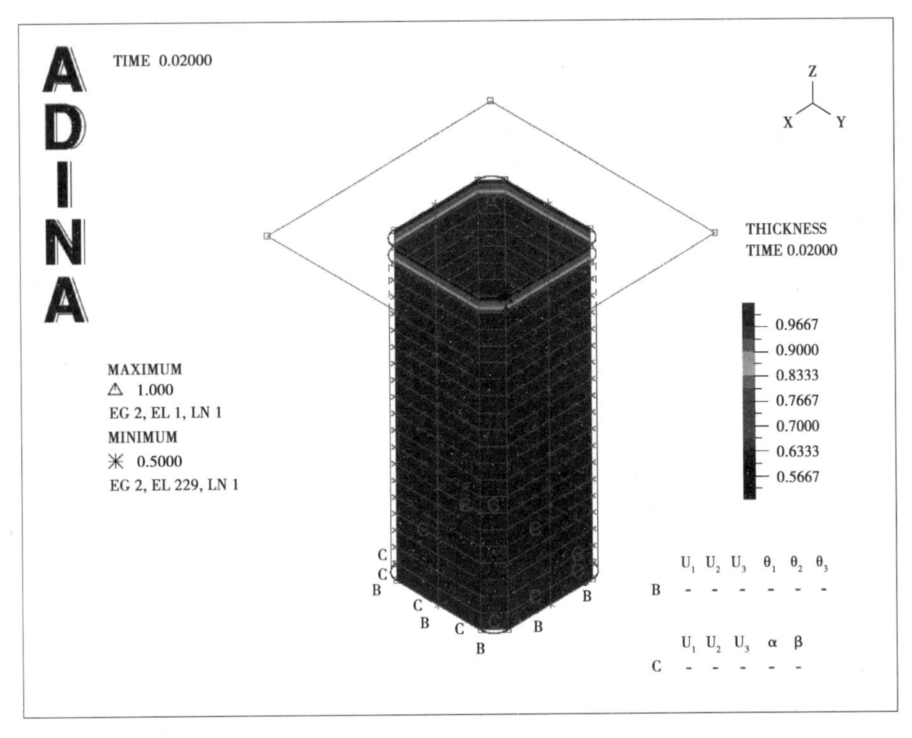

图 1.29.5　厚度变化

29.3.7　接触组

1)接触组 1

单击【Contact Groups】接触组图标，添加【group 1】组 1,并将【Type】类型设置为【3-DContact】3-D 接触。将【Compliance Factor】遵从性因子设置为“1E-4”,将【Contact Surface Offset】接触表面偏移设置为【None】无。单击【Advanced】高级选项卡,将【Friction Contactv-Function Parameter】摩擦接触 v 函数参数设置为“100”,然后单击【OK】确定。

(1)接触组 1 的接触表面

单击【Define Contact Surfaces】定义接触表面图标 并添加【contact surface 1】接触表面 1。选中【Specify Orientation】指定方位按钮,然后在表格的第 1 行将【Surf/Face】曲面/表面设置为“101”,【Orientation】方向为【Opposite to Geometry】相反几何,然后单击【Save】保存。添加【contact surface 2】接触面 2,单击【Auto ...】自动 ...按钮,将【From】自设置为“1”,并将【To】到设为“16”,然后单击【OK】确定。该表应填入数字“1 到 16”。单击【OK】确定关闭【Define Contact Surface on Geometry】定义几何对话框上的接触表面。

在接触面 1 上生成接触段。单击【Mesh Rigid Contact Surface】网格刚性接触面图标 ,将【Contact Surface】接触面设置为“1”,将【Number of Nodes per Segment】每个段的节点数设置为“4”,然后单击【OK】确定。

(2)接触组 1 的接触对话框

单击【Define Contact Pairs】定义接触对图标 ,添加【contact pair 1】接触对 1,将【Contactor Surface】接触界面设置为“2”,【Coulomb Friction Coefficient】库仑摩擦系数为“0.2”,然后单击【OK】确定。

2)接触组 2

单击【Contact Groups】接触组图标 并添加【group 2】组 2。将【Compliance Factor】合规因子设置为“1E-3”,将【Contact Surface Action】接触表面操作设置为【DoubleSide】双面,将【Contact Surface Offset】接触表面操作设置为【None】无。单击【Advanced】高级选项卡,将【Friction Contact v-Function Parameter】摩擦接

触 v 函数参数设置为“100”,然后单击【OK】确定。

(1)接触组 2 的接触表面

单击【Define Contact Surfaces】定义接触表面图标 并添加【contact surface 1】接触表面 1,单击【Auto ...】自动 ...按钮,将【From】自设置为“1”,【To】到设置为“16”,然后单击【OK】确定。该表应填入数字“1 到 16”,单击【OK】确定,关闭【Define Contact Surface】定义几何对话框上的接触表面。

(2)接触组 2 的接触

单击【Define Contact Pairs】定义接触对图标 ,添加【contact pair 1】接触对 1,将【Coulomb Friction Coefficient】库仑摩擦系数设置为“0.2”,然后单击【OK】确定。

29.3.8 生成 ADINA 数据文件,运行 ADINA 结构数据,加载舷窗文件

单击【Save】保存图标 并将数据库保存到文件“prob29”。单击【Data File/Solution】数据文件/求解方案图标 ,将文件名称设置为“prob29_im”,确保【Run Solution】运行求解方案按钮被选中,然后单击【Save】保存。

ADINA 结构运行 200 步。

ADINA 结构完成后,关闭所有打开的对话框。将【Program Module】程序模块下拉列表设置为【Post-Processing】后处理(用户可以放弃所有更改),单击【Open】打开图标 并打开舷窗文件“prob29_im”。

29.3.9 后处理

1)变形的网格

选择【File】文件→【Open Batch】打开批处理,导航到工作目录或文件夹,选择文件“prob29_1.plo”,然后单击【Open】打开。AUI 处理批处理文件中的命令,图形窗口如图 1.29.6 所示。

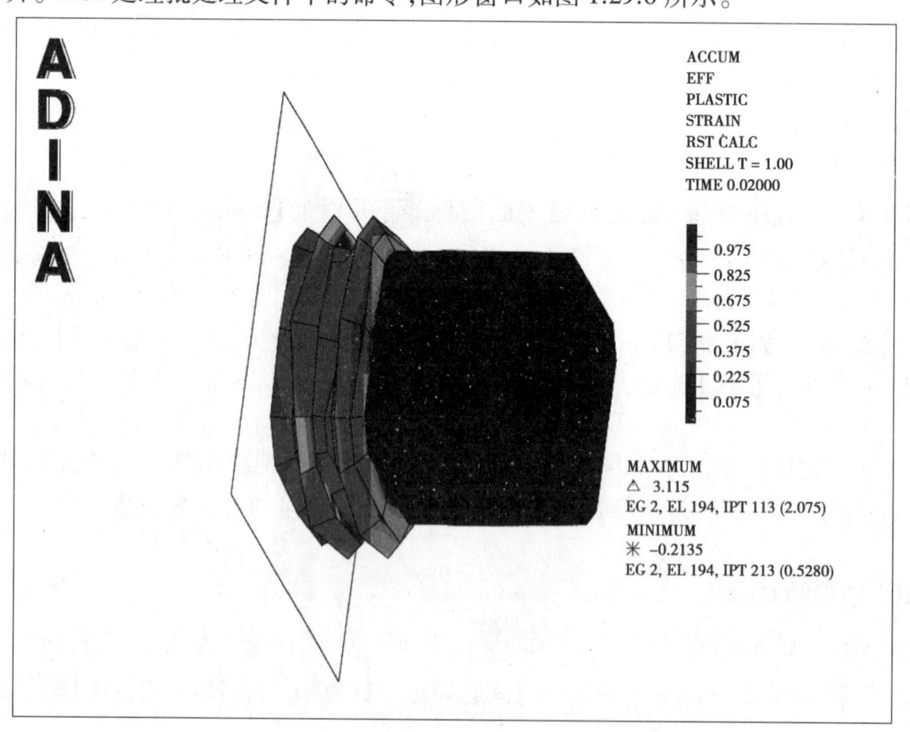

图 1.29.6 变形的网格

单击【Movie Load Step】电影载入步骤图标 以创建管粉碎的动画。动画完成后,单击【Animate】动画图标 ,或者选择显示动画,以查看动画。

注意:管子吸收了刚性重物的所有动能,在分析结束时刚性重物与管子分离。

单击【Clear】清除图标 ,单击【Mesh Plot】网格图图标 ,单击【Cut Surface】切割曲面图标 ,将【Type】类型设置为【Cutting Plane】切割平面,取消选中【Display the Plane(s)】显示平面按钮,将【Below the Cutplane】切割面下方设置为【Display as Usual】显示为正常,【Above the Cutplane】切割平面上方切换到【Donot Display】不显示,然后单击【OK】确定。在模型树中,展开【Zone】区域条目,右键单击【EG2】区域并选择【Display】显示,然后单击【Shading】阴影图标 。使用鼠标重新排列图形窗口,直到图形窗口如图1.29.7所示。

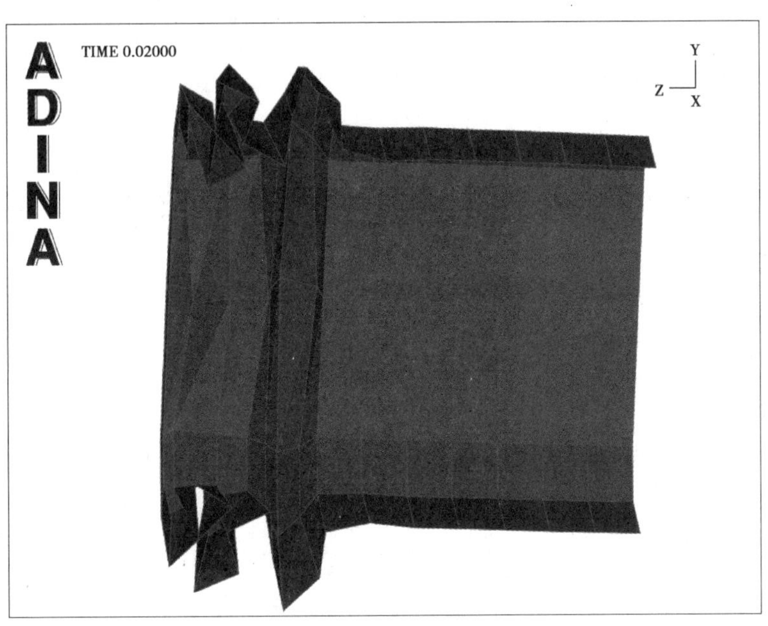

图1.29.7　显示EG2区域

图1.29.7显示了管的自我接触。

2)力-变形曲线

选择【File】文件→【Open Batch】打开批处理,导航到工作目录或文件夹,选择文件"prob29_2.plo"并单击【Open】打开。AUI处理批处理文件中的命令,图形窗口如图1.29.8所示。

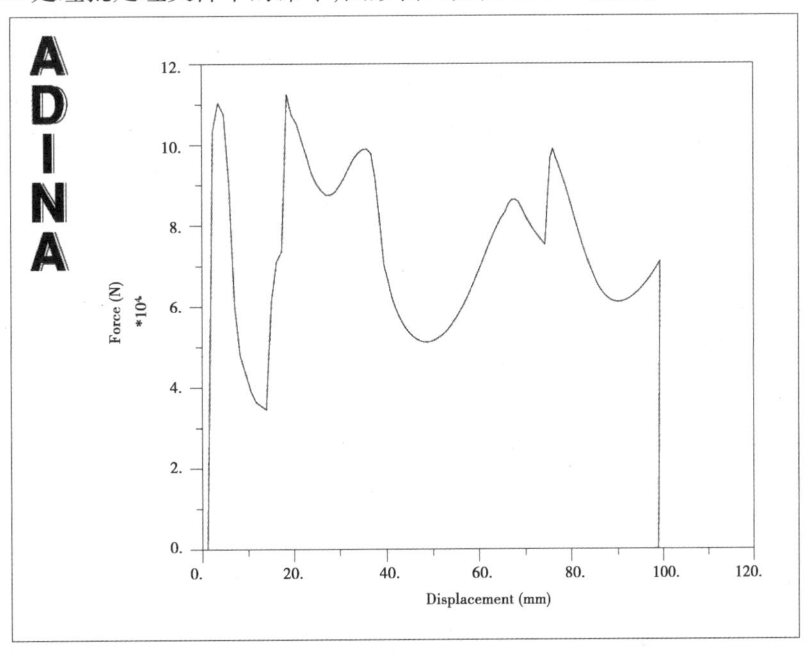

图1.29.8　力-变形曲线

选择【Graph】图形→【List】列表，然后滚动查看强制返回零的第一个求解方案时间。时间应该是“1.82000E-2”，相应位移为“9.89701E + 01(mm)”。

29.4 显式分析

现在将重复使用显式时间积分的分析。将【Program Module】下拉列表设置为【ADINA Structures】(可以放弃所有更改)，并从【File】文件菜单底部附近的最近文件列表中选择数据库文件“prob29.idb”。

29.4.1 标题

选择【Control】控制→【Heading】标题，将标题设置为【Primer problem 29: Crushing of a tube, explicit】引物问题29:碰撞管，然后单击【OK】确定。

29.4.2 显式分析

将【AnalysisType】分析类型设置为【Dynamics-Explicit】动态显式，然后单击【Analysis Options】分析选项图标。将方法设置为【Noh-Bathe】，确保【Time Step】时间步设置为【Automatic (Use Total Time Specified)】自动(使用总时间指定)，将【Time Step Magnitude Scaling Factor】时间步幅度比例因子设置为“0.7”，然后单击【OK】确定。

29.4.3 塑性循环材料模型

单击【Manage Materials】管理材料图标，然后单击【Cyclic】循环按钮。将【Stress Integration Factor (beta)】应力积分因子(beta)设置为“1.0”，然后单击【OK】确定，最后单击【Close】关闭以关闭这两个对话框。

29.4.4 联系算法

单击【Contact Control】接触控制图标，将【Default Contact Algorithm】默认接触算法设置为【Penalty】惩罚，然后单击【OK】确定。

29.4.5 接触组

单击【Contact Groups】接触组图标并选择组1。单击【Advanced】高级选项卡，然后在【Penalty Algorithm Stiffness】惩罚算法刚度框中将【Normal Stiffness】法向刚度设置为【Use Specified Value】使用指定值，并将【value】值设置为“5 000”，并设置【Tangential Stiffness】切向刚度到【Use Specified Value】使用指定值，数值为“5 000”。单击【Save】保存，然后选择【group2】组2，单击【Advanced】高级选项卡，并以相同的方式将【Normal】法向和【Tangential Stiffness】切向刚度设置为“5 000”，单击确定【OK】关闭对话框。

29.4.6 生成ADINA数据文件，运行ADINA结构数据，加载舷窗文件

单击【Save】保存图标并将数据库保存到文件“prob29”。单击【Data File/Solution】数据文件/求解方案图标，将文件名称设置为“prob29_ex”，确保【Run Solution】运行求解方案按钮被选中，然后单击【Save】保存。

ADINA结构运行约12 000步。ADINA结构完成后，关闭所有打开的对话框。将【ADINA Structures】程序模块下拉列表设置为【Post-Processing】后处理(用户可以放弃所有更改)，单击【Open】打开图标并打开舷窗文件“prob29_ex ”。

29.4.7 后处理

选择【Graph】图形→【List】列表，然后滚动查看强制返回零的第一个求解方案时间。时间应该是

“1.71010E-02”，相应位移为“9.33837E＋01（mm）”。

1）变形网格（图1.29.9）

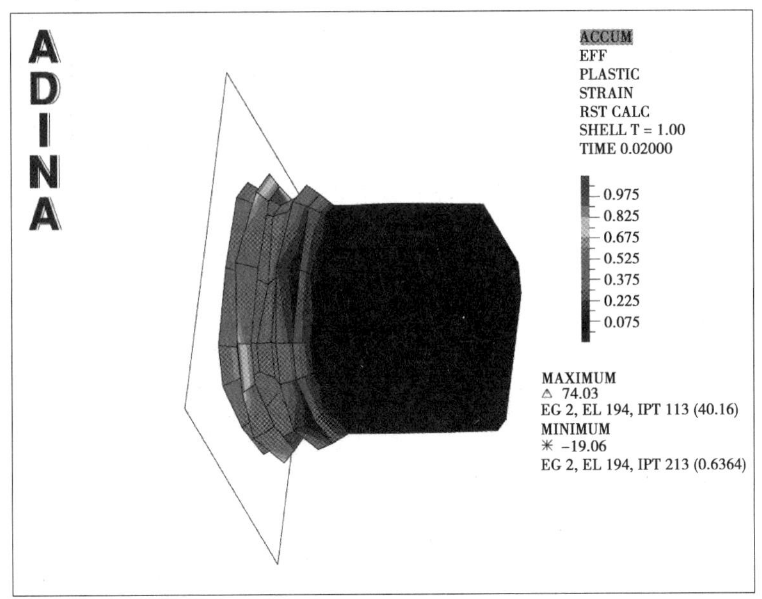

图1.29.9　变形网格

2）力-变形曲线（图1.29.10）

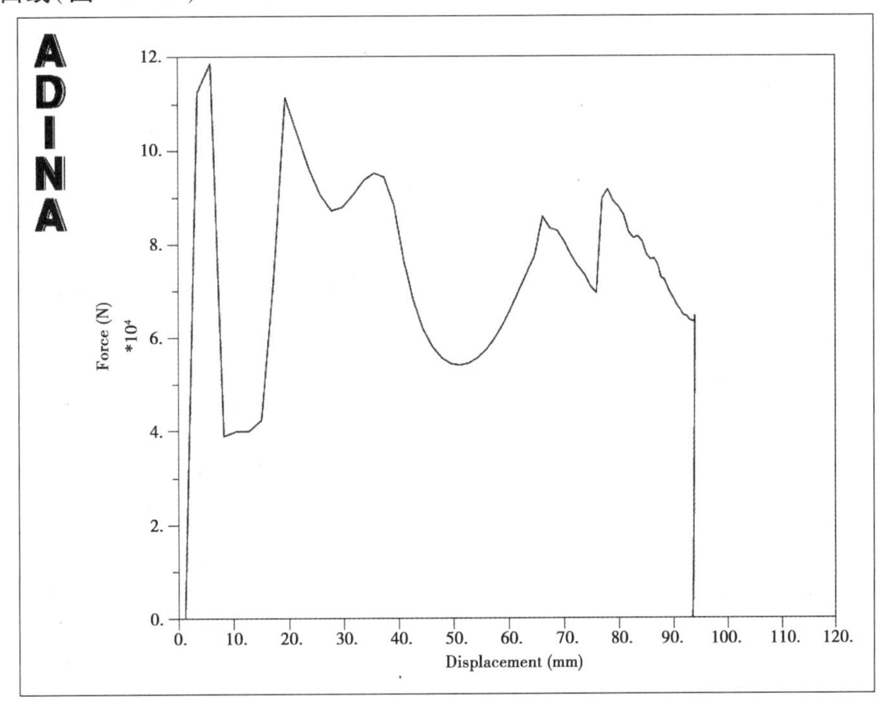

图1.29.10　力-变形曲线

29.5　退出AUI

选择主菜单中的【File】文件→【Exit】退出，弹出【AUI】对话框，然后单击【Yes】，其余选【默认】，退出ADINA-AUI。

问题30　使用对齐单元将梁弯曲成莫比乌斯带

问题描述

1)问题概况

问题30中的模型,如图1.30.1所示,图1.30.2中是最初直梁,所有长度均以mm为单位,$E=$ 207 000 MPa。

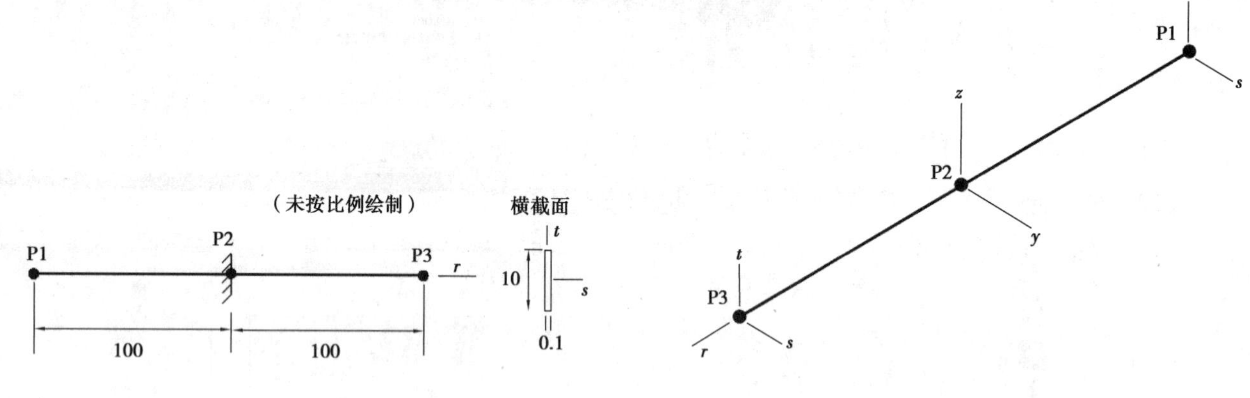

图1.30.1　问题30中的计算模型

图1.30.2　梁

用户希望将梁的自由端聚在一起形成一个环,如图1.30.3所示。

将想扭转梁的自由端部以形成Möbius条,如图1.30.4所示。

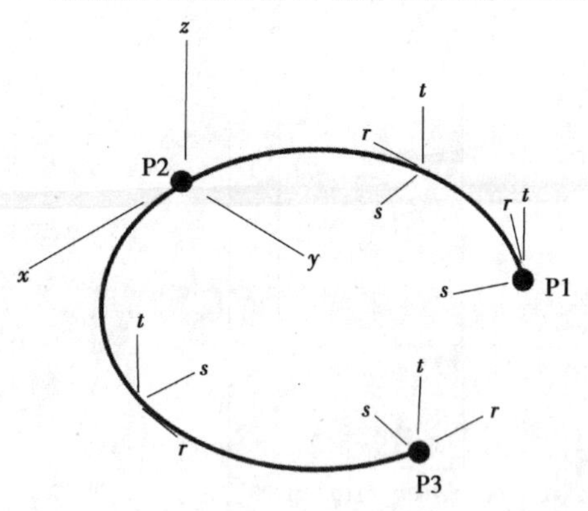

图1.30.3　将梁的自由端聚集成一个环

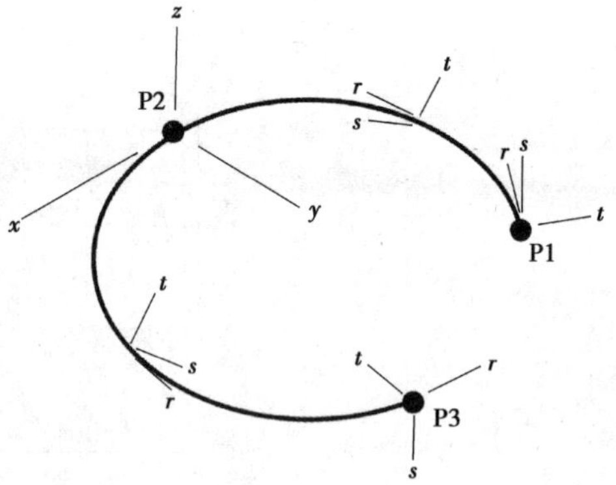

图1.30.4　Möbius带

注意:P1处的s和t轴已相对于P3处的s和t轴旋转。

这两项任务都可以使用对齐单元完成。

2)演示内容

本例将演示以下内容:

①使用对齐单元。

②选择非对称稀疏求解器。

注意:本例大部分输入存储在文件"prob30_1.in"。在开始此分析之前,用户需要将该文件从"samples\primer"文件夹复制到工作目录或文件夹中。

30.1 启动AUI,并选择有限元程序

启动AUI,并将【Program Module】程序模块下拉列表设置为【ADINA Structures】ADINA结构。

30.2 形成环

30.2.1 模型定义

准备一个批处理文件“prob30_1.in”,定义了以下项目:

①问题标题。

②控制数据,包括求解方案公差。ATS方法已关闭(请参阅问题描述末尾的注释)。

③几何点和线。

④横截面。

⑤边界条件(其中有一点是固定翻译和旋转,以消除刚体运动)。

⑥单元组1(它是一个大位移厄米束单元组,单元组包含20个等距的梁单元)。

选择【File】文件→【Open Batch】打开批处理,导航到工作目录或文件夹,选择文件“prob30_1.in”并单击【Open】打开,图形窗口如图1.30.5所示。

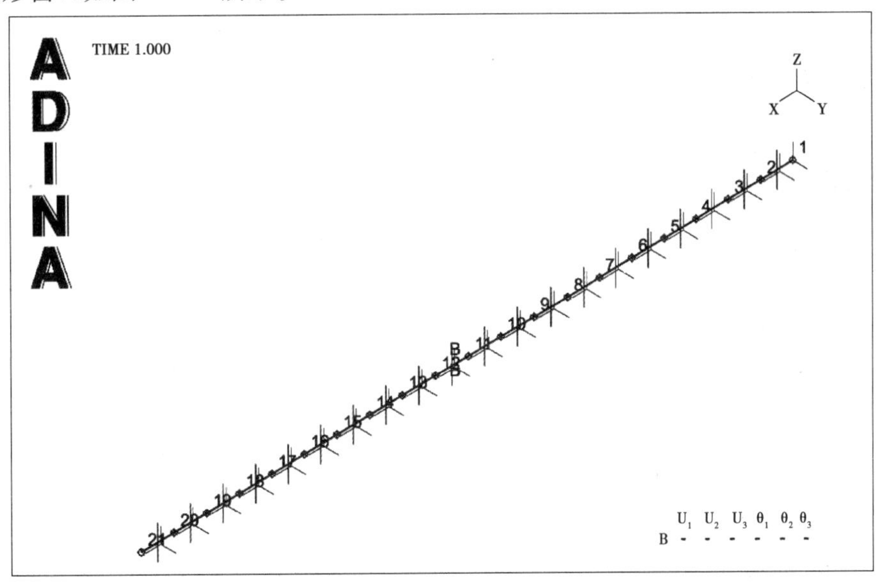

图1.30.5 导入的“prob30_1.in”模型

30.2.2 对齐单元定义

现在定义对齐单元。对齐单元将连接梁模型的端节点(节点1和21),如图1.30.6所示。

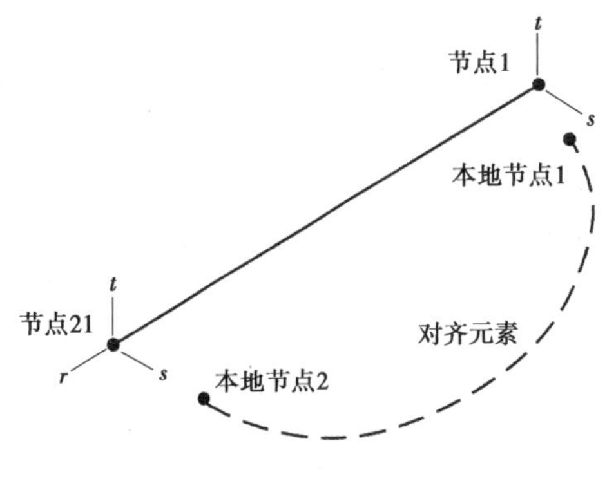

图1.30.6 对齐单元将连接梁模型的端节点(节点1和21)

单击【Element Groups】单元组图标,添加【group 2】组2并将【Type】类型设置为【Alignment】对齐。设置【Save】保存字段设置为【Verbose】详细并单击【OK】确定。

选择【Meshing】网格划分→【Elements】单元→【Element Nodes】单元节点,然后在表格的第1行将【Alignment Element #】单元#对齐到1,【Node 1】节点1到1,【Node 2】节点2到21,然后单击【OK】确定。

30.2.3 绘制对齐单元三元组

单击【Modify Mesh Plot】修改网格绘图图标，单击【Node Depiction …】节点描述按钮，勾选【A triads】字段并单击【OK】确定两次关闭两个对话框。然后在模型树中，展开区域字段，右键单击【3. EG2】并选择【Display】显示，图形窗口如图 1.30.7 所示。

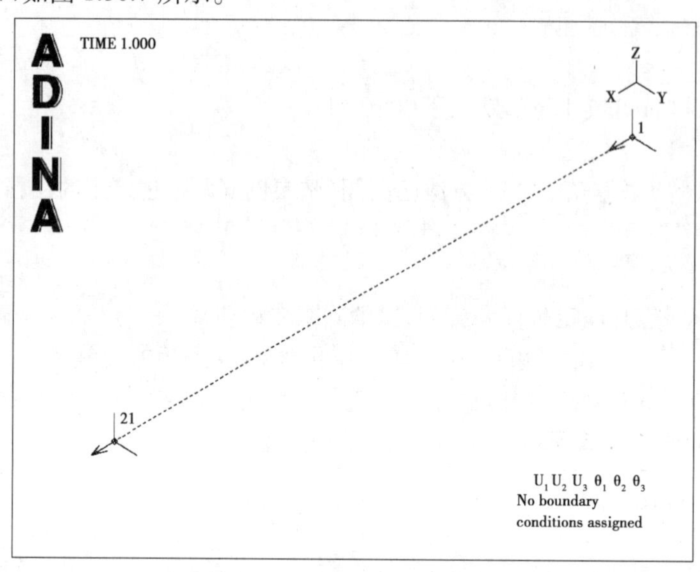

图 1.30.7　显示 3. EG2 区域

1）显示对齐单元，以及节点的 A 三元组

可以看到 A 三元组与梁单元轴重合（即 A1 方向与 r 方向一致，A2 方向与 s 方向一致，A3 方向与 t 方向一致）。

单击【Modify Mesh Plot】修改网格绘图图标，单击【Node Depiction …】节点描述按钮，取消选中【A triads】字段，勾选【B triad】字段并单击【OK】确定两次以关闭这两个对话框，图形窗口如图 1.30.8 所示。

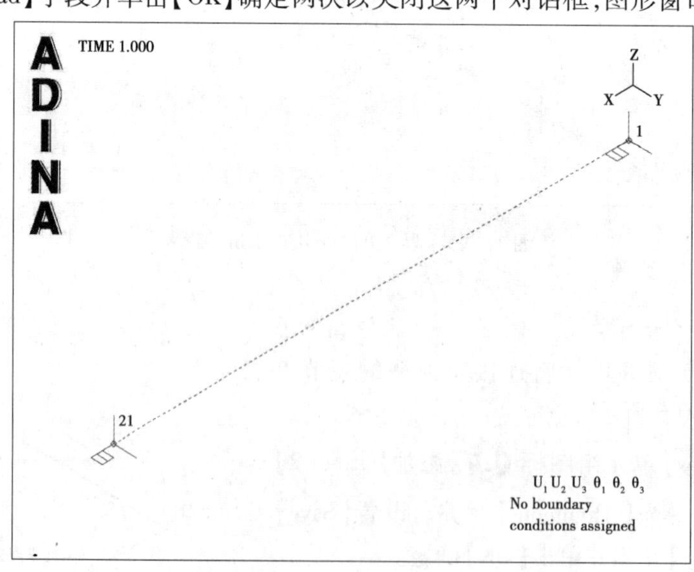

图 1.30.8　B triad 节点描述

2）显示节点的 B 三元组

B 三元组默认与 A 三元组重合。

单击【Modify Mesh Plot】修改网格绘图图标，单击【Node Depiction …】节点描述按钮，取消选中【B triads】字段，勾选【C triad】字段，然后单击【OK】确定两次以关闭这两个对话框。图形窗口如图 1.30.9 所示。

3）显示节点的【C triads】C 三元组

C 三元组默认与 B 三元组重合。

因此，在每个对齐单元本地节点上有以下三元组定义，如图 1.30.10 所示。

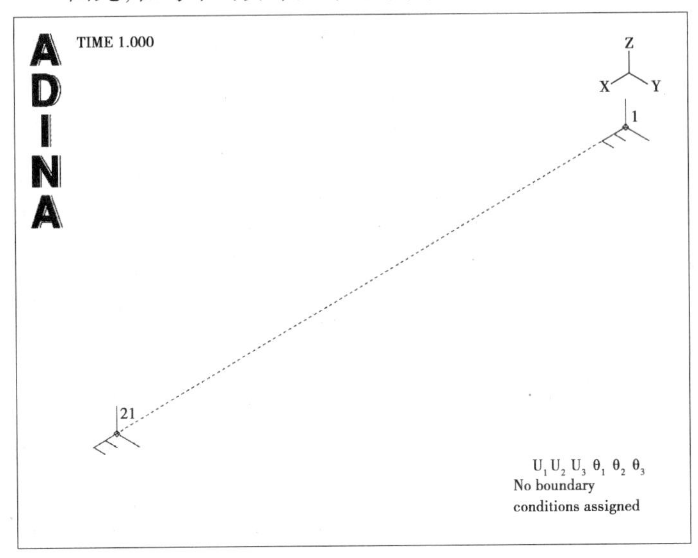

图 1.30.9　C triad 节点描述

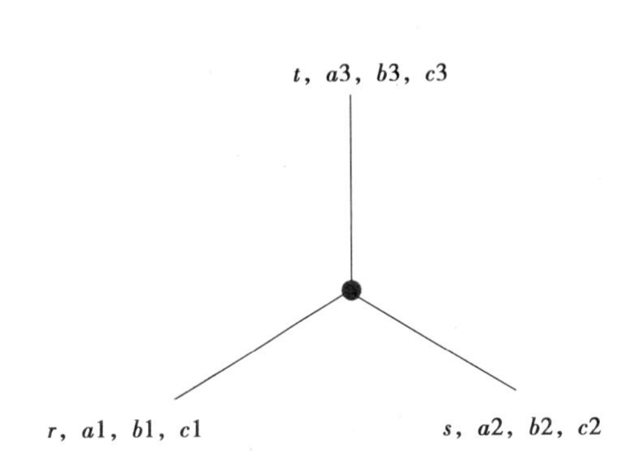

图 1.30.10　三元组定义

30.2.4　对齐平动和对齐旋转定义

现在可以指定对齐单元节点的相对平移和旋转。当环形成时，对齐单元节点和三元组将出现，如图 1.30.11 所示（为了清晰起见，分离三元组）。

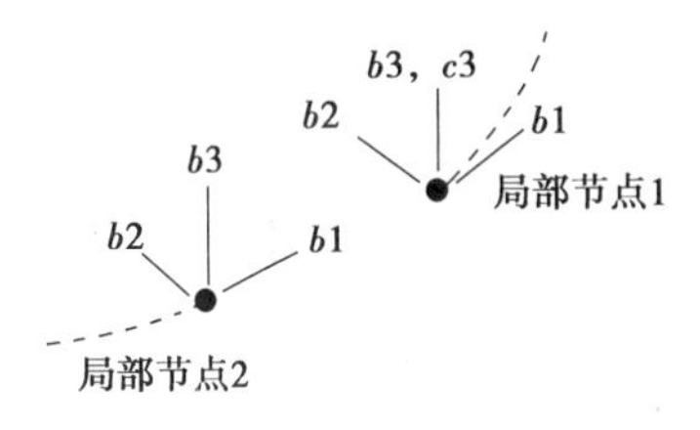

图 1.30.11　分离三元组

图 1.30.11 中看到，三元组的起源应该是一致的，而三元组 *B* 轴的方向也应该重合。当然，三元组 *B* 轴方向最初是重合的。

注意：如果用户将局部节点 2 的三元组 *B* 轴围绕局部节点 1 的 *c*3 轴旋转 360°，则三元组 *B* 轴方向将再次重合，并且旋转三元组 *B* 轴的过程会将梁弯曲成环。

因此，使用对齐旋转定义来指定对齐单元节点的相对旋转。选择【Model】模型→【Alignment Properties】对齐属性→【Rotation Alignment】旋转对齐，添加【Rotation Alignment 1】旋转对齐 1，将【Angular Unit】角度单位设置为【Degrees】度数，在表 1.30.1 中输入以下信息并单击【OK】确定。

因此，在时间 1 处，指定三元组的相对旋转关于由分量（*c*1，*c*2，*c*3）=（0，0，1）给出的轴的 90°；这些组件位于本地节点 1 的 *c* 三元组系统中，换句话说，旋转轴是本地节点 1 的 *c*3 轴。

旋转后，三元组方向不得不重合，但三元组起源仍然可以自由地相互转化。所以需要强化三元组原点的一致性，这是使用对齐转换定义完成的。

选择【Model】模型→【Alignment Properties】对齐属性→【Translation Alignment】平动对齐，添加【Translation Alignment 1】平动对齐 1，在表 1.30.2 中输入以下信息并单击【OK】确定。

表 1.30.1　指定对齐单元节点的相对旋转参数

Time	Option	Angle	Axis c3
1	Angle	90	1
2	Angle	180	1
3	Angle	270	1
4	Angle	360	1

表 1.30.2　对齐参数

Time	Option
5	Factor
6	Aligned

在时间 5 之前,平移对齐无效。在时间 5,平移对齐激活,使用 Option = Factor。由于默认因子是 1.0,这意味着时间 5 的规定对齐等于当前对齐,无论对齐是什么。在时间 6,规定的平移对齐导致两个三元组原点重合。

30.2.5 单元组定义

单击【Element Groups】单元组图标,确保【Group Number】组号为 2,将【Translation Alignment】平移对齐设置为“1”,将【Rotation Alignment】旋转对齐设置为“1”,然后单击【OK】确定。

30.2.6 时间步长

选择【Control】控制→【Time Step】时间步长,在表格的第一行中将【Number of Steps】步数设置为“6”,然后单击【OK】确定。

30.2.7 生成 ADINA 数据文件,运行 ADINA 结构数据,加载舷窗文件

单击【Save】保存图标并将数据库保存到文件“prob30”。单击【Data File/Solution】数据文件/求解方案图标,将文件名设置为“prob30”,确保【Run Solution】运行求解方案按钮已被选中,然后单击【Save】保存。

可以忽略 ADINA Structures 窗口中出现的【Model may be unstable】模型可能不稳定或【Stiffness matrix not positive definite】刚度矩阵不确定消息。

ADINA 结构完成后,关闭所有打开的对话框。将【Program Module】程序模块下拉列表设置为【Post-Processing】后处理(用户可以放弃所有更改),单击【Open】打开图标并打开舷窗文件“prob30”。

30.2.8 后处理

1)梁界面

单击【Iso View 1】轴测视图 1 图标,然后单击【Modify Mesh Plot】修改网格绘图图标,单击【Element Depiction ...】单元描述按钮,选中【Display Beam Cross Section】显示梁截面字段,然后单击【OK】确定两次以关闭这两个对话框。图形窗口如图 1.30.12 所示。

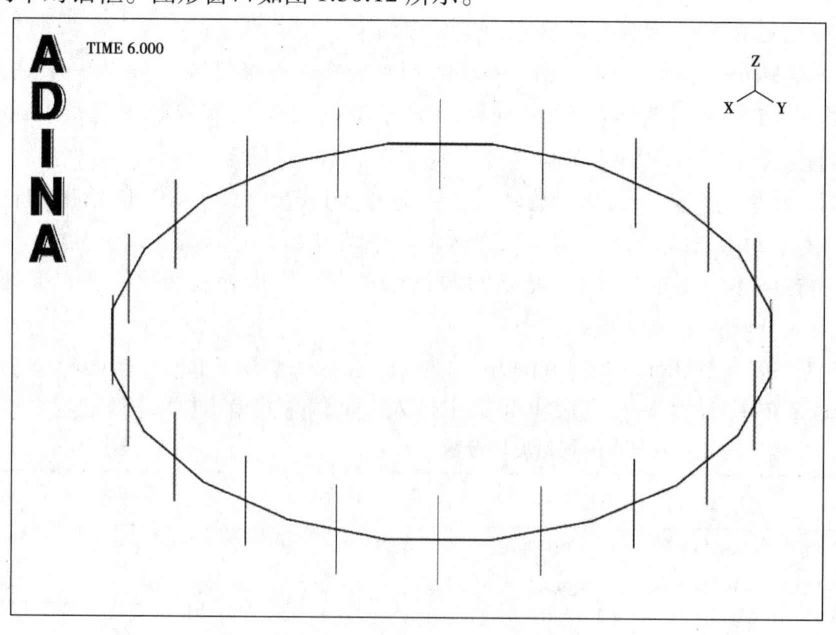

图 1.30.12 显示梁截面

2)节点描述

现在单击【First Solution】第一个求解方案图标 ，使用【Pick】拾取图标 和鼠标将网格图调整到图形窗口中，单击【Modify Mesh Plot】修改网格绘图图标 ，单击【Node Depiction ...】节点描述按钮，检查 B 三元组字段，然后单击【OK】确定两次关闭这两个对话框。图形窗口如图 1.30.13 所示。

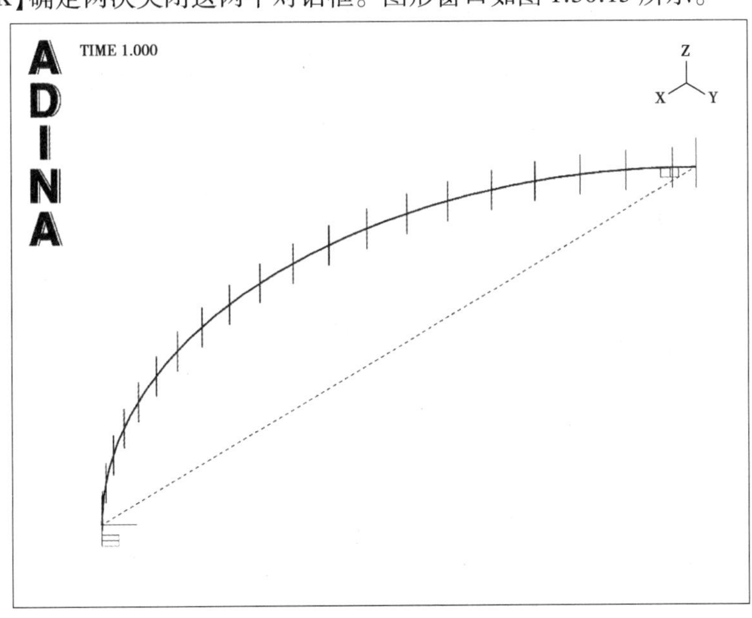

图 1.30.13 节点描述

在步骤 1 的时候，B 三元组的相对旋转角度是 90°。

当用户检查其他求解方案时，可以注意到时间 4 到 6 的求解方案几乎完全相同。

3)列出对齐

列出对齐，以验证规定的对齐是事实上适用于模型。选择【List】列表→【Value List】数值列表→【Zone】区域，将【Variable 1】变量 1 设置为【(Alignment: ALIGN_ROT_ACTUAL_MAGNITUDE)】(对齐：ALIGN_ROT_ACTUAL_MAGNITUDE)，【Variable 2】变量 2 设为【(Alignment: ALIGN_TRANS_ACTUAL-C1)】(对齐：ALIGN_TRANS_ACTUAL-C1)，然后单击【Apply】应用。

可以看到：直到时间 4，实际旋转幅度都是规定值。在时间 4，旋转幅度非常小(对应于三元轴的方向一致)；在时间 5，平移对齐约为"-1.7E-8(mm)"；且在时间 6，平移对齐为零(对应于三元组起始重合)。

单击【Close】关闭，关闭对话框。

30.3 形成 Möbius 条

30.3.1 形成 Möbius 条

将【Program Module】程序模块下拉列表设置为【ADINA Structures】(可以放弃所有更改)，并从【File】菜单底部附近的最近文件列表中选择数据库文件"prob30.idb"。

在形成所述 M 所需的附加步骤 Möbius 条是扭转条 180° 的两个端部。就对齐单元三元组而言，显示如图 1.30.14 所示。

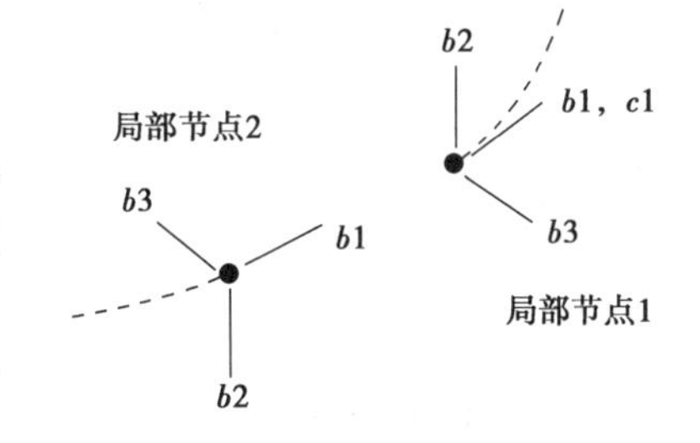

图 1.30.14 对齐单元三元组

指定围绕本地节点 1 的 $c1$ 轴的 180° 相对增量旋转。

选择【Model】模型→【Alignment Properties】对齐属性→【Rotation Alignment】旋转对齐，编辑表格以读取，见表 1.30.3，然后单击【OK】确定。

表 1.30.3　旋转对齐参数

Time	Option	Angle	Axiscl	Axis c3
1	Angle	90		1
2	Angle	180		1
3	Angle	270		1
4	Angle	360		1
6	Same as Previous			
24	Incremental Angle	180	1	

可以看到围绕轴 $c1$ 的旋转发生在时间 7 和 24 之间,所以增量旋转是每个时间步 10°。

30.3.2　时间步进

选择【Control】控制→【Time Step】时间步长,将该表第 1 行的【Number of Steps】步骤数设置为“24”,并单击【OK】确定。

30.3.3　生成 ADINA 数据文件,运行 ADINA 结构数据

单击【Save】保存图标 ,单击【Data File/Solution】数据文件/求解方案图标 ,将文件名设置为“prob30”,确保【Run Solution】运行求解方案按钮已被选中并单击【Save】保存。

该模型步骤 8 不收敛(应用增量旋转的第二步)。关闭所有打开的对话框。

30.4　指定方程求解器

30.4.1　非对称方程求解器

增量旋转会导致梁单元扭转,因此梁单元处于弯曲和扭转的组合状态。对于弯曲和扭转组合的大位移梁单元,非对称方程求解器常常是有效的。

选择【Control】控制→【Solution Process】求解方案流程,将【Equation Solver t】公式求解器设置为【Nonsym. Sparse】并单击【OK】确定。

30.4.2　生成 ADINA 数据文件,运行 ADINA 结构数据,加载舷窗文件

单击【Save】保存图标 ,单击【Data File/Solution】数据文件/求解方案图标 ,将文件名设置为“prob30”,确保【Run Solution】运行求解方案按钮已被选中并单击【Save】保存。

这次模型运行了所有 24 个步骤。ADINA 结构完成后,关闭所有打开的对话框。将【Program Module】程序模块下拉列表设置为【Post-Processing】后处理(用户可以放弃所有更改),单击【Open】打开图标 并打开舷窗文件“prob30”。

30.4.3　后处理

1)修改网格绘图、横梁横截面和中性轴

单击【Modify Mesh Plot】修改网格绘图图标 ,单击【Element Depiction ...】单元描述按钮,选中显示横梁横截面字段,单击【Advanced】高级选项卡,将【# Segments for Neutral Axis】中性轴的#段设置为 4,然后单击【OK】确定两次以关闭这两个对话框。图形窗口如图 1.30.15 所示。

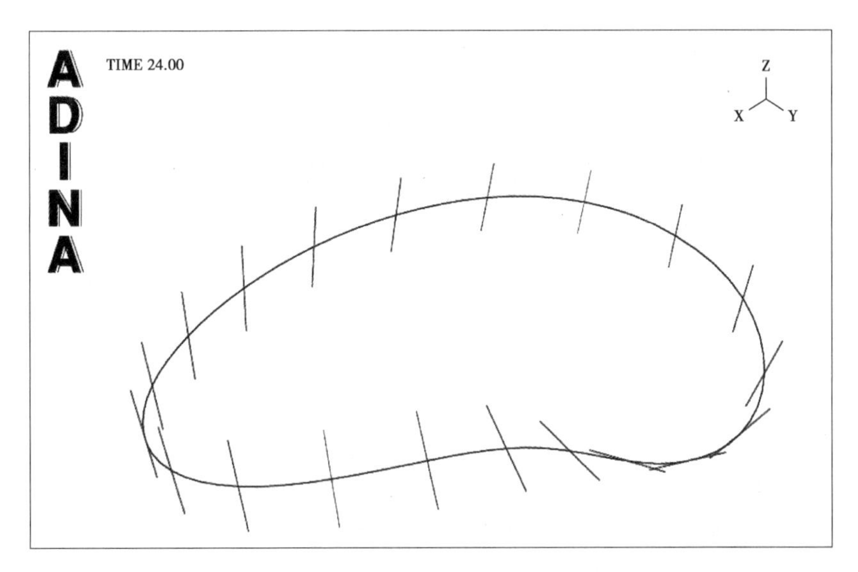

图 1.30.15 显示横梁横截面和中性轴

显然,增量旋转引起了梁的端部拧入所述 Möbius 带状。

2)列出对齐单元的力和力矩

选择【List】列表→【Value List】值列表→【Zone】区域,将【Variable 1】变量 1 设置为【(Alignment:ALIGN_TRANS_FORCE-C1)】,【Variable 2】变量 2 设置为【(Alignment:ALIGN_TRANS_FORCE-C2)】,【Variable 3】变量 3 设置为【(Alignment:ALIGN_TRANS_FORCE-C3)】,单击【Apply】应用。

可以看到:保持平移对准所需的力从时间 7 开始增加,并且在时间 24 时,力具有分量(6.85741E-02,1.95959E-01,3.59074E-07)(N)。这些组件在本地节点 1 的 C 三元组方向上进行测量。(用户的力组件可能有略微不同的数值。)

现在将【Variable 1】变量 1 设置为【(Alignment:ALIGN_ROT_MOMENT_MAGNITUDE)】,然后单击【Apply】应用。在时刻 24,时刻的幅度为 1.44764E + 01(N-mm)。单击【Close】关闭,关闭对话框。

30.5 退出 AUI

选择主菜单中的【File】文件→【Exit】退出,弹出【AUI】对话框,然后单击【Yes】,其余选【默认】,退出 ADINA-AUI。

注意:本例关闭了 ATS 方法,便于非对称稀疏求解器的使用。如果使用 ATS 方法(默认),则可以使用默认稀疏解算器解决此问题,但 ATS 方法的作用会削减。

问题 31　分析一个密封组合

问题描述

1)问题概况

如图 1.31.1 所示,以分解图的形式显示了一个密封装置。

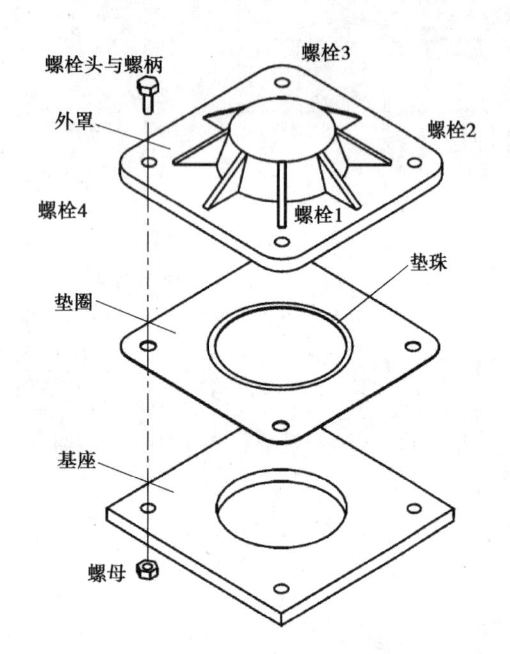

图 1.31.1　密封装置分解图

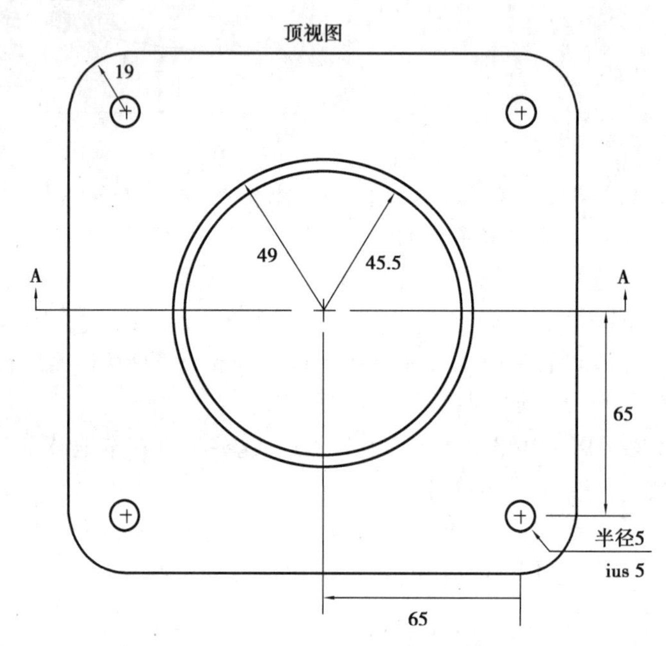

图 1.31.2　拴圈的尺寸

图 1.31.2、图 1.31.3 显示了垫圈和焊缝的尺寸。

图 1.31.3　焊缝的尺寸

垫圈材料模型用于模制垫圈和胎圈,具有与垫圈和胎圈相同的材料特性。垫圈材料的垫圈压力/闭合应变响应曲线如图 1.31.4 所示。

所有尺寸以 mm 为单位,垫片厚度不是按比例绘制。

其余的垫片材料属性是:

$\rho = 2 \times 10^{-9}\ \mathrm{N \cdot s^2/mm^4}$

$E_{\mathrm{tensile}} = 20\ \mathrm{MPa},\ G_{\mathrm{transverse}} = 10\ \mathrm{MPa}$

$E_{\text{in-plane}} = 20\ \mathrm{MPa},\ \nu_{\text{in-plane}} = 0.3$

2)本例分析

本例分析分两部分进行:

第 1 部分:初始装配和螺栓张紧。每个螺栓的螺栓长度减少了 3.96 mm(这个距离足以弥补组合之间的差距)。

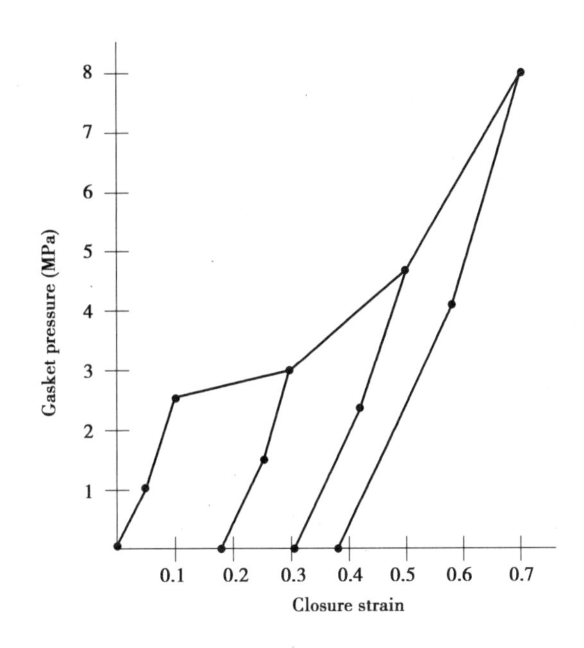

图 1.31.4　垫圈材料的垫圈压力/闭合应变响应曲线

然后按照表 1.31.1 加载顺序将螺栓预紧：

表 1.31.1　螺栓加载预紧顺序

Sequence number	Bolt number	Bolt force (N)
1	1	5 000
2	3	5 000
3	2	5 000
4	4	5 000
5	1	10 000
6	3	10 000
7	2	10 000
8	4	10 000

由于在第一部分开始时组合部件最初是分开的,因此存在刚体模式；因此在第 1 部分中使用了质量比瑞利阻尼的低速动力学。

第 2 部分:施加压力。执行重新启动,在重新启动分析中,关闭低速动态选项,以便在分析的其余部分执行完全静态分析。然后将 4 MPa 的压力施加到盖帽的下侧。

3)演示内容

在本例求解方案中,将演示以前没有提到的主题:

①导入 Nastran 文件。

②定义单元的面集合。

③使用单元面集来定义接触组,边界条件和施加的压力。

④定义接触偏移。

⑤定义垫圈材料。

⑥使用螺栓表指定 3D 螺栓单元的顺序载荷。

⑦在谱图中为每个求解方案步骤使用不同的颜色范围。

注意:①不能用 ADINA 系统的 900 个节点版本求解,因为这个模型包含 900 多个节点。

②本例大部分输入存储在文件“prob31.nas”“prob31_1.in”“prob31_2.in”。在开始此分析之前用户需

要将文件“prob31.nas”“prob31_1.in”“prob31_2.in”从文件夹样本“samples\primer”，复制到工作目录或文件夹。

31.1 启动AUI，选择有限元程序

启动AUI，从【Program Module】程序模块下拉列表中选择【ADINA Structures】ADINA结构。

31.2 初始装配和螺栓张紧分析

31.2.1 模型定义

1) Nastran **文件导入**

组件已经在Nastran文件中定义。选择【File】文件→【Import NASTRAN】导入NASTRAN，选择文件“prob31.nas”并单击【Open】打开。然后单击【Color Element Groups】涂彩单元组图标，图形窗口如图1.31.5所示。

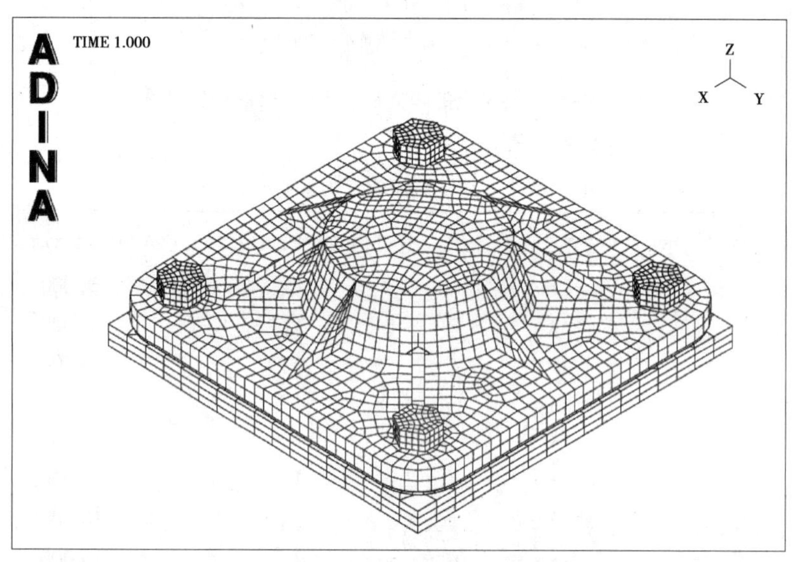

图1.31.5 彩色显示单元组

在模型树中，展开【Zone】区域字段，需要应该注意以下定义的区域：

①ADINA。

②EG2。

③EG203。

④EG204。

⑤EG401。

⑥EG801。

⑦EG802。

⑧EG803。

⑨EG804。

⑩ WHOLE_MODEL。

单元组对应于不同的组件，如图1.31.6所示。

注意：每个螺栓的螺栓头，螺栓和螺母都合并到一个单元组中，每个螺栓使用一个单元组。

要显示单元组或任何单元组的组合，首先在模型树中选择相应的区域名称，然后右键单击并选择【Display】显示。例如，选择区域EG203和EG204（选择第2个区域时按住“Ctrl”键或“Shift”键，选择两个区域

名称),然后右键单击并选择【Display】显示,图形窗口如图 1.31.7 所示。

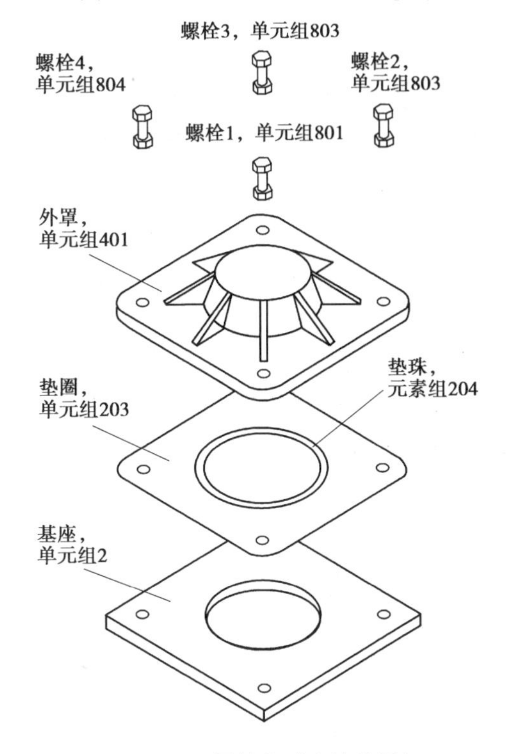

图 1.31.6 零件和对应的单元组

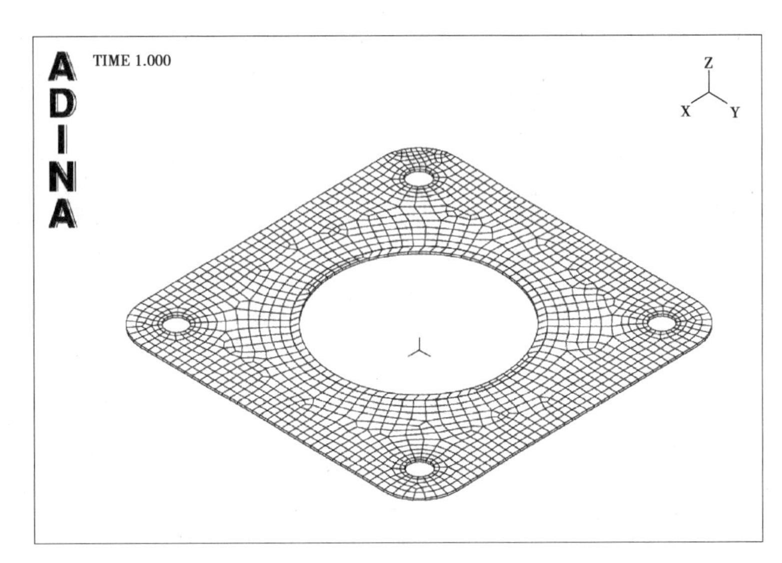

图 1.31.7 显示区域 EG203 和 EG204

2)单元面集合

因为导入了一个 Nastran 文件,所以在定义边界条件、载荷和接触曲面时,不能使用底层几何。相反,将定义单元面集,然后使用面集定义边界条件,载荷和接触面。

(1)基础上的面集合

首先在基础上定义如图 1.31.8 所示单元集。

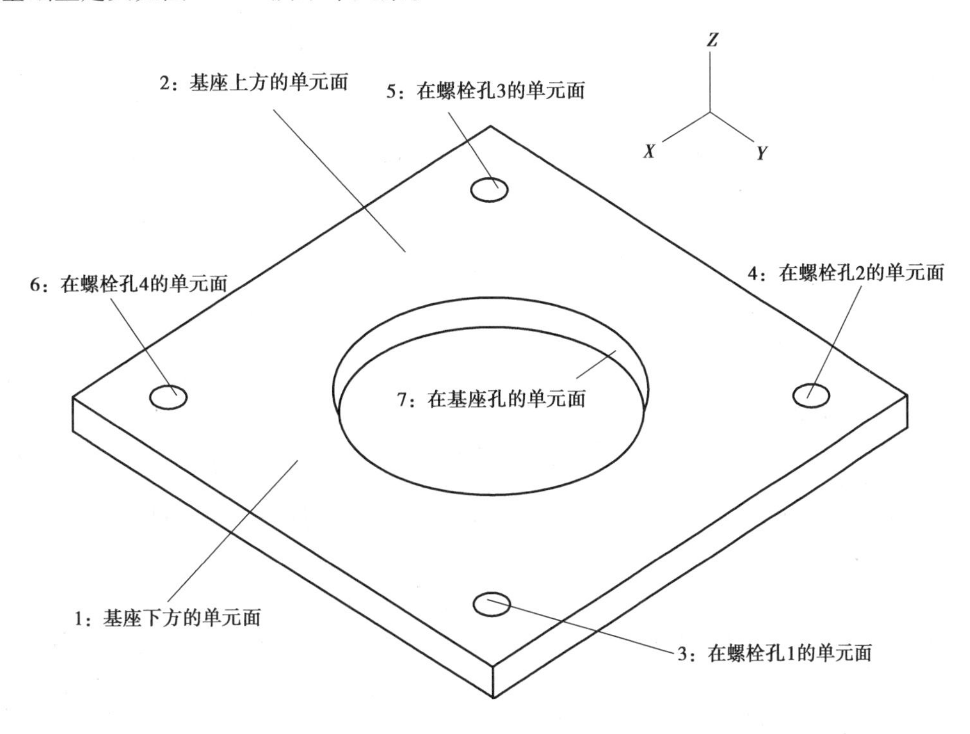

图 1.31.8 在基础上定义单元集

使用模型树，显示区域 EG2。

然后使用鼠标旋转模型，直到底部的底部可见。单击【Element Face Set】单元面集图标，添加【face-set 1】面集 1，将【Method】方法设置为【Auto-Chain Element Faces】自动链单元面，双击表格中的面列，选取基底底部的一个或多个面，按“Esc”键并单击【Save】保存（不要关闭【Define Element Face Set】定义单元面集合对话框）。图形窗口如图 1.31.9 所示。

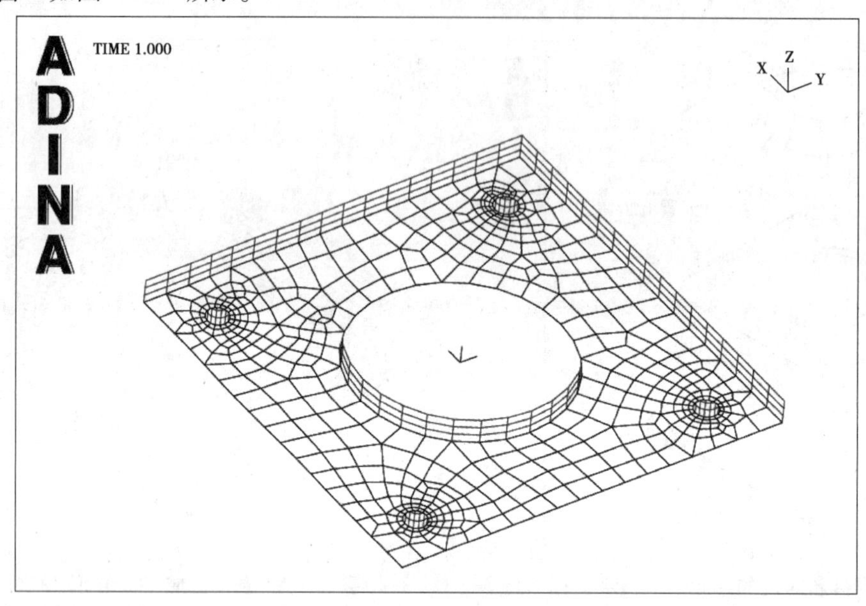

图 1.31.9　选取基底底部的一个或多个面

注意：与面组 1 对应的单元面被突出显示。现在，使用鼠标旋转模型，直到基底的顶部可见，添加面单元组 2，将【Method】方法设置为【Auto-Chain Element Faces】自动链单元面，双击表的【Face】面列，选择一个或多个面底部的顶部，按“Esc”键，然后单击【Save】保存，再次突出显示对应于面组 2 的单元面。

现在单击【Shading】阴影图标，放大直到螺栓孔 1 被放大，添加【face-set 3】面单元 3，将【Method】方法设置为【Auto-Chain Element Faces】自动链单元面，将【Face Angle】面角度设置为“60”，双击表格的【Face】面列，螺栓孔 1 内的一个或多个面，按下“Esc”键并单击【Save】保存。（当面被遮蔽时，更容易在螺栓孔中拾取面）

类似地继续进行，为螺栓孔 2、螺栓孔 3 的面集合 5、螺栓孔 4 的面集合 6 和基座孔的面集合 7 定义面集合 4。

注意：不要关闭【Define Element Face Set】定义单元面集合对话框。

(2)垫片上的面集合

现在在垫片上定义面集合，如图 1.31.10 所示。

使用模型树显示区域 EG203 和 EG204。选择【Edit】编辑→【Preferences】首选项，将【Prompt for Label】提示标签设置为【Yes】是，然后单击【OK】确定。如果关闭了【Define Element Face Set】定义单元面组对话框，请单击【Element Face Set】单元面组图标。添加【element face-set 201】单元面集 201，将【Method】方法设置为【From Element Groups】来自单元组，在表格的第 1 行中将【Element Group】单元组设置为“203”，然后单击【Save】保存。选择【Edit】编辑→【Preferences】首选项，将【Prompt for Label】标签提示设置为【NO】否，然后单击【OK】确定。现在添加【elementface-set 202】单元面集 202，将【Method】方法设置为【From Element Groups】从单元组，在表格的第 1 行中将【Element Group】单元组设置为 204，然后单击【Save】保存。

使用鼠标旋转模型，直到垫圈底部可见。添加【face-set 203】面集合 203，将【Method】方法设置为【Auto-Chain Element Faces】自动链单元面，双击表的【Face】面列，选取垫片底部的一个或多个面，按“Esc”键并单击【Save】保存。

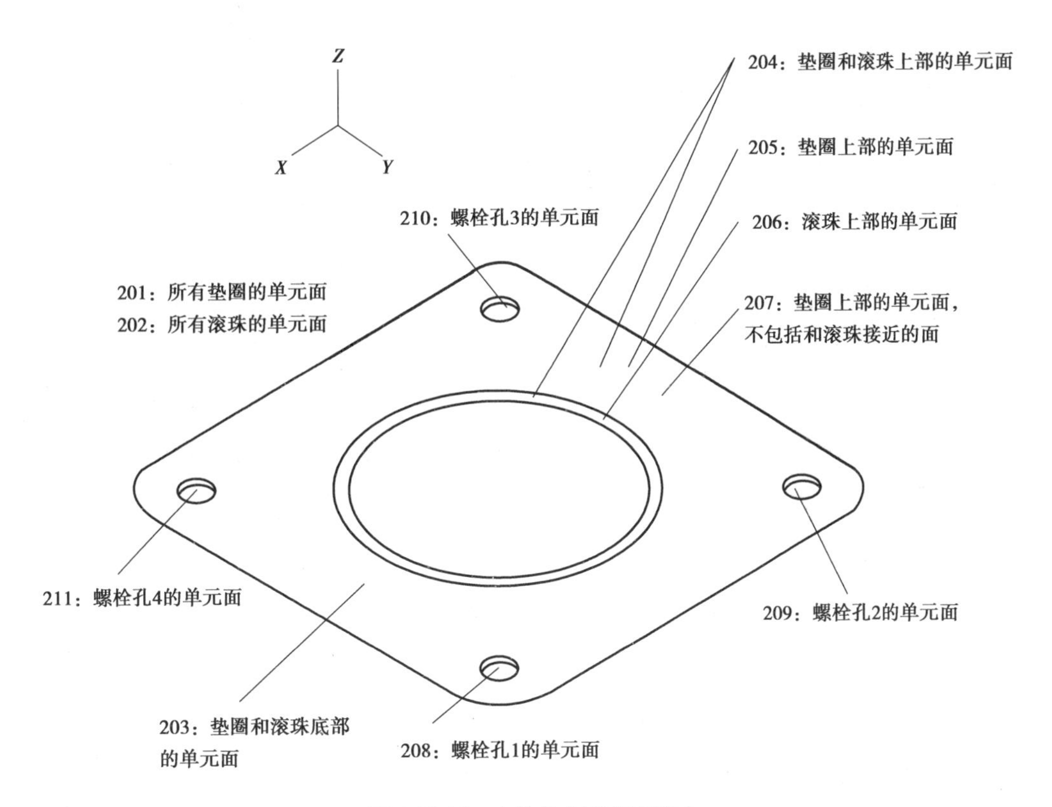

图 1.31.10　在垫片上定义面集合

使用鼠标旋转模型，直到垫圈的顶部可见。添加【face-set 204】面集合 204，将【Method】方法设置为【Auto-Chain Element Faces】自动链接单元面，双击表格的【Face】面列，在垫片顶部选择一个或多个面，按"Esc"键，然后单击【Save】保存。

现在添加【face-set 205】面集 205，设置【Method】方法为【Intersect Sets】交集，在表的前两行输入 201 和 204，然后单击【Save】保存。请注意，只有垫圈顶部的面(但不是在滚珠的顶部)突出显示。

添加【face-set 206,】面集 206，将【Method】方法设置为【Intersect Sets】交集，在表的前两行输入 202 和 204，然后单击【Save】保存。请注意，只有凸缘顶部的面(但不是垫圈顶部)被突出显示。

现在定义【face-set 207】面集合 207。放大，以便将滚珠的顶部和周围的垫圈放大，如果模型未加阴影，请单击【Shading】阴影图标 。现在复制面集合 205 至 207，双击表格中的【Face】面列，按住"S"键，然后单击紧挨着滚珠的高亮面之一，面应该变得不亮显。

继续不要亮显表面，直到与滚珠紧邻的整个第一环面不突出。如果太多面变得不明亮，请在不按住"S"键的情况下再次单击未亮显的面以突出显示面。

在关注到与滚珠紧邻的整个第一环面之后，图形窗口如图 1.31.11 所示。

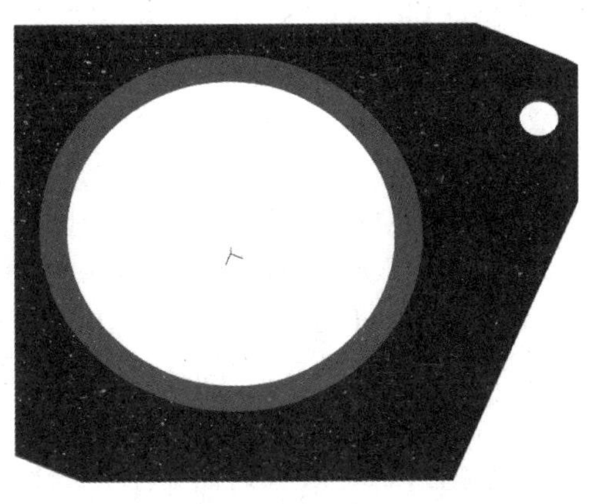

图 1.31.11　与滚珠紧邻的整个第一环面亮显

按"Esc"键，然后单击【Save】保存以保存【face-set 207】面集合 207。

放大直到螺栓孔 1 被放大，添加【element face-set 208】单元面集合 208，将【Method】方法设置为【Auto-Chain Element Faces】自动链单元面，将面角【Face Angle】设置为"60"，双击表的【Face】面列，选择螺栓内的一个或多个面(如果不小心突出了垫圈顶部的面部，请按住"S"键并再次选取面)，按"Esc"键并单击【Save】保存。

类似地继续，为螺栓孔 2 定义【face-set 209】面集合 209，为螺栓孔 3 定义【face-set 210】面集合 210,为螺栓孔 4 定义【face-set 211】面集合 211。

(3)在盖上的面集合

在盖上定义面集合,如图 1.31.12 所示。

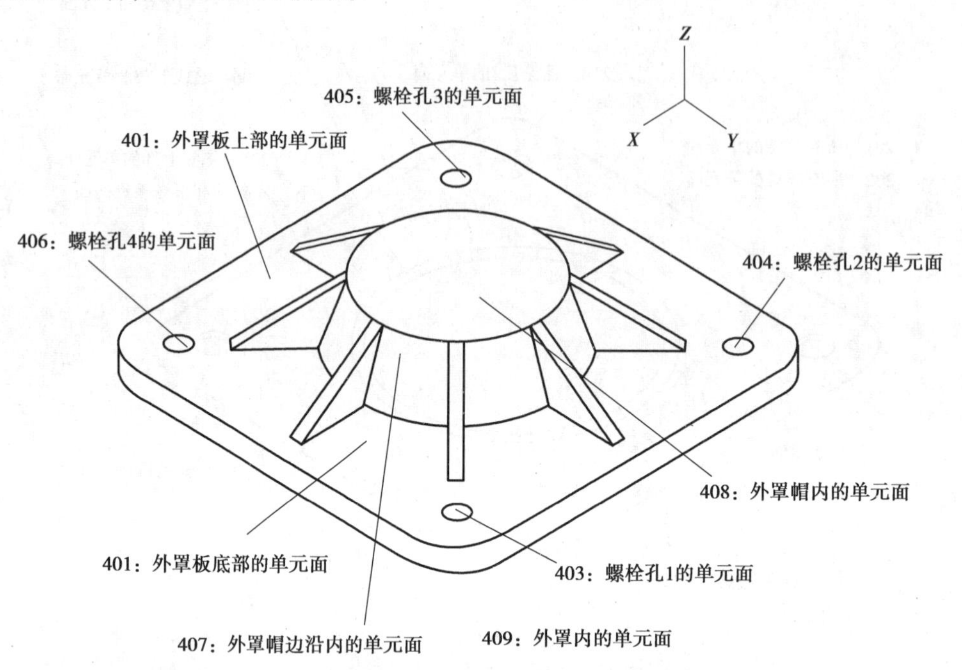

图 1.31.12　在盖上定义面集合

使用模型树,显示区域 EG401,并使用鼠标旋转模型,直到封面的底部是可见的。选择【Edit】编辑→【Preferences】首选项,将【Promptfor Label】提示标签设置为【Yes】是和单击【OK】确定。如果关闭了【Define Element Face Set】定义单元面集对话框,请单击【Element Face Set】单元面集图标 。添加【element face-set 401】单元面集 401,将【Method】方法设置为【Auto-Chain Element Faces】自动链单元面,双击在表格的面列中,选择封面底部的一个或多个面,然后按“Esc”键,然后单击【Save】保存。选择【Edit】编辑→【Preferences】首选项,将【Prompt for Label】提示标签设置为【NO】否,最后单击【OK】确定。

现在使用鼠标旋转模型,直到封面的顶部可见为止,添加【face-set 402】面集 402,将【Method】方法设置为【Auto-Chain Element Faces】自动链单元面,双击表的【Face】面列,选择一个或多个面在顶盖的顶部,按下“Esc”键并单击【Save】保存。

现在放大,直到放大螺栓孔 1,添加【element face-set 403】单元面集合 403,将【Method】方法设置为【Auto-Chain Element Faces】自动链单元面,将【Face Angle】面角设置为“60”,双击表的【Face】面列,选择一个或多个面螺栓孔 1,按“Esc”键,然后单击【Save】保存。

类似地继续进行,以限定用于螺栓孔 2 的【face-set 404】面集合 404,用于螺栓孔 3 的【face-set 405】面集合 405 和用于螺栓孔 4 的【faceset 406】面集合 406。

现在使用鼠标旋转模型,直到盖帽的底部可见,添加【face-set 407】面集合 407,将【Method】方法设置为【Auto-Chain Element Faces】自动链表单元面,双击表格的【Face】面列,在盖帽的侧面选择一个或多个面,按下“Esc”键并单击【Save】保存。添加【face-set 408】面集合 408,将【Method】方法设置为【Auto-Chain Element Faces】自动链单元面,双击表的【Face】面列,选择封面顶部的一个或多个面,按“Esc”键,然后单击【Save】保存。

现在添加【face-set 409】面集合 409,将【Method】方法设置为【Merge Sets】合并集,将表的前两行设置为“407,408”,然后单击【Save】保存。图形窗口如图 1.31.13 所示。

最后关闭【Define Element Face Set】定义单元面集合对话框。

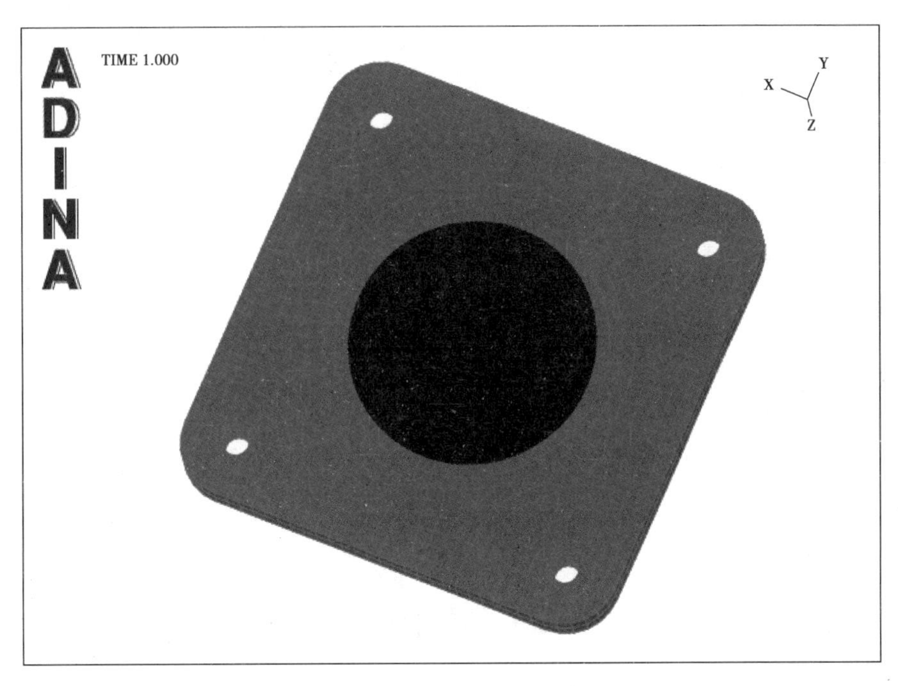

图 1.31.13　合并的面集合

(4)螺栓的面集合

在螺栓上定义面集合,如图 1.31.14 所示。因为已经显示了自动链接,所以将必要的命令定义为文件"prob31_1.in"。选择【File】文件→【Open Batch】打开批处理,导航到工作目录或文件夹,选择文件"prob31_1.in",然后单击【Open】打开。

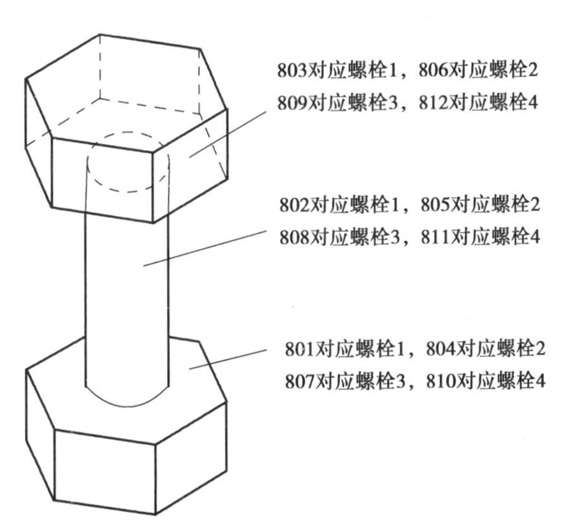

图 1.31.14　在螺栓上定义面集合

现在使用的模型树显示单元组 801,不亮显组如果有必要(例如,通过单击【Query】查询图标 ?,然后单击图形窗口的背景),单击【Element Face Set】单元面集合图标 ,然后选择【Face Set 801】面集合 801。图形窗口如图 1.31.15 所示。

可以通过将其显示在螺栓单元上来确认其他面集合的定义。单击【OK】确定或【Cancel】取消关闭【Define Element Face Set】定义单元面集合对话框。

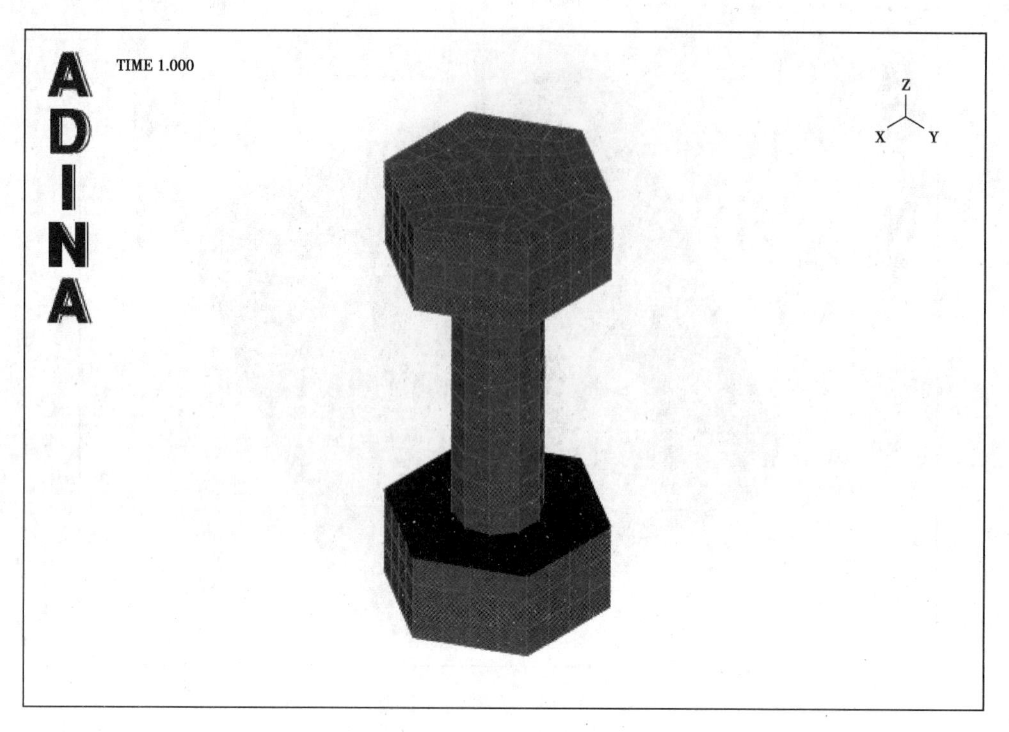

图 1.31.15 面集合 801

①接触条件。

图 1.31.16 显示了该模型的接触条件。

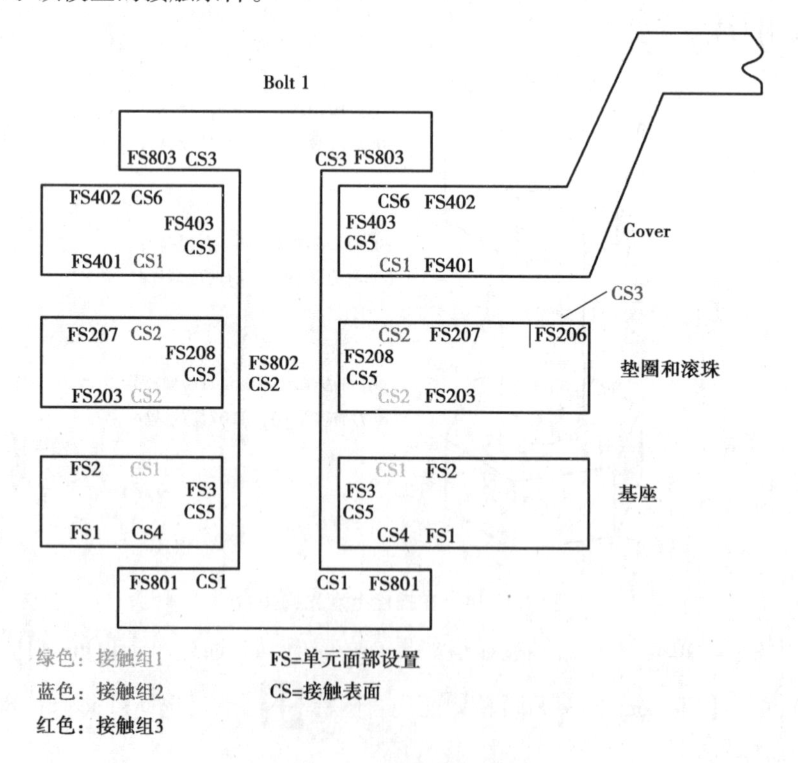

图 1.31.16 模型的接触条件

在图 1.31.16 中,从侧面看装配零件的,而不是按比例绘图的。显示了螺栓 1。螺栓 2 至 4 类似,但接触集合 4 用于螺栓 2,接触集合 5 用于螺栓 3,接触集合 6 用于螺栓 4。

对于所有的接触点假定摩擦系数为 0.1 的摩擦接触。

②接触组 1。

单击【Contact Groups】接触组图标，添加组 1，将【Type】类型设置为【3-D Contact】3-D 接触，然后单击【OK】确定。选择【Model】模型→【Contact】接触→【Contact Surface（Element Set）】接触表面（单元集），添加接触表面 1，在表格的第 1 行和第 1 列输入 2，然后单击【Save】保存。然后添加接触面 2，在表的第 1 行和第 1 列中输入 203，然后单击【OK】确定。

现在单击【Define Contact Pairs】定义接触对图标，添加接触对 1，将目标表面设置为"1"，将接触面设置为"2"，将库仑摩擦系数设置为"0.1"，然后单击【OK】确定。使用模型树显示区域 CG1。当单击【Color Element Groups】涂彩单元组图标两次，图形窗口如图 1.31.17 所示。

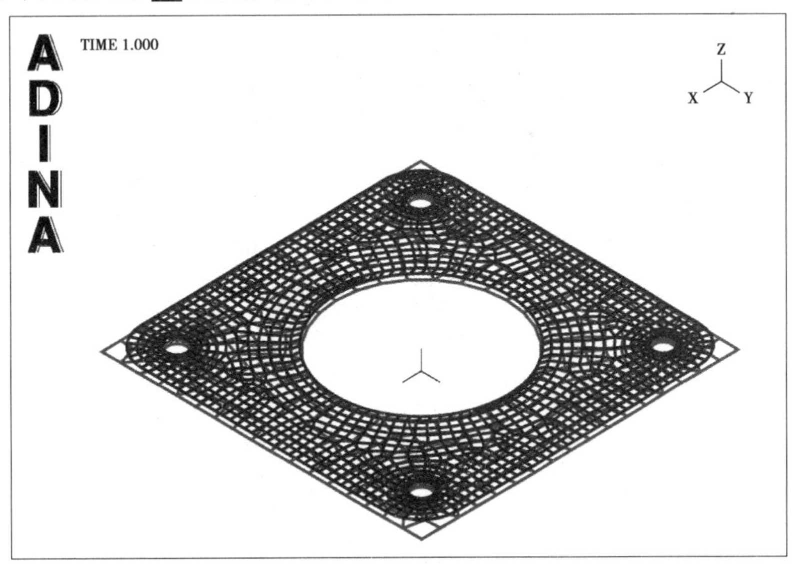

图 1.31.17　彩色显示单元组（区域 CG1）

③接触组 2。

单击【Contact Groups】接触组图标，添加组 2，如果需要将【Type】类型设置为【3-D Contact】3-D 接触，然后单击【OK】确定。选择【Model】模型→【Contact】接触→【Contact Surface（Element Set）】接触表面（单元集合），定义表 1.31.2 中接触表面，然后单击【OK】确定。

表 1.31.2　定义接触表面参数

Contact surface number	Element face-set (entered into the first row and column of the table)
1	401
2	207
3	206

现在单击【Define Contact Pairs】定义接触对图标，定义表 1.31.3 中接触对，然后单击【OK】确定。

表 1.31.3　定义接触对

Contact pair number	Target Surface	Contactor Surface	Coulomb Friction Coefficient
1	1	2	0.1
2	1	3	0.1

最后定义表面3(=单元表面集合206,对应于滚珠的顶表面)的接触表面偏移。选择【Model】模型→【Contact】接触→【Contact Surface Offset】接触表面偏移,在表格的第1行中输入“3,0.05”,然后单击【OK】确定。

使用模型树显示区域CG2。当单击【Color Element Groups】涂彩单元组图标 两次,图形窗口如图1.31.18所示。

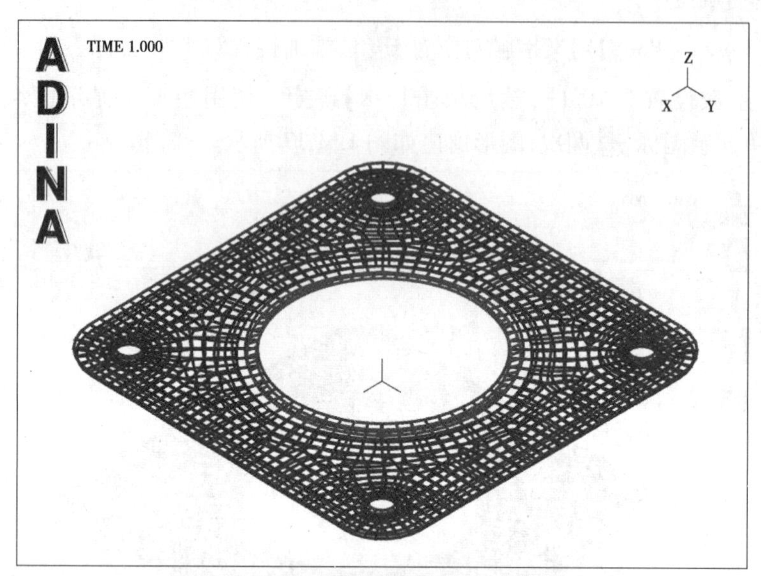

图1.31.18 彩色显示单元组(区域CG2)

现在使用模型树同时显示区域CG2_CS2、CG2_CS3、EG203和EG204。放大图形窗口时,图形窗口如图1.31.19所示。

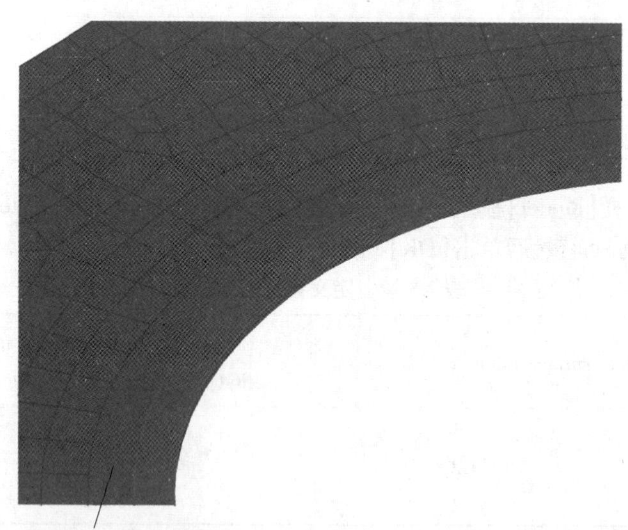

沿着此单元环没有接触段

图1.31.19 显示区域CG2_CS2、CG2_CS3、EG203和EG204

注意:接触表面2和接触表面3被一个单元环隔开。通过这种方式,垫圈和胎圈顶部的所有节点都连接到接触表面,接触表面2和3不共用节点。这就是为什么定义上面的单元面集合206和207的原因。

(如果已经将接触表面2定义为单元表面集合205,那么垫圈和滚珠之间的界面上的节点环将属于接触表面2和表面3两者。这种情况将在分析过程中引起收敛困难。)

④接触组3。

单击【Contact Groups】接触组图标 ,添加【group 3】组3,如果需要将【Type】类型设置为【3-D

Contact】3-D 接触，将【Compliance Factor】匹配因子设置为“0.001”，取消选中【Use Continuous Contact-Segment Normal】使用连续接触部分法向字段，然后单击【OK】确定。选择【Model】模型→【Contact】接触→【Contact Surface (Element Set)】接触表面(单元集合)，定义以下接触表面(见表 1.31.4)，然后单击【OK】确定。

表 1.31.4　接触 3D 对定义

Contact surface number	Element face-set (entered into the first row and column of the table unless otherwise specified)
1	801
2	802
3	803
4	1
5	3, 208, 403 (in the first three rows of the table)
6	402

现在单击【Define Contact Pairs】定义接触对图标，定义表 1.31.5 中接触对，然后单击【OK】确定。

表 1.31.5　定义以下接触对

Contact pair number	Target Surface	Contactor Surface	Coulomb Friction Coefficient
1	4	1	0.1
2	5	2	0.1
3	6	3	0.1

使用模型树显示区域 CG3。当单击【Color Element Groups】涂彩单元组图标两次，图形窗口如图 1.31.20 所示。

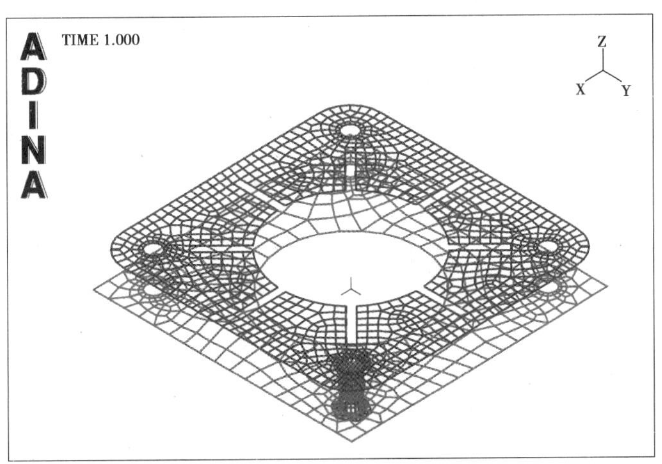

图 1.31.20　彩色显示单元组(区域 CG3)

⑤接触组 4 至 6。

由于其他螺栓的接触组类似，因此已经将用于定义其他螺栓的接触组所需的命令放入文件“prob31_2.in”中。选择【File】文件→【Open Batch】打开批处理，导航到工作目录或文件夹，选择文件“prob31_2.in”，然后单击【Open】打开。

可以通过使用模型树来绘制区域来确认其他接触组的定义。

⑥边界条件。

将修复基地的底部。单击【Apply Fixity】应用固定图标，将表的第一行设置为“1”，然后单击【OK】确定。

⑦垫圈材料的定义。

首先选择【Edit】编辑→【Preferences】首选项，将【Prompt for Label】提示标签设置为【Yes】是，然后单击【OK】确定。单击【Manage Materials】管理材料图标 **M**，单击【Gasket】垫片按钮，并添加【material 201】材料 201。在曲线表中，右键单击其中一个单元格，然后选择【Define】定义。添加【Gasket Loading/Unloading curve 201】垫片载荷/卸载曲线 201，使用表1.31.6进行定义，然后单击【Save】保存。

表 1.31.6 垫片载荷/卸载曲线 201

Closure	Pressure
0	0
0.05	1
0.1	2.5
0.3	3
0.5	4.7
0.7	8

现在添加以下的【Gasket Loading/Unloading Curves:】垫片载荷/卸载曲线：

Ⅰ.曲线 202(见表 1.31.7)。

Ⅱ.曲线 203(见表 1.31.8)。

Ⅲ.曲线 204(见表 1.31.9)。

表 1.31.7 垫片载荷/卸载曲线 202

Closure	Pressure
0.175	0
0.25	1.5
0.3	3

表 1.31.8 垫片载荷/卸载曲线 203

Closure	Pressure
0.305	0
0.42	2.3
0.5	4.7

表 1.31.9 垫片载荷/卸载曲线 204

Closure	Pressure
0.365	0
0.57	4.1
0.7	8

单击【OK】确定关闭【Define Gasket Loading/Unloading Curves】定义密封垫加载/卸载曲线对话框。

在【Define Gasket Material】定义密封垫材料对话框中，将【Density】密度设置为“2E-9”，将【Yield Curve】屈服曲线设置为“201”，将【Yield Point Number on Curve】曲线上的屈服点数设置为“3”，将【Transverse Shear Modulus】横向剪切模量设置为“10”，将【Tensile Young's Modulus】拉伸杨氏模量设置为“20”，【In-Plane Young's Modulus】平面内杨氏模量为“20”，【Poisson's Ratio】泊松比为“0.3”。然后在【Loading/Unloading Curves】载荷/卸载曲线表的前三行中输入“202，203，204”，然后单击【Save】保存。单击【Graph】图按钮，图形窗口如图1.31.21 所示。

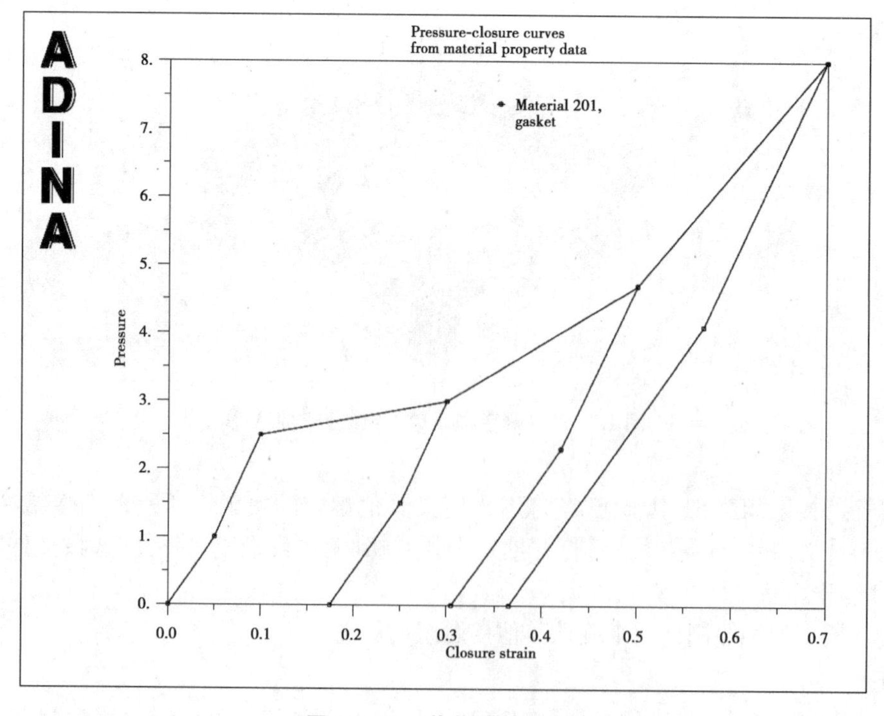

图 1.31.21 载荷/卸载曲线

单击【OK】确定，然后【Close】关闭，关闭这两个对话框。选择【Edit】编辑→【Preferences】首选项，将【Prompt for Label】标签提示设置为【NO】否，然后单击【OK】确定。

现在单击【Element Groups】单元组图标 ，选择【Group Number 203】组编号 203，并根据需要将【Default Material】默认材质设置为“201”，然后单击【Save】保存。选择【Group Number 204】组编号 204 并将【Default Material】默认材质设置为“201”，然后单击【OK】确定。

保存所有垫圈单元组的结果。选择【Control】→【Porthole（.por）】结果文件(.por)→【Select Element Results】选择单元结果，添加【Result Selection 1】结果选择 1，设置【Element Group】单元组为“203”，设定【Strain】应变为【All】所有，设置【Inelastic】非弹性为【All】所有，设置【Miscellaneous】其他为【All】所有，然后单击【Save】保存。现在添加【Result Selection 2】结果选择“2”，将【Element Group】单元组设置为“204”，将【Strain】应变设置为【All】所有，将【Inelastic】非弹性设置为【All】所有，将【Miscellaneous】杂项设置为【All】所有，然后单击【OK】确定。

⑧螺栓定义。

需要指定单元组 801 到 804 是螺栓单元组。单击【Element Groups】单元组图标 ，选择【Group Number 801】组编号 801，将【Element Option】单元选项设置为【Bolt】螺栓，将【Bolt #】螺栓#设置为“1”，将【Bolt Load】螺栓载荷设置为“1.0”，然后【Save】单击保存。对组 802、803、804 重复，分别将 Bolt#设置为“2，3，4”(将这些组的螺栓载荷设置为 1.0)，然后单击【OK】确定。

选择【Model】模型→【Bolt】螺栓→【Bolt Options】螺栓选项，将【Bolt Loading Sequence Table】螺栓载荷顺序表设置为【Yes】是，然后单击【Bolt Table ...】螺栓表 ...按钮。在【Bolt Loading Sequence Table】螺栓载荷顺序表对话框中，添加【Table 1】表 1，将【Bolt Load Interpreted As】螺栓载荷解释设置为【Bolt Shortening】螺栓缩短，在表 1.31.10 中输入以下信息并单击【Save】保存(不要关闭【Bolt Loading Sequence Table】螺栓加载顺序表对话框)。

表 1.31.10　螺栓加载顺序

Seq. #	Bolt #	Load Factor	Save Results
1	1	3.96	Yes
1	2	3.96	Yes
1	3	3.96	Yes
1	4	3.96	Yes

现在添加【Table 2】表 2，将【Time】时间设置为“1.0”，确保【Bolt Load Interpreted As】螺栓载荷解释为设置为【Tensioning Force】张力，在表 1.31.11 中输入以下信息，然后单击【OK】确定两次关闭两个对话框。

表 1.31.11　螺栓载荷系数

Seq. #	Bolt #	Load Factor	Save Results
1	1	5 000	Yes
2	3	5 000	Yes
3	2	5 000	Yes
4	4	5 000	Yes
5	1	10 000	Yes
6	3	10 000	Yes
7	2	10 000	Yes
8	4	10 000	Yes

表 1.31.12 加载时间步和载荷参数

Number of steps	Magnitude
1	1.0
1	8.0

注意：螺栓 3 按顺序#2 拧紧，螺栓 2 按顺序#3 拧紧。选择【Control】控制→【Time Step】时间步骤，按表 1.31.12 方式编辑表格，然后单击【OK】确定。

螺栓缩短时间从 0.0 开始，持续时间为 1 s。程序然后执行一个求解步骤，时间步长为 1 s。

然后螺栓张紧在时间 1.0 开始，持续时间为 8 s。由于有 8 个螺栓序列，每个螺栓序列的持续时间为 1 s。程序然后执行一个求解步骤，时间步长为 8 s。

⑨控制参数，包括低速动态。

选择【Control】控制 →【Heading】标题，将【Problem Heading】问题标题设置为【Problem 61: Analysis of a gasketed assemblage】问题 61：分析装配集合，然后单击【OK】确定。

选择【Control】控制→【Solution Process】求解方案过程，单击【Method】方法按钮，设置【Maximum Number of Iterations】最大数迭代到 999，然后单击【OK】确定关闭【Nonlinear Iteration Settings】非线性迭代设置对话框。现在单击【Tolerances】容差按钮，将【Convergence Criteria】收敛标准设置为【Energy and Force】能量和力，设置【Reference Force】参考力为“1.0”，【Reference Moment】参考力矩为“1.0”，【Contact Force Tolerance】接触力公差为“0.01”，以及【Maximum Incremental Displacement in Any Iteration】任何迭代中的最大增量位移为“1.0”。单击【OK】确定两次以关闭这两个对话框。

单击【Analysis Options】分析选项图标，然后单击【Use Automatic Time Stepping (ATS)】使用自动时间步进(ATS)字段右侧的【...】按钮。将【Use Low-Speed Dynamics】使用低速动力学设置为【On Element Groups】在单元组上，然后单击该字段右侧的【...】按钮。在【Define Rayleigh Damping Factors】定义瑞利阻尼因子对话框中，将【default Alpha (Mass)】默认 Alpha(Mass)设置为“1.0”，然后单击【OK】关闭【Define Rayleigh Damping Factors】定义瑞利阻尼因子对话框。在【Automatic Time-Stepping (ATS)】自动时间步进(ATS)对话框中，将【Maximum Subdivisions Allowed】允许的最大细分数设置为“1 000”，【Max. Factor for Accelerating Time Step】加速时间步长的因子为“1.0”，【Time Integration Method】时间积分法为【Newmark】，【Low-Speed Dynamics Inertia Factor】低速动态惯性因子为“0”，然后单击【OK】确定两次，关闭两个对话框。

31.2.2 生成 ADINA 数据文件，运行 ADINA Structures，加载舷窗文件

首先单击【Save】保存图标并将数据库保存到文件“prob31”。单击【Data File/Solution】数据文件/求解方案图标，将文件名设置为“prob31a”，确保【Run Solution】运行求解方案按钮被选中，然后单击【Save】保存。

31.2.3 初始装配和螺栓张紧分析的后处理

1)接触上垫片

单击【Color Element Groups】涂彩单元组图标，然后使用模型树显示单元组 203 和 204。单击【Create Band Plot】创建条带绘图图标，设置【Band Plot Variable】条带绘图变量为【(Contact: NODAL_CONTACT_STATUS)】(接触：NODAL_CONTACT_STATUS)，然后单击【OK】确定。图形窗口如图 1.31.22 所示。

整个垫圈处于粘连状态。

现在单击【First Solution】第一个求解方案图标来观察螺栓接触后的状态缩短了，但在螺栓拉紧之前。对于求解时间 1，建立接触珠子，也在垫圈的边缘。重复单击【Next Solution】下一步求解方案图标，观察螺栓拉紧时接触如何发展。垫圈在螺栓序列 4(所有螺栓中为 5 000 N)的末端接触，并在此后保持接触。单击【Last Solution】最后的求解方案图标显示最后的求解方案。

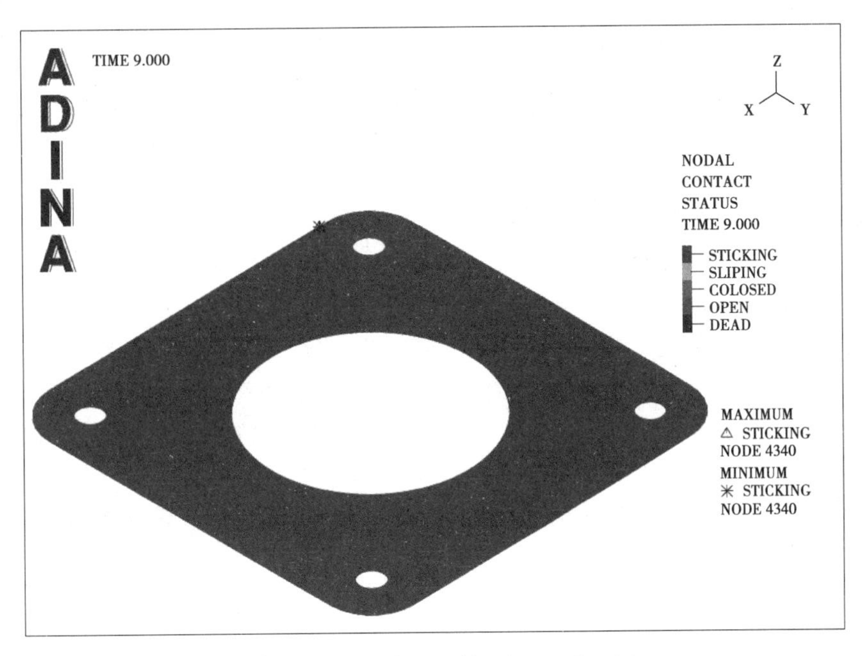

图 1.31.22　彩色显示单元组 203 和 204

2）垫片压力

现在单击【Clear Band Plot】清除条带绘图图标，然后单击【Create Band Plot】创建条带绘图图标，设置【Band Plot Variable】条带绘图变量为【(Stress：GASKET_PRESSURE)】，然后单击【OK】确定，图形窗口如图 1.31.23 所示。

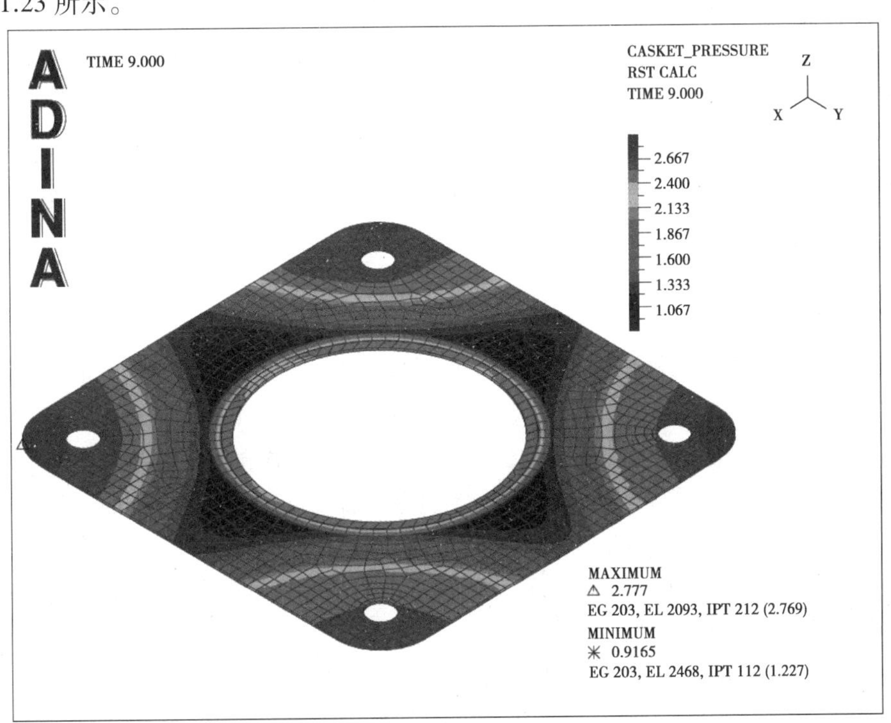

图 1.31.23　垫片上的压力

最大的压力在垫圈和垫圈的 4 个角落。单击【First Solution】第一个求解方案图标，然后重复单击【Next Solution】下一步求解方案图标，观察螺栓张紧时垫圈压力如何变化。如预期的那样，螺栓下方的垫圈压力增加。整个垫片在螺栓张力为 5 000 N 时处于压力下，并且在螺栓张力为 10 000 N 时该压力增加。

单击【Last Solution】最后求解方案图标 以显示最后的求解方案。

3)螺栓强度

选择【List】列表→【Value List】数值列表→【Zone】区域,将【Variable 1】变量1设置为【(Displacement:BOLTDISPLACEMENT)】(位移:BOLTDISPLACEMENT),将【Variable 2】变量2设置为【(Force:BOLT-FORCE)】(强制:螺栓强制),然后单击【Apply】应用。

观察时间为0.0,螺栓序列1的螺栓位移为"3.96000E + 00(mm)",时间为0.0的螺栓力,螺栓序列1为约"5.6E + 01(N)",时间1.0的螺栓力几乎为与螺栓序列1相同。

对于时间1.0,螺栓序列1,螺栓1的螺栓位移为"4.15678E+00",螺栓力为"5.00000E+03"(等于规定的螺栓力)。对于时间1.0,螺栓序列2,螺栓1的螺栓位移不变,但螺栓力变为"5.34709E+03"。对于时间1中的每个螺栓序列,正在拉紧的螺栓具有指定的螺栓力(具有改变的螺栓位移),并且剩余的螺栓具有不变的螺栓位移和改变的螺栓力。

由于使用低速动力学,因而时间9.0的求解方案与时间1.0的求解方案(螺栓序列8)略有不同。但是这个求解方案的变化很小。

31.3 压力应用分析

31.3.1 压力应用分析的模型定义

将【Program Module】程序模块下拉列表设置为【ADINA Structures】(可以放弃所有更改),并从【File】文件菜单底部附近的最近文件列表中选择数据库文件"prob31.idb"。

31.3.2 重新开始分析,关闭低速动态

选择【Control】控制 →【Solution Process】求解方案过程,将【Analysis Mode】分析模式设置为【Restart Run】重新启动运行,将【Solution Start Time】求解方案启动时间设置为"9",单击【OK】确定。

单击【Analysis Options】分析选项图标 ,然后单击【Use Automatic Time Stepping (ATS)】使用自动时间步进(ATS)字段右侧的【...】按钮。将【Use Low-Speed Dynamics】使用低速动力学设置为【No】否,然后单击【OK】确定两次以关闭这两个对话框。

31.3.3 压力负荷

单击【Apply Load】应用载荷图标 ,将【Load Type】载荷类型设置为【Pressure】压力,然后单击【Load Number】载荷编号字段右侧的【Define ...】定义 ...按钮。在【Define Pressure】定义压力对话框中,添加【pressure 1】压力1,将【Magnitude】幅度设置为"1",然后单击【OK】确定。在【Apply Load】应用载荷对话框中,确保【Apply to】应用于字段设置为【Element-Face Set】单元面集合,并在表格的前两行将【Set #】集合#设置为"7"和"409"。单击【OK】确定关闭【Apply Load】应用载荷对话框。

选择【Control】控制→【Time Step】时间步,按表1.31.13所示编辑表格,然后单击【OK】确定。

表1.31.13 定义时间步参数

Number of steps	Magnitude
10	0.1

表1.31.14 定义时间函数参数

Time	Value
0	0
9	0
10	4

选择【Control】控制→【Time Function】时间函数,按表1.31.14所示编辑表格,然后单击【OK】确定。

压力载荷从9.0开始,持续1 s。压力负载以0.1 s的10个相等步长作为斜坡施加。

单击【Clear】清除图标 ,【Mesh Plot】网格绘图图标 和【Load Plot】载荷图标 。使用鼠标旋转模型,直到图形窗口如图 1.31.24 所示。

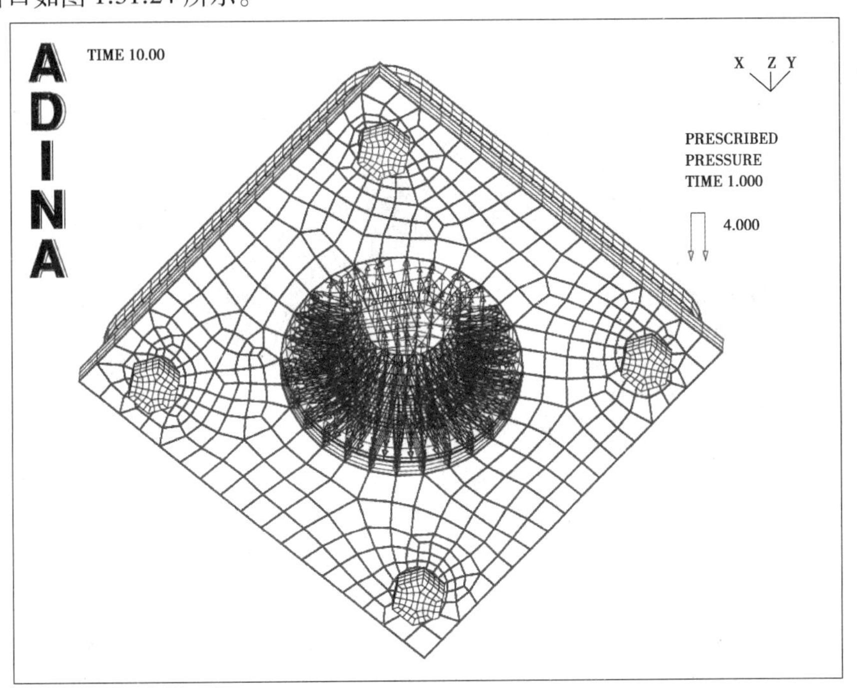

图 1.31.24　网格和载荷

31.3.4　生成 ADINA 数据文件,运行 ADINA Structures,加载舷窗文件

首先单击【Save】保存图标 将数据库保存到文件"prob31"。然后单击【Data File/Solution】数据文件/求解方案图标 ,将文件名称设置为"prob31b",确保【Run Solution】运行求解方案按钮被选中,最后单击【Save】保存。AUI 将打开一个窗口,用户可以在其中指定第一次分析中的重新启动文件。输入重新启动文件"prob31a"并单击【Copy】复制。

当 ADINA 结构完成后,关闭所有打开的对话框,将【Program Module】程序模块下拉列表设置为【Post-Processing】后处理(可以放弃所有更改),单击【Open】打开图标并打开舷窗文件"prob31b"。

31.3.5　后处理

1)垫片上的接触

单击【Color Element Groups】涂彩单元组图标 ,然后使用模型树显示单元组 203 和 204。单击【Create Band Plot】创建条带绘图图标 ,设置【Band Plot Variable】条带绘图变量为【(Contact:NODAL_CONTACT_STATUS)】(接触:NODAL_CONTACT_STATUS),然后单击【OK】确定。图形窗口如图 1.31.25 所示。

大部分垫圈都是接触的,但靠近滚珠的区域开始打开。单击【First Solution】第一个求解方案图标 ,然后重复单击【Next Solution】下一步求解方案图标 以查看施加压力时的接触状态。当施加压力时,滑动开始发生并且滚珠附近的区域开始打开。单击【Last Solution】最后的求解方案图标 显示最后的求解方案。

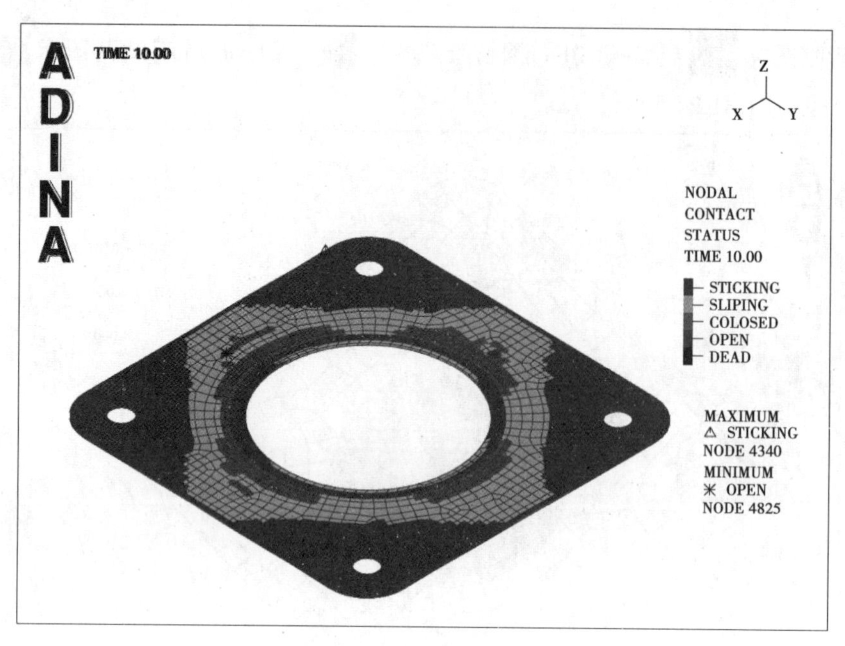

图 1.31.25　节点接触状态

2)垫片压力

现在单击【Clear Band Plot】清除条带绘图图标，然后单击【Create Band Plot】创建条带绘图图标，设置【Band Plot Variable】条带绘图变量为【(Stress:GASKET_PRESSURE)】，最后单击【OK】确定。图形窗口如图 1.31.26 所示。

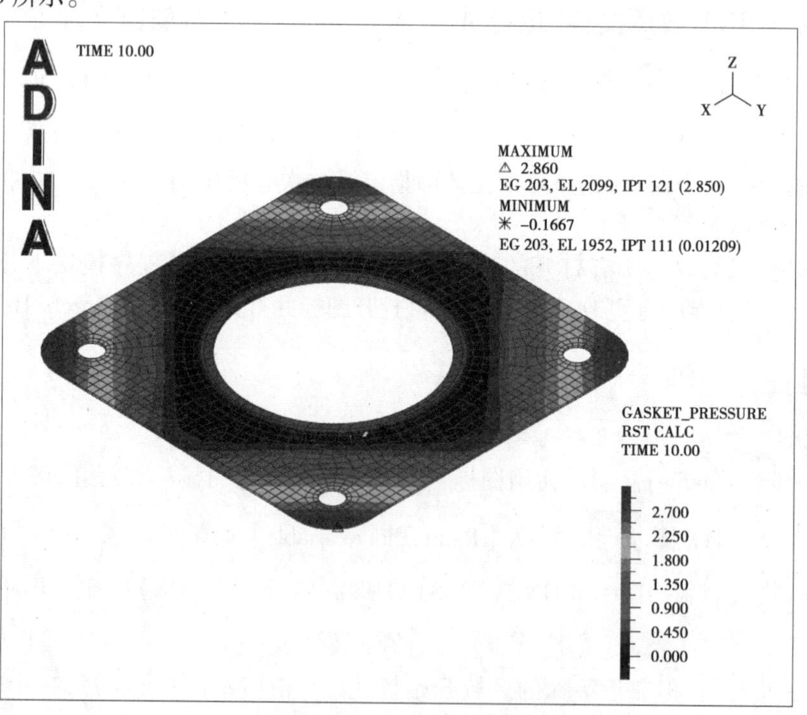

图 1.31.26　垫片上的压力

使用【First Solution】第一个求解方案图标和【Next Solution】下一个求解方案图标来观察压力施加过程中的垫圈压力。当施加压力时，垫圈压力降低。单击【Last Solution】最后的求解方案图标显示最后的求解方案。

3）垫片塑性应变

现在单击【Clear Band Plot】清除条带绘图图标，然后单击【Create Band Plot】创建条带绘图图标，设置【Band Plot Variable】条带绘图变量为【（Strain：GASKET_PLASTIC_CLOSURE_STRAIN）】，最后单击【OK】确定。图形窗口如图 1.31.27 所示。

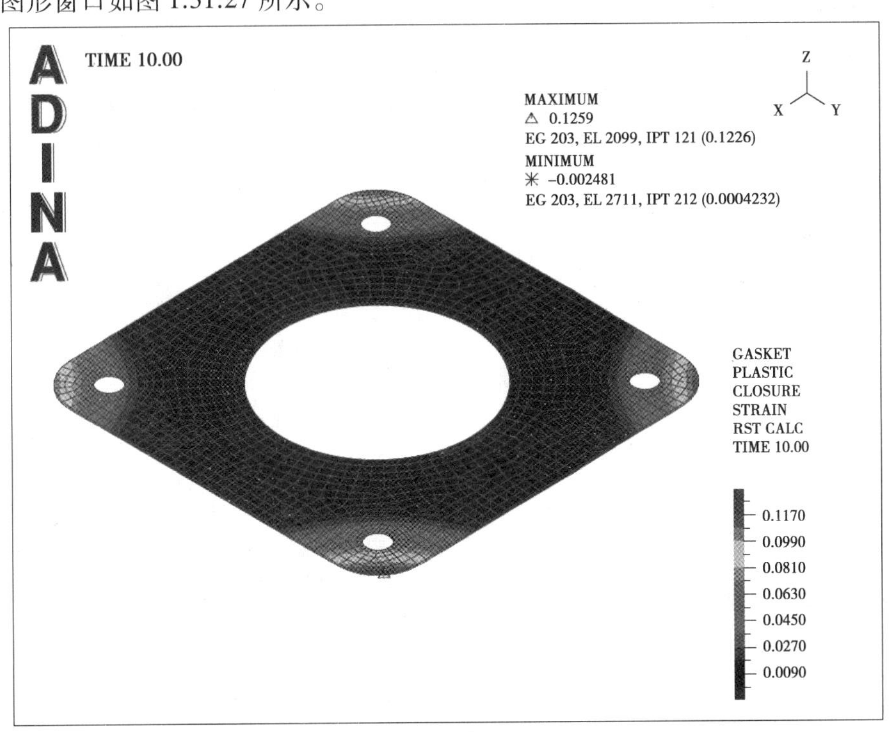

图 1.31.27　垫片塑性变形

再次，通过检查所有的求解方案步骤，可以观察到垫片在螺栓张力 10 000 N 下已经变成塑料，并且在压力施加期间塑性不变。单击【Last Solution】最后的求解方案图标显示最后的求解方案。

4）垫圈压力减去施加的压力

当垫圈中的垫圈压力大于所施加的压力时，预计垫圈不会泄漏；但是当垫圈压力小于所施加的压力时，预计垫圈会泄漏。因此，我们将绘制垫圈压力减去滚珠上施加的压力，观察这个数量是否变成负值。

单击【Clear】清除图标，然后使用模型树显示单元组 204。

选择【Definitions】定义→【Variable】变量→【Resultant】结果，添加结果 GASKET_PRESS_MINUS_APP_PRESS，将结果定义为

```
GASKET_PRESSURE - TIME_FUNCTION_1
GASKET_PRESSURE - TIME_FUNCTION_1
```

并单击【OK】确定。现在单击【Create Band Plot】创建条带绘图图标，设置【Band Plot Variable】条带绘图变量为【<User Defined：GASKET_PRESS_MINUS_APP_PRESS>】，然后单击【OK】确定。图形窗口如图 1.31.28 所示。

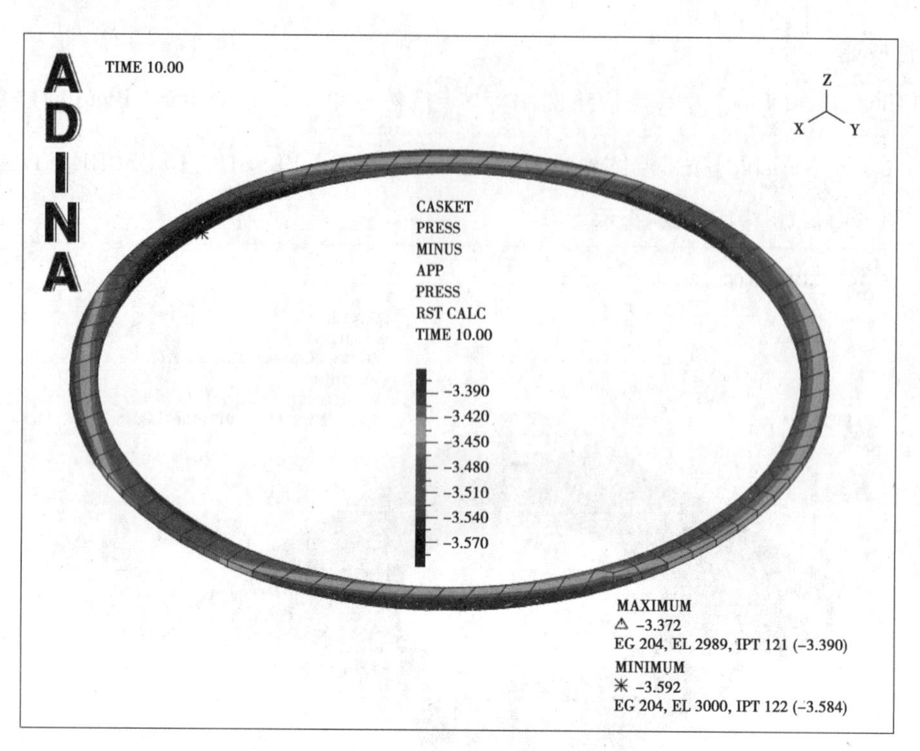

图 1.31.28　垫片最小应力分量

由于这个变量是负的,可以看到垫片在施加 4 MPa 的压力下泄漏。

现在单击【First Solution】第一个求解方案图标 ◀。因为条带图缩放不调整,所以看不到结果。要在求解方案时间更改时重新调整谱带图,请单击【Modify Band Plot】修改条带图图标,单击【Band Table ...】条带表 ...按钮,然后在【ValueRange】值范围框中将【Maximum】最大值和【Minimum】最小值设置为【Automatic】自动,并取消选中【Freeze Range】冻结范围字段。单击【OK】确定关闭这两个对话框,图形窗口如图 1.31.29 所示。

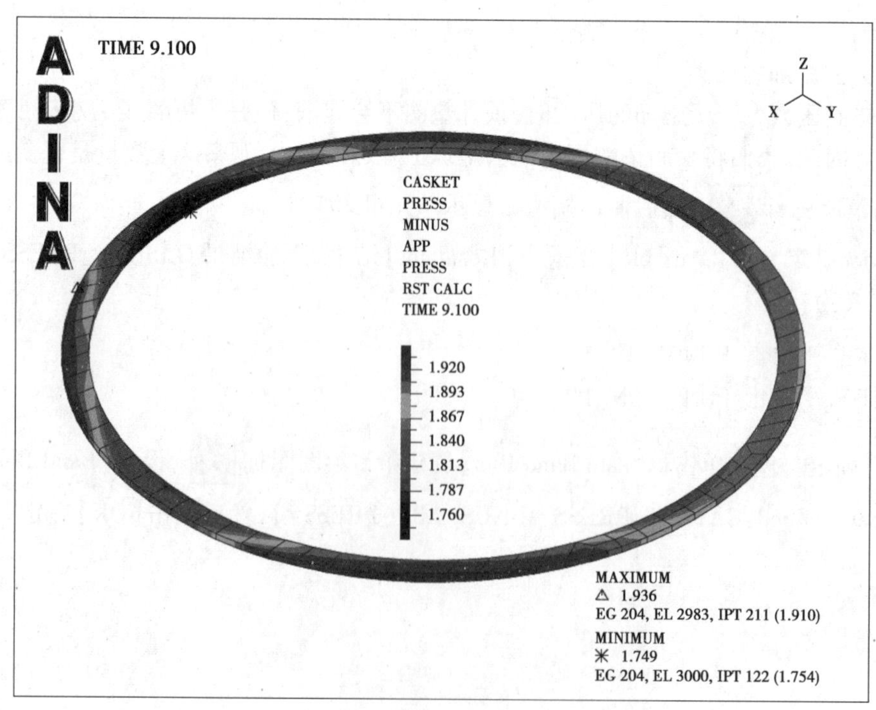

图 1.31.29　自动设置最大和最小值的条带范围后的结果

现在,每次单击【Next Solution】下一步求解方案图标时,条带图缩放都会发生变化。

注意:在9.4时刻,变量的最小值变为负值,因此垫片将在该求解时间泄漏。由于9.4时刻的施加压力为0.4×4=1.6 MPa,因此在此施加的压力下垫圈会泄漏。

31.4　退出AUI

选择主菜单中的【File】文件→【Exit】退出,弹出【AUI】对话框,然后单击【Yes】,其余选【默认】,退出ADINA-AUI。

说明

①在这个运行中使用的.nas文件是使用ADINA-M/PS创建的。用户可以检查文件"prob31.in"中的注释行,以查看用于创建网格和导出Nastran文件的命令。

②在单元组2和401中使用不兼容的模式单元,因为这些组可能经历显著的弯曲。

③在Nastran文件中,组件被定义为它们之间的间隙,如图1.31.30所示。

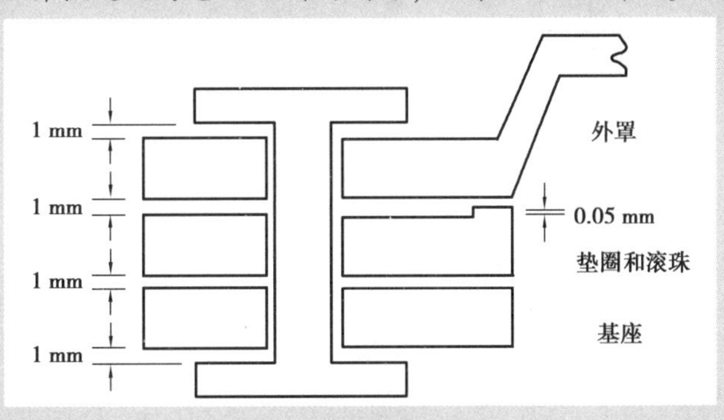

图1.31.30　间隙定义

可以看出,消除的总差距是3.95 mm。在初始装配分析期间,这个差距将被消除。

④在螺栓单元网格中,螺栓头和螺母中的至少两个节点在柄部径向向外,如图1.31.31所示。

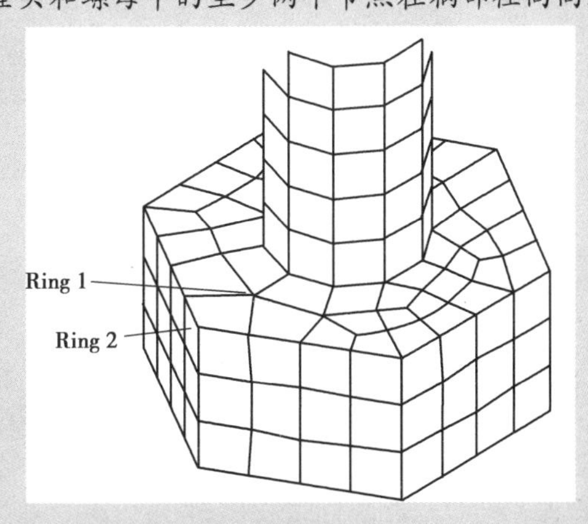

图1.31.31　螺栓头和螺母中的至少两个节点在柄部径向向外

如果使用粗糙的网格,其中只有一个节点环,则在螺栓和底座(或盖平面)之间建立接触要困难得多。

⑤在底座,垫圈和盖子网格中,螺栓孔使用更细的网格。这样做是为了使螺栓孔的接触表面相对平滑。这些接触表面是接触组3至6中的目标表面。

⑥垫圈和滚珠使用单独的单元组。通过这种方式,可以将单独的材料用于垫圈和胎圈(但为了简化问题,我们使用了相同的材料)。此外,它更容易绘制上面的滚珠。

⑦使用接触面偏移来模拟焊道相对于垫圈厚度的额外厚度。胎圈中的单元厚度与垫圈中的单元厚度(1 mm)相同。

⑧可以使用基于几何的建模来求解整个模型,就像之前的底层问题一样,但想要演示 Nastran 文件的导入以及单元面集的使用。

⑨在垫圈顶部的接触表面的定义中,重要的是要确保垫圈和胎圈之间的顶部边界上的节点不属于两个接触表面。因此,例如,考虑位于垫圈和胎圈之间的顶部边界上的节点 4 534。如果两个接触面 2 和 3 都包含节点 4 534,则有可能在平衡迭代期间,该节点两次接触,每个接触面一次。如果出现这种情况,那么相同的接触方程会加入到方程组两次,因此系统将包含一个零点。⑩质量比瑞利阻尼需要在低速动态运行中以阻尼刚体模式使用。刚度比例瑞利阻尼不会阻尼刚体模态。

⑪螺栓长度的减少需要至少 3.95 mm,以消除差距。如果使用 3.95 mm,那么在初始装配结束时,只有滚珠会接触。应使用 3.96 mm,以便在初始装配结束时,胎圈和垫圈的边缘接触。

⑫由于许多节点正在接触,为了获得收敛,需要在每个螺栓序列步骤中使用许多平衡迭代。一旦螺栓被张紧以使整个垫圈接触,然后在每个步骤中仅需要几次平衡迭代。

⑬在螺栓张紧过程中使用低速动力学,因为在平衡迭代期间,螺栓可能在试验(非收敛)求解方案中脱离接触。

第2章

流体力学分析

问题32　方形空腔的壁面运动问题

问题描述

1)问题概况

本例中,方形空腔壁面中的流体流动问题,如图2.32.1所示。

密度:$\rho=1$

黏度:$\mu=0.01$

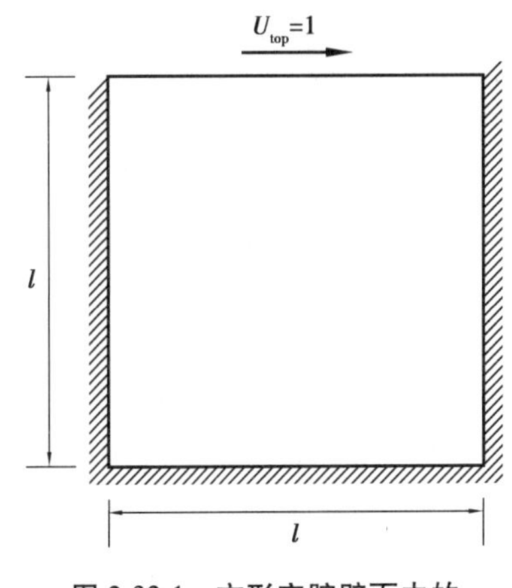

图2.32.1　方形空腔壁面中的流体流动模型

2)演示内容

(本例)主要演示以下内容:

①用ADINA-CFD进行有限元分析。

②进行流体假设。

③定义和施加特殊的边界条件。

④绘制网格的轮廓线。

⑤绘制速度矢量图。

⑥绘制粒子的流线。

⑦计算施加到模型上的总合力。

32.1　启动AUI,选择有限元程序

启动AUI,在【Program Module】程序模块的下拉式列表框中选择【ADINA CFD】。

32.2　模型定义概述

32.2.1　问题题目

选【Control】控制→【Heading】标题,输入标题【Problem 32: Square wall-driven cavity】问题32:方形空腔问题,然后单击【OK】确定。

32.2.2 流体假设

选【Model】模型→【Flow Assumptions】流动假设，把【Flow Dimension】流动尺寸设置成【2D (in YZ Plane)】二维（在 YZ 平面），不勾选【Includes Heat Transfer】包括传热分析按钮，然后单击【OK】确定。

32.3 定义几何模型

图建模的主要几何元素如图 2.32.3 所示。

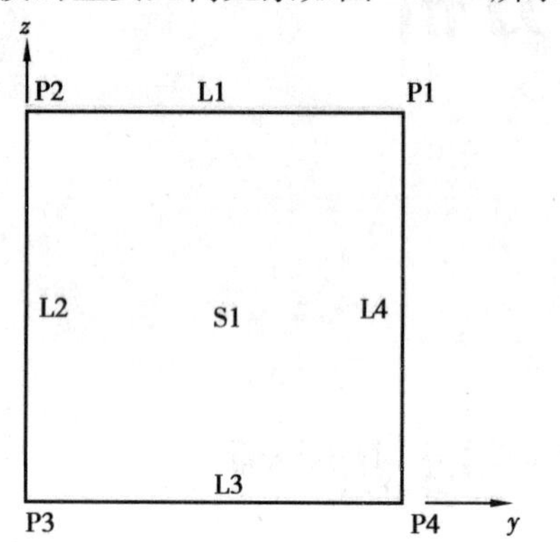

图 2.32.2 建模的主要几何元素

表 2.32.1 点 1~点 4 的定义参数

Point#	X2	X3
1	1	1
2	0	1
3	0	0
4	1	0

注意：ADINA CFD 中的 2D 模型是在 y-z 平面中定义的。

32.3.1 定义点

单击【Define Points】定义点图标，并把以下信息输入表 2.32.1 的 X2，X3 列中（X1 列为空白），然后单击【OK】确定。

32.3.2 定义曲面

单击【Define Surfaces】定义曲面图标，增加【surface number 1】曲面 1，如果需要，可将【Type】类型设置成【Vertex】顶点。把【Point 1】点 1 设置成“1”，【Point 2 】点 2 设置成“2”，【Point 3】点 3 设置成“3”，【Point 4】点 4 设置成“4”，（用【P】按钮和鼠标可以很容易地选到这些点）然后单击【OK】确定，图形窗口如图 2.32.3 所示。

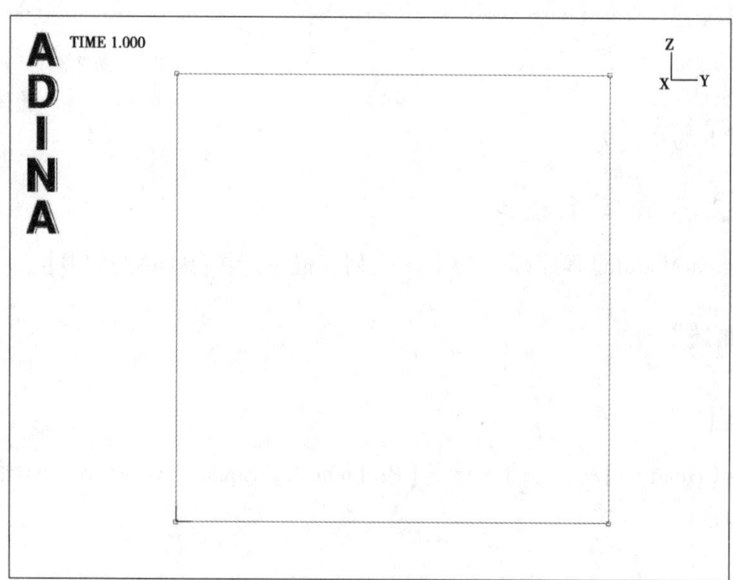

图 2.32.3 创建四边形组成的面

32.4　定义和施加边界条件

32.4.1　无滑移动边界条件

需要将无滑移边界条件应用到正方形的三边。单击【Special Boundary Conditions】特殊边界条件图标 SBC，添加【boundary condition 1】边界条件 1 并验证【Type】类型是【Wall】墙。双击表格的第一行和第一列，使用鼠标选择左侧，右侧和右侧行，然后按“Esc”键返回到【Define Special Boundary Condition】定义特殊边界条件对话框。确保表中的行号是第 2、3、4 行（行的顺序不重要）。单击［OK］确定，关闭【Special Boundary Conditions】特殊边界条件对话框。

32.4.2　定义零压力值

因为模型中的流体是不可压缩的流体，可以在整个边界上定义速度，但不能完全确定压力解，所以需要在模型中的一个点上设定零压力。单击【Apply Fixity】应用固定图标，单击【Define…】定义按钮，在【Define Zero Values】定义零值对话框中，增加一个零值名字【PRESSURE】，保持【Y-Velocity】Y 速度和【Z-Velocity】Z 速度自由度为“不选”，选择【Pressure】压强自由度，单击【OK】确定。

在【Apply Zero Values】应用零值对话框中，将【Zero Values】零值字段设置为【PRESSURE】压力，确认【Apply to】应用于字段为【Point】点，在表格的第一行中输入“3”，然后单击【OK】确定。当单击【Boundary Plot】边界绘图图标时，图形窗口如图 2.32.4 所示。

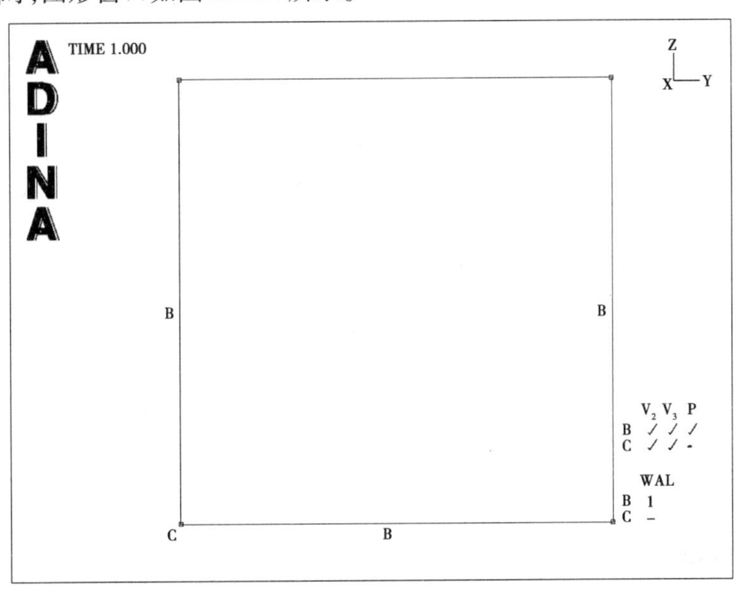

图 2.32.4　显示固定边界条件

32.4.3　定义速度

给方形壁面的顶线施加法线方向和切线方向的速度。单击【Apply Load】应用载荷图标，确认【Load Type】载荷类型是【Velocity】速度，单击【Load Number】载荷号区域右侧的【Define…】定义按钮。在【Define Velocity】定义速度对话框中，增加【velocity 1】速度 1，把【Y Prescribed Velocities】Y 限制速度和【Z Prescribed Velocities】Z 限制速度分别设置成“1”和“0”，单击【OK】确定。在【Apply Usual Boundary Conditions/Loads】应用常规边界条件/载荷对话框中，把【Apply to】应用于区域设置成【Line】线，并在表的第一行，将【Line #】线号设置成“1”，单击【OK】确定，关闭【Apply Usual Boundary Conditions/Loads】应用常规边界条件/载荷对话框。

单击【Load Plot】载荷绘图图标,在图形窗口如图 2.32.5 所示。

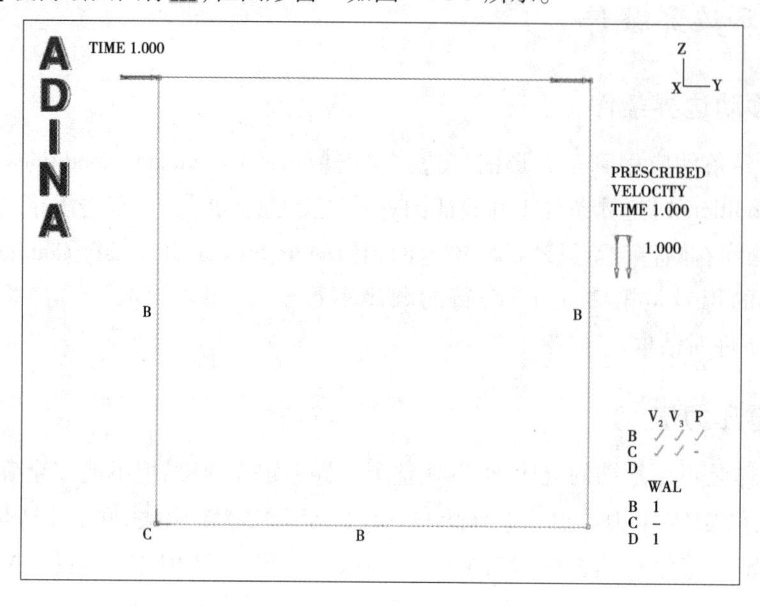

图 2.32.5　显示速度边界条件

32.5　定义材料

首先单击【Manage Materials】管理材料图标,再单击【Laminar】层叠按钮。在【Define Laminar Material】定义层流材料对话框中,添加【material 1】材料 1,将【Viscosity】黏度设置为"0.01",【Density】密度设置为"1",然后单击确定【OK】。单击【Close】关闭,关闭【Manage Material Definitions】管理材料定义对话框。

单击【Constant】参数按钮。在【Define Material with Constant Properties】对话框中,增加【材料 1】,把【Viscosity】设置成"0.01",【Density】设置成"1",然后单击【OK】确定。单击【Close】,关闭【Manage Material Definitions】对话框。

32.6　定义单元

32.6.1　单元组

单击【Element Groups】单元组图标,增加【element group number 1】单元组号 1, 把【Type】类型设置为【2-D Fluid】二维流体,【Sub-Type】子类型设置为【Planar】平面,然后单击【OK】确定。

32.6.2　细分网格数据

用 25×25 的网格进行求解,拐角处的网格更细一些(用此网格进行求解得不到精确解,精确解需要更细的网格)。单击【Subdivide Surfaces】细分曲面图标,把 u 和 v 方向的【Number of Subdivisions】细分数都设成"25",u 和 v 方向的【Length Ratio of Element Edges】棱边单元长度比都设为"10",两次都勾选【Use Central Biasing】使用中心偏置按钮,然后单击【OK】确定。

32.6.3　生成单元

单击【Mesh Surfaces】划分曲面网格图标,在表的第一行分别输入"1",单击【OK】确定。图形窗口如图 2.32.6 所示。

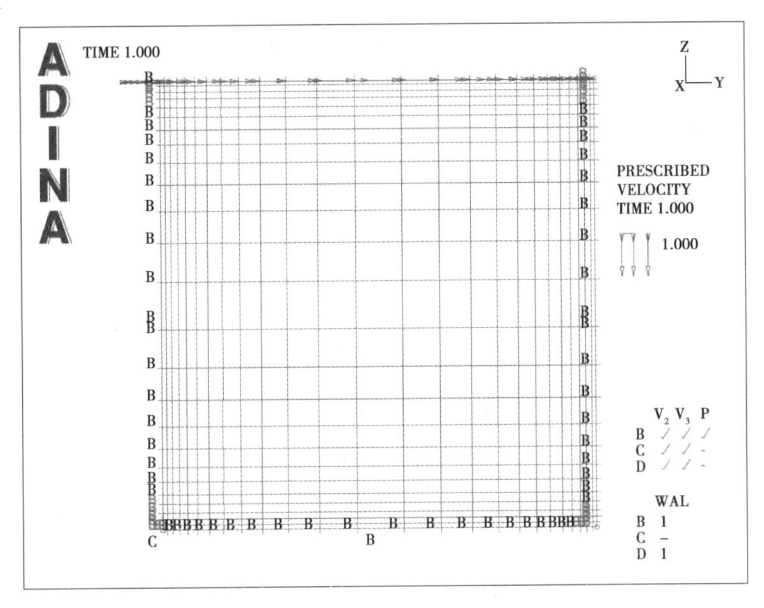

图 2.32.6　划分的网格边界条件

32.7　生成 ADINA 数据文件，运行 ADINA-F，把结果文件载入到 ADINA-PLOT

首先单击【Save】保存图标，把数据库保存到文件"prob32"中。生成 ADINA- CFD 数据文件并运行 ADINA-CFD，单击【Data File/Solution】数据文件/求解方案图标，把文件名设置为"prob32"，确认选了【Run Solution】运行求解方案按钮后，单击【Save】保存。ADINA-CFD 运行完毕后，关闭所有对话框。从【Program Module】程序模块的下拉式列表框中选择【Post-Processing】后处理，其余选默认，单击【Open】打开图标，把【File type】文件类型区域设置成【ADINA-IN Database Files（*.idb）】，打开数据库文件"prob32"，再单击【Open】打开图标，打开结果文件"prob32"。

注意：首先打开的是 ADINA-IN 数据库，然后再把结果文件载入 ADINA-PLOT。这样做是为了计算要加到后面模型上的合力。

32.8　查看结果

32.8.1　绘制单元

若所有图中都不显示几何元素、荷载或边界条件，可依次单击【Show Geometry】显示几何图标隐藏几何元素，【Load Plot】载荷绘图图标隐藏荷载，【Boundary Plot】边界条件绘图图标隐藏边界条件，最后再单击【Save Mesh Plot Style】保存网格绘图样式图标，来更新这些缺省设置。

如要在一个图形窗口中画若干幅图来显示结果，可以用鼠标缩小图形窗口中的这幅网格图，并将之移到图形窗口的左上角，如图 2.32.7 所示。

32.8.2　绘制速度矢量图

单击【Mesh Plot】网格绘图图标。用鼠标把新网格图移到图形窗口的右上角，同时用鼠标删除新增的坐标轴和"TIME 1.000"文本。

单击【Model Outline】模型轮廓图标，仅显示图形的外轮廓线，可以通过单击【Save Mesh Plot Style】保存网格绘图样式图标更新画图的缺省设置。

如果要速度作为矢量来显示，可以单击【Quick Vector Plot】快速向量绘图图标，再用鼠标移动和调整图形以及【Velocity】速度标注的大小，直到得到如图 2.32.8 所示界面。

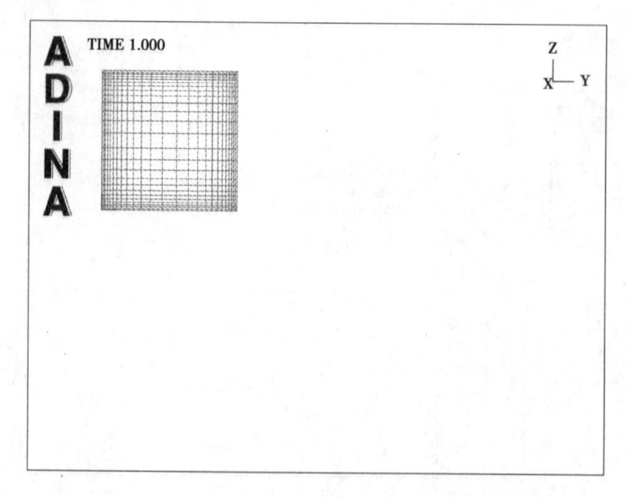

图 2.32.7　在一个图形窗口中画若干幅图来显示结果

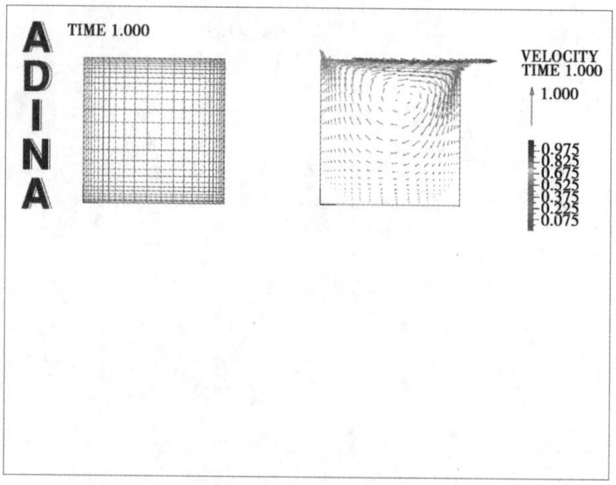

图 2.32.8　添加速度矢量图

32.8.3　绘制粒子的流线(轨迹)

单击【Mesh Plot】网格绘图图标▦。新图如果叠加在以前图形的顶部,可把旧图移走,查看新图。用鼠标调整新图形的大小,并把它移到图形窗口的左下角。同时,若有必要,可用鼠标删除新增的坐标轴和"TIME 1.000"文本。

选【Display】显示→【Particle Trace Plot】粒子轨迹绘图→【Create】创建,单击【Trace Rake field】追踪耙领域右侧的【...】按钮。在【Define Trace Rake】定义跟踪耙对话框中,把【Type】类型设置成【Coordinates】坐标,然后单击【Auto...】自动按钮。在【Auto Generation】自动生成对话框中,把以下信息输入表 2.32.2 中,然后单击【OK】确定。

表 2.32.2　定义粒子踪迹的坐标参数

X	Y	Z
	0.5	0.1
		0.1
	0.5	0.9

在所选的这一点上,【Define Trace Rake】定义跟踪耙对话框中的表应有 9 行,即 Z=0.1,0.2,...,0.9。单击【OK】确定两次,依次关闭【Define Trace Rake】定义跟踪耙对话框和【Create Particle Trace Plot】创建颗粒踪迹绘图对话框。图形窗口如图 2.32.9 所示。

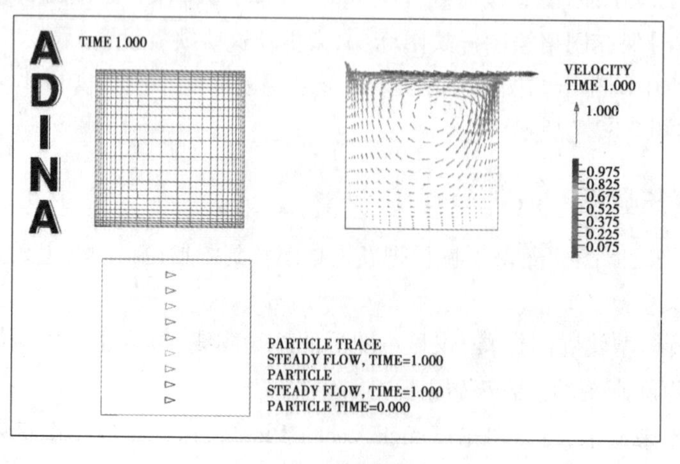

图 2.32.9　创建颗粒踪迹

流线(轨迹)图是沿模型中部垂线等间距分布的9个三角形注入点。现在单击【Trace Downstream】跟踪下游图标,图形窗口如图2.32.10所示。

注意:为协调流体速度,三角形的注入点已作了相应的旋转,并且每个注入点都忽略了短流线。

在图2.32.10中,示踪粒子的开始时间是“0.0”,中止时间是“0.2277”。这也就是说,位于注入点上粒子时间是0.0的粒子已移动到了图中粒子时间是“0.2277”的位置上。(注意,这里用的是术语“粒子时间”,为的是区别求解时间和粒子流线时间)。

多次单击【Trace Downstream】跟踪下游图标,观看流线的变化。每次单击【Trace Downstream】跟踪下游图标,都可以看到粒子时间在增加,同时,流线也变得越来越长。现在,直接指定粒子时间。选【Display】显示→【Particle Trace Plot】粒子踪迹绘图→【Modify】修改,并单击【Trace Calculation field】踪迹计算预右侧的【...】按钮,把【Current Particle Time】当前粒子时间设置为“50”,然后单击【OK】确定两次,关闭这两个对话框。用鼠标删除粒子流线图例后,图形窗口如图2.32.11所示。

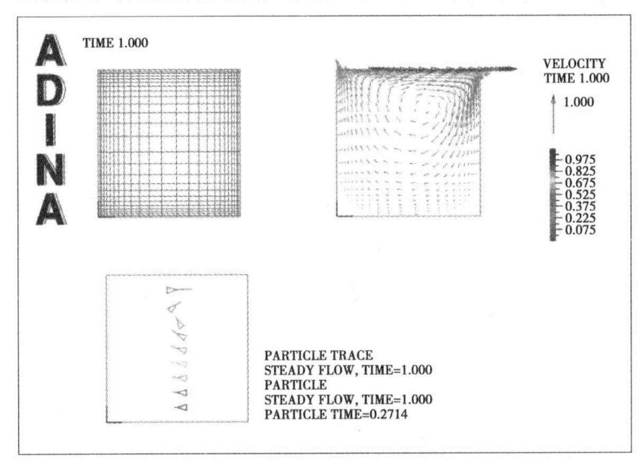

图2.32.10 下游时刻的速度踪迹

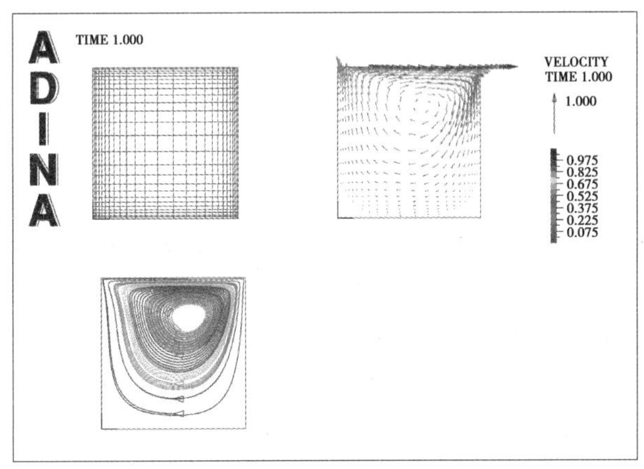

图2.32.11 完整速度踪迹图

注意:最远处的粒子流线没有完全闭合,这是网格划分的太粗造成的。

32.8.4 绘制压力云图

单击【Mesh Plot】网格绘图图标。用鼠标调整新网格图的大小,并将它移到图形窗口的右下角。当然,若有必要,可以用鼠标删除新增加的坐标轴和“TIME 1.000”文本。

这幅图展示的是压力。单击【Quick Band Plot】快速条带绘图图标,可以看到,方形壁面的顶角处出现了最大极值,因为流体在这两个顶角处流向改变了90°;看不到图形其他部分的详细情况,是因为设置了绘图范围所致。要重设云图范围,可以单击【Modify Band Plot】修改条带绘图图标和【Band Table】条带表按钮。在【Value Range】值范围对话框中,把【Minimum】最小设成“-1”,【Maximum】最大设成“1”,然后单击【OK】确定两次,关闭这两个对话框。

移动和重设【band table】条带表及【Maximum】最大图标后,图形窗口如图2.32.12所示。

32.8.5 计算合力

要计算施加在壁面上总合力,需要对施加在壁面所有节点上的反力求和。选择【Definitions】定义→【Model Point (Combination)】模型点(组合)→【General】通用,增加名称【CAVITY】,然后在表的前三行输入“LINE 2”“LINE 3”和“LINE 4”(不必输入引号),单击【OK】确定。信息框和控制窗口的状态栏中都显示“76 nodes in gncombination”。选择【List】列表→【Value List】值列表→【Model Point】模型点,把【variable 1】变量1设成【(Reaction: Y-REACTION)】,单击【Apply】应用。

AUI将输出值“-2.574 74E-01”。这个值是对和线2,3,4相连的所有节点的y向反力求和得到的,因此施加在顶壁面上的合力是“+2.574 74E-01”。

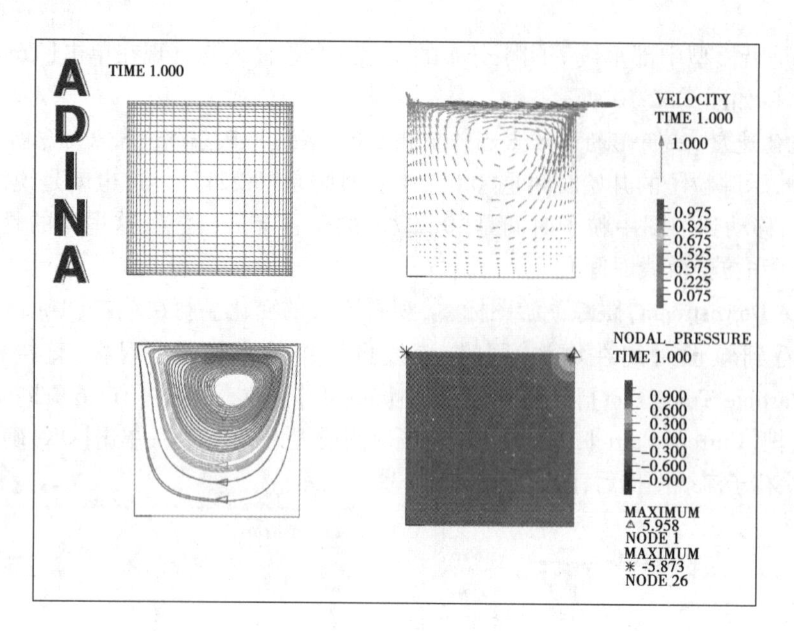

图 2.32.12　绘制压力云图

注意:计算合力的方法有两种,第一种是对指定速度处的所有节点上的反力求和,第二种是先对速度为0处的所有节点上的反力求和,然后再忽略这部分结果。这里选用的是第二种方法,该方法的输入较第一种简单。查询施加在线1节点上的合力似乎是合理的,但这个合力是错误的,原因如下:线1包括节点1→26,节点1和26上的 y 向速度为0,而节点2→25上的速度不为0,因此,线1上既有速度为0的点,也有速度不为0的点。若对节点2→25上的反力求和,这个合力值是正确的,但输入就会更繁琐,必须在【Definition】定义→【Model Point Combination】模型点组合→【Node】节点后出现的对话框中依次手工输入2,…, 25。

单击【Close】,关闭对话框。

32.9　退出 AUI

选择主菜单中的【File】文件→【Exit】退出,弹出【AUI】对话框,然后单击【Yes】,退出 ADINA-AUI。

问题33　管道内的流体流动和传质

问题描述

1)问题概况

我们要确定一个管道内的流体流动和传质,如图2.33.1所示。

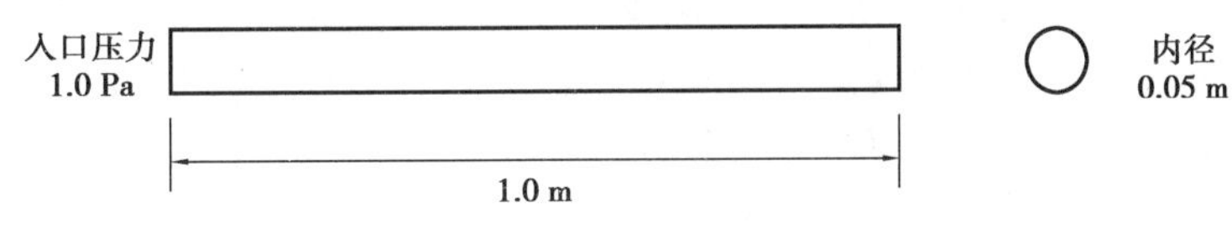

图2.33.1　问题33中的计算模型

水:
$\mu = 1.3\times10^{-3}\ N\cdot s/m^2$
$\rho = 1\ 000\ kg/m^3$

添加氨
入口中心
$D = 2.3\times10^{-9}\ m^2/s$

这个问题可以用2D分析来求解,本例中选择用3D分析来求解这个问题。

2)演示内容

本例将以下内容:

①3D流体流动分析。

②质量传递属性的分配。

③定义和使用网格样式。

④确定通过管道的体积流量。

⑤使用多个切割平面查看求解方案。

本例分析

假设已经求解了问题1到18,或者有与ADINA系统相同的经验。因此,本例不会描述每个用户选择或将按钮按下。将分两步来求解这个问题:①建立流体模型;②增加传质。

33.1　启用AUI,选择有限元程序

启用AUI并将【Program Module】程序模块下拉列表设置为【ADINA CFD】。

33.2　流体模型

33.2.1　定义模型控制数据

1)问题标题

选择【Control © Heading】控制标题,输入标题【Problem 33: Fluid flow in a pipe】问题19:管道中的流体流动并单击【OK】确定。

2)流量假设

选择【Model】模型→【Flow Assumptions】流量假设,确认【Flow Dimension】流量维度字段设置为【3D】,取消选中【Includes Heat Transfer】包括传热按钮,然后单击【OK】确定。

33.2.2 定义模型几何

定义 ADINA-CFD 模型的关键几何元素如图 2.33.2 所示。

注意:本例使用的原生的 AUI 几何体,可以使用 ADINA-M 来定义几何体。

单击【Define Points】定义点图标,在如表 2.33.1 中输入以下信息并单击【OK】确定。

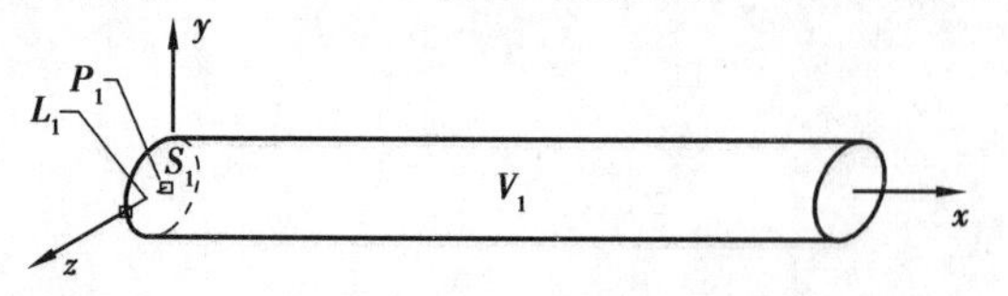

图 2.33.2 定义 ADINA-CFD 模型的关键几何元素

表 2.33.1 点定义参数

Point#	X1	X2	X3
1	0	0	0

单击【Define Lines】定义线图标,添加线 1,将【Type】类型设置为【Extruded】延长,将【Initial Point】初始点设置为“1”,将【Vector】向量的分量设置为“0.0,0.0,0.025”,然后单击【OK】确定。

单击【Define Surfaces】定义曲面图标,添加【surface 1】曲面“1”,将【Type】类型设置为【Revolved】旋转,将【Initial Line】初始线条设置为“1”,将【Angle of Rotation】旋转角度设置为“360”,将【Axis】轴设置为“X”,取消选中【Check Coincidence】检查一致按钮并单击【OK】确定。

单击【Define Volumes】定义卷图标,添加【volume 1】卷 1,将【Type】类型设置为【Extruded,】拉伸,将【Initial Surface】初始表面设置为“1”,确保【Vector】矢量的分量设置为“1.0,0.0,0.0”,然后单击【OK】确定。

图形窗口如图 2.33.3 所示。

注意:在这个视图中可查看管道的出口。

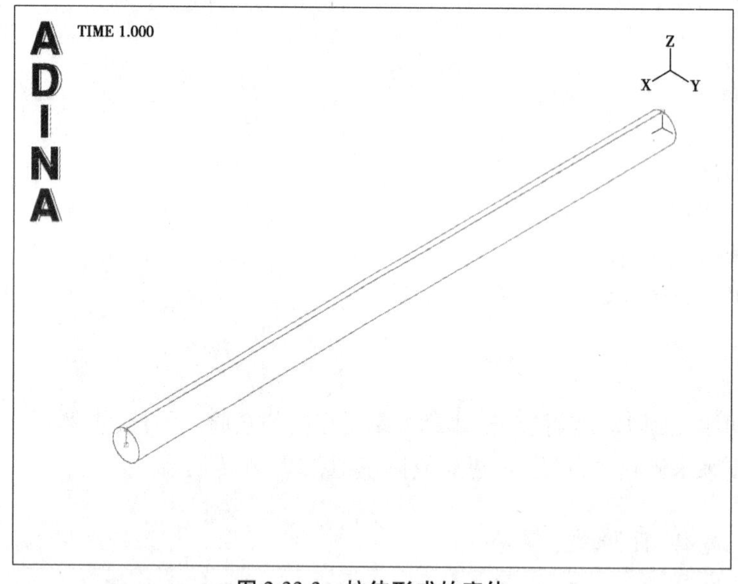

图 2.33.3 拉伸形成的实体

33.2.3 定义边界条件和荷载

1)壁面边界条件

在管壁上应用无滑动壁面边界条件。使用【Query】查询图标?和鼠标确定管道壁的表面编号(面号为“4”)。现在单击【Special Boundary Conditions】特殊边界条件图标,添加“特殊边界条件 1”,并确认【Type】类型是【Wall】墙。将“表面编号 4”添加到表格的第一行和第一列,然后单击【OK】确定,关闭【Define Special Boundary Condition】定义特殊边界条件对话框。

2)载荷

在通道入口(表面 1)施加正常的牵引力。单击【Apply Load】应用载荷图标,将【Load Type】载荷类型设置为【Normal Traction】法向牵引,然后单击【Load Number】加载编号字段右侧的【Define…】定义…按钮。在【Define Normal Traction】定义法向牵引对话框中,添加【Normal Traction 1】法向牵引 1,将【Magnitude】幅度设置为“-1.0”,然后单击【OK】确定。在【Apply Usual Boundary Conditions/Loads】应用常规边界条件/荷载对话框中,将【Apply to】应用于字段设置为【Surface】表面,然后在表的第一行中将【Surface #】表面#设置为“1”。单击【OK】确定关闭对话框。

注意:默认情况下,通道出口的正常牵引力为零,所以在通道出口处不需要动作。

3)时间步长和时间函数

在这个模型中,分两步进行法向牵引。

选择【Control】控制→【Time Step】时间步,在表的第一行中将步数设置为“2”,然后单击【OK】确定。再选择【Control】控制→【Time Function】时间函数,在表2.33.2中编辑表格,单击【OK】确定。

表2.33.2 时间函数

Time	Value
0	0.0
2	1.0

单击【Wire Frame】图标,然后单击【Boundary Plot】边界条件绘制图标和【Load Plot】载荷绘制图标时,可以使用鼠标来旋转和调整网格图的大小,直到图形窗口如图2.33.4所示。

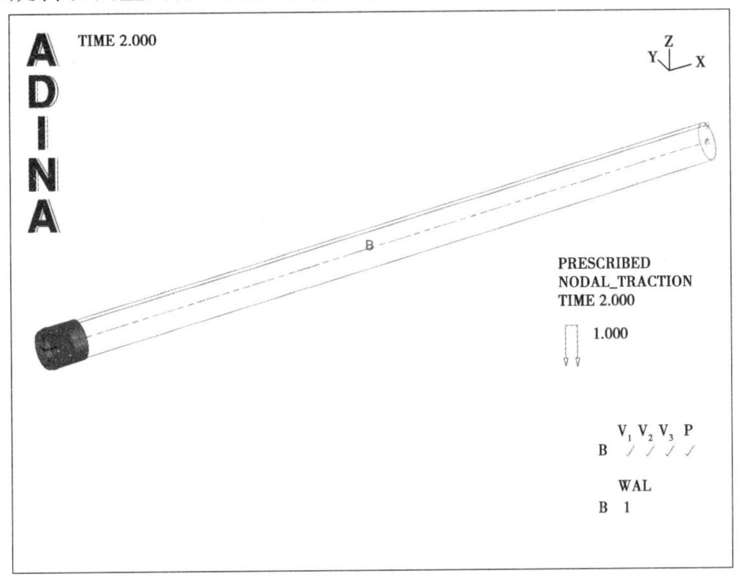

图2.33.4 定义边界条件和载荷

33.2.4 定义材料属性

单击【Manage Materials】管理材料图标,再单击【Laminar】层叠按钮。在【Define Laminar Material】“定义层”材料对话框中,添加【material 1】材料1,设置【Viscosity】黏度为“0.0013”,【Density】密度设置为“1000.0”,单击【OK】确定。单击【Close】关闭,关闭【Manage Material Definitions】管理材料定义对话框。

33.2.5 定义单元

1)单元组

单击【Element Groups】单元组图标,添加【element group 1】单元组1,将【Type】类型设置为【3-D Fluid】,然后单击【OK】确定。

2)细分数据

在这个网格中,我们将在体积的 u,v 和 w 方向上分配细分的数量。在这种情况下,u 方向是切线方向,v 方向是轴向(挤压方向),w 方向是径向。

单击【Subdivide Volumes】细分卷图标,将 u,v 和 w 方向的【Number of Subdivisions】细分数分别设置为“16”“8”和“6”。同样将【Length Ratio of Element Edges in w-direction】w 方向上的单元边的长度比设置为“0.5”(这样做是为了使管道壁附近的径向单元尺寸更小),然后单击【OK】确定。

3)单元生成

单击【Mesh Volumes】网格体积图标,在表格的第一行中输入“1”,然后单击【OK】确定。图形窗口如

图 2.33.5 所示。

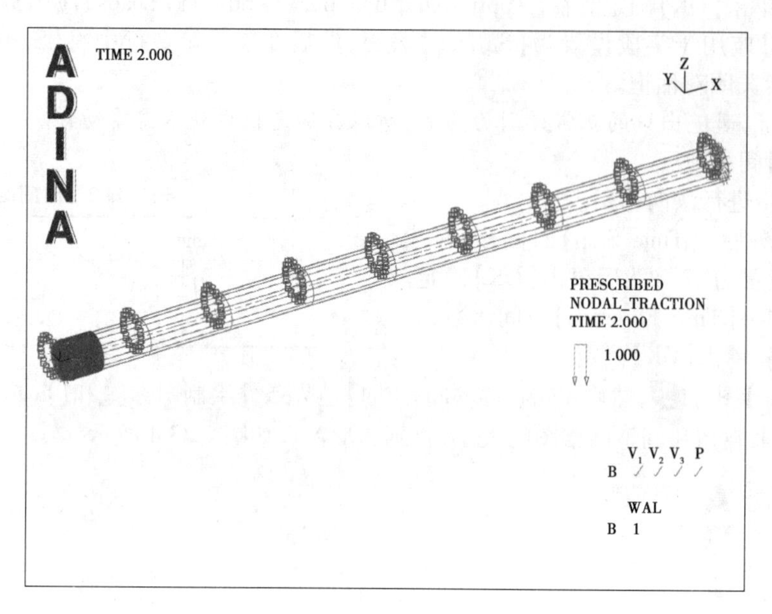

图 2.33.5 网格体积

注意:AUI 不在卷的内部显示单元行。

使用【Pick】拾取图标和鼠标从通道入口端点显示模型,图形窗口如图 2.33.6 所示。图 2.33.6 中可以看到,在径向方向上,管壁附近的单元尺寸变得更小。

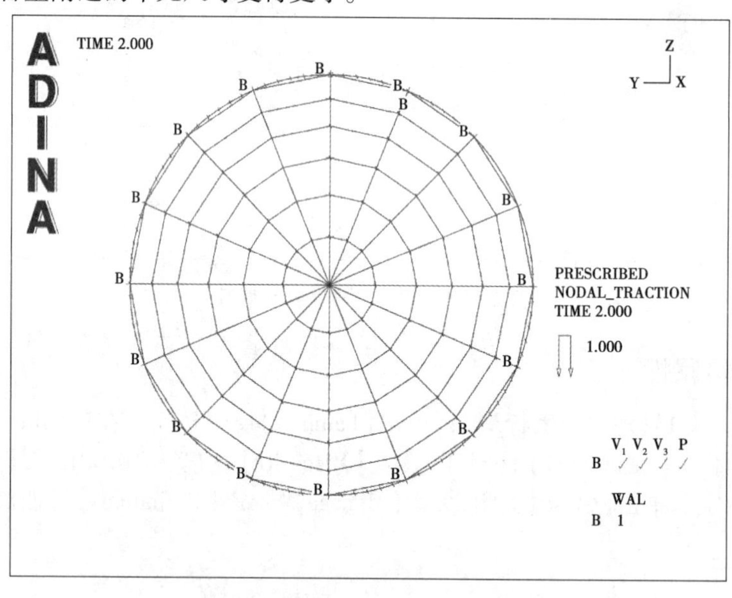

图 2.33.6 管壁附近的单元尺寸变得更小

33.2.6 生成数据文件,运行 ADINA-CFD,加载舷窗文件

单击【Save】保存图标并将数据库保存到文件 prob33。单击【Data File/Solution】数据文件/求解方案图标,将文件名称设置为"prob33_1",确保【un Solution】运行求解方案按钮被选中,然后单击【Save】保存。ADINA-CFD 完成后,关闭所有打开的对话框。将【Program Module】程序模块下拉列表设置为【Post-Processing】后期处理(可以放弃所有更改),单击【Open】打开图标并打开舷窗文件"prob33_1"。

33.2.7 检查求解方案

如果要在管道内创建结果图,需要定义一个切割平面,然后更改视图并移除所有切割面内部线条。

1)切割平面

单击【Cut Surface】切割平面图标。将【Type】类型设置为【Cutting Plane】切割平面,将【Defined by】由……定义,设置为【Y-Plane】Y 平面,取消选中【Display the Plane(s)】显示平面按钮,然后单击【OK】按钮。

2)查看和切割平面内线

单击【XZ View】XZ 视图图标和【Model Outline】模型轮廓图标。

3)保存网格图的默认值

使用这个网格图的外观绘制图,要将网格保存图解设置为默认值,以便不重复每个绘图的上述步骤,可单击【Save Mesh Plot Style】保存网格绘制样式图标。

4)速度和压力

单击【Quick Vector Plot】快速矢量图图标以显示速度。如果想显示管道内的压力,可使用鼠标将网格图移动到图形窗口的顶部,然后单击【Mesh Plot】网格绘制图标和【Quick Band Plot】快速条带绘制图标。再使用鼠标删除任何额外的文本和坐标轴,调整网格图和注释的大小,直到图形窗口如图 2.33.7 所示。

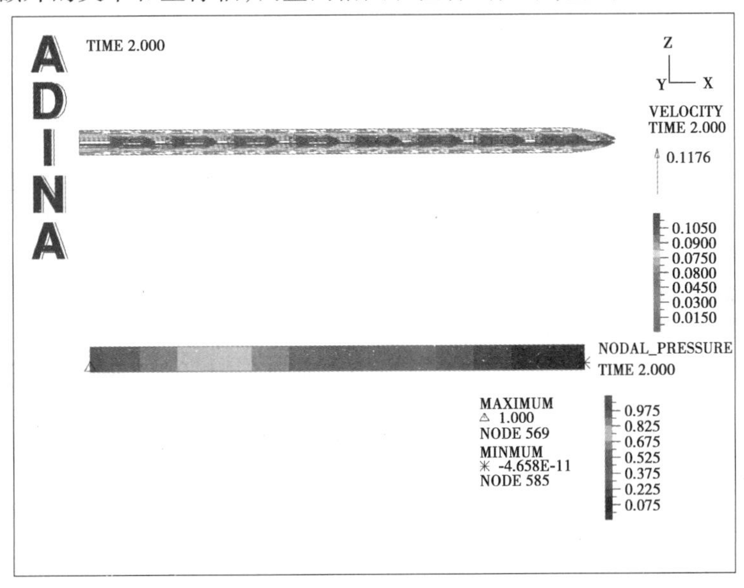

图 2.33.7 速度和压力

5)总体积流量、平均流速、最大流速

如果想确定流量的总体积流量、平均流速和最大流速,可用垂直于流动方向的平面切割模型,然后整合并搜索飞机上的最大速度。

首先重置网格图的默认值,单击【Reset Mesh Plot Style】重置网格图样式图标。

然后单击【Clear】清除图标和【Mesh Plot】网格绘制图标,再单击【Cut Surface】切割面图标,将【Type】类型设置为【Cutting Plane】切割平面,确保【Defined by】定义设置为【X-Plane】X 平面,将【Coordinate Value】坐标值设置为“0.7”,最后单击【OK】确定。图形窗口如图 2.33.8 所示。

(1)创建总体积流量的模型点

要创建确定切割平面上总体积流量的模型点,请选择【Definitions】定义→【Model Point (Special)】模型点(特殊)→【Mesh Integration】网格积分,添加点名称“X_FLUX”,验证【Integration Type】积分类型为【Integral】积分,然后单击【OK】确定。

选择【List】列表→【Value List】值列表→【Model Point】模型点,确认点名是“X_FLUX”,将【Variable 1】设置为【(Flux:VOLUME_FLUX_SURFACE)】并单击【Apply】应用。体积通量应为“1.093 08E-4”(层流解析解为 1.18E-4)。单击【Close】关闭,关闭对话框。

(2)创建平均流速的模型点

要创建确定切割平面上的平均速度的模型点,请选择【Definitions】定义→【Model Point (Special)】模型点(特殊)→【Mesh Integration】网格积分,添加点名称“X_AVERAGE”,将【Integration Type】积分类型设置为【Averaged】平均,然后单击【OK】确定。

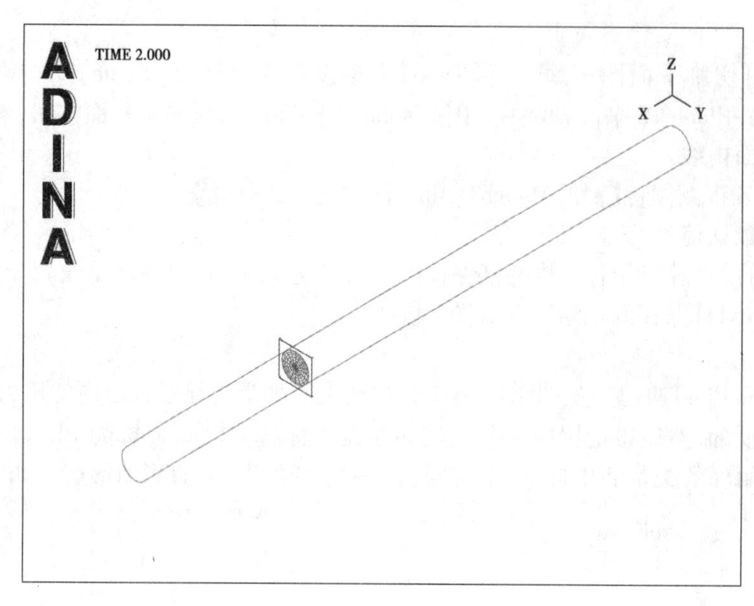

图 2.33.8　切割平面的网格

选择【List】列表 →【Value List】值列表 →【Model Point】模型点，确认点名是"X_AVERAGE"，将【Variable 1】变量 1 设置为【(Velocity：X-VELOCITY)】并单击【Apply】应用。平均流速应为"5.724 72E-2"(层流解析解为 6.01E-2)。单击【Close】关闭，关闭对话框。

(3)创建最大流速的模型点

要创建确定切割平面上最大速度的模型点，请选择【Definitions】定义→【Model Point (Special)】模型点(特殊)→【Mesh Extreme】极点网格，添加点名称"X_MAX"，验证【Extreme Value Type】极值类型是【Absolute Maximum】绝对最大值，然后单击【OK】确定。

选择【List】列表→【Value List】值列表→【Model Point】模型点，将点名称设置为"X_MAX"，将【Variable 1】变量 1 设置为【(Velocity：X-VELOCITY)】(速度：X-VELOCITY)，然后单击【Apply】应用。最大速度应为"1.176 43E-1"(层流解析解为 1.202E-1)。单击【Close】关闭，关闭对话框。

33.3　增加传质

将【Program Module】程序模块下拉列表设置为【ADINA CFD】(可以放弃所有更改)，从【File】文件菜单底部附近的最近文件列表中选择数据库文件"prob33"。

33.3.1　修改模型

1)更改标题

选择【Control】控制→【Heading】标题，将标题更改为【Problem 19：Mass transfer in a pipe】问题 19：管道中的传质，然后单击【OK】确定。

2)质量传递

选择【Model】模型→【Flow Assumptions】流量假设，勾选【Includes Mass Transfer】包括质量传递按钮，将【Total Number of Species】物料总数设置为"1"，然后单击【OK】确定。

3)质量比负载

首先在入口表面应用零质量比的物质。单击【Apply Load】应用加载图标，将【Load Type】加载类型设置为【Mass Ratio】质量比，然后单击【Load Number】加载编号字段右侧的【Define...】定义...按钮。在【Define Mass Ratio】定义质量比对话框中，添加"质量比 1"，确保【Mass Ratio】质量比为"0"，然后单击【OK】确定。在【Apply Usual Boundary Conditions/Loads】应用常规边界条件/荷载对话框中，将【Apply to】应用于字段设置为【Surface】表面，并在表的第一行中将【Surface #】表面#置为"1"，然后单击【Apply】应用(不要关闭对话框)。

然后在入口中心应用物质的单位质量比。在【Apply Usual Boundary Conditions/Loads】应用常规边界条件/荷载对话框中，确保【Load Type】荷载类型设置为【Mass Ratio】质量比，然后单击【Load Number】荷载编号字段右侧的【Define...】定义...按钮。在【Define Mass Ratio】定义质量比对话框中，添加"质量比 2"，将【Mass Ratio】质量比设置为 1，然后单击【OK】确定。在【Apply Usual Boundary Conditions/Loads】应用常规边界条件/荷载对话框中，将【Load Number】荷载编号设置为"2"，将【Apply to】应用于字段设置为【Point】点，并在表格的第一行中将【Point #】点号设置为"1"。单击【OK】确定关闭对话框。

4）**质量材料**

选择【Model】模型→【Mass Transfer】质量传递→【Mass Transfer Materials】质量传递材料，添加【material 2】材料 2 和 验证【Type】类型是否为【Constant】常量。设置【Constant Diffusive Coeff.】常量扩散系数为"2.3E-9"并单击【OK】确定。

我们还必须更新单元组数据以引用质量数据。单击【Element Groups】单元组图标，将【Mass Transfer Material】传质材料设置为"2"，然后单击【OK】确定。

33.3.2　生成数据文件，运行 ADINA-CFD，加载舷窗文件

首先单击【Save】保存图标保存数据库，再单击【Data File/Solution】数据文件/求解方案图标，将文件名称设置为"prob33_2"，确保【Run Solution】运行求解方案按钮被选中，然后单击【Save】保存。

ADINA-CFD 完成后，关闭所有打开的对话框。将【Program Module】程序模块下拉列表设置为【Post-Processing】后处理（您可以放弃所有更改），单击【Open】打开图标并打开舷窗文件 prob33_2。

33.3.3　检查求解方案

在这个后处理阶段，将研究质量比如何沿着管道长度变化。单击【Cut Surface】切割平面图标，设置【Type】类型为【Cutting Plane】切割平面，确认【 Defined by 】定义字段设置为【X-Plane】，设置【Coordinate Value】坐标值为"0.1"，设置【Distance between Planes 】平面间距离为"0.2"，单击【OK】确定按钮。

现在有五个切割平面沿着管道均匀分布，单击【Model Outline】模型轮廓图标删除切割单元的内部线条。

现在单击【Create Band Plot】创建条带绘制图标，设置【Band Plot Variable】条带绘制变量为【（Fluid Variable：MASS_RATIO_1）】，然后单击【OK】确定。图形窗口如图 2.33.9 所示。

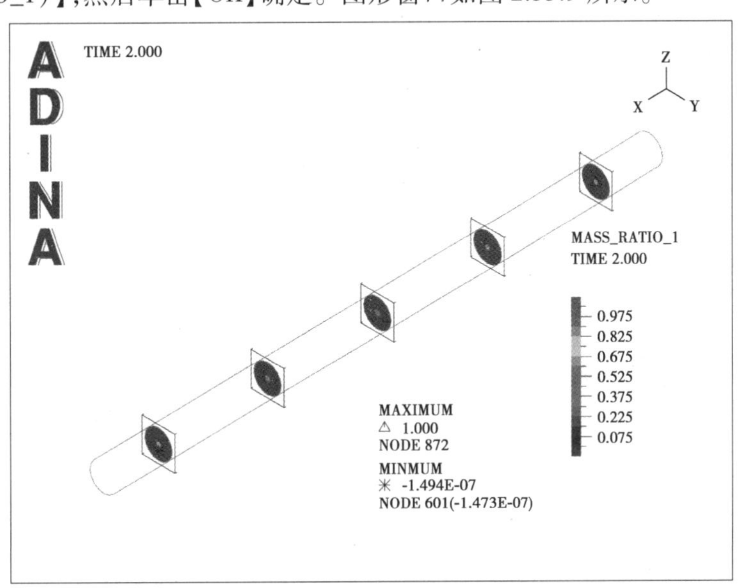

图 2.33.9　显示质量比

该图显示高质量比保持在管道的中心（即氨，仍然集中在管道的中心）。

33.4　退出 AUI

选择主菜单中的【File】文件→【Exit】退出，弹出【AUI】对话框，然后单击【Yes】，退出 ADINA-AUI。

问题34　机箱内的自然对流和镜面辐射

问题描述

1)问题概况

首先确定如图2.34.1所示外壳内的流体流动和温度分布。

边界标有━━粗线的边界反映了下面的边界条件：

$s=0.5$(镜面反射率)，$d=0.5$(扩散率)

其他边界为吸收边界：

$s=0.0$，$d=0.1$。

外壳包括三个反射器和一个吸收边界。这些材料之间发生辐射传热。由于流体的自然对流和流体内的热传导也会发生传热。

注意：温度是在两个反射器中规定的。在第三个反射器的温度没有规定，并作为解决过程的一部分被解决。

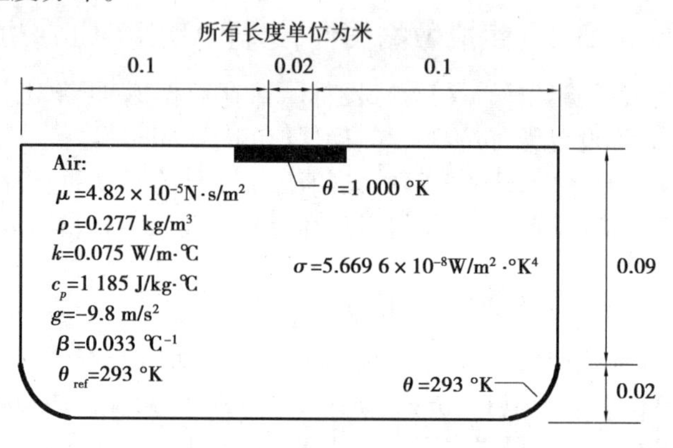

图2.34.1　问题34中计算模型

2)演示内容

本例中，将演示以下内容：

①为自然对流分配材料数据。

②分配初始温度。

③在分析中使用相对压力。

④自动无维度化。

⑤镜面边界条件的分配。

⑥自由几何形状的表面内啮合。

⑦定义类型网格—丝耙。

⑧设置粒子时间步长。

注意：本例不能用ADINA系统的900个节点版本解决，因为模型中有3 191个节点。

34.1　启用AUI，选择有限元程序

启用AUI并将【Program Module】程序模块下拉列表设置为“ADINA CFD”。

34.2　定义模型控制数据

34.2.1　问题标题

选择【Control】控制→【Heading】标题，输入标题【Problem 34：Natural convection and specular radiation within an enclosure】问题34：机箱内的自然对流和镜面辐射，然后单击【OK】确定。

34.2.2　流动假设

选择【Model】模型→【Flow Assumptions】流动假设，将【Flow Dimension】流动维度设置为【2D(在 YZ 平面中)】并单击【OK】确定。

34.2.3　迭代次数

选择【Control】控制→【Solution Process】解决方案过程，单击【Iteration Method】迭代方法...按钮，将【Maximum Number of Iterations】最大迭代次数设置为“50”，然后单击【OK】确定两次以关闭这两个对话框。

34.2.4　公差

选择【Control】控制→【Solution Process】解决方案过程，单击【Iteration Tolerances...】迭代公差...按钮，将【Relative Tolerance for Degrees of Freedom】自由度的相对公差设置为“0.01”，然后单击【OK】确定两次以关闭这两个对话框。

34.2.5　初始温度

我们希望将【initial temperature】初始温度设置为“293”。选择【Control】控制→【Default Temperature】默认温度，将【Default Initial Temperature】默认初始温度设置为“293”，然后单击【OK】确定。

34.2.6　相对压力

选择【Control】[illegible]制→【Miscellaneous Options】其他选项，取消选中【Include Hydrostatic Pressure】包括静压按钮，然后[illegible]确定。这意味着解决方案过程中的压力变量将不包括流体静力效应；这种技术通常在模型中[illegible]

34.2.[illegible]

选择【Con[illegible]制→【Solution Process】求解过程，选中【Non-Dimensional Analysis】无量纲分析按钮，单击该按钮右边的【...】按钮，将【Length Scale】长度比例设置为“0.01”，【Velocity Scale】速度比例设置为“0.1”，【Density Scale】密度比例设置为“0.277”，【Specific Heat Scale】比热比为“1185.0”，【Temperature Scale】温度比例为“1000.0”，【Temperature Datum】温度基准为“293.0”，然后单击【OK】确定两次以关闭两个对话框(小心先关闭【Non-Dimensional Analysis】无量纲分析对话框)。速度标度被确定为使得能量方程中的对流项与辐射项具有相同的数量级。温标用于降低溶液过程中使用的温度；如果不降低的温度，数值过程将发散由于大的 $\theta 4$ 辐射条件下的值。

34.3　定义模型几何

图 2.34.2 显示了用于定义 ADINA CFD 模型的关键几何元素。

34.3.1　几何点

单击【Define Points】定义点图标，输入表 2.34.1 中的几点(可以将 X1 列留空)，然后单击【OK】确定。

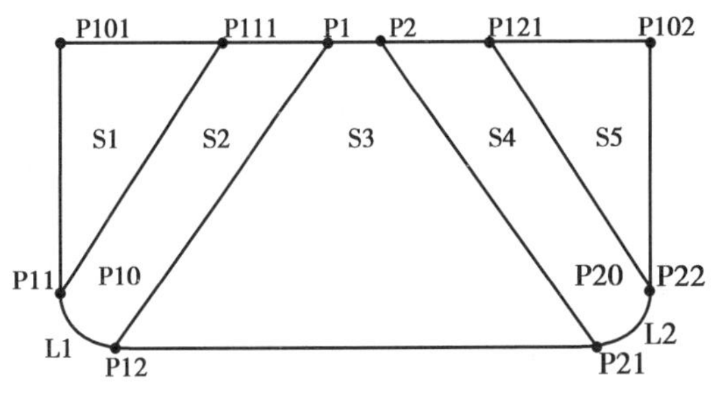

图 2.34.2　定义 ADINA 模型的关键几何元素

表 2.34.1　定义点的参数

Point#	X2	X3
1	−0.01	0.1
2	0.01	0.1
10	−0.09	0.01
11	−0.11	0.01
12	−0.09	−0.01
20	0.09	0.01
21	0.09	−0.01
22	0.11	0.01
101	−0.11	0.1
102	0.11	0.1
111	−0.05	0.1
121	0.05	0.1

单击【Point Labels】点标签图标以显示几何点标签。

34.3.2　几何线

单击【Define Lines】定义线图标，定义表 2.34.2 中的几条线，然后单击【OK】确定。

表 2.34.2　定义圆弧

线序号	Type	Defined by	P1	P2	Center
1	Arc	P1,P2,Center	11	12	10
2	Arc	P1,P2,Center	21	22	20

34.3.3　几何曲面

单击【Define Surfaces】定义曲面图标，定义表 2.34.3 中的曲面并单击【OK】确定。

表 2.34.3　定义曲面

Surface number	Type	Point 1	Point 2	Point 3	Point 4
1	Vertex	111	101	11	111
2	Vertex	1	111	11	12
3	Vertex	2	1	12	21
4	Vertex	121	2	21	22
5	Vertex	121	22	102	121

注意：表面 1 和 5 是三角形表面。图形窗口如图 2.34.3 所示。

34.4　定义材料属性

单击【Manage Materials】管理材料图标M，然后单击【Laminar】层叠按钮。在【Define Laminar Material】定义层流材料对话框中，添加【material 1】材料 1，设置【Viscosity】黏度为“4.82E-5”，【Density】密度为“0.277”，【Coefficient of Volume Expansion】体积膨胀系数为“0.0013”，【Reference Temperature】参考温度为“293”，

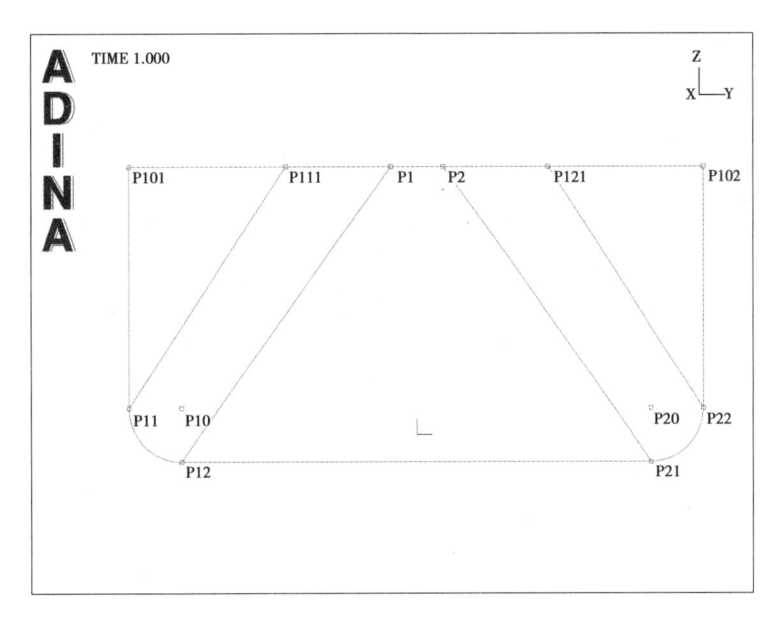

图 2.34.3　几何面

【Thermal Conductivity】热导率为“0.075”,【Specific Heat at Constant Pressure】恒压比热为“1185.0”,【Acceleration due to Gravity】重力加速度,【Z】为“-9.8”,单击【OK】确定。单击【Close】关闭,关闭【Manage Material Definitions】管理材料定义对话框。

34.5　定义边界条件

34.5.1　墙边界条件

单击【Special Boundary Conditions】特殊边界条件图标,添加特殊边界条件 1 并验证【Type】类型为【Wall】壁面。在表的前 10 行中输入线号 1,2,3,4,6,8,9,11,13,14(注:表中的线的顺序是没有关系的)。单击【OK】确定关闭对话框。

34.5.2　压力零点值

由于流动是不可压缩的,我们正在指定沿整个边界的速度,压力解决方案并没有完全确定。为了完全确定压力解,我们在模型中的一个点处将压力设置为零。单击【Apply Fixity】应用固定图标,然后单击【Define...】定义...按钮。在【Define Zero Values】定义 0 值对话框中,添加零值名称【PRESSURE】,勾选【Pressure degree of freedom】压力自由度,然后单击【OK】确定。

在【Apply Zero Values】应用零值对话框中,将【Zero Values】零值名称设置为【PRESSURE】压力,确认【Apply to】应用于字段为【Point】点,在表格的第一行中输入“1”,然后单击【OK】确定。

34.5.3　规定的温度

现在需要规定顶部中心线(线 8)和右边弧线(线 2)的温度。单击【Apply Load】应用加载图标,将【Load Type】载荷类型设置为【Temperature】温度,然后单击【Load Number】载荷编号字段右侧的【Define...】定义...按钮。在【Define Temperature】定义温度对话框中,添加【temperature 1】温度 1,将【Magnitude】幅度设置为“1000”,单击【Save】保存,添加【temperature 2】温度 2,将【Magnitude】幅度设置为“293”,然后单击【OK】确定。在【Apply Usual Boundary Conditions / Loads】应用通常边界条件/载荷对话框中,验证【Load Number】载荷编号设置为“1”,将【Apply to】应用到字段设置为【Line】线,将【Line#】线号设置为表格的第一行中的 8,然后单击【Apply】应用。现在将【Load Number】载荷编号设置为“2”,确认【Apply to】应用于字段设置为【Line】线,在表格的第一行中将【Line #】线号设置为“2”,然后单击【OK】确定。

34.5.4 镜面边界条件

首先定义反射镜的边界条件(第8,1,2行)。单击【Special Boundary Conditions】特殊边界条件图标，添加【special boundary condition 2】特殊边界条件2,【Type】类型设置为【Specular-Diffusive-Radiation】镜面扩散辐射,【Stefan-Boltzmann Constant】斯蒂芬-玻尔兹曼常数到5.669 6E-8,【Number of Rays Emitted between Normal and Tangent Direction】正常和切线方向之间发出的光线数为20,则镜面反射率函数乘法器为0.5,【Specular Reflectivity Function Multiplier】漫反射函数乘法器为0.5。在表的前三行输入线号"8,1,2",然后单击【Save】保存。

现在定义了其他地方的边界条件(线3,4,6,9,11,13,14)。复制特殊边界条件2到3,将【Specular Reflectivity Function Multiplier】镜面反射率函数乘法器设置为"0.0",将【Diffuse Reflectivity Function Multiplier】漫反射率函数乘法器设置为"0.1"。清理表格并在表格的前七行中输入线号"3,4,6,9,11,13,14"。单击【OK】确定关闭对话框。

当单击【Boundary Plot】边界绘图图标和【Load Plot】载荷绘图图标时,图形窗口如图2.34.4所示。

34.6 定义单元

34.6.1 单元组

单击【Element Groups】单元组图标,添加单元组1,验证【Type】类型是【2-D Fluid】,将【Element Sub-Type】单元子类型设置为【Planar】平面,然后单击【OK】确定。

34.6.2 细分网格

将使用统一的网格大小。选择【Meshing】网格→【Mesh Density】网格密度→【Complete Model】完整网格,设置【Subdivision Mode】分区模式为【Use Length】使用长度,设置【Element Edge Length】单元边长为"0.003",然后单击【OK】确定。图形窗口如图2.34.5所示。

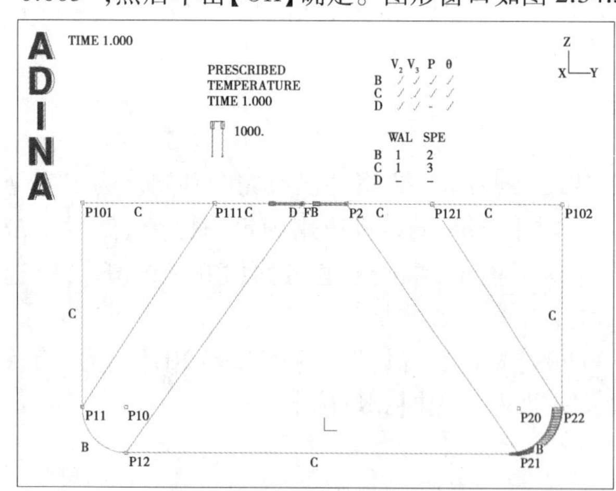

图2.34.4 边界条件和载荷

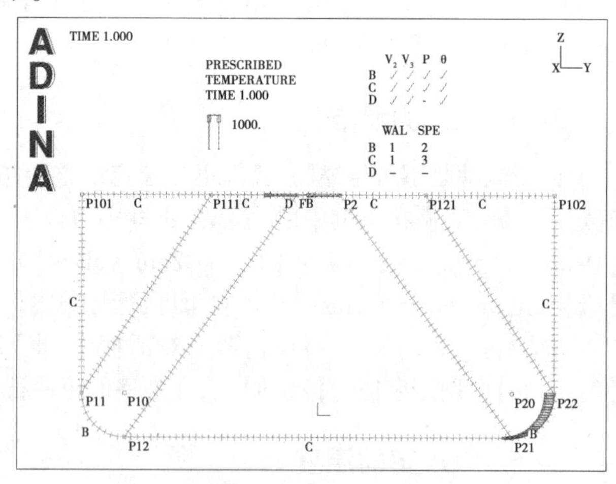

图2.34.5 统一网格大小

现在单击【Mesh Surfaces】划分曲面网格图标,将【Meshing Type】网格类型设置为【Free-Form】自由格式,将【Nodes per Element】每个单元的节点设置为"3",在表格的前五行中输入"1,2,3,4,5",然后单击【OK】确定。使用鼠标重新排列图形窗口,直到如图2.34.6所示。

34.7 生成数据文件,运行ADINA CFD,加载舷窗文件

单击【Save】保存图标并将数据库保存到文件"prob34"。单击【Data File/Solution】数据文件/解决方案图标,将文件名称设置为"prob20",确保【Run Solution】运行解决方案按钮被选中,然后单击【Save】保

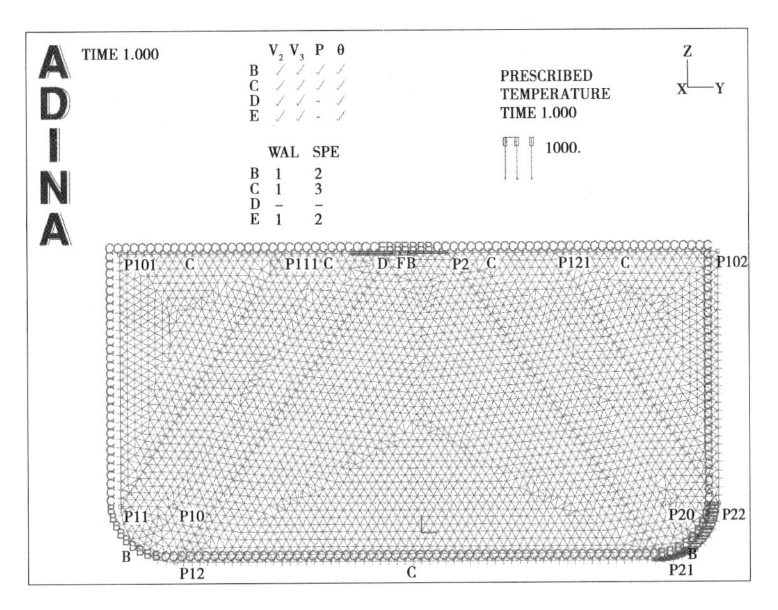

图 2.34.6 划分曲面网格

存。ADINA CFD 完成后,关闭所有打开的对话框。将【Program Module】程序模块下拉列表设置为后【Post-Processing】期处理(可以放弃所有更改),单击【Open】打开图标并打开舷窗文件"prob34"。

34.8 检查求解方案

在附件中创建结果图。由于底层网格图将具有相同的外观,可设置第一个网格图的外观,然后将默认设置为该外观。

单击【Model Outline】模型轮廓图标以仅绘制网格轮廓。使用【Pick】拾取图标和鼠标擦除【TIME 1.000】文本和坐标轴。然后单击【Save Mesh Plot Style】保存网格打印样式图标保存网格图的默认值。

34.8.1 速度矢量

单击【Quick Vector Plot】快速矢量绘图图标。使用【Pick】拾取图标和鼠标将网格移动到图形窗口的上半部分。

34.8.2 路径线

单击【Mesh Plot】网格绘图图标并将网格移至图形窗口的下半部分。现在选择【Display】显示→【Particle Trace Plot】颗粒踪迹绘图 →【Create】创建,然后单击【Trace Rake】踪迹耙字段右边的【...】按钮。在【Define Trace Rake】定义跟踪耙对话框中,将【Type】类型设置为【Grids】网格,在表的第一行中输入表 2.34.4 所示数据,然后单击【OK】确定两次以关闭这两个对话框。

表 2.34.4 定义粒子

X	Y	Z	Plane	Shape	Side 1 Length	NSIDEI	Side 2 Length	NSIDE 2
0.0	0.0	0.045	X-Plane	Rectangular	0.2	11	0.1	6

移动粒子跟踪图例,直到图形窗口如图 2.34.7 所示。耙子是一个长方形的注射器网格,中心(0,0,0.045),边长为 0.2 和 0.1。

现在单击【Trace Downstream】踪迹顺流图标 5 次。图形窗口如图 2.34.8 所示。

似乎默认粒子时间步骤太小了,因为我们必须多次单击【Trace Step Downstream】踪迹步顺流图标,才会发现图中的任何差异。要重置默认粒子时间步骤,请选择【Display】显示→【Particle Trace Plot】粒子追踪绘图→【Modify】修改,然后单击【Trace Calculation】追踪计算字段右侧的...按钮。【Particle Time Step Size】粒子

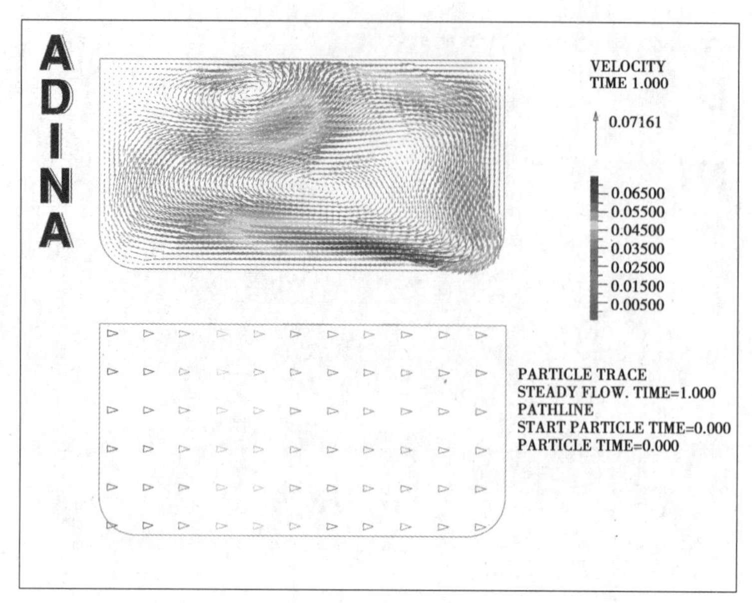

图 2.34.7 粒子踪迹

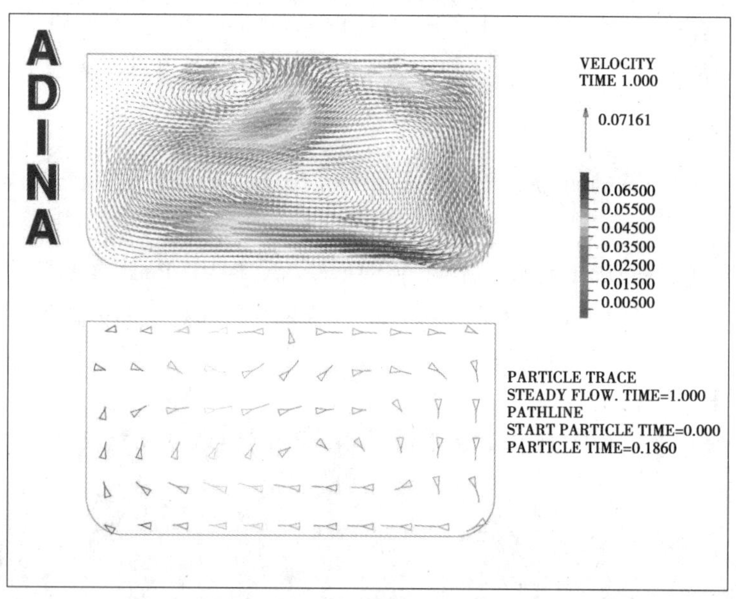

图 2.34.8 顺流 5 次的踪迹

时间步长目前是 0.037 194。将【Particle Time Step Size】粒子时间步长设置为“1.0”,然后单击【OK】确定两次以关闭这两个对话框。该绘图没有改变,因为我们没有改变粒子的时间。

注意:不要将粒子时间步与 AUI 用于粒子轨迹数值积分的时间步混淆,粒子轨迹的数值积分与粒子时间步完全分开,粒子时间步仅用于为【Trace Downstream】顺流踪迹和【Trace Upstream】上游踪迹图标提供一个时间步骤。

现在单击【Trace Downstream】顺流踪迹图标两次。每次单击图标,粒子时间增加 1.0。

要移除注射器三角形,请选择【Display】显示→【Particle Trace Plot】粒子跟踪图→【Modify】修改,然后单击【Trace Rendering】跟踪渲染字段右侧的【...】按钮。在【Define Trace Rendering Depiction】定义曲线渲染描述对话框中,取消选中【Display Symbols at Injector Locations】在喷射器位置显示符号按钮并单击【OK】确定两次以关闭这两个对话框。

要创建较长的路径,请选择【Display】显示 →【Particle Trace Plot】颗粒踪迹绘图 →【Modify】修改,然后单击【Trace Calculation】踪迹计算字段右侧的【...】按钮。将【Current Particle Time】当前粒子时间设置为 100,然后单击【OK】确定两次以关闭这两个对话框。图形窗口如图 2.34.9 所示。

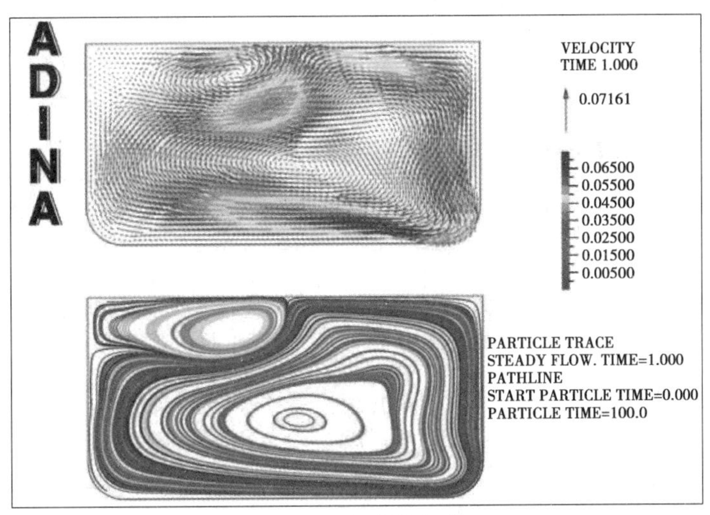

图 2.34.9 创建较长路径

34.8.3 温度

单击【Clear】清除图标,然后单击【Mesh Plot】网格图图标,再单击【Create Band Plot】创建带图图标,将【Band Plot Variable】条带图变量设置为【Temperature: TEMPERATURE】(温度:温度),然后单击【OK】确定。使用【Pick】拾取图标和鼠标将网格移动到图形窗口的上半部分。

34.8.4 热通量(由于流体内的传导)

单击【Mesh Plot】网格图图标,然后单击【Create Vector Plot】创建矢量图图标,将【Vector Quantity】矢量数设置为【HEAT_FLUX】,然后单击【OK】确定。使用【Pick】拾取图标和鼠标重新排列图形,直到显示图形窗口如图 2.34.10 所示。

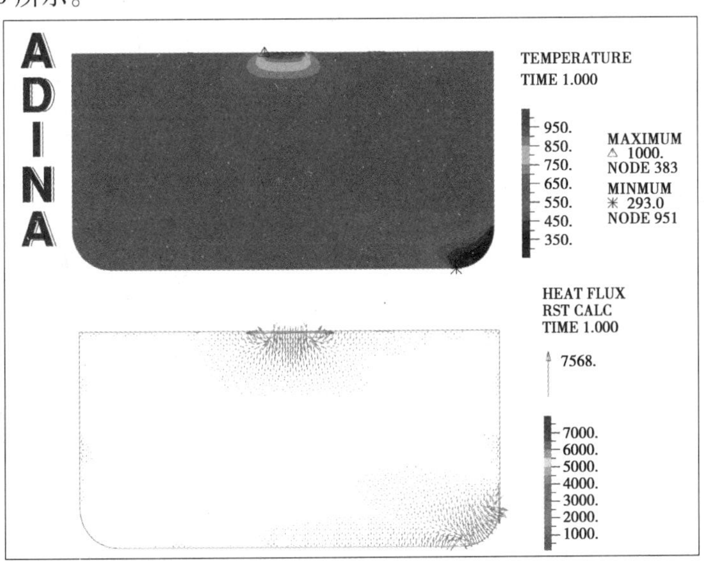

图 2.34.10 热通量

34.9 退出 AUI

选择主菜单中的【File】文件→【Exit】退出,弹出【AUI】对话框,然后单击【Yes】,退出 ADINA-AUI。

问题 35　使用 VOF 方法分析气泡上升

问题描述

1）问题概况

如图 2.35.1 所示，气泡在一列油中升起：

空气和油都被模拟成不可压缩的牛顿流体。石油被认为是主要流体，空气被认为是 VOF 物种 1。

该模型是平面和二维的，可通过将 VOF 壁角度设置为 0.0 来控制气泡与柱顶部的壁之间的界面角度。

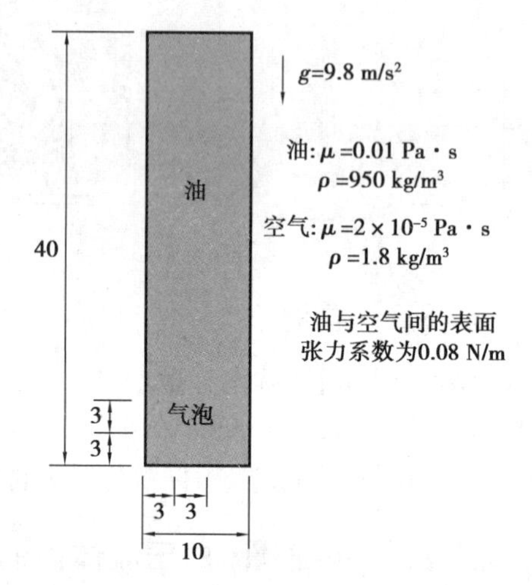

图 2.35.1　问题 35 中计算模型

2）展示内容

本例将演示以下内容：

定义 VOF 壁面角度的边界条件

注意：①本例可以用 ADINA 系统的 900 个节点来求解。

②本例的大部分输入存储在文件“prob35_1.in”，“prob35_2.in”，“prob35_1.plo”和“prob35_2.plo”中。你需要复制的文件“prob35_1.in”，“prob35_2.in”，“prob35_1.plo”，“prob35_2.plo”，在 开始分析之前从目录 samples\primer 文件夹复制工作目录或文件夹。

35.1　启用 AUI 并

启用 AUI 并将【 Program Module 】程序模块下拉列表设置为【ADINA CFD】。

35.2　定义模型控制数据、几何图形、细分数据、边界条件和材料

我们准备了一个批处理文件“prob35_1.in”，它执行以下操作：

①指定一个瞬态分析。

②设置自动时间步中使用的 Courant 编号和其他参数。

③定义点、线和曲面。

④细分曲面。

⑤定义壁面边界条件并在一个点上确定压力。

⑥定义油气材料（分别为材料 1 和 2）。

⑦绘制模型。

选择【File】文件→【Open Batch】打开批处理，导航到工作目录或文件夹，选择文件“prob35_1.in”并单击打开。图形窗口应该看起来如图 2.35.2 所示。

35.3　定义 VOF 分析

选择【Model】模型→【Flow Assumptions】流量假设并将【VOF】设置为【Yes】是。单击【VOF Control...】VOF 控制按钮，设置【Max. Number of Iterations Allowed】允许的迭代的最大次数设置为 150，然后单击【OK】确定两次以关闭这两个对话框。

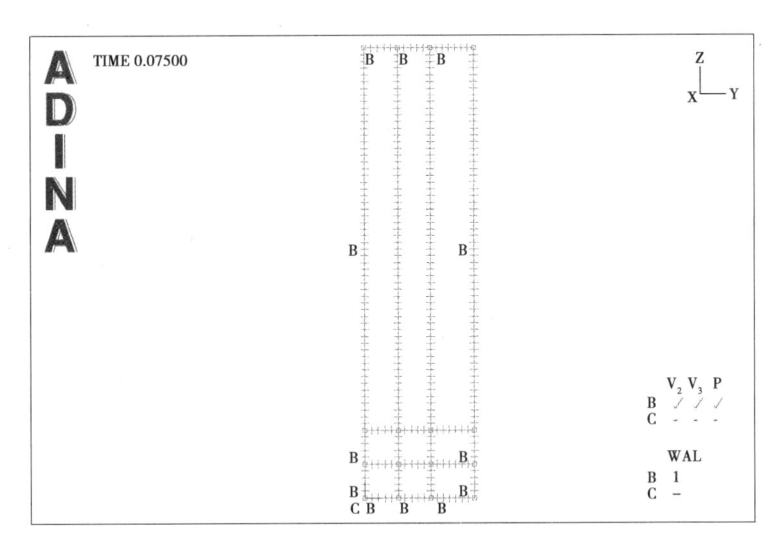

图 2.35.2 导入的 prob35_1.in 模型

单击【Element Groups】单元组图标并添加【 group 1】组 1，将【Element Sub-Type】单元子类型设置为【Planar】平面，单击【Advanced】高级选项卡，然后单击【Associated VOF Material 】关联 VOF 材料字段右侧的【…】按钮。在【VOF Material】VOF 材料对话框中，添加【VOF material 1】VOF 材质 1，将【First Species Material Number】第一种材料编号设置为 2，将【Surface Tension Coefficient between Primary and First Species】主要和第一种材料之间的表面张力系数设置为“0.08”，然后单击【OK】确定。单击【OK】确定关闭【Define Element Group】定义单元组对话框。

单击【Special Boundary Conditions 】特殊边界条件图标，添加【condition 2】条件 2 并将【Type】类型设置为【VOF Wall Angle】VOF 壁面角度。将【Wall Angle between Primary Fluid and First Species】主要流体和第一种类之间的壁角设置为“0.0”，并在表格的前 12 行中输入以下行号：3，4，7，9，10，13，17，18，20，21，23，24（这些是与在墙边界条件中使用的相同的线）。单击【OK】确定关闭对话框。

当单击【Redraw】重画图标时，图形窗口如图 2.35.3 所示。

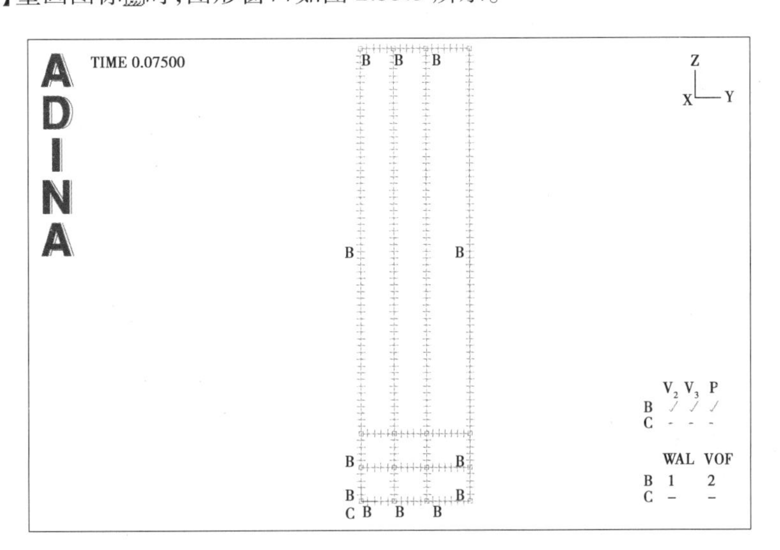

图 2.35.3 重画图标

初始条件：选择【Model】模型→【Initial Conditions】初始条件→【Define】定义，添加初始条件【BUBBLE】，并在表的第一行中将变量设置为【VOF-SPECIES1】，将【 Value】值设置为“1.0”。现在单击【Apply…】应用按钮，在【Apply Initial Conditions】应用初始条件对话框中，将【Apply to】应用到字段设置为【Face / Surface】面/曲面，然后在表的第一行和第一列中输入“5”。单击【OK】确定两次以关闭这两个对话框。

35.4 划分网格

准备了一个批处理文件(prob35_2.in),它执行以下操作:

▶对几何图形划分网格(使用4节点FCBI单元)

▶重新生成图形

选择【File】文件→【Open Batch】打开批处理,导航到工作目录或文件夹,选择文件“prob35_2.in”并单击【Open】打开。AUI处理批处理文件中的命令。

图形窗口如图2.35.4所示。

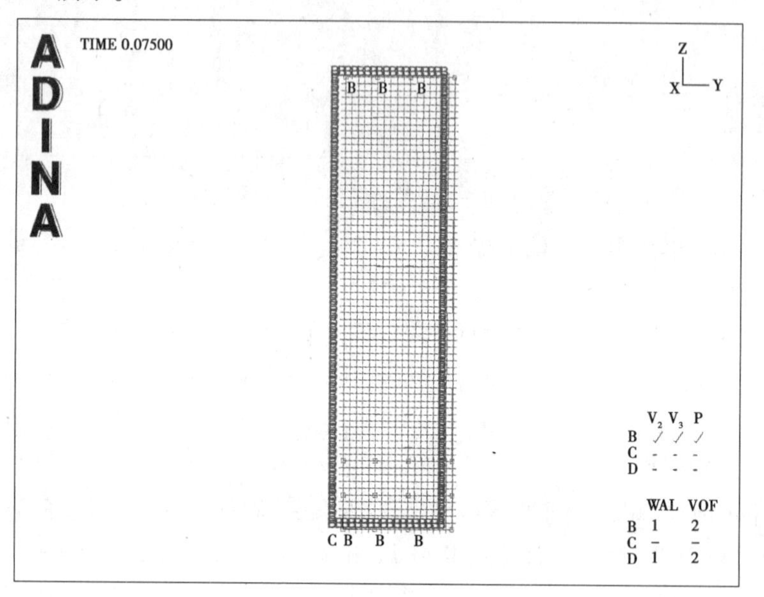

图2.35.4 划分网格

35.5 生成数据文件,运行ADINA CFD,加载舷窗文件

单击【Save】保存图标并将数据库保存到文件“prob35”。单击【Data File/ Solution】数据文件/求解方案图标,将文件名称设置为“prob35”,确保【Run Solution】运行求解方案按钮被选中,然后单击【Save】保存。

ADINA CFD运行150个求解方案步骤。

ADINA CFD完成后,关闭所有打开的对话框。将【Program Module】程序模块下拉列表设置为【Post-Processing】后处理(可以放弃所有更改),单击【Open】打开图标并打开舷窗文件“prob35”。

35.6 后处理

35.6.1 可视化的气泡运动

为了演示的目的,假设任何区域为其中VOF物质大于1/2对应于空气。已经把必要的命令放在一个批处理文件(prob35_1.plo)。选择【File】文件→【Open Batch】打开批处理,导航至工作目录或文件夹,选择文件prob35_1.plo,然后单击【Open】打开。图形窗口如图2.35.5所示。

单击【Movie Load Step】电影加载步骤图标,然后单击【Animate】动画图标。气泡立刻变圆,开始上升,随着气泡上升而略微振荡。单击【Refresh】刷新图标清除动画。

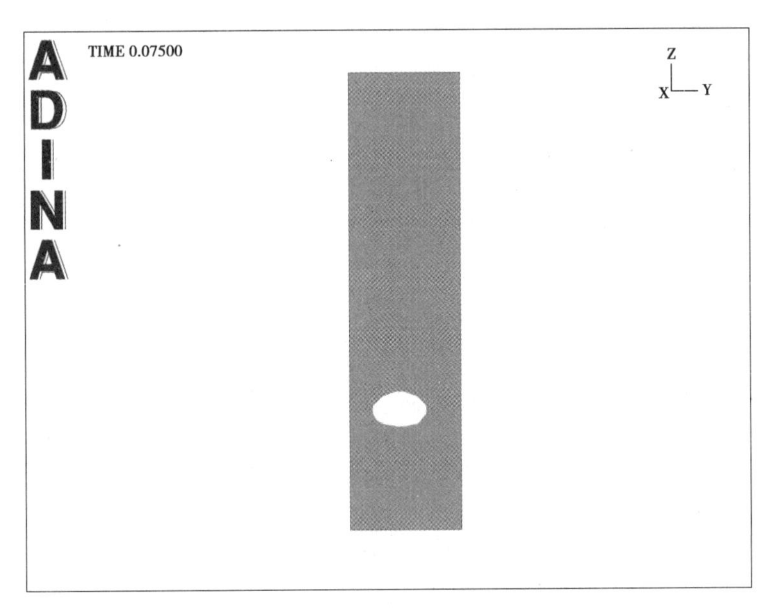

图 2.35.5　导入的“prob35_1.plo”结果模型

35.6.2　可视化油的运动

可以使用粒子追踪功能来显示油的运动。现已经把必要的命令放在一个批处理文件(prob35_2.plo)中。选择【File】文件→【Open Batch】打开批处理,导航到工作目录或文件夹,选择文件 prob35_2.plo 并单击【Open】打开。使用【Pick】拾取图标和鼠标重新排列图形,直到图形窗口如图 2.35.6 所示。

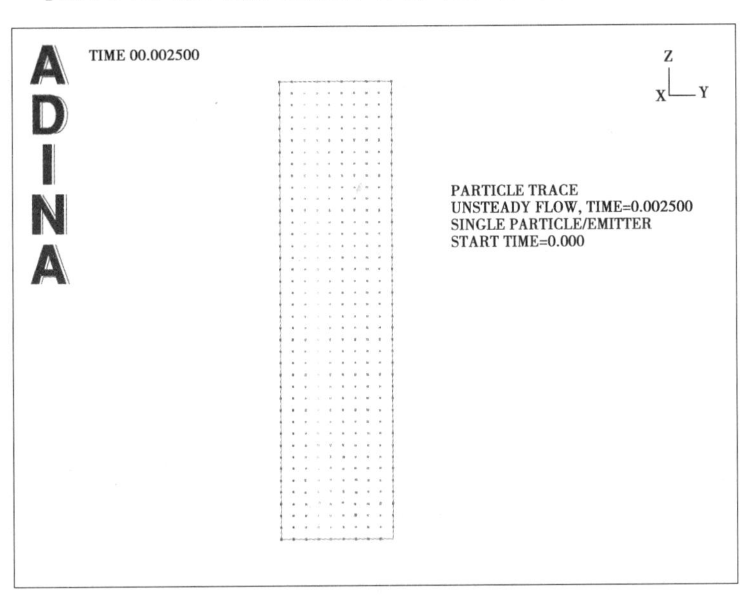

图 2.35.6　用粒子追踪显示油的运动

此时,显示求解方案开始附近的粒子轨迹。

现在单击【Last Solution】最后一个求解方案图标来计算粒子轨迹。图形窗口如图 2.35.7 所示。

单击【Movie Load Step】电影加载步骤图标,然后单击【Animate】动画图标。看到颗粒移出了上升的泡沫。单击【Refresh】刷新图标清除动画。

35.7　多步骤求解方案

在前面,我们只运行了 150 步的求解方案,以便分析不会太长。但是,如果计算机速度够快,那么运行该

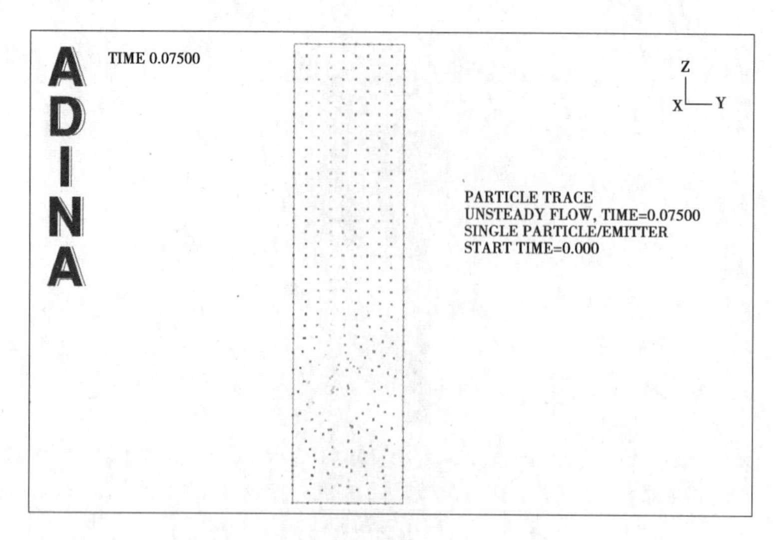

图 2.35.7 最后一个时间步的粒子轨迹

求解方案以获取更多步骤是很有意义的。

将【Program Module】程序模块下拉列表设置为【ADINA CFD】(可以放弃所有更改),并从【File】文件菜单底部附近的最近文件列表中选择数据库文件 prob35.idb。

选择【Control】控制→【Time Step】时间步骤,在表格的第一行中将步骤数量设置为“720”,然后单击【OK】确定。

单击【Data File/Solution】数据文件/求解方案图标,将文件名设置为“prob35b”,确保【Run Solution】运行求解方案按钮被选中,然后单击【Save】保存。

ADINA CFD 运行 720 个求解方案步骤。

ADINA CFD 完成后,关闭所有打开的对话框。将【Program Module】程序模块下拉列表设置为【Post-Processing】后处理(可以放弃所有更改),单击【Open】打开图标并打开舷窗文件 prob35b。

完全按照以前的分析进行后处理。你应该看到下面的情节。

35.7.1 气泡运动的可视化(图 2.35.8)

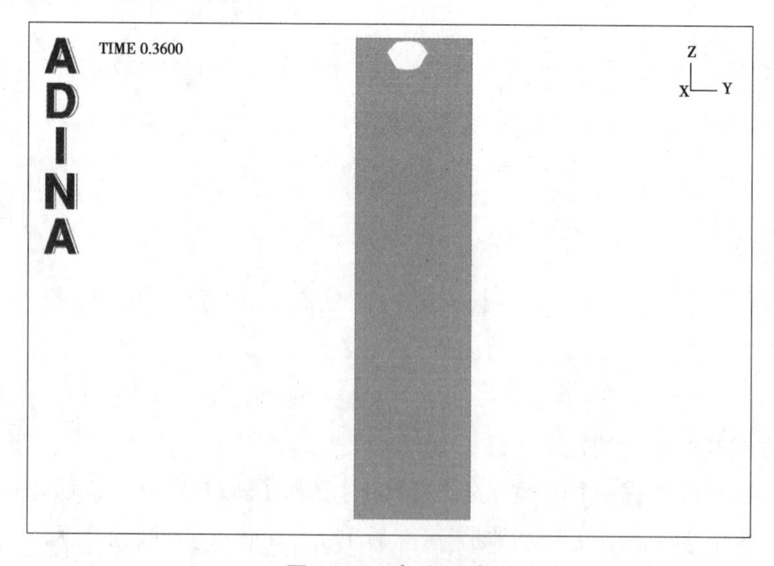

图 2.35.8 气泡运动

35.7.2　油运动的可视化(图2.35.9)

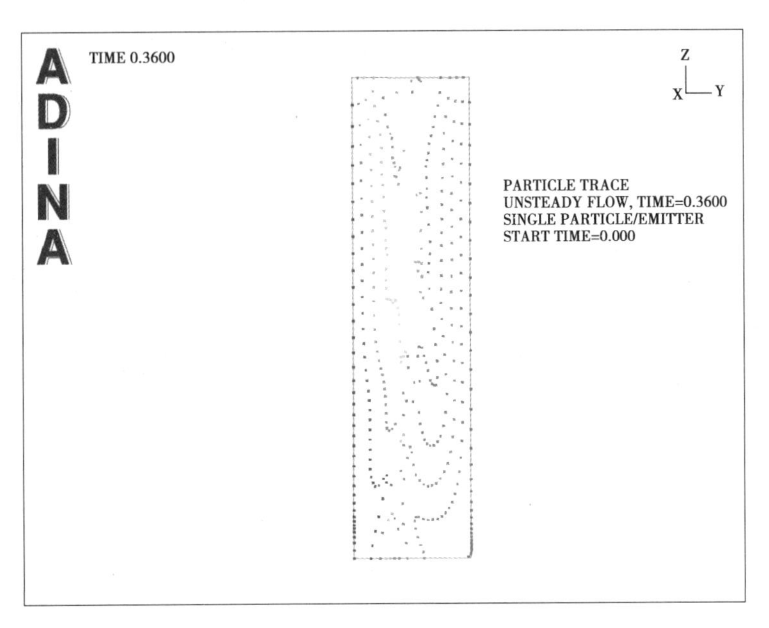

图2.35.9　油运动的可视化

35.8　退出AUI

选择主菜单中的【File】文件→【Exit】退出，弹出【AUI】对话框，然后单击【Yes】，退出ADINA-AUI。

问题 36　强弯曲通道中的 3D 湍流

问题描述

1）问题概况

强弯曲通道中的流动，如图 2.36.1 所示。

该模型的数值数据是 $H=0.127$，$R=3H$，$V=3$。层状流体材料常数是 $\rho=1\ 000$，$\mu=1.27\times10^3$，得到的雷诺数 $Re=\rho VH/\mu=3\times10^5$。

在数值模型中，使用 k-ε 湍流模型。根据下列公式在入口处指定湍流变量 k 和 ε：

$$k_{\text{inlet}}=\frac{3}{2}(i\cdot V_{\text{inlet}})^2,\varepsilon_{\text{inlet}}=\frac{(k_{\text{inlet}})^{3/2}}{0.3D}$$

其中 i 是紊流强度，这里设置为 0.025 和 D 是水力直径，此处等于 H。

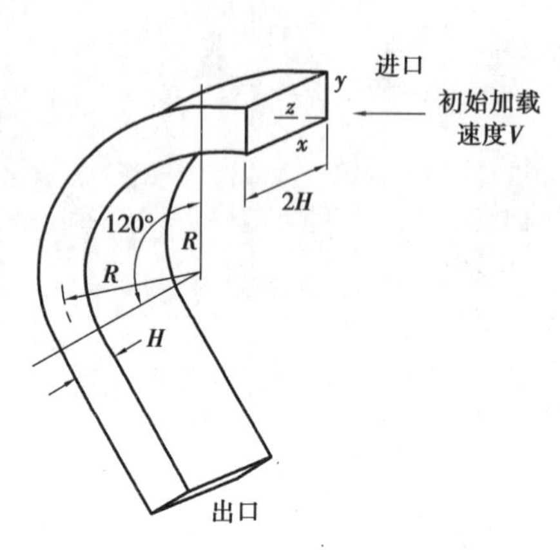

图 2.36.1　强弯曲通道中的流动模型

2）演示内容

本例将演示以下内容：

①湍流材料建模。

②湍流边界条件和初始条件。

③使用 FCBI-C 单元。

④重新启动到二阶 FCBI-C 单元。

⑤使用单元面变量计算质量流量。

注意：①ADINA 系统的 900 个节点版本无法求解此问题，因为该模型包含 13 041 个节点。

②本例中，先把输入大部分存储在文件"prob36_1.in""prob36_2.in""prob36_1.plo""prob36_2.plo"。在开始分析之前，需要将文件夹 samples \ primer 中的文件"prob36_1.in""prob36_2.in""prob36_1.plo""prob36_1.plo"复制到工作目录或文件夹中。

36.1　运行 AUI，选择【finite element program】有限元程序

运行 AUI 并将【Program Module】程序模块下拉列表设置为【ADINA CFD】。

36.2　定义模型控制数据

36.2.1　流量假设

选择【Model】模型→【Flow Assumptions】流量假设，取消选中【Includes Heat Transfer】包括传热按钮，设置流动模型为【Turbulent K-Epsilon】紊流 K-Epsilon，然后单击【OK】确定。

36.2.2　单元类型

选择【Control】控制→【Solution Process】求解方案过程，并将【Flow-Condition-Based Interpolation Elements】基于流量条件的插补单元设置为【FCBI-C】(不要关闭对话框)。

36.2.3 外迭代设置

单击【Outer Iteration...】外迭代...按钮。现在单击【Advanced Settings...】高级设置...按钮，将【Equation Residual】方程式残差设置为【Use All】全部使用，【quation Residual Tolerance】方程残差公差为“1E-5”，【Variable Residual Tolerance】变量残差公差为“1E-4”，【Interpolation Scheme for Pressure】“压力插值方案”设置为【Linear】线性，选中【Use Pressure-Implicit with Splitting of Operators (PISO) Scheme】使用压力-运算符分割(PISO)方案按钮，然后单击【OK】确定三次以关闭所有对话框。

36.3 定义几何和特殊的边界条件

我们准备了一个批处理文件(prob36_1.in)，其中包含模型几何和特殊的边界条件。

选择【File】文件→【Open Batch】打开批处理，导航到工作目录或文件夹，选择文件“prob36_1.in”并单击【Open】打开。图形窗口如图 2.36.2 所示。

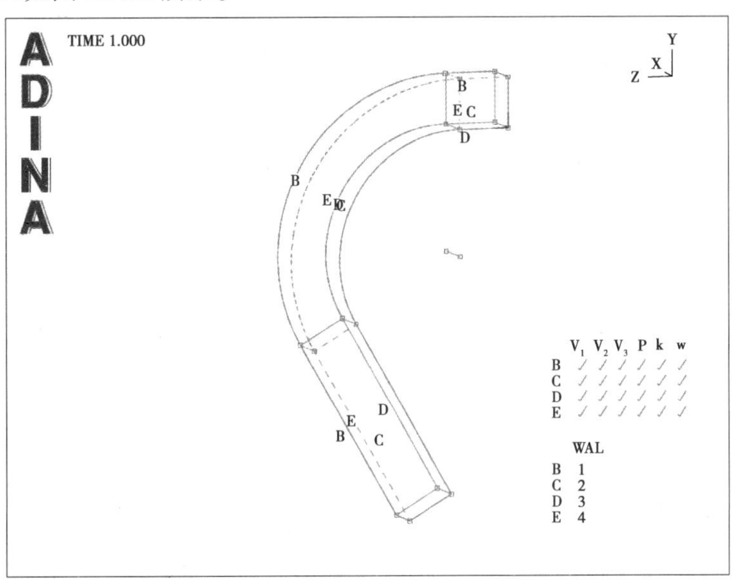

图 2.36.2 导入的“prob36_1.in”模型

特殊边界条件 4(在图上用 E 标记)是滑动壁面边界条件。选择这个边界条件来建模对称性。

36.4 定义湍流数据

36.4.1 湍流材料

单击【Manage Materials】管理材料图标M，然后单击【K-Epsilon Standard/RNG Model】K-Epsilon 标准/RNG 模型按钮。在【Define Turbulent K-Epsilon Material】定义湍流 K-Epsilon 的材料对话框中，添加【material 1】材料 1，将【Laminar Viscosity】层流黏度设置为“1.27e-3”，并设置【Density】密度为“1000”。不改变对湍流模型流动常量的默认值(在【Advanced】高级选项卡)的密度。单击【OK】确定，再单击【Close】关闭，关闭这两个对话框。

36.4.2 湍流入口边界条件

单击【Apply Load】应用载荷图标，将【Load Type】载荷类型设置为【Turbulence】湍流，然后单击【Load Number】载荷编号字段右侧的【Define...】定义...按钮。在【Define Turbulence】定义湍流对话框中，添加【turbulence number 1】湍流号 1，将【Load Values】载荷值字段设置为【Computed】计算，将【Mean Velocity at Boundary】边界平均速度设置为“3”，【Dissipation Length Scale】耗散长度标度设置为“0.127”，然后单击

【Save】保存。请注意,【Prescribed Value for Kinetic-Energy】动能的规定值重置为“0.008 437 5”,【Prescribed Value for Rate of Energy Dissipation】耗能率的规定值重置为“0.020 342”。单击【OK】确定关闭对话框。

在【Apply Usual Boundary Conditions/Loads】应用常规边界条件/荷载对话框中,将【Apply to】应用于字段设置为【Surface】表面,在表格的第一行中将【Surface #】表面号#设置为“1”,然后单击【OK】确定。当单击【Load Plot】载荷绘制图标时,图形窗口如图 2.36.3 所示。

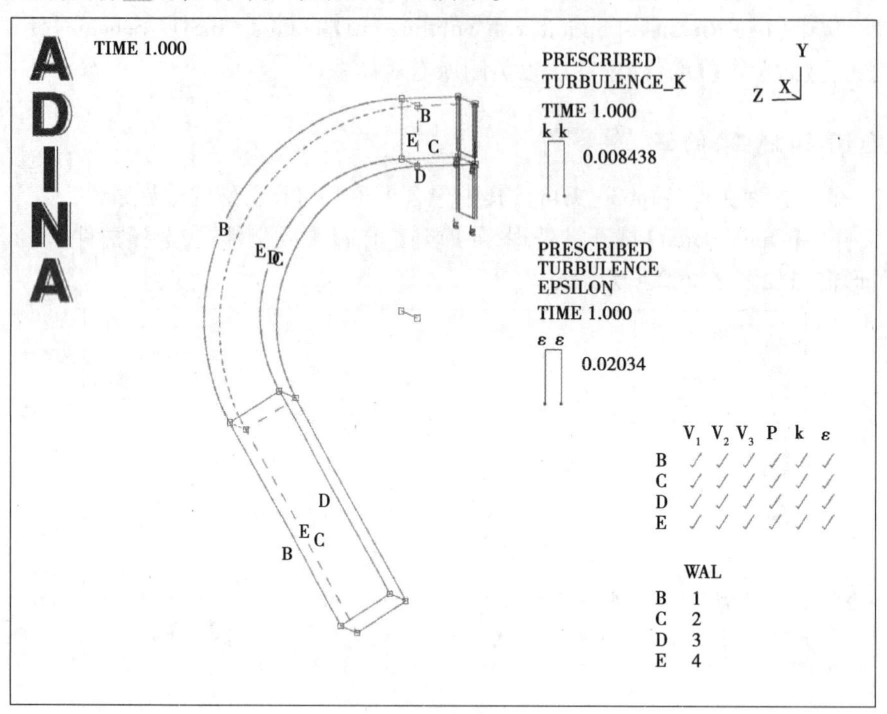

图 2.36.3　载荷

36.4.3　湍流初始条件

选择【Model】模型→【Initial Conditions】初始条件→【Define...】定义...,添加【Condition Name I1】条件名称 I1,编辑表 2.36.1 并读取。

表 2.36.1　湍流初始条件

Variable	Value
K-ENERGY	0.008 437 5
E-DISSIPATION	0.020 342

单击【Save】保存(这些值与在入口处应用的值相同)。现在单击【Apply...】应用按钮,将【Apply to】字段设置为【Volume】,在表格的前三行中将【Volume#】设置为“1”“2”“3”,然后单击【OK】两次以关闭这两个对话框。

36.5　定义模型的其余部分

我们准备了一个包含模型定义其余部分的批处理文件(prob36_2.in):

①入口处规定的速度边界条件。

②细分数据。

③单元组数据。

④网格。

选择【File】文件→【Open Batch】打开批处理,导航到工作目录或文件夹,选择文件“prob36_2.in”,然后单击【Open】打开。图形窗口如图 2.36.4 所示。

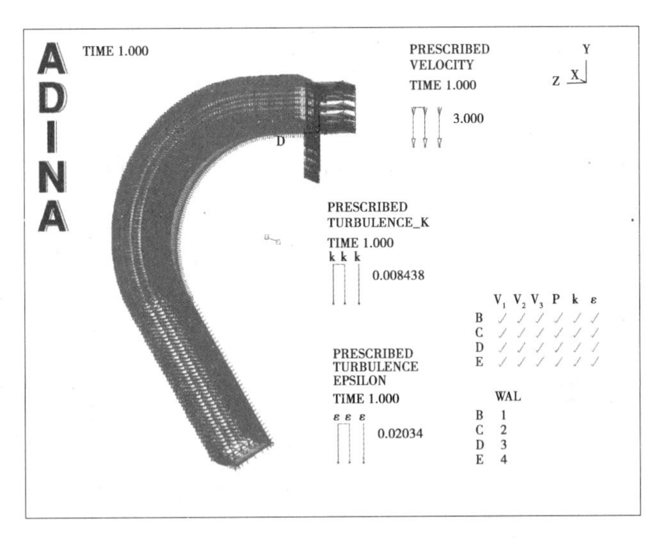

图 2.36.4　导入的"prob36_2.in"模型

36.6　生成数据文件,运行【ADINA-CFD】,加载 porthole 文件

单击【Save】保存图标并将数据库保存到文件"prob36"。单击【Data File/Solution】数据文件/求解方案图标,将文件名称设置为"prob36",确保【Run Solution】运行求解方案按钮被选中,确保【Maximum Memory for Solution】求解方案的最大内存至少 30 MB,然后单击【Save】保存。

当 ADINA-CFD 完成后,关闭所有打开的对话框,将【Program Module】程序模块下拉列表设置为【Post-Processing】后处理(可以放弃所有更改),单击【Open】打开图标,将【File type】文件类型字段设置为【ADINA-IN Database Files (*.idb)】ADINA-IN 数据库文件(*.idb),打开数据库文件 prob36,单击打开图标,打开舷窗文件 prob36。

注意:我们首先打开 ADINA-IN 数据库文件,然后加载舷窗文件。

36.7　后处理

36.7.1　压力分布

单击【Clear】清除图标,【Model Outline】模型轮廓图标,【Show Geometry】显示几何图标(隐藏几何图形)和【Fast band plot】快速条带绘制图标。图形窗口如图 2.36.5 所示。

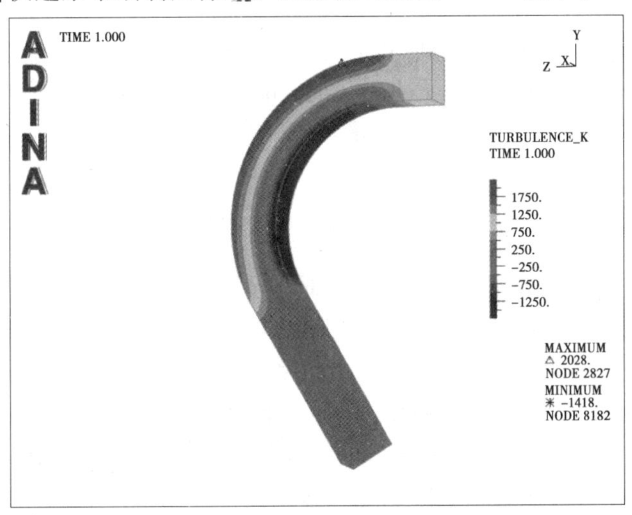

图 2.36.5　压力分布

外径处压力最高，内径处最低。

36.7.2 湍流分布

单击【Modify Band Plot】修改条带绘图图标，将【Variable】变量设置为【(Fluid Variable: TURBULENCE_K)】(流体变量:TURBULENCE_K)，然后单击【OK】确定。

使用【Pick】拾取图标和鼠标来旋转网格图，直到图形窗口如图 2.36.6、图 2.36.7 所示。

注意：正如预期的那样，防滑壁面上的湍流是最高的。

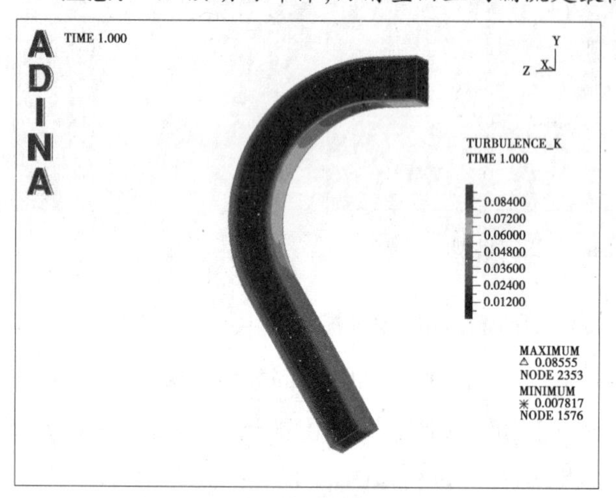

图 2.36.6 湍流分布

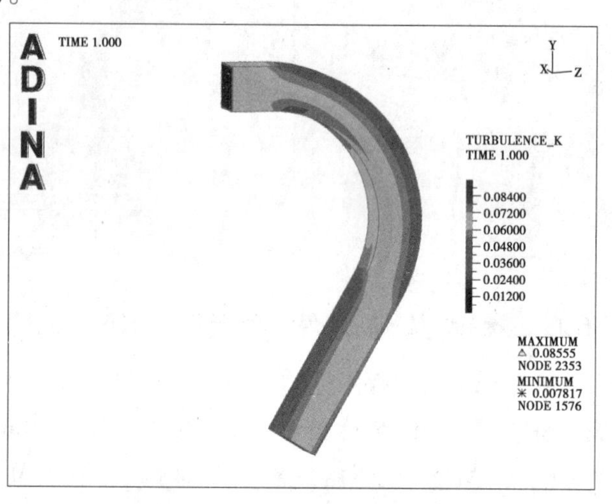

图 2.36.7 另一角度的湍流分布

36.7.3 静压系数图

沿着外半径和内半径的对称线，绘制静压系数作为通道周围角位置的函数。静压系数定义为：$C_p = \frac{p-p_0}{\frac{1}{2}\rho V^2}$，其中 V 是入口速度，p_0 是参考压力，选择入口处 $C_p=-1$。由于以入口压力作为参考压力更方便，有

$$C_p = \frac{p - p_{\text{inlet}}}{\frac{1}{2}\rho V^2} - 1$$

在出口处的静压系数约为-1.12。

首先确定入口压力。我们将使用在外半径和内半径(在对称线上的两个样本)采样入口处的两个压力的平均值。选择【Definitions】定义→【Model Point (Combination)】模型点(组合)→【General】通用，添加点 INLET_AVERAGED，设置【Type】类型为【Average】平均值，输入

```
POINT 2
POINT 3
```

在表格的前两行中，单击【OK】确定。现在选择【List】列表→【Value List】值列表→【Model Point】模型点，确保【Model Point Name】模型点名称为 INLET_AVERAGED，将【Variable】设置为【(Stress: NODAL_PRESSURE)】并单击【Apply】。结果是 9.747 15E + 02。单击【Close】关闭按钮，关闭对话框。

然后创建静态压力系数图。先在文件 prob36_1.plo 中准备好创建静态压力系数图的命令。选择【File】文件→【Open Batch】打开批处理，导航到工作目录或文件夹，选择文件 prob36_1.plo，然后单击【Open】打开。AUI 处理批处理文件中的命令。图形窗口如图 2.36.8 所示。

注意：部分命令文件输入的是入口压力，为了节省时间，已经将命令文件中的入口压力设置为“9.747 15E+02”。

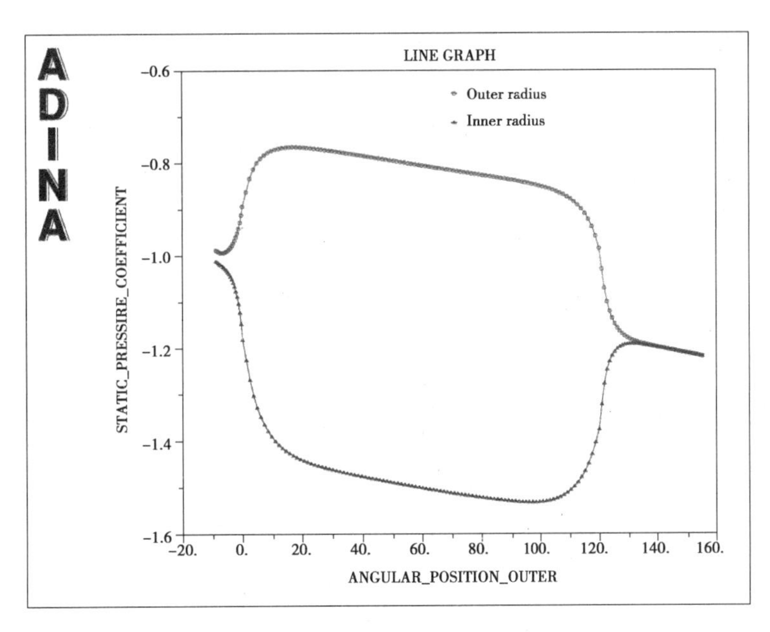

图 2.36.8　导入的结果 prob36_1.plo

选择【Graph】图→【List】列表并滚动到对话框的底部。最后一点的静压系数是-1.216 60。单击【Close】关闭,关闭对话框。

36.8　重新启动到二阶 FCBI-C 单元

默认情况下,FCBI-C 单元是空间的第一阶。可以通过使用二阶 FCBI-C 单元来改进求解方案。

将【Program Module】程序模块下拉列表设置为【ADINA CFD】(可以放弃所有更改),并从文件菜单底部附近的最近文件列表中选择文件"prob36.idb"。

选择【Control】控制→【Solution Process】求解方案过程,然后单击【Restart Analysis】重新启动分析按钮。现在单击【Outer Iteration ...】外部迭代...按钮,单击【Advanced Settings ...】高级设置...按钮,将【Space Discretization Accuracy Order】空间离散精度阶次设置为"二",然后单击【OK】确定三次以关闭所有三个对话框。

36.9　生成数据文件,运行 ADINA-CFD,加载 porthole 文件

单击【Save】保存图标保存数据库文件。单击【Data File/Solution】数据文件/求解方案图标,将文件名设置为"prob36b",确保【Run Solution】运行求解方案按钮被选中,确保【Maximum Memory for Solution】求解方案的最大内存至少为 30 MB,然后单击【Save】保存。AUI 打开一个窗口,可以在其中指定第一次分析的重新启动文件。输入重新启动文件 prob36,然后单击【Copy】复制。

注意:ADINA-CFD 运行所需的时间较少。这是因为初始条件(从一阶求解)接近二阶求解。

当 ADINA-CFD 完成后,关闭所有打开的对话框,将【Program Module】程序模块下拉列表设置为【Post-Processing】后处理(可以放弃所有更改),单击【Open】打开图标,将【File type】文件类型字段设置为【ADINA-IN Database Files (＊.idb)】ADINA-IN 数据库文件(＊ .idb),打开数据库文件 prob36,单击【Open】打开图标,打开舷窗文件 prob36b 。

36.10　再次创建静压系数图

先在文件 prob36_2.plo 中准备好创建静态压力系数图的命令。选择【File】文件→【Open Batch】打开批处理,导航到工作目录或文件夹,选择文件 prob36_2.plo 并单击【Open】打开。AUI 处理批处理文件中的命令。图形窗口如图 2.36.9 所示。

选择【Graph】图→【List】清单,然后滚动到对话框的底部。最后一点的静态压力系数为-1.17858,与

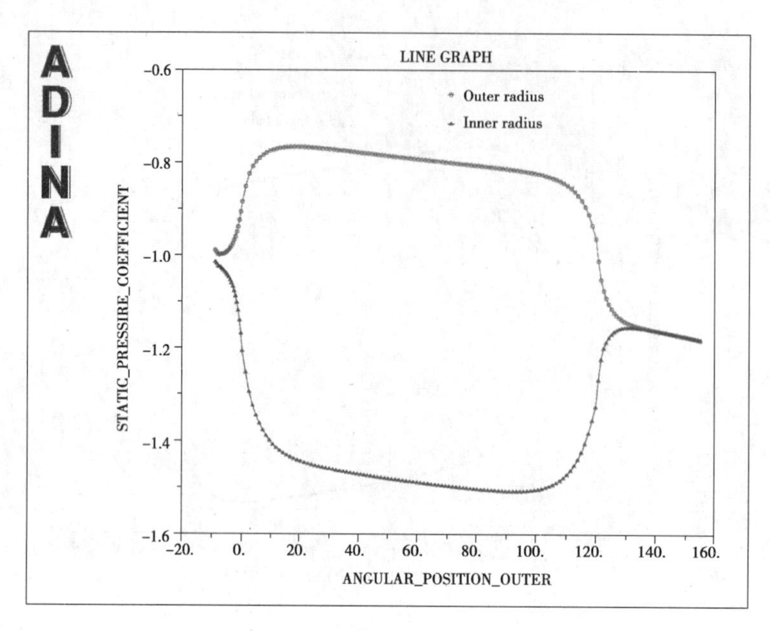

图 2.36.9　导入的结果 prob36_2.plo

Khalil 和 Weber 的值相当。单击【Close】关闭,关闭对话框。

36.10.1　质量流量计算

想要计算进出通道的质量流量,需要与通道入口和出口相对应的单元面。

单击【Clear】清除图标和【Mesh Plot】网格绘制图标。

ADINA-CFD 为通道入口提供了一个面元。单击【Element Face Set】单元面集合图标,然后选择【face-set 5】。将对话框移出网格图的方式,注意通道入口被突出显示。单击【Cancel】取消按钮,关闭对话框。

选择【Definitions】定义→【Model Point】模型点→【Element Face Set】单元面组,加名【INLET】入口,设置【Element Face Set #】单元面集#为 5,然后单击【OK】确定。现在选择【List】列表→【Value List】数值列表→【Model Point】模型点,将【Variable 1】变量 1 设置为【(Flux: MASS_FLUX_ELFACE)】(流量:MASS_FLUX_ELFACE),然后单击【Apply】应用。质量流量应该是 4.838 70E + 01。单击【Close】关闭按钮,关闭对话框。

现在我们来确定通道出口处的质量流量。ADINA-CFD 没有为通道出口提供面单元,因为在出口处没有定义边界条件。单击【Element Face Set】单元面集图标并添加面集 10,将【Method】方法设置为【From Surfaces/Faces】从表面/面,在表的第一行中将【Surface/Face #】面/面#设置为"16",然后单击【Save】保存。将对话框移出网格图的方式,并注意通道出口突出显示。单击【OK】确定关闭对话框。

选择【Definitions】定义→【Model Point】模型点→【Element Face Set】单元面集合,加名 OUTLET,将【Element Face Set #】单元面集#10,然后单击【OK】确定。现在选择【List】列表→【Value List】数值列表→【Model Point】模型点,将【Model Point Name】模型点名称设置为"OUTLET",将【Variable 1】变量 1 设置为【Flux: MASS_FLUX_ELFACE】(流量:MASS_FLUX_ELFACE),然后单击【Apply】应用。质量流量应该是-4.838 70E+01。

从通道入口和通道出口的质量流量可以看出,质量流量的总和为零,所以质量守恒。

36.10.2　绘制无量纲壁面距离

绘制无量纲壁距。单击【Clear】清除图标和【Model Outline】模型轮廓图标,然后单击【Show Geometry】显示几何图标(隐藏几何图形)。现在单击【Create Band Plot】创建条带图标,设置【Band Plot】条带绘制变量为【(Fluid Variable: WALL_Y + _ELFACE)】并单击【OK】确定。使用鼠标旋转网格,使图形窗口如图 2.36.10 所示。

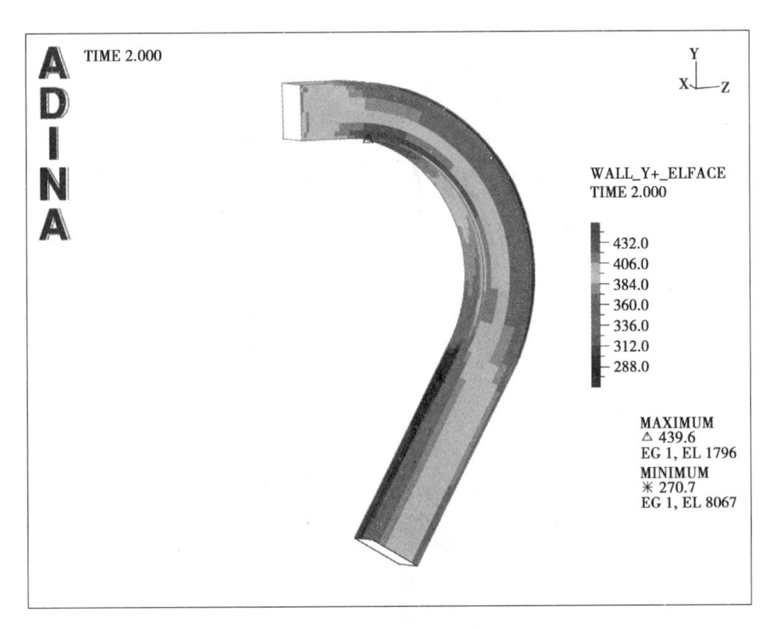

图 2.36.10 无量纲壁面距离

36.11 退出 AUI

选择主菜单中的【File】文件→【Exit】退出，弹出【AUI】对话框，然后单击【Yes】，退出 ADINA-AUI。

问题37　使用自适应CFD的汽缸之间的流动

问题描述

1）问题概况

考虑如图2.37.1所示的流体流动问题：

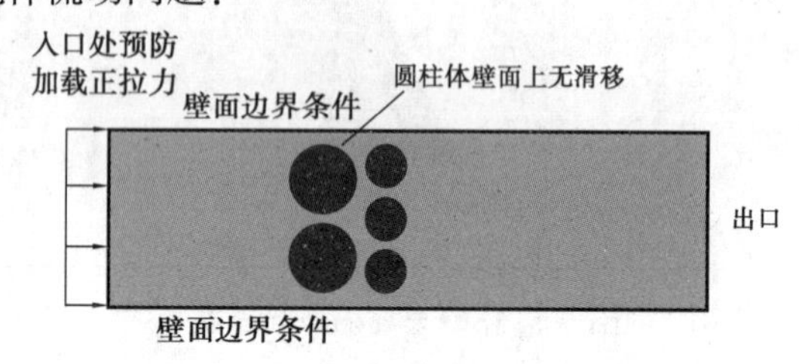

图2.37.1　问题37中的计算模型

假定稳态层流条件。

使用ADINA CFD计算作用在汽缸上的入口质量流量和总流体力。

本例将使用导向的自适应网格（SAM）特征来获得精致的流体网格，可以先使用SAM的手动模式功能，再次使用SAM的自动模式功能。

使用SAM进行CFD / FSI计算可能会有一次或多次重启运行。每个重新启动运行被称为新的模型，因为它有一个新的流体网格，流体材料属性，负载，初始条件和边界条件可以在重新启动时更改。初始时刻的模型被称为第一个模型，第一个重新开始时刻的模型被称为第二个模型，依此类推。

2）演示内容

本例将演示以下内容：

①在手动模式下使用SAM功能。

②在自动模式下使用SAM功能。

注意：①本例不能用ADINA系统的900个节点版本来解决，因为模型中的节点太多了。

②本例的输入大部分存储在以下文件中：

prob37m_0.in ,prob37m1.plo

prob37a_0.in ,prob37a1.plo

在开始分析之前，需要将文件夹samples \ primer中的这些文件复制到工作目录或文件夹中。

37.1　求解方案使用手动模式

37.1.1　启动AUI，选择有限元程序

这个问题是使用ADINA-M/OC（带有OpenCascade几何建模器的ADINA-M）创建的。Parasolid几何建模器也可以使用，但只有在输入被修改的情况下。

以OCC模式启动AUI（例如，在Linux平台上使用aui9.3 -occ命令），并将【Program Module】程序模块下拉列表设置为【ADINA CFD】。

37.1.2　模型定义

先准备了一个批处理文件（prob37m_0.in），其中包含除自适应CFD功能选择外的所有模型定义。

选择【File】文件→【Open Batch】打开批处理，导航到工作目录或文件夹，选择文件 prob37m_0.in 并单击【Open】打开。图形窗口如图 2.37.2 所示。

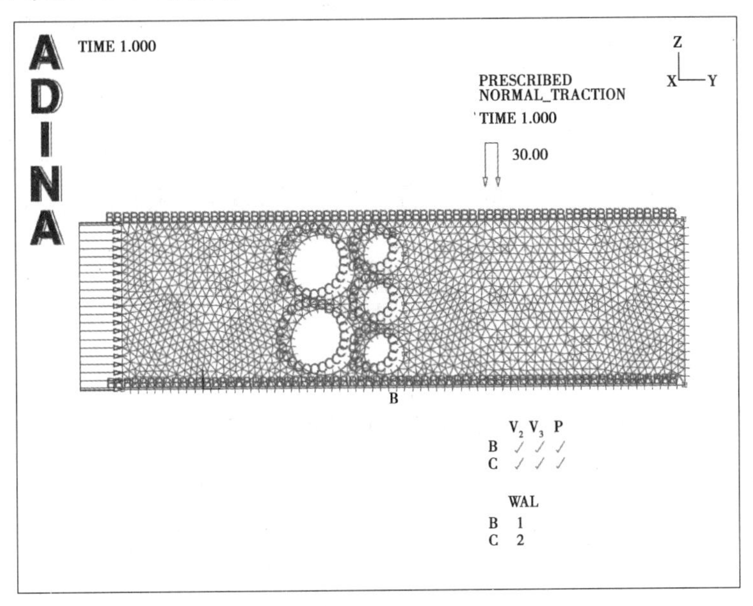

图 2.37.2 导入的“prob37m_0.in”模型

可以通过文件 prob37m_0.in 来查看几何、材料、边界条件等的定义。

37.1.3 在手动模式下选择导向的自适应网格

选择【Meshing】网格划分→【Steered Adaptive Mesh】转向自适应网格→【Control】控制，将【Steered Adaptive Meshing Mode】转向自适应网格模式设置为【Manual】手动，然后单击【OK】确定。

注意：因为这是第一个模型，所以【Restart File from CFD Solution】从 CFD 求解方案重新启动文件和【File Containing Geometric Data from Previous Model】包含以前模型中的几何数据的文件字段留空。

1）生成数据文件，运行 ADINA CFD，加载舱窗文件

首先单击【Save】保存图标，将数据库保存到文件 prob37m_0。单击【Data File/Solution】数据文件/求解方案图标，将文件名设置为“prob37m_0”，确保【Run Solution】运行求解方案按钮被选中，然后单击【Save】保存。

ADINA CFD 完成后，检查日志窗口。显示消息【Adaptive mesh file....adp successfully created.】自适应网格文件....adp 成功创建。

现在关闭所有打开的对话框，将【Program Module】程序模块下拉列表设置为【Post-Processing】后处理（可以放弃所有更改），单击【Open】打开图标，将【File Type】文件类型字段设置为【ADINA-IN Database Files（ *.idb）】ADINA-IN 数据库文件（ * .idb），打开数据库文件 probm37_0，单击【Open】打开图标，并打开舱窗文件 prob37m_0。

首先打开 ADINA-IN 数据库，然后加载舱窗文件。这样做是为了在通量和力的计算过程中使用几何。

2）检查求解方案

先把用于计算汽缸进口质量流量和压力的命令存入文件 prob37m1.plo。选择【File】文件→【Open Batch】打开批处理，导航到工作目录或文件夹，选择文件 prob37m1.plo 并单击【Open】打开。结果在消息窗口中列出：

Listing for point INLET_ELEDGESET

TIME FLUX

1.00000E+00　　　　1.97932E+00

…

Listing for point CYLINDERS

TIME　　　　　　　FLUID_FORCE

1.00000E+00　　　　1.07457E+02

可以通过 prob37m1.plo 文件查看用于获取这些值的技术。通量是通过沿入口处单元边缘的 y 速度积分来计算的(在这个问题中密度是 1.0)。使用 ELEDGESET 命令使用选项 LINE-EDGE(此选项需要几何图形)选择入口处的单元边缘。流体力是通过求和在汽缸上的所有节点上的反作用力来计算的。使用带有 EDGE 选择的 GNCOMBINATION 命令来选择柱面节点(同样,该选项需要几何图形)。

37.1.4　第一次网格细化

将【Program Module】程序模块下拉列表设置为【ADINA CFD】(可以放弃所有更改)。不要打开文件 prob37m_0.idb 。

1)网格和以前求解方案的结果

选择【Meshing】网格划分→【Steered Adaptive Mesh】导向自适应网格→【Control】控制并将【Steered Adaptive Meshing Mode】导向自适应网格模式设置为【Manual】手动。设置【Use Mesh in Previous Model at Solution Time】在求解方案时间使用先前模型中的网格为 1。将【Restart File from CFD Solution】从 CFD 求解方案重新启动文件设置为“prob37m_0.res”,如下所示:单击【Restart File from CFD Solution】从 CFD 求解方案重新启动文件字段的右侧选择文件 prob37m_0 并单击【Open】打开。以类似的方式将【File Containing Geometric Data from Previous Model】包含来自先前模型的几何数据的文件设置为“prob37m_0.adp”。单击【OK】确定,然后单击【Mesh Plot】网格绘图图标显示网格。图形窗口如图 2.37.3 所示。

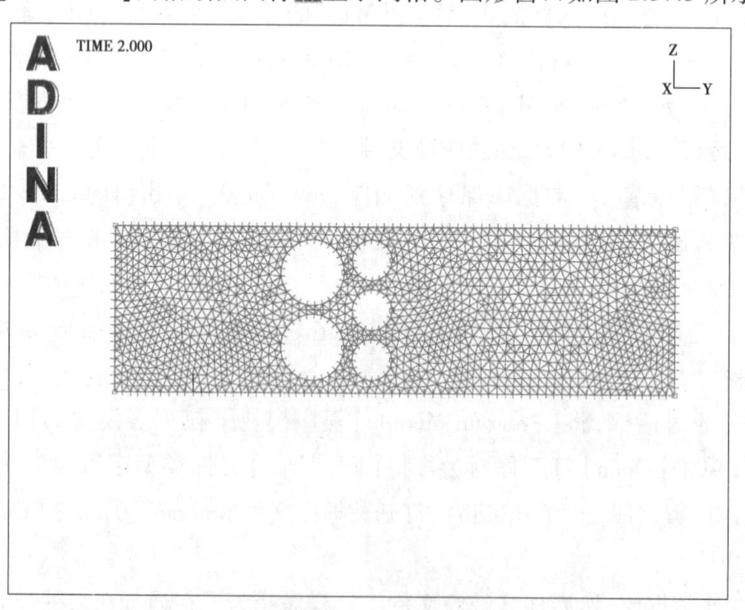

图 2.37.3　网格划分

这与已经使用的网格相同,只不过求解方案的时间是 2.0 而不是 1.0。

2)自适应网格划分标准

选择【Meshing】网格划分→【Steered Adaptive Mesh】转向自适应网格→【Criterion】标准并添加【criterion 1】标准 1。将【Type】类型设置为【Element Size】单元大小,将【Minimum Element Size】最小单元大小设置为“3”,将【Preferred Ratio】首选比率设置为“0.8”。添加【criterion 2】标准 2,将【Type】类型设置为【Variable

Gradient】变量渐变，确保【Variable Name】变量名称是【PRESSURE】压力，将【Minimum Element Size】最小单元大小设置为“0”，【Preferred Ratio】优选比率设置为“0.5”。单击【Copy】复制按钮，复制到【criterion 3】标准 3，并将【Variable Name】变量名称设置为【VORTICITY】。添加【criterion 4】条件 4，将【Type】类型设置为【Combination】组合，并将【Number of Smoothing】平滑次数设置为“2”。按表 2.37.1 所示编辑表格，然后单击【OK】确定。

表 2.37.1 自适应参数

Criterion#	Action
1	Append Elements
2	Use Smaller Elements
3	Use Smaller Elements

3）重新划分网格

选择【Meshing】网格划分→【Steered Adaptive Mesh】转向自适应网格→【Mesh】网格，将【Use Adaptive Mesh Criterion】使用自适应网格标准设置为“4”，然后单击【OK】确定。图形窗口如图 2.37.4 所示。

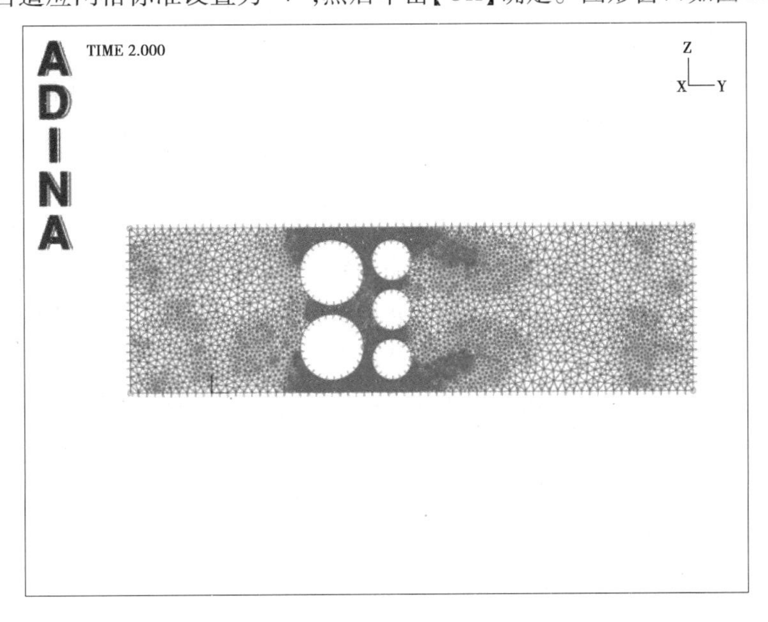

图 2.37.4 使用自适应网格标准 4，第一次网格细化所划分的网格

4）时间步进

选择【Control】控制→【Time Step】时间步长，向表中添加一行，以便表格显示如表 2.37.2 所示，然后单击【OK】确定。

表 2.37.2 时间步参数

Number of Steps	Magnitude
1	1.0
1	1.0

5）生成数据文件，运行 ADINA CFD，加载舷窗文件

首先单击【Save】保存图标并将数据库保存到文件“prob37m_1”。单击【Data File/Solution】数据文件/求解方案图标，将文件名设置为“prob37m_1”，确保选中【Run Solution】运行求解方案按钮，确保【Maximum Memory for Solution】求解方案的最大内存至少为 100 MB，然后单击【Save】保存。

当 ADINA CFD 完成后，关闭所有打开的对话框，将【Program Module】程序模块下拉列表设置为【Post-Processing】后处理（可以放弃所有更改），单击【Open】打开图标，将【File Type】文件类型字段设置为【ADINA-IN Database Files（*.idb）】ADINA-IN 数据库文件（*.idb），打开数据库文件 prob37m_1，单击【Open】打开图标，打开舷窗文件 prob37m_1。

6)检查求解方案

我们可以使用和前面一样的.plo 文件来检查结果。选择【File】文件→【Open Batch】打开批处理,导航到工作目录或文件夹,选择文件 prob37m1.plo 并单击【Open】打开。结果在消息窗口中列出:

Listing for point INLET_ELEDGESET

TIME FLUX

2.00000E+00 2.81502E+00

…

Listing for point CYLINDERS

TIME FLUID_FORCE

2.00000E+00 1.19571E+02

通量和流体力量都有显著增加。

37.1.5 第二次网格细化

将【Program Module】程序模块下拉列表设置为【ADINA CFD】(可以放弃所有更改)。不要打开文件 prob37m_1.idb。选择【Edit】编辑→【Memory Usage】内存使用,并确保【ADINA-AUI memory】ADINA-AUI 内存至少为 400 MB。

1)网格和以前求解方案的结果

选择【Meshing】网格划分→【Steered Adaptive Mesh】转向自适应网格→【Steered Adaptive Meshing Mode】控制并将转向自适应网格模式设置为【Manual】手动。设置【Use Mesh in Previous Model at Solution Time】在解决时间在先前模型中使用网格设置为"2"。将【Restart File from CFD Solution】从 CFD 求解方案重新启动文件设置为"prob37m_1.res",将【File Containing Geometric Data from Previous Model】包含来自先前模型的几何数据的文件设置为"prob37m_1.adp"并单击【OK】确定。当单击【Mesh Plot】网格绘图图标时,图形窗口应与上图类似,但求解方案时间为 4.0 而不是 3.0。

2)自适应网格化标准,重新网格化和时间步进

使用与以前相同的命令。

表 2.37.3 自适应参数定义

Criterion#	Action
1	Append Elements
2	Use Smaller Elements
3	Use Smaller Elements

选择【Meshing】划分网格→【Steered Adaptive Mesh】导向自适应网格→【Criterion】标准并添加【criterion 1】标准 1。将【Type】类型设置为【Element Size】单元大小,将【Minimum Element Size】最小单元大小设置为"3",将【Preferred Ratio】首选比率设置为"0.8"。添加【criterion 2】标准 2,将【Type】类型设置为【Variable Gradient】变量渐变,确保【Variable Name】变量名称是【PRESSURE】压力,将【Minimum Element Size】最小单元大小设置为"0",【Preferred Ratio】优选比率设置为"0.5"。单击【Copy】复制按钮,复制到【criterion 3】标准 3 并将【Variable Name】变量名称设置为【VORTICITY】。添加【criterion 4】标准 4,将【Type】类型设置为【Combination】组合,并将【Number of Smoothing】平滑次数设置为"2"。按表 2.37.3 编辑表格,然后单击【OK】确定。

选择【Meshing】划分网格→【Steered Adaptive Mesh】转向自适应网格→【Mesh】网格,设置【Use Adaptive Mesh Criterion】使用自适应网格标准到 4,然后单击【OK】确定。图形窗口如图 2.37.5 所示。

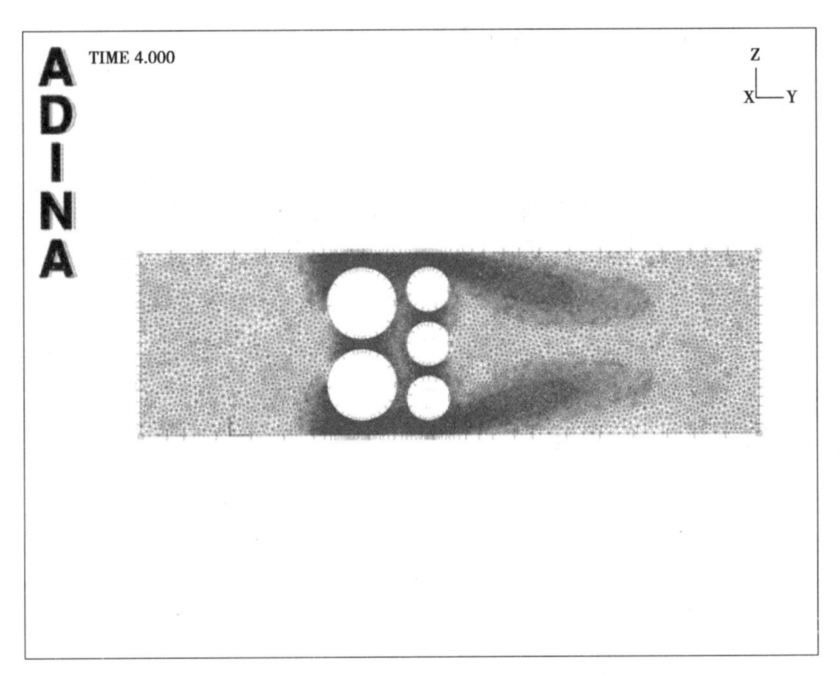

图 2.37.5　使用自适应网格标准 4 第二次网格细化所划分的网格

选择【Control】控制→【Time Step】时间步，向表中添加一行，以便表格显示如表 2.37.4 所示，然后单击【OK】确定。

表 2.37.4　时间步参数定义

Number of Steps	Magnitude
1	1.0
1	1.0
1	1.0

3）**生成数据文件，运行 ADINA CFD，加载舷窗文件**

首先单击【Save】保存图标并将数据库保存到文件 prob37m_2。单击【Data File/Solution】数据文件/求解方案图标，将文件名设置为“prob37m_2”，确保选中【Run Solution】运行求解方案按钮，确保【Maximum Memory for Solution】求解方案的最大内存至少为 500 MB（最好至少为 1700 MB），然后单击【Save】保存。

当 ADINA CFD 完成后，关闭所有打开的对话框，将【Program Module】程序模块下拉列表设置为【Post-Processing】后处理（可以放弃所有更改），单击【Open】打开图标，将【File Type】文件类型字段设置为【ADINA-IN Database Files（＊.idb）】ADINA-IN 数据库文件（＊ .idb），打开数据库文件 prob37m_2，单击【Open】打开图标，打开舷窗文件 prob37m_2。

4）**检查求解方案**

可以使用和前面一样的.plo 文件来检查结果。选择【File】文件→【Open Batch】打开批处理，导航到工作目录或文件夹，选择文件 prob37m1.plo 并单击【Open】打开。结果在消息窗口中列出：

```
Listing for point INLET_ELEDGESET
TIME            FLUX
3.00000E+00     2.85770E+00
...
Listing for point CYLINDERS
TIME            FLUID_FORCE
3.00000E+00     1.19716E+02
```

流量和流体力都增加了，但是在初始网格和第一次网格细化之间没有那么多。

37.1.6　网格和求解方案的比较

将所有三个舷窗文件一起加载，以便我们可以比较网格和求解方案。单击【New】新建图标（可以放弃所有更改),然后选择【File】文件→【Open Porthole】打开舷窗,选择文件 prob37m_0.por ,将【Load】加载设置为【Entire Sequence of Files starting with Specified File】指定文件开始的整个文件序列,然后单击【Open】打开。显示解决时间的网格 3.0。使用【Previous Solution】前一个求解方案图标◀,【Next Solution】下一个求解方案图标▶和其他求解方案图标来检查其他网格。

现在单击【Last Solution】最后求解方案图标▶|显示最后一个网格。单击【Model Outline】模型轮廓图标,【Create Band Plot】创建条带绘图图标,将【Band Plot variable】条带绘图变量设置为【Velocity:Y-VELOCITY】,然后单击【OK】确定。单击【Previous Solution】前一个求解方案图标◀两次以显示时间 1(第一个网格)的求解方案。图形窗口如图 2.37.6 所示。

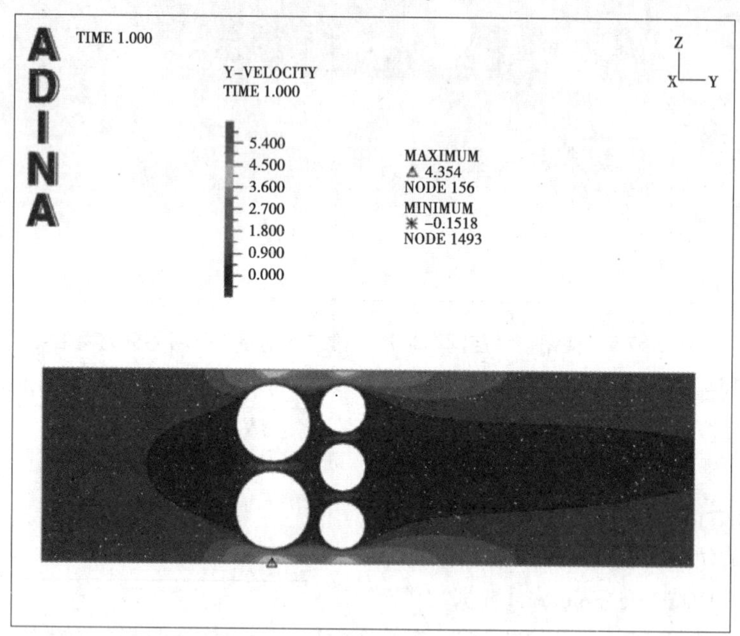

图 2.37.6 时间为 1 时的速度

现在单击【Next Solution】下一个求解方案图标两次以显示其他求解方案。这些求解方案如图 2.37.7 和图 2.37.8 所示。

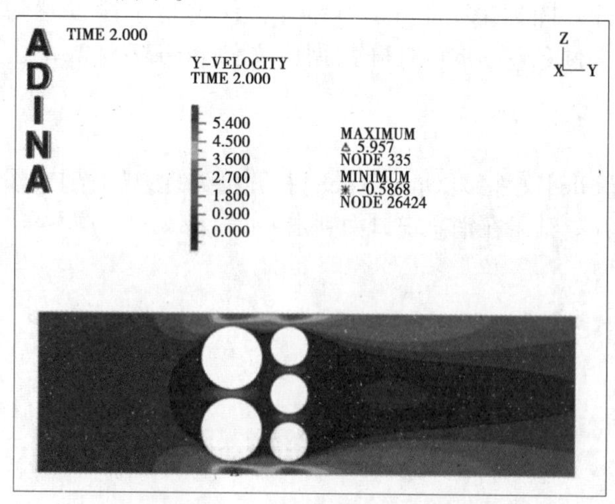

图 2.37.7 时间为 2 时的速度

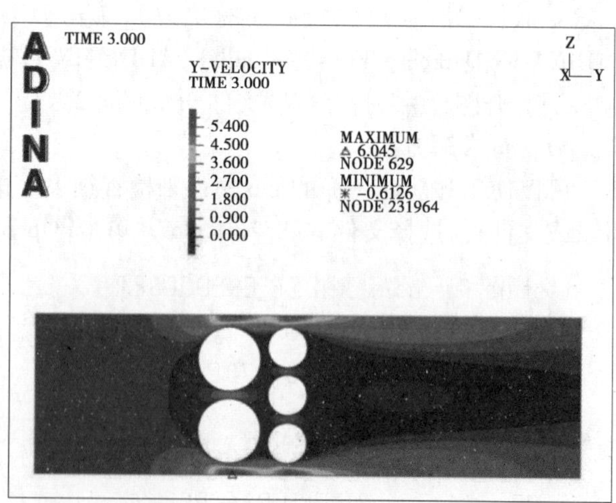

图 2.37.8 时间为 3 时的速度

37.1.7 退出 AUI

选择主菜单中的【File】文件→【Exit】退出,弹出【AUI】对话框,然后单击【Yes】,退出 ADINA-AUI。

37.2 求解方案使用自动模式

SAM 自动模式下的第一个模型的设置与 SAM 手动模式的设置相同,除了 SAM 本身的设置。回想一下,SAM 自动模式下的文件名格式是 * _#.in 。“ * ”代表问题名称,#代表型号,第一个型号为 0,第二个型号为 1,依此类推。

37.2.1 启动 AUI,选择有限元程序

以 OCC 模式启动 AUI(例如,在 Linux 平台上使用 aui9.3 -occ 命令),并将【Program Module】程序模块下拉列表设置为“ADINA CFD”。

选择绝对路径名不包含任何空格的工作目录或文件夹,例如 Windows 的 C:\ temp 。如果绝对路径名中有空格,则使用自动模式的求解方案将失败。

37.2.2 模型定义

准备了一个批处理文件(prob37a_0.in),其中包含除自适应 CFD 功能选择外的所有模型定义。我们看到文件名 prob37a_0.in 符合第一个模型的 SAM 自动模式文件命名约定。

选择【File】文件→【Open Batch】打开批处理,导航到工作目录或文件夹,选择文件 prob37a_0.in,然后单击【Open】打开。图形窗口如图 2.37.9 所示。

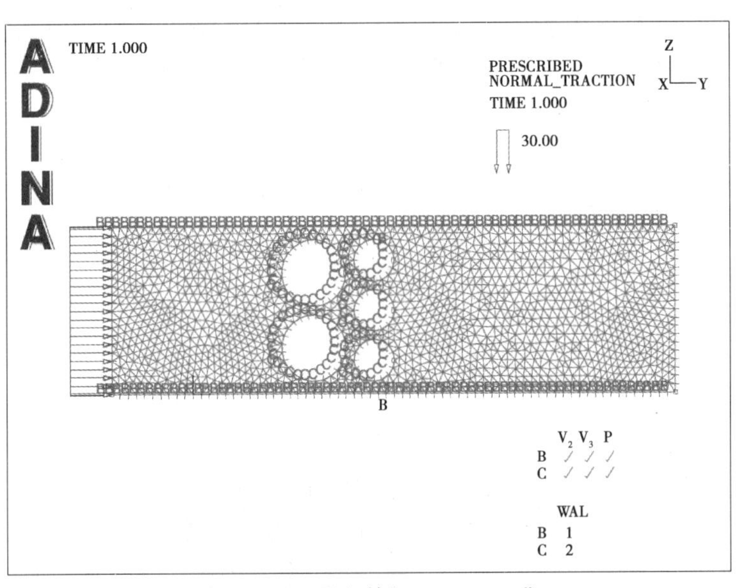

图 2.37.9 导入的“prob37a_0.in”

批处理文件 prob37m_0.in 和 prob37a_0.in 是相同的,只是自适应网格标准已经添加到“prob37a_0.in”。“prob37a_0.in”中的自适应网格标准与手动模型分析中使用的标准完全相同。可以通过选择【Meshing】网格划分→【Steered Adaptive Mesh】操纵适应性网格→【Criterion】标准来查看这些标准。

37.2.3 在自动模式下选择导向的自适应网格

选择【Meshing】划分网格→【Steered Adaptive Mesh】转向自适应网格→【Control】控制,设置【Steered Adaptive Meshing Mode】转向自适应网格模式设置为【Automatic】自动,设置【Criterion for Automatic Steered Adaptive Mesh】自动转向自适应网格标准为“4”,设置【Use Mesh in Previous Model at Solution Time】使用网格在前面的模型在求解时间为“-1”,设置【Adaptive Timestep Sequence】自适应时间步序列为【Appends Original Timestep】添加到原始时间步,然后单击【OK】确定。

1)时间步进

选择【Control】控制→【Time Step】时间步并添加【Time Step Name ADAPTIVE】时间步骤名称ADAPTIVE。确保表格如表2.37.5所示,然后单击【OK】确定。

表2.37.5 自适应参数

Number of Steps	Magnitude
1	1.0

单击确定【OK】关闭该警告消息【Timestep ADAPTIVE is not set to current.】时步自适应未设置为当前。

2)生成数据文件

首先单击【Save】保存图标,然后将数据库保存到文件prob37a_0。单击【Data File/Solution】数据文件/求解方案图标,将文件名设置为"prob37a_0",确保【Run Solution】运行求解方案按钮未选中,然后单击【Save】保存。

日志窗口显示消息

Adaptive mesh file...prob37a_0.adp successfully created.

Adaptive input file...prob37a_adp.in successfully created.

ADINA-F data input file...prob37a_0.dat successfully created.

3)使用自适应网格求解方案接口以自动模式运行ADINA CFD

如果只有一个AUI浮动许可证,则需要在使用自适应网格求解方案界面之前退出AUI。

选择【Solution】求解方案→【Run Steered Adaptive】运行导向适应,然后单击【Start】开始。将文件名设置为"prob37a_0.dat",将【Maximum Number of Adaptive Steps】最大自适应步数设置为"2",将【Number of Solution Runs】求解方案运行次数设置为"3",将【Memory for AUI】AUI分配内存设置为"400 MB",【Max. Memory for Solution】求解方案最大内存设置为"500 MB",然后单击【Start】开始。

ADINA CFD和AUI连续运行。最终显示消息:

Finished adaptive run for...prob37a_0 to...prob37a_2

现在关闭所有打开的对话框,将【Program Module】程序模块下拉列表设置为【Post-Processing】后处理(可以放弃所有更改),单击【Open】打开图标,然后打开舷窗文件prob37a_2。图形窗口如图2.37.10所示。

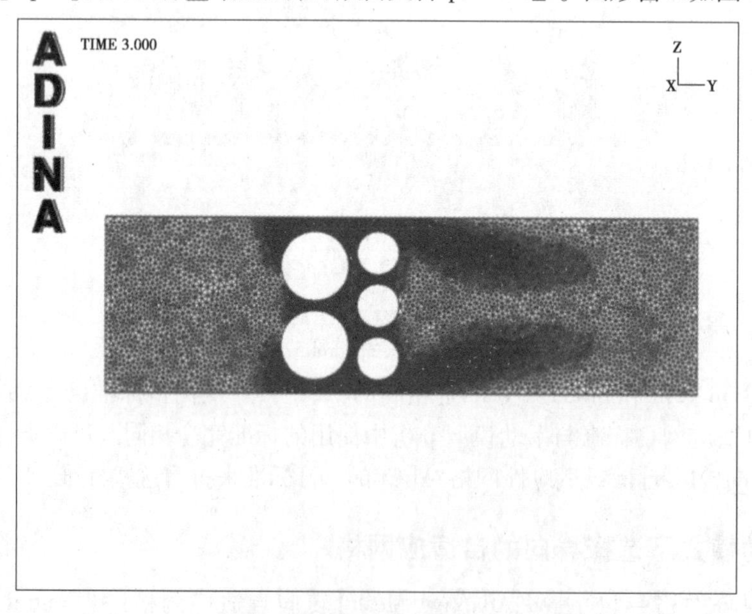

图2.37.10 运行自适应网格求解方案三次得到的网格

可见,这与上面使用手动SAM生成的网格相同。

4)检查求解方案

使用自动SAM,不存在与精制网格对应的.idb文件。相反,可以从精细网格的.res和.adp文件中获取精细网格的几何形状。

我们使用这个过程来处理自动SAM结果。选择【File】文件→【Open Batch】打开批处理，导航到工作目录或文件夹，选择文件“prob37a1.plo”并单击【Open】打开。结果在消息窗口中列出：

Listing for point INLET_ELEDGESET

TIME FLUX

3.00000E+00 2.85770E+00

…

Listing for point CYLINDERS

TIME FLUID_FORCE

3.00000E+00 1.19716E+02

这些与使用手动SAM获得的结果完全相同。

37.2.4 退出AUI

选择主菜单中的【File】文件→【Exit】退出，弹出【AUI】对话框，然后单击【Yes】，退出ADINA-AUI。

说明

有许多可以在SAM中使用的自适应网格划分标准(见表2.37.6)。使用标准：

①【Element size】单元大小，【minimum element size】最小单元大小=3，【preferred ratio】优选比率=0.8。

②【Variable gradient】变量梯度，可变PRESSURE，【minimum element size】最小单元大小=0，【preferred ratio】优选比率=0.5。

③【Variable gradient】变量梯度，【Variable VORTICITY】可变VORTICITY，【minimum element size】最小单元大小=0，【preferred ratio】优选比率=0.5。

④组合：【smoothing】平滑=2。

表2.37.6 自适应网格参数

Criterion#	Action
1	Append Elements
2	Use Smaller Elements
3	Use Smaller Elements

标准命令的输出是首选单元大小的列表。

第一个标准“单元大小”的意图是将首选单元大小设置为PREF乘以当前单元大小。参数MIN=3只是确保为模型中的所有单元设置首选单元大小。PREF=0.8是用来减少所有模型中的优选的元件尺寸的“略”，从而使整体有(不考虑其他标准的影响)轻微网格细化。

第二个标准“变化梯度”的意图是选择优选的单元大小，使得所有单元的压力的相对变化梯度是相同的。也就是说，

$$h_{ep}=\frac{\lambda_T\, average(h_e \| F_e \|)}{\| F_e \|}$$

其中，h_e 是当前单元的大小，$||F_e||$是在元件的压力梯度的范数，h_{ep}是优选的元件尺寸，λT 是PREF的缩放因子。

显然，具有较大压力梯度的元件将具有较小的优选元件尺寸。参数MIN=0覆盖了允许的最小单元大小的默认值。同样，第三个标准的目的是选择优选的单元大小，使得涡度的相对变化梯度对于所有单元是相同的。

第四个标准“组合”的意图是组合上述标准，使得从每个标准中选择最小的优选单元大小。【Smooth】平滑=2平滑两次产生的网格。

问题38　使用自适应CFD分析降落伞模型

问题描述

1)问题概况

考虑以下FSI问题

①FSI问题降落伞模型

②速度和湍流。

在该模型中,需考虑在入口处规定的变量。

护罩线固定在固定点上,空气绕着降落伞向上流动。这模拟了降落伞以固定的速度在空中向下飘浮的情况。

希望确定施加到降落伞上的总流体力和降落伞的最终形状。

假定湍流条件,并使用k-ε湍流模型,如图2.38.1所示。这个问题的所有输入都以SI单位给出。

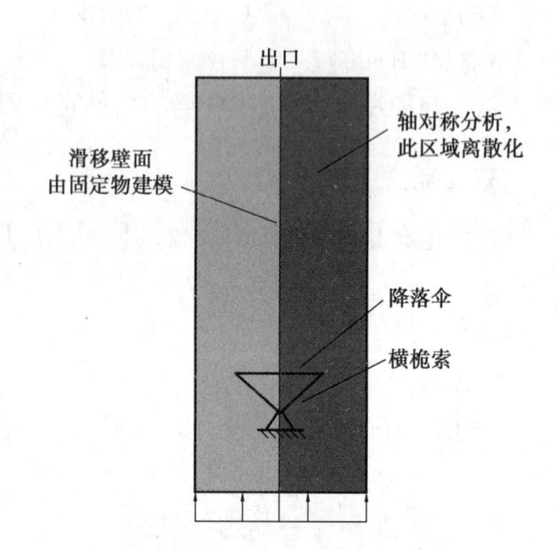

图2.38.1　FSI问题降落伞模型

稳态解是使用负载保持恒定的瞬态分析确定的。

轴对称分析被执行。使用桁架单元以非常近似的方式对遮罩线进行建模,使用轴对称壳单元可以非常近似地模拟降落伞。

注意:本例并没有使用降落伞来模拟"parasheet",而且降落伞的模型也不能起皱,因为降落伞上的点向中心线移动;这会导致降落伞在降落伞变形时产生非物理的压缩环向应力。

2)演示内容

在本例求解方案中,将演示以下内容:

①在手动模式下使用SAM功能在FSI分析中优化流体网格。

②在自动模式下使用SAM功能在FSI分析中优化流体网格。

③使用镜像成像绘制轴对称网格。

注意:本例的输入大部分存储在以下文件中。

prob38m_f_0.in ,prob38m_a_0.in ,prob38m1_f.plo ,prob38m1_a.plo

prob38a_f_0.in ,prob38a_a_0.in ,prob38a1_f.plo ,prob38a1_a.plo

在开始分析之前,需要将文件夹samples \ primer中的这些文件复制到工作目录或文件夹中。

38.1　求解方案使用手动模式

38.1.1　启动AUI,选择有限元程序

使用ADINA-M/PS(带Parasolid几何建模器的ADINA-M)创建此问题。也可以使用Open Cascade几何建模器,但只有在输入被修改的情况下才可以使用。

启动AUI并将【Program Module】程序模块下拉列表设置为【ADINA CFD】。

38.1.2　流体模型的模型定义

先准备了一个批处理文件(prob38m_f_0.in),其中包含流体模型的所有模型定义,包括自适应CFD功

能的选择。

在这个模型定义中，使用了如图 2.38.2 所示的几何元素。

关于划分网格有几个问题。由于预计降落伞附近的网格将在分析过程中重新进行网格划分，因此需要计划网格划分以考虑这种网格划分。同样选择划分网格命令中的节点重合参数，以便可以以任何顺序（例如，在板材 1 之前的板材 2）完成重新网格。

选择【File】文件→【Open Batch】打开批处理，导航到工作目录或文件夹，选择文件“prob38m_f_0.in”，然后单击【Open】打开。图形窗口如图 2.38.3 所示。

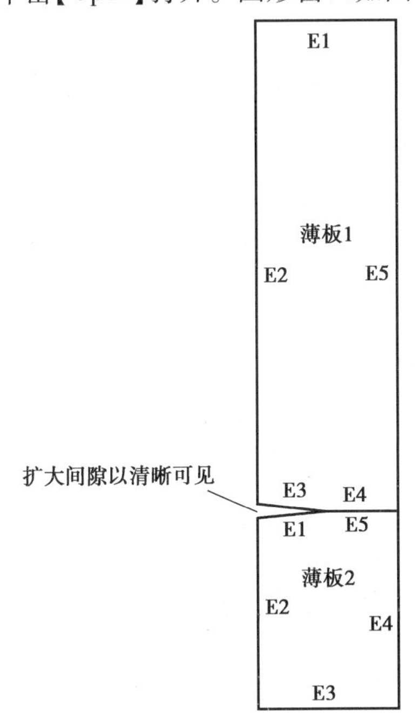

图 2.38.2　模型中的几何元素

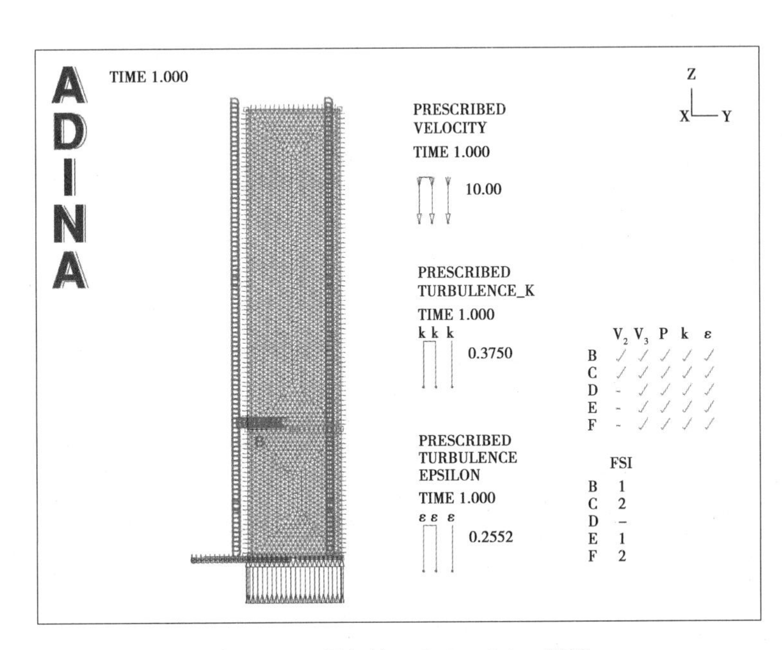

图 2.38.3　导入的 prob38m_f_0.in 模型

可以查看文件 prob38m_f_0.in 以查看几何图形、材料、边界条件等的定义。

1）选择手动模式转向自适应网格

选择【Meshing】划分网格→【Steered Adaptive Mesh】转向自适应网格→【Control】控制，设置【Steered Adaptive Meshing Mode】转向自适应网格模式设置为【Manual】手动，然后单击【OK】确定。

注意：因为这是第一个模型，所以【Restart File from CFD Solution】从 CFD 求解方案重新启动文件和【File Containing Geometric Data from Previous Model】包含以前模型中的几何数据的文件字段留空。

2）生成 ADINA CFD 数据文件

首先单击【Save】保存图标并将数据库保存到文件“prob38m_f_0”。单击【Data File/Solution】数据文件/求解方案图标，将文件名称设置为“prob38m_f_0”，确保运行求解方案按钮未选中，然后单击【Save】保存。

3）实体模型的模型定义

先准备一个包含实体模型的所有模型定义的批处理文件（prob38m_a_0.in）。

单击【New】新建图标（可以放弃所有更改），然后选择【File】文件→【Open Batch】打开批处理，导航到工作目录或文件夹，选择文件 prob38m_a_0.in 并单击【Open】打开。图形窗口如图 2.38.4 所示。

可以查看文件 prob38m_a_0.in 以查看几何、材料、边界条件等的定义。

4）运行 ADINA-FSI，加载舷窗文件

选择【Solution】求解方案→【Run ADINA-FSI】运行 ADINA-FSI，单击【Start】开始，选择文件 prob38m_a_0.dat 和 prob38m_f_0.dat（可以按住“Ctrl”键选择两个文件），确保【Maximum Memory for Solution】求解方案的最大内存至少为 100 MB，然后单击【Start】开始。

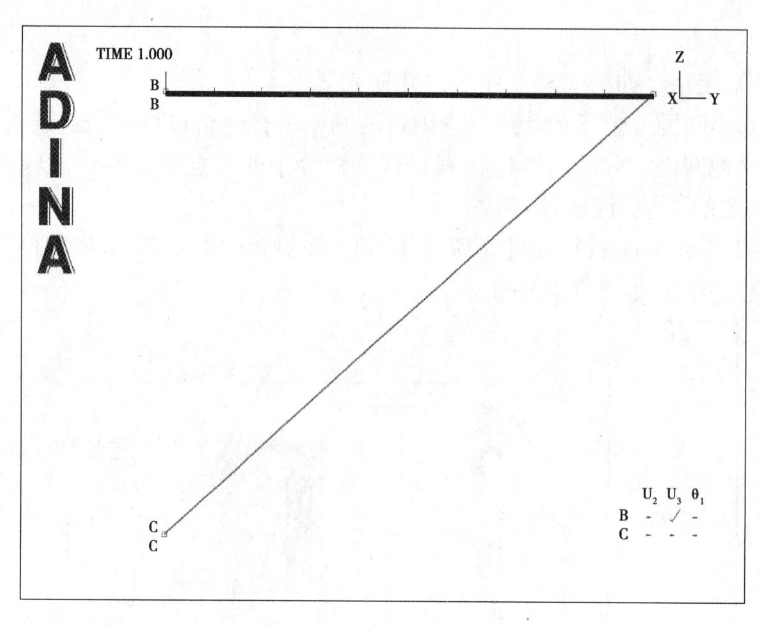

图 2.38.4 导入的"prob338m_a_0.in"模型

运行在时间步骤 23(时间 0.5)结束,错误代码指示单元重叠。最后一个收敛的步骤是在时间 0.4。

现在关闭所有打开的对话框,将【Program Module】程序模块下拉列表设置为【Post-Processing】后处理(可以放弃所有更改)并打开文件 prob38m_f_0.por。

5)检查求解方案

单击【Boundary Plot】边界绘图图标并放大降落伞附近的区域。图形窗口如图 2.38.5 所示。

显然降落伞边缘附近的单元(靠近标有 C 的节点)变形得非常大。

38.1.3 第一次网格细化

将【Program Module】程序模块下拉列表设置为【ADINA CFD】(可以放弃所有更改)。不要打开文件 prob38m_f_0.idb。

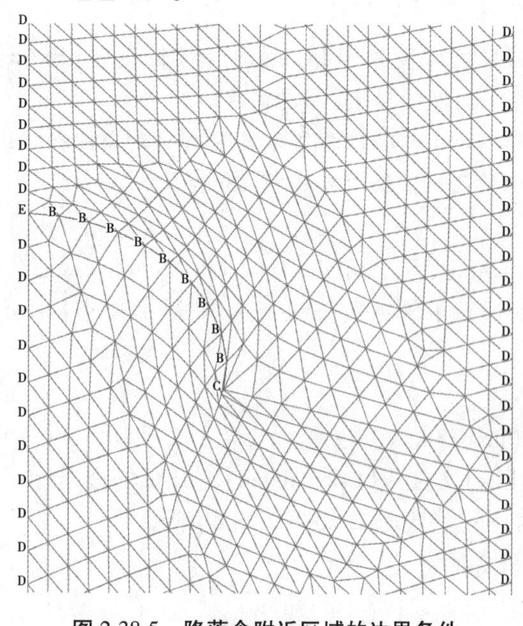

图 2.38.5 降落伞附近区域的边界条件

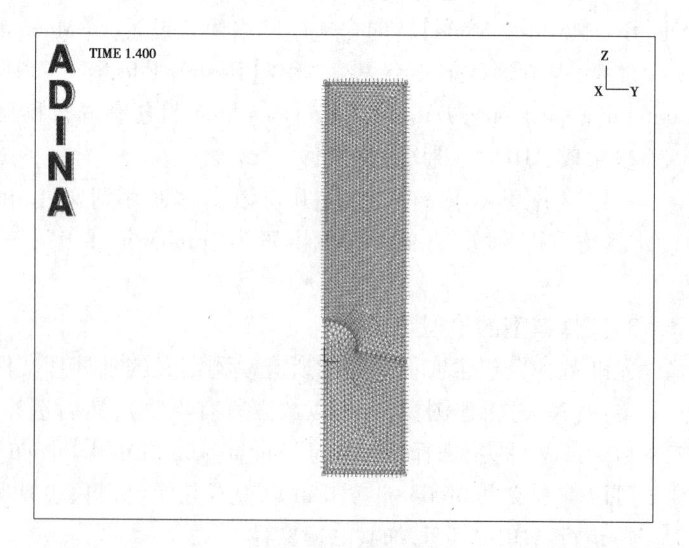

图 2.38.6 网格划分

1)网格和以前求解方案的结果

选择【Meshing】网格划分→【steered Adaptive Mesh】转向自适应网格→【Control】控制并设置【Steered

Adaptive Meshing Mode】指导性自适应划分网格模式为【Manual】手动。设置【Use Mesh in Previous Model at Solution Time】在求解方案时间使用先前模型中的网格为“0.4”。使用【...】按钮将【Restart File from CFD Solution】从 CFD 求解方案重新启动文件设置为“prob38m_f_0.res”，并以类似的方式将【File Containing Geometric Data from Previous Model】包含来自先前模型的几何数据的文件设置为“prob38m_f_0.adp”。单击【OK】确定，然后单击【Mesh Plot】网格绘图图标显示网格。图形窗口如图 2.38.6 所示。

这是求解时间为 0.4 的网格，除了图中的求解时间是 1.4 而不是 0.4。

2）自适应网格划分标准

选择【Meshing】网格划分→【Steered Adaptive Mesh】转向自适应网格→【Criterion】标准并添加【criterion 1】标准 1。确保【Type】类型为【Element Quality】单元质量，【Solution Time】求解时间为“0.4”，然后将【Minimum Element Quality】最小单元质量设置为“0.8”，将【Maximum Element Quality】最大单元质量设置为“1.2”并单击【OK】确定。

3）网格化

选择【Meshing】划分网格→【Steered Adaptive Mesh】转向自适应网格→【Mesh】网格，设置【Use Adaptive Mesh Criterion】使用自适应网格标准为 1，然后单击【OK】确定。

4）重新定义时间步骤

选择【Control】控制→【Time Step】时间步，编辑表格如表 2.38.1 所示，然后单击【OK】确定。

表 2.38.1　时间步参数

Number of Steps	Magnitude
1	0.4
16	0.1

单击【Redraw】重绘图标并缩放以查看降落伞附近的网格。图形窗口如图 2.38.7 所示。

图 2.38.7　降落伞附近的网格

5）生成数据文件

首先单击【Save】保存图标并将数据库保存到文件“prob38m_f_1”。单击【Data File/Solution】数据文件/求解方案图标，将文件名称设置为“prob38m_f_1”，确保【Run Solution】运行求解方案按钮未选中，然后单击【Save】保存。

6)修改实体模型

单击【New】新建图标(可以放弃所有更改),将【Program Module】程序模块下拉列表设置为【ADINA Structures】,单击【Open】打开图标并打开数据库文件 prob38m_a_0.idb。

单击【Coupling Options】耦合选项图标,将【Steered Adaptive Meshing Mode】转向自适应网格模式设置为【Manual】手动,将【Use Mesh In Previous Model at Solution Time】在求解方案时间使用以前模型中的网格设置为“0.4”,将【Restart File from CFD Solution】从 CFD 求解方案重新启动文件设置为“prob38m_f_0.res”,然后单击【OK】确定。

7)生成 ADINA 结构数据文件

首先选择【File】文件→【Save As】另存为,然后将数据库保存到文件 prob38m_a_1。单击【Data File/Solution】数据文件/求解方案图标,将文件名设置为“prob38m_a_1”,确保【Run Solution】运行求解方案按钮未选中,然后单击【Save】保存。图形窗口如图 2.38.8 所示。

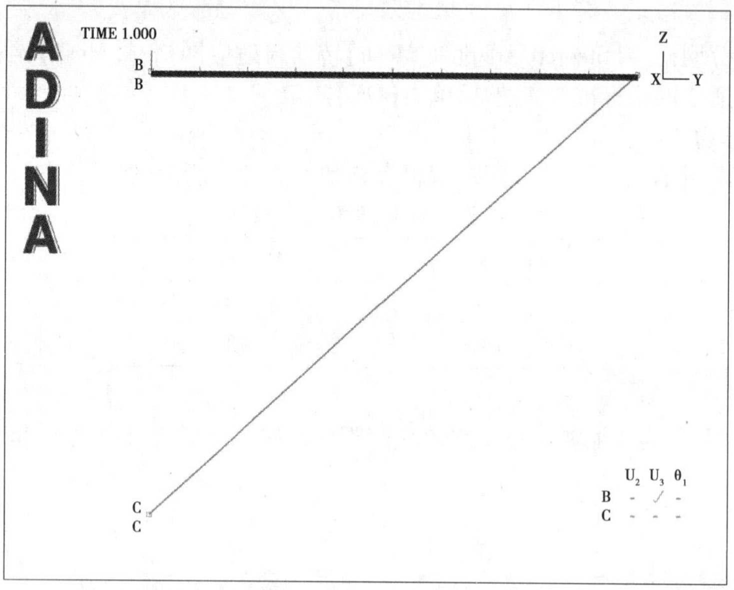

图 2.38.8　未变形的模型

该图不显示实体模型的变形,但是这些变形被考虑到了。

8)运行 ADINA-FSI,加载舷窗文件

选择【Solution】求解方案→【Run ADINA-FSI】运行 ADINA-FSI,单击【Start】开始按钮,选择文件 prob38m_a_1.dat 和 prob38m_f_1.dat,然后单击【Start】开始。AUI 将打开一个窗口,在该窗口中指定实体模型的重新启动文件。输入重新启动文件 prob38m_a_0.res 并单击【Copy】复制(请注意,不需要指定流体模型的重新启动文件)。

运行在时间步骤 16(时间 2.0)结束。

现在关闭所有打开的对话框,将【Program Module】程序模块下拉列表设置为【Post-Processing】后处理(可以放弃所有更改)并打开文件 prob38m_f_1.por。

9)检查求解方案

单击【Boundary Plot】边界绘图图标并放大降落伞附近的区域。图形窗口如图 2.38.9 所示。

网格变形不是很大,但网格质量不是很好,所以重新进行网格划分是值得的。

38.1.4　第二次网格细化

将【Program Module】程序模块下拉列表设置为【ADINA CFD】(可以放弃所有更改)。不要打开文件 prob38m_f_1.idb。

1)网格和以前的求解方案的结果

选择【Meshing】划分网格→【Steered Adaptive Mesh】转向自适应网格→【Control】控制和【Steered

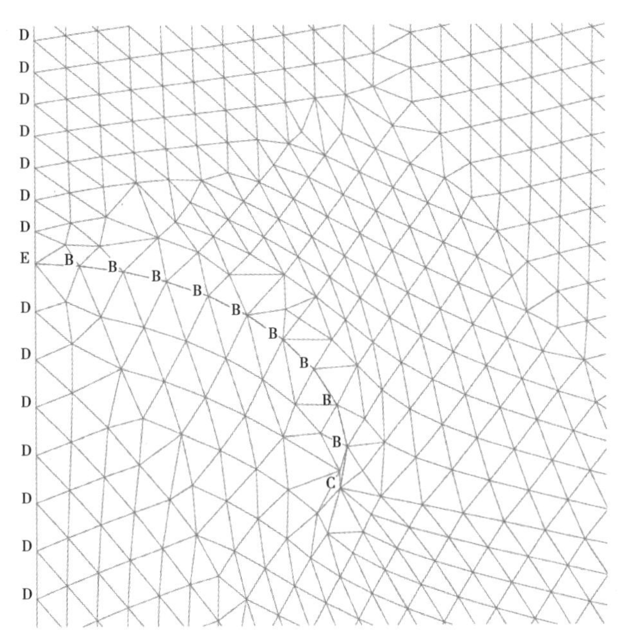

图 2.38.9　降落伞附近的区域边界

Adaptive Meshing Mode】转向自适应网格模式设置为【Manual】手动。设置【Use Mesh in Previous Model at Solution Time】在求解方案时使用先前模型中的网格为 2.0。将【Restart File from CFD Solution】从 CFD 求解方案重新启动文件设置为“prob38m_f_1.res”,并将【File Containing Geometric Data from Previous Model】包含来自先前模型的几何数据的文件设置为“prob38m_f_1.adp”。单击【OK】确定,然后单击【Mesh Plot】网格绘图图标显示网格。

2)自适应网格划分标准

选择【Meshing】划分网格→【Steered Adaptive Mesh】转向自适应网格→【Criterion】标准,并添加【criterion 1】标准 1。确保【Type】类型是【Element Quality】单元质量和【Solution Time】求解方案的时间是 2.0,然后设置【Minimum Element Quality】最小单元质量 0.8 和【Maximum Element Quality】最大单元质量 1.2 并单击【OK】确定。

3)重新划分网格

选择【Meshing】划分网格→【Steered Adaptive Mesh】转向自适应网格→【Mesh】网格,设置【Use Adaptive Mesh Criterion】使用自适应网格标准为 1,然后单击【OK】确定。

4)重新定义时间步骤

选择【Control】控制→【Time Step】时间步,编辑表格如表 2.38.2 所示,然后单击【OK】确定。

单击【Redraw】重绘图标并缩放以查看降落伞附近的网格。图形窗口如图 2.38.10 所示。

表 2.38.2　时间步参数

Number of Steps	Magnitude
1	2.0
8	1.0

5)生成 ADINA CFD 数据文件

首先单击【Save】保存图标并将数据库保存到文件“prob38m_f_2”。单击【Data File/Solution】数据文件/求解方案图标,将文件名设置为“prob38m_f_2”,确保【Run Solution】运行求解方案按钮未选中,然后单击【Save】保存。

6)修改实体模型

单击【New】新建图标(可以放弃所有更改),将【Program Module】程序模块下拉列表设置为【ADINA Structures】,单击【Open】打开图标并打开数据库文件 prob38m_a_1.idb。

单击【Coupling Options】耦合选项图标,确保【Steered Adaptive Meshing Mode】导向自适应网格模式设置为【Manual】手动,将【Use Mesh In Previous Model at Solution Time】在求解方案时使用原有模型中的网格设置为“2.0”,将【Restart File from CFD Solution】从 CFD 求解方案重新启动文件设置为“prob38m_f_1.res”,然

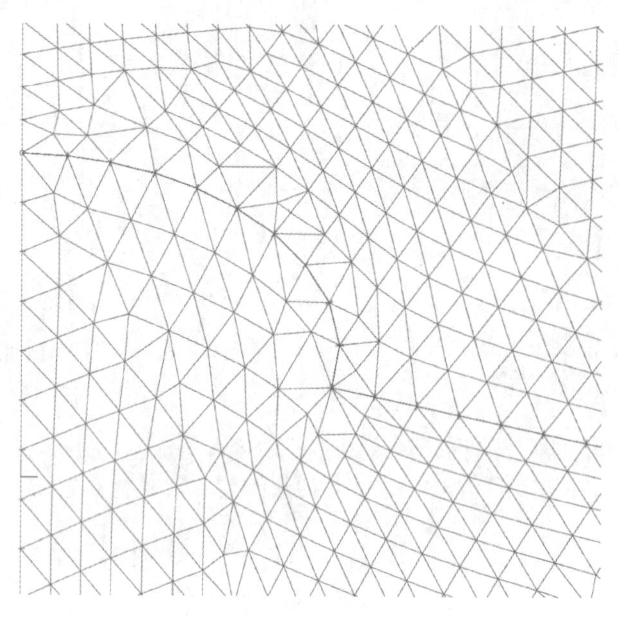

图 2.38.10 降落伞附近的网格

后单击【OK】确定。

7）**生成 ADINA 结构数据文件**

首先选择【File】文件→【Save As】另存为，然后将数据库保存到文件"prob38m_a_2"。单击【Data File/Solution】数据文件/求解方案图标，将文件名设置为"prob38m_a_2"，确保【Run Solution】运行求解方案按钮未选中，然后单击【Save】保存。

图形窗口应该与以前的实体模型显示的窗口非常相似。

8）**运行 ADINA-FSI，加载舷窗文件**

选择【Solution】求解方案→【Run ADINA-FSI】运行 ADINA-FSI，单击【Start】开始按钮，选择文件 prob38m_a_2.dat 和 prob38m_f_2.dat，然后单击【Start】开始。AUI 将打开一个窗口，在该窗口中指定实体模型的重新启动文件。输入重新启动文件 prob38m_a_1.res 并单击【Copy】复制。

运行在时间步骤 8（时间 10.0）结束。

现在关闭所有打开的对话框，将【Program Module】程序模块下拉列表设置为【Post-Processing】后处理（可以放弃所有更改）并打开文件 prob38m_f_2.por。

9）**检查求解方案**

单击【Boundary Plot】边界绘图图标并放大降落伞附近的区域。图形窗口如图 2.38.11 所示。

使用【Previous Solution】先前的求解方案图标，【Next Solution】下一个求解方案图标，…查看网格，查看不同的步骤。网格在第一步之后不会发生很大的变化。

38.1.5 第三次网格细化

将【Program Module】程序模块下拉列表设置为【ADINA CFD】（可以放弃所有更改）。不要打开文件 prob38m_f_2.idb。

1）**网格和以前的求解方案的结果**

选择【Meshing】划分网格→【Steered Adaptive Mesh】转向自适应网格→【Control】控制和【Steered Adaptive Meshing Mode】转向自适应网格模式设置为【Manual】手动。将【Use Mesh in Previous Model at Solution Time】在求解方案时间在先前模型中使用网格设置为"10.0"。将【Restart File from CFD Solution】从 CFD 求解方案重新启动文件设置为"prob38m_f_2.res"，并将【File Containing Geometric Data from Previous Model】从旧模型中包含几何数据的文件设置为"prob38m_f_2.adp"。单击【OK】确定，然后单击【Mesh Plot】网格绘图图标显示网格。

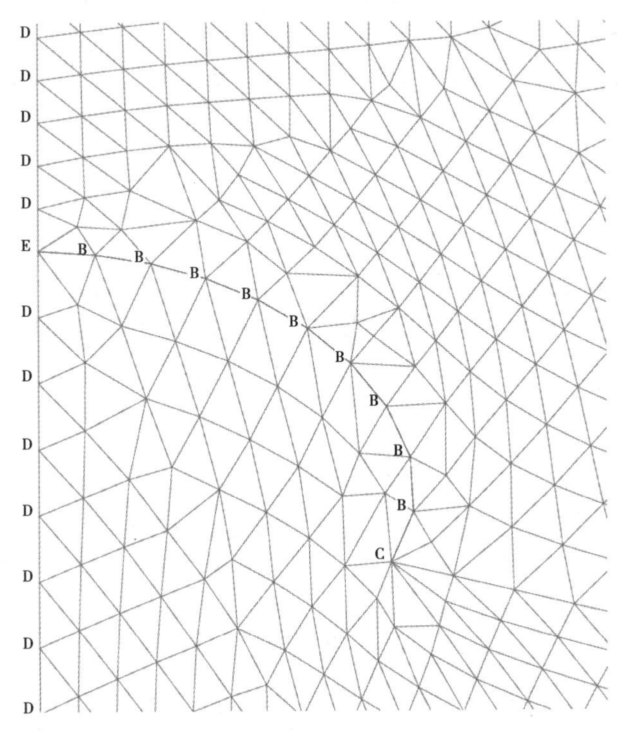

图 2.38.11 降落伞附近的区域边界

2)自适应网格划分标准

选择【Meshing】划分网格→【Steered Adaptive Mesh】转向自适应网格→【Criterion】标准,并添加【criterion 1】标准 1。将【Type】类型设置为【Element Size】单元大小,并确保【Solution Time】求解方案的时间是 10.0,然后设置【Minimum Element Size】最小单元尺寸为"3.0",【Maximum Element Size】最大单元大小为"1.0",【Preferred Ratio】首选比例为"0.5",然后单击【OK】确定。

3)重新划分网格

选择【Meshing】划分网格→【Steered Adaptive Mesh】转向自适应网格→【Mesh】网格,设置【Use Adaptive Mesh Criterion】使用自适应网格标准为"1",然后单击【OK】确定。

4)重新定义时间步骤

选择【Control】控制→【Time Step】时间步,编辑表格如表 2.38.3 所示,单击【OK】确定。

表 2.38.3 时间步参数

Number of Steps	Magnitude
1	10.0
3	10.0

单击【Redraw】重绘图标并缩放以查看降落伞附近的网格。图形窗口如图 2.38.12 所示。

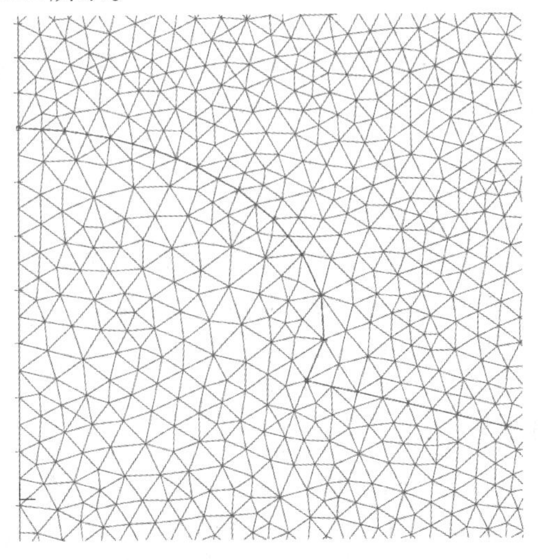

图 2.38.12 降落伞附近的网格

5)生成 ADINA CFD 数据文件

首先单击【Save】保存图标并将数据库保存到文件 prob38m_f_3。单击【Data File/Solution】数据文件/求解方案图标,将文件名称设置为“prob38m_f_3”,确保【Run Solution】运行求解方案按钮未选中,然后单击【Save】保存。

6)修改实体模型

单击【New】新建图标(可以放弃所有更改),将【Program Module】程序模块下拉列表设置为【ADINA Structures】,单击【Open】打开图标并打开数据库文件 prob38m_a_2.idb。

单击【Coupling Options】耦合选项图标,确保【Steered Adaptive Meshing Mode】导向自适应网格模式设置为【Manual】手动,将【Use Mesh In Previous Model at Solution Time】在求解方案时间以前的模型中使用网格设置为“10.0”,将【Restart File from CFD Solution】从 CFD 求解方案重新启动文件设置为“prob38m_f_2.res”,然后单击【OK】确定。

生成 ADINA 结构数据文件:首先选择【File】文件→【Save As】另存为,然后将数据库保存到文件 prob38m_a_3。单击【Data File/Solution】数据文件/求解方案图标,将文件名称设置为“prob38m_a_3”,确保【Run Solution】运行求解方案按钮未选中,然后单击【Save】保存。

7)运行 ADINA-FSI,加载舷窗文件

选择【Solution】求解方案→【Run ADINA-FSI】运行 ADINA-FSI,单击【Start】开始按钮,选择文件 prob38m_a_3.dat 和 prob38m_f_3.dat,然后单击【Start】开始。AUI 将打开一个窗口,在该窗口中指定实体模型的重新启动文件。输入重新启动文件 prob38m_a_2.res 并单击【Copy】复制。

运行在时间步骤 3 结束(时间 40.0)。

现在关闭所有打开的对话框,将【Program Module】程序模块下拉列表设置为【Post-Processing】后处理(可以放弃所有更改)并打开文件 prob38m_f_3.por。

8)检查求解方案(后处理)

单击【Boundary Plot】边界绘图图标并放大降落伞附近的区域。图形窗口如图 2.38.13 所示。

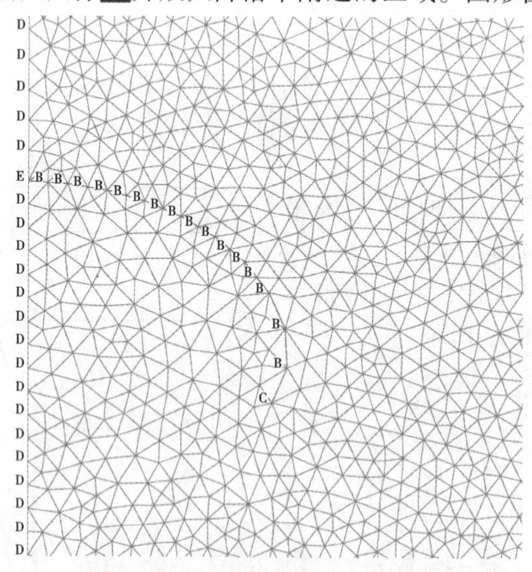

图 2.38.13 降落伞附近的区域边界

使用【Previous Solution】以前的求解方案图标,【Next Solution】下一个求解方案图标,…查看不同步骤的求解方案。再次,求解方案在第一步之后并没有太大的改变。

38.1.6 流体求解方案的比较

可以将所有流体模型舷窗文件加载到一起,以便分析网格在分析过程中如何移动和变化。把必要的命令放在文件 prob38m1_f.plo 中。单击【New】新建图标(可以放弃所有更改),选择【File】文件→【Open

Batch】打开批处理和打开文件 prob38m1_f.plo。图形窗口如图 2.38.14 所示。

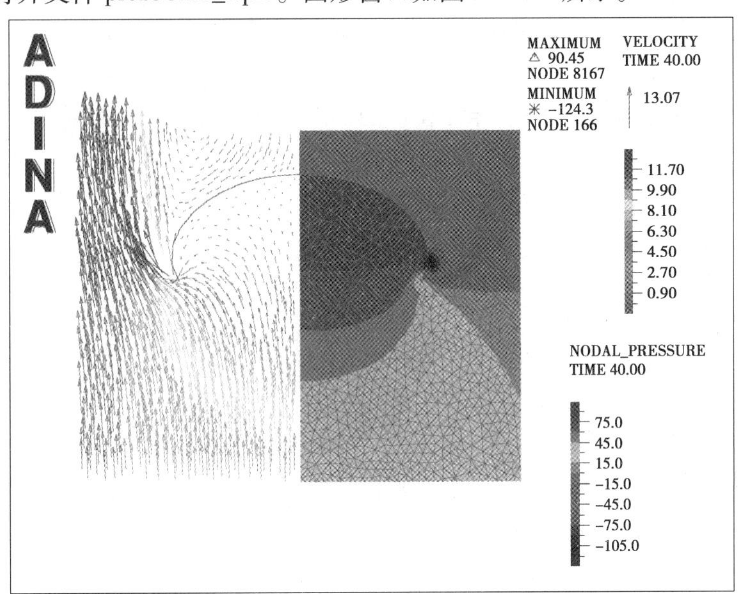

图 2.38.14　导入的结果文件 prob38m1_f.plo

在图 2.35.14 中,已经使用镜像成像将网格绘制两次,绘制了左侧网格中的速度和右侧网格中的压力。

使用【Pick】拾取图标单击右侧的网格,然后单击【Previous Solution】前一个求解方案图标几次,直到网格的拓扑发生更改。只有右侧的网格和它的求解方案被更新。单击【Last Solution】最后一个求解方案图标显示最后的网格和求解方案,然后单击左侧的网格,并以相同的方式检查求解方案。

现在单击【Movie Load Step】电影载荷步图标创建一个动画。选择【Display】显示→【Animate】动画,根据需要设置【Minimum Delay】最小延迟,然后单击【Apply】应用。

38.1.7　降落伞变形的形状和作用在降落伞上的力

可以将所有的实体模型舷窗文件加载到一起,以便检查降落伞在分析过程中如何移动。先将必要的命令放在文件 prob38m1_a.plo 中。单击【New】新建图标(可以放弃所有更改),选择【File】文件→【Open Batch】打开批处理,然后打开文件 prob38m1_a.plo。图形窗口如图 2.38.15 所示。

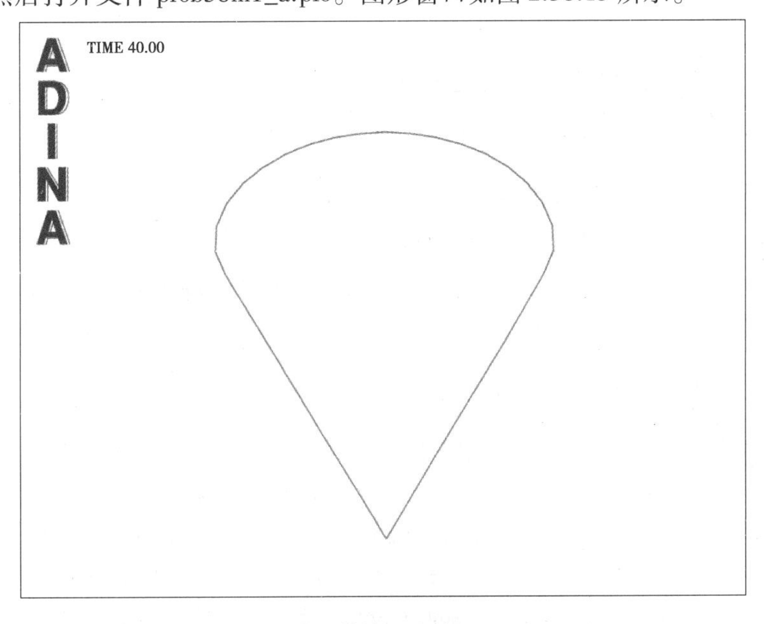

图 2.38.15　导入的结果文件 prob38m1_f.plo

在图 2.38.15 中,已经使用镜像成像将网格绘制两次。

单击【Movie Load Step】电影加载步图标以创建动画,然后单击【Animate】动画图标以播放动画。两个网格都是动画的。

现在单击【Refresh】刷新图标,然后单击【Batch Continue】批量继续图标。图形窗口如图 2.38.16 所示。

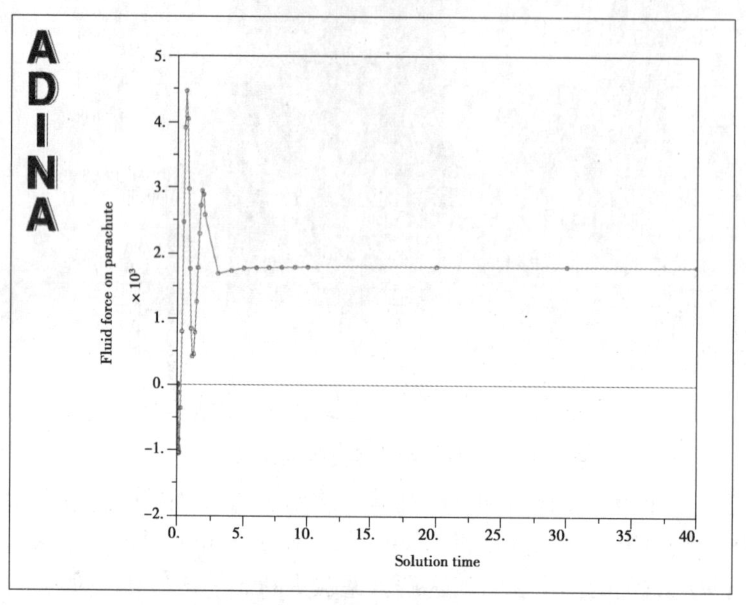

图 2.38.16 作用在降落伞上的力

该图显示了所有求解方案对降落伞作用的向上力。选择【Graph】图形→【List】列表,然后滚动到对话框的底部。最后求解方案时的力量是 1.800 32E + 03。

虽然图表显示了瞬态求解方案以及稳态求解方案,但瞬态求解方案很可能是不准确的,因为它是通过重新计算获得的。瞬态分析的目的只是为了获得稳态求解方案。

38.2 求解方案使用自动模式

SAM 自动模式下的文件名格式是 * _a _#.in 和 * _f _#.in 。“ * ”代表问题名称,“#”代表型号,第一个型号为 0,第二个型号为 1,依此类推。

在这种自动模式分析中,将从网格重叠发生时的修复开始。此运行进行到求解时间 2.0。然后,将重新启动一个自动运行,其中在每个求解方案步骤之后对网格进行细化。

38.2.1 启动 AUI,选择有限元程序

启动 AUI 并将【Program Module】程序模块下拉列表设置为【ADINA CFD】。

选择绝对路径名不包含任何空格的工作目录或文件夹,例如 Windows 的 C:\ temp。如果绝对路径名中有空格,则使用自动模式的求解方案将失败。

38.2.2 流体模型的模型定义

先准备一个批处理文件(prob38a_f_0.in),其中包含流体模型的所有模型定义,包括自适应 CFD 功能的选择。该文件与用于手动模式的批处理文件(prob38m_f_0.in)相同,除此之外:

①自动模式的时间步进不同。可在自动模式运行的第一部分运行到 2.0 时间。

②在自动模式文件中已经定义了两个标准。第一个标准与用于手动模式网格细化的标准相同:【Element quality】单元质量,【minimum element quality】最小单元质量= 0.8,【maximum element quality】最大单元质量=1.2,【preferred quality】首选质量=1.0(默认)。

第二个标准是减少单元尺寸的标准：

【Element size】单元大小,【minimum element size】最小单元大小=3,【maximum element size】最大单元大小=1,【preferred ratio】首选比例=0.75。

我们将使用第一次运行(网格修复)的第一个标准和第二次运行(网格精化)的第二个标准。

选择【File】文件→【Open Batch】打开批处理,导航到工作目录或文件夹,选择文件 prob38a_f_0.in ,然后单击【Open】打开。图形窗口如图 2.38.17 所示。

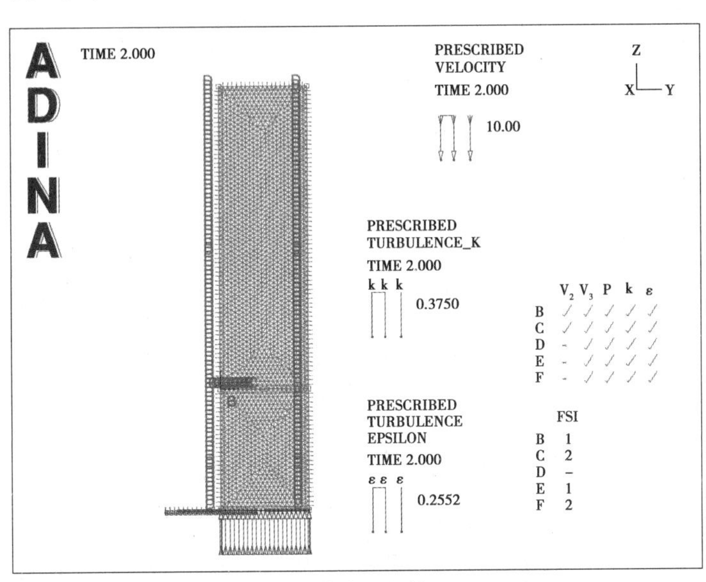

图 2.38.17 导入的结果文件 prob38a_f_0.in

1)选择转向自适应网格自动模式

选择【Meshing】划分网格→【Steered Adaptive Mesh】转向自适应网格→【Control】控制,设置【Steered Adaptive Meshing Mode】转向自适应网格模式设置为【Automatic】自动,设定【Criterion for Automatic Steered Adaptive Mesh】标准的自动转向自适应网格为“1”,设置【Use Mesh in Previous Model at Solution Time】使用网格在前面的模型在求解时间为“-1”,然后单击【OK】确定。

2)生成 ADINA CFD 数据文件

首先单击【Save】保存图标并将数据库保存到文件 prob38a_f_0。单击【Data File/Solution】数据文件/求解方案图标,将文件名设置为“prob38a_f_0”,确保【Run Solution】运行求解方案按钮未选中,然后单击【Save】保存。

38.2.3 实体模型的模型定义

先准备了一个包含实体模型的所有模型定义的批处理文件(prob38a_a_0.in)。这与手动模式分析中使用的文件相同。

单击【New】新建图标(可以放弃所有更改),然后选择【File】文件→【Open Batch】打开批处理,导航到工作目录或文件夹,选择文件 prob38a_a_0.in 并单击【Open】打开。图形窗口如图 2.38.18 所示。

1)在自动模式下选择导向的自适应网格

单击【Coupling Options】耦合选项图标,将【Steered Adaptive Meshing Mode】导向自适应网格模式设置为【Automatic】自动,将【Use Mesh in Previous Model at Solution Time】在求解时间使用先前模型中的网格设置为“-1”,然后单击【OK】确定。

2)生成 ADINA 结构数据文件

首先单击【Save】保存图标并将数据库保存到文件 prob38a_a_0 。单击【Data File/Solution】数据文件/求解方案图标,将文件名设置为“prob38a_a_0”,确保【Run Solution】运行求解方案按钮未选中,然后单击

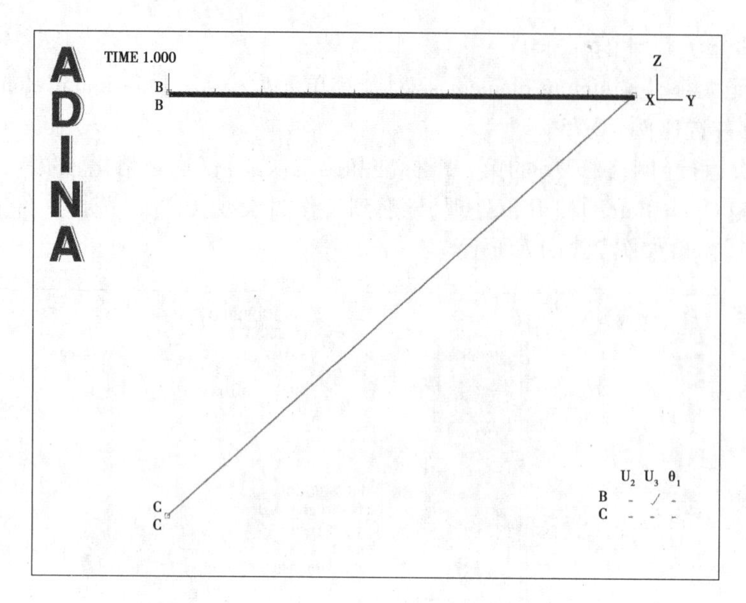

图 2.38.18　导入的结果文件 prob38a_a_0.in

【Save】保存。

38.2.4　使用自适应网格求解方案接口以自动模式运行 ADINA-FSI

如果只有一个 AUI 浮动许可证,则需要在使用自适应网格求解方案界面之前退出 AUI。

选择【Solution】求解方案→【Run Steered Adaptive】运行导向适应,然后单击【Start】开始按钮。选择文件 prob38a_f_0.dat ,然后按住“Ctrl”键并选择文件 prob38a_a_0.dat。文件名字段应该用引号显示这两个文件。将【Maximum Number of Adaptive Steps】最大自适应步数设置为 5,将【Number of Solution Runs】求解方案运行次数设置为“1”,将【Memory for AUI】AUI 内存设置为“50 MB”,将【Max. Memory for Solution】求解方案的最大内存设置为“100 MB”,然后单击【Start】开始。

ADINA CFD 和 AUI 连续运行。最终的消息显示出来:

Finished adaptive run for...prob38a_0 to...prob38a_1

现在关闭所有打开的对话框,将【Program Module】程序模块下拉列表设置为后处理(可以放弃所有更改),单击【Open】打开图标,然后打开舷窗文件 prob38a_f_1。

单击【Boundary Plot】边界绘图图标并放大降落伞附近的区域。图形窗口如图 2.38.19 所示。

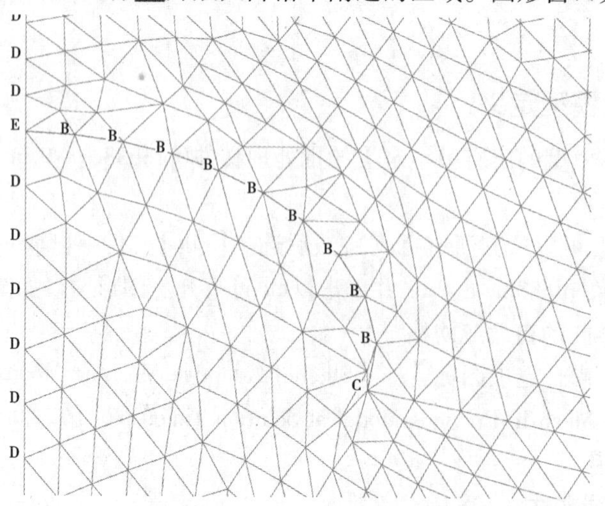

图 2.38.19　降落伞附近的区域

38.2.5 重新启动 SAM 自动模式

将【Program Module】程序模块设置为“ADINA CFD”(可以放弃所有更改)。不要打开任何数据库文件。在这一点上,继续重新划分网格,但使用不同的标准。

使用文本编辑器打开文件 prob38a_f_adp.in。观察以下文字:

```
ADP-CONTROL MESHADAP=MANUAL TSTART= -1.000000000000,
FRSFILE=prob38a_f_adp.res,
ADAPTIVE=prob38a_f_adp.adp
*
TIMESTEP DEFAULT
@ CLEAR
10 0.10000000000000E-02
9 0.10000000000000E-01
19 0.10000000000000E+00
@
*
```

将命令更改为

```
ADP-CONTROL MESHADAP=MANUAL TSTART= -1.000000000000,
FRSFILE=prob38a_f_adp.res,
ADAPTIVE=prob38a_f_adp.adp,
TIMESTEP=APPEND
*
TIMESTEP DEFAULT
@ CLEAR
10 0.10000000000000E-02
9 0.10000000000000E-01
19 0.10000000000000E+00
1 10.0
@
*
```

(更改的文本以蓝色突出显示,删除的文本以删除线显示。)然后滚动到该文件的底部,并更改文本。

```
ADP-MESH CRITERION= 1
```

至

```
ADP-MESH CRITERION= 2
```

保存文件。

选择【Solution】求解方案→【Run Steered Adaptive】运行导向适应,然后单击【Start】开始按钮。选择文件 prob38a_f_0.dat,然后按住“Ctrl”键并选择文件 prob38a_a_0.dat。文件名文件应该在引号中显示这两个文件。将【Run Analysis from Adaptive Step】自适应步骤运行分析设置为“2”,【Maximum Number of Adaptive Steps】最大自适应步数为“3”,【Number of Solution Runs】求解方案运行次数为“3”,将【Memory for AUI】AUI 分配内存设置为“50 MB”,【Max. Memory for Solution】求解方案最大内存设置为“100 MB”,然后单击【Start】开始。

ADINA CFD 和 AUI 连续运行。最终的消息显示:

```
Finished adaptive run for...prob38a_2 to...prob38a_4
```

现在关闭所有打开的对话框,将【Program Module】程序模块下拉列表设置为【Post-Processing】后处理(可以放弃所有更改)并打开文件 prob38a_f_4.por。

38.2.6 检查求解方案(后处理)

单击【Boundary Plot】边界绘图图标并放大降落伞附近的区域。图形窗口如图 2.38.20 所示。

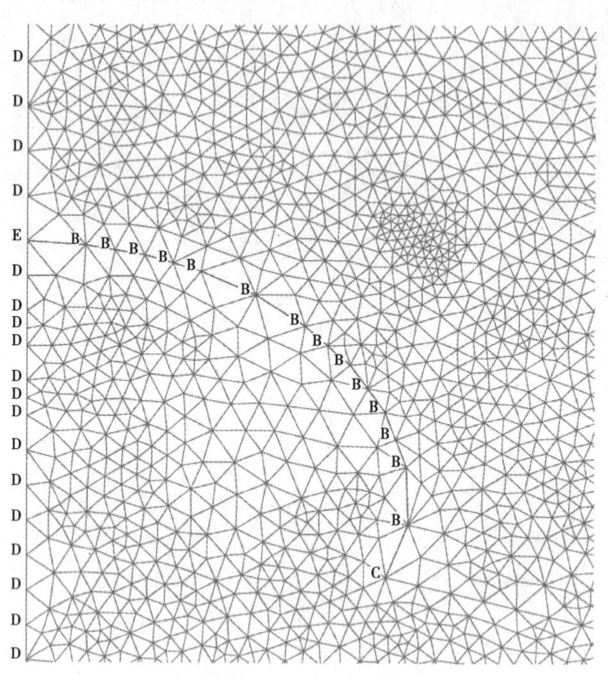

图 2.38.20 放大降落伞附近的区域

38.2.7 流体求解方案的比较

可以将所有流体模型舷窗文件加载到一起,以便分析网格在分析过程中如何移动和变化。我们把必要的命令放在文件 prob38a1_f.plo 中。单击【New】新建图标(可以放弃所有更改),选择文件【File】→【Open Batch】打开批处理和打开文件 prob38a1_f.plo。图形窗口如图 2.38.21 所示。

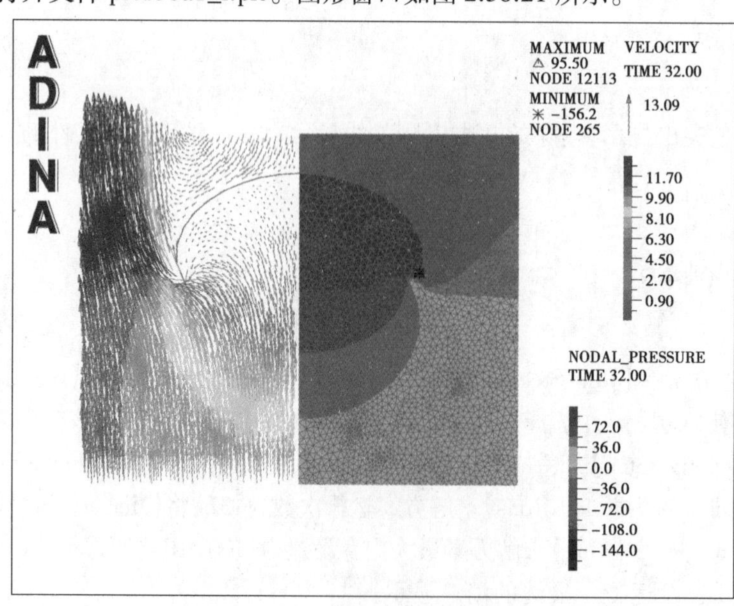

图 2.38.21 导入的结果文件 prob38a1_f.plo

你可以为此图绘制动画，如上面的手动 SAM 模式部分所述。

38.2.8　降落伞变形的形状和作用在降落伞上的力

我们可以将所有的实体模型舷窗文件加载到一起，以便检查降落伞在分析过程中如何移动。我们把必要的命令放在文件 prob38a1_a.plo 中。单击【New】新建图标(可以放弃所有更改)，选择【File】文件→【Open Batch】打开批处理并打开文件 prob38a1_a.plo。图形窗口如图 2.38.22 所示。

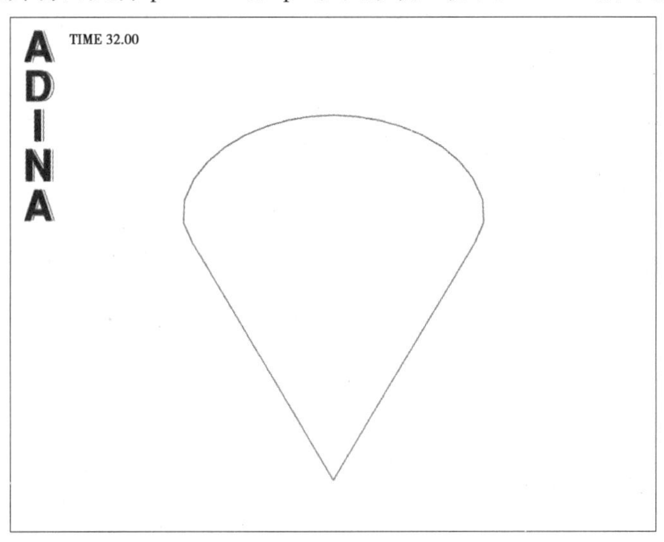

图 2.38.22　导入的结果文件 prob38a1_a.plo

在图 2.38.22 中，已经使用镜像成像将网格绘制两次。

可以为此图绘制动画，如上面的手动 SAM 模式部分所述。现在单击【Batch Continue】批量继续图标。图形窗口如图 2.38.23 所示。

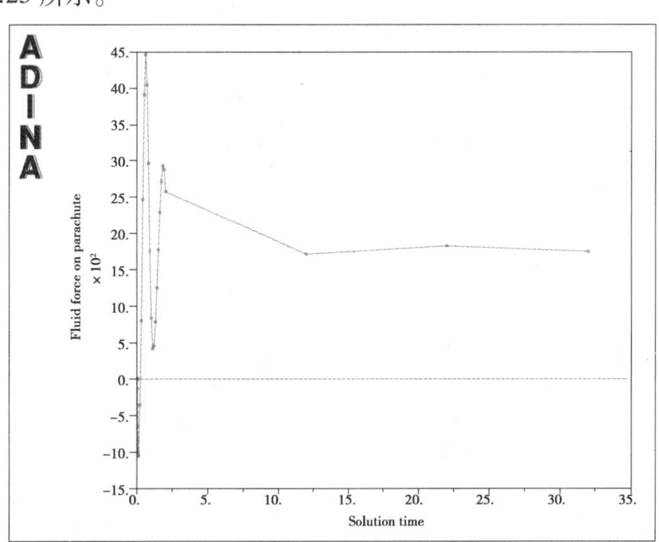

图 2.38.23　作用在降落伞上的力

该图显示了所有求解方案对降落伞作用的向上力。选择【Graph】图→【List】清单，然后滚动到对话框的底部。在最后的求解时间的力量是 1.756 73E+03。

38.2.9　退出 AUI

选择主菜单中的【File】文件→【Exit】退出，弹出【AUI】对话框，然后单击【Yes】，退出 ADINA-AUI。

说明

1）**网格细化**

除了最后一次的网格细化之外，我们都使用这个标准：

【Element quality】单元质量，【minimum element quality】最小单元质量＝0.8，【maximum element quality】最大单元质量＝1.2，【preferred quality】首选质量＝1.0（默认）

这个标准的目的是把质量低于0.8或高于1.2的单元的质量设置为1.0。

对于手动SAM中的最后一个网格细化，我们使用标准：

【Element size】单元大小，【minimum element size】最小单元大小＝3，【maximum element size】最大单元大小＝1，【preferred ratio】优选比率＝0.5。

这将首选单元大小设置为当前单元大小的0.5。由于最大单元大小小于最小单元大小，所有单元都受此命令的影响。

对于自动SAM中的最后一个网格细化，使用标准：

【Element size】单元大小，【minimum element size】最小单元大小＝3，【maximum element size】最大单元大小＝1，【preferred ratio】优选比率＝0.75。

这与手动SAM中使用的类似，但是更慢地减小了单元尺寸。

2）**镜面成像**

图2.38.24显示了完成镜像的过程。网格被绘制两次，一次创建右侧图像（没有镜像成像），一次创建左侧图像（使用镜像成像）。如图2.38.24所示，选择每个网格的视图，网格窗口和标绘区域。

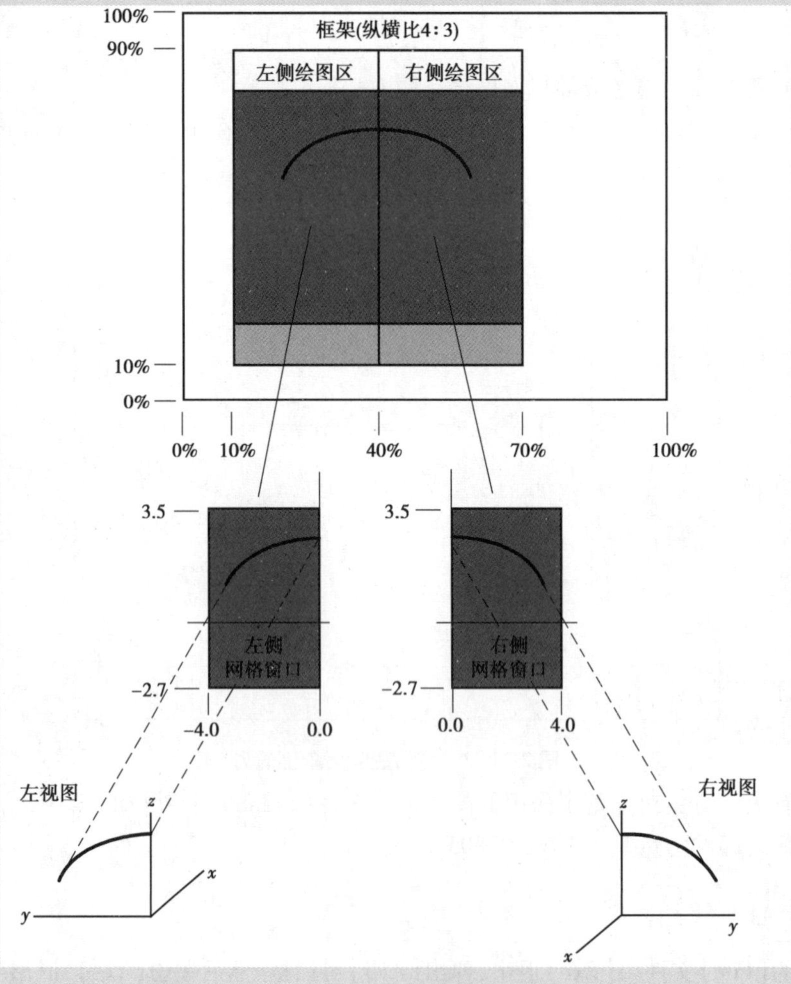

图2.38.24　完成镜像的步骤

问题39　第二个斯托克斯问题

问题描述

1) 问题概况

第二个斯托克斯问题是在一个平板上的二维流体流动，它以一种谐波方式水平移动，如图 2.39.1 所示。

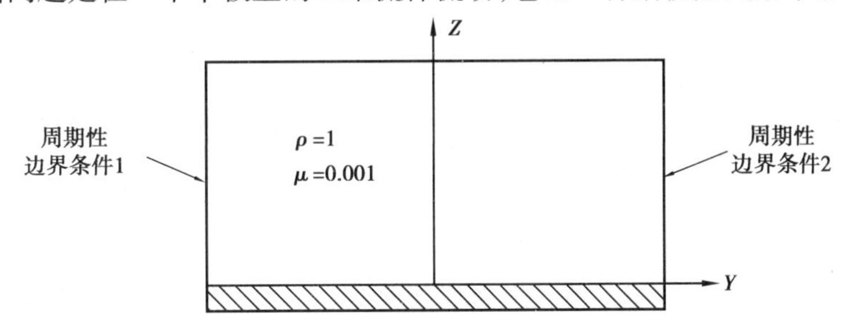

图 2.39.1　问题 39 中的

由于黏滞效应，板上的流体被板水平驱动，速度沿垂直 Z 方向减小。这个问题的分析求解方案如下：

$$v = V_0 e^{-\eta}\cos(\theta t - \eta)$$

$$w = 0$$

其中 v 是水平速度，w 是垂直速度，V_0 是最大速度幅度，ρ 和 μ 是流体的密度和动态黏度，θ 是板角度振荡的频率，η 是归一化的 Z 坐标 $z\sqrt{\rho/\theta/(2\mu)}$。对于这个问题，我们设置 $V_0=0.01$ 和 $\theta=\pi$，对应于周期 $T=2$。

2) 演示内容

本例将演示以下内容：

①周期性边界条件。

②使用 2D 表格空间函数指定的初始条件。

假设已经解决了问题 1 至 61，或者具有与 ADINA 系统相同的经验。

注意：①本例可以用 ADINA 系统的 900 个节点版本来解决。

②本例的大部分输入都存储在文件 prob39_1.in，prob39_1.plo 中。在开始此分析之前，需要将这些文件从 samples \ primer 中复制到工作目录或文件夹中。

39.1　启动 AUI，选择有限元程序

启动 AUI 并将【Program Module】程序模块下拉列表设置为【ADINA CFD】。

39.2　定义模型控制数据

39.2.1　问题标题

选择【Control】控制→【Title】标题，输入标题【Problem 39: 2D incompressible flow driven by a horizontally oscillating plate, the Second Stokes Problem】问题 39：由水平振动板驱动的 2D 不可压缩流动，第二个斯托克斯问题，然后单击【OK】确定。

39.2.2　流量假设

选择【Model】模型→【Flow Assumptions】流量假设，将【Flow Dimension】流量维度字段设置为【2D (in YZ

Plane)】2D(在YZ平面中),取消选中【Include Heat Transfer】包括换热按钮,然后单击【OK】确定。

39.2.3 分析类型

将【Analysis Type】分析类型下拉列表设置为【Transient】瞬态。然后单击【Analysis Options】分析选项图标,将【Integration Method】集成方法设置为【Composite】复合,然后单击【OK】确定。这个组合方案在时间上具有二阶准确性。

39.2.4 单元公式

选择【Control】控制→【Solution Process】求解方案过程,设置【Flow-Condition-Based Interpolation Elements】基于流量条件的插值单元复制到FCBI-C(不要关闭对话框)。

39.2.5 外迭代设置

在【Solution Process】求解方案进程对话框中,单击【Outer Iteration...】外迭代...按钮,然后单击【Advanced Settings...】高级设置【...】按钮。在【Outer Iteration Advanced Settings】外迭代高级设置对话框中,将【Equation Residual Use】等式剩余使用设置为全部,将【Tolerance】容差设置为"1E-06";然后将【Variable Residual Use】可变残余使用设置为【All】全部,将【Tolerance】容差设置为"1E-06"。单击【OK】确定三次以关闭所有对话框。

39.2.6 时间步骤设置

周期T是此问题的特征时间范围。在一个时间段内,通常需要20~100个时间步长才能准确捕获瞬态物理,对于这个问题,可使用20步时间步长 $T/20=0.1$。

选择【Control】控制→【Time Step】时间步,在表的第一行中将【Number of Steps】步数设置为"20"并将【Magnitude】幅度设置为"0.1",然后单击【OK】确定。

39.3 定义几何和材质

先准备一个包含模型几何体、材质、网格和加载的批处理文件(prob39_1.in)。

选择【File】文件→【Open Batch】打开批处理,导航到工作目录或文件夹,选择文件prob39_1.in,然后单击打开【Open】。图形窗口如图2.39.2所示。

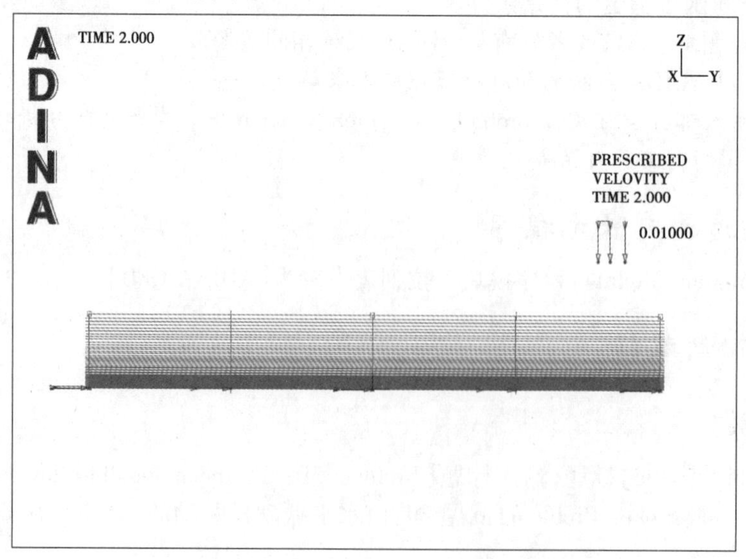

图2.39.2 文件prob39_1.in模型

这个问题中的载荷是底部边界上的速度。该加载的谐波振荡通过时间函数2实现。

选择【Control】控制→【Time Function】时间函数，将【Time Function Number】时间函数编号设置为“2”，然后单击【Graph】图形查看时间函数。单击【OK】确定关闭对话框。

39.4 定义周期性边界条件

单击【Special Boundary Condition】特殊边界条件图标SBC并添加边界条件1。将【Type】类型设置为【Periodic】周期。双击表格的第一行和第一列，使用鼠标选择左侧垂直线，然后按“Esc”键返回到【Define Special Boundary Condition】定义特殊边界条件对话框。第4行应输入表中。

现在单击【Geometric Transformation】几何变形字段右侧的【...】按钮。在【Define Transformation】定义变换对话框中，添加【Transformation】变换编号1。ADINA CFD将使用此变换来查找周期边界条件1(第4行)的伙伴边界(第6行)。将【Coordinate Axes X, Y, Z】坐标轴X,Y,Z设置为(0,2,0)。这是从第4行到第6行的正坐标增量。单击【OK】确定关闭【Define Transformation】定义变换对话框。在【Define Special Boundary Condition】定义特殊边界条件对话框中，设置【Geometric Transformation】几何变换为“1”并单击【Save】保存(不要关闭对话框)。

在【Define Special Boundary Condition】定义特殊边界条件对话框中，添加【boundary condition 2】边界条件2。验证【Type】类型是否为【Periodic】周期性。双击表格的第一行和第一列，使用鼠标选择右边的行并按“Esc”键。第6行应输入表中。单击【Save】保存(不要关闭对话框)。

单击【Boundary Condition Pair...】边界条件对...按钮。在【Define Pairs of Boundary Condition】定义边界条件对话框中，在表的第一行中将【BC#1】设置为“1”并将【BC#2】设置为“2”，然后单击【OK】确定关闭此对话框。单击【OK】确定关闭【Define Special Boundary Condition】定义特殊边界条件对话框。

当单击【Boundary Plot】边界绘图图标时，图形窗口如图2.39.3所示。

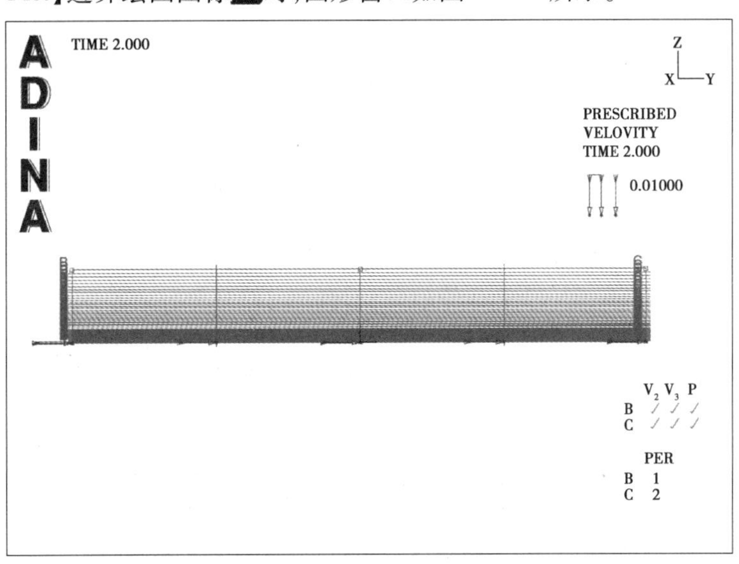

图2.39.3 周期性边界条件

39.5 定义初始条件

斯托克斯第二个问题的初始条件剖面可以从$t = 0$时的解析解直接获得：

$$v = V_0 e^{-\eta}\cos(-\eta)$$

由于这个初始速度不是恒定的，需要使用空间函数来指定这个初始条件。

注意：如果使用统一的零速度作为初始条件，仍然可以得到振荡速度解，但获得周期性振荡求解方案需要较长的计算时间。

39.5.1 初始条件

单击【Surface/Face Labels】表面/面标签图标显示表面标签(此问题中的S1和S2)。选择【Model】模型→【Initial Conditions】初始条件→【Define】定义并添加初始条件INIT。

在表格的前两行输入如表2.39.1所示信息并单击【Save】保存。

表2.39.1 变量参数定义

Variable	Value
Y-VELOCITY	0.01
Z-VELOCITY	0.0

现在单击【Apply...】应用按钮。在【Apply Initial Conditions】应用初始条件对话框中,设置【Apply to】应用到字段【Face/Surface】面/表面,并确保在【Initial Condition】初始条件是【INIT】。在表格的前两行输入如表2.39.2所示信息并单击保存。

表2.39.2 变量应用的面

Face/Surface	Body#	Spatial Function
1		1
2		1

这样,空间函数1与初始条件INIT一起用于确定两个表面的初始条件:初始速度的大小由INIT×(空间函数1)给出。单击【OK】确定两次以关闭这两个对话框。

39.5.2 检查空间函数

选择【Geometry】几何→【Spatial Functions】空间函数→【Surface】曲面。在【Define Surface Function】定义曲面函数对话框中,【Number of Grid Columns】网格列数为“3”,对应于每个曲面的Y方向上的3个节点;【Number of Grid Rows】网格行数是201,其对应于在每个表面上的Z方向上的201个节点。面函数定义包含在文件prob39_1.in中。

39.6 生成数据文件,运行ADINA CFD,加载舵窗文件

单击【Save】保存图标并将数据库保存到文件prob39。单击【Data File/Solution】数据文件/求解方案图标,将文件名设置为“prob39”,确保选中【Run Solution】运行求解方案按钮并单击【Save】保存。

ADINA CFD完成后,关闭所有打开的对话框。将【Program Module】程序模块下拉列表设置为【Post-Processing】后处理(可以放弃所有更改),单击【Open】打开图标,将【File type】文件类型字段设置为【ADINA-IN Database Files (*.idb)】ADINA-IN数据库文件(*.idb),打开数据库文件prob39,单击【Open】打开图标并打开舵窗文件prob39.por。

注意:首先打开ADINA-IN数据库,然后加载舵窗文件。这样做是为了在几何线上定义模型线;可以稍后绘制沿着模型线的速度分布图。

39.7 检查求解方案

单击【Show Geometry】显示几何图标(隐藏几何图形),【Model Outline】模型轮廓图标和【Quick Vector Plot】快速矢量绘图图标。图形窗口如图2.39.4所示。

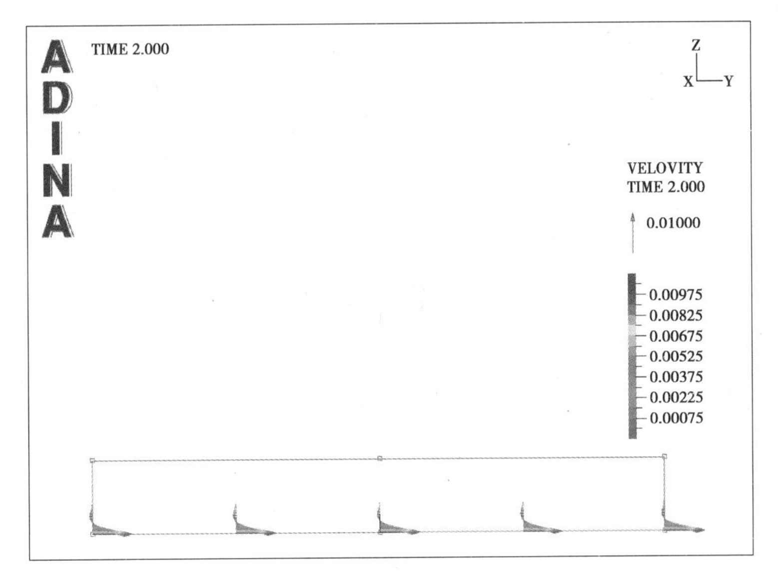

图 2.39.4　快速矢量

使用【Previous Solution】前一个求解方案图标◀和【Next Solution】下一个求解方案图标▶可以在不同的时间显示其他求解方案。

先准备用于在文件 prob39_1.plo 中沿着几何线 2 创建速度曲线的命令。选择【File】文件→【Open Batch】打开批处理，导航到工作目录或文件夹，选择文件 prob39_1.plo 并单击【Open】打开。AUI 处理批处理文件中的命令。图形窗口如图 2.39.5 所示。

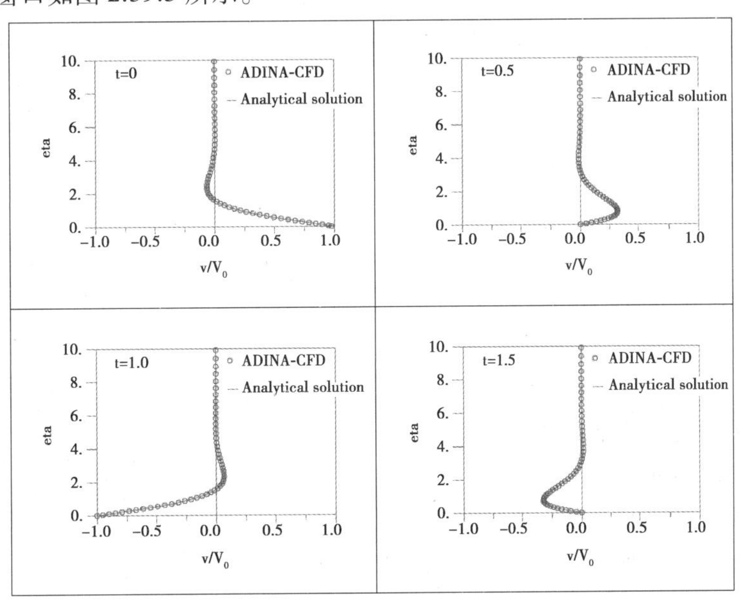

图 2.39.5　沿着几何线 2 创建速度曲线

在图 2.39.5 中，绘制了四种不同溶液时间下的速度分布图以及相应的分析解。其中，x 轴是标准化速度 v/V_0，y 轴是标准化 z 坐标 η；红色圆圈符号代表计算求解方案，绿色代表解析求解方案。

39.8　退出 AUI

选择主菜单中的【File】文件→【Exit】退出，弹出【AUI】对话框，然后单击【Yes】，退出 ADINA-AUI。

注意：表面函数 $f(u,v)$ 可以定义为三种类型：线性、二次和表格。可使用表格来解决这个初级问题，因为这个问题的初始速度曲线不是线性的或二次的。表面功能的范围是 $0 \leqslant u \leqslant 1$ 和 $0 \leqslant v \leqslant 1$。CFD 和 FSI，SURFACEFUNCTION 命令中提供了曲面功能的详细信息，例如曲面功能轴的方向。

第3章

热分析

问题40 圆柱的热应力分析

问题描述

1)问题概况

受热流作用的圆柱体如图3.40.1所示。

热力学属性：

$k=0.5\ \text{W/m}\cdot℃;h=5\ \text{W/m}^2\cdot℃;\varepsilon=0.2;\sigma=5.669\times10^{-8}\ \text{W/m}^2\cdot°\text{K}^4$

环境温度为20 ℃。

对流和辐射发生在用粗线“▬▬”标出的边界上。

结构属性：

$$E=6.9\times10^{10}\ \text{N/m}^2;\mu=0.30;\alpha=4.5\times10^{-6}\ \text{m/m}$$

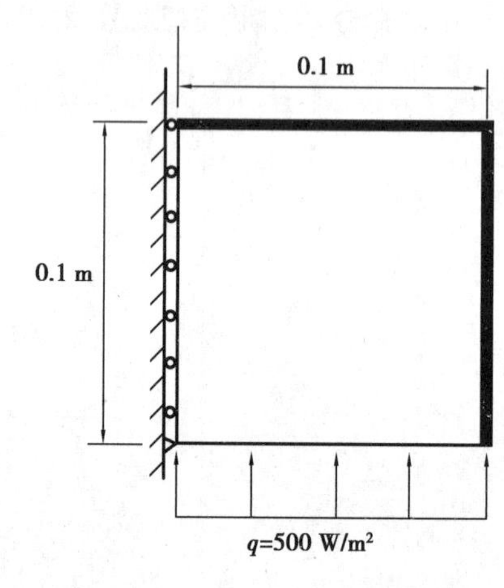

图3.40.1 问题40中的计算模型

2)演示内容

本例主要演示以下新内容：

①用ADINA- Thermal进行热分析。

②定义边界上的对流和辐射单元。

③用ADINA- Thermal和ADINA结构中分析同一网格布局的热应力。

④用ADINA- Thermal和ADINA结构中分析不同网格布局的热应力。

40.1 热分析

40.1.1 启动AUI,选择有限元程序

启动AUI,从【Program Module】程序模块的下拉式列表框中选【ADINA Thermal】ADINA热。

40.1.2 定义模型的关键数据

1)问题题目

选择【Control】控制→【Heading】标题,输入标题【Problem 40: Thermal stress analysis of a cylinder - thermal analysis】然后单击【OK】确定。

2)选映射文件

选择【Control】控制→【Mapping】映射，选择【Create Mapping File】创建映射文件按钮，单击【OK】确定。映射文件用于结构分析的网格和热分析的网格不同时的热应力分析。

40.1.3　定义几何模型

图 3.40.2 是建模型时用到的主要几何元素。

ADINA Thermal 中的 2D 模型必须在 *y*-*z* 平面中定义。

1)定义点

单击【Define Points】定义点图标，并把以下信息输入到表 3.40.1 中(X1 列为空白)，然后单击【OK】确定。

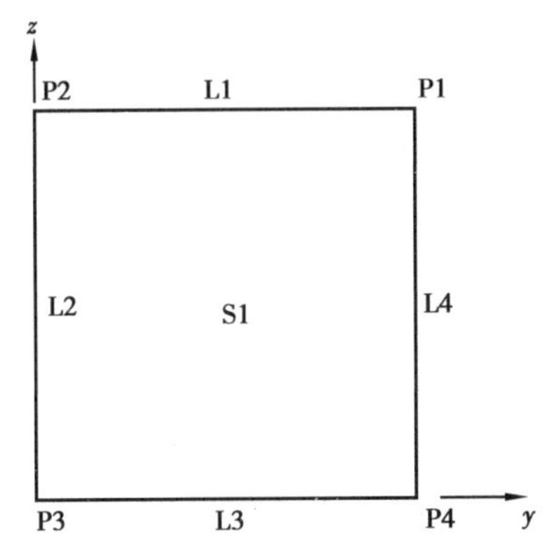

图 3.40.2　建模型时用到的主要几何元素

表 3.40.1　点 1～点 4 的定义参数

Point#	X2	X3
1	0.1	0.1
2	0.0	0.1
3	0.0	0.0
4	0.1	0.0

2)几何曲面

单击【Define Surfaces】定义曲面图标，定义如表 3.40.2 所示面后，单击【OK】确定。

表 3.40.2　定义曲面的参数

Surface Number	Type	Point 1	Point 2	Point 3	Point 4
1	Vertex	1	2	3	4

40.1.4　定义和施加荷载

单击【Apply Load】应用载荷图标，把【Load Type】载荷类型设置成【Distributed Heat Flux】分布热通量，单击【Load Number】载荷号区域右侧的【Define...】定义按钮。在【Define Distributed Heat Flux】定义分布热通量对话框中增加【heat flux number 1】热通量号 1，把【Magnitude】幅度设置为“500”，单击【OK】确定。确认【Apply Load】应用载荷对话框中的【Apply to】应用于区域是【Line】线，并在表的第一行把【Line #】线号设置为“3”。单击【OK】确定关闭对话框。

辐射

将【Load Type】载荷类型设置为【Radiation】辐射，然后单击【Load Number】载荷编号字段右侧的【Define...】定义...按钮。在【Define Radiation Load】定义辐射载荷对话框中，添加【radiation 1】辐射 1，将【Environment Temperature】环境温度设置为“20”，然后单击【OK】确定。在【Apply Load】应用载荷对话框中，将【Apply to】应用于字段设置为【Line】线，并在表的前两行分别将【Line #】线号设置为“1”和“4”。单击【OK】确定关闭【Apply Load】应用载荷对话框。

单击【Load Plot】载荷绘图图标时，图形窗口如图 3.40.3 所示。

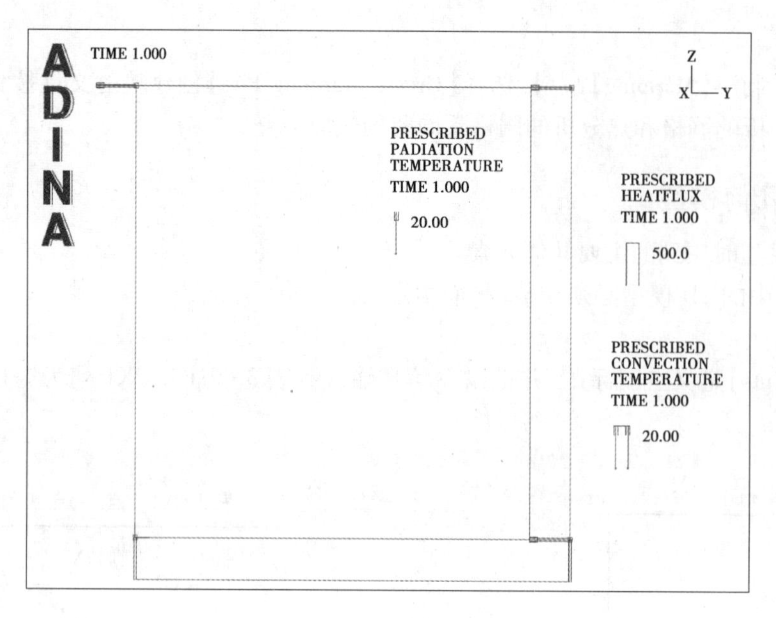

图 3.40.3　显示载荷边界条件

40.1.5　定义材料

单击【Manage Materials】管理材料图标M，单击【k isotropic, c constant】k 各向同性，c 常数按钮。在【Define Constant Isotropic Material】定义常数各向同性材料对话框中，增加【material 1】材料 1，把【conductivity】导热系数设置为"0.5"，单击【OK】确定（不关闭【Manage Material Definitions】管理材料定义对话框）。

单击【Convection Constant】对流常数按钮。在【Define Constant Convection Material】定义对流常数材料对话框中，增加【material 2】材料 2，把【convection coefficient】对流系数设置为"5"，单击【OK】确定。

单击【Radiation Constant】辐射常数按钮。在【Define Constant Radiation Material】定义常数辐射材料对话框中，增加【material 3】材料 3，把【emissivity coefficient】发射系数设置为"0.2"，【Temperature Unit】温度单位设置为【Celsius】摄氏度，【Stefan-Boltzmann constant】斯蒂芬-玻尔兹曼常数设置为"5.669E-8"，单击【OK】确定。

单击【Close】关闭，关闭【Manage Material Definitions】管理材料定义对话框。

40.1.6　定义单元

1）单元组

单击【Element Groups】单元组图标，增加【element group number 1】单元组号 1，把【Type】类型设置为【2-D Conduction】二维传热，确认【Element Sub-Type】单元子类型是【Axisymmetric】轴对称，单击【Save】保存。再增加【group number 2】组号 2，把【Type】类型设置为【Boundary Convection】边界对流，把【Element Sub-Type】单元子类型设置为【Axisymmetric】轴对称，把【Default Material】默认材料设置为"2"，单击【Save】保存。最后增加【group number 3】组号 3，把【Type】类型设置为【Boundary Radiation】边界辐射，【Element Sub-Type】单元子类型设置为【Axisymmetric】轴对称，【Default Material】默认材料设置为"3"，单击【OK】确定。

2）细分数据

指定统一大小的网格。选【Meshing】划分网格→【Mesh Density】网格密度→【Complete Model】完整模型，把【Subdivision Mode】细分模式设置为【Use Length】使用长度，把【Element Edge Length】单元棱边长度设置为"0.02"，单击【OK】确定。

3）生成单元

生成【2-D conduction】2 维传导单元，单击【Mesh Surfaces】划分曲面网格图标，把【Type】类型设置为

【2-D Conduction】2维传导单元,在【Surface #】曲面号表中输入“1”,单击【OK】确定。

生成边界对流元,单击【Mesh Lines】划分线网格图标,把【Type】类型设置为【Boundary Convection】边界条件,在【Line #】线号表中输入“1”和“4”,单击【Apply】应用。

生成边界辐射元,把【Type】类型设置为【Boundary Radiation】边界辐射,在【Line #】线号表中输入“1”和“4”,单击【OK】确定。图形窗口如图3.40.4所示。

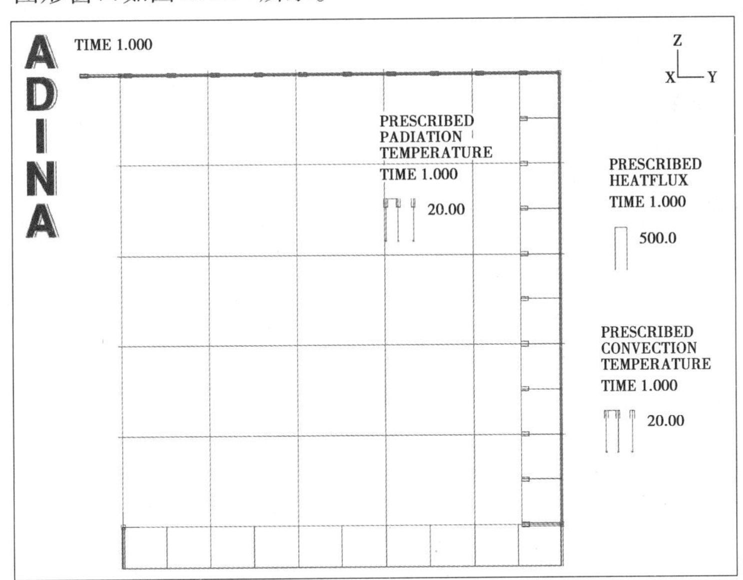

图3.40.4 边界辐射元

40.1.7 生成ADINA-T数据文件,运行ADINA-T,把结果文件载入ADINA-PLOT

先单击【Save】保存图标,把数据库保存到文件prob40中。生成ADINA- Thermal数据文件并运行ADINA- Thermal,单击【Data File/Solution】数据文件/求解图标,把文件名设置为“prob40”,确认选了【Run Solution】运行求解方案按钮后,单击【Save】保存。ADINA-T运行完毕后,关闭所有对话框。从【Program Module】程序模块的下拉式列表框中选择【Post-Processing】后处理,其余选默认,单击【Open】打开图标,打开结果文件prob40。

40.1.8 查看结果

单击【Quick Band Plot】快速条带绘图图标查看温度,图形窗口如图3.40.5所示。

现在单击【Clear】清除图标,然后单击【Quick Vector Plot】快速矢量绘图图标以显示热通量。图形窗口如图3.40.6所示。

40.2 用热网格进行应力分析

柱的热应力分析。先用热分析的网格方案,然后再用不同于热分析的网格方案。

从【Program Module】程序模块的下拉式列表框中选ADINA- Thermal,其余选默认。从【File】文件菜单底部列出的最近打开过的文件中选prob40.idb。

40.2.1 删除ADINA-T有限元模型

选【Meshing】划分网格→【Delete F.E. Model】删除有限元模型,单击【Yes】是。

删除几何体上的所有加载应用程序。在模型树中,单击【Loading】加载文本旁边的+,然后突出显示所有加载应用程序,右键单击文本,选择删除【Delete...】...并单击【Yes】是回答提示。

当单击【Load Plot】载荷绘图图标时,图形窗口如图3.40.7所示。

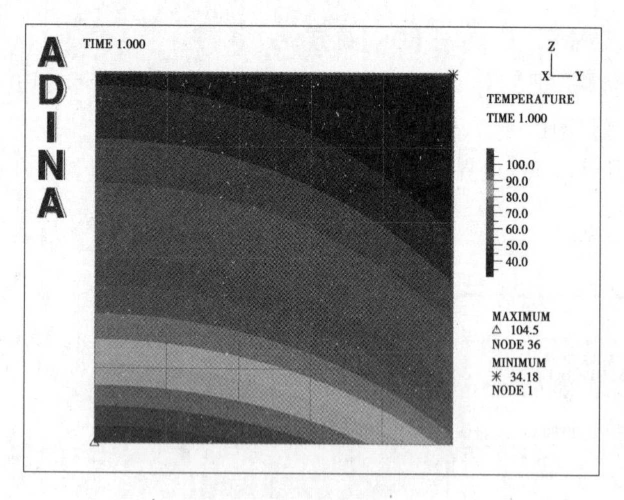

图 3.40.5　温度条带图

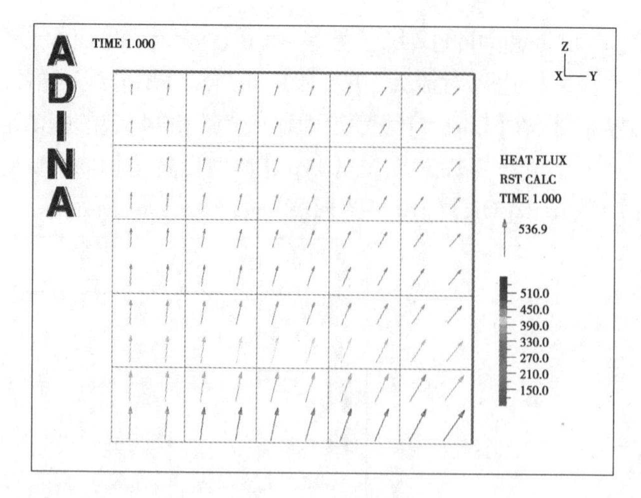

图 3.40.6　热通量图

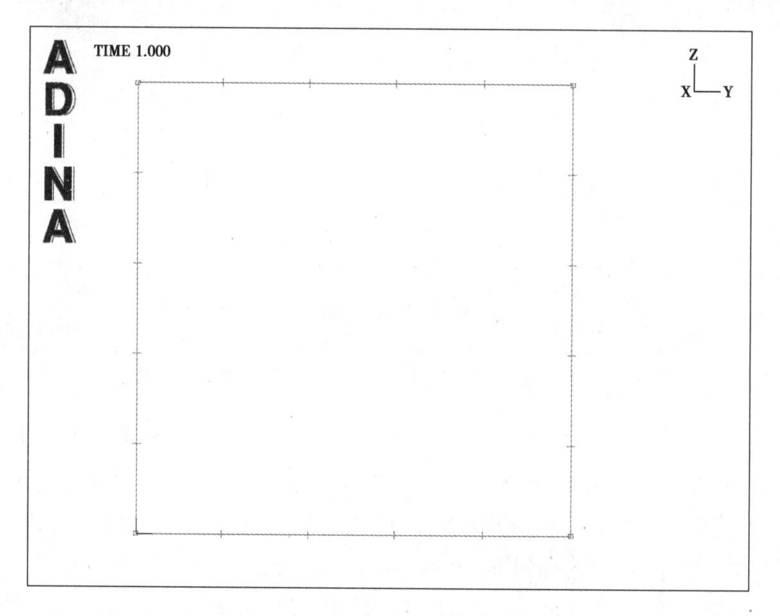

图 3.40.7　删除网格后的几何模型

40.2.2　建模的关键数据

1）选 ADINA 结构作为有限元程序

从【Program Module】程序模块的下拉式列表框中选【ADINA Structures】ADINA 结构

2）问题题目

选【Control】控制→【Heading】标题，输入标题【Problem 40：Thermal stress analysis of a cylinder - stress analysis】，单击【OK】确定。

3）输入温度

选【Control】控制→【Miscellaneous File I/O】杂项文件 I/O，把【Temperatures】温度区域设置成【Data Read from File】数据读入来自文件，单击【OK】确定。

40.2.3　定义和施加边界条件

把滚轴支座边界条件施加在方框的左线上。单击【Apply Fixity】应用固定图标，再单击【Define...】定义按钮。在【Fixity】固定对话框中增加约束名【YT】，单击【Y-Translation】Y 平动按钮，单击【OK】确定。

在【Apply Fixity】应用固定对话框中，将【Fixity】固定设置为【YT】，将【Apply to】应用于字段设置为【Edge/Line】棱边/线，在表格的第一行和第一列中输入“2”并单击【Apply】应用。

还需要在模型中修正一点。在【Apply Fixity】应用固定对话框中，将【Fixity】固定设置为【ALL】全部，将【Apply to】应用于字段设置为【Point】点，在表格的第一行中输入“3”，然后单击【OK】确定。

单击【Boundary Plot】边界绘图图标，图形窗口如图 3.40.8 所示。

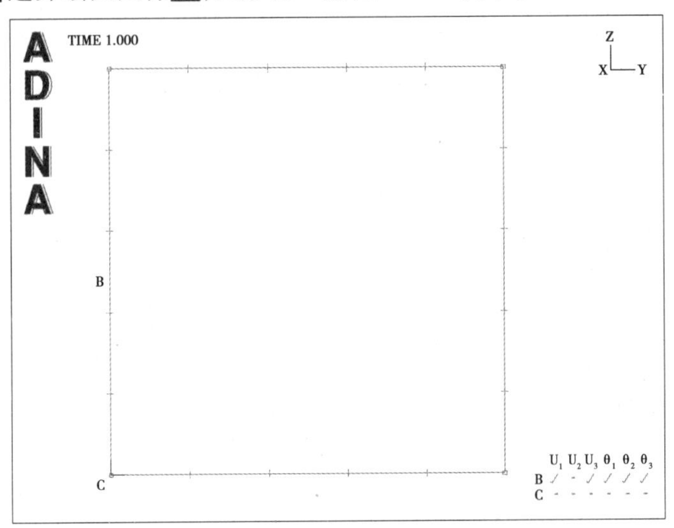

图 3.40.8　显示边界条件

40.2.4　定义材料

单击【Manage Materials】管理材料和【Elastic Isotropic】弹性各向同性按钮。在【Define Isotropic Linear Elastic Material】定义各向同性线弹性材料对话框中，添加【material 1】材料 1，设置【Young's Modulus】杨氏模量为“6.9E10”，【Poisson's ratio】泊松比为“0.3”，【Coef of Thermal Expansion】热膨胀系数为“4.5E-6”，然后单击【OK】确定。单击【Close】关闭，关闭【Manage Material Definitions】管理材料定义对话框。

40.2.5　定义单元

1）单元组

单击【Element Groups】单元组图标，增加【group number 1】组号 1，把【Type】类型设置为【2-D Solid】二维实体，把【Element Sub-Type】单元子类型设置为【Axisymmetric】轴对称，单击【OK】确定。

2）生成单元

单击【Mesh Surfaces】划分曲面网格图标，在表的第一行输入“1”，单击【OK】确定。图形窗口如图 3.40.9 所示。

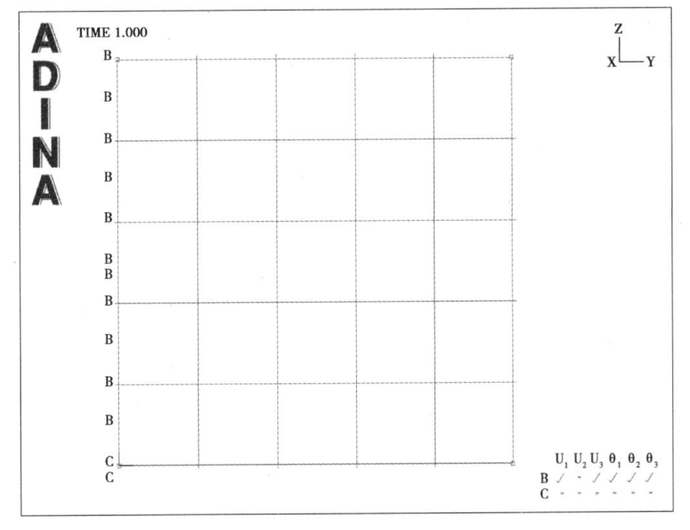

图 3.40.9　单元网格

40.2.6 生成数据文件，运行 ADINA，把结果文件载入 ADINA-PLOT

首先选择【File】文件→【Save As】另存为并将数据库保存到文件 prob40a。要生成 ADINA Structures 数据文件并运行 ADINA Structures，请单击【Data File/Solution】数据文件/解决方案图标，将文件名设置为“prob40a”，确保【Run Solution】运行解决方案按钮已选中并单击【Save】保存。

AUI 将提示指定温度文件。将当前目录或文件夹更改为用于运行 ADINA Thermal 模型的目录或文件夹，选择温度文件 prob40 并单击复制。

ADINA 运行完毕后，关闭所有对话框。从【Program Module】程序模块的下拉式列表框中选择【Post-Processing】，其余选默认，单击【Open】图标，打开结果文件 prob40a。

40.2.7 查看结果

单击【Create Band Plot】创建条带绘图图标，选变量【(Temperature：TEMPERATURE)】，单击【OK】确定查看温度区域，当然，该温度区域和用 ADINA-T 计算的温度区域是相同的。用鼠标调整网格图大小，移到图形窗口的左边。

单击【Mesh Plot】网格绘图图标画下一个网格图，再单击【Create Band Plot】创建条带绘图图标，选【variable Stress：SIGMA-P1) 】，单击【OK】确定查看最大主应力。

若不想显示最大主应力中的最小值(顺便说一下，这不是最小主应力中的最小值)，单击【Modify Band Plot】修改条带绘图图标，选云图【BANDPLOT00002】，单击【Band Rendering...】条带渲染按钮，把【Extreme Values】极值设置成【Plot the Maximum】绘制最大值，单击【OK】确定两次，关闭这两个对话框。

删除多余的坐标轴和文本。调整云图的图例，直到得到如图 3.40.10 所示。

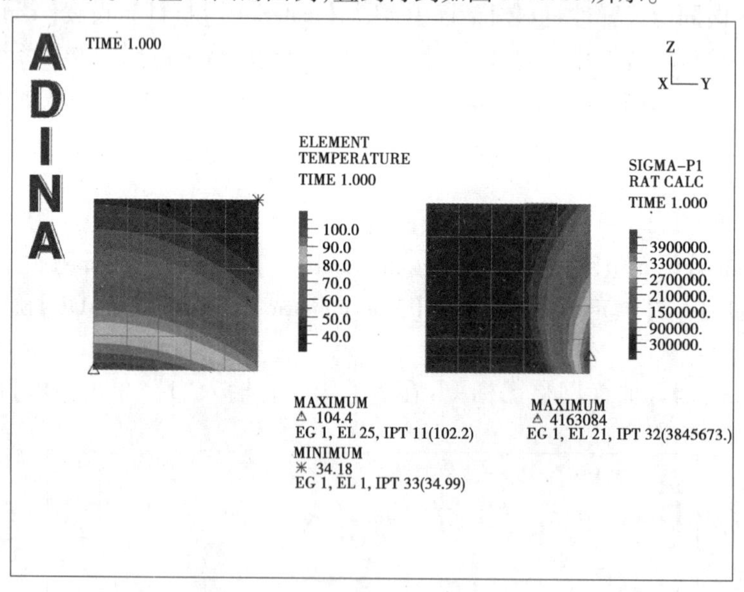

图 3.40.10　显示温度和最大主应力

40.3 用更细的网格方案进行应力分析

用更细的结构有限元网格求解同一问题。从【Program Module】程序模块的下拉式列表框中选择【ADINA Structures】ADINA 结构，其余选默认，从【File】文件菜单下部的最近打开过的文件列表中选 prob40a.idb。

40.3.1 删除 ADINA 有限元模型

删除有限元模型。选【Meshing】划分网格→【Delete F.E. Model】删除有限元模型，单击【Yes】是。图形窗口如图 3.40.11 所示。

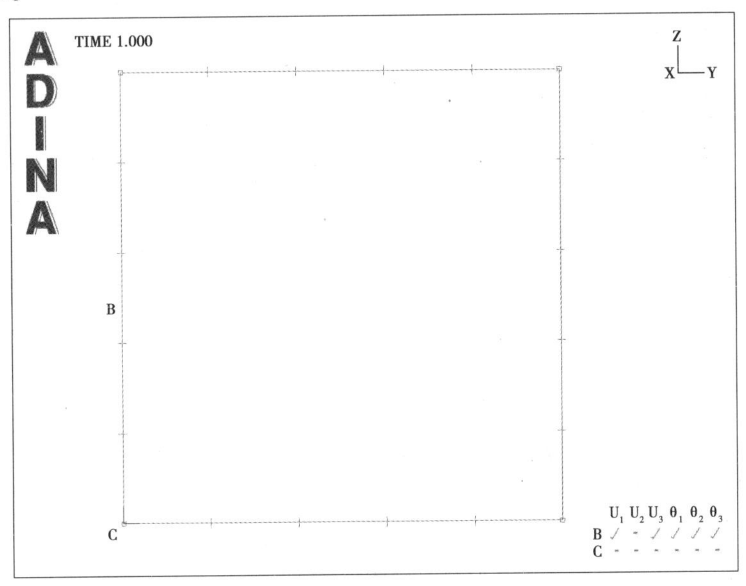

图 3.40.11 删除单元网格，仅仅显示边界条件

注意：施加在几何模型上的边界条件仍然存在，材料也仍然存在。

40.3.2 定义单元

1）单元组

单击【Element Groups】单元组图标，增加【group number 1】单元组号，把【Type】类型设置为【2-D Solid】二维实体，把【Element Sub-Type】单元子类型设置为【Axisymmetric】轴对称，单击【OK】确定。

2）划分网格

细分网格，在方框的右下角生成更多的单元，用终点尺寸控制细分的数据。选【Meshing】划分网格→【Mesh Density】网格密度→【Complete Model】完整模型，确认【Subdivision Mode】细分模式是【Use End-Point Sizes】使用端点尺寸，单击【OK】确定。

选【Meshing】划分网格→【Mesh Density】网格密度→【Point Size】点尺寸，把【Points Defined from】点定义设置为【All Geometry Points】所有几何点，【Maximum】最大设置为“0.02”，单击【Apply】应用。把点 point 4 处的网格大小设置为“0.01”，单击【OK】确定。

3）生成单元

单击【Mesh Surfaces】图标，在表的第一行输入“1”，单击【OK】确定。图形窗口如图 3.40.12 所示。

40.3.3 指定影射文件

因为结构网格图和热网格图不同，故在用 ADINA- Thermal 生成网格时需用到映射文件，选【File】文件→【Thermal Mapping】热映射→【Define】定义，选 prob40.map，单击【Open】打开。

40.3.4 生成数据文件，运行 ADINA，把结果文件载入 ADINA-PLOT

首先选择【File】文件→【Save As】另存为，然后将数据库保存到文件 prob40b。要生成 ADINA Structures 数据文件并运行 ADINA Structures，请单击【Data File/Solution】数据文件/求解方案图标，将文件名设置为“prob40b”，确保运行解决方案按钮已选中并单击【Save】保存。ADINA Structures 作业完成后，关闭所有打开的对话框，将【Program Module】程序模块下拉列表设置为【Post-Processing】后处理（可以放弃所有更改），单击【Open】打开图标并打开舷窗文件 prob40b。

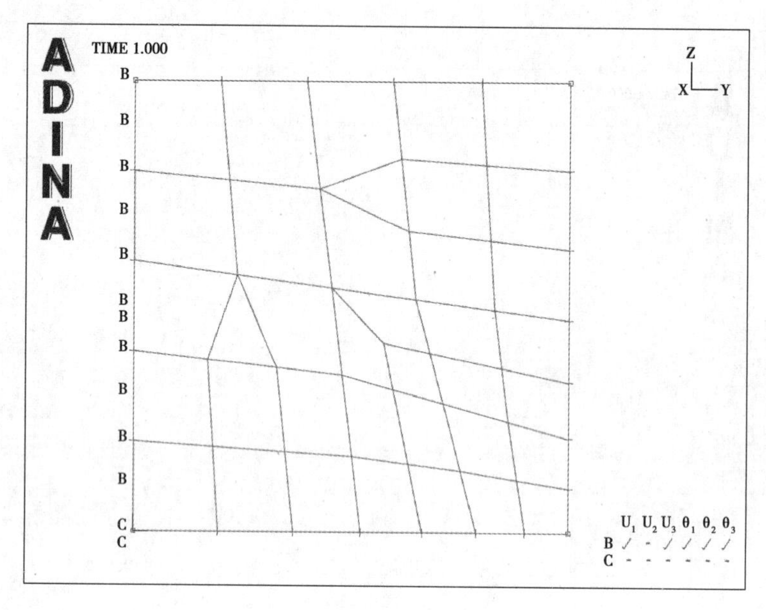

图 3.40.12　细化后的网格

40.3.5　查看结果

查看结果的步骤与结构网格方案的查看步骤一致。图形窗口如图 3.40.13 所示。

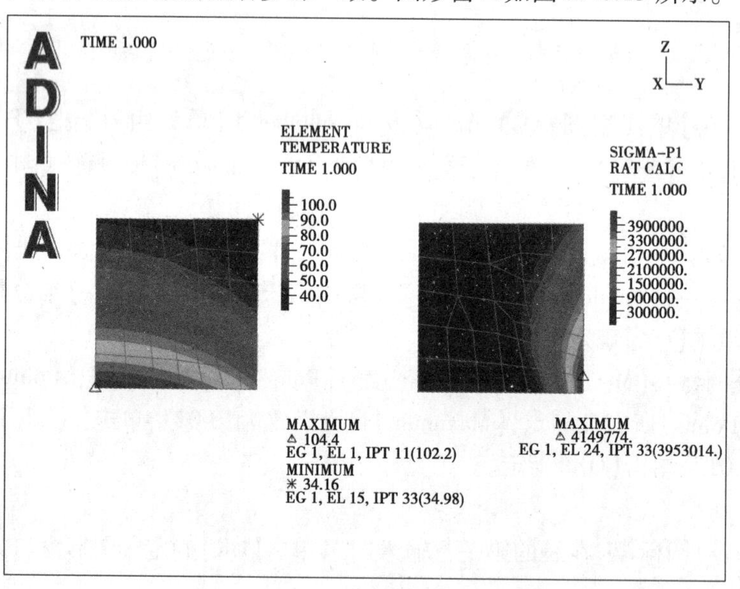

图 3.40.13　细化网格后的计算结果

40.4　退出 AUI

选择主菜单中的【File】文件→【Exit】退出，弹出【AUI】对话框，然后单击【Yes】，退出 ADINA-AUI。

问题 41 混凝土凝固块传热

问题描述

1)问题概况

在 12 天里,混凝土被添加到以前岩石被钻的孔中。每 4 天的间隔倒入 5 m 深的混凝土。随着混凝土凝固,混凝土中的水分和水泥发生反应,产生内部热量,这种热量传导到周围的岩石并与周围的大气对流。其计算模型如图 3.41.1 所示。

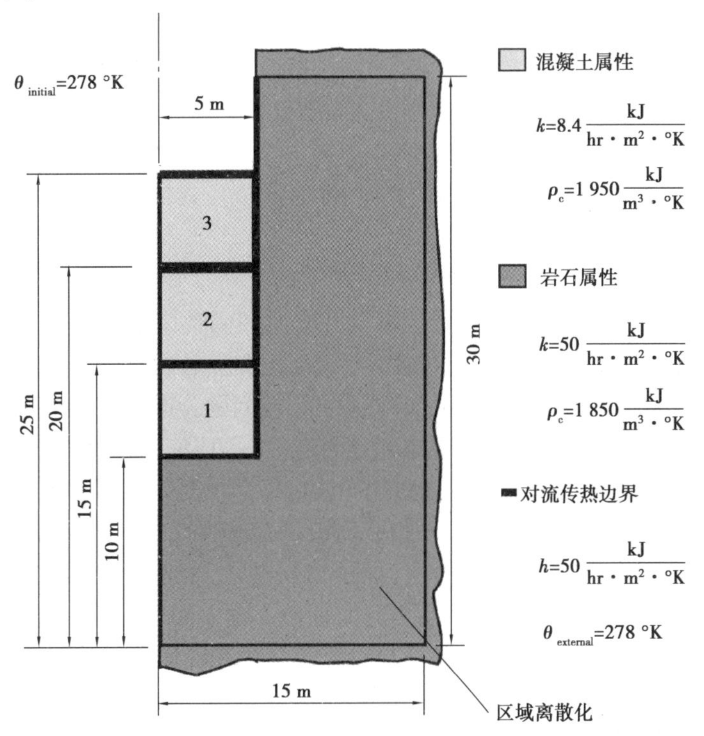

图 3.41.1 计算模型

在本例中,混凝土和围岩的温度分布随时间的变化,如图 3.41.2 所示。本例适用于轴对称分析,应考虑混凝土添加时混凝土体积和传热面积的变化。

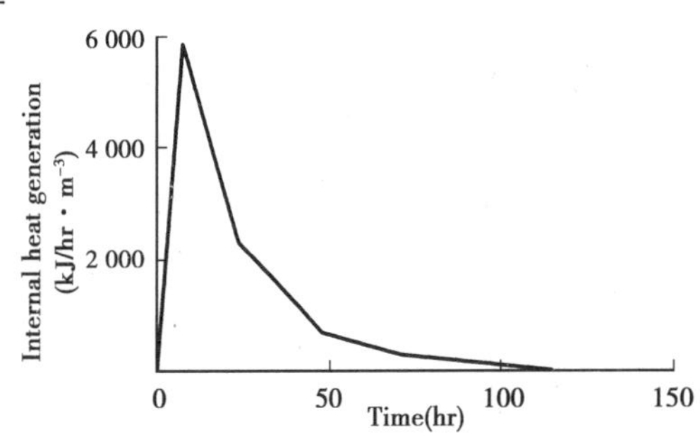

图 3.41.2 混凝土中内部热量曲线

2)演示内容

本例将演示以下内容:

①指定单元的出生/死亡。

②指定内部发热负载。

③使用到达时间指定负载。

④制作一个包络带图。

注意:本例不能用 ADINA 系统的 900 个节点版本求解,因为模型中有 971 个节点。

41.1 启用 AUI 并选择有限元程序

启用 AUI 并将【Program Module】程序模块下拉列表设置为【ADINA Thermal】。

41.2 定义模型控制数据

41.2.1 标题

选择【Control】控制→【Heading】标题,输入【Problem 41: Heat transfer from solidifying concrete blocks】问题 41:凝固的传热具体块,然后单击【OK】确定。

41.2.2 分析类型

将【Analysis Type】分析类型设置为【Transient】瞬态。我们将采用欧拉反向法作为时间积分法。单击【Analysis Options】分析选项图标,验证【Integration Method】积分方法是【Euler Backward Integration】欧拉后向积分,然后单击【OK】确定。

41.2.3 时间步骤

选择【Control】控制→【Time Step】时间步骤,指定 80 时间步长,每个步骤约 8 h,然后单击【OK】确定。

41.2.4 时间函数

在这个问题中使用了许多不同的时间函数。需要一个时间函数来描述混凝土产生热量的瞬态行为,还需要时间函数来描述各种对流面的环境温度,并确保对流面的交点处的温度在物理上是真实的。在计算两个或多个边界对流单元交点处的节点处的环境温度时可能会出现问题。这是因为:ADINA Thermal 根据连接的边界单元的环境温度来平均环境温度,而不管边界单元是否有效。如果一个或多个边界单元在特定交叉点不活动,则计算的环境温度可能是人为设置过低,可通过明确设定每个相交节点的环境温度来规避这个问题。

首先输入具体的混凝土块时间函数。这个时间函数(时间函数 1)给出了每个块内的内部热量的变化。使用时间函数时,将使用到达时间特征来移动它,以便当块被添加到模型时,移位时间函数大于零。选择【Control】控制→【Time Function】时间函数,然后为时间函数 1 输入如表 3.41.1 所示信息。

单击【Save】保存以存储此定义。现在输入边界对流单元的环境温度的时间函数。定义时间函数 2 如表 3.41.2 所示。

表 3.41.1 时间函数 1

Time	Value
0	0
8	5 860
24	2 300
48	710
72	290
96	130
120	0
10 000	0

表 3.41.2 时间函数 2

Time	Value
0	278
95.9	278
96.0	0
10 000	0

定义时间函数 3 如表 3.41.3 所示。定义时间函数 4 如表 3.41.4 所示。

表 3.41.3　时间函数 3

Time	Value
0	0
95.9	0
96	278
191.9	278
192	0
10 000	0

表 3.41.4　时间函数 4

Time	Value
0	278
191.9	278
192	0
10 000	0

定义时间函数 5 如表 3.41.5 所示。定义时间函数 6 如表 3.41.6 所示。

表 3.41.5　时间函数 5

Time	Value
0	0
191.9	0
192	278
10 000	278

表 3.41.6　时间函数 6

Time	Value
0	278
10 000	278

单击【OK】确定关闭对话框。

初始条件:选择【Control】控制→【Analysis Assumptions】分析假设→【Default Temperature Settings】默认温度设置,将【Default Initial Temperature】默认初始温度设置为“278”,然后单击【OK】确定。

41.3　定义几何

图 3.41.3 显示了定义模型时使用的关键几何元素。

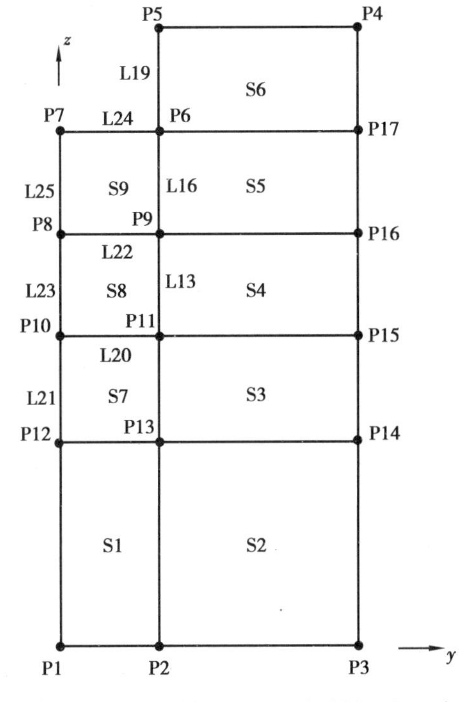

图 3.41.3　定义模型时使用的关键几何元素

表 3.41.7　定义点的参数

Point#	X2	X3
1	0	0
2	5	0
3	15	0
4	15	30
5	5	30
6	5	25
7	0	25
8	0	20
9	5	20
10	0	15
11	5	15
12	0	10
13	5	10
14	15	10
15	15	15
16	15	20
17	15	25

41.3.1 点

需要输入足够的几何点来描述几何体，且要求易于定义用于网格化的曲面。单击【Define Points】定义点图标，输入如表 3.41.7 所示数据，然后单击【OK】确定。

单击【Point Labels】点标签图标显示点编号。

41.3.2 曲面

单击【Define Surfaces】定义曲面图标，使用如表 3.41.8 数据创建曲面 1 到 9，然后单击【OK】确定。

表 3.41.8 定义曲面

Surface number	Type	Point 1	Point 2	Point 3	Point 4
1	Vertex	1	2	13	12
2	Vertex	2	3	14	13
3	Vertex	13	14	15	11
4	Vertex	11	15	16	9
5	Vertex	9	16	17	6
6	Vertex	6	17	4	5
7	Vertex	12	13	11	10
8	Vertex	10	11	9	8
9	Vertex	8	9	6	7

当单击【Line/Edge Labels】线条/边缘标签图标和【Surface/Face Labels】表面/面部标签图标时，图形窗口如图 3.41.4 所示。

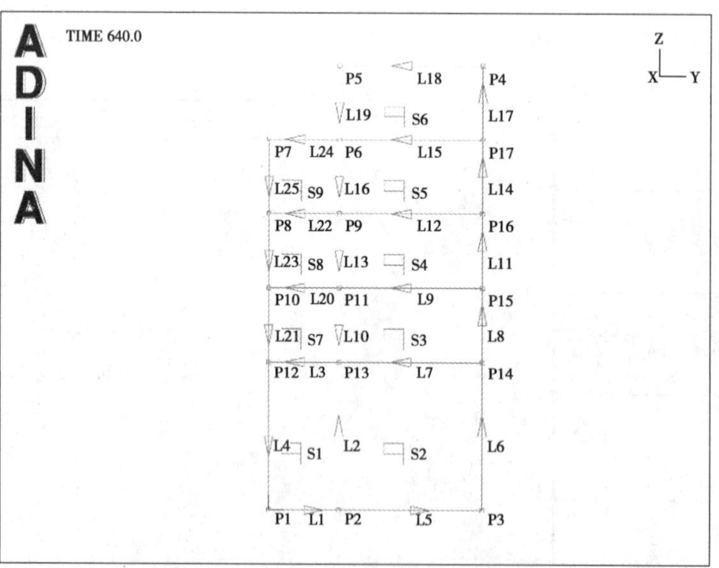

图 3.41.4 线条/边缘标签

41.4 定义材料数据

需要定义混凝土和基岩的物理特性。单击【Manage Materials】管理材料图标，然后单击【k isotropic, c constant】k 各向同性，c 常量按钮。在【Define Constant Isotropic Material】定义常数各向同性材料对话框中，添加材料编号 1，将【Thermal Conductivity】热传导率设置为“8.4”，【Heat Capacity】热容量设置为“1950”，然后单击【Save】保存。现在添加材料编号 2，将【Thermal Conductivity】热传导率设置为“50”，【Heat Capacity】热容量设置为“1850”,然后单击【OK】确定(不要关闭【Manage Material Definitions】管理材质定义对话框)。

单击【Convection Constant】对流常量按钮。在【Define Constant Convection Material】定义常数对流材料对话框中,添加材料编号3,将【Convection Coefficient】对流系数设置为“50”,然后单击【OK】确定。

单击【Close】关闭,关闭【Manage Material Definitions】管理材料定义对话框。

41.5　定义出生和死亡时间

图3.41.5显示了混凝土和对流边界条件的建模。

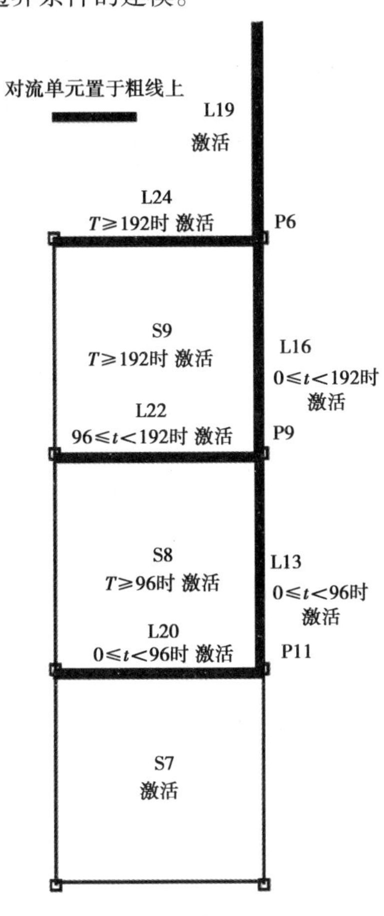

图3.41.5　混凝土和对流边界条件的建模

单元出生时间的唯一两个表面是表面8和9,对应于第二和第三个混凝土块。选择【Model】模型→【Element Properties】单元属性→【2-D Conduction】2-d传导。在表的第一行中,将【Surface#】面号设置为“8”,将出生时间设置为“95.9”,并在表的第二行中将【Surface#】设置为“9”,将出生时间设置为“191.9”。单击【OK】确定关闭对话框。

注意:输入的出生时间比单元处于活动状态的求解时间略早,这样可以避免可能的舍入错误。

现在将定义附着在混凝土块上的边界对流单元的出生和死亡时间。选择【Model】模型→【Element Properties】单元属性→【2-D Convection】二维对流,添加如表3.41.9所示信息并单击【OK】确定。

表3.41.9　单元死活定义

Line number	Birth time	Death time
20	0	95.9
13	0	95.9
22	95.9	191.9
16	0	191.9
24	191.9	0

41.6 定义载荷

41.6.1 内部发热

在与混凝土单元相对应的表面上定义内部发热。负荷应用1定义第一混凝土块的内部热负荷,负荷应用2定义第二混凝土块的内部热负荷,负荷应用3定义第三混凝土块的内部热负荷。每个加载应用程序都使用相同的加载定义,但是每个加载应用程序的时间偏移了96 h。

单击【Apply Load】应用加载图标,将【Load Type】载荷类型设置为【Internal Heat】内部加热,然后单击【Load Number】载荷编号字段右侧的【Define...】定义...按钮。在【Define Internal Heat】定义内热对话框中,添加【Internal Heat Number 1】内热号1,将【Heat Generation / Volume】热生成/体积设置为"1",然后单击【OK】。在【Apply Load】应用荷载对话框中,将【Apply to】应用字段设置为【Surface】表面,并在表格的前三行中将【Surface #】面#设置为"7""8""9",并将【Arrival Time】到达时间设置为"0""96""192"。单击【OK】确定关闭对话框。

41.6.2 环境温度

将环境温度分配给边界对流单元。在下面,我们也将环境温度分配给边界对流单元交点,以便覆盖上述的平均计算。

单击【Apply Load】应用载荷图标,设置【Load Type】载荷类型为【Convection】对流,单击【Load Number】载荷编号字段右侧的【Define...】定义...按钮。在【Define Convection】定义对流对话框中,添加【Convection Number 1】对流编号1,将【Environment Temperature】环境温度设置为"1",然后单击【OK】确定。在【Apply Load】应用荷载对话框中,将【Apply to】应用于字段设置为【Line】线,并使用如表3.41.10所示数据定义线上的环境温度。

现在将【Apply to】应用于字段设置为【Point】点,并使用如表3.41.11所示数据定义点上的环境温度。

表3.41.10 定义线上的环境温度

Line#	Time function
20	2
13	2
22	3
16	4
24	5
19	6

表3.41.11 使用数据定义点上的环境温度

Point#	Time function
11	2
9	4
6	6

单击【OK】确定关闭对话框。

41.7 定义单元组

目前需要三个单元组,组1为具体单元,组2为岩石单元,组3为边界对流单元。单击【Element Groups】单元组图标并添加【element group 1】单元组1。将【Type】类型设置为【2-D Conduction】2-D导热,确认【Element Sub-Type】单元子类型是【Axisymmetric】轴对称,确保【Default Material】默认材质设置为"1",然后单击【Save】保存。现在添加【element group 2】单元组2,将【Type】设置为【2-D Conduction】2-D导热,验证【Element Sub-Type】单元子类型为【Axisymmetric】轴对称,将【Default Material】默认材质设置为"2",然后单击【Save】。最后添加【element group 3】单元组3,将【Type】类型设置为【Boundary Convection】边界对流,将【Element Sub-Type】单元子类型设置为【Axisymmetric】轴对称,将【Default Material】默认材质设置为"3",然

后单击【OK】确定。

41.8 定义细分数据

明确地设置曲面的细分。单击【Subdivide Surfaces】细分表面图标，将【Surface Number】表面编号设置为“1”，将【number of subdivisions in the u and v directions】u 和 v 方向上的细分数设置为“5”，在表的前三行中输入“7”“8”“9”，然后单击【Save】保存。现在设置【Surface Number】表面编号为“2”，设置【the number of subdivisions in the u and v directions】在 u 和 v 方向的细分数目为“5”，设定【Length Ratio of Element Edges】单元边的长度比为 u 方向至0.2，在表的第4行输入“3,4,5,6”，然后单击【OK】确定。图形窗口如图3.41.6所示。

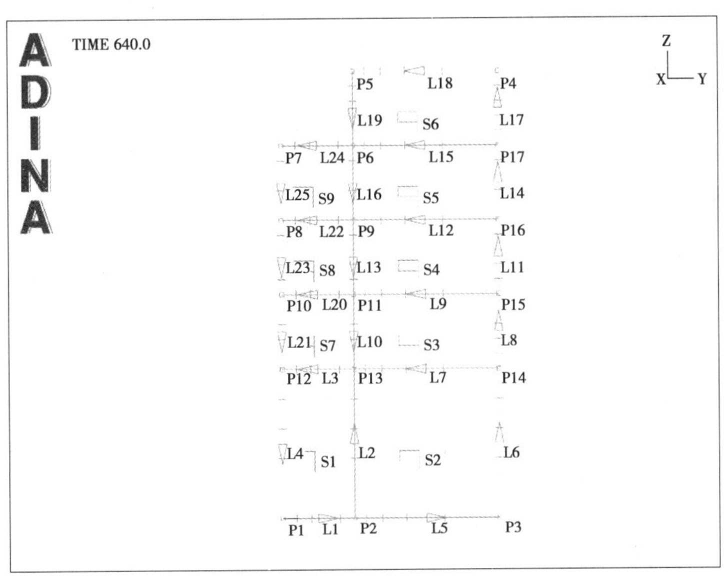

图3.41.6 曲面的细分

41.9 定义有限元和节点

41.9.1 具体单元

单击【Mesh Surfaces】划分网格图标，将【Type】类型设置为【2-D Conduction】2-D导热，确保【Element Group】单元组设置为“1”，在表格的前三行输入表面编号“7”“8”“9”，然后单击【Apply】应用。

41.9.2 石头单元

将【Element Group】单元组设置为“2”，在表格的前六行输入表面编号“1”到“6”，然后单击【OK】确定。

41.9.3 对流单元

单击【Mesh Lines】网格线图标，在前六行的表格中输入“20”“13”“22”“16”“24”“19”，然后单击【OK】确定。

当单击【Color Element Groups】涂彩单元组图标时，图形窗口如图3.41.7所示。

41.10 生成数据文件，运行ADINA Thermal，加载舷窗文件

单击【Save】保存图标并将数据库保存到文件prob41。单击【Data File/Solution】数据文件/求解方案图标，将文件名称设置为“prob41”，确保【Run Solution】运行求解方案按钮被选中，然后单击【Save】保存。当【ADINA Thermal】完成后，关闭所有打开的对话框。将【Program Module】程序模块下拉列表设置为

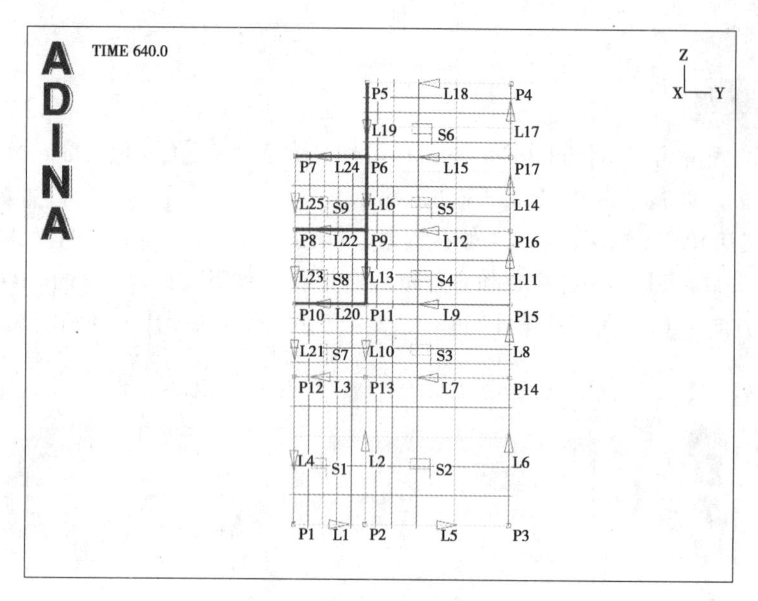

图 3.41.7 彩色显示单元组

【Post-Processing】后处理(可以放弃所有更改),单击【Open】打开图标并打开舷窗文件 prob41。

41.11 显示温度

要显示上次求解时间的温度带,请单击【Quick Band Plot】快速条带绘图图标。我们希望显示摄氏度的温度,所以选择【Definitions】定义→【Variable】变量→【Resultant】合力,添加【resultant TEMP_C】合成 TEMP_C,把它定义为【TEMPERATURE-273】温度-273,然后单击【OK】确定。然后单击【Modify Band Plot】修改条带绘图图标,设置【Band Plot Variable】条带绘图变量为【User Defined: TEMP_C】并单击【OK】确定按钮。

图形窗口如图 3.41.8 所示。

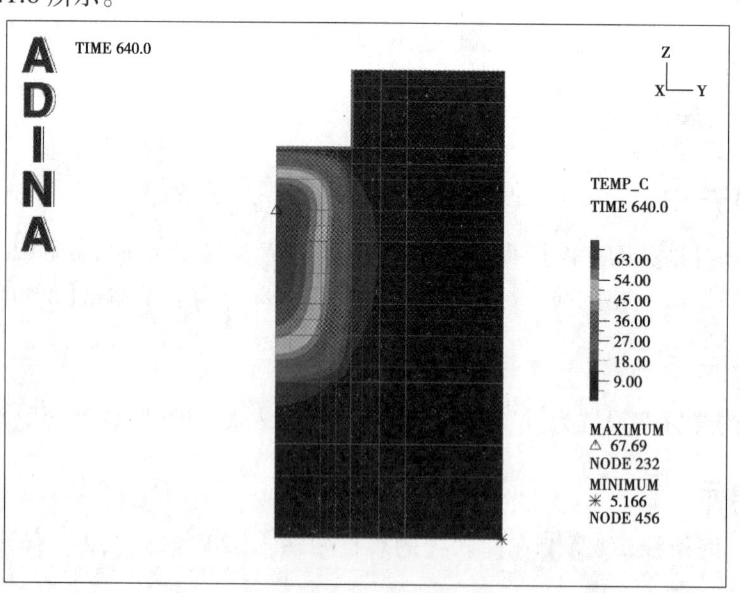

图 3.41.8 温度

单击【Modify Band Plot】修改条带图图标,单击【Band Table...】条带表...按钮,将【Number of Colors】颜色数设置为"4",然后单击【OK】确定两次以关闭这两个对话框。

要创建显示随时间变化的温度的动画,请单击【Movie Load Step】电影加载步骤图标。AUI 逐帧创建动画并在计算完成后显示每个帧。可以看到添加的混凝土块。

当电影拍摄完成后,通过单击【Animate】动画图标显示动画。要更慢地显示动画,请选择【Display】显示→【Animate】动画，将【Minimum Delay】最小延迟设置为“大于0”，然后单击【OK】确定。完成查看动画后，单击【Refresh】刷新图标从显示中删除动画的最后一帧。

41.12　制作一个温度包络的带状图

将使用一个信封来绘制温度。在模型中的每个点上，AUI确定整个求解时间范围内的最大温度，然后AUI将结果绘制为带。

单击【Clear】清除图标，然后单击【Mesh Plot】网格图图标。要准备使用封装绘制温度，请选择【Definitions】定义→【Response】响应，将【Response Name】响应名称设置为【DEFAULT】，将【Type】类型设置为【Envelope】封装并单击【OK】确定。然后单击【Create Band Plot】创建条带图图标，设置【Band Plot Variable】条带绘图变量为【User Defined：TEMP_C】并单击【OK】确定。图形窗口如图3.41.9所示。

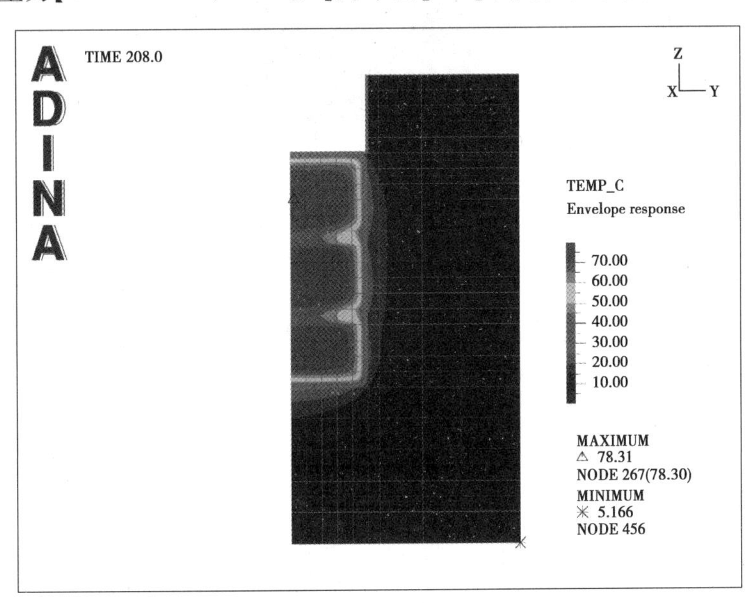

图3.41.9　封装温度

41.13　确定节点处的最高温度，绘制相应求解时间的结果

选择【List】列表→【Extreme Values】极值→【Zone】区域，在【Extreme Values】极端值框中，将【Number】数字设置为“5”，将【Variable 1】变量1设置为【User Defined：TEMP_C】（用户定义：TEMP_C），然后单击【Apply】应用。AUI列出了节点128在时间2.080 00E＋02（小时）时的最高温度7.829 78E＋01（摄氏度）。AUI还列出了接下来的4个最高温度。节点267处的第四最大温度是7.829 60E＋01，并且从图3.41.9中可以看出，节点267是频带图的位置接近最大值。单击【Close】关闭，关闭对话框。

要在时间208绘制整个温度字段，请选择【Definitions】定义→【Response】响应，将【Response Name】响应名称设置为【DEFAULT】默认值，将【Type】类型设置为【Load Step】负载步骤，将【Solution Time】求解时间设置为“208”，然后单击【OK】确定。现在单击【Clear】清除图标和【Mesh Plot】网格绘制图标，然后单击【Create Band Plot】创建条带绘图图标，设置【Band Plot Variable】条带绘图变量为【（User Defined：TEMP_C）】并单击【OK】确定。图形窗口如图3.41.10所示。

注意：地块显示的温度略高于列表，因为地块考虑了单元内的温度以及节点温度。由于使用了二次单元，最高温度发生在单元内。

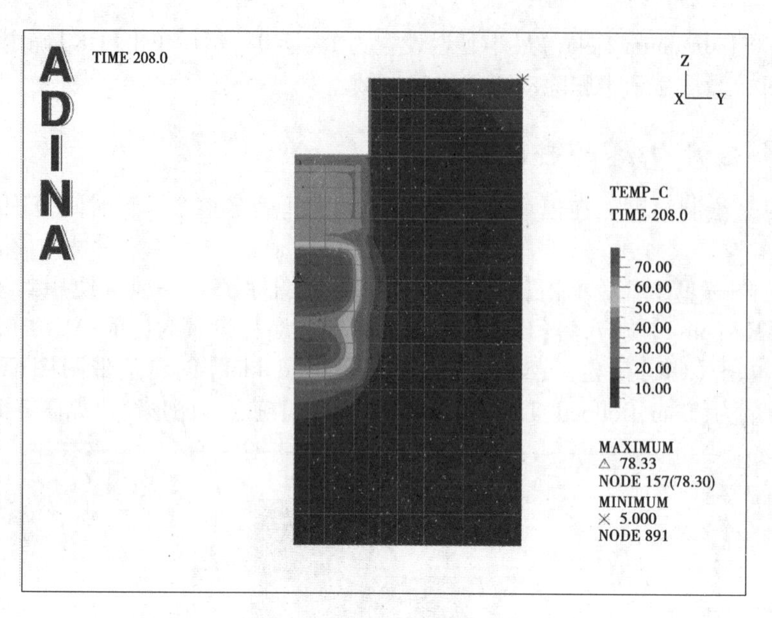

图 3.41.10　时间 208 的温度

41.14　退出 AUI

选择主菜单中的【File】文件→【Exit】退出，弹出【AUI】对话框，然后单击【Yes】，退出 ADINA-AUI。

问题42 圆柱体的热应力分析-ADINA TMC模型

问题描述

1)问题概况

汽缸受到如图3.42.1所示的热通量负荷。

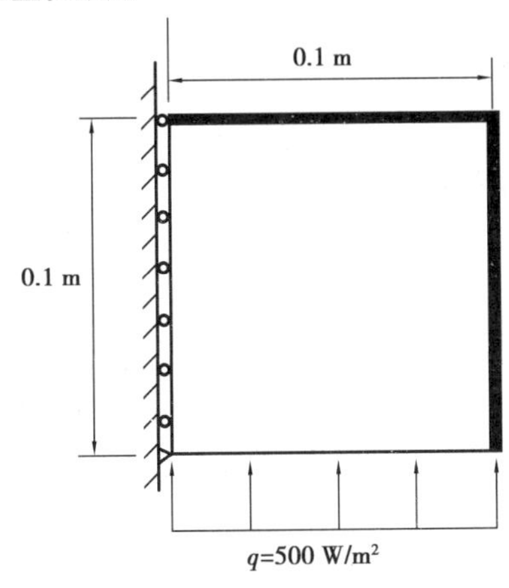

图3.42.1 问题42中的计算模型

热性能参数:

$k=0.5$ W/m · ℃

$h=5$ W/m^2 · ℃

$\varepsilon=0.2$

$\sigma=5.669\times10^{-8}$W/m^2 · °K^4

环境温度=20 ℃

对流和辐射发生在用粗线是"▬"标出的边界上

结构属性:

$E=6.9\times10^{10}$ N/m^2

$\nu=0.30$

$\alpha=4.5\times10^{-6}$m/m

在本例中,将使用TMC模型特征在ADINA结构中完全分析柱面。这个模型也将在xy平面上解决。

注意:不要将ADINA Structures中的TMC模型功能与ADINATMC求解方案功能相混淆。

2)演示内容

本例将演示内容为:在ADINA结构中使用TMC模型特征。

42.1 启动AUI并选择有限元程序

启动AUI,将【Program Module】程序模块下拉列表设置为【ADINA Structures】ADINA结构。

42.2 定义模型控制数据

42.2.1 问题的标题

选择【Control】控制→【Heading】标题,输入标题【Problem 42: Thermal stress analysis of a cylinder-ADINA TMC model】问题42:圆柱体的热应力分析-ADINA TMC模型,然后单击【OK】确定。

42.2.2 用于2D单元的平面

选择【Control】控制→【miscellaneous Options】其他选项,将【2D Solid Elements in】2D实体单元字段设置为【XY-Plane, Y-Axisymmetric】XY平面,Y轴对称,然后单击【OK】确定。

42.2.3 传热求解方案

单击【Coupling Options】耦合选项图标,将【Type of Solution】求解方案类型设置为【TMC One-Way Coupling】TMC单向耦合,然后单击【OK】确定。

42.2.4 节省热通量

节省元件热通量。选择【Control】控制→【Porthole】舷窗→【Select Element Results】选择单元结果,添加【Result Selection Number 1】结果选择1号,设置【Thermal】热为【All】所有,然后单击【OK】确定。

42.3 定义模型几何

图3.42.2显示了定义这个模型中使用的关键几何元素。

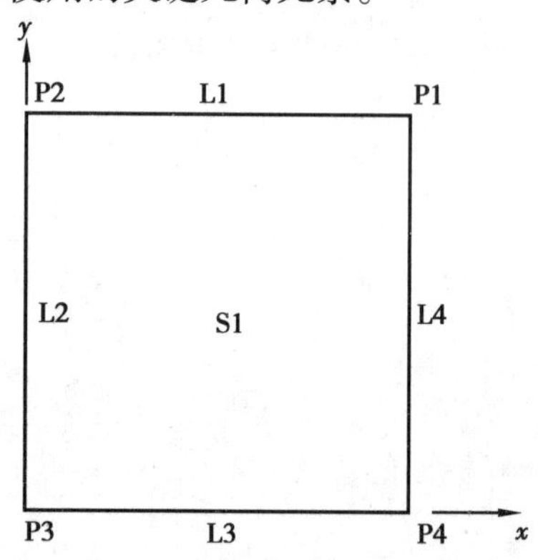

图3.42.2 模型中使用的关键几何元素

42.3.1 几何点

单击【Define Points】定义点图标,在表格中输入如表3.42.1所示信息(可以将X3列留空),然后单击【OK】确定。

表3.42.1 点1~点4的坐标

Point#	X1	X2
1	0.1	0.1
2	0.0	0.1
3	0.0	0.0
4	0.1	0.0

42.3.2 几何曲面

单击【Define Surfaces】定义曲面图标，定义如表 3.42.2 所示曲面并单击【OK】确定。

表 3.42.2 曲面的参数

Surface Number	Type	Point 1	Point 2	Point 3	Point 4
1	Vertex	1	2	3	4

42.4 定义和应用边界条件

需要一个与方形左边的滚筒相对应的边界条件。单击【Apply Fixity】应用固定图标，然后单击【Define...】定义...按钮。在【Fixity】固定对话框中，添加固定名称【XT】，选中【X-Translation】X 转换按钮，然后单击【OK】确定。

在【Apply Fixity】应用固定对话框中，将【Fixity】固定设置为【XT】，将【Apply to】应用于字段设置为【edge/line】边/线，在表的第一行和第一列中输入第二行，然后单击【Apply】应用。

还需要在模型中修正一点。在【Apply Fixity】应用固定对话框中，将【Fixity】固定设置为【ALL】全部，将【Apply to】应用于字段设置为【Point】点，在表的第一行中输入“3”，然后单击【OK】确定。

42.5 定义和应用载荷

单击【Apply Load】应用图标，将【Load Type】载荷类型设置为【Distributed Heat Flux】分布热通量，然后单击【Load Number】载荷编号字段右边的【Define...】定义按钮。在【Define Distributed Heat Flux】定义分布式热流量对话框中，添加【heat flux number 1】1 号热通量，将【Magnitude】幅度设置为“500”，然后单击【OK】确定。在【Apply Load】应用载荷对话框中，确保【Apply to】应用于字段设置为【Line】线，并在表格的第一行将【Line #】线号设置为“3”，单击【OK】确定关闭【Apply Load】应用载荷对话框。

42.6 定义对流和辐射边界条件

把对流和辐射边界条件强加到模型的线 1 和线 4 上。

42.6.1 对流

单击【Apply Load】应用荷载图标，将【Load Type】荷载类型设置为【Convection】对流，然后单击【Load Number】荷载编号字段右侧的【Define...】定义...按钮。在【Define Convection】定义对流对话框中，添加【convection 1】对流 1，然后单击【Convection Property】对流属性字段右侧的【...】按钮。在【Define Convection Property】定义对流属性对话框中，添加【Property 1】属性 1，确保【Type】类型设置为【CONSTANT】常数，将对流系数设置为“5”，然后单击【OK】确定。在【Define Convection Load】定义对流载荷对话框中，将【Environment Temperature】环境温度设置为“20”，将【Convection Property】对流属性设置为“1”，然后单击【OK】确定。在【Apply Load】应用载荷对话框中，将【Apply to】应用于字段到行，并在表的前两行分别将行号设置为“1”和“4”。在【Apply Load】应用载荷对话框中单击【Apply】应用（不要关闭对话框）。

42.6.2 辐射

将【Load Type】载荷类型设置为【Radiation】辐射，然后单击【Load Number】载荷编号字段右侧的【Define...】定义...按钮。在【Define Radiation】定义辐射对话框中，添加【radiation 1】辐射 1，然后单击【Radiation Property】辐射属性字段右侧的【...】按钮。在【Define Radiation Property】定义辐射属性对话框中，添加【Property 1】属性 1，请确保【Type】类型设置为【CONSTANT】常数，设定【Temperature Unit】温度单位为【Centigrade】摄氏，【Emissivity Coefficient】辐射系数为“0.2”，设置【Stefan-Boltzmann Constant】斯蒂芬-玻尔兹曼常数设置为“5.669E-08”，然后单击【OK】确定。在【Define Radiation Load】定义辐射负载对话框中，将

【Environment Temperature】环境温度设置为“20”,将【Radiation Property】辐射属性设置为“1”,然后单击【OK】确定。在【Apply Load】应用载荷对话框中,将【Apply to】应用于字段到【Line】线,并在表的前两行分别将【Line #】线号设置为“1”和“4”。单击【OK】确定关闭【Apply Load】应用载荷对话框。

当单击【Boundary Plot】边界绘图图标和【Load Plot】载荷绘图图标时,图形窗口如图 3.42.3 所示。

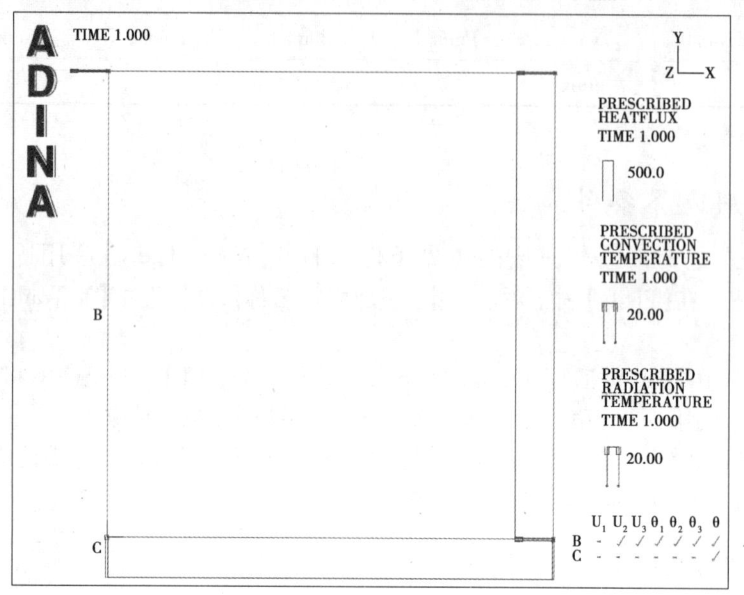

图 3.42.3 边界和载荷

42.7 定义单元组和材质

1)单元组

单击【Element Groups】单元组图标,添加【group number 1】组编号 1,将【Type】类型设置【2-D Solid】为 2-D 实体,并确保【Element Sub-Type】单元子类型是【Axisymmetric】轴对称。

2)材质

单击【Default Material】默认材质字段右侧的【...】按钮,然后单击【Elastic Isotropic】弹性各向同性按钮。在【Define Isotropic Linear Elastic Material】定义各向同性线弹性材料对话框中,添加【material 1】材料 1 中,将【Young's Modulus】杨氏模量设置为“6.9E10”,【Poisson's Ratio】泊松比为“0.3”,【Coef of Thermal Expansion】热膨胀系数为“4.5E-6”,然后单击【OK】确定。单击【Close】关闭,关闭【Manage Material Definitions】管理材料定义对话框。

在【Define Element Group】定义单元组对话框中,单击【Thermal Material】热材料字段右边的【...】按钮,然后单击【k isotropic, c constant】k 各向同性,c 常数按钮。在【Define Constant Isotropic Material】定义常数各向同性材料对话框中,添加【material 1】材料 1,将【Thermal Conductivity】热导率设置为“0.5”,然后单击【OK】确定。单击【Close】关闭,关闭【Manage Material Definitions】管理材料定义对话框,然后单击【OK】确定,关闭【Define Element Groups】定义单元组对话框。

42.8 定义单元

1)细分数据

用统一的网格作为求解方案。选择【Meshing】划分网格→【Mesh Density】网格密度→【Complete Model】完整模型,将【Subdivision Mode】细分模式设置为【Use Length】使用长度,将【Element Edge Length】单元边缘长度设置为“0.02”,然后单击【OK】确定。

2)单元生成

单击【Mesh Surfaces】曲面网格图标,根据需要将【Type】设置为【2-D Solid】二维实体,在【Surface #】曲面号的第一行中输入“1”,然后单击【OK】确定。图形窗口如图 3.42.4 所示。

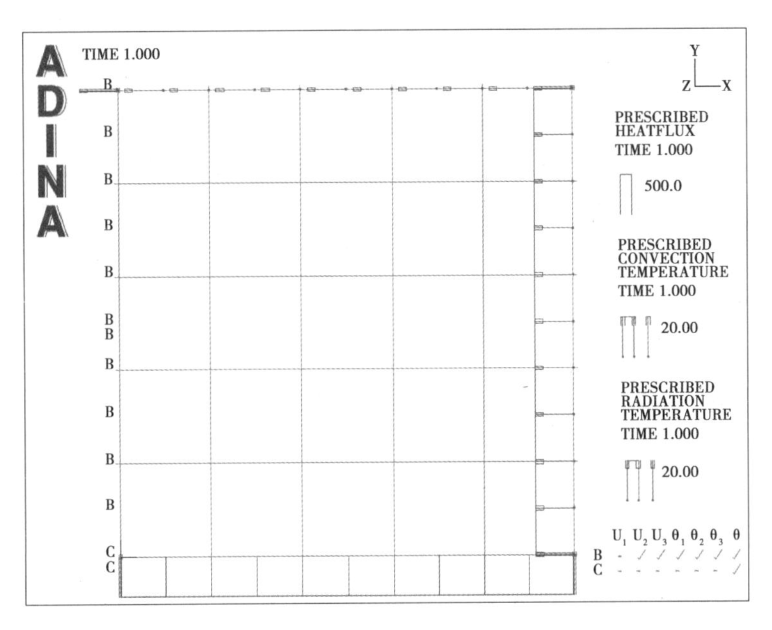

图 3.42.4 曲面网格

42.9 生成数据文件，运行 ADINA Structures，加载舷窗文件

首先单击【Save】保存图标并将数据库保存到文件 prob42 。要生成 ADINA Structures 数据文件并运行 ADINA Structures，请单击【Data File/Solution】数据文件/求解方案图标，将文件名设置为“prob42”，确保【Run Solution】运行求解方案按钮已选中，然后单击【Save】保存。ADINA 结构完成后，关闭所有打开的对话框。然后将【Program modular】程序模块下拉列表设置为【post-process】后处理（可以放弃所有更改），单击【Open】打开图标并打开舷窗文件 prob42 。

42.10 检查求解方案

42.10.1 温度

单击【Create Band Plot】创建条带图图标，将【Band Plot Variable】条带图变量设置为【Temperature：ELEMENT_TEMPERATURE】（温度：ELEMENT_TEMPERATURE）。图形窗口如图 3.42.5 所示。

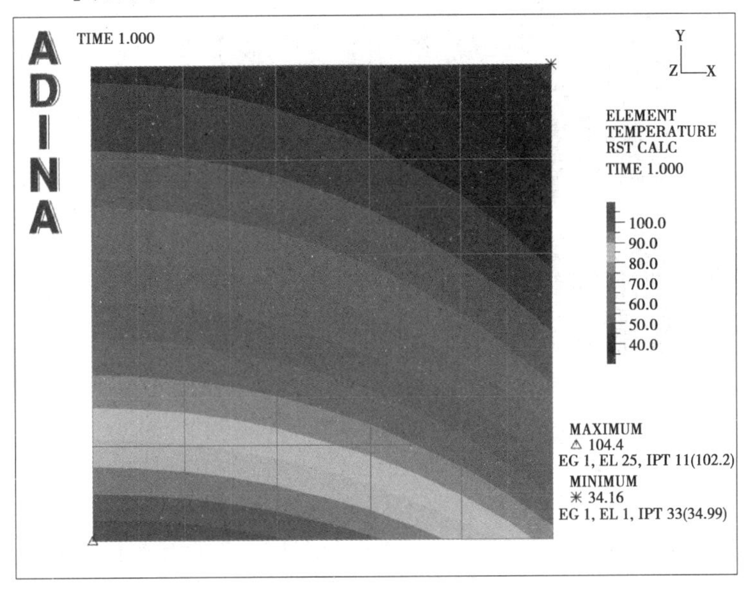

图 3.42.5 单元温度

42.10.2 热通量

单击【Clear Band Plot】清楚条带绘图图标，单击【Create Vector Plot】创建向量绘图图标，设置【Vector Quantity】向量物理量为【HEAT_FLUX】热通量，然后单击【OK】确定。图形窗口如图 3.42.6 所示。

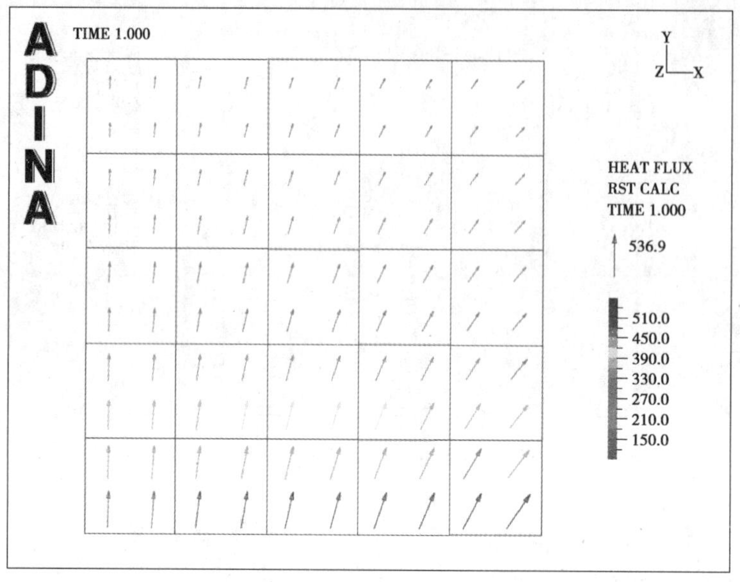

图 3.42.6　热通量

42.10.3　最大主应力

单击【Clear Vector Plot】清楚向量绘图图标，单击【Create Band Plot】创建条带绘图图标，选择变量【Stress:SIGMA-P1】，单击【OK】确定显示最大主应力。单击【Modify Band Plot】修改条带绘图图标，单击【Band Rendering...】条带渲染按钮，将【Extreme Values】极值字段设置为【Plot the Maximum】绘制极大值，然后单击【OK】确定两次，关闭两个对话框。图形窗口如图 3.42.7 所示。

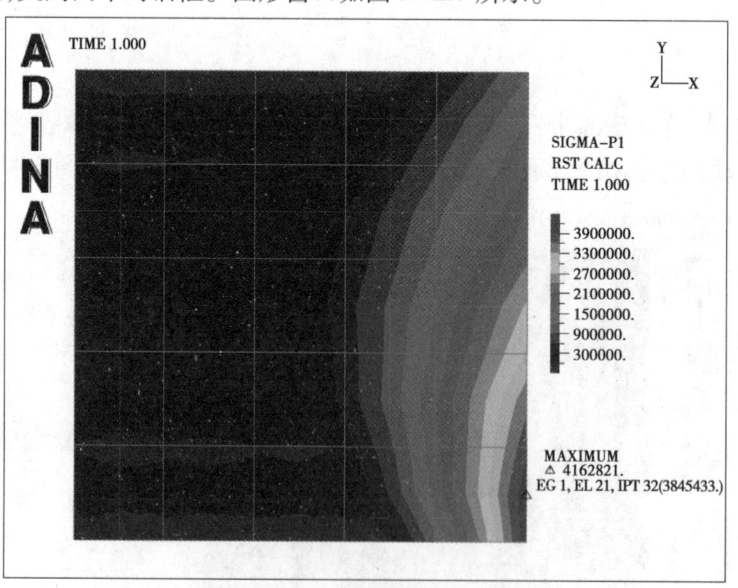

图 3.42.7　显示最大主应力

42.11　退出 AUI

选择主菜单中的【File】文件→【Exit】退出，弹出【AUI】对话框，然后单击【Yes】，退出 ADINA-AUI。

问题 43 加热半球形圆顶的热 FSI 分析

问题描述

1) 问题概况

如图 3.43.1 所示,一个外壳由刚性墙壁和一个柔性半球形穹顶组成。

半球形穹顶:具有热- 各向同性材料的壳体

$E=6.9\times10^{10}\ \text{N/m}^2$

$\nu=0.33$

$\alpha=2\times10^{-5}\ ℃^{-1}$

$t=0.000\ 5\ \text{m}$ Radius $=0.025\ \text{m}$

$k=204\ \text{W/m ℃}$ $Q=100\ \text{W/m}^2$

外壳内含有空气,由于靠近圆顶的空气受热而引起自然对流。

四分之一的域模型,具有对称的边界条件,如图 3.43.2 所示。

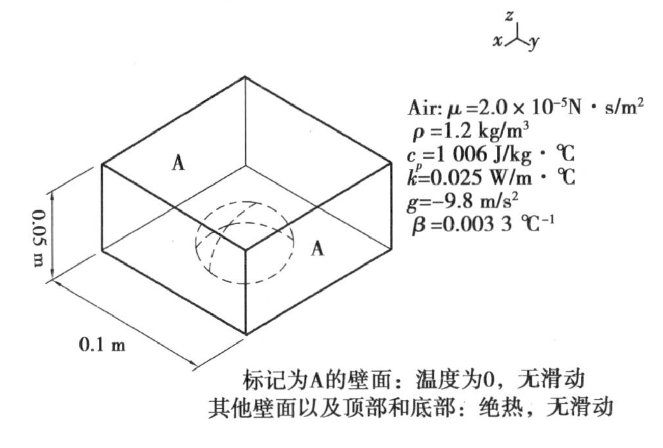

图 3.43.1 问题 43 中的计算模型

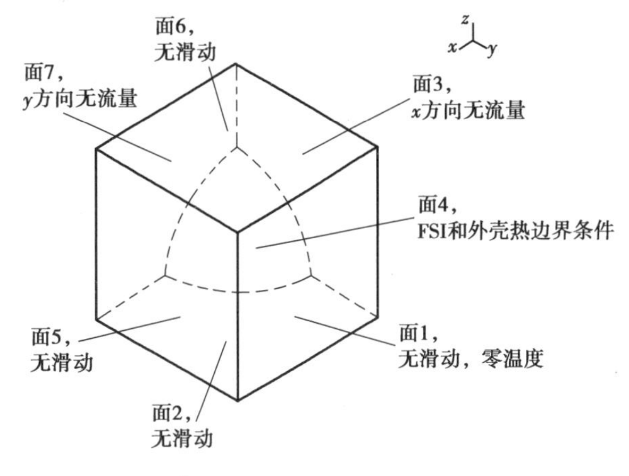

图 3.43.2 四分之一的域模型

在例中首先使用 FCBI 流体单元分析模型,然后使用 FCBI-C 流体单元分析模型。

2) 演示内容

本例将演示以下内容:

①定义外壳热边界条件。

②使用边界层表来控制网格。

③绘制模型的边界以及模型内的速度。

注意:①本例不能用 ADINA 系统的 900 个节点版本来求解,因为这个模型包含了太多的节点。

②本例的大部分输入存储在文件 prob43_1.in ,prob43_2.in 和 prob43_3.in 中。在开始分析之前,需要将文件夹 samples \ primer 中的文件 prob43_1.in ,prob43_2.in 和 prob43_3.in 复制到工作目录或文件夹中。

43.1 启用 AUI 并

启用 AUI 并将【Program Module】程序模块下拉列表设置为 A【DINA CFD】。

43.2 使用FCBI单元的求解方案

43.2.1 ADINA CFD模型

1)定义模型控制数据、几何、材料和边界条件

先准备一个批处理文件(prob43_1.in),它执行以下操作:

①定义几何体

②定义大部分分析控制参数

③定义空气的材料属性

④定义零速度的边界条件

⑤定义温度边界条件

⑥定义一个时间函数

⑦定义时间步进信息

⑧绘制模型

选择【File】文件→【Open Batch】打开批处理,导航到工作目录或文件夹,选择文件prob43_1.in并单击【Open】打开。图形窗口如图3.43.3所示。

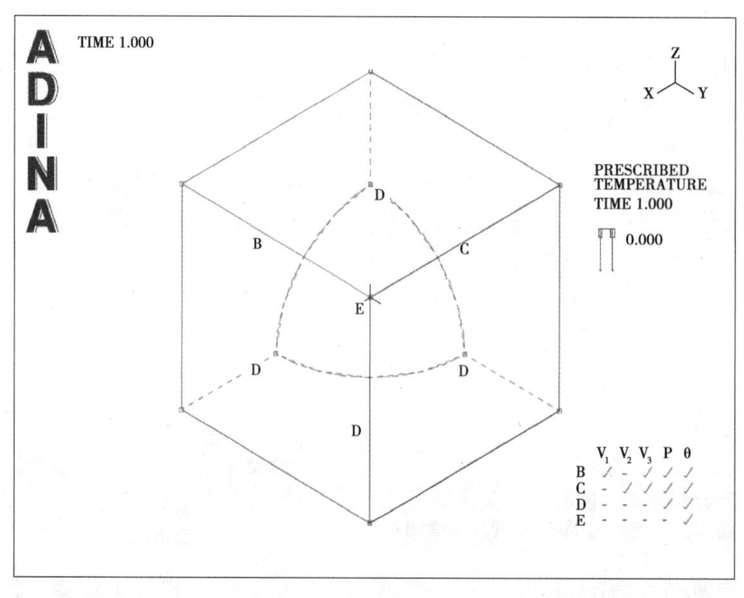

图3.43.3 导入的prob43_1.in模型

2)选择热FSI分析

选择【Model】模型→【Flow Assumptions】流动假设,那么,在【Fluid-Structure Interaction (FSI)】流固耦合(FSI)中,设置【Thermal Coupling】热耦合为【Through Solid Domain in Fluid Model】通过流体模型中的固体区域,然后单击【OK】确定。

3)定义FSI和壳热边界条件

①FSI边界条件。

单击【Special Boundary Conditions】特殊边界条件图标SBC,添加【condition number 1】条件编号1并将【Type】类型设置为【Fluid-Structure Interface.】流体结构界面。在表格的第一行中将【Face#】设置为"4",将【Body#】设置为"2",然后单击【Save】保存(不要关闭对话框)。

②壳热边界条件。

添加【condition number 2】条件2,将【Type】类型设置为【Shell Thermal】,将【Sub-Type】子类型设置为【Heat Flux】热流量,将【Thickness of Boundary】边界厚度设置为"0.0005",将【Heat Conductivity Value】热导

率值设置为“204.0”。在【Heat Flux】热通量框中，将【Value】“值”设置为“100.0”，将【Time Function #】时间函数#设置为“2”。将【Associated Fluid-Structure Interface Boundary Condition #】关联的流体结构接口边界条件#设置为“1”，然后将【Face #】面号设置为“4”，将【Body #】体号设置为“2”。单击【OK】确定按钮。

当单击【Redraw】重画图标时，图形窗口如图 3.43.4 所示。

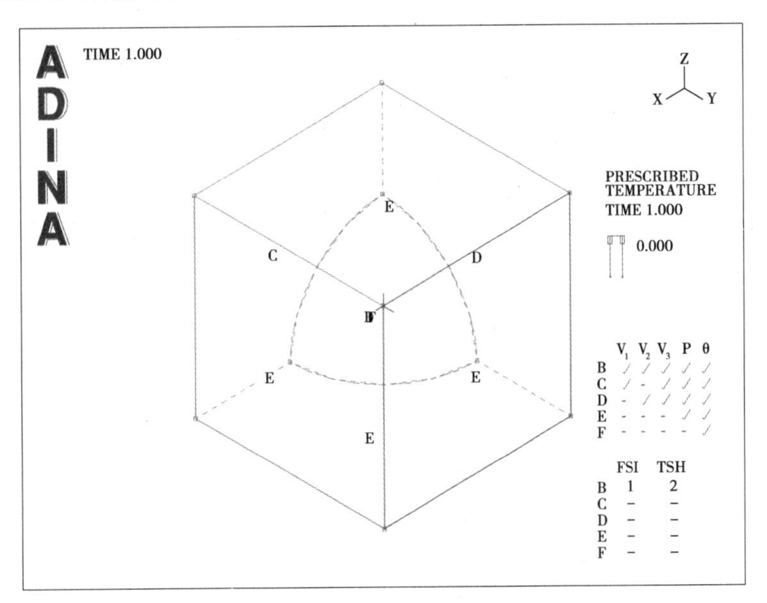

图 3.43.4 热边界条件

4）**定义单元组，创建网格**

先准备一个批处理文件（prob43_2.in），执行以下操作：

①定义一个单元组。

②细分几何。

③重新绘制网格。

选择【File】文件→【Open Batch】打开批处理，导航到工作目录或文件夹，选择文件 prob43_2.in 并单击打开。图形窗口如图 3.43.5 所示。

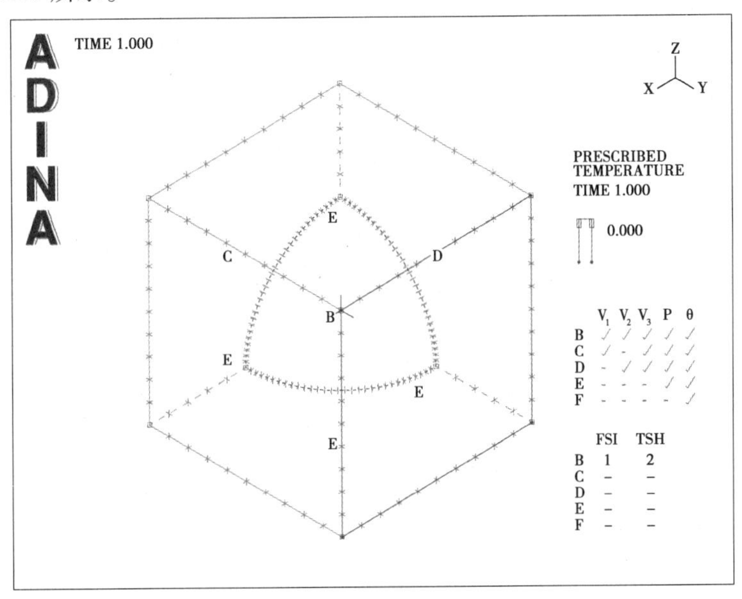

图 3.43.5 导入的 prob43_2.in 模型

我们预计在墙壁附近存在较大的速度梯度，因此除了对称面 3 和 7 之外，在所有面附近有小的单元层，如图 3.43.6 所示。

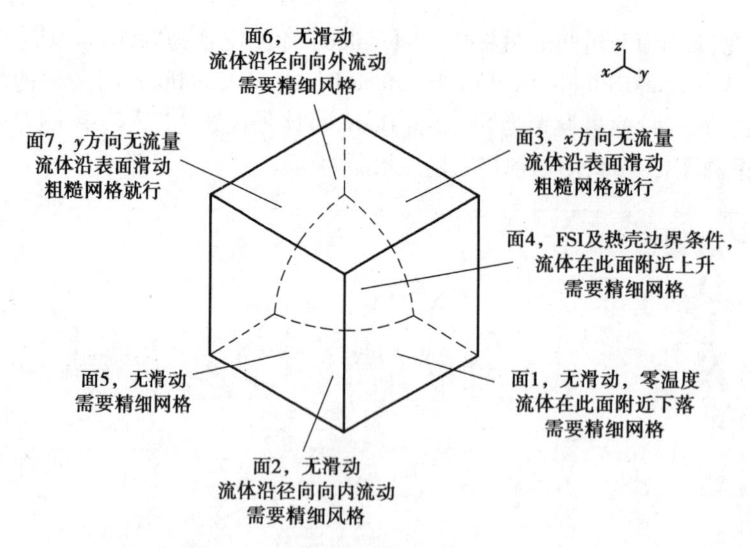

图 3.43.6　在所有面附近有小的单元层

5）边界层

要获得小单元层，请单击【Mesh Bodies】网格物体图标，并将【Nodes per Element】每个单元的节点数设置为“8”。单击【Boundary Layer Table】边界层表字段右侧的【...】按钮，并添加【table number 1】表格编号1。设置【Progression】进程为【Geometric】几何图形，【Number of Layers】层数为“4”，【Thickness of First Layer】第一层的厚度为“0.000 25”，【Total Thickness】总厚度为“0.002 5”。现在按表 3.43.1 示填写表格，然后单击【OK】确定，关闭【Define Boundary Layer Table】定义边界层表对话框。

表 3.43.1　边界层参数

Face#	Body#	1st Layer Thickness	Total Thickness
3	2	0	0
7	2	0	0

在【Mesh Bodies】网格体对话框中，根据需要将【Boundary Layer Table】边界层表设置为“1”。在表格的第一行输入“2”，然后单击【OK】确定。

在单击【Hidden Surfaces Removed】隐藏表面已移除图标之后，图形窗口如图 3.43.7 所示。

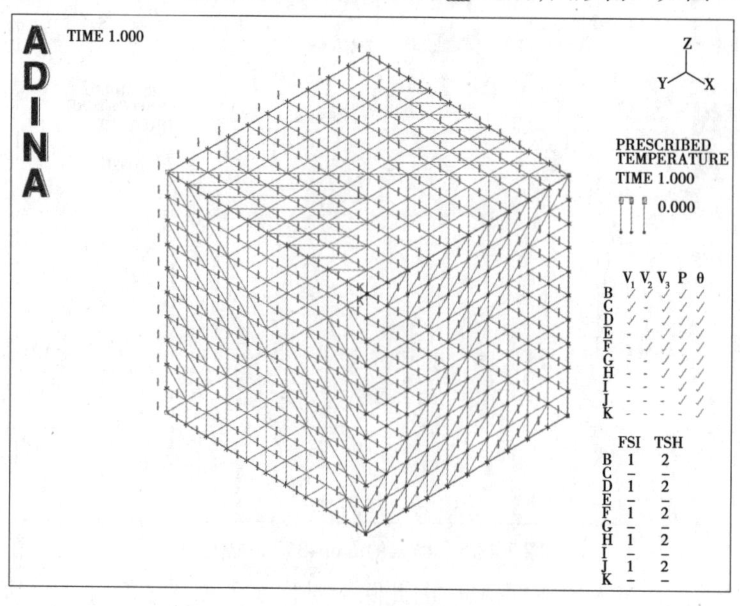

图 3.43.7　隐藏表面后的模型

6）生成 ADINA CFD 数据文件，保存 ADINA-IN 数据库

单击【Data File/Solution】数据文件/求解方案图标，将文件名称设置为"prob43_f.dat"，确保【Run Solution】运行求解方案按钮未选中，然后单击【Save】保存。将数据库文件保存到文件 prob43_f.idb。

43.2.2　ADINA 结构模型

1）创建 ADINA 结构模型

单击【New】新图标创建一个新的模型。

先准备一个批处理文件（prob43_3.in）来创建整个 ADINA 结构模型。选择【File】文件→【Open Batch】打开批处理，导航到工作目录或文件夹，选择文件 prob43_3.in 并单击【Open】打开。图形窗口如图 3.43.8 所示。

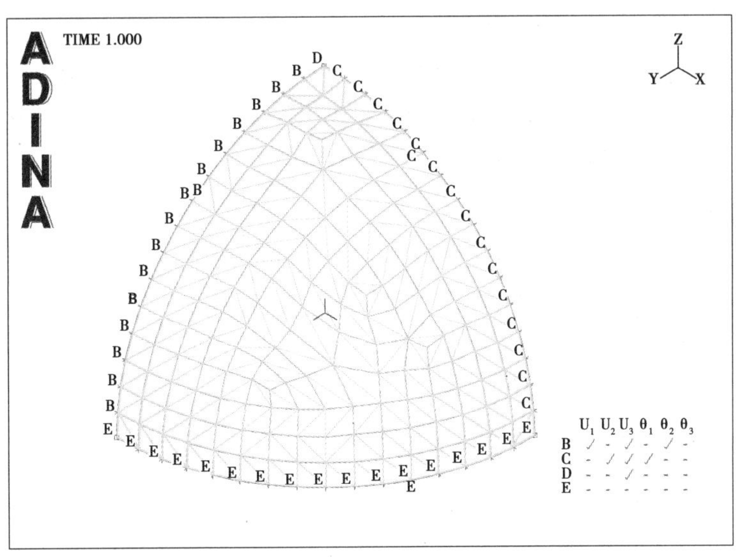

图 3.43.8　导入的 prob43_3.in 模型

2）显示流体结构边界

要显示没有黄色 FSI 边界线的网格，请单击【Show Fluid Structure Boundary】显示流体结构边界图标。图形窗口如图 3.43.9 所示。

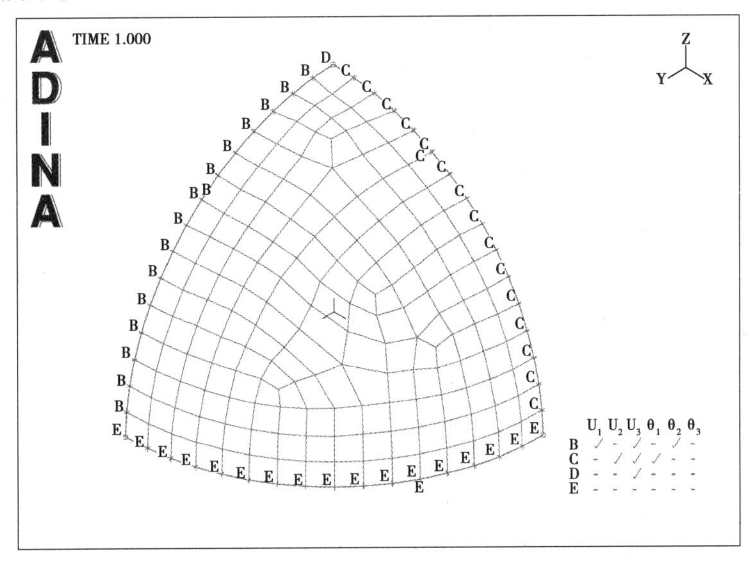

图 3.43.9　显示流体结构边界

3)生成【ADINA Structures】ADINA 结构数据文件,保存 ADINA-IN 数据库

单击【Data File/Solution】数据文件/求解方案图标,将文件名设置为"prob43_a.dat",确保【Run Solution】运行求解方案按钮未选中,然后单击【Save】保存。将数据库文件保存到文件 prob43_a.idb。

43.2.3 运行 ADINA-FSI

选择【Solution】求解方案→【Run ADINA-FSI】运行 ADINA-FSI,单击【Start】开始按钮,选择文件 prob43_f,然后按住"Ctrl"键并选择文件 prob43_a。文件名字段应该在引号中显示两个文件名。将【Maximum Memory for Solution】求解方案的最大内存设置为【at least 500 MB】至少 100 MB(最好至少 500 MB)。然后单击【Start】开始。

43.2.4 ADINA-FSI 求解方案的步骤

当 ADINA-FSI 完成时,关闭所有打开的对话框。将【Program Module】程序模块下拉列表设置为【Post-Processing】后处理(可以放弃所有更改),单击【Open】打开图标并打开舷窗文件 prob43_f。图形窗口如图 3.43.10 所示。

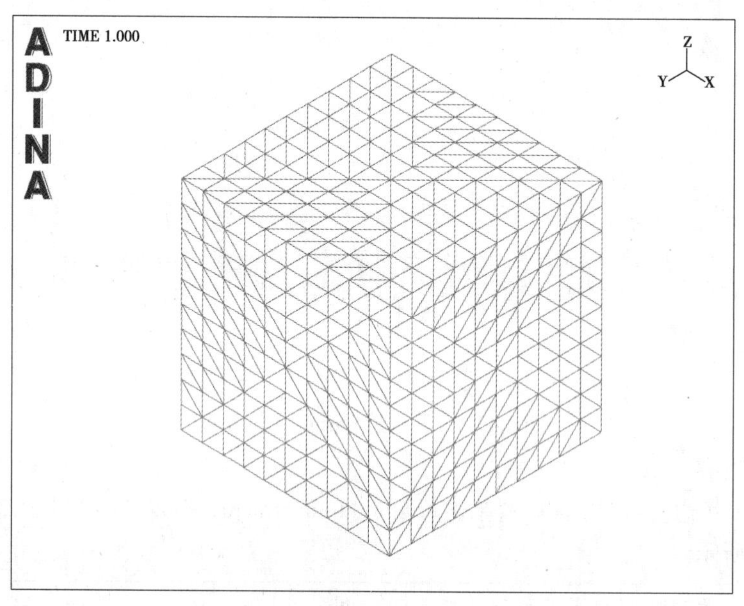

图 3.43.10 导入的 prob43_f 结果

43.2.5 后处理

1)绘制速度

单击【Shading】着色图标,【No Mesh Lines】无网格线图标和【Quick Vector Plot】快速矢量绘图图标。你看不到任何速度矢量,因为我们只是在寻找对模型外的载体,和可见的单元都没有滑移边界条件。使用【Pick】拾取图标和鼠标旋转模型,直到图形窗口如图 3.43.11 所示。

该图显示模型的对称面上存在滑动。

现在单击【Cull Front Faces】去除正面图标并用鼠标旋转模型,直到图形窗口如图 3.43.12 所示。

显然流体在壳顶附近上升,如预期的那样下降到零温度边界附近。(你的求解方案可能与我们的求解方案略有不同,因为自由网格划分在不同的平台上产生不同的网格。)

将圆顶边界绘制成一个单元的面集合。首先,单击【Cull Front Faces】去除正面图标并旋转模型,直到圆顶边界可见。现在单击【Element Face Set】单元面集合图标,添加【Element Face Set Number 1】单元面集合号 1 并将【Method】方法设置为【Auto-Chain Element Faces】。现在双击表格中的【Face {p}】面{p}列,选择圆顶边界上的一个或多个面,然后按“Esc”键。单击【Save】保存创建面集合。将对话框移出网格图的方式,并注意圆顶边界上的单元面突出显示。单击【OK】确定关闭对话框。

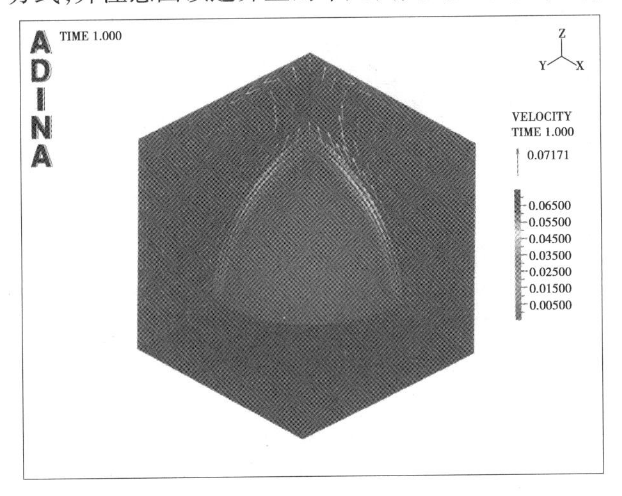

图 3.43.11 速度矢量

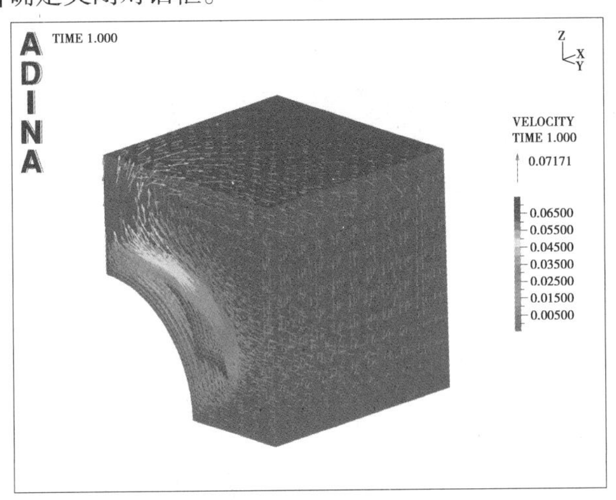

图 3.43.12 去除正面的模型

现在单击【Modify Mesh Plot】修改网格绘制图标,将【Element Face Set】单元面集合设置为“1”,然后单击【OK】确定。绘制圆顶边界,但没有绘制速度。这是因为圆顶边界处的速度为零(无滑移)。

要查看流体域内的速度,单击【Modify Vector Plot】修改向量绘制图标,单击【Grid...】网格按钮,将【Vector Location】向量位置设置为【Within 3D Elements】,然后单击【OK】两次以关闭这两个对话框。用鼠标旋转网格图直到图形窗口如图 3.43.13 所示。

2)**绘制温度**

单击【Clear】清除图标,【Mesh Plot】网格绘制图标,然后单击【Create Band Plot】创建条带绘制图标,设置【Band Plot】条带绘制变量为【(Temperature:TEMPERATURE)】,然后单击【OK】确定。图形窗口如图 3.43.14 所示。

使用一个切割平面来显示模型内的温度。单击【Cut Surface】切割面图标,将【Type】类型设置为【Cutting Plane】切割平面,将【Defined by】定义方式字段设置为【Origin and Normal】原点和法线,将【Outwards Normal】向外法线设置为(1.0,-1.0,0.0),然后单击【OK】确定。然后单击【Model Outline】模型轮廓图标以删除切割面交点上的绘制线。使用【Pick】拾取图标和鼠标旋转网格,直到图形窗口如图 3.43.15 所示。

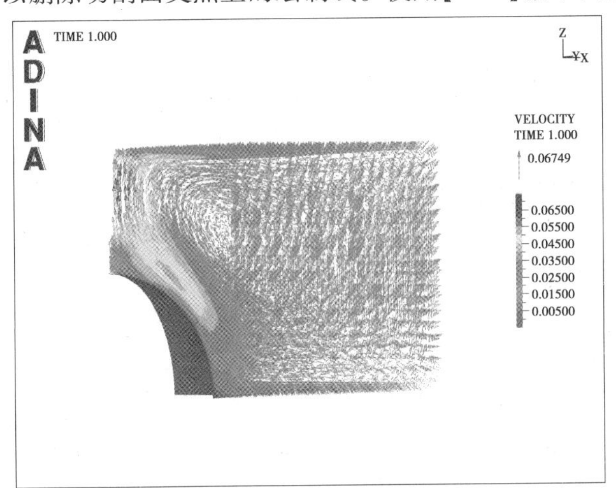

图 3.43.13 修改向量后的速度

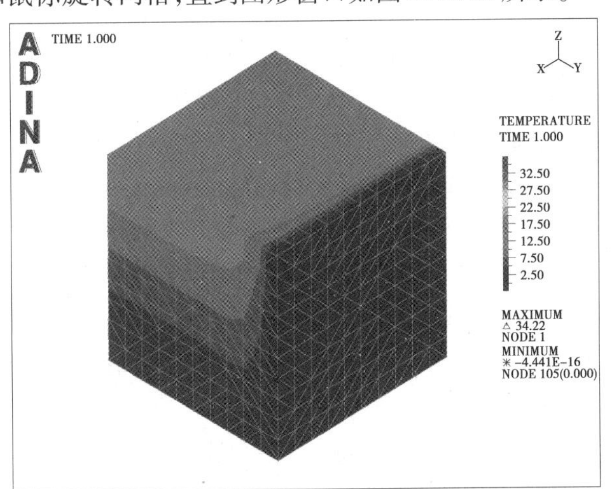

图 3.43.14 温度

绘制圆顶边界的温度。单击【Cut Surface】切割面图标,将【Type】类型设置为【None】无,然后单击【OK】。单击【Modify Mesh Plot】修改网格绘制图标,将【Element Face Set】单元面集合设置为“1”,然后单击【OK】。使用鼠标来缩放和旋转网格,直到图形窗口如图 3.43.16 所示。

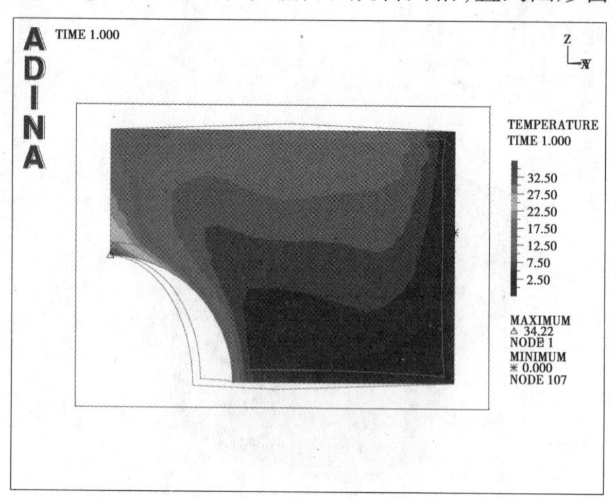

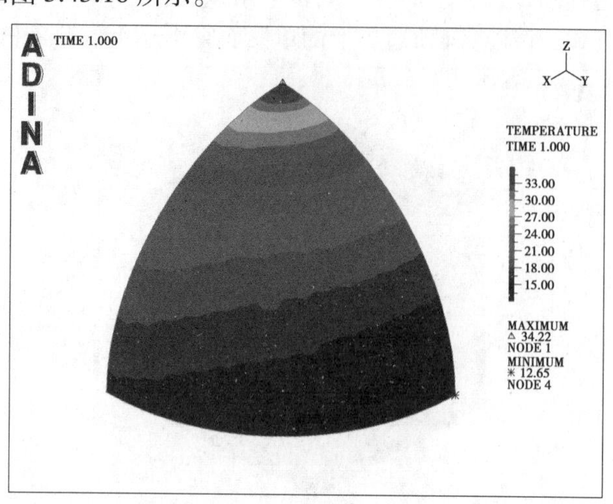

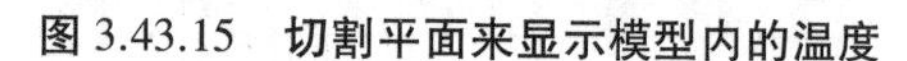
图 3.43.15　切割平面来显示模型内的温度

图 3.43.16　绘制圆顶边界的温度

43.3　使用 FCBI-C 单元的求解方案

43.3.1　ADINA 结构模型

ADINA 结构模型不变,只需要用不同的名字保存它。将【Program Module】程序模块下拉列表设置为【ADINA Structures】ADINA 结构(可以放弃所有更改),然后从【File】文件菜单底部的最近文件列表中选择文件 prob43_a.idb。

单击【Data File/Solution】数据文件/求解方案图标,将文件名设置为"prob43_c_a.dat",确保【Run Solution】运行求解方案按钮未选中,然后单击【Save】保存。选择【File】文件→【Save As】另存为将数据库文件保存到 prob43_c_a.idb。

43.3.2　ADINA CFD 模型

在流体模型中,单元将从 FCBI 更改为 FCBI-C。单击【New】新建图标(可以放弃所有更改),然后从【File】文件菜单底部的最近文件列表中选择文件 prob43_f.idb。

1)选择 FCBI-C 单元,外迭代容差和 FSI 迭代设置

选择【Control】控制→【Solution Process】求解方案流程,将【Flow-Condition-Based interpolation Elements】基于流量条件的插值单元设置为【FCBI-C】,然后单击【OK】确定。

现在选择【Control】控制→【Solution Process】求解方案流程,单击【Outer Iteration...】外部迭代...按钮,然后单击【Advanced Settings...】高级设置...按钮。在【Outer Iteration Advanced Settings】外部迭代高级设置对话框中,将【Equation Residual Use】等式残差使用设置为【All】全部,将【Tolerance】公差设置为"1.0E-06",将【Variable Residual Use】变量残差使用设置为【All】全部,将【Tolerance】公差设置为"1.0E-06"。还要将【Interpolation Scheme for Pressure】压力插值方案设置为【Linear】线性。单击【OK】确定三次关闭,所有三个对话框。

单击【Coupling Options】耦合选项图标,确保【FSI Solution Coupling】FSI 求解方案耦合是【Iterative】迭代,然后单击【OK】确定。

2)生成数据文件,运行 ADINA CFD

选择【File】文件→【Save As】另存为将数据库保存到文件 prob43_c_f。单击【Data File/Solution】数据文件/求解方案图标,将文件名设置为"prob43_c_f",确保运行求解方案按钮未选中,然后单击【Save】保存。

43.3.3 运行 ADINA-FSI

选择【Solution】求解方案→【Run ADINA-FSI】运行 ADINA-FSI,单击【Start】开始按钮,选择文件 prob43_c_f,然后按住“Ctrl”键并选择文件 prob43_c_a。文件名字段应该在引号中显示两个文件名。确保【Maximum Memory for Solution】求解方案的最大内存设置为至少 100 MB。然后单击【Start】开始。

43.3.4 ADINA-FSI 求解方案的步骤

当 ADINA-FSI 计算完成时,关闭所有打开的对话框。将【Program Module】程序模块下拉列表设置为【Post-Processing】后处理(可以放弃所有更改),单击【Open】打开图标并打开舷窗文件 prob43_c_f。

43.3.5 后处理

按照上面给出的指示绘制速度和温度。可以看出,FCBI-C 单元的解与 FCBI 单元的解非常接近。下面给出一些样本图,如图 3.43.17 和图 3.43.18 所示。

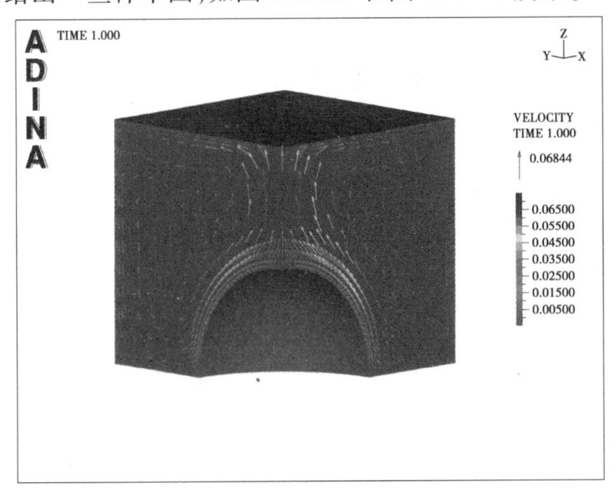

图 3.43.17 使用 FCBI-C 单元计算的速度

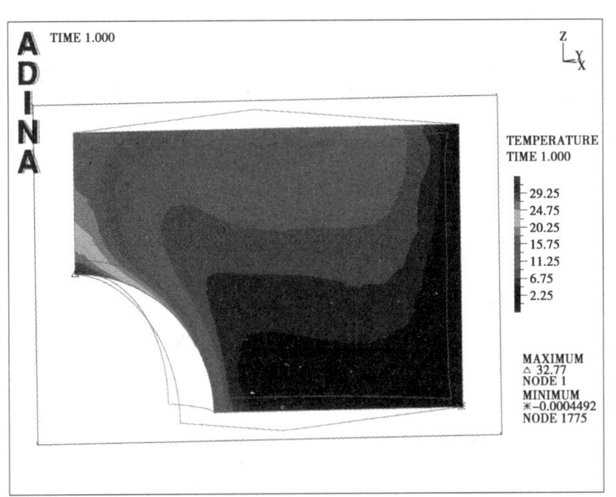

图 3.43.18 使用 FCBI-C 单元计算的温度

43.4 退出 AUI

选择主菜单中的【File】文件→【Exit】退出,弹出【AUI】对话框,然后单击【Yes】,退出 ADINA-AUI。

注意:与 FCBI-C 单元相关的流体求解方案过程使用迭代方法。所有的流体控制方程都是以一定的顺序依次求解的。因此,与 FCBI-C 单元相关的 FSI 耦合也必须是迭代的(而不是直接的)。

第4章

电磁学分析

问题44　导电块中的静态3D电磁场

问题描述

1)问题概况

确定导电块内的三维静态电磁场,如图4.44.1所示。

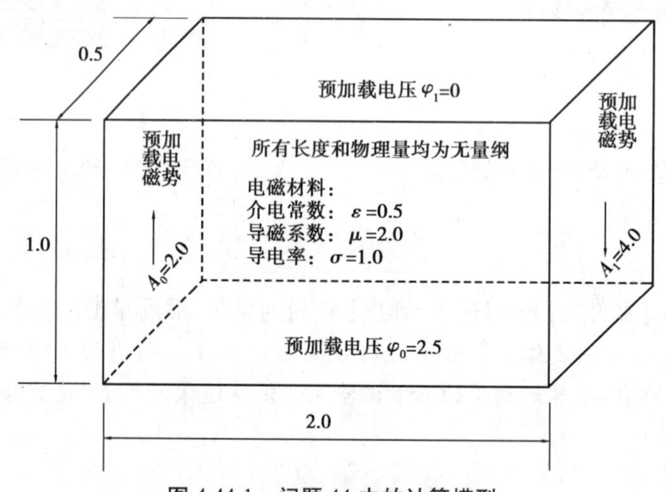

图4.44.1　问题44中的计算模型

2)演示内容

本例演示以下内容:

①使用ADINA EM中的势能公式建立电磁模型。

②定义电磁材料。

③在ADINA EM中应用基于电位的电磁边界条件。

注意:①本例不能用ADINA系统的900个节点版本求解,因为模型中的节点太多。

②本例的一些输入存储在以下文件中:prob44_1.plo。在开始分析之前,需要将这个文件从samples\primer文件夹复制到工作目录或文件夹中。

44.1　启动AUI,选择有限元程序

启动AUI,将【Program Module】程序模块下拉列表设置为【ADINA EM】。

44.2　定义模型控制数据

44.2.1　问题标题

选择【Control】控制→【Heading】标题,在导电块中输入【Problem 44: static 3D EM fields in a conducting block】问题44:静态3D电磁场,然后单击【OK】确定。

44.2.2　分析类型

确保【Analysis Type】分析类型下拉列表设置为【Static】静态。

44.2.3　EM分析设置

选择【Model】模型→【Analysis Settings】分析设置,将模型类型设置为【3D A-f model】3D A-f模型,验证【Analysis Type】分析类型设置为【STATIC】静态,将【Tolerance for Residuals】残差容差设置为1.0E-9,然后单击【OK】确定。

44.3　定义模型几何

单击【Define Points】定义点图标,输入如表4.44.1所示几点(可以将X1列留空),然后单击【OK】确定。

表4.44.1　点1~点4的参数

Point#	X_1	X_2	X_3
1		-1.0	-0.5
2		1.0	-0.5
3		1.0	0.5
4		-1.0	0.5

现在单击【Define Surfaces】定义曲面图标,添加【surface 1】曲面1,将【Type】类型设置为【Vertex】顶点,分别将点设置为"1""2""3""4",然后单击【OK】。

现在单击【Define Volumes】定义体积图标,添加【volume 1】体积1,将【Type】类型设置为【Extruded】拉伸,将【Initial Surface】初始表面设置为"1",将矢量的分量设置为"0.5""0.0""0.0",然后单击【OK】确定。

44.4　定义材料属性

单击【Manage Materials】管理材料图标M,添加【material 1】材料1,将【Permittivity (Epsilon)】介电常数(Epsilon)设置为"0.5",将【Permeability (Mu)】渗透率(Mu)设置为"2.0",将【Conductivity (Sigma)】电导率(Sigma)设置为"1.0",然后单击【OK】确定。这些值对应于无量纲化的材料。

44.5　定义边界条件

注意:每个EM边界条件必须应用于具有连续曲率的边界几何上,除了【Dirichlet】条件。

44.5.1　电势边界条件

选择【Model】模型→【Boundary Conditions】边界条件,添加【boundary condition 1】边界条件1并【Type】验

证类型是【Dirichlet】。将【Variable Type】变量类型设置为【Electric Potential】电位，将【Real part】实部设置为“2.5”，验证【boundary condition】边界条件应用于【Surfaces】曲面，然后将此【boundary condition 1】边界条件1应用于曲面2。添加【boundary condition 2】边界条件2，验证类型是【Dirichlet】，设置【 】变量类型到电势，将【Real part】实部设置为“0”，然后验证边界条件应用于【Surfaces】曲面，并将此边界条件应用到曲面4。单击【Save】保存（不要关闭对话框）。

所有其他表面的电位边界条件默认是自然边界条件。

44.5.2 磁势边界条件

添加【boundary condition 3】边界条件3并验证【Type】类型是【Dirichlet】。将【Variable Type】变量类型设置为【Magnetic Potential】磁势，然后将【Real part】实数部分设置为“2.0”，将【Direction Type】方向类型设置为【D0 x NR】，并将【DX】设置为“-1”。然后验证边界条件应用于【Surfaces】曲面，并将此边界条件应用于曲面5。添加【boundary condition 4】边界条件4，验证类型是【Dirichlet】，并将【Variable Type】变量类型设置为【Magnetic Potential】磁势，将【Real part】实数部分设置为“4.0”，设置【Direction Type】方向键入【D0 x NR】，并将【DX】设置为“-1”。然后验证是否将边界条件应用于【Surfaces】曲面，并将此边界条件应用于【surface 3】曲面3。单击【Save】保存（不要关闭对话框）。

44.5.3 EM磁势的并行边界条件

添加【boundary condition 5】边界条件5并将类型设置为【Parallel】并行。将变量【Type】类型设置为【Magnetic Potential】磁势，并确保【Real part】实数部分为“0.0”。然后验证该边界条件是否应用于曲面，并将此边界条件应用于曲面2和4。单击【Save】保存（不要关闭对话框）。

44.5.4 EM磁势的正常边界条件

添加【boundary condition 6】边界条件6并将类型【Type】设置为【Normal】法向。将【Variable Type】变量类型设置为【Magnetic Potential】磁势，并确保【Real part】实数部分为“0.0”。然后验证此边界条件是否应用于曲面，并将此边界条件应用于曲面1和6。单击【OK】确定关闭对话框。

44.6 定义单元

44.6.1 单元组

单击【Element Groups】单元组图标，添加【element group 1】单元组1，将【Type】类型设置为【3-D Electromagnetic】3-D电磁，验证材质是1，并确保【Electric Effects】电磁效果和【Magnetic Effects】磁效应都被选中。然后单击【OK】确定关闭对话框。

44.6.2 细分数据

选择【Subdivide Volumes】细分卷图标，将【Method】方法设置为使用长度，将【Use Length】单元边长设置为“0.05”，然后单击【OK】确定。

44.6.3 对网格进行网格划分

现在单击【Mesh Volumes】对体积划分网格图标，确保【Element Group】单元组为“1”，【Nodes per Element】每个单元的节点数为“8”，然后在表格的第一行中输入【Volume 1】，单击【OK】确定。

单击【Boundary Plot】边界绘图图标并使用鼠标重新排列图形窗口，如图4.44.2所示。

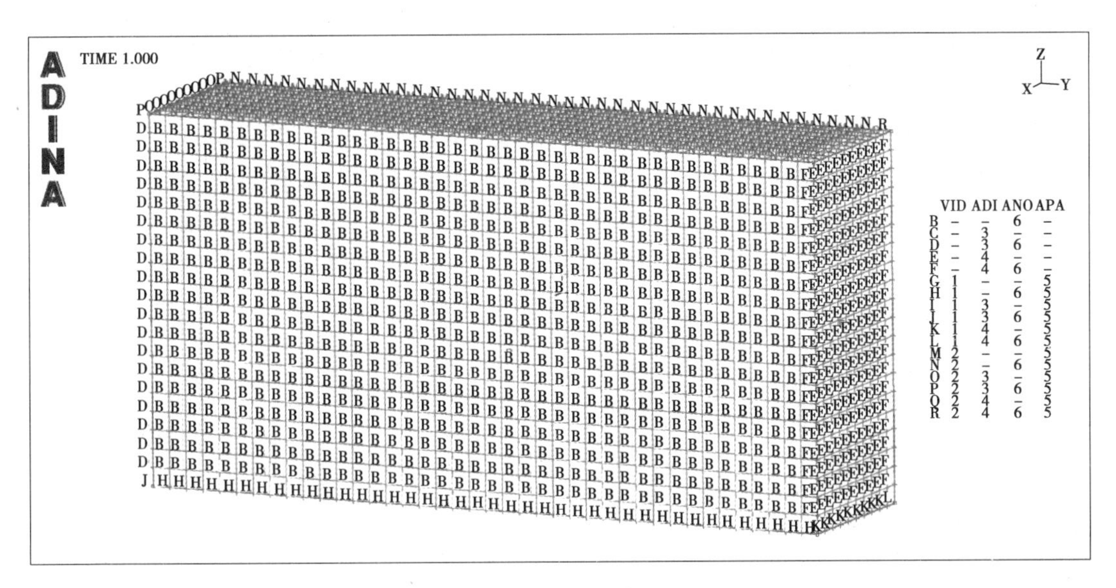

图 4.44.2　边界条件

44.7　生成数据文件，运行 ADINA EM，加载舷窗文件

单击【Save】保存图标并将数据库保存到文件 prob44。单击【Data File/Solution】数据文件/求解方案图标，将文件名称设置为“prob44”，确保【Run Solution】运行求解方案按钮被选中，并且求解方案的最大内存至少 30 MB，然后单击【Save】保存。ADINA EM 完成后，关闭所有打开的对话框。将【Program Module】程序模块下拉列表设置为【Post-Processing】后处理（可以放弃所有更改），单击【Open】打开图标并打开舷窗文件 prob44。

44.8　检查求解方案

单击【Model Outline】模型轮廓图标，然后单击【Save Mesh Plot Style】保存网格绘图风格图标（保存网格图的风格，使得我们可以不重复上述步骤每个情节）。

44.8.1　电势图

单击【Create Band Plot】创建条带图图标，将【Band Plot Variable】条带图变量设置为【Electromagnetic：VPT】（电磁：VPT），然后单击【OK】确定。图形窗口如图 4.44.3 所示。

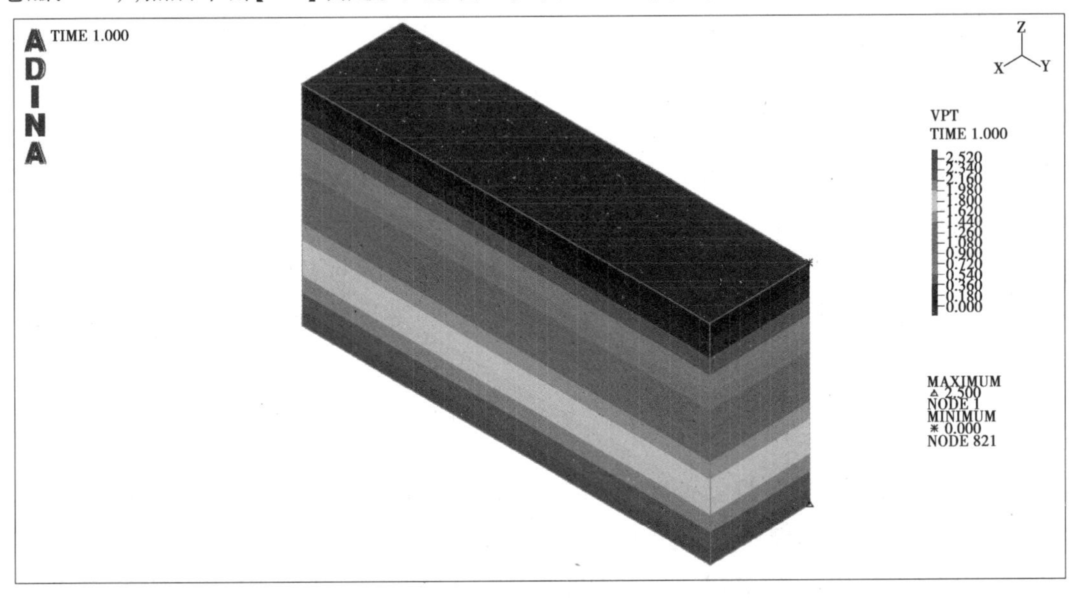

图 4.44.3　电磁场

44.8.2 磁性矢量电位图

单击【Clear】清除图标和【Mesh Plot】网格绘图图标绘制网格轮廓。单击【Create Vector Plot】创建矢量绘图图标，将【Vector Quantity】矢量数量设置为【APT】，然后单击【OK】确定。图形窗口如图 4.44.4 所示。

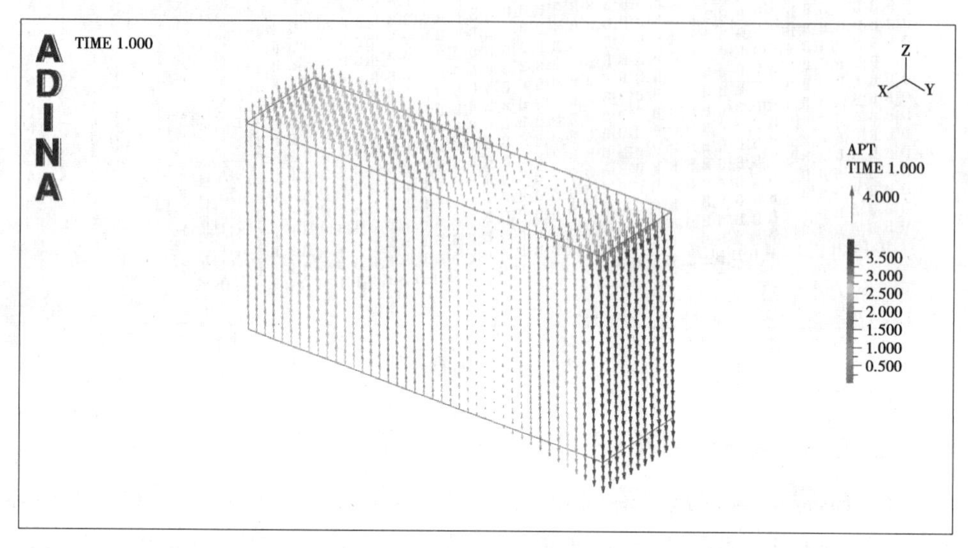

图 4.44.4 磁场矢量电位 APT

44.9 与分析求解方案比较

如果要将电势和磁矢量的电势与给定的垂直和水平线上的解析解进行比较，因网格被映射，可直接定义与这些线相对应的节点线。

因此，对于垂直线，可将为沿着垂直线的节点定义节点线 VL，并且将为垂直线上的分析电势定义用户数据 V。对于水平线，可将为沿着水平线的节点定义节点线 AL，并且将为水平线上的磁势定义用户数据 A。

把 VL、AL、V 和 A 的定义放入批处理文件 prob44_1.plo 中。选择【File】文件→【Open Batch】打开批处理，导航到工作目录或文件夹，选择文件 prob44_1.plo 并单击【Open】打开。可以通过选择【Definitions】定义→【Model Line】模型线→【Node】节点来检查线 VL 和 AL 的定义，可以通过选择【Graph】图形→【Define User Data】定义用户数据来检查 V 和 A 的定义。

44.9.1 电位分析求解方案比较

单击【Clear】清除图标，选择【Graph】图形→【Response Curve (Model Line)】响应曲线(模型线)，将【Model Line Name】模型线名称设置为 VL，将【Y Coordinate Variable】Y 坐标变量设置为【Electromagnetic: VPT】(电磁:VPT)，然后单击【OK】确定。现在选择【Graph】图表→【Plot User Data】绘制用户数据，将【Data Name】数据名称设置为 V，【Plot Name】绘图名称为“PREVIOUS”，然后单击【OK】确定。图形窗口如图4.44.5 所示。

44.9.2 磁性矢量电位的解析解比较

单击【Clear】清除图标，选择【Graph】图形→【Response Curve (Model Line)】响应曲线(模型线)，将【Model Line Name】模型线名称设置为 AL，将【Y Coordinate Variable】Y 坐标变量设置为【Electromagnetic: APT-Z】(电磁:APT-Z)，然后单击【OK】确定。现在选择【Graph】图→【Plot User Data】绘制用户数据，将

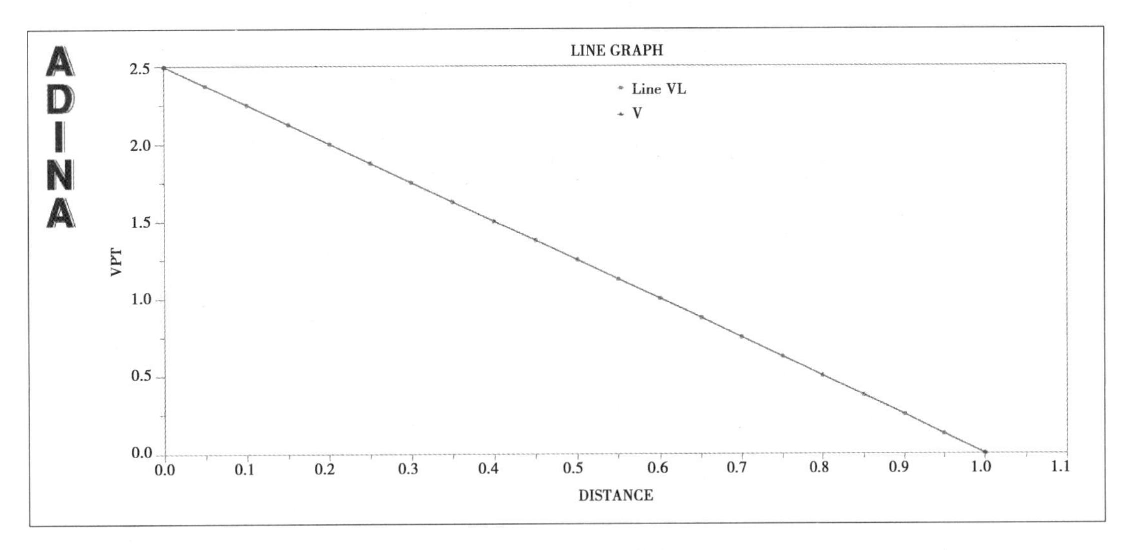

图 4.44.5 VPT 曲线

【Data Name】数据名称设置为“A”,【Plot Name】绘图名称为【PREVIOUS】,然后单击【OK】确定。图形窗口如图 4.44.6 所示。

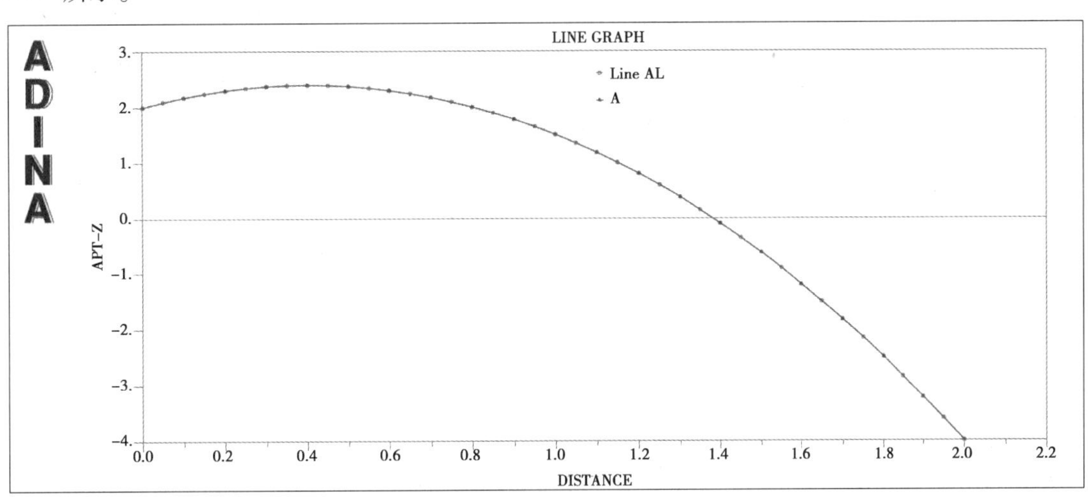

图 4.44.6 APT-Z 曲线

44.9.3 结果列表

选择【List】列表→【Value List】数值列表→【Model Line】模型线,将【Model Line Name】模型线名称设置为“VL”,将【Variables】变量设置为【List to (Electromagnetic: VPT)】列表(电磁:VPT),然后单击【Apply】应用。显示节点线上的电位。同样,将【Model Line Name】模型线设置为“AL”,将第一个变量设置为【(Electromagnetic:APT-Y)】,将第二个变量设置为【Electromagnetic: APT-Y】(Electromagnetic:APT-Z),然后单击【Apply】应用。显示磁势的成分。

44.10 退出 AUI

选择主菜单中的【File】文件→【Exit】退出,弹出【AUI】对话框,然后单击【Yes】,退出 ADINA-AUI。

问题 45　磁单极子的声学分析

问题描述

1) 问题概况

如图 4.45.1 所示,球状磁单极子按正弦振动,产生球状波,波传入周围的空气。

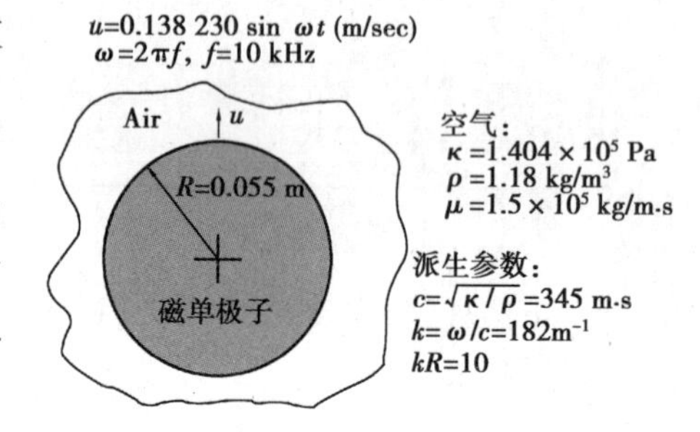

图 4.45.1　问题 45 中的计算模型

2) 问题分析

本例求解用的是 ADINA-FSI。ADINA-CFD 用于分析模型中磁单极子周围的空气,ADINA 用于分析模型中的磁单极子和远离磁单极子的空气。本例仅用 ADINA 结构就可完成,选用 ADINA-FSI 目的是演示流-构耦合(FSI)分析的主要特征。

施加磁单极子振动荷载的方法有多种,本例采用轴对称分析,直接把磁单极子振动荷载施加到 ADINA-CFD 流体模型上。

注意:磁单极子的初始速度为零,这一点和整个流域的零速度初始条件一致。

3) 演示内容

本例将演示以下内容:

①流-构耦合(FSI)分析。

②ADINA 中基于势的流体单元。

③定义并施加歪斜系统。

④在 time function 对话框中输入时间函数。

⑤Fourier(傅里叶)分析。

注意:①ADINA 系统的 900 个节点版本不能求解此问题,因为 ADINA 系统的 900 个节点版本不包含 ADINA-FSI。

②时间函数的数据存储在单独的文件 prob45_tf.txt 中。在开始此分析之前,需要将文件夹 samples\primer 中的文件 prob45_tf.txt 复制到工作目录或文件夹中。

45.1　启动 AUI,选择有限元程序

启动 AUI,从【Program Module】程序模块的下拉式列表框中选【ADINA Structures】ADINA 结构。选【Edit】编辑→【Memory Usage】内存使用,确认 ADINA/AUI 的内存不小于 48 M。

45.2　定义几何模型

如图 4.45.2 所示是建模的关键几何元素:

面 S1 用 ADINA-CFD 单元,面 S2 用 ADINA 结构基于势的单元。

线 L3 用于定义与无限空间的势分界面。当 AUI 生成数据文件时,势分界面将创建 ADINA 结构无限空间的势分界面单元。

图 4.45.3 是本例用到的流体-结构作用面。

注意:在 ADINA 结构的建模和 ADINA-CFD 的建模中都要定义流体-结构边界条件。

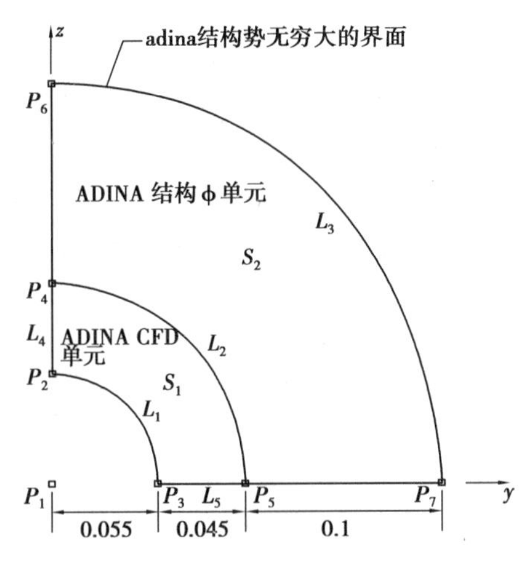

图 4.45.2　建模的关键几何元素

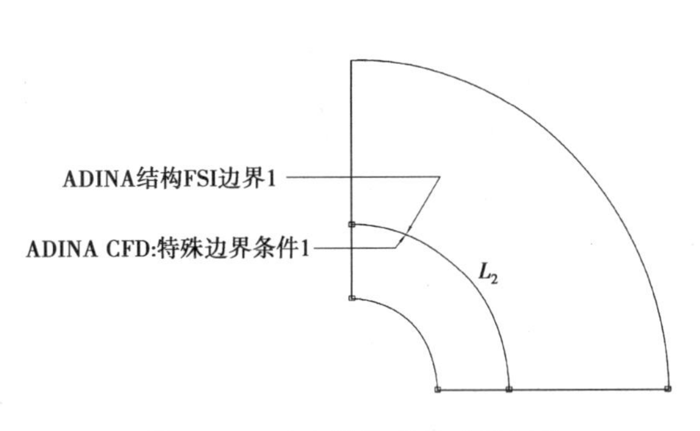

图 4.45.3　定义流体-结构边界条件

1）定义点

单击【Define Points】定义点图标，定义如表 4.45.1 所示点后（X1 列空白），单击【OK】确定。

表 4.45.1　点 1～点 7 定义参数

Point#	X_2	X_3
1	0	0
2	0	0.055
3	0.055	0
4	0	0.1
5	0.1	0
6	0	0.2
7	0.2	0

2）定义弧线

单击【Define Lines】定义线图标，增加如表 4.45.2 所示线。

表 4.45.2　线 1～线 3 定义参数

Line Number	Type	Defined by	P_1	P_2	Center
1	Arc	P_1，P_2，Center	3	2	1
2	Arc	P_1，P_2，Center	4	5	1
3	Arc	P_1，P_2，Center	6	7	1

3）定义直线

后续要在如表 4.45.3 所示直线上施加边界条件。

表 4.45.3　线 4 和线 5 定义参数

Line Number	Type	Point 1	Point 2
4	Straight	4	2
5	Straight	5	3

单击【OK】确定关闭对话框。

4）定义面

单击【Define Surfaces】定义曲面图标，输入如表 4.45.4 所示面。

表 4.45.4　面 1 和面 2 定义参数

Surface Number	Type	Point 1	Point 2	Point 3	Point 4
1	Vertex	5	4	2	3
2	Vertex	7	6	4	5

单击【OK】确定关闭对话框。图形窗口如图 4.45.4 所示。

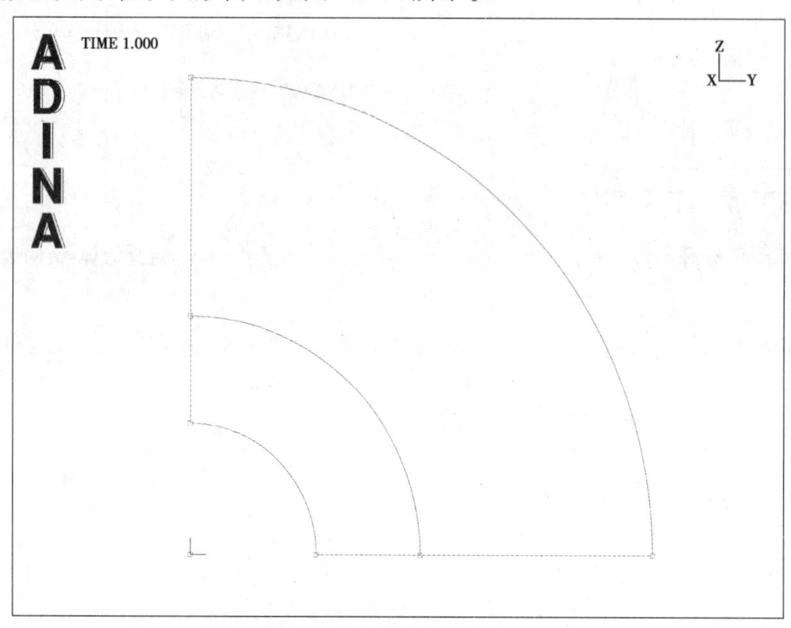

图 4.45.4　包括点、线、面的几何模型

45.3　划分网格

ADINA-CFD 流体区域用 10×20 的网格，ADINA Structures 有限流体区域用 10×60 的网格。单击【Subdivide Surfaces】细分曲面图标，选 1 号面，把【Number of Subdivisions in the u-and v-directions】u-和 v-方向的细分数分别设置为“10”和“20”，单击【Save】保存。再选 2 号面，【Number of Subdivisions in the u-and v-directions】u-和 v-方向的细分数别设置为“10”和“60”，单击【OK】确定。图形窗口如图 4.45.5 所示。

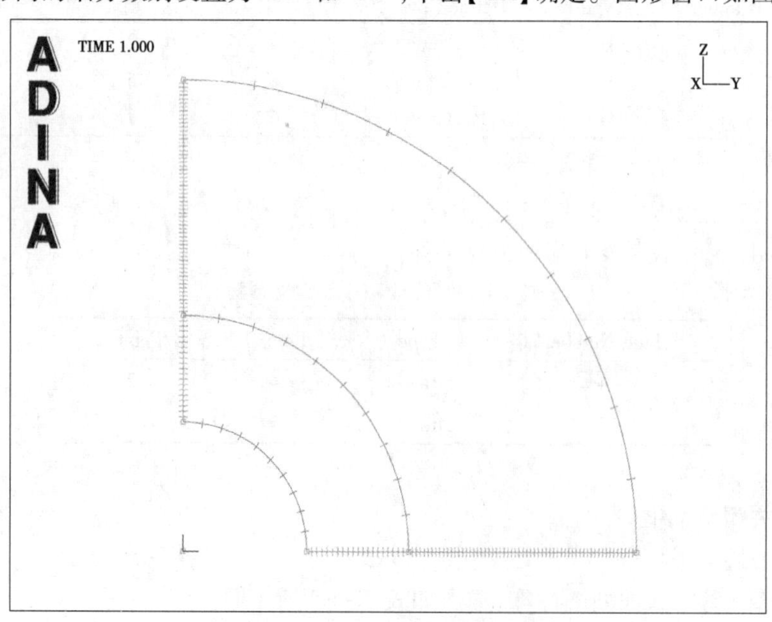

图 4.45.5　划分流体网格后的模型

45.4 ADINA 结构模型

45.4.1 问题题目

选择【Control】控制→【Heading】标题，输入标题【Problem 45：10 kHz monopole，ADINA input】，单击【OK】确定。

45.4.2 分析类型

从【Analysis Type】分析类型下拉式列表框中选【Dynamics-Implicit】动力学-隐式。

45.4.3 FSI 分析

从【Multiphysics Coupling】多物理耦合下拉式列表框中选【with CFD】。

45.4.4 定义流-构边界

本例的流-构边界定义在 ADINA 结构和 ADINA CFD 的作用面上。选择【Model】模型→【Boundary Conditions】边界条件→【FSI Boundary】FSI 边界，增加【Boundary Number 1】边界条件 1，在表中第一行输入“2”，单击【OK】确定。

45.4.5 定义材料

单击【Manage Materials】管理材料，再单击【Potential-based Fluid】基于势的流体按钮。在【Define Potential-based Fluid Material】定义基于势的流体对话框中增加【material 1】材料 1，把【Bulk Modulus】大块模量设置为“1.404E5”，【Density】密度设置为“1.18”，单击【OK】确定。单击【Close】关闭，关闭【Manage Material Definitions】管理材料定义对话框。

45.4.6 定义势分界面

选择【Model】模型→【Boundary Conditions】边界条件→【Potential Interface】势界面，增加【Potential Interface Number 1】势界面号 1，把【Type】类型设置为【Fluid-Infinite Region】流体无穷域，【Boundary Type】边界类型设置为【Spherical】球面，【Radius of Boundary】边界条件半径设置为“0.2”，在表的第一行输入“3”，单击【OK】确定。

45.4.7 定义流体单元

1）单元组

单击【Element Groups】单元组图标，增加【element group number 1】单元组 1，把【Type】类型设置为【2-D Fluid】二维流体，确认【Element Sub-Type】单元子类型是【Axisymmetric】，【Formulation】公式是【Linear Potential-Based Element】线性基于势的单元后，单击【OK】确定。

2）生成单元

单击【Mesh Surfaces】网格曲面图标，把【Nodes per Element】每个单元的节点设置为“4”，在表中的第一行输入“2”，单击【OK】确定。

图形窗口如图 4.45.6 所示。

45.4.8 生成数据文件

单击【Data File/Solution】数据文件/求解图标，把文件名设置为“prob45_a”，不选【Run Solution】运行求解按钮（我们不想运行【ADINA Structures】ADINA 结构，单击【Save】保存）。

注意：AUI 在 Log Window 中输入了“Model completion information for potential-based elements”。这是因为

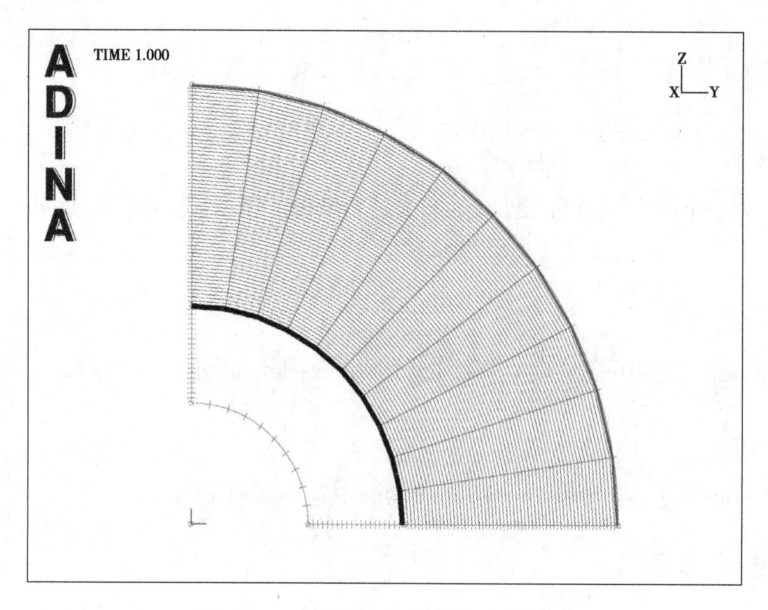

图 4.45.6 划分实体面网格后的模型

生成 ADINA 结构数据文件时,AUI 完成了基于势的建模工作。

本例中 AUI 做了以下工作:

①生成 10 个 ADINA-CFD 分界面单元(界于 ADINA 结构和 ADINA-CFD 模型之间的基于势的分界面单元)。

②生成歪斜系统,并将之分配到 ADINA 结构和 ADINA-CFD 模型接触边界的某些节点上 (9 个节点)。

③给 ADINA 结构和 ADINA-CFD 模型的接触边界节点在零刚度方向施加固定约束。零刚度方向是和边界相切的方向(AUI 建立歪斜系统,目的是有一个方向和边界相切)。

从 AUI 中也可看出,有 120 个未被覆盖的单元边(和任何作用面都不相连的边)。这些边作为对称边界条件处理。另有两个节点既有自由法向,又有结构法向。这两个节点位于 ADINA Structures /ADINA CFD 边界和对称边界的交叉点上。

45.5 ADINA-CFD 模型

45.5.1 有限元程序

从【Program Module】程序模块下拉式列表框中选【ADINA CFD】。

45.5.2 问题题目

选【Control】控制→【Heading】标题,输入标题【Problem 45: 10 kHz monopole, ADINA-F input】,单击【OK】确定。

45.5.3 分析类型

从【Analysis Type】分析类型下拉式列表框中选【Transient】瞬态,然后单击【Analysis Options】分析选项图标,把【Integration Method】积分方法设置成【Composite】,单击【OK】确定。

45.5.4 FSI 分析

从【Multiphysics Coupling】多物理耦合下拉式列表框中选择【with Structures】,单击右边的【Coupling Options】耦合选项,把【FSI Solution Coupling】FSI 求解耦合设置成【Direct】直接,单击【OK】确定。

45.5.5　流动假定

选【Model】模型→【Flow Assumptions】流动假设，把【Flow Dimension】流动维数设置成【2D (in YZ Plane)】2D（在YZ平面内），【Includes Heat Transfer】包含传热按钮为不选，把【Flow Type】流动类型设置成【Slightly Compressible】稍微可压缩，单击【OK】确定。

45.5.6　时间步

选择【Control】控制→【Time Step】时间步，在表的第一行输入"150""5.0E-6"，单击【OK】确定。

45.5.7　定义边界条件

1)流-构边界条件

单击【Special Boundary Conditions】特殊边界条件图标SBC，增加【special boundary condition 1】特殊边界条件1，把【Type】类型设置成【Fluid-Structure Interface】流体-结构界面，确认【Fluid-Structure Boundary #】流体-结构边界号是1后，在【Line #】线号表的第一行输入"2"，单击【Save】保存指定的边界条件1。

2)壁面边界条件

增加【special boundary condition 2】特殊边界条件2，把【Type】类型设置成【Wall】壁面。在【Slip Condition】滑动条件框中选【Yes】是。在【Line #】线号表中输入"4"和"5"，单击【OK】确定关闭对话框。

单击【Boundary Plot】边界绘图图标，图形窗口如图4.45.7所示。

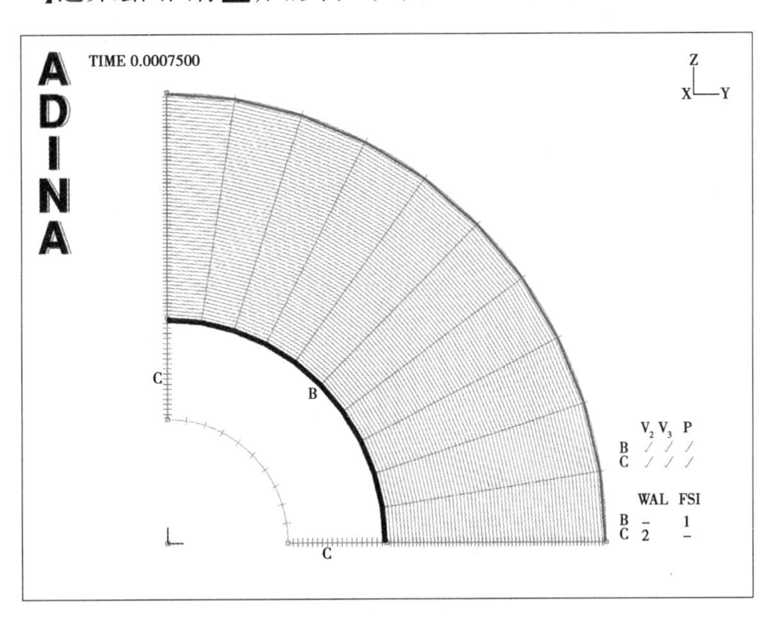

图4.45.7　显示边界条件

3)歪斜系统

描述速度之前，需定义歪斜系统，并将之加到要指定速度的节点上。对线1上的每一个节点，其歪斜系统的方向是线1的法向和切向。

选择【Model】模型→【Skew Systems】歪斜系统→【Apply】应用，单击【Define...】定义按钮，在【Define Skew Coordinate System】定义歪斜系统对话框内，添加【skew system 1】歪斜系统1，把【Defined by】由定义设置成【Normal】法向，确保【Skew System #】歪斜系统号设置为"1"，【Type】类型设置为【Edge/Line】棱边/线，单击【OK】确定。

在表的第一行，把【Edge/Line #】棱边/线号设置为"1"，单击【Apply】应用。注意，【Direction Normal】方向法向列下的值是【Aligned with Axis 'C'】与轴C对齐，【Direction Tangential】方向切向列下的值是【Aligned with Axis‘B’】与轴 B 对齐。单击【OK】确定关闭对话框。

4)指定速度

单击【Apply Load】应用载荷图标，确认【Load Type】载荷类型是【Velocity】速度后，单击【Load Number】载荷号区域右侧的【Define...】定义按钮。在【Define Velocity】定义速度对话框中，增加【velocity 1】速度 1，把【Y Prescribed Value】Y 限制值设置为“0.0”，【Z Prescribed Value】Z 限制值设置为“0.138230”，单击【OK】确定。在【Apply Load】应用载荷对话框中，把【Apply to】应用到区域设置成【Line】线，然后在表的第一行，把【Line #】线#设置为“1”。单击【OK】确定关闭【Apply Load】应用载荷对话框。

因线 1 上的节点有歪斜系统，Y 方向的荷载在 B 方向(切向)能够准确施加，Z 方向的荷载在 CB 方向(法向)能够准确施加。

5)时间函数

选择【Control】控制→【Time Function】时间函数，把表清掉，输入文件 prob45_tf.txt，单击【OK】确定。Prob45_tf.txt 中是一个正弦时间函数，其振幅是单位振幅，频率是 10 kHz。

要绘制荷载，可单击【Load Plot】载荷绘图图标，但最后求出的荷载是零，故显示不出来。为此，可单击【First Solution】第一个求解，再单击【Next Solution】下一个求解几次，直到所显示的时间为“2.500E-05”。单击【Load Plot】载荷绘图图标两次，图形窗口如图 4.45.8 所示。

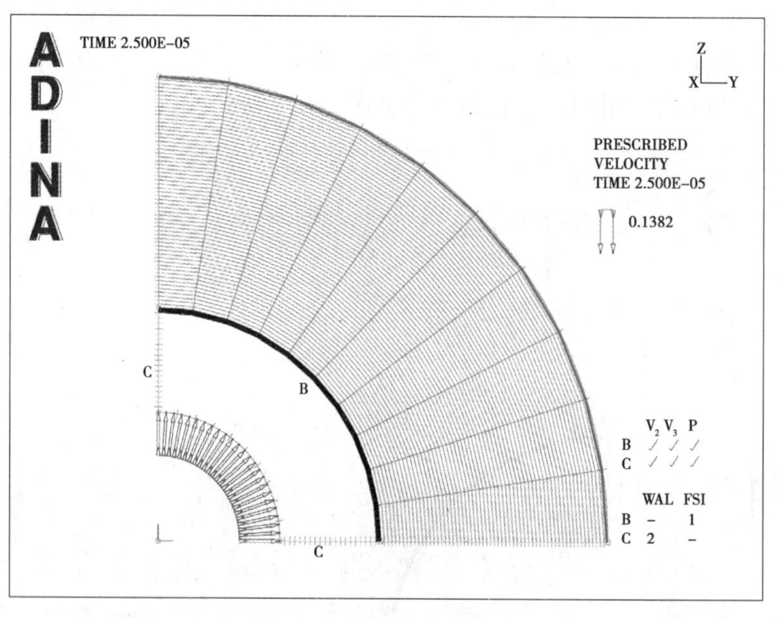

图 4.45.8　显示载荷

45.5.8　定义材料

单击【Manage Materials】管理材料图标，再单击【Laminar】分层按钮。在【Define Laminar Material】定义分层材料对话框中，增加【material 1】材料 1，把【Viscosity】黏度设置为“1.5E-5”，【Density】密度设置为“1.18”，【Fluid Bulk Modulus】流体体积模量设置为“1.404E5”，单击【OK】确定。单击【Close】关闭，关闭【Manage Material Definitions】管理材料定义对话框。

45.5.9　定义单元

1)单元组

单击【Element Groups】单元组图标，增加【group 1】组 1，确认【Type】类型是【2-D Fluid】二维流体，【Sub-Type】子类型是【Axisymmetric】轴对称后，单击【OK】确定。

2）生成单元

单击【Mesh Surfaces】网格曲面图标，在表中第一行输入“1”，单击【OK】确定。图形窗口如图 4.45.9 所示。

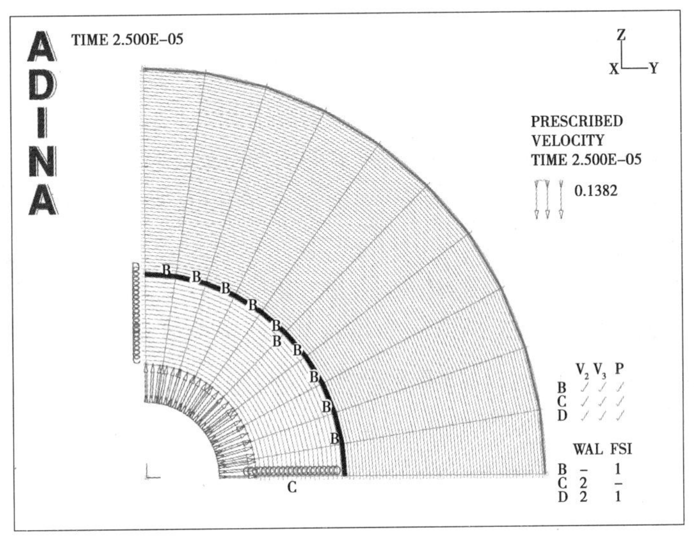

图 4.45.9　划分面单元

45.5.10　生成 ADINA-CFD 数据文件

单击【Data File/Solution】数据文件/求解方案图标，把文件名设置为“prob45_f”，不勾选【Run Solution】运行求解方案按钮（我们不想运行 ADINA-CFD），单击【Save】保存。

45.6　运行 ADINA-FSI

单击【Save】保存，把数据库保存到文件 prob45 中。选【Solution】求解→【Run ADINA-FSI】运行 ADINA-FSI，单击【Start】开始按钮，选择文件 prob45_f，然后按下“Ctrl”键再选文件 prob45_a。文件名区域应显示有两个文件被选中，单击【Start】开始。ADINA-FSI 运行完毕后，关闭所有打开的对话框。

45.7　后处理

1）创建结果文件

ADINA-FSI 创建了两个结果文件，一个是为 ADINA 结构服务的，另一个是为 ADINA-CFD 服务的。可以同时处理这两个模型的结果。

从【Program Module】程序模块的下拉式列表框中选【Post-Processing】后处理，其余选默认。

单击【Open】打开图标，打开结果文件 prob45_a，再单击【Open】打开图标，打开结果文件 prob45_f。

把有限元解和解析解进行比较，压力的解析解是离开磁单极子中心距离的函数。

$$p(r)=\frac{R}{r}p(R)$$

$$p(R)=\frac{\omega\,\dot{u}\rho R}{\sqrt{(kR)^2+1}}$$

其中 r 是离开磁单极子中心的距离，根据题目的假定，在给定的时间，$rp(r)$ 对 r 的曲线是一条正弦曲线，其幅值是 $R\cdot p(R)=3.084$ N/m，周期是 $\lambda=\frac{c}{f}=3.45\times10^{-2}$ m。

2）显示波

先定义一个与 r 相关的变量，再定义两个与 $rp(r)$ 相关的变量，一个与 ADINA CFD 压力相关的量，一个与 ADINA Structures 压力相关的量。

选【Definitions】定义→【Variable】变量→【Resultant】结果，增加结果名称 R，把它定义为

SQRT(<Y-COORDINATE> * *2 + <Z-COORDINATE> * *2)

单击【Save】保存(提示：键入合力时可以用大写，可以用小写，也可以大、小写混合使用)。现在，增加结果名称 R_P_S，把它定义为

R * FE_PRESSURE

单击【Save】保存(用 FE_PRESSURE 可以得到用 ADINA Structures 势单元直接计算的压力值，也可以得到 ADINA-F 流体单元中心的压力值)。最后添加结果名称 R_P_CFD，将其定义为

R * NODAL_PRESSURE

并单击【OK】确定(可使用 NODAL_PRESSURE 来访问由 ADINA CFD 流体单元计算的压力)。

现在将这些变量表示为带状图。单击【Model Outline】模型轮廓图标，然后单击【Create Band Plot】创建条带绘图图标，设置【Band Plot Variable】条带绘图变量为【User Defined:R_P_CFD】并单击【Apply】应用，然后设置【Band Plot Variable】条带绘图变量为【User Defined:R_P_S】并单击【OK】确定。

图形窗口如图 4.45.10 所示。该图显示了波浪的球形特性，其最大振幅和波长与上面给出的求解方案相当。

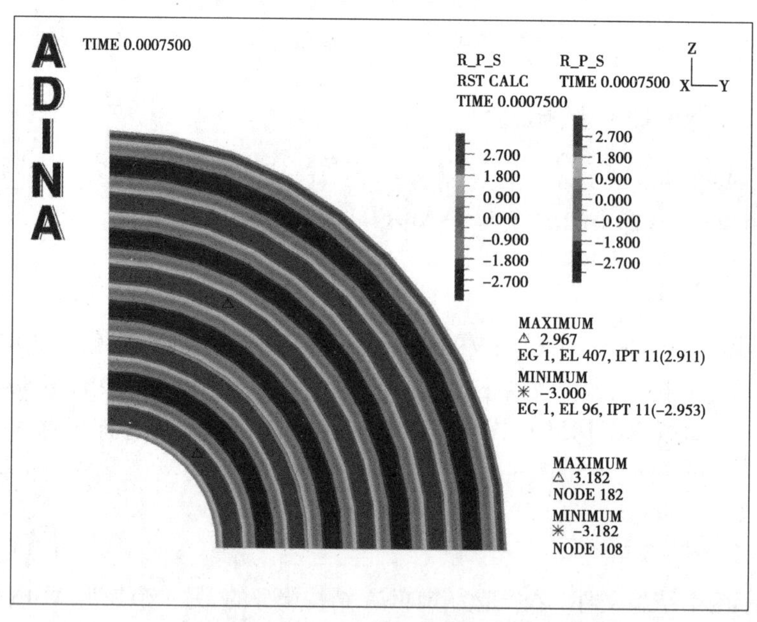

图 4.45.10　波浪的球形特性

要制作动画，可单击【Movie Load Step】电影载荷步图标，制作完成后，单击【Animate】动画图标，动画演示波向外传播的过程，同时也可看到无限势分界面单元吸收波的过程。

3)压力时间历程的 Fourier(傅里叶)分析

如要详细地检查模型中某一点的求解方案，可选择在点 P5(r=0.1 m)检查 ADINA 结构(实体)模型的压力。首先需要确定与这个点相对应的节点号。单击【Clear】清除图标，然后单击【Node Symbols】节点符号图标以显示具有节点符号的网格。如果只显示 ADINA Structures 模型，请展开模型树中的【Zone】区域条目，右键单击【1. ADINA】并选择显示。图形窗口如图 4.45.11 所示。

单击【Query】查询图标?，单击模型选择想要的节点(为方便地找出节点，可放大模型)，节点号应是 661。

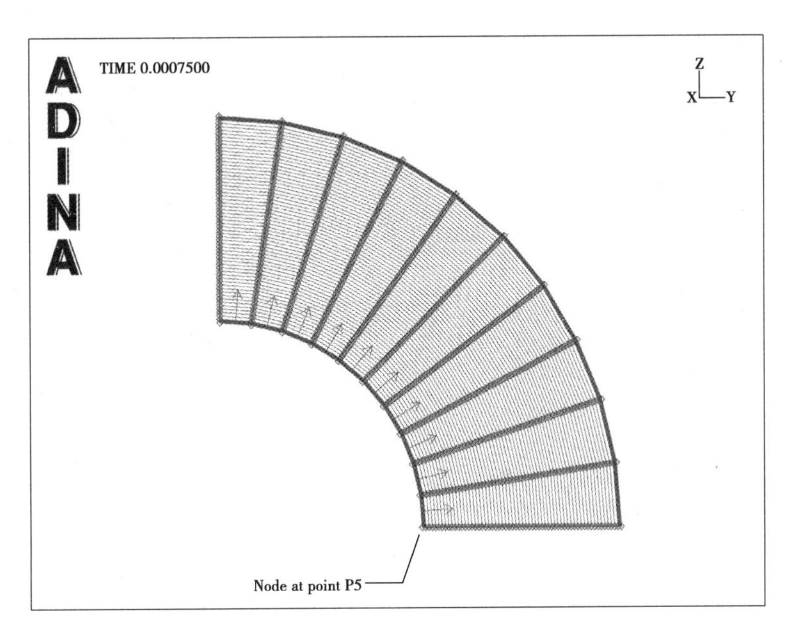

图 4.45.11 点 P5 的位置

创建模型上的点之前,必须把当前的程序改为【ADINA Structures】。从【FE Model】有限元模型(不是【Program Module】程序模块)的下拉式列表框中选【ADINA Structures】ADINA 结构。下面创建与节点 661 相关的点。选【Definitions】定义→【Model Point】模型点→【Node】节点,增加【node point name N661】,把【Node Number】节点号设置成 661,单击【OK】确定。

绘制节点 661 处的压力,该压力是时间的函数。单击【Clear】清除图标,选【Graph】图形→【Response Curve (Model Point)】响应曲线(模型点)。在【Define Response Curve (Model Point)】定义响应曲线(模型点)对话框中,把【Y Variable】Y 变量设置成【(Stress:FE_PRESSURE)】,【Y Smoothing Technique】Y 平滑技术设置成【AVERAGED】,单击【OK】确定。图形窗口如图 4.45.12 所示。

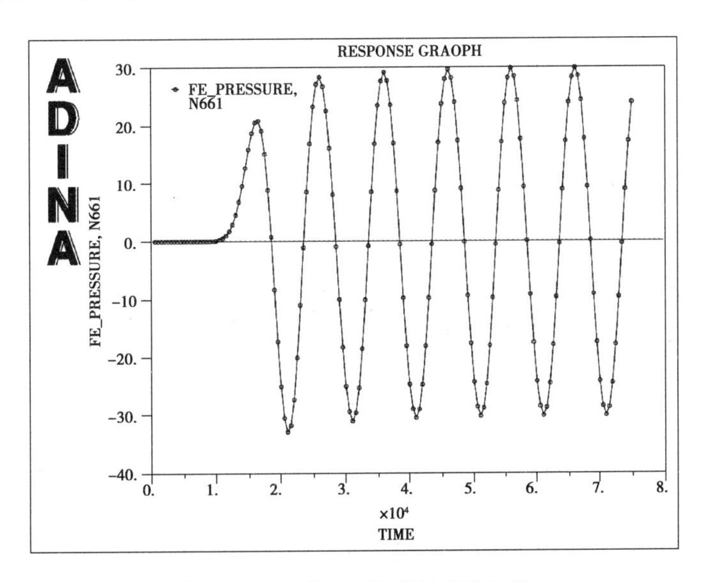

图 4.45.12 节点 661 处的响应曲线

现在做稳态响应的傅里叶分析。从图 4.45.12 中可看出,在时间为 2.5×10^4 时,已接近稳态。因此选的时间间隔是“到”。单击 2.5×10^4 到 7.5×10^4,单击【Clear】清除图标,然后选择【Graph】图→【Fourier Analysis】Fourier 分析。要设置时间间隔,请单击在【Response Range】响应范围字段的右侧【...】按钮,确保【Response Range】响应范围名称为【DEFAULT】,将【Start Time】开始时间字段设置为“2.5E-4”,然后单击

【OK】确定关闭【Define Response Range Depiction】定义响应范围描述对话框。在【Fourier Analysis】傅里叶分析对话框中，将【Variable】变量设置为【Stress：FE_PRESSURE】（应力：FE_PRESSURE），将【Smoothing Technique】平滑技术设置为【AVERAGED】并单击【OK】确定。图形窗口如图 4.45.13 所示。

傅里叶分析与近似正弦时间历史一致。

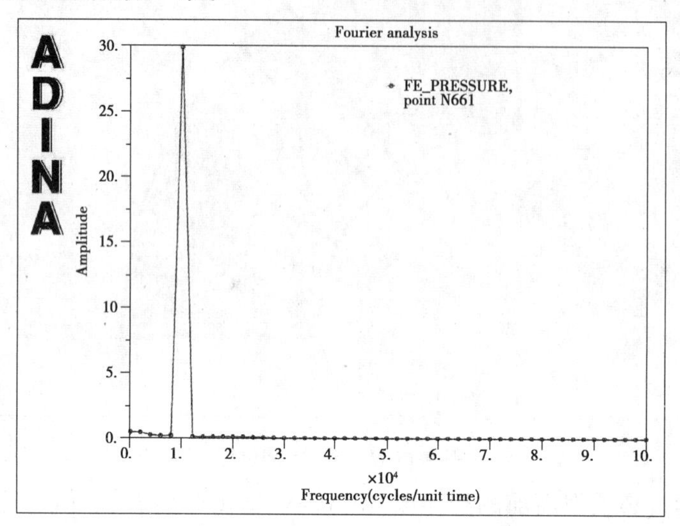

图 4.45.13　应力的响应曲线

检验图中的数值解。选【Graph】图形→【List】列表。频率为 1.0000E+04 时的振幅应该是 3.22556E+01，这一数值和 r=0.1 m 处的压力解析解很接近。

45.8　退出 AUI

选择主菜单中的【File】文件→【Exit】退出，弹出【AUI】对话框，然后单击【Yes】，退出 ADINA-AUI。

第5章

流固耦合

问题46　由于内部流体流动导致的管道变形

问题描述

1)问题概况

如图4.46.1所示的管道充满了以恒定速度流动的水。

$E_{pipe} = 2.07 \times 10^{11}\ N/m^2$

$\nu_{pipe} = 0.29$

$\rho_{pipe} = 7\ 800\ kg/m^3$

$\mu = 100 \times \mu_{water} = 100 \times 0.001\ kg/m \cdot s = 0.1\ kg/m \cdot s$

$\rho_{water} = 890\ kg/m^3$

管外径 $= 5.0800 \times 10^{-2}$ m

管内径 $= 4.9022 \times 10^{-2}$ m

管道中线半径 $= 2.495\ 55 \times 10^{-2}$ m

管壁厚度 $= 8.89 \times 10^{-4}$m

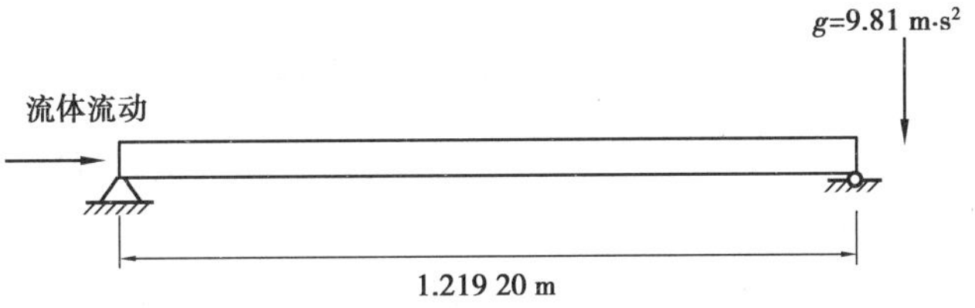

图5.46.1　问题46中的计算模型

2)问题分析

①管道模型:管道的墙壁用9节点的壳单元建模。在管道模型中假设小的位移。

②流体模型:流体采用8节点FCBI单元建模。对管道左端的流体施加均匀的速度。

③在管道的右端,横向速度设置为零(如果省略这种情况,则施加到流体上的重力将导致管道出口处的流体流动)。

④在流体模型中假设大的结构位移。

⑤在管壁上使用滑移流体-结构相互作用边界条件。这个假设与比较求解方案是一致的,可使用粗糙的流体模型(在管道直径上只有两个单元)。管中的流体速度恒定,其黏度不影响溶液,因此水的黏度缩小了100倍,从而使模型收敛。

必须建立两个有限元模型,即管道的ADINA结构模型和流体的ADINA CFD模型。在这种情况下,分别在两个独立的AUI数据库中设置模型,也可以在同一个AUI数据库中设置两个模型。

3)演示内容

本例将演示以下内容:

①定义 3D FSI 模型。

②定义质量比例负载。

③用滑移定义流体结构的边界条件。

④为图形添加比较求解方案。

注意:ADINA 系统的 900 个节点版本不能求解这个问题,因为 ADINA 系统的 900 个节点版本不包括 ADINA-FSI。

46.1 启动 AUI 并选择有限元程序

启动 AUI,将【Program Module】程序模块下拉列表设置为【ADINA Structures】ADINA 结构。

46.2 定义 ADINA 结构模型

46.2.1 定义模型控制数据

1)问题标题

选择【Control】控制→【Heading】标题,在标题栏中输入【Problem 24: Deformation of a pipe due to internal fluid flow, pipe model】问题 24:由于内部流体流动,管道模型引起的管道变形然后单击【OK】确定。

2)与流体流动的相互作用

将【Multiphysics Coupling】多物理耦合下拉列表设置为【with CFD】。

46.2.2 定义模型几何

5.46.2 显示了用于定义 ADINA 结构模型的关键几何元素。

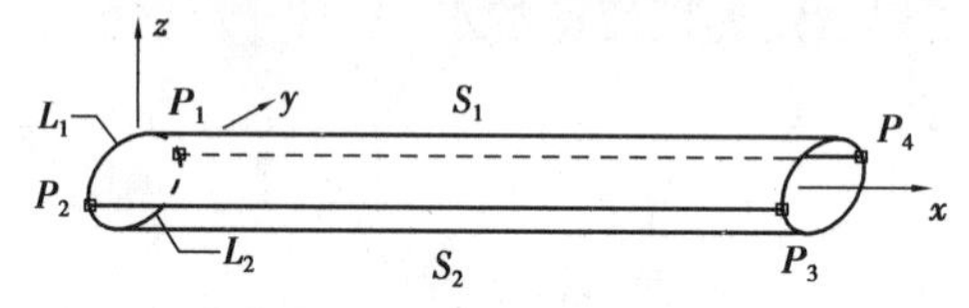

图 5.46.2 ADINA 结构模型的关键几何元素

1)几何点

单击【Define Points】定义点图标,在表格中输入如表 5.46.1 所示几个点,单击【OK】确定。

表 5.46.1 定义点

Point#	X_1	X_2	X_3
1	0	0.024 955 5	0

2)几何线

单击【Define Lines】定义线图标,添加第 1 行,将【Type】类型设置为【Revolved】旋转,将【Initial Point】初始点设置为“1”,【Angle of Rotation】旋转角度为“180”,确保【Axis】轴设置为“X”,然后单击【Save】保存。添加【line 2】线 2,确保【Type】类型设置为【Revolved】旋转,将【Initial Point】初始点设置为“2”,【Angle of Rotation】旋转角度为“180”,确保【Axis】轴设置为“X”,然后单击【OK】确定。

3)几何曲面

单击【Define Surfaces】定义曲面图标,添加【surface 1】曲面 1,将【Type】类型设置为【Extruded】拉伸,将【Initial Line】初始线设置为“1”,将【Vector】矢量设置为(1.2192, 0, 0),在表的第一行中输入“2”,然后单击【OK】确定。

选择【Geometry】几何→【Surfaces】表面→【Thickness】厚度,将两个表面的厚度设置为“0.000889”,然后单击【OK】确定。

当单击【Wire Frame】线框图标,【Point Labels】点标签图标和【Surface/Face Labels】曲面/面标签图

标时,图形窗口如图5.46.3所示。

46.2.3 定义边界条件

1)边界条件

单击【Apply Fixity】应用固定图标并单击【Define...】定义...按钮。添加【boundary condition】边界条件【PIN】,选择【X-Translation】X平动,【Y-Translation】Y平动和【Z-Translation】Z平动字段,然后单击【Save】保存。然后添加【boundary condition】边界条件【ROLLER】,选择【Y-Translation】Y平动和【Z-Translation】Z平动字段,然后单击【OK】确定。

在【Apply Fixity】应用固定对话框中,将【Fixity】固定设置为【PIN】,确保【Apply to】应用于字段设置为【Point】点,在表的前两行中输入"1"和"2",然后单击【Apply】应用。将【Fixity】设置为【ROLLER】,在表的前两行输入"3"和"4",然后单击【OK】确定。当单击【Boundary Plot】边界绘制图标时,图形窗口如图5.46.4所示。

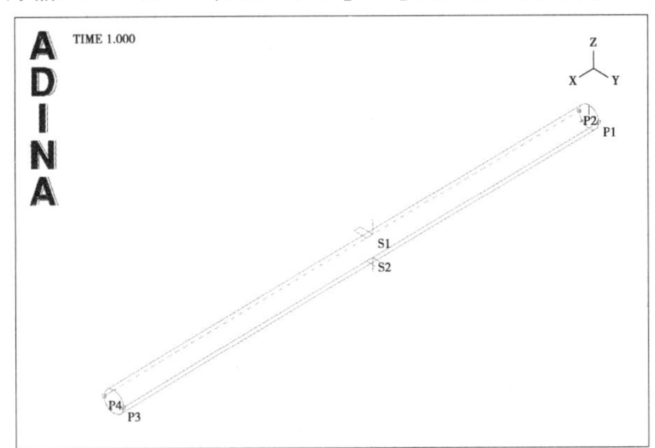

图5.46.3 曲面/面标签

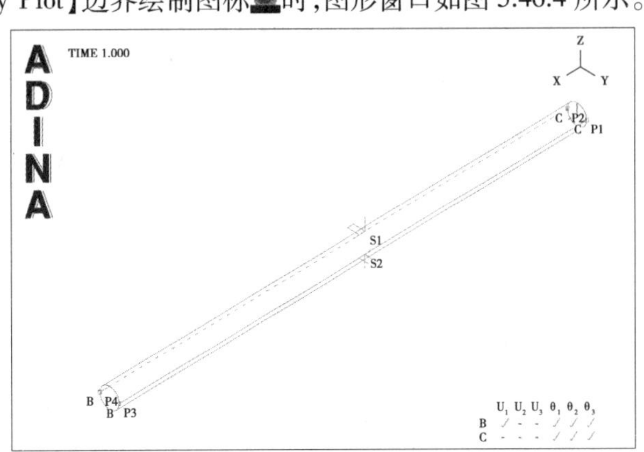

图5.46.4 边界条件

2)流体结构边界

表面1和2是流体结构边界。选择【Model】模型→【Boundary Conditions】边界条件→【FSI Boundary】FSI边界,添加【FSI boundary number】FSI边界数1,设置【Apply to】应用到栏为【Surfaces】表面,表中的前两行输入"1"和"2",然后单击【OK】确定。

46.2.4 定义负载

管子由于自重而受到重力负荷。单击【Apply Load】应用载荷图标,将【Load Type】载荷类型设置为【Mass Proportional】质量比例,然后单击【Load Number】载荷编号字段右侧的【Define...】定义...按钮。在【Define Mass-Proportional Loading】定义质量比例载荷对话框中,添加【load number】载荷编号1,将【Magnitude】幅度设置为"9.81",确保【Direction】方向设置为(0,0,-1),然后单击【OK】确定。在【Apply Load】应用载荷对话框的表格第一行中,将【Time Function】时间函数设置为"1",然后单击【OK】确定。

46.2.5 定义材料

单击【Manage Materials】管理材料图标M,然后单击【Elastic Isotropic】弹性各向同性按钮。在【Define Isotropic Linear Elastic Material】定义各向同性线弹性材料对话框中,添加【material 1】材料1中,将【Young's Modulus】杨氏模量设置为"2.07E11",【Poisson's ratio】泊松比为"0.29",【Density】密度为"7800",然后单击【OK】确定。单击【Close】关闭,关闭【Manage Material Definitions】管理材料定义对话框。

46.2.6 定义有限元和节点

1)单元组

单击【Element Groups】单元组图标,添加【element group 1】单元组1,将【Type】类型设置为【Shell】壳,

然后单击【OK】确定。

2)细分数据

单击【Subdivide Surfaces】细分曲面图标，选择【surface 1】曲面1，将【Number of Subdivisions in u-direction】u方向的细分数量设置为“5”，将【Number of Subdivisions in v-direction】V方向的细分数量设置为“8”，在表格的第一行中输入“2”，单击【OK】确定。

3)单元生成

单击【Mesh Surfaces】划分曲面网格图标，将【Nodes per Element】每个单元的节点设置为“9”，在表格的前两行中输入“1”和“2”，然后单击【OK】确定。图形窗口如图5.46.5所示。

粗线表示流体结构边界。要隐藏粗线，请单击【Show Fluid Structure Boundary】显示流体结构边界图标。现在单击【Show Geometry】显示几何图标(隐藏几何图形)和【Hidden Surfaces Removed】隐藏已移除表面图标。图形窗口如图5.46.6所示。

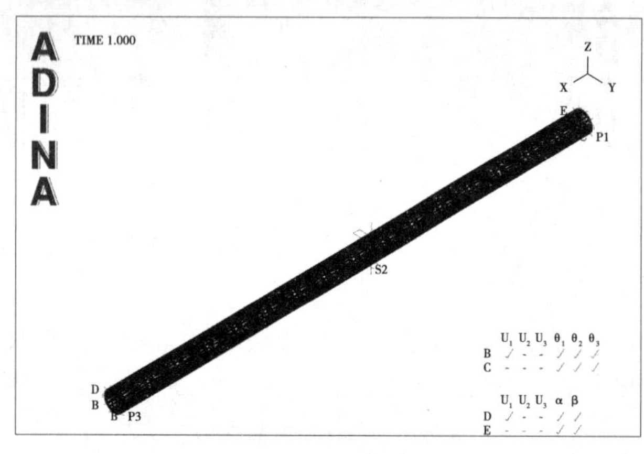

图5.46.5　划分曲面网格

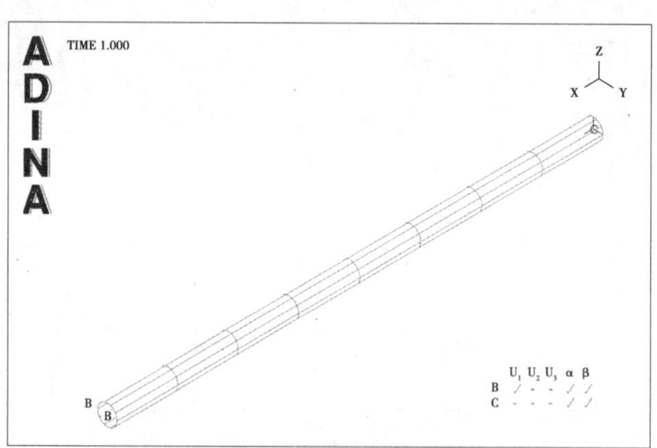

图5.46.6　隐藏流体结构边界

46.2.7　创建ADINA Structures数据文件，保存数据库文件

单击【Data File/Solution】数据文件/求解方案图标，将文件名设置为“prob46_a”，取消选中【Run Solution】运行求解方案按钮，然后单击【Save】保存。现在单击【Save】保存图标并将数据库保存到文件prob46_a。

46.3　定义ADINA CFD模型

单击【New】新建图标创建一个新的AUI数据库。然后将【Program Module】程序模块下拉列表设置为【ADINA CFD】。

46.3.1　定义模型控制数据

1)标题

选择【Control】控制→【Heading】标题，输入【Problem 46: Deformation of a pipe due to internal fluid flow, fluid model】问题46:由于内部流体流动导致的管道变形，流体模型，然后单击【OK】确定。

2)与结构的交互

将【Multiphysics Coupling】多物理耦合下拉列表设置为【with Structures】。然后单击【Coupling Options】耦合选项图标，将【FSI Solution Coupling】流固耦合求解设置为【Direct】，将【Maximum Number of Fluid-Structure Iterations】最大流体结构迭代次数设置为“50”，然后单击【OK】确定。

3)流量假设

选择【Model】模型→【Flow Assumptions】流量假设，确保【Flow Dimension】流量维度设置为“3D”，取消选中【Includes Heat Transfer】包括传热按钮，然后单击【OK】确定。

4)迭代次数和迭代容差

选择【Control】控制→【Solution Process】求解方案过程，单击【Iteration Method…】迭代方法…按钮，将【Maximum Number of Iterations】最大迭代次数设置为“30”，然后单击【OK】确定关闭【Iteration Method】迭代方法对话框。现在单击【Iteration Tolerances…】迭代公差按钮，将【Relative Tolerance for Degrees of Freedom】自由度的相对容差设置为“0.01”，然后单击【OK】确定两次以关闭这两个对话框。

5)时间步长和时间函数

我们将只应用第一步的重力荷载，然后以20个相同的步长将流速增加到200 m/s。选择【Control】控制→【Time Step】时间步骤，在表的第一行中将【Number of Steps】步数设置为“21”，然后单击【OK】确定。现在选择【Control】控制→【Time Function】时间函数，编辑如表5.46.2所示时间函数，然后单击【OK】确定。

表5.46.2 时间函数

Time	Value
0	0
1	0
21	200

46.3.2 定义模型几何

5.46.7 显示了用于定义 ADINA CFD 模型的关键几何元素。

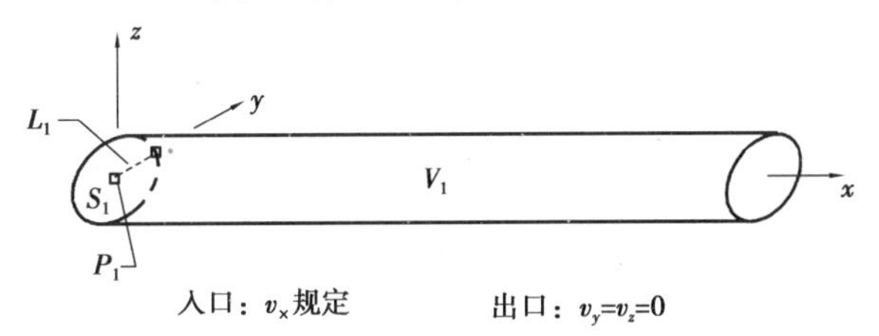

图5.46.7 ADINA CFD 模型的关键几何元素

1)几何点

单击【Define Points】定义点图标，输入如表5.46.3所示的点并单击【OK】确定。

表5.46.3 点定义参数

Point#	X_1	X_2	X_3
1	0	0	0

2)几何线

单击【Define Lines】定义线图标，添加【line 1】线1，将【Type】类型设置为【Extruded】挤出，将【Initial Point】初始点设置为“1”，将【components of the Vector】矢量的分量设置为“0”“0.0249555”“0”，然后单击【OK】确定。

3)几何曲面

单击【Define Surfaces】定义曲面图标，添加【surface 1】曲面1，将【Type】类型设置为【Revolved】旋转，将【Initial Line】初始线条设置为“1”，将【Angle of Rotation】旋转角度设置为“360”，确保将【Axis】轴设置为【X】，取消选中【Check Coincidence】检查一致按钮并单击【OK】确定。

4)几何体

单击【Define Volumes】定义体积图标，添加【volume 1】体积1，设置【Type】类型为【Extruded】挤压，设置【Initial Surface】初始表面为“1”，【components of the Vector】向量的分量为“1.2192”“0”“0”，然后单击【OK】确定。图形窗口如图5.46.8所示。

注意：在这个视图中，用户正在查看管道的出口。

46.3.3 定义边界条件

1)FSI边界条件

需要定义与管壁(表面4)相对应的流体结构边界条件。单击【Special Boundary Conditions】特殊边界条件图标，添加【Condition Number 1】边界条件编号1，将【Type】类型设置为【Fluid Structure】流体结构界面，确保【Fluid-Structure Boundary #】流体结构边界#设置为“1”，并将【Slip Condition】滑移条件设置为【Yes】是。

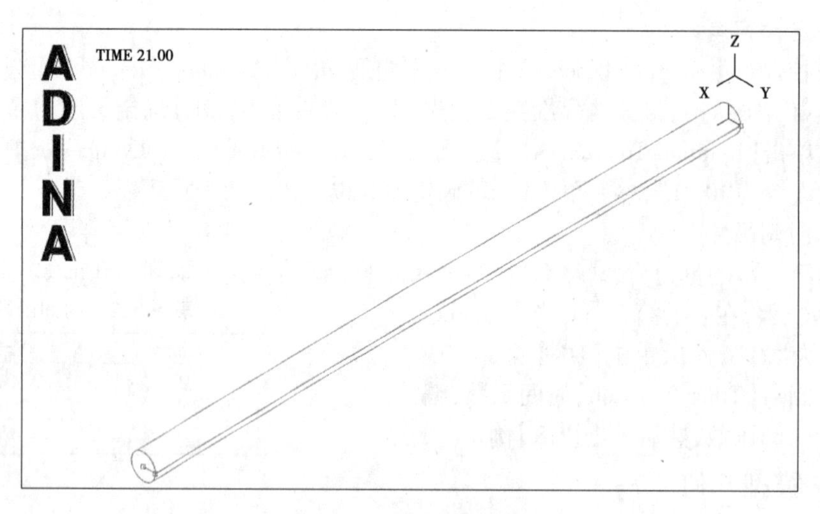

图 5.46.8 定义模型几何

然后在表的第一行和第一列中输入“4”，然后单击【OK】确定。

2)进口速度

需要定义和应用规定的速度在入口(表面 1)。单击【Apply Load】应用载荷图标，确保【Load Type】载荷类型是【Velocity】速度，然后单击【Load Number】载荷号字段右边的【Define...】定义...按钮。在【Define Velocity】定义速度对话框中，添加【velocity number 1】速度编号 1，将速度的【X Prescribed Value of Velocity】X 规定值设置为“1”，然后单击【OK】确定。在【Apply Usual Boundary Conditions/Loads】应用常规边界条件/荷载对话框中，将【Apply to】应用于字段设置为【Surface】表面，并在表的第一行中将【Surface #】表面#设置为“1”。单击【OK】确定关闭对话框。

3)出口速度

需要在出口(表面 5)设置 y 和 z 速度为零。单击【Apply Fixity】应用固定图标，然后单击【Define...】定义...按钮。在【Define Zero Values】定义零值对话框中，添加【zero values】零值名称【YZ】，勾选【Y-Velocity】Y-速度和【Z-Velocity】Z-速度字段，然后单击【OK】确定。在【Apply Zero Values】应用零值对话框中，将【Zero Values】零值设置为【YZ】，将【Apply to】应用于字段设置为【Face/Surface】面/表面，在表格的第一行和第一列中输入“5”，然后单击【OK】确定。

单击【Boundary Plot】边界图标，【Load Plot】载荷图标和【Wire Frame】线框图标，显示 FSI 边界条件和规定的速度。图形窗口如图 5.46.9 所示。

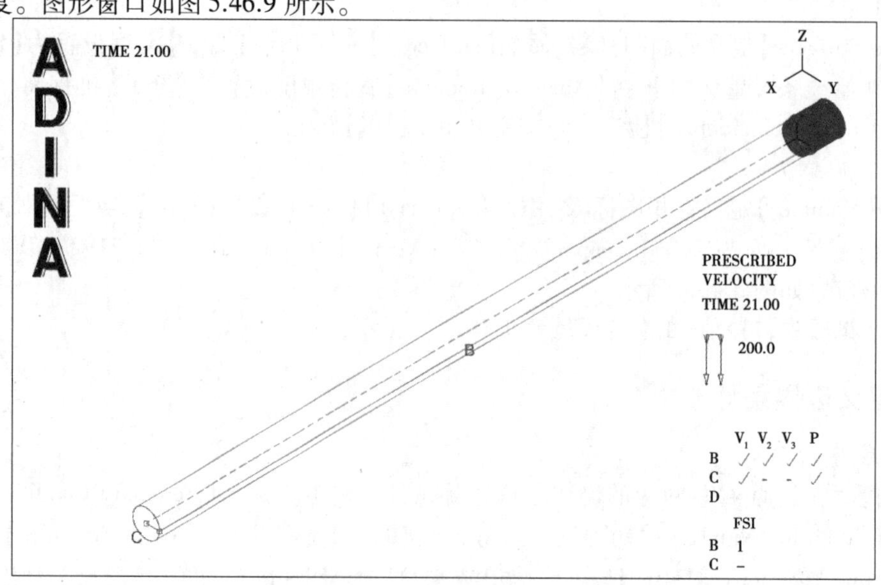

图 5.46.9 显示 FSI 边界条件和载荷

46.3.4 定义材料属性

单击【Manage Materials】管理材料图标M,然后单击【Laminar】层叠按钮。在【Define Laminar Material】定义层流材料对话框中,添加【material 1】材料 1,将【Viscosity】黏度设置为“0.1”,将【Density】密度设置为“890”,将由于重力引起的【Z Acceleration】Z 加速设置为“-9.81”,然后单击【OK】确定。单击【Close】关闭,关闭【Manage Material Definitions】管理材料定义对话框。

46.3.5 定义有限元和节点

1)单元组

单击【Element Groups】单元组图标,添加【element group 1】单元组 1,将【Type】类型设置为【3-D Fluid】,然后单击【OK】。

2)细分数据

我们故意在流体模型中沿管道使用不同数量的单元,以显示在每个模型中沿着流体结构边界可以使用不同数量的单元。单击【Subdivide Volumes】细分卷图标,将【number of subdivisions in the u, v and w directions】u,v 和 w 方向的细分数分别设置为“16”“24”和“1”,然后单击【OK】确定。

3)单元生成

单击【Hidden Surfaces Removed】隐藏已移除表面图标,然后单击【Mesh Volumes】网格卷图标,在表的第一行中输入“1”,然后单击【OK】确定。图形窗口如图 5.46.10 所示。

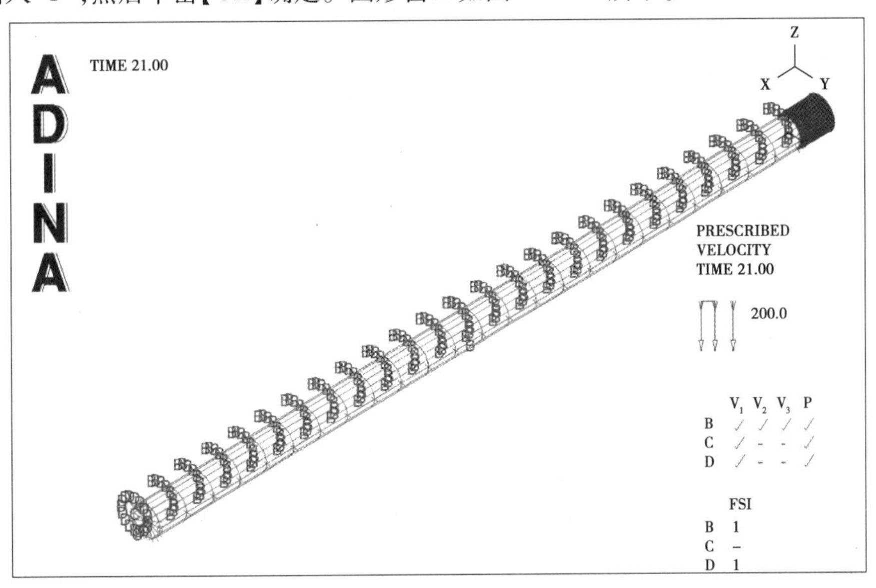

图 5.46.10 内部网格

46.3.6 创建 ADINA CFD 数据文件,保存数据库文件

单击【Data File/Solution】数据文件/求解方案图标,将文件名设置为“prob46_f”,取消选中【Run Solution】运行求解方案按钮,然后单击【Save】保存。现在单击【Save】保存图标并将数据库保存到文件 prob46_f 。

46.4 运行 ADINA-FSI

选择【Solution】求解方案→【Run ADINA-FSI】运行 ADINA-FSI,单击【Start...】开始...按钮,选择文件 prob46_f,然后按住“Ctrl”键并选择文件 prob46_a。文件名字段应该在引号中显示两个文件名。然后单击【Start】开始。

运行在步骤 20 中随着消息停止。

＊＊＊ ERROR ＊＊＊ CODE ADF3069

Unsuccessful during FSI iteration

由于临界速度被超过,运行停止。关闭所有打开的对话框。

46.5 后处理 ADINA CFD 模型

下面只演示 ADINA CFD 模型的后处理。用户可以后处理 ADINA 结构模型来检查模型并确定由流体速度引起的变形。

将【Program Module】程序模块下拉列表设置为【Post-Processing】后处理(可以放弃所有更改)。单击【Open】打开图标并打开舷窗文件 prob46_f 。

选择【List】列表→【Info】信息→【Response】响应查看计算出的求解方案。从 0.0 到 19.0 有 20 个负载步骤。

注意:时间 20.0 和 21.0 没有求解方案,因为模型没有收敛时间步骤 20.0。

单击【Close】关闭,关闭对话框。

46.5.1 检查模型求解方案

单击【Quick Vector Plot】快速向量绘图图标来绘制速度矢量。图形窗口如图 5.46.11 所示。

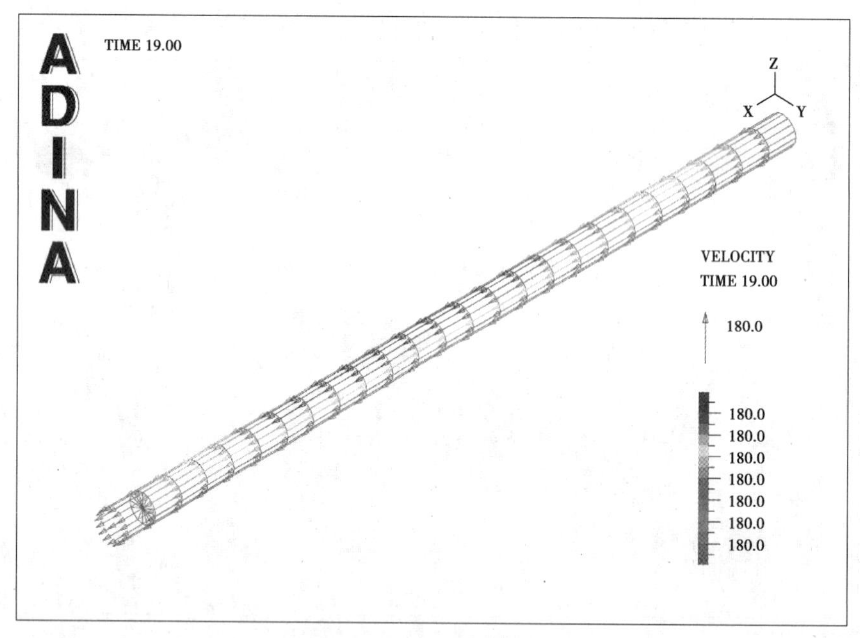

图 5.46.11 速度矢量

速度几乎是恒定的,表明滑移的流体结构边界条件工作正常。

46.5.2 绘制变形作为速度的函数

单击【Clear】清除图标清除图形窗口。

1)速度

可以将输入速度提取为管道左端的其中一个节点处的规定速度。节点 425 是管道左端的节点之一。选择【Definitions】定义→【Model Point】模型点→【Node】节点,添加点【LEFTEND】,设置【node number】节点号为“425”,单击【Save】保存。

2)在管道中间变形

需要在管道中间跨度处定义一个节点。节点 193 处于中跨。添加点【MIDSPAN】,将【node number】节点号设置为"193",然后单击【OK】确定。还需要一个移位的结果来改变它的符号。选择【Definitions】定义→【Variable】变量→【Resultant】结果,增加产生的【DISPLACEMENT】位移,将其定义为【-<Z-DISPLACEMENT>】-<z 位移>,然后单击【OK】确定。

3)创建图形图

选择【Graph】图形→【Response Curve (Model Point)】响应曲线(模型点)。对于【X】,将【Variable】变量设置为【Prescribed Load: X-PRESCRIBED_VELOCITY】(规定载荷:X-PRESCRIBED_VELOCITY)并将【Model Point】模型点设置为【LEFTEND】。对于【Y】,将【Variable】变量设置为【User Defined: DISPLACEMENT】(用户定义:位移)并将【Model Point】模型点设置为【MIDSPAN】。然后单击【OK】确定。

4)添加比较求解方案

$$w = \frac{w_{static}}{1 - \left(\frac{V}{V_c}\right)^2}$$

其中

$$w_{static} = \frac{5L^4}{384EI}\frac{(mg)_{total}}{L}$$

$$V_c = \frac{\pi}{L}\sqrt{\frac{EI}{\rho A}}$$

注意:$A=\pi d^2/4$,其中 d 为管的横截面的内径,ρ 为水的密度。

静态变形为 8.688 9E-5 m,临界速度 v_c 为 188.48 m/s。

为了绘制这个求解方案,需要定义常量和结果。选择【Definitions】定义→【Variable】变量→【Constant】常数,添加【W_STATIC】,将该【Value】值设置为"8.688 9E-5",然后单击【Save】保存。然后添加【VC】,将【Value】值设置为"188.48",然后单击【OK】确定。现在选择【Definitions】定义→【Variable】变量→【Resultant】结果,添加【W_VELOCITY】,输入表达式

```
W_STATIC /(1.0-(<X-PRESCRIBED_VELOCITY>/VC)* * 2)
```

并单击【OK】确定。

现在选择【Graph】图形→【Response Curve (Model Point)】响应曲线(模型点)。对于【X】,将【Variable】变量设置为【Prescribed Load:X-PRESCRIBED_VELOCITY】(规定载荷:X-PRESCRIBED_VELOCITY)并将【Model Point】模型点设置为【LEFTEND】。对于【Y】,将【Variable】变量设置为【User Defined:W_VELOCITY】(用户定义:W_VELOCITY)并将【Model Point】模型点设置为【LEFTEND】。然后将【Plot Name】绘图名称设置为【PREVIOUS】并单击【OK】确定。

把出示理论临界速度作为一个单独的曲线。选择【Graph】图→【Define User Data】定义用户数据,添加【user data VC】用户数据 VC,在表的第一行输入"188.48,0",在表的第二行输入"188.48,0.001",单击【OK】确定。现在选择【Graph】图→【Plot User Data】绘制用户数据,确保【Data Name】数据名称设置为【VC】,将【Plot Name】绘图名称设置为【PREVIOUS】,然后单击【OK】确定。

现在将改变曲线图例和符号。选择【Graph】图形→【Modify】修改,将【Action】动作设置为【Modify the Curve Depiction】修改曲线描述,单击【P】按钮,突出显示绿色曲线(标有圆圈的曲线),然后单击【Curve Depiction】曲线描述字段右侧的【...】按钮。单击【Legend】图例选项卡,然后在【Legend Attributes】图例属性框中,将【Type】类型设置为【Custom】自定义,在图例表中输入【ADINA-FSI】,然后单击【OK】确定。单击【Apply】应用以查看新的曲线图例。

对于第二条曲线,将【Action】动作设置为【Modify the Curve Depiction】修改曲线描述,单击【P】按钮,突出显示红色曲线(标有三角形的曲线),然后单击【Curve Depiction】曲线描述字段右侧的【...】按钮。取消选中【Display Curve Symbol】显示曲线符号按钮,在【Legend Attributes】图例属性框中,将【Type】类型设置为

【Custom】自定义，在图例表中输入【Comparison solution】比较解，然后单击【OK】确定。单击【Apply】应用以查看新的曲线图例。

以类似的方式，删除曲线符号，并将曲线图例更改为第三条曲线的【Critical velocity】临界速度。单击【OK】确定两次以关闭这两个对话框。

图形窗口如图 4.46.12 所示。如问题 2 所示，还可以更改图形标题和坐标轴。

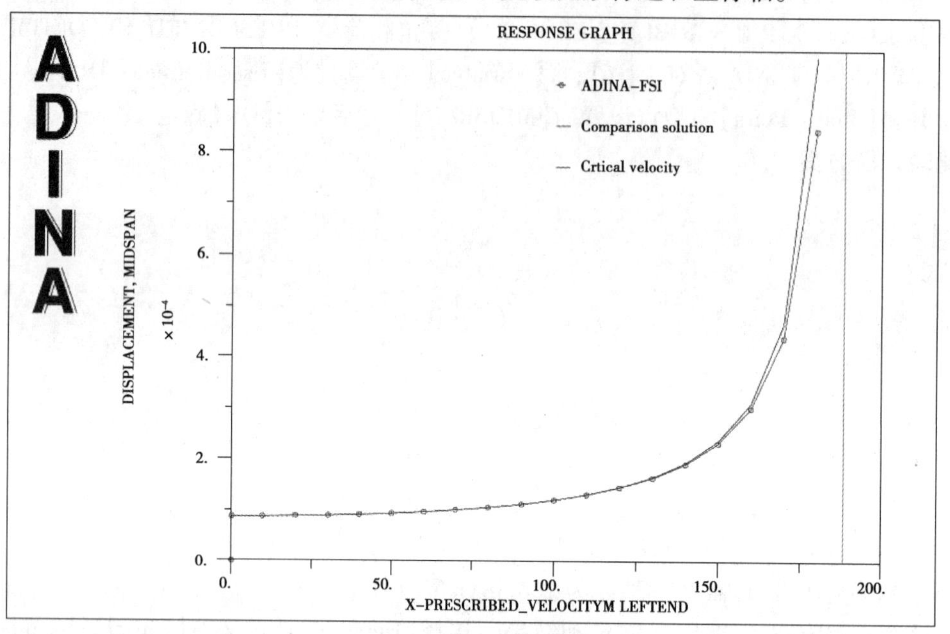

图 5.46.12 三条曲线

要查看曲线中显示的数值，请选择【Graph】图表→【List】清单。

46.6 退出 AUI

选择主菜单中的【File】文件→【Exit】退出，弹出【AUI】对话框，然后单击【Yes】，退出 ADINA-AUI。

问题 47　不稳定的流体流过通道内的柔性结构

问题描述

1) 问题概况

我们确定流体流动和二维通道内非常薄的柔性结构的变形，如图 5.47.1 所示。

加载时间历程如图 5.47.2 所示。

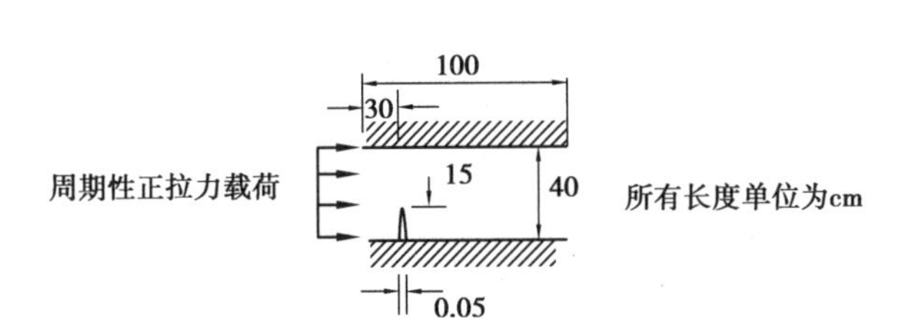

图 5.47.1　问题 47 中的计算模型

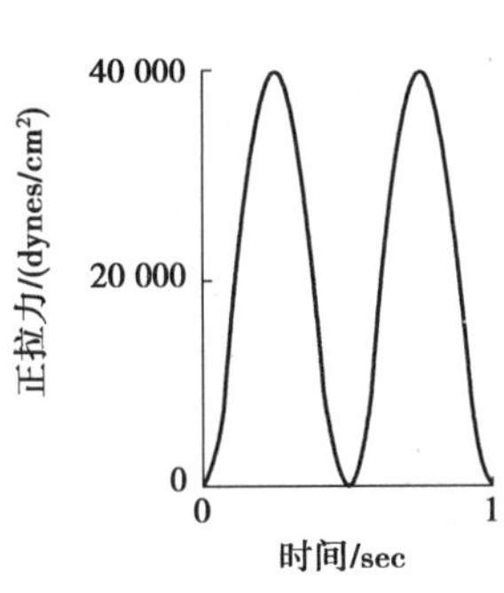

图 5.47.2　加载时间历程

流体：

$$\mu = 1.5 \times 10^{-5}\ \text{g/cm} \cdot \text{s}$$

$$\rho = 1.18\ \text{g/cm}^3$$

$$\kappa = 1.4 \times 10^{5}\ \text{dyne/cm}^2$$

结构体：

$$E = 1 \times 10^{12}\ \text{dyne/cm}^2$$

弹性材料：

$$\nabla = 0.3$$

$$\rho = 1\ 000\ \text{g/cm}^3$$

注意：本例并不是为了在非稳态分析中证明适当的流体建模，其目的是在非稳态分析中证明粒子追踪，以及停留时间分布的计算。

2) 演示内容

本例将演示以下内容：

①粒子追踪不稳定的流场。

②创建停留时间分配图。

注意：①ADINA 系统的 900 个节点版本不能求解这个问题，因为 ADINA 系统的 900 个节点版本不包括 ADINA-FSI。

②在开始分析之前，需要将文件夹 samples \ primer 中的文件 prob47_1.in 复制到工作文件夹中。

47.1　启动 AUI，选择有限元程序

启动 AUI，将【Program Module】程序模块下拉列表设置为【ADINA Structures】或【ADINA CFD】。

47.2　从批处理文件中读取模型几何和有限元素定义

选择【File】文件→【Open Batch】打开批处理，导航到工作目录或文件夹，选择文件 prob47_1.in，然后单击【Open】打开。AUI 处理批处理文件中的命令。

对于处理速度,我们没有在批处理文件中包含任何图形命令。在 AUI 处理完最后一个批处理命令后,单击【Mesh Plot】网格绘制图标显示几何和网格。图形窗口如图 5.47.3 所示。

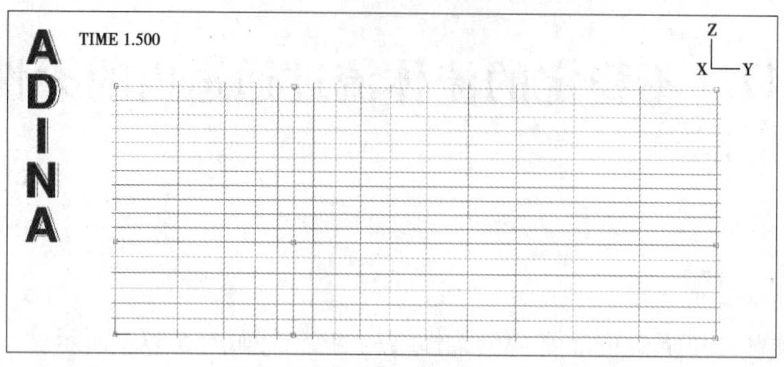

图 5.47.3　网格

47.3　运行 ADINA-FSI

选择【Solution】求解方案→【Run ADINA-FSI】运行 ADINA-FSI,单击【Start】开始按钮,选择文件 prob47_f,然后按“Ctrl”键并选择文件 prob47_a。文件名字段应该在引号中显示两个文件名。然后单击【Start】开始。

ADINA-FSI 运行 60 个求解方案步骤。

当 ADINA-FSI 分析完成时,关闭所有打开的对话框。将【Program Module】程序模块下拉列表设置为【Post-Processing】后处理(可以放弃所有更改),单击【Open】打开图标并打开舷窗文件 prob47_f。

47.4　检查求解方案

单击【Model Outline】模型轮廓图标以仅显示模型的轮廓。

47.4.1　准备非稳定粒子追踪

在不稳定粒子追踪中,粒子时间是实际的求解时间,求解时间是从网格图中使用的时间中获取的。这意味着在开始粒子追踪之前必须正确设置网格绘图时间。网格绘图时间通常应设置为开始时间。单击【First Solution】第一个求解方案图标,然后单击【Previous Solution】以前的求解方案图标以将网格图时间设置为“0.0”。

使用鼠标移除绘制的轴和 TIME 0.000 文本。图形窗口如图 5.47.4 所示。

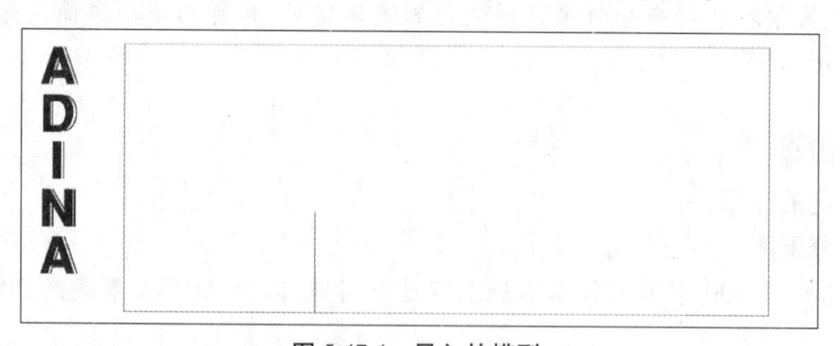

图 5.47.4　导入的模型

47.4.2　创建跟踪耙和初始化轨迹曲线

选择【Display】显示→【Particle Trace Plot】粒子轨迹叠加→【Create】创建并单击【Trace Rake】跟踪耙场右侧的【...】按钮。在【Define Trace Rake】定义轨迹耙对话框中,将【Type】类型设置为【Coordinates】坐标,然后单击【Auto...】自动 ...按钮。在【Auto Generation】自动生

表 5.47.1　定义点

X	Y	Z
	10	5
		5
	10	35

成对话框的表格中输入如表 5.47.1 所示信息，然后单击【OK】确定。

在这一点上，在【Define Trace Rake】定义跟踪耙对话框中的表应包含 7 行，其中 $Z=5,10,\cdots,35$。单击两次【OK】确定关闭【Define Trace Rake】定义跟踪耙对话框和【Create Particle Trace Plot】创建粒子轨迹图对话框。使用鼠标移动粒子跟踪图例，直到图形窗口如图 5.47.5 所示。

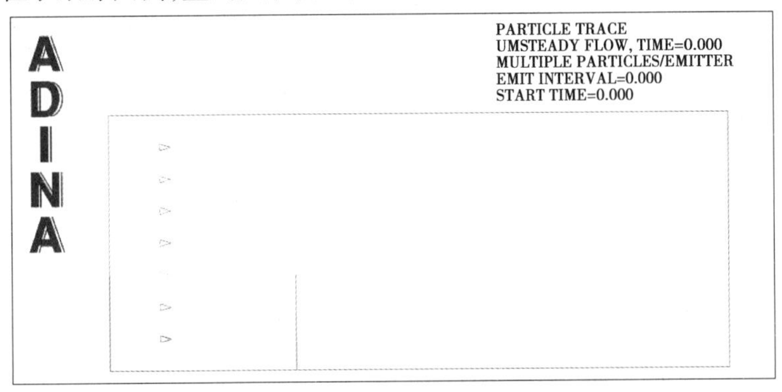

图 5.47.5　粒子跟踪

因为跟踪图是在求解时间为 0.0 的网格图上创建的，所以跟踪图的参考时间也是 0.0。

47.4.3　更新跟踪图到求解时间 0.1

单击【Next Solution】下一步求解方案图标▶4 次，直到时间为“0.1”。

注意：更改网格图的求解时间时，可通过单击【Next Solution】下一步求解方案图标，AUI 自动更新粒子追踪。当更新求解时间为“0.1”时，颗粒正在从喷油嘴喷出。

使用【Zoom】缩放图标放大左上角的喷射器及其粒子。图形窗口如图 5.47.6 所示。

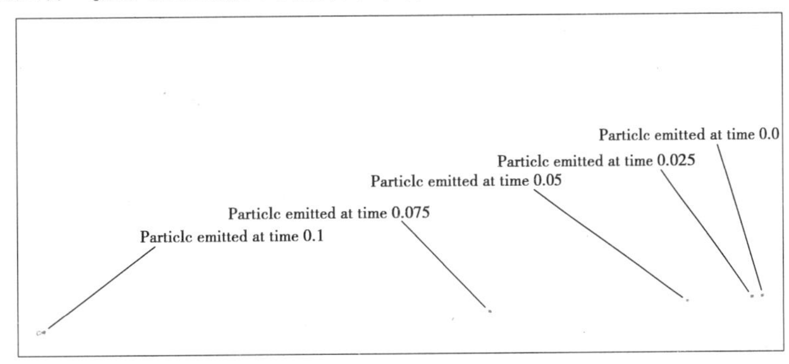

图 5.47.6　放大左上角的喷射器及其粒子

这个喷射器有 5 个粒子发射。最右边的粒子在时间 0.0 时发射，在时间 0.025 时发射到左边的粒子，最后的粒子在时间 0.1 时发射。

如要改变发射粒子之间的时间间隔，则选择【Display】显示→【Particle Trace Plot】粒子跟踪图→【Modify】修改，然后单击【Trace Calculation】轨迹计算领域右侧的【…】按钮。将【Time Interval between Particle Emission】粒子发射的时间间隔设置为“0.01”，然后单击【OK】确定两次以关闭这两个对话框。图形窗口如图 5.47.7 所示。

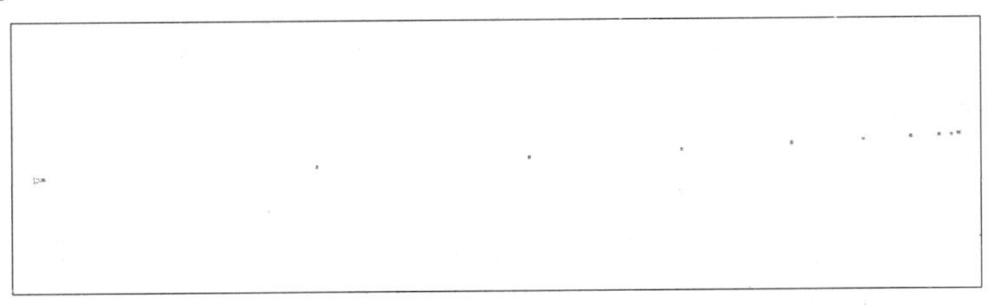

图 5.47.7　改变发射粒子之间的时间间隔

现在有 11 个粒子从这个喷射器发出。

47.4.4 将跟踪图更新为求解时间 1.5

单击【Unzoom All】所有不缩放图标以查看整个模型。然后单击【Last Solution】最后求解方案图标以显示最后一个计算求解方案的网格图和迹线图。在 AUI 计算出粒子轨迹之后,图形窗口如图 5.47.8 所示。

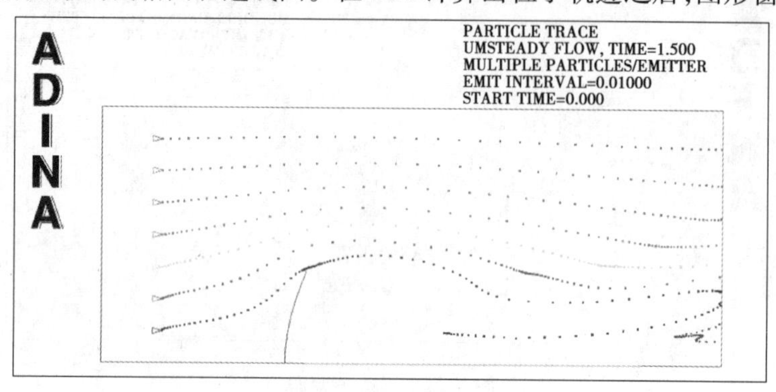

图 5.47.8 粒子轨迹

使用改变求解方案时间的图标详细研究求解方案中粒子轨迹的演变过程。

注意:颗粒在移动的结构周围流动。

完成使用这些图标后,单击【Last Solution】最后一个求解方案图标以显示最后一个求解方案。

47.4.5 设置粒子轨迹动画

单击【Movie Load Step】电影载荷步骤图标创建粒子轨迹的电影。然后单击【Animate】动画图标以显示动画。当完成观看动画时,单击【Refresh】刷新图标以清除动画。

47.4.6 查看纹线

选择【Display】显示→【Particle Trace Plot】粒子轨迹图→【Modify】修改,然后单击【Trace Calculation】轨迹计算字段右侧的【...】按钮。将【Trace Option】跟踪选项设置为【Streakline】并单击【OK】确定两次以关闭这两个对话框。图形窗口如图 5.47.9 所示。

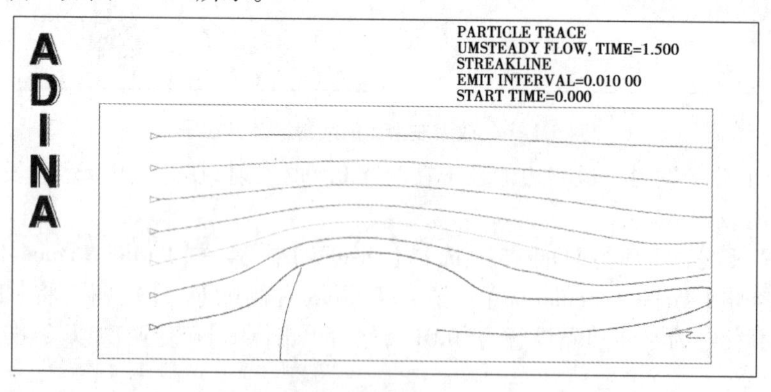

图 5.47.9 纹线

47.4.7 停留时间分布

在一些应用中,能够计算当前在模型区域中的粒子的数量是有用的。

为了演示这个特征,首先要修改跟踪图,每个喷射器只发射一个粒子。选择【Display】显示→【Particle Trace Plot】粒子追踪图→【Modify】修改,然后单击【Trace Calculation】追踪计算字段右侧的【...】按钮。将【Trace Option】跟踪选项设置为【Single Particle】单个粒子,然后单击【OK】确定两次以关闭这两个对话框。

图形窗口如图 5.47.10 所示。

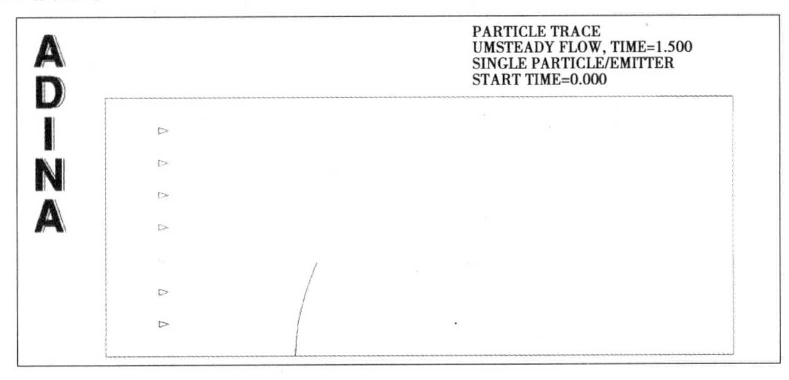

图 5.47.10 每个喷射器只发射一个粒子

很明显,大部分的粒子在时间为 1.5 的时候都离开了流场。单击【Movie Load Step】电影加载步骤图标创建一个显示粒子运动的影片。如预期的那样,颗粒从左向右流动。由于结构的原因,较低的粒子行进得更慢。

选择【Graph】图表→【Particle Distribution】粒子分布,然后单击【OK】确定。使用鼠标重新排列图形窗口,直到如图 5.47.11 所示。

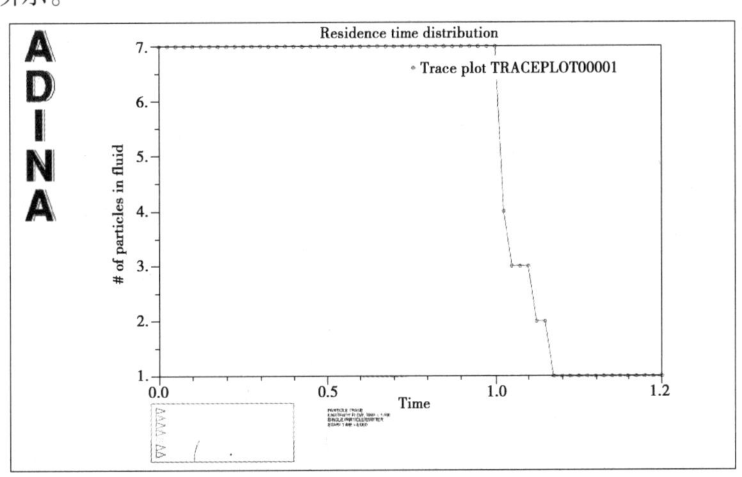

图 5.47.11 粒子分布曲线

图 5.47.11 显示,直到时间为 1.0 时,所有的颗粒都在流体中,当 3 个颗粒离开流体并且 4 个颗粒留在流体中时。在 1.175 时刻,只有一个粒子留在流体中。

注意:创建图形之前,不能删除网格图(因为该图形使用了跟踪图信息),但可以在创建图之后删除网格图。

47.5 退出 AUI

选择主菜单中的【File】文件→【Exit】退出,弹出【AUI】对话框,然后单击【Yes】,退出 ADINA-AUI。

问题 48　分析管道内的流体-结构相互作用

问题描述

1）问题概况

分析如图 5.48.1 所示管道收缩内的流动和结构响应。

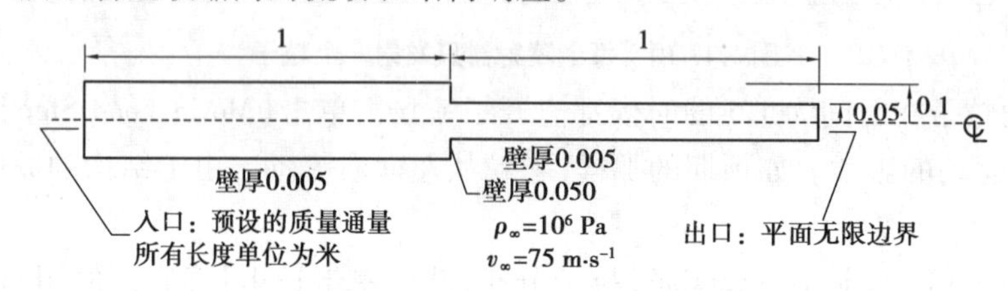

图 5.48.1　问题 48 中的计算模型

流体材料性质为 $\rho=1\ 000\ \mathrm{kg/m^3}$，$\kappa=2.1\times10^9$ Pa

固体材料特性为 $E=2.07\times10^{11}$ Pa ，$\nu=0.3$ ，$\rho=7\ 800\ \mathrm{kg/m^3}$。

2）问题分析

本例可以用 ADINA-FSI 来求解，但若使用 ADINA Structures 的基于亚音速电势的流体公式来求解这个问题会更有效率。

首先确定稳态流量，然后确定由于规定质量流量的正弦变化而引起的非定常流动。对于稳态流动，有必要规定入口处的质量流量等于出口处的质量流量。出口处的质量通量是 ρv 甲。其中，使用在无穷远处的规定压力，$\rho=1\ 000.476\ \mathrm{kg/m^3}$ 在出口处。因此，稳定状态下进口处每单位面积的规定质量流量为 18 758.929 kg/(s · m^2)。

一旦确定了稳态流量，就可以确定由于规定质量流量的正弦变化±10%，频率为 5 000 Hz 而引起的非定常流动和结构运动。用于不稳定流动的时间步长为 10^{-5}s，相当于每个循环 20 个时间步长。

注意：流体中波的传播不受管壁顺应性的很大影响，因为管壁非常坚硬。因此，无限边界元的势能界面可以用来模拟出口边界条件。

3）演示内容

本例将演示以下内容：

①定义轴对称壳单元。

②将求解方案的开始时间设置为小于零。

③使用亚音速潜力的公式。

注意：①本例可以用 ADINA 系统的 900 个节点来求解。

②时间函数的数据存储在单独的文件 prob48_tf.txt 中。在开始分析之前，需要将文件夹 samples\primer 中的文件 prob48_tf.txt 复制到工作目录或文件夹中。

48.1　启动 AUI，选择有限元程序

启动 AUI，将【Program Module】程序模块下拉列表设置为【ADINA Structures】ADINA 结构。选择【Edit】编辑→【Memory Usage】内存使用，并确保【ADINA/AUI memory】ADINA/AUI 内存至少 80 MB。

48.2　定义模型控制数据

48.2.1　问题标题

选择【Control】控制→【Heading】标题，输入标题【Problem 48：Analysis of fluid-structure interaction within a pipe constriction】问题48:分析管道内的流体-结构相互作用,然后单击【OK】确定。

48.2.2 分析类型

将【Analysis Type】分析类型下拉列表设置为【Dynamics-Implicit】动态隐式。

注意:在动态分析中获得了稳态解和瞬态解。

48.2.3 主自由度

选择【Control】控制→【Degrees of Freedom】自由度,取消选中【X-Translation】X平动、【Y-Rotation】Y转动和【Z-Rotation】Z转动按钮,然后单击【OK】确定。需要勾选【X-Rotation】X转动按钮,因为轴对称壳单元使用【X-Rotation】X转动自由度。

48.2.4 平衡迭代容差

我们将改变平衡迭代中使用的收敛容差。选择【Control】控制→【Solution Process】求解方案过程,单击【Tolerances...】公差...按钮,将【Energy Tolerance】能量公差设置为【1E-7】,然后单击【OK】确定两次以关闭这两个对话框。

48.2.5 求解方案开始时间

此运行由两部分组成。第一部分决定了稳态响应。在第一部分中,我们使用99.9999的一个长时间步长,然后使用1E-5的10个短时间步长来验证达到稳定状态。在第二部分中,我们在瞬态解决方案中使用500个短时间的1E-5步骤。

我们设置了这个问题,以便时间0对应于运行的第二部分的开始。这意味着运行的第一部分的求解方案时间小于零。求解方案的开始时间是-100.0。选择【Control】控制→【Solution Process】求解过程中,设置方案开始时间为"-100.0",然后单击【OK】确定。

48.2.6 时间步骤

选择【Control】控制→【Time Step】时间步骤,编辑如表5.48.1所示数据,然后单击【OK】确定。

表5.48.1 时间步参数

Number of Steps	Magnitude
1	99.999 9
510	1E-5

48.2.7 时间功能

选择【Control】控制→【Time Function】时间函数,清除表格,导入文件prob48_tf.txt,然后单击【OK】确定。Prob30_tf.txt包含一个时间的阻尼函数-0.0001,然后是一个恒定的函数到时间0.0,以及一个频率为5 kHz的叠加正弦时间函数。

48.3 定义模型几何

如图5.48.2显示了定义此模型时使用的关键几何元素。

该模型是在*yz*平面中定义的,因为必须在*yz*平面中定义2D势基单元和轴对称壳单元。

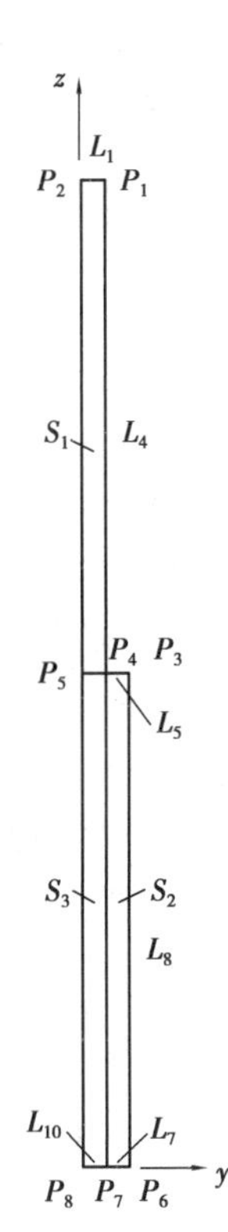

图5.48.2 定义模型使用的关键几何元素

48.3.1 几何点

单击【Define Points】定义点图标，在表格中输入如表 5.48.2 所示信息(记住将 X_1 栏留空)，然后单击【OK】确定。

单击【Point Labels】点标签图标显示点编号。

48.3.2 曲面

单击【Define Surfaces】定义曲面图标并输入如表 5.48.3 所示曲面，然后单击【OK】确定。

表 5.48.2 点定义参数

Point#	X_2	X_3
1	0.05	2
2	0	2
3	0.1	1
4	0.05	1
5	0	1
6	0.1	0
7	0.05	0
8	0	0

表 5.48.3 定义曲面参数

Surface number	Type	Point 1	Point 2	Point 3	Point 4
1	Vertex	1	2	5	4
2	Vertex	3	4	7	6
3	Vertex	4	5	8	7

48.3.3 轴对称壳厚

选择【Geometry】几何→【Lines】线→【Thickness】厚度，将线 4 和 8 的厚度设置为"0.005"，将【line 5】线 5 的厚度设置为"0.050"，然后单击【OK】确定。

48.4 指定边界条件，载荷和材料

48.4.1 管道固定

单击【Apply Fixity】应用固定图标并单击【Define...】定义...按钮。在【Define Fixity】定义固定对话框中，添加【fixity name】固定名称【ZT】，勾选【Z-Translation】Z 平动按钮，然后单击【OK】确定。在【Apply Fixity】应用固定对话框中，将【Fixity】固定字段设置为【ZT】，确保【Apply to】应用于字段设置为【Point】点，在表格的第一行中输入"6"，然后单击【OK】确定。

48.4.2 无限边界条件

选择【Model】模型→【Boundary Conditions】边界条件→【Potential Interface】电位接口，添加【potential interface number 1】潜在接口编号 1，将【Type】类型设置为【Fluid-Infinite Region】流体-无限区域，验证【Boundary Type】边界类型为【Planar】平面，将【Pressure at Infinity】无穷远处压力设置为"1E6"，并将【Velocity at Infinity】无穷远处速度设置为"75"。在表格的第一行输入"1"，然后单击【OK】确定。

48.4.3 质量流量载荷

单击【Apply Load】应用载荷图标，将【Load Type】载荷类型设置为【Distributed Fluid Potential Flux】分布式流体势能流量，然后单击【Load Number】载荷编号字段右侧的【Define...】定义...按钮。在【Define Distributed Fluid Potential Flux】定义分布式流体位势流量对话框中，添加数字"1"，将【Magnitude】幅度设置

为"18 758.929",然后单击【OK】确定。在【Apply Load】应用加载对话框中,确保【Apply To】应用于字段设置为【Line】线,然后在表格的前两行中将【Line#】线号设置为"7"和"10"。单击【OK】确定关闭【Apply Load】应用载荷对话框。

当单击【Boundary Plot】边界绘图图标和【Load Plot】载荷绘图图标时,图形窗口如图5.48.3所示。

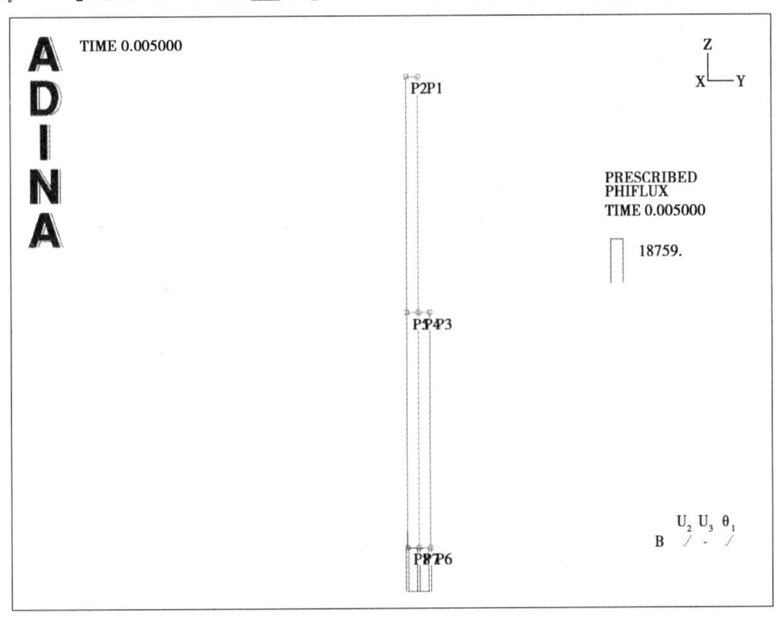

图 5.48.3 质量流量载荷

48.4.4 材料

单击【Manage Materials】管理材料图标M,然后单击【Potential-based Fluid】基于电势的流体按钮。在【Define Potential-based Fluid Material】定义基于电势的流体材料对话框中,添加【material 1】材料1,将【Bulk Modulus】大体积模量设置为"2.1E9",将【Density】密度设置为"1 000",然后单击【OK】确定。现在单击【Elastic Isotropic】弹性各向同性按钮。在【Define Isotropic Linear Elastic Material】定义各向同性线性弹性材料对话框中,添加【material 2】材料2,将【Young's Modulus】杨氏模量设置为"2.07E11",将【Poisson's ratio】泊松比设置为"0.3",将【Density】密度设置为"7 800",然后单击【OK】确定。单击【Close】关闭,关闭【Manage Material Definitions】管理材料定义对话框。

48.5 网格

48.5.1 单元组

单击【Element Groups】单元组图标,添加【element group number 1】单元组编号1,将【Type】类型设置为【2-D Fluid】,将【Formulation】方程设置为【Subsonic Potential-Based Element】亚音速电势单元,然后单击【Save】保存。

添加【element group number 2】单元组编号2,将【Type】类型设置为【Isobeam】各向同性梁,将【Element Sub-Type】单元子类型设置为【Axisymmetric Shell】轴对称壳,将【Default Material】默认材质设置为"2",然后单击【OK】确定。

48.5.2 细分数据

单击【Subdivide Surfaces】细分曲面图标,选择【surface number 1】曲面编号1,将【Number of Subdivisions in the u-and v-directions】u 和 v 方向的细分数分别设置为"2"和"100",在表格的前两行中输入

"2"和"3",然后单击【OK】确定。

48.5.3 网格划分

单击【Mesh Surfaces】网格曲面图标,将【Type】类型设置为【2-D Fluid】2D 流体,将【Nodes per Element】每个单元的节点设置为"4",在表格的前三行中输入"1""2""3",然后单击【OK】确定。现在单击【Mesh Lines】划分线网格图标,单击【Nodal Options】节点选项卡,在【Nodal Coincidence】节点重合复选框中,将【Check】检查字段设置为【All Generated Nodes】所有生成的节点,单击【Basic】基础选项卡,在表格的前三行输入"4""5""8"并单击【OK】确定。图形窗口如图 5.48.4 所示。

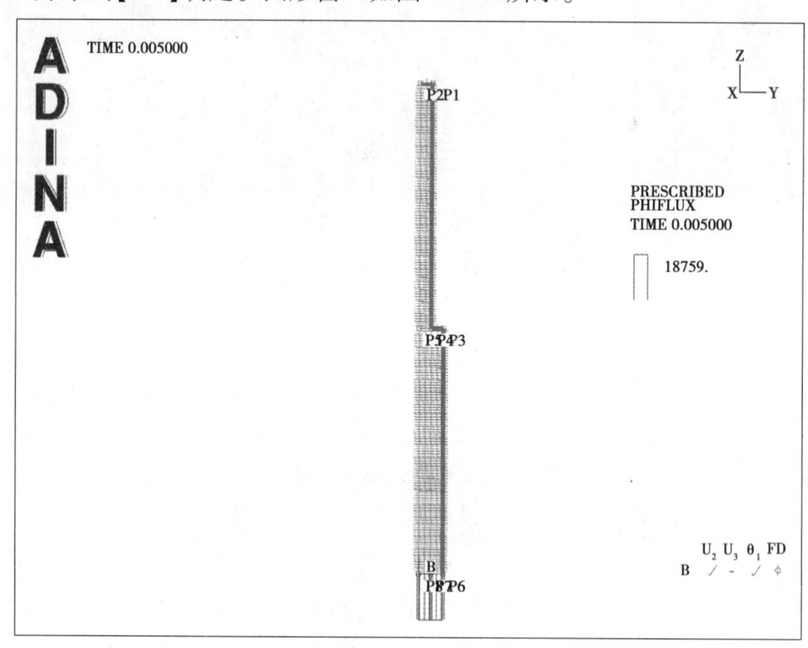

图 5.48.4 曲面网格

48.6 生成数据文件,运行 ADINA Structures,加载舷窗文件

单击【Save】保存图标并将数据库保存到文件 prob48。单击【Data File/Solution】数据文件/求解方案图标,将文件名称设置为"prob48p",确保【Run Solution】运行求解方案按钮被选中,然后单击【Save】保存。

注意:AUI 将【Model completion information for potential-based elements】基于潜力的单元的模型完成信息写入日志窗口。这是因为 AUI 在生成 ADINA Structures 数据文件时完成了基于潜在模型。在这种情况下,AUI 生成 202 个流体结构界面单元。AUI 还指出,单元组 1 中有 204 个未覆盖单元边。这些边对应于入口线和对称线。

当【ADINA Structures】ADINA 结构完成时,关闭所有打开的对话框,将【Program Module】程序模块下拉列表设置为【Post-Processing】后处理(可以放弃所有更改),单击【Open】打开图标并打开舷窗文件 prob48。

48.7 绘制稳态求解方案

选择【Definitions】定义→【Response】响应,确保【Response Name】响应名称设置为【DEFAULT】默认,将【Solution Time】求解方案时间设置为"0",然后单击【OK】确定。单击【Clear】清除图标和【Mesh Plot】网格绘图图标。要设置视图,单击【Modify Mesh Plot】修改网格绘图图标,单击【View...】查看...按钮,设置【Angle of Rotation】旋转角度为"-90",然后单击【OK】确定。要抑制用于绘制流体界面单元的粗线,请单击【Element Depiction...】单元描述 ...按钮,单击【Contact, etc.】接触等选项卡,将【Contact Surface Line Width】接触表面线宽设置为"0.0",然后单击【OK】确定两次以关闭这两个对话框。用鼠标将网格图移动到图形窗口的中心。单击【Save Mesh Plot Style】保存网格绘图样式图标,使连续的网格图与旋转的视图一起显示。

现在单击【Scale Displacements】比例位移图标。绘制轴对称壳单元的位移。由于流体单元内没有节点的位移,所以这些节点保持在其原始位置。

为了获得效果更好的图片,需要分别绘制两组。单击【Clear】清除图标,单击【Display Zone】显示区域图标,将【Zone Name】区域名称设置为【EG1】,然后单击【Apply】应用。然后将【Zone Name】区域名称设置为【EG2】,然后单击【OK】确定。使用鼠标分开两个网格图。还有两个" TIME …" 文本和两组具有相同位置的轴。使用鼠标来分开它们。然后突出显示轴对称壳单元的网格图,然后单击【Scale Displacements】比例位移图标和【Show Original Mesh】显示原始网格图标。使用鼠标重新排列图并删除额外的文本和轴,直到图形窗口如图 5.48.5 所示。

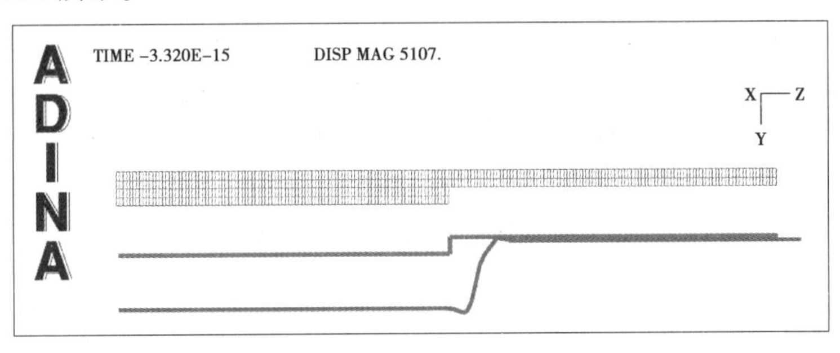

图 5.48.5 原始网格和变形网格

要显示流体中的速度矢量,请突出显示流体网格,然后单击【Model Outline】模型轮廓图标。然后单击【Create Vector Plot】创建矢量绘图图标,将【Mesh Plot Name】网格绘图名称设置为【MESHPLOT00001】,然后单击【OK】确定。

注意:MESHPLOT00001 是流体网格图,MESHPLOT00002 是轴对称壳网格图,因为在轴对称壳网格图之前创建了流体网格图。

使用鼠标重新排列图,直到图形窗口如图 5.48.6 所示。

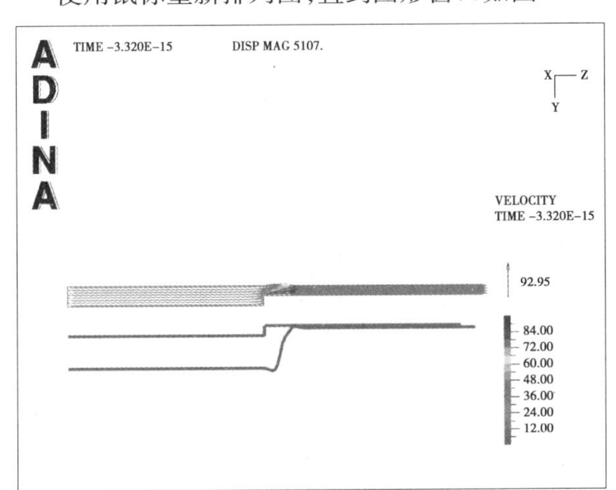

图 5.48.6 速度矢量

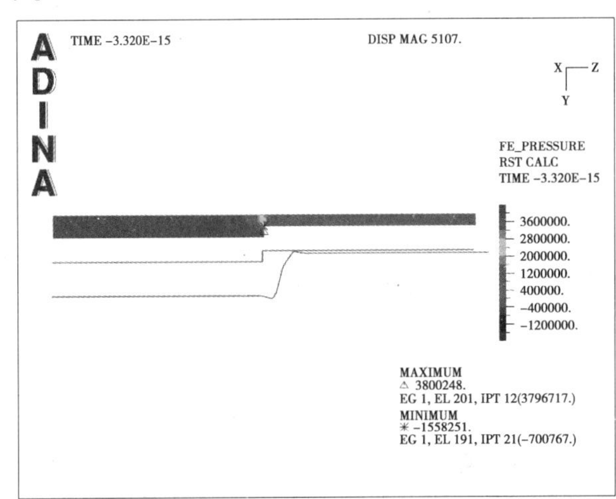

图 5.48.7 流体中的压力

确保流体网格高亮显示。然后单击【Previous Solution】以前的求解方案图标几次,以验证矢量图在小于 0.0 的时间内保持不变。然后单击【Next Solution】下一步求解方案图标几次,直到求解方案时间再次为 0.0。单击【Clear Vector Plot】清除矢量图标去除速度矢量。

要显示流体中的压力,突出显示流体网格,然后单击【Create Band Plot】创建条带绘图图标,将【Band Plot Variable】条带绘图变量设置为【Stress: FE_PRESSURE】(应力:FE_PRESSURE),然后单击【OK】确定。

使用鼠标重新排列图,直到图形窗口如图 5.48.7 所示。

进口处的压力较高,因为速度较低。实际上,入口和出口压力和速度满足伯努利方程为

$$\left(\frac{\rho}{\rho}+\frac{V^2}{2}\right)_{inlet}=\left(\frac{\rho}{\rho}+\frac{V^2}{2}\right)_{oulet}$$

48.8 动画瞬态求解方案

查看最后的计算求解方案。突出显示流体网格并单击【Last Solution】最后求解方案图标▶|,然后突出显示轴对称外壳网格并单击【Last Solution】最后求解方案图标▶|。为了减少对轴对称壳位移放大系数,单击【Modify Mesh Plot】修改网格绘图图标,单击【Model Depiction…】模型描写…按钮,设定【Magnification Factor】放大倍数为“1000”,然后单击【OK】确定两次,关闭两个对话框。

图形窗口如图 5.48.8 所示。

要用动画显示求解方案,选择【Display】显示→【Movie Shoot】短片拍摄→【Load Step】载荷步,设置【Start Time】开始时间为“0.0”,然后单击【OK】确定。压力波从入口移动到出口。最终由于收缩的反射,在管道的宽广区域形成驻波图案。然而,由于无限的边界条件,波浪总是朝向管道狭窄区域的出口行进。短片完成后,单击【Animate】动画图标以显示动画。当完成查看动画时,单击【Refresh】刷新图标以恢复图形窗口。

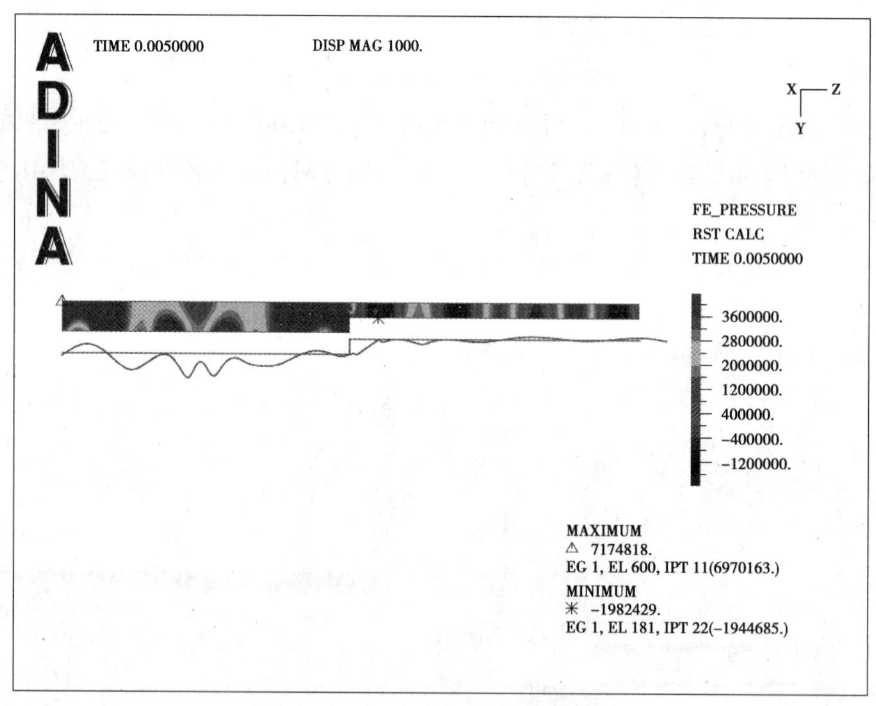

图 5.48.8 放大后的局部流体压力

48.9 退出 AUI

选择主菜单中的【File】文件→【Exit】退出,弹出【AUI】对话框,然后单击【Yes】,退出 ADINA-AUI。

问题49 使用VOF方法分析一个坝的破坏

问题描述

1)问题概况

本例将分析盆地内水的运动。最初,盆地里有一座大坝,水被大坝封闭,如图5.49.1所示。在分析开始时,大坝被拆除,水流入盆地的其余部分。

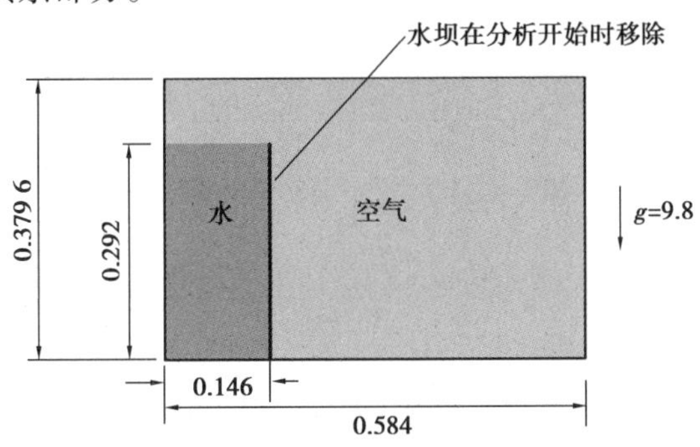

图5.49.1 问题49中的计算模型

使用SI单位。

水:$\mu=10^{-3}$,$\rho=1\ 000\ kg/m^3$,

空气:$\mu=10$,$\rho=1\ kg/m^3$

用滑动壁面来模拟盆地。

本例中使用VOF(流体体积)方法来解决问题。

2)演示内容

本例将演示以下内容:

①用VOF物质定义流体。

②定义和应用几何的初始条件。

注意:①本例可以用ADINA系统的900个节点的版本来求解。

②本例的大部分输入存储在文件prob49_1.in和prob49_2.in中。在开始此分析之前,需要将文件夹samples \ primer中的文件prob49_1.in和prob49_2.in复制到工作目录或文件夹中。

49.1 启动AUI,选择有限元程序

启动AUI,将【Program Module】程序模块下拉列表设置为【ADINA CFD】。

49.2 定义模型控制数据

1)分析类型

将【Analysis Type】分析类型下拉列表设置为【Transient】瞬态。

2)VOF控制参数

选择【Model】模型→【Flow Assumptions】流动假设,将【VOF】字段设置为【Yes】是,并单击【VOF Control ...】VOF控制...按钮。设置【Max. Number of Iterations Allowed】最大。允许的迭代次数设置为“50”,然后单击【OK】确定两次,以关闭这两个对话框。

49.3 定义时间步骤、模型几何体、边界条件和材料属性

如图 5.49.2 所示显示了定义此模型时使用的关键几何元素。

已将所有时间步骤定义、几何定义、材料定义和边界条件放在批处理文件 prob49_1.in 中。选择【File】文件→【Open Batch】打开批处理，导航到工作目录或文件夹，选择文件 prob49_1.in，然后单击【Open】打开。AUI 处理批处理文件中的命令。

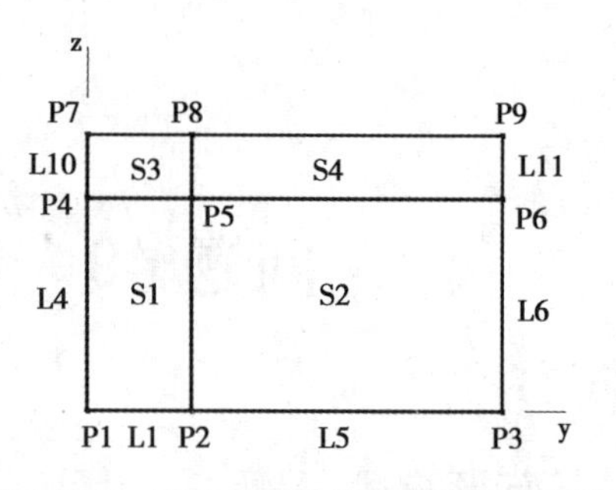

图 5.49.2 定义模型使用的关键几何元素

图形窗口如图 5.49.3 所示。

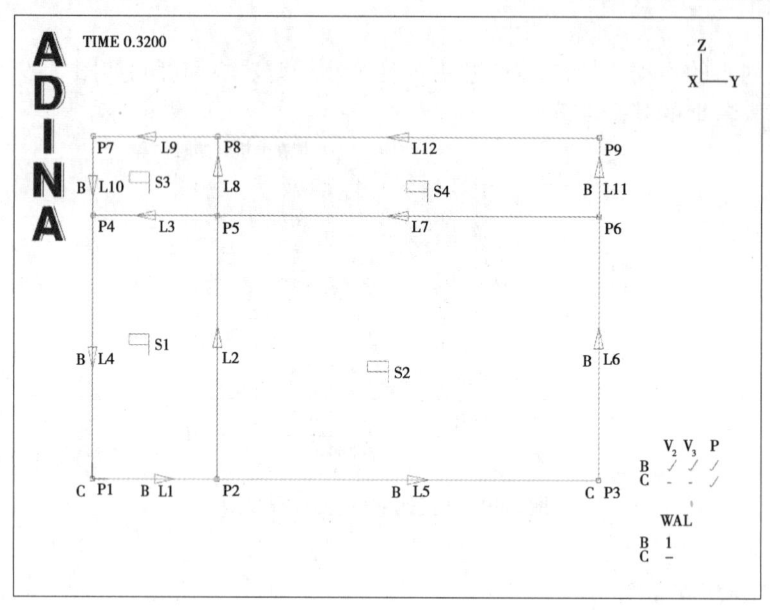

图 5.49.3 导入的 prob49_1.in 模型

注意：①使用墙边界条件来模拟盆地。这是一个滑壁边界条件。

②速度固定在点 1 和 3。如果没有确定这些点的速度，那么对应于相邻线的平均法线，在这些点上就会出现滑移。

③大坝本身不在建模中，只有通过选择初始条件才能将其包含在模型中。

49.4 定义和应用初始条件

最初，水占据几何表面 1，空气占据其他表面。选择【Model】模型→【Initial Conditions】初始条件→【Define】定义，添加名称【INIT】，并在表的第一行中将【Variable】变量设置为【VOF-SPECIES1】，将【Value】值设置为“1.0”。单击【Save】保存，然后单击【Apply...】应用...按钮。在【Apply Initial Conditions】应用初始条件对话框中，将【Apply to】应用于字段设置为【Face/Surface】面/表面，并在表的第一行将【Face/Surface #】面/表面#设置为“1”。单击【OK】确定两次以关闭两个对话框。

49.5 定义元素组和 VOF 材质

单击【Element Groups】元素组图标并添加【group 1】组 1。将【Element Sub-Type】元素子类型设置为【Planar】平面，将【Default Material】默认材质设置为“2”。单击【Advanced】高级选项卡，确保【Associated VOF Material】关联的 VOF 材质为“1”，然后单击该字段右侧的【...】按钮。在【VOF Material】VOF 材质对话框中，添加【VOF Material Number 1】VOF 材料编号 1，确保在【First Species】第一类对话框中材质编号为 1，然后单击【OK】确定两次以关闭两个对话框。

49.6　划分网格

已经将细分和网格划分命令放在批处理文件 prob49_2.in 中。选择【File】文件→【Open Batch】打开批处理,选择文件 prob49_2.in,然后单击【Open】打开。AUI 将处理批处理文件中的命令。

图形窗口如图 5.49.4 所示。

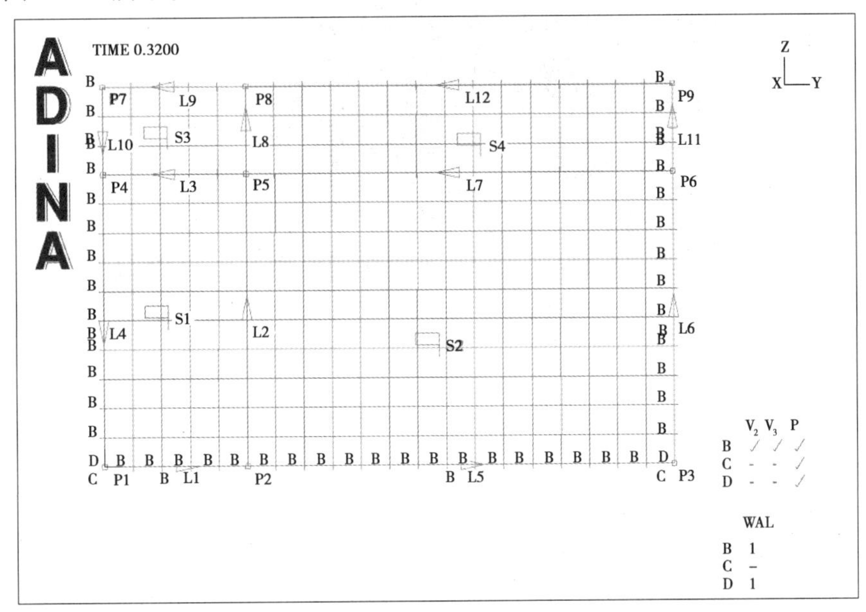

图 5.49.4　导入的 prob49_2.in 模型

49.7　生成数据文件,运行 ADINA CFD,加载舷窗文件

单击【Save】保存图标并将数据库保存到文件 prob49。单击【Data File/Solution】数据文件/解决方案图标,将文件名称设置为“prob49”,确保【Run Solution】运行解决方案按钮被选中,然后单击【Save】保存。

ADINA CFD 运行完成 180 个时间步骤。当 ADINA CFD 完成时,关闭所有打开的对话框,将【Program Module】程序模块下拉列表设置为【Post-Processing】后处理(可以放弃所有更改),单击【Open】打开图标并打开舷窗文件 prob49。

49.8　绘制解决方案

单击【Model Outline】模型轮廓图标,然后单击【Create Band Plot】创建条带绘制图图标,设置【Band Plot】条带绘制变量为【(Fluid Variable:VOF_SPECIES_1)】,然后单击【OK】确定。使用【Pick】拾取图标和鼠标重新排列图形窗口,直到如图 5.49.5 所示。

在这个绘图中,水显示为红色,空气显示为深蓝色。其他颜色对应于水和空气的混合物。

为了演示的目的,假设 VOF 物质大于 1/2 的任何区域对应于水。单击【Modify Band Plot】修改条带绘制图图标,然后单击【Band Table ...】条带表按钮。在【Define Band Table Depiction】定义条带表格描述对话框中,将【Number of Colors】颜色数量设置为“2”,将【Color for Maximum】最大颜色设置为【WHITE】白色,将【Color for Minimum】最小颜色设置为【BLACK】黑色,然后单击【OK】确定。单击【Band Rendering...】条带渲染按钮,将【Extreme Values】极值设置为【Do not Plot】不绘制,然后单击【OK】确定两次以关闭这两个对话框。

图形窗口如图 5.49.6 所示。

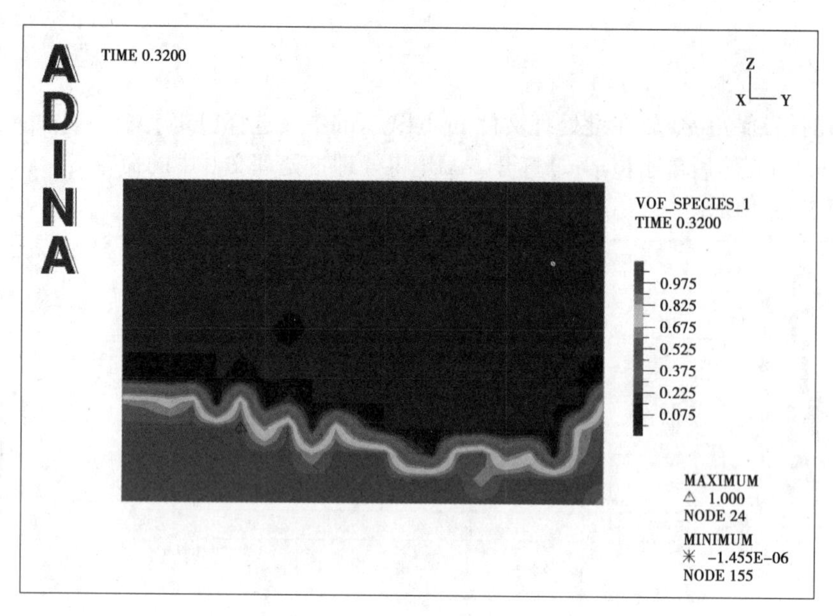

图 5.49.5　流体变量（不同种类流体的体积分数）

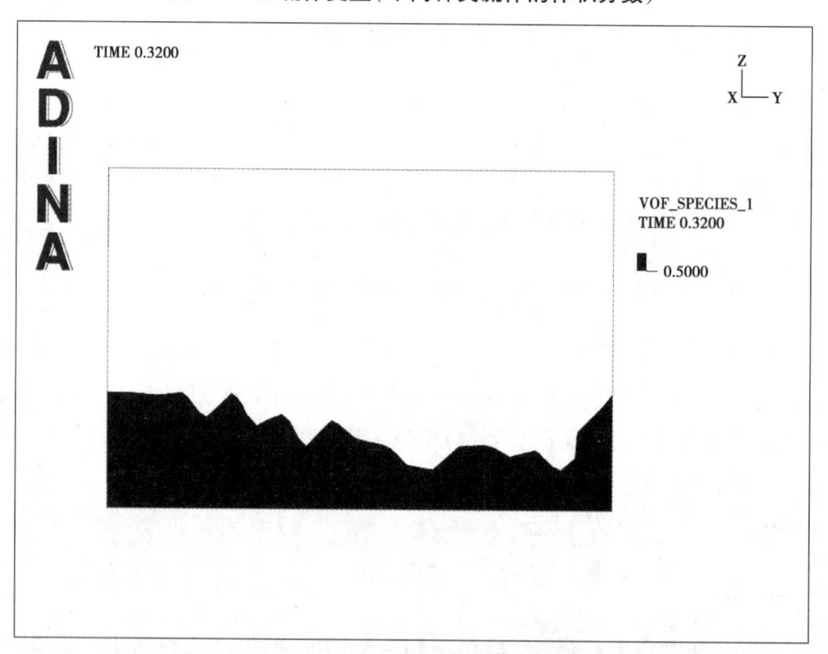

图 5.49.6　VOF 物质大于 1/2 的任何区域对应于水显示坝体

单击【Movie Load Step】视频载荷步图标创建一个动画。水流出其封闭区域流入盆地的其余部分。视频完成后，单击【Animate】动画图标以显示动画。当完成查看动画时，单击【Refresh】刷新图标以恢复图形窗口。

49.9　退出 AUI

选择主菜单中的【File】文件→【Exit】退出，弹出【AUI】对话框，然后单击【Yes】，退出 ADINA-AUI。

问题50 使用滑动网格的简化涡轮机的FSI分析

问题描述

1)问题概况

简化的涡轮机(图5.50.1)浸入流体中。

在分析开始时,涡轮机处于静止状态。在涡轮机入口处突然施加法向牵引力。流体流过涡轮机壳体,引起涡轮机旋转。

该模型是平面和二维的。

因为涡轮机可以旋转任意量,它使方便的模型周围有与涡轮转动单元涡轮流体。这些单元滑过涡轮机壳体附近的单元,如图5.50.2所示。

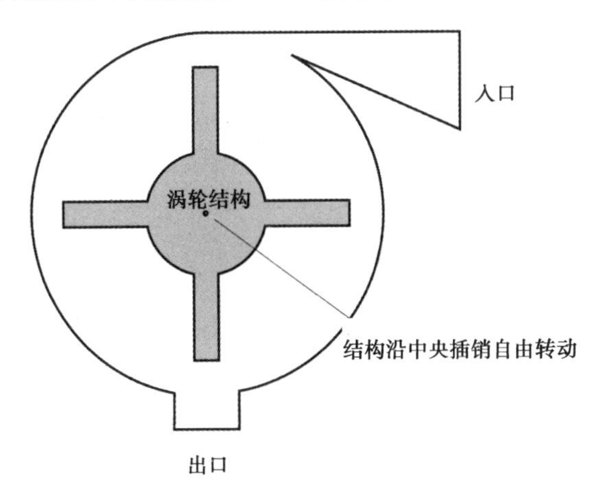

图5.50.1 简化的涡轮机

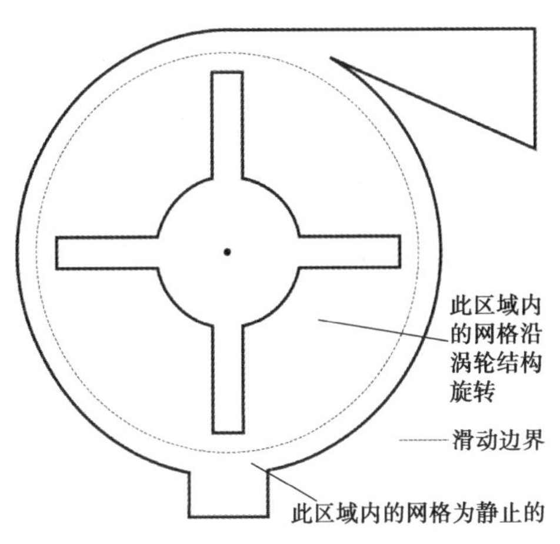

图5.50.2 滑过涡轮机壳体附近的单元

允许流体流过滑动的网格边界。

2)演示内容

本例将演示以下内容:

定义滑动网格类型的边界条件

注意:①ADINA系统的900个节点版本不能求解本例,ADINA系统的900个节点版本不包含ADINA-FSI。

②本例的大部分输入存储在文件prob50_1.in,prob50_2.in,prob50_3.in和prob50_1.plo。在开始分析之前,需要将文件夹中的文件prob50_1.in,prob50_2.in,prob50_3.in,prob50_1.plo从文件夹\ ample \ primer中复制到工作目录或文件夹中。

50.1 启用AUI,选择有限元程序

启动AUI并将【Program Module】程序模块下拉列表设置为【ADINA CFD】。选择【Edit】编辑→【Memory Usage】内存使用,并确保【ADINA/AUI memory】ADINA/AUI内存至少为400 MB。

50.2 ADINA CFD 模型

50.2.1 定义模型控制数据、几何图形、壁面边界条件

先准备一个批处理文件 prob50_1.in，它执行以下操作：

①指定一个瞬态 FSI 分析。

②指定时间步长。

③定义点、线和曲面。

④定义一个表单主体。

⑤定义墙壁边界条件。

⑥绘制模型。

选择【File】文件→【Open Batch】打开批处理，导航到工作目录或文件夹，选择文件 prob50_1.in 并单击打开。图形窗口如图 5.50.3 所示。

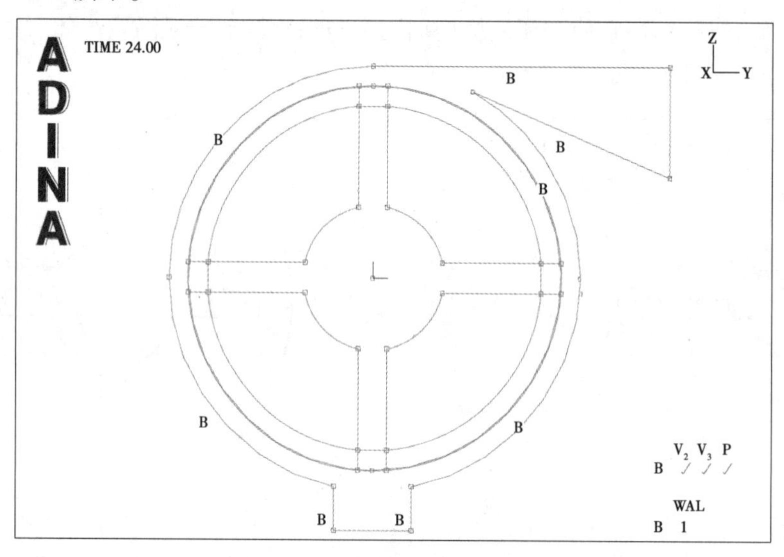

图 5.50.3 导入的 prob50_1.in 模型

50.2.2 定义滑动网格的边界条件

如图 5.50.4 所示显示了滑动网格边界上的线和边。

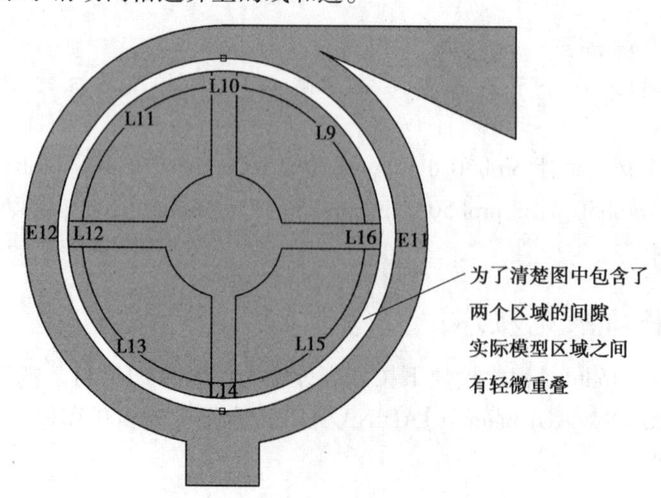

图 5.50.4 滑动网格边界上的线和边

尽管图 5.50.4 中两个网格之间有一个微小的间隙,实际上这两个网格略有重叠。

单击【Special Boundary Conditions】特殊边界条件图标SBC,添加【condition number 2】条件编号 2 并将【Type】类型设置为【Sliding Mesh】滑动网格。将【Apply to】应用于字段设置为【Edges】边,然后在表的前两行中输入"12"和"11",然后单击【Save】保存。添加【condition number 3】条件编号 3,并确保【Type】类型是【Sliding Mesh】滑动网格。将【Apply to】应用于字段设置为【Lines】线,在表格的前八行中输入行号"9"至"16",然后单击【Save】保存(不要关闭对话框)。

我们还需要创建一个边界条件对来链接滑动网格的两个边界条件。单击【Boundary Condition Pair】边界条件对按钮,并在表的第一行中将【B.C. #1】设置为"2",将【BC#2】设置为"3",然后单击【OK】确定两次以关闭这两个对话框。

当单击【Redraw】重画图标时,图形窗口如图 5.50.5 所示。

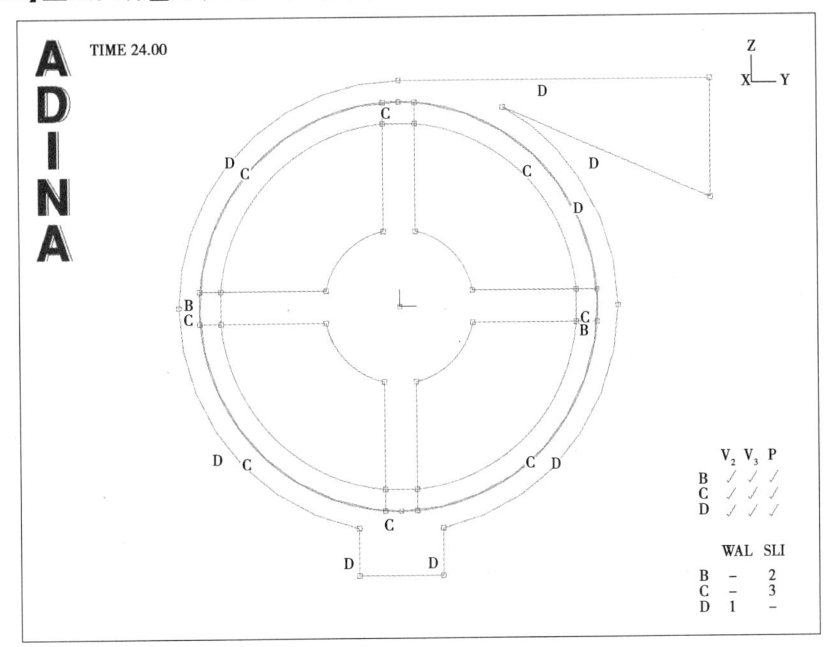

图 5.50.5 特殊边界条件

50.2.3 定义 ADINA CFD 模型

先准备一个批处理文件 prob50_2.in,它执行以下操作:

①定义剩余的特殊边界条件。

②定义领导者与追随者的关系。

③定义材料。

④定义法向-牵引负载。

⑤定义单元组。

⑥细分几何。

⑦网格几何。

⑧创建 prob50_f.dat 文件。

⑨重新生成图形。

选择【File】文件→【Open Batch】打开批处理,导航到工作目录或文件夹,选择文件 prob50_2.in,然后单击【Open】打开。关闭【Log Window】日志窗口对话框(AUI 创建数据文件时显示)。图形窗口如图 5.50.6 所示。

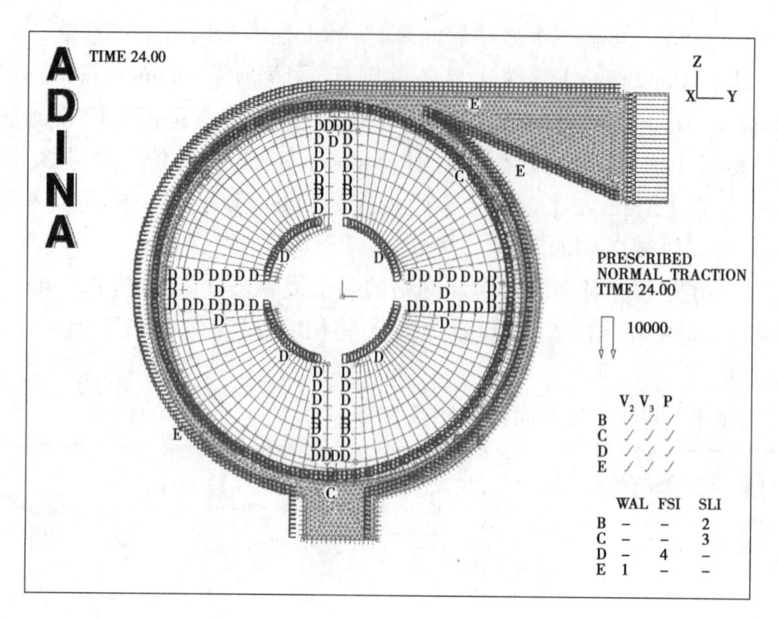

图 5.50.6　导入的 prob50_2.in 模型

单击【Save】保存图标并将数据库保存到文件 prob50_f。

50.3　ADINA 结构模型

单击【New】新图标开始一个新的模型。

先准备一个创建整个 ADINA 结构模型的批处理文件 prob50_3.in。选择【File】文件→【Open Batch】打开批处理，导航到工作目录或文件夹，选择文件 prob50_3.in 并单击【Open】打开。关闭【Log Window】日志窗口对话框（AUI 创建数据文件时显示）。图形窗口如图 5.50.7 所示。

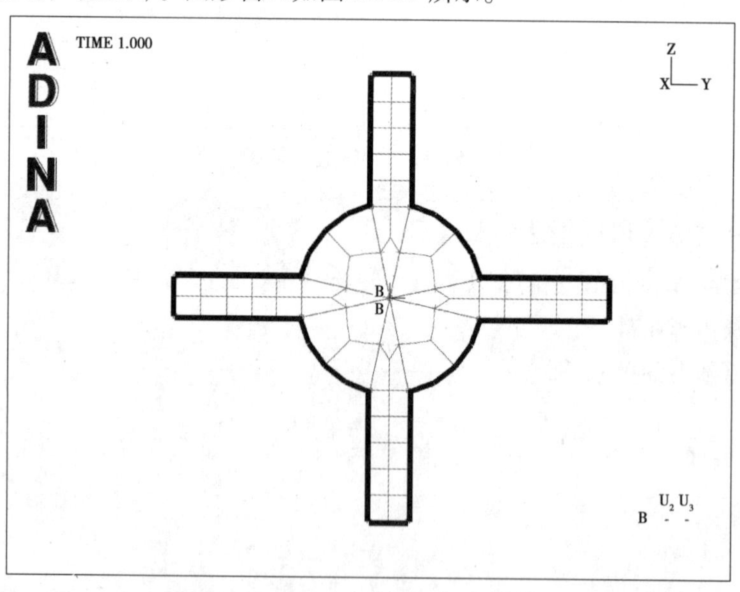

图 5.50.7　导入的 prob50_3.in 模型

50.3.1　运行 ADINA-FSI

选择【Solution】求解方案→【Run ADINA-FSI】运行 ADINA-FSI，单击【Start】开始按钮，选择文件 prob50_f，然后按住“Ctrl”键并选择文件 prob50_a。文件名字段应该显示这两个文件名称在引号中。然后单击【Start】开始。

ADINA-FSI 求解方案需要 120 个步骤。

当 ADINA-FSI 完成时，关闭所有打开的对话框。将【Program Module】程序模块下拉列表设置为【Post-

Processing】后处理(可以放弃所有更改),单击【Open】打开图标并打开舷窗文件 prob50_f。然后单击打开图标并打开舷窗文件 prob50_a。图形窗口如图 5.50.8 所示。

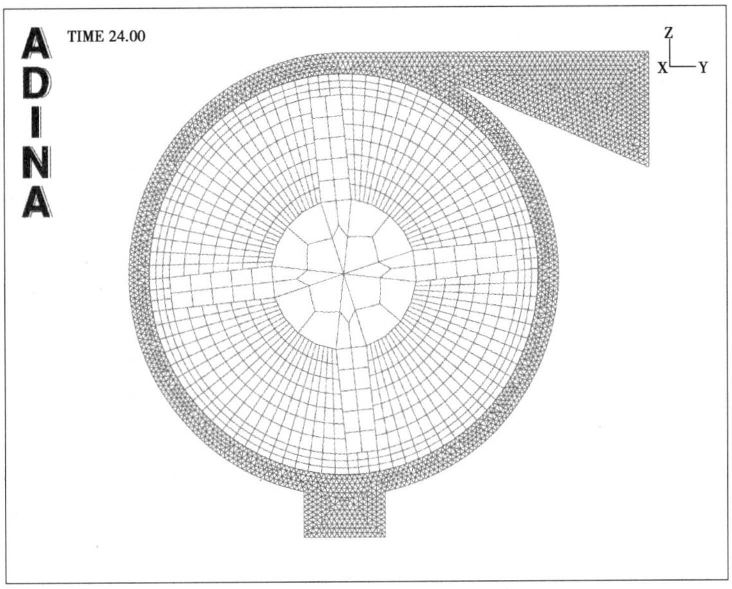

图 5.50.8　导入的 prob50_a 结果模型

注意:如结果稍有不同,是因为自由网格划分在不同的平台上产生不同的网格。

50.3.2　后处理

1)可视化网格运动

单击【Movie Load Step】电影加载步骤图标,然后单击【Animate】动画图标。

注意:涡轮周围的网格与涡轮一起旋转,并相对于靠近涡轮机壳体的网格滑动。

单击【Refresh】刷新图标清除动画。

2)速度矢量

单击【Model Outline】模型轮廓图标,然后单击【Quick Vector Plot】快速矢量绘图图标。要清除结构中的应力矢量图,单击【Modify Vector Plot】修改矢量图图标,确保【Vector Quantity】矢量数量是【STRESS】应力,单击【Delete】删除按钮,单击【Yes】是确认,然后单击【OK】确定关闭对话框。图形窗口如图 5.50.9 所示。

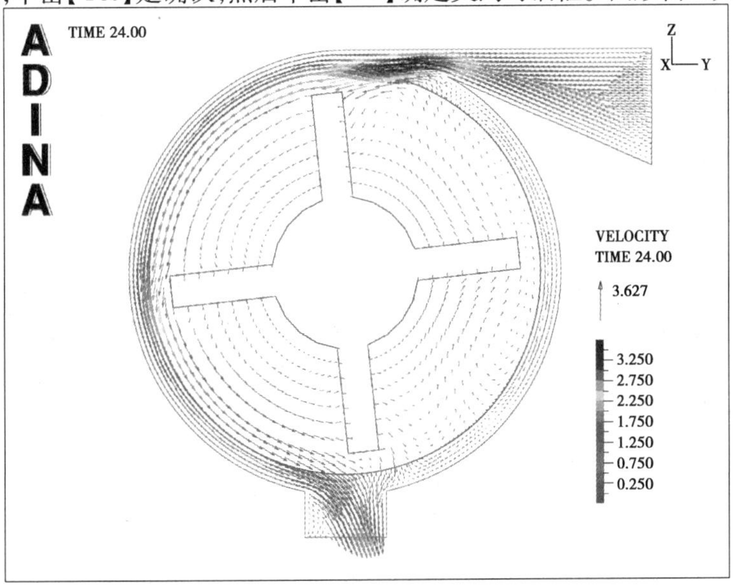

图 5.50.9　速度矢量

单击【Movie Load Step】电影加载步骤图标，然后单击【Animate】动画图标以动态绘制速度矢量。

注意：速度矢量与滑动网格边界交叉。

单击【Refresh】刷新图标清除动画。

3)粒子追踪

使用粒子追踪功能来可视化流体运动。

首先单击【Clear Vector Plot】清除矢量图图标去除速度矢量。

我们已经将粒子追踪的必要命令放在批处理文件 prob50_1.plo 中。选择【File】文件→【Open Batch】打开批处理，导航到工作目录或文件夹，选择文件 prob50_1.plo，然后单击【Open】打开。图形窗口如图 5.50.10 所示。

此时，粒子追踪仅在第一个时间步计算。现在单击【Movie Load Step】电影加载步骤图标来计算整个求解方案的粒子轨迹（此计算可能需要很长时间，增加 AUI 的可用内存应加快计算速度）。电影加载完成后，单击【Animate】动画图标。图形窗口如图 5.50.11 所示。

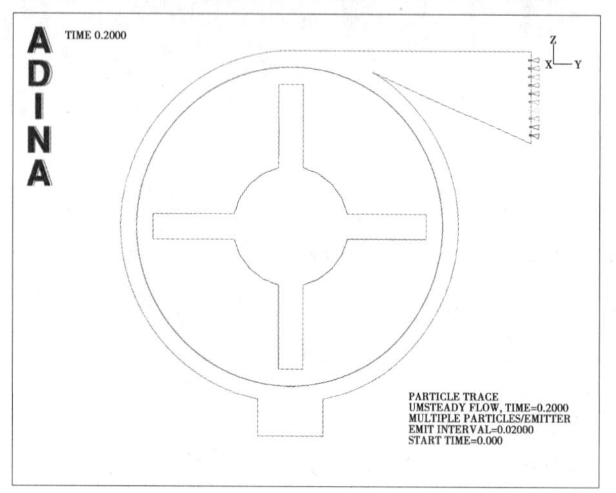

图 5.50.10　粒子追踪

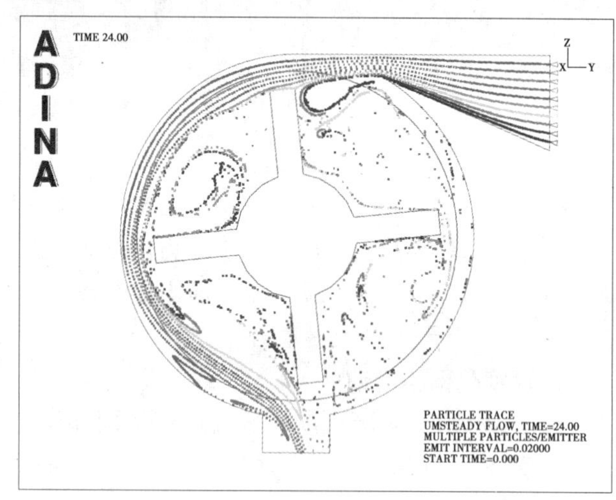

图 5.50.11　粒子轨迹

注意：粒子如何跨越滑动网格边界。

单击【Refresh】刷新图标清除动画。还可以使用更改求解方案时间的图标在不同的求解方案时间查看粒子追踪。

50.4　退出 AUI

选择主菜单中的【File】文件→【Exit】退出，弹出【AUI】对话框，然后单击【Yes】，退出 ADINA-AUI。

注意：

①如果两个网格之间存在细微的间隙，那么滑动网格特征仍然可以工作。然而，在粒子追踪过程中，如果一个粒子进入空隙，就会丢失，不再进入模型。

②这两个网格必须是不兼容的（即它们不能共享节点）。生成不兼容网格的一种便利方法是对两个网格使用单独的单元组，然后在第二个单元组进行网格划分时将“一致性检查”设置为“组”。

③不稳定粒子追踪非常耗费内存。分配给 AUI 的内存理想情况下应设置为计算机上 RAM（物理内存）的数量。

问题51 对水箱的晃动分析

问题描述

1）问题概况

圆柱形水箱受到重力加载和地面加速度的影响，水箱模型如图5.51.1所示，其几何参数如和图5.51.2所示。

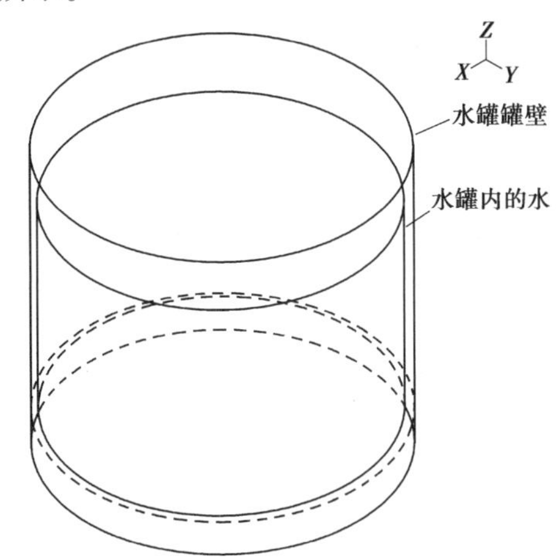

图5.51.1 圆柱形水箱模型

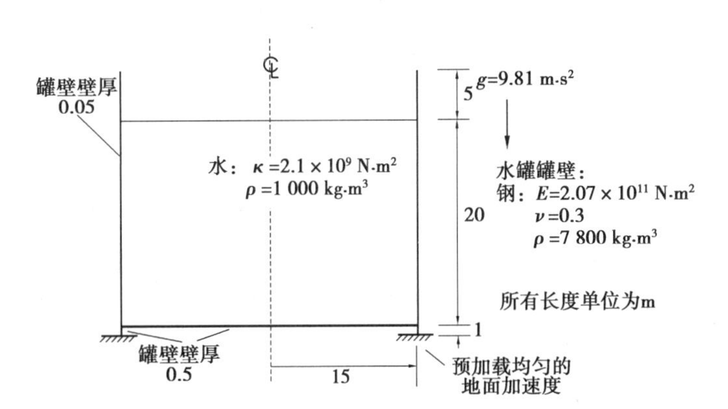

图5.51.2 圆柱形水箱模型的几何参数

外壳单元用于模拟油箱壁，并使用潜在流体单元来模拟油箱中的水。

2）问题分析

①静态分析。

施加重力载荷并计算流体压力和罐体应力。

②频率分析。

应用重力载荷，然后计算流体结构系统的前四百个固有频率。获得相应的地面运动模态参与因子。

③动态时程分析。

施加重力载荷，然后施加沿x方向作用的地面加速度。地面加速度为正弦曲线，周期等于第一个晃动模态的周期（如频率分析中确定的那样）。

3）演示内容

本例将演示以下内容：

①指定自由曲面类型的潜在接口。

②指定phi模型完成的公差。

③使用基于电位的流体单元进行频率分析。

④为基于电位的流体单元指定类型地面加速度的质量比例负载。

注意：本例的大部分输入存储在文件prob51_1.in，prob51_tf.txt中。在开始此分析之前，需要将文件夹samples\primer中的文件prob51_1.in，prob51_tf.txt复制到工作目录或文件夹中。

51.1 启动AUI，并选择有限元程序

启动AUI，将【Program Module】程序模块下拉列表设置为【ADINA Structures】ADINA结构。

51.2 静态分析

51.2.1 静态分析的模型定义

1)定义几何和网格

几何和网格定义存储在文件 prob51_1.in 中。

使用几何点 1 至 5,线 1 至 4,表面 1 至 4,材料 1 和单元组 1(类型壳)对罐壁进行建模。

使用几何点 101 至 104,表面 101,体积 101,材料 101 和单元组 101(类型 3D 流体)对水进行建模。

罐壁的几何表面和水的几何体积通过旋转获得。

旋转前的几何结构如图 5.51.3 所示。

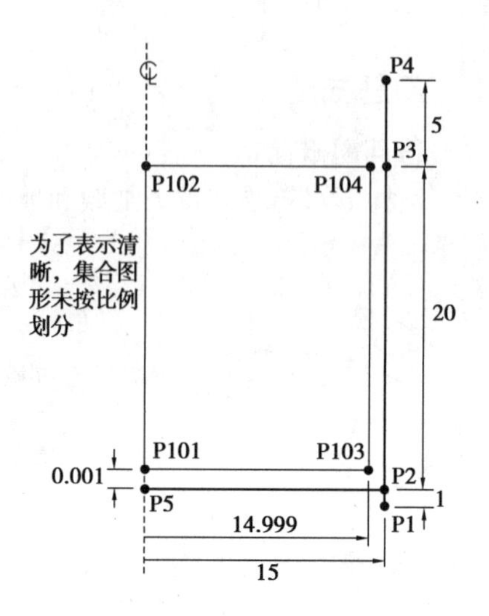

图 5.51.3　旋转前的几何结构

注意:用于网格化水箱和水的几何图形是分开的。因此,壳体和流体网格的啮合是相容的,但是稍微分离,壳体和流体网格具有单独的节点。后续将在 phi 模型完成阶段(创建.dat 文件期间)指定用于连接这些网格的容差。

选择【File】文件→【Open Batch】打开批处理,选择文件 prob51_1.in 并单击【OK】确定。单击【Mesh Plot】网格绘图图标和【Color Element Groups】涂彩单元组图标时,图形窗口如图 5.51.4 所示。

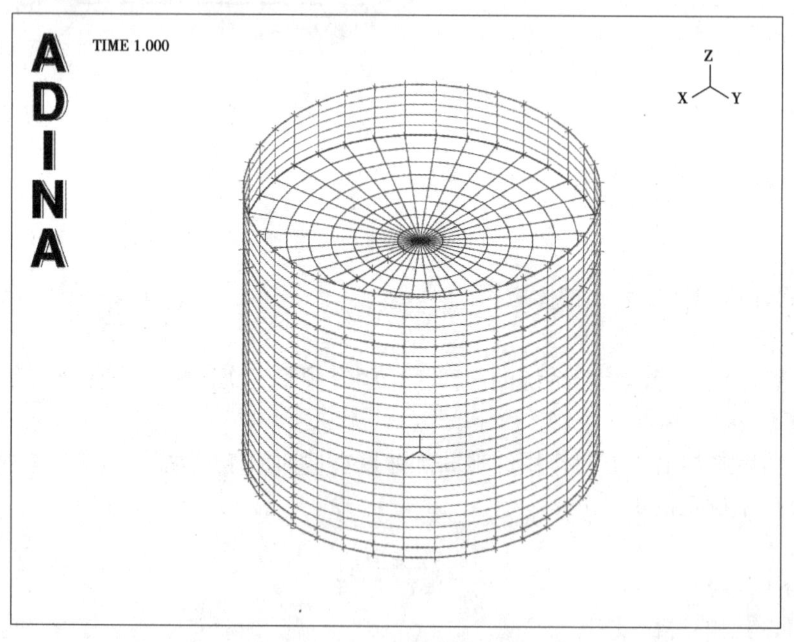

图 5.51.4　彩色显示单元组

单击【Wire Frame】线框图标和【Node Symbols】节点符号图标。使用【Pick】拾取图标和鼠标旋转绘图,以便查看罐体的底面。单击【Node Labels】节点标签图标和【Zoom】缩放图标,然后放大网格,以便观查看各个单元和节点。会注意到单独的节点用于外壳和流体网格(在放大网格后,可能会发现使用鼠标旋转网格很有用,以便更容易地查看网格)。单击【Clear】清除图标,然后单击【Mesh Plot】网格绘图图标以返回到原始视图。

指定与网格分离对应的公差。选择【Model】模型→【Phi Model Completion】Phi 模型完成,将【Tolerance for Nodal Coincidence】节点一致性公差设置为【Custom】自定义，将【Custom Tolerances for Nodal Coincidence】节点一致性自定义公差设置为“0.01”“0.01”“0.01”，然后单击【OK】确定。

2）指定自由表面

指定流体的顶部是一个自由表面。选择【Model】模型→【Boundary Conditions】边界条件→【Potential Interface】潜在接口并【Potential Interface Number 1】添加电位接口编号 1。将【Type】类型设为【Free Surface】自由曲面，将【Apply to】应用于字段设置为“曲面”，在表格的第一行中输入“102”，然后单击【OK】确定。当单击【Redraw】重绘图标时，图形窗口如图 5.51.5 所示。

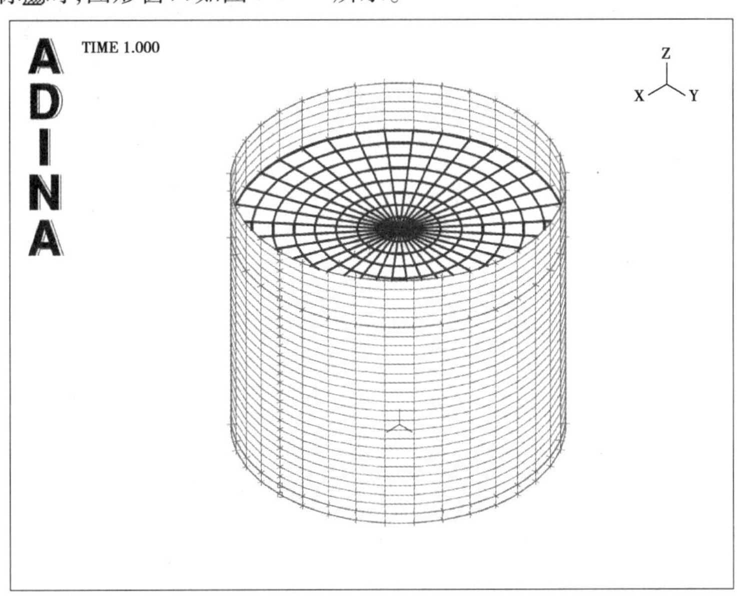

图 5.51.5　指定自由表面

流体网格顶部的粗线表示潜在的界面。

3）重力负载

单击【Apply Load】应用加载图标，将【Load Type】加载类型设置为【Mass Proportional】质量比例，然后单击【Load Number】加载编号字段右侧的【Define...】定义...按钮。在【Define Mass-Proportional Load】定义质量比例负载对话框中，添加负载编号 1，将【Magnitude】幅度设置为“9.81”，确保【Direction】方向设置为“(0,0,-1)”，然后单击【OK】确定。在【Apply Load】应用加载对话框中，将【Time Function】时间函数设置为“1”，然后单击【OK】确定。

默认情况下，分析是静态的，具有恒定的时间函数和时间步长等于 1.0。

51.2.2　生成数据文件，运行 ADINA Structures，加载舷窗文件

首先单击【Save】保存图标并将数据库保存到文件 prob51 。单击【Data File/Solution】数据文件/求解方案图标，将文件名设置为“prob51a”，确保选中运行求解方案按钮并单击【Save】保存。

关闭所有打开的对话框，将【Program Module】程序模块下拉列表设置为【Post-Processing】后处理（可以放弃所有更改），单击【Open】打开图标并打开舷窗文件 prob51a。

51.2.3　静态分析的后处理

1）流体结构界面单元

检查在.dat 文件生成中作为 phi 模型完成过程一部分自动生成的流体结构接口。

在模型树中，右键单击 EG101 并选择【Display】显示。图形窗口如图 5.51.6 所示。

使用鼠标旋转网格。整个网格被粗线覆盖；这些线表示流体结构界面单元。

2）静态流体压力

检查静态流体压力。单击【Create Band Plot】创建条带绘图图标，设置【Band Plot Variable】条带绘图

变量为【(Stress:FE_PRESSURE)】,然后单击【OK】确定。图形窗口如图 5.51.7 所示。

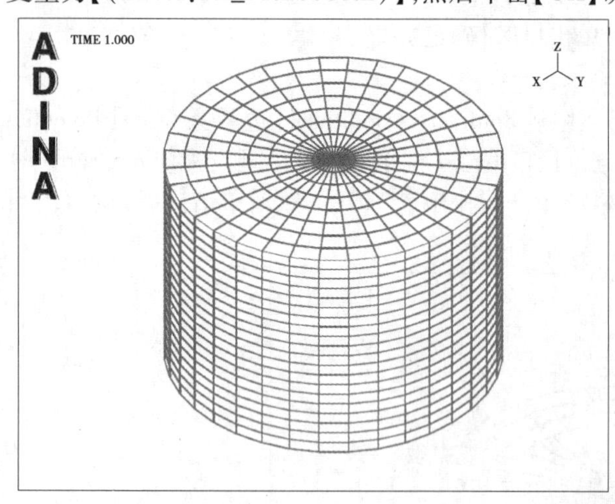

图 5.51.6　EG101 组

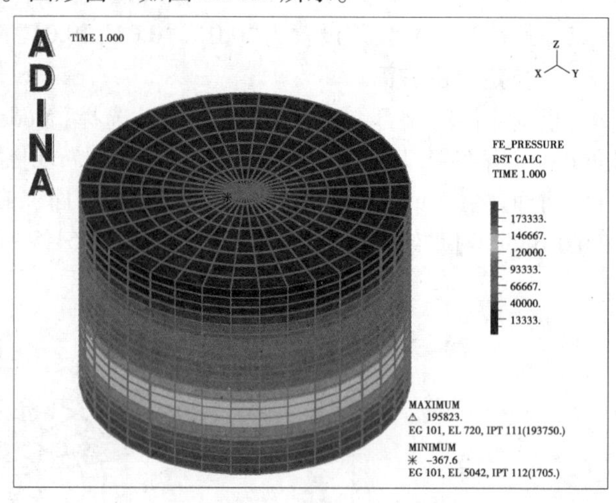

图 5.51.7　静态流体压力

自由表面处的流体压力几乎为零,沿罐体侧线性变化,并在底部最大。罐底部 195823(Pa)的值与预期值 $\rho=pgh=196\ 200$ Pa 接近一致(在这个表达式中,ρ 当然是流体密度,h 是水箱中水的深度)。

3)罐的位移和应力

查看罐的位移和压力。单击【Clear】清除图标,然后在模型树中右键单击 EG1 并选择【Display】显示。单击【Scale Displacements】比例位移图标,【Quick Vector Plot】快速矢量图图标并使用鼠标旋转网格,直到图形窗口如图 5.51.8 所示。

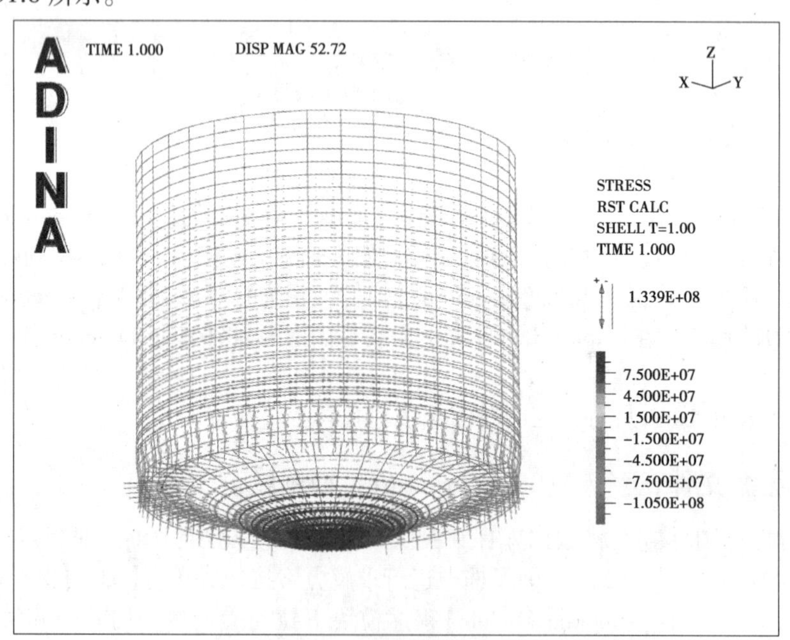

图 5.51.8　罐的位移和压力

在油箱底部上方,油箱壁主要承受环向应力。为环向应力的估计是 $\sigma_{\text{hoop}}=(\rho gh)r/t$,其中 r 是罐半径和吨是罐壁的厚度。在储罐底部,该公式给出了 5.89E7 Pa 的数值。

绘制罐墙上的单元。单击【Change Zone】更改区域图标,单击【Zone Name】区域名称字段右侧的【...】按钮,添加区域【TANK_WALLS】,单击【Edit】编辑按钮,输入单元组 1 的单元“1 至 936”。

在表格的第一行中,单击【OK】确定关闭对话框。在【Change Zone of Mesh Plot】网格图的更改区域对话框中,确保【Zone Name】区域名称设置为“TANK_WALLS”,然后单击【OK】确定。

图 5.51.8 显示了拉伸和压缩主应力。如要仅显示拉伸主应力,可单击【Modify Vector Plot】修改向量绘

图图标，单击【Rendering…】渲染按钮，将【Vector Plot of Principal Values】主值的向量绘图设置为【Maximum】最大，然后单击【OK】确定两次以关闭这两个对话框。图形窗口如图5.51.9所示。

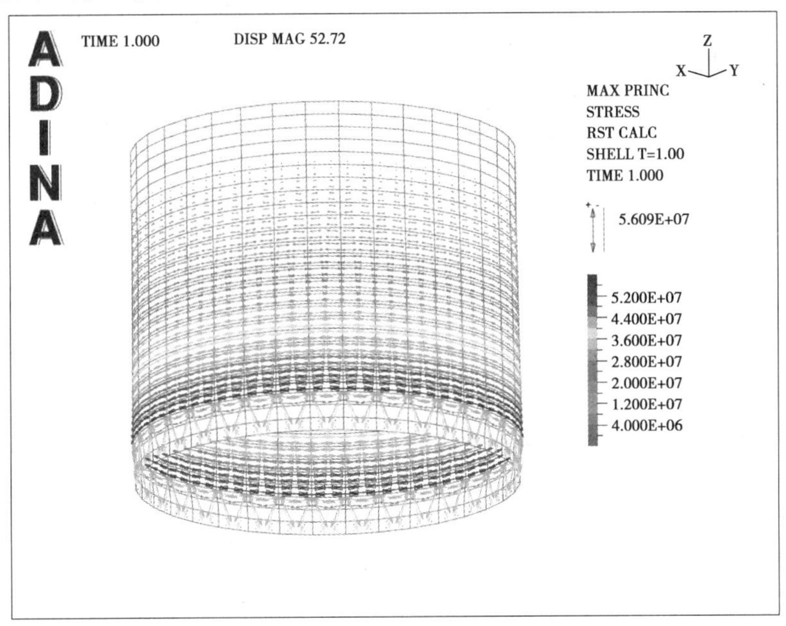

图5.51.9 拉伸和压缩主应力

图5.51.9显示最大计算的环向应力接近估计值（当然，估计值并未考虑罐底的刚化效应）。

51.3 频率分析

51.3.1 频率分析的模型定义

将【Program Module】程序模块下拉列表设置为【ADINA Structures】（可以放弃所有更改），并从【File】文件菜单底部附近的最近文件列表中选择数据库文件prob51.idb 。

1）重新开始分析

选择【Control】控制→【Solution Process】求解方案过程，将【Analysis Mode】分析模态设置为【Restart Run】重新启动运行，然后单击【OK】确定。

2）频率/模态参与因素分析

将【Analysis Type】分析类型设置为【Modal Participation Factors】模态参与因子，然后单击此字段右侧的【Analysis Options】分析选项图标。在【Modal Participation Factors】模态参与系数对话框中，确保【Type of Excitation Load】载荷激励类型为【Ground Motion】地面运动，然后单击【Settings…】设置…按钮。在【Frequencies（Modes）】频率（模态）对话框中，将求解方法设置为【Lanczos Iteration】Lanczos迭代，将【Number of Frequencies/Mode Shapes】频率/模态形状数设置为"400"，将要打印的模态形状数设置为"400"，选中【Allow Rigid Body Mode】允许刚体模态按钮，单击【OK】确定两次以关闭这两个对话框。

为了减少写入舷窗文件的信息量，在此运行中可不保存单元结果。选择【Control】控制→【Porthole】舷窗→【Volume】体积，取消选中【Individual Element Results】单个单元结果字段，然后单击【OK】确定。

我们也想计算模型的总质量。选择【Control】控制→【Miscellaneous Options】杂项选项，勾选【Calculate Mass Properties】计算质量属性字段，然后单击【OK】确定（总质量用于计算以下列表中的模态质量百分比）。

51.3.2 生成数据文件，运行ADINA Structures，加载舷窗文件

不要单击【Save】保存图标，而是选择【File】文件→【Save As】另存为，然后将数据库保存到文件prob51_frb。

单击【Data File/Solution】数据文件/求解方案图标，将文件名设置为prob51_frb，确保【Run Solution】运

行求解方案按钮已选中,然后单击【Save】保存。AUI 打开一个窗口,可以在其中指定静态分析的重新启动文件。输入重新启动文件 prob51a 并单击【Copy】复制。

分析完成后,关闭所有打开的对话框,将【Program Module】程序模块下拉列表设置为【Post-Processing】后处理(可以放弃所有更改),单击【Open】打开图标并打开舷窗文件 prob51_frb 。

51.3.3 频率分析的后处理

1)频率求解方案的错误测量

选择【List】列表→【Extreme Values】极值→【Zone】区域,将第一个【Variable to List】变量值列表设置为【(Frequency/Mode:EIGENSOLUTION_ERROR_MEASURE)】,然后单击【Apply】。

注意:实际中,对应于模态 147,最大错误度量值是 3.92454E-04。可能会得到不同的值,但误差度量值也应该较小(小于 1E-3)。

2)模态形状和固有频率

当单击【Color Element Groups】彩色单元组图标时,图形窗口如图 5.51.10 所示。

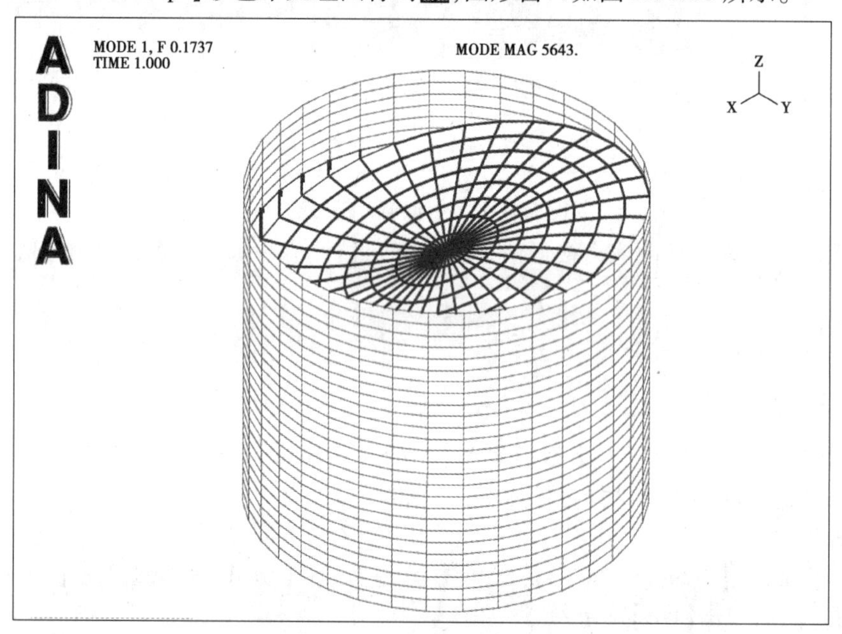

图 5.51.10 彩色显示单元组

在实际计算机平台上晃动模态的方向可能不同,但频率应该相同。

单击【Next Solution】下一个求解方案图标查看下一个模态形状。由于模型的对称性,模态 2 与模态 1 具有相同的频率,因此,第一晃动模态由模态 1 和 2 表示。

注意:自由表面沿罐壁滑动,就是为什么单独的节点用于壳和流体网格的原因。

反复单击【Next Solution】下一个求解方案图标查看更多模态形状。前 269 模态形状都涉及自由表面的不同运动,罐壁几乎没有运动。

3)模态参与因素和模态质量

选择【List】清单→【Info】信息→【MPF】。列表中的第一个表格给出了每个地面运动方向的模态参与因子,第二个表格给出了模态质量,第三个表格给出以总质量百分比表示的模态质量,第四个表格给出累积模态质量,第五个表格给出以总质量百分比表示的累积模态质量。滚动至列表底部。可注意到模态 400 的累积模态质量在 x 和 y 方向上大约为 81.8%,在 z 方向上大约为 87.5%。

现在向上滚动到带有标题的表格:

```
                                PERCENT          PERCENT          PERCENT
MODE        FREQUENCY           MASS(X)          MASS(Y)          MASS(Z)
```

可观察到,模态 1 和 2 的频率为 1.73742E-01(Hz),两种模态的 x 百分比模态质量之和约为 26.1%(因为模态是重复的,每个模态的百分比模态质量,单独考虑,将会不同,在不同的计算机平台,但百分比质量的总和将是相同的)。前两种模态的 y 百分比模态质量的总和等于 x 百分比模态质量的总和,这是必须通过对称性预期的。

观察大部分剩余模态的百分比模态质量为零。这是因为这些模态是对称的。地面运动不会触发这些模态。

具有显著模态质量的下一个模态是模态 316 和 317,频率为 5.904 36(Hz)。

要显示模态 316,请选择【Definitions】定义→【Response】响应,将【Response Name】响应名称设置为“MESHPLOT00001”,将【Mode Shape Number】模态形状编号设置为“316”,然后单击【OK】确定。你单击【Redraw】重绘图标时,图形窗口如图 5.51.11。

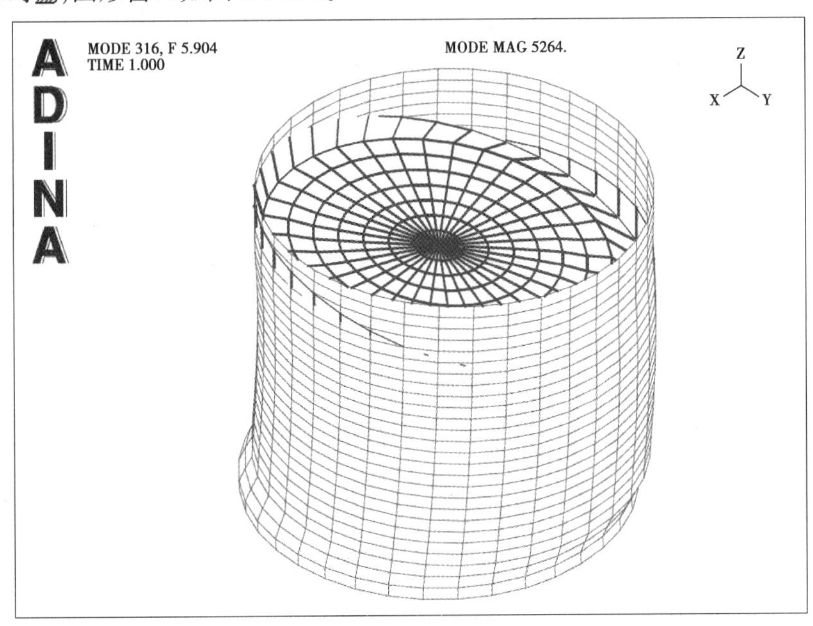

图 5.51.11 显示模态 316

这种模态涉及晃动和结构变形。由于这是一种重复模态,因此用户的计算机平台上模态的方向可能不同,但频率应该相同。

51.4 时间历程分析

51.4.1 时间历程分析的模型定义

将【Program Module】程序模块下拉列表设置为【ADINA Structures】(可以放弃所有更改),并从【File】文件菜单底部附近的最近文件列表中选择数据库文件 prob51.idb (而不是 prob51_fr.idb)。

1)重新进行动态分析

选择【Control】控制→【Solution Process】求解方案过程,将分析模态设置为重新启动运行,然后单击【OK】确定。

将【Analysis Type】分析类型设置为【Dynamics-Implicit】动态隐式。

2)地面加速度

在时间历程分析中,需要触发第一个晃动模态。为此,将在 x 方向输入正弦地面加速度,周期等于第一个晃动模态的周期。从频率分析来看,第一个晃荡模态的频率为 1.73742E-01 Hz,周期为 5.755 66 s。

将应用的地面加速时间历程记录如图 5.51.12 所示。

这个时间函数由方程生成

$$\ddot{u}_{gx} = (0.01g)\frac{t}{t_p}\sin\frac{2\pi t}{t_p}, t \leq t_p$$

$$= (0.01g)\sin\frac{2\pi t}{t_p}, t \leqslant t_p$$

并且 $t_p = 5.755\ 66$ s。关于为什么地面加速度时间历程不能简单地应用为正弦函数的更多信息，请参见本入门问题末尾的注释。

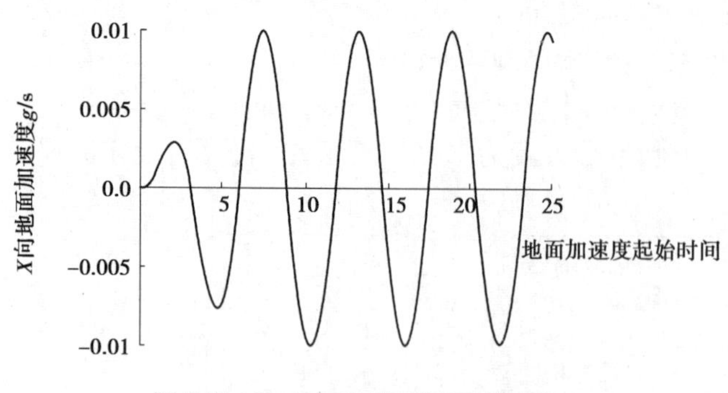

图 5.51.12　地面加速时间历程记录

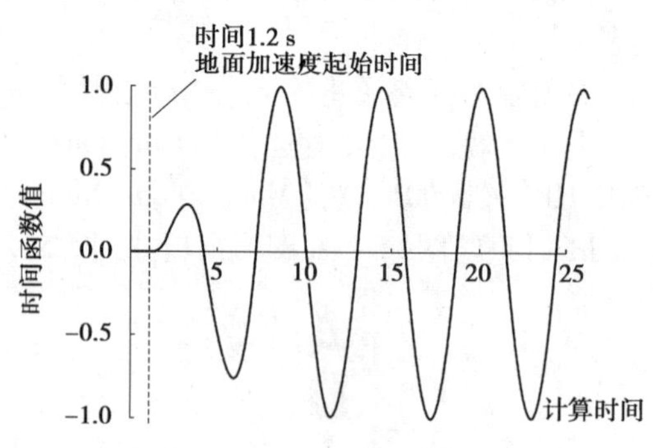

图 5.51.13　时间函数

时间步长选择为 0.2 s，因此每个加载周期大约有 30 个时间步长。在动态分析中，从时间 1.0 重新开始。另外，希望有一个具有零地面加速度的动态时间步。所以地面加速时间的历程记录移动了 1.2 s，因此地面加速度从时间 1.2 开始。

为了应用这种地面加速度，将输入一个质量为0.0981(m/s^2)的质量比例负载，方向为(-1,0,0)，时间函数如图 5.51.13 所示。

选择【Control】控制→【Time Step】时间步，并在表的第一行中将【# of steps】步数设置为"125"，将【Magnitude】幅度设置为"0.2"，然后单击【OK】确定。

选择【Control】控制→【Time Function】时间函数，添加【Time Function Number 2】时间函数编号 2，单击【Import...】导入...并打开文件 prob51_tf.txt，然后单击【OK】确定关闭【Define Time Function】定义时间函数对话框。

单击【Apply Load】应用加载图标，将【Load Type】加载类型设置为【Mass Proportional】质量比例，然后单击【Load Number】加载编号字段右侧的【Define...】定义...按钮。在【Define Mass-Proportional Load】定义质量比例负载对话框中，添加负载编号 2，将【Magnitude】幅度设置为"0.0981"，并将【Direction】方向设置为(-1,0,0)。还将【Interpret Loading as (for potential-based fluid element only)】解读加载为(仅适用于基于潜在流体单元)改为【Ground Acceleration】地面加速并单击【OK】确定。在【Apply Load】应用荷载对话框中，将【Load Number】荷载编号设置为"2"，将【Time Function】时间函数设置为"2"，然后单击【OK】确定。

51.4.2　生成数据文件，运行 ADINA Structures，加载舷窗文件

不要单击【Save】保存图标，而是选择【File】文件→【Save As】另存为，然后将数据库保存到文件 prob51_td。

单击【Data File/Solution】数据文件/求解方案图标，将文件名设置为"prob51_tdb"，确保【Run Solution】运行求解方案按钮已选中并单击【Save】保存。AUI 打开一个窗口，可以在其中指定静态分析的重新启动文件。输入重新启动文件 prob51a 并单击【Copy】复制。

分析完成后，关闭所有打开的对话框，将【Program Module】程序模块下拉列表设置为【Post-Processing】后处理(可以放弃所有更改)，单击【Open】打开图标并打开舷窗文件 prob51_tdb。

51.4.3　时间历程分析的后处理

当单击【Color Element Groups】彩色单元组图标时，图形窗口应如图 5.51.14 所示。

单击【Movie Load Step】电源载荷步图标以动画求解方案。将观察到自由曲面以模态 1 和 2 给出的形状移动，并且运动幅度在每个循环中增加。

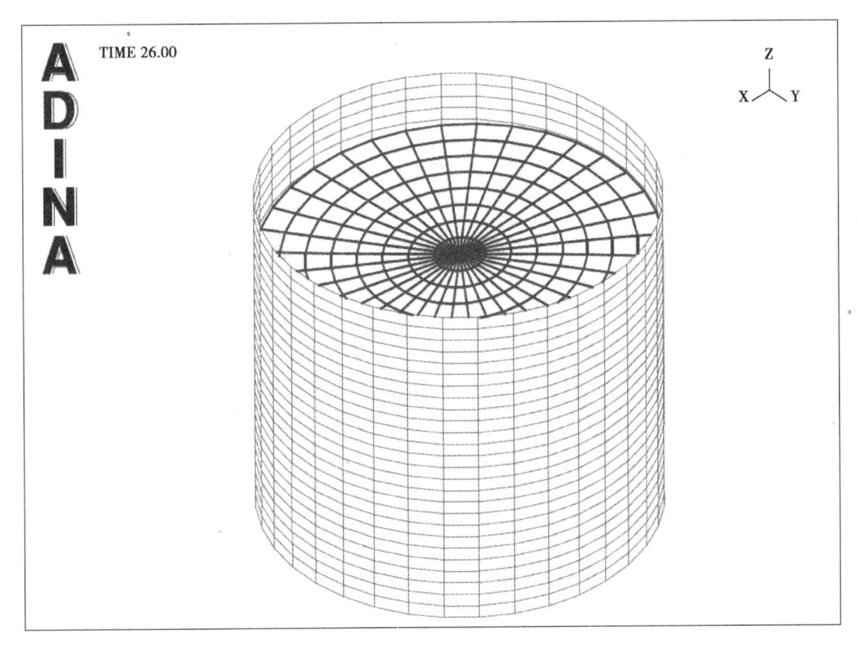

图 5.51.14 彩色单元组

1)动态流体压力

显示由地面加速引起的流体压力。因此,需要从总压力中减去静态压力(来自静态分析的压力)。静压本身由两部分组成,流体参考压力(定义为 $p_{ref}=\rho gz$)和将自由表面上的参考压力设置为零(大约 $z=21$)所需的偏移量。变量 FLUID_REFERENCE_PRESSURE 给出 p_{ref}的值,但需要自己计算偏移量。偏移量大约是:

选择【Definitions】定义→【Variable】变量→【Resultant】结果,添加变量【DYNAMIC_PRESSURE】,将其定义为:

<FE_PRESSURE>-<FLUID_REFERENCE_PRESSURE>-206010

并单击【OK】确定。

绘制没有界面单元的流体单元。单击【Define Zone】定义区域图标,添加区域【FLUID】,单击【Edit】编辑按钮,输入:

ELEMENT 1 TO 100000 OF ELEMENT GROUP 101

在表格的第 1 行中,单击【OK】确定(由于组 101 中的单元少于 100000,上述命令会选择组 101 中的所有单元,而不选择任何界面单元)。然后,在模型树中,右键单击区域 FLUID 并选择【Display】显示。

单击【Create Band Plot】创建条带绘图图标,选择变量【(User Defined:DYNAMIC_PRESSURE)】并单击【OK】确定。图形窗口如图 5.51.15 所示。

单击【Movie Load Step】电源载荷步图标创建动态压力的动画。

单击【First Solution】第一个求解方案图标。

注意:动态压力在时间 1.2 s 时值为-367.6(Pa)。回想一下,在时间 1.2 s 处没有施加地面加速度。非零动态压力是由于 206010 的大致偏移造成的。使用 $z=21$ 的未变形流体高度计算该偏移量。然而,由于流体可压缩性和油箱顺应性,静态溶液中的实际流体高度略有不同。

单击【Clear Band Plot】清楚条带绘图图标去除条带图。

2)流体速度

单击【Create Vector Plot】创建向量绘图图标,将【Vector Quantity】向量物理量设置为【VELOCITY】,然后单击【OK】确定。速度矢量应该都具有非常接近 0 的值(在用户的计算机上,所有值均为 1E-13)。这表明,具有零地面加速度的第一个动态求解方案与静态求解方案相同。

现在单击【Last Solution】最后求解方案图标。速度矢量都非常长,因为使用了与上一幅图相同的比例因子。单击【Clear Vector Plot】清除向量绘图图标,单击【Create Vector Plot】创建向量绘图图标,将【Vector Quantity】向量物理量设置为【VELOCITY】,然后单击【OK】确定。

单击【Color Element Groups】涂彩单元组图标以取消对网格图的着色。图形窗口如图 5.51.16 所示。

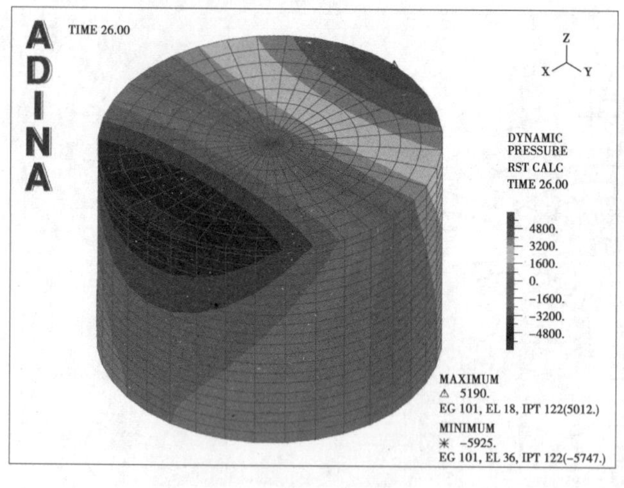

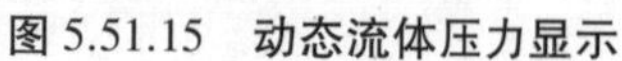
图 5.51.15　动态流体压力显示

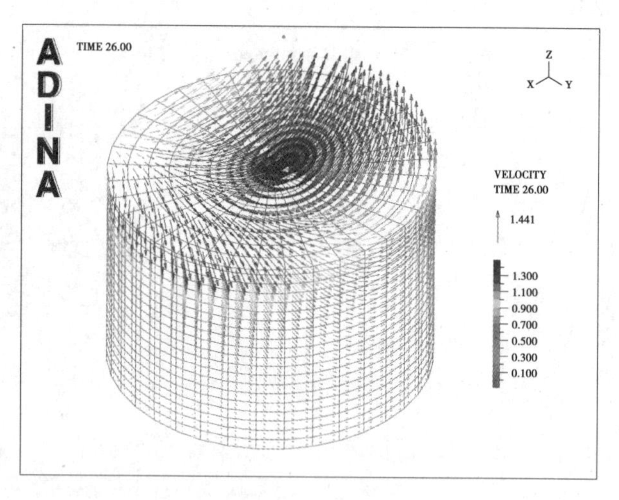

图 5.51.16　速度矢量

单击【Movie Load Step】电影载荷步图标创建流体速度的动画。

51.5　动态罐变形

单击【Clear】清除图标,然后在模型树中,右键单击【zone EG1】区域 EG1 并选择【Display】显示。单击【Modify Mesh Plot】修改网格绘图图标并单击【Model Depiction】模型描述按钮。将【Option for Plotting Original Mesh】用于绘制原始网格的选项设置为【Use Configuration at Reference Time】在参考时间使用配置,并将【Reference Time for Original Mesh】原始网格的参考时间设置为“1.0”,然后单击【OK】确定两次以关闭这两个对话框。当单击【Scale Displacements】比例位移图标时,图形窗口如图 5.51.17 所示。

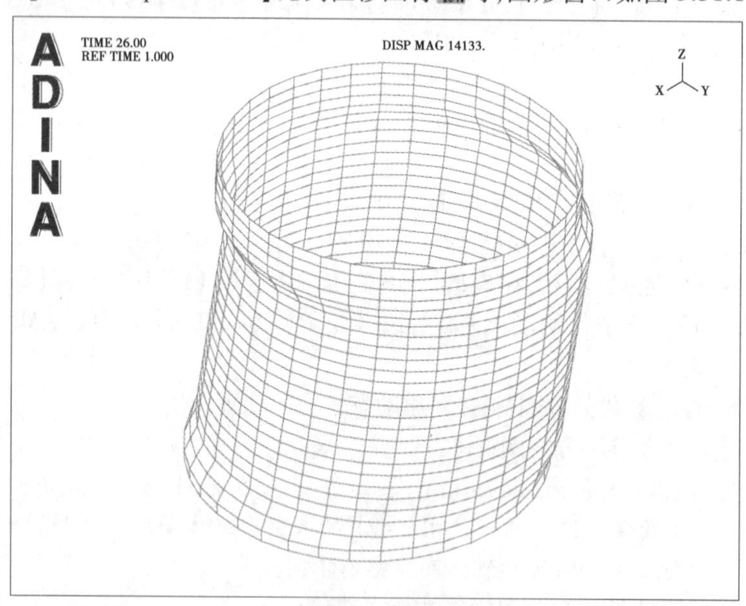

图 5.51.17　位移幅度

回想一下,当使用质量比例载荷施加地面运动时,计算的位移与地面运动相关。

单击【Movie Load Step】电影载荷步图标创建动态罐变形的动画。

51.6　退出 AUI

选择主菜单中的【File】文件→【Exit】退出,弹出【AUI】对话框,然后单击【Yes】,退出 ADINA-AUI。

注意：

①在此分析中使用基于线性势的公式，并且流体结构边界和自由表面的位移被假定为很小。

②为了使流体的自由表面沿罐壁滑动，有必要为壳体和流体使用单独但相容的网格。

③用于储罐地面的表面4是退化表面，因此在壳体单元啮合过程中，必须在GSURFACE命令中指定DEGENERATE=YES。

④因为结构和流体都是线性的，所以这是一个线性分析。在线性分析的特殊情况下，可以立即执行频率分析，无须初始静态负载。在这个引物问题中给出的分析序列适用于线性和非线性分析。

⑤在基于潜在流体单元的频率分析中，总是检查本征分辨率误差测量值。如果出于某种原因，错误度量很大，ADINA结构不会停止；而是ADINA结构输出（错误的）特征值和特征向量。

⑥在流体网格中，不在自由表面上的节点的垂直位移远小于自由表面上节点的垂直位移。这使得它看起来好像自由表面上的流体单元正在经历大的变形，而剩余的流体单元没有移动。当位移足够大时，单元看起来变得过度扭曲。这个是正常的。基于电位的流体单元内的流体的运动与这些单元的节点的运动（或缺少运动）无关。基于电位的流体单元节点的运动仅用于为基于电位的单元提供位移边界条件。

⑦自由表面的运动模态的数量近似等于自由表面上的节点的数量。由于自由表面运动的频率非常低，大多数低频模态都是自由表面运动。这就是为什么有必要为这个问题计算几百种模态。随着网格细化并且自由表面上的节点数量增加，自由表面的运动模态的数量也增加，并且因此要计算的模态的数量也增加。

⑧为了看到模态质量汇聚到实际质量，尝试使用更多模态的频率分析。获得如表5.51.1所示结果。

表5.51.1 更多模态的频率分析结果

Number of modes	Highest natural frequency(Hz)	Percent modal mass in x direction	Percent modal mass in y direction	Percent modal mass in z direction
400	20.370	81.8	81.8	87.5
500	34.443	82.3	82.3	87.8
1 000	150.558	95.6	95.6	94.8
2 000	371.405	98.0	98.0	96.5
5 000	733.238	98.5	98.5	97.5

⑨当使用质量比例载荷施加地面运动时，位移是相对于地面运动的，还要记住质量比例负载的方向与地面运动的方向相反。

⑩在基于位移的地面流体分析中，ADINA Structures假定在时间历程分析开始时地面位移，速度和加速度均为零。

⑪由于以下原因，在流体网格顶部绘制的动态压力不为零。在内部，流体单元的自由度是潜力。边界节点的位移仅用于提供结构的其余部分和流体单元之间的耦合。基于未变形的单元几何形状计算流体单元内的压力。现在考虑节点1244，它是自由表面上对应于最大绘制的动态压力(8 601 Pa)的节点。在26时刻，该节点的z位移为8.7677E-1(m)，所以该节点位于未变形的自由表面之上。在未变形的自由表面上该位置处的压力是$(\rho g)(8.76711\text{E-}1)=8601$，这是标绘值。

在流体单元内计算的压力与流体-结构界面单元内计算的压力之间存在细微的差异。流体单元中计算的压力不包含$\rho g u_z$，由于边界的运动的影响（因为假定该运动小）。但流体-结构界面单元中计算的压力确实包含$\rho g u_z$效果。

问题 52　具有柔性分流器的圆柱体周围的 2D 流动

问题描述

1）问题概况

本例说明如何使用 ADINA 分析二维圆柱体后面的柔性分流器和通道中周围流体的流体-结构相互作用（FSI）行为，其中的 2D 模型如图 5.52.1 所示。

分流器尺寸如图 5.52.2 所示。

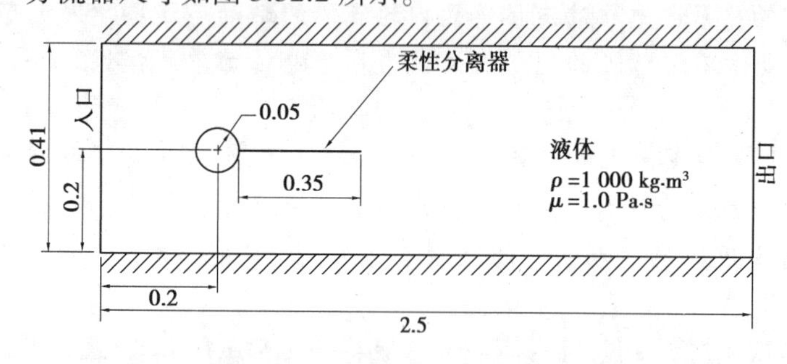

图 5.52.1　问题 52 中的计算模型

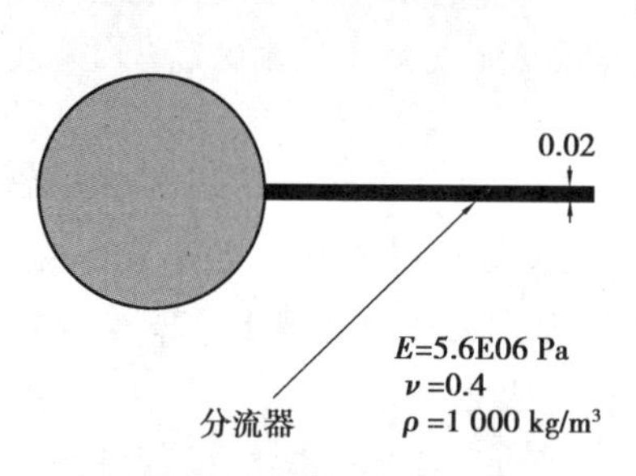

图 5.52.2　分流器尺寸

FCBI-C 单元用于模型的流体部分。

2）演示内容

本例将演示以下内容：

①仅对 FSI 问题的流体模型执行稳态解。

②在流体模型中使用 mesh split 命令。

③使用平面应变等梁单元对 2D 柔性分流器进行建模。

④将稳态解作为瞬态分析的初始条件。

⑤相同的 FSI 问题。

⑥对 FSI 结果进行傅里叶分析以获得分流器的谐振频率。

注意：①使用 900 节点的 ADINA 系统版本无法解决本例，因为此模型包含 900 多个节点。

②本例的大部分输入存储在文件 prob52_1.in，prob52_2.in 和 prob52_1a.in 中。在开始此分析之前，需要将这些文件从 samples \ primer 中复制到工作目录或文件夹中。

52.1　启动 AUI，并选择有限元程序

启动 AUI，将【Program Module】程序模块下拉列表设置为【ADINA Structures】ADINA 结构。将【Analysis Type】分析类型设置为【Dynamics-Implicit】动态隐式，并将【Multiphysics Coupling】多物理场耦合下拉列表设置为【with CFD】。

52.2　结构模型的模型定义

52.2.1　定义模型控制数据

1）问题标题

选择【Control】控制→【Heading】标题，将问题标题设置为【2D channel flow around a cylinder with a flexible splitter】使用灵活的分流器在圆柱体周围流动 2D 通道并单击【OK】确定。

2)分析假设

我们预计结构性位移会很大,但是这些应变会很小。选择【Control】控制→【Analysis Assumptions】分析假设→【Kinematics】运动学,将【Displacements/Rotations】位移/旋转字段设置为【Large】大,然后单击【OK】确定。

3)求解方案公差和最大迭代次数

选择【Control】控制→【Solution Process】求解方案过程,单击【Tolerances...】公差...按钮,将【Convergence Criteria】收敛标准设置为【Energy and Force】能量和强制,将【Force (Moment) Tolerances】力(矩)公差设置为"1.0E-06",【Reference Force】参考力设置为"1.0",【Reference Moment】参考力矩设置为"1.0",然后单击【OK】确定关闭【Iteration Tolerances】迭代容差对话框。现在单击【Method ...】方法按钮,将【Maximum Number of Iterations】最大迭代次数设置为"999",然后单击【OK】确定两次以关闭这两个对话框。

52.2.2 几何定义

把批处理文件 prob52_1a.in 用于生成结构模型几何的命令。要运行此批处理文件,请选择【File】文件→【Open Batch】打开批处理,选择文件 prob52_1a.in 并单击【Open】打开。单击【Mesh Plot】网格绘图图标▦。图形窗口如图 5.52.3 所示。

图 5.52.3 文件 prob52_1a.in 的模型和网格

52.2.3 定义分离器的材料属性

单击【Manage Material】管理材料图标M,然后单击【Elastic Isotropic】弹性各向同性按钮。在【Define Isotropic Linear Elastic Material】定义各向同性线弹性材料对话框中,添加【material 1】材料 1,【Young's Modulus】杨氏模量为"5.6E6",【Poisson's Ratio】泊松比为"0.4",【Density】密度为"1.0E3"。单击【OK】确定,然后单击【Close】关闭,关闭【Manage Material Definitions】管理材料定义对话框。

52.2.4 定义横截面

单击【Cross Sections】横截面图标工并添加【Section Number 1】截面号 1。确保【Type】类型设置为【Rectangular】矩形,将【Width W】宽度 W 字段设置为"0.02",将【Height H】高度 H 字段设置为"1.0"。单击【OK】关闭【Define Cross Section】定义截面对话框。

52.2.5 网格分割器

1)单元组

单击【Element Groups】单元组图标,添加【element group 1】单元组 1,将【Type】类型设置为【Isobeam】

等光束，将【Element Sub-Type】单元子类型设置为【Plane Strain】平面应变，然后单击【OK】确定。

2）细分数据

单击【Subdivide Lines】细分线图标，将【Number of Subdivisions】细分数设置为“12”，然后单击【OK】确定。

3）网格划分

单击【Mesh Lines】划分线网格图标，确保【Type】类型设置为【Isobeam】，并将【Nodes per Element】每个单元的节点设置为“2”。在表格的第一行中输入“1”，然后单击【OK】确定，关闭【Mesh Lines】网格线对话框。

图形窗口如图5.52.4所示。

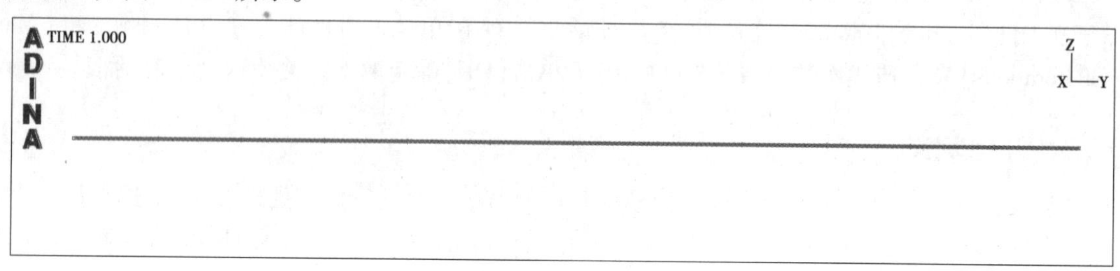

图5.52.4 划分线网格

52.2.6 定义边界条件

1）固定点

分离器的左端固定在汽缸壁上。单击【Apply Fixity】应用固定图标，确保【Fixity】固定设置为【ALL】全部，并且【Apply to】应用于选项设置为【Point】点。在表格的第一行输入“1”，然后单击【OK】确定关闭【Apply Fixity】应用固定对话框。

2）流体结构边界

除定义固定点之外，分流器的其余部分暴露于流体，必须定义为流体结构界面。虽然等梁单元位于一条线上，但需要定义两个FSI边界，一个用于梁的顶部表面，另一个用于底部表面。选择【Model】模型→【Boundary Conditions】边界条件→【FSI Boundary】FSI边界，添加【Boundary Number 1】边界号1，确保【Apply to】应用于字段设置为线条，在表格的第一行中输入“1”并单击【Save】保存。将边界1复制到边界2，然后单击【OK】确定关闭【Define Fluid-Structure-Interaction Boundary】定义流体结构交互边界对话框。

当单击【Redraw】重绘图标时，图形窗口如图5.52.5所示。

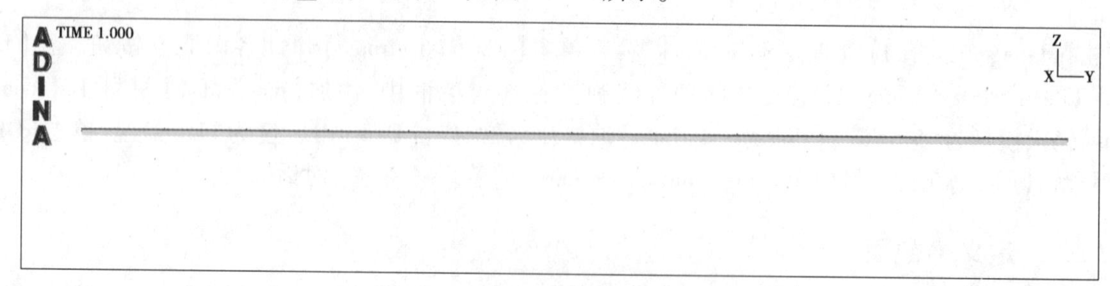

图5.52.5 流体结构交互边界

FSI边界以黄色绘制。单击【Show Fluid Structure Boundary】显示流体结构边界图标以隐藏FSI边界。

52.2.7 生成ADINA结构数据文件，保存AUI数据库

单击【Data File/Solution】数据文件/求解方案图标，将文件名设置为“prob52_a”，取消选中【Run Solution】运行求解方案按钮，然后单击【Save】保存。现在单击【Save】保存图标并将数据库保存到文件prob52_a。

52.3　ADINA-CFD 模型

对于 FSI 问题,应该建立两个流体模型。第一个是稳态模型,第二个是瞬态模型。稳态问题的求解方案将被映射为瞬态流体模型的初始条件。

52.3.1　稳态流体模型

单击【New】新图标创建一个新数据库,并将【Program Module】程序模块下拉列表设置为【ADINA CFD】。

1)定义模型控制数据

①FSI 分析。

将【Multiphysics Coupling】多物理场耦合下拉列表设置为【with Structures】。

②问题标题。

选择【Control】控制→【Heading】标题,将问题标题设置为【2D channel flow around a cylinder with a flexible splitter】2D 通道流程围绕具有柔性分离器的圆柱体并单击【OK】确定。

③流量假设。

选择【Model】模型→【Flow Assumptions】流量假设,将【Flow Dimension】流量维度设置为【2D (in YZ plane)】2D(在 YZ 平面中),确保将【Flow Type】流量类型设置为【Incompressible】不可压缩,取消选中【Includes Heat Transfer】包括换热按钮并单击【OK】确定。

④FSI 解耦合。

单击【Coupling Options】耦合选项图标,确保【FSI Solution Coupling】FSI 解耦合设置为【Iterative】迭代,【Convergence Criteria】收敛标准设置为【Force and Displacement】力和位移,【Relative Force Tolerance】相对力公差和【Relative Displacement Tolerance】相对位移公差均设置为“0.01”。将【Force Relaxation Factor】力松弛因子设置为“0.1”,然后单击【OK】确定。

2)导入几何

批处理文件 prob52_1.in 包含用于生成流体模型中的命令小号的几何形状,单元组和相关联的网格,定义和设置为所述材料。定义 2D 单元组并生成映射的基于规则的网格。

选择【File】文件→【Open Batch】打开批处理,选择文件 prob52_1.in 并单击【Open】打开。当单击【Mesh Plot】网格绘图图标时,图形窗口如图 5.52.6 所示。

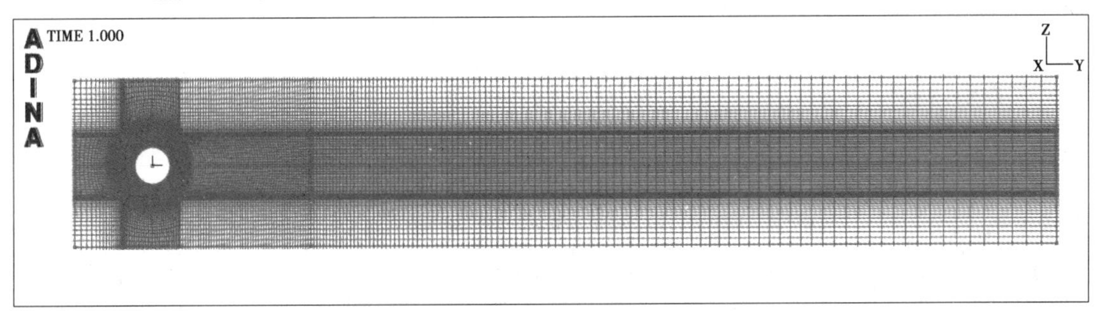

图 5.52.6　文件 prob52_1.in 划分的网格

3)分割网格

单击【Model Outline】模型轮廓图标。单击【Line/Edge Labels】线条/边缘标签图标并使用鼠标到放大分离器的区域。有两组重合线如图 5.52.7 所示,概述了分流器轮廓。

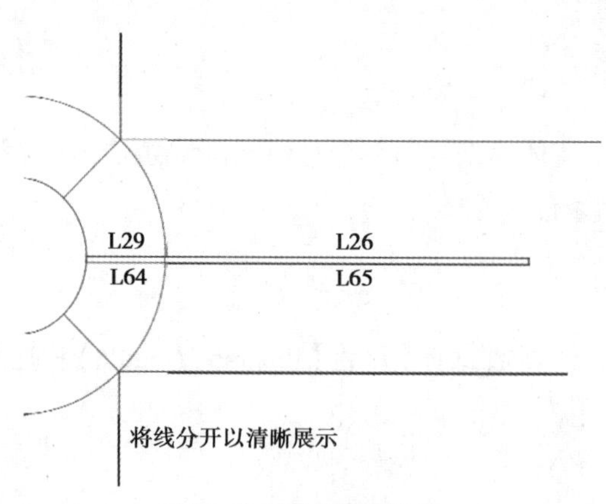

图 5.52.7　两组重合线

由于线条重合,此区域中的当前网格由沿线的一组节点组成。要创建柔性分离器的单独顶部和底部曲面,需要使用 MESH-SPLIT 命令沿着这些线分割网格,这将沿着这些线条生成一组额外的节点。

选择【Meshing】网格划分→【Nodes】节点→【Split Mesh】分割网格,确保【At Boundary of Interface】界面边界设置为【Split Only Nodes on External Boundary】在外部边界上仅分割节点,在表格的前两行输入"29"和"26",然后单击【OK】确定。

要确认网格已拆分,单击【Show Geometry】显示几何图标(以隐藏几何图形)。图形窗口如图 5.52.8 所示。

图 5.52.8　隐藏几何图形后的网格

4)定义边界条件

流体模型使用两种特殊的边界条件类型:【Wall (no-slip)】壁(无滑移)和【FSI boundaries】FSI 边界。

①壁面边界。

首先指定通道墙和圆柱体的无滑移边界条件。单击【Special Boundary Conditions】特殊边界条件图标 SBC,并【Condition Number 1】添加条件编号 1。确保【Type】类型设置为【Wall】墙,并且【Apply to】应用于选项设置为【Lines】线。按如表 5.52.1 所示填写表格,然后单击【Save】保存(不要关闭对话框)。

表 5.52.1　边界条件 1 使用的线

Line{P}
1
2
3
4

续表

Line{P}
5
10
11
12
13
14
45
46
47
48
49
50
51
52

②流体结构边界。

分流器的四条线(顶面两条,底面两条)暴露于流体,必须定义为【FSI boundaries】FSI 边界。在【Define Special Boundary Condition】定义特殊边界条件对话框中,添加【Condition Number 2】条件编号 2 并将【Type】类型设置为【Fluid-Structure Interface】流体结构界面。按如表 5.52.2 所示填写,然后单击【Save】保存。

添加【Condition Number 3】条件编号 3,将【Fluid Structure Boundary #】流体结构边界#设置为“2”,按如表 5.52.3 所示填写,然后单击【OK】确定。

表 5.52.2 边界条件 2 使用的线

Line{P}
26
29

表 5.52.3 边界条件 3 使用的线

Line{P}
64
65

5)定义加载在通道入口处的速度加载

在该模型中使用完全开发的 2-D 通道流速分布。抛物线速度曲线通过两个空间函数定义,这些函数存储在批处理文件 prob52_2.in 中。选择【File】文件→【Open Batch】打开批处理,选择文件 prob52_2.in 并【Open】单击打开。当单击【Load Plot】载荷绘图图标时,图形窗口如图 5.52.9 所示。通道入口处的最大速度为 3.0 m/s。

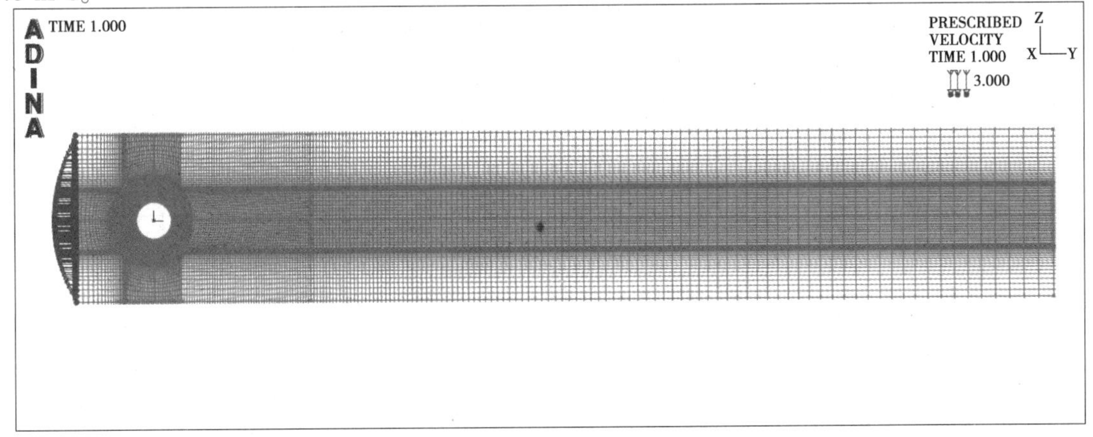

图 5.52.9 在通道入口处的速度加载

6)**定义求解方案流程**

选择【Control】控制→【Solution Process】求解方案过程并将【Flow-Condition-Based Interpolation Elements】基于流量条件的插值单元设置为【FCBI-C】。现在单击【Outer Iteration ...】外部迭代按钮,单击【Advanced Settings ...】高级设置按钮,然后在【Equation Residual】公式残差框中将【Use to All】对所有使用设置为"1E-06"。在【Variable Residual】变量残差框中,将【Tolerance】容差设置为"1E-06"。单击【OK】确定三次关闭所有对话框。

7)**设置映射控制**

稳态流体解将被映射为瞬态模拟的初始条件。选择【Control】控制→【Mapping(.map)】映射(.map),选中【Create Mapping File】创建映射文件,然后单击【OK】确定。

8)**生成 ADINA CFD 数据文件,保存 AUI 数据库**

单击【Data File/Solution】数据文件/求解方案图标,将文件名设置为"prob52_initial",取消选中【Run Solution】运行求解方案,然后【Save】单击保存。现在单击【Save】图标并将数据库保存到文件 prob52_initial。

9)**运行 ADINA-FSI**

稳态流体模型包含 FSI 边界,运行该模型作为 FSI 问题。

注意:因为只需要稳态流体求解方案,所以不希望包含耦合的流体-结构相互作用行为。

选择【Solution】求解方案→【Run ADINA-FSI】运行 ADINA-FSI,单击【Start】开始按钮,选择文件 prob52_initial.dat,然后按住"Ctrl"键并选择文件 prob52_a.dat。文件名字段应该在引号中显示两个文件名。将【Run】运行设置为【Fluid Only】仅限流体。设置最大值。【Max. Memory for Solution】内存求解方案至少【40MB】,然后单击【Start】开始。分析过程需要几分钟时间才能完成。

分析完成后,关闭所有打开的对话框,将【Program Module】程序模块下拉列表设置为【Post-Processing】后处理(可以放弃所有更改),单击【Open】打开图标并打开舷窗文件 prob52_initial。

10)**后期处理**

单击【Model Outline】模型轮廓图标,然后单击【Quick Vector Plot】快速向量绘图图标。图形窗口如图 5.52.10 所示。

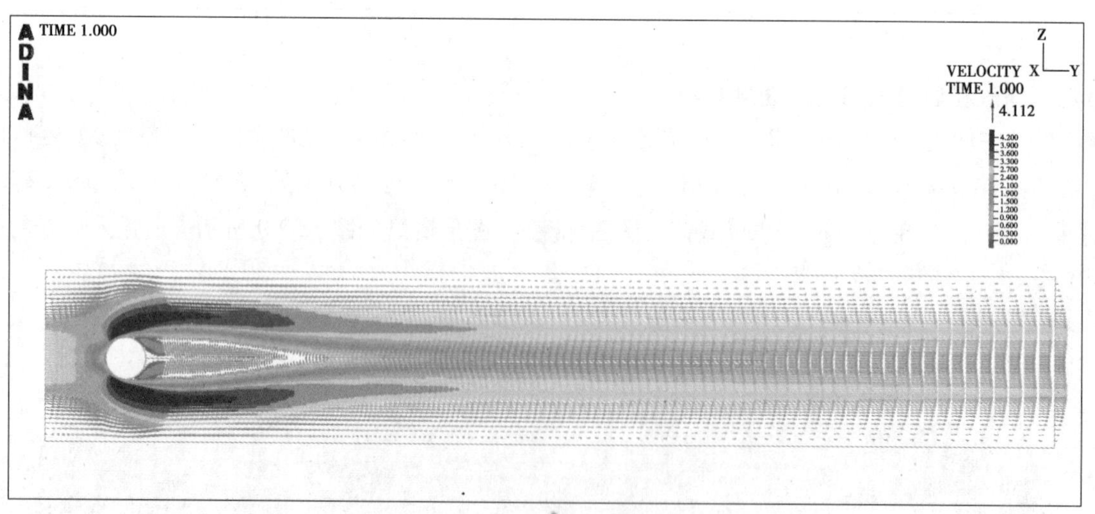

图 5.52.10　**流体速度**

该求解方案将用作瞬态模型的初始条件。

52.3.2　瞬态流体模型

将【Program Module】程序模块下拉列表设置为【ADINA CFD】(可以放弃所有更改)。可以使用稳态数据库文件作为起点来构建瞬态模型。从【File】文件菜单底部附近的最近文件列表中选择文件 prob52_initial.idb。

将【Analysis Type】分析类型下拉列表设置为【Transient】瞬态。

单击【Analysis Options】分析选项图标，将【Integration Method】集成方法设置为【Composite】复合，然后单击【OK】确定。可保存流体涡度，以便进行后期处理。选择【Control】控制→【Porthole】舷窗→【Select Element Results】选择单元结果，添加【Result Selection Number 1】结果选择编号 1，勾选【Vorticity】涡流按钮，然后单击【OK】确定。

1）设置初始映射

选择【File】文件→【Initial Mapping】初始映射，然后选择文件 prob52_initial.res（不要单击【Open】打开）。将【Time】时间设置为“1.0”。在【Initial Variables】初始变量表中，将表格的前三行设置为【Y-Velocity】Y-速度，【Z-Velocity】Z-速度和【Pressure】压力。单击【Open】打开。稳态解作为初始条件映射到瞬态模型。

2）设置求解方案过程参数

选择【Control】控制→【Solution Process】求解方案过程，单击【Outer Iteration...】外部迭代...按钮，然后单击【Advanced Settings...】高级设置...按钮。在外迭代高级设置对话框中，将【Space Discretization Accuracy Order】空间离散精度阶次设置为【Second】二阶，并将【Maximum Iterations in Fluid Variable Loop】流体可变环路中的最大迭代次数设置为“10”。单击【OK】确定关闭所有三个对话框。

3）指定时间步骤

选择【Control】控制→【Time Step】时间步骤，按如表 5.52.4 所示填写，然后单击【OK】确定。

表 5.52.4　时间步和幅度参数

#of Steps	Magnitude
300	0.012 5

4）设置领导者-追随者

当分流器由于来自流体的力而变形时，流体网格相应地变形。为了保持良好的网格质量，可使用领导者-跟随者来约束和滑动 ADINA CFD 的边界。

选择【Meshing】划分网格→【ALE Mesh Constraints】ALE 网格约束→【Leader-Follower】领导者-追随者，按如表 5.52.5 填写，然后单击【OK】确定。

表 5.52.5　领导者-追随者参数设置

Label#	Leader Point#	Follower Point#
1	51	15
2	51	42
3	51	20
4	51	25
5	51	47
6	51	52
7	51	44

选择【Meshing】划分网格→【ALE Mesh Constraints】ALE 网格约束→【Slipping Boundary】滑动边界，添加【Boundary # 1】边界#1，按如表 5.52.6 所示填写，然后单击【OK】确定。

表 5.52.6 滑动边界 1 的线

Line{P}
6
7
8
9

5）生成 ADINA CFD 数据文件，保存 AUI 数据库

单击【Data File/Solution】数据文件/求解方案图标，将文件名设置为"prob52_f"，取消选中【Run Solution】运行求解方案，然后单击【Save】保存。现在选择【File】文件→【SaveAs】另存为，并将数据库保存到文件 prob52_f.idb。

6）运行 ADINA-FSI

选择【Solution】求解方案→【Run ADINA-FSI】运行 ADINA-FSI，单击【Start】开始按钮，选择文件 prob52_f.dat，然后按住"Ctrl"键并选择文件 prob52_a.dat。文件名字段应该在引号中显示两个文件名。将【Number of Processors】处理器数量设置为计算机上可用处理器的最大数量。确保【Run】（运行）设置为【Normal FSI】（正常 FSI），并且【Max. Memory for Solution】求解方案最大内存至少设置为"40 MB"。单击【Start】开始。

分析完成后，关闭所有打开的对话框，将【Program Module】程序模块下拉列表设置为【Post-Processing】后处理（可以放弃所有更改），单击【Open】打开图标并打开舷窗文件 prob52_f.por。以同样的方式，打开 prob52_a.por。

7）后处理

分流器的位移。在模型树中，展开【Zone】区域列表，右键单击【ADINA】，然后选择【Display】显示。图形窗口如图 5.52.11 所示。

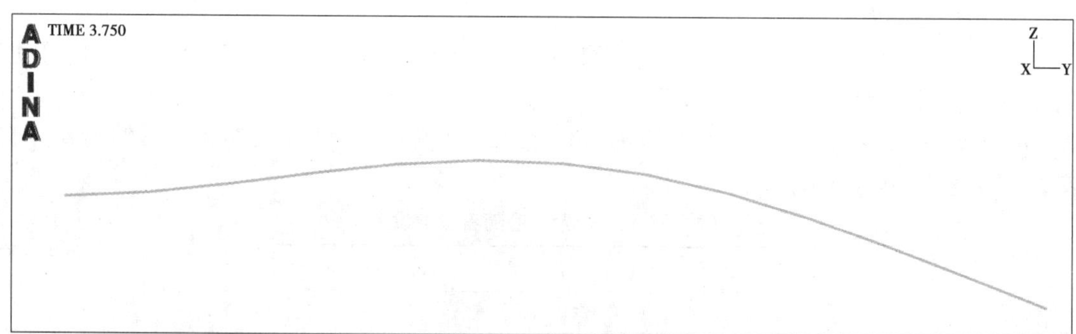

图 5.52.11 分离器位移

单击【Node Labels】节点标签图标，然后在分离器的右后边找到节点标签。节点标签为 13。

选择【Definitions】定义→【Model Point】模型点→【Node】节点，添加【Model Point Name N13】模型点名称 N13，将【Node #】节点号设置为"13"，然后单击【OK】确定。

单击【Clear】清除图标，然后选择【Graph】图形→【Response Curve（Model Point）】响应曲线（模型点）。在 X 坐标框中，确保该【Variable】变量设置为【Time】时间。在【Y Coordinate】Y 坐标框中，将【Variable】变量设置为【（Displacement：Z-DISPLACEMENT）】（位移：Z-DISPLACEMENT），将【Model Point】模型点设置为"N13"，然后单击【OK】确定。图形如图 5.52.12 所示。

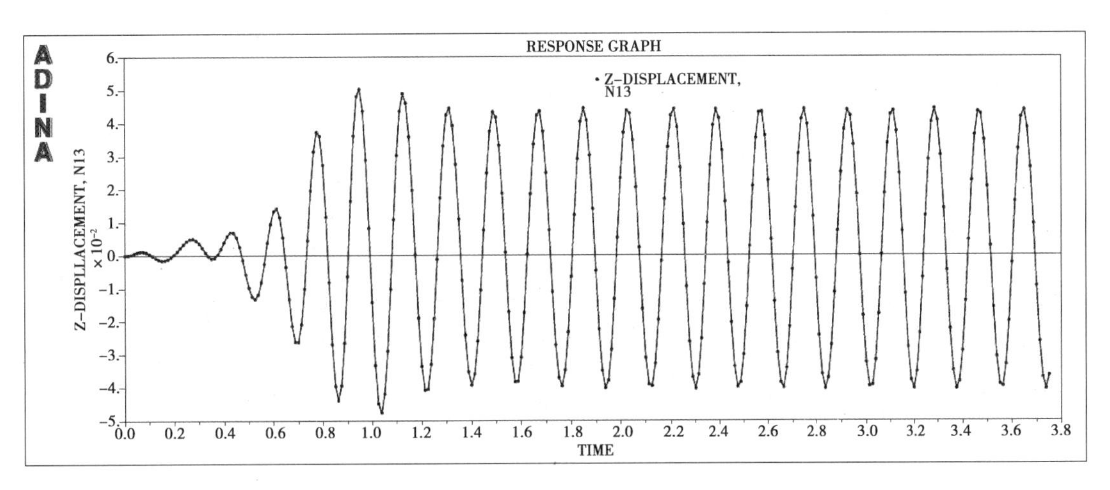

图 5.52.12 位移变化曲线

图 5.52.12 显示分离器的后沿在 1.7 s 后具有周期性行为。

8)傅里叶分析

单击【Clear】清除图标。选择【Graph】图形→【Fourier Analysis】傅里叶分析,将【Variable】变量设置为【(Displacement: Z-DISPLACEMENT)】(位移:Z-DISPLACEMENT),并将【Model Point】模型点设置为"N13"。单击【Response Range】响应范围字段右侧的【...】按钮,将【Start Time】开始时间设置为"1.7",然后单击【OK】确定两次以关闭这两个对话框。结果如图 5.52.13 所示。

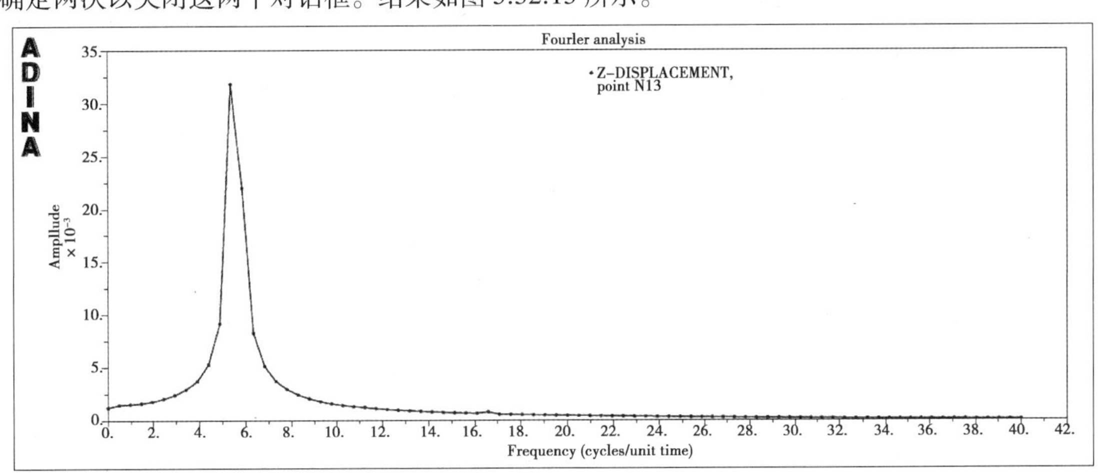

图 5.52.13 一个点的 Z 方向位移

从图 5.52.13 中,可以确定共振频率。选择【Graph】图表→【List】列表。从列表对话框中,最大幅度出现在频率 5.36585(Hz),最大幅度为 3.31300E-02(m)。

9)涡流脱落

我们将创建一个动画来显示流道中形成的旋涡。单击【Clear】清除图标和【Model Outline】模型轮廓图标。单击【Create Band Plot】创建条带绘图图标,设置【Band Plot Variable】条带绘图变量为【(Fluid Variable:OMEGA-X)】,然后单击【OK】确定。

修改谱表以强调旋涡。单击【Modify Band Plot】修改条带绘图图标,然后单击【Band Table】条带表按钮。在【Value Range】数值范围字段中,将【Maximum】最大值设置为"100",将【Minimum】最小值设置为"-100"。单击确定两次以关闭这两个对话框。单击【Smooth Plots】平滑绘图图标。图形窗口如图 5.52.14 所示。

要为涡旋图生成动画,请单击【Movie Load Step】电影载荷步图标,然后单击【Animate】动画图标。

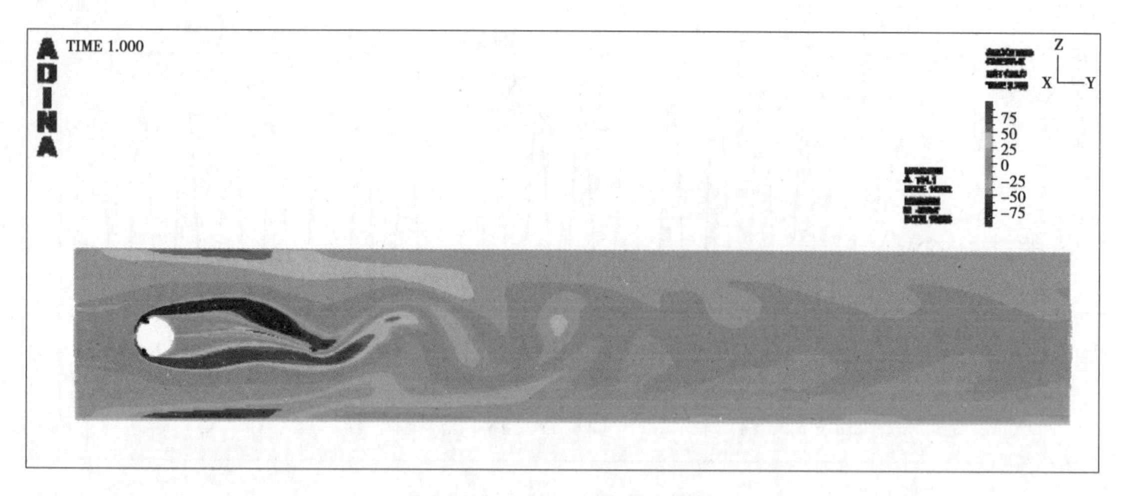

图 5.52.14 流道中形成的旋涡

52.4 退出 AUI

选择主菜单中的【File】文件→【Exit】退出，弹出【AUI】对话框，然后单击【Yes】，退出 ADINA-AUI。

说明：

①对于此 FSI 问题，选择迭代 FSI 耦合，并在流体模型中使用 FCBI-C 单元。与 FCBI-C 单元相关的求解过程的本质也是一个迭代过程：流体方程按照一定的顺序迭代求解。由于这些迭代功能，它要求流体和固体求解方案在每个时间步骤都完全收敛。

②在平面应变等光束中，横截面 s 方向总是位于 yz 平面内。因此，定义【Define Cross-Section】横截面对话框中输入的 0.02 的【Width】宽度对应于 yz 平面中分离器的厚度。

③初始解映射是一个有用的函数，用于从具有相似几何和边界条件/加载的模型中获得适当的初始条件。它节省了计算时间，并且还改善了初始求解方案阶段的收敛性。

对于第一个流体模型，没有明确给出初始条件，所以 ADINA CFD 使用的默认初始条件是零速度和零压力。这个初始条件与最终的流体求解方案有很大不同。如果该初始条件直接用于瞬态分析，则可能需要相当长的时间才能形成涡旋脱落流动模式。为了节省计算时间，我们首先执行稳态运行以获得将被映射为第二个瞬态流体模型的初始条件的解。

④如果在瞬态 FSI 分析的流体模型中使用 FCBI-C 单元，则有必要通过对两个模型使用更严格的公差来迫使流体和固体模型收敛。对于实体模型，通常使用【Energy and Force】能量和力容差，并且容差值应该足够小以使结构求解器每次 FSI 迭代运行至少 3~4 次迭代。对于流体模型，公式和变量残差公差应该也很小，通常为 1.0E-06，如此处所用。为了使流体解在每次 FSI 迭代内收敛，流体可变回路场中的最大迭代次数应远大于单位，特别是当结构模型具有相对较软的材料时。这有助于获得收敛性，并且在该模型中，10 被用于流体可变环路。

⑤在稳态流体模型中，空间离散化和时间积分都采用一阶方案，这些方案具有较大的数值耗散和散布。这些方案可以抑制流体溶液中的数值和物理振荡。第二流体模型中使用的二阶复合时间积分强烈建议用于瞬态分析。对于空间离散化，通常对具有自由形成的网格的流体模型或由于移动的网格/边界导致的非常大的位移使用一阶方案。如果被映射，则使用基于规则的网格划分，并且网格质量没有显著变化，可以使用二阶空间方案。

⑥在这个模型中，一些追随者是在物理边界（防滑墙）上定义的，而另一些则不是。在物理边界上定义的跟随点只能沿着这些物理边界移动。未在物理边界上定义的追随者可以朝任何方向前进，以跟随其领导。例如，在通道出口线上定义的追随者可以离开这些线，因为这些线不是物理边界线。为了在网格变形时保持沿着出口线的跟随者，可以将出口线定义为“滑动边界”。当定义滑动边界时，跟随者被限制仅沿着该边界移动。

问题53 带有吸簧片阀的活塞的FSI分析

问题描述

1)问题概况

本例将进行一个活塞与吸簧片阀的全耦合流体-结构相互作用分析,计算模型如图5.53.1所示。

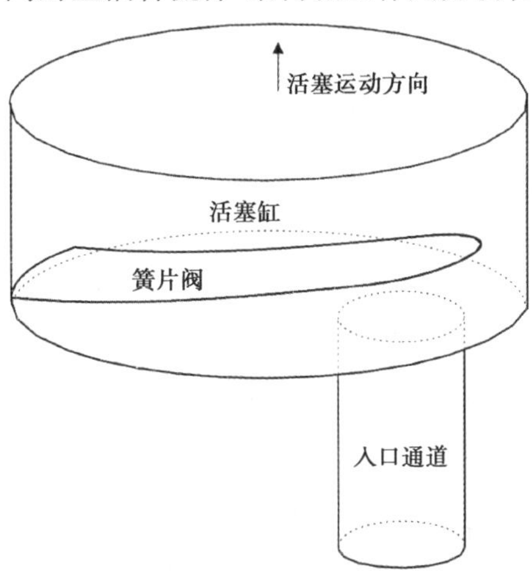

图5.53.1 问题53中的计算模型

在这个模型中考虑往复式压缩机的膨胀过程,分析从上止点的活塞(完全压缩的流体)开始,以活塞在下止点(完全膨胀的流体)结束。

入口通道的入口处于大气压力下。当活塞向上移动时,活塞缸内的压力减小,当活塞缸内的压力足够低时,簧片阀打开,流体进入活塞缸。

2)问题分析

(1)流体模型的概述

流体模型如图5.53.2所示,该图给出了流体特性,采用了$k-\varepsilon$湍流模型和理想气体定律。

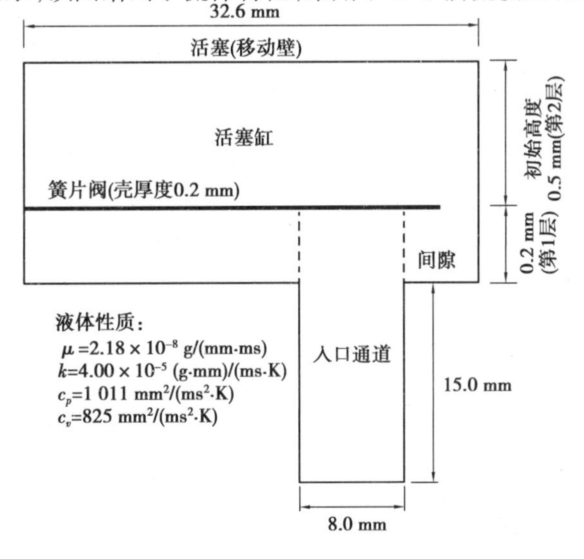

图5.53.2 流体模型

显示了间隙边界条件。该间隙状态将入口通道中的流体与活塞缸中的流体分开。可以看出,间隙状态是由阀门的运动控制的;当阀打开时,间隙打开,当阀关闭时,间隙关闭。

注意:阀门正下方有一小层流体。这个层的几何形状随着阀门的移动而变化,但是即使在阀门关闭的情况下,该层也总是存在。

①初始条件。

5.53.3 显示了初始条件,可以看出,阀门上有不平衡的压力。

如果在未变形和静止的情况下开始膨胀过程,不平衡压力会在膨胀过程开始的同时动态地使阀门变形。这将导致求解方案开始时的收敛困难。

所以我们分两部分来求解这个问题。在求解方案的第一部分,可使用稳态分析将初始流体压力应用于阀门,并求解阀门的静态变形形状。然后重新开始一个瞬态分析。

因此,瞬态分析的初始条件如图 5.53.4 所示。

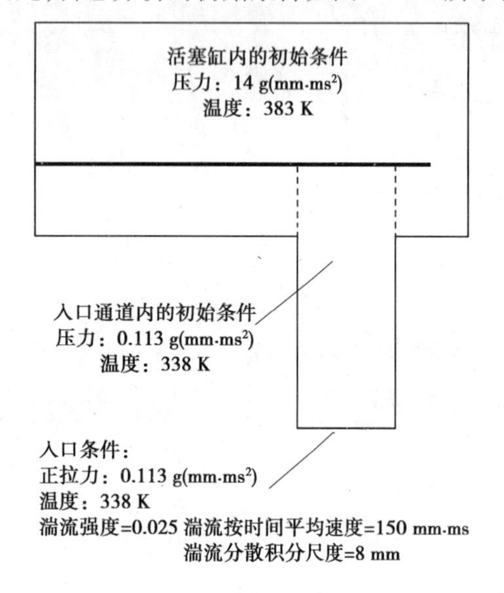

图 5.53.3　初始条件

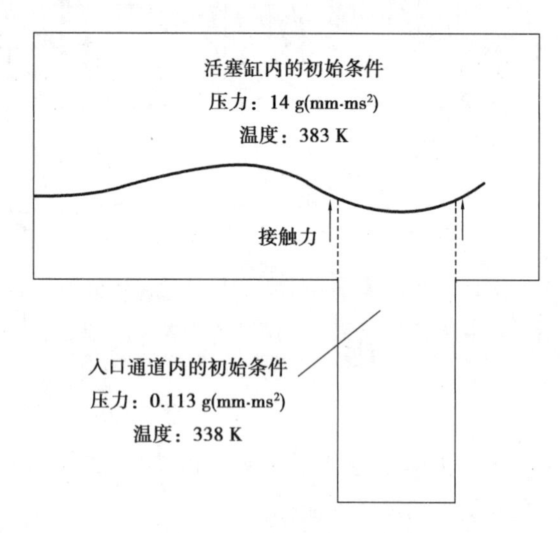

图 5.53.4　瞬态分析的初始条件

在瞬态分析开始时,阀门在初始流体压力和接触力下处于静态平衡状态。

②活塞运动。

假定活塞连接到以 3 600 r/min 旋转的曲轴。图 5.53.5 显示了活塞运动与时间的函数关系。

在第一毫秒内,活塞不动(在第一毫秒内进行稳态分析)。然后,活塞以正弦运动向上移动,直到活塞到达下止点。

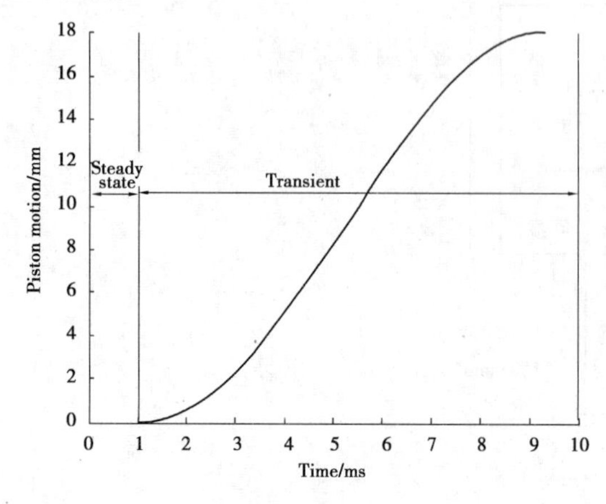

图 5.53.5　活塞运动与时间的函数关系

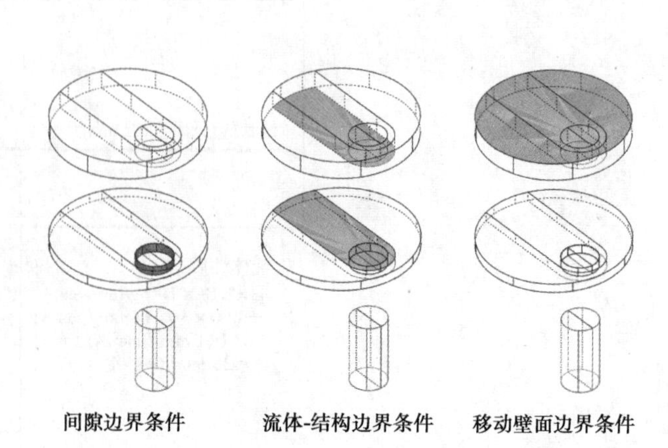

图 5.53.6　用于构建流体模型的几何图形和边界条件

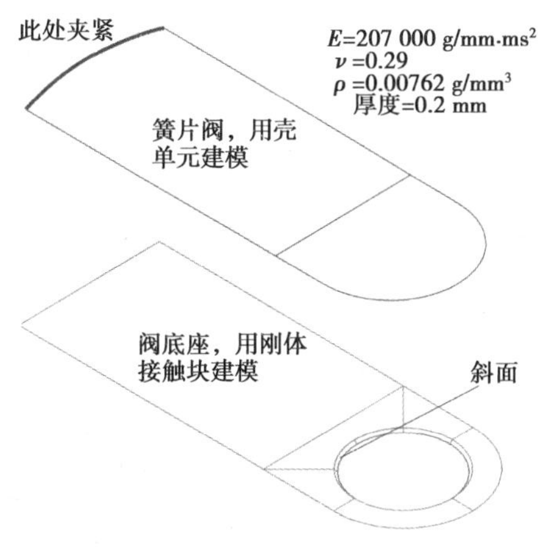

图 5.53.7 实体单元模型

③流体边界条件概述。

图 5.53.6 显示了用于构建流体模型的几何图形，以及应用于流体模型的边界条件。蓝色几何形状对应于活塞柱体，绿色几何形状对应于入口通道。

FCBI-C 单元用于模型的流体部分。

(2)实体单元模型概述

图 5.53.7 显示了实体单元模型。

簧片阀和阀座之间的接触防止阀移动通过活塞缸的底壁。

阀门是接触器，阀座是目标。使用倒角使得接触器节点轻微移动时，目标中孔的边界上接触的接触器节点不会突然改变接触状态。

图 5.53.8 详细地显示了所使用的接点偏置。使用接触器和目标偏移，使得当阀与阀座接触时，阀与阀座之间的流体层不会塌陷。

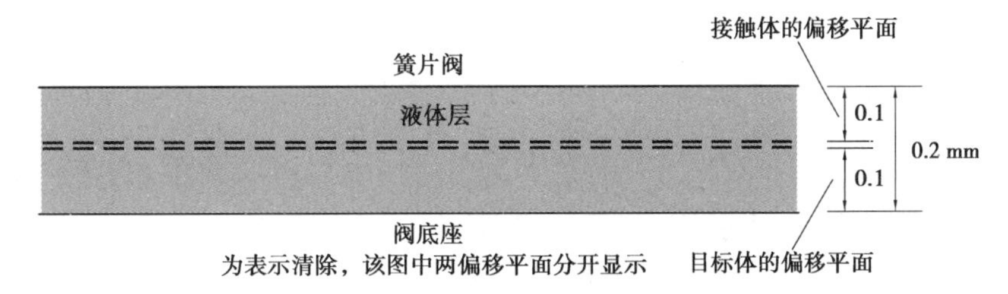

图 5.53.8 接点偏置

演示内容

本例将演示以下内容：

①使用低能量可压缩流假设和总能量公式。

②使用边界层表格在 2D 单元的网格上创建边界层。

③使用扫描功能从 2D 单元生成 3D 流体网格。

④使用区域组功能组织模型树。

⑤在三维流体单元上使用网格划分功能。

⑥定义用于壳单元的重合 FSI 边界。

⑦定义移动壁特殊边界条件。

⑧定义适用于所有外部边界的墙体特殊边界条件。

⑨限定有一个缝隙特殊的边界条件。

⑩调整 FCBI-C 单元的主要松弛因子。

⑪在结构模型中使用接触表面扩展系数。

⑫绘制流体密度。

⑬通过间隙边界条件计算质量流量和积分质量流量。

注意：①本例不能用 ADINA 系统的 900 个节点版本求解，因为这个模型包含 900 多个节点。

②本例的大部分输入存储在文件 prob53_1.in，prob53_1.x_t，prob53_2.in 和 prob53_2.x_t 中。在开始分析之前，你需要将文件夹 samples \ primer 中的这些文件复制到工作目录或文件夹中。

53.1 启动 AUI，并选择有限元程序

启动 AUI，将【Program Module】程序模块下拉列表设置为【ADINA Structures】ADINA 结构。

53.2 ADINA 结构处理

53.2.1 结构模型的模型定义

批处理文件 prob53_1.in 包含用于定义模型控制数据,生成结构几何和网格,应用固定和设置材料属性的命令。选择【File】文件→【Open Batch】打开批处理,选择文件 prob53_1.in 并单击【Open】打开。图形窗口如图 5.53.9 所示。

在此批处理文件中定义的几何图形如图 5.53.10 所示。

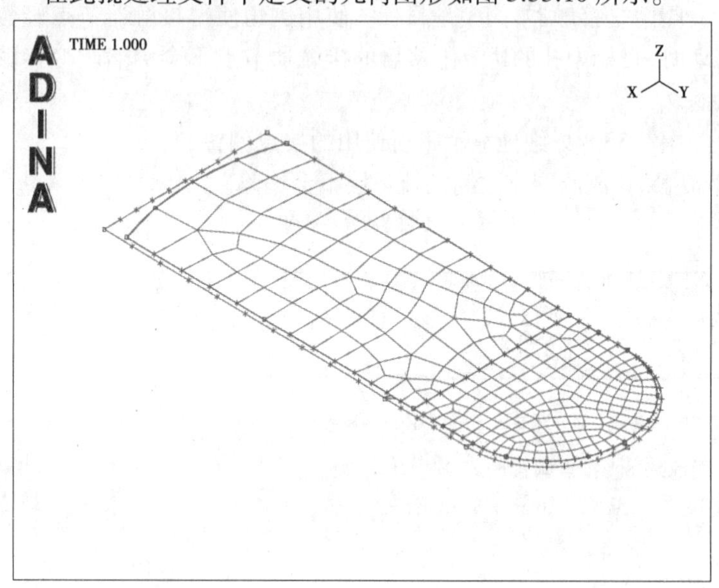

图 5.53.9 文件 prob53_1.in 显示的模型

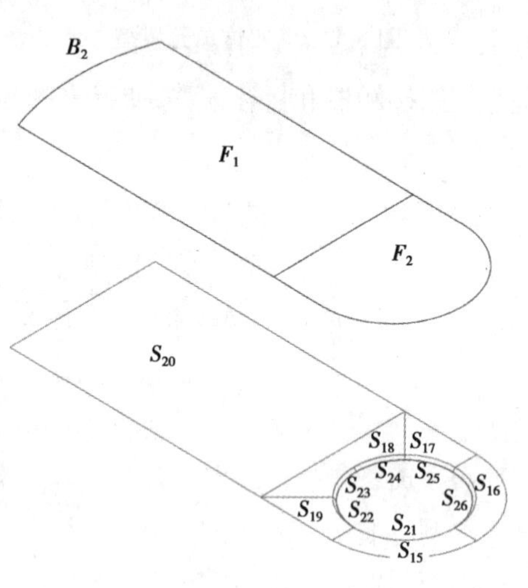

图 5.53.10 批处理文件中定义的几何图形

53.2.2 定义 FSI 边界条件

表 5.53.1 定义边界条件的面

Face
1
2

簧片阀的所有自由表面暴露于流体,必须定义为 FSI 边界。我们需要定义两个重合的 FSI 边界,一个用于壳单元组的顶面,另一个用于壳单元组的底面。选择【Model】模型→【Boundary Conditions】边界条件→【FSI Boundary】FSI 边界,添加【Boundary Number 1】边界 1 并将【Apply to】应用于字段设置为【Faces】面。按如表 5.53.1 所示填写,然后单击【Save】保存。不要关闭对话框。

单击【Copy...】复制...按钮并将边界条件复制到边界条件 2,然后单击【OK】确定。

当单击【Redraw】重绘图标时,图形窗口如图 5.53.11 所示。

如果单击【Query】查询图标?并在其中一条黄线上重复单击,则会看到类似的文字:

Fsboundary 1, cell 63
Fsboundary 1, cell 64
Fsboundary 2, cell 63
Fsboundary 2, cell 64
...

本文显示有两个重合的流体结构边界。注意:如果你使用的是 OpenGL 图形系统,则可能只会看到 Fsboundary2 的文本。选择【Edit】编辑→【Graphics System】图形系统,然后选择【X Window】或【Windows

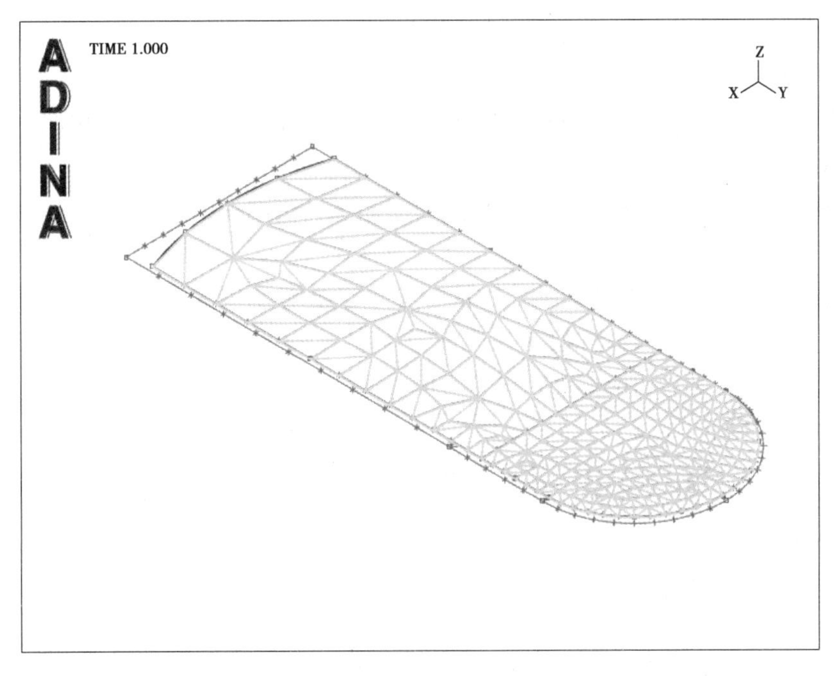

图 5.53.11　重绘复制的边界条件

GDI】,以查看两个 fs boundary 的文本。

单击【Show Fluid Structure Boundary】显示流体结构边界图标以隐藏流体结构边界。

53.2.3　定义接触条件

单击【Contact Groups】接触组图标并添加【contact group 1】接触组 1。将【type】类型设置为【3-D Contact】三维接触。将【Compliance Factor】合规因子设置为"1E-4",将【Offset Distance from Defined Surface】距离定义曲面的偏移距离设置为"0.1",然后单击【OK】确定。

单击【Define Contact Surfaces】定义接触表面图标,添加【contact surface 1】接触表面 1,并将【Description】描述设置为【Reed valve】簧片阀。将【Defined on】定义于设置为【Faces on Body #】体#上的面,并将【Body #】体#设置为"2"。选中【Specify Orientation】指定方向字段。按如表 5.53.2 所示填写,然后单击【Save】保存(不要关闭对话框)。

表 5.53.2　定义接触面的方向

Face	Body#	Orientation
1		Opposite to Geometry
2		Opposite to Geometry

表 5.53.3　定义接触面 2 中包含的面

Surface
15
16
17
18
19
20
21
22
23
24
25
26

添加接触面 2 并将【Description】描述设置为【Valve seat】阀座。将【Defined】定义设置为【Surfaces】曲面，按如表 5.53.3 所示填写，然后单击【OK】确定。

单击【Define Contact Pairs】定义接触对图标，添加【contact pair 1】接触对 1，将【Target Surface】目标表面设置为“2”，将【Contactor Surface】接触人表面设置为“1”，然后单击【OK】确定。

单击【Mesh Rigid Contact Surface】网格刚性接触面图标，将【Contact Surface】接触面设置为“2”，然后单击【OK】确定。

单击【Color Element Groups】涂彩色单元组图标后，图形窗口如图 5.53.12 所示。

要验证接触表面方向是否正确，可使用模型树显示【zone CG1】区域 CG1，然后单击【Show Segment Normals】显示分段法线图标。图形窗口如图 5.53.13 所示。

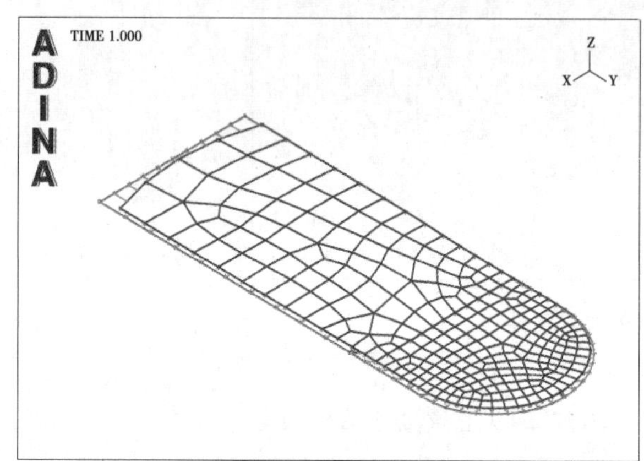

图 5.53.12　彩色显示单元组

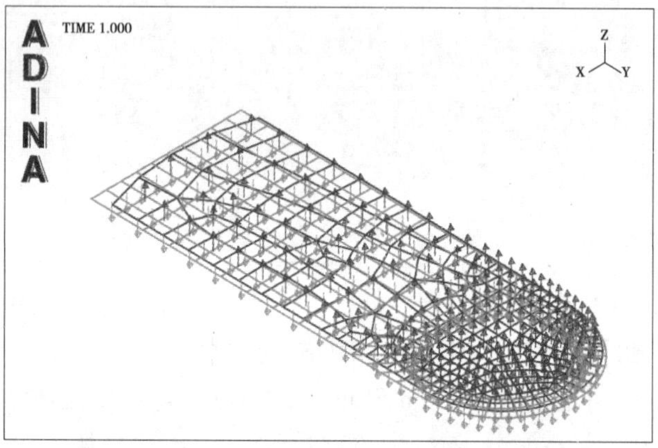

图 5.53.13　区域 CG1 的分段法线方向

所有的洋红色箭头应该指向上方，所有的青色箭头应该指向下方。

53.2.4　生成 ADINA 结构数据文件，保存 AUI 数据库

单击【Data File/Solution】数据文件/求解方案图标，将文件名设置为“prob53_aa”，取消选中【Run Solution】运行求解方案按钮，然后单击【Save】保存。现在单击【Save】保存图标并将数据库保存到文件 prob53_a。

53.3　ADINA-CFD 模型

单击【New】新图标创建一个新的数据库（可以放弃所有更改），并将【Program Module】程序模块下拉列表设置为“ADINA CFD”。

53.3.1　导入几何

从已经定义的初始 2D 几何图形开始。单击【Import Parasolid Model】导入 Parasolid 模型图标，选择 prob53_2.x_t，然后单击【Open】打开。图形窗口如图 5.53.14 所示。

53.3.2　构建流体网格几何

下面构建流体网格几何所遵循的步骤。

1）预定义几何

图 5.53.15 显示了几何体 1（刚刚导入的主体）的面和边。这个几何体位于活塞缸体的底部。

进气道位于活塞汽缸底部的下方。

体 1 的表面 1 和 4 向下扫略以形成入口通道。生成的物体如图 5.53.16 所示（以分解图形式显示）。

体 2 的面 5 和体 3 的面 5 在入口处。

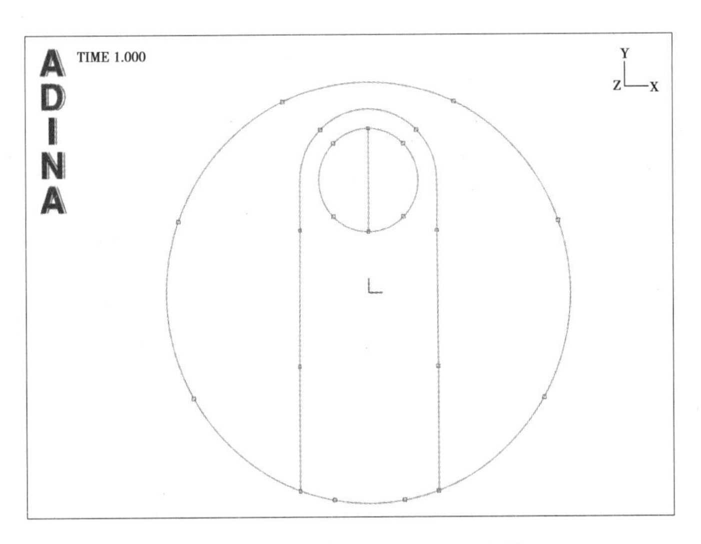

图 5.53.14　导入 prob53_2.x_t 文件

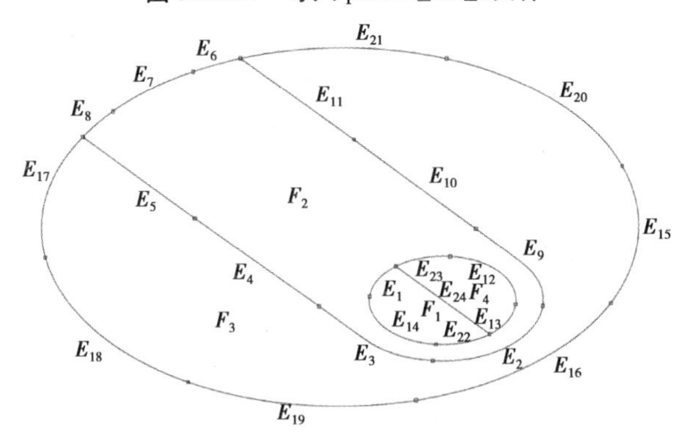

图 5.53.15　几何体 1(活塞缸体的底部)的面和边

进气通道,位于活塞汽缸底部之上。

如图 5.53.17 所示,体 1 的表面 1 和 4 向上扫略,形成正好在阀门下方的入口通道中的流体区域。

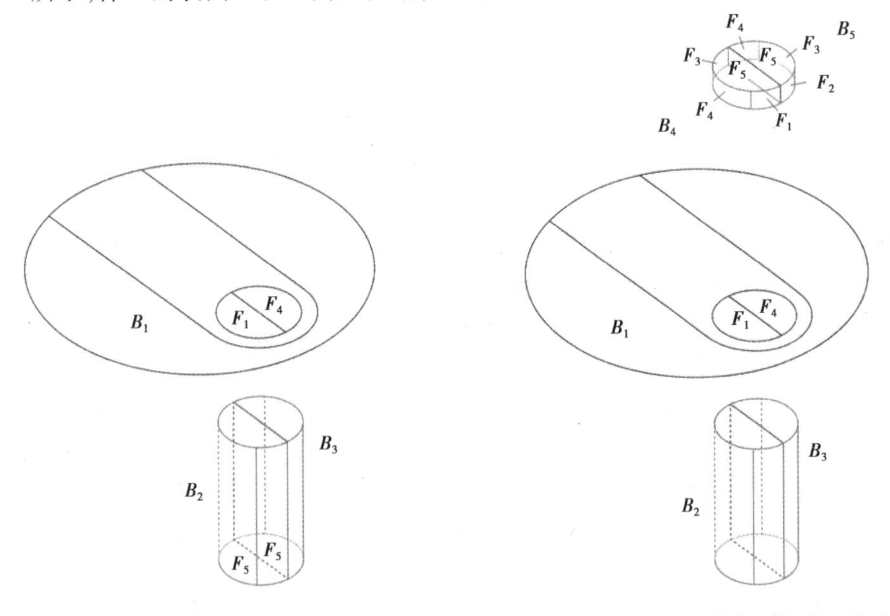

图 5.53.16　扫略生成的入口通道　　　图 5.53.17　生成在阀门下方的入口通道中的流体区域

体 4 的表面 1,3,4 和体 5 的表面 2,3,4 用于间隙边界条件。

体 4 的面 5 和体 5 的面 5 将被用于随后的扫略操作中。

2）阀门下方的活塞缸

如图 5.53.18 所示，阀体 1 的表面 2 和 3 被向上扫略，以形成阀门下方的活塞汽缸的其余部分。

3）阀门上方的活塞缸

如图 5.53.19 所示，阀体 4 的端面 5，阀体 5 的端面 5，阀体 6 的端面 17 和阀体 7 的端面 15 向上卷起，形成阀门上方的活塞汽缸。

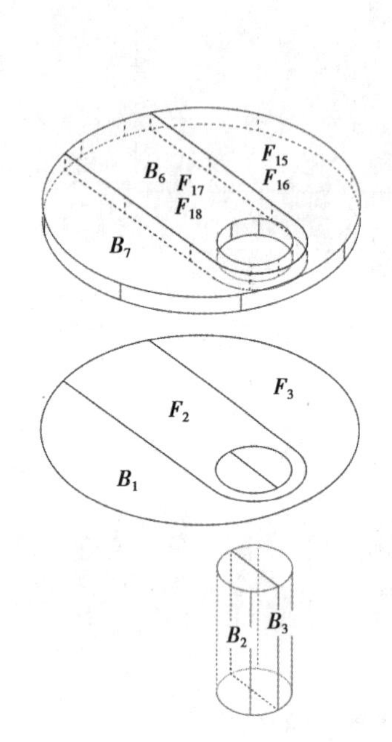

图 5.53.18　**生成的阀门下方的活塞汽缸的其余部分**

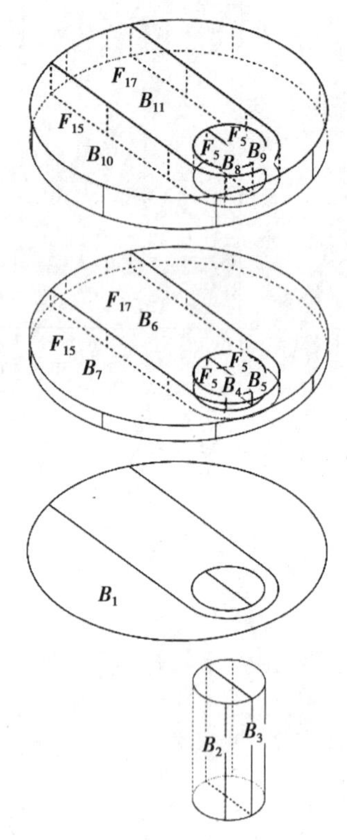

图 5.53.19　**阀门上方的活塞汽缸**

阴影面是活塞缸顶部的面。将在这些面上规定移动的墙壁边界条件。

53.3.3　建立流体网格

1）网格几何体 1

在执行上述的体扫略操作之前，将对几何体 1 进行网格划分。为了在墙体附近创建薄的单元，可使用边界层表。

选择【Meshing】网格→【Mesh Density】网格密度→【Complete Model】完整模型，将【Subdivision Mode】细分模式设置为【Use Length】使用长度，将【Element Edge Length】单元边缘长度设置为“1.25”，然后单击【OK】确定。

单击【Subdivide Edges】细分边缘图标，将【Edge Number】边缘数设置为“1”，将【Element Edge Length】单元边缘长度设置为“1.8”，在表格的前五行中输入“12”“13”“14”“22”“23”，然后单击【Save】保存。现在将【Edge Number】边数设置为“24”，将【Method】方法设置为【Use Number of Divisions】使用分区数，将【Number of Subdivisions】细分数设置为“5”，然后单击【OK】确定。

单击【Mesh Faces】划分面网格图标并单击【Element Group】单元组文本右侧的+。【Element Group number】单元组编号应为“1”. 然后单击【Boundary Layer Table】边界层表字段右侧的【...】按钮。在【Define Boundary Layer Table】定义边界层表对话框中，添加【table 1】表 1，将【Number of Layers】层数设置为“3”，将【Default Settings】默认设置设置为【Default Settings to Generate on All Edges Except Those Specified in Table】除表中指定的所有边上的生成，【Thickness of First Layer】第一层的厚度为“0.5”，【Total Thickness】总厚度为“2”，在表格中输入如表 5.53.4 所示信息并单击【OK】确定。

在【Mesh Faces】划分面网格对话框中，确保【Boundary Layer Table】边界层表设置为“1”，在表格中输入如表 5.53.5 所示信息并单击【OK】确定。

表 5.53.4　棱边参数定义

Edge	Body#	1st Layer Thickness
24	1	0

表 5.53.5　边界层面的定义参数

Face	Body#
1	1
1	1

图形窗口如图 5.53.20 所示。

单击【Mesh Faces】划分面网格图标，然后单击【Boundary Layer Table】边界层表字段右侧的【…】按钮。在【Define Boundary Layer Table】定义边界层表对话框中，添加【table 2】表 2，将【Number of Layers】层数设置为“3”，将【Default Settings】默认设置设置为【Generate on All Edges Except Those Specified in Table】除表中指定的所有边上的生成，将【Thickness of First Layer】第一层的厚度设置为“0.15”，将【Total Thickness】总厚度设置为“1.25”，输入如表 5.53.6 所示信息并单击【OK】确定。

表 5.53.6　棱边上边界层参数

Edge	Body#	1st Layer Thickness
1	1	0
2	1	0
3	1	0
4	1	0
5	1	0
9	1	0
10	1	0
11	1	0
12	1	0
13	1	0
14	1	0
22	1	0
23	1	0

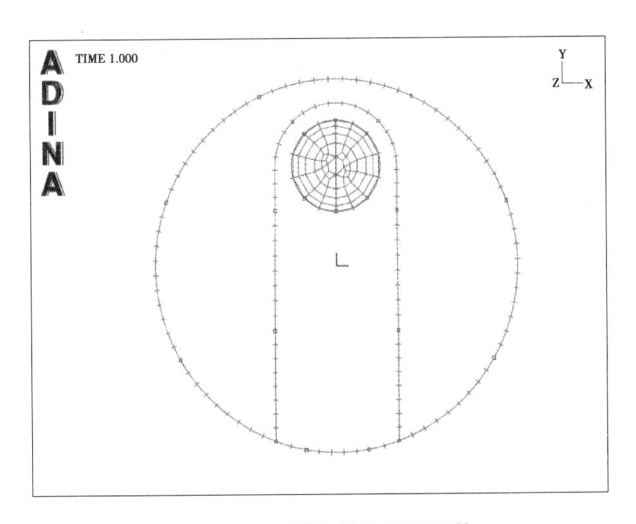

图 5.53.20　划分的边界层网格

在【Mesh Faces】划分面网格对话框中，确保【Boundary Layer Table】边界层表设置为“2”，输入如表 5.53.7 所示信息并单击【OK】确定。

表 5.53.7　边界层包含的面

Face	Body#
2	1
3	1

图形窗口如图 5.53.21 所示。

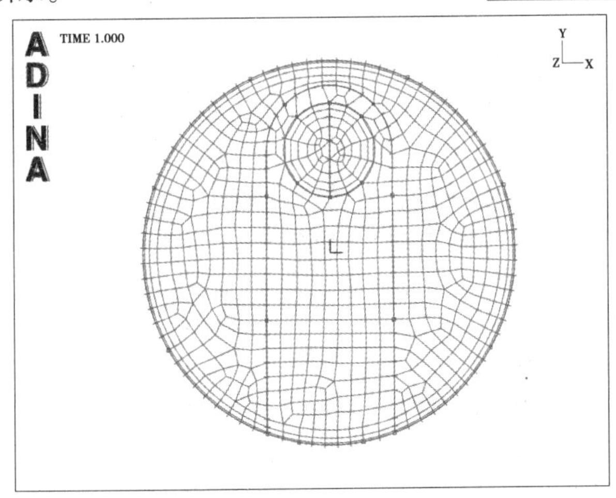

图 5.53.21　划分边界层面网格

2)在活塞缸(几何体 2 和 3)下面划分入口通道网格

单击【Body Sweep】体扫略图标,将【Vector Direction】矢量方向设置为(0,0,-15),勾选【Generate 3-D Mesh from 2-D mesh on Face】从面上的二维网格生成三维网格按钮,单击【3-D Element Group】三维右侧的+按钮单元组字段。【3-D Element Group】三维单元组编号应为“2”。然后确保【Action on 2-D Mesh】二维网格上的操作设置为【Delete elements+】删除单元+组,将【# of Elements in Swept Direction】扫略方向单元数量设置为“15”,【Last/First Element Size Ratio】最后一个/首先将单元大小比例设置为“5”。按如表 5.53.8 所示填写,然后单击【Apply】应用(不要关闭对话框)。

表 5.53.8　扫略面定义

Face	Body#
1	1
4	1

将对话框移出图形窗口。当单击【Iso View 1】轴侧视图 1 图标时,图形窗口如图 5.53.22 所示。

使用模型树来绘制区域 EG1。图形窗口如图 5.53.23 所示。

注意:【element group 1】单元组 1 中用于略的单元已被删除。

要返回到前一个视图,请使用模型树来绘制 WHOLE_MODEL 区域。

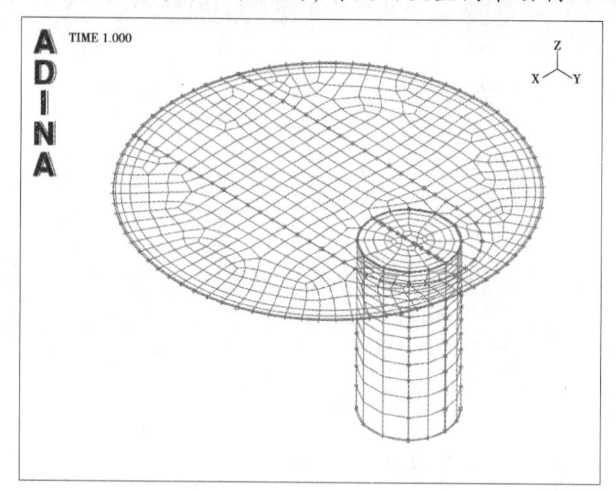

图 5.53.22　扫略后的轴侧图

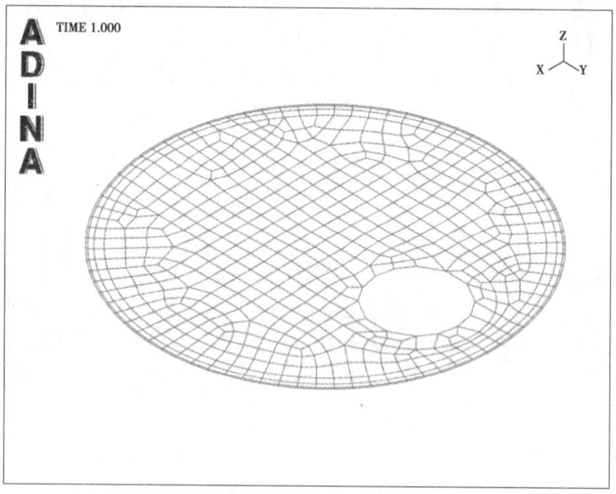

图 5.53.23　绘制区域 EG1

3)在活塞缸(几何体 4 和 5)上方划分入口通道网格

在【Body Sweep】体扫描对话框中,将【Vector Direction】矢量方向设置为(0,0,0.2),确保选中【Generate 3-D Mesh from 2-D mesh on Face】从面上的 2-D 网格生成三维网格按钮,并确保【3-D Element Group】三维单元组设置为“2”。将【# of Elements in Swept Direction】扫描方向上的单元数量设置为“5”,【Last/First Element Size Ratio】最后/第一个单元大小比率设置为“1”。按如表 5.53.9 所示填写,然后单击【Apply】应用(不要关闭对话框)。

表 5.53.9　定义面和体

Face	Body#
6	2
6	3

使用【Zoom】缩放图标放大入口通道附近的区域。图形窗口如图 5.53.24 所示。

使用【Unzoom All】全部取消缩放图标返回到前一个视图。

4)在阀门(几何体 6 和 7)下方的活塞汽缸网格划分

在【Body Sweep】体扫略对话框中,确保【Vector Direction】向量方向设置为“(0,0,0.2)”,确保选中【Generate 3-D Mesh from 2-D mesh on Face】从面上的 2-D 网格生成三维网格按钮,然后单击【3-D Element Group】在 3D 单元组字段右侧的“+”按钮。【3-D Element Group number】三维单元组编号应为“3”。然后确保【# of Elements in Swept Direction】扫描方向单元数量设置为“5”,填写如表 5.53.10 所示参数,然后单击【Apply】应用(不要关闭对话框)。

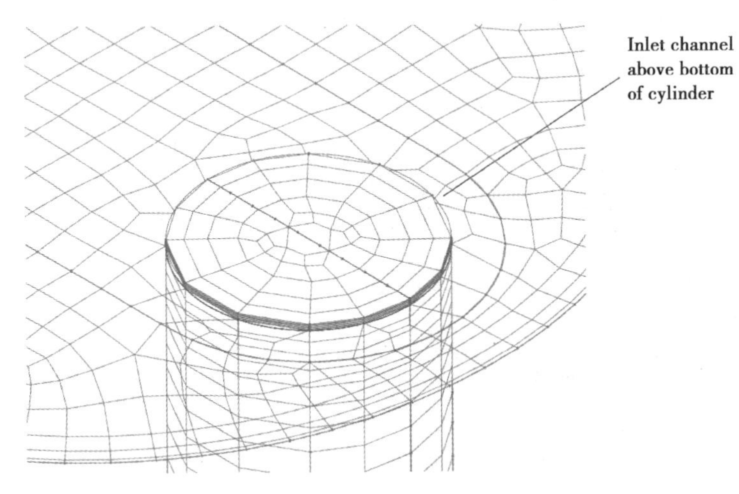

图 5.53.24　放大入口通道附近的区域

表 5.53.10　扫略面参数

Face	Body#
2	1
3	1

单击【Color Element Groups】涂彩单元组图标后，图形窗口如图 5.53.25 所示。

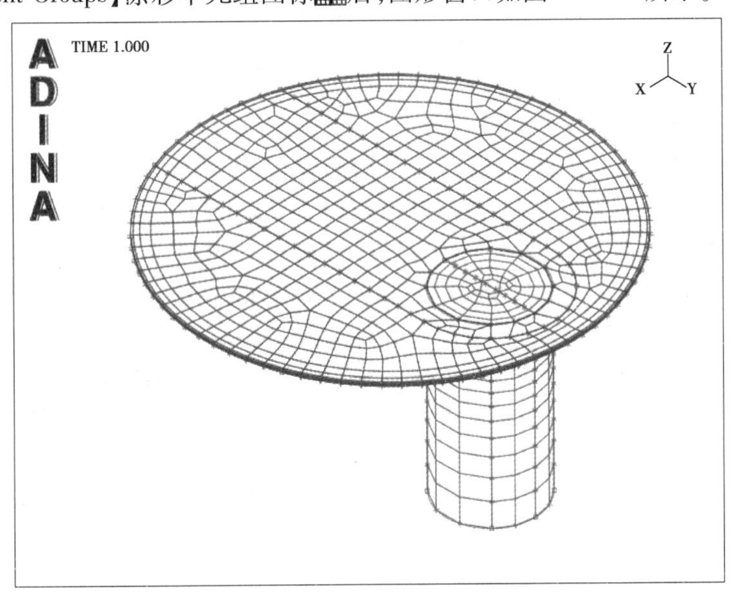

图 5.53.25　彩色显示的不同单元组

注意：单元组 1 和区域 EG1 已从模型树中删除。这是因为最后的体扫略操作使用了单元组 1 中的所有其余单元，并且当所有单元被扫描时，体扫略操作默认地移除单元组。

5）在阀门（几何体 8 至 11）上方活塞汽缸划分网格

在【Body Sweep】体扫描对话框中，将【Vector Direction】矢量方向设置为"（0，0，0.5）"，确保选中【Generate 3-D Mesh from 2-D mesh on Face】从面上的 2-D 网格生成三维网格按钮，并确保【3-D Element Grou】三维单元组设置为"3"。然后将【# of Elements in Swept Direction】扫略方向上的单元数量设置为"10"，按如表 5.53.11 所示填写，然后单击【OK】确定。

表 5.53.11　扫略面参数

Face	Body#
5	4
5	5
17	6
15	7

图形窗口如图 5.53.26 所示。

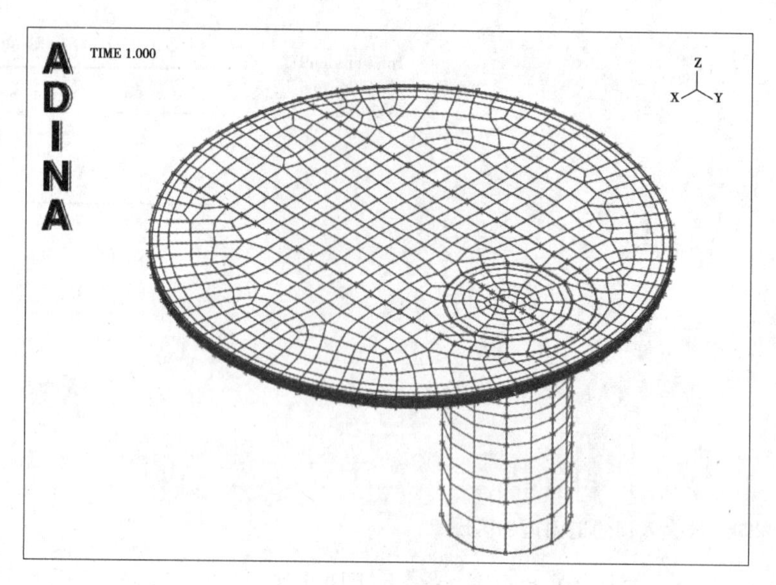

图 5.53.26 扫略生成的单元

6）区域组

使用区域组来组织模型树。创建一个区域组，其中包含入口通道中的几何和单元以及包含活塞柱体中的几何和单元的另一个区域组。

在模型树中，右键单击【EG2】，选择【Move to】移动到→【New】新建，输入名称 INLET_CHANNEL，然后单击【OK】确定。（**注意**：模型树现在包含 INLET_CHANNEL）。单击【INLET_CHANNEL】左侧的"+"将其展开，（**注意**：INLET_CHANNEL 由 EG2 定义）。现在右键单击【GB2】并选择【Move to】移至→【INLET_CHANNEL】，然后右键单击【GB3】并选择【Move to】移至→【INLET_CHANNEL】。当单击 INLET_CHANNEL 左侧的"+"按钮时，**注意**：INLET_CHANNEL 由区域 EG2，GB2 和 GB3 定义。

类似地继续使用 EG3 和 GB4 到 GB11 来定义区域组 PISTON_CYLINDER。

注意：可以通过选择这些区域将整个区域范围从 GB4 移至 GB11，然后将其全部移至区域组 PISTON_CYLINDER。

右键单击【zone group INLET_CHANNEL】区域组 INLET_CHANNEL 并选择【Display】显示时，图形窗口如图 5.53.27 所示。

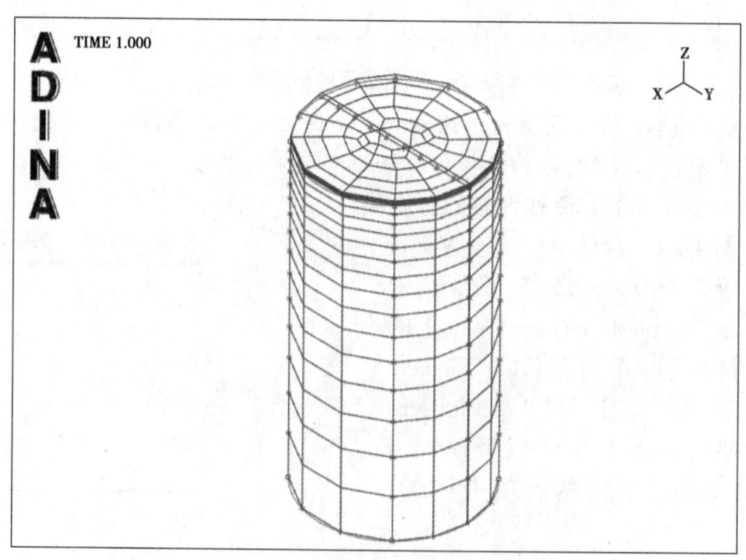

图 5.53.27 区域组 INLET_CHANNEL

右键单击【zone group PISTON_CYLINDER】区域组 PISTON_CYLINDER 并选择【Display】显示时，图形窗口如图 5.53.28 所示。

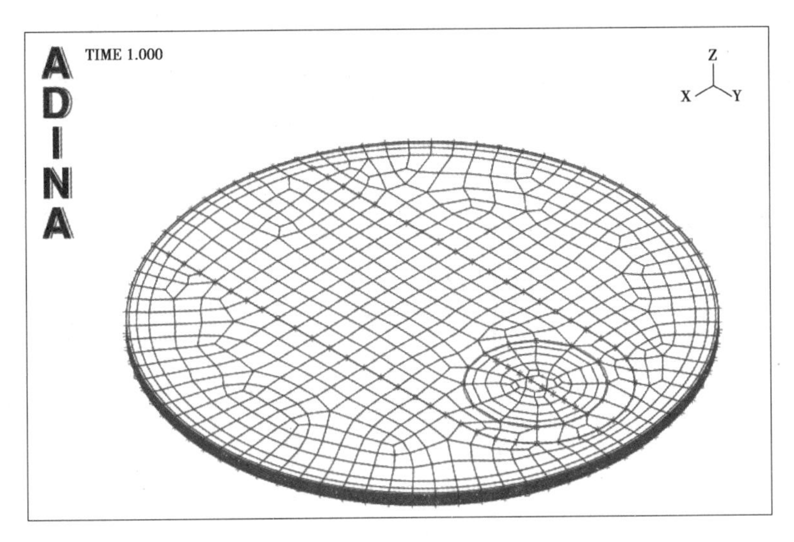

图 5.53.28 区域组 PISTON_CYLINDER

7)分割网格

在与阀门相对应的区域中分割流体网格。使用模型树显示区域 GB8,GB9,GB11,然后旋转模型以使这些物体的底面可见确认与阀门相对应的面是体 8 的面 6,体 9 的面 6 和体 11 的面 18。

选择【Meshing】划分网格→【Nodes】节点→【Split Mesh】分割网格。将【Split Interface Defined By】分割接口定义设置为【Surfaces/Faces】曲面/面,并确保【At Boundary of Interface】接口边界设置为【Split Only Nodes on External Boundary】仅分割外部边界节点。按如表 5.53.12 所示填写表格,然后单击【OK】确定关闭对话框。

表 5.53.12 分割面定义参数

Face	Body#
6	8
6	9
18	11

使用模型树显示【element group 3】单元组 3,然后单击【Shading】阴影图标,【Cull Front Faces】倒圆角正面图标和【Model Outline】模型轮廓图标。图形窗口如图 5.53.29 所示。

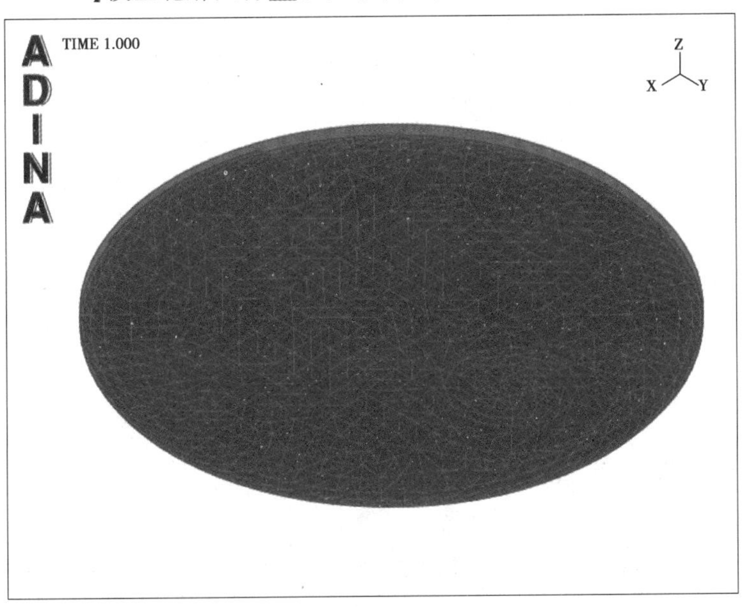

图 5.53.29 单元组 3

使用鼠标旋转网格时,可以看到阀门的轮廓。

8）面对链接

如要指定差距条件，有必要面对链接到体面。选择【Geometry】几何体→【Faces】面→【Face Link】面链接，添加【Face Link Number 1】面链接编号1，将【Create】创建栏设置为【Links for All Faces/Surfaces】所有面/面的链接，然后单击【OK】确定关闭对话框。

9）领导者-追随者

当阀门移动时，缸壁上的相应点也随之移动。使用模型树显示区域GB7（主体7），然后单击【Point Labels】点标签图标。图形窗口如图5.53.30所示。

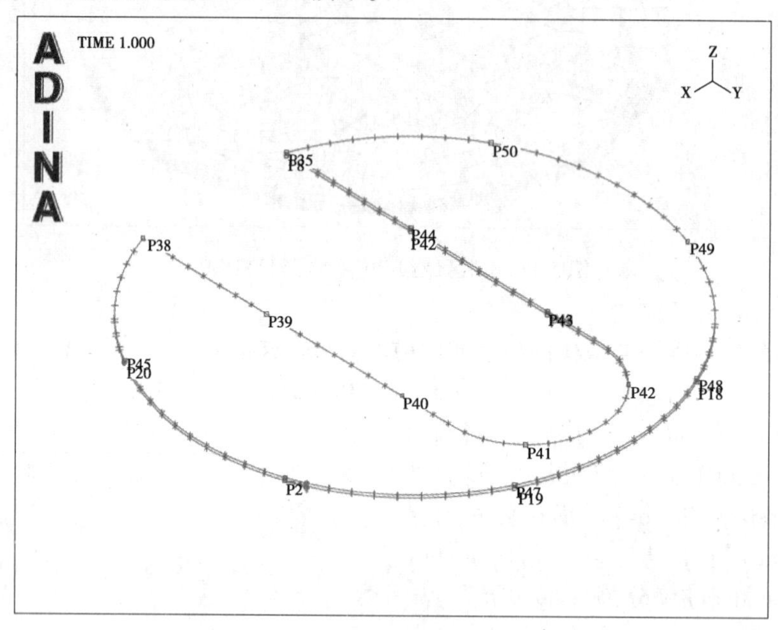

图5.53.30　显示点标签

几何点39至44位于阀的边界上，几何点45至50是圆柱壁上的对应点。

选择【Meshing】划分网格→【ALE Mesh Constraints】ALE网格约束→【Leader-Follower】领导者-追随者，输入如表5.53.13所示信息并单击【OK】确定。

表5.53.13　ALE网格约束定义的参数

Label#	Leader Point#	Follower Point#
1	39	45
2	40	46
3	41	47
4	42	48
5	43	49
6	44	50

53.3.4　定义模型控制参数、载荷和初始条件

1）流动假设

选择【Model】模型→【Flow Assumptions】流动假设，将【Flow Model】流动模型设置为【Turbulent KEpsilon】紊流KEpsilon，将【Flow Type】流动类型设置为【Low Speed Compressible】低速可压缩，将【Temperature Equation】温度公式设置为【Total Energy】总能量，然后单击【OK】确定。

2）FSI分析

将【Multiphysics Coupling】多物理耦合字段设置为【with Structures】与结构。

3)外迭代初级松弛因子

选择【Control】控制→【Solution Process】求解过程,并将【FlowCondition-Based Interpolation Elements】基于流动条件的插值单元设置为【FCBI-C】。然后单击【Outer Iteration】外部迭代按钮,并设置【Primary Relaxation Factors】主要松弛因子如下:【Velocity】速度为“0.65”,【Temperature】温度为“0.95”,【Turbulence-K】湍流-K为“0.92”,【Turbulence-Epsilon】湍流-Epsilon 为“0.92”。单击【OK】确定关闭这两个对话框。

4)剩余模型控制参数、材料属性、载荷、初始条件

已经将其余模型控制参数、材料属性、加载和初始条件的命令放入文件 prob53_2.in 中。选择【File】文件→【Open Batch】打开批处理,选择文件 prob53_2.in 然后单击【Open】打开。

53.3.5 定义特殊的边界条件

流体模型使用四种特殊的边界条件类型:移动壁面、壁面、FSI 和间隙边界。

1)移动墙的边界

我们首先指定活塞柱体顶面的移动墙的边界条件。这些面根据时间函数在 z 方向上位移。单击【Special Boundary Conditions】特殊边界条件图标SBC,并添加【Condition Number 1】条件编号 1。将【type】类型设置为【Moving Wall】移动壁面,并确保【Apply to】应用到字段设置为【Faces/Surfaces】面/表面。在【Time Functions for Displacement】位移时间函数框中,将【Z】设置为“2”。按如表 5.53.14 所示填写表格,然后单击【Save】保存(不要关闭对话框)。

表 5.53.14 移动壁面定义的参数

Face/Surf	Body#
5	8
5	9
15	10
17	11

2)FSI 边界

添加【Condition Number 2】条件编号 2 并将【Type】类型设置为【Fluid-Structure Interface】流体结构界面。确保【Fluid-Structure Boundary#】流体-结构编辑边界号设置为 1。按如表 5.53.15 所示填写,然后单击【Save】保存(不要关闭对话框)。

表 5.53.15 中的面对应于阀上面的流体。

现在单击【Condition Number 3】添加条件编号 3,并确保【Type】类型设置为【Fluid-Structure Interface】流体结构界面。将【Fluid-Structure Boundary#】流体-结构编辑边界号设置为“2”。按如表 5.53.16 所示填写表格,然后单击【Save】保存(不要关闭对话框)。

表 5.53.15 定义边界条件 2 上流体-结构相互作用的面

Face/Surf	Body#
6	8
6	9
18	11

表 5.53.16 定义边界条件 3 上流体-结构相互作用的面

Face/Surf	Body#
5	4
5	5
17	6

表 5.53.16 中的面对应于阀下面的流体。

3)墙边界

添加【Condition Number 4】条件编号 4 并将【Type】类型设置为【Wall】壁面。将【Apply to】应用于字段下面的字段设置为【Apply to All Free External Boundaries】应用到所有自由外边界,然后单击【Save】保存(不要关闭对话框)。

4)间隙边界

图 5.53.31 显示了用于定义间隙边界条件的物体。

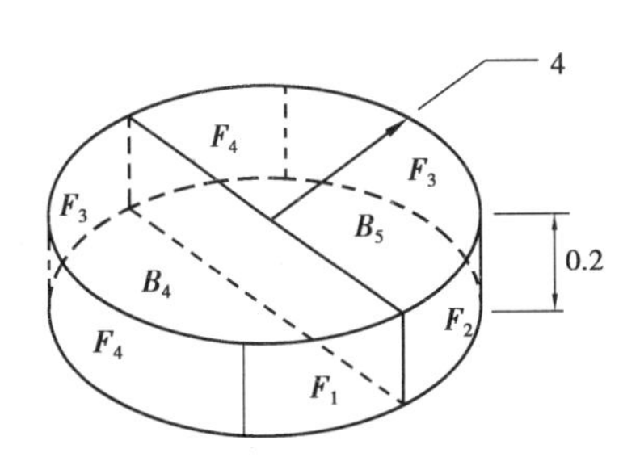

图 5.53.31 用于定义间隙边界条件的物体

间隙的总表面积为 2(4)(0.2)5.026544,所以每个物体的间隙表面积为 5.026544/22.51327。根据这个表面积,我们将差距闭合值设置为

“2.5”，缺口开放值为“2.75”(比缺口闭合值高大约 10%)。

添加【Condition Number 5】条件编号 5 并将【Type】类型设置为【Gap】间隙。确保【Apply to】应用于字段设置为【Faces】面，将【Body #】体#设置为“4”，并将【Gap Open-Close Condition Controlled by】控制的间隙开闭条件设置为【Gap Size】间隙大小。将【Gap-Open Value】间隙打开值设置为“2.75”，并将【Gap-Closed Value】间隙关闭值设置为“2.5”。按如表 5.53.17 所示方式填写表格，然后单击【Save】保存(不要关闭对话框)。

单击【Copy...】复制将条件复制到条件 6。将【Body#】体号设置为“5”，按如表 5.53.18 所示填写表格，然后单击【OK】确定关闭对话框。

表 5.53.17　定义间隙的面

Face	Orientation
1	Follow Grometry
3	Follow Grometry
4	Follow Grometry

表 5.53.18　体 5 的面方向定义

Face	Orientation
2	Follow Grometry
3	Follow Grometry
4	Follow Grometry

53.3.6　生成 ADINA CFD 数据文件，保存 AUI 数据库

单击【Data File/Solution】数据文件/求解方案图标，将文件名设置为“prob53_fa”，取消选中【Run Solution】运行求解方案，然后单击【Save】保存。现在单击【Save】保存图标并将数据库保存到文件 prob53_f。

53.3.7　运行 ADINA-FSI-稳态分析

选择【Solution】求解方案→【Run ADINA-FSI】运行 ADINA-FSI，单击【Start】开始按钮，选择文件 prob53_aa.dat，然后按住“Ctrl”键并选择文件 prob53_fa.dat。文件名字段应该用引号显示这两个文件名。设置最大值【Max. Memory for Solution】内存求解方案至少 50 MB，然后单击【Start】开始。

稳定分析完成后，关闭所有打开的对话框，将【Program Module】程序模块下拉列表设置为【Post-Processing】后处理(可以放弃所有更改)，单击【Open】打开图标并打开舷窗文件 prob53_aa.por。

当单击【Color Element Groups】涂彩单元组图标和【Scale Displacements】缩放位移图标时，图形窗口如图 5.53.32 所示。

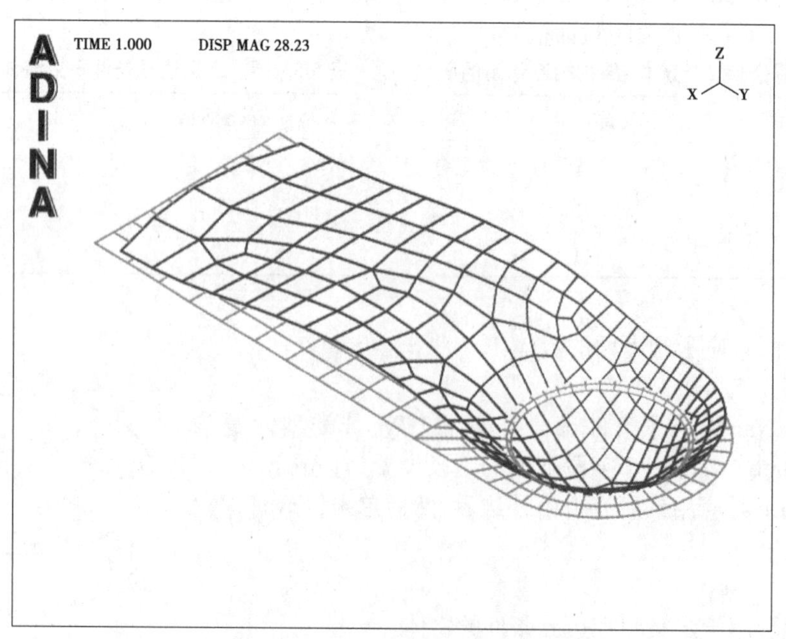

图 5.53.32　彩色显示单元组

不平衡的压力导致阀门变形到入口通道。

53.4 ADINA CFD 模型

单击【New】新建图标(可以放弃所有更改并继续),然后单击【Open】打开图标并打开舷窗文件 prob53_fa.por。单击【Cut Surface】切割曲面图标,将【Type】类型设置为【Cutting Plane】切割平面,取消选中【Display the Plane(s)】显示平面按钮,然后单击【OK】确定。在单击【Color Element Groups】涂彩单元组图标,【Group Outline 】组轮廓图标和【Quick Band Plot】快速条带绘图图标之后,图形窗口如图 5.53.33 所示。

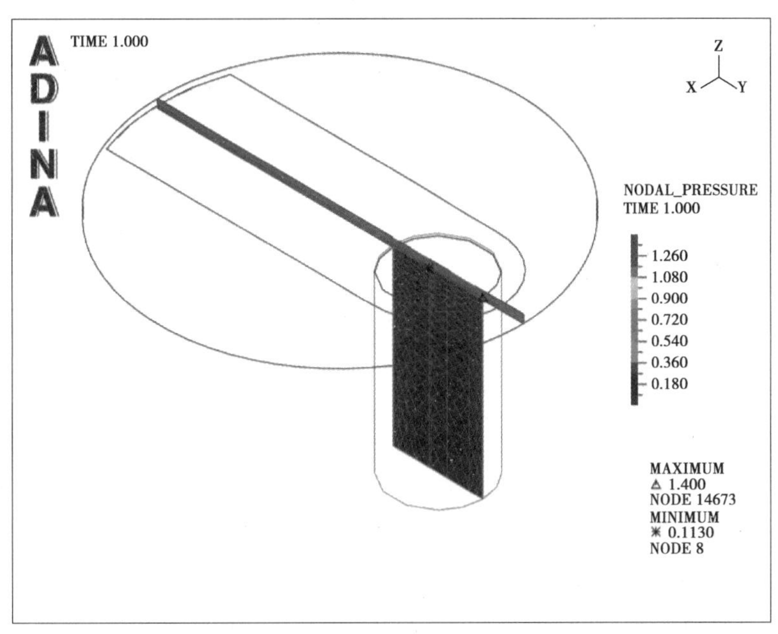

图 5.53.33 彩色显示单元和节点压力

图 5.53.33 显示流体压力与初始流体压力相同。现在单击【Modify Band Plot】修改条带绘图图标,设置【Band Plot Variable】条带绘图变量为【(Temperature:TEMPERATURE)】并单击【OK】确定。图形窗口如图 5.53.34 所示。

图 5.53.34 显示流体温度与初始流体温度相同。

53.5 瞬态分析的模型定义

53.5.1 ADINA 结构模型

将【Program Module】程序模块设置为【ADINA Structures】ADINA 结构(可以放弃所有更改并继续),并从【File】文件菜单底部附近的最近文件列表中选择数据库文件 prob53_a.idb。

1)重新分析,切换到动态隐式

选择【Control】控制→【Solution Process】求解方案过程,将【Analysis Mode】分析模式设置为【Restart Run】重新启动运行,将【Solution Start Time】求解方案启动时间设置为“1.0”,然后单击【OK】确定。

将【Analysis Type】分析类型设置为【Dynamics-Implicit】动态隐式。

2)选择保存结果的时间步骤

由于模型使用了大量的时间步,因此我们将指定该单元和节点结果每隔 5 个步骤保存一次。选择【Control】控制→【Porthole (.por)】舷窗(.por)→【Time Steps (Element Results)】时间步骤(单元结果)。将【Copy Time Step Blocks to Nodal Results】时间步块复制到节点结果字段设置为【Copy Over if it is Empty】如果为空则复制。按如表 5.53.19 所示填写,然后单击【OK】确定。

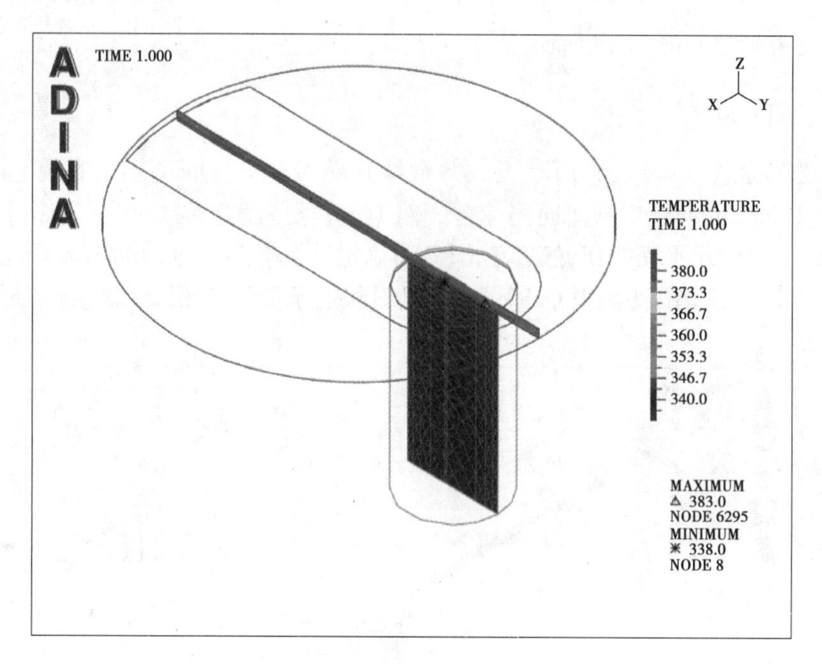

图 5.53.34 温度条带图

表 5.53.19 时间步块参数定义

Block	Initial Time Step	Final Time Step	Increment
1	5	10 000	5

53.5.2 创建数据文件

单击【Data File/Solution】数据文件/求解方案图标，将文件名设置为“prob53_ab”，取消选中【Run Solution】运行求解方案，然后单击【Save】保存。单击【Save】保存图标保存更新的数据库。

53.5.3 ADINA CFD 模型

单击【New】新图标(可以放弃所有更改并继续)，将【Program Module】程序模块设置为【ADINA CFD】，然后从【File】文件菜单底部最近的文件列表中选择数据库文件 prob53_f.idb。

重新开始分析，切换到一个瞬态求解方案。

选择【Control】控制→【Solution Process】求解方案流程，将【Solution Start Time】求解方案开始时间设置为“1.0”，选中重新分析按钮，然后单击【OK】。

将【Analysis Type】分析类型设置为【Transient】瞬态。然后单击【Analysis Options】分析选项图标，将【Integration Method】积分方法设置为【Composite】复合，然后单击【OK】确定。

1)时间步长

选择【Control】控制 →【Time Step】时间步，按如表 5.53.20 所示填写，然后单击【OK】确定。

表 5.53.20 时间步参数定义

Number of Steps	Magnitude
4 166	0.002

选择保存结果的时间步骤。

选择【Control】控制→【Porthole (.por)】舷窗(.por)→【Time Steps (Element Results)】时间步(单元结果)。将【Copy Time Step Blocks to Nodal Results】将时间步块复制到节点结果字段设置为【Copy Over if it is Empty】如果为空则复制。按如表 5.53.21 所示填写，然后单击【OK】确定。

表 5.53.21 时间步参数定义

Block	Initial Time Step	Final Time Step	Increment
1	5	10 000	5

2) 创建数据文件

单击【Data File/Solution】数据文件/求解方案图标,将文件名设置为"prob53_fb",取消选中【Run Solution】运行求解方案,然后单击【Save】保存。单击【Save】保存图标保存更新的数据库。

53.5.4 运行 ADINA-FSI-瞬态分析

选择【Solution】求解方案→【Run ADINA-FSI】运行 ADINA-FSI,单击【Start】开始按钮,选择文件 prob53_ab.dat,然后按住"Ctrl"键并选择文件 prob53_fb.dat。文件名字段应该用引号显示这两个文件名。设置【Max. Memory for Solution】求解方案内存最大值至少为 50 MB,然后单击【Start】开始。

AUI 依次显示两个【Specify the Restart File】指定重新启动文件对话框,一个流体模型对话框和一个结构模型对话框。显示对话框的顺序取决于前面的【Start an ADINA FSI】启动 ADINA FSI 作业对话框中文件名的显示顺序。

提示:如果忘记输入哪个重启文件,对话框的标题会显示文件名,如果显示结构模型文件名,则进入结构模型重启文件,如果显示流体模型文件名,则输入流体型号重新启动文件。

Linux:在选择文件 prob53_fb.dat 之前,选择文件 prob53_ab.dat,文件名字段显示 prob53_ab.datprob53_fb.dat,因此显示的第一个对话框是针对结构模型的。

在第一个【Specify the Restart File】指定重新启动文件对话框中,验证对话框标题中的文件名是...prob53_ab.dat,输入重新启动文件 prob53_aa.res,然后单击【Copy】复制。

在第二个【Specify the Restart File】指定重新启动文件对话框中,验证对话框标题中的文件名是...prob53_fb.dat,输入重新启动文件 prob53_fa.res,然后单击【Copy】复制。

Windows:在选择文件 prob53_fb.dat 之前,我们选择了文件 prob53_ab.dat,而文件名字段显示为 prob53_fb.datprob53_ab.dat,因此显示的第一个对话框是针对流体模型的。

在第一个【Specify the Restart File】指定重新启动文件对话框中,验证对话框标题中的文件名是...prob53_fb.dat,输入重新启动文件 prob53_fa.res,然后单击【Copy】复制。

在第二个【Specify the Restart File】指定重新启动文件对话框中,验证对话框标题中的文件名是...prob53_ab.dat,输入重新启动文件 prob53_aa.res,然后单击【Copy】复制。

分析完成后,关闭所有打开的对话框,将【Program Module】程序模块下拉列表设置为【Post-Processing】后处理(可以放弃所有更改),单击【Open】打开图标并打开舷窗文件 prob53_fb.por。

53.5.5 后处理

1) 流体网格的整体运动

单击【Model Outline】模型轮廓图标和【Wire Frame】线框图标。图形窗口如图5.53.35所示。

现在单击【Movie Load Step】电影加载步图标创建一个动画,然后单击【Animate】动画图标来播放动画。可以看到阀门打开,然后关闭并重新打开。单击【Refresh】刷新图标清除动画。

2) 流体速度矢量

单击【Quick Vector Plot】快速向量图标。图形窗口如图 5.53.36 所示。

现在单击【Movie Load Step】电影载荷步图标创建一个动画。为了减少速度矢量的长度,使用【Solution Time】求解时间图标(◀···▶)将解答时间设置为"4.3",然后单击【Clear Vector Plot】清除矢量绘图图标和【Quick Vector Plot】快速矢量绘图图标。单击【Movie Load Step】电影加载步图标以创建动画。

3) 粒子踪迹

使用粒子追踪功能可视化运动,可在入口处的流场中注入颗粒,从阀开启前的一个求解时间开始。

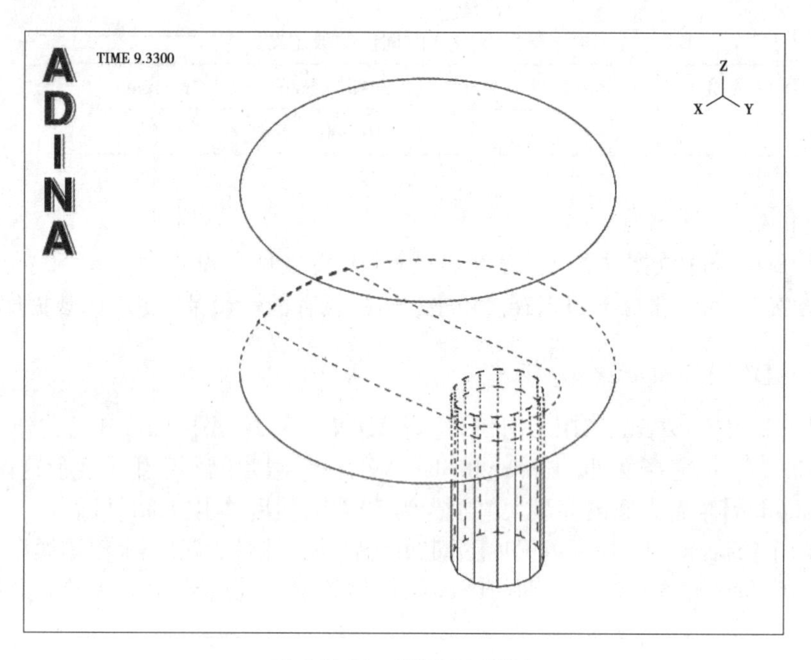

图 5.53.35　线框显示模型

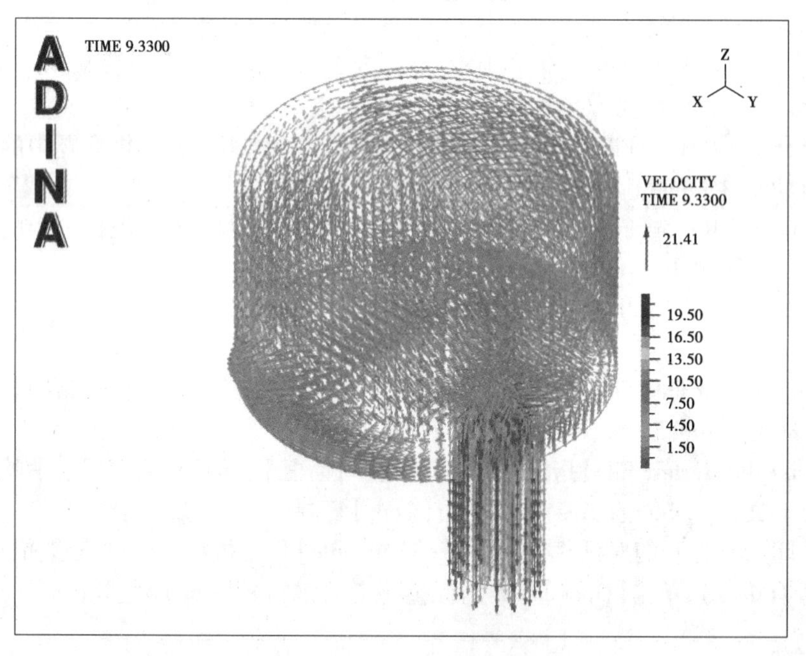

图 5.53.36　流体速度矢量

单击【Clear Vector Plot】清除矢量绘图图标并使用【Solution Time】求解方案时间图标(|◀···▶|)将求解方案时间设置为“4.0”。

现在选择【Display】显示→【Particle Trace Plot】颗粒踪迹绘图→【Create】创建，然后单击【Trace Plot Style】踪迹绘图样式字段右侧的【...】按钮。单击【Trace Rake】踪迹线字段右侧的【...】按钮，然后在【Define Trace Rake】定义踪迹线对话框中将【Type】类型设置为【Grids】栅格。在表格的第一行中输入如表 5.53.22 所示信息并单击【OK】确定三次以关闭所有三个对话框。

表 5.53.22　定义踪迹的参数

X	Y	Z	Plane	Shape	Side 1 Length	NSIDEI	Side 2 Length	NSIDE 2
0	8.7	66	Z-Plane	Rectangular	12	10	12	10

图形窗口如图5.53.37所示。

现在选择【Display】显示→【Particle Trace Plot】颗粒踪迹绘图→【Modify】修改。单击【Trace Type】踪迹类型字段右侧的【...】按钮，将【Particle Size】粒子大小设置为“1”，然后单击【OK】确定。现在单击【Trace Calculation】轨迹计算栏右边的【...】按钮，将【Particle Emission】粒子发射时间间隔设置为“0.1”，然后单击【OK】确定。单击【Trace Rendering】踪迹渲染字段右侧的【...】按钮，取消选中【Display Symbols at Injector Locations】在喷射器位置显示符号按钮，然后单击【OK】确定两次以关闭这两个对话框。单击【Next Solution】下一步求解方案图标▶。图形窗口如图5.53.38所示。

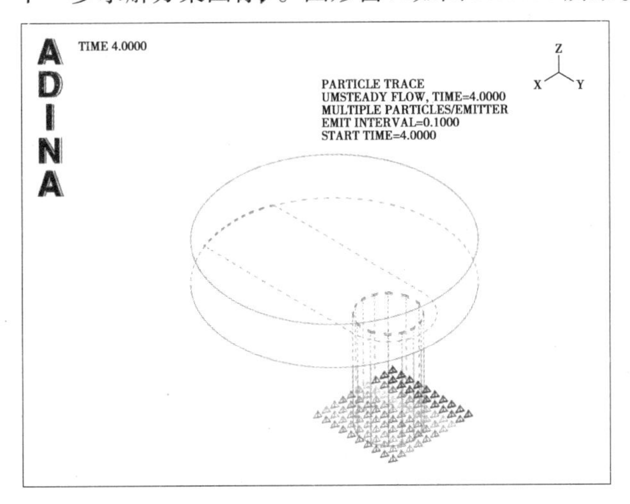

图5.53.37 显示踪迹线

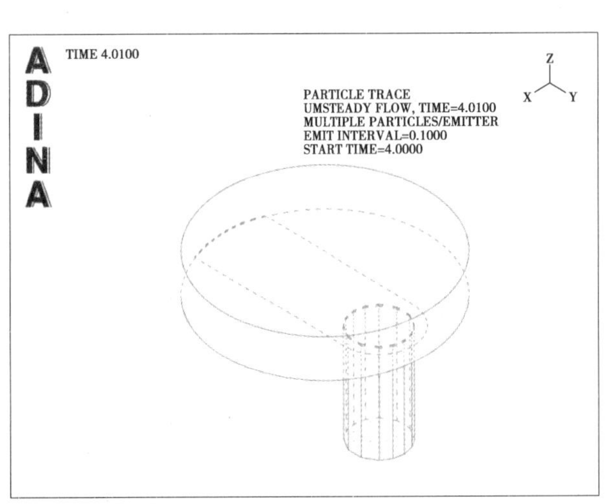

图5.53.38 下一步的结果显示

注意：流体域外的粒子注射器将被忽略。

用不太突出的颜色绘制网格轮廓。单击【Modify Mesh Plot】修改网格绘图图标并单击【Element Depiction...】单元描述按钮。将【Appearance of Deformed Mesh】变形网格的外观设置为【GRAY_50】，然后单击【OK】确定两次以关闭这两个对话框。图形窗口如图5.53.39所示。

单击【Movie Load Step】电影加载步骤图标以创建动画。颗粒通过入口通道进入活塞缸。

从不同的角度观察颗粒痕迹。例如，单击【YZ view】YZ视图图标并创建另一个动画。在这个视图中更容易看到颗粒通过阀门的运动，如图5.53.40所示。

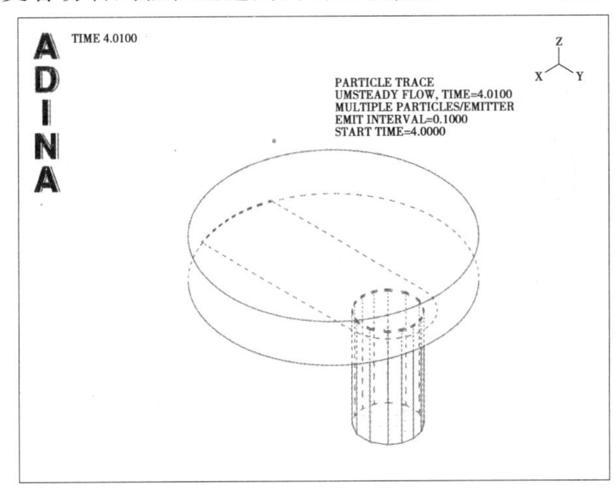

图5.53.39 显示变形网格

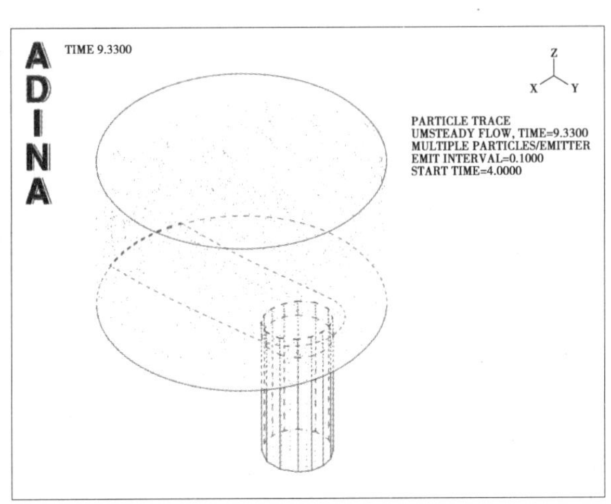

图5.53.40 看到颗粒通过阀门的运动

4)*X*平面的速度

单击【Clear Trace Plot】清除踪迹绘图图标，单击【Cut Surface】切割面图标，将【Type】类型设置为【Cut Surface】切割面，将【Defined by】定义由设置为【X-Plane】X平面，取消选中【Display the Plane(s)】显示

平面按钮，然后单击【OK】确定。现在使用【Solution Time】求解方案时间图标(|◀…▶|)将求解方案时间设置为“4.3”，然后单击【Quick Vector Plot】快速矢量绘图图标。图形窗口如图 5.53.41 所示。

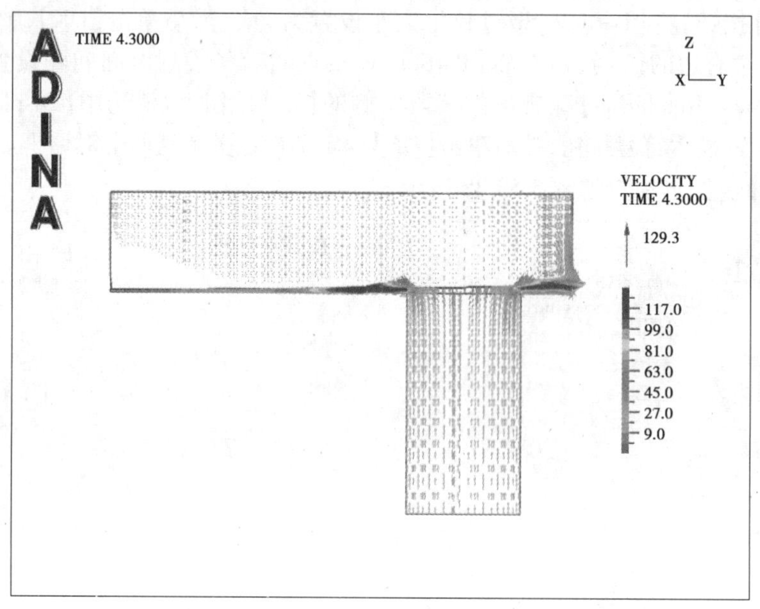

图 5.53.41　速度矢量

单击【Movie Load Step】电影加载步骤图标以创建动画。

5)在 X 平面上的压力分布

单击【Clear Vector Plot】清除矢量绘图图标并使用【Solution Time】求解方案时间图标(|◀…▶|)将求解方案时间设置为第一个求解时间(1.01)。现在单击【Quick Band Plot】快速条带绘图图标。图形窗口如图 5.53.42 所示。

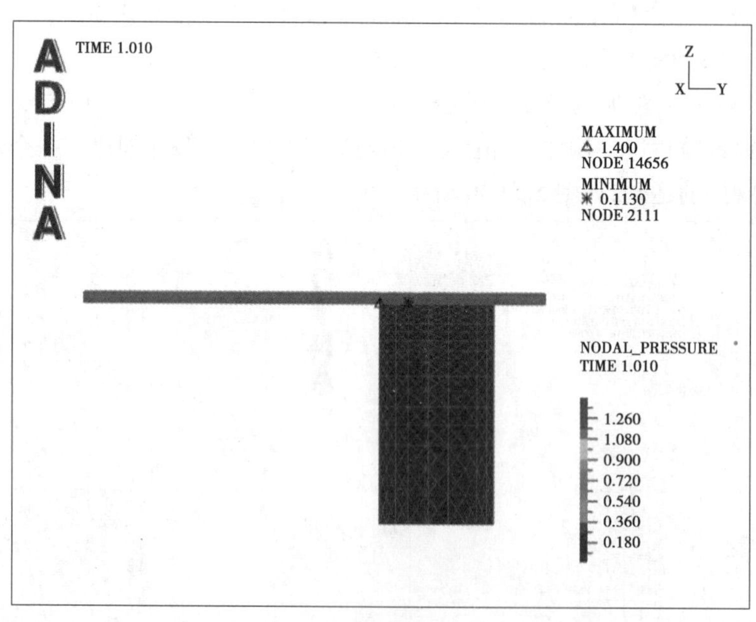

图 5.53.42　第一个求解时间(1.01)的压力

单击【Movie Load Step】电影加载步骤图标以创建动画。当间隙打开时，汽缸内的压力下降到略低于入口压力。由于缩放在动画中没有改变，所以在压力分布中看不到更多细节。

单击【Modify Band Plot】修改条带绘图图标，单击【Band Table…】条带表按钮，取消【Freeze Range】冻结范围按钮并单击【OK】确定关闭两个对话框。单击【Movie Load Step】电影加载步骤图标以创建动画。这个时间段是根据每个时间步骤的最大压力和最小压力重新设定的。例如，在时间 5.6，图形窗口如图

5.53.43所示。

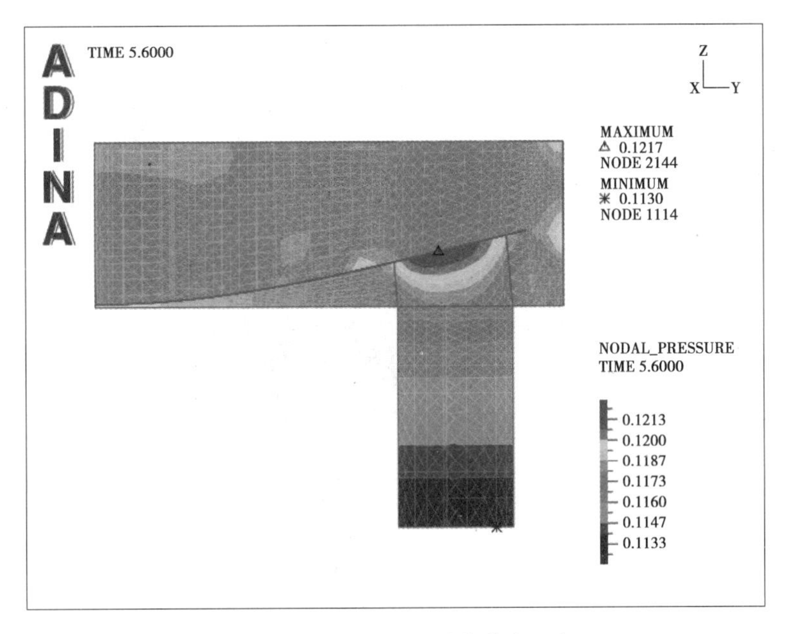

图 5.53.43 时间 5.6 时的节点压力

更容易看到入口通道的压力下降和阀门正下方的压力增加。

单击【Last Solution】最后求解方案图标以显示求解方案结束时的压力，通过观察，可以估计求解末端的圆柱体的平均压力约为 0.115 MPa。

6) *X* 平面的温度分布

单击【Clear Band Plot】清除条带图图标并使用【Solution Time】求解方案时间图标(…)将求解方案时间设置为第一个求解方案时间(1.01)。现在单击【Create Band Plot】创建条带绘图图标，设置【Band Plot Variable】条带绘图变量为【(Temperature:TEMPERATURE)】并单击【OK】确定。单击【Modify Band Plot】修改条带绘图图标，单击【Band Table...】条带表格按钮，取消冻结范围按钮并单击【OK】确定关闭两个对话框。图形窗口如图 5.53.44 所示。

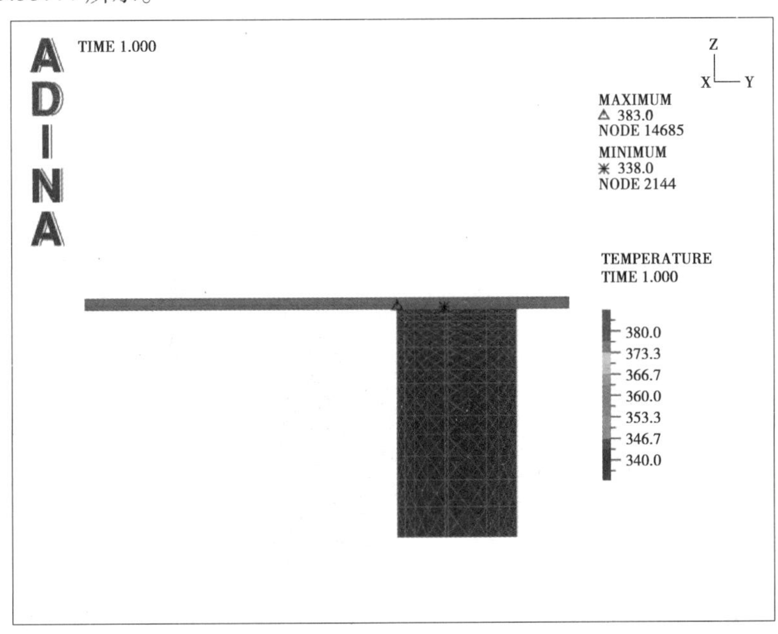

图 5.53.44 时间 1.01 时的温度

单击【Movie Load Step】电影加载步骤图标以创建动画。间隙打开时，汽缸内的温度降至约 230 K。

然后,入口通道中较暖的流体在活塞缸内循环。例如,在求解方案的最后时刻,图形窗口如图 5.53.45 所示。

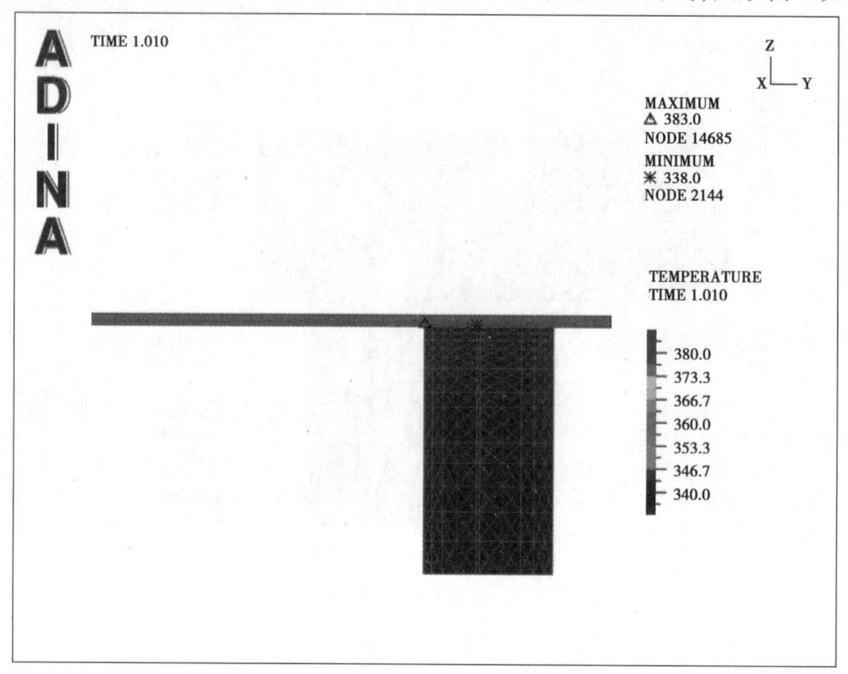

图 5.53.45 求解方案最后时刻的温度

通过观察,可以估计,求解方案结束时缸内的平均温度约为 300 K。

7) 在 *X* 平面的密度分布

单击【Clear Band Plot】清除条带绘图图标并使用【Solution Time】求解方案时间图标(|◀…▶|)将求解方案时间设置为第一个求解方案时间(1.01)。现在单击【Create Band Plot】创建条带绘图图标,设置【Band Plot Variable】条带绘图变量为【(Fluid Variable:NODAL_DENSITY)】并单击【OK】确定。单击【Modify Band Plot】修改条带绘图图标,单击【Band Table ...】条带表格按钮,取消冻结范围按钮并单击【OK】确定关闭两个对话框。图形窗口如图 5.53.46 所示。

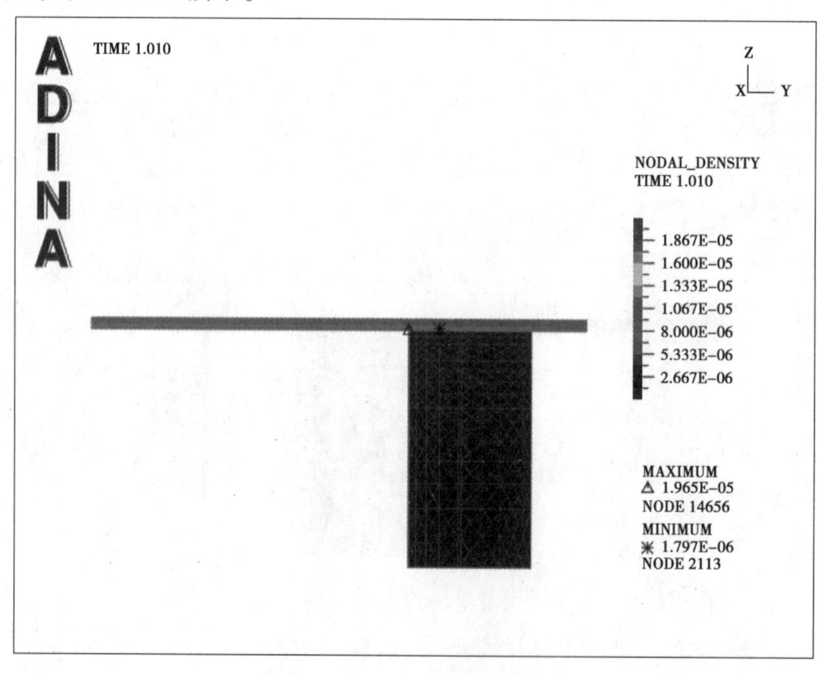

图 5.53.46 节点密度

从这个曲线中,可以看到圆柱体中流体的初始密度为 1.965E-5(g/mm^3),入口通道中流体的初始密度为

1.797E-6(g/mm^3)。

单击【Movie Load Step】电影加载步骤图标以创建动画。间隙打开时汽缸内的密度下降到2.3E-6左右，这个密度比入口通道内的流体密度还要大。然后，进口通道中较不密集的流体在活塞缸内循环。例如，在求解方案的最后，图形窗口如图5.53.47所示。

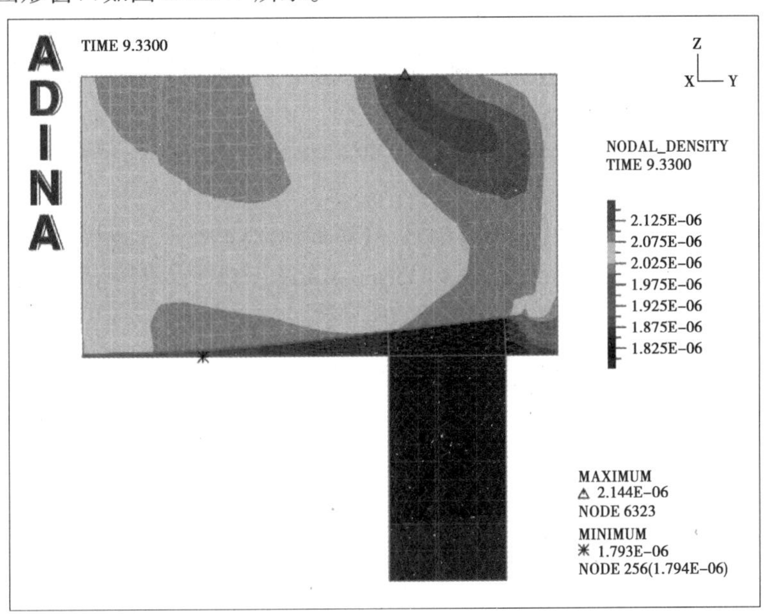

图5.53.47　求解方案最后时刻的密度

通过眼睛观察，我们可以估计求解末端的圆柱体的平均密度约为2E-6(g/mm^3)。

8)质量流量通过间隙

单击【Clear】清除图标，然后使用模型树显示【zone EG3】区域EG3。单击【Last Solution】最后求解方案图标，【Model Outline】模型轮廓图标和【Wire Frame】线框图标。图形窗口如图5.53.48所示。

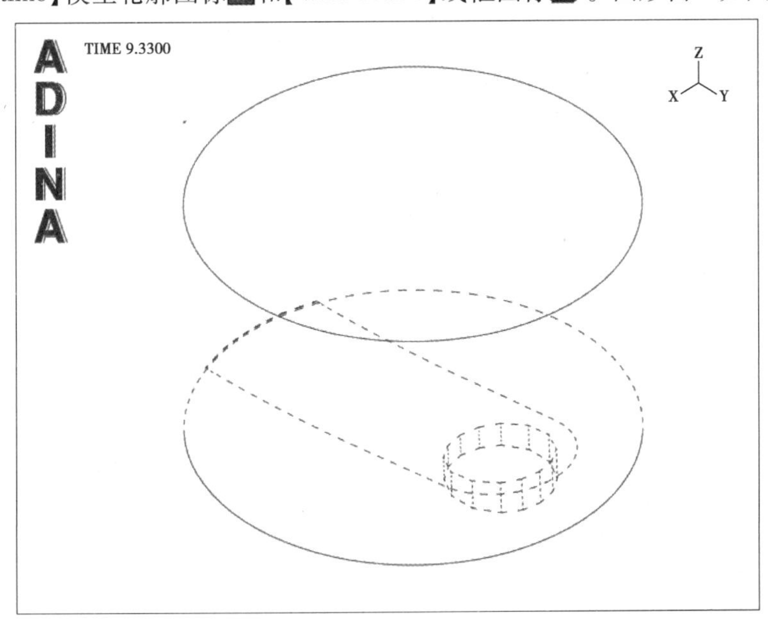

图5.53.48　显示区域EG3

确定与间隙相对应的单元面。由于存在两个间隙边界条件，因此间隙有四个单元面元组，间隙上游的两个单元面元组和下游的两个单元面元组。可使用下游面集，因为当有流量进入汽缸时质量流量为正值。

单击【Element Face Set】单元面集合图标，选择【Element Face Set 34】单元面集合34，并将对话框移出网格图的方式。(**注意:**【Description】描述是【GAP(DOWNSTREAM)LABELITION OF LABEL 5】,并且突出显示了与此间隙相对应的单元)。现在选择【Element Face Set 35】单元面集合35。(**注意:**【Description】描述是【GAP (DOWNSTREAM) CONDITION OF LABEL 6】GAP(DOWNSTREAM)条件的标签6,并且与这个间隙对应的单元被突出显示。)

确定通过这两个间隙的质量流量。添加【Element Face Set 40】单元面集合40,将【Method】方法设置为【Merge Sets】合并集,在表的前两行输入"34"和"35",然后单击【Save】保存。整个间隙是突出的。单击【OK】确定关闭对话框。然后选择【Definitions】定义→【Model Point】模型点→【Element Face Set】单元面集合,添加【Model Point Name GAP】模型点名称GAP,设置【Element Face Set #】单元面集合#为"40",然后单击【OK】确定。

单击【Clear】清除图标,然后选择【Graph】图形→【Response Curve (Model Point)】响应曲线(模型点),将【Y Coordinate Variable】Y坐标变量设置为【(Flux: MASS_FLUX_ELFACE)】(通量: MASS_FLUX_ELFACE),然后单击【OK】确定。图形窗口如图5.53.49所示。

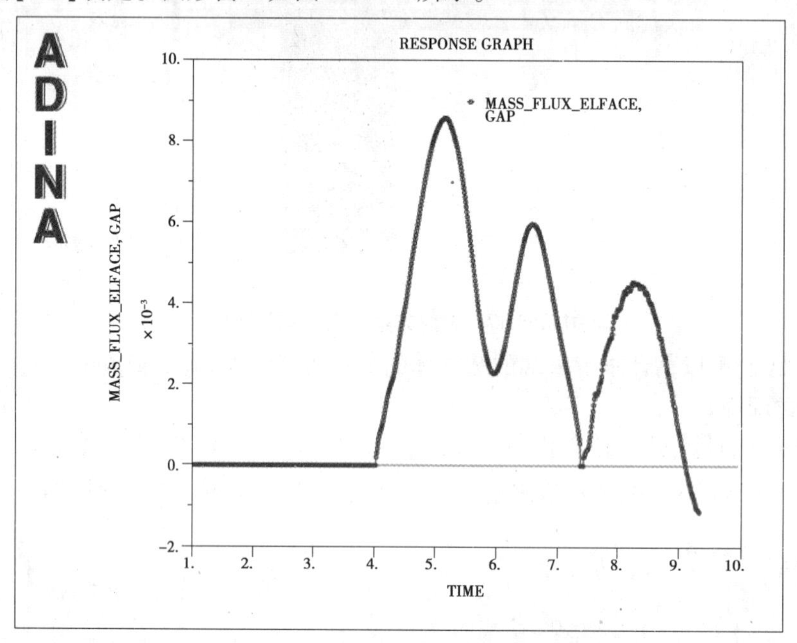

图 5.53.49　通量随时间变化曲线

显然,求解时间4之后差距开始,然后在时间7.5时附近短暂关闭。靠近求解的末端,间隙是打开的,但是净流量反向,使得流体从缸体流入入口腔室。

确定在整个求解方案过程中流入汽缸的流体的总质量,可以通过整合(及时)质量通量时间历史来做到这一点。选择【Definitions】定义→【Response】响应,添加【Response Name】响应名称TIME_INTEGRAL,将【Type】类型设置为【Envelope】封装,将【Type of Envelope Values t】封装值类型设置为【Time Integral】时间积分,然后单击【OK】确定。现在选择【List】列表→【Value List】数值列表→【Model Point】模型点,将【Response Option】响应选项设置为【Single Response】单个响应,将【Response】响应设置为TIME_INTEGRAL,将【Variable 1】变量1设置为【(Flux: MASS_FLUX_ELFACE)】(通量: MASS_FLUX_ELFACE),然后单击【Apply】应用。结果是1.98276E-02(g)。

53.6　退出AUI

选择主菜单中的【File】文件→【Exit】退出,弹出【AUI】对话框,然后单击【Yes】,退出ADINA-AUI。

说明：

1）建模评论

①在模型求解方案中，首先使用稳态分析求解阀门的静态变形形状，然后重新开始进行瞬态分析。用于静态变形形状的阀门作为瞬态分析中的结构初始条件。

考虑前一个压缩-膨胀循环的排气过程。在排气过程中，活塞汽缸处于高压状态并且排气阀打开，使得汽缸压力在排气过程中时间（大致）恒定。在此期间，吸簧片阀受到不平衡的压力。

因此，在膨胀循环开始时，假设吸入簧片阀的变形形状近似等于在前一压缩循环的排气阶段期间使用不平衡压力获得的静态变形形状是合理的。

②由于在稳态解中没有实际的流量，所以无法确定湍流变量的初始条件。

③尽管阀门最初是关闭的，阀门下方汽缸内流体的初始流体压力与汽缸其余部分的初始流体压力（高压力）相同。

④入口湍流量基于150mm/ms的速度计算。

⑤如果首先进行瞬态分析而没有进行稳态分析，则阀门立即受到不平衡压力的影响，并开始对此压力进行动态响应。收敛更困难，需要使用更小的时间步长。

⑥如果使用低速可压缩流动的传热温度方程代替总能量温度方程，则计算出的温度在本例是不准确的。

2）确认质量平衡

在求解的开始，我们知道压力是 $p=1.4$ MPa，温度是 $T=383$ K，使用关系 $p=\rho rt$ 其中 $R=Cp\cdot Cv=186\ \mathrm{mm^2/(ms^2\cdot K)}$ 所示，在求解的起始密度为 $\rho=1.97\mathrm{E}\text{-}5\ \mathrm{g/mm^3}$。这个密度与我们在求解方案开始时在 ADINA CFD 结果中观察到的结果非常吻合。

我们也知道圆柱体直径为 32.6 mm，初始圆柱体高度为 $h=0.7$ mm，因此求解开始时的圆柱体积为 $V=\pi(32.6/2)^2\,0.7=584\ \mathrm{mm^3}$。因此，求解开始时缸内流体的总质量为 $M=(1.97\mathrm{E}\text{-}5)(584)=1.15\mathrm{E}\text{-}2$ g

根据上面得到的 ADINA-FSI 结果，在求解方案结束时，汽缸内的压力约为 $p=0.115$ MPa，温度约为 $T=300$ K。再次使用 $P=\rho RT$，或从检查流体的密度在求解的端部的汽缸中，在该求解的端部的密度为约 $\rho=2\mathrm{E}\text{-}6\mathrm{g/mm^3}$。最终的圆筒高度是 18.7 mm，所以最终的汽缸容积是 $V=\pi(32.6/2)^2\times18.7=15\,600\ \mathrm{mm^3}$ 和流体的汽缸内的总质量，在所述求解的端是 $M\approx(2\mathrm{E}\text{-}6)(15\,600)=3.12\mathrm{E}\text{-}2\mathrm{g}$。

因此，在流体质量的变化是 $\Delta M\approx3.12\mathrm{E}\text{-}2-1.15\mathrm{E}\text{-}2=1.97\mathrm{E}\text{-}2\mathrm{g}$，其与时间积分质量通量 1.98276E-02 上面给出非常吻合。

3）证实膨胀过程是等熵的

我们也可以确认膨胀过程是等熵（绝热），直到当阀打开。有关的方程是 $\frac{p_2}{p_1}=\left(\frac{V_1}{V_2}\right)^{\gamma}=\left(\frac{h_1}{h_2}\right)^{\gamma}$，其中 γ

$\frac{c_p}{x_v}=1.23$。该阀在求解时间 4.06 打开，对应于 5.35 mm 的活塞运动，并且在求解时间 4.06，汽缸内的平均压力约为 0.099 MPa。因此 $\frac{0.099}{1.4}$ 应该接近 $\left(\frac{0.7}{0.7+5.35}\right)^{1.23}$，实际上这两个数量都接近 0.07。

问题 54　渠道中流体与柔性结构的相互作用

问题描述

1) 问题概况

本例分析 2D 渠道中的流体流动和一个很薄的柔性结构的变形，如图 5.54.1 所示。

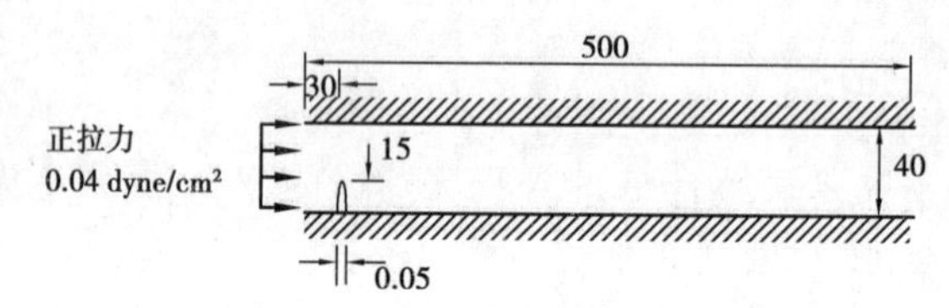

图 5.54.1　问题 54 中的计算模型(单位:cm)

流体:	结构:
$\mu=1.7-10^{-4}$ g/cm-s	弹性材料:
$\rho=0.001$ g/cm^3	$E=1\times10^{-6}$ dyne/cm^2
	$\nu=0.3$

本例中，渠道中的流体用流体模型，结构用实体模型。流体模型是 ADINA-F 模型，实体模型是 ADINA 模型；但分析时用 ADINA-FSI 做完全耦合分析。

2) 演示内容

本例主要演示以下内容：

用流固耦合(FSI) 分析，把 AUI 数据库分离，分别用于实体模型和流体模型。

①用拉伸因子绘制模型。

②定义前导-跟随点。

③用鼠标调整单元矢量的大小。

54.1　启动 AUI，选择有限元程序

启动 AUI，从【Program Module】程序模块的下拉式列表框中选【ADINA Structures】ADINA 结构。

54.2　ADINA 结构模型

54.2.1　建模的关键数据

1) 问题题目

选择【Control】控制→【Heading】标题，输入标题【Problem 54: Fluid flow over a flexible structure in a channel, ADINA input】，单击【OK】确定。

2) FSI 分析

从【Multiphysics Coupling】多物理场耦合下拉列表框中选【with CFD】。

3) 主自由度

选择【Control】控制→【Degrees of Freedom】自由度，【X-Translation】X 平动，【X-Rotation】X 转动，【Y-Rotation】Y 转动和【Z-Rotation】Z 转动按钮为不选，单击【OK】确定。

4) 分析假定

可以预料结构的变形很大，但应变很小。选【Control】控制→【Analysis Assumptions】分析假定→

【Kinematics】运动学,把【Displacements/Rotations】位移/旋转 区域设置为【Large】大,单击【OK】确定。注意:因结构非常薄,故应变应很小。

54.2.2 定义几何模型

图 5.54.2 显示了建立 ADINA 几何模型时用到的关键元素。

1)**定义点**

单击【Define Points】定义点,定义如表 5.54.1 所示点后(X1 列空白),单击【OK】确定。

表 5.54.1 定义点参数

Point#	X_2	X_3
1	30.025	15.0
2	30.0	0.0
3	30.05	0.0

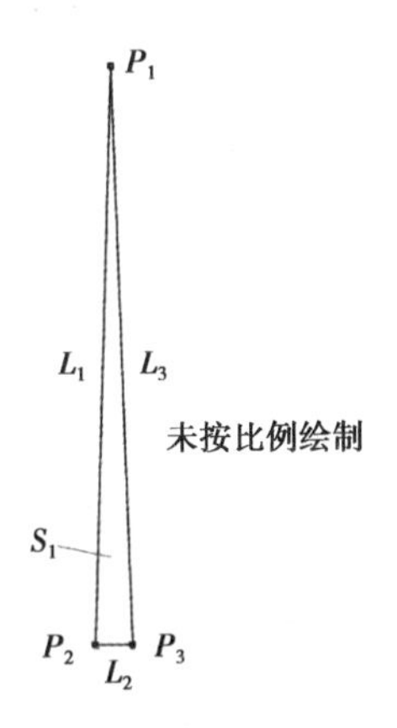

图 5.54.2 建立 ADINA 几何模型关键元素

2)**定义面**

单击【Define Surfaces】定义面,定义面如表 5.54.2 所示。

表 5.54.2 定义面参数

Surface#	Type	Point 1	Point 2	Point 3	Point 4
1	Vertex	1	2	3	1

单击【OK】确定。图形窗口如图 5.54.3 所示。

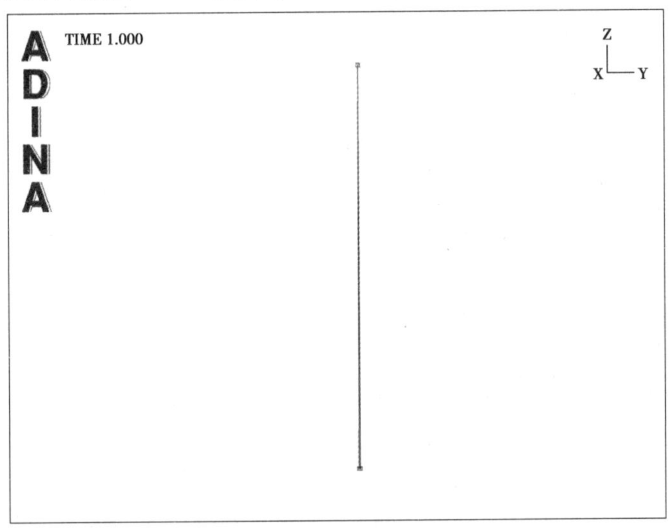

图 5.54.3 创建的面

54.2.3 施加边界条件

1)**固定约束**

固定结构底部。单击【Apply Fixity】应用固定图标,把【Apply to】应用到选项改为【Edge/Line】棱边/线,在表的第一行第一列输入"2",单击【OK】确定。

2)**流-构边界**

线 1 和 3 是流-构边界,选择【Model】模型→【Boundary Conditions】边界条件→【FSI Boundary】FSI 边界,增加【FSI boundary number 1】FSI 边界 1,在表的前两行输入"1""3",单击【OK】确定。

单击【Boundary Plot】边界绘图图标,图形窗口如图 5.54.4 所示。

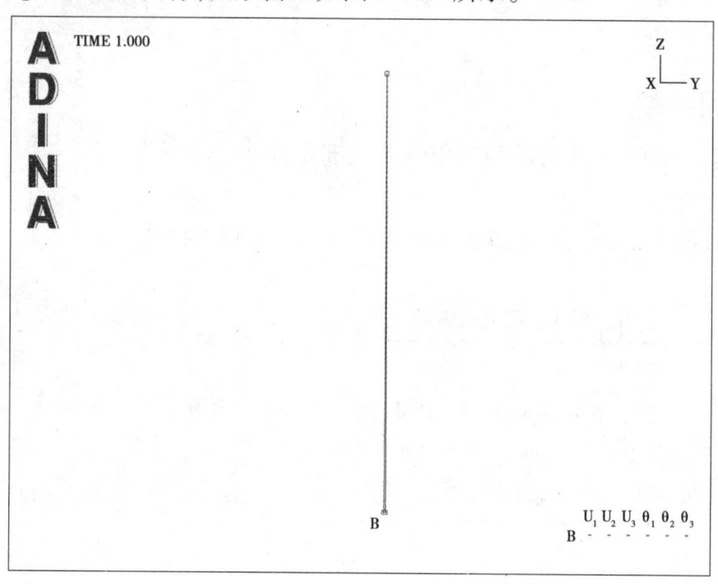

图 5.54.4　流-构边界条件

54.2.4　定义材料

单击【Manage Materials】管理材料,再单击【Elastic Isotropic】弹性各向同性按钮。在【Define Isotropic Linear Elastic Material】定义各向同性线弹性材料对话框中,增加【material 1】材料 1,把【Young's Modulus】杨氏模量设置为"1E6",【Poisson's ratio】泊松比设置为"0.3",单击【OK】确定。单击【Close】关闭,关闭【Manage Material Definitions】管理材料定义对话框。

54.2.5　定义单元

1)单元组

单击【Element Groups】单元组图标,增加【element group number 1】单元组号 1, 把【Type】类型设置为【2-D Solid】,【Element Sub-Type】单元子类型设置为【Plane Strain】平面应变,单击【OK】确定。

2)指定网格大小

用 5×1 的网格,给线 1 和 3 指定为 5 个细分,单击【Subdivide Lines】细分线段图标,选线 1,把【Number of Subdivisions】细分数设置为"5",在表的第一行输入"3",单击【OK】确定。

3)生成单元

单击【Mesh Surfaces】曲面网格图标,选【Triangular Surfaces Treated as Degenerate】作为退化处理的三角形曲面按钮,在表的第一行输入"1",单击【OK】确定。

结构太薄,很难看到单元。要看到单元,可用拉伸因子画单元。单击【Modify Mesh Plot】修改网格绘图图标,单击【View...】查看按钮,把【X Stretch factor】X 拉伸因子设置为"100.0",单击【OK】确定两次关闭两个对话框。图形窗口如图 5.54.5 所示。

54.2.6　生成 ADINA 结构数据文件,保存数据库

单击【Data File/Solution】数据文件/求解图标,把文件名设置成 prob51_a,【Run Solution】运行求解方案按钮为不选,单击【Save】保存,把数据库保存到文件 prob54_a。

54.3　ADINA-CFD 模型

单击【New】新建,新建一个 ADINA-IN 数据库。从【Program Module】程序模块的下拉式列表框中选择【ADINA CFD】。

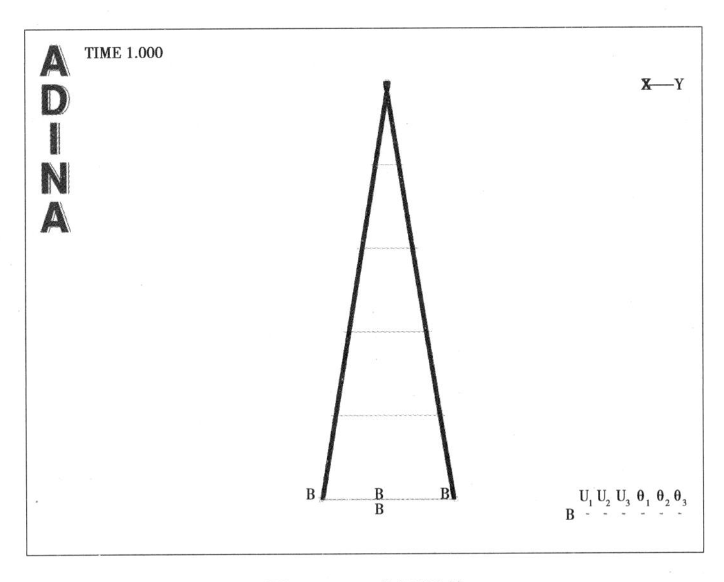

图 5.54.5 曲面网格

54.3.1 定义建模的关键数据

1)问题题目

选择【Control 控制】→【Heading】标题,输入标题【Problem 54: Fluid flow over a structure in a channel, ADINA CFD model】,单击【OK】确定。

2)FSI 分析

从【Multiphysics Coupling】多物理场耦合下拉式列表框中选【with Structures】。

3)流动假定

选择【Model】模型→【Flow Assumptions】流动假设,把【Flow Dimension】流动维度设置为【2D (in YZ Plane)】二维(在 YZ 平面内),【Includes Heat Transfer】包含热传导按钮为不选,单击【OK】确定。

4)时间步和时间函数

本模型的 70 个时间步施加法向牵引力。选择【Control】控制→【Time Step】时间步,把表第一行的【number of steps】步数设置为“70”,单击【OK】确定。现在选择【Control】控制→【Time Function】时间函数,按如表 5.54.3 所示内容编辑,然后单击【OK】确定。

表 5.54.3 时间函数

Time	Value
0	0.0
1	0.000 1
2	0.000 3
3	0.000 8
20	0.002 4
30	0.004 4
40	0.01
70	0.04

54.3.2 定义几何模型

图 5.54.6 显示了 ADINA-F 建模时用到的关键元素。

1)定义点

单击【Define Points】定义点图标,定义如表 5.54.4 所示点后(X1 列可以空白),单击【OK】确定。

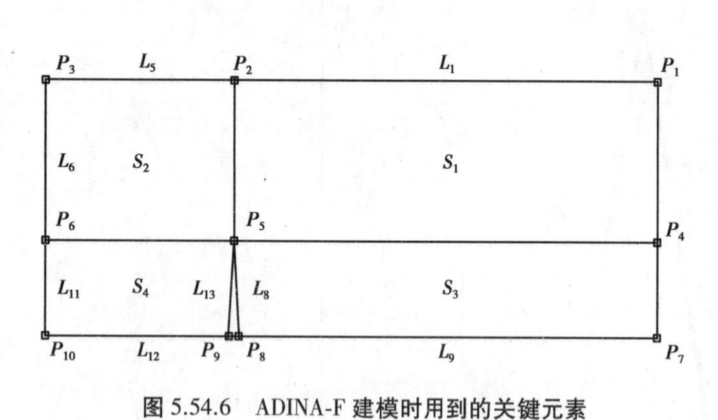

图 5.54.6 ADINA-F 建模时用到的关键元素

表 5.54.4 点定义参数

Point#	X_2	X_3
1	500	40
2	30.025	40
3	0	40
4	500	15
5	30.025	15
6	0	15
7	500	0
8	30.05	0
9	30	0
10	0	0

2)定义面

单击【Define Surfaces】定义曲面，定义如表 5.54.5 所示面，单击【OK】确定。

表 5.54.5 定义曲面

Surface Number	Type	Point 1	Point 2	Point 3	Point 4
1	Vertex	1	2	5	4
2	Vertex	2	3	6	5
3	Vertex	4	5	8	7
4	Vertex	5	6	10	9

54.3.3 定义材料属性

单击【Manage Materials】管理材料图标M，再单击【Laminar】分层按钮。在【Define Laminar Material】定义分层材料对话框中，增加【material 1】材料 1，把【Viscosity】黏度设置为“1.7E-4”，【Density】密度设置为“0.001”，单击【OK】确定。单击【Close】关闭，关闭【Manage Material Definitions】管理材料定义对话框。

54.3.4 定义边界条件和载荷

1)壁面边界条件

给渠道的上下壁面施加无滑移壁面边界条件。单击【Special Boundary Conditions】特殊边界条件图标SBC，添加【special boundary condition 1】特殊边界条件 1 并验证【Type】类型为【Wall】墙。在【Line#】线号表格的前四行中输入“1”“5”“9”和“12”。单击【OK】确定，关闭【Special Boundary Conditions】特殊边界条件对话框。

2)FSI 边界条件

单击【Special Boundary Conditions】特殊边界条件图标SBC，添加【special boundary condition 2】特殊边界条件 2，将【Type】类型设置为【Fluid-Structure Interface】流体结构界面并确保【Fluid-Structure Boundary #】流体结构边界#为“1”。在【Line#】线号表的前两行输入“8”和“13”。单击【OK】确定，关闭【Special Boundary Conditions】特殊边界条件对话框。

3)荷载

在渠道的入口施加法向牵引力。单击【Apply Load】应用载荷，把【Load Type】载荷类型设置成【Normal Traction】法向牵引，单击【Load Number】载荷号区域右侧的【Define...】定义按钮。在【Define Normal Traction】定义法向牵引力对话框中，增加【Normal Traction 1】法向牵引力 1，把【Magnitude】幅度设置为“1.0”，单击【OK】确定。在【Apply Usual Boundary Conditions/Loads】应用常规边界条件/载荷对话框中，把表的前两行的【Line #】线#分别设置为“6”和“11”，单击【OK】确定。回到窗口如图5.54.7所示。

单击【Boundary Plot】边界条件绘图图标和【Load Plot】载荷绘图图标，图形窗口如图5.54.8所示。

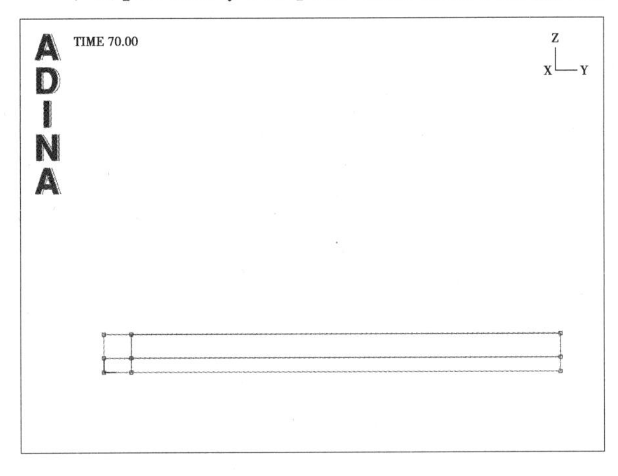

图5.54.7 施加法向索引力

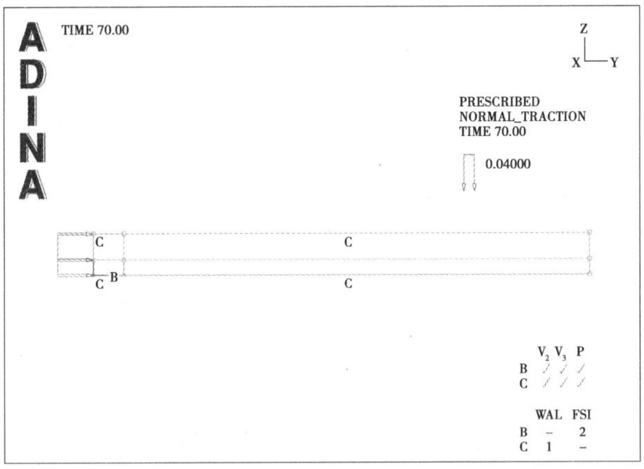

图5.54.8 边界条件和载荷

54.3.5 定义前导-跟随点的关系

为保持高的网格质量，想使点2沿渠道壁面跟随点5移动。可选【Meshing】划分网格→【ALE Mesh Constraints】ALE网格控制→【Leader-Follower】前导-跟随。在表的第一行把【Label #】标签号设置为“1”，【Leader Point #】前导点号设置为“5”，【Follower Point #】跟随点号设置为“2”，单击【OK】确定。

54.3.6 定义单元

1）单元组

单击【Element Groups】单元组图标，增加【element group 1】单元组1，确认【Type】类型是【2-D Fluid】二维流动，把【Element Sub-Type】单元子类型设置成【Planar】平面，单击【OK】确定。

2）子划分数据

明确面上的划分数据。单击【Subdivide Surfaces】子划分曲面，如表5.54.6所示，给每一个面指定划分数据。单击【OK】确定。

表5.54.6 子划分曲面参数

Surface Number	Number of Subdivisions, u	Number of Subdivisions, v	Length Ratio of Element Edges, u	Length Ratio of Element Edges, v
1	50	11	4	1
2	10	11	1	1
3	50	6	4	1
4	10	6	1	1

单击【OK】确定，图形窗口如图5.54.9所示。

3）生成单元

单击【Mesh Surfaces】网格曲面图标，在表的前四行输入“1”“2”“3”“4”，单击【OK】确定。图形窗口如图5.54.10所示。

注意：沿结构有六个流体单元，但结构中仅有五个实体单元；流体单元是3-节点的线性单元，实体单元是9-节点的二次单元。

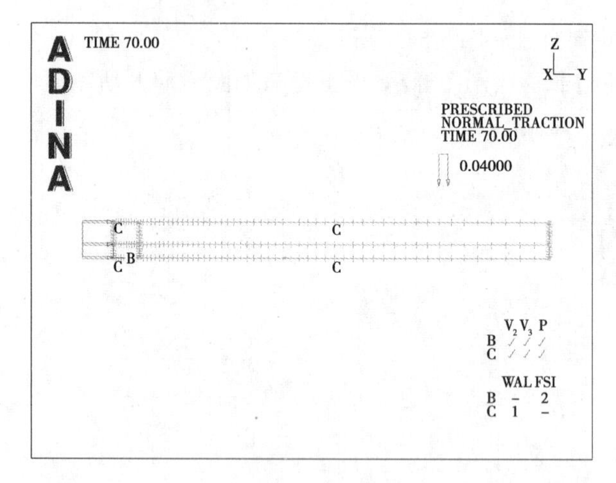

图 5.54.9　子划分点

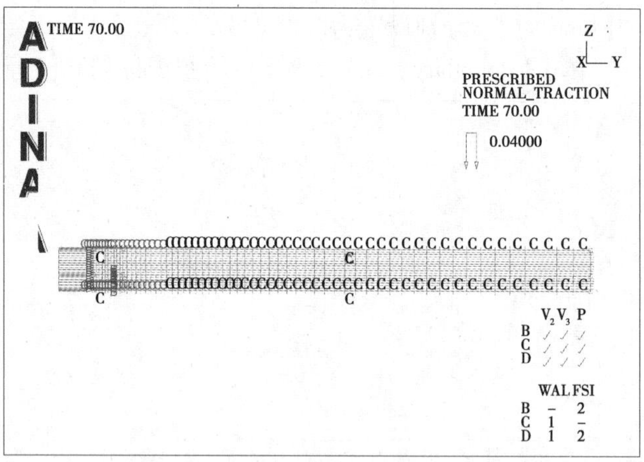

图 5.54.10　网格曲面

54.3.7　生成 ADINA-F 数据文件，保存 ADINA-IN 数据库

单击【Data File/Solution】数据文件/求解图标，把文件名设置成 prob54_f，确认【Run Solution】运行求解按钮为不选，把数据库文件保存到 prob54_f 中。

54.4　运行 ADINA-FSI

选择【Solution】求解→【Run ADINA-FSI】运行 ADINA-FSI，单击【Start】开始按钮，选 prob54_f，然后按下 Ctrl 键选 prob54_a。在【File name】文件名称区域显示选中了两个文件。单击【Start】开始。ADINA-FSI 运行完毕后，关闭所有已打开的对话框。从【Program Module 的】程序模块下拉式列表框中选择【Post-Processing】后处理，其余选默认，单击【Open】打开图标，打开结果文件 prob54_f，再单击【Open】打开图标，打开结果文件 prob54_a。

54.5　查看结果

54.5.1　网格变化

用【Zoom】放大和鼠标放大模型的左边，图形窗口如图 5.54.11 所示。

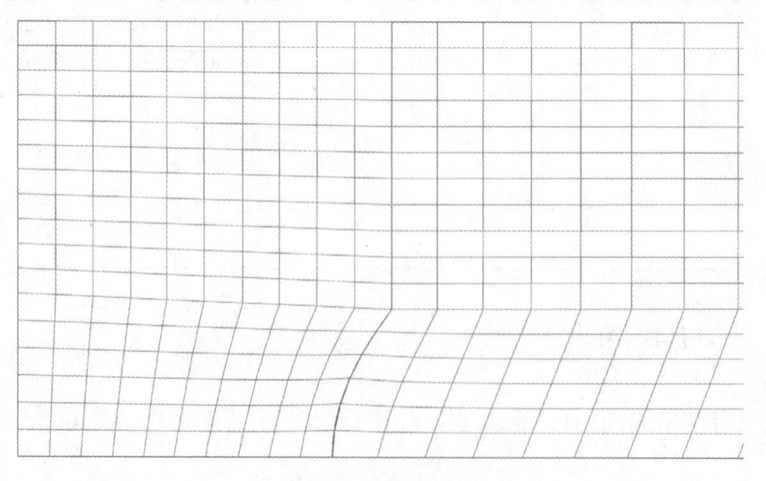

图 5.54.11　网格放大

用【Previous Solution】，【Next Solution】，【First Solution】，【Last Solution】详细查看网格的变化情况。（**注意**：结构上方流体的竖直单元边界仍保持竖直，这是因为我们在模型中定义了点 5 和点 2 间的前导-跟随关系所致）。查看完网格的变化情况后，单击【Last Solution】显示最后一步的网格，再单击【Unzoom All】不

缩放所有图标。

54.5.2 速度矢量

单击【Model Outline】模型轮廓图标，单击【Load Plot】荷载绘图。现在单击【Quick Vector Plot】快速向量绘图，AUI 将显示流体中的速度、结构中的应力。若不想看结构中的应力，可单击【Modify Vector Plot】修改向量绘图图标，确认【Vector Quantity】向量物理量是【Stress】应力后，单击【Delete】删除按钮，单击提示中的【Yes】是，然后单击【OK】确定关闭对话框。用【Pick】拾取图标和鼠标调整图形，直到得到图 5.54.12。

用 Previous Solution】，【Next Solution】，【First Solution】，【Last Solution】详细查看随着荷载增加，速度是如何变化的。荷载较小时(如在 time 1.0 处)，在流通域很短，而且完全包含在流体模型中，随荷载的增加，流通域变得较长，最终超出了右手的流体模型。不用这些图标时，可单击 Last Solution 显示最后一步的速度。查看完网格的变化情况后，单击【Last Solution】显示最后一步的网格。

把矢量加长，可更方便地显示流通域。【Pick】拾取图标，然后拾取任一个矢量，AUI 将绕矢量画一个钻石状的框。放大矢量，可按下"Ctrl"键并对角向上向右拖动鼠标，缩小矢量，可按下"Ctrl"键并对角向下向左拖动鼠标。

也可以把所有速度矢量都做成相同的长度。单击【Modify Vector Plot】修改矢量绘图图标，单击【Rendering…】渲染按钮，把【Vector Length】向量长度设置成【All Same Length】所有同样长度，单击【OK】确定两次关闭两个对话框。用【Mesh Zoom】网格放大图标和鼠标放大左边的模型，图形窗口如图 5.54.13 所示。

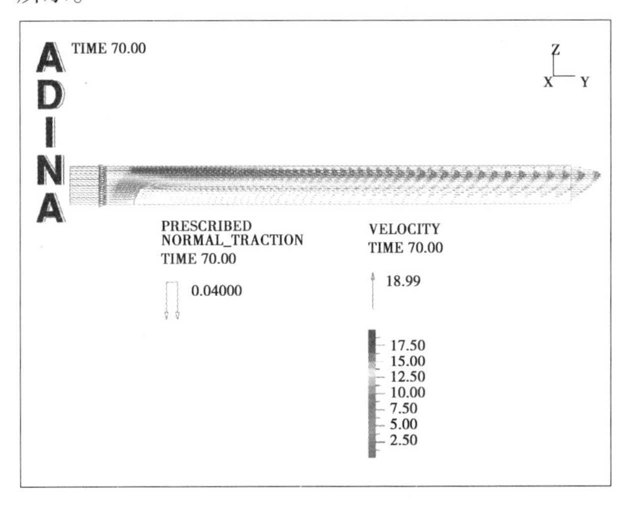

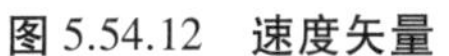
图 5.54.12 速度矢量

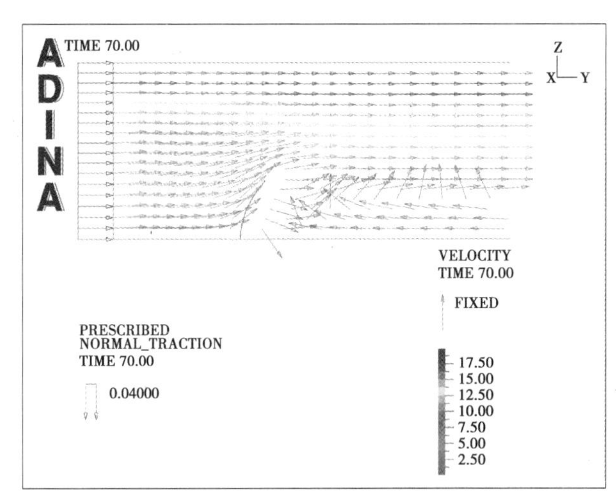

图 5.54.13 速度矢量局部放大图

单击【Refit】重新适配图标显示整个模型。

54.5.3 压力区

显示压力区，可单击【Clear Vector Plot】清除向量绘图图标，再单击【Quick Band Plot】快速条带绘图图标，AUI 将显示流体中的压力、结构中的有效应力。若不想看结构中的应力，可单击【Modify Band Plot】修改条带绘图图标，确认【Band Plot Variable】条带绘图变量是【(Stress: EFFECTIVE_STRESS)】后，单击【Delete】删除按钮，单击提示中的【Yes】是，然后单击【OK】确定关闭对话框。用【Pick】拾取图标和鼠标调整图形，直到得到图 5.54.14。

使用改变解决方案时间的图标详细研究压力场随负载的增加而变化的情况。完成使用这些图标后，单击【Last Solution】最后一个求解方案图标以显示最后一个解决方案。

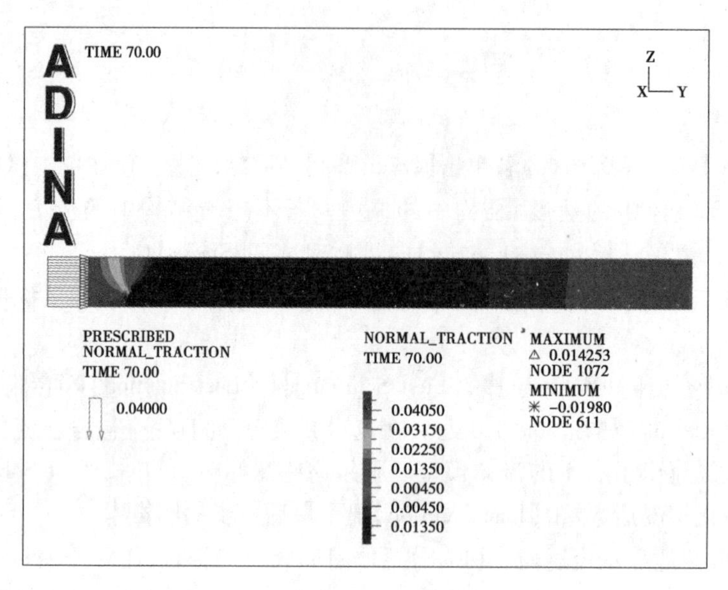

图 5.54.14 压力区

54.5.4 绘制结构中的运动

若只想看【ADINA Structures】ADINA 结构(实体)模型中的变化情况,可单击【Clear】清除图标,在模型树上展开【Zone 】区域,右击【1. ADINA】,选择【Display】显示。

若想比较变形网格与原始网格,可单击【Show Original Mesh】显示原始网格图标。

现在我们将显示反作用力。单击【Quick Reaction Plot】快速反作用力图标。图形窗口如图 5.54.15 所示。

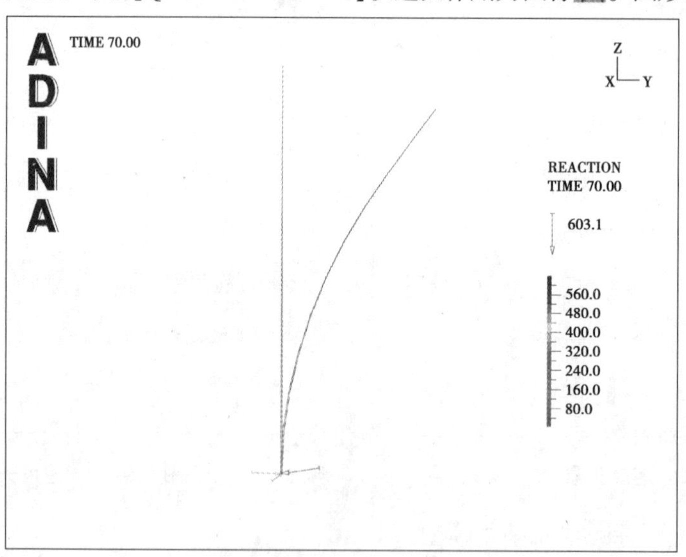

图 5.54.15 显示反作用力

列出最大位移。在用列命令之前,必须先选有限元模型。从【FE Mode】l (不是【Program Module】!)的下拉式列表框中选择【ADINA Structures】ADINA 结构,然后再选【List】列表→【Extreme Values】极值→【Zone】区域,把【Variable 1】变量 1 设置成【(Displacement: Y-DISPLACEMENT)】,【Variable 2】变量 2 设置成【(Displacement:Z-DISPLACEMENT)】,单击【Apply】应用。(节点 1 处的最大 y 向位移应是 6.619 76,最大 z 向位移应是-2.012 44 在节点 1)。单击【Close】关闭,关闭对话框。

54.6 退出 AUI

选择主菜单中的【File】文件→【Exit】退出,弹出【AUI】对话框,然后单击【Yes】,退出 ADINA-AUI。

第 6 章

多物理场

问题 55　盘式制动系统的热机械耦合分析

问题描述

1) 问题概况

图 6.55.1 显示了盘式制动系统。

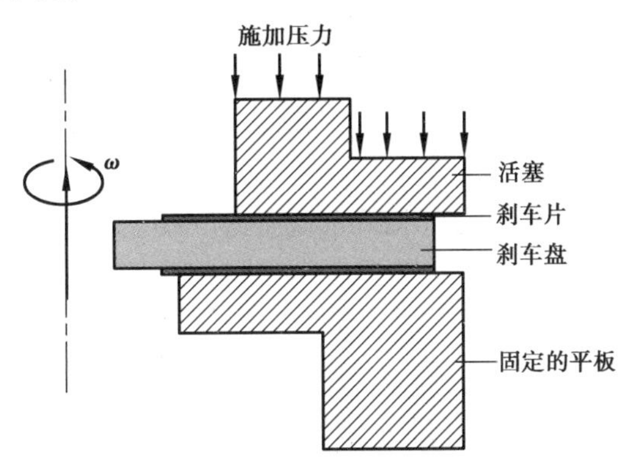

图 6.55.1　问题 55 中的计算模型

最初,制动盘旋转转速为 900 rpm,在制动系统中的温度为 25 ℃。在求解开始时,2 MPa 的压力被施加到活塞然后保持恒定。在分析的前 5 s 内,制动盘减速到 0。

2) 问题分析

分析进行完全耦合如下:

①由于制动衬块、活塞和固定板之间的接触而产生热量,并且这种热量导致这些部件变形。

②这些部件的变形会导致额外的接触,并因此引起额外的加热。

在单个热机械分析中采用两个有限元模型。分析是 2D 轴对称分析。所有输入数据都以 SI 单位给出。

(1)结构(ADINA 结构)模型

结构(ADINA 结构)模型如图 6.55.2 所示,分析中规定了施加的压力和盘旋转速度。使用接触滑动载荷将磁盘旋转应用于模型。接触表面之间的摩擦系数是 0.2。假设有静态条件(即忽略惯性效应)。

(2)热(ADINA Thermal)模型

热(ADINA Thermal)模型如图 6.55.3 所示,图中显示了对流单元放置的位置。

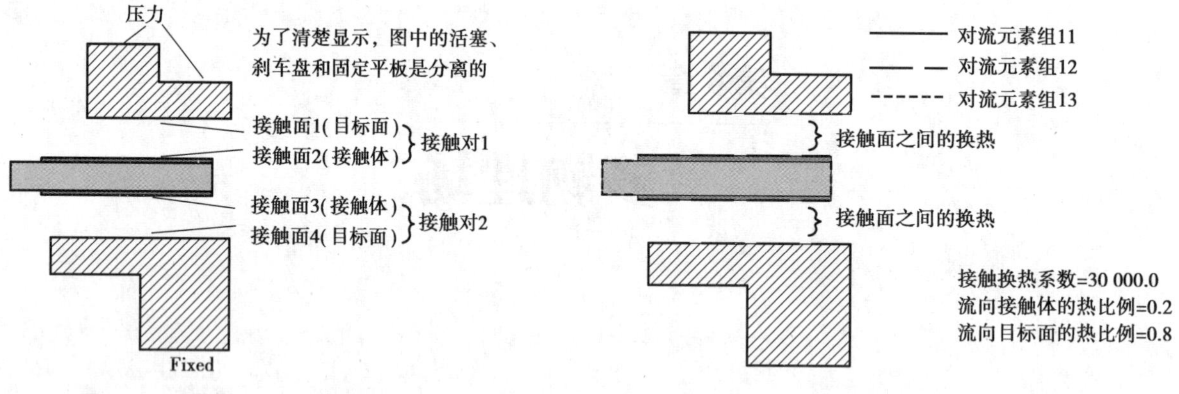

图 6.55.2 结构(ADINA 结构)模型

图 6.55.3 热(ADINA Thermal)模型

3)演示内容

本例将演示以下内容:

①建立热机械耦合(TMC)分析。

②指定摩擦接触。

③指定接触滑移载荷。

④将结构模型复制到热模型。

⑤同时后处理 TMC 有限元模型。

注意:①由于 900 节点版本不包含 ADINA-TMC,因此 900 节点版本的 ADINA 系统无法求解此问题。

②这个问题的大部分输入存储在文件"prob55_1.in""prob55_2.in"和"prob55_3.in"中。此分析之前需要从文件夹"samples\primer"复制文件"prob55_1.in""prob55_2.in""prob55_3.in"到工作目录或文件夹。

55.1 启用 AUI,并选择有限元程序

启动 AUI 并将【Program Module】程序模块下拉列表设置为【ADINA Structures】ADINA 结构。

55.2 结构(ADINA 结构)模型

定义模型控制数据、几何、细分数据、边界条件、刚性连接、位移载荷、材料定义和单元组。

先准备一个批处理文件(prob55_1.in),它执行以下操作:

①指定使用 ATS 方法。

②指定初始温度。

③定义点、线和曲面。

④细分曲面。

⑤定义材料(热-各向同性)。

⑥定义单元组(轴对称二维实体单元)。

⑦生成单元。

⑧定义边界条件。

⑨定义时间函数。

⑩定义压力载荷。

选择【File】文件→【Open Batch】打开批处理,导航到工作目录或文件夹,选择文件 prob55_1.in 并单击【Open】打开。AUI 处理批处理文件中的命令。

图形窗口如图 6.55.4 所示。

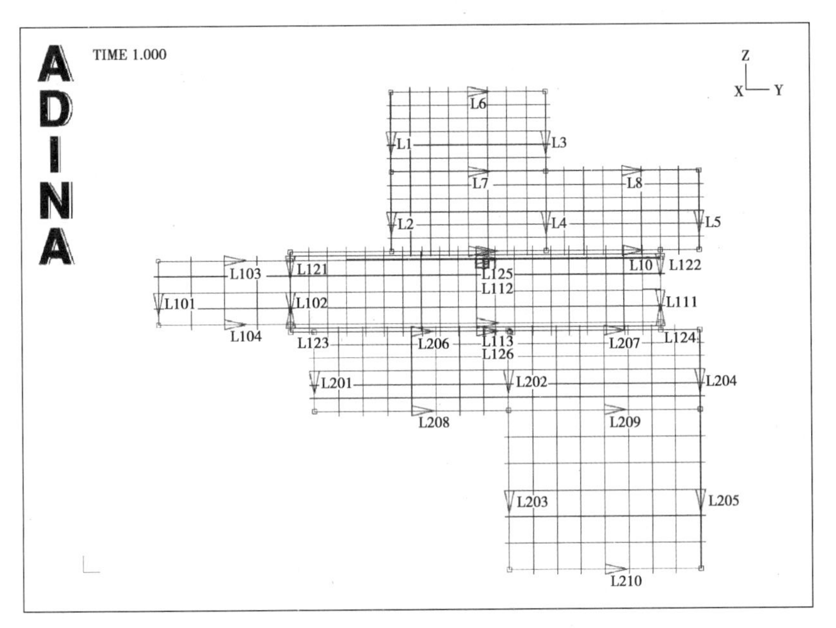

图 6.55.4　导入的 prob55_1.in 模型

55.2.1　定义接触条件

1)接触组

单击【Contact Groups】接触组图标 ，添加【group 1】组 1，并将【Default Coulomb Friction Coefficient】默认库仑摩擦系数设置为"0.2"。单击【Node-to-Node，TMC】选项卡，在【Default Thermo-Mechanical Coupling Settings】框中，将【Heat Transfer Coefficient through Contact】通过接触点的传热系数设置为"30000.0"，【Fraction of Frictional Contact Heat Distributed To Contactor】摩擦接触点分布到接触器的分数到"0.2"，【Fraction of Frictional Contact Heat Distributed To Target】摩擦接触热分布到目标的比例为"0.8"，然后单击【OK】确定。

2)接触表面，接触对

触点表面和触点对定义在批处理文件 prob55_2.in 中定义。选择【File】文件→【Open Batch】打开批处理，导航到工作目录或文件夹，选择文件 prob55_2.in，然后单击【Open】打开。AUI 处理批处理文件中的命令。图形窗口如图 6.55.5 所示。

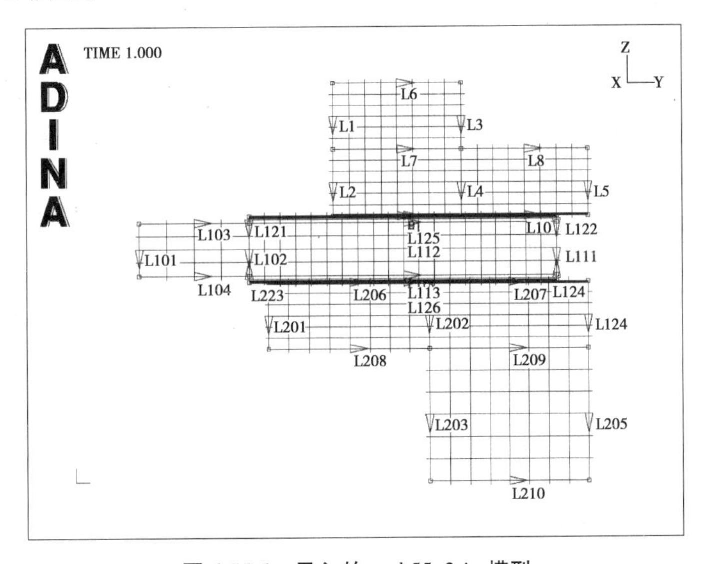

图 6.55.5　导入的 prob55_2.in 模型

3)接触滑移载荷

单击【Apply Load】应用载荷图标，将【Load Type】载荷类型设置为【Contact Slip】接触滑移，然后单击【Load Number】载荷编号字段右侧的【Define...】定义...按钮。添加【Contact-Slip Load 1】接触载荷1，将【Angular Velocity】角速度设置为"15.0"，【Factor】因子设置为"6.28318"，【End Position of Axis Vector】轴向量结束位置设置为"0.0"，"0.0"，"1.0"，然后单击【OK】确定。在【Apply Load】应用加载对话框中，在表格中输入如表5.55.1所示信息，然后单击【OK】确定。

表5.55.1 接触面参数

Contact Surface#	Contact Group	Time Function
2	1	2
3	1	2

55.2.2 生成ADINA结构数据文件，保存数据库

单击【Data File/Solution 】数据文件/求解方案图标，将文件名设置为"prob55_a"，取消选中【Run Solution】运行求解方案按钮，然后单击【Save】保存(不要自行运行ADINA结构模型)。

55.3 热(ADINA Thermal)模型

将【Program Module】程序模块下拉列表设置为ADINA Thermal(不要创建新的数据库文件)。

在ADINA Thermal模型中使用与ADINA结构模型相同的单元布局。选择【Meshing】网格→【Copy F. E. Model...】复制FE模型...，设置字段，使句子显示【From ADINA Structures Model to ADINA Thermal Model】从ADINA结构模型到ADINA热模型，然后单击【OK】确定。日志窗口应显示消息:

```
TWODSOLID element group 1 is copied to TWODCONDUCTION 1
TWODSOLID element group 2 is copied to TWODCONDUCTION 2
TWODSOLID element group 3 is copied to TWODCONDUCTION 3
3 element groups are copied from ADINA to ADINA-T
```

关闭日志窗口。

此时，显示ADINA结构和ADINA热模型。要仅显示ADINA Thermal模型，请在模型树中单击【Zone】文本旁边的"+"按钮，右键单击【2. ADINA-T】，然后选择【Display】显示。

55.3.1 定义模型控制数据、材料定义和对流单元

先准备一个批处理文件(prob55_3.in)，它执行以下操作:

①定义热模型的标题。

②指定初始温度。

③定义热敏材料。

④设置每个热敏单元组的材料编号。

⑤定义对流材料。

⑥定义对流单元组。

⑦生成对流单元。

⑧定义一个恒定的时间函数。

⑨定义对流负荷。

⑩指定大小为 0.05 的 200 个时间步(时间步长信息在 ADINA Thermal 模型中指定)。

⑪指定一个瞬态分析。

选择【File】文件→【Open Batch】打开批处理,导航到工作目录或文件夹,选择文件 prob55_3.in并单击【Open】打开。AUI 处理批处理文件中的命令。

图形窗口如图 6.55.6 所示。

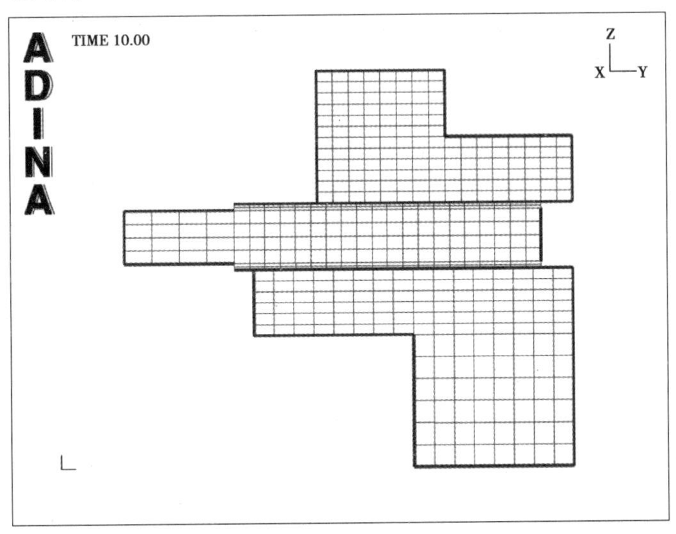

图 6.55.6 导入的 prob55_3.in 模型

55.3.2 指定 TMC 迭代

在分析过程中进行 TMC 迭代。选择【Control】控制→【Solution Process】求解方案过程中,将【TMC Iterations】TMC 迭代为【Yes】是,然后单击【OK】确定。

如果没有将【TMC Iterations】TMC 迭代字段设置为【Yes】是,则分析仍然是 TMC 分析,但不执行 TMC 迭代,因此可能无法达到位移和温度的收敛。

55.3.3 生成 ADINA Thermal 数据文件,保存数据库

单击【Data File/Solution】数据文件/求解方案图标,将文件名称设置为"prob55_t",确保【Run Solution】运行求解方案按钮未选中,然后单击【Save】保存。将数据库文件保存到文件 prob55。

55.4 运行 ADINA-TMC

选择【Solution】求解方案→【Run ADINA-TMC】运行 ADINA-TMC,单击【Start】开始按钮,选择文件 prob55_a,然后按住"Ctrl"键并选择文件 prob55_t。文件名字段应该在引号中显示两个文件名。单击【Start】开始。

ADINA-TMC 运行完成 200 步。当 ADINA-TMC 完成时,关闭所有打开的对话框。将【Program Module】程序模块下拉列表设置为后处理(可以放弃所有更改),单击【Open】打开图标 并打开舷窗文件 prob55_t。然后单击【Open】打开图标 并打开舷窗文件prob55_a。

图形窗口如图 6.55.7 所示。

注意:显示的对流单元(粗线)和接触部分显示(粗线)。

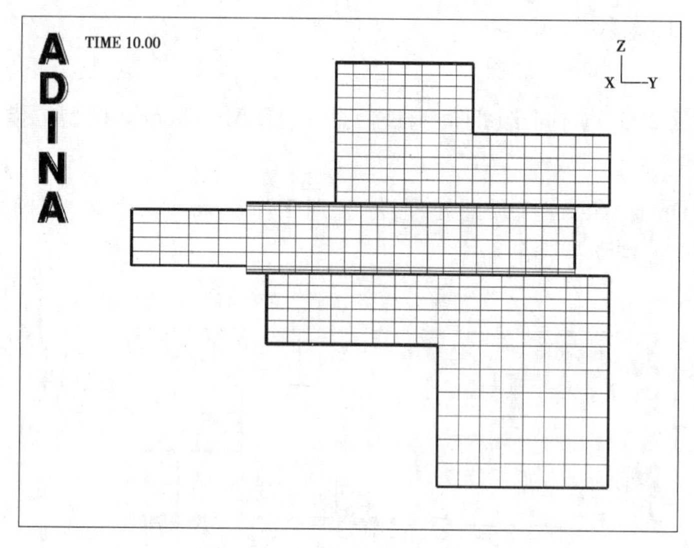

图 6.55.7　对流单元(粗线)和接触部分(粗线)

55.5　检查求解方案

因为用户已经加载了 ADINA Structures 和 ADINA Thermal 舷窗文件,所以我们可以同时显示两个模型的结果。

如果不想显示对流单元和接触部分,可以在模型树中,单击【Zone】区域文本旁边的"+"按钮,右键单击【1. ADINA】并选择【Display】显示。

单击【Group Outline】组轮廓图标 。单击【Modify Mesh Plot】修改网格绘制图图标 ,单击【Element Depiction…】单元描述…按钮,单击【Contact,etc】接触等选项卡,将【Contact Surface Line Width】接触表面线宽度设置为"0.0",然后单击【OK】确定两次以关闭这两个对话框。图形窗口如图 6.55.8 所示。

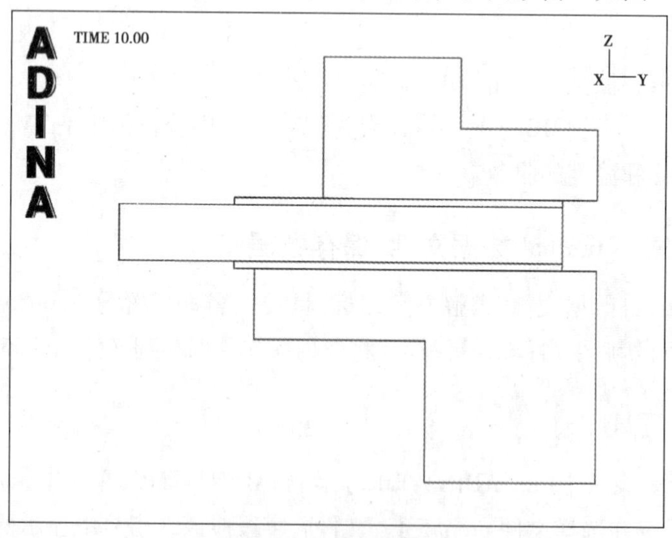

图 6.55.8　计算前的模型

单击【Save Mesh Plot Style】保存网格绘图风格图标 设置连续网格图的默认值。

55.5.1　求解时间

在绘制求解方案之前,我们将默认求解方案时间设置为"3.0"。(这样做是因为预计求解方案变量的最大范围将在此时发生。)选择【Definitions】定义→【Response】响应,确保【Response Name】响应名称设置为【DEFAULT】默认,将【Solution Time】求解时间设置为"3.0",然后单击【OK】确定。

55.5.2　温度

单击【Clear】清除图标 和【Mesh Plot】网格绘图图标 。使用【Pick】拾取图标和鼠标缩小网格图并将其移动到图形窗口的左上角。单击【Create Band Plot】创建条带绘图图标 ，设置【Band Plot Variable】条带绘图变量为【(Temperature:TEMPERATURE)】并单击【OK】。

55.5.3　热通量

单击【Mesh Plot】网格绘图图标 。使用鼠标缩小网格图并将其移动到图形窗口的右上角。单击【Create Vector Plot】创建向量绘图图标 ，确保【Vector Quantity】向量数量设置为【HEAT_FLUX】，然后单击【OK】确定。

55.5.4　接触压力

单击【Mesh Plot】网格绘图图标 。使用鼠标缩小网格图并将其移动到图形窗口的左下角。单击【Create Reaction Plot】创建反作用力绘图图标 ，将【Reaction Quantity】反作用力数量设置为【DISTRIBUTED_CONTACT_TRACTION】并单击【OK】确定。

55.5.5　有效应力

单击【Mesh Plot】网格绘图图标 。使用鼠标缩小网格图并将其移动到图形窗口的右下角。单击【Quick Band Plot】快速条带绘图图标 ，然后用鼠标重新排列图形窗口，直到如图 6.55.9 所示。

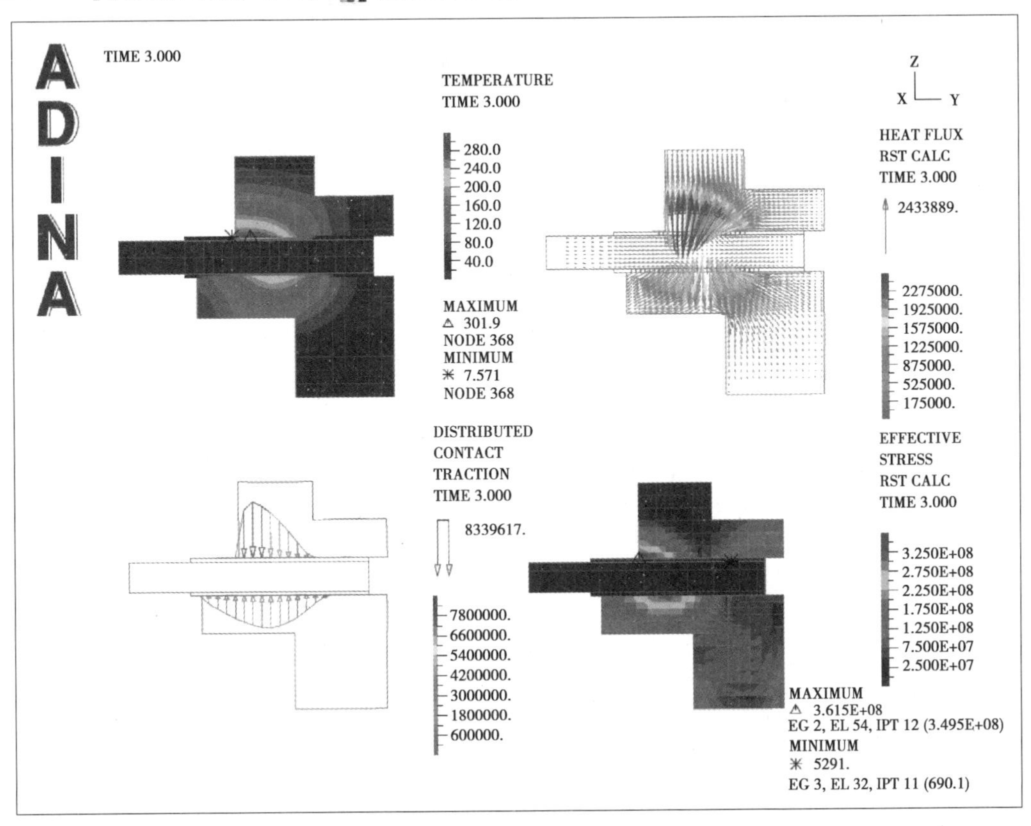

图 6.55.9　有效应力

55.5.6 动画求解方案

单击【Movie Load Step】电影加载步骤图标 以创建求解方案的电影，然后单击【Animate】动画图标 以播放动画。

55.6 退出 AUI

选择主菜单中的【File】文件→【Exit】退出，弹出【AUI】对话框，然后单击【Yes】，其余选【默认】，退出 ADINA-AUI。

问题56　分析一个蒸汽-空气换热器

问题描述

1)问题概况

空气在含有热蒸汽的管道周围流动,其计算模型如图6.56.1所示。

空气入口边界条件作为压降与流量的函数给出。

钢铁在ADINA CFD中被模拟为一个“固体”单元组。

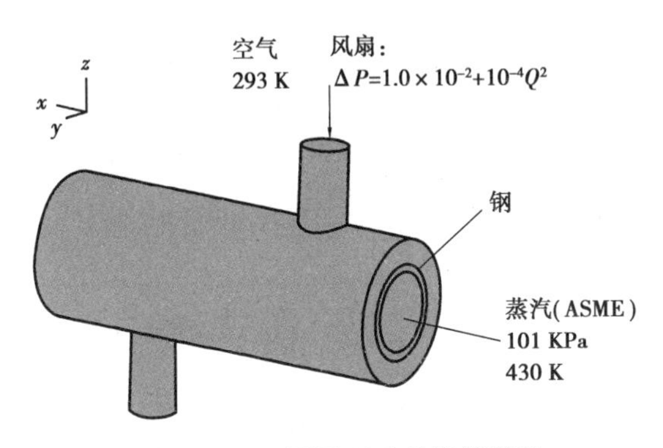

图6.56.1　问题56中的计算模型

2)演示内容

本例将演示以下内容:

①使用ASME蒸汽表定义材料。

②定义风扇边界条件。

③使用多重网格解算器。

④检查网格是否有不兼容性。

⑤定义体之间的面链接。

⑥控制薄片之间的网格。

⑦更改单元组的颜色。

⑧获取由单元面元集定义的边界上的平均温度。

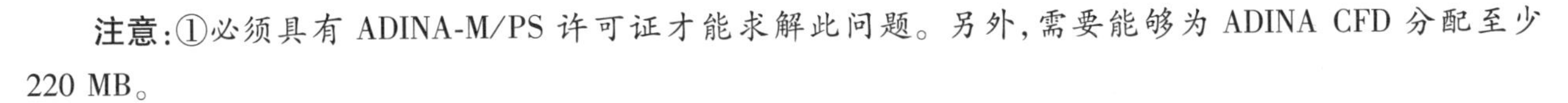

注意:①必须具有ADINA-M/PS许可证才能求解此问题。另外,需要能够为ADINA CFD分配至少220 MB。

②本例不能用ADINA系统的900个节点版本来求解,因为模型中的节点太多。

③本例的大部分输入存储在文件“prob56_1.in”“prob56_2.in”和“prob56_3.in”中。在开始分析之前,需要将文件夹“samples\primer”中的文件“prob56_1.in”“prob56_2.in”“prob56_3.in”复制到工作目录或文件夹中。

56.1　启动AUI并选择有限元程序

启用AUI并将【Program Module】程序模块下拉列表设置为【ADINA CFD】。选择【Edit】编辑→【Memory Usage】内存使用,并确保【ADINA/AUI memory】ADINA/AUI内存至少80 MB。

56.2　定义模型控制数据、几何图形、细分数据、边界条件和材料

先准备一个批处理文件(prob56_1.in),它执行以下操作:

①定义几何体。

②定义分析控制参数,例如自动时间步长。

③定义空气和钢的材料属性。

④绘制模型。

选择【File】文件→【Open Batch】打开批处理,导航到工作目录或文件夹,选择文件 prob56_1.in 并单击打开。图形窗口如图 6.56.2 所示。

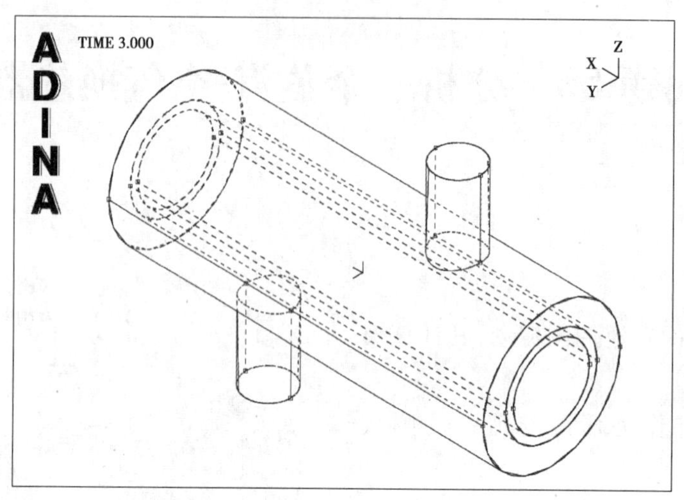

图 6.56.2 导入的 prob56_1.in 模型

56.2.1 选择多重网格求解器

选择【Control】控制→【Solution Process】求解方案过程,将方程求解器设置为多重网格,然后单击【OK】确定。

56.2.2 定义蒸汽材料

单击【Manage Materials】管理材料图标 M ,然后单击【ASME Steam】ASME 蒸汽按钮。在【Define ASME Steam Material】定义 ASME 蒸汽材料对话框中,添加【material 3】材料 3,将【Reference Temperature】参考温度设置为"400.0",验证【Constant Pressure】恒压为"101300.0",将【Constant Temperature】恒温设置为"0.0",然后单击【OK】确定。单击【Close】关闭,关闭【Manage Materials】管理材料对话框。

56.2.3 定义边界条件

先准备一个批处理文件(prob56_2.in)来执行以下操作:

①定义壁面边界条件。

②定义温度负载并将其应用于空气和蒸汽入口。

③定义正常牵引负载并将其应用于蒸汽入口。

④重新绘制模型。

选择【File】文件→【Open Batch】打开批处理,导航到工作目录或文件夹,选择文件 prob56_2.in 并单击【Open】打开。图形窗口如图 6.56.3 所示。

需要添加扇形边界条件。单击【Special Boundary Conditions】特殊边界条件图标 SBC ,添加【condition number 2】条件编号 2 并将【Type】类型设置为【Fan】风扇。设置【C0】为"1.0E-2",【C1】为"0",【C2】为"-1.0E-4",【M1】为"1",【M2】为"2"(**注意,不需要改变 C1 和 M1**)。将【Type of Fan】风扇类型设置为【Intake】进入,并将【Time Function #】时间函数#设置为"4"。现在将表格的第一行中的【Face #】面号和【Body #】正文#设置为"9"和"3",然后单击【OK】确定。当单击【Redraw】重画图标时,图形窗口如图 6.56.4所示。

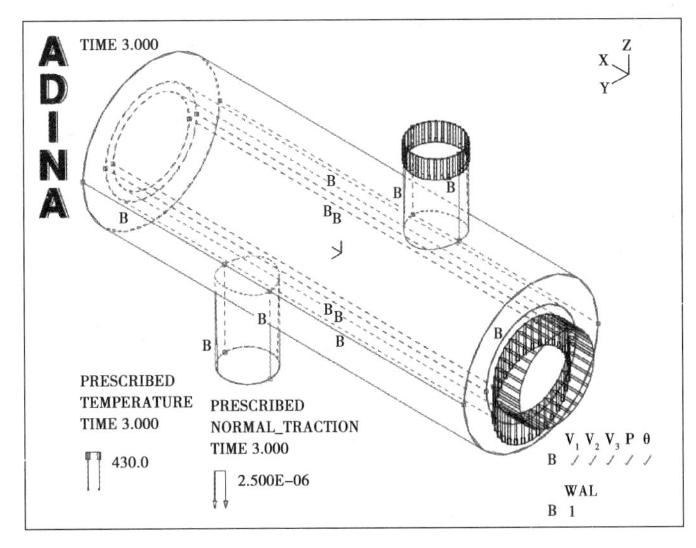

图 6.56.3 导入的 prob56_2.in 模型

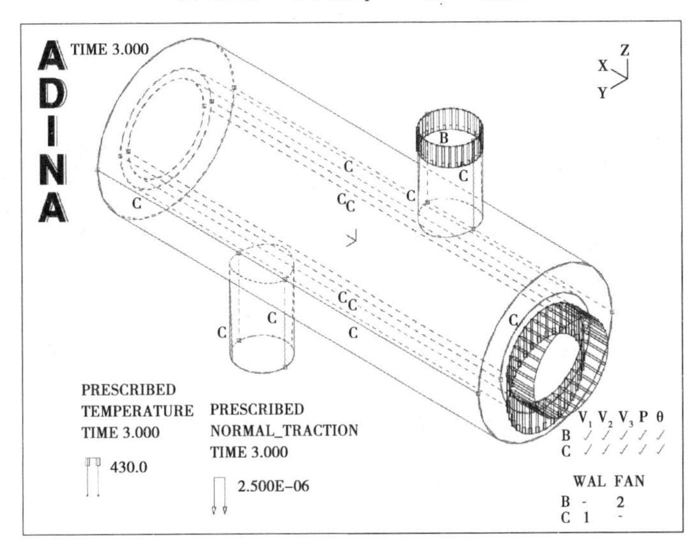

图 6.56.4 特殊边界条件

56.3 定义单元组、细分数据、网格划分

先准备一个批处理文件(prob56_3.in),它执行以下操作:

①定义单元组。

②细分几何。

③对几何划分网格。

④重新生成图形。

选择【File】文件→【Open Batch】打开批处理,导航到工作目录或文件夹,选择文件 prob56_3.in 并单击打开。图形窗口如图 6.56.5 所示。

56.3.1 检查不兼容性的网格划分

在继续之前,我们要检查网格不兼容性。单击【Clear】清除图标,【Mesh Plot】网格图图标,【Show Geometry】显示几何图标(隐藏几何图形),【Shading】着色图标和【No Mesh Lines】无网格线图标。图形窗口如图 6.56.6 所示。

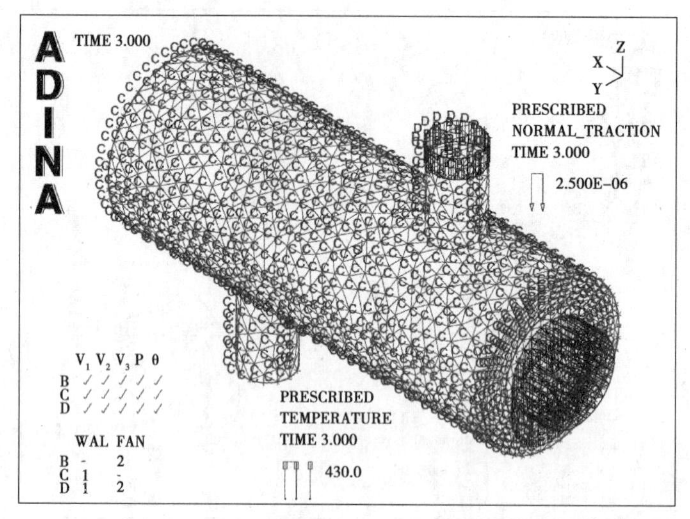

图 6.56.5 导入的 prob56_3.in 模型

单击【Cull Front Faces】去除正面图标。该图标从图中删除所有正面。图形窗口如图 6.56.7 所示。

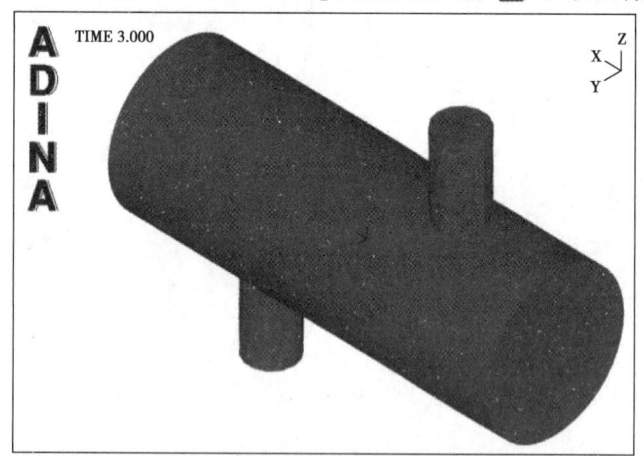

图 6.56.6 检查网格不兼容性

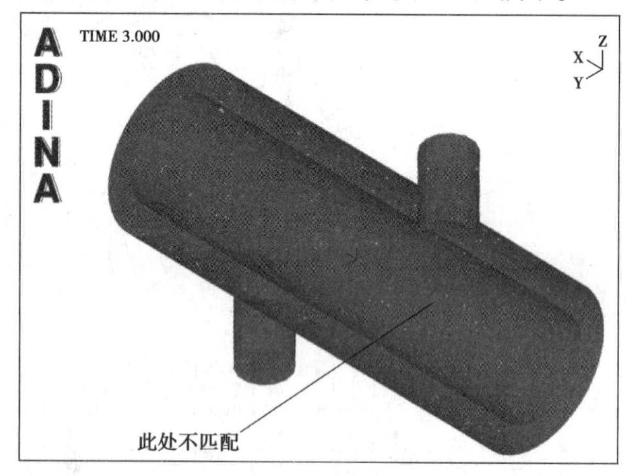

图 6.56.7 删除所有正面

模型中有一些内表面,这些内部表面是由模型中的不兼容性造成的。

使用【Pick】拾取图标和鼠标在平面外旋转图形,从不同角度观察内表面。

该模型是无效的,所以我们必须删除网格并重新划分网格。

56.3.2 删除网格

单击【Clear】清除图标和【Mesh Plot】网格图标。单击【Delete Mesh/Elements】删除网格/单元图标,将【Delete Elements】删除单元字段设置为【On Bodies】在体上,在表格的前三行中输入"1""2""3",然后单击【OK】确定。

56.3.3 创建面链接

选择【Geometry】几何体→【Faces】面→【Face Link】面链接,添加【face link 1】面链接 1,将【Type】类型设置为【Links for All Faces/Surfaces】所有面/链接的链接,然后单击【OK】确定。AUI 显示警告消息:

Face 2 of body 1 and face 3 of body 2 cannot be linked.

Face 3 of body 1 and face 4 of body 2 cannot be linked.

所指示的面不彼此相邻。单击【OK】确定以清除警告消息框。

56.3.4 重新划分网格

单击【Mesh Bodies】网格物体图标，确保【Element Group】单元组为“3”，在表格的第一行中将【Body #】体#设置为“1”，然后单击【Apply】应用。现在将【Element Group】单元组设置为“2”，在表格的第一行中将【Body#】体号设置为“2”，然后单击【Apply】应用。现在将【Element Group】单元组设置为“1”，单击【Advanced】高级选项卡，设置【Boundary Mesh】边界方法为【Delaunay】，单击【Tetrahedral】四面体选项卡，设置【Min. # of Element Layers】最小单元层数设置为“5”，在表格的第一行中将【Body#】体号设置为“3”，然后单击【OK】确定。如有必要，单击确定清除【sliver tetrahedra】银色四面体警告消息。

图形窗口如图 6.56.8 所示。

注意：使用【Min. Layer of Elements】最小单元层字段来增加单元的数量通过体 3 的厚度，如图6.56.8所示。

56.3.5 检查不兼容的新网格

再检查新网格的不兼容性。单击【Show Geometry】显示几何体图标（隐藏几何图形），【Shading】着色图标，【No Mesh Lines】无网格线图标和【Cull Front Faces】去除正面图标。图形窗口如图6.56.9所示。

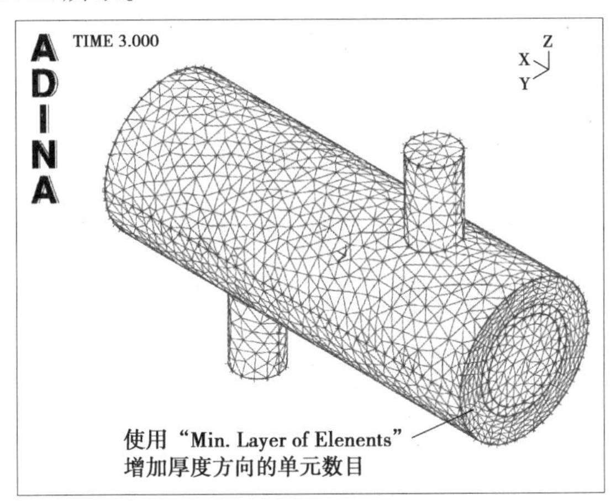

图 6.56.8 重新划分网格

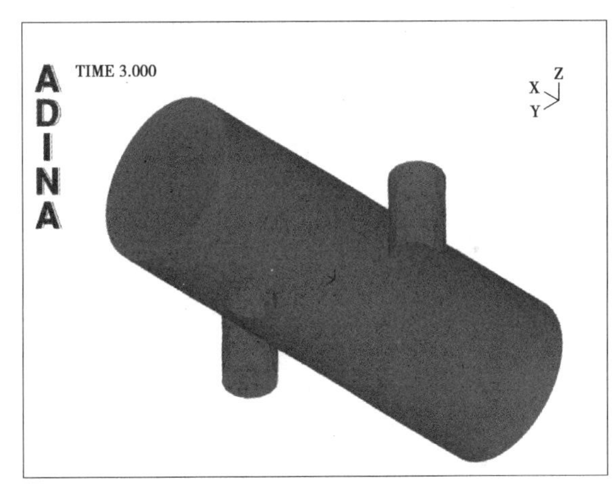

图 6.56.9 检查不兼容的新网格

图 6.56.9 中没有内表面，这表明单元之间不存在不兼容性。

使用【Pick】拾取图标和鼠标在平面外旋转图形。【Pick】拾取图标似乎是反向工作（这是由于用户正在看模型的背面而造成的错觉。）

56.4 生成 ADINA CFD 数据文件，运行 ADINA CFD，加载舷窗文件

单击【Save】保存图标并将数据库保存到文件 prob56。单击【Data File/Solution】数据文件/求解方案图标，将文件名称设置为“prob56”，确保【Run Solution】运行求解方案按钮被选中，确保【Max Memory for Solution】求解方案的最大内存设置为至少 220 MB，然后单击【Save】保存。ADINA CFD 运行 3 个求解方案步骤。ADINA CFD 完成后，关闭所有打开的对话框。将【Program Module】程序模块下拉列表设置为【Post-Processing】后处理（可以放弃所有更改），单击【Open】打开图标并打开舷窗文件 prob56。

56.5 后处理

56.5.1 以不同颜色绘制单元组

单击【Color Element Groups】颜色单元组图标。空气被绘制成绿色，钢被绘制成红色，蒸汽绘制成洋红色（红色和蓝色之间）。红色和洋红很难分开。在模型树中，展开区域条目，右键单击【4. EG3】，选择【Color】颜色，从调色板中选择青色，然后单击【OK】确定。现在蒸汽被绘制成青色。图形窗口如图6.56.10所示。

56.5.2 绘制速度

单击【Shading】着色图标，【No Mesh Lines】无网格线图标和【Quick Vector Plot】快速矢量绘图图标。只有模型外部的速度矢量绘制。单击【Cull Front Faces】去除正面图标。（现在可以看到模型中的速度矢量，但是很难看到矢量，因为它们与单元组具有相同的颜色。）单击【Color Element Groups】涂色单元组图标以使所有单元组具有相同的颜色，然后单击【Modify Mesh Plot】修改网格图图标，单击【Element Depiction...】单元描述...按钮，然后在【Define Element Depiction】定义单元描述对话框中设置【Appearance for Deformed Mesh】变形网格的外观颜色为【GRAY】灰色，然后单击【OK】确定两次以关闭这两个对话框。图形窗口如图6.56.11所示。

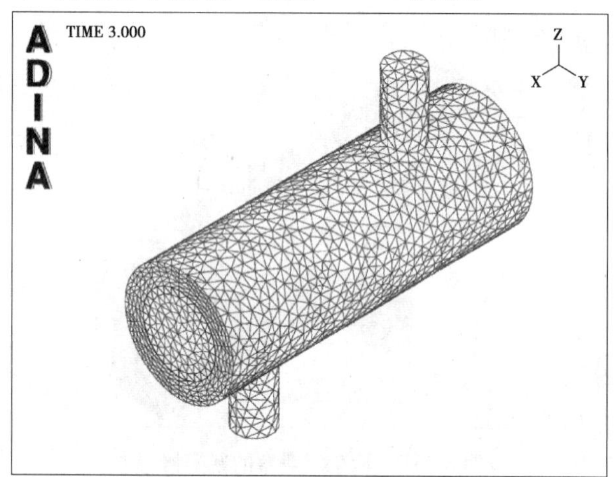

图6.56.10 以不同颜色绘制单元组

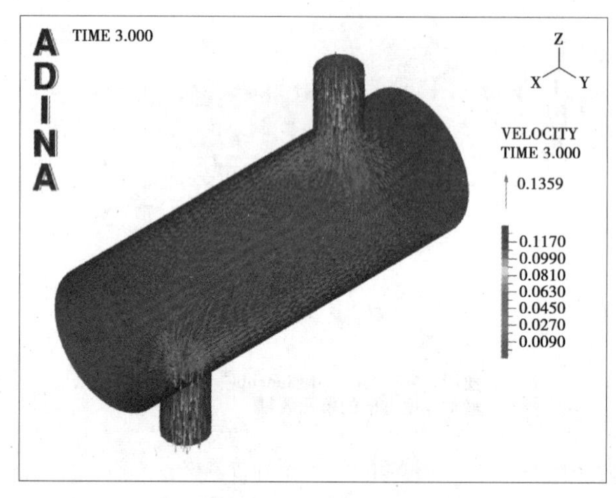

图6.56.11 绘制速度

使用【Pick】拾取图标和鼠标从不同的角度检查模型。

注意：用户的求解方案可能会有误差，因为自由网格划分在不同平台上产生不同的网格。

56.5.3 温度

单击【Clear】清除图标和【Mesh Plot】网格图图标。现在单击【Cut Surface】剖切面图标，将【Type】类型设置为【Cutting Plane】剖切面，将【Defined by】字段设置为【Y-Plane】，然后单击【OK】确定。现在单击【Model Outline】模型轮廓图标，单击【Create Band Plot】创建条带图图标，设置【Band Plot】条带图变量为【(Temperature:TEMPERATURE)】，然后单击【OK】确定。图形窗口如图6.56.12所示。

只绘制在空气中的温度。按"F8"键，取消选中单元组2和3的显示，然后单击【OK】确定。图形窗口如图6.56.12所示。

只有切割面相交处的温度被绘制出来。单击【Cut Surface】剖切面图标，将【Mesh Display Below the

Cut plane】剖切面下面的网格显示设置为【Display as Usual】正常显示，然后单击【OK】。现在温度被绘制在切割面交叉点下面的网格上。（**注意**：该图仍然在切割面交叉点下面的网格上显示一些难看的多余线条。）单击【Modify Mesh Plot】修改网格绘制图标，单击【Rendering...】渲染按钮，将【Element Face Angle】单元面角度设置为"50"，单击【OK】确定两次关闭两个对话框。图形窗口如图6.56.13所示。

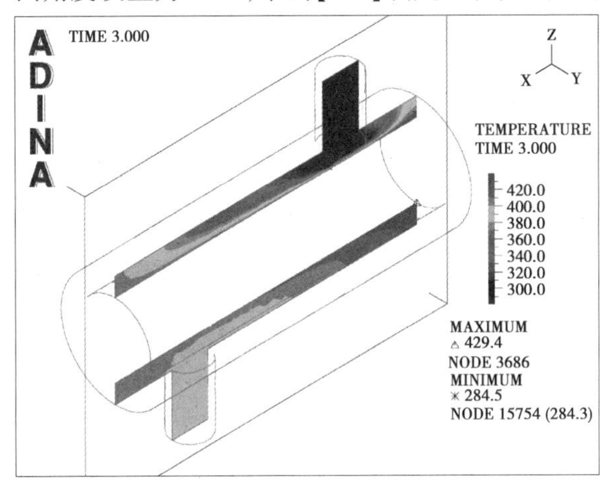

图6.56.12 温度条带

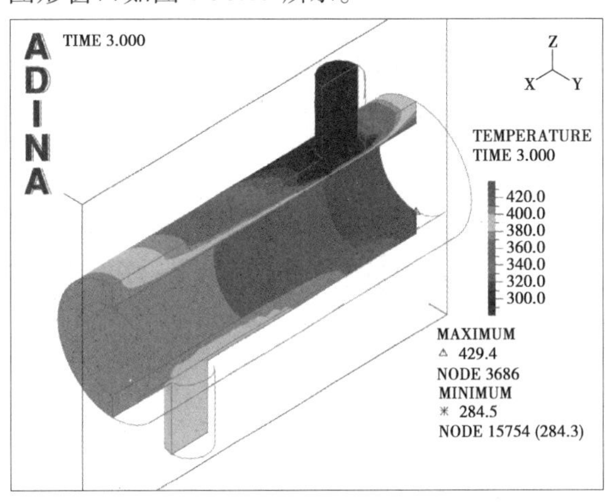

图6.56.13 切割面和剩余的实体温度

56.5.4 平均出口温度

单击【Clear】清除图标和【Mesh Plot】网格图图标。

选择出口上的单元面。旋转模型直到出口可见，然后单击【Element Face Set】单元面集合图标，添加【Element Face Set Number 1】，将【Method】方法设置为【Auto-Chain Element Faces】自动链单元面，双击表格中的【Face {p}】列，然后选择出口上的一个或多个面，然后按"Esc"键。单击【Save】保存创建面集合。将对话框移出网格图的方式。应突出显示出口上的单元面。单击【OK】确定关闭对话框。

要自行绘制面集合，可单击【Modify Mesh Plot】修改网格图图标，将【Element Face Set】单元面集合设置为"1"，然后单击【OK】确定按钮。单击【Create Band Plot】创建条带图图标，设置【Band Plot Variable】条带图变量为【(Temperature:TEMPERATURE)】并单击【OK】确定。图形窗口如图6.56.14所示。

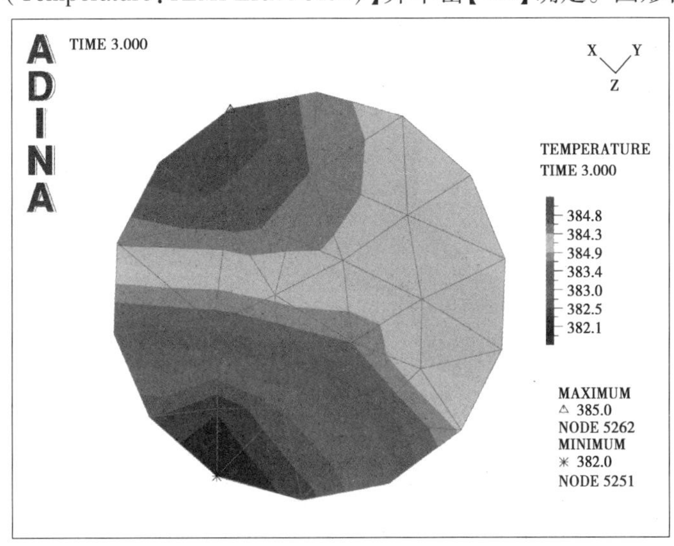

图6.56.14 平均出口温度

选择【Definitions】定义→【Model Point (Special)】模型点(特殊)→【Mesh Integration】网格集成，添加点名称【OUTLET】，将【Integration Type】集成类型设置为【Averaged】平均，然后单击【OK】确定。现在选择

【List】列表→【Value List】值列表→【Model Point】模型点，设置【Variable 1】变量 1 为【(Temperature：TEMPERATURE)】(温度：温度)，然后单击【Apply】应用。

注意：①时间为 3.0 时的温度是 3.83798E+02(K)(你的结果可能会有所不同。

②因为自由网格划分在不同的平台上产生不同的网格。

56.6 退出 AUI

选择主菜单中的【File】文件→【Exit】退出，弹出【AUI】对话框，然后单击【Yes】，其余选【默认】，退出 ADINA-AUI。

说明

本例的风速相对较低。这意味着空气颗粒在换热器中保持相当长的时间，也意味着空气显著升温。对于本例中的问题，多重网格求解器比稀疏求解器更高效。

问题 57　管道热 FSI 分析

问题描述

1) 问题概况

本例中的计算模型如图 6.57.1 所示,有一个含有水的铜管。(水在管中是静止,并具有 350 000 Pa 的压力,水与管的温度为 20 ℃)。然后,水在 90 ℃ 流入有 60 Pa 的压力降的管道内。请计算管道中的压力。

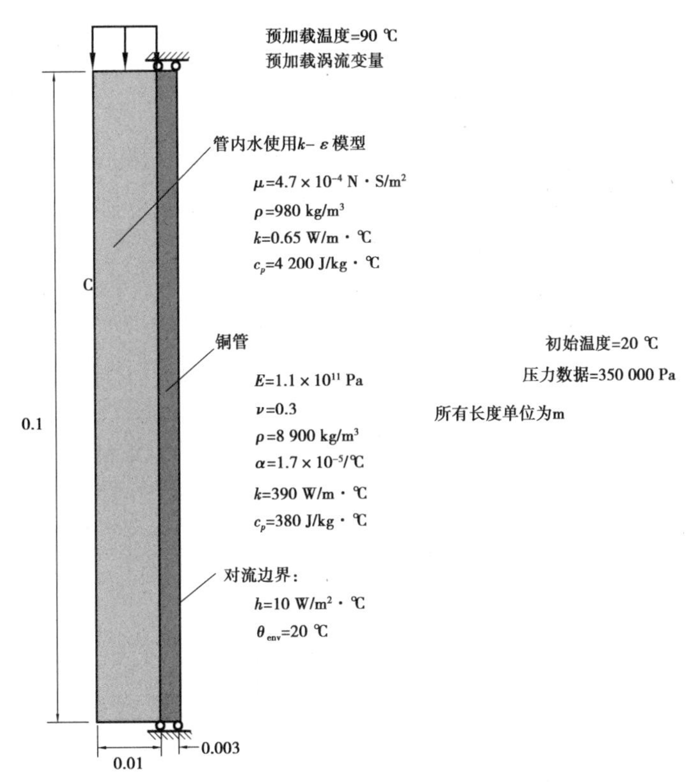

图 6.57.1　问题 57 中的计算模型

2) 问题分析

管道入口处,规定的法向牵引力 = 60 Pa。

计算模型如图 6.57.1 所示。

管道中的应力分析在流体和传热分析中被认为是瞬态的,但在应力分析中是静态的。

压力基准特征用于流体模型。在这个特征中,压力数据只被加到传递给结构的 FSI 应力上,以及输出中。在内部,流体流动不包括压力数据。

本例将通过双向热 FSI(TFSI)来求解,流体和固体之间有压力、速度和温度耦合(见图 6.57.2)。除了 FSI 边界上常见的压力和位移耦合外,热通量也在 FSI 边界上耦合。

(1)获得静态初始条件的分析

在流体中的压力数据被设定为 350 000 Pa,入口温度设定为 20 ℃。

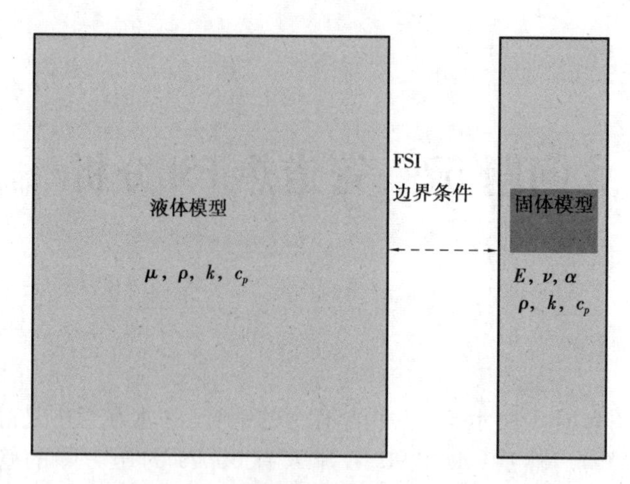

图 6.57.2 通过双向热 FSI(TFSI)来求解

(2)瞬态分析

入口压力突然增加至 60 Pa(相对压力数据),入口温度突然升高至 90 ℃。60 Pa 的压力降被选择,得到的 1 m/s 的数量级上的流体速度。

这两个分析都是在相同的求解方案运行中执行的。第 1 部分使用 100 s 的时间步骤求解,第 2 部分使用 30 s 的大小为 0.1 s 的步骤求解。

3)演示内容

本例将演示以下内容:

①执行 TFSI 分析。

②使用流体模型中的压力基准特征。

③使用结构模型中的拐角节点温度插值功能。

注意:①ADINA 系统的 900 个节点版本不能求解这个问题,因为 ADINA 系统的 900 个节点版本不包含 ADINA-FSI。

②本例的大部分输入存储在以下文件中:"prob57_1.in""prob57_2.in"。在开始分析之前,需要将文件夹"samples\primer"中的这些文件复制到工作目录或文件夹中。

57.1 启动 AUI,并选择有限元程序

启动 AUI 并将【Program Module】程序模块下拉列表设置为【ADINA CFD】。

57.2 模型定义-流体模型

先准备一个定义大部分流体模型的批处理文件(prob57_1.in):

①瞬态分析,FCBI-C 元素,湍流分析,FSI 分析,迭代容差。

②几何点,线条,曲面。

③材料模型。

④边界条件。

⑤温度的初始条件。

⑥时间步长,时间函数,入口边界条件。湍流边界条件是以 1.0 m/s 的速度和 0.02 m(管径)的长度定义的。正常牵引边界条件规定为 60 Pa(相对于压力基准的入口压力)。

⑦元素组和网格。

选择【File】文件→【Open Batch】打开批处理,导航到工作目录或文件夹,选择文件 prob57_1.in,然后单击【Open】打开。图形窗口如图 6.57.3 所示。

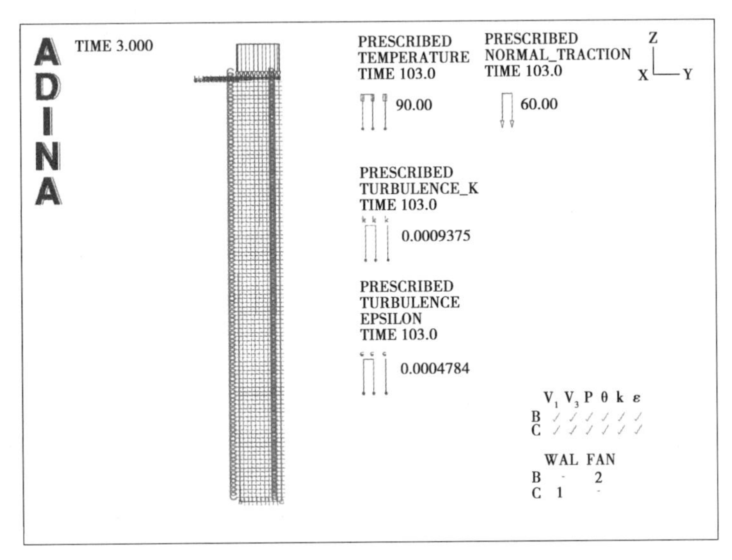

图 6.57.3 导入的 prob57_1.in 模型

57.2.1 热 FSI

选择【Model】模型→【Flow Assumptions】流动假设，将【Thermal Coupling】热耦合设置为【Through Fluid-Structure Interface Boundary】通过流固界面边界（不要关闭对话框）。

57.2.2 压力数据

在【Specify Flow Assumptions】指定流程假设对话框中，单击【Pressure Datum...】压力基准...按钮。在【Specify Pressure Datum】指定压力基准对话框中，单击【Time Function】时间函数字段右侧的【...】按钮。在【Define Time Function】定义时间函数对话框中，添加【time function 4】时间函数 4，按照如表 6.57.1 所示进行定义并单击【OK】确定。

表 6.57.1 时间函数 4 定义

Time	Value
0	0
100	1
1E20	1

在【Specify Pressure Datum】指定压力基准对话框中，将【Prescribed on】规定设置为【Model】模型，【Multiplier】放大系数为“350000”，【Time Function】时间函数为“4”，然后单击【OK】确定两次，关闭两个对话框。

57.2.3 生成 ADINA CFD 数据文件

单击【Save】保存图标并将数据库保存到文件“prob57_f”。单击【Data File/Solution】数据文件/求解方案图标，将文件名设置为“prob57_f”，取消选中【Run Solution】运行求解方案按钮，然后单击【Save】保存。

57.3 模型定义-实体模型

先准备一个定义实体模型的批处理文件（prob57_2.in）：

①新建数据库。

②当前有限元程序设置为 ADINA 结构。

③FSI 分析。

④迭代耦合的瞬态 TMC 分析。

⑤几何点，线条，曲面。

⑥边界条件，包括 FSI 边界。

⑦温度的初始条件。

⑧结构材料模型。使用具有热膨胀系数的弹性材料。

⑨热材料模型。

⑩元素组和啮合。在实体模型中使用9节点元素。

⑪对流负载。

注意:实体模型中没有定义时间步进信息。

选择【File】文件→【Open Batch】打开批处理,导航到工作目录或文件夹,选择文件 prob57_2.in 并单击【Open】打开。图形窗口如图6.57.4所示。

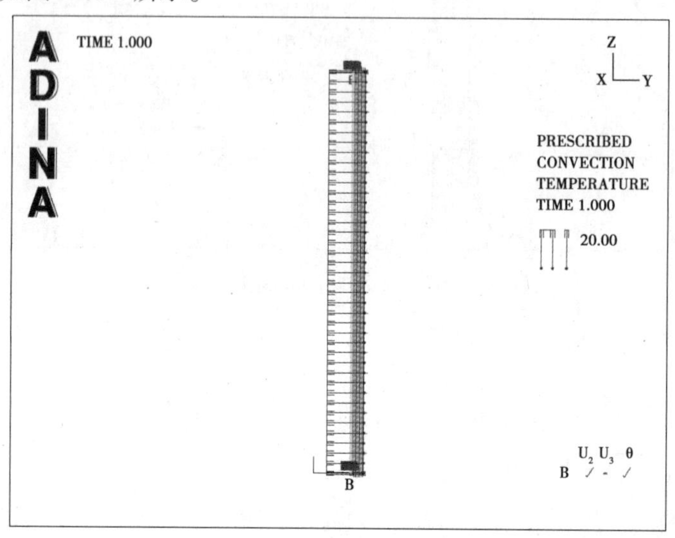

图 6.57.4　导入的 prob57_2.in 模型

57.3.1　拐角节点温度插值

因为结构分析使用9节点元素,所以只需要使用这些元素的拐角节点进行热 FSI 分析。选择【Control】控制→【TMC Model】TMC 模型,然后单击【Type of Solution】求解方案类型字段右侧的【...】按钮。在【Heat Transfer Analysis Control】传热分析控制对话框中,选中【Use Corner Nodes for Heat Flow Solution】使用用于热流计算的角点字段,然后单击【OK】确定两次,关闭两个对话框。

57.3.2　节省热应变

检查后期处理过程中的热应变。选择【Control】控制→【Porthole】舷窗→【Select Element Results】选择单元结果,添加【Result Selection 1】结果选择1,将【Thermal】热量设置为【All】全部,然后单击【OK】确定。

57.3.3　生成 ADINA 结构数据文件,保存数据

选择【File】文件→【Save As】另存为,然后将数据库保存到文件 prob57_a。单击【Data File/Solution】数据文件/求解方案图标,将文件名设置为"prob57_a",取消【Run Solution】选中运行求解方案按钮,然后单击【Save】保存。

57.4　运行 ADINA-FSI

选择【Solution】求解方案→【Run ADINA-FSI】运行 ADINA-FSI,单击【Start】开始按钮,选择文件 prob57_f,然后按住"Ctrl"键并选择文件 prob57_a。文件名字段应该在引号中显示两个文件名。然后单击【Start】开始。

ADINA-FSI 运行31个时间步。ADINA-FSI 完成后,关闭所有打开的对话框,并将【Program Module】程序模块下拉列表设置为【Post-Processing】后处理(可以放弃所有更改)。单击【Open】打开图标并打开舷窗文件 prob57_f,然后单击【Open】打开图标并打开舷窗文件 prob57_a。

57.5 后处理

57.5.1 速度

单击【Model Outline】模型轮廓图标，然后单击【Save Mesh Plot Style】保存网格绘图样式图标。

单击【Create Vector Plot】创建向量绘图图标，将【Vector Quantity】向量物理量设置为【VELOCITY】，然后单击【OK】。图形窗口如图6.57.5所示。

速度场得到充分发展，最大速度与湍流负荷规格中使用的速度相当。

单击【First Solution】第一个求解方案图标来观察初始速度场。（速度都是零。）当重复单击【Next Solution】下一步求解方案图标时，可以看到速度场正在发展。

57.5.2 流体压力

单击【Last Solution】最后求解方案图标，单击【Clear Vector Plot】清除矢量绘图图标，然后单击【Create Band Plot】创建条带图图标，设置【Band Plot Variable】条带图变量为【Stress：NODAL_PRESSURE】（应力：NODAL_PRESSURE），然后单击【OK】确定。图形窗口如图6.57.6所示。

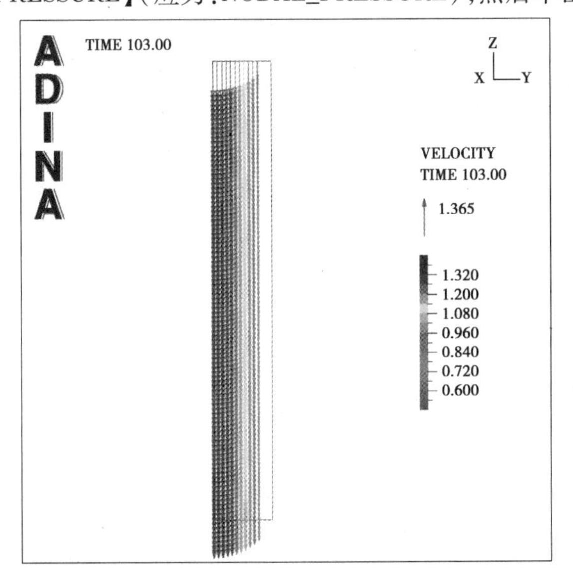

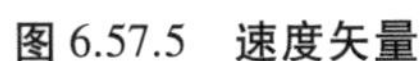
图6.57.5 速度矢量

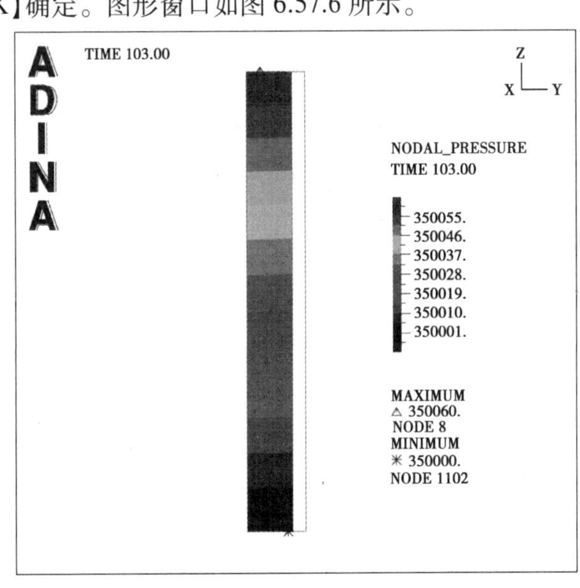

图6.57.6 节点压强

流体压力包括压力基准效应和规定的入口正常牵引力。

现在单击【First Solution】第一个求解方案图标来观察初始压力场。（流体中的压力等于压力数据。）单击【Next Solution】下一步求解方案图标时，立即建立压力下降，继续单击【Next Solution】下一步求解方案图标，先发现压力下降非常小。

57.5.3 温度

单击【Last Solution】最后一个求解方案图标，单击【Clear Band Plot】清除条带图标，然后单击【Create Band Plot】创建条带绘图图标，设置【Band Plot Variable】条带图变量为【Temperature：TEMPERATURE】（温度：温度），然后单击【OK】确定。图形窗口如图6.57.7所示。（由于温度都接近90 ℃，这些条带并没有显示出较低的温度。）单击【Modify Band Plot】修改条带绘图图标，单击【Band Table ...】条带表按钮，将【Minimum】最小设置为“20”，然后单击【OK】确定两次关闭两个对话框。当单击【First Solution】第一个求解方案图标 时，图形窗口如图 6.57.8 所示。

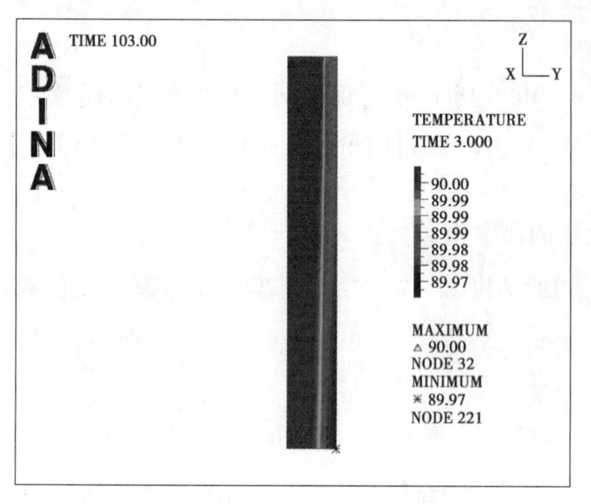

图 6.57.7　温度

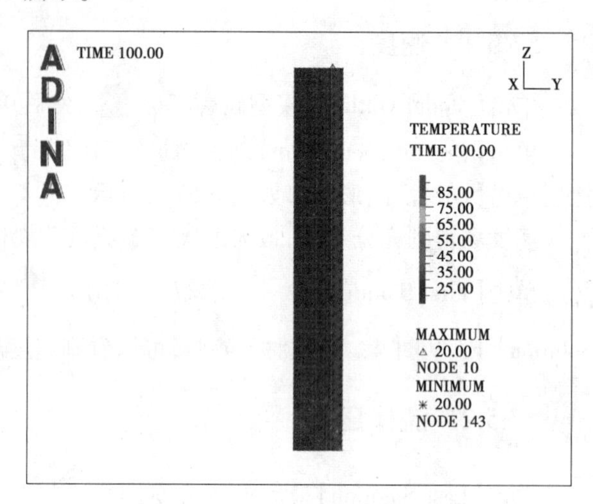

图 6.57.8　修改最小值显示的温度

在流体和结构的温度都是 20 ℃。重复单击【Next Solution】下一步求解方案图标 时，流体和结构中的温度会快速上升。（首先，结构中的温度上升得更快（结构中的热导率较高），但是随后流体中的温度上升得更快（由于流体的对流）。）例如，时间为 100.5 时的求解方案如图 6.57.9 所示。

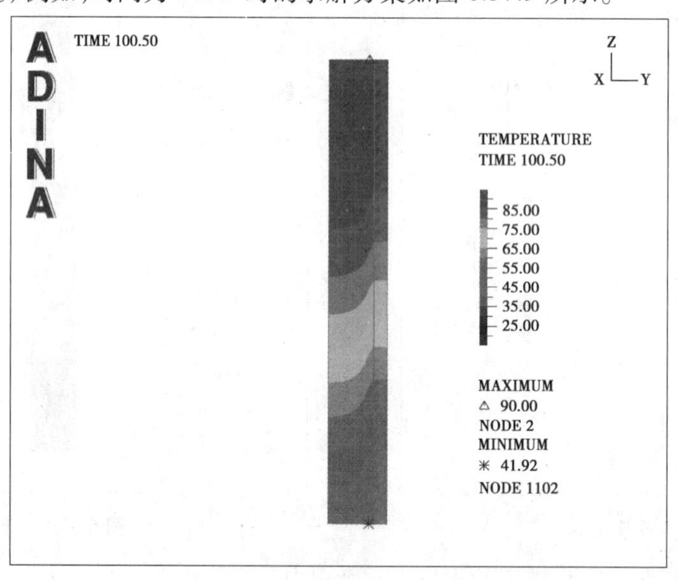

图 6.57.9　时间为 100.5 时的温度

57.5.4　位移

单击【Last Solution】最后求解方案图标 ，然后单击【Clear Band Plot】清除条带绘图图标 和【Scale Displacements】比例位移图标 。图形窗口如图 6.57.10 所示。

由于压力和热效应，管壁向外移动。单击【First Solution】第一个求解方案图标 检查由于压力效应而产生的位移。（压力效应本身并不会导致管壁的显著位移。）重复单击【Next Solution】下一步求解方案图标 时，发现管道壁从模型顶部向外移动，这相当于管壁上的温度上升。例如，时间为 100.5 时的求解方案如图 6.57.11 所示。

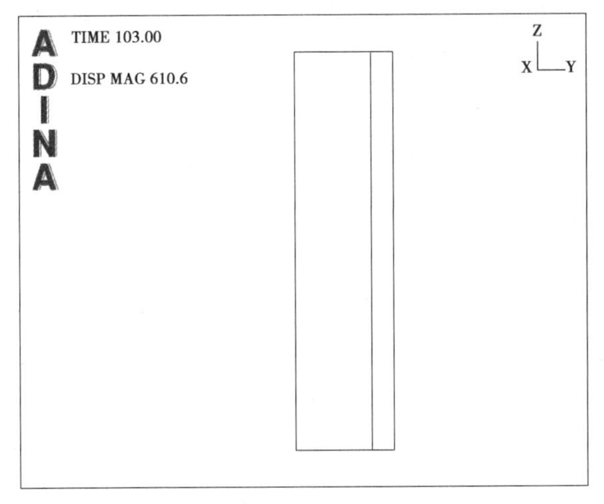

图 6.57.10 位移

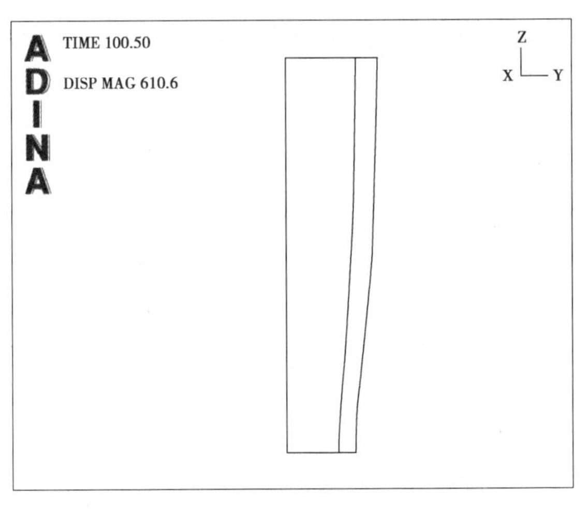

图 6.57.11 时间 100.5 时的位移

57.5.5 径向应力

单击【Last Solution】最后一个求解方案图标，然后单击【Scale Displacements】缩放位移图标（以不缩放位移）。单击【Create Band Plot】创建条带绘图图标，设置【Band Plot Variable】条带绘图变量为【Stress:STRESS-YY】，然后单击【OK】确定。图形窗口如图6.57.12所示。

在管壁上，STRESS-YY 从−350000（在流体结构边界处）到 0（在外表面）处变化。单击【First Solution】第一个求解方案图标检查由于压力效应而产生的径向应力。图形窗口如图 6.57.13 所示。

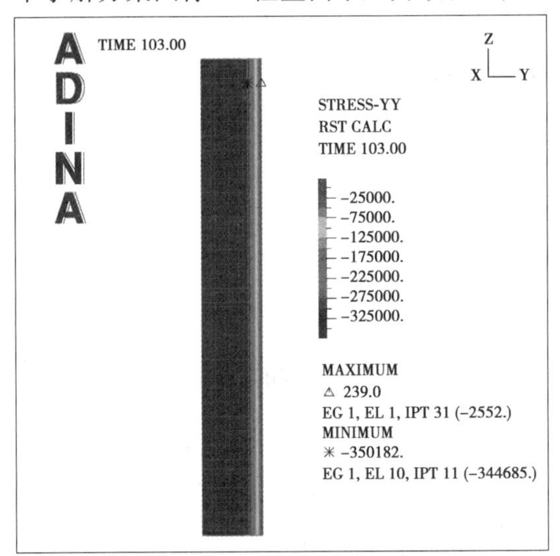

图 6.57.12 应力 STRESS-YY

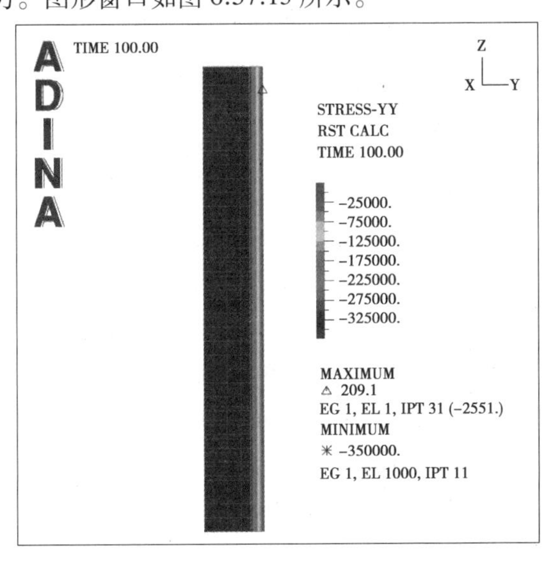

图 6.57.13 时间为 100 时的应力 STRESS-YY

对应于压力效应的径向应力场与分析结束时的径向应力场非常相似。

57.5.6 热应变

单击【Last Solution】最后一个求解方案图标，单击【Clear Band Plot】清除条带绘图图标，然后单击【Create Band Plot】创建条带图标，将【Band Plot Variable】条带图变量设置为【Strain:THERMAL_STRAIN】（应变:THERMAL_STRAIN），然后单击【OK】确定。图形窗口如图 6.57.14 所示。

热应变在管壁几乎恒定，并且对应于从公式得到的值 $\alpha(\theta-{}^{0}\theta)=1.7\times10^{5}(90-20)=0.001\ 19$。

因为热应变都接近 0.001 19，所以这些频带不会显示出较低的热应变。单击【Modify Band Plot】修改条带图图标，单击【Band Table ...】条带表...按钮，将【Minimum】最小值设置为“0”，然后单击【OK】确定两次以关闭这两个对话框。当单击【First Solution】第一个求解方案图标时，热应变为零，然后重复单击【Next Solution】下一步求解方案图标时，热应变迅速增加，对应于温度升高。例如，时间为100.5时的求解方案如图6.57.15所示。

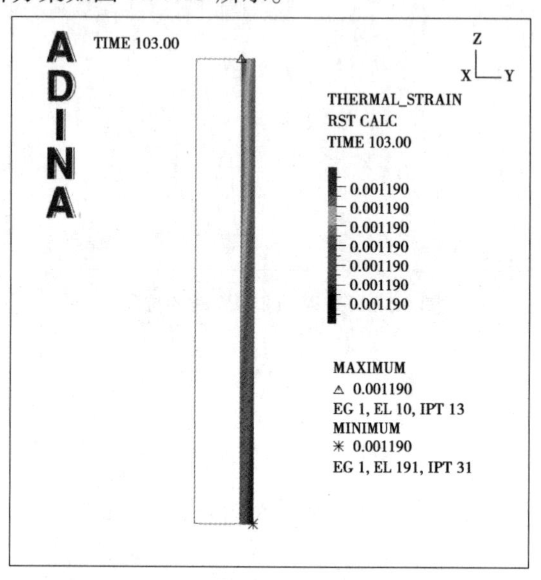

图6.57.14 时间为103时的热应变

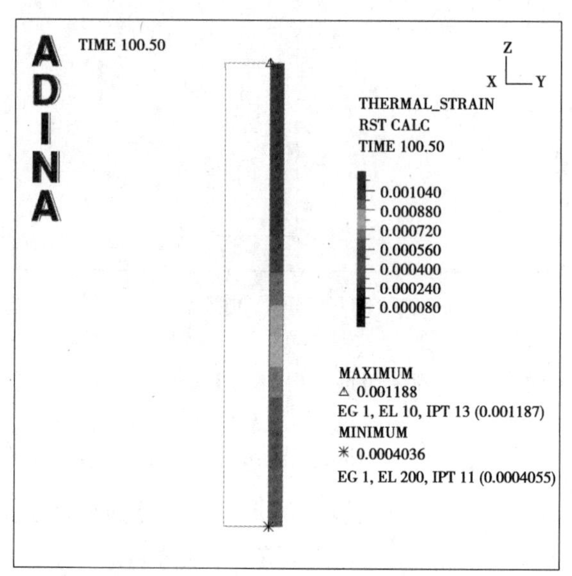

图6.57.15 时间为100.5时的热应变

57.5.7 管壁的详细应力分析

检查管壁顶部的应力。单击【Last Solution】最后求解方案图标，【Reset Mesh Plot Style】重置网格图样式图标和【Clear】清除图标。

1)**区域**

单击【Display Zone】显示区域图标，单击【Zone Name】区域名称字段右侧的【...】按钮，并添加【zone name】区域名称【PIPE_WALL_TOP】。单击【Edit】编辑按钮，在表格的第一行输入：

ELEMENTS 1 TO 10 OF PROGRAM ADINA

并单击【OK】确定。在【Create Mesh Plot with Specified Zone】创建具有指定区域的网格图对话框中，确保【Zone Name】区域名称设置为【PILE_WALL_TOP】，然后单击【OK】确定。

2)**应力矢量**

单击【Quick Vector Plot】快速矢量绘图图标。图形窗口如图6.57.16所示。

应力场由压缩轴向应力支配，这是由于管壁受到轴向约束。单击【First Solution】第一个求解方案图标时，压力显然要小得多。要查看这些压力，可单击【Clear Vector Plot】清除矢量绘图图标，然后单击【Quick Vector Plot】快速矢量绘图图标。（在这个视图中，环向应力是不可见的。）使用鼠标旋转网格绘图直到图形窗口如图6.57.17所示。

最初，应力场是由环向应力支配的。重复单击【Next Solution】下一步求解方案图标时，应力场受热影响的影响很大。例如，时间为100.2时的求解方案如图6.57.18所示。

单击【Last Solution】最后的求解方案图标。图形窗口如图6.57.19所示。

比较稳态解和热应力而没有热效应，可以看出其区别在于轴向应力。

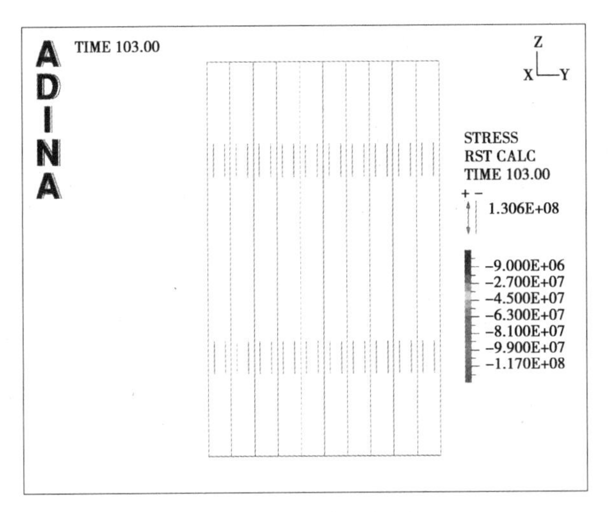

图 6.57.16 应力矢量

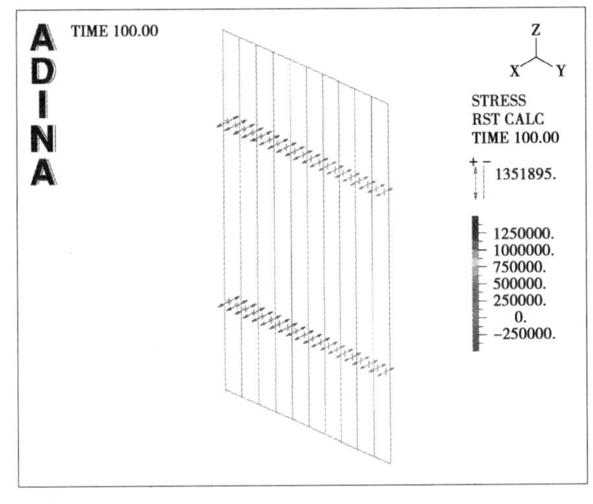

图 6.57.17 应力场

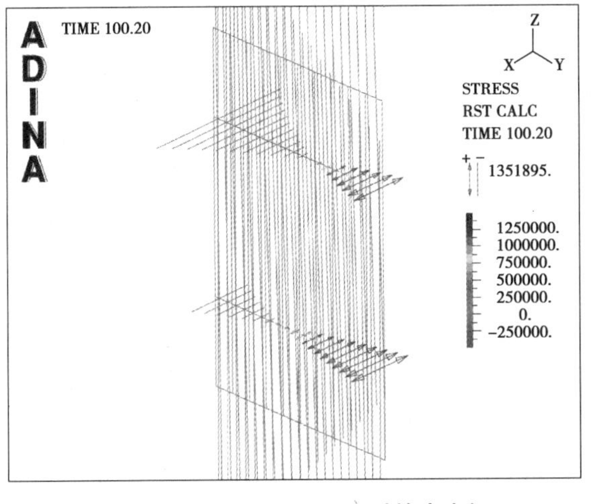

图 6.57.18 时间为 100.2 时的应力场

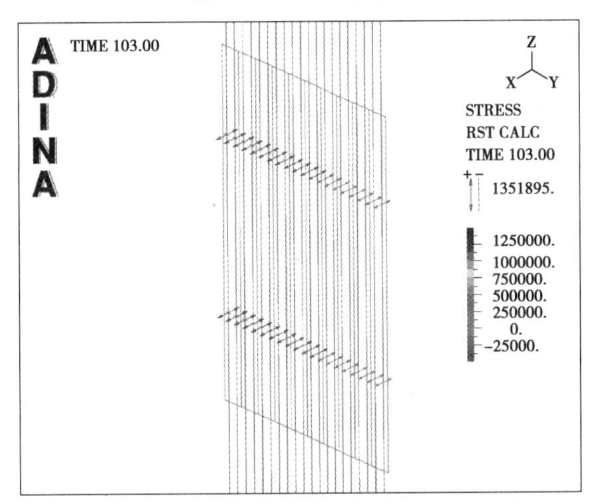

图 6.57.19 时间为 103 时的应力场

57.6 退出 AUI

选择主菜单中的【File】文件→【Exit】退出，弹出【AUI】对话框，然后单击【Yes】，其余选【默认】，退出 ADINA-AUI。

说明

①压力基准特征对于标称流体压力不为零的不可压缩流动问题非常有用。但是，压力基准特征不能用于一般的可压缩流动。

②在区域定义中，需要使用字符串“OF PROGRAM ADINA”，因为结构和流体结果都被加载。字符串“OF PROGRAM ADINA”指定该区域只包含 ADINA Structures 元素。如果仅选择 ADINA CFD 元素，请使用字符串“OF PROGRAM ADINA-F”。

③分析热应力。由于只有均匀的热膨胀是$\tau_{xx}=\tau_{yy}=0, \tau_{zz}=-E\varepsilon'$=t 1.1E+11 0.001 19 1.309E+08。这就是为什么初始应力状态和稳态热应力状态之间的唯一区别是轴向应力（压力分析是线性的，所以应用叠加原理）。

问题 58　通过二维腔内谐波电磁场进行微波加热

问题描述

1)问题概况

本例介绍了由电场激发的二维腔体的问题。图 6.58.1 显示了计算模型中的几何形状和主要物理特性。

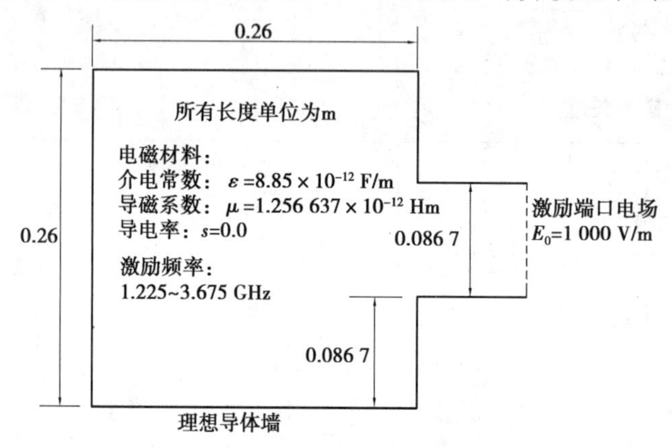

图 6.58.1　问题 58 中的计算模型

2)演示内容

本例将演示了以下内容：

(1)谐波中磁场共振

①在 ADINA EM 中建立谐波电磁模型。

②定义电磁材料。

③应用电磁边界条件。

(2)谐波电磁场中焦耳热效应

①在 ADINA EM 中建立三维电磁模型。

②在 ADINA CFD 中加入电磁场建立热模型。

③绘制由谐波电磁场引起的焦耳热效应。

注意:①本例不能用 900 节点的 ADINA 系统解决,模型中的节点太多。

②本例的大部分输入存储在以下文件中:prob58a_1.in,prob58b_1.in,prob58b_2.in。在开始此分析之前,你需要将这些文件从 samples\primer 中复制到工作目录或文件夹中。

58.1　启动 AUI,并选择有限元程序

启动 AUI,并将程序模块下拉列表设置为 ADINA EM。

58.2　定义模型控制数据

58.2.1　问题标题

选择【Control】控制→【Heading】标题,输入【Problem 58a:Electromagnetic fields in 2D resonant cavity】问题 54a:电磁场进入 2D 谐振腔,然后单击【OK】确定。

58.2.2 分析类型

将【Analysis Type】分析类型下拉列表设置为【Harmonic】。

58.2.3 电磁场分析设置

选择【Model】模型→【Analysis Settings】分析设置，将【Model Type】模型类型设置为【2D E-H model on magnetic plane】磁场平面上的 2D EH 模型，确认分析类型设置为【Harmonic】谐波，将【Frequency Value】频率值设置为"1.53938E10"，将【Frequency Time Function】频率时间功能设置为"1"，并将【Tolerance for Residuals】残差公差设置为"1E-9"。单击【OK】确定关闭对话框。

58.2.4 频率扫描时间功能

选择【Control】控制→【Time Function】时间函数，编辑表格如表 6.58.1 所示，然后单击【OK】确定。

58.2.5 时间步骤

选择【Control】控制→【Time Step】时间步骤，编辑如表 6.58.2 所示进行读取，然后单击【OK】确定。

表 6.58.1 时间函数定义参数

Time	Value
0.0	0.5
20.0	1.5

表 6.58.2 时间步骤定义

Number of Steps	Magnitude
20	1.0

58.3 定义模型几何

将模型几何定义放入文件 prob58a_1.in 中。选择【File】文件→【Open Batch】打开批处理，导航到工作目录或文件夹，选择文件 prob58a_1.in 并单击【Open】打开。图形窗口如图 6.58.2 所示。

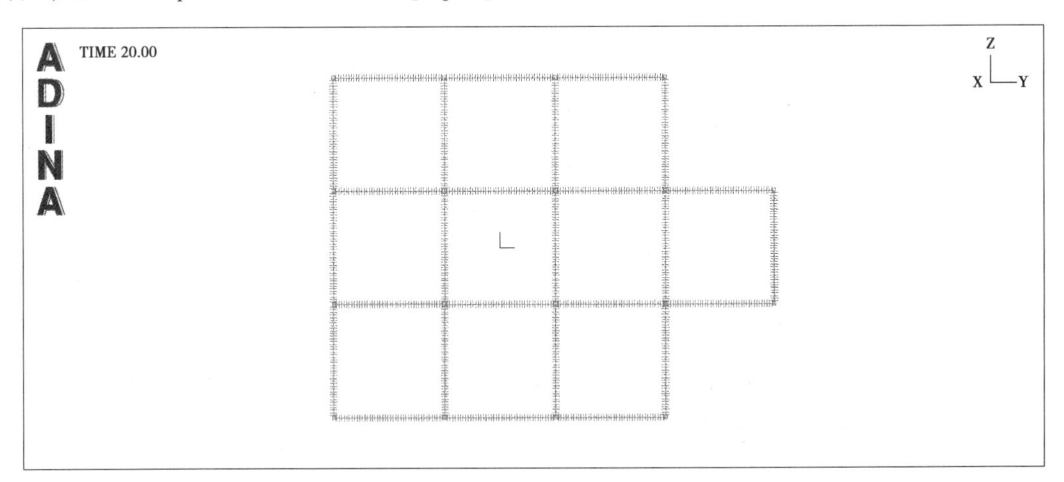

图 6.58.2 导入的 prob58a_1.in 模型

58.3.1 定义材料属性

单击【Manage Materials】管理材料图标 M ，添加【Material 1】材料 1，将【Permittivity (Epsilon)】介电常数(Epsilon)设置为"8.85E-12"，将【Permeability (Mu)】渗透率(Mu)设置为"1.256637E-6"，确保【Conductivity (Sigma)】电导率(Sigma)为"0.0"，然后单击【OK】确定。

58.3.2 定义单元

1)单元组

单击【Element Groups】单元组图标，添加【Element Group 1】单元组1，验证【Type】类型是【2-D Electromagnetic】2-D电磁，【material】材质为“1”，同时勾选【Electric Effects】电子效果和【Magnetic Effects】磁效果。然后单击【OK】确定关闭对话框。

2)网格

现在单击【Mesh Surfaces】划分曲面网格图标，验证【Element Group】单元组为“1”，【Meshing Type】网格划分类型为【Rule-Based】基于规则，【Nodes per Element】每个单元的节点数为“4”。在表格的前10行中输入“1”到“10”，然后单击【OK】确定，关闭对话框。图形窗口如图6.58.3所示。

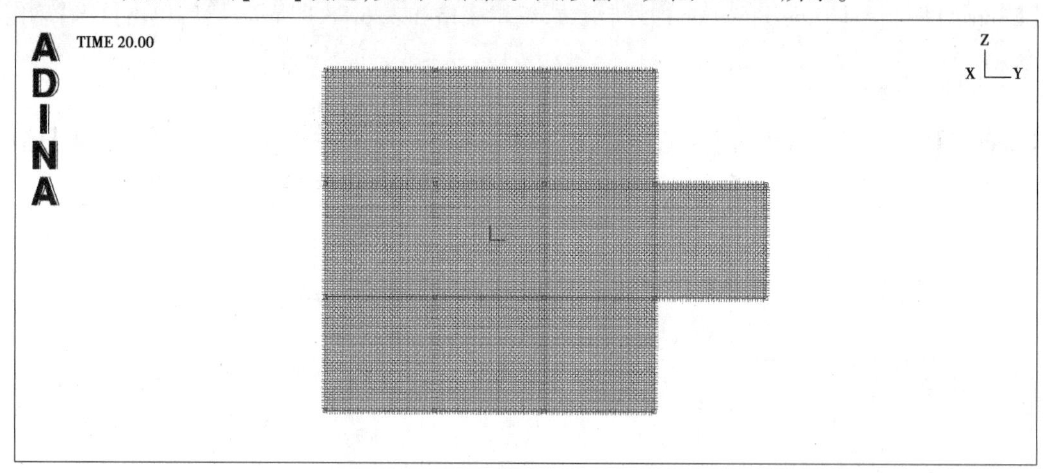

图6.58.3 划分的网格

58.3.3 定义边界条件

1)电场强度Dirichlet边界条件

选择【Model】模型→【Boundary Conditions...】边界条件...，添加边界条件1并验证【Type】类型是Dirichlet。确保【Variable Type】变量类型是【Electric Field Intensity】电场强度，并将实数部分设置为“1 000”。确保【Direction Type】方向类型为“VECTOR,D0”，并将【DX】设置为“1”。然后确保边界条件应用于【Lines】线条，然后在表中的第一行输入“19”。单击【Save】保存。

2)EM电场强度的并行边界条件

将添加【EM Parallel】EM平行边界条件。在按表6.58.3中数据添加边界条件，将【Type】类型设置为【Parallel】平行，将【Variable Type】变量类型设置为【Electric Field Intensity】电场强度，将【Real Part】实部设置为“0.0”。单击【OK】确定关闭对话框。

表6.58.3 定义边界条件的线

Boundary condition number	Lines
2	1,5,8
3	4,13,23
4	22,25,27
5	9,26
6	18,20

注意:*每个边界条件都是相同的物理边界条件，适用于不同的线组。*

单击【Boundary Plot】编辑绘图图标时，图形窗口如图6.58.4所示。

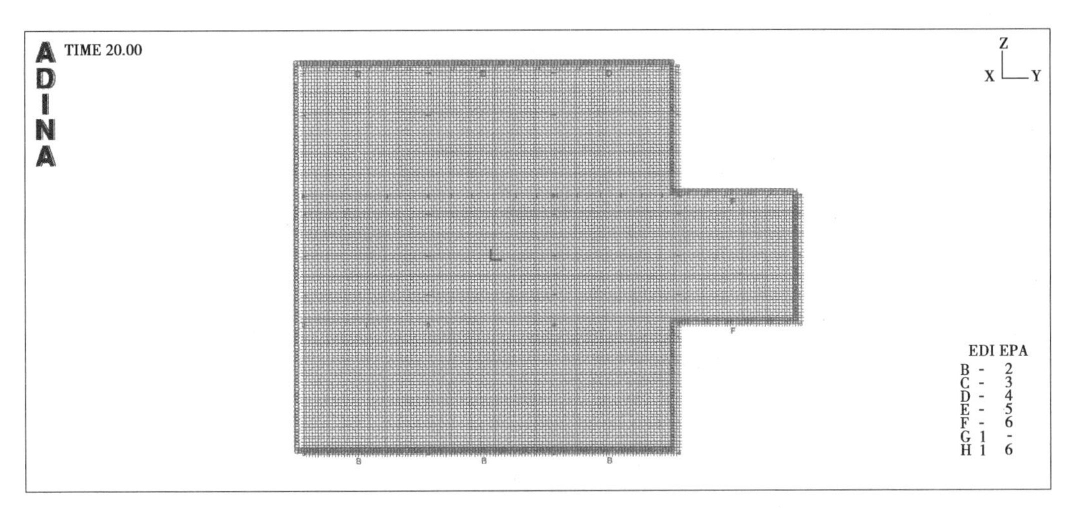

图 6.58.4　显示边界条件

58.4　生成数据文件，运行 ADINA EM，加载舷窗文件

单击【Save】保存图标 并将数据库保存到文件 prob58a。单击【Data File/Solution】数据文件/求解方案图标 ，将文件名设置为"prob58a"，确保【Run Solution】运行求解方案按钮已选中，将【Maximum Memory for Solution】求解方案的最大内存设置为至少 400 MB，然后单击【Save】保存。

ADINA EM 完成后，关闭所有打开的对话框。将【Program Module】程序模块下拉列表设置为【Post-Processing】后处理（可以放弃所有更改），单击【Open】打开图标 并打开舷窗文件 prob58a。

58.5　检查求解方案

58.5.1　保存网格图默认值

在机箱内创建结果图。由于底层网格图都具有相同的外观，因此先设置第一个网格图的外观，然后将默认值设置为该外观。单击【Model Outline】模型轮廓图标 ，然后单击【Save Mesh Plot Style】保存网格绘图样式图标 。

注意：首先，要检查谐振腔内三个频率下的电场和磁场强度：f=2.2，2.45，2.7 GHz，分别对应时间步长 8，10 和 12（注意：角频率输入这个模型，它等于 2π 时间）。

58.5.2　电场强度

使用【Previous Solution】前一个求解方案和【Next Solution】下一个求解方案图标（ 和 ）将求解方案时间更改为"8.0"（对应于频率 2.2 GHz）。单击【Create Band Plot】创建条带绘图图标 ，将【Band Plot Variable】条带绘图变量设置为【Electromagnetic:EFI-RX)】（x 方向的电场强度的实部），然后单击【OK】强度（在目前的 EM 谐波模型中，电场强度的虚部是微不足道的）。图形窗口如图 6.58.5 所示。

然后单击【Next Solution】下一步求解方案图标 两次以将求解方案时间更改为 10.0（对应到频率 2.45 GHz）。（**注意**：条带表缩放不会改变。）要重新调整条带表，可单击【Modify Band Plot】修改条带图图标 ，单击【Band Table...】条带表...按钮，然后在【Value Range】数值范围框中将【Maximum and Minimum】最大值和最小值设置为【Automatic】自动，单击【OK】确定两次以关闭这两个对话框。图形窗口如图 6.58.6 所示。

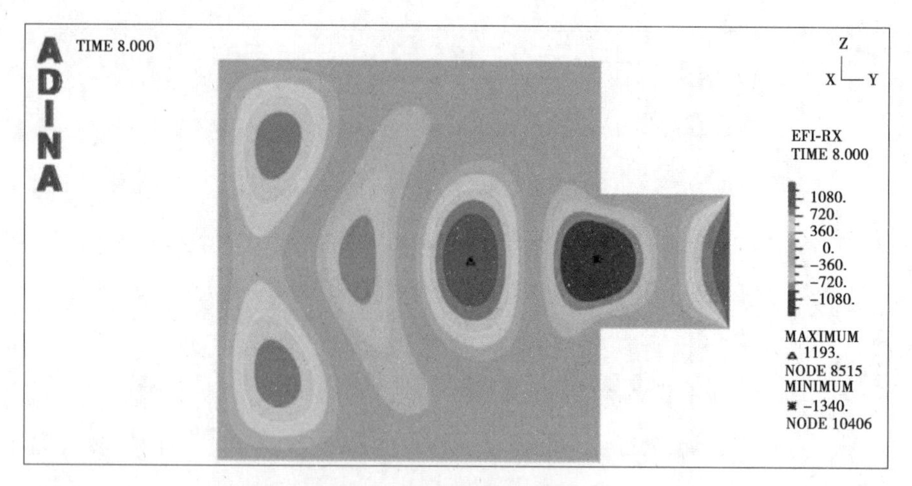

图 6.58.5　电场强度的实部

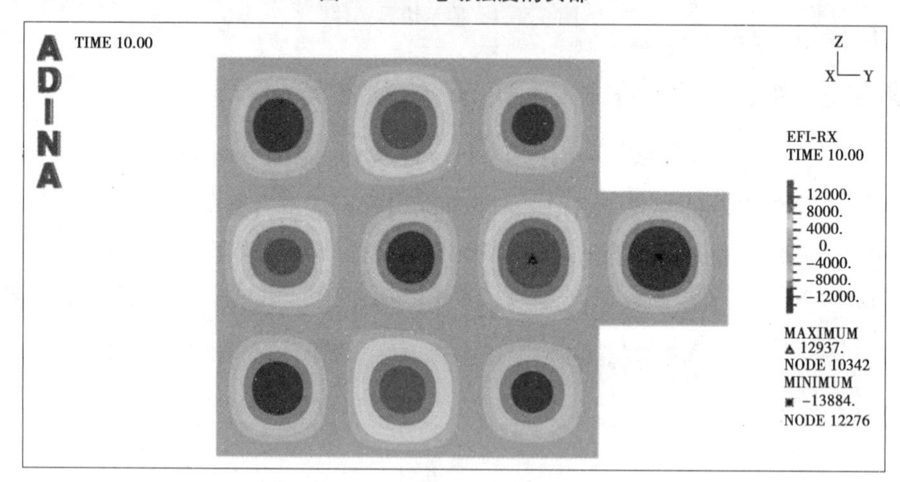

图 6.58.6　自动设置极值后的显示结果

然后单击【Next Solution】下一步求解方案图标 ▶ 两次以将求解方案时间更改为“12.0”(对应于 2.7 GHz 频率)。重复上述说明重新调整谱表。图形窗口如图 6.58.7 所示。

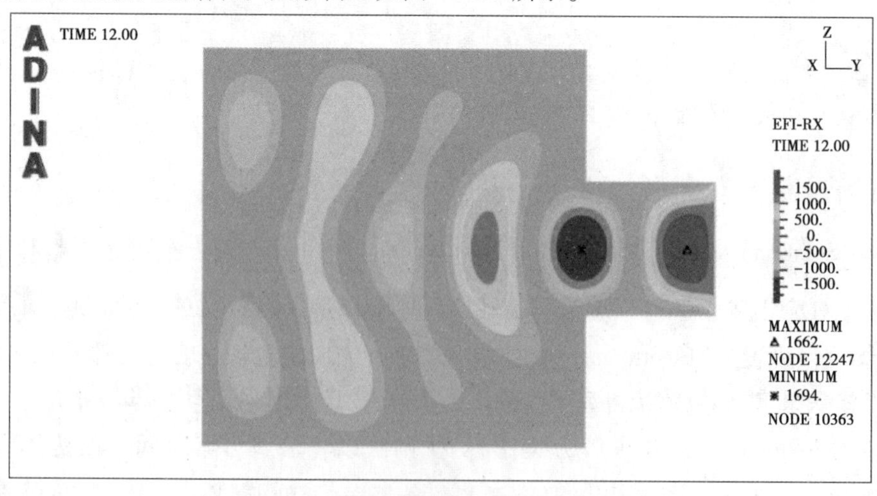

图 6.58.7　求解方案时间为 12.0 时的结果

列出特定相位角的瞬时电场。选择【List】列表→【Value List】数值列表→【Zone】区域,将第一个变量设置为【Electromagnetic:EFI-X】(电磁:EFI-X),然后单击【Result Control】结果控制字段右侧的【...】按钮。在【Define Result Control Depiction】定义结果控制描述对话框中,将【Phase Angle (degrees)】相角(度数)字段设置为“45”,然后单击【OK】确定。在【List Zone Values】列表区域值对话框中,将【Response Option】响应选项

设置为【Single Response】单个响应，然后单击【Response】响应字段右侧的...按钮。在【Define Response】定义响应对话框中，将【Solution time】求解方案时间设置为【Latest】最新并单击【OK】确定。在【List Zone Values】列表区域值对话框中，单击【Apply】应用。该清单显示了3.675 GHz频率范围内整个领域x方向的电场强度（对应于时间20的求解方案）。单击【Close】关闭，关闭对话框。

58.5.3 磁场强度

单击【Clear】清除图标和【Mesh Plot】网格绘图图标，然后使用【Previous Solution】前一个求解方案和【Next Solution】下一个求解方案图标（◀和▶）将求解方案时间更改为“8.0”。单击【Create Vector Plot】创建向量绘图图标，将【Vector Quantity】向量物理量设置为【HMI-I】（磁场强度矢量的虚部），然后单击【OK】（在目前的EM谐波模型中，磁场强度的实际部分是微不足道的）。图形窗口如图6.58.8所示。

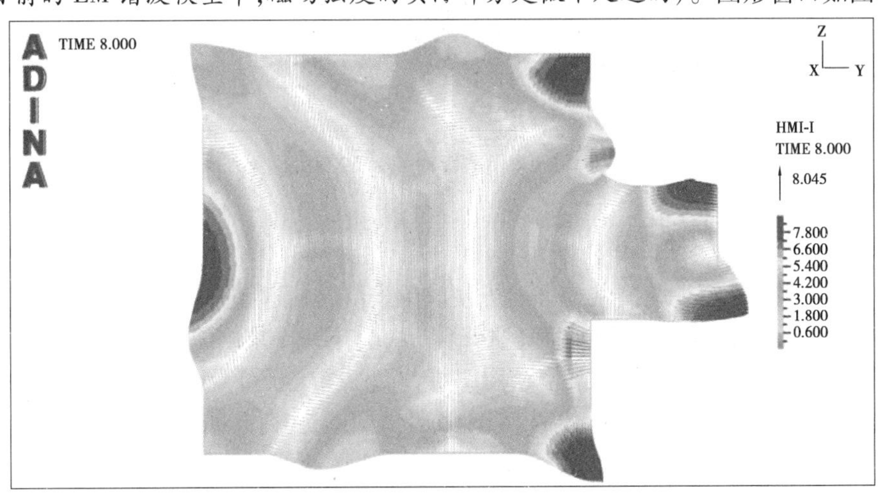

图6.58.8 磁场强度矢量的虚部

然后单击【Next Solution】下一步求解方案图标▶两次以将求解方案时间更改为“10.0”（对应频率2.45 GHz）。（**注意**：矢量缩放不会更改。）要重新绘制矢量，请单击【Modify Vector Plot】图标，单击【Rendering...】渲染按钮，将【Scale Option】比例选项设置为【Automatic】自动，然后单击【OK】确定两次以关闭这两个对话框。图形窗口如图6.58.9所示。

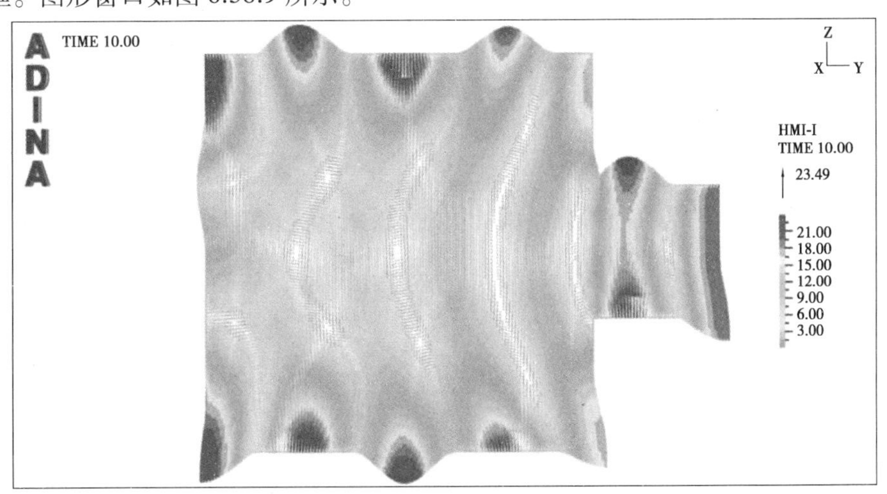

图6.58.9 求解方案时间为10.0时的结果

按照相同的程序在12.0时刻创建HMI-I的矢量图。图形窗口如图6.58.10所示。

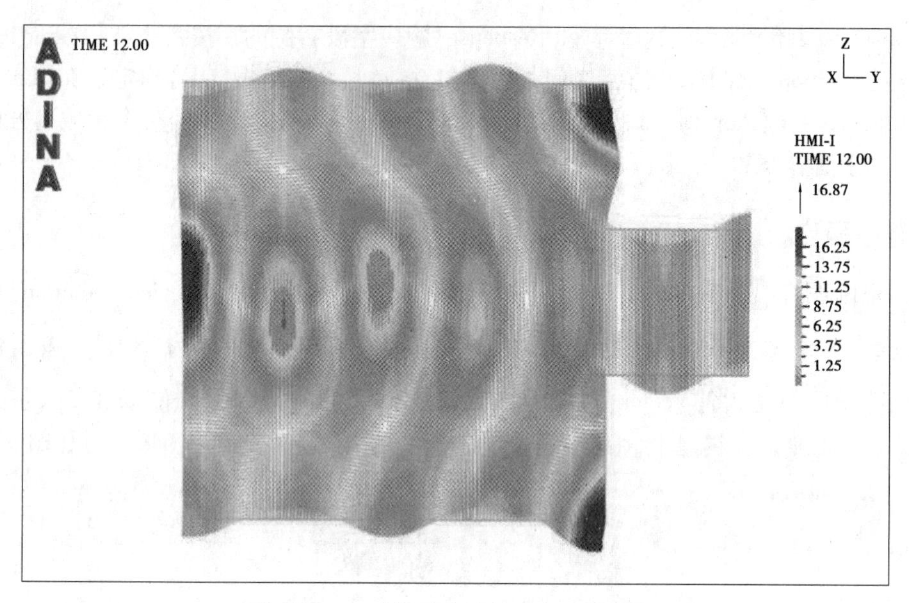

图 6.58.10 求解方案时间为 12.0 的结果

58.5.4 频率扫描电影放映

在单个动画中以不同频率显示电磁响应非常方便。单击【Clear】清除图标和【Mesh Plot】网格绘图图标，然后使用【Previous Solution】前一个求解方案和【Next Solution】下一个求解方案图标(和)将求解方案时间更改为“1.0”。单击【Create Band Plot】创建条带绘图图标，将【条带绘图】变量设置为【(Electromagnetic：EFI-RX)】，然后单击【OK】。单击【Modify Band Plot】修改条带绘图图标和【Band Table...】条带表格...按钮，取消【Freeze Range】冻结范围字段，然后单击【OK】确定两次以关闭这两个对话框。

单击【Movie Load Step】电影载荷步图标创建一个电影，显示不同时间以及不同频率下电场强度的实际部分要播放影片，请单击【Animate】动画图标或选择【Display】显示→【Animate】动画。单击【Refresh】刷新图标清除动画。

58.6 退出 AUI

选择主菜单中的【File】文件→【Exit】退出，弹出【AUI】对话框，然后单击【Yes】，其余选【默认】，退出 ADINA-AUI。

问题59 由于轴向洛伦兹力导致的杆弯曲

问题描述

1)问题概况

本例中,将确定在轴向洛伦兹力下的杆的屈曲载荷,与固体结构耦合的电磁场将沿着杆施加轴向分布载荷。当我们增加沿杆的电磁洛伦兹力时,杆会在负载下弯曲。本例计算模型如图6.59.1所示。

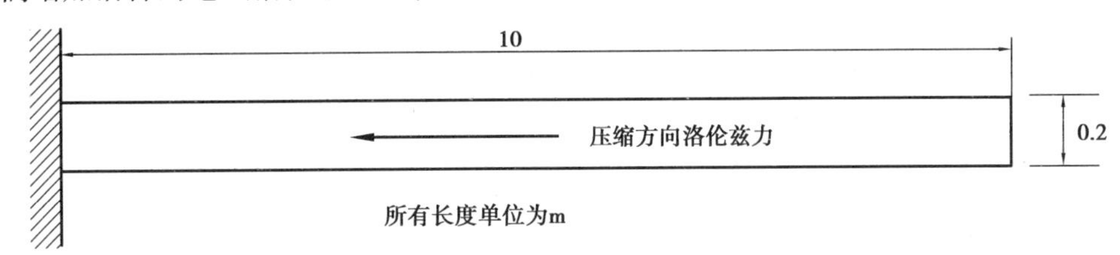

图6.59.1 问题59中的计算模型

弹性材料:

杨氏模量:$E = 1.0 \times 10^8$ N/m^2

泊松比:$\nu = 0.0$

电磁材料:

渗透性:$\mu = 1.25 \times 10^{-6}$ H/m

电导率:$\sigma = 1.0 \times 10^6$ S/m

2)问题分析

为了便于比较分布式轴向加载时的屈曲载荷和分析临界解,我们使电场不变,磁场随着整个杆件的微小变化呈线性变化。

本例将使用一个电磁模型,和一个坚实的结构模型。电磁模型作为ADINA EM模型输入,实体模型作为ADINA结构模型输入。分析本身作为ADINA Structures和ADINA EM之间的单向耦合分析执行,类似于单向FSI耦合。

3)演示内容

本例将演示以下内容:

①执行电磁结构耦合分析,其中将单独的AUI数据库用于固体和电磁模型。

②在ADINA EM和ADINA结构模型之间运行单向耦合分析。

③使用载荷-位移曲线确定钢筋屈曲载荷。

注意:①由于900节点版本不包含ADINA Structures/EM,因此900节点版本的ADINA系统无法求解此问题。

②本例的大部分输入存储在以下文件中:prob59_1.in,prob59_2.in。在开始分析之前,需要将文件夹"samples\primer"中的这些文件复制到工作目录或文件夹中。

59.1 启动AUI,并选择有限元程序

启动AUI并将【Program Module】程序模块下拉列表设置为【ADINA Structures】ADINA结构。

59.2 ADINA结构模型

59.2.1 定义模型控制数据

1)问题标题

选择【Control】控制→【Heading】标题,输入标题【Problem 59:Bar buckling under axial Lorentz body force-

Structure】问题 59:轴向洛伦兹体力下的杆弯曲-结构,然后单击【OK】确定。

2)多物理场耦合

将【Multiphysics Coupling】多物理场耦合下拉列表设置为【with EM】。

59.2.2 模型定义

这个模型与其他结构模型相似,可将其余的结构模型定义放入批处理文件 prob59_1.in 中。选择【File】文件→【Open Batch】打开批处理,导航到工作目录或文件夹,选择文件 prob59_1.in,然后单击【Open】打开。图形窗口如图 6.59.2 所示。

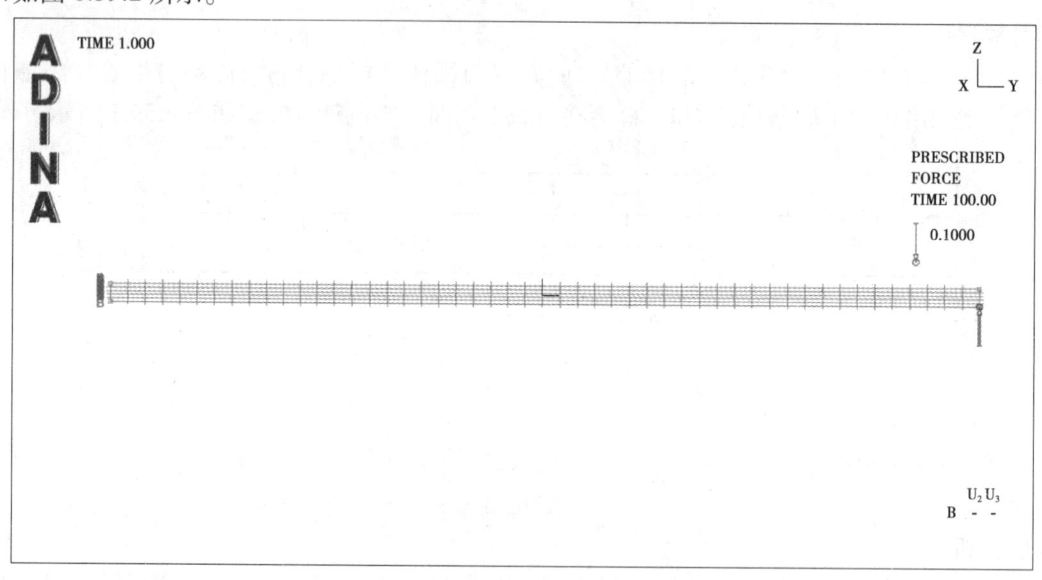

图 6.59.2 导入的 prob59_1.in 模型

图 6.59.2 中显示的负载是一个用于触发屈曲的小横向扰动力。

确认元件组有电磁耦合。单击【Element Groups】单元组图标,单击【Advanced】高级选项卡,并注意【Includes Electromagnetic Coupling】包括电磁耦合被选中。单击【Cancel】取消关闭对话框。

59.2.3 生成 ADINA 结构数据文件

单击【Save】保存图标 并将数据库保存到文件"prob59_a"。单击【Data File/Solution】数据文件/求解方案图标 ,将文件名设置为"prob59_a",取消选中【Run Solution】运行求解方案按钮,然后单击【Save】保存。

59.3 ADINA EM 模型

59.3.1 选择有限元程序

单击【New】新建图标 (可以放弃所有更改),并将【Program Module】程序模块下拉列表设置为【ADINA EM】。

59.3.2 定义模型控制数据

1)问题标题

选择【Control】控制→【Heading】标题,输入标题【Problem 59: Bar buckling under axial Lorentz body force——EM】问题 59:在轴向洛伦兹体力下杆曲屈-EM 下,单击【OK】确定。

2)分析假设

选择【Model】模型→【Analysis Settings】分析设置,将【Model Type】模型类型设置为【2D E-H model on electric plane】电平面上的 2D EH 模型,验证【Analysis Type】分析类型为【Static】静态,将【Tolerance for Residuals】残差容限设置为“1E-9”,然后单击【OK】确定。

59.3.3　模型定义

这个模型类似于以前的问题中所示的 ADINA EM 模型,可将其余的 EM 模型定义放入批处理文件 prob59_2.in 中。选择【File】文件→【Open Batch】打开批处理,导航到工作目录或文件夹,选择文件 prob59_2.in 并单击【Open】打开。图形窗口如图 6.59.3 所示。

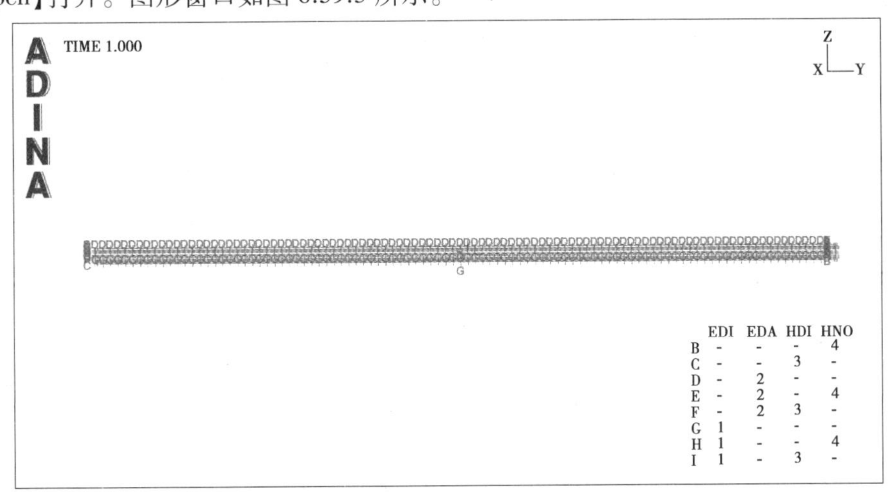

图 6.59.3　导入的 prob59_2.in 模型

59.3.4　生成 ADINA EM 模型数据文件

单击【Save】保存图标 并将数据库保存到文件 prob59_e。单击【Data File/Solution】数据文件/求解方案图标 ,将文件名称设置为“prob59_e”,确保【Run Solution】运行求解方案按钮未选中,然后单击【Save】保存。

59.4　运行 ADINA 结构/EM

选择【Solution】求解方案→【Run ADINA Structures/EM】运行 ADINA Structures/EM,单击【Start】开始按钮,选择文件“prob59_e”,然后按住“Ctrl”键并选择文件 prob59_a。文件名字段应该在引号中显示两个文件名。将【Run】运行字段设置为【EM Only】仅 EM,然后单击【Start】开始。

EM 问题运行了 100 个步骤。

单击【Close】关闭【ADINA Structures/EM】对话框。

选择【Solution】求解方案→【Run ADINA Structures】运行 ADINA 结构(不是【Solution】求解方案→【Run ADINA Structures/EM】运行 ADINA Structures/EM),单击【Start】开始按钮,选择文件 prob59_a,将【Run】运行设置为【One-Way FSI】单向 FSI,然后单击【Start】开始。

结构问题运行了 100 个步骤。

关闭所有打开的对话框。

59.5　检查求解方案

59.5.1　检查电磁求解方案

将【Program Module】程序模块下拉列表设置为【Post-Processing】后处理(可以放弃所有更改),单击【Open】打开图标 并打开舷窗文件 prob59_e。

1)保存网格图默认值

单击【Model Outline】模型轮廓图标和【Save Mesh Plot Style】保存网格图样式图标 。

2)电场

单击【Create Vector Plot】创建矢量绘图图标 ,将【Vector Quantity】矢量数量设置为【EFI】并单击【OK】确定。

使用 和 图标来改变求解方案的时间来详细研究电场如何随时间而变化。(电场在每次结构中都是恒定的)。时间为0.82时的图形窗口如图6.59.4所示。

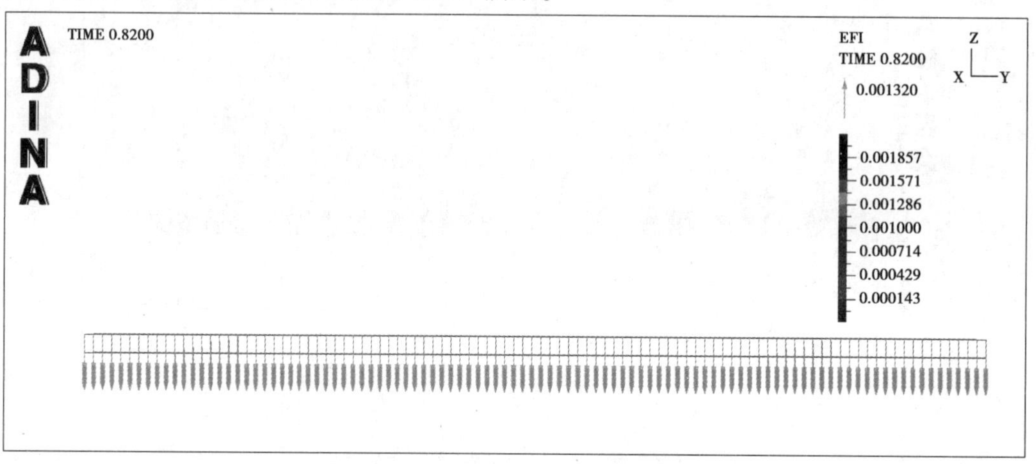

图6.59.4　时间为0.82时的结果

完成使用这些图标后,单击【Last Solution】最后一个求解方案图标 以显示最后一个求解方案。

3)磁场

单击【Clear Vector Plot】清除向量绘图图标 ,单击【Create Band Plot】创建条带绘图图标 ,将【variable】变量设置为【Electromagnetic:HMI-X】(Electromagnetic:HMI-X)(HMI-X是磁场强度的x分量),然后单击【OK】确定。使用 和 图标更改求解时间。时间为0.82时的图形窗口如图6.59.5所示。

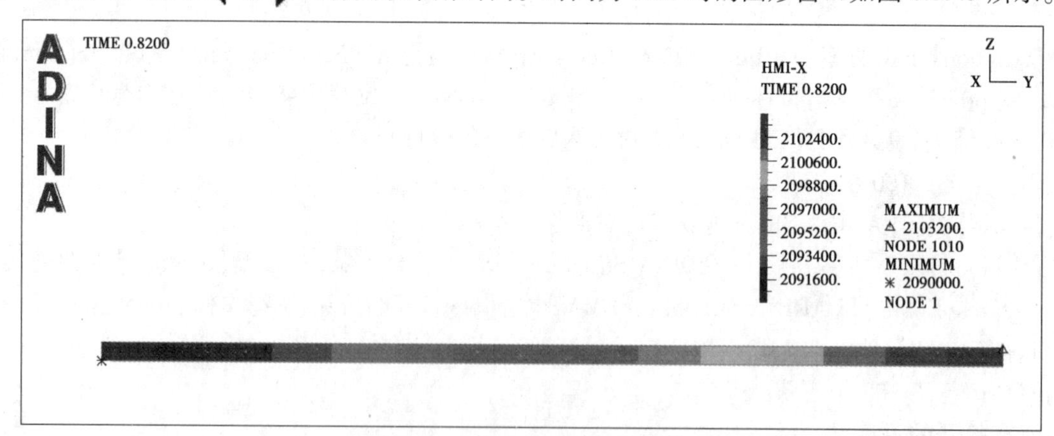

图6.59.5　磁场强度的x分量

59.5.2　检查结构求解方案

单击【New】新建图标(可以放弃所有更改),单击【Open】打开图标 并打开舷窗文件prob59_a。

1)条形结构偏转

单击【Model Outline】模型轮廓图标 ,【Show Original Mesh】显示原始网格图标 ,然后单击【Create

Band Plot】创建条带绘图图标 ，将该【variable】变量设置为【Displacement：DISPLACEMENT _MAGNITUDE】(位移:DISPLACEMENT _MAGNITUDE)，然后单击【OK】确定。图形窗口如图 6.59.6 所示。

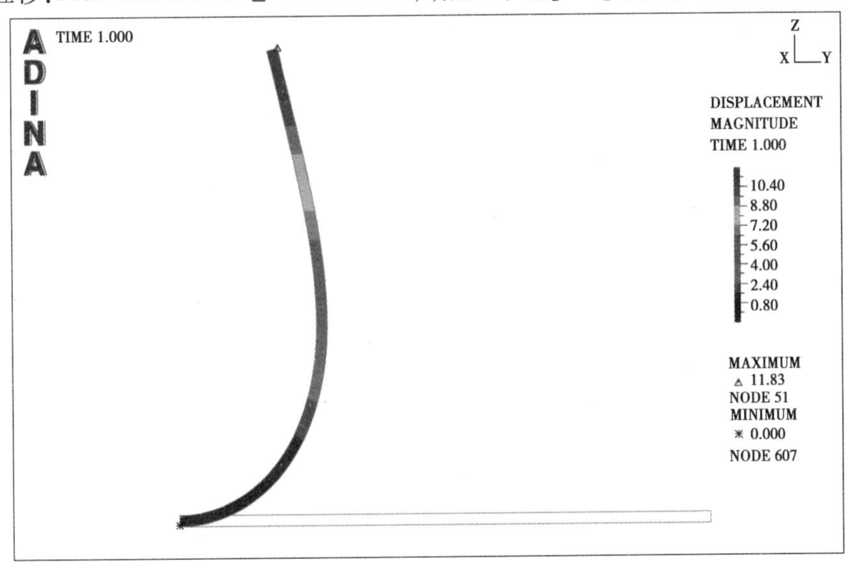

图 6.59.6 位移幅度

注意:①杆件变形后的杆件变形是由杆件原始轴向的电磁洛伦兹力引起的，不会随着变形而改变方向。②使用更改求解方案时间的图标(例如 和 图标)来详细研究小节如何从原始位置移动。

2)结构中的有效应力

单击【Clear Band Plot】清除条带绘图图标 ，然后单击【Quick Band Plot】快速条带绘图图标 。图形窗口如图 6.59.7 所示。

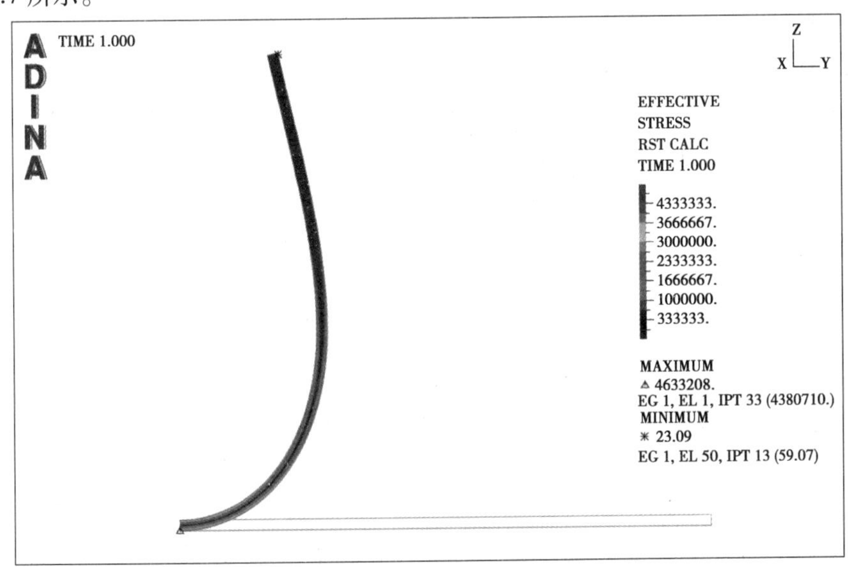

图 6.59.7 结构中的有效应力

59.5.3 确定屈曲载荷

为了显示屈曲载荷，可以绘制杆顶端节点的位移。

1)定义模型点

选择【Definitions】定义→【Model Point】模型点→【Node】节点，添加模型点 N51，设置【node #】节点#为“51”，然后单击【OK】确定。

2）模型点位移图

单击【Clear】清除图标 CLEAR，选择【Graph】图形→【Response Curve（Model Point）】响应曲线（模型点），设置【Y Coordinate Variable】Y 坐标变量为【Displacement：DISPLACEMENT_MAGNITUDE】（位移：DISPLACEMENT_MAGNITUDE），然后单击【OK】确定。图形窗口如图 6.59.8 所示。

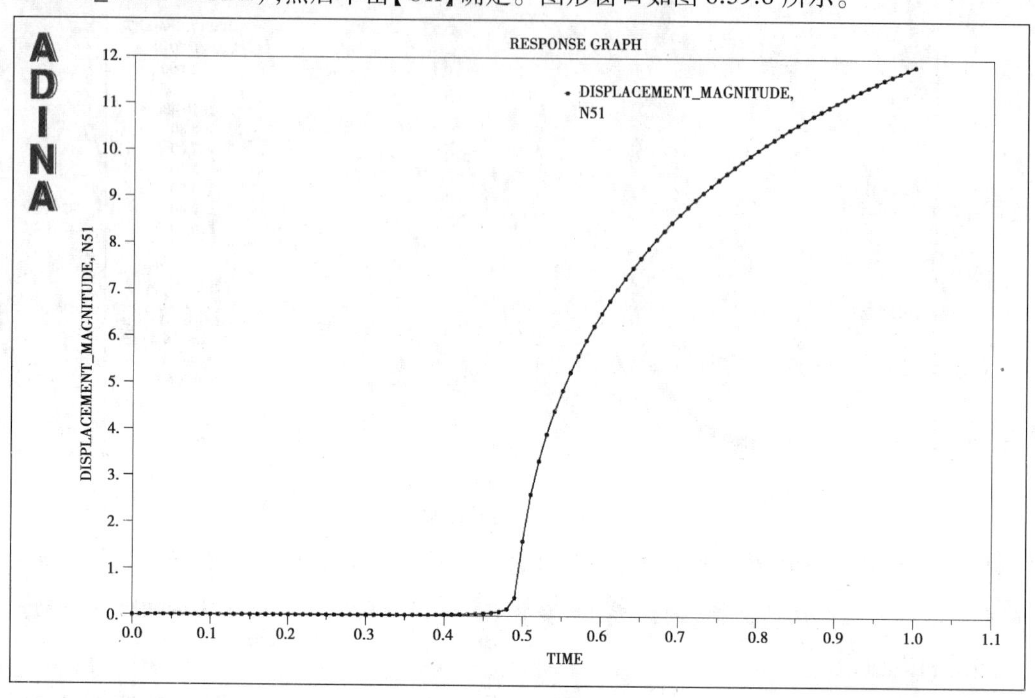

图 6.59.8　点位移图

棒绕时间为 0.5 时的屈曲对应于 104.5（N/m）的轴向分布线负载。该值与时间为 104.49 时的分析屈曲载荷相当。

59.6　退出 AUI

选择主菜单中的【File】文件→【Exit】退出，弹出【AUI】对话框，然后单击【Yes】，其余选【默认】，退出 ADINA-AUI。

问题60　通道中悬臂梁的电磁驱动流动

问题描述

1）问题概况

本例确定由电磁洛伦兹力驱动的流体流动和二维通道内非常薄的柔性结构的变形，如图6.60.1所示。

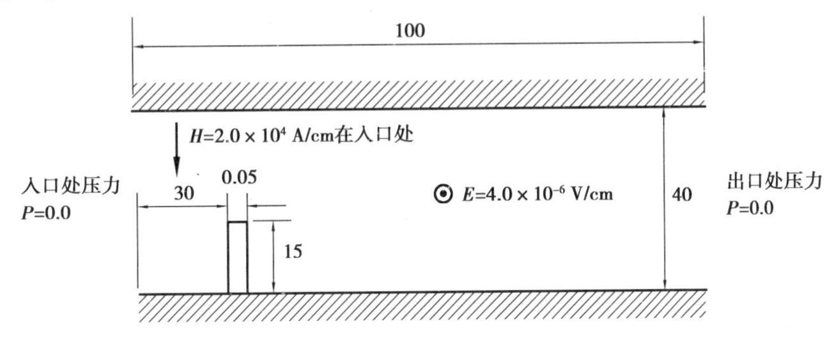

图6.60.1　问题60中的计算模型（单位：cm）

杨氏模量：$E=1.0\_10^6$ dyne/cm^2　　渗透性：$\mu=1.25\_10^{-8}$ H/cm

泊松比：$\nu=0.3$　　电导率：$s=1.0\times10^5$ S/cm

2）问题分析

本例使用电磁模型，加上通道中的流体模型，以及悬臂结构的实体模型，该模型又耦合到流体模型。电磁模型作为ADINA EM模型输入，流体模型作为ADINA CFD模型输入，实体模型作为ADINA结构模型输入。分析本身是作为ADINA Structures，ADINA CFD和ADINA EM之间的完全耦合分析来执行的，但是由于ADINA CFD和ADINA EM模型共享相同的数据文件，因此只生成两个数据文件。

3）演示内容

本例将演示以下内容：

①执行电磁学/流体结构相互作用（EM/FSI）分析，其中将单独的AUI数据库用于固体和流体+电磁模型。

②在ADINA结构，ADINA EM和ADINA CFD模型之间切换。

③在FSI迭代中设置用于移动网格的稀疏求解器。

④定义一个滑动边界。

注意：①由于900节点版本不包含ADINA FSI/EM，因此900节点版本的ADINA系统无法求解此问题。

②本例的大部分输入存储在以下文件中：prob60_1.in，prob60_2.in，prob60_3.in。在开始分析之前，你需要将文件夹“samples\primer”中的这些文件复制到工作目录或文件夹中。

60.1　启动AUI，并选择有限元程序

启动AUI，并将【Program Module】程序模块下拉列表设置为【ADINA Structures】ADINA结构。

60.2　ADINA CFD/ADINA EM模型

把整个结构模型的定义，包括数据文件的生成放入批处理文件prob60_1.in。选择【File】文件→【Open Batch】打开批处理，导航到工作目录或文件夹，选择文件prob60_1.in，然后单击【Open】打开。图形窗口如图6.60.2所示。

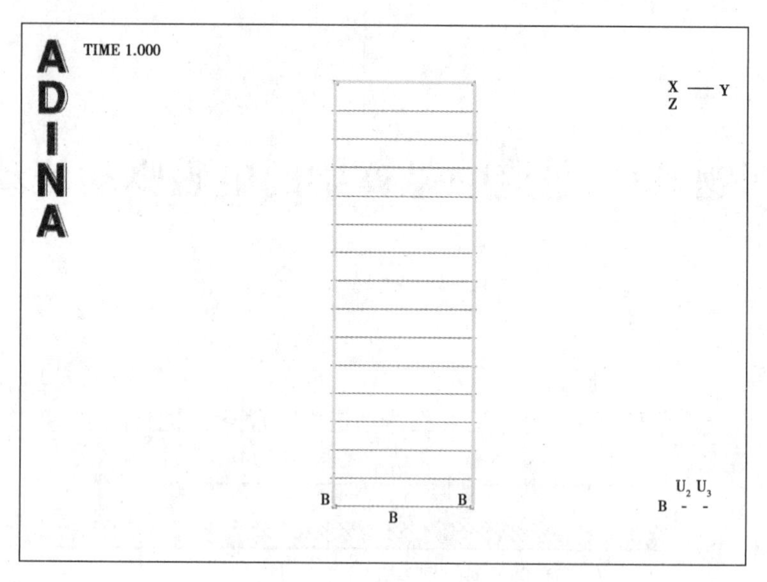

图 6.60.2　导入的 prob60_1.in 模型

单击新建图标创建一个新的数据库(可以放弃所有更改)。将【Program Module】程序模块下拉列表设置为【ADINA CFD】。

60.2.1　定义模型控制数据

1)问题标题

选择【Control】控制→【Heading】标题,输入标题【Problem 60:electromagnetic driven flow over a cantilever in a channel---Fluid + EM】,然后单击【OK】确定。

2)多物理场耦合

将【Multiphysics Coupling】多物理耦合下拉列表设置为【with Structures & EM】。AUI 显示一条警告消息。单击【OK】确定关闭警告消息。

3)流量假设

选择【Model】模型→【Flow Assumptions】流量假设,将【Flow Dimension】流量维度设置为【2D (in YZ Plane)】2D(在 YZ 平面中),取消选中【Heat Transfer】包括热量传递按钮,然后单击【OK】确定。

4)求解方案迭代

选择【Control】控制→【Solution Process】求解方案过程,单击【Outer Iteration】外部迭代…按钮,然后单击【Advanced Settings…】高级设置…按钮。在【Outer Iteration Advanced Settings】外迭代高级设置对话框中,将【Equation Residual】方程残差设置为【All】全部,并验证【Tolerance】公差是"0.0001"。同时将【Tolerance for Variable Residual】容差残差设置为"0.0001"。将【Solver for Moving Mesh】移动网格的求解器设置为【Sparse】稀疏,并将【Maximum Iterations In Velocity-Pressure Loop within VPT Loop】VPT 循环内的速度-压力回路中的最大迭代次数设置为"5"。单击【OK】确定三次,关闭所有三个对话框。

5)流体结构交互

单击【Coupling Options】耦合选项图标,确认【FSI Solution Coupling】FSI 求解耦合为【Iterative】迭代,将【Maximum Number of Fluid-Structure Iterations】流体结构迭代的最大数目设置为"30",然后单击【OK】确定。

60.2.2　定义 ADINA CFD 模型

先将 ADINA CFD 模型的大部分定义放入批处理文件 prob60_2.in 中:

①物理牵引边界条件的规范。

②时间步进。

③时间功能。

④模型几何。

⑤流体材料。

⑥流体边界条件。

⑦网格。

选择【File】文件→【Open Batch】打开批处理，导航到工作目录或文件夹，选择文件 prob60_2.in 并单击【Open】打开。图形窗口如图 6.60.3 所示。

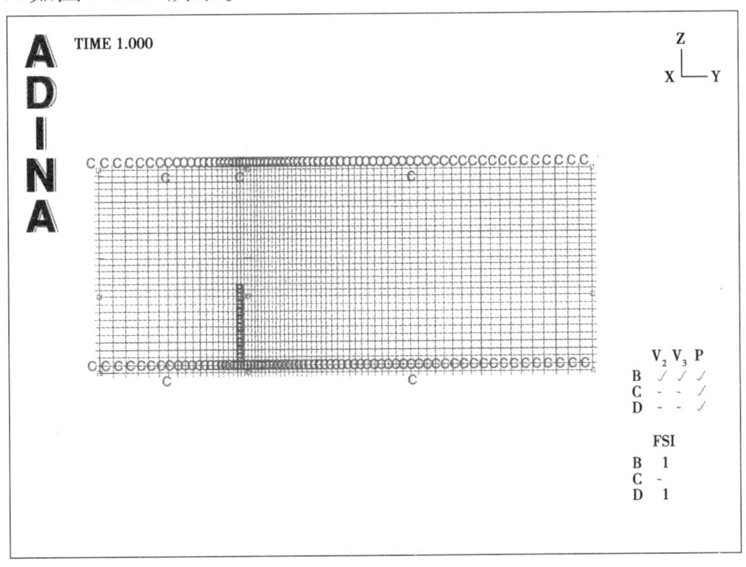

图 6.60.3 导入的 prob60_2.in 模型

【Element group 1】单元组 1 用于模拟流体(包括电磁效应)，【element group 2】单元组 2 用于模拟结构中的电磁效应。单击【Element Groups】单元组图标，并观察【element group 1】单元组 1 具有【Fluid Element】流体单元，【Electric Effects】电效应和【Magnetic Effects】磁效应，并且【element group 2】单元组 2 具有仅【Electric Effects】电效应和【Magnetic Effects】磁效应被选中。

60.2.3 定义滑动边界和领导者-从属者关系

为了保持良好的网格质量，希望点 2 和点 3 沿着线 1,2 和 3 移动。所以沿着线 1,2 和 3 定义一个滑动边界，然后定义两对引导跟随点。

选择【Meshing】网格→【ALE Mesh Constraints】ALE 网格约束→【Slipping Boundary】滑动边界，添加【boundary # 1】边界#1，在表的前三行输入“1”“2”“3”，然后单击【OK】确定。然后选择【Meshing】划分网格→【ALE Mesh Constraints】ALE 网格约束→【Leader-Follower】领导-跟随，然后在表 6.60.1 中输入【Leader-Follower】领导-跟随点对，然后单击【OK】确定。

表 6.60.1 ALE 网格约束参数

Label	Leader Point	Follower Point
1	7	3
2	6	2

60.2.4 定义 ADINA EM 模型

1）电磁假设

选择【Model】模型→【Electromagnetic】电磁→【Settings】设置，将【Model Type】模型类型设置为【2D E-H model on magnetic plane】在磁平面上的 2D E-H 模型，然后单击【OK】确定。

已经将 ADINA EM 模型的大部分定义放入批处理文件 prob60_3.in 中：

①电磁材料。

②电磁边界条件。

选择【File】文件→【Open Batch】打开批处理，导航到工作目录或文件夹，选择文件 prob60_3.in 并单击【Open】打开。图形窗口中绘制的边界条件表变得更大。使用鼠标将表格完全移动到图形窗口中。图形窗口如图 6.60.4 所示。

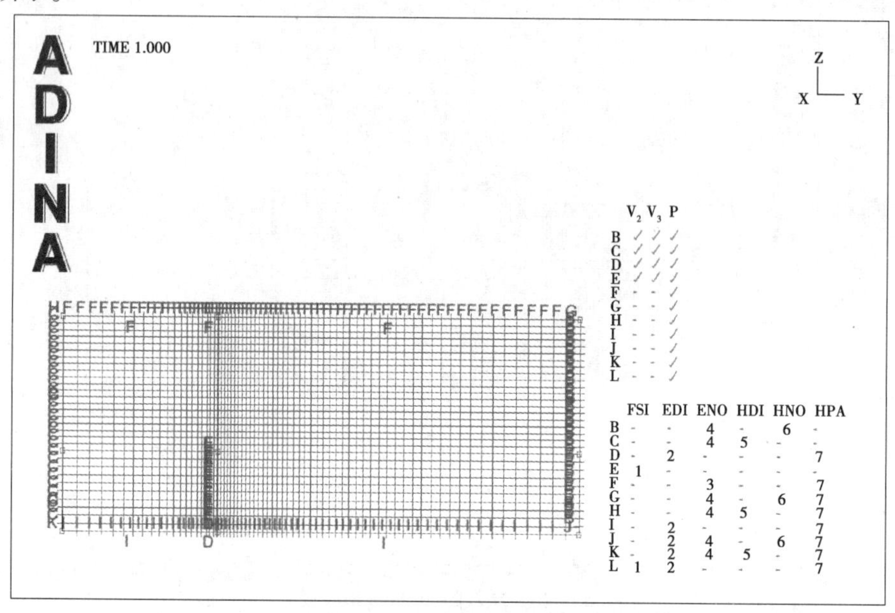

图 6.60.4 导入的 prob60_3.in 模型

60.2.5 生成 ADINA CFD 和 ADINA EM 模型，保存 ADINA-IN 数据库

单击【Save】保存图标 并将数据库文件保存到文件 prob60_e。单击【Data File/Solution】数据文件/求解方案图标 ，将文件名称设置为“prob60_e”，确保【Run Solution】运行求解方案按钮未选中，然后单击【Save】保存。

60.3 运行 ADINA FSI/EM

选择【Solution】求解方案→【Run ADINA FSI/EM】运行 ADINA FSI/EM，单击开始按钮，选择文件 prob60_e，然后按住“Ctrl”键并选择文件“prob60_a”。文件名字段应该在引号中显示两个文件名。然后单击【Start】开始。当 ADINA-FSI/EM 完成时，关闭所有打开的对话框。

60.4 检查结构求解方案

将【Program Module】程序模块下拉列表设置为【Post-Processing】后处理（可以放弃所有更改），单击【Open】打开图标 并打开舷窗文件 prob60_a。

60.4.1 悬臂结构挠度

单击【Show Original Mesh】显示原始网格图标 ，然后单击【Create Band Plot】创建绘图图标 ，将【Variable】变量设置为【Displacement：DISPLACEMENT_MAGNITUDE】（位移：DISPLACEMENT_MAGNITUDE）并单击【OK】确定。图形窗口如图 6.60.5 所示。

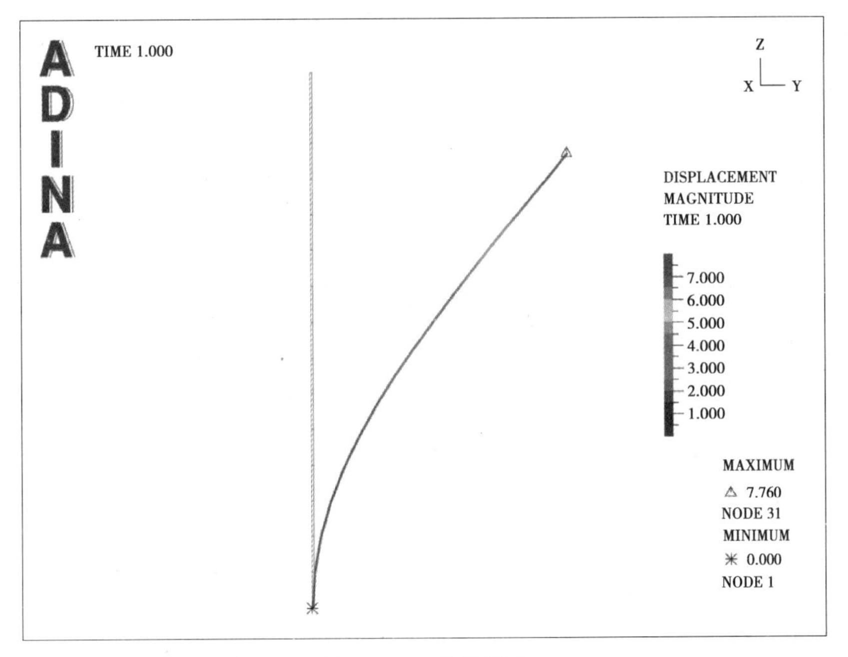

图 6.60.5　位移幅度

60.4.2　结构中的有效应力

单击【Show Original Mesh】显示原始网格图标，然后单击【Clear Band Plot】清除绘图图标和【Quick Band Plot】快速绘图图标。图形窗口如图 6.60.6 所示。

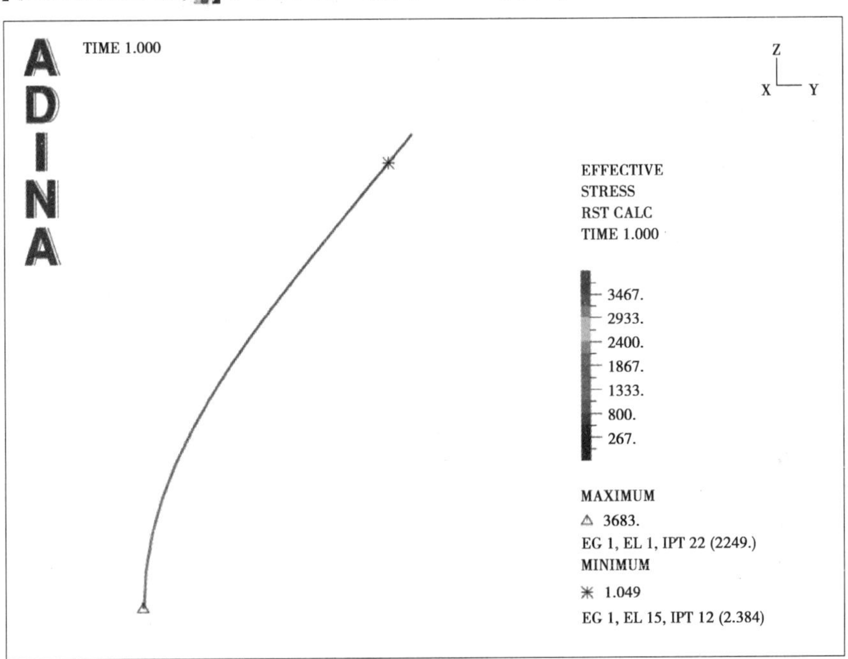

图 6.60.6　有效应力

60.5　检查电磁和流体流动求解方案

单击【New】新建图标（可以放弃所有更改），单击【Open】打开图标并打开舷窗文件 prob60_e。

60.5.1 电场

单击【Model Outline】模型轮廓图标，然后单击【Create Band Plot】创建条带绘图图标，设置【variable】变量为【(Electromagnetic:EFI-X)】，然后单击【OK】确定。电场应该是常数。

60.5.2 磁场

单击【Clear】清除图标和【Mesh Plot】网格绘图图标。单击【Create Band Plot】创建条带绘图图标，设置【variable】变量为【(Electromagnetic:HMI_MAGNITUDE)】并单击【OK】确定。图形窗口如图6.60.7所示。

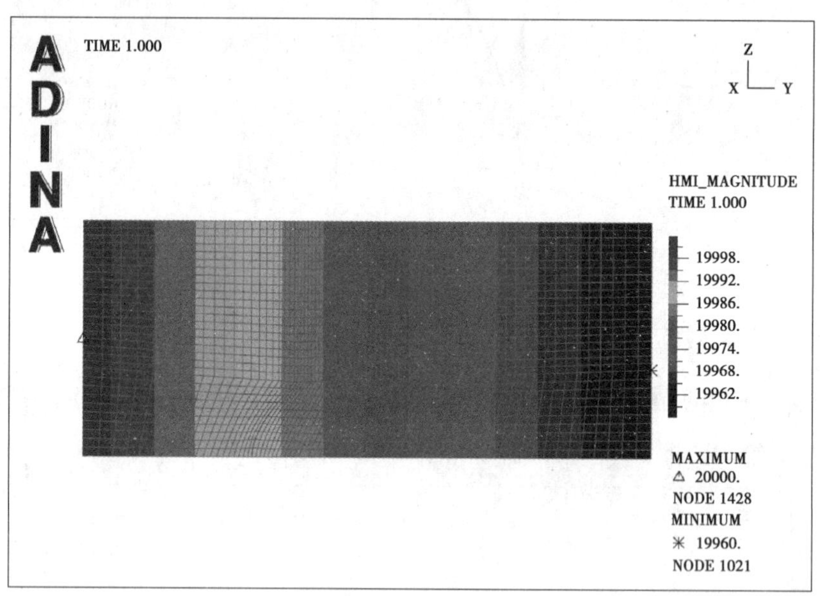

图 6.60.7 磁场

60.5.3 速度矢量

单击【Clear】清除图标，【Group Outline】组轮廓图标和【Quick Vector Plot】快速矢量绘图图标。使用鼠标来排列图形，直到图形窗口如图 6.60.8 所示。

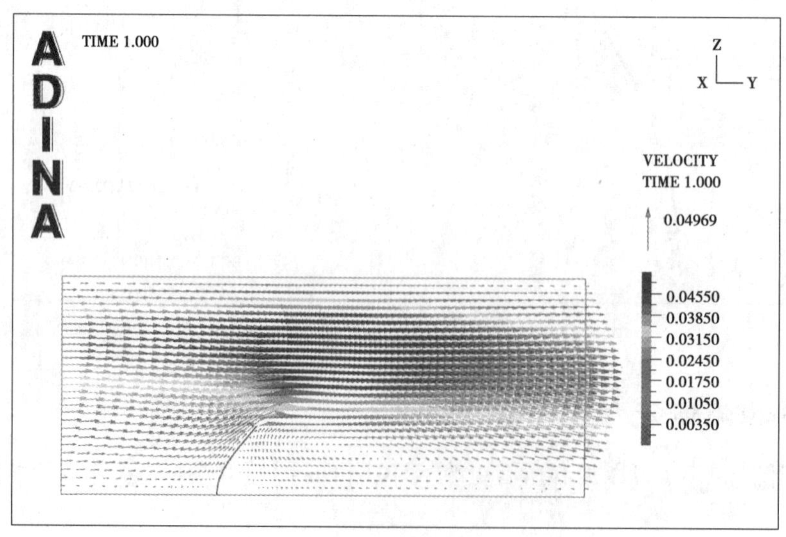

图 6.60.8 速度矢量

60.5.4 压力

单击【Clear Vector Plot】清除矢量图图标，然后单击【Quick Band Plot】快速波条带绘图图标。使用鼠标重新排列图形，直到图形窗口如图 6.60.9 所示。

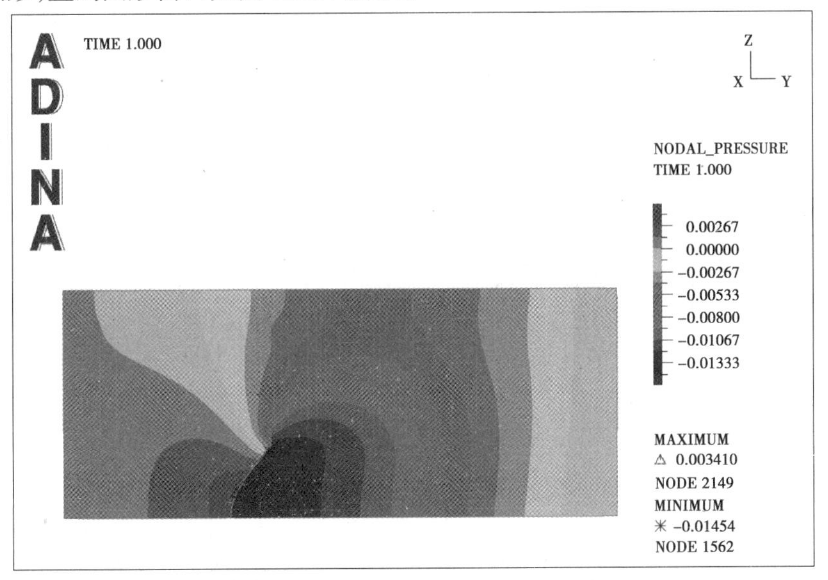

图 6.60.9 节点压力

60.6 退出 AUI

选择主菜单中的【File】文件→【Exit】退出，弹出【AUI】对话框，然后单击【Yes】，其余选【默认】，退出 ADINA-AUI。

问题61　组件模式综合应用于波束模型

问题描述

1）问题概况

本例将组件模态综合（CMS）技术应用于简单的梁模型，如图6.61.1所示。

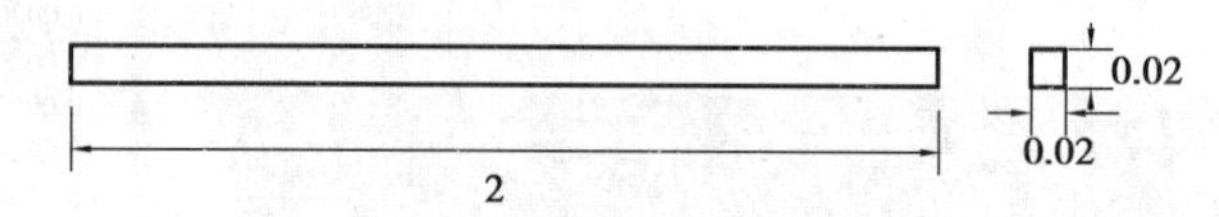

图6.61.1　问题61中的计算模型

$E=2.07\times10^{11}\mathrm{N/m^2}$

$\rho=7\ 800\ \mathrm{kg/m^3}$

梁是一个双端自由梁。

2）问题分析

为了简单起见，只考虑 xy 平面中梁模型的运动。因此，每个梁节点具有三个自由度：x 平动、y 平动和 z 旋转。

因为我们使用的梁模型有6个节点，所以自由度的总数 n 是18。

在CMS方法中，自由度被分为边界自由度和内部自由度。本例将梁模型的两个末端节点的自由度分配为边界自由度。由于有在两个端节点6个自由度的总数，静态约束的数量的模式 κ 是6。我们也将设定的固定接口动态振动模式的数目 q 为3。将所得的减小的矩阵的大小，$\mathbf{K}_r\mathbf{M}_r$ 是 $(k+q)\times(k+q)=9\times9$。

3）演示内容

本例将演示以下内容：

设置组件模式综合分析。

注意：本例的大部分输入存储在以下文件中：prob61_1.in。在开始分析之前，需要将这个文件从"samples\primer"文件夹复制到工作目录或文件夹中。

61.1　启动AUI，并选择有限元程序

启动AUI，并将【Program Module】程序模块下拉列表设置为【ADINA Structures】ADINA结构。

61.2　定义模型

先准备一个批处理文件（prob61_1.in），它定义了以下项目：

①问题标题。

②选择主自由度，使光束在xy平面上振动。

③几何点和线。

④横截面。

⑤元素组1，这是一个Hermitian梁元素组。元素组包含5个等距的梁单元。

选择【File】文件→【Open Batch】打开批处理，导航到工作目录或文件夹，选择文件prob61_1.in然后单击【Open】打开。图形窗口如图6.61.2所示。

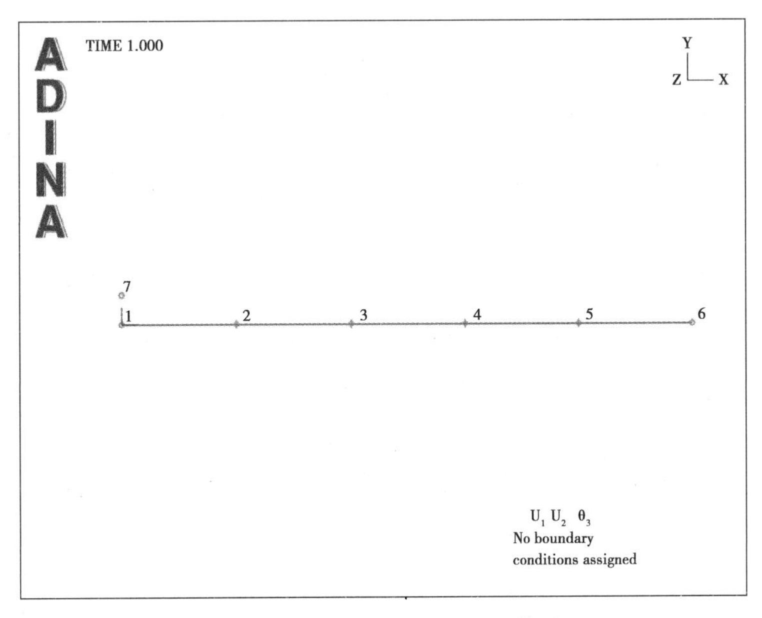

图 6.61.2 导入的 prob61_1.in 模型

61.3 指定 CMS 方法的分析选项

将【Analysis Type】分析类型下拉列表设置为【Frequencies/Modes】频率/模态，然后单击【Analysis Options】分析选项图标 。将【Solution Method】求解方法设置为【Component Mode Synthesis (Subspace)】分量模式合成（子空间），将【Number of Frequencies/Mode Shapes】频率/模式形状数量设置为"8"，将【Number of Mode Shapes to be Printed】要打印的模式形状数量设置为"8"，选中【Allow Rigid Body Mode】允许刚体模式按钮和设置【# of Fixed Interface Modes to 3】固定接口模式的#3。然后单击【Boundary DOFs...】边界自由度...按钮。在组件模式综合的边界自由度对话框中，按如表 6.61.1 所示填写，然后单击【OK】确定两次以关闭两个对话框。

表 6.61.1 边界自由度参数

Node#	Deg. of Freedom
1	X-Translation
1	Y-Translation
1	Z-Rotation
6	X-Translation
6	Y-Translation
6	Z-Rotation

61.4 生成数据文件，运行 ADINA Structures

单击【Save】保存图标 并将数据库保存到文件 prob61。单击【Data File/Solution】数据文件/求解方案图标 ，将文件名称设置为"prob61"，确保【Run Solution】运行求解方案按钮被选中，然后单击【Save】保存。

当 ADINA Structures 完成时，消息窗口如下：

```
Initializing ... Stage 1
Allocating 32.0 MB of memory ...
Initializing ... Stage 2
Initial ADINA memory allocation  -      32.0 mb  (or       4.0 mw)
Starting Solution Process ...
Input phase...
Assemblage of linear matrices.
Calculate and store the load vector
Memory used by the in-core sparse solver. . :       0.2 mb  (or       0.0 mw)
Total memory used by the program. . . . . . :      32.2 mb  (or       4.0 mw)
Factorization completed.
Starting calculation of constraint modes...
Step number =       1   step size =  1.0000000E+00  time =  1.0000000E+00
Step number =       2   step size =  1.0000000E+00  time =  2.0000000E+00
Step number =       3   step size =  1.0000000E+00  time =  3.0000000E+00
Step number =       4   step size =  1.0000000E+00  time =  4.0000000E+00
Step number =       5   step size =  1.0000000E+00  time =  5.0000000E+00
Step number =       6   step size =  1.0000000E+00  time =  6.0000000E+00
Allocated memory without sparse solver . . . . :      32.0 mb (        4.0 mw)
Memory used without sparse solver. . . . . . . :       0.1 mb (        0.0 mw)
Starting calculation of fixed interface vibration modes...
Iteration number =    1     Number of initially converged eigenvalues =       0
Iteration number =    2     Number of initially converged eigenvalues =       0

Final number of fixed vibration interface modes =      3
Allocated memory without sparse solver . . . . :      32.0 mb (        4.0 mw)
Memory used without sparse solver. . . . . . . :       0.1 mb (        0.0 mw)
Starting calculation of eigenvalues for reduced system matrices
Iteration number =    1     Number of initially converged eigenvalues =       0
Iteration number =    1     Number of initially converged eigenvalues =       0
Iteration number =    2     Number of initially converged eigenvalues =       0
Iteration number =    3     Number of initially converged eigenvalues =       4
Final number of converged eigenvalues =      9
```

ADINA Structures 已经执行了几个操作：

①计算 6 个静态步骤。每个静态步骤对应于一个静态约束模式(在列 $\mathbf{\Phi}_c$)。有 6 个约束模式,因为有 6 个边界自由度。

②计算出的固定接口动态振动模式中(列的固有频率和振型 $\mathbf{\Phi}_n$)。有 3 种固定的界面动态振动模式。

③计算简化矩阵 $\mathbf{K}_r$,$\mathbf{M}_r$。这些是 9×9 矩阵。

④对原始分析模型的前 8 个固有频率和振型进行近似计算。

61.5 检查缩小的矩阵

缩小的矩阵被写入文件 prob61.out4。使用文本编辑器打开此文件。文件的前几行应该看起来像在下一页顶部的打印输出。(这些是矩阵 $\mathbf{K}_r$ 的非零项。)

该文件的其余行应该看起来像在下一页底部的打印输出。这些是矩阵 $\mathbf{M}_r$ 的非零项。

文件 prob61.out4,开头如下：

```
       9       9       6         2KXX      1P,5E16.9
       1       1       6
 0.414000000E+08 0.000000000E+00 0.000000000E+00-0.414000000E+08 0.000000000E+00
 0.000000000E+00
       2       1       6
 0.000000000E+00 0.414000000E+04 0.414000000E+04 0.000000000E+00-0.414000000E+04
 0.414000000E+04
       3       1       6
 0.000000000E+00 0.414000000E+04 0.552000000E+04 0.000000000E+00-0.414000000E+04
 0.276000000E+04
       4       1       6
-0.414000000E+08 0.000000000E+00 0.000000000E+00 0.414000000E+08 0.000000000E+00
 0.000000000E+00
       5       1       6
 0.000000000E+00-0.414000000E+04-0.414000000E+04 0.000000000E+00
0.414000000E+04

-0.414000000E+04
       6       1       6
 0.000000000E+00 0.414000000E+04 0.276000000E+04 0.000000000E+00-0.414000000E+04
 0.552000000E+04
       7       7       1
 0.277029313E+05
       8       8       1
 0.211892170E+06
       9       9       1
 0.830018452E+06
      10       1       1
 0.100000000E+01
```

文件 prob61.out4,结束如下:

```
        9         9         6          2KXX       1P,5E16.9
        1         1         6
 0.414000000E+08 0.000000000E+00 0.000000000E+00-0.414000000E+08 0.000000000E+00
 0.000000000E+00
        2         1         6
 0.000000000E+00 0.414000000E+04 0.414000000E+04 0.000000000E+00-0.414000000E+04
 0.414000000E+04
        3         1         6
 0.000000000E+00 0.414000000E+04 0.552000000E+04 0.000000000E+00-0.414000000E+04
 0.276000000E+04
        4         1         6
-0.414000000E+08 0.000000000E+00 0.000000000E+00 0.414000000E+08 0.000000000E+00
 0.000000000E+00
        5         1         6
 0.000000000E+00-0.414000000E+04-0.414000000E+04 0.000000000E+00
0.414000000E+04
```

61.6 检查原始分析模型的近似固有频率和振型

现在关闭所有打开的对话框,将【Program Module】程序模块下拉列表设置为【Post-Processing】后期处理(可以放弃所有更改),单击【Open】打开图标 并打开舷窗文件 prob61。

单击【Next Solution】下一个求解方案图标 三次以显示模态 4,然后单击【Modify Mesh Plot】修改网格绘图图标 ,单击【Element Depiction ...】单元描述按钮,选中【Display Beam Cross Section】显示梁截面字段,单击【Advanced】高级选项卡,将【# Segments for Neutral Axis】中性轴的#段设置为“4”并单击【OK】确定两次以关闭这两个对话框。当单击【Node Symbols】节点符号图标 和【Show Original Mesh】显示原始网格图标 时,图形窗口如图 6.61.3 所示。

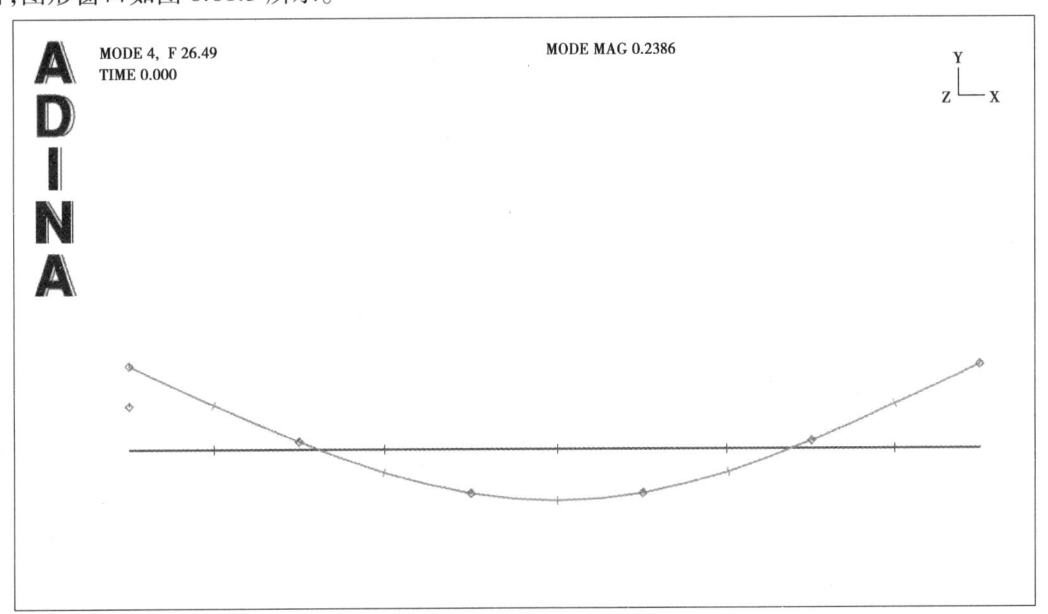

图 6.61.3 变形网格和原始网格

单击【Next Solution】下一个求解方案 和【Previous Solution】前一个求解方案图标 来检查其他模式。固有频率见表 6.61.2 第 2 栏。

表 6.61.2　固有频率

Mode mumber	Approximate frequency using CMS method(Hz)	Frequency using subspace method(Hz)
1	~0	~0
2	~0	~0
3	~0	~0
4	26.49	26.48
5	73.41	73.18
6	144.6	144.3
7	434.6	238.6
8	694.6	392.4

为了比较,我们计算了原始梁模型的前 9 个固有频率和模态(使用子空间方法),结果见表 6.61.2 的第 3 列所示。从中可以看出,1~6 模态是一致的,但 7~8 模态并不完全一致。

使用更多的固定界面动态振动模式可以提高使用 CMS 方法计算的固有频率和振型的精度。在以上分析中,我们只使用了 3 种固定界面动态振动模式。

61.7　退出 AUI

选择主菜单中的【File】文件→【Exit】退出,弹出【AUI】对话框,然后单击【Yes】,其余选【默认】,退出 ADINA-AUI。

问题62　在灯泡中的自由对流

问题描述

1)问题概况

本例所考虑的2D模型如图6.62.1所示,其几何参数和边界条件如图6.62.2所示。

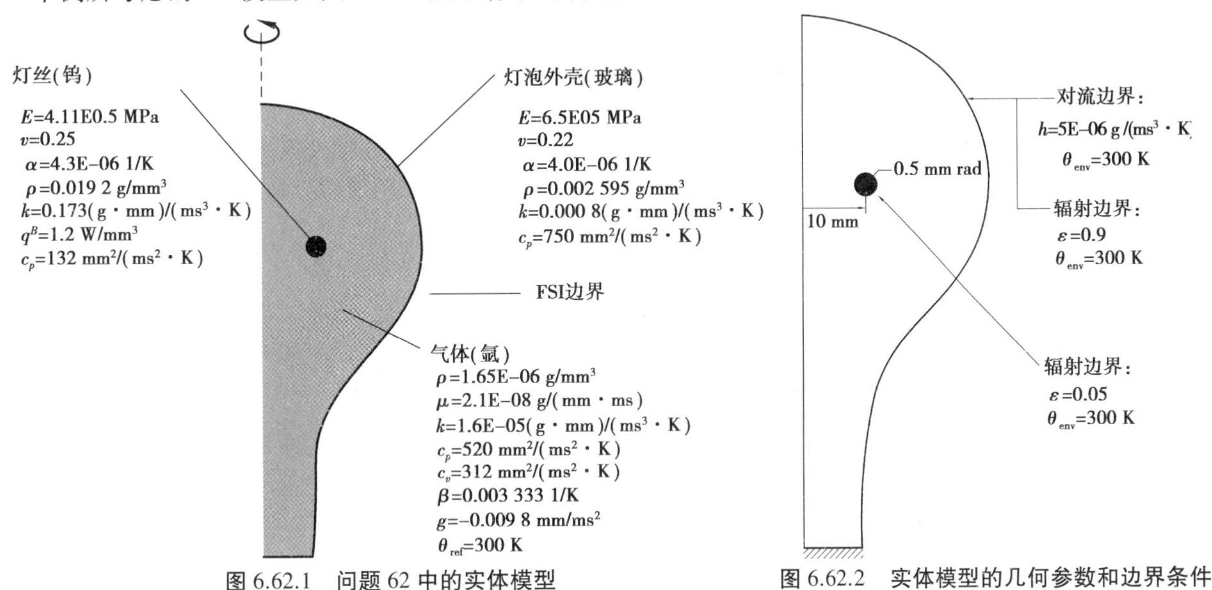

图6.62.1　问题62中的实体模型　　图6.62.2　实体模型的几何参数和边界条件

灯丝的内部发热量计算如下:

$$Q^{\mathrm{B}}=\frac{q}{V}$$

其中q是总发热量(单位W),V是灯丝体积(单位为mm³)。对于这个问题,$V=2\pi R(\pi r^2)$,其中R是从中心线到灯丝的中心的径向距离,r是灯丝半径。代$q=60$ W和灯丝尺寸到上述给出$q^{\mathrm{B}}=1.216$ W/mm³。

2)问题分析

本例将分析如何使用ADINA分析和ADINA的热流体-结构相互作用(TFSI)功能的灯泡中的流体流动和传热。

FCBI-C单元用于模型的流体部分。

3)演示内容

本例将演示以下内容:在实体模型中指定内部发热负荷。

注意:①900节点版本的ADINA系统无法解决此问题,因为900节点版本不支持TFSI。

②本例的大部分输入存储在文件"prob62_1a.in""prob62_2a.in""prob62_3a.in""prob62_1f.in"和"prob62_ees.txt"中。在开始此分析之前,需要将这些文件从"samples\primer"中复制到工作目录或文件夹中。

62.1　启动AUI,并选择有限元程序

启动AUI,并将【Program Module】程序模块下拉列表设置为【ADINA Structures】ADINA结构。将【Analysis Type】分析类型设置为【Statics】静态,并将【Multiphysics Coupling】多物理场耦合下拉列表设置为【with CFD】带有CFD。

62.2 ADINA-TMC 模型

62.2.1 定义模型控制数据

1）问题标题

选择【Control】控制→【Heading】标题，然后将【Problem Heading】问题标题设置为【Free Convection in a Lightbulb】灯泡中的自由对流并单击【OK】确定。

2）热分析

选择【Control】控制→【TMC Model】TMC 模型，将【Type of Solution】求解方案类型设置为【TMC Direct Coupling】TMC 直接耦合，单击该字段右侧的【...】按钮，勾选【Use Corner Nodes for Heat Flow Solution】使用角落节点进行散热求解方案，然后单击【OK】确定两次以关闭这两个对话框。

62.2.2 几何定义

批处理文件 prob62_1a.in 包含用于生成结构模型几何的命令。要运行此批处理文件，请选择【File】文件→【Open Batch】打开批处理，选择文件 prob62_1a.in 并单击【Open】打开。图形窗口如图 6.62.3 所示。

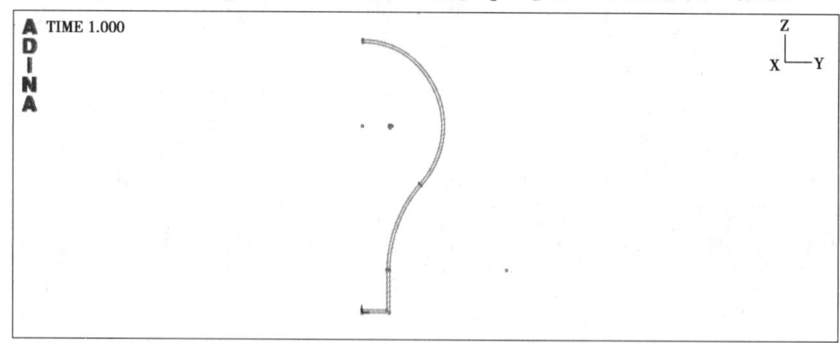

图 6.62.3 灯泡几何轮廓

62.2.3 定义材料属性

单击【Manage Materials】管理材料图标 M，然后单击【Elastic Isotropic】弹性各向同性按钮。在【Define Isotropic Linear Elastic Material】定义各向同性线性弹性材料对话框中，添加【material 1】材料 1。将【Description】描述字段设置为【Tungsten】钨，【Young's Modulus】杨氏模量为“4.11E5”，【Poisson's Ratio】泊松比为“0.28”，【Density】密度为“0.0192”，【Coefficient of Thermal Expansion】热膨胀系数为“4.3E-06”，然后单击【Save】保存。添加【material 2】材料 2，并将【Description】描述设置为【Glass】玻璃。设【Young's Modulus】杨氏模量为“6.5E5”，【Poisson's Ratio】泊松比为“0.22”，【Density】密度为“0.002595”，【Coefficient of Thermal Expansion】热膨胀系数为“4E-06”。单击【OK】确定关闭【Define Isotropic Linear Elastic Material】定义各向同性线性弹性材料对话框。

在【Manage Material Definitions】管理材料定义对话框中，单击【TMC Material】TMC 材料按钮，然后单击【k isotropic，c constant】k 各向同性，常量按钮。在【Define Constant Isotropic Material】定义常量各向同性材料对话框中，添加【material 1】材料 1 并将描述设置为【Tungsten】钨。将【Thermal Conductivity】热导率设置为“0.173”，将【Heat Capacity/Mass】热容量/质量设置为“132”，并将【Density】密度设置为“0.0192”。单击【Save】保存，添加【material 2】材料 2 并将【Description】描述设置为【Glass】玻璃。将【Thermal Conductivity】热导率设置为“0.0008”，将【Heat Capacity/Mass】热容量/质量设置为“750”，将【Density】密度设置为“0.002595”。单击【OK】确定，然后单击【Close】关闭两次以关闭这两个对话框。

62.2.4 定义边界条件

固定点和 FSI 边界条件存储在批处理文件 prob62_2a.in 中。要运行这个批处理文件,选择【File】文件→【Open Batch】打开批处理文件,选择文件 prob62_2a.in,然后单击【Open】打开。图形窗口如图 6.62.4 所示。

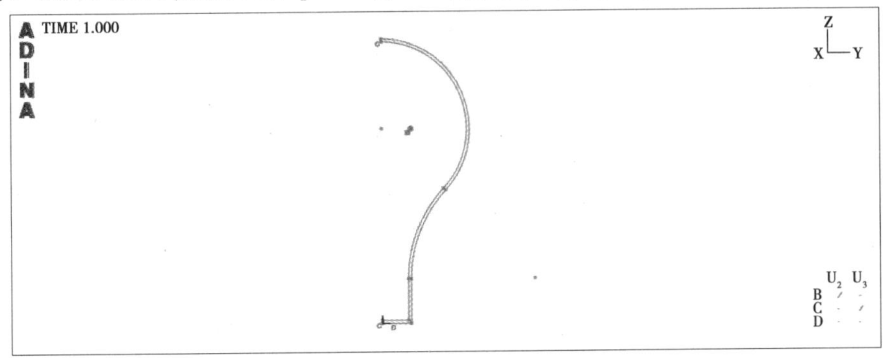

图 6.62.4 文件 prob62_2a.in 几何模型

62.2.5 定义载荷

将定义球体坐标系上的对流和辐射负载,以及灯丝上的辐射和内部发热负载。

1)对流负荷

单击【Apply Load】应用载荷图标,将【Load Type】载荷类型设置为【Convection】对流,然后单击【Load Number】载荷编号字段右侧的【Define...】定义...按钮。在【Define Convection Load】定义对流载荷对话框中,添加【Convection Number 1】对流编号 1,将【Environment Temperature】环境温度设置为"300",然后单击【Convection Property】对流属性字段右侧的【...】按钮。在【Define Convection Property】定义对流属性对话框中,添加【Property Number 1】属性编号 1,将【Convection Coefficient】对流系数设置为"5E-6",然后单击【OK】确定。在【Define Convection Load】定义对流载荷对话框中,将【Convection Property】对流属性设置为"1"并单击【OK】确定。最后,在【Apply Load】应用载荷对话框中,将【Apply to】应用到字段设置为【Line】线,按如表 6.62.1 所示填写,然后单击【Apply】应用(不要关闭对话框)。

2)球体上的辐射负载

在【Apply Load】应用荷载对话框中,将【Load Type】荷载类型更改为【Radiation】辐射,然后单击【Load Number】荷载编号字段右侧的【Define...】定义...按钮。在【Define Radiation Load】定义辐射载荷对话框中,添加【Radiation Number 1】辐射编号 1 并将【Environment Temperature】环境温度设置为"300",然后单击【Radiation Property】辐射属性字段右侧的【...】按钮。在【Define Radiation Property】定义辐射属性对话框中,添加【Property Number 1】属性编号 1,将【Temperature Unit】温度单位设置为【Kelvin】开尔文,将【Emissivity Coefficient】发射率系数设置为"0.9",将【Stefan-Boltzmann Constant】斯蒂芬-玻尔兹曼常数设置为"5.66E-14",然后单击【OK】确定。在【Define Radiation Load】定义辐射载荷对话框中,将【Radiation Property】辐射属性设置为"1"并单击【OK】确定。最后,在【Apply Load】应用载荷对话框中,将【Apply to】应用到字段设置为【Line】线,并按如表 6.62.2 所示填写,然后单击【Apply】应用(不要关闭对话框)。

表 6.62.1 对流负荷的线参数

Line{p}
1
2
3
4

表 6.62.2 球的的辐射负载的线参数

Line{p}
1
2
3
4

3)灯丝上的辐射负载

在【Apply Load】应用荷载对话框中,单击【Load Number】荷载编号字段右侧的【Define…】定义…按钮。在【Define Radiation Load】定义辐射载荷对话框中,添加【Radiation Number 2】辐射编号2并将【Environment Temperature】环境温度设置为"300",然后单击【Radiation Property】辐射属性字段右侧的…按钮。在【Define Radiation Property】定义辐射属性对话框中,将【Property Number 1】属性号1复制到【Property Number 2】属性号2,将【Emissivity Coefficient】发射率系数设置为"0.05",然后单击【OK】确定关闭对话框。

在【Define Radiation Load】定义辐射载荷对话框中,将【Radiation Property】辐射属性设置为"2"并单击【OK】确定。在【Apply Load】应用载荷对话框中,将【Load Number】载荷号设置为"2",确保【Apply to】应用于字段设置为【Line】线,并按如表6.62.3所示填写,然后单击【Apply】应用(不要关闭对话框)。

4)内部发热负载在灯丝上

在【Apply Load】应用荷载对话框中,将【Load Type】荷载类型设置为【Internal Heat】内部加热,然后单击【Load Number】荷载编号字段右侧的【Define…】定义…按钮。在【Define Internal Heat】定义内部热源对话框中,添加【Internal Heat Number 1】内部热源号1,将【Heat Generation/Volume】热生成/体积设置为"1.216",然后单击【OK】确定。在【Apply Load】应用载荷对话框中,将【Apply to】应用于字段设置为表面,按如表6.62.4所示填写,然后单击【OK】确定。

表6.62.3 灯丝辐射负载的线参数

Line{p}
9
10
11
12

表6.62.4 应用载荷的面参数

Surface{p}
5
6
7
8

62.2.6 定义单元组

单击【Element Groups】单元组图标,然后添加【Group Number 1】组编号1。将【Type】类型设置为【2-D Solid】2-D实体,确保【Element Sub-Type】单元子类型设置为【Axisymmetric】轴对称,并确保【Default and Thermal Materials】默认和热量材质设置为"1"。现在添加【Group Number 2】组编号2,将【Default and Thermal Materials】默认和热量材料设置为"2"并单击【OK】确定。

62.2.7 定义初始条件和网格

包含的批处理文件prob62_3a.in包含用于生成网格和定义初始条件的命令。要运行这个批处理文件,选择【File】文件→【Open Batch】打开批处理文件,选择文件prob62_3a.in并单击【Open】打开。通过单击【Show Fluid Structure Boundary】显示流体结构边界图标来移除突出显示的FSI边界。图形窗口如图6.62.5所示。

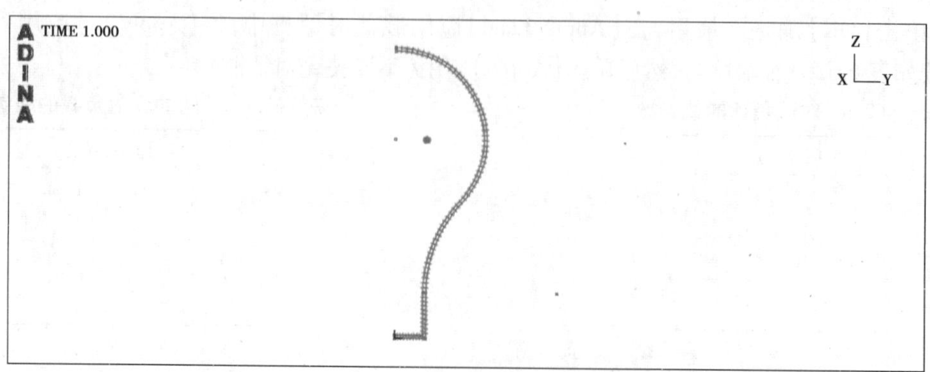

图6.62.5 流体结构边界

62.2.8 生成 ADINA 结构数据文件,保存 AUI 数据库

单击【Data File/Solution】数据文件/求解方案图标,将文件名设置为"prob62_a",取消选中【Run Solution】运行求解方案按钮,然后单击【Save】保存。现在单击【Save】保存图标并将数据库保存到文件prob62_a。

62.3 ADINA-CFD 模型

单击【New】新图标创建一个新的数据库,并将【Program Module】程序模块下拉列表设置为【ADINA CFD】。

62.3.1 定义模型控制数据

1)FSI 分析

将【Analysis Type】分析类型设置为【Transient】瞬态,并将【Multiphysics Coupling】多物理耦合下拉列表设置为【with Structures】与结构。

2)问题标题

选择【Control】控制→【Heading】标题,将【Problem Heading】问题标题设置为【Free Convection in a Lightbulb】灯泡中的自由对流,然后单击【OK】确定。

3)流量假设

选择【Model】模型→【Flow Assumptions】流量假设,将【Flow Dimension】流量维度设置为【2D (in YZ plane)】2D(在 YZ 平面中),确保将【Flow Type】流量类型设置为【Incompressible】不可压缩,然后单击【OK】确定。

62.3.2 模型定义

批处理文件 prob62_1f.in 包含用于生成流体模型的几何、单元组和相关网格、材料设置、边界和初始条件、时间步骤和求解方案处理设置的命令。要运行这个批处理文件,选择【File】文件→【Open Batch】打开批处理文件,选择文件 prob62_1f.in 并单击【Open】打开。

图形窗口如图 6.62.6 所示。

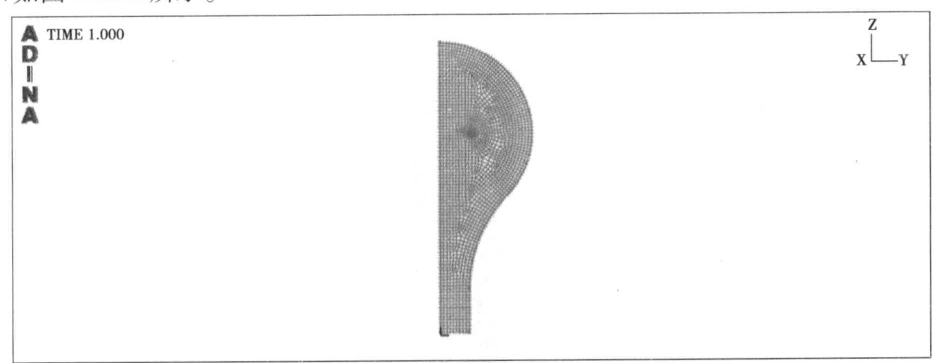

图 6.62.6 运行批处理后的模型

62.3.3 生成 ADINA CFD 数据文件,保存 AUI 数据库

单击【Data File/Solution】数据文件/求解方案图标,将文件名设置为"prob62_f",取消选中【Run Solution】运行求解方案,然后单击【Save】保存。现在单击保存图标并将数据库保存到文件 prob62_f。

62.4 运行 ADINA-FSI

选择【Solution】求解方案→【运行 ADINA-FSI …】,单击【Start】开始按钮,然后选择文件 prob62_f.dat,按住"Ctrl"键并选择文件 prob62_a.dat。文件名字段应该同时显示文件名用引号括起来。单击【Start】开始。

模型完成后,将【Program Module】程序模块下拉列表设置为【Post-Processing】后处理(可以放弃所有更改),单击【Open】打开图标 并打开舷窗文件 prob62_a。重复此操作以打开 prob65_f。

62.5 后处理

在模型树中,展开【Zone】区域列表,右键单击【2. ADINA-F】,然后选择【Display】显示。单击【Model Outline】模型轮廓图标 ,然后单击【Quick Vector Plot】快速向量绘图图标 。速度矢量图如图 6.62.7 所示。

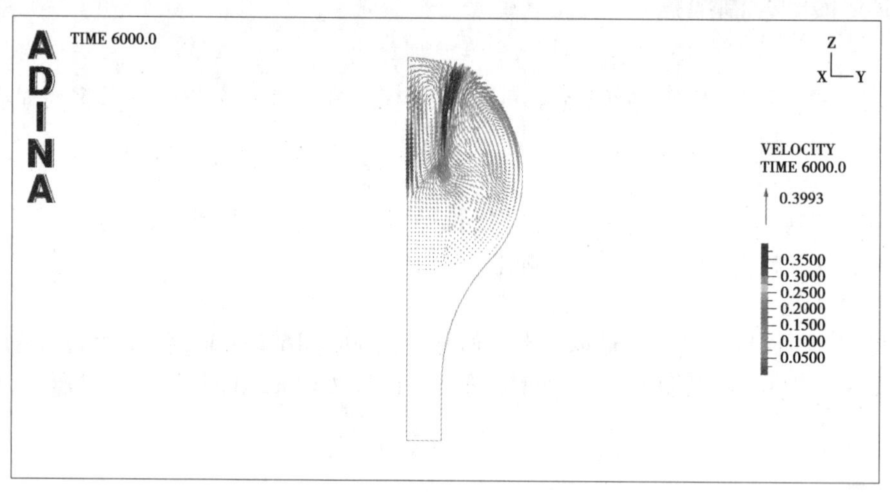

6.62.7 速度矢量图

单击【Clear】清除图标 和【Model Outline】模型轮廓图标 。单击【Create Band Plot】创建条带绘图图标 ,将【Band Plot Variable】条带绘图变量设置为【(Temperature:TEMPERATURE)】并单击【OK】确定。温度图如图 6.62.8 所示。

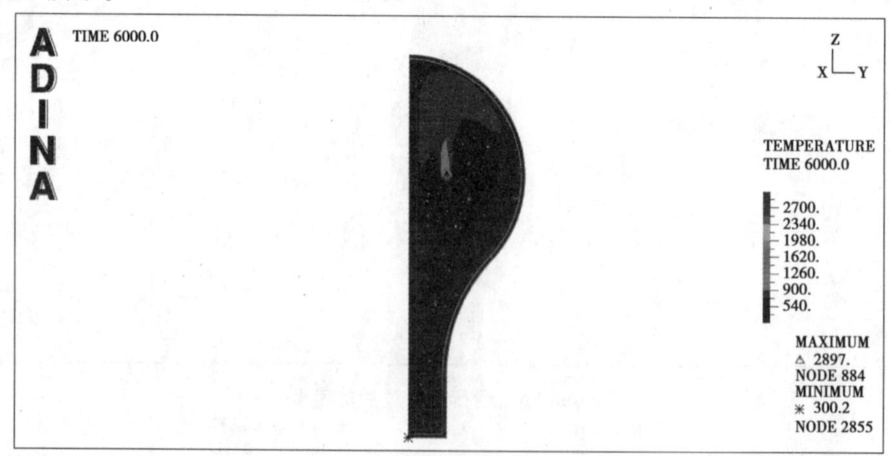

图 6.62.8 温度

最高温度在灯丝上(如预期),其值约为 2 897 K。

我们将绘制地球表面温度作为时间的函数。首先,创建一个对应于全球单元的单元边集。在模型树中,右键单击【1. ADINA】并选择【Display】显示。将【FE Model】FE 模型下拉列表设置为【ADINA Structures】ADINA 结构。单击【Element Edge Set】单元棱边集图标 并添加【element edge-set number 1】

单元棱边集编号 1。单击【Import…】导入…，选择文件 prob65_ees.txt，然后单击【OK】确定。在【Define Element Edge Set】定义单元棱边集对话框中，单击【Save】保存。球的外表面应该突出显示。单击【OK】确定关闭对话框。

选择【Definitions】定义→【Model Point (Special)】模型点(特殊)→【Mesh Integration】网格积分。添加名称 CONV_BOUND，将【Integration Type】积分类型设置为【Averaged】平均值，并将【Integrate Over】积分结束字段设置为【Lines】线。单击【OK】确定关闭对话框。单击【Clear】清除图标，选择【Graph】图形 →【Response Curve (Model Point)】响应曲线(模型点)。在【Display Response Curve (Model Point)】显示响应曲线(模型点)对话框中，将【Y Coordinate Variable】Y 坐标变量设置为【(Temperature：TEMPERATURE)】，然后单击【OK】确定，如图6.62.9所示。

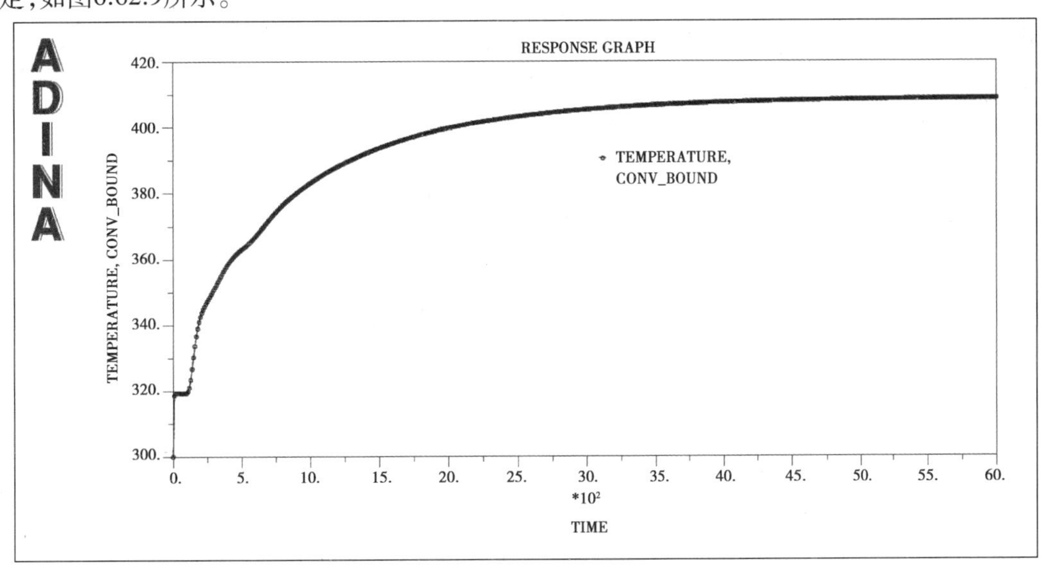

图 6.62.9　温度变化曲线

选择【Graph】图形→【List】列表并滚动到列表的底部。在最后的解决时间温度应该是4.08695+02(你的结果可能会略有不同，因为在流体域中使用自由形式的网格)。

62.6　检查流入和流出流体域的热通量

检查 ADINA FSI 输出文件以确定流入和流出流体域的热通量。单击 ADINA FSI 窗口中的【View Output】视图输出按钮，然后单击 prob62_f.out 选项卡，或使用文本编辑器打开文件 prob62_f.out。滚动至文件底部并向后滚动，直至看到以下文本：

```
--------------------------------------------------------------------------------------
FORCE AND HEATFLOW ON WALL AND STRUCTURE AT TIME 0.60000000E+04
        integration of <pressure>             integration of <-shear><dot><n>
BC      Fp = (Fpx,Fpy,Fpz)                    Fs = (Fsx,Fsy,Fsz)
--------------------------------------------------------------------------------------
    4 ( 0.0000E+00 -0.6440E-21  0.2310E-35) ( 0.0000E+00 -0.6128E-24  0.5154E-38)
    1 ( 0.0000E+00  0.6247E-03 -0.8667E-04) ( 0.0000E+00  0.3939E-05 -0.1807E-05)
    2 ( 0.0000E+00 -0.4451E-06  0.7042E-06) ( 0.0000E+00 -0.2278E-06  0.1064E-05)
--------------------------------------------------------------------------------------
Total ( 0.0000E+00  0.6243E-03 -0.8596E-04) ( 0.0000E+00  0.3711E-05 -0.7432E-06)

--------------------------------------------------
   Ft = Fp + Fs               <-heatflux><dot><n>
--------------------------------------------------
 ( 0.0000E+00 -0.6446E-21  0.2316E-35)  0.1098E-63
 ( 0.0000E+00  0.6286E-03 -0.8847E-04)  0.3195E+01
 ( 0.0000E+00 -0.6728E-06  0.1768E-05) -0.3204E+01
--------------------------------------------------
 ( 0.0000E+00  0.6280E-03 -0.8671E-04) -0.8298E-02
```

在上面折叠了这个输出以便它适合页面。

从这个打印输出中，可看到：

①进入边界条件 1 的热通量为 0.3195E + 01 (W/radian)。

②进入边界条件 2 的热通量为-0.3204E + 01 (W/radian)。

正值对应于进入流体域的热量,负值对应于离开流体域的热量。这些值几乎相等并相反,表明稳态条件已基本达到。

由于这是轴对称分析,因此热通量的尺寸为 W/radian,将热通量乘以边界条件 1 乘以 2π 即可得到流体域的热通量为 20.07 W。

由于灯丝内的总内部热量为 60 W,因此其余的热量被看作是通过直接来自灯丝的辐射传播的。我们可以使用辐射传热公式来检查:

$$q^R = \sigma \varepsilon A(\theta^4 - \theta_{env}^4)$$

其中 $\sigma = 5.66 \times 10^{14}$ 是斯忒藩-玻耳兹曼常数,$\varepsilon = 0.05$ 是发射率,$A = 2\pi R(2\pi r)$ 的是其中的丝状区域-R 和-r 如上所定义,并且其中我们现在假设 2π 个灯丝的弧度,θ 是灯丝温度和 θ_{env} 是环境温度。将数值数据(灯丝温度为 2 897 K)代入等于 39.34 W 的辐射传热。通过辐射和热流进入流体域的热通量总和,可得到 59.41 W,等同于功率(60 W)的灯泡。

62.7 退出 AUI

选择主菜单中的【File】文件→【Exit】退出,弹出【AUI】对话框,然后单击【Yes】,其余选【默认】,退出 ADINA-AUI。

问题63 外壳内的共轭传热和自然对流

问题描述

1)问题概况

图6.63.1显示了外壳内的流体流动和温度分布。

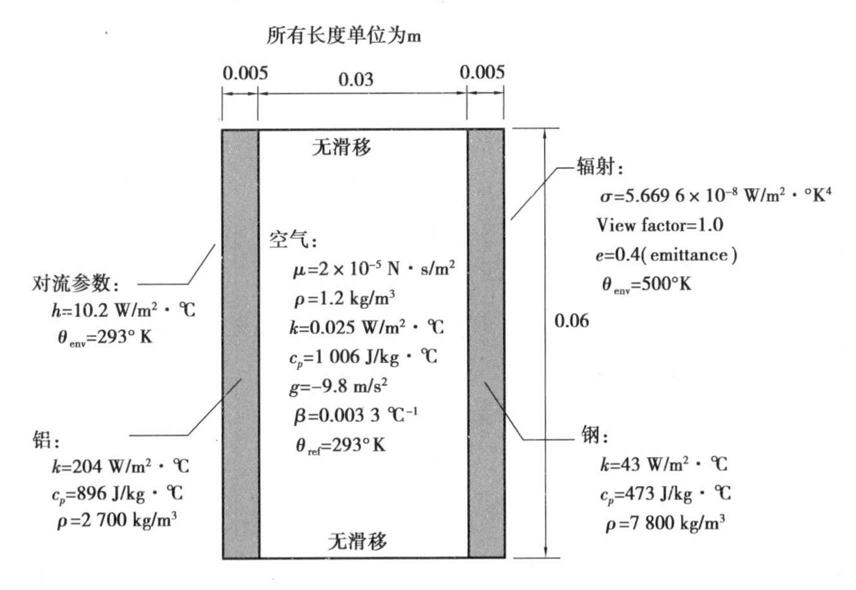

图6.63.1 问题63中的计算模型

使用ADINA CFD对外壳内的固体壁和流体进行建模。实心墙受到辐射和对流边界条件的影响。

2)演示内容

本例将演示以下内容:

①在ADINA CFD中使用“固体”单元组。

②在ADINA CFD中分配对流和辐射边界条件。

③显示单粒子运动的粒子轨迹图。

④粒子轨迹图的动画。

63.1 启动AUI,并选择有限元程序

启动AUI,并将【Program Module】程序模块下拉列表设置为【ADINA CFD】。

63.2 定义模型控制数据

1)问题标题

选择【Control】控制→【Heading】标题,输入标题【Problem 63:Conjugate heat transfer and natural convection within an enclosure】问题63:共轭传热和机箱内的自然对流并单击【OK】确定。

2)流量假设

选择【Model】模型→【Flow Assumptions】流量假设,将【Flow Dimension】流量维度字段设置为【2D】(在

YZ 平面中)并单击【OK】确定。

3)**迭代次数**

选择【Control】控制→【Solution Process】求解方案过程,单击【Iteration Method...】迭代方法...按钮,将【Maximum Number of Iterations】最大迭代次数设置为“100”,然后单击【OK】确定两次以关闭这两个对话框。

4)**初始温度**

选择【Control】控制→【Default Temperature】默认温度,将【Default Initial Temperature】默认初始温度设置为“400”,然后单击【OK】确定。

5)**相对压力**

选择【Control】控制→【Miscellaneous Options】其他选项,取消选中【Include Hydrostatic Pressure】包括流体静力压力按钮,然后单击【OK】确定。

6)**无量纲化**

选择【Control】控制→【Solution Process】求解过程,选择【Non-Dimensional Analysis】无量纲分析按钮,单击该字段右边的【...】按钮,将【Length Scale】长度标尺设置为“0.01”,【Velocity Scale】速度标尺设置为“0.01”,【Density Scale】密度标尺设置为“1.2”,将【Specific Heat Scale】比热比例设置为“1006.0”,将【Temperature Scale】温度比例设置为“500.0”,将【Temperature Datum】温度基准设置为“500.0”,然后单击【OK】确定两次以关闭这两个对话框。

63.3 定义模型几何

图 6.63.2 显示了用于定义 ADINA CFD 模型的关键几何元素。

P_4 P_3 P_2 P_1

S_2 S_1 S_3

P_8 P_7 P_6 P_5

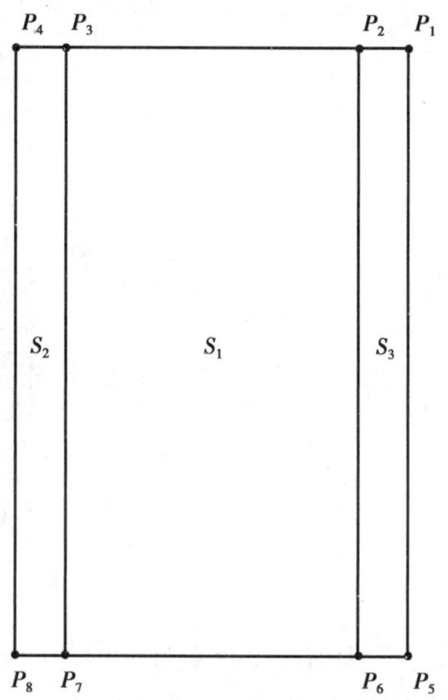

图 6.63.2 ADINA CFD 模型的关键几何元素

63.3.1 定义点

现在单击【Point Labels】点标签图标显示点编号。

63.3.2 定义几何曲面

单击【Define Surfaces】定义曲面图标,定义表 6.63.1 中曲面,然后单击【OK】确定。

表 6.63.1 曲面定义参数

Surface number	Surface type	Point 1	Point 2	Point 3	Point 4
1	Vertex	2	3	7	6
2	Vertex	1	2	6	5
3	Vertex	3	4	8	7

单击【Line/Edge Labels】线条/边缘标签图标后,图形窗口应与图 6.63.3 相似。

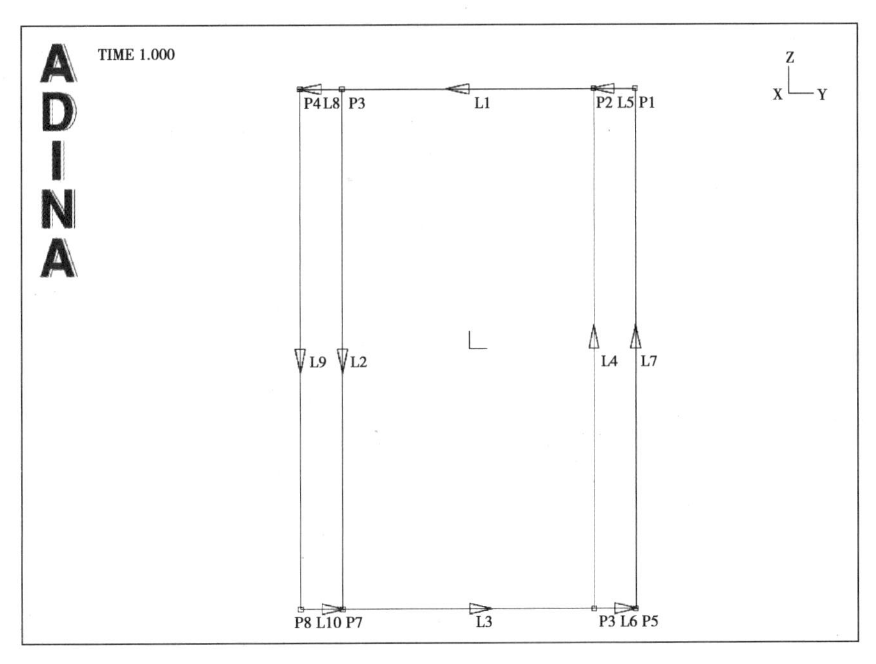

图 6.63.3 线条/边缘标签图

63.3.3 定义材料属性

单击【Manage Materials】管理材料图标 M ,然后单击【Laminar】层叠按钮。

1)空气

在【Define Laminar Material】定义层流材料对话框中,添加【material 1】材料 1,设置【Viscosity】黏度为“2.0E-5”,【Density】密度为“1.2”,【Coefficient of Volume Expansion】体积膨胀系数为“0.0033”,【Reference Temperature】参考温度为“293.0”,【Thermal Conductivity】热导率为“0.025”,【Specific Heat at Constant Pressure】恒压加热到“1006.0”,【Acceleration due to Gravity】重力加速度,Z 方向定义为“-9.8”,单击【Save】保存。

2)钢材

在【Define Laminar Material】定义层流材料对话框中,添加【material 2】材料 2,将【Density】密度设置为“7800.0”,将【Thermal Conductivity】热导率设置为“43.0”,【Specific Heat at Constant Pressure】恒压比热设置为“473.0”,然后单击【Save】保存。

3)铝

在【Define Laminar Material】定义层流材料对话框中,添加【material 3】材料 3,将【Density】密度设置为“2700.0”,【Thermal Conductivity】热导率设置为“204.0”,【Specific Heat at Constant Pressure】恒定比热设置为“896.0”,然后单击【OK】确定。

单击【Close】关闭,关闭【Manage Material Definitions】管理材料定义对话框。

63.3.4 定义边界条件

1)墙边界条件

指定无滑移边界条件的线是第 1 到第 4 行。单击【Special Boundary Conditions】特殊边界条件图标 SBC ,添加【special boundary condition 1】特殊边界条件 1 并验证【Type】类型为【Wall】墙。在表格的前四行中输入“1”“2”“3”“4”,然后单击【Save】保存(不要关闭对话框)。

注意:建议将【wall boundary conditions】壁面边界条件分配给实心区域和流体区域之间的线条。

2）辐射边界条件

为模型的右边线（第7行）规定辐射边界条件。在【Special Boundary Condition】特殊边界条件对话框中，添加【special boundary condition 2】特殊边界条件2，将【Type】类型设置为【Heat Transfer Radiation】传热辐射，将【View Factor】视图因子设置为“1.0”，【Stefan-Boltzmann constant】Stefan-Boltzmann 常数为“5.6696E-8”，【Radiation Coefficient Function Multiplier】辐射系数函数乘数为“0.4”，【Environment Temperature Function Multiplier】环境温度函数乘法器为“500.0”。在表格第一行的行号列中输入“7”，然后单击【Save】保存。

3）对流边界条件

对模型的左边线（第9行）规定一个对流边界条件。在【Special Boundary Condition】特殊边界条件对话框中，添加【special boundary condition 3】特殊边界条件3，将【Type】类型设置为【Heat Transfer Convection】传热对流，将【Convection Coefficient Function Multiplier】对流系数函数乘法器设置为“10.2”，将【Environment Temperature Function Multiplier】环境温度函数乘法器设置为“293.0”。在表格第一行的行号列中输入“9”，然后单击【OK】确定关闭对话框。

4）压力零点值

由于流动是不可压缩的，我们正在指定沿整个边界的速度，压力求解方案并没有完全确定。为了完全确定压力解，我们在模型中的一个点处将压力设置为零。单击【Apply Fixity】应用固定图标，然后单击【Define...】定义... 按钮。在【Define Zero Values】定义0值对话框中，添加【zero values name】零值名称PRESSURE，选择【Pressure degree of freedom】压力自由度，然后单击【OK】确定。

在【Apply Zero Values】应用零值对话框中，将【zero values name】零值名称设置为【Pressure】压力，确认【Apply to】应用于字段为【Point】点，在表格的第一行中输入“3”，然后单击【OK】确定。

当单击【Boundary Plot】边界绘图图标时，图形窗口如图6.63.4所示。

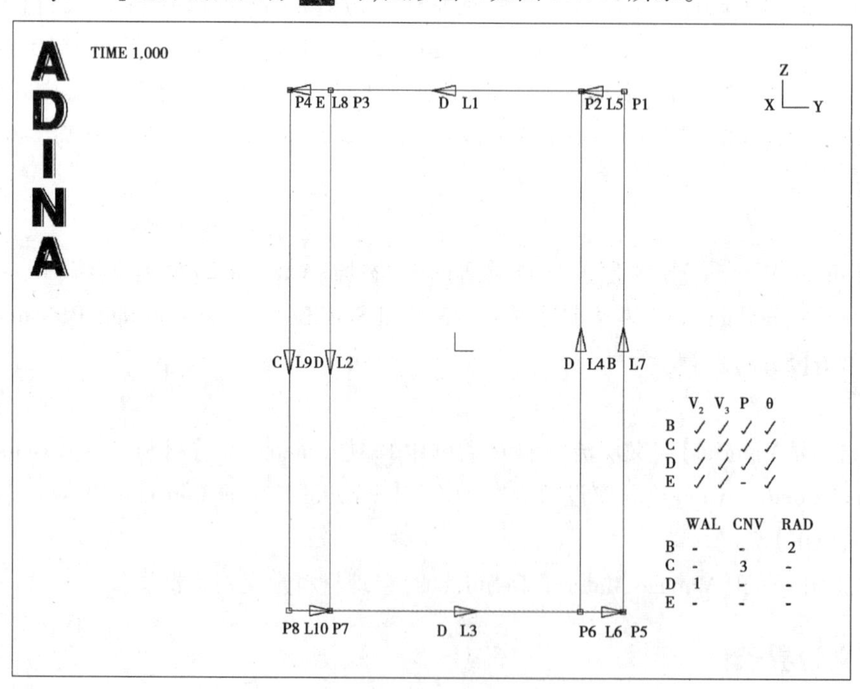

图6.63.4　边界条件

63.3.5　定义细分数据

我们将对网格进行分级，以使流体网格在壁面附近精细化，可使用具有中心偏置的非均匀网格。单击【Subdivide Surfaces】细分表面图标，输入如表6.63.2所示数据，然后单击【OK】确定。

表 6.63.2 细分表面参数

Surface #	Number of Subd. in u-dir	Number of Subd. in v-dir	Length Ratio in u-dir	Length Ratio in v-dir	Use Central Biasing for u-dir	Use Central Biasing for v-dir
1	18	24	5	5	Yes	Yes
2	5	24	1	5	No	Yes
3	5	24	1	5	No	Yes

图形窗口如图 6.63.5 所示。

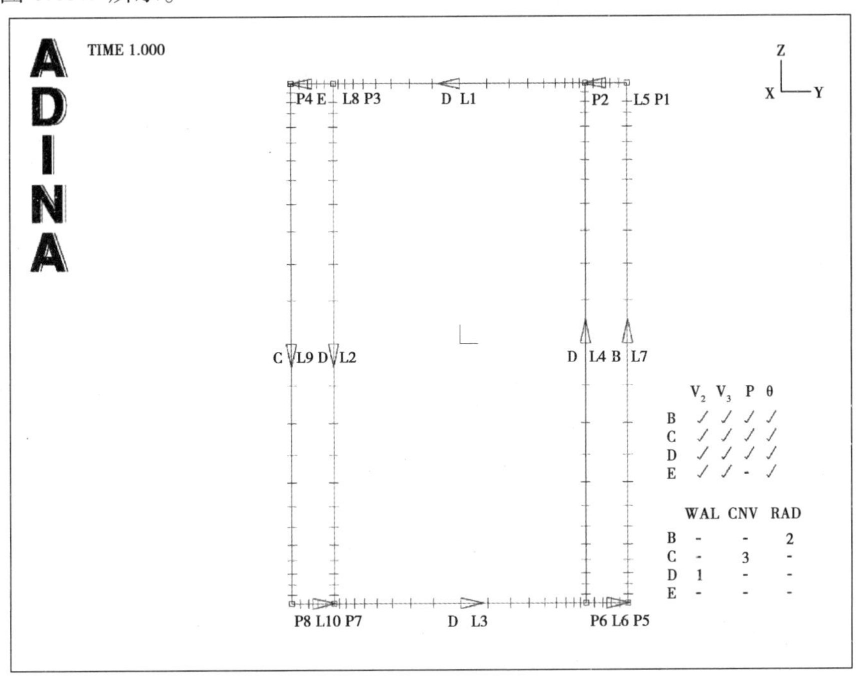

图 6.63.5 细分几何线

63.3.6 定义单元

1) 空气

单击【Element Groups】单元组图标，添加【element group 1】单元组 1，验证【Type】类型是【2-D Fluid】二维流体，将【Element Sub-Type】单元子类型设置为【Planar】平面，然后单击【OK】确定。现在单击【Mesh Surfaces】划分曲面网格图标，在表格的第一行中输入“1”，然后单击【OK】确定。

2) 钢

单击【Element Groups】单元组图标，添加【element group 2】单元组 2，确认【Type】类型是【2-D Fluid】二维流体，将【Element Sub-Type】单元子类型设置为【Planar】平面，并将【Default Material】默认材质设置为“2”。将【Element Option】单元选项设置为【Solid】实体，然后单击【OK】确定。现在单击【Mesh Surfaces】划分曲面网格图标，在表格的第一行输入“2”并单击【OK】确定。

3) 铝

单击【Element Groups】单元组图标，添加【element group 3】单元组 3，验证【Type】类型是【2-D Fluid】二维液体，将【Element Sub-Type】单元子类型设置为【Planar】平面，并将【Default Material】默认材质设置为“3”。将【Element Option】单元选项设置为【Solid】实体，然后单击【OK】确定。现在单击【Mesh Surfaces】划

分曲面网格图标，在表格的第一行输入“3”并单击【OK】。

单击【Color Element Groups】颜色单元组图标，然后使用鼠标重新排列图形窗口，直到如图 6.63.6 所示。

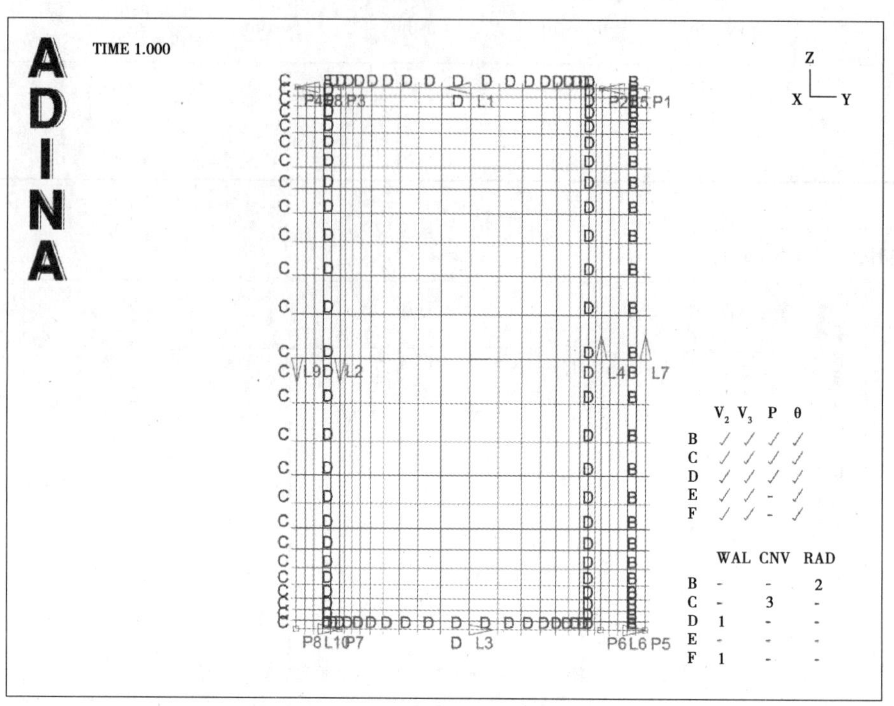

图 6.63.6 彩色显示单元组

63.4 生成数据文件，运行 ADINA CFD，加载舷窗文件

单击【Save】保存图标并将数据库保存到文件 prob63。单击【Data File/Solution】数据文件/求解方案图标，将文件名称设置为“prob63”，确保【Run Solution】运行求解方案按钮被选中，然后单击【Save】保存。ADINA CFD 完成后，关闭所有打开的对话框。将【Program Module】程序模块下拉列表设置为【Post-Processing】后处理（可以放弃所有更改），单击【Open】打开图标并打开舷窗文件 prob63。

63.5 检查求解方案

在附件中创建结果图。由于底层网格图将具有相同的外观，我们设置第一个网格图的外观，然后将默认设置为该外观。

单击【Group Outline】组轮廓图标以仅绘制单元组的轮廓。使用鼠标擦除“TIME 1.000”文本和坐标轴。然后单击【Save Mesh Plot Style】保存网格图样式图标保存网格图默认值。

63.5.1 速度矢量

单击【Quick Vector Plot】快速矢量绘图图标。

63.5.2 粒子轨迹

在相同的网格图中显示粒子轨迹。选择【Display】显示→【Particle Trace Plot】粒子跟踪图→【Create】创建并单击【Trace Rake】跟踪耙场右侧的【...】按钮。在【Define Trace Rake】定义跟踪耙对话框中，将【Type】类型设置为【Grids】网格，在表格的第一行中输入表 6.63.3 中数据，然后单击【OK】确定。

表 6.63.3　定义粒子的参数

X	Y	Z	Plane	Shape	Side 1 Length	NSIDE1	Side 2 Length	NSIDE2
0.0	0.0	0.0	X-Plane	Rectangular	0.03	11	0.06	21

单击【OK】确定关闭【Create Particle Trace Plot】创建颗粒踪迹绘图对话框。然后使用鼠标重新排列图形窗口，直到如图 6.63.7 所示。

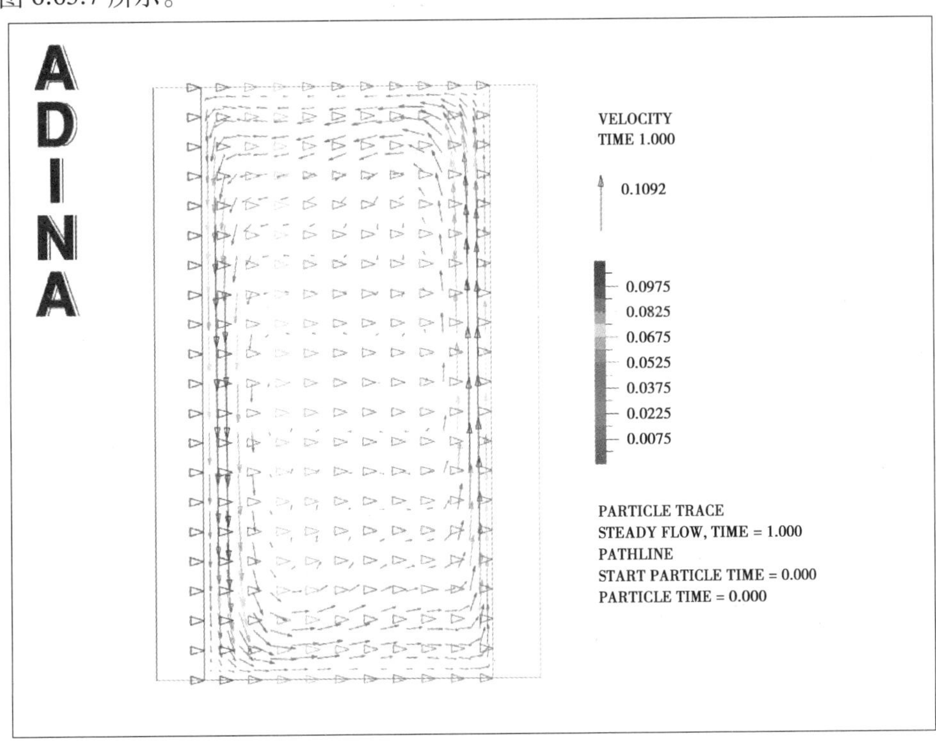

图 6.63.7　颗粒踪迹

现在单击【Trace Downstream】顺流轨迹图标 开始路径。

选择【Display】显示→【Particle Trace Plot】粒子跟踪图→【Modify】修改，然后单击【Trace Calculation】轨迹计算领域右边的【...】按钮。将【Trace Option】跟踪选项设置为【Single Particle】单个粒子，然后单击【OK】确定两次以关闭这两个对话框。

选择【Display】显示→【Particle Trace Plot】粒子追踪图→【Modify】修改，然后单击【Trace Rendering】追踪渲染字段右侧的【...】按钮。取消选中【Display Symbols at Injector Locations】在喷嘴器位置显示符号按钮并单击【OK】确定两次以关闭这两个对话框。图形窗口如图 6.63.8 所示。

创建一个移动粒子的动画。选择【Display】显示→【Movie Shoot】电影拍摄→【Trace Step】跟踪步骤，将【End Time】结束时间设置为“5.0”，然后单击【OK】确定。（AUI 计算对应于粒子时间 0 到 5 的粒子轨迹。）单击【Animate】动画图标 以显示动画。（由于粒子在连续帧之间移动得太远，所以难以看到粒子运动。）单击【Refresh】刷新图标 以清除动画，然后选择【Display】显示→【Movie Shoot】影片拍摄→【Trace Step】跟踪步骤，将【End Time】结束时间设置为“5.0”，【Number of Frames】帧数为“201”，然后单击【OK】确定。单击【Animate】动画图标 以显示动画。要进一步减慢动画速度，可选择【Display】显示→【Animate】动画，增加【Display Animate】最小延迟，然后单击【Apply】应用。单击【Cancel】取消关闭【Animate】动画对话框，然后单击【Refresh】刷新图标 以清除动画。

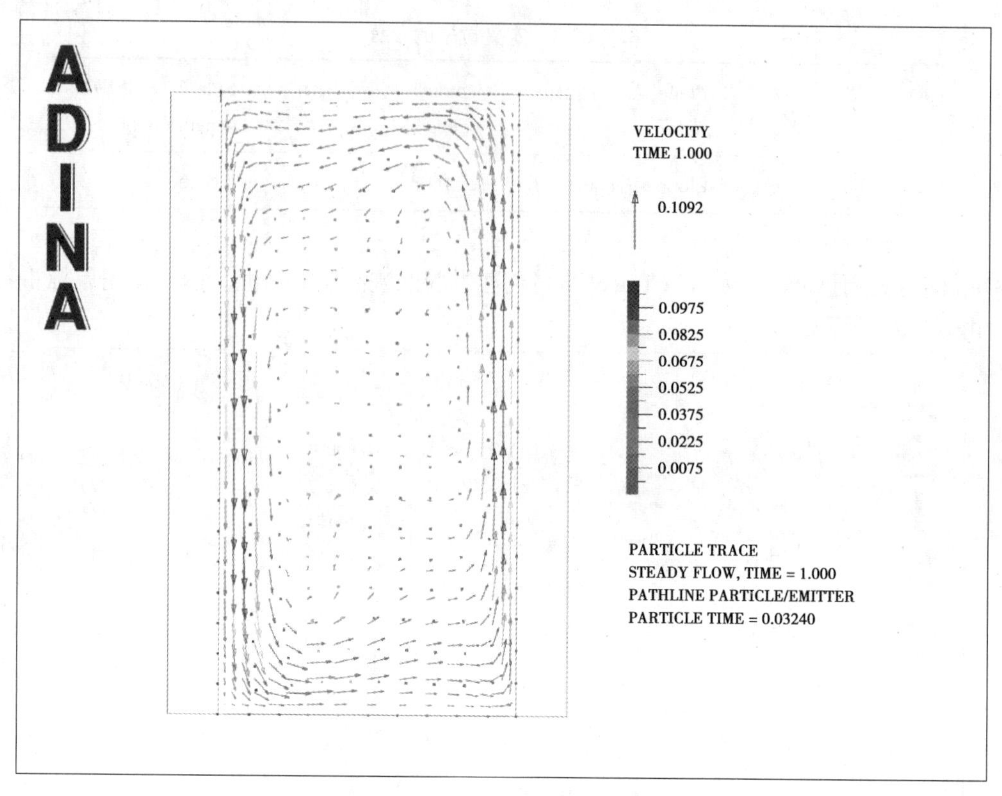

图 6.63.8 修改后的粒子踪迹

创建同一范围内的粒子次迹线图。选择【Display】显示→【Particle Trace Plot】粒子跟踪图→【Modify】修改,然后单击【Trace Calculation】轨迹计算领域右侧的【...】按钮。将【Trace Option】跟踪选项设置为【Pathline】路径,将【Current Particle Time】当前粒子时间设置为“5.0”,然后单击【OK】确定两次以关闭这两个对话框。图形窗口如图 6.63.9 所示。

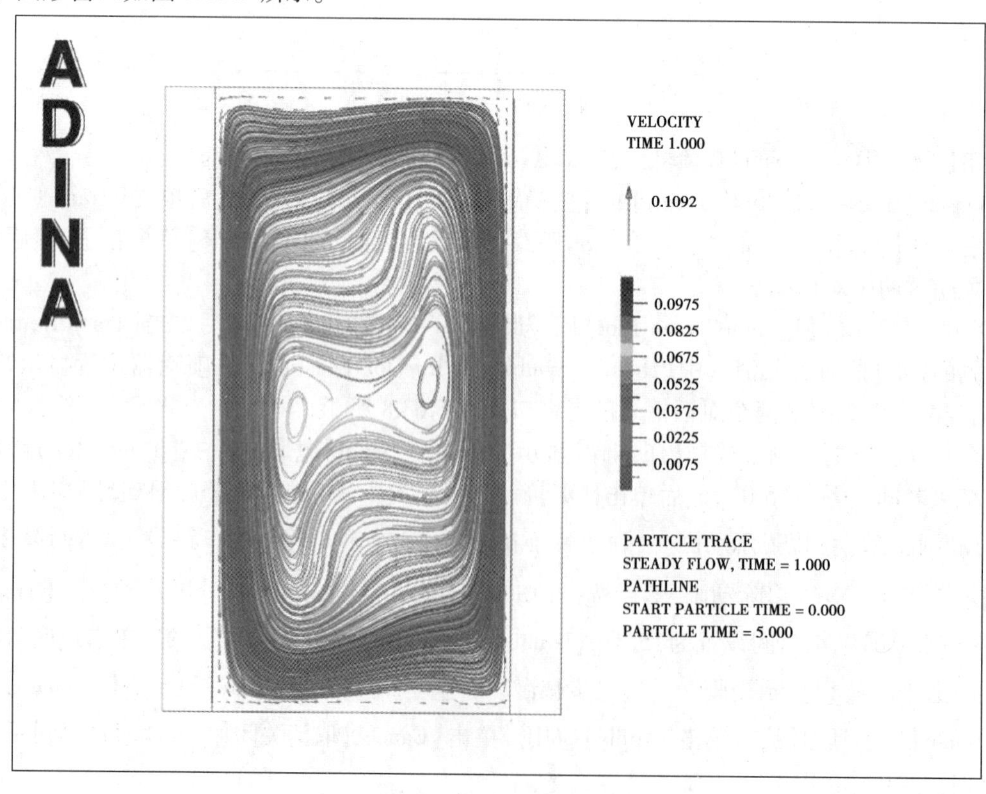

图 6.63.9 粒子轨迹线

63.5.3 温度

单击【Clear】清除图标，然后单击【Mesh Plot】网格绘图图标，然后单击【Create Band Plot】创建条带图图标，将【Band Plot Variable】条带图变量设置【(Temperature:TEMPERATURE)】为(温度:温度)，然后单击【OK】确定。使用鼠标将网格移动到图形窗口的左半部分。

63.5.4 热通量

单击【Mesh Plot】网格绘图图标，然后单击【Create Vector Plot】创建矢量图图标，将【Vector Quantity】矢量数量设置为【HEAT_FLUX】，然后单击【OK】确定。使用鼠标重新排列图形，直到图形窗口如图 6.63.10 所示。

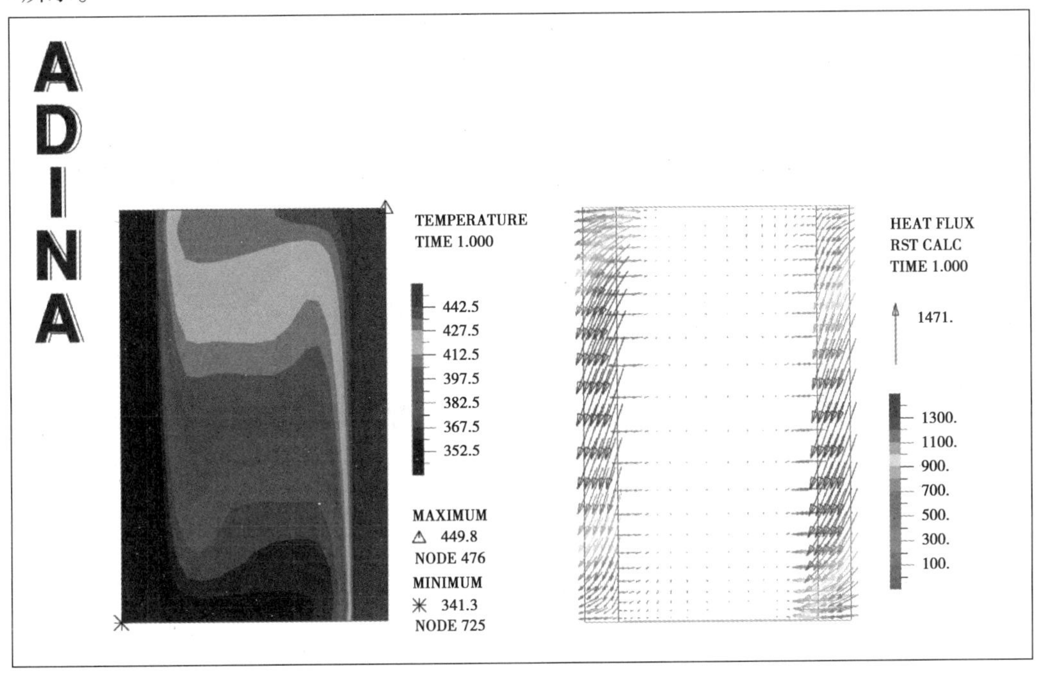

图 6.63.10 热通量

63.6 退出 AUI

选择主菜单中的【File】文件→【Exit】退出，弹出【AUI】对话框，然后单击【Yes】，其余选【默认】，退出 ADINA-AUI。

第7章

复合材料

问题 64　使用 2D 粘合界面的 DCB 分层测试 ADINA R

问题描述

1) 问题概况

图 7.64.1 显示了复合材料的双悬臂梁(DCB),在其端部受到位移载荷。

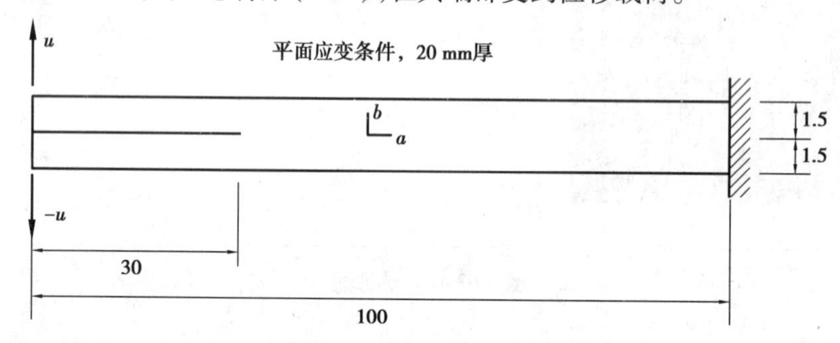

图 7.64.1　问题 64 中的计算模型

材料特性:$E_{aa}=135\ 300\ \text{N/mm}^2$　界面特性:$G_{IC}=0.28\ \text{N/mm}$

$E_{bb}=E_{cc}=9\ 000\ \text{N/mm}$　$t_n=57\ \text{N/mm}$

$G_{ab}=5\ 200\ \text{N/mm}$

$\nu_{ab}=\nu_{ac}=0.24$

$\nu_{bc}=0.46$

2) 问题分析

本例只涉及模式 I 分层,因此只需要模式 I 接口属性。

泊松比需要一些讨论。在正交各向异性分析中,有两种可能的约定用于泊松比。

①$e_b=-\dfrac{\nu_{ba}}{E_a}\sigma_a$,　$\dfrac{\nu_{ba}}{E_a}=\dfrac{\nu_{ab}}{E_b}$

②$e_b=-\dfrac{\nu_{ab}}{E_a}\sigma_a$,　$\dfrac{\nu_{ba}}{E_b}=\dfrac{\nu_{ab}}{E_a}$

在这些式中,e_b 是在方向上的应变 b 由于单轴应力 σ_a。ADINA 结构使用约定①。如从变换约定②的泊松比以约定①,可得到 $\nu_{ab}=\nu_{ac}=0.016$,$\nu_{bc}=0.46$,这些值将在分析中使用。

3)演示内容

在本例将演示以下内容:

①定义一个正交各向异性材料。

②定义内聚接口。

③指定低速动态。

④为单元组设置瑞利阻尼因子。

注意:①本例不能用 ADINA 系统的 900 个节点版本来求解,因为模型中的节点太多。

②本例的大部分输入存储在以下文件中:prob64_1.in,prob64_1.plo。在开始分析之前,需要将文件夹“samples\primer”中的这些文件复制到工作目录或文件夹中。

64.1 启动 AUI,并选择有限元程序

启动 AUI,并将【Program Module】程序模块下拉列表设置为【ADINA Structures】ADINA 结构。

64.2 模型定义

先准备一个批处理文件(prob64_1.in),它定义了以下项目:

①问题标题。

②控制数据,包括求解方案公差。这是一个大的位移分析,使用自动时间步法。但是,低速动力学是不被使用的。

③几何点、线条、曲面。

④细分线条和曲面。

⑤边界条件。

⑥负载。规定的位移被用来模拟位移控制荷载。

⑦大小 0.01 的 100 个时间步。在时间 1.0 处施加 8 mm 的全部位移。

⑧单元组 1,是平面应变单元组。

注意:在 ADINA 结构中,平面应变分析中只考虑单位厚度。因此,与规定位移相对应的反作用力需要乘以 20 来获得原始问题的力-挠度曲线。

几何点、线和表面编号,如图 7.64.2 所示。

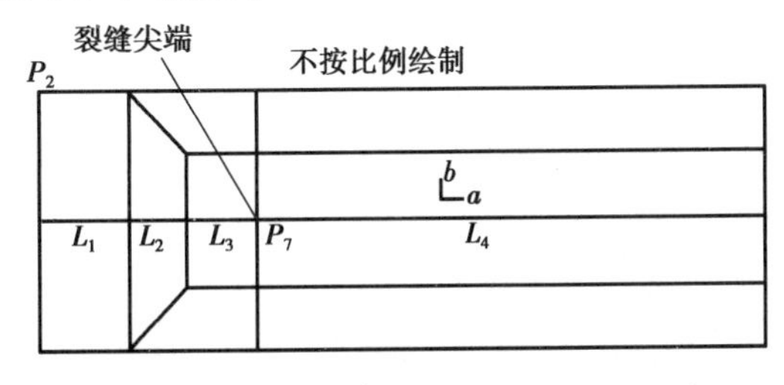

图 7.64.2 几何点、线和表面编号

选择【File】文件→【Open Batch】打开批处理,导航到工作目录或文件夹,选择文件 prob64_1.in,然后单击【Open】打开。使用【Zoom】缩放图标 放大裂纹尖端附近区域(几何点 7)。图形窗口如图 7.64.3 所示。

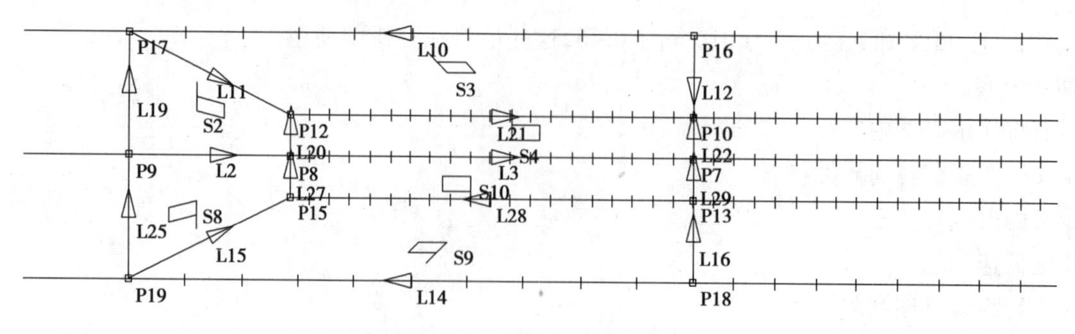

图 7.64.3　裂纹尖端附近区域

64.3　材料特性

单击【Manage Materials】管理材料图标 M，然后单击【Elastic Orthotropic】弹性正交异性按钮。添加【material 1】材料 1，在【Young's Modulus】杨氏模量框中，将【a】设置为“135300”，【b】为“9000”，【c】为“9000”。在【Poisson Ratio】泊松比框中，将【ab】设置为“0.016”，将【ac】设置为“0.016”，将【bc】设置为“0.46”。在【Shear Modulus】剪切模量框中，将【ab】设置为“5200”，然后单击【OK】确定。AUI 显示关于 GAC 和 GBC 的警告消息。单击【OK】确定关闭警告消息，然后单击【Close】关闭，关闭【Manage Material Definitions】管理材料定义对话框。

定义正交各轴的方向。选择【Model】模型→【Orthotropic Axes Systems】正交各向异性轴系统→【Define】定义，添加【System 1】系统 1，将【Vector Aligned with Local X-Axis】本地 X 轴向量设置为(0,1,0)，【Vector Lying in the Local XY-Plane】本地 XY 平面中的向量设置为(0,0,1)并单击【OK】确定。现在选择【Model】模型→【Orthotropic Axes Systems】正交各向异性轴系统→【Assign(Material)】指定(材料 1)，编辑表格以便表面 1 至 12 分配给【axes-system 1】坐标轴-系统 1，然后单击【OK】确定。

64.4　节点和单元

创造节点点 2 点 1 选择【Meshing】划分网格→【Create Mesh】创建网格→【Point】点，输入“2”然后单击【OK】确定。

现在单击【Mesh Surfaces】划分曲面网格图标，将【Nodes per Element】每个单元的节点数设置为“4”，在表的前 12 行中输入“1”到“12”(可能想要使用【Auto ...】自动按钮)，然后单击【OK】确定。图形窗口如图 7.64.4 所示。

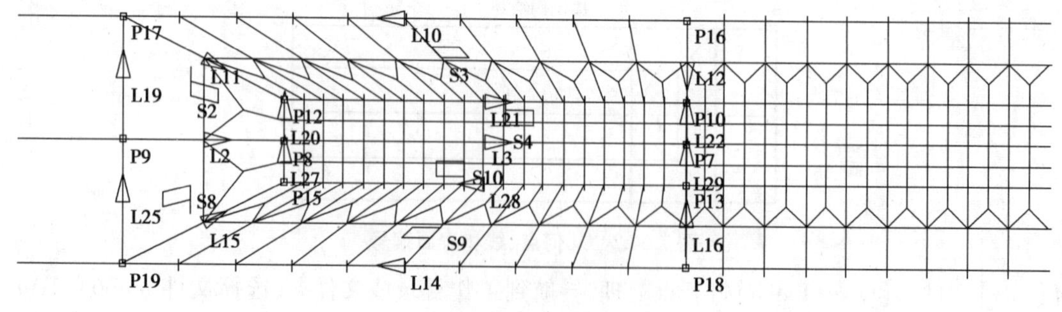

图 7.64.4　曲面网格

正确定义单元中的正交各轴。单击【Show Material Axes】显示材料轴图标。图形窗口如图 7.64.5 所示。

注意所有的轴指向相同的方向。再次单击【Show Material Axes】显示材料轴图标隐藏材料轴。

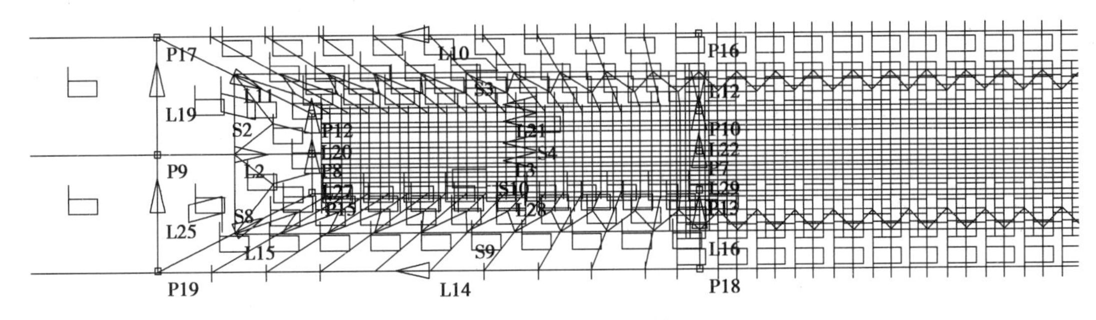

图 7.64.5　显示材料轴

64.5　拆分定义

到目前为止,网格沿着 1,2,3,4 线是相容的。(即沿这些线的每个站点只有一个节点。)需要沿着 1,2,3 线分割网格,以便在每个站点都有重复的节点。

选择【Model】模型→【Cohesive Interface】粘连接口→【Split Interface】拆分接口,并添加【Split Interface Number 1】拆分接口号 1。在表的前三行中输入"1""2""3",然后单击【OK】确定。

64.6　黏性接口定义

需要沿着几何线 4 定义一个黏合接口。选择【Model】模型→【Cohesive Interface】黏合接口→【Define】定义并添加【Cohesive Interface Number 1】黏合接口编号 1。在表的第一行输入"4",然后单击【OK】确定。

现在选择【Model】模型→【Cohesive Interface】黏合界面→【Properties】属性,并添加【Property Set # 1】属性集#1。在【Fracture Toughness】断裂韧度框中,将【Mode Ⅰ】模式Ⅰ和【Mode Ⅱ】模式Ⅱ设置为"0.28",在【Cohesive Strength of Interface】界面黏合强度框中,将【Normal】法向和【Shear】切向设置为"57"。将【Penalty Stiffness】罚分刚度设置为"1e6",然后单击【OK】确定(注意,对于这个问题,没有必要在【Mixed-Mode Interaction】混合模式交互框中设置任何参数,因为这个问题只会经历【Mode Ⅰ】模式Ⅰ的分层)。

当单击【Redraw】重画图标 时,图形窗口如图 7.64.6 所示。

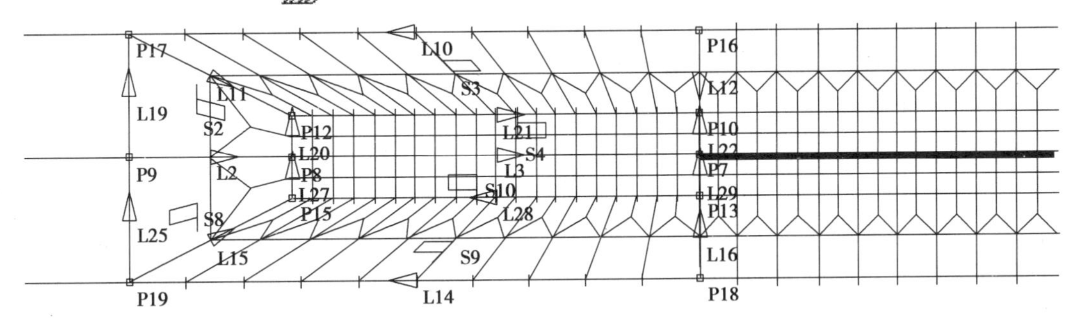

图 7.64.6　黏合界面

黏性界面用粗线绘制。

64.7　生成数据文件,运行 ADINA Structures,加载舷窗文件

单击【Save】保存图标 并将数据库保存到文件 prob64。单击【Data File/Solution】数据文件/求解方案图标 ,将文件名设置为"prob64",确保【Run Solution】运行求解方案按钮被选中,然后单击【Save】保存。

该程序在步骤 21 中以类似的消息停止:

```
Mesh too distorted,Jacobian determinant not positive
Porthole file updated,nodal results saved
Porthole file updated,element results saved
* * *  Program stopped abnormally * * *
```

```
* * *  Please see the * .out file for details * * *
```

关闭所有打开的对话框。将【Program Module】程序模块下拉列表设置为【Post-Processing】后处理(可以放弃所有更改),单击【Open】打开图标并打开舷窗文件 prob64。

64.8 后处理

1)发生分层

发生分层的图形窗口如图 7.64.7 所示。

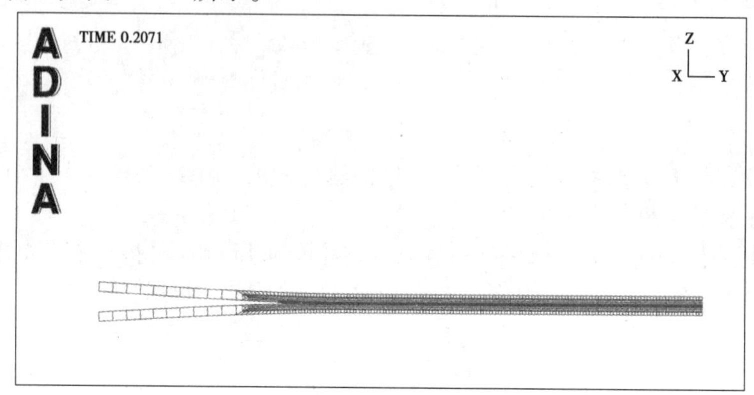

图 7.64.7 发生分层

2)力-挠度曲线

为了获得力-挠度曲线,需要绘制节点 1 处的反作用力与节点 1 处的位移。先把用于绘制力-挠度曲线的命令放在文件 prob64_1.plo 中。选择【File】文件→【Open Batch】打开批处理,导航到工作目录或文件夹,选择文件 prob64_1.plo 并单击【Open】打开。AUI 处理批处理文件中的命令。图形窗口如图7.64.8 所示。

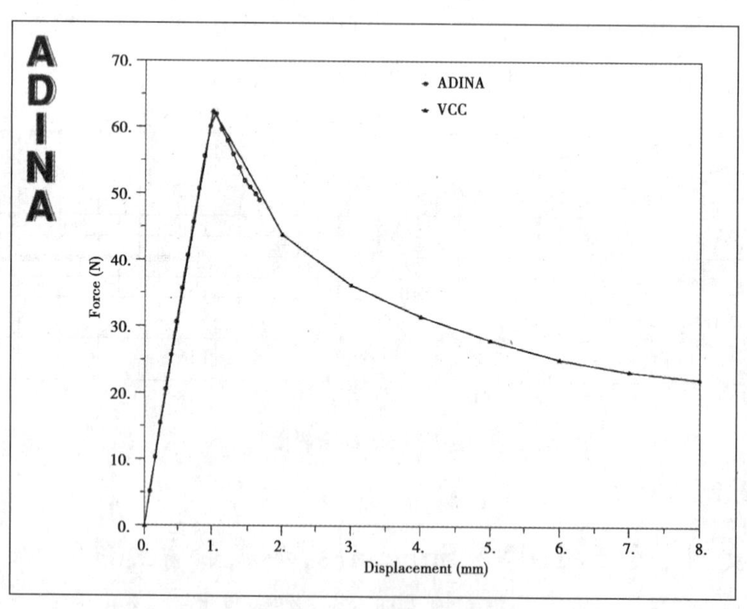

图 7.64.8 力-挠度曲线

曲线 VCC 包含参考图 12 的结果,对于使用 VCC 方法的求解方案。【ADINA Structures】获得的求解方案范围的比较是非常好的。

64.9 预处理:低速动态

为了获得更大的指定位移的求解方案,需要激活自动时间步长功能的低速动态选项。

启动预处理器

将【Program Module】程序模块下拉列表设置为【ADINA Structures】ADINA 结构(可以放弃所有更改)。从【File】文件菜单底部附近的最近文件列表中选择 prob64.idb。

单击【Analysis Options】分析选项图标,然后单击【Use Automatic Time Stepping (ATS)】使用自动时间步进(ATS)字段右侧的【...】按钮。将【Use Low-Speed Dynamics】使用低速动力学设置为【On Element Groups】在单元组上,然后单击【OK】确定两次以关闭这两个对话框。现在选择【Control】控制→【Analysis Assumptions】分析假设→【Rayleigh Damping】瑞利阻尼,并在表格的第一行中,将【Element Group】单元组设置为"1",将【Factor,Alpha】设置为"0",将【Factor,Beta】设置为"1E-4"并单击【OK】确定。

注意:如果我们已经使用了【Use Low-Speed Dynamics=On Whole Model】使用低速动力=整体模型选项,那么阻尼也会应用到黏性界面上。

64.10　生成数据文件,运行 ADINA Structures,加载舷窗文件

单击【Save】保存图标。单击【Data File/Solution】数据文件/求解方案图标,将文件名设置为"prob64",确保【Run Solution】运行求解方案按钮被选中,然后单击【Save】保存。

由于隐式时间积分的 Bathe 方法用于低速动力学,因此每个步骤由两个子步骤组成。

ADINA 结构完成后,关闭所有打开的对话框。将【Program Module】程序模块下拉列表设置为【Post-Processing】后处理(可以放弃所有更改),单击【Open】打开图标并打开舷窗文件 prob64。

64.11　后处理

1)**发生显著分层**

发生显著分层的图形窗口如图 7.64.9 所示。

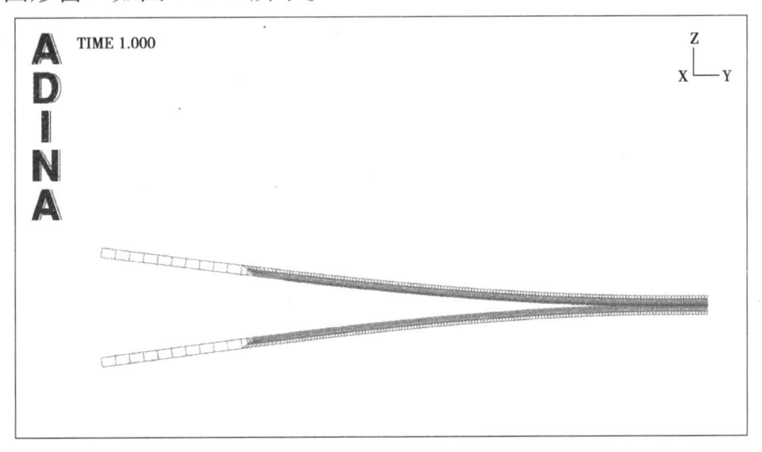

图 7.64.9　运行所有 100 个步骤后的结果

沿着几何线 1 到 3 分割网格。图 7.64.9 显示网格划分被正确定义,沿着线 1 到 3 具有重复的节点。此外,该图显示沿着黏合界面线创建重复节点(线 4)(所有这些重复的节点都是在生成.dat 文件的过程中创建的)。

2)**粘接的法向压力**

单击【Create Band Plot】创建条带绘图图标,将【Variable】变量设置为【Stress:COHESIVE_NORMAL_STRESS】,然后单击【OK】确定。使用【Mesh Zoom】网格缩放图标放大最大内聚应力附近的网格区域。图形窗口如图 7.64.10 所示。

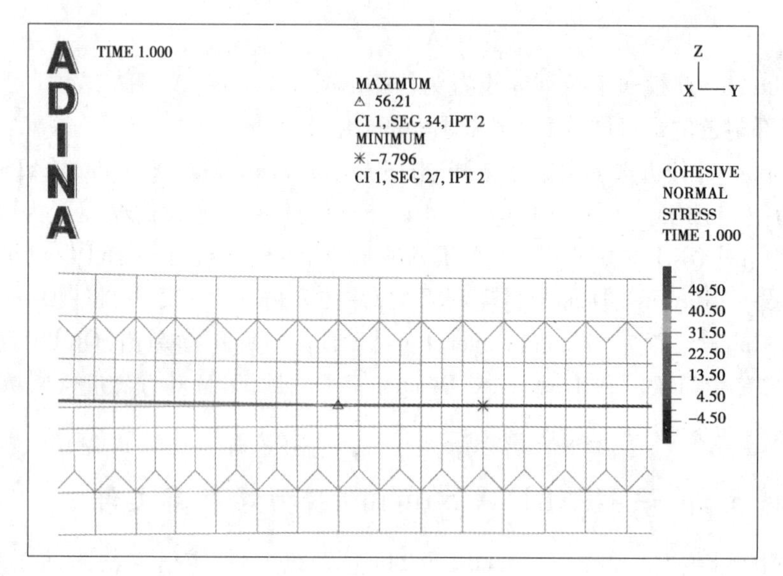

图 7.64.10　黏接的法向压力

从图 7.64.10 中,可我们观察到最高法向应力出现在裂纹前缘的当前位置。使用更改求解方案时间的图标来观察不同求解方案时间的裂纹前沿位置。然后单击【Last Solution】最后求解方案图标 ▶| 显示最后的求解方案。

3)**凝聚力的损害**

单击【Modify Band Plot】修改条带图图标，将【Variable】变量设置为【Failure Criterion:COHESIVE_DAMAGE】(失效标准:COHESIVE_DAMAGE)。单击【Band Table...】条带表...按钮,然后在【Value Range】值范围框中将【Maximum】最大值和【Minimum】最小值设置为【Automatic】自动,然后单击【OK】确定两次以关闭这两个对话框。

图形窗口如图 7.64.11 所示。

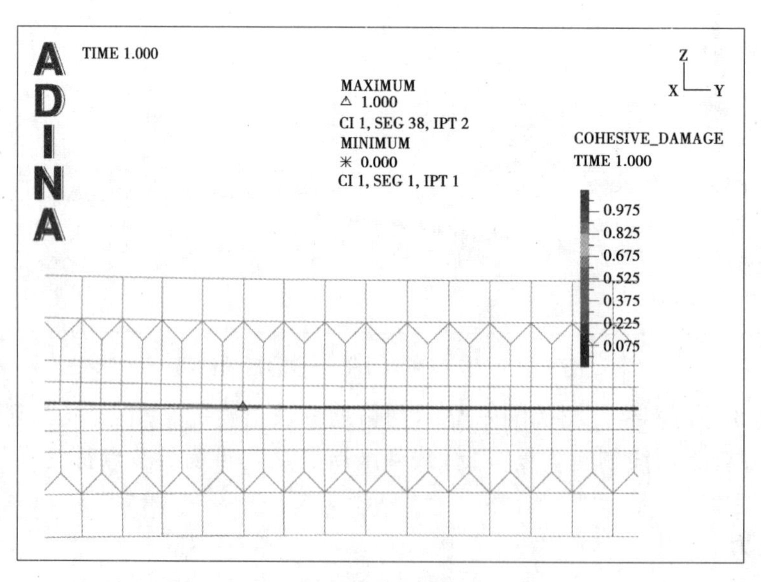

图 7.64.11　失效标准:COHESIVE_DAMAGE

未损伤材料的伤害值为 0,完全损坏材料的伤害值为 1。

4)**力-变形曲线**

可以使用类似程序绘制力-变形曲线。选择【File】文件→【Open Batch】打开批处理,导航到工作目录或文件夹,选择文件 prob64_1.plo 并单击【Open】打开。图形窗口如图 7.64.12 所示。

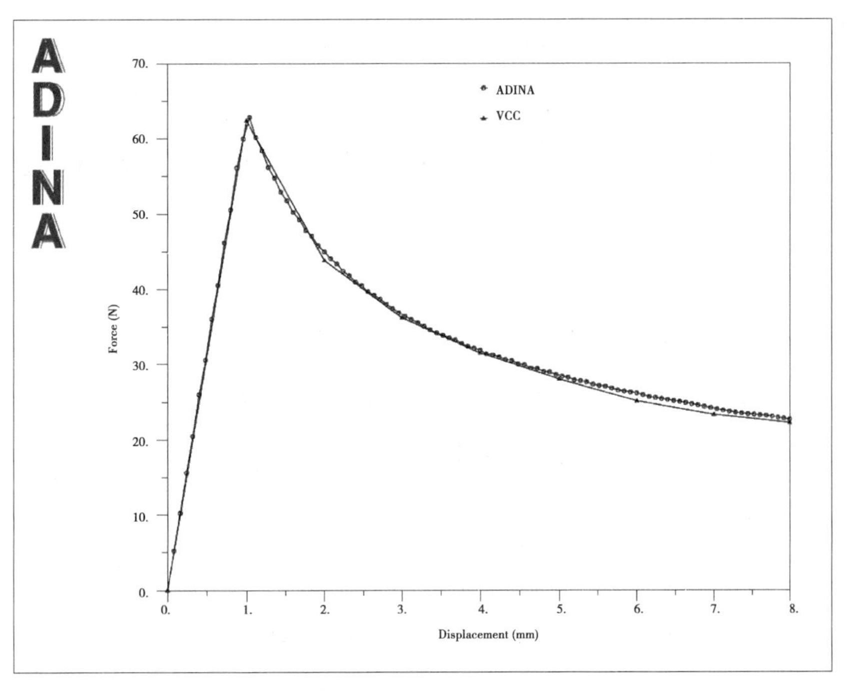

图 7.64.12 力-变形曲线

ADINA Structures 求解方案和参考之间的比较非常好。

选择【Graph】图表→【List】列表并查看求解时间 1.30000E-01 的结果。[位移为 1.04(mm),相应的反作用力为 6.30911E+01(N)]。单击【Close】关闭,关闭对话框。

64.12 退出 AUI

选择主菜单中的【File】文件→【Exit】退出,弹出【AUI】对话框,然后单击【Yes】,其余选【默认】,退出 ADINA-AUI。

问题 65　用三维实体单元分析压电复合材料悬臂梁

问题描述

1）问题概况

图 7.65.1 显示的悬臂由两层组成：顶层是压电材料，底层是弹性材料。压电材料的极化（P）沿着 z 方向。两层之间的接口接地（电压等于零）。

悬臂的尺寸为：$L=0.1$ m，$W=0.01$ m，$h_1=0.001$ m，$h_2=0.004$ m。

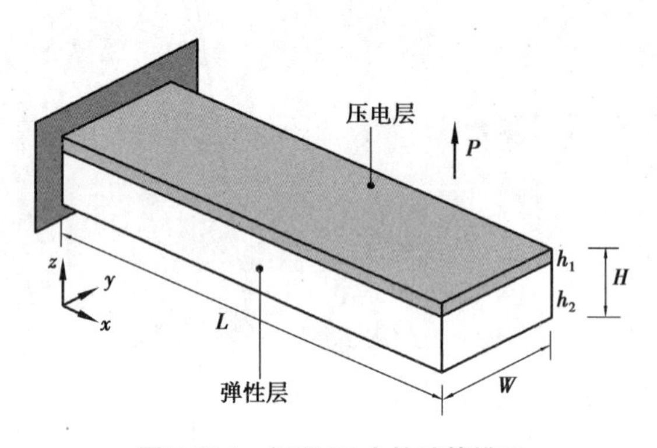

图 7.65.1　问题 65 中的计算模型

底层的材料特性是：$E=90\times10^9$ Pa，$\nu=0.3$

压电材料的特性是：

弹性常数：61×10^9 Pa

$E_x=61\times10^9$ Pa，$E_y=61\times10^9$ Pa，$E_z=53.2\times10^9$ Pa，

$\nu_{xy}=0.35$，$\nu_{xz}=0.38$，$\nu_{yz}=0.38$，

$G_{xy}=22.593\times10^9$ Pa，$G_{xz}=21.1\times10^9$ Pa，$G_{yz}=21.1\times10^9$ Pa

偶合常数（N/Vm）：$e_{1z}=-7.209$，$e_{2z}=-7.209$，$e_{3z}=15.118$，

$e_{5x}=12.332$，$e_{6y}=12.332$

（其中 $1=x$，$2=y$，$3=z$，$4=xy$，$5=xz$，$6=yz$）

介电常数（C/Vm）：$\varepsilon_{xx}=1.53\times10^{-8}$，$\varepsilon_{yy}=1.53\times10^{-8}$，$\varepsilon_{zz}=1.5\times10^{-8}$。

注意：上面给出的压电材料属性表明极化沿全局 z 方向。

2）问题分析

本例将执行三个不同的分析：

①感应分析 1：在自由端施加 0.005 m 的规定向下位移，我们研究电压和电场结果。压电材料的材料轴线与全局方向一致。

②感应分析 2：重复第 1 种情况，但是压电材料的材料轴与全局方向不一致。材料性质相应地被转换，从而获得与分析①中相同的结果。

③驱动分析：在压电层的上表面上施加均匀的电压 = 100 V，并且研究引起的位移。

3）演示内容

在本例将演示以下内容：

①定义具有压电选项的三维实体单元。

②定义具有不同偏振方向的压电材料。

③定义电载荷和边界条件。

④定义和应用轴系以定义材料轴。

⑤绘制电压和电场结果。

注意：①本例不能用 ADINA 系统的 900 个节点版本求解（在这个模型中有太多的节点）。

②本例的大部分输入存储在以下文件中：prob65_1.in，prob65_2.in，prob65_3.in。在开始分析之前，你需要将文件夹“samples\primer”中的这些文件复制到工作目录或文件夹中。

65.1 启动 AUI，并选择有限元程序

启动 AUI，并将【Program Module】程序模块下拉列表设置为【ADINA Structures】ADINA 结构。

65.2 感应分析

65.2.1 管理材料定义

①控制数据，设置主动自由度为 X,Y 和 Z 平移。当有压电材料时，电压自由度自动激活。

②使用的配方不兼容。

③几何点、线条、曲面和体积。创建两个体积：顶层是压电材料，底层是弹性材料。

④定义单元组 1（底层）的材料属性，即 $E=90$ GPa 和 $\nu=0.3$ 的各向同性弹性材料。

⑤这两个卷的细分数据。两个方向沿着 L 方向有 100 个细分，沿着 W 方向有 10 个细分；对于弹性层和压电层，H 方向分别有 8 个和 2 个细分。

⑥单元组 1 的定义。

⑦单元组 1 中单元的网格生成。

选择【File】文件→【Open Batch】打开批处理，导航到工作目录或文件夹，选择文件 prob65_1.in，然后单击【Open】打开。图形窗口如图 7.65.2 所示。

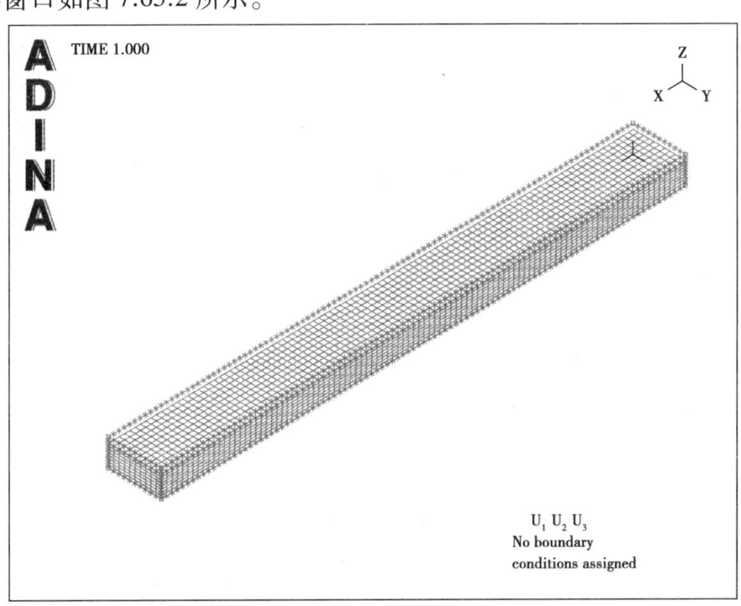

图 7.65.2 导入的 prob65_1.in 模型

压电材料特性将压电材料特性输入到材料坐标系中。在这个分析中，物质坐标系与全球系统一致。因此，有：

弹性常数：$E_1=61\times10^9$ Pa，$E_2=61\times10^9$ Pa，$E_3=53.2\times10^9$Pa，

$\nu_{12}=0.35$，$\nu_{13}=0.38$，$\nu_{23}=0.38$，

$G_{12}=22.593\times10^9$ Pa，$G_{13}=21.1\times10^9$ Pa，$G_{23}=21.1\times10^9$ Pa

（其中 $1=x$，$2=y$，$3=z$，$12=xy$，$13=xz$，$23=yz$）

偶合常数（N/Vm）：$e_{13}=-7.209$，$e_{23}=-7.209$，$e_{33}=15.118$，

$e_{51}=12.332$，$e_{62}=12.332$

（其中 $1=x$，$2=y$，$3=z$，$4=xy$，$5=xz$，$6=yz$）

介电常数（C/Vm）：$\varepsilon_{11}=1.53\times10^{-8}$，$\varepsilon_{22}=1.53\times10^{-8}$，$\varepsilon_{33}=1.5\times10^{-8}$。

单击【Manage Materials】管理材料图标 M，然后单击【Piezoelectric】压电按钮以打开【Define

Piezoelectric Material】定义压电材料对话框，然后添加【Material Number 2】材料编号2。将【Input Elastic Constants As】输入弹性常数设置为【Modulus】模量。

填写【Elastic Modulus Constants】弹性模量常数表格，如表7.65.1所示。

表7.65.1　弹性模量常数

E1=61E9	E2=61E9	E3=53.2E9
NU12=0.35	NU13=0.38	NU23=0.38
G12=22.593E9	G13=21.1E9	G23=21.1E9

填写【Piezoelectric Coupling Constants】压电耦合常数表如表7.65.2所示。

表7.65.2　压电耦合常数

	k=1	k=2	k=3
j=1			-7.209
j=2			-7.209
j=3			15.118
j=4			
j=5	12.332		
j=6		12.332	

单击【OK】确定关闭对话框，然后单击【Close】关闭，关闭【Manage Material Definitions】管理材料定义对话框。

65.2.2　压电单元组

1)压电单元组定义

单击【Element Groups】单元组图标，添加【element group 2】单元组2，将【Type】类型设置为【3-D Solid】三维实体，将【Element Option】单元选项设置为【Piezoelectric】压电，将【Default Material】默认材料设置为“2”，然后单击【OK】确定。

2)网格生成

单击【Mesh Volumes】网格体积图标，将【Element Group】单元组设置为“2”，将【Nodes per Element】每个单元的节点设置为“8”，在表格的第一行中输入“2”，然后单击【OK】确定。

3)材料轴方向

确保材料轴方向与全局轴方向一致。单击【Color Element Groups】彩色单元组图标和【Show Material Axes】显示材料轴图标。当使用【Zoom】缩放图标缩放到图形窗口的右上区域时，图形窗口如图7.65.3所示。

每个单元中绘制的三元组显示单元的材质轴。图7.65.4显示了这个三元组和物料轴 a, b 和 c 上轴的对应关系。

很明显材料轴方向与全局轴方向一致。单击【Unzoom All】不缩放所有图标查看整个模型，然后单击【Show Material Axes】显示材料轴图标以隐藏材料轴三元组。

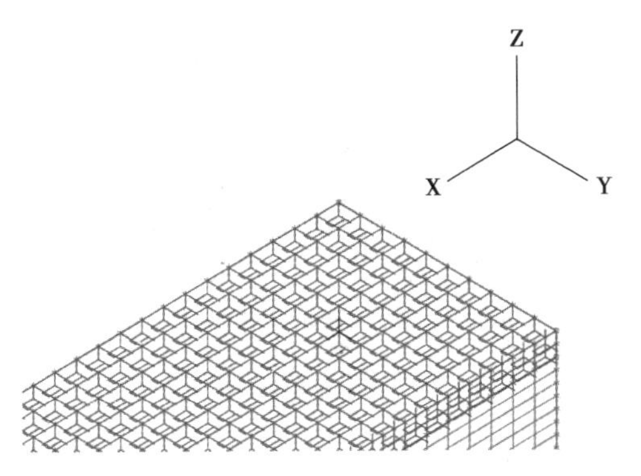

图 7.65.3　彩色单元组和显示材料轴

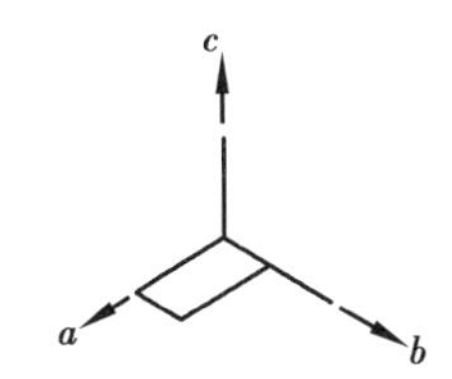

图 7.65.4　三元组和物料轴 a,b 和 c 上轴的对应关系

65.2.3　边界条件和载荷

1)结构的边界条件及载荷

先准备一个批处理文件(prob65_2.in 定义以下项目):

①x,y 和 z 轴平移的固定性。

②将上述固定性应用于模型。

③位移载荷。

④位移载荷在模型中的应用。

选择【File】文件→【Open Batch】打开批处理,导航到工作目录或文件夹,选择文件 prob65_2.in 并单击打开。图形窗口如图 7.65.5 所示。

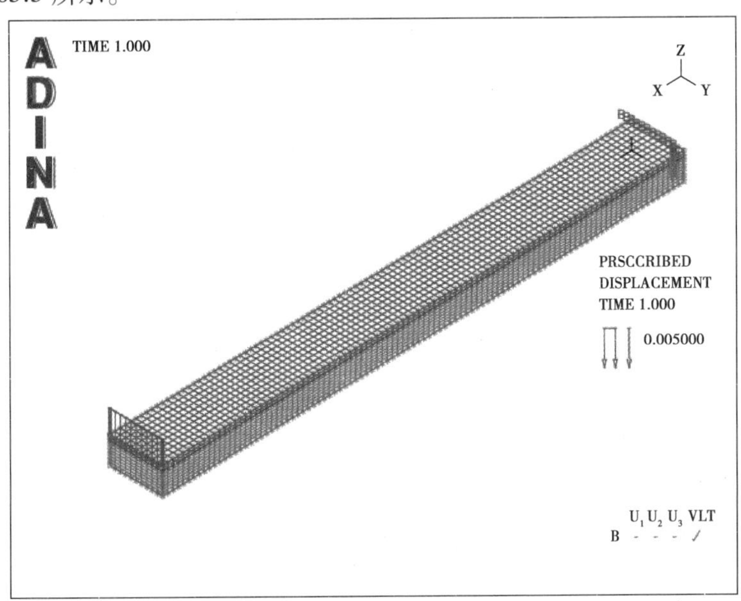

图 7.65.5　导入的 prob65_2.in 模型

2)压电边界条件

单击【Apply Fixity】应用固定图标 ,单击【Define...】定义...按钮,添加固定【VOLTAGE】电压,勾选【Voltage】电压字段,然后单击【OK】确定。在【Apply Fixity】应用固定对话框中,将【Fixity】固定设置为【VOLTAGE】电压,将【Apply to】应用字段设置为【Face/Surface】面/表面,在表格的第一行和第一列中输入"1",然后单击【OK】确定。

当单击【Redraw】重画图标 时,图形窗口如图 7.65.6 所示。

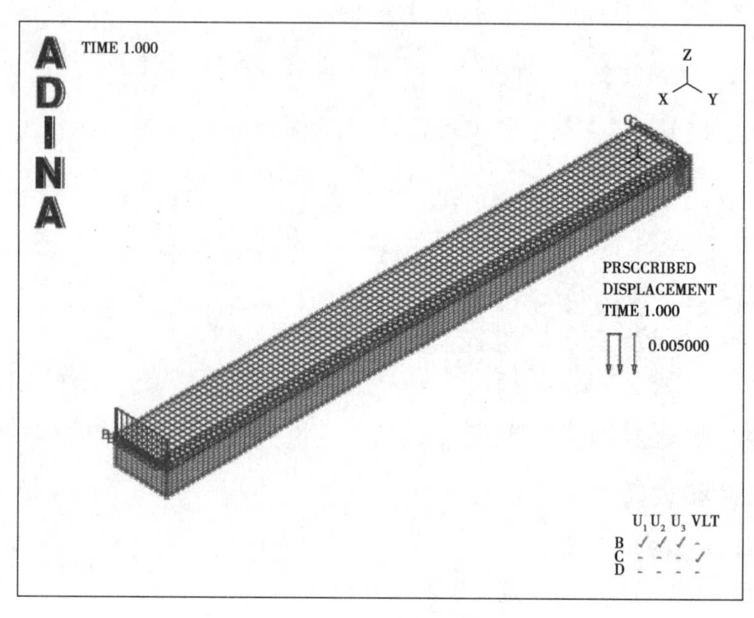

图 7.65.6　边界条件

注意:两层之间的边界上的节点标记为 B,并且 B 边界条件具有自由位移和电压固定。

65.2.4　电磁结果输出到舷窗文件

选择【Control】控制→【Porthole（.por）】舷窗（.por）→【Select Element Results】选择要素结果,添加【Result Selection 1】结果选择 1,将【Electromagnetic】电磁场设置为【All】全部,然后单击【OK】确定。

65.2.5　生成数据文件,运行 ADINA Structures,加载舷窗文件

单击【Save】保存图标 并将数据库保存到文件 prob65。单击【Data File/Solution】数据文件/求解方案图标 ,将文件名设置为"prob65a",确保【Run Solution】运行求解方案按钮被选中,然后单击【Save】保存。【ADINA Structures】ADINA 结构完成后,关闭所有打开的对话框。将【Program Module】程序模块下拉列表设置为【Post-Processing】后处理(可以放弃所有更改),单击打开【Open】图标 并打开舷窗文件 prob65a。

65.2.6　后处理

1)电压带图

单击【Create Band Plot】创建条带绘图图标 ,将【Variable】变量设置为【Electromagnetic:Voltage】(电磁:电压),然后单击【OK】确定。移动条带图例,直到图形窗口如图 7.65.7 所示。

2)电场图

我们想绘制模型内沿着一条线的电场。选择【Definitions】定义→【Model Line】模型线→【Stress Classification Line】应力分类线,添加线【MIDLINE】,将【(X1,Y1,Z1)】设置为(0,0.005,0.005),【(X2,Y2,Z2)】为(0.1,0.005,0.005),然后单击【OK】确定。单击【Clear】清除图标 ,【Show Original Mesh】显示原始网格图标 和【Show Deformed Mesh】显示变形网格图标 (隐藏变形网格)。选择【Display】显示→【Result Line Plot】结果线绘图→【Create】创建并单击【OK】确定。图形窗口如图 7.65.8 所示。

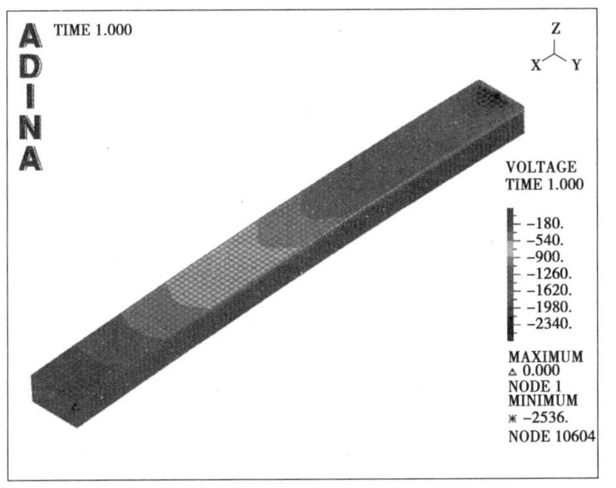

图 7.65.7 电压

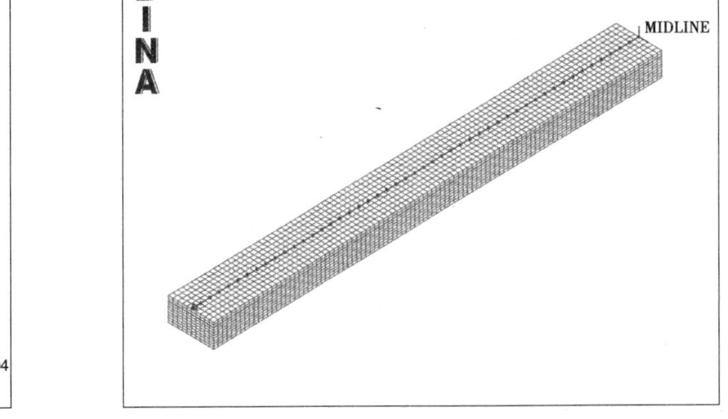

图 7.65.8 电场

单击【Clear】清除图标 ,选择【Graph】图形→【Response Curve (Model Line)】响应曲线(模型线),确保【Model Line Name】模型线名称是【MIDLINE】,将【Y Coordinate Variable】Y 坐标变量设置为【Electromagnetic:ELECTRIC_FIELD-Z】(电磁:ELECTRIC_FIELD-Z),然后单击【OK】确定。图形窗口如图 7.65.9 所示。

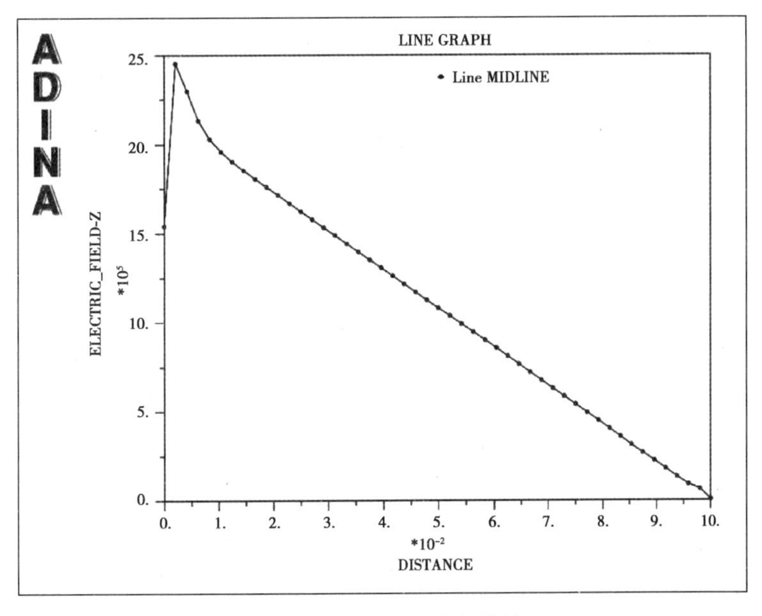

图 7.65.9 电场 Z 方向曲线

选择【Graph】图形→【List】列表,确认距离 2.08333E-03 的 ELECTRIC_FIELD-Z 的最大值为 2.45236E + 06。

65.3 感应分析 2

现在我们将重复分析,改变材料轴,使材料轴方向与全局轴方向不一致。在本分析中,材料轴的方向如图 7.65.10 所示。

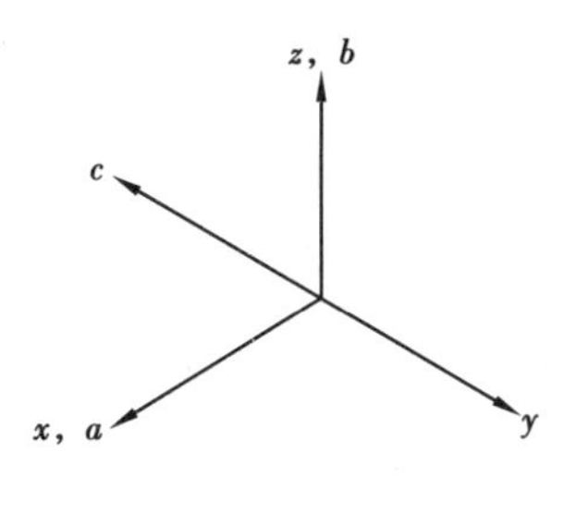

图 7.65.10 材料轴的方向

压电极化沿材料 b 方向。

将【Program Module】程序模块下拉列表设置为【ADINA Structures】ADINA 结构(可以放弃所有更改),并从【File】文件菜单底部附近的最近文件列表中选择数据库文件 prob65.idb。

65.3.1 材料常数

需要将材料常数转换为材料系统。为了跟踪在不同坐标系统中表达的常量,我们在全局系统中表示的常量上加上一个横线。计算和结果是:

1)**弹性常数**

$E_1 = E_x = 61\times10^9$ Pa, $E_2 = E_z = 53.2\times10^9$ Pa, $E_y = E_3 = 61\times10^9$ Pa,

$\nu_{12} = \nu_{xz} = 0.38$, $\nu_{13} = \nu_{xy} = 0.35$, $\nu_{23} = \nu_{zy} = \nu_{yz}E_y/E_z = 0.435\ 71$

$G_{12} = G_{xz} = 21.1\times10^9$ Pa, $G_{13} = G_{xy} = 22.593\times10^9$ Pa,

$G_{23} = G_{zy} = G_{yz} = 21.1\times10^9$ Pa

(其中 $e_1 = a, 2 = b, 3 = c, 12 = ab, 13 = ac, 23 = bc$)

2)**偶合常数**(N/V m)

$e_{12} = e_{13} = -7.209$, $e_{22} = e_{33} = 15.118$, $e_{23} = e_{32} = -7.209$,

$e_{41} = e_{51} = 12.332$, $e_{63} = e_{62} = 12.332$

(其中 $1 = a, 2 = b, 3 = c, 4 = ab, 5 = ac, 6 = bc$ 打开的数量; $1 = x, 2 = y, 3 = z, 4 = xy, 5 = xz, 6 = yz$ 超标的数量)

3)**介电常数**(C/V m)

$\varepsilon_{11} = \bar{\varepsilon}_{11} = 1.53\times10^{-8}$, $\varepsilon_{22} = \varepsilon_{33} = 1.5\times10^{-8}$, $\varepsilon_{33} = \varepsilon_{22} = 1.53\times10^{-8}$。

先准备一个批处理文件(prob65_3.in)来自动重新定义压电材料。选择【File】文件→【Open Batch】打开批处理,导航到工作目录或文件夹,选择文件 prob65_3.in,然后单击【Open】打开。单击【Manage Materials】管理材料图标 **M**,然后单击【Piezoelectric】压电按钮。【Define Piezoelectric Material】定义压电材料对话框应显示以下信息:

①【Elastic Modulus Constants】弹性模量常数(见表 7.65.3)。

表 7.65.3 弹性模量常数

E1=61E9	E2=53.2E9	E3=61E9
NU12=0.38	NU13=0.35	NU23=0.43571
G12=21.1E9	G13=22.593E9	G23=21.1E9

②【Piezoelectric Coupling Constants】压电耦合常数(见表 7.65.4)。

表 7.65.4 压电耦合常数

	k=1	k=2	k=3
j=1		-7.209	
j=2		15.118	
j=3		-7.209	
j=4	12.332		
j=5			
j=6			12.332

③【Dielectric Constants】介电常数(见表 7.65.5)。

表 7.65.5 介电常数

	k=1	k=2	k=3
j=1	1.53E-8		
j=2		1.5E-8	
j=3			1.53E-8

单击【Cancel】取消,然后单击【Close】关闭,以关闭这两个对话框。

65.3.2 材料轴

定义材料轴。可使用三个几何点来定义材料轴,如图 7.65.11 所示。

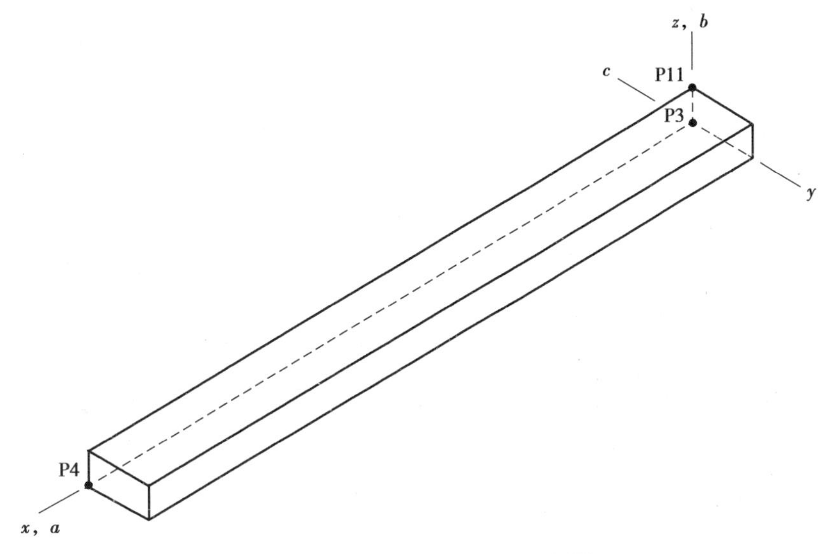

图 7.65.11 三个几何点定义材料轴

选择【Model】模型→【Orthotropic Axes Systems】异方性轴系统→【Define】定义,添加【System Number 1】系统编号 1,设置【Defined by】定义字段为【3 Points】3 个点,设置【Point 1】点 1 至 3,【Point 2】点 2 至 4,【Point 3】点 3 至 11,然后单击【OK】确定。选择【Model】模型→【Orthotropic Axes Systems】正交异性轴系统→【Assign (Material)】分配(材料),然后在【Assign Material Axes System】分配材料轴系统对话框中确保【Axes System】轴系统设置为"1"。然后将【Apply to】应用于字段设置为【Volume】体积,并在第一行将【Volume】体积设置为"2",然后单击【OK】确定。

单击【Show Material Axes】显示材料轴图标 显示材料轴。当使用【Zoom】缩放图标 缩放到图形窗口的右上区域时,图形窗口如图 7.65.12 所示。

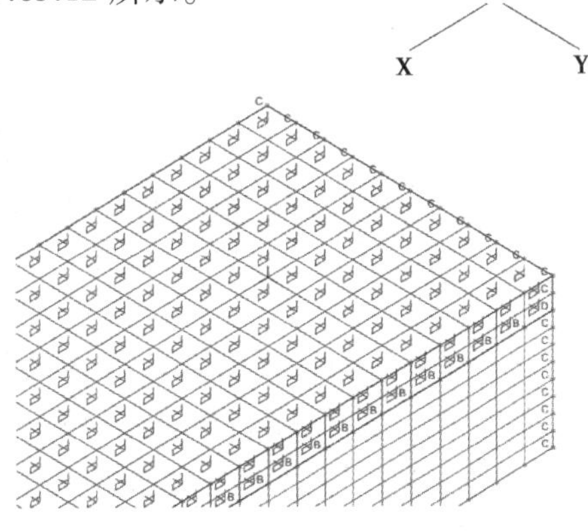

图 7.65.12 材料轴

从图 7.65.12 可以看到,本地 a 方向与全局 x 方向平行,局部 b 方向与全局 z 方向平行。

65.3.3　生成数据文件,运行 ADINA Structures,载荷舷窗文件

单击【Save】保存图标 将数据库保存到文件 prob65。单击【Data File/Solution】数据文件/求解方案图标 ,将文件名设置为“prob65b”,确保【Run Solution】运行求解方案按钮被选中,然后单击【Save】保存。ADINA 结构完成后,关闭所有打开的对话框。将【Program Module】程序模块下拉列表设置为【Post-Processing】后处理(可以放弃所有更改),单击【Open】打开图标并打开舷窗文件 prob65b。

65.3.4　后处理

重复上面给出的后处理步骤。结果应该与第一次分析完全一样。

65.4　执行模拟

现在将把载荷从规定的位移改变到规定的电压,并执行精确分析。将【Program Module】程序模块下拉列表设置为【ADINA Structures】ADINA 结构(可以放弃所有更改),并从【File】文件菜单底部附近的最近文件列表中选择数据库文件 prob65.idb。单击【Apply Load】应用载荷图标 ,将【Load Type】载荷类型设置为【Displacement】位移,将【Apply to】应用于字段设置为【Line】线,单击【Clear】清除,然后单击【Apply】应用。将【Load Type】载荷类型设置为【Voltage】电压,然后单击【Define...】定义...按钮,添加【Voltage Number 1】电压编号 1,将【Magnitude】幅度设置为“100”,然后单击【OK】确定。在【Apply Load】应用荷载对话框中,将【Apply to】应用于字段设置为【Surface】表面,然后在表格的第一行将【Surface number】表面编号设置为“4”,然后单击【OK】确定。单击【Clear】清除图标 ,【Boundary Plot】边界绘图图标 和【Load Plot】载荷图标 。图形窗口如图 7.65.13 所示。

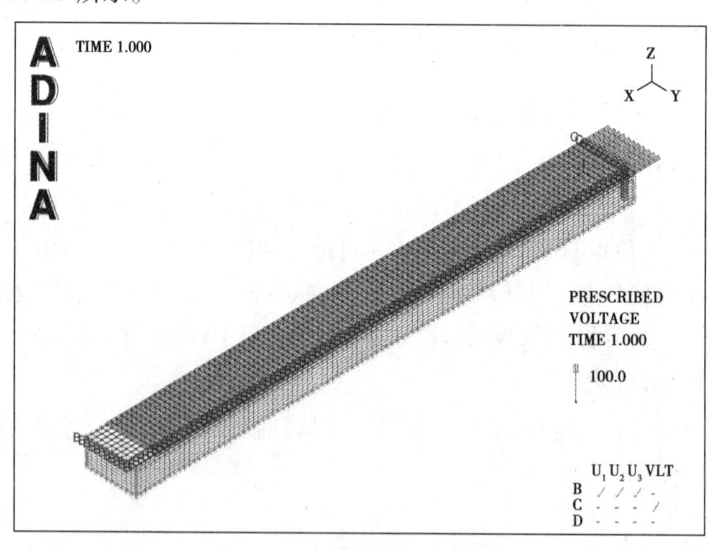

图 7.65.13　边界条件和载荷

65.4.1　生成数据文件,运行 ADINA Structures,载荷舷窗文件

单击【Save】保存图标 将数据库保存到文件 prob65。单击【Data File/Solution】数据文件/求解方案图标 ,将文件名称设置为 prob65c,确保【Run Solution】运行求解方案按钮被选中,然后单击【Save】保存。ADINA 结构完成后,关闭所有打开的对话框。将程序【Program Module】模块下拉列表设置为【Post-Processing】后处理(可以放弃所有更改),单击【Open】打开图标 并打开舷窗文件 prob65c。

65.4.2　后处理

选择【Definitions】定义→【Model Line】模型线→【Stress Classification Line】应力分类线，添加线【MIDLINE】，将【(X1，Y1，Z1)】设置为(0，0.005，0.005)，【(X2，Y2，Z2)】为(0.1，0.005，0.005)，然后单击【OK】确定。单击【Clear】清除图标 ，选择【Graph】图表→【Response Curve (Model Line)】响应曲线(模型线)，确保【Model Line】模型线设置为【MIDLINE】，将【Y Coordinate Variable】Y 坐标变量设置为【Displacement：Z-DISPLACEMENT】(位移：Z-DISPLACEMENT)并单击【OK】确定。图形窗口如图 7.65.14 所示。

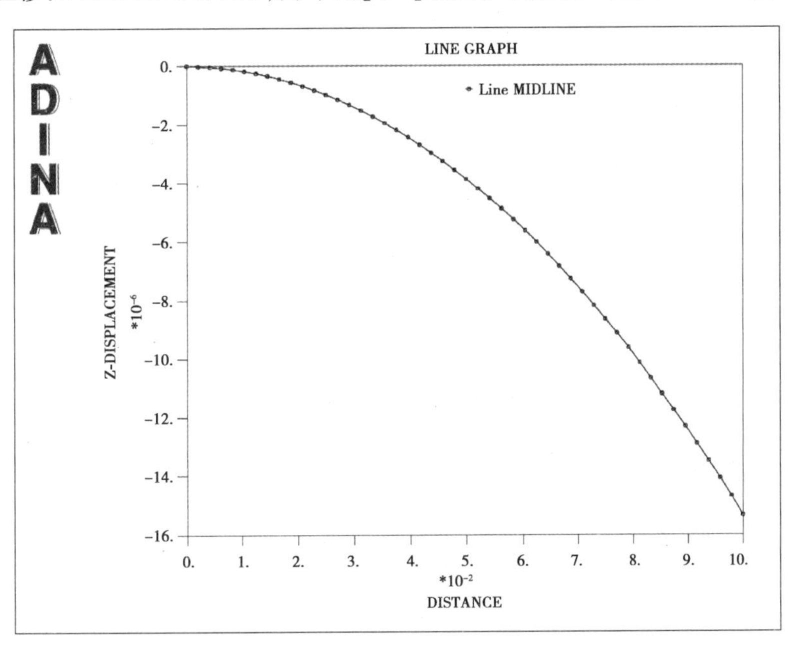

图 7.65.14　Z 方向位移曲线

选择【Graph】图形→【List】列表并确认距离 1.00000E－01 时，【z-displacement】z-位移的值为“－1.53446E－05”。

65.5　退出 AUI

选择主菜单中的【File】文件→【Exit】退出，弹出【AUI】对话框，然后单击【Yes】，其余选【默认】，退出 ADINA-AUI。

参考文献

[1] Maciej Major, Izabela Minda, Krzysztof Kuliński, Izabela Major. Comparative Numerical Analysis of Obtained Stress and Displacement Results from FEM Programs-Robot Structural Analysis and Adina in Example of a Steel Footbridge Subjected to the Dead Load[J]. Transactions of the VŠB—Technical University of Ostrava, Civil Engineering Series., 2017, 17(2).

[2] Maciej Major, Izabela Major. Modelling of wave phenomena in the Zahorski material based on modified library for ADINA software[J]. Applied Mathematical Modelling, 2016, {4}{5}.

[3] George Roy, Mac Braid, Guowu Shen. Application of ADINA and hole drilling method to residual stress determination in weldments[J]. Computers and Structures, 2003, 81(8).

[4] G. Alfano, M. A. Crisfield. Finite element interface models for the delamination analysis of laminated composites: mechanical and computational issues[J]. International Journal for Numerical Methods in Engineering, 2001, 50(7).

[5] C Hohmann, K Schiffner, K Oerter, H Reese. Contact analysis for drum brakes and disk brakes using ADINA[J]. Computers and Structures, 1999, 72(1).

[6] J. W. Tedesco, J. C. Powell, C.Allen Ross, M.L. Hughes. A strain-rate-dependent concrete material model for ADINA[J]. Computers and Structures, 1997, 64(5).

[7] P. T. Williams, A. J. Baker. INCOMPRESSIBLE COMPUTATIONAL FLUID DYNAMICS AND THE CONTINUITY CONSTRAINT METHOD FOR THE THREE-DIMENSIONAL NAVIER-STOKES EQUATIONS[J]. Numerical Heat Transfer, Part B: Fundamentals, 1996, 29(2).

[8] M. Mahdi, Liangchi Zhang. The finite element thermal analysis of grinding processes by ADINA[J]. Computers and Structures, 1995, 56(2).

[9] F. Ellyin, Z. Xia, J. Wu. A new elasto-plastic constitutive model inserted into the user-supplied material model of ADINA[J]. Computers and Structures, 1995, 56(2).

[10] D. Khatri, J. C. Anderson. Analysis of reinforced concrete shear wall components using the ADINA nonlinear concrete model[J]. Computers and Structures, 1995, 56(2).

[11] Khalil I. M., Weber H. G.. Modeling of Three-Dimensional Flow in Turning Channels[J]. Journal of Engineering for Gas Turbines and Power, 1984, 106(3).

[12] R.W. Ogden. Non-linear elastic deformations[J]. Engineering Analysis, 1984, 1(2).

[13] Dysli Michel. Use of ADINA in soil mechanics with case studies for excavations[J]. Pergamon, 1983, 17(5-6).